Auf einen Blick

1	Einleitung	1
2	Kohlenhydrate	9
3	Lipide	49
4	Aminosäuren, Peptide und Proteine	137
5	Endoxidation	83
6	Enzyme	147
7	Vitamine und Spurenelemte	173
8	Hormone	195
9	Ernährung und Verdauung	235
10	Stoffwechsel der einzelnen Organe	251
11	Blut	295
12	Immunsystem	323
13	Zellbiologie	357
14	Molekularbiologie	371
15	Anhang	421

Kurzlehrbuch

Biochemie

Melanie Königshoff
Timo Brandenburger

Fachbeirat:
Michael Duszenko

2., überarbeitete Auflage

406 Abbildungen
80 Tabellen

Georg Thieme Verlag
Stuttgart · New York

Dr. Melanie Königshoff
Klinikum Gießen und Marburg
Med. Klinik II
Klinikstr. 32
35392 Gießen

Timo Brandenburger
Uferstraße 7
35037 Marburg

Fachbeirat:
Prof. Dr. Michael Duszenko
Physiologisch-chemisches Institut
Universität Tübingen
Hoppe-Seyler-Str. 4
72076 Tübingen

Grafiken: Alexander Dospil, Ulm
Dr. Wolfgang Zettlmeier, Barbing

Klinische Fälle als Kapiteleinstiege:
Lehrbuchredaktion Georg Thieme Verlag
mit Fachbeirat Dr. med. Johannes-Martin Hahn
Layout: Künkel und Lopka, Heidelberg
Umschlaggestaltung: Thieme Verlagsgruppe

Die Deutsche Bibliothek –
CIP-Einheitsaufnahme

Ein Titeldatensatz für diese Publikation ist bei der Deutschen Bibliothek erhältlich.

1. Auflage 2004

Rüdigerstraße 14
D-70469 Stuttgart
Unsere Homepage: http://www.thieme.de

Printed in Germany

Satz: primustype Robert Hurler GmbH, Notzingen
gesetzt auf 3B2

Druck: Grafisches Centrum Cuno GmbH & Co. KG, Calbe

ISBN 978-3-13-136412-8 1 2 3 4 5 6

Wichtiger Hinweis: Wie jede Wissenschaft ist die Medizin ständigen Entwicklungen unterworfen. Forschung und klinische Erfahrung erweitern unsere Erkenntnisse, insbesondere was Behandlung und medikamentöse Therapie anbelangt. Soweit in diesem Werk eine Dosierung oder eine Applikation erwähnt wird, darf der Leser zwar darauf vertrauen, dass Autoren, Herausgeber und Verlag große Sorgfalt darauf verwandt haben, dass diese Angabe **dem Wissensstand bei Fertigstellung des Werkes entspricht.**
Für Angaben über Dosierungsanweisungen und Applikationsformen kann vom Verlag jedoch keine Gewähr übernommen werden. **Jeder Benutzer ist angehalten,** durch sorgfältige Prüfung der Beipackzettel der verwendeten Präparate und gegebenenfalls nach Konsultation eines Spezialisten festzustellen, ob die dort gegebene Empfehlung für Dosierungen oder die Beachtung von Kontraindikationen gegenüber der Angabe in diesem Buch abweicht. Eine solche Prüfung ist besonders wichtig bei selten verwendeten Präparaten oder solchen, die neu auf den Markt gebracht worden sind. **Jede Dosierung oder Applikation erfolgt auf eigene Gefahr des Benutzers.** Autoren und Verlag appellieren an jeden Benutzer, ihm etwa auffallende Ungenauigkeiten dem Verlag mitzuteilen.

Vorwort

„This has been my life. I have found it worth living, and would gladly live it again if the chance were offered me“ - Bertrand Russell -

„Warum dieses Buch?“ Stehen Sie gerade in einem Buchladen und stellen sich genau diese Frage? Erscheint Ihnen die Biochemie, mit ihren vielen Formeln, verwirrenden Stoffwechselwegen und komplizierten Vokabeln als „Fass ohne Boden“? Dieses Buch soll die nötige Unterstützung und Motivation für das Lernen der Biochemie in dem straff geplanten Semester eines jeden Studenten liefern. Dazu haben wir den Stoff so dargestellt, dass Ihnen die Biochemie vor allem durch das Verstehen von Zusammenhängen Spaß machen wird. Gespickt mit klinischen Bezügen wird die Biochemie interessant und das Lernen für Prüfungen fällt leichter.

Wir wollen neugierig auf das Fach machen und die Biochemie leicht verständlich und anschaulich erklären. Als Grundlage dienen unsere eigenen Erfahrungen als Medizinstudenten aber auch unsere Tätigkeit als Dozenten.

Mit dem Lerncoach möchten wir den Leser durch das Buch führen, er soll ihm als roter Faden dienen. Zusätzliche Merksätze im Text weisen auf typische „Knackpunkte“ und prüfungsrelevante Themen hin. Die Check-up-Fragen am Ende eines jeden Kapitels dienen der individuellen Verständniskontrolle und weisen nochmals auf die wichtigsten Punkte hin.

Wann sollte dieses Buch zum Einsatz kommen? Den thematischen Schwerpunkt bildet der aktuelle Gegenstandskatalog für schriftliche Prüfungen. Darüber hinaus haben wir viele Protokolle von mündlichen Physikumsprüfungen, sowie Klausuren von verschiedenen Universitäten ausgewertet und Schwerpunkte daraus in den Text eingearbeitet. Daher eignet sich dieses Buch zum erstmaligen Lernen der Biochemie sowie zur direkten Prüfungsvorbereitung.

Neben diesen Fragen stellt sich den meisten Studenten vor allem eine Frage: „Wozu Biochemie?“. Diese zentrale Frage haben wir in einem Einleitungskapitel noch einmal aufgegriffen und wollen so das Interesse an der Biochemie auch über die Prüfungen hinaus wecken. Dies geschieht auch durch die Anlehnung an die neue Approbationsordnung, die eine stärkere Verzahnung der vorklinischen Fächer mit der Klinik anstrebt. Vor jedem Kapitel finden Sie daher einen klinischen Fall, der die Relevanz der Biochemie auch für das Verständnis von Krankheitsbildern und deren Behandlung aufzeigt. Am Ende jedes Unterkapitels finden Sie zudem einen Abschnitt „Klinische Bezüge“. Somit ist im gesamten Buch der Kontakt zur „eigentlichen Medizin“ vorhanden.

Wir möchten uns herzlich bedanken bei Frau Dr. Karin Hauser und Frau Dr. Eva-Cathrin Schulz vom Georg Thieme Verlag, die dieses Buch erst möglich gemacht haben und uns stets mit großem Engagement zur Seite standen. Herrn Professor Duszenko danken wir für die Durchsicht des Manuskripts, die wertvollen inhaltlichen Anregungen und dafür, dass er uns die Sicherheit für die fachliche Richtigkeit des Inhalts gegeben hat. Zudem gilt unser Dank Tido Bajorat für die vielen guten Ideen und die Grundlagen des Kohlenhydratkapitels.

Schließlich bedanken wir uns bei unseren Partnern Maria und Malte für ihre Unterstützung, ihre offenen Ohren und das Verständnis, das sie uns immer wieder entgegenbrachten, wenn wir die Freizeit mit dem Buchprojekt, statt mit ihnen verbrachten.

Ein Buch ist niemals perfekt, vielmehr lebt es von der Kritik und den Anregungen aufmerksamer Leser. Daher freuen wir uns über jede Zuschrift, gleich ob Lob oder Kritik.

Melanie Königshoff, Timo Brandenburger

Gießen, Marburg im Juli 2004

Vorwort zur zweiten Auflage

Vielen Dank! Zu erst einmal möchten wir uns ganz herzlich bei allen Lesern und Studierenden bedanken. Haben wir im letzten Vorwort die Fragen „Warum dieses Buch?“ und „Wozu Biochemie?“ aufgeworfen, so scheint es uns mit der ersten Auflage gelungen zu sein, sowohl dieses Buch als auch die Biochemie näher zu bringen. Wir haben viele Rückmeldungen bekommen und möchten uns für das viele Lob als auch für die vielen Anregungen und Korrekturvorschläge bedanken.

Besonderer Dank gilt natürlich auch wieder dem Georg Thieme Verlag, hier insbesondere Frau Karin Hauser und Marianne Mauch, die sich sehr bei der Umsetzung der zweiten Auflage engagiert haben und für Änderungswünsche stets offen waren.

Wir wünschen auf diesem Wege allen Studierenden viel Erfolg, viel Durchhaltevermögen, und auch den nötigen Spaß beim Lernen und den Vorbereitungen für die Prüfungen und hoffen, dass sich weiterhin die Frage „Wozu Biochemie?“ durch die Arbeit mit diesem Buch leichter beantworten lässt.

Melanie Königshoff, Timo Brandenburger

Gießen, Marburg im Juli 2007

Inhalt

1 Einleitung 3

1.1 Der Intermediärstoffwechsel 3

1.2 Die Grundlagen der Immunchemie 3

1.3 Die Molekularbiologie 4

1.4 Die Hormone 4

1.5 Die Biochemie und das Verständnis klinischer Krankheitsbilder 4

1.6 Die Biochemie und das Verständnis pharmakotherapeutischer Grundlagen 5

1.7 Die Biochemie und klinisch-chemische Parameter 5

1.8 Verknüpfung der Biochemie mit anderen vorklinischen Fächern 5

2 Kohlenhydrate 9

2.1 Grundlagen und Chemie der Kohlenhydrate 9
2.1.1 Überblick und Funktion 9
2.1.2 Die Monosaccharide 9
2.1.3 Die Disaccharide 15
2.1.4 Die Polysaccharide 15

2.2 Der Stoffwechsel der Kohlenhydrate: Übersicht 21

2.3 Die Glykolyse 21
2.3.1 Überblick und Funktion 22
2.3.2 Die Reaktionen der Glykolyse 24
2.3.3 Die Energiebilanz 28
2.3.4 Die Regulation der Glykolyse 28

2.4 Der Pentosephosphatweg (PPW) 30
2.4.1 Überblick und Funktion 30
2.4.2 Die Lokalisation des Pentosephosphatwegs 30
2.4.3 Die Reaktionen des PPW 31
2.4.4 Die NADPH+H^+-Gewinnung durch den Pentosephosphatweg 32
2.4.5 Die Regulation des Pentosephosphatwegs 33

2.5 Die Gluconeogenese 33
2.5.1 Überblick und Funktion 33
2.5.2 Die Reaktionen der Gluconeogenese 34
2.5.3 Der Aufbau von Glucose aus glucoplastischen Aminosäuren 36
2.5.4 Der Aufbau von Glucose aus Lactat (Corizyklus) 37
2.5.5 Der Aufbau von Glucose aus Glycerin 37
2.5.6 Die Regulation der Gluconeogenese 37

2.6 Der Glykogenstoffwechsel 38
2.6.1 Überblick und Funktion 38
2.6.2 Der Glykogenaufbau 39
2.6.3 Der Glykogenabbau 40
2.6.4 Die Regulation des Glykogenstoffwechsels 40

2.7 Der Lactose- und Galactosestoffwechsel 43
2.7.1 Überblick und Funktion 43
2.7.2 Der Abbau der Lactose und Galactose 43
2.7.3 Der Aufbau der Galactose und Lactose 44

2.8 Der Fructosestoffwechsel 45
2.8.1 Überblick und Funktion 45
2.8.2 Der Fructoseabbau 45
2.8.3 Der Fructose-Aufbau 46

3 Lipide 49

3.1 Grundlagen und die Chemie der Lipide 49
3.1.1 Überblick und Funktion 49
3.1.2 Die Eigenschaften 49
3.1.3 Der Aufbau 50
3.1.4 Die Fettsäuren (FS) 50
3.1.5 Die einfachen Lipide: Triacylglycerine (Fette und Öle) und Wachse 50
3.1.6 Die komplexen Lipide: Phospholipide 51
3.1.7 Die komplexen Lipide: Glykolipide 53
3.1.8 Die Isoprenoide 54

3.2 Der Stoffwechsel der Fettsäuren 55
3.2.1 Überblick und Funktion 55
3.2.2 Der Abbau der Fettsäuren (β-Oxidation) 55

3.2.3 Die Ketonkörper 61
3.2.4 Die Biosynthese der Fettsäuren („de novo“-Synthese) 65
3.2.5 Die Zusammenfassung des Fettsäurestoffwechsels 69

3.3 Die Lipogenese und die Synthese der Phospholipide 69
3.3.1 Überblick und Funktion 69
3.3.2 Die Lipogenese 69
3.3.3 Die Synthese der Phospholipide 70

3.4 Das Cholesterin 72
3.4.1 Überblick und Funktion 72
3.4.2 Die verschiedenen Formen des Cholesterins 72
3.4.3 Die Cholesterinbiosynthese 72
3.4.4 Der Cholesterinabbau 74

3.5 Die Lipoproteine 75
3.5.1 Überblick und Funktion 75
3.5.2 Der Aufbau 75
3.5.3 Die Einteilung der Lipoproteine 75
3.5.4 Der Lipoproteinstoffwechsel 76

4 Aminosäuren, Peptide und Proteine 83

4.1 Grundlagen und die Chemie der Aminosäuren 83
4.1.1 Überblick und Funktion 83
4.1.2 Die Struktur der Aminosäuren 83
4.1.3 Die posttranslationale Modifizierung 88

4.2 Peptide und Proteine – das Eiweiß 89
4.2.1 Überblick und Funktion 89
4.2.2 Die Peptidbindung 90
4.2.3 Die räumliche Struktur der Proteine 91
4.2.4 Verfahren zur Trennung und zum Nachweis von Proteinen 94
4.2.5 Verfahren zur Strukturaufklärung von Proteinen 97

4.3 Der Aminosäurestoffwechsel 97
4.3.1 Überblick und Funktion 98
4.3.2 Die Proteolyse der Proteine 98
4.3.3 Der grundsätzliche Abbau der Aminosäuren 99
4.3.4 Der Abbau der einzelnen Aminosäuren 106
4.3.5 Die Aminosäuren als Vorstufen wichtiger Biomoleküle 114
4.3.6 Die Biosynthese der Aminosäuren 117

5 Endoxidation 121

5.1 Einleitung 121

5.2 Der Pyruvatdehydrogenase-Komplex (PDH) 121
5.2.1 Überblick und Funktion 121
5.2.2 Der Aufbau 121
5.2.3 Die einzelnen Reaktionen 122
5.2.4 Die Regulation 124

5.3 Der Citratzyklus 124
5.3.1 Überblick und Funktion 124
5.3.2 Das „Black Box“-Modell des Citratzyklus 125
5.3.3 Die einzelnen Reaktionen 125
5.3.4 Die Energiebilanz 127
5.3.5 Die Regulation 127
5.3.6 Der Citratzyklus als das amphibole Zentrum des Intermediärstoffwechsels 128

5.4 Die Atmungskette (oxidative Phosphorylierung) 129
5.4.1 Überblick und Funktion 129
5.4.2 Das „Black Box“-Modell der Atmungskette 129
5.4.3 Die Atmungskette als Elektronentransportkette 129
5.4.4 Die Lokalisation der Atmungskette 131
5.4.5 Der Transport der reduzierten Coenzyme vom Zytosol ins Mitochondrium 132
5.4.6 Die einzelnen Komplexe der Atmungskette 132
5.4.7 Die Protonenausbeute in der Atmungskette 137
5.4.8 Zusammengefasst: Die Vorgänge in der Atmungskette 139
5.4.9 Der Transport von ATP aus dem Mitochondrium in das Zytosol 139
5.4.10 Die Hemmung der Atmungskette 139
5.4.11 Die Entkopplung der oxidativen Phosphorylierung im braunen Fettgewebe 140

5.4.12 Das ATP – die „Energiewährung“ unseres Körpers 141

6 Enzyme 147

6.1 Einleitung 147

6.2 Grundbegriffe der Energetik und Kinetik 147

6.2.1 Der Überblick 147

6.2.2 Einige Grundlagen zur Reaktionsenergetik 147

6.2.3 Einige Grundlagen zur Reaktionskinetik 149

6.2.4 Der Einfluss von Enzymen auf biochemische Reaktionen 151

6.3 Die Enzymkinetik 154

6.3.1 Der Überblick 154

6.3.2 Das Modell nach Michaelis und Menten 154

6.3.3 Die Mechanismen zur Regulation von Enzymen 156

6.3.4 Der Einfluss von Temperatur und pH-Wert auf die Enzymaktivität 161

6.3.5 Das Prinzip der Spektralphotometrie zum Nachweis der Enzymaktivität 161

6.4 Die Einteilung der Enzyme> 162

6.4.1 Der Überblick 162

6.4.2 Die Enzymklassen 162

6.4.3 Die Isoenzyme 165

6.4.4 Die Coenzyme und die prosthetischen Gruppen 166

6.5 Die Prinzipien der Stoffwechselregulation 167

6.5.1 Der Überblick 167

6.5.2 Die Regulation durch die Substratkonzentration 167

6.5.3 Die Regulation durch negative Rückkopplung 168

6.5.4 Die allosterische Regulation 168

6.5.5 Die Induktion und Repression der Enzymsynthese 168

6.5.6 Die Interkonvertierung 168

6.5.7 Die limitierte Proteolyse 169

7 Vitamine und Spurenelemente 173

7.1 Grundlagen 173

7.1.1 Überblick und Funktion 173

7.1.2 Hypovitaminose, Hypervitaminose, Avitaminose 173

7.2 Die fettlöslichen Vitamine 175

7.2.1 Vitamin A – das Retinol 175

7.2.2 Vitamin D – die Calciferole 178

7.2.3 Vitamin E – das Tocopherol 179

7.2.4 Vitamin K – das Phyllochinon 180

7.3 Die wasserlöslichen Vitamine 181

7.3.1 Vitamin B_1 – das Thiamin 182

7.3.2 Vitamin B_2 – das Riboflavin 182

7.3.3 Das Niacin 183

7.3.4 Vitamin B_6 – das Pyridoxin 184

7.3.5 Die Pantothensäure 185

7.3.6 Vitamin B_{12} – das Cobalamin 185

7.3.7 Die Folsäure 187

7.3.8 Das Biotin 188

7.3.9 Vitamin C – die L-Ascorbinsäure 189

7.4 Die Spurenelemente 190

7.4.1 Die Funktion der Spurenelemente 190

7.4.2 Die einzelnen Spurenelemente 190

8 Hormone 195

8.1 Die Grundlagen 195

8.1.1 Überblick und Funktion 195

8.1.2 Die lipophilen Hormone 196

8.1.3 Die hydrophilen Hormone 197

8.1.4 Die hormonelle Regulation 202

8.2 Die Effektorhormone des Hypothalamus und der Hypophyse 202

8.2.1 Überblick und Funktion 202

8.2.2 Die Hypothalamushormone ADH und Ocytocin 203

8.2.3 Das Hypophysenhormon Prolaktin 203

8.3 Die Schilddrüsenhormone 204

8.3.1 Überblick und Funktion 204

8.3.2 Die hormonelle Regulation 204

8.3.3 Die Biosynthese von T_3 und T_4 204

8.3.4 Die Wirkungen der Schilddrüsenhormone 205

8.4 **Das Wachstumshormon Somatotropin** 207
8.4.1 Überblick und Funktion 207
8.4.2 Die Regulation 207
8.4.3 Die Wirkungen von STH 208

8.5 **Die Hormone der Nebennierenrinde** 208
8.5.1 Überblick und Funktion 208
8.5.2 Die Glucocorticoide 209
8.5.3 Die Mineralcorticoide 211

8.6 **Die Sexualhormone** 214
8.6.1 Überblick und Funktion 214
8.6.2 Die Regulation 214
8.6.3 Die Synthese 214
8.6.4 Die männlichen Sexualhormone 215
8.6.5 Die weiblichen Sexualhormone 216
8.6.6 Die Schwangerschaftshormone 216
8.6.7 Klinische Bezüge 217

8.7 **Die Katecholamine** 217
8.7.1 Überblick und Funktion 217
8.7.2 Die Synthese 218
8.7.3 Die Wirkungen 218
8.7.4 Der Abbau 219

8.8 **Das Insulin und das Glukagon** 219
8.8.1 Überblick und Funktion 220
8.8.2 Das Insulin 220
8.8.3 Das Glukagon 222
8.8.4 Der Diabetes mellitus 223

8.9 **Die Hormone des Calciumstoffwechsels** 224
8.9.1 Überblick und Funktion 224
8.9.2 Die Regulation 224
8.9.3 Das Parathormon 224
8.9.4 Das Calcitonin 225
8.9.5 Das Vitamin D 225
8.9.6 Zusammenfassung 227

8.10 **Die Gewebshormone** 227
8.10.1 Überblick und Funktion 228
8.10.2 Das Serotonin 228
8.10.3 Das Histamin 228
8.10.4 Die Eicosanoide 228
8.10.5 Die Kinine 230
8.10.6 Die Zytokine 230

8.11 **Die Hormone des Gastrointestinal-Traktes** 231
8.11.1 Überblick und Funktion 231
8.11.2 Die Hormone des Magens 231
8.11.3 Die Hormone des Darms 231

9 Ernährung und Verdauung 235

9.1 **Die Ernährung** 235
9.1.1 Überblick und Funktion 235
9.1.2 Der Energiegehalt der Nahrung 235
9.1.3 Die essenziellen Nahrungsbestandteile 236
9.1.4 Die besondere Bedeutung der Proteine 236
9.1.5 Die künstliche Ernährung 237

9.2 **Die Verdauung** 237
9.2.1 Die Regulation 238
9.2.2 Die Verdauungssekrete 238
9.2.3 Die Verdauung der einzelnen Nährstoffe 243

10 Stoffwechsel der einzelnen Organe 251

10.1 **Die Leber** 251
10.1.1 Überblick und Funktion 251
10.1.2 Der Aufbau 251
10.1.3 Der Kohlenhydratstoffwechsel 251
10.1.4 Der Protein- und Stickstoffstoffwechsel 253
10.1.5 Der Lipidstoffwechsel 255
10.1.6 Die Gallensäuren 257
10.1.7 Die Leber als Entgiftungsorgan 258

10.2 **Das Fettgewebe** 261
10.2.1 Überblick und Funktion 261
10.2.2 Der Aufbau 261
10.2.3 Der Kohlenhydratstoffwechsel 262
10.2.4 Der Lipidstoffwechsel 263
10.2.5 Die Regulation der Nahrungsaufnahme durch Leptin 265
10.2.6 Das braune Fettgewebe 266

10.3 **Das Muskelgewebe** 266
10.3.1 Überblick und Funktion 266
10.3.2 Der Aufbau 266
10.3.3 Die Kontraktion 267
10.3.4 Die rote und die weiße Muskulatur 271

10.3.5 Der Kohlenhydratstoffwechsel 271
10.3.6 Der Lipidstoffwechsel 272
10.3.7 Der Proteinstoffwechsel 272
10.3.8 Die ATP-Bereitstellung 273

10.4 Das zentrale Nervensystem (ZNS) 274
10.4.1 Überblick und Funktion 274
10.4.2 Der Aufbau 275
10.4.3 Der Kohlenhydratstoffwechsel 276
10.4.4 Der Lipidstoffwechsel 276
10.4.5 Der Proteinstoffwechsel 276
10.4.6 Die Neurotransmitter 276

10.5 Niere und Elektrolyt-Haushalt 279
10.5.1 Überblick und Funktion 279
10.5.2 Der Aufbau 280
10.5.3 Der Stoffwechsel 280
10.5.4 Die Niere als Ausscheidungsorgan 281
10.5.5 Der Mineralhaushalt 283
10.5.6 Die Produktion von Hormonen 286

10.6 Das Bindegewebe 287
10.6.1 Überblick und Funktion 287
10.6.2 Der Aufbau des Bindegewebes 287
10.6.3 Die Proteine des Bindegewebes 287
10.6.4 Das Knochengewebe 292
10.6.5 Das Knorpelgewebe 292

11 Blut 295

11.1 Einleitung 295

11.2 Die zellulären Bestandteile des Blutes 295
11.2.1 Überblick und Funktion 295
11.2.2 Die Hämatopoese 296
11.2.3 Die Erythrozyten 296
11.2.4 Die Leukozyten 298
11.2.5 Die Thrombozyten 298

11.3 Das Hämoglobin und Myoglobin 299
11.3.1 Überblick und Funktion 299
11.3.2 Das Hämoglobin 299
11.3.3 Das Myoglobin 305

11.4 Der Gastransport 306
11.4.1 Überblick und Funktion 306
11.4.2 Der Weg des Sauerstoffs von der Lunge in das Gewebe 306
11.4.3 Der Weg des CO_2 von den Geweben zur Lunge 308

11.5 Die Blutgruppeneigenschaften 309
11.5.1 Der Überblick 309
11.5.2 Das AB0-System 309
11.5.3 Das Rhesus-System 310

11.6 Die Hämostase 310
11.6.1 Überblick und Funktion 310
11.6.2 Die Blutstillung durch Thrombozyten 311
11.6.3 Die Blutgerinnung 312
11.6.4 Die Fibrinolyse 317

11.7 Die Plasmaproteine 318
11.7.1 Überblick und Funktion 318
11.7.2 Die Analyse der Plasmaproteine 318
11.7.3 Dysproteinämien 319

12 Immunsystem 323

12.1 Einleitung 323

12.2 Die spezifische Immunantwort 323
12.2.1 Überblick und Funktion 324
12.2.2 Die CD-Moleküle 324
12.2.3 Die Entstehung und Reifung der Lymphozyten 325
12.2.4 Die T-Lymphozyten (T-Zellen) 325
12.2.5 Die B-Lymphozyten (B-Zellen) 329
12.2.6 Die Antikörper 330
12.2.7 Die Antigene 335
12.2.8 MHC – Der Major Histocompatibility Complex 336

12.3 Die unspezifische Immunantwort 338
12.3.1 Überblick und Funktion 338
12.3.2 Das Komplementsystem 338
12.3.3 Das Lysozym 340
12.3.4 Die Zytokine 340
12.3.5 Die Zellen der unspezifischen Abwehr 341

12.4 Die Immunantwort: Zusammenfassung 345

12.5 Störungen des Immunsystems 345
12.5.1 Der Überblick 345
12.5.2 Die Überempfindlichkeitsreaktionen 345
12.5.3 Die Immundefektkrankheiten 345
12.5.4 Die Autoimmunkrankheiten 348

12.6 Wichtige immunologische Nachweisreaktionen 349
12.6.1 Überblick und Funktion 349

12.6.2 Der Neutralisationstest 349
12.6.3 Der Agglutinationstest 349
12.6.4 Der Präzipitationstest 350
12.6.5 ELISA – enzyme linked immuno sorbent assay 350
12.6.6 Die Komplementbindungsreaktion (KBR) 351
12.6.7 Der Western Blot 351

13 Zellbiologie 357

13.1 Die Membranen 357
13.1.1 Überblick und Funktion 357
13.1.2 Der Aufbau zellulärer Membranen (Plasmamembran) 357

13.2 Die Zellorganellen und das Zytoskelett 359
13.2.1 Der Überblick 359
13.2.2 Der Zellkern (Nukleus) 359
13.2.3 Das endoplasmatische Retikulum (ER) 361
13.2.4 Der Golgi-Apparat 361
13.2.5 Die Lysosomen 362
13.2.6 Die Mitochondrien 362
13.2.7 Die Peroxisomen 364
13.2.8 Das Zytoskelett und die extrazelluläre Matrix 364

13.3 Der Zellzyklus und die Apoptose 365
13.3.1 Der Überblick 365
13.3.2 Der Ablauf des Zellzyklus 365
13.3.3 Die Regulation des Zellzyklus 365
13.3.4 Die Apoptose (programmierter Zelltod) 366

14 Molekularbiologie 371

14.1 Die Chemie der Nukleotide 371
14.1.1 Überblick und Funktion 371
14.1.2 Der Aufbau 371
14.1.3 Die Funktion 373
14.1.4 Die Synthese der Nukleotide 374
14.1.5 Die Wiederverwertung (Salvage Pathway) 378
14.1.6 Der Abbau 378
14.1.7 Störungen im Nukleotidstoffwechsel 379

14.2 Die Chemie der Nukleinsäuren 380
14.2.1 Überblick und Funktion 380
14.2.2 Die Prinzipien des Nukleinsäure-Aufbaus 381
14.2.3 Der Aufbau der DNA 381
14.2.4 Der Aufbau der RNA 383

14.3 Die Replikation der DNA 384
14.3.1 Überblick und Funktion 384
14.3.2 Der Ablauf der Replikation 384
14.3.3 Hemmstoffe der DNA-Replikation 390
14.3.4 Die DNA-Reparatur 390

14.4 Die Transkription 392
14.4.1 Überblick und Funktion 392
14.4.2 Die verschiedenen RNA-Formen 392
14.4.3 Der Ablauf der Transkription 393
14.4.4 Die posttranskriptionale Modifikation von RNA (RNA-Reifung) 396
14.4.5 Hemmstoffe der Transkription 397

14.5 Die Translation 398
14.5.1 Überblick und Funktion 398
14.5.2 Die Grundlage: Der genetische Code 398
14.5.3 Das Werkzeug: Die transfer-RNA (tRNA) 399
14.5.4 Der Ort: Die Ribosomen 400
14.5.5 Der Ablauf der Translation 401
14.5.6 Hemmstoffe der Translation 403
14.5.7 Die Proteinfaltung 404
14.5.8 Der Transport von Proteinen 404
14.5.9 Die co- bzw. posttranslationale Modifikation von Proteinen 405

14.6 Molekulare Onkologie 406
14.6.1 Der Überblick 406
14.6.2 Begriffsdefinitionen 406
14.6.3 Ausgangspunkte der Tumorentstehung 407

14.7 Gentechnik und Analyse von Nukleinsäuren 411
14.7.1 Überblick und Funktion 411
14.7.2 Die Werkzeuge 411
14.7.3 Die Übertragung von DNA 412
14.7.4 Die Klonierung 413
14.7.5 Die Analyse von DNA 414
14.7.6 Die Analyse von RNA 418

15 **Anhang** 421

15.1 Wichtige chemische Grundlagen 421

15.2 Beispiele für wichtige Moleküle mit ihren Bindungen und Gruppen 425

15.3 Stoffwechselübersichten 426

Quellenverzeichnis 431

Sachverzeichnis 433

Kapitel 1

Übersicht über die Biochemie

1.1 Der Intermediärstoffwechsel 3

1.2 Die Grundlagen der Immunchemie 3

1.3 Die Molekularbiologie 4

1.4 Die Hormone 4

1.5 Die Biochemie und das Verständnis klinischer Krankheitsbilder 4

1.6 Die Biochemie und das Verständnis pharmakotherapeutischer Gundlagen 5

1.7 Die Biochemie und klinisch-chemische Parameter 5

1.8 Verknüpfung der Biochemie mit anderer vorklinischen Fächern 5

Halbmonde in den Adern

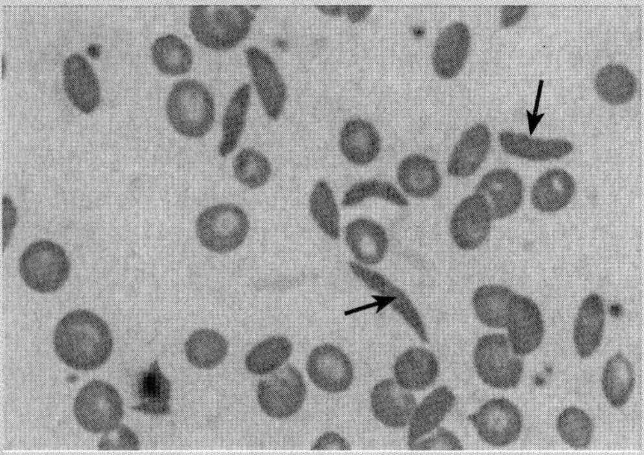

Bei der Sichelzellanämie kann man im Blutausstrich die charakteristische sichelzellartige Verformung der Erythrozyten deutlich erkennen (Pfeile).

Komplizierte Strukturformeln, Stoffwechselschritte und Reaktionsabläufe – was hat das mit Medizin zu tun? Eine ganze Menge! Auch wenn man später als Arzt nicht mehr alle Reaktionsschritte des Citratzyklus kennen muss – viele Krankheiten kann man nur dann verstehen, wenn man die biochemischen Grundlagen kennt.

Um die klinische Relevanz der Biochemie zu verdeutlichen, ist jedem Kapitel dieses Kurzlehrbuches eine Fallgeschichte vorangestellt. In der ersten Kasuistik wird eine Erkrankung vorgestellt, die den Ärzten lange Zeit ein Rätsel war. Erst 50 Jahre nach ihrer Erstbeschreibung gelang es Biochemikern und Medizinern, ihr Geheimnis zu lüften.

Ein merkwürdiger Blutausstrich

Ratlos betrachtet Dr. Herrick im Labor das Blutbild seines Patienten. Er leidet eindeutig an einer Anämie: Sein Blut enthält nur 2,6 Millionen Erythozyten pro µl – normalerweise sind es etwa doppelt so viele. Auch der Hämoglobingehalt ist mit 8 g/dl nur etwa halb so hoch wie bei gesunden Männern. Das passt zu den Beschwerden des 20-Jährigen, der schon seit längerer Zeit über Schwäche, Kopfschmerzen und Atemnot klagt. Doch eine Ursache für die Anämie kann der Arzt nicht finden. Was Dr. Herrick zudem wundert: Der Patient leidet seit seiner Kindheit unter anormal vielen Infektionen; seine Beine und Füße sind von den vielen schlecht verheilten und entzündeten Verletzungen ganz vernarbt.

Am seltsamsten aber ist die Form der roten Blutkörperchen: Sie sind nicht rund, sondern dünn und halbmondförmig. Dr. Herrick kann sich darauf keinen Reim machen. Auch seine Kollegen wissen keinen Rat. Als der Patient die Klinik vier Wochen später verlässt, haben sich seine Symptome zwar gebessert, doch die seltsame Form der Erythrozyten ist geblieben.

Ursache: eine Punktmutation

Erst sechs Jahre später veröffentlicht Dr. Herrick eine Fallstudie über seinen Patienten in der angesehenen Fachzeitschrift „Archives of Internal Medicine". Das ist 1910. 1954 wird das Rätsel um die Krankheit, die inzwischen Sichelzellanämie genannt wird, gelöst. Die Ursache liegt auf molekularer Ebene: Im Hämoglobin der Patienten ist in Position 6 die Aminosäure Glutamat gegen Valin ausgetauscht. Verantwortlich dafür ist eine Punktmutation auf Chromosom 11.

Die sichelförmigen Erythrozyten können leicht verklumpen und die Arterien verstopfen. So kommt es bei den Betroffenen oft schon im Kindesalter zu äußerst schmerzhaften Organinfarkten. Die Milz, die für den Abbau der Erythrozyten verantwortlich ist, schwillt zunächst an (Splenomegalie); später kommt es durch zahlreiche Milzinfarkte zur Atrophie, d. h., die Milz geht zugrunde. Da die Milz als lymphatisches Organ für die Infektabwehr mitverantwortlich ist, leiden die Erkrankten unter häufigen bakteriellen Infektionen. Viele Patienten sterben, bevor sie das Erwachsenenalter erreichen.

Kein Nachteil ohne Vorteil

Inzwischen weiß man, dass die Sichelzellanämie keine seltene Krankheit ist. Bis zu 40 % der Bevölkerung Afrikas sind heterozygote Anlagenträger des Sichelzellgens, d. h., sie tragen das mutierte Gen auf nur einem Chromosom 11. Sie leiden, wenn überhaupt, nur unter geringen Symptomen, da ihr Blut lediglich zu 25-40 % aus dem Sichelzellhämoglobin HbS besteht. Und sie haben einen entscheidenden Vorteil gegenüber Menschen mit normalem Hämoglobin: Heterozygote HbS-Träger sind gegenüber den Erregern der Malaria resistenter. Deshalb konnte sich das HbS-Gen in dieser Region trotz der schweren Erkrankung bei Homozygoten so gut durchsetzen.

1 Einleitung

Die Biochemie betrachtet und erforscht die molekularen Zusammenhänge des Lebens. Die richtige Frage am Anfang wäre vielleicht nicht „Wozu Biochemie?“, sondern „Was ist Biochemie?“ oder „Was muss ich von der Biochemie mitnehmen, um Zusammenhänge in der Klinik verstehen zu können?“. Viele Inhalte der Biochemie haben eine besonders wichtige Bedeutung für den behandelnden Arzt. Das sind in erster Linie:

- Der Intermediärstoffwechsel
- Die Grundlagen der Immunchemie (s. S. 323)
- Die Molekularbiologie (s. S. 371)
- Die Hormone (s. S. 195).

1.1 Der Intermediärstoffwechsel

Der Mensch ist ein offenes System, d. h. es findet ein Stoff- und Energieaustausch mit der Umwelt statt. Egal ob Pizza, Salat, Wasser oder Wein – jeden Tag nehmen wir Nahrung und Flüssigkeit auf. Nach Zerlegung in kleinere Pakete werden diese Nahrungsbestandteile über den Darm resorbiert. Ziel ist es schließlich, die Zellen des Körpers ausreichend mit allem zu versorgen, was sie täglich benötigen. Die Abbauprodukte des Körpers werden letztendlich über den Darm und die Nieren ausgeschieden. Die Moleküle, die wir mit der Nahrung zu uns nehmen, unterscheiden sich ganz erheblich von denen, die wir wieder ausscheiden. Das wird deutlich, wenn Sie sich die unterschiedlichen Strukturformeln einer Aminosäure und des Aminosäureabbauprodukts Harnstoff ansehen.

Die Hauptbestandteile der Nahrung sind die Kohlenhydrate (Zucker), die Lipide (Fette), die Proteine (Eiweiße) und die Nukleinsäuren. Ihre Abbauprodukte werden in enzymatischen Reaktionen in den Zellen umgesetzt. Diese Umsetzung bezeichnet man als **Intermediärstoffwechsel**. Der Intermediärstoffwechsel des Menschen ist sehr komplex. Es ist sinnvoll, sich zunächst eine Übersicht über den Intermediärstoffwechsel zu verschaffen. Dem wurde in diesem Buch durch die Einführung von Stoffwechselübersichten Rechnung getragen. Dabei bietet Ihnen die Übersicht 1 (s. S. 426) einen Überblick über den Stoffwechsel der drei Hauptnahrungsbestandteile, ohne Sie gleich mit einer Fülle an Details zu erschlagen.

Anders als in der Chemie, in der häufig Einzelreaktionen betrachtet werden, steht eine Reaktion in der Biochemie immer in einem Zusammenhang mit Folgereaktionen. Der menschliche Körper kann es sich nicht leisten, einzelne Reaktionen unkoordiniert ablaufen zu lassen. Um Leben zu ermöglichen, ist der Mensch auf eine genau geregelte Koordination aller Stoffwechselprozesse angewiesen. Ablauf und Regulation des Stoffwechsels ist vor allem durch Enzyme gewährleistet, die im Mittelpunkt des Stoffwechsels stehen.

Man unterscheidet den katabolen vom anabolen Stoffwechsel. Dabei versteht man unter Katabolismus den Abbau von Verbindungen im Stoffwechsel, unter Anabolismus deren Aufbau. Im Zentrum des Katabolismus steht die Produktion von ATP, der Energiewährung unseres Körpers. Der Großteil des ATP wird in der Atmungskette gebildet. Der Anabolismus dient in erster Linie dem Aufbau von Speicherstoffen, die bei Bedarf wieder abgebaut werden können, wie z. B. die Fettdepots.

Eine zentrale Position, sowohl im Katabolismus als auch im Anabolismus, nimmt die aktivierte Essigsäure (Acetyl-CoA) ein. Acetyl-CoA ist das Sammelbecken für den Fett-, Kohlenhydrat- und Teile des Proteinabbaus. Nach Einschleusung in den Zitratzyklus kann es weiter abgebaut werden. Es ist in dieser Funktion die wichtigste Ausgangssubstanz für die Produktion von ATP. Gleichzeitig dient es als Grundbaustein etlicher Moleküle wie beispielsweise des Cholesterins.

1.2 Die Grundlagen der Immunchemie

Unser Körper ist ständig Eindringlingen wie Bakterien, Viren oder Pilzen ausgesetzt. Ohne eine ausgereifte Abwehrfunktion könnten wir uns gegen diese Angreifer nicht wehren. Die molekularen Grundlagen des **Abwehrsystems** sind Bestandteil der Biochemie. Dabei verfügt der Mensch über ein ausgeklügeltes Abwehrsystem, das zelluläre und lösliche (humorale) Bestandteile umfasst und bei dem man spezifische und unspezifische Reaktionen voneinander unterscheidet. Die Interaktion dieser Bestandteile ist von größter Relevanz. Über welche Moleküle kommunizieren die verschiedenen Zellen der Immunabwehr miteinander? Über welche Mechanismen werden die einzelnen Fraktionen des Immunsystems aktiviert? Diesen Fragen wird im Kapitel Immunsystem nachgegangen. Dabei kann es motivieren, dass die Betrachtungen der Immunabwehr zum einen an sich sehr interessant sind. Außerdem sind die molekularen Grundlagen der Immunologie derzeit ein zentraler Bestandteil der klinischen Forschung. So ist auch heute noch über die Ursache von Autoimmunkrankheiten wenig bekannt. Aber auch für das Verständnis des Ablaufs banaler Infekte ist das Studium der immunologischen Grundlagen wichtig.

1.3 Die Molekularbiologie

Seit der Aufklärung der DNA-Struktur in den 50er-Jahren hat sich das Wissen über unsere Erbinformation rasant entwickelt. Seit einigen Jahren ist das Genom des Menschen entschlüsselt. Das gewonnene Wissen birgt neue Chancen und Risiken, denen der Arzt in zunehmendem Maße gegenübersteht. Ein Studium der Grundlagen der **Molekularbiologie** ist daher notwendig und wichtig, um mit Begriffen wie DNA, RNA, Replikation, Translation, Transkription u. a. sicher umgehen zu können. Weiterhin ist es hilfreich, sich mit einigen molekularbiologischen Labormethoden auseinanderzusetzen, da diese heute in vielen medizinischen Bereichen Verwendung finden (z. B. PCR zur Amplifikation von DNA). In den meisten medizinischen Labors und bei vielen medizinischen Doktorarbeiten werden diese molekularbiologischen Methoden angewandt.

Zudem sehen viele Mediziner im Bereich der Molekularbiologie die größten Entwicklungschancen für die Medizin von morgen. Die rasante Entwicklung der molekularbiologischen Forschung wirft Fragen auf, die ein Grundlagenstudium für die Generation junger Mediziner unabdingbar machen. Dabei sollte man sich auch mit ethischen Fragen auseinandersetzen, die durch die vielen neuen molekularbiologischen Methoden aufgeworfen werden, wie z. B. mit der pränatalen Diagnostik.

1.4 Die Hormone

In keinem anderen Teilgebiet der Biochemie ist die Verbindung zur Klinik so offensichtlich wie bei der Endokrinologie. Besonders die Endokrinologie als Teilgebiet der Inneren Medizin oder die gynäkologische Endokrinologie machen diese Verbindung deutlich. Die biochemischen und physiologischen Grundlagen der **Hormone** sind daher essenziell für jeden behandelnden Arzt. Das zeigt das Beispiel Diabetes mellitus. Bei etwa vier Millionen Diabetikern in Deutschland ist es mehr als wahrscheinlich, dass Ärzten jeder Fachrichtung etliche Diabetiker begegnen werden. Zudem lässt sich zu beinahe jedem Hormon ein klinischer Aspekt finden, der das Studium dieses Themas besonders interessant macht.

1.5 Die Biochemie und das Verständnis klinischer Krankheitsbilder

Warum also Biochemie? Schauen wir das Beispiel Diabetes mellitus einmal genauer an. Bei dieser Erkrankung unterscheidet man einen Typ I und einen Typ II. Der Typ II kommt in den Industrieländern besonders häufig vor. Vereinfacht gesagt haben diese Patienten ständig erhöhte Blutzuckerwerte, da ihr Insulin den Blutzucker nicht mehr kontrollieren kann. Häufige Ursache ist ein Defekt des Insulinrezeptors. Man hat nun zwei Möglichkeiten, sich die Auswirkungen dieses Zustandes einzuprägen. Möglichkeit eins: Man lernt sie stur auswendig. Möglichkeit zwei: Man leitet sich die klinischen Erscheinungen anhand der biochemischen und physiologischen Grundlagen her. Wahrscheinlich werden Sie zustimmen, dass der zweite Weg der leichtere und sinnvollere ist. Warum zum Beispiel kann es bei Diabetes zu einem ketoazidotischen Koma kommen? Aus dem Fettgewebe werden vermehrt Fettsäuren freigesetzt. Die Fettsäuren, die unter Einwirkung von Insulin eigentlich wieder mit Glycerin zu Fetten verestert würden, werden in der Leber aufgrund des Insulinmangels zu Acetyl CoA abgebaut. Aus dem Acetyl-CoA werden dann vermehrt Ketonkörper gebildet. Da die Ketonkörper relativ starke Säuren sind, re-

sultiert eine metabolische Azidose. Der Abfall des pH-Wertes beeinträchtigt die Funktion der Gewebe, insbesondere des ZNS. In schlimmen Fällen resultiert daraus das diabetische Koma.
Dies soll nur ein Beispiel sein, um die Relevanz der biochemischen Grundlagen für das Verständnis vieler klinischer Krankheitsbilder zu verdeutlichen.

1.6 Die Biochemie und das Verständnis pharmakotherapeutischer Grundlagen

Warum kann Acetylsalicylsäure (Aspirin) Kopfschmerzen lindern? Acetylsalicylsäure hemmt das Enzym Cyklooxygenase. Die Cyklooxygenase ist verantwortlich für die Umwandlung von Arachidonsäure in Prostaglandine. Durch eine Hemmung des Enzyms werden die Prostaglandine vermindert synthetisiert. Dadurch nimmt die Schmerzempfindung ab.
Die Grundlagen hierzu finden Sie in der Biochemie. In vielen Fällen greifen die Pharmaka in bekannte biochemische Prozesse ein. Dabei sind häufig stoffwechselrelevante Enzyme der Angriffsort des Medikaments.

1.7 Die Biochemie und klinisch-chemische Parameter

Viele Enzyme und andere Moleküle des Körpers begegnen Ihnen nicht nur beim Studium der Biochemie in der Vorklinik. Sie sind Wegbegleiter Ihrer gesamten ärztlichen Tätigkeit. Auch hier gilt wiederum, dass ein fundiertes Grundlagenwissen das spätere klinische Studium enorm erleichtert. So ist es ein großer Unterschied, ob sie die Abkürzung AST (für Aspartat-Aminotransferase) nur als Abstraktum auswendig lernen, oder ob Sie die Funktion eines zentralen Enzyms im Aminosäurestoffwechsel damit verknüpfen können.

1.8 Verknüpfung der Biochemie mit anderen vorklinischen Fächern

Die Biochemie lernt man sinnvollerweise im Kontext mit anderen Grundlagenfächern. Betrachten Sie als Beispiel das Parathormon. In der Anatomie lernen Sie, dass dieses Hormon in den vier linsengroßen Epithelkörperchen gebildet wird. Inhalt der Physiologie ist die Wirkung des Parathormons auf den Calciumhaushalt. In der Biochemie schließlich betrachtet man die molekulare Ebene und lernt beispielsweise, dass das Parathormon ein Protein ist, das an Rezeptoren auf Osteoklasten bindet und mit Hilfe von second messengern zur Freisetzung von Ca^{2+} aus den Knochen führt.
Tatsächlich zählt die Biochemie zusammen mit der Anatomie und der Physiologie zu den zentralen Kernfächern der vorklinischen Ausbildung. Ohne eine fundierte biochemische Kenntnis lassen sich in vielen Fällen weder die molekularen Ursachen einer Erkrankung noch deren Behandlungsoptionen verstehen.

Kapitel 2

Kohlenhydrate

2.1 Grundlagen und Chemie der Kohlenhydrate 9

2.2 Der Stoffwechsel der Kohlenhydrate: Übersicht 21

2.3 Die Glykolyse 21

2.4 Der Pentosephosphatweg (PPW) 30

2.5 Die Gluconeogenese 33

2.6 Der Glykogenstoffwechsel 38

2.7 Der Lactose- und Galactosetoffwechsel 43

2.8 Der Fructosestoffwechsel 45

Es liegt in der Familie

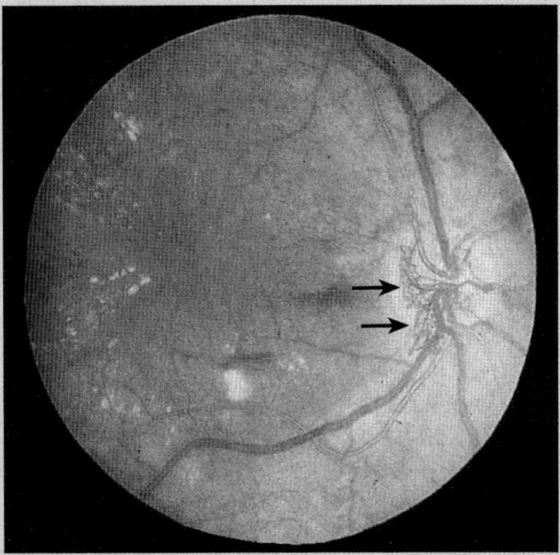

Bei Diabetes mellitus kann es durch Gefäßverschluss in der Retina zur Neubildung von Gefäßen (Pfeile) und zu Blutungen kommen, die bis zur Erblindung führen können.

Gerhard T.'s Brüder sind zuckerkrank. Sie leiden an Diabetes mellitus Typ II, dem so genannten „Altersdiabetes". Das bedeutet, dass ihr Glucosestoffwechsel aus dem Ruder geraten ist.

Glucose ist ein wichtiger Vertreter der Gruppe der Kohlenhydrate, über die Sie im nächsten Kapitel mehr erfahren. Sie ist Hauptenergielieferant des Körpers, kann in allen Körperzellen abgebaut und in Leber und Muskulatur gespeichert werden. Wichtig für den Glucosestoffwechsel ist das Hormon Insulin. Beim Typ-I-Diabetes, der vor allem bei jungen Menschen auftritt, produzieren die β-Zellen des Pankreas zu wenig Insulin. Beim Typ-II-Diabetes herrscht ein relativer Insulinmangel, d. h. der Körper benötigt mehr Insulin, als er produzieren kann. Familiäre Veranlagung und Adipositas (Fettleibigkeit) spielen beim Typ-II-Diabetes eine große Rolle. Deshalb ist es nicht verwunderlich, dass auch Gerhard T. an Diabetes erkrankt.

Zu viele Kilos und zu viel Zucker im Blut

Seufzend steigt Gerhard T. von der Waage herunter. Schon wieder zwei Kilo mehr. 120 kg wiegt der 55-jährige ledige Busfahrer nun, eindeutig zu viel bei einer Körpergröße von 185 cm. Dennoch ist er kerngesund, im Gegensatz zu seinen beiden Brüdern. Die haben von Bluthochdruck bis zur Zuckerkrankheit alle möglichen Erkrankungen. Und übergewichtig sind sie auch, das liegt wohl in der Familie. Dennoch: 120 kg sind zu viel. Deshalb macht Gerhard T. einen Termin bei seinem Arzt aus. Er hat kürzlich von einem neuen Präparat aus den USA gelesen, mit dessen Hilfe man mühelos abnehmen kann. Ob sein Arzt es ihm verschreiben kann?

Dieser macht sofort alle Hoffnungen seines Patienten zunichte: Ein solches Medikament gäbe es nicht. Das einzige, was helfe, sei eine gesunde Ernährung und viel Bewegung. Da Herr T. schon lange nicht mehr in der Praxis gewesen ist, untersucht der Arzt seinen Patienten gründlich und findet zum Schrecken von Gerhard T. einen viel zu hohen Blutzuckerwert: 342 mg/dl. Die weiteren Untersuchungen bestätigen, dass Gerhard T. wie seine Brüder an Diabetes erkrankt ist.

Ein gefährlicher Kreislauf

Insulin ist das einzige Hormon, das den Blutzuckerspiegel senken kann, weil es für die Aufnahme von Glucose in die Zelle sorgt. Nimmt man übermäßig viel Zucker zu sich, muss der Körper also viel Insulin produzieren, um Glucose in die Zellen zu transportieren. Mit der Zeit gewöhnen sich die Zellen an hohe Insulinspiegel und benötigen zur Glucoseaufnahme mehr Insulin. So entsteht ein Circulus vitiosus (Teufelskreis). Schließlich sind die β-Zellen des Pankreas nicht mehr in der Lage, genügend Insulin zu produzieren, und der Blutzuckerspiegel steigt immer weiter an. Dies ist wiederum schädlich für eine ganze Reihe von Organen: Nieren, Gefäße, Nerven und Augen können unter einer solchen Hyperglykämie leiden. So droht unbehandelten Diabetikern z. B. Nierenversagen, Erblindung oder eine Amputation von Gliedmaßen.

Diät, Bewegung und ein paar Pillen

Mit einer guten Therapie können diese Folgeschäden vermieden werden. Beim Typ-II-Diabetiker besteht diese vor allem aus Diät und mehr Bewegung. Außerdem werden blutzuckersenkende Medikamente eingesetzt, die z. B. die Glucoseaufnahme aus dem Darm hemmen oder die Wirksamkeit von Insulin an den Zellen erhöhen. Erst wenn die Wirkung dieser Medikamente nicht mehr ausreicht, muss sich der Patient Insulin spritzen.

Soweit ist es bei Gerhard T. zum Glück noch nicht. Er erkennt den Ernst seiner Lage und hungert sich in den folgenden Monaten auf 98 kg herunter. Zusätzlich erhält er Tabletten. „Willkommen im Club", sagen seine Brüder, als sie ihn das nächste Mal zum Skatspielen besuchen. „So etwas kommt in den besten Familien vor."

2 Kohlenhydrate

2.1 Grundlagen und Chemie der Kohlenhydrate

Lerncoach

In diesem Kapitel erarbeiten Sie sich die Chemie-Grundlagen der funktionellen Hydroxyl- und Carbonylgruppen. Dabei spielen die einfachen Mono- und Disaccharide eine sehr wichtige Rolle, prägen Sie sich diese deshalb gut ein.

2.1.1 Überblick und Funktion

Kohlenhydrate erfüllen ganz unterschiedliche Funktionen im Körper. Sie sind mit einem Anteil von über 50% wichtigster Energielieferant unter den Nahrungsstoffen. Glykogen, in Leber und Muskeln, bildet einen Energiespeicher. Durch Umwandlung in Lipide entsteht eine weitere Speicherform für Energie. Die Proteoglykane bilden als Gerüstsubstanz den größten Teil der extrazellulären Matrix im Bindegewebe. Die Monosaccharide Ribose und Desoxyribose sind Bestandteil der Nukleotide der Nukleinsäuren RNA und DNA. Die Glykosylierungen von Proteinen und Lipiden sind entscheidend für ihre Struktur und Funktion.

Man unterscheidet einfache Zucker **(Monosaccharide)** sowie **Disaccharide** und **Polysaccharide** **(Abb. 2.1)**. Die einfachen Zucker enthalten hierbei als funktionelle Gruppen mehrere **Hydroxylgruppen** (-OH) sowie eine **Carbonylgruppe**. Die Carbonylgruppe kommt entweder als Aldehydgruppe (Aldosen) oder als Ketogruppe (Ketosen) vor. Disaccharide und Polysaccharide entstehen durch Zusammenlagerung von Monosacchariden.

Der Name Kohlenhydrat ist historisch zu begreifen, da in der Summenformel Kohlenstoff (C) und Hydrat (formal H_2O) im gleichen Verhältnis vorkommen. Für die Summenformeln einiger Kohlenhydrate stimmt das auch (z.B. Glucose, $C_6H_{12}O_6$), für andere stimmt es nicht (z.B. Desoxyribose, $C_5H_{10}O_4$); zudem weisen einige Verbindungen eine entsprechende Summenformel auf, ohne zu den Kohlenhydraten zu zählen (z.B. Milchsäure, $C_3H_6O_3$). Trotz gleicher Summenformel können die Monosaccharide in unterschiedlicher Struktur und räumlicher Anordnung vorliegen, im Kapitel Stereochemie wird dies näher erläutert.

2.1.2 Die Monosaccharide

Die Einteilung der Monosaccharide erfolgt durch Bestimmung der funktionellen Gruppe (Aldose oder Ketose), Anzahl der C-Atome (z.B. Triose, Pentose oder Hexose mit 3, 5 bzw. 6 C-Atomen) und

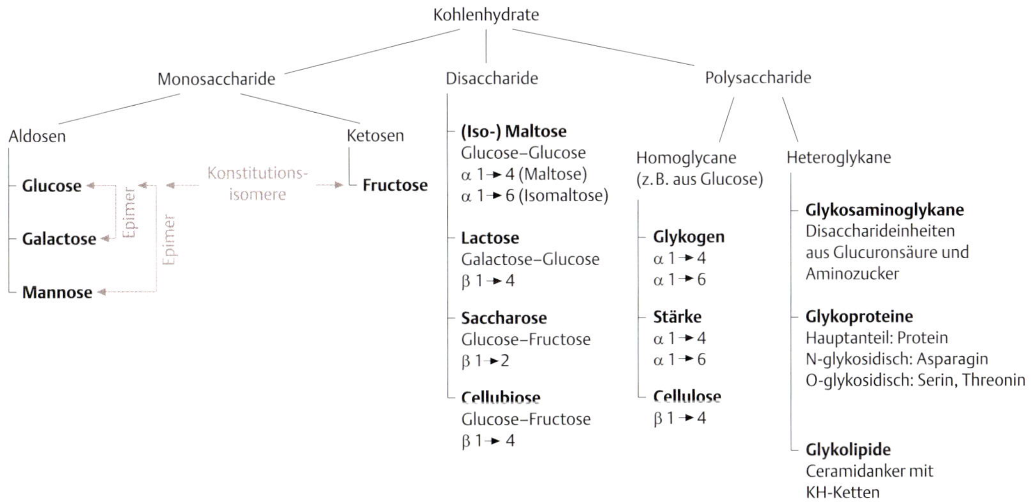

Abb. 2.1 Übersicht über die Kohlenhydrate

durch die Ringgröße (Furanose = Fünfring, Pyranose = Sechsring).

Die Strukturformeln der Monosaccharide können auf verschiedene Arten geschrieben werden. Die häufigsten Schreibweisen sind die **Fischer-Projektion**, die **Haworth-Formel** und die **Konformationsschreibweise** (Sessel- und Wannenform). Weitere Informationen hierzu finden Sie in Lehrbüchern der Chemie.

2.1.2.1 D-Glucose

Die D-Glucose (D-Glc) in der **Fischer-Projektion** (Abb. 2.2 a): Bei der D-Glucose handelt es sich um einen C6-Körper, also eine Hexose. Oben steht die Aldehydgruppe (Aldose), hier in Summenschreibweise. Die D-Glucose hat 4 chirale C-Atome (C-Atome mit 4 verschiedenen Substituenten, s. S. 425). Eine Merkhilfe für die Seitenständigkeit der OH-Gruppen an den chiralen Zentren C_2 bis C_5 (in **Abb. 2.2 a** mit Sternchen gekennzeichnet) lautet: rechts, links, rechts, rechts wie „ta tü ta ta".

α-D-Glucose (α-D-Glucopyranose) in der **Ringschreibweise**, auch **Haworthformel** genannt (**Abb. 2.2 b**): Hier werden die chiralen Zentren der offenen Kette aus der Fischerprojektion in die Ringformel übersetzt: Eine *rechtsständige* OH-Gruppe der Kette steht im Ring nach *unten*.

α-D-Glucose in der **Konformationsschreibweise**: Diese Schreibweise (**Abb. 2.2 c**) zeigt die Konformation des Moleküls, d. h. sie gibt die Winkelverhältnisse wieder und dadurch ein räumliches Bild. Es gibt zwei verschiedene **Konformere** (s. S. 12) von der α-D-Glucose. Sie werden aufgrund ihrer Form als Sesselform und Wannenform bezeichnet. Diese beiden Formen können ineinander umklappen, die Sesselform ist aber thermodynamisch stabiler. Dadurch, dass die 4 Substituenten an den C-Atomen einen Tetraeder bilden, kommt es zu den in **Abb. 2.2 c** gezeigten Konformationen der D-Glucose. Aus der Geometrie der Bindungen ergibt sich, dass an jedem Ring-C-Atom ein Substituent senkrecht zur Ringebene steht **(axial)** und der andere Substituent schräg von der Ringebene wegsteht **(äquatorial)**. Um eine Glucose von einem anderen Monosaccharid zu unterscheiden, muss man beurteilen, wie die OH-Gruppen zu den Ringatomen stehen. Dieses kann man der Haworthformel und auch der Konformationsschreibweise entnehmen.

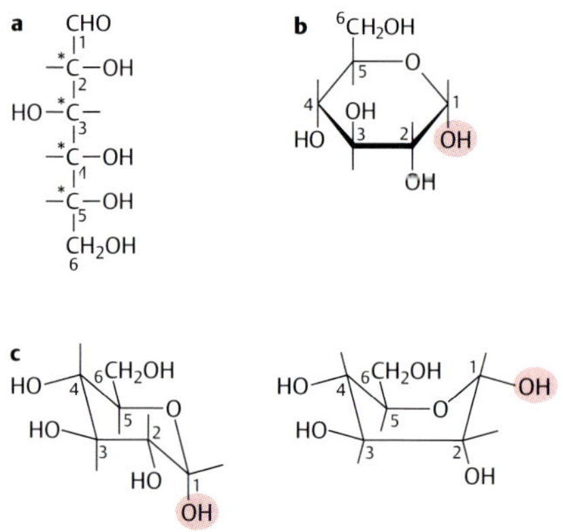

Abb. 2.2 D-Glucose: (a) Fischer-Projektion, * bezeichnen Chiralitätszentren; (b) Haworthformel; (c) links Sesselform, rechts Wannenform (zur farbigen Unterlegung siehe Text).

MERKE

α-D-Glucose:

- **OH-Gruppe an C_1 steht im Konformer „Sesselform" axial**
- **OH-Gruppe an C_1 steht in der Haworth-formel nach unten**

2.1.2.2 α-D-Galactose

Galactose (α-D-Gal, **Abb. 2.3**) ist ebenfalls eine Hexose (Summenformel $C_6H_{12}O_6$). Eine Merkhilfe für die Seitenständigkeit der OH-Gruppen an den chiralen Zentren C_2 bis C_5 in der **Fischer-Projektion** ist: Symmetrie wie bei einem „*Gal*aktischen Raumschiff" (**Abb. 2.3 a**). Galactose ist ein Epimer zur α-D-Glucose (s. S. 13), weil nur eine OH-Gruppe (an C_4)

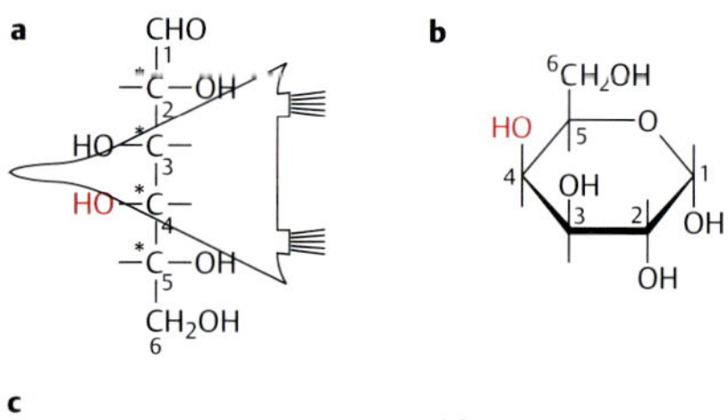

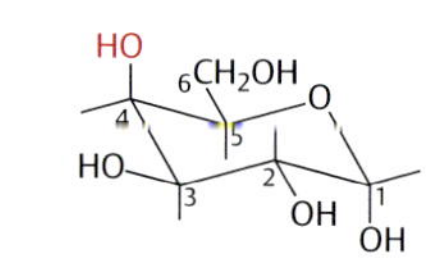

Abb. 2.3 D-Galactose: (a) Fischer-Projektion; (b) Haworthformel; (c) Sesselform: die farbigen Gruppen weisen auf die jeweilige Struktur, auf die im Text Bezug genommen wird.

zwischen beiden Monosacchariden spiegelbildlich angeordnet ist. Näheres zur Isomerie von Monosacchariden s. S. 12.

2.1.2.3 Weitere Monosaccharide

Weitere wichtige Monosaccharide sind in der **Abb. 2.4** dargestellt:

α-D-Mannose (α-D-Man, **Abb. 2.4** a–c) ist eine Aldose mit 6 C-Atomen (Hexose). Merke im Vergleich zu D-Glc: „Der erste Mann ist epimer." Das bedeutet, dass das erste chirale Zentrum an C_2 spiegelbildlich zur D-Glc ist.

α-D-Fructose (α-D-Frc, **Abb. 2.4 d–f**) ist ebenfalls eine Hexose, hat die Carbonylgruppe aber am C_2-Atom. Sie ist also eine Ketose. **Abb. 2.4 f** zeigt die Haworthformel aus **Abb. 2.4** e um 180° gedreht (vgl. **Tab. 2.1**, Saccharose). Die Fructose ist eine Furanose, der Ringschluss mit der Carbonylgruppe erfolgt an C_2.

D-Ribose (**Abb. 2.4 g–h**) ist eine Aldose mit 5 C-Atomen (Pentose). Sie ist wichtiger Bestandteil der Ribonukleinsäuren.

D-Glycerinaldehyd (**Abb. 2.4 i**) ist eine Aldose mit 3 C-Atomen (Triose), die als Glycerinaldehydphosphat in der Glykolyse vorkommt.

Dihydroxyaceton (**Abb. 2.4 j**) ist die einfachste Ketose und spielt ebenfalls eine Rolle in der Glykolyse, dort als Dihydroxyacetonphosphat.

2.1.2.4 Der Ringschluss zum Halbacetal und Halbketal

Im Stoffwechsel liegen die Zucker nur zu einem sehr geringen Anteil offenkettig vor. Durch eine Reaktion zwischen der Aldehydgruppe am C_1 und der OH-Gruppe (= Hydroxylgruppe) am C_5 derselben Aldose entsteht ein intramolekulares **Halbacetal**. Hierbei kommt es zur Ausbildung einer **Pyranose** (Sechsring). Vom **Halbketal** spricht man, wenn die Ketogruppe am C_2 mit der Hydroxylgruppe C_5 reagiert. So entsteht ein Fünfring, eine **Furanose**.

Der Halbacetalschluss bei der Glucose zur Glucopyranose

Durch einen Ringschluss zwischen der Aldehydgruppe am C_1 und der OH-Gruppe am C_5 der Glucose entsteht am C_1 ein neues **chirales** Zentrum (s. S. 425). Liegt die OH-Gruppe unterhalb der Ringebene, wird sie also nach unten geschrieben, ist sie in der α-anomeren Form **konfiguriert**, steht sie

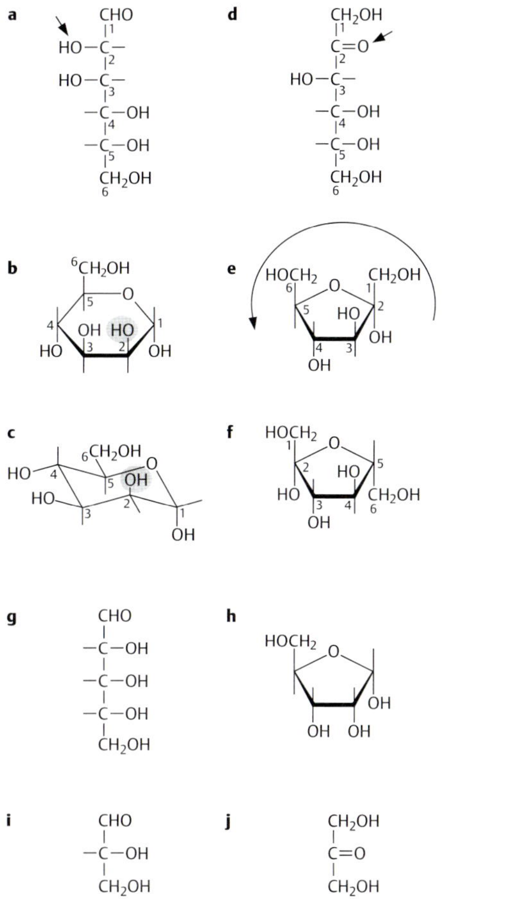

Abb. 2.4 Weitere wichtige Monosaccharide: (a)–(c) α-D-Mannose in Fischer-Projektion, als Haworthformel und in Sesselform; (d)–(f) α-D-Fructose in Fischer-Projektion, als Haworthformel und um 180° gedreht; (g)–(h) D-Ribose in Fischer-Projektion und als Haworthformel; (i) D-Glycerinaldehyd; (j) Dihydroxyaceton; die Pfeile deuten auf die jeweils charakteristische Struktur eines Moleküls.

nach oben, ist die β-anomere Form dargestellt (**α-/β-Anomerie**). Da die OH-Gruppe erst bei Bildung des Ringes aus dem doppelt gebundenem Aldehydsauerstoff (Carbonyl-Sauerstoff) entsteht, nennt man die neue OH-Gruppe halbacetalische OH-Gruppe. Sie ist sehr reaktiv. Sie gibt Zuckern ihre reduzierenden Eigenschaften und die Möglichkeit glykosidische Bindungen zu anderen Molekülen einzugehen. Daher wird sie auch glykosidische OH-Gruppe genannt. Folgende glykosidischen Bindungen kommen vor:

- **O-glykosidisch**: die halbacetalische, glykosidische OH-Gruppe knüpft eine Verbindung zu ei-

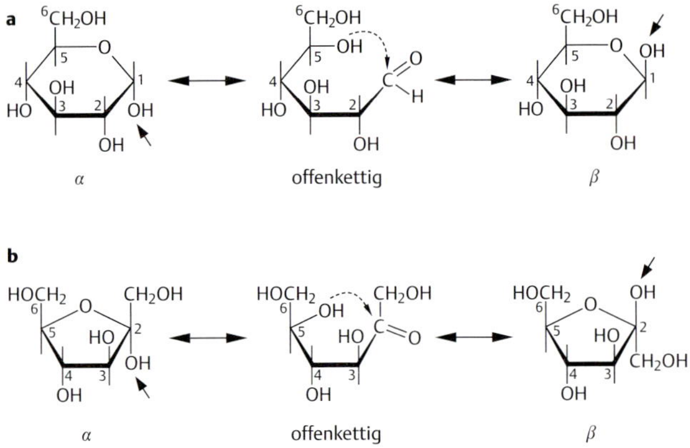

Abb. 2.5 (a) Halbacetalschluss bei der Glucose zur Glucopyranose; (b) Halbketalschluss bei der Fructose zur Fructofuranose; die Pfeile deuten auf die glykosidischen OH-Gruppen, α und β bezeichnen die anomeren Formen des Moleküls

ner OH-Gruppe eines anderen Moleküls, z. B. bei Disacchariden, Polysacchariden oder bei Verknüpfungen mit Proteinen über die Aminosäuren **Serin** oder **Threonin** (Glykoproteine, Proteoglykane).

- **N-glykosidisch**: Die halbacetalische, glykosidische OH-Gruppe geht mit einer NH-Gruppe eine Bindung ein. Dies kommt vor bei Nukleotiden mit einer **Purin**- oder **Pyrimidinbase** oder bei Verknüpfungen mit Proteinen über die Aminosäure **Asparagin** (Glykoproteine, Proteoglykane). Es gibt keine N-glykosidische Verbindung zu Glutamin.

Die beiden anomeren Formen α und β wandeln sich in wässriger Lösung ineinander um und liegen in einem Gleichgewicht β : α = 1 : 2 vor.

Der Halbketalschluss bei der Fructose zur Fructofuranose

Bei dem Ringschluss zwischen der Ketogruppe am C_2 und der OH-Gruppe am C_5 der Fructose, bildet sich an C_2 ebenfalls ein neues **chirales** Zentrum und das C_2-Atom stellt jetzt das anomere C-Atom dar (**α-/β-Anomerie** der OH-Gruppe).

Die Fructofuranose kann mit der Glucopyranose zum Disaccharid **Saccharose** verknüpft werden. Hier entsteht eine Bindung zwischen dem C_1 der Glucose und dem C_2 der Fructose, so dass beide reaktiven Gruppen miteinander verknüpft sind und dieses Disaccharid *keine* reduzierende Eigenschaft besitzt (s. S. 16).

2.1.2.5 Die Stereochemie – einige Grundlagen

Wie im vorherigen Kapitel bereits beschrieben, können Kohlenhydrate mit der **gleichen Summenformel** in unterschiedlichen räumlichen Anordnungen oder Strukturen vorliegen (z. B. haben Glucose und Fructose beide die Summenformel $C_6H_{12}O_6$). Man spricht in diesem Fall von Isomerie. In diesem Kapitel soll die Isomerie anhand einiger Hexosen verdeutlicht werden.

Abb. 2.6 gibt einen Überblick über die verschiedenen Isomere. Man unterscheidet die **Struktur-Isomere** (Konstitutions-Isomere) und die **Stereo-Isomere** (Konfigurations- und Konformations-Isomere).

MERKE

Man muss also die folgenden drei K auseinander halten:

Struktur-Isomere
- **Konstitutions-Isomere**

Stereo-Isomere
- **Konfigurations-Isomere**
- **Konformere**

Die Konstitutions-Isomere

Konstitutions-Isomere sind Moleküle, die die gleiche Summenformel haben, sich aber in der Art der Verknüpfungen der Atome untereinander unterscheiden. Sie haben also eine unterschiedliche chemische Struktur.

Ein Beispiel dafür sind die Verbindungen Ethanol (CH_3-CH_2-OH) und Dimethylether (CH_3-O-CH_3) oder auch D-Glucose als Aldose und D-Fructose als Ketose **(Abb. 2.7)**.

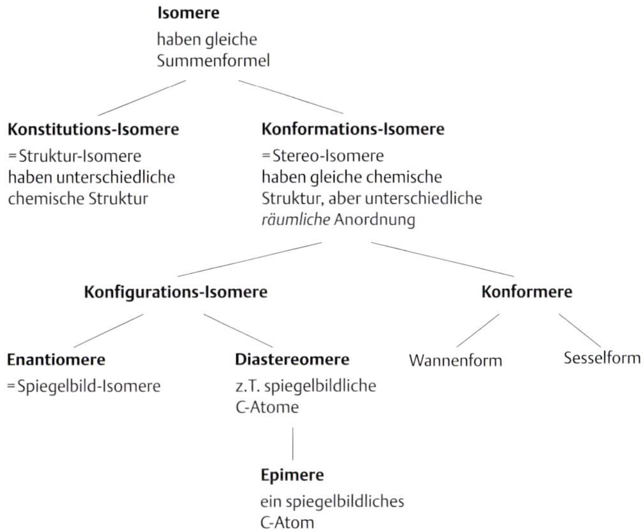

Abb. 2.6 Übersicht über die Isomere

Die Konfigurations-Isomere

Konfigurations-Isomere haben die gleiche Summenformel und die gleiche chemische Struktur, d. h. ihre Atome sind auf die gleiche Art untereinander verknüpft. Sie unterscheiden sich aber in der räumlichen Anordnung dieser Atome. Deshalb werden sie auch Stereo-Isomere genannt. Bei den Konfigurations-Isomeren muss man insbesondere zwischen Enantiomeren und Diastereomeren unterscheiden, die jeweils mindestens ein **Chiralitätszentrum** enthalten.

Enantiomere sind Spiegelbild-Isomere an allen chiralen C-Atomen. Alle funktionellen Gruppen sind bei Darstellung in der Fischer-Projektion „auf der anderen Seite"! Enantiomere unterscheiden sich in ihrer Enzymaffinität, haben aber die gleichen chemischen und physikalischen Eigenschaften. Wenn beide Substanzen in gleichen Anteilen vorliegen, bezeichnet man das Gemisch als Racemat. Ein Beispiel sind D-Glucose und L-Glucose **(Abb. 2.8)**.

Diastereomere sind Konfigurations-Isomere, bei denen die Spiegelbild-Anordnung nicht für alle chiralen C-Atome gilt. Bei L-Glucose und D-Galactose **(Abb. 2.9)** ist z. B. die Spiegelbild-Anordnung an C_4 aufgehoben.

Zu den Diastereomeren zählen auch die **Epimere**. Hier kommt es zur Spiegelbild-Anordnung an nur **einem** chiralen C-Atom. Epimere zu D-Glucose sind sowohl D-Mannose (am C_2) als auch D-Galactose (am C_4) **(Abb. 2.10)**.

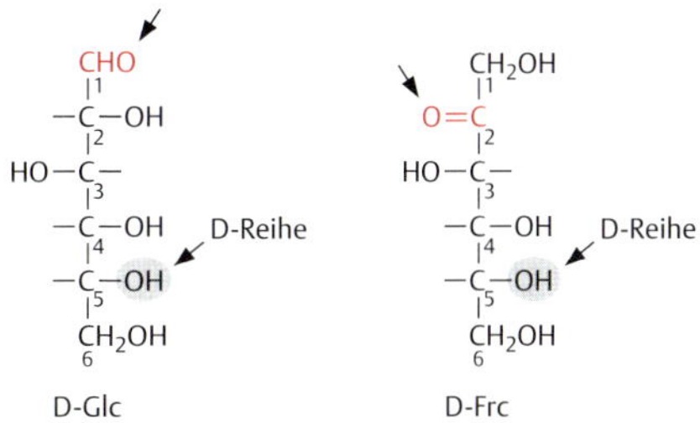

Abb. 2.7 Die Konstitutions-Isomere D-Glucose und D-Fructose (die Aldehydgruppe der Glucose und die Ketogruppe der Fructose sind farbig markiert)

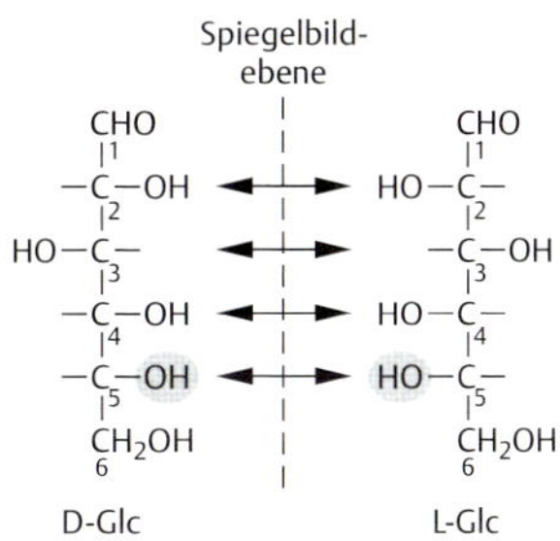

Abb. 2.8 Die Enantiomere D-Glucose und L-Glucose (die OH-Gruppe der D- bzw. L-Reihe sind markiert)

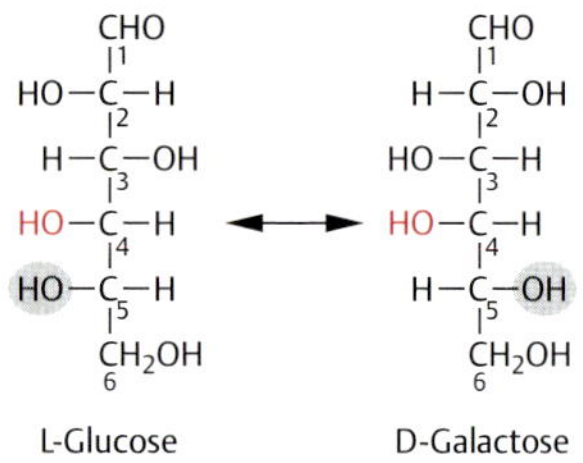

Abb. 2.9 Die Diastereomere L-GLucose und D-Galactose (die nicht spiegelbildlichen OH-Gruppen sind farbig markiert)

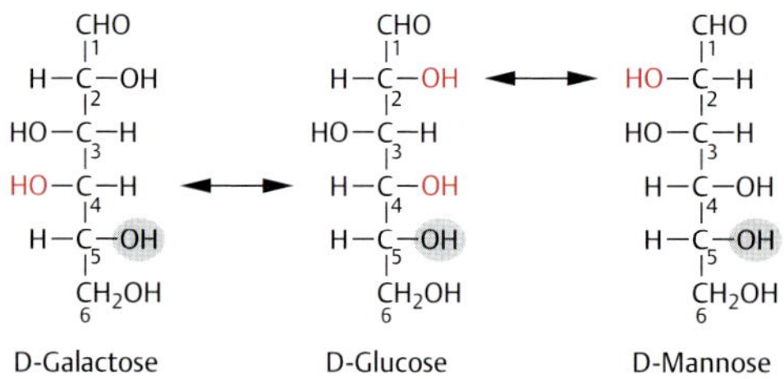

Abb. 2.10 Die Epimere D-Galactose, D-Glucose und D-Mannose (die spiegelbildlichen OH-Gruppen sind farbig markiert)

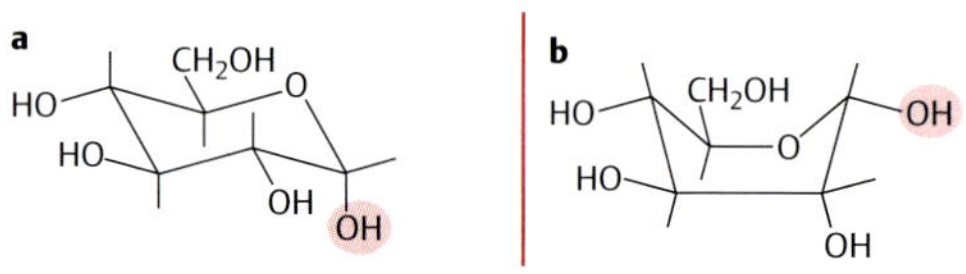

Abb. 2.11 α-D-Glucose: (a) Sesselform, (b) Wannenform

MERKE

Bei den Kohlenhydraten sind Konfigurations-Isomere entweder Enantiomere oder Diastereomere.

Die Konformations-Isomere

Zwei Moleküle sind konformer zueinander, wenn sie durch Rotation um eine oder mehrere ihrer Einfach-Bindungen ineinander überführt werden können. Üblicherweise werden Konformere der Monosaccharide in der Sessel- oder Wannenform dargestellt. Es geht also wieder um die räumliche Anordnung, deshalb zählen auch die Konformere zu den Stereo-Isomeren. Bei den Kohlenhydraten zählen die axialen/äquatorialen Konformationen zu dieser Isomerie **(Abb. 2.11)**.

MERKE

In der Haworth- oder Fischer-Projektion lässt sich keine Aussage über die Konformation eines Moleküls treffen. Aussagen über die Konformation lassen sich nur in der Sessel- oder Wannenform machen.

Bei schriftlichen Prüfungen können Sie oft schon aus der Darstellung der Moleküle schließen, um welche Isomere es sich handeln könnte (ist z. B. die Bootsform dargestellt, wird in der Regel nach Konformeren gefragt).

2.1.2.6 Die Reaktionen der Monosaccharide

Monosaccharide zeichnen sich durch eine große Anzahl an Alkoholgruppen (= Hydroxylgruppen) aus. Die Alkohole unterteilt man in primäre, sekundäre und tertiäre Alkohole (siehe Lehrbücher der Chemie). Sie können oxidiert und so in andere Gruppen umgewandelt werden. Hier sind am Beispiel der Glucose wichtige Oxidationen erläutert:

Anhand der folgenden Reaktionen können Sie gut die wichtigsten chemischen Grundlagen der Kohlenhydrate wiederholen.

Die Oxidation der glykosidischen Alkoholgruppe

Die Oxidation der glykosidischen Alkoholgruppe der Glucose (an C_1) wird durch die **Glucoseoxidase** katalysiert. Diese Reaktion wird u. a. in der klinischen Diagnostik zur spezifischen Bestimmung von Glucose in Harn und Serum herangezogen. Dazu verwendet man das isolierte Flavoprotein Glucoseoxidase aus dem Schimmelpilz *Aspergillus niger*. Bei dieser Reaktion oxidiert die Glucoseoxidase Glucose mit Hilfe von molekularem Sauerstoff. Dabei entsteht Gluconolacton und Wasserstoffperoxid **(Abb. 2.12)**. Das Wasserstoffperoxid wird dann in einer Farbreaktion nachgewiesen. Dieser Farbtest wird für Teststreifen verwendet. Das Gluconolacton wird durch Addition von Wasser in **Gluconsäure** umgewandelt.

Die Oxidation der primären Alkoholgruppe

Wenn man bei Glucose die Alkoholgruppe an C_6 oxidiert, entsteht erst eine Aldehydgruppe und dann eine Säuregruppe. Bei der Glucose handelt es

Abb. 2.12 Oxidation der glykosidischen Alkoholgruppe von Glucose

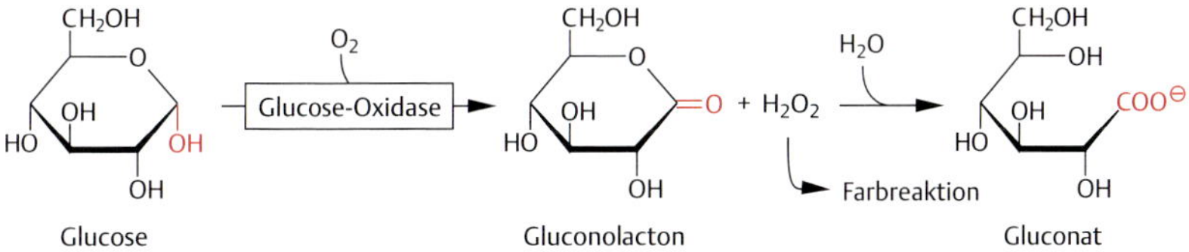

Abb. 2.13 Oxidation der primären Alkoholgruppe von UDP-Glucose

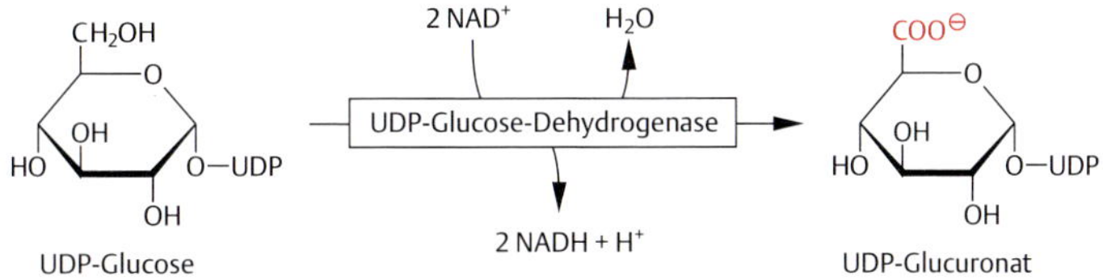

sich dabei nach zweimaliger Oxidation um **Glucuronsäure**. In **Abb. 2.13** wird diese Reaktion am Beispiel der UDP-Glucose gezeigt. Die dabei entstehende UDP-Glucuronsäure spielt eine wesentliche Rolle bei der Biotransformation in der Leber (s. S. 259).

MERKE

Oxidation an C_1 von Glucose → Gluconsäure

Oxidation an C_6 von Glucose → Glucuronsäure

Die Reduktion der Aldehydgruppe

Man kann die Oxidation der Alkoholgruppen zu Carbonylgruppen auch wieder rückgängig machen. Dabei erhält man durch Reduktion einer Aldehydgruppe einen primären Alkohol und durch Reduktion einer Ketogruppe einen sekundären Alkohol. Reduziert man die Aldehydgruppe der Glucose, erhält man den Zuckeralkohol **Sorbitol**. Wenn man Sorbitol an C_2 oxidiert, also an einer sekundären Alkoholgruppe, enthält man die Ketose Fructose **(Abb. 2.14)**.

Die Substitution der OH-Gruppe an C_2 durch eine Aminogruppe

Eine weitere Reaktion der Monosaccharide ist die Substitution der OH-Gruppe an C_2 durch eine Aminogruppe. Dies geschieht in der Regel durch Transaminierung. Zum Beispiel entsteht durch eine Transaminierungsreaktion zwischen Fructose-6-phosphat und Glutamin **Glucosamin-6-phosphat**. Übrig bleibt Glutamat.

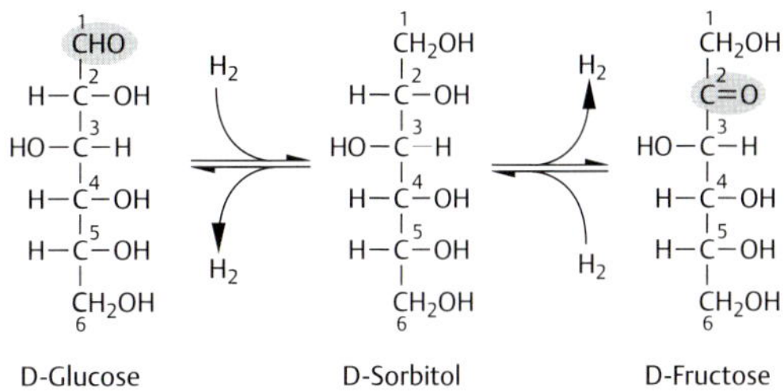

Abb. 2.14 Reduktion von Glucose und Oxidation von Sorbitol

2.1.3 Die Disaccharide

Zwei Monosaccharide können über eine **O-glykosidische Bindung** miteinander verknüpft sein (nicht zu verwechseln mit einer Etherbindung, s. Anhang S. 422). Je nachdem, ob die glykosidische Hydroxylgruppe senkrecht zur Ringebene (α) oder in Richtung der Ringebene (β) steht, gibt es **α- und β-glykosidische** Bindungen. **Tab. 2.1** zeigt einige wichtige Disaccharide mit ihren charakteristischen glykosidischen Bindungen. **Maltose** besteht z. B. aus zwei Glucosemolekülen, die über eine α-glykosidische Bindung zwischen der α-OH-Gruppe des C_1-Atoms der einen Glucose und der OH-Gruppe des C_4-Atoms der anderen Glucose unter Wasserabspaltung miteinander reagiert haben (Glc α1→4 Glc)

2.1.4 Die Polysaccharide

Polysaccharide haben mehr als 10 Monosaccharid-Einheiten (3–10 Monosaccharide = Oligosaccharide) Sie werden auch Glykane genannt. Man unterschei-

Tabelle 2.1

Eigenschaften und Vorkommen einiger Disaccharide

Disaccharid	**Formel**
Maltose (Malzzucker) [Glc α1→4 Glc] – reduzierend (Siehe Pfeil an glykosischer OH-Gruppe – Baustein in Stärke und Glykogen	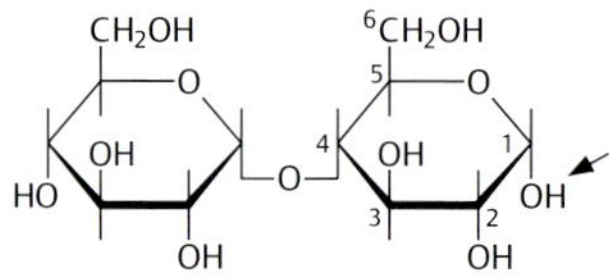
Lactose (Milchzucker) [Gal β1→4 Glc] – reduzierend (Siehe Pfeil an glykosischer OH-Gruppe – Bestandteil der Milch	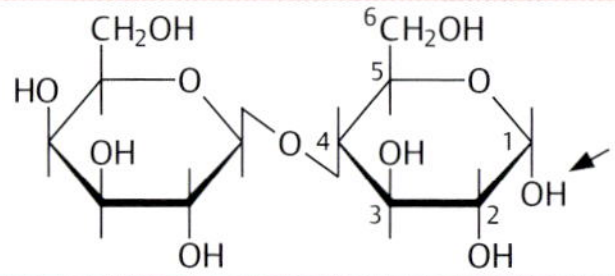
Cellobiose [Glc β1→4 Glc] – reduzierend (Siehe Pfeil an glykosischer OH-Gruppe – Baustein in Cellulose (Ballaststoff)	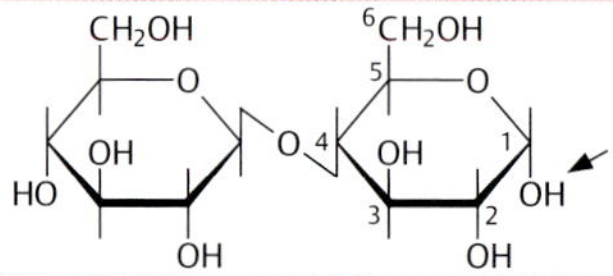
Saccharose (Rohrzucker, Rübenzucker, Sucrose) [Glc α1→β2 Fru] – nicht reduzierend (keine freie glycosidische OH-Gruppe)	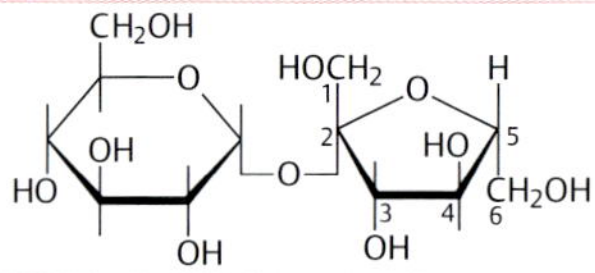
Isomaltose [Glc α1→6 Glc] – reduzierend (Siehe Pfeil an glykosischer OH-Gruppe – Baustein in Stärke und in Glykogen an den Verzweigungsstellen	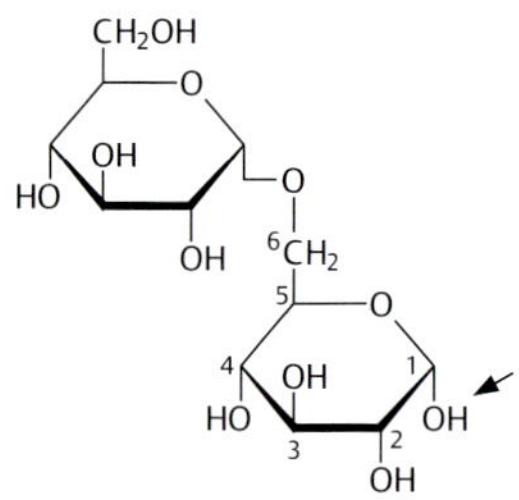

det die **Homoglykane** mit einer Monosaccharid-Art (z.B. Glucose) von den **Heteroglykanen**, die aus verschiedenen Monosacchariden aufgebaut sind.

2.1.4.1 Die Homoglykane

Wichtige Homoglykane sind Glykogen, Stärke und Cellulose **(Tab. 2.2)**. Alle sind aus Glucosemolekülen aufgebaut, sie weisen aber unterschiedliche glykosidische Bindungen auf.

Glykogen

Glykogen dient der Glucosespeicherung in Leber und Muskel. Die Leber kann dadurch den Blutzuckerspiegel in den Zeiten zwischen den Mahlzeiten durch Glykogenabbau konstant halten. Der Muskel nutzt sein Glykogen nur für seinen eigenen Stoffwechsel, ohne sich an der Blutzuckerregulation zu beteiligen.

Das Glykogenmolekül ist groß und verzweigt. Ungefähr an jeder 10. Glucose findet sich eine Verzweigung **(Abb. 2.15)**. Die Glucosemoleküle sind über **α1→4-glykosidische** Bindungen miteinander verknüpft, die Verzweigungen entstehen durch α1→6-glykosidische Bindungen. Durch seine Größe ist das Glykogen in der speichernden Zelle osmotisch inaktiv, im Gegensatz zu freier Glucose. Durch die Verzweigung ist gewährleistet, dass das Glykogenmolekül bei Bedarf an vielen Enden gleichzeitig abgebaut werden kann. Damit ist eine viel schnellere Mobilisierung möglich als bei einer einzelnen langen Kette.

Tabelle 2.2

Wichtige Homoglykane

Name		**Verknüpfung der Glucose**	**Vorkommen**
Glykogen		α1→4, α1→6 α1→6 ca. jede 10. Glucose	Reservekohlenhydrat: Leber (ca. 150 g) Muskel (ca. 250 g) „tierische Zucker"
Stärke	Amylopektin (80 %) Amylose (20 %)	α1→4, α1→6 α1→6 ca. jede 30. Glucose α1→4 helikale Kette	Speicherstoff der Pflanzen „pflanzliche Zucker"
Cellulose		β1→4	Faserige Struktursubstanz der Pflanzen, Ballaststoff in der Nahrung

2

Abb. 2.15 Aufbau des Glykogens

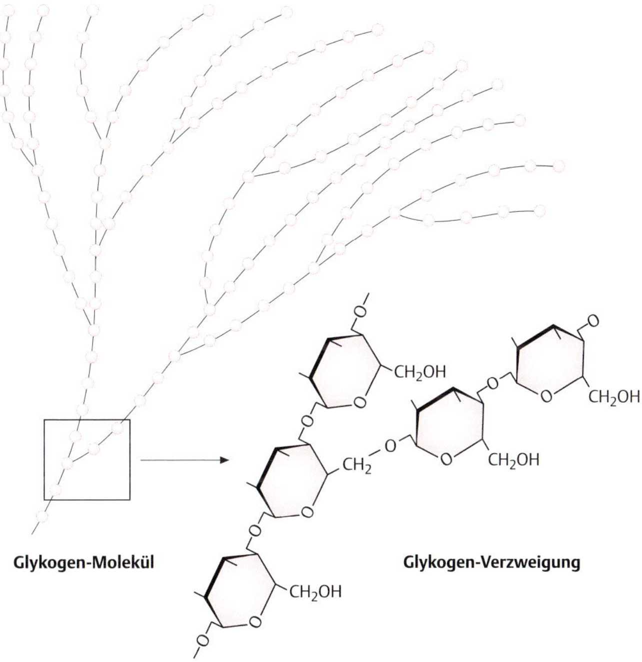

Stärke

Stärke ist ein pflanzliches Speicherpolymer, das zu 80 % aus **Amylopektin** und zu 20 % aus **Amylose** besteht. Amylopektin enthält wie Glykogen **α1→4-glykosidische** und **α1→6-glykosidische** Bindungen. Im Gegensatz zu Glykogen ist Amylopektin aber weniger stark verzweigt (nur ca. jedes 30. Glucosemolekül). Amylose ist eine α1→4-glykosidisch verknüpfte unverzweigte helikale Kette aus Glucosemolekülen. Stärke kann über eine spezifische Bindung mit Jod nachgewiesen werden.

Cellulose

In der Cellulose sind die Glucosemoleküle **β1→4-glykosidisch** miteinander verbunden. Diese Bindung kann der menschliche Organismus grundsätzlich nicht spalten, so dass dieses Homoglykan einen Ballaststoff der Nahrung darstellt, also nicht aus dem Darm resorbiert wird.

Beachte: Im Vergleich zu den β-Verknüpfungen in den Homoglykanen können die β-Verknüpfungen in den Heteroglykanen durch lysosomale Enzyme gespalten werden. Der Mensch kann allerdings im Laufe seines Lebens die Fähigkeit verlieren, die β-glykosidische Bindung im Disaccharid Lactose zu

Tabelle 2.3

Glykosaminoglykane

Glykosaminoglykan	Bausteine	Vorkommen
Hyaluronsäure (Hyaluronat)	N-Acetylglucosamin, Glucuronsäure	Synovialflüssigkeit, Glaskörper, Nabelschnur
Chondroitin-4-sulfat (Chondroitinsulfat A)	N-Acetylgalactosamin, Glucuronsäure	Knorpel, Aorta
Chondroitin-6-sulfat (Chondroitinsulfat C)	N-Acetylgalactosamin, Glucuronsäure	Herzklappen
Dermatansulfat (Chondroitinsulfat B)	N-Acetylgalactosamin, Iduronsäure oder Glucuronsäure	Haut, Blutgefäße, Herzklappen
Heparin	Glucosamin, Iduronsäure oder Glucuronsäure	Lunge, Mastzellen
Heparansulfat	Glucosamin oder N-Acetylglucosamin, Iduronsäure oder Glucuronsäure	Blutgefäße, Zelloberfläche
Keratansulfat	N-Acetylglucosamin, Galactose	Cornea, Nucleus pulposus, Knorpel

spalten; dadurch entsteht eine erworbene Lactoseintoleranz (s. S. 43).

2.1.4.2 Die Heteroglykane

Die Heteroglykane bestehen aus unterschiedlichen Monosacchariden. Sie haben wichtige Aufgaben als Bausteine von verschiedenen Strukturen im Körper.

- **Glykosaminoglykane** findet man frei oder als Bestandteil von **Proteoglykanen**.
- **Glykoproteine** sind Bestandteile von Membranen (Glykokalix) und finden sich als Plasmaproteine im Blut.
- **Glykolipide** sind ebenfalls Bestandteile von Membranen (s. S. 357).

Die Glykosaminoglykane und die Proteoglykane

Die Glykosaminoglykane (**GAG**, **Tab. 2.3**) und Proteoglykane werden neben den Kollagenen als **strukturgebende** Moleküle von Bindegewebszellen in die extrazelluläre Matrix (EZM) sezerniert. Die Glykosaminoglykane werden auch als **saure Mukopolysaccharide** bezeichnet, was schon auf eine wichtige Eigenschaft hinweist: Sie haben saure Gruppen wie Schwefelsäurereste und Carboxylgruppen mit anionischer (= negativer) Ladung und sind auch durch ihre Hydroxylgruppen sehr polar. Diese polaren Eigenschaften ermöglichen eine sehr gute Wasserbindungskapazität, was für die Funktion wichtig ist. Im **Corpus vitreum** des Auges wird so das Wasser durch die **Hyaluronsäure** gebunden. Im **Knorpel** bindet u. a. **Chondroitinsulfat** Wasser zu einem Gel, wodurch die Stoßdämpferwirkung des Knorpels gewährleistet wird. Im Alter verliert das Bindegewebe durch Verminderung der GAG seine Wasserbindungskapazität, was zu Hautfalten führt (vgl. S. 19).

Bestandteile der Glykosaminoglykane sind die von der Glucose abgeleitete **Glucuronsäure** (Glucuronat) und verschiedene **Aminozucker**, die häufig mit einem Acetatrest versehen sind (= acetyliert, **Abb. 2.16 a**, N-Acetylglucosamin). Aminozucker erhalten ihre Aminogruppe vom Aminogruppendonator **Glutamin**. Glucuronsäure und der Aminozucker liegen über eine β-Verknüpfung als Disaccharid vor.

Glykosaminoglykane bestehen aus **repetitiven Disaccharideinheiten**, die sich zu längeren Ketten formieren (**Abb. 2.16 b**). Glykosaminoglykane können in freier Form vorkommen, sind sie hingegen kovalent an ein Core-Protein („Proteinrückgrat") gebunden, so spricht man von **Proteoglykanen** – hier überwiegt der Glykananteil (Kohlenhydrate) quantitativ den Proteinanteil (**Abb. 2.16 c**). Das häufige und überall im Körper verbreitete GAG **Hyaluronsäure** ist mit bis zu 25000 Disaccharideinheiten länger als andere GAG, die kürzere Ketten von 20 bis 40 Disaccharideinheiten bilden (**Abb. 2.16 b**). Außerdem ist die Hyaluronsäure *nicht* kovalent an Protein gebunden und kommt also nicht in Proteoglykanen vor, kann aber sehr wohl mit ihnen nicht-kovalent, also in schwacher Wechselwirkung, assoziiert sein.

Die Glykosaminoglykane **Heparin** und Heparansulfat können die Blutgerinnung hemmen (s. S. 316). In Heparin und Heparansulfat kommen neben β-glykosidischen auch α-glykosidische Bindungen vor, während bei den übrigen Glykosaminoglykanen, wie oben beschrieben, die β-Verknüpfung vorherrscht.

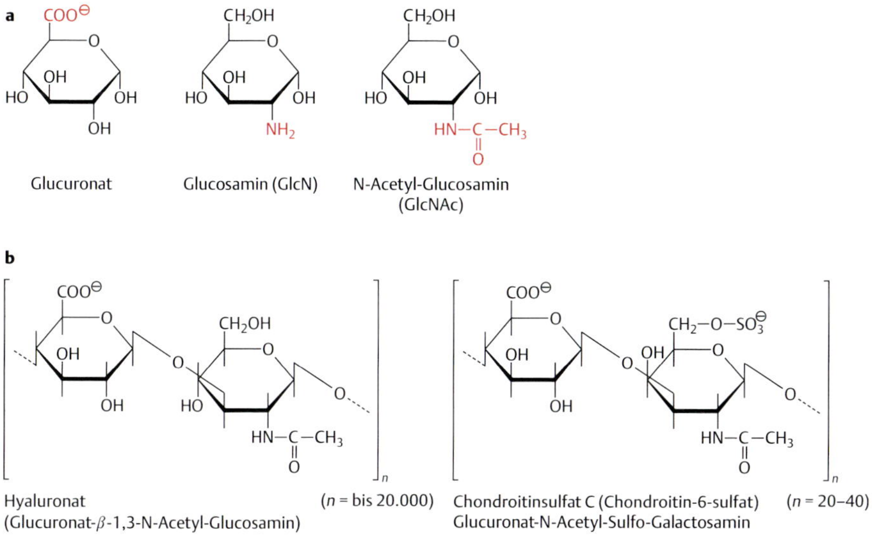

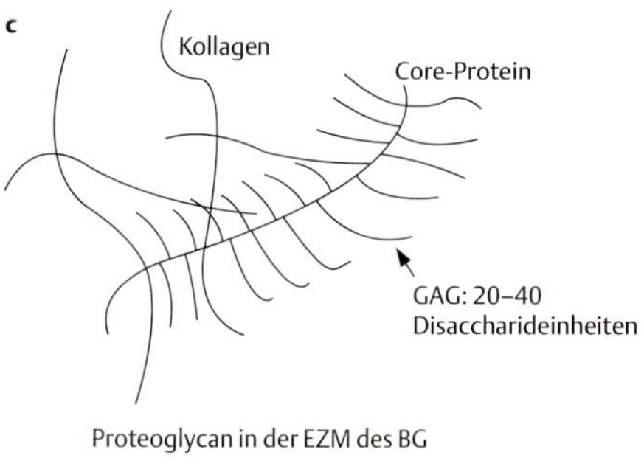

Abb. 2.16 (a) Glucuronsäure und Aminozucker; (b) Glykosaminoglykane Hyaluronsäure und Chondroitin-6-sulfat; (c) Extrazelluläre Matrix (EZM) mit Proteoglykanen, Hyaluronsäure und Kollagenen

Synthetisiert werden die GAG durch spezifische Glykosyltransferasen, die nukleosidaktivierte Monosaccharide (wie UDP-Glucose oder GDP-Mannose) auf das Core-Protein übertragen.

Klinischer Bezug

Antifaltencreme: Kosmetika gegen Falten basieren auf dem Prinzip, die mit fortschreitendem Alter geringer werdende Wasserbindungskapazität des Bindegewebes durch Verminderung der Glykosaminoglykane wieder zu erhöhen. Bestimmte Substanzen wie z. B. Harnstoff in den Cremes können durch die Haut ins Bindegewebe einziehen und dort aufgrund ihrer osmotischen, wasserbindenden Eigenschaften die Haut straffen. Dieser Effekt hält nur kurzfristig an, nämlich so lange, bis die Inhaltsstoffe der Creme wieder lokal abgebaut sind.

Die Glykoproteine

Glykoproteine sind glykosylierte Proteine, wobei der Zuckerrest meist nur aus wenigen (ca. 5-15) Monosaccharidbausteinen besteht (= Oligosaccharid) – der Proteinanteil überwiegt also den Kohlenhydratanteil. Neben einfachen Monosacchariden enthalten die Glykoproteine auch Aminozucker und Uronsäuren. Im Gegensatz zu den viel längeren Proteoglykanen gibt es bei den Glykoproteinen *keine* repetitiven Monosaccharid-Muster. Die Glykosylierungen spielen für die Funktion der entsprechenden Proteine eine wichtige Rolle. Neben den Plasmaproteinen des Blutes, die bis auf Albumin alle glykosyliert sind, finden sich noch Glykosylierungen an den Zellmembranproteinen auf der Zellaußenseite (sog. Glykokalix, **Abb. 2.17**). Hier spielen die Glykoproteine eine Rolle in der Zellerkennung

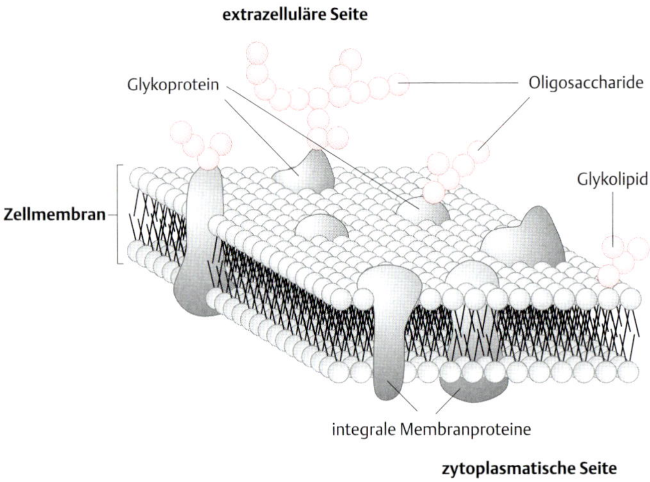

Abb. 2.17 Struktur der Plasmamembran (Schema); die Oligosaccharidketten der Glykoproteine auf der extrazellulären Seite bilden die Glykokalix

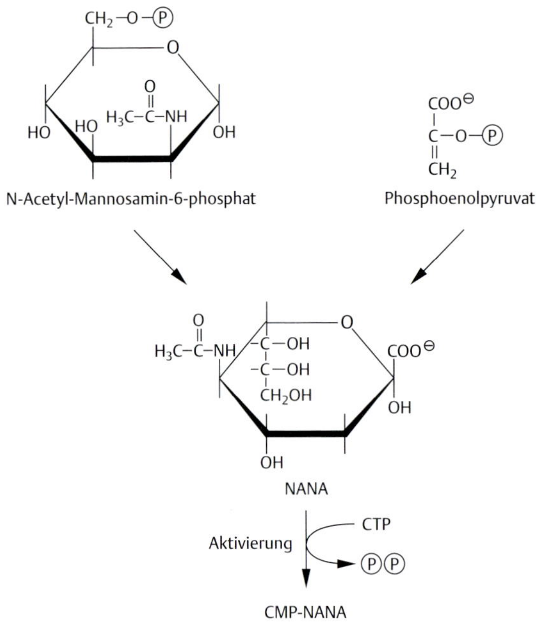

Abb. 2.18 NANA wird aus N-Acetyl-Mannosamin-6-phosphat und Phosphoenolpyruvat synthetisiert. Nach der Aktivierung mit CTP steht CMP-NANA zur Synthese der Glykoproteine zur Verfügung.

und -kommunikation. So werden antigene Eigenschaften wie z. B. die unterschiedlichen Blutgruppen bei den AB0-Blutgruppenantigenen über an Proteine gebundene Oligosaccharide vermittelt (s. S. 310). Auch Kollagene, verschiedene extrazelluläre Enzyme (z. B. Acetylcholinesterase), Transportproteine (z. B. Transferrin) und Proteohormone (z. B. FSH) müssen glykosyliert sein, um ihre Funktion ausüben zu können – somit sind fast alle sezernierten Proteine glykosyliert.

Bei den Plasmaproteinen ist die endständige Monosaccharideinheit der Glykosylierung häufig N-Acetylneuraminsäure (NANA, eine Sialinsäure, Synthese s. **Abb. 2.18**). Sog. Neuraminidasen, die sich an den Endothelien befinden, spalten im Laufe eines Plasmaprotein„lebens" immer mehr der endständigen NANA-Einheiten ab. Der dadurch freigelegte folgende Zucker ist eine Galactose. Die Leber kann über einen **Asialoglykoproteinrezeptor** die Galactose erkennen und so die Proteine identifizieren, die sich schon einige Zeit im Blutkreislauf befinden. Nach der Bindung an diesen Rezeptor wird das entsprechende Plasmaprotein internalisiert und lysosomal abgebaut. Endständige NANA schützt das Plasmaprotein also vor dem Abbau. Die Anzahl der endständigen NANA-Einheiten bestimmt die Halbwertzeit des Plasmaproteins in diesem Kreislauf.

Für die **Synthese** der Glykoproteine werden die Zucker aktiviert und spezifische **Glykosyltransferasen** verknüpfen diese zu Ketten, die im Gegensatz zu den Proteoglykanen aber auch verzweigt sein können. Die Zucker werden O-glykosidisch oder N-glykosidisch mit den Proteinen verknüpft. Die Verknüpfungen zwischen Protein und Saccharidanteil erfolgen O-glykosidisch über Serin- oder Threoninreste und N-glykosidisch über einen Asparaginrest im Protein. Bei der intrazellulären Synthese der Glykoproteine, bei denen die Oligosaccharidkette **O-glykosidisch** am Protein gebunden wird, findet die Synthese der Zuckerkette schrittweise im Golgi-Apparat direkt am Protein statt. Wenn eine **N-glykosidische** Bindung zwischen Protein und Oligosaccharid entstehen soll, wird die Zuckerkette erst an der Innenseite der Membran des ER, am Lipidanker **Dolicholphosphat** (einem Polyisoprenoid, s. S. 54), aufgebaut und dann komplett auf das Protein übertragen.

MERKE

Proteoglykane: großer Kohlenhydratanteil, nicht verzweigte Kette

Glykoproteine: kleiner Kohlenhydratanteil, verzweigte Ketten

Check-up

- ✔ **Vollziehen Sie die Summenformel $C_6H_{12}O_6$ bei Glucose, Fructose, Galactose und Mannose nach, z. B. indem Sie sie aufzeichnen. Machen Sie sich den Unterschied zwischen Ketose und Aldose klar.**
- ✔ **Wiederholen Sie die Unterschiede zwischen den verschiedenen Struktur- und Stereo-Isomeren.**
- ✔ **Machen Sie sich den Unterschied im Aufbau von Glykogen und Stärke klar.**
- ✔ **Stellen Sie eine O-glykosidische Bindung anhand eines Disaccharides dar und verdeutlichen Sie sich, wo der Unterschied in der Synthese von O- bzw. N-glykosidischen Bindungen in Glykoproteinen liegt.**
- ✔ **Rekapitulieren Sie wichtige Eigenschaften der Glykosaminoglykane und ihre biologische Bedeutung.**

2.2 Der Stoffwechsel der Kohlenhydrate: Übersicht

Unter den Kohlenhydraten nimmt die Glucose den größten Anteil ein, den wir mit der Nahrung aufnehmen. Während der Verdauung werden die komplexen Kohlenhydrate (Polysaccharide) in die Monosaccharide (Glucose, Fructose, Galactose etc.) gespalten und resorbiert (s. S. 245). Sie werden über das Pfortader-System als erstes zur Leber transportiert. Die Leber hat die Aufgabe einen konstanten Blutzuckerspiegel zu erhalten, so dass die restlichen Gewebe ausreichend mit „Energie" versorgt werden.

Glucose kann von allen Körperzellen mittels **Glykolyse** abgebaut werden. Einige Gewebe bauen zudem Glucose auch über den **Pentosephosphatweg** ab, so kann Ribose für die Nukleotidbiosynthese und $NADPH+H^+$ für die Fettsäure-Synthese hergestellt werden.

In Leber und Muskel besteht die Möglichkeit Glucose als **Glykogen** zu speichern. Zudem können Leber und auch die Niere im Hungerzustand über die **Gluconeogenese** Glucose neu aufbauen, wobei aber nur die Leber nennenswert für den Erhalt des Blutglucosespiegels verantwortlich ist.

Diese vier großen Stoffwechselwege werden in den folgenden Kapiteln ausführlich erläutert (s. auch Stoffwechselkarten am Ende des Buches).

Außerdem wird auch der Lactose- und Galactosestoffwechsel, der beim Säugling eine wichtige Rolle spielt, und der Fructosestoffwechsel erklärt.

2.3 Die Glykolyse

Lerncoach

- **Erarbeiten Sie sich die Reaktionen der Glykolyse, indem Sie sich zuerst die Funktion der Glykolyse klarmachen (aerobe und anaerobe Energiegewinnung) und sich dann Ausgangs-**

stoff, Endprodukte und wichtige Zwischenprodukte (Intermediate) verdeutlichen.

- **In der Glykolyse gibt es eine Reihe wichtiger Substrate und Enzyme, die im Folgenden auch mit Abkürzungen vorgestellt werden. Diese Abkürzungen können Ihnen helfen, sich die teilweise sehr langen Namen besser einzuprägen.**

2.3.1 Überblick und Funktion

Die Glykolyse (griech. *glykos* = süß, *lysis* = Auflösung) ist ein kataboler (abbauender), energieliefernder Stoffwechselweg, dessen Enzyme im Zytosol der Zellen lokalisiert sind. Die Funktion ist der Gewinn von **Energie** in Form von **ATP** durch den Abbau von Glucose zu Pyruvat oder Lactat. Die entscheidende Reaktion hierfür ist die **Substratkettenphosphorylierung**, in der Oxidationsenergie umgesetzt wird.

Beachte: Diesen Prozess muss man von anderen wichtigen energieliefernden Prozessen, wie der oxidativen Phosphorylierung in der Atmungskette, abgrenzen.

Die Substratkette Glykolyse kommt in allen lebenden Körperzellen vor und stellt so Energie für die Lebensprozesse bereit.

Abb. 2.19 gibt einen schematischen Überblick über die Reaktionen der Glykolyse und ihre Verbindung zum Citratzyklus, der Atmungskette und der Gluconeogenese. **Tab. 2.4** führt die Abkürzungen auf, die in der Glykolyse häufig verwendet werden.

2.3.1.1 Die energieliefernden Reaktionen der Glykolyse

Die Glykolyse ist eine **Substratkette**, da Substrate in einer bestimmten Reihenfolge enzymkatalysiert ineinander umgewandelt werden. In der **Substratkettenphosphorylierung** wird auf Stufe der Glycerinaldehyd-3-phosphat-Dehydrogenase (GAP-DH)- und Phosphoglyceratkinase(PGK)-Reaktionen anorganisches Phosphat auf Glycerinaldehydphosphat (GAP) übertragen, wodurch es zu 1,3-Bisphosphoglycerat (1,3-BPG) phosphoryliert wird. 1,3-BPG ist ein **energiereiches** Substrat, weil es eine energiereiche gemischte Säureanhydridbindung enthält. Zur Bildung der gemischten Säureanhydridbindung im 1,3-BPG wird die **Oxidationsenergie** aus der GAP-DH (= Dehydrogenase, Oxidationsenzym) genutzt. Nun kann die Energie aus dem Säureanhydrid des 1,3-BPG wiederum genutzt werden, um am ADP einen Phosphatrest in einer energiereichen Bindung (auch ein Anhydrid) anzuknüpfen – es entsteht **ATP** (Phosphorylierung).

Die **Pyruvatkinase(PK)-Reaktion** stellt eine weitere energieliefernde Reaktion dar, bei der ATP gewonnen wird. Diese Reaktion wird als zweite Substratkettenphosphorylierung der Glykolyse bezeichnet, obwohl der Reaktionsmechanismus weniger komplex ist und sich deutlich von der ersten Substratkettenphosphorylierung unterscheidet. In der PK-Reaktion wird kein anorganisches Phosphat gebunden. Stattdessen entsteht durch Wasserabspaltung ein energiereiches Enolphosphat, das **Phosphoenolpyruvat** (PEP), welches die Energie zur ATP-Bildung aus ADP bereitstellt. Gemeinsam ist den energielie-

Tabelle 2.4

Häufig verwendete Abkürzungen in der Glykolyse

Intermediate		**Enzyme**	
Glc	Glucose	HK	Hexokinase
Glc-6-P	Glucose-6-phosphat	PFK	Phosphofructokinase
Frc-6-P	Fructose-6-phosphat	GAP-DH	Glycerinaldehyd-3-phosphat-Dehydrogenase
Frc-3-P	Fructose-3-phosphat	PGK	Phosphoglyceratkinase
Frc	Fructose	PDH	Pyruvatdehydrogenase
DHAP	Dihydroxyacetonphosphat	PK	Pyruvatkinase
GAP	Glycerinaldehyd-3-phosphat	LDH	Lactatdehydrogenase
1,3-BPG	1,3-Bisphosphoglycerat	2-PG	2-Phosphoglycerat
3-PG	3-Phosphoglycerat		
PEP	Phosphoenolpyruvat		

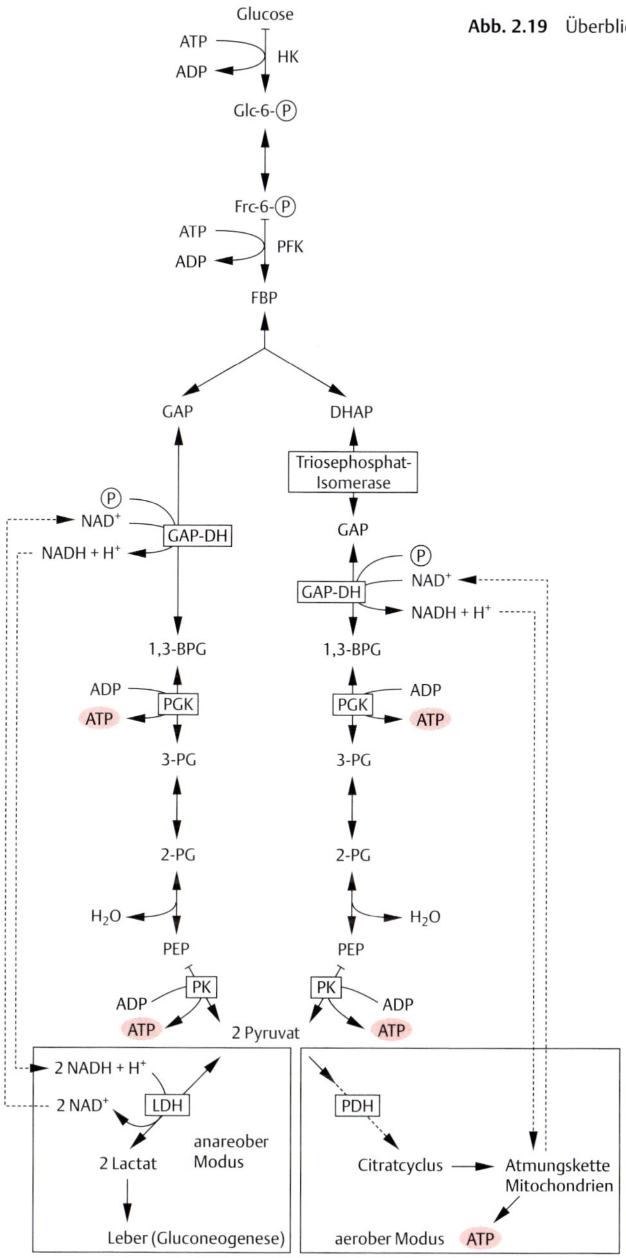

Abb. 2.19 Überblick über die Glykolyse (Abkürzungen siehe Tab. 2.4)

fernden Reaktionen, dass sie die **Energie** in Form von **ATP konservieren**. Bildlich veranschaulicht werden die „leeren Akkus" ADP wieder zu „vollen Akkus" ATP aufgeladen. Energieverbrauchende Prozesse der Zelle, wie zum Beispiel die primär aktiven Ionenpumpen der Membranen, entladen die „ATP-Akkus" wieder zu „leeren ADP-Akkus".

2.3.1.2 Der Energiegewinn im aeroben und anaeroben Modus

Die zwei Modi der Glykolyse – aerob und anaerob – bestimmen die mögliche Energieausbeute beim Abbau des Glucosemoleküls. Im **aeroben** Modus, wenn genügend Sauerstoff zur Verfügung steht, schließen sich an die Glykolyse noch die Reaktionen der Pyruvatdehydrogenase (PDH), des Citratzyklus (s. S. 124) und der Atmungskette (s. S. 129) an. Dadurch kann das aus der GAP-DH-Reaktion anfallende reduzierte Coenzym NADH+H$^+$ am Komplex I der Atmungskette im Mitochondrium wieder oxidiert werden. Das Pyruvat aus der Glykolyse wird im Citratzyklus weiter umgesetzt. Dabei liefert ein Glucosemolekül etwa **32 ATP**.

Wenn die Zellen keine Mitochondrien besitzen, wie dies bei den Erythrozyten der Fall ist, oder wenn, wie im arbeitenden Muskel, eine Sauerstoffknappheit herrscht, läuft die Glykolyse im **anaeroben** Modus ab. Jetzt kann das NADH+H$^+$ aus der GAP-DH-Reaktion nicht mehr in der Atmungskette oxidiert werden. Um das NADH+H$^+$ zu reoxidieren, wird es benutzt, um Pyruvat zu Lactat zu reduzieren. Dabei wird das Pyruvat „verbraucht" und steht deshalb nicht mehr zur weiteren Energiegewinnung im Citratzyklus zur Verfügung. Damit liegt die Energieausbeute bei der anaeroben Glykolyse mit 2 ATP pro Glucose deutlich unter der Ausbeute der aeroben Glykolyse. Das Verhältnis ist ca. 1:15. Das Lactat aus der anaeroben Glykolyse wird in der Leber zur Gluconeogenese verwendet (Corizyklus, s. S. 37).

MERKE

Ziel der anaeroben Glykolyse ist die Energiegewinnung unter Sauerstoffmangel. Um nicht an NAD$^+$ zu verarmen, wird NADH+H$^+$ in der Lactat-Dehydrogenase-Reaktion reoxidiert.

2.3.2 Die Reaktionen der Glykolyse

Die Glykolyse lässt sich in zwei Phasen unterteilen: Die Hexosephase mit einem C6-Körper (Glucose bis Fructose-1,6-bisphosphat) und die Triosephase mit zwei C3-Körpern nach Aufspaltung der Hexose in zwei Triosen (von Glycerinaldehyd-3-phosphat bis Pyruvat oder Lactat).

Machen Sie sich klar, dass beim Abbau einer Glucose immer zwei Triosen entstehen, die beide in der Triosephase weiter verstoffwechselt werden. Das Ergebnis ist, dass aus einer Glucose zwei Pyruvat (oder im anaeroben Modus zwei Lactat) entstehen (vgl. Abb. 2.19).

Glucose wird aus dem Blut über erleichterte Diffusion mittels eines **Glucosetransporters** (GLUT) in die Zelle aufgenommen (s. S. 358). Hier findet im Zytosol die Glykolyse statt. Die Resorption aus dem Intestinaltrakt (s. S. 246) sowie die Rückresorption in den Nierentubuli (s. S. 281) erfolgt hingegen über einen sekundär aktiven Co-Transport mit Natriumionen.

2.3.2.1 Die Hexokinase-Reaktion

Glucose wird über die Hexokinase zu **Glucose-6-phosphat** phosphoryliert, indem die Kinase einen Phosphatrest aus ATP abspaltet und eine Esterbindung zwischen diesem Phosphat und dem C_6 der Glucose knüpft (**Abb. 2.20**). Diese Hexokinase-Reaktion ist **exergon** und damit **irreversibel**, weil für die Knüpfung einer Esterbindung eine energiereiche Anhydridbindung des ATP gespalten wird. Nach dieser Reaktion kann Glucose die Zelle nicht mehr verlassen, da es für Glucose-6-phosphat keinen Transporter gibt.

Die Hexokinase kann auch andere Hexosen wie Mannose und Galactose umsetzen. Das der Hexokinase entsprechende Enzym der Leber heißt **Glucokinase** und ist für Glucose spezifisch. Während die Hexokinase durch ihr Produkt Glucose-6-phosphat gehemmt werden kann, unterliegt die Glucokinase der Leber keiner solchen Feedback-Hemmung. Ein weiterer Unterschied zwischen den beiden Enzymen ist, dass die Glucokinase eine höhere K_M (Michaelis-Konstante) und damit eine **niedrigere Affinität** zur Glucose hat als die Hexokinase (s. S. 155). Das bewirkt, dass die Leber sich erst bei erhöhten Glucosekonzentrationen im Pfortaderblut mit Glucose versorgt und diese als Glykogen speichert. Bei niedrigen Glucosekonzentrationen versorgen sich erst alle anderen Gewebe, ehe die Glucokinase der Leber aktiv wird. Wäre das K_M-Verhältnis von Hexokinase und Glucokinase und damit deren Affinitäten zur Glucose vertauscht, so würde die Leber die Glucose nahezu komplett als Glykogen speichern und die extrahepatischen Gewebe hätten keine Energie für ihren Stoffwechsel. In den B-Zellen des Pankreas spielt die Glucokinase ebenfalls eine wichtige Rolle: Hier sorgen der GLUT-2-Transporter und das Enzym, die beide einen K_M-Wert von über 10 mM besitzen, für eine glucoseabhängige Insulinfreisetzung, wenn die Blutglucose-Kon-

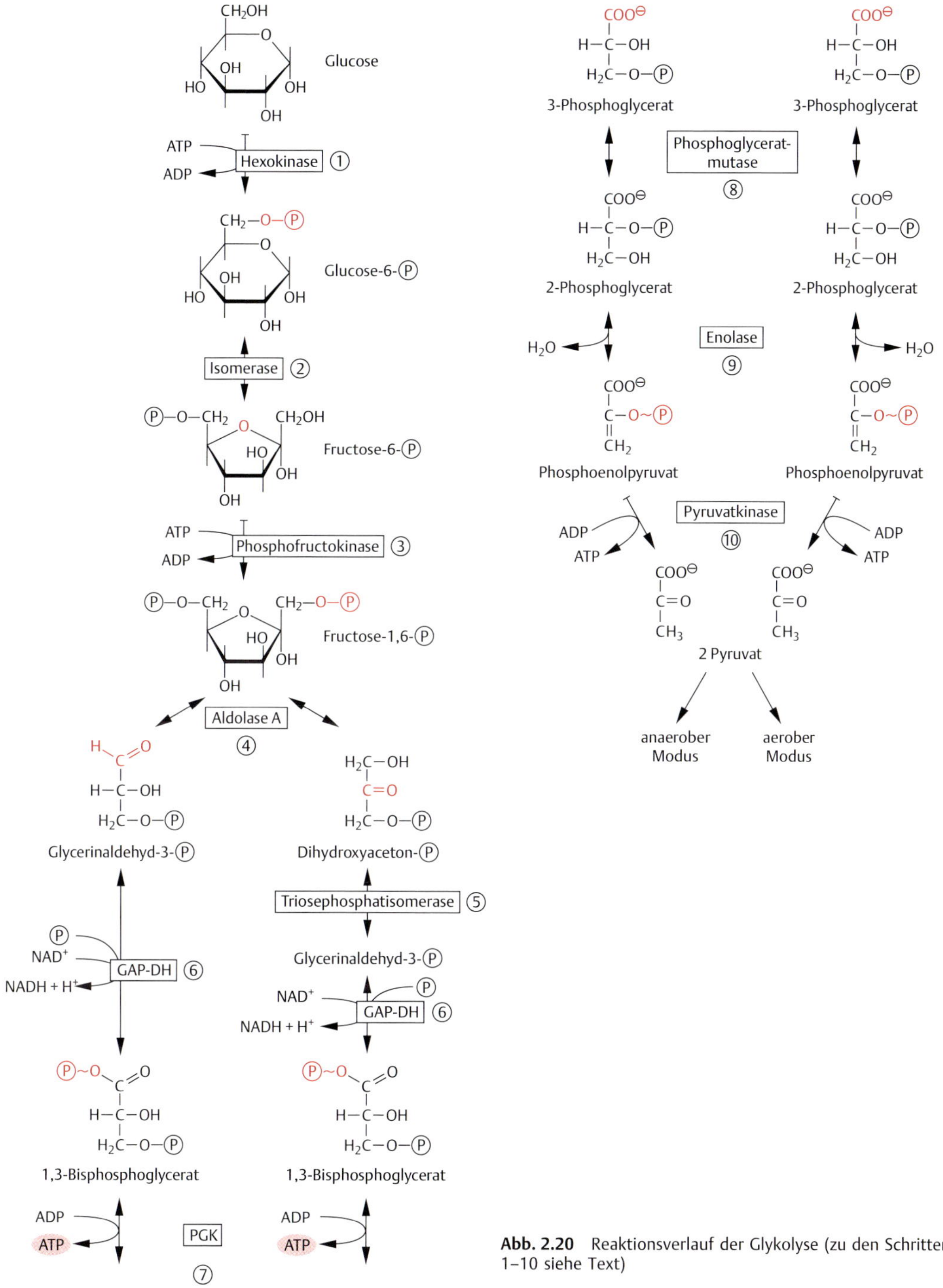

Abb. 2.20 Reaktionsverlauf der Glykolyse (zu den Schritten 1–10 siehe Text)

zentration deutlich über den üblichen Wert von 5 mM (entspricht = 90 mg/dl) ansteigt.
So sorgt die Glucokinase bei hoher Blutglucose-Konzentration für eine Insulinausschüttung. Im Gegenzug induziert Insulin wiederum die Glucokinase.

MERKE

Glucokinase ist die Hexokinase der Leber. Im Unterschied zur extrahepatischen Hexokinase unterliegt sie keiner Produkthemmung, sie hat eine niedrigere Affinität (höheren K_M-Wert) für Glucose und wird durch Insulin induziert.

2.3.2.2 Die Hexosephosphatisomerase-Reaktion

Die Hexosephosphatisomerase setzt Glucose-6-phosphat in Fructose-6-phosphat um. Es handelt sich bei den Substraten um Konstitutionsisomere (s. S. 12).

2.3.2.3 Die Phosphofructokinase-1-Reaktion

Die Phosphofructokinase-1 (PFK-1) verbraucht als Kinase ein weiteres ATP und knüpft wie die Hexokinase eine Esterbindung, diesmal an C_1 von Fructose-6-phosphat. Auch diese Kinase-Reaktion ist exergon und damit unter physiologischen Bedingungen **irreversibel**. Es entsteht Fructose-1,6-bisphosphat. (Bisphosphat: Merke *s* wie „solo", denn die Phosphatreste sind an verschiedenen Stellen des Moleküls einzeln [solo] gebunden; im Gegensatz dazu sind die Phosphate beim Diphosphat in einer energiereichen Anhydridbindung direkt aneinander gebunden.) Die PFK-1 ist eine **entscheidende Regulationsstelle** in der Glykolyse (s. u.). Erhöhte Konzentrationen von Citrat und ATP zeigen eine gute Energieladung der Zelle an und können das Enzym allosterisch hemmen. AMP und ADP aktivieren die PFK-1 allosterisch (s. S. 158), weil diese Metabolite vermehrt bei niedriger Energieladung auftreten. So kann der Energiegewinn durch die Glykolyse dem aktuellen ATP-Bedarf angepasst werden.

2.3.2.4 Die Aldolase A-Reaktion

Die Fructose-1,6-bisphosphat-Aldolase (Aldolase A) spaltet die Hexose Fructose-1,6-bisphosphat in die Triosen **Dihydroxyacetonphosphat** (DHAP, synonym Glyceron-3-phosphat) und **Glycerinaldehyd-3-phosphat** (GAP, synonym Glyceral-3-phosphat). Diese Reaktion ist keine Hydrolyse, sondern eine Aldol-Spaltung. Durch Elektronenverschiebung wird hier eine C-C-Bindung labilisiert und schließlich gespalten, wodurch ein Alkohol und ein Aldehyd entsteht. Aldolspaltungen findet man z. B. auch bei Aminosäure-Umlagerungen.

2.3.2.5 Die Triosephosphatisomerase-Reaktion

Über die Triosephosphatisomerase stehen DHAP und GAP miteinander im Gleichgewicht. Obwohl das Gleichgewicht auf Seiten des DHAP liegt, werden die Substrate üblicherweise über GAP weiter abgebaut, sodass ein Molekül Glucose zwei Moleküle GAP liefert.

2.3.2.6 Die Glycerinaldehydphosphat-Dehydrogenase-Reaktion

Die Glycerinaldehydphosphat-Dehydrogenase (GAP-DH) ist ein Redoxenzym und oxidiert die Aldehydgruppe des GAP zur Carboxylgruppe der 1,3-Bisphosphoglycerinsäure (synonym 1,3-Bisphosphoglycerat = 1,3-BPG, Anion dieser Säure).
Bei dieser Oxidation ist das Coenzym NAD^+ Redoxpartner und wird zu $NADH+H^+$ reduziert. Das $NADH+H^+$ kann nun entweder an der Atmungskette seine Elektronen wieder abgeben, also oxidiert werden, oder im anaeroben Modus durch die Lactatdehydrogenase (LDH) zum benötigten NAD^+ reoxidiert werden (s. u.). Ohne das Redox-Coenzym NAD^+ kann die GAP-DH-Reaktion nicht ablaufen, somit hemmt eine erhöhte Konzentration von $NADH+H^+$ die Glykolyse auf dieser Stufe.
Die **Oxidationsenergie** wird in dieser Reaktion durch folgenden Mechanismus konserviert: GAP kann sich mit seiner Aldehydgruppe an eine SH-Gruppe des Enzyms GAP-DH binden, es entsteht ein Thiohalbacetal (**Abb. 2.21**). Durch Oxidation dieser Bindung wird eine energiereiche Thioesterbindung erzeugt, die durch Anlagerung eines anorganischen Phosphatrestes phosphorolytisch aufgespalten wird. Die Energie steckt nun in der gemischten Säureanhydridbindung zwischen der Carbonsäuregruppe und dem Phosphatrest (Phosphorsäure) des 1,3-BPG. Gemischt heißt diese Anhydridbindung, weil sie durch zwei verschiedene Säuren gebildet wird, nämlich Carbonsäure und Phosphorsäure. Die Energie ist im 1,3-BPG konserviert.

2.3.2.7 Die Phosphoglyceratkinase-Reaktion

Die Phosphoglyceratkinase (PGK) überträgt das energiereiche Phosphat aus dem 1,3-BPG auf ADP. Es entsteht 3-Phosphoglycerat und die Energie ist in Form von **ATP** konserviert.

Beachte: Die Reaktionen der GAP-DH (Reaktion 6) und der PGK (Reaktion 7) gehören zur **Substratkettenphosphorylierung**, wobei man entweder die Phosphorylierung des GAP zum 1,3-BPG mit anorganischem Phosphat oder die Phosphorylierung von ADP zu ATP als die namensgebende Reaktion ansieht. Der im Examen verwendete Begriff für beide Reaktionen lautet „energieliefernde Reaktion".

2.3.2.8 Die Phosphoglyceratmutase-Reaktion

Über die Phosphoglyceratmutase wird der verbleibende Phosphatrest von 3-Phosphoglycerat auf das C_2 des Glycerats verschoben. Das Produkt ist 2-Phosphoglycerat.

2.3.2.9 Die Enolase-Reaktion

Die Enolase spaltet vom 2-Phosphoglycerat Wasser ab, es entsteht das energiereiche Phosphoenolpyruvat (PEP).

2.3.2.10 Die Pyruvatkinase- und die Lactatdehydrogenase-Reaktion

Durch die Pyruvatkinase wird die Phosphatgruppe des PEP auf ADP übertragen. Es entstehen ATP und Pyruvat. Diese Reaktion ist exergon und unter physiologischen Bedingungen **irreversibel**.

Pyruvat kann beim **aeroben Modus** der Glykolyse der Pyruvatdehydrogenase-Reaktion (PDH) zugeführt werden (s. S. 121).

Klinischer Bezug

Pyruvatkinasemangel: Die angeborene **hämolytische Anämie** ist eine seltene Erkrankung und kann durch einen Defekt der Pyruvatkinase der Erythrozyten bedingt sein. Die reifen Erythrozyten gewinnen ihre Energie allein durch anaerobe Glykolyse, die durch eine stark verminderte Aktivität der Pyruvatkinase unzureichend abläuft. Durch den Energiemangel kommt es zu Defekten an den Membranen der Erythrozyten und damit zu ihrer Lyse.

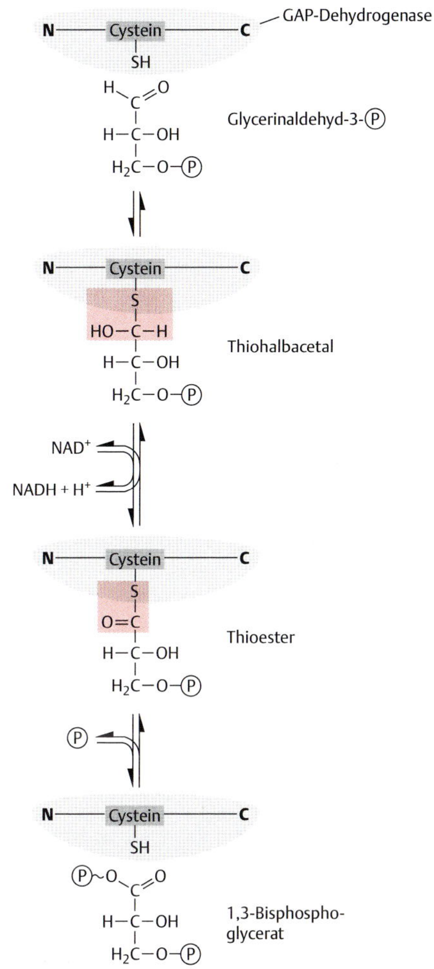

Abb. 2.21 Reaktionsmechanismus der GAP-DH: Bildung des Thiohalbacetals, Oxidation zum energiereichen Thioester und phosphorolytische Abspaltung des Substrates 1,3-BPG

Im **anaeroben Modus** wird Pyruvat durch die Lactatdehydrogenase (LDH) zu Lactat reduziert, um $NADH+H^+$ zum NAD^+ zu oxidieren, welches die GAP-DH benötigt. Hierbei wird die Ketogruppe im Pyruvat zum sekundären Alkohol (OH-Gruppe) von Lactat reduziert.

Lactat ist das Endprodukt der anaeroben Glykolyse und kann über den Blutweg der Leber zugeführt werden. In der Leber wird Lactat für die Gluconeogenese genutzt, wobei die entstehende Glucose den Zellen wieder für ihre Glykolyse zur Verfügung gestellt wird – diesen Kreislauf nennt man **Corizyk-**

2

Tabelle 2.5

Energiebilanz für den Abbau eines Glucosemoleküls in der anaeroben Glykolyse		
Enzym	**Reaktion**	**ATP-Gewinn**
Hexokinase/Glucokinase	Glucose → Glucose-6-phosphat	- 1 ATP
Phosphofructokinase	Fructose-6-phosphat → Fructose-1,6-Bisphosphat	- 1 ATP
Phosphoglyceratkinase	1,3-Bisphosphoglycerat → 3-Phosphoglycerat	+ 2 ATP
Pyruvatkinase	Phosphoenolpyruvat → Pyruvat	+ 2 ATP
Summe:		**+ 2 ATP**

lus (s. S. 37, **Abb. 2.31**). Im Muskel entstehendes Pyruvat kann auch zu der Aminosäure Alanin transaminiert werden. Im so genannten **Alaninzyklus** (s. S. 106) wird dieses dann über das Blut zur Leber transportiert und dort wieder in Pyruvat umgewandelt. Das Pyruvat dient dann erneut als Substrat in der Gluconeogenese.

Im Erythrozyten ist immer Lactat das Endprodukt der Glykolyse, da in den Erythrozyten die Mitochondrien fehlen, um Glucose komplett zu verbrennen, d. h. aerob abzubauen.

Klinischer Bezug

LDH zum Nachweis von Zelluntergang: In der klinischen Chemie kann die LDH im Blutserum bestimmt werden. Ist ihre Aktivität erhöht, spricht das dafür, dass Zellen zugrunde gegangen sind und das Enzym LDH frei im Blut zu finden ist. Man unterscheidet fünf Isoenzyme der LDH, die organspezifisch verteilt sind. Bei erhöhten Werten im Blut kann man deshalb auf Schädigungen in den entsprechenden Organsystemen schließen (z. B. auf Herzinfarkt bei erhöhten Werten der Herz-LDH oder Muskelerkrankungen bei erhöhten Aktivitäten der Muskel-LDH, vgl. S. 165).

MERKE

Muskel und Leber arbeiten im Glucosestoffwechsel eng zusammen. Als Stichworte seien hier der Corizyklus und der Alaninzyklus genannt.

2.3.3 Die Energiebilanz

Beim Durchsatz von einem Molekül Glucose werden in der Hexosephase 2 ATP (einmal in der Hexokinase- und einmal in der Phosphofructokinase-Reaktion) „verbraucht“. In der zweimal ablaufenden Triosephase werden 2 ATP in der Phosphoglyceratkinase- und 2 ATP in der Pyruvatkinase-Reaktion pro Glucose gewonnen. Es werden also 2 ATP verbraucht und 4 ATP gewonnen. Im **anaeroben** Modus der Glykolyse werden daher pro Abbau eines Glucosemoleküls 2 ATP gewonnen (**Tab. 2.5**).

Bei der **aeroben Glykolyse** schließt sich die Atmungskette an, sodass bei der aeroben Glykolyse ca. 32 ATP pro Glucosemolekül gewonnen werden, also ungefähr 15-mal so viel wie beim anaeroben Weg.

2.3.4 Die Regulation der Glykolyse

Die Glykolyse wird über mehrere Enzyme reguliert. Eine wichtige Rolle spielen vor allem die Hexokinase, die Phosphofructokinase-1 und die Pyruvatkinase.

Die **Hexokinase** wird durch Glucose-6-phosphat im Sinne einer Produkthemmung gehemmt. Vom Glucose-6-phosphat aus können sich weitere Stoffwechselwege wie Pentosephosphatweg und Glykogensynthese anschließen. Die **Glucokinase** hingegen wird nicht über Produkthemmung reguliert, sondern durch Insulin induziert (↑ Transkription, s. S. 392).

Die **Phosphofructokinase-1** ist das geschwindigkeitsbestimmende Enzym und wird sowohl durch Hormone, wie z. B. Insulin, induziert als auch allosterisch reguliert. Citrat und ATP zeigen der Zelle eine gute Energieladung an und hemmen dieses Enzym, während AMP und ADP es aktivieren. Die spezielle Regulation der Phosphofructokinase-1, besonders in der Leber im Zusammenspiel mit der Phosphofructokinase-2, wird weiter unten im Einzelnen besprochen.

Die **Pyruvatkinase** wird ebenfalls durch Insulin induziert und allosterisch im Sinne einer *forward regulation* durch Fructose-1,6-bisphosphat aktiviert. Das heißt, das frühe Produkt Fructose-1,6-bisphos-

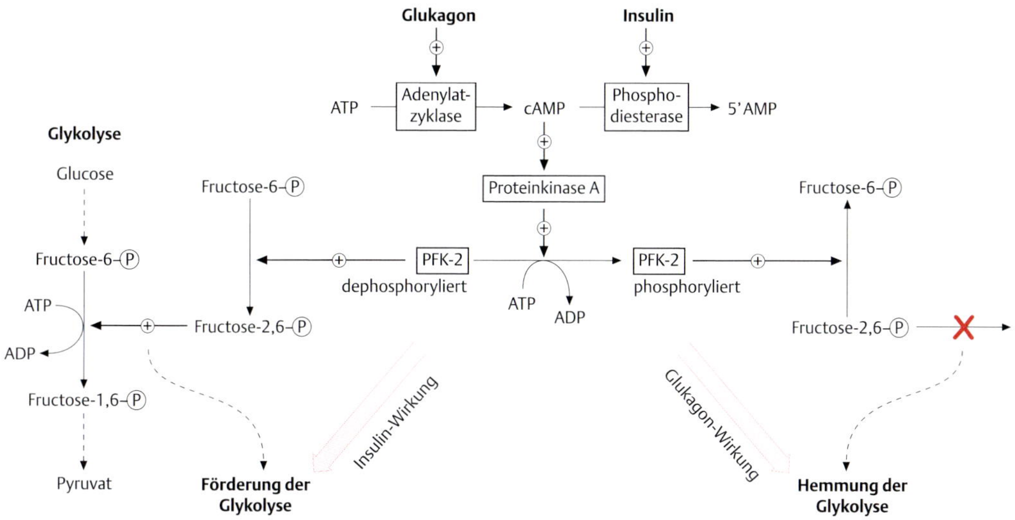

Abb. 2.22 Regulation der Glykolyse über die Phosphofructokinase-2 in der Leber: Glukagon erhöht über die Adenylatzyklase den cAMP-Spiegel. Dies führt zur Phosphorylierung der PFK-2 und damit zum Abbau der Glucose. Insulin hat genau die entgegengesetzte Wirkung.

phat in der Glykolyse stimuliert das nachfolgende Enzym Pyruvatkinase und regt so seine eigene weitere Verstoffwechslung an.

Die Pyruvatkinase zählt zu den interkonvertierbaren Enzymen, d.h. ihre Aktivität kann durch Phosphorylierung und Dephosphorylierung reguliert werden (s. S. 168). Sie zeigt im dephosphorylierten Zustand eine erhöhte Affinität zu Fructose-1,6-bisphosphat.

2.3.4.1 Die Phosphofructokinase-2

In der Leber gibt es noch ein weiteres Enzym, das in die Regulation der Glykolyse eingreift. Dabei handelt es sich um das interkonvertierbare Enzym Phosphofructokinase-2 **(Abb. 2.22)**. Die Besonderheit dieses Enzyms ist, dass es sowohl in phosphorylierter als auch in dephosphorylierter Form eine Reaktion katalysiert. Es hat also zwei Funktionen, und wird deshalb auch **Tandem-Enzym** genannt.

Im dephosphorylierten Zustand wandelt die PFK-2 Fructose-6-phosphat aus der Glykolyse in Fructose-2,6-bisphosphat um. Sie hat also eine Kinase-Funktion und katalysiert die Reaktion unter Umwandlung von ATP zu ADP. Fructose-2,6-bisphosphat hat eine rein regulatorische Funktion und ist ein allosterischer Aktivator der Phosphofructokinase-1, der Regelstelle der Glykolyse.

Beachte: Die Dephosphorylierung der PFK-2 wird durch das Hormon Insulin ausgelöst, das den cAMP-Spiegel in der Zelle erniedrigt. Insulin induziert also die Glykolyse.

Im phosphorylierten Zustand macht das Enzym die Phosphorylierung des Fructose-2,6-bisphosphat rückgängig. Fructose-2,6-bisphosphat wird wieder in Fructose-6-phosphat umgewandelt. Die PFK-2 besitzt demnach im phosphorylierten Zustand eine Phosphatase-Funktion. So kommt es zum Abbau des allosterischen Aktivators. Erreicht wird diese Funktion der PFK-2 vor allem durch Glukagon, das den intrazellulären cAMP-Spiegel erhöht. Glukagon hemmt also die Glykolyse.

Im Herzmuskel stellt sich die Aktivität der PFK-2 ganz anders dar. Hier lösen die **Katecholamine** einen erhöhten cAMP-Spiegel aus und bewirken so die Phosphorylierung des Enzyms. Jedoch wird die Herz-PFK-2 an einer anderen Stelle phosphoryliert als die Leber-PFK-2. Dies führt dazu, dass das Enzym jetzt im phosphorylierten Zustand die Bildung von Fructose-2,6-bisphosphat übernimmt. So wird die Glykolyse im Herzmuskel durch die Katecholamine gefördert. Dies ist physiologisch sinnvoll, da die Katecholamine die Leistung des Herzens erhöhen (s. S. 219).

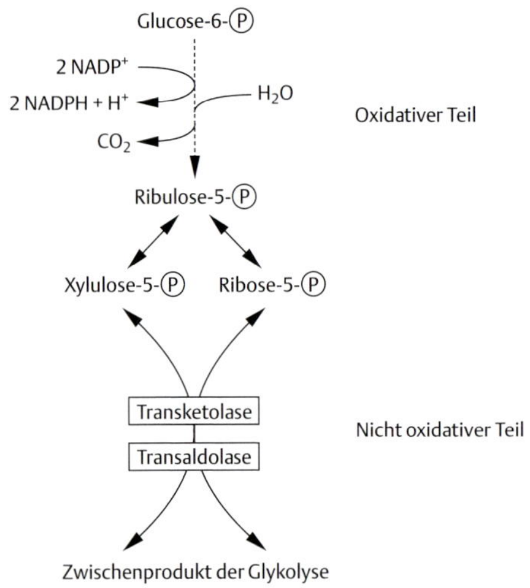

Abb. 2.23 Überblick über den Pentosephosphatweg

MERKE

Die Regulierung der Glykolyse erfolgt in der Leber über die PFK-2:
- **Insulin fördert die Glykolyse über Synthese von Fructose-2,6-bisphosphat.**
- **Glucagon und Katecholamine hemmen die Glykolyse über den Abbau von Fructose-2,6-bisphosphat.**

Check-up

- ✔ **Wiederholen Sie, wie die Oxidationsenergie innerhalb der Substratkettenphosphorylierung auf der Stufe der GAP-DH und Phosphoglyceratkinase umgewandelt wird.**
- ✔ **Verdeutlichen Sie sich die Funktion der Lactatdehydrogenase (LDH) in der anaeroben Glykolyse.**
- ✔ **Wiederholen Sie das Verhältnis der Michaelis-Konstanten von Hexokinase und Glucokinase der Leber zueinander und welche biologische Funktion damit gewährleistet ist.**
- ✔ **Rekapitulieren Sie, welche Reaktionen der Glykolyse irreversibel sind und warum.**
- ✔ **Machen Sie sich klar, welche Enzyme in der Glykolyse reguliert werden und wie diese Regulation aussieht.**

2.4 Der Pentosephosphatweg (PPW)

Lerncoach

- **Der Pentosephosphatweg hat zwei wichtige Aufgaben: Er stellt dem Körper Pentosen und das reduzierte Coenzym NADPH+H⁺ zur Verfügung. Daran sollten Sie beim Lernen des PPW denken.**
- **Achten Sie auch darauf, warum und für welche anderen Stoffwechselwege der PPW wichtig ist (z. B. Fettsäurebiosynthese).**

2.4.1 Überblick und Funktion

Der Pentosephosphatweg erfüllt zwei hauptsächliche Funktionen. Zum einen wird **Glucose** über diesen Stoffwechselweg **oxidativ decarboxyliert** und zu Pentosen umgesetzt. Hierbei spielt die **Ribose** für den Aufbau der Nukleotide von DNA und RNA mengenmäßig die wichtigste Rolle.
Außerdem wird bei diesen Stoffwechselschritten **NADPH+H⁺** hergestellt. Dieses Coenzym ist wesentlich für **anabole** (aufbauende) Stoffwechselwege, z. B. Fettsäurebiosynthese und Steroidsynthese. Es spielt *keine* Rolle bei der Energiegewinnung über die Atmungskette!
Beachte: NADPH+H⁺ wird außerdem durch die zytosolische Malat-DH II (s. S. 35) hergestellt, dieses Enzym spielt in verschiedene Geweben eine wichtige Rolle.
Durch die weiteren Schritte im PPW entstehen als **Endprodukte Substrate der Glykolyse**, so dass der PPW mit der Glykolyse eng verbunden ist (**Abb. 2.23**). Der PPW wird in einen oxidativen und einen nicht oxidativen Teil eingeteilt, deren Reaktionen weiter unten genauer beschrieben werden.

2.4.2 Die Lokalisation des Pentosephosphatwegs

Die Enzyme des Pentosephosphatwegs finden sich besonders im **Zytosol** der **fettbildenden Organe** wie Fettgewebe, Leber und laktierende Brustdrüse, sowie in der Nebennierenrinde, Ovarien und Testes aufgrund der Steroidsynthese. Diese bevorzugte Lokalisation ergibt sich aus der großen **Menge von NADPH+H⁺**, die in diesen Organen benötigt wird. Sie wird dort vom PPW zur Verfügung gestellt.

Auch die **Erythrozyten** sind auf NADPH+H$^+$ angewiesen, vor allem um Glutathion zu reoxidieren (s. S. 304). Im Muskel ist der PPW nur gering aktiv, da Glucose-6-phosphat meist in Form von Glykogen gespeichert wird.

2.4.3 Die Reaktionen des PPW

Der oxidative Teil

Der erste (oxidative) Teil des PPW dient zur Gewinnung von NADPH+H$^+$. Dabei wird der C6-Körper Glucose-6-phosphat oxidiert und zu dem C5-Körper Ribulose-5-phosphat decarboxyliert. Bei diesen Reaktionen entstehen 2 NADPH+H$^+$ **(Abb. 2.24)**.

1. Die Glucose-6-phosphat-Dehydrogenase-Reaktion

Glucose-6-phosphat wird durch die Glucose-6-phosphat-Dehydrogenase in **Gluconsäurelacton-6-phosphat** (auch: 6-Phospho-Gluconolacton) umgewandelt. Bei diesem Schritt wird NADP$^+$ zu NADPH+H$^+$ reduziert. Die Glucose-6-phosphat-DH ist das Schlüssel-Enzym des Pentosephosphatweges. Sie wird im Fettgewebe durch aktivierte Fettsäuren (Acyl-CoA) gehemmt.

Klinischer Bezug

Glucose-6-phosphat-Dehydrogenase-Mangel: Dieses Krankheitsbild ist der häufigste angeborene **Enzymdefekt**. Hier liegt ein Mangel der Glucose-6-phosphat-Dehydrogenase in den **Erythrozyten** vor. Dieser Mangel führt zu einer zu geringen Produktion von NADPH+H$^+$. Dieses Coenzym wiederum spielt im Erythrozyten eine wichtige Rolle bei der Reduktion von Glutathion. Ohne reduziertes Glutathion fehlt dem Erythrozyten ein wichtiger **Oxidationsschutz** und es kommt zur **Hämolyse**. Häufig kommt es nach Einnahme von Medikamenten oder Verzehr bestimmter Lebensmittel, wie Fava-Bohnen, zu Symptomen. Der „**Favismus**" äußert sich mit Oberbauchschmerzen, Fieber, Schüttelfrost und Ikterus.

2. Die Gluconolactonase- und Gluconsäure-6-phosphat-Dehydrogenase-Reaktionen

Gluconsäurelacton-6-phosphat wird mit Hilfe von Gluconolactonase zu Gluconsäure-6-phosphat hydratisiert und anschließend durch die Gluconsäure-6-phosphat-Dehydrogenase dehydriert. Dabei entsteht **3-Ketogluconat-6-phosphat** und das zweite NADPH+H$^+$.

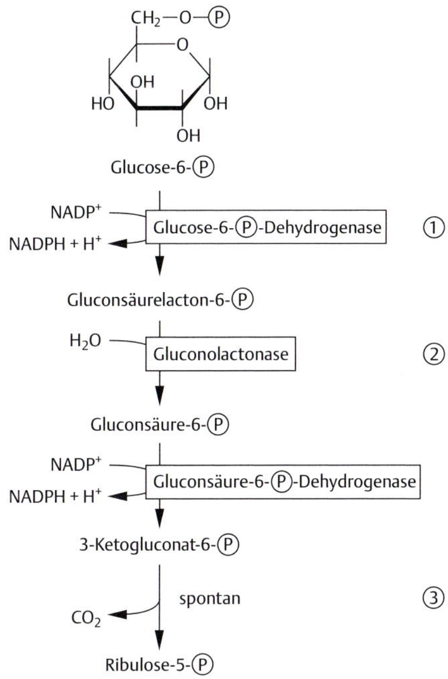

Abb. 2.24 Reaktionen des oxidativen Teils des Pentosephosphatwegs (zu den Schritten 1–3 siehe Text)

3. Spontane Decarboxylierung des 3-Ketogluconat-6-phosphat

Nach den beiden oxidativen Stoffwechselschritten decarboxyliert 3-Ketogluconat-6-phosphat spontan zu **Ribulose-5-phosphat**.

2.4.3.1 Der nichtoxidative Teil

Im zweiten Teil, dem nicht oxidativen Teil des PPW, wird der entstandene C5-Körper weiter in Substrate der Glykolyse umgewandelt **(Abb. 2.25)**. Ribulose-5-phosphat kann durch zwei **Isomerasen** entweder in die Aldose **Ribose-5-phosphat** oder in die Ketose **Xylulose-5-phosphat** umgelagert werden. Das Ribose-5-phosphat kann z. B. für den Aufbau der Nukleotide herangezogen werden. Ansonsten werden beide Substrate weiter genutzt.

4. Die Transketolase-Reaktion

Zwischen den beiden Pentosen Ribose-5-phosphat und Xylulose-5-phosphat verschiebt die Transketolase von der Ketose einen C2-Körper auf die Aldose. So werden aus zwei C5-Körpern eine aus 7 C-Atomen bestehende Ketose **(Sedoheptulose-7-phos-**

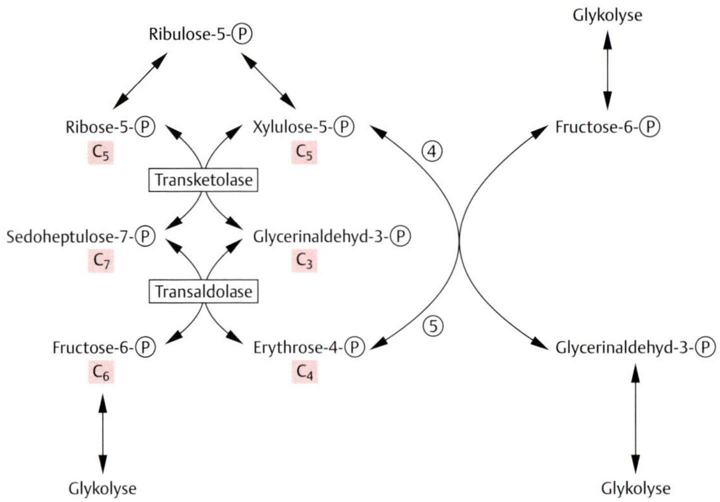

Abb. 2.25 Reaktionen des nicht oxidativen Teils des Pentosephosphatwegs (zu Schritt 4 und 5 siehe Text)

phat) und ein C3-Körper, die Aldose **Glycerinaldehyd-3-phosphat**.

Die Transketolase ist abhängig vom Coenzym **Thiaminpyrophosphat** (s. S. 182).

MERKE

Eine Transketolase verschiebt einen C2-Körper von einer Ketose zu einer Aldose.

Schritt 5: Die Transaldolase-Reaktion

Die Transaldolase verschiebt einen C3-Körper von Sedoheptulose-7-phosphat auf Glycerinaldehyd-3-phosphat. Es bleibt der C4-Körper **Erythrose-4-phosphat** übrig, und es entsteht der C6-Körper **Fructose-6-phosphat**.

Die weitere Nutzung der Substrate im PPW

Fructose-6-phosphat kann in die Glykolyse eingeschleust werden, während Erythrose-4-phosphat mit einem weiteren Xylulose-5-phosphat durch die Transketolase umgesetzt wird. Hier entsteht schließlich **Glycerinaldehyd-3-phosphat** und **Fructose-6-phosphat**, beides sind Substrate der **Glykolyse** (**Abb. 2.25**). Diese Reaktionen sind reversibel, sodass Fructose-6-phosphat und Glycerinaldehyd-3-phosphat aus der Glykolyse auch zur Gewinnung von Ribose-5-phosphat herangezogen werden können. Diesen Weg gehen Gewebe, die keinen großen Bedarf an NADPH+H⁺ haben.

Während also im ersten Teil des PPW aus der Hexose Glucose-6-phosphat die Pentose Ribulose-5-phosphat entstanden ist, entsteht im zweiten Abschnitt die Hexose Fructose-6-phosphat. Fructose-6-phosphat kann über eine Isomerase wieder in Glucose-6-phosphat umgewandelt werden und erneut in den PPW eingeschleust werden.

2.4.4 Die NADPH+H⁺-Gewinnung durch den Pentosephosphatweg

Eine Hauptaufgabe des PPW ist die Gewinnung von NADPH+H⁺, das für anabole Stoffwechselwege im Körper benötigt wird. Im Folgenden wird die NADPH+H⁺-Ausbeute für ein Glucose-6-phosphat im PPW berechnet.

Beim einmaligen Durchlauf des PPW wird aus einem Glucose-6-phosphat durch Oxidation ein C-Atom als CO_2 freigesetzt. Um alle 6 C-Atome aus der Glucose freizusetzen, muss diese den PPW theoretisch 6-mal durchlaufen. Der Einfachheit halber bietet es sich an, stattdessen die NADPH+H⁺-Ausbeute für 6 einzelne Glucose-6-phosphatmoleküle bei einem einmaligen Durchlauf durch den PPW zu berechnen. In **Abb. 2.26** ist schematisch gezeigt, wie diese 6 Glucose-6-phosphate in die verschiedenen Monophosphate umgewandelt werden. Dabei werden durch oxidative Decarboxylierung 6 CO_2 freigesetzt und 12 NADPH+12 H⁺ gewonnen. Insgesamt werden 6 H_2O verbraucht. Ein weiteres H_2O wird benötigt, wenn aus 2 Glycerinaldehyd-3-

phosphaten unter Abspaltung eines anorganischen Phosphates wieder Glucose-6-phosphat entsteht.

Die Summenformel für diese Reaktionen lautet also:

6 Glucose-6-phosphat + 7 H_2O + 12 $NADP^+$ → 5 Glucose-6-phosphat + 6 CO_2 + P_i + 12 $NADPH+12H^+$

oder für die vollständige Oxidation eines Glucose-6-phosphatmoleküls im PPW:

1 Glucose-6-phosphat + 7 H_2O + 12 $NADP^+$ →6 CO_2+ P_i + 12 $NADPH+12H^+$

Aus einem Glucose-6-phosphatmolekül werden im Pentosephosphatweg demnach 12 $NADPH+12H^+$ gewonnen.

2.4.5 Die Regulation des Pentosephosphatwegs

Der Pentosephosphatweg wird über das **Schrittmacherenzym Glucose-6-phosphat-Dehydrogenase** reguliert. Entscheidend für die Geschwindigkeit ist der **$NADPH+H^+$-Spiegel**. Bei niedrigem $NADPH+H^+$-Spiegel erhöht sich die Arbeitsgeschwindigkeit des Enzyms und umgekehrt.

Check-up

- ✔ **Verdeutlichen Sie sich nochmals im Einzelnen die beiden wichtigsten Funktionen des PPW ($NADPH+H^+$-Gewinnung und Bereitstellung des Ribose-5-phosphat für die Nukleotide).**
- ✔ **Rekapitulieren Sie, für welche anderen Stoffwechselwege das Coenzym $NADPH+H^+$ benötigt wird.**
- ✔ **Machen Sie sich noch einmal den Zusammenhang von PPW und Glykolyse klar.**

2.5 Die Gluconeogenese

Lerncoach

Die Gluconeogenese ist im Wesentlichen eine Umkehrung der Glykolyse. Allerdings müssen die irreversiblen Reaktionen der Glykolyse dabei umgangen werden. Achten Sie beim Lernen besonders auf diese „Umgehungsreaktionen" und darauf, in welchen Zell-Kompartimenten die Reaktionen stattfinden.

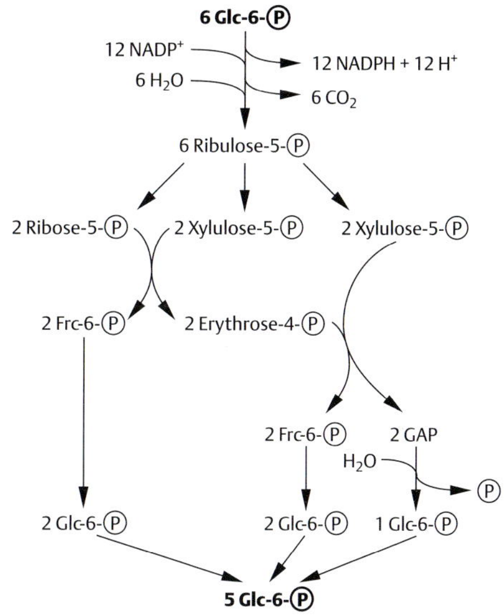

Abb. 2.26 NADPH-Gewinn durch den Pentosephosphatweg: Bei der vollständigen Oxidation eines Glucose-6-phosphat entstehen 12 $NADPH^+12H^+$.

2.5.1 Überblick und Funktion

Die Gluconeogenese dient der **Bildung von Glucose** aus anderen Nährstoffen. Dies geschieht vor allem bei Kohlenhydratmangel (Glucosemangel). Nicht alle Stoffe können in Glucose umgewandelt werden, benötigt werden dafür vor allem die glucoplastischen **Aminosäuren** (Alanin, Aspartat, Glutamat, s. **Abb. 2.27**) und **Lactat** aus der anaeroben Glykolyse. Aus dem Neutralfett (Triacylglycerin) kann nur **Glycerin** zur Gluconeogenese herangezogen werden. Die Fettsäuren werden im menschlichen Organismus zu Acetyl-CoA abgebaut, dieses Acetyl-CoA kann aber *nicht* in die Gluconeogenese einfließen. Da die Pyruvatdehydrogenase-Reaktion irreversibel ist, kann Acetyl-CoA nicht direkt in Pyruvat umgewandelt und der Gluconeogenese zugeführt werden.

MERKE

Aus Fettsäuren kann keine Glucose synthetisiert werden!

Den kompletten Satz der Enzyme für die Gluconeogenese gibt es nur in der **Leber** und in den **Nieren**. Die **Leber** synthetisiert den größten Anteil freier Glucose und kann diese in die Blutbahn abgeben.

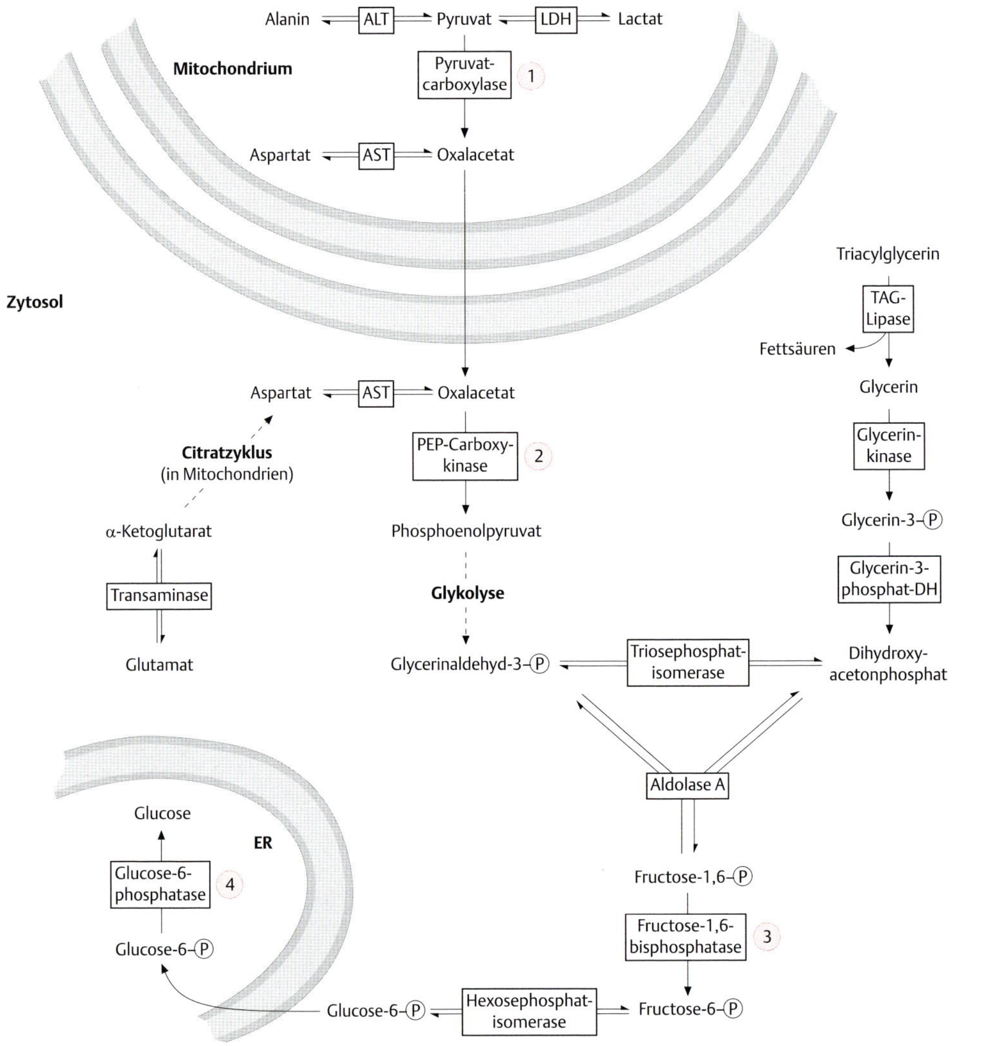

Abb. 2.27 Überblick über die Gluconeogenese: Die 4 Ausweichenzyme, die die „Umgehungsreaktionen" katalysieren (siehe Text), sind mit den Ziffern 1–4 gekennzeichnet (ALT = Alaninaminotransferase, AST = Aspartataminotransferase).

Der **Muskel** besitzt alle Enzyme außer der Glucose-6-phosphatase (s. u.) und stellt dementsprechend Glucose-6-phosphat für seinen eigenen Energiebedarf her.

2.5.2 Die Reaktionen der Gluconeogenese

Ausgangsprodukt der Gluconeogenese ist meist **Pyruvat**, das eigentliche Endprodukt der Glykolyse. In Analogie zu den zwei Triosewegen der Glykolyse, werden für den Aufbau von einem C6-Körper Glucose zwei C3-Körper Pyruvat benötigt. Vom Pyruvat aus greift die Gluconeogenese größtenteils auf die Enzyme der Glykolyse zurück, deren Reaktionen reversibel sind. Drei Reaktionen in der Glykolyse sind jedoch nicht umkehrbar und müssen umgangen werden:

- Hexokinase-Reaktion:
  Glucose → Glucose-6-phosphat
- Phosphofructokinase-Reaktion:
  Fructose-6-phosphat → Fructose-1,6-bisphosphat
- Pyruvatkinase-Reaktion:
  Phosphoenolpyruvat → Pyruvat.

Zur Umgehung dieser Reaktionen werden 4 Enzyme benötigt (**Abb. 2.27**), die in **Tab. 2.6** aufgeführt sind.

2.5.2.1 Die Pyruvatcarboxylase-Reaktion

Die Pyruvatcarboxylase-Reaktion wandelt **Pyruvat in Oxalacetat** um (**Abb. 2.28**). Sie findet im **Mitochondrium** statt und ist eine **Biotin-abhängige Carboxylierung** (s. S. 189).

Oxalacetat muss nun für die weiteren Reaktionen ins Zytosol gelangen. Dies ist nur über einen Umweg möglich, da Oxalacetat selbst die Membran nicht überwinden kann. Aus diesem Grund gibt es verschiedene Möglichkeiten, Oxalacetat in membrangängige Substanzen umzuwandeln.

- Zum einen kann **Oxalacetat** in **Malat** umgewandelt werden (Malat-DH I aus dem Citratzyklus). Das Malat gelangt ins Zytosol und wird dort durch die Malat-DH II wieder in Oxalacetat umgewandelt.
- In einer anderen Reaktion kann **Oxalacetat** in **Aspartat** umgewandelt werden (Aspartataminotransferase, AST, Transaminierung). AST kommt sowohl mitochondrial wie auch zytosolisch vor, so kann im Zytosol aus Aspartat wieder Oxalacetat entstehen (vgl. **Abb. 2.27**).
- Eine dritte Möglichkeit besteht darin, dass sich **Oxalacetat** mitochondrial mit Acetyl-CoA **zu Citrat** verbindet (Citratsynthetase aus dem Citratzyklus). Citrat gelangt ins Zytosol und wird dort durch die ATP-Citratlyase wieder in Oxalacetat und Acetyl-CoA gespalten. Acetyl-CoA kann im Zytosol für die Fettsäure-Synthese genutzt werden (s. S. 65).

Tabelle 2.6

Enzyme für die Umgehungsreaktionen der Gluconeogenese (vgl. Abb. 2.27)

Enzym	Vorkommen
Pyruvatcarboxylase	Mitochondrien
Phosphoenolpyruvat-carboxykinase	Zytosol
Fructose-1,6-bisphosphatase	Zytosol
Glucose-6-phosphatase	im endoplasmatischen Retikulum

2.5.2.2 Die Phosphoenolpyruvatcarboxykinase-Reaktion

Die PEP-Carboxykinase ist im **Zytosol** lokalisiert und wandelt **Oxalacetat in Phosphoenolpyruvat** um (**Abb. 2.29**). Bei dieser Reaktion wird ein GTP in GDP umgewandelt und CO_2 abgespalten.

2.5.2.3 bis 8. Die Reaktionen der Glykolyse-Enzyme

Phosphoenolpyruvat ist ein energiereiches Zwischenprodukt aus der Glykolyse und kann jetzt durch die reversiblen Glykolyse-Reaktionen im **Zytosol** zu **Glycerinaldehyd-3-phosphat** umgesetzt werden (s. S. 27). Dabei handelt es sich um die Reaktionen der folgenden Enzyme:

- Enolase
- Phosphoglyceratmutase
- Phosphoglyceratkinase
- Glycerinaldehyd-3-phosphat-Dehydrogenase.

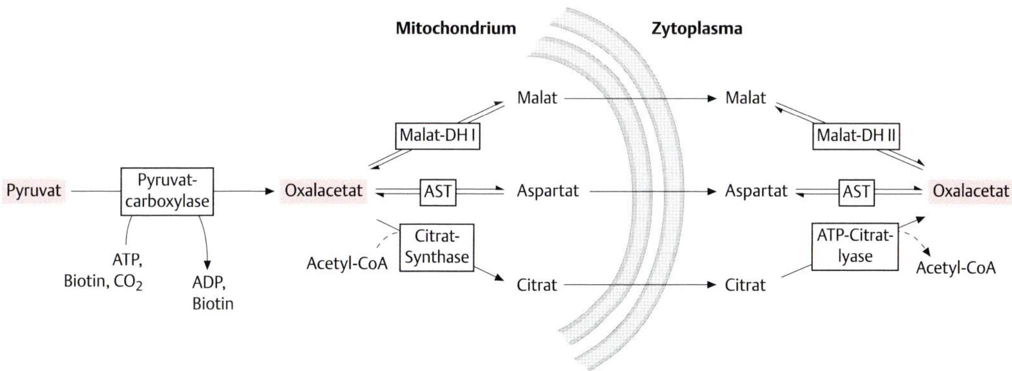

Abb. 2.28 Pyruvatcarboxylase-Reaktion und Transport des Oxalacetats über die Mitochondrienmembran (AST = Aspartataminotransferase; DH = Dehydrogenase)

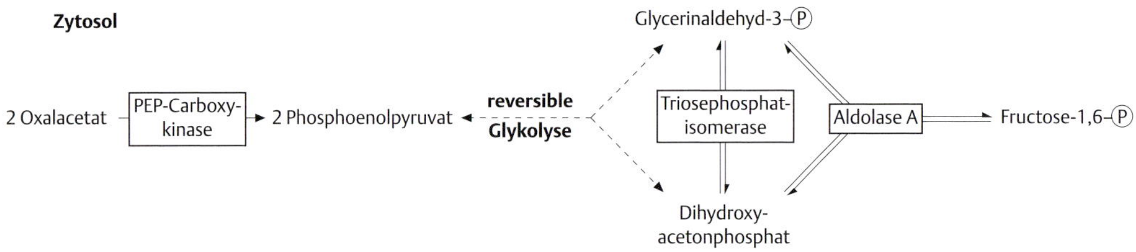

Abb. 2.29 Umwandlung von Oxalacetat in Fructose-1,6-bis-phosphat

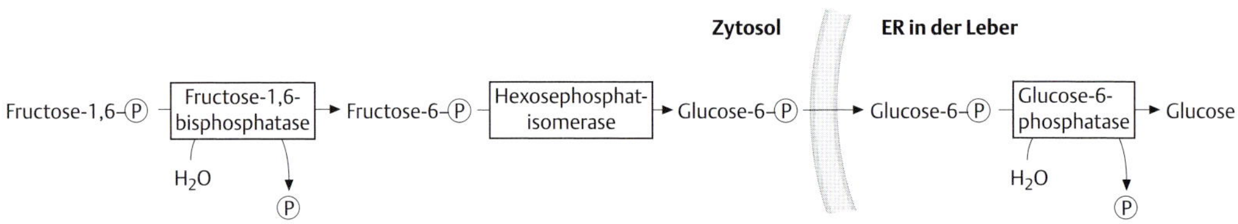

Abb. 2.30 Synthese freier Glucose aus Fructose-1,6-bisphosphat

Für den weiteren Glucose-Aufbau benötigt man zwei Glycerinaldehyd-3-phosphat bzw. ein Glycerinaldehyd-3-phosphat und ein Dihydroxyacetonphosphat. Nur so kann die Hexose aufgebaut werden. Es entsteht **Fructose-1,6-bisphosphat**. Die beiden Enzyme, die diese Reaktionen katalysieren, sind die Triosephosphatisomerase und die Aldolase A **(Abb. 2.29)**.

2.5.2.9 Die Fructose-1,6-bisphosphatase-Reaktion

Die Fructose-1,6-bisphosphatase umgeht den energieverbrauchenden Schritt der Glykolyse (Phosphofructokinase-Reaktion) und wandelt Fructose-1,6-bisphosphat in **Fructose-6-phosphat** um **(Abb. 2.30)**. Dabei wird das Phosphat hydrolytisch abgespalten, wobei die chemische Energie dieser Bindung als Abwärme verloren geht und nicht für biochemische Synthesen zur Verfügung steht.

2.5.2.10 Hexosephosphatisomerase-Reaktion

Fructose-6-phosphat wird durch das Glykolyseenzym Hexosephosphatisomerase in Glucose-6-phosphat umgesetzt **(Abb. 2.30)**.

2.5.2.11 Die Glucose-6-phosphatase-Reaktion

Die Glucose-6-phosphatase ist im **endoplasmatischen Retikulum** gelegen und hydrolysiert Glucose-6-phosphat zu **freier Glucose** **(Abb. 2.30)**. Dieses Enzym ist in **Leber** und **Niere** vorhanden, nicht dagegen im Muskel. Dies spielt eine wichtige Rolle für das Glucose-Gleichgewicht im Körper, da nur freie Glucose an die Blutbahn abgegeben werden kann. Das heißt, Leber und Niere können freie Glucose neu synthetisieren, ans Blut abgeben und damit dem restlichen Organismus zur Verfügung stellen, wobei der Nierenanteil allerdings nur marginal zur Glucoseversorgung des Organismus beiträgt. Der Muskel wiederum kann nur Glucose-6-phosphat herstellen und damit seinen eigenen Glykogenspeicher füllen. Er ist also in dieser Hinsicht purer „Egoist". Allerdings garantiert ein voller Glykogenspeicher im Muskel bei Bedarf die sofortige Bereitstellung von Energie.

2.5.3 Der Aufbau von Glucose aus glucoplastischen Aminosäuren

Aminosäuren können als Ausgangsprodukt für die Gluconeogenese dienen. Die sog. glucoplastischen Aminosäuren (s. S. 105) werden mittels **Transaminierungen** in die Ketosäuren umgewandelt (s. S. 100). Diese werden teilweise als Intermediärprodukte in den Citratzyklus eingeschleust und so zu Oxalacetat umgewandelt.

MERKE

Über die glucoplastischen Aminosäuren hängen der Citratzyklus und die Gluconeogenese eng zusammen.

Drei Beispiele sollen dies zeigen (vgl. **Abb. 2.27**):

- **Alanin** wird durch eine Transaminase direkt zu **Pyruvat** umgewandelt (ALT, s. S. 100). Pyruvat wird vom ersten Enzym der Gluconeogenese zu Oxalacetat umgesetzt (Pyruvatcarboxylase). Oxalacetat wird häufig in Malat umgesetzt und gelangt so ins Zytosol. Dort wandelt die PEP-Carboxykinase das Malat in PEP um und schleust es in die Gluconeogenese ein.
- Die Aminosäure **Aspartat** wird im Zytosol durch Transaminierung direkt zu **Oxalacetat** und dieses über die PEP-Carboxykinase in Phosphoenolpyruvat umgewandelt. Dann schließen sich die reversiblen Glykolyse-Reaktionen an.
- **Glutamat** wird durch Transaminierung zu α-Ketoglutarat, dieses wird im Citratzyklus zu Oxalacetat (s. S. 126) umgesetzt. Oxalacetat wird dann über PEP-Carboxykinase in die Gluconeogenese eingeschleust.

MERKE

Zum Aufbau eines C6-Körpers Glucose werden zwei Aminosäuren benötigt.

2.5.4 Der Aufbau von Glucose aus Lactat (Corizyklus)

Lactat wird vom **Muskel** in größeren Mengen produziert, wenn er Arbeit leistet und in einen **anaeroben Zustand** gelangt. In diesem Fall wird das Pyruvat aus der Glykolyse in Lactat umgewandelt und so NADH+H$^+$ wieder reoxidiert. Dies ist notwendig, da der für die Atmungskette benötigte Sauerstoff im Muskel nicht zur Verfügung steht (anaerob) und so NADH+H$^+$ nicht über die Atmungskette regeneriert werden kann (s. S. 129).

Der Muskel gibt das Lactat an die Blutbahn ab (Gefahr der Lactatazidose). Die **Leber** kann dieses **Lactat** aufnehmen und mit Hilfe der Lactatdehydrogenase wieder in **Pyruvat** umwandeln (vgl. **Abb. 2.27**). Die Leber hat dafür genügend NAD$^+$ zur Verfügung und kann das entstehende NADH+H$^+$ in die Atmungskette einschleusen.

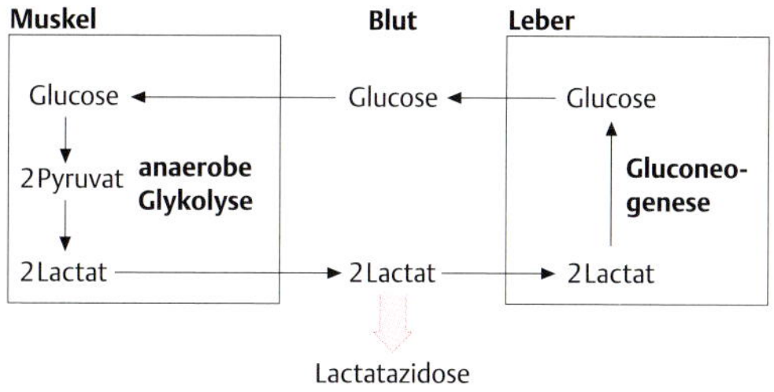

Abb. 2.31 Corizyklus

Pyruvat wird dann in der Leber über die Gluconeogenese in freie Glucose umgewandelt. Dabei werden für den Aufbau einer Glucose zwei Lactatmoleküle benötigt. Die Leber kann die Glucose wieder an die Blutbahn abgeben und somit zur Verfügung stellen. So gelangt die Glucose auch zum Muskel und kann wieder zur Energiegewinnung herangezogen werden. Diesen Kreislauf des Lactats zwischen Muskel und Leber nennt man den **Corizyklus** (**Abb. 2.31**, vgl. S. 272).

MERKE

Zum Aufbau eines C6-Körpers Glucose benötigt man zwei C3-Körper Lactat!

2.5.5 Der Aufbau von Glucose aus Glycerin

Glycerin entsteht beim Abbau der Triacylglycerine (Neutralfett, Speicherfett) nach Abspaltung der drei Fettsäuren durch die Triacylglycerinlipase (s. S. 55). Vorwiegend in der Leber wird Glycerin zunächst unter ATP-Verbrauch durch die Glycerinkinase in **Glycerin-3-phosphat** umgewandelt und Glycerin-3-phosphat wird im nächsten Schritt durch die Glycerin-3-phosphat-Dehydrogenase zu **Dihydroxyacetonphosphat** (DHAP) oxidiert. DHAP ist ein Zwischenprodukt in der Glykolyse und wird in den Stoffwechselweg eingeschleust. Dabei werden zwei DHAP zu einem C6-Körper zusammengesetzt (Triosephosphatisomerase, Aldolase A). Man braucht zwei C3-Körper (Glycerinmoleküle) um ein Molekül Glucose aufzubauen (vgl. **Abb. 2.27**).

2.5.6 Die Regulation der Gluconeogenese

Alle vier Umgehungsreaktionen der Gluconeogenese werden durch **Insulin** auf Transkriptionsebene **reprimiert**, vor allem Glucose-6-phosphatase und Fructose-1,6-bisphosphatase.

Die **Pyruvatcarboxylase** wird von **Acetyl-CoA** allosterisch **aktiviert**. Diese Regulation spielt eine wichtige Rolle im Stoffwechsel. Wenn viel Acetyl-CoA vorhanden ist, wird der Citratzyklus verstärkt beansprucht, um Acetyl-CoA weiter abzubauen. Hierfür muss ausreichend Oxalacetat bereitgestellt werden.
Die Pyruvatcarboxylase wird zudem durch **Glucocorticoide** induziert. So wird vermehrt Glucose synthetisiert und der Blutzuckerspiegel steigt an (Gefahr des Steroid-Diabetes, s. S. 210).
Zentrales Enzym für das regulierte Zusammenspiel von Glykolyse und Gluconeogenese ist die **Phosphofructokinase-2** (s. S. 29). Unter Insulinwirkung (niedriger cAMP-Spiegel) bleibt das Enzym dephosphoryliert und synthetisiert in der Leber **Fructose-2,6-bisphosphat**. Fructose-2,6-bisphosphat ist ein **allosterischer Hemmer der Fructose-1,6-bisphosphatase**. Ein niedriger cAMP-Spiegel führt also zum Abbau der Glucose mittels Glykolyse und verhindert die Neusynthese von Glucose, während ein hoher cAMP-Spiegel die Glykolyse hemmt und die Gluconeogenese fördert, so dass die Leber vermehrt Glucose an die Blutbahn abgeben kann.
Zusätzlich wird durch den cAMP-Spiegel auch noch der Glykogenhaushalt beeinflusst (s. S. 42).

MERKE

Insulin senkt den cAMP-Spiegel. Dies führt zur Förderung der Glykolyse, einer Hemmung der Gluconeogenese und zum Aufbau von Glykogen.

→ Der Blutzuckerspiegel sinkt und die Glucose wird intrazellulär entweder abgebaut oder gespeichert.

Check-up

- ✔ **Vollziehen Sie den Aufbau von Glucose aus glucoplastischen Aminosäuren, Lactat und Glycerin z. B. anhand der Stoffwechselübersichten am Ende des Buches nach. Machen Sie sich das Zusammenspiel der verschiedenen Stoffwechselwege klar.**
- ✔ **Verdeutlichen Sie sich nochmals die Bedeutung des Corizyklus zwischen Muskel und Leber.**

2.6 Der Glykogenstoffwechsel

Lerncoach

Für das Verständnis des Glykogenstoffwechsels ist es wichtig, dass Sie den enzymatischen Auf- und Abbau der Verzweigungen der Kette aus Glucosemolekülen nachvollziehen.

2.6.1 Überblick und Funktion

Glykogen ist die Speicherform der Glucose. Es besteht aus langen verzweigten Ketten, die aus den einzelnen Glucosemolekülen aufgebaut sind. Fast alle Zellen können Glykogen speichern. Die größten und damit wichtigsten Lager sind in der Leber und im Muskel zu finden (**Abb. 2.32**). Der Muskel nutzt seinen Glykogenspeicher für sich selbst, um im Notfall direkt Energie zur Verfügung zu haben. Der Speicher in der Leber hingegen ist für die Glucosehomöostase des gesamten Organismus wichtig. Die Leber ist in der Lage, das gespeicherte Glykogen wieder in freie Glucose umzusetzen und diese dann an die Blutbahn

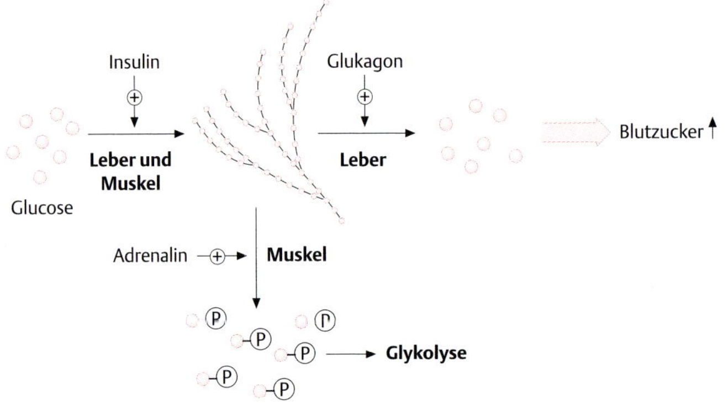

Abb. 2.32 Überblick über den Glykogenstoffwechsel

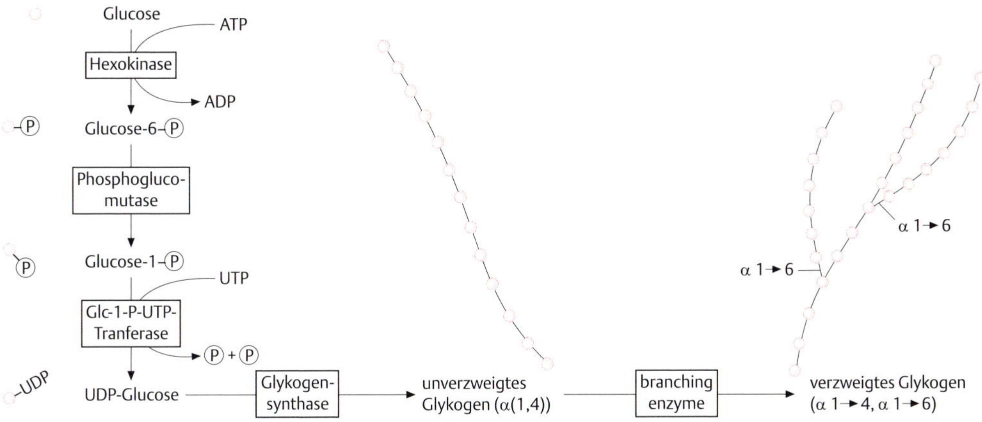

Abb. 2.33 Glykogenaufbau

abzugeben. Damit gewährleistet die Leber einen konstanten Blutzucker-Spiegel.

2.6.1.1 Das Glykogen in der Leber

Glucose, die mit der Nahrung aufgenommen wird, gelangt über die Pfortader zur Leber. Sie kann über den **GLUT 2**-Transporter (s. S. 221) insulin*un*abhängig aufgenommen und in **Glykogen** umwandelt werden, da zum Zeitpunkt der Nahrungsaufnahme genügend Nährstoffe vorhanden sind. Zu einem späteren Zeitpunkt kann die Leber aus dem Glykogenspeicher wieder **freie Glucose** abspalten und in die Blutbahn abgeben. So steht die Glucose dem gesamten Organismus zur Verfügung.

2.6.1.2 Das Glykogen im Muskel

Der Muskel nimmt die Glucose aus dem Blut *insulinabhängig* über den **GLUT 4**-Transporter (s. S. 221) auf. Wenn der Energiebedarf gedeckt ist, wird Glucose als **Glykogen** gespeichert. Bei Bedarf wird Glykogen zu **Glucose-6-phosphat** abgebaut. Der Muskel kann diese nicht weiter zu freier Glucose umwandeln, da ihm das entsprechende Enzym, die Glucose-6-phosphatase, fehlt. Er nutzt die **Energie** für sich selbst und schleust Glucose-6-phosphat vorwiegend in die **Glykolyse** ein.

2.6.2 Der Glykogenaufbau

Glykogen wird aus einzelnen Glucosemolekülen aufgebaut (**Abb. 2.33**). Damit diese miteinander verknüpft werden können, müssen sie zuerst phosphoryliert und zu UDP-Glucose aktiviert werden. Bei der Verknüpfung der so aktivierten Bausteine entsteht ein verzweigtes Molekül. Die Verzweigungen sind wichtig, damit z. B. der Muskel bei schneller Kontraktion nicht nur ein Ende einer Kette abbauen kann, sondern an vielen Enden möglichst viel Energie in kurzer Zeit gewinnen kann.

2.6.2.1 Die Hexokinase-Reaktion

Glucose wird im ersten Schritt in **Glucose-6-phosphat** umgewandelt. Hierfür steht allen Geweben die Hexokinase- (bzw. Glucokinase-)Reaktion aus der Glykolyse zur Verfügung.

2.6.2.2 Die Phosphoglucomutase-Reaktion

Glucose-6-phosphat wird durch eine Phosphoglucomutase zu **Glucose-1-phosphat** isomerisiert.

2.6.2.3 Die Glucose-1-phosphat-UTP-Transferase-Reaktion

Am ersten C-Atom der Glucose wird mittels UTP-Verbrauch eine Säureanhydridbindung zwischen dem Phosphat der Glucose und dem α-Phosphat des Nukleotids geknüpft. Das β- und γ-Phosphat wird als Pyrophosphat abgespalten und es entsteht **UDP-Glucose**. Das hierzu benötigte Enzym ist die Glucose-1-phosphat-UTP-Transferase.

2.6.2.4 Die Glykogensynthetase-Reaktion

UDP-Glucose ist die aktivierte Form der Glucose, die für die eigentliche Glykogensynthese benötigt wird. Diese UDP-Glucose wird von der Glykogensynthetase auf ein bereits bestehendes Glykogenmolekül übertragen. Dabei wird eine α1→4-Verbindung geknüpft. Für den erstmaligen Aufbau von Glykogen wird ein Startermolekül benötigt. Dieses wird durch das Protein **Glykogenin** bereitgestellt, das sich selber glykosyliert und an diesen Glykosylrest weitere Glucosemoleküle anlagert. Nach einer Länge von 8 Glucoseresten übernimmt dann die Glykogensynthetase die weitere Synthese. Die so entstandene **α1→4-Kette** ist das **unverzweigte Glykogen**.

Beachte: Glykogenin und die Glykogensynthetase sind aneinander gebunden. Nur so lange das Enzym Kontakt mit dem Glykogenin hat, wird Glykogen synthetisiert. Daraus ergibt sich, dass die Größe des Glykogenspeichers auch von der Menge des Glykogenins abhängt.

2.6.2.5 Die Amylo-1,4 → 1,6-Transglucosylase-Reaktion (branching enzyme)

Das *branching enzyme* bzw. die Amylo-1,4 → 1,6-Transglucosylase fügt in die einfache Kette **Verzweigungen** ein, indem es ungefähr an jeder 10. Position der langen α1→4-Kette eine Verzweigung in Form einer **α1→6-Verknüpfung** einführt. Hierfür überträgt das *branching enzyme* die letzten ca. 6 Glucosemoleküle einer α1→4-Kette auf das C_6-Atom eines Glucosemoleküls einer benachbarten Kette, wobei eine α1→6-Verbindung entsteht. Nach dieser Abzweigung wird die Kette dann wieder mit α1→4-verknüpften Glucoseresten verlängert.

2.6.3 Der Glykogenabbau

Beim Abbau von Glykogen entsteht hauptsächlich Glucose-1-phosphat. Dieses wird zu Glucose-6-phosphat isomerisiert. Die Umwandlung in freie Glucose durch die **Glucose-6-phosphatase** findet hauptsächlich in der **Leber** statt.

2.6.3.1 Die Glykogenphosphorylase-Reaktion, Teil 1

Die Glykogenphosphorylase (a = aktiv, b = inaktiv) spaltet von dem verzweigten Molekül einzelne Glucosemoleküle am freien 4'OH-Ende **phosphorolytisch** ab, wobei **Glucose-1-phosphat** entsteht. Dieses Enzym kann nur α1→4-Verknüpfungen bis auf 4 Moleküle an die α1→6-Verzweigung heran spalten **(Abb. 2.34 a)**.

2.6.3.2 Die 1,4→1,4-Glucantransferase-Reaktion

Die restlichen 3 α1→4-verknüpften Glucosemoleküle werden durch ein weiteres Enzym von der Seitenkette auf die Hauptkette übertragen. Diese Reaktion wird durch die **1,4→1,4-Glucantransferase** katalysiert **(Abb. 2.34 b)**.

2.6.3.3 Schritt 3: Die Amylo-1,6-Glucosidase-Reaktion (debranching enzyme)

Die **α1→6-Verknüpfung** des letzten Moleküles der Seitenkette wird durch das *debranching enzyme* bzw. Amylo-1,6-Glucosidase gespalten. Diese Spaltung erfolgt **hydrolytisch**, so dass hier direkt ein kleiner Teil freier **Glucose** entsteht **(Abb. 2.34 c)**.

2.6.3.4 Schritt 4: Die Glykogenphosphorylase-Reaktion, Teil 2

Die unverzweigte Glykogenkette wird von der Glykogenphosphorylase abgebaut und es bleibt **Glucose-1-phosphat** als Monosaccharid übrig **(Abb. 2.34 d)**.

2.6.4 Die Regulation des Glykogenstoffwechsels

Die beiden Schlüsselenzyme für die Regulation des Glykogenstoffwechsels sind die **Glykogenphosphorylase** für den Abbau und die **Glykogensynthetase** für den Aufbau **(Abb. 2.35)**. Beide Enzyme zählen zu den interkonvertierbaren Enzymen und werden durch den intrazellulären cAMP-Spiegel reguliert.

2.6.4.1 Die Regulation des Glykogenabbaus

Der Glykogenabbau wird durch die beiden Enzyme **Phosphorylasekinase** (eigentlich: Glykogenphosphorylase-Kinase) und **Glykogenphosphorylase** gesteuert. Beides sind interkonvertierbare Enzyme, die durch **Phosphorylierung aktiviert** werden. Das heißt, ein hoher cAMP-Spiegel, der ja die Proteinkinase A aktiviert, aktiviert den Glykogenabbau.

Die Förderung des Glykogenabbaus

Hormone, die den cAMP-Spiegel erhöhen, sind **Glukagon** und **Adrenalin**. Während die **Katecholamine** überwiegend auf den Muskel wirken, fördert **Glucagon** in der Leber den Abbau der Glykogenspeicher. So wird in der Leber Glucose frei und kann in die

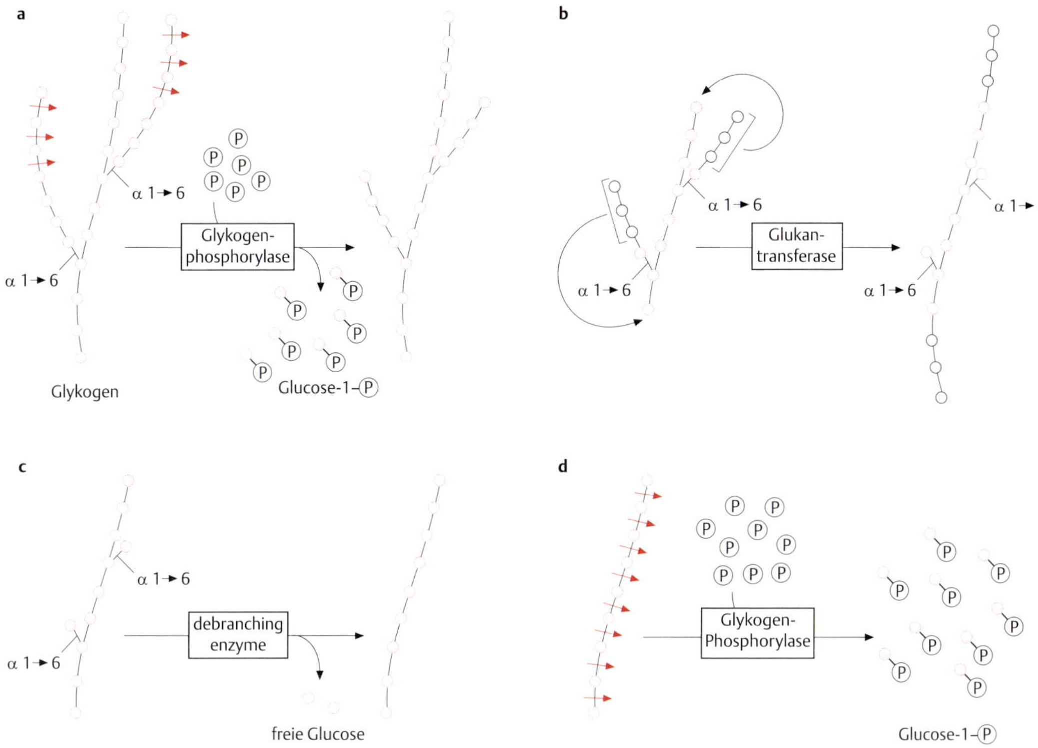

Abb. 2.34 Glykogenabbau: (a) Glykogenphosphorylase-Reaktion; (b) 1,4→1,6 Glucantransferase-Reaktion; (c) Amylo-1,6-Glucosidase-Reaktion (debranching enzyme)

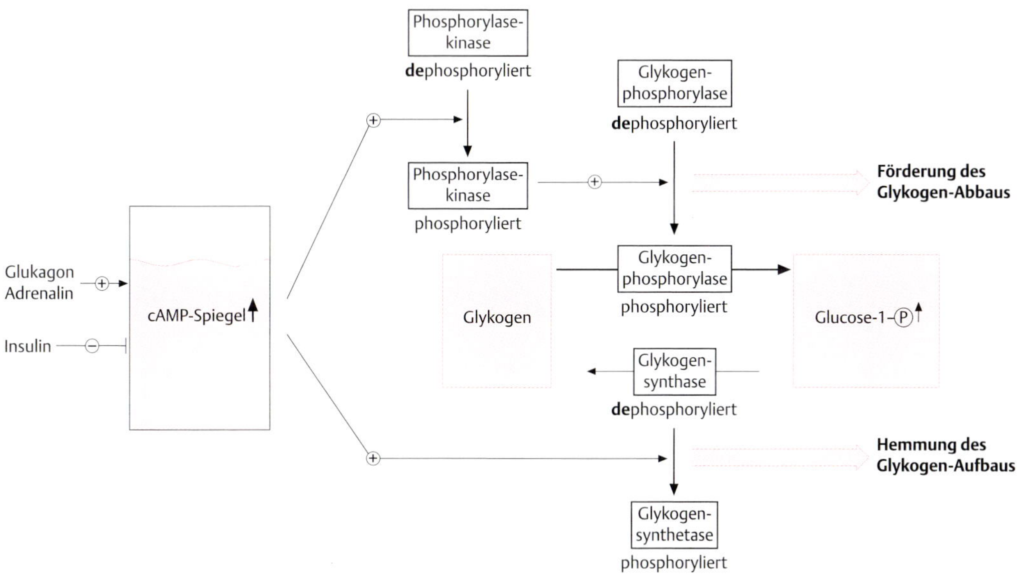

Abb. 2.35 Hormonelle Regulation des Glykogenstoffwechsels: Glucagon und Adrenalin erhöhen den c-AMP-Spiegel und fördern so den Glykogenabbau und hemmen gleichzeitig den Aufbau (farbige Pfeile).

Blutbahn abgegeben werden. Zusätzlich wirkt Energiemangel, vermittelt über **AMP**, welches die Glykogenphosphorylase allosterisch aktiviert, positiv auf den Abbau der Glykogenspeicher.
Auch das bei der Muskelarbeit (Kontraktion) freigesetzte **Calcium** aus dem ER aktiviert den Glykogenabbau, damit dem Muskel genügend Energie für die Arbeit zur Verfügung steht. Calcium wird an das Protein Calmodulin gebunden und aktiviert die Phosphorylasekinase (s. S. 200).

Die Hemmung des Glykogenabbaus
Insulin sorgt über einen niedrigen cAMP-Spiegel für die Dephosphorylierung der beiden Enzyme Phosphorylasekinase und Glykogenphosphorylase. Dadurch werden diese inaktiviert und der Glykogenabbau gestoppt.
Denselben Effekt hat **freie Glucose**, die über die normale Produkthemmung die Dephosphorylierung der Schlüsselenzyme des Glykogenabbaus erreicht.

MERKE
- **Glucagon und Adrenalin fördern den Glykogenabbau.**
- **Insulin hemmt den Glykogenabbau und fördert die Glykogensynthese.**

2.6.4.2 Die Regulation des Glykogenaufbaus
Die Förderung des Glykogenaufbaus
Insulin verhindert die Phosphorylierung der Glykogensynthetase, die somit aktiv bleibt und Glykogen aufbauen kann. Wenn genügend **Glucose-1-phosphat** vorhanden ist, ist die Glykogensynthetase aktiv und Glucose wird als Glykogen gespeichert.

Die Hemmung des Glykogenaufbaus
Katecholamine und **Glukagon** wirken über die Phosphorylierung als Gegenspieler des Insulins und verhindern den Aufbau von Glykogen (Glykogensynthetase inaktiv).

MERKE
- **Glykogensynthetase ist phosphoryliert inaktiv.**
- **Phosphorylasekinase und Glykogenphosphorylase sind phosphoryliert aktiv.**
- **Dadurch wird vermieden, dass Abbau und Synthese gleichzeitig ablaufen können, was natürlich nur zu einem Energieverlust führen würde.**

Klinischer Bezug

Glykogenspeicher-Krankheiten (Glykogenosen): Die Glykogenosen sind angeborene **Enzymdefekte**, die sowohl den Aufbau als auch den Abbau des Glykogens betreffen können. Bis heute sind mehr als 17 Variationen bekannt, die meisten werden **autosomal-rezessiv** vererbt (**Tab. 2.7**).
Bei der häufigsten Form, der hepatorenalen Glykogenose **Morbus von Gierke**, fehlt die Glucose-6-phosphatase in Leber und Niere. Daraus resultiert, dass Glucose nicht ans Blut abgegeben werden kann, wodurch es zu **Hypoglykämien** kommt. Der Körper reagiert mit einer gesteigerten Fettmobilisierung, sodass eine **Hyperlipidämie** resultiert.
Glucose-6-phosphat staut sich zudem in Leber und Niere an und führt zu einer verstärkten Glykogenspeicherung mit **Vergrößerung** von **Leber** und **Nieren**. Im Erwachsenenalter findet man häufig **Leberadenome**, die auch karzinomatös entarten können.
Die **Therapie** besteht in einer kohlenhydratreichen (60-70 %) und fettarmen Ernährung.

Tabelle 2.7

Beispiele für Glykogenosen

Typ	Enzym	Organ
Typ I (von Gierke)	Glucose-6-Phosphatase	Leber, Niere
Typ II (Pompe)	α-1,4-Glukosidase	in allen Geweben
Typ V (McArdle)	Phosphorylase	Muskel

Check-up
- ✔ **Verdeutlichen Sie sich, welche Verknüpfungen im verzweigten Glykogen durch welches Enzym gebunden bzw. getrennt werden.**
- ✔ **Wiederholen Sie den Einfluss der Hormone Insulin und Glukagon auf den Glykogenstoffwechsel und an welcher Stelle sie eingreifen.**

Abb. 2.36 Abbau der Lactose (zu den Schritten 1–4 siehe Text).

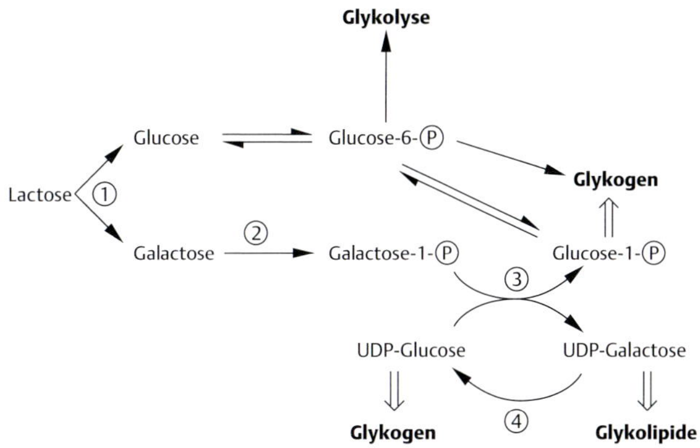

2.7 Der Lactose- und Galactosestoffwechsel

Lerncoach

- **In diesem Kapitel finden Sie viele komplexe Enzymnamen. Lassen Sie sich davon nicht abschrecken, sondern nutzen Sie sie als Hilfe, um sich die entsprechenden Reaktionen abzuleiten.**
- **Achten Sie auf gemeinsame Reaktionen von Glykogenstoffwechsel, Glykolyse und Lactose- bzw. Galactosestoffwechsel.**

2.7.1 Überblick und Funktion

Lactose (Milchzucker) ist Bestandteil der Milch. Sie ist ein Disaccharid und besteht aus **Glucose** und **Galactose** (s. S. 16). Die Glucose kann vom menschlichen Organismus direkt zur Energiegewinnung genutzt oder als Glykogen gespeichert werden. Galactose kann nicht direkt zur Energiegewinnung (ATP-Bildung) herangezogen werden, sondern muss erst in Glucose umgewandelt werden. Da diese Umwandlung reversibel ist, ist es auch möglich, aus Glucose Galactose aufzubauen. **Galactose** wird außerdem zum Aufbau von verschiedenen **Heteroglykanen** eingesetzt (s. S. 18).

2.7.2 Der Abbau der Lactose und Galactose

Lactose ist ein **Disaccharid**, in dem Galactose und Glucose über eine **β1→4**-glykosidische Verknüpfung miteinander verbunden sind.

2.7.2.1 Die Lactase-Reaktion

Die β1→4-glykosidische Bindung wird durch das Verdauungsenzym **Lactase** gespalten **(Abb. 2.36)**. Dieses Enzym findet sich an der **Dünndarmmucosa**, um die Lactose vor ihrer Resorption in Galactose und Glucose zu spalten. Beide Monosaccharide werden aufgenommen und gelangen über das Pfortader-System zur Leber. Hier findet zum größten Teil der Umbau der Galactose statt.

Klinischer Bezug

Lactoseintoleranz: Unter dem Begriff Lactoseintoleranz versteht man die Unfähigkeit des Körpers, das Disaccharid Lactose im Bürstensaum des Dünndarms zu spalten. Ursache ist eine verminderte Aktivität der Lactase. Die Lactose kann nicht resorbiert werden und wird im Dickdarm deshalb von den **Darmbakterien** gespalten, was zu Gasentwickling und damit zu **Flatulenz** und **Übelkeit** führt. Der Lactasemangel kann angeboren oder durch seltenen Milchgenuss erworben sein. Bei der erworbenen Lactoseintoleranz kann die Aktivität der Lactase durch Gewöhnung an Milchprodukte wieder auf ein genügendes Maß erhöht werden, sodass Milch wieder genossen werden kann.

2.7.2.2 Die Galactokinase-Reaktion

Durch die Galactokinase wird die Galactose zu **Galactose-1-phosphat** phosphoryliert.

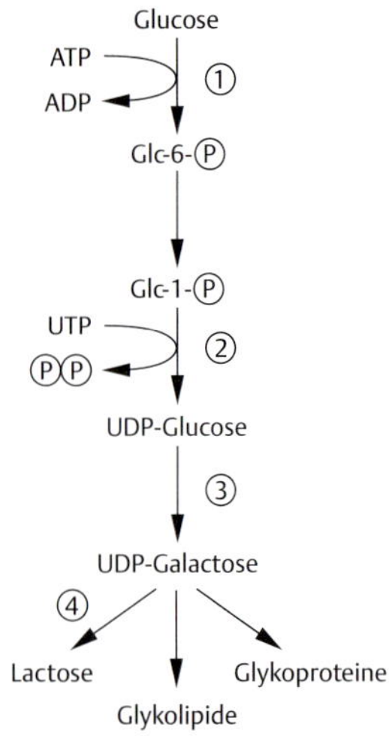

Abb. 2.37 Aufbau der Galactose und ihre weitere Verwendung (zu den Schritten 1–4 siehe Text)

2.7.2.3 Die Galactose-1-phosphat-Uridyl-Transferase-Reaktion

Galactose-1-phosphat reagiert mit UDP-Glucose zu **UDP-Galactose**. **Glucose-1-phosphat** bleibt übrig. Diese Reaktion wird durch die Galactose-1-phosphat-Uridyl-Transferase katalysiert. Glucose-1-phosphat kann als Glykogen gespeichert werden oder über Glucose-6-phosphat in die **Glykolyse** gelangen. Die aktivierte UDP-Galactose kann in **Glykoproteine und -lipide** eingefügt werden.

Klinischer Bezug

Hereditäre Galactosämien: Diesem Krankheitsbild liegt entweder ein angeborener **Mangel** der **Galactokinase** oder der **Galactose-1-phosphat-Uridyltransferase** zugrunde. Der Galactokinase-Mangel führt meist nur zu einem leichten Anstieg der Galactose im Blut. Diese wird dann auch mit dem Urin ausgeschieden.

Der Mangel an Galactose-1-phosphat-Uridyltransferase hat einen größeren Einfluss auf den Stoffwechsel, denn hier wird die Galactose noch in Galactose-1-phosphat umgewandelt. **Galactose-1-phosphat** führt zu einer **Hemmung** der **Glucosefreisetzung**, so dass es bei Galactoseaufnahme zu schweren Hypoglykämien, Erbrechen und Diarrhöen kommt. Die bislang einzige Therapie besteht in einer galactosefreien Ernährung.

Da die UDP-Galactose-4-Epimerase zur Verfügung steht, ist es möglich UDP-Glucose zu UDP-Galactose umzusetzen und so den Aufbau von wichtigen Heteroglykanen zu gewährleisten.

2.7.2.4 Die UDP-Galactose-4-Epimerase-Reaktion

UDP-Galactose kann jetzt am vierten C-Atom epimerisiert (UDP-Galactose-4-Epimerase) und so in **UDP-Glucose** umgewandelt werden.

Die entstandene UDP-Glucose kann in den **Glykogenspeicher** eingebaut werden und steht so bei Bedarf zur Energiegewinnung zur Verfügung.

2.7.3 Der Aufbau der Galactose und Lactose

Zum Aufbau der Lactose wird Galactose benötigt. Diese wird als UDP-Galactose aus Glucose synthetisiert (**Abb. 2.37**). UDP-Galactose kann dann entweder in **Glykoproteine** oder **Glykolipide** (s. S. 53) eingebaut werden oder aber auch mit Glucose zur **Lactoseproduktion** herangezogen werden. Diese Produktion findet im menschlichen Organismus nur in der laktierenden Brustdrüse statt (während der Schwangerschaft und Stillzeit).

2.7.3.1 Die Reaktionen der Hexokinase und Phosphoglucomutase

Beim Aufbau der Galactose greift die Zelle auf Enzyme aus anderen Stoffwechselwegen zurück. Glucose wird durch die **Hexokinase**-Reaktion aus der Glykolyse an Position 6 phosphoryliert. Das so entstandene Glucose-6-phosphat wird durch die **Phosphoglucomutase** in **Glucose-1-phosphat** umgebaut. Dieses Enzym ist auch am Glykogenaufbau beteiligt.

2.7.3.2 Die Glucose-1-phosphat-UTP-Transferase-Reaktion

Auch dieser Schritt ist Bestandteil des Glykogenstoffwechsels. Glucose-1-phosphat reagiert mit dem Nukleotid UTP zu **UDP-Glucose**, wobei Pyrophosphat abgespalten wird. Diese Reaktion wird durch die **Glucose-1-phosphat-UTP-Transferase** katalysiert.

2.7.3.3 Die UDP-Galactose-4-Epimerase-Reaktion

Die UDP-Glucose kann jetzt durch die **UDP-Galactose-4-Epimerase** in **UDP-Galactose** umgesetzt werden, diese Reaktion ist reversibel (s. o.).

2.7.3.4 Die Lactosesynthetase-Reaktion

UDP-Galactose wird mit Glucose zu Lactose kondensiert. Katalysiert wird diese Reaktion in der laktierenden Brustdrüse durch die Lactosesynthetase.

Check-up

✔ **Rekapitulieren Sie die einzelnen Schritte des Lactosestoffwechsels und der Galactosesynthese. Machen Sie sich noch einmal die enge Verwandtschaft zwischen Glucose und Galactose klar.**

2.8 Der Fructosestoffwechsel

Lerncoach

Achten Sie beim Lesen dieses Kapitels besonders auf die Unterschiede zwischen dem Energiegewinn aus Fructose und aus Glucose.

2.8.1 Überblick und Funktion

Fructose kann wie Glucose direkt zur Energiegewinnung (ATP-Bildung) herangezogen werden. Ein wesentlicher Unterschied ist dabei die insulin-*un*empfindliche Verstoffwechslung der Fructose, die vor allem in der Leber stattfindet. Die Produktion von Fructose ist in den Samenblasen am höchsten, hier untersteht sie der hormonellen Regulation von Testosteron.

2.8.2 Der Fructoseabbau

Fructose wird dem Körper als Disaccharid Saccharose zugeführt **(Abb. 2.38)**. In der Darmmucosa wird Saccharose in Fructose und Glucose gespalten. Nach Resorption und Abgabe an das Pfortader-System werden die Monosaccharide bevorzugt von der Leber aufgenommen und insbesondere die Fructose verstoffwechselt.

2.8.2.1 Die Fructokinase-Reaktion

Da die Glucokinase für Glucose spezifisch ist, wird Fructose durch die Fructokinase unter Verbrauch

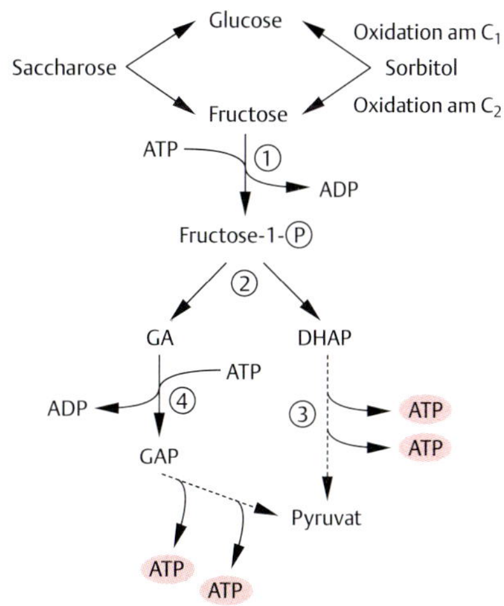

Abb. 2.38 Überblick über den Fructosestoffwechsel (zu den Schritten 1–4 siehe Text)

eines ATP zu Fructose-1-phosphat phosphoryliert. Die Fructokinase wird im Gegensatz zur Glucokinase *nicht* durch Insulin induziert (vgl. S. 24) und somit wird Fructose auch bei Diabetikern normal verstoffwechselt.

2.8.2.2 Die Aldolase B-Reaktion

Fructose-1-phosphat wird durch die Aldolase B in Glycerinaldehyd und Dihydroxyacetonphosphat gespalten. Dieses Enzym kommt nur in der Leber vor.

MERKE

Die Aldolase B ist von der Aldolase A zu unterscheiden:

Aldolase B:

- **Fructoseabbau in der Leber**
- **spaltet Fructose-1-phosphat**

Aldolase A:

- **Glykolyse (s. S. 26)**
- **spaltet aber Fructose-1,6-Bisphosphat.**

2.8.2.3 Die Verstoffwechslung des Dihydroxyacetonphosphat

Dihydroxyacetonphosphat wird in die Glykolyse eingeschleust und zu Pyruvat bzw. Lactat abgebaut. Es kann aber je nach Stoffwechsellage auch zur Gluconeogenese herangezogen werden.

2.8.2.4 Die Triosekinase-Reaktion

Glycerinaldehyd muss noch in Glycerinaldehyd-3-phosphat umgewandelt werden, um in den Glucosestoffwechsel eingeschleust zu werden. Dies geschieht am häufigsten über eine **Triosekinase-Reaktion**, die Glycerinaldehyd ATP-abhängig direkt am dritten C-Atom phosphoryliert. Das so entstehende Glycerinaldehyd-3-phosphat wird in die Glykolyse oder Gluconeogenese eingeschleust.

MERKE

Die beiden ATP-verbrauchenden Reaktionen beim Fructoseabbau sind die Reaktionen der Fructokinase und der Triosekinase. Im Gegensatz dazu, werden beim Glucoseabbau von der Glucokinase und der Phosphofructokinase jeweils 1 ATP verbraucht.

Klinischer Bezug

Hereditäre Fructoseintoleranz Dieser seltenen Erkrankung liegt ein **Defekt der Aldolase B** zugrunde. Als Folge staut sich Fructose-1-phosphat insbesondere in der Leber an. Die erkrankten Kinder fallen unter Ernährung mit Muttermilch in den ersten Monaten nicht auf, erst durch die Zufuhr von Saccharose z. B. in Form von Obst oder Gemüse treten Symptome auf. Es kommt zu **Erbrechen** und **Diarrhöen**. Durch die entstehende **Hypoglykämie** treten Blässe, Schweißausbrüche und Krämpfe auf. Es entwickelt sich eine **Leberfunktionsstörung** mit Fibrosierung der Leber und Ikterus. Die einzige kausale Therapie ist eine lebenslange fructose- und saccharosefreie Diät.

2.8.3 Der Fructose-Aufbau

Fructose wird im Körper hauptsächlich von den Samenbläschen produziert. Sie entsteht durch Reduktion von Glucose zu Sorbitol, das dann zu Fructose oxidiert wird (vgl. **Abb. 2.14** S. 15). Die beteiligten Enzyme sind eine Reduktase und die Sorbitol-Dehydrogenase. Beide Reaktionen sind reversibel, so dass aus Fructose auch Glucose gebildet werden kann.

Check-up

- ✔ **Machen Sie sich klar, worin der Unterschied im Abbau von Glucose und Fructose besteht, indem Sie den hier beschriebenen Fructoseabbau mit der Hexosephase der Glykolyse vergleichen (s. S. 26).**

Kapitel 3

Lipide

3.1 Grundlagen und Chemie der Lipide 49

3.2 Der Stoffwechsel der Fettsäuren 55

3.3 Die Lipogenese und die Synthese der Phospholipide 69

3.4 Das Cholesterin 72

3.5 Die Lipoproteine 75

Zeitbombe im Körper

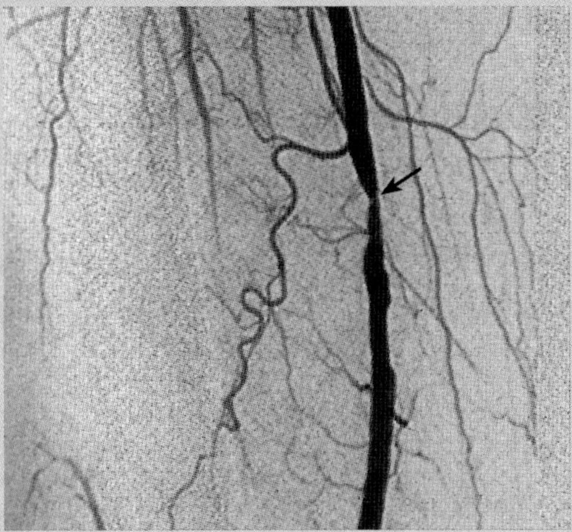

Ein zu hoher Cholesterinspiegel im Blut schädigt die Gefäßwände und kann zum Verschluß des Gefäßes führen (Arteriosklerose, Pfeil).

Fett ist nicht nur überflüssiger Ballast an Bauch und Hüfte, sondern hat im Körper wichtige Funktionen: z. B. als Bestandteil von Membranen oder als Baustein von Hormonen. Mehr über die Funktion und den Stoffwechsel der Lipide erfahren Sie im folgenden Kapitel. Auch im klinischen Teil des Studiums werden Sie sich mit Lipiden auseinander setzen müssen, z. B. im Rahmen der Hyperlipoproteinämien. An einer Hyperlipoproteinämie leidet auch Gabriel H. Er lebt mit einer Art Zeitbombe im Körper.

Eine unverständliche Diagnose

Mit 18 schienen Gabriel Krankheit und Tod noch Lichtjahre entfernt. Doch inzwischen hört Gabriel eine Zeitbombe in sich ticken. Sein Vater und Großvater sind beide noch vor ihrem 50. Geburtstag am Herzinfarkt gestorben. Jetzt, kurz vor seinem 25. Geburtstag, fragt er sich: Warum sind meine Verwandten so jung gestorben? Bin ich auch bedroht? Und kann man überhaupt etwas dagegen tun? Der Politologiestudent sucht einen Internisten auf und lässt sich untersuchen. Er erfährt, dass sein LDL-Cholesterinspiegel über 500 mg/dl liegt. Er leide wahrscheinlich an einer familiären Hypercholesterinämie und müsse daher Medikamente einnehmen. Gabriel fragt nach, doch – wie so viele Ärzte – antwortet auch dieser Arzt in unverständlichen Fachtermini. Dann kritzelt er einen Medikamentennamen auf seinen Rezeptblock und verabschiedet sich ins nächste Sprechzimmer. Gabriel weiß nicht, worüber er mehr schockiert ist: Über die Diagnose oder über das Verhalten des Arztes. Er spricht mit niemandem darüber und versucht, das Erlebnis zu vergessen. Doch dann lernt er auf der Geburtstagsfeier einer Kommilitonin eine Medizinstudentin im Praktischen Jahr kennen. Diese erklärt Gabriel, woran er leidet.

Zu wenig Rezeptoren – zu viel Cholesterin

Hyperlipoproteinämien sind Fettstoffwechselstörungen. Bei der Form, an der Gabriel leidet, findet sich im Blut zu viel LDL-Cholesterin. Das Protein LDL ist eine Art Transportmittel für Cholesterin im Blut. Normalerweise fangen LDL-Rezeptoren in der Leber das LDL-Cholesterin ab und stellen aus Cholesterin Gallensäuren her. Gabriel hat zu wenig dieser Rezeptoren in der Leber. Deshalb kreist das LDL-Cholesterin weiter im Blut und schädigt dabei die Gefäßwände. Es kommt zur Atherosklerose, einer Verkalkung der Gefäßwände. Dies wiederum birgt ein hohes Risiko für einen Herzinfarkt oder Schlaganfall. Bei Gesunden sollte der Cholesterinspiegel unter 200 mg/dl liegen. Menschen, die an der autosomal-dominant vererbten familiären Hypercholesterinämie leiden, können Cholesterinspiegel über 1000 mg/dl haben und bereits im Jugendalter einen Herzinfarkt bekommen. Schon bei einem Cholesterinspiegel von 300 mg/dl ist das Herzinfarktrisiko vervierfacht, und die Risikokurve geht mit steigenden Cholesterinspiegeln rasant in die Höhe.

Medikamente und ärztlicher Beistand

Keine Frage: Gabriel muss seinen Cholesterinspiegel senken. Er lässt sich einen neuen Arzt empfehlen, der sich mehr Zeit für ihn nimmt. Und er erhält Medikamente, die die Cholesterinsynthese hemmen, die Zahl der LDL-Rezeptoren erhöhen und so eine Atherosklerose verhindern. Gabriel verträgt die Medikamente gut, und sein Cholesterinspiegel sinkt auf 160 mg/dl. Das Ticken der Zeitbombe in seinem Körper rückt wieder in die Ferne. Mit etwas Beharrlichkeit schafft es Gabriel außerdem, die nette PJ-Studentin zu überreden, mit ihm in Urlaub zu fahren. Ein bisschen ärztlicher Beistand kann ja auch in den Ferien nicht schaden, meint er.

3 Lipide

3.1 Grundlagen und die Chemie der Lipide

Lerncoach

Die Lipide lassen sich in drei Gruppen einteilen. Sie können sich das Lernen erleichtern, indem Sie sich jeweils merken, aus welchen Grundbausteinen sie aufgebaut sind und ob spezielle Bindungen (wie z. B. Esterbindungen) vorkommen. Verwenden Sie dazu ggf. Abb. 3.1 als Gedächtnisstütze.

3.1.1 Überblick und Funktion

Lipide erfüllen im Körper vielfältige Aufgaben. Als **Triacylglycerine** können sie vom menschlichen Organismus gespeichert und zur Energiegewinnung herangezogen werden. Die in den Triacylglycerinen enthaltenen Fettsäuren können unter aeroben Bedingungen komplett abgebaut werden.
Die verschiedenen **Phospholipide**, z. B. Lecithin und Kephalin, sind wichtige Bestandteile der Phospholipidmembran. Weitere Substanzen mit lipophilem Charakter sind die **Isoprenoid-Abkömmlinge**, zu denen u. a. fettlösliche Vitamine und das Cholesterin gehören. Cholesterin kommt ebenfalls in Membranen vor und dient als Synthese-Vorstufe für Steroidhormone und Gallensäuren.
Die **Abb. 3.1** zeigt einen Überblick über die Lipide. Prinzipiell kann man drei Gruppen unterscheiden: **Einfache Lipide, komplexe Lipide** sowie **Isoprenoide**. Zu den einfachen Lipiden gehören Fette, Öle und Wachse, zu den komplexen Lipiden die Phospholipide und die Glykolipide. Zu den Isoprenoiden gehören die Steroide und die Terpene.

BEACHTE

- **Fettsäuren (s. S. 50) sind keine eigene Lipidgruppe, sie sind vielmehr Bausteine von einfachen und komplexen Lipiden und weiterer Substanzen wie Prostaglandine, Leukotriene und Thromboxane (vgl. S. 311).**
- **Der umgangssprachlich verwendete Begriff „Fett" bezeichnet, wenn man ihn biochemisch korrekt verwendet, bei den Lipiden nur Triacylglycerine.**

3.1.2 Die Eigenschaften

Lipide sind lipophil (fett-liebend) und damit hydrophob (wasser-abweisend). Daraus ergibt sich: Lipide lösen sich gut in organischen Lösungsmitteln, wie Benzol oder Ether. Sie sind aber schlecht wasserlöslich und müssen im wässrigen Medium wie Blut mit Hilfe von Proteinen transportiert werden.

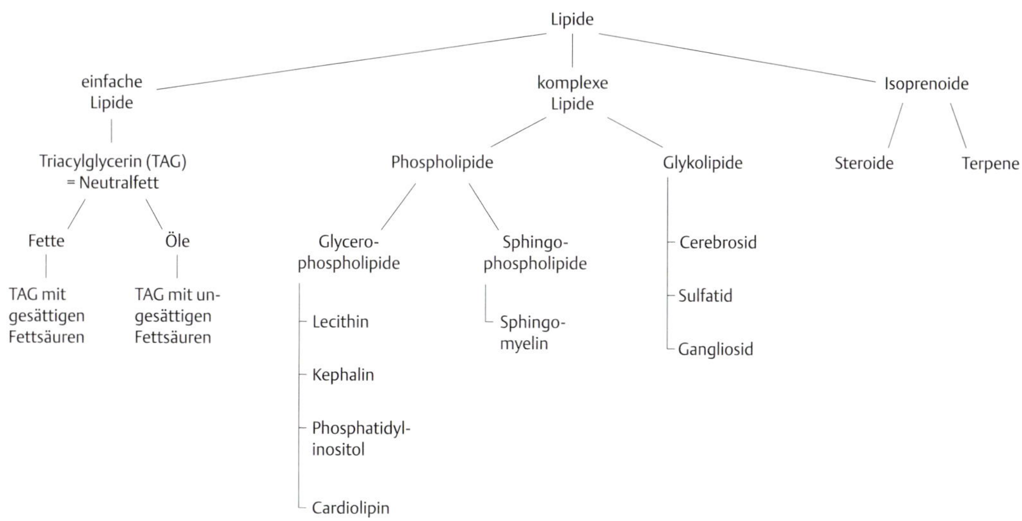

Abb. 3.1 Überblick über die Lipide

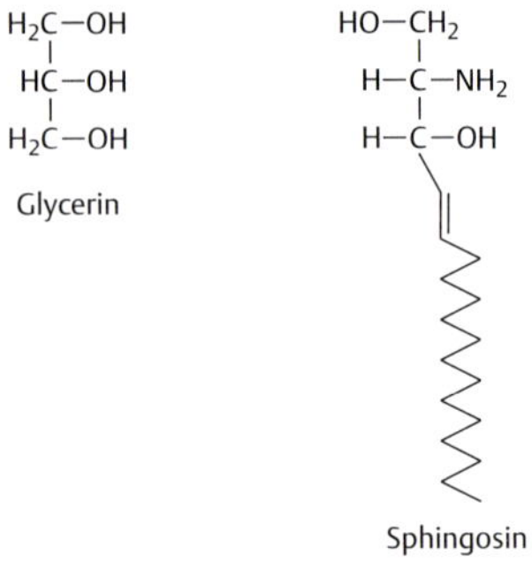

Abb. 3.2 Grundbausteine der Lipide: Glycerin und Sphingosin

3.1.3 Der Aufbau

Man unterscheidet beim Aufbau der Lipide zwei verschiedene **Grundbausteine**: Glycerin und Sphingosin **(Abb. 3.2)**.

- **Glycerolipide** leiten sich vom dreiwertigen Alkohol **Glycerin** ab. Sowohl einfache als auch komplexe Lipide können Glycerin als Grundbaustein haben.
- **Sphingolipide** leiten sich vom Aminodialkohol **Sphingosin** ab, sie kommen nur als komplexe Lipide vor.

Am Glycerin bzw. Sphingosin sind die einzelnen **Fettsäuren** als **Ester** gebunden.

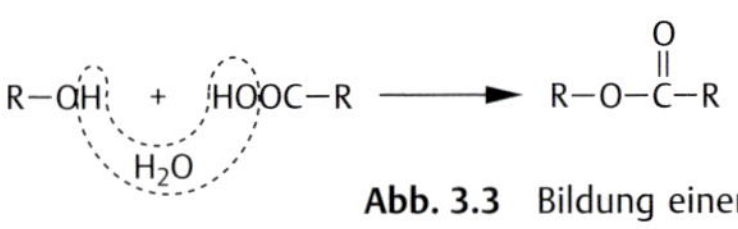

Abb. 3.3 Bildung einer Esterbindung

Machen Sie sich nochmals klar, wie eine Esterbindung entsteht: Eine Alkoholgruppe (-OH) und eine Säuregruppe (-COOH) bilden unter Wasserabspaltung einen Ester (Abb. 3.3).

3.1.4 Die Fettsäuren (FS)

Fettsäuren sind Monocarbonsäuren, enthalten also eine Carboxylgruppe (-COOH) und einen Kohlenstoff-„Schwanz“, der bei den einzelnen Fettsäuren unterschiedliche Länge hat. Die verschiedenen Fettsäuren charakterisieren die Lipide. Fettsäuren **ohne Doppelbindung** bezeichnet man als **gesättigte Fettsäuren**, die wichtigsten sind Palmitin- und Stearinsäure. Fettsäuren **mit Doppelbindung** sind **ungesättigte Fettsäuren**. Zudem unterscheidet man bei den ungesättigten Fettsäuren noch, ob sie vom Körper synthetisiert werden können (nicht essenziell, z. B. Ölsäure) oder ob sie mit der Nahrung aufgenommen werden müssen (essenziell, z. B. Linolensäure). Wichtige Fettsäuren sind in **Tab. 3.1** zusammengestellt.

Als Beispiel einer Fettsäure ist in **Abb. 3.4** die Buttersäure dargestellt.

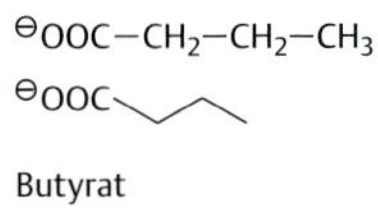

Abb. 3.4 Butyrat (= Anion der Buttersäure) in ausführlicher Schreibweise (a) und in abgekürzter Schreibweise (b), wie sie in Fettsäuren häufig verwendet wird

3.1.5 Die einfachen Lipide: Triacylglycerine (Fette und Öle) und Wachse

3.1.5.1 Die Triacylglycerine (TAG): Fette und Öle

Triacylglycerin **(Abb. 3.5)** ist besser bekannt als **Neutralfett** oder **Fett** (wobei umgangssprachlich viele andere Stoffe unter Fetten verstanden werden). Triacylglycerin dient im Körper als Energiespeicher, es kann wasserfrei und damit Platz sparend gelagert werden. An einem Glycerinmolekül

Tabelle 3.1

Wichtige Fettsäuren

Name	Anzahl C-Atome	Anzahl Doppelbindungen	Bemerkungen
Essigsäure	2	–	nicht in Lipiden enthalten
Buttersäure	4	–	kürzeste FS in Lipiden
Palmitinsäure	16	–	häufige FS
Stearinsäure	18	–	häufige FS
Ölsäure	18	1	nicht essenziell
Linolsäure (ω6-Fettsäure)	18	2	essenziell
Linolensäure (ω3-Fettsäure)	18	3	essenziell
Arachidonsäure	20	4	aus Linol- oder Linolensäure synthetisiert, ist Vorstufe der Eicosanoide, s. S. 228

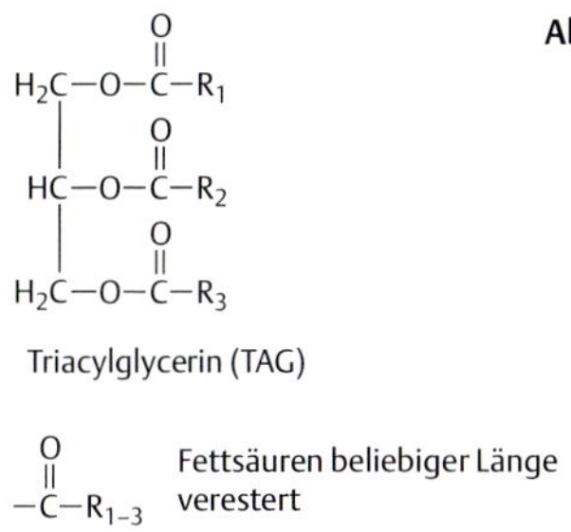

Abb. 3.5 Triacylglycerin

sind drei Fettsäuren („Tri-acyl"-) verestert. Je nach Art der Fettsäuren unterscheidet sich die Konsistenz der Fette: Die Festigkeit wird durch lange, gesättigte Fettsäuren erhöht. Ungesättigte FS erniedrigen die Konsistenz, somit wird aus Fett Öl! Je mehr Doppelbindungen die ungesättigte Fettsäure enthält, desto flüssiger wird das Fett. Neben der Funktion als Energiespeicher dient Neutralfett auch als sog. **Baufett**. Dabei sind die Fettsäuren länger und haben eine höhere Festigkeit. Sie erhalten damit z. B. die Festigkeit des Nierenlagers.

MERKE

(Flüssiges) Öl: Triacylglycerin mit mehrfach ungesättigten Fettsäuren.
(Festes) Fett: Triacylglycerin mit gesättigten Fettsäuren

3.1.5.2 Die Wachse

Wachse sind Ester eines einwertigen Alkohols mit einer langkettigen Fettsäure.

3.1.6 Die komplexen Lipide: Phospholipide

Phospholipide enthalten neben dem Grundbaustein Glycerin oder Sphingosin, **Phosphorsäure** und eine **organische Verbindung**. Zu den Phospholipiden gehören die **Glycerophospholipide** und die **Sphingophospholipide**.

3.1.6.1 Die Glycerophospholipide

Die **Glycerophospholipide** (**Abb. 3.6**) bestehen grundsätzlich aus dem Grundbaustein Glycerin plus Phosphorsäure und einer organischen Verbindung. Am Glycerinmolekül stehen drei OH-Gruppen zur Esterbindung mit einer Säuregruppe zur Verfügung. An C_1 und C_2 wird jeweils eine Fettsäure verestert und an C_3 eine Phosphorsäure. Diese Grundstruktur bezeichnet man als **Glycerophosphatid** oder **Phosphatidsäure**. An der Phosphorsäure wird außerdem die organische Verbindung über eine OH-Gruppe verestert. So entsteht eine Phosphorsäure*di*esterbindung. Die Phosphorsäure ist also sowohl mit der Alkohol-(OH-)Gruppe des Glycerins als auch mit der Alkoholgruppe der organischen Verbindung als Ester verknüpft. Die Einteilung in die verschiedenen Glycerophospholipide erfolgt anhand der enthaltenen organischen Verbindung.

Abb. 3.6 Glycerophospholipide:
(a) Lecithin;
(b) Kephalin (Phosphatidylethanolamin);
(c) Phospatidylinositol;
(d) Cardiolipin

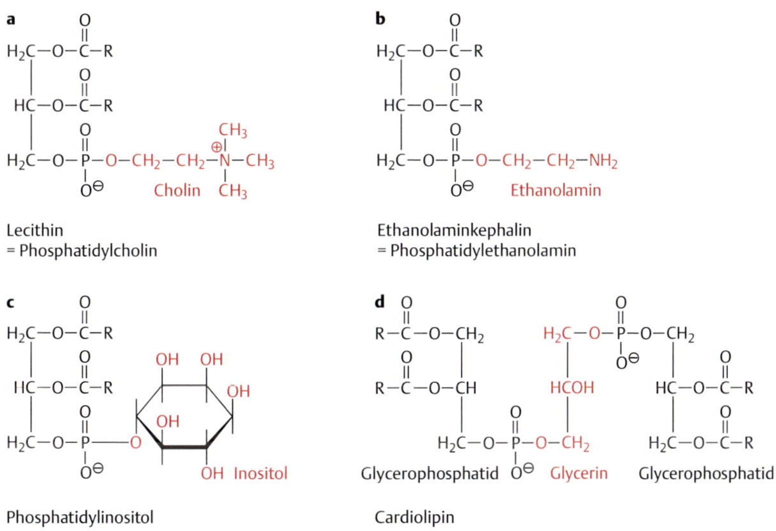

Die erste organische Verbindung: Cholin

Cholin ist eine hydrophile und damit polare Substanz, es entsteht aus der Aminosäure Serin (s. S. 85). Ist Cholin die organische Verbindung am Glycerophosphatid, so entsteht **Lecithin** (= Phosphatidylcholin, **Abb. 3.6 a**). Lecithin ist eine amphiphile Substanz mit polaren (Cholin) und unpolaren Gruppen (Fettsäuren). Es ist Bestandteil von Zellmembranen (s. S. 358).

Die zweite organische Verbindung: Serin/Ethanolamin

Serin und Ethanolamin sind polare Substanzen. Ethanolamin ist das biogene Amin von Serin (s. S. 100). Sind sie an Glycerophosphatide gebunden, entsteht **Kephalin** (= Phosphatidylserin bzw. -ethanolamin, **Abb. 3.6 b**), eine amphiphile Substanz mit polaren und unpolaren Gruppen.

MERKE

Amphiphile Substanzen lagern sich gut an Grenzflächen an; Kephaline und Lecithine sind Bestandteil der Phospholipidmembran.

Die dritte organische Verbindung: Inosit

Inosit ist ein sechswertiger zyklischer Alkohol. Ist Inosit als organische Substanz am Glycerophosphatid gebunden, so liegt das Glycerophospholipid **Phosphatidylinositol** (**Abb. 3.6 c**) vor, aus dem der second messenger **IP_3** (Inositoltriphosphat) gebildet wird. Durch Phospholipase C wird Phosphatidylinositol in Phosphoinositol (das zu IP_3 wird) und Diacylglycerin (DAG) gespalten. IP_3 und DAG sind beides second messenger (s. S. 200).

Die vierte organische Verbindung: Glycerin

Glycerin ist ein dreiwertiger Alkohol. Dient es als Verbindung zwischen zwei Glycerophosphatiden, so entsteht **Cardiolipin** (**Abb. 3.6 d**), ein Bestandteil der Mitochondrienmembran.

Zusammenfassung

Einen zusammenfassenden Überblick über die Glycerophospholipide gibt **Tab. 3.2**.

Beachte: Surfactant wird von den Pneumozyten Typ II gebildet und besteht zu einem großen Teil aus Phospholipiden. Es wird benötigt um die Oberflächenspannung der Alveolen herabzusetzen. So kommt es zur Entfaltung der Lunge.

Tabelle 3.2

Übersicht über die Glycerophospholipide

Phospholipid	organische Verbindung	Vorkommen in/als
Lecithin	Cholin	Zellmembran
Kephalin	Serin/Ethanolamin	Zellmembran
Phosphatidylinositol	Inositol	Second messenger IP_3
Cardiolipin	Glycerin	Mitochondrienmembran

Die komplexen Lipide, besonders die **Phospholipide**, sind aufgrund ihres **amphiphilen Charakters** in der Lage, sich im Wasser zu strukturieren. An **Grenzflächen** zwischen Wasser und Luft bzw. Öl liegen die hydrophilen Anteile im Wasser und die lipophilen Anteile orientieren sich zur Luft bzw. zum Öl (**Abb. 3.7**).

Das bekannteste und gleichzeitig wichtigste Modell einer Phospholipidanordnung stellt die **Zellmembran** dar. Sie besteht häufig vorwiegend aus Phospholipiden, enthält aber auch Cholesterin, Glykolipide und Proteine.

Die Zellmembran bildet eine Begrenzung zwischen zwei wässrigen Medien und die Phospholipide bilden hierbei eine **Doppelschicht**: Die hydrophilen Anteile zeigen nach außen, während die lipophilen Anteile einander zugewandt sind.

Phospholipide können in wässrigen Medien zwei weitere Strukturen ausbilden:

Micellen: Sie spielen eine wichtige Rolle bei der **Verdauung** von lipophilen Substanzen. Die lipophilen Anteile der Phospholipide umschließen diese Substanzen und die hydrophilen Anteile bilden die äußere Hülle (s. S. 243).

Liposomen: Lipiddoppelschichten können auch Liposomen ausbilden, die eine wässrige Phase umschließen und so z. B. als Träger für hydrophile Medikamente verwendet werden können.

3.1.6.2 Die Sphingophospholipide

Die **Sphingophospholipide** bestehen grundsätzlich aus dem Grundbaustein Sphingosin plus Phosphorsäure und einer organischen Verbindung. Sphingosin liegt als Grundbaustein der Lipide immer als Ceramid vor, d. h. es ist über eine Amidbindung mit einer Fettsäure verbunden. Das Ceramid wird mit der Phosphorsäure verestert und eine zweite Esterbindung entsteht zwischen Phosphorsäure

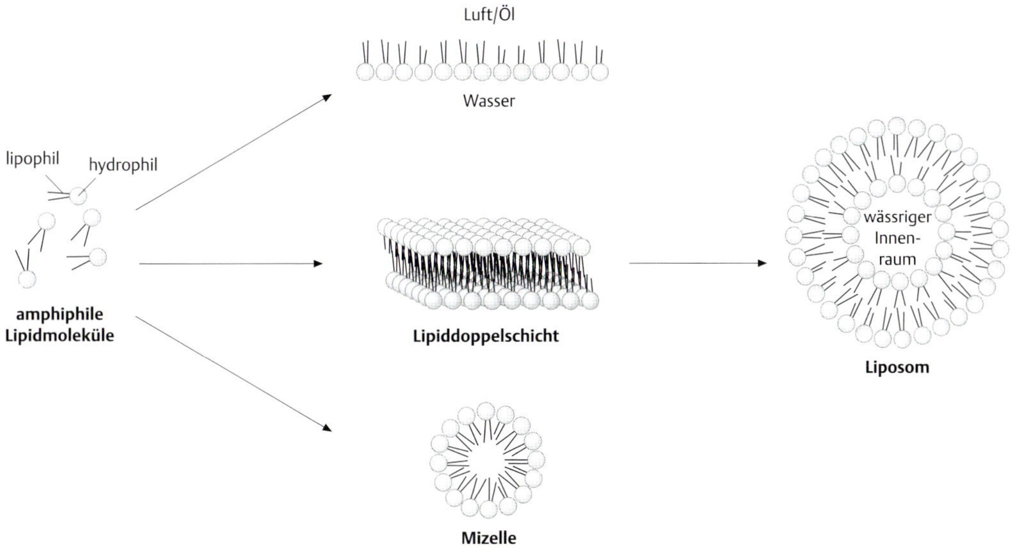

Abb. 3.7 Strukturierung von Lipidmolekülen an Grenzflächen

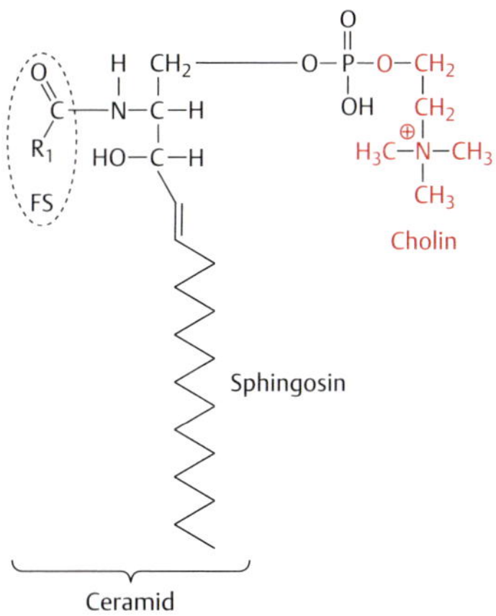

Abb. 3.8 Sphingomyelin besteht aus Ceramid + Phosphorsäure + Cholin

und organischer Verbindung. Es liegt also ebenfalls eine Phospho*di*esterbindung vor. Ein wichtiges Sphingophospholipid ist **Sphingomyelin** **(Abb. 3.8)**. Als organische Verbindung ist im Sphingomyelin Cholin enthalten. Sphingomyelin ist Bestandteil der Myelinscheiden im ZNS.

Klinischer Bezug

Sphingolipidosen: Sphingolipidosen sind erblich bedingte Stoffwechselkrankheiten und zählen zu den seltenen Lipidspeicherkrankheiten. Durch einen Mangel an Hydroxylasen werden die Sphingolipide nicht vollständig abgebaut und werden im Nervensystem, in der Leber und in der Milz gespeichert. Schwere geistige und/oder körperliche Behinderungen sind die Folge.

3.1.7 Die komplexen Lipide: Glykolipide

Glykolipide **(Abb. 3.9)** haben als Grundbaustein immer **Sphingosin** (= Sphingoglykolipide) in Form von **Ceramid** (= Sphingosin + Fettsäure, s. o.). Die Glykolipide entstehen durch die Verbindung des Ceramids mit einem **Kohlenhydrat**. Beispiele sind:

- Cerebrosid = Ceramid + Monosaccharid (meist Galaktose, **Abb. 3.9 a)**
- Sulfatid = Ceramid + Sulfogalaktose
- Gangliosid = Ceramid + komplexer Kohlenhydratanteil **(Abb. 3.9 b)**.

Bei den Glykolipiden fungiert der hydrophobe Ceramid-**„Anker“** als Befestigung in der Plasmamembran. Der hydrophile Kohlenhydratanteil sitzt auf der *extra*zellulären Seite der Membran und dient der Zellerkennung. Ebenfalls Sphingoglykolipide mit Ceramidanker sind die Blutgruppenantigene (s. S. 309). Glykolipide kommen sonst vor allem im ZNS vor.

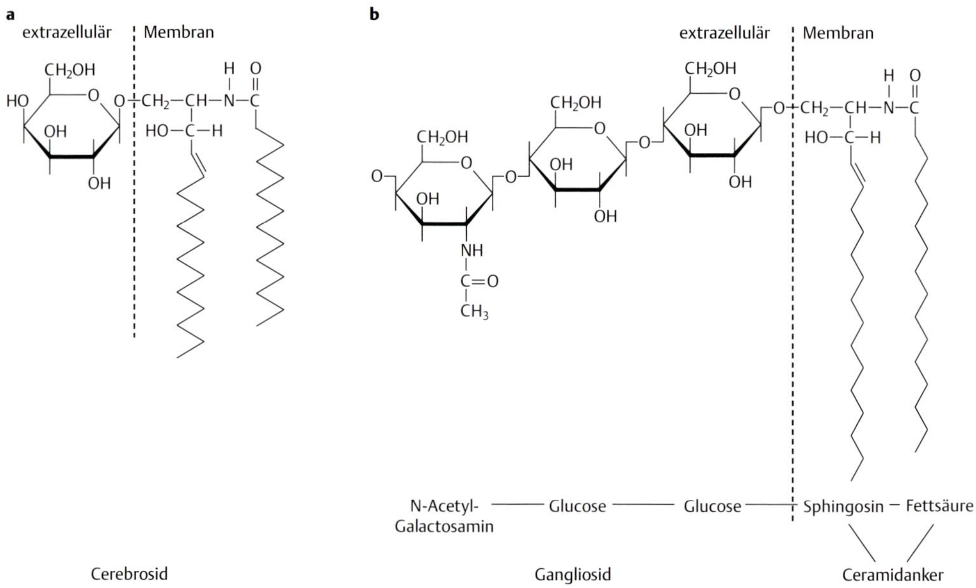

Abb. 3.9 Glykolipide: (a) (Galacto-)Cerebrosid; (b) Gangliosid

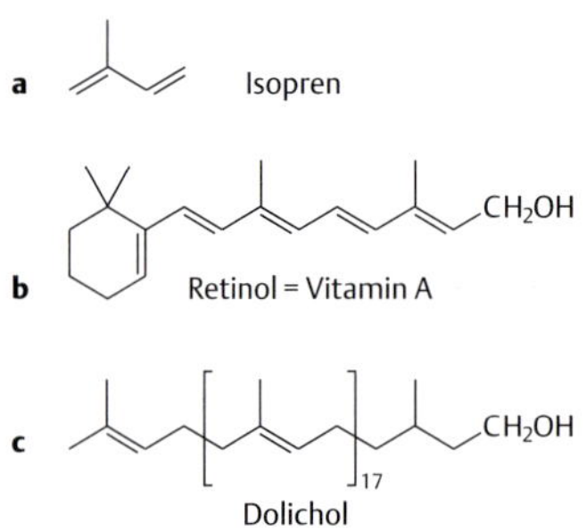

Abb. 3.10 (a) Isopren; (b) Retinol; (c) Dolichol

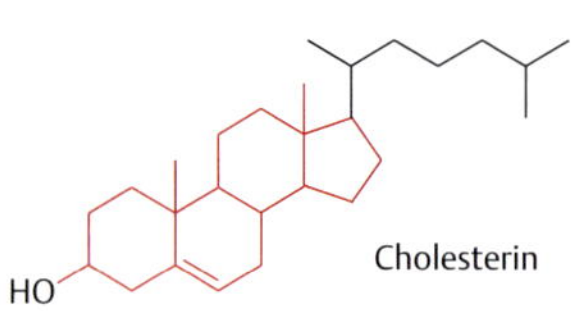

Abb. 3.11 Cholesterin (das Sterangerüst ist farbig markiert)

3.1.8 Die Isoprenoide

Aus Isoprenoideinheiten **(Abb. 3.10)** aufgebaute Substanzen sind lipophil; Beispiele für diese Gruppe sind u. a. verschiedene Vitamine und Hormone.

3.1.8.1 Die Terpene

Die Terpene entstehen aus mehreren Isopreneinheiten (**Abb. 3.10 a**, polymere Isoprene, vgl. Chemie-Lehrbücher). Hierzu zählen die fettlöslichen Vitamine Tocopherol (Vitamin E), Phyllochinon (Vitamin K) und Retinol (Vitamin A, **Abb. 3.10** b). Retinol wird als solches oder als Vorstufe, dem Provitamin Carotin, mit der Nahrung aufgenommen.

Andere wichtige Polyisoprene sind Dolichol **(Abb. 3.10 c)**, das bei der Glykosylierung von Proteinen eine Rolle spielt (s. S. 21), und Ubichinon, das als Elektronenüberträger in der Atmungskette fungiert.

3.1.8.2 Die Steroide

Die Steroide sind ebenfalls Derivate des Isoprens und leicht am Sterangerüst zu erkennen: drei Cyclohexanringe und ein Cyclopentanring. Diese Grundstruktur ist lipophil. Beachte: Die Doppelbindungen im Sterangerüst sind nicht konjugiert; deshalb handelt es sich nicht um eine aromatische Ringstruktur. Die wichtigste Struktur mit Steran-grundgerüst ist das Cholesterin **(Abb. 3.11)**. Cholesterin ist wichtiger Bestandteil der Plasmamembran (s. S. 358) und dient der Synthese weiterer wichtiger Stoffe: Vitamin D, die Steroidhormone sowie die Gallensäuren sind aus Cholesterin aufgebaut. Die Gallensäuren sind wichtig für die Lipidverdauung (s. S. 246) und sind gleichzeitig das Ausscheidungsprodukt des Cholesterins, da Cholesterin nicht abgebaut werden kann (vgl. Cholesterinbiosynthese S. 72).

Check-up

- ✔ **Rekapitulieren Sie den Aufbau der Lipide, indem Sie sich nochmals die einzelnen Bausteine und deren Verknüpfung in Erinnerung rufen.**
- ✔ **Wiederholen Sie, welche Funktionen Lipide im Körper haben (z. B. als Membranbestandteil, Vorstufe von Hormonen).**

3.2 Der Stoffwechsel der Fettsäuren

Lerncoach

Fettsäuren können vom Körper als Triacylglycerine in fast unbeschränkten Mengen gespeichert werden. Ihr Stoffwechsel hängt deshalb auch eng mit anderen Stoffwechselwegen zusammen. Versuchen Sie beim Lernen immer wieder diese Verbindungen herzustellen (z. B. mit dem Kohlenhydratstoffwechsel: Warum macht Schokolade „fett"?)

3.2.1 Überblick und Funktion

Man unterscheidet im Stoffwechsel der Fettsäuren den Abbau **(β-Oxidation)** und den Aufbau **(„de novo"-Synthese)**. Die β-Oxidation ist ein abbauender – also kataboler – Vorgang. Die dabei frei werdende chemische Energie wird dann in Form von ATP konserviert. Das Prinzip ähnelt anderen katabolen Vorgängen wie der Glykolyse.

Bei veränderter Stoffwechsellage können Fettsäuren nicht nur der ATP-Gewinnung dienen, sondern in Ersatzenergieträger – die **Ketonkörper** – umgewandelt werden.

Fettsäuren werden vom Körper bei Nahrungsüberschuss in der **Fettsäurebiosynthese** aber auch selbst produziert und als Neutralfett gespeichert. Der Aufbau findet aus Acetyl-CoA statt. Acetyl-CoA entsteht z. B. beim Abbau von Glucose. Hier zeigt sich auch der Zusammenhang zwischen Glucoseverwertung und Fettaufbau (s. auch Stoffwechselkarten am Ende des Buches).

Die β-Oxidation, die Bildung der Ketonkörper und die Fettsäurebiosynthese werden in den folgenden Kapiteln ausführlich erläutert.

3.2.2 Der Abbau der Fettsäuren (β-Oxidation)

Achten Sie beim Lernen auf die Kopplung des Fettsäureabbaus an andere Stoffwechselwege im Körper, wie z. B. Citratzyklus (s. S. 124) und Atmungskette (s. S. 129). Machen Sie sich dabei das Ziel dieser Kopplung klar: Durch einen kompletten oxidativen Abbau der Fettsäuren zu CO_2 und H_2O wird die in ihnen gespeicherte Energie dem Körper zur Verfügung gestellt.

3.2.2.1 Die Bereitstellung der Fettsäuren

Die Mobilisierung der Triacylglycerinspeicher

Den größten Triacylglycerinspeicher bilden die Fettzellen. Die Triacylglycerine werden in der Zelle durch die hormonsensitive **Triacylglycerinlipase** in Glycerin und drei Fettsäuren gespalten. Diesen Vorgang nennt man **Lipolyse** (s. S. 263). Lipolytische Hormone, wie Adrenalin, aktivieren dieses Enzym und stellen so Energie in Form von Fettsäuren für den Körper zur Verfügung. Die freien Fettsäuren können direkt in der Zelle abgebaut oder von den Fettzellen ans Blut abgegeben werden, wo sie an Albumin gebunden zu den verschieden Geweben gelangen.

MERKE

Die TAG-Lipase zählt zu den interkonvertierbaren Enzymen und ist phosphoryliert aktiv.

Mehr zur hormonellen Regulation der Lipolyse finden Sie im Kapitel Hormone (s. S. 221) und beim Stoffwechsel der einzelnen Organe (s. S. 263).

Die Versorgung über Lipoproteine

Lipide aus der Nahrung werden in der Darmmukosa in Lipoproteine (Chylomikronen) verpackt und gelangen über die Lymphe ins Blut (s. S. 247). Mit Hilfe der **Lipoproteinlipase** werden Fettsäuren im Blut aus den Lipoproteinen herausgespalten und in die Zelle aufgenommen.

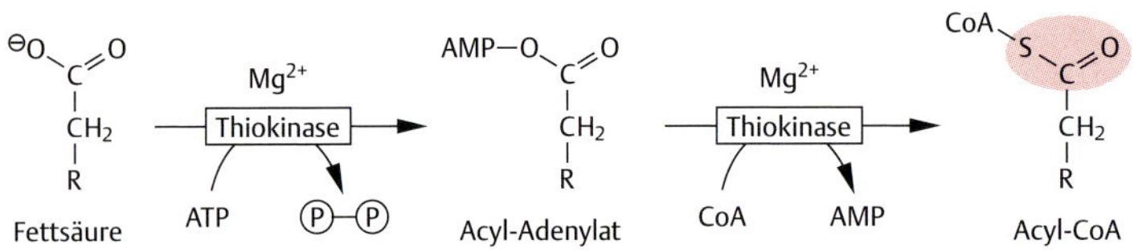

Abb. 3.12 Aktivierung der Fettsäuren durch CoA (die Thioesterbindung ist farbig unterlegt).

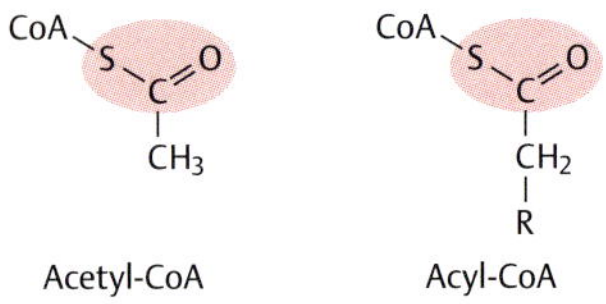

Abb. 3.13 Acetyl-CoA und Acyl-CoA

3.2.2.2 Die Aktivierung der Fettsäuren

Da freie Fettsäuren reaktionsträge sind, müssen sie mit Hilfe von Coenzym A (CoA) aktiviert werden. CoA enthält eine Sulfhydrylgruppe/Thiolgruppe (-SH, s. S. 421) und kann so eine **energiereiche Thioesterbindung** mit der Säuregruppe der Fettsäure eingehen. Dabei entsteht über das Zwischenprodukt Acyl-Adenylat (Aktivierung mittels ATP) das **Acyl-CoA** (**Abb. 3.12**). Es wird auch **aktivierte Fettsäure** genannt. Diese Reaktion findet **im Zytosol** der Zelle statt.

Beachte: Die Begriffe Acyl-CoA und Acetyl-CoA werden leicht durcheinander gebracht und manchmal fälschlicherweise synonym verwendet. Es sind jedoch unterschiedliche Strukturen (**Abb. 3.13**):

- **Acyl-CoA** ist eine aktivierte Fettsäure beliebiger Länge (länger als C_2). Es wird zur Energiegewinnung in die β-Oxidation eingeschleust. Acylreste sind in Triacylglycerinen verestert.
- **Acetyl-CoA** ist aktivierte Essigsäure CH_3COOH. Es ist zentrales Produkt im katabolen und anabolen Stoffwechsel. Acetylreste sind kein Bestandteil der Triacylglycerine.

3.2.2.3 Der Transport der Fettsäuren vom Zytosol ins Mitochondrium

Aktivierte Fettsäure (Acyl-CoA) entsteht, nach Aufnahme der Fettsäure in die Zelle (Lipoproteinlipase) oder nach intrazellulärer Lipolyse, im **Zytosol**. Der eigentliche Abbau der Fettsäuren, die **β-Oxidation**, findet im **Mitochondrium** statt. Da Acyl-CoA die innere Mitochondrienmembran nicht durchdringen kann, wird es mit Hilfe von **Carnitin** als Carrier durch die Membran transportiert (**Abb. 3.14**). Dabei überträgt die **Carnitin-Acyltransferase 1**, die an der äußeren Seite der inneren Mitochondrienmembran lokalisiert ist, den Acylrest von Acyl-CoA auf Carnitin. **Acyl-Carnitin** gelangt dann über die **Acylcarnitin-Translokase** in der inneren Mitochondrienmembran in den Matrixraum des Mitochondriums. An der Innenseite der inneren Mitochondrienmembran sitzt die **Carnitin-Acyltransferase 2**, die den Acylrest des Acyl-Carnitins wieder auf Coenzym A (CoA) überträgt. Ungebundenes CoA ist im Mitochondrium hinreichend vorhanden. Das frei gewordene Carnitin wird im Antiport gegen Acylcarnitin wieder aus dem Mitochondrium hinaustransportiert.

Der Transport des Acyl-CoA ist nur vom Zytosol ins Mitochondrium möglich, aber nicht umgekehrt. Der Carnitincarrier dient also der Speisung der β-Oxidation.

MERKE

Carnitincarrier = Einbahnstraße:
Zytosol → Mitochondrium !!

3.2.2.4 Die Reaktionen der β-Oxidation

Schauen Sie sich zuerst an, was jeweils mit dem Substrat passiert und welche reaktiven Gruppen entstehen (siehe Markierung, Abb. 3.17). Daraus können Sie ableiten, welche Reaktionen stattfinden (Beispiel: Oxidation einer Hydroxylgruppe in eine Ketogruppe). Zuletzt achten Sie auf die Enzyme, die die Reaktionen katalysieren, ihr Name lässt sich oft aus der stattfindenden Reaktion ableiten.

Die Enzyme der β-Oxidation sind nur in der **Mitochondrienmatrix** vorhanden. Es findet **keine β-Oxi-**

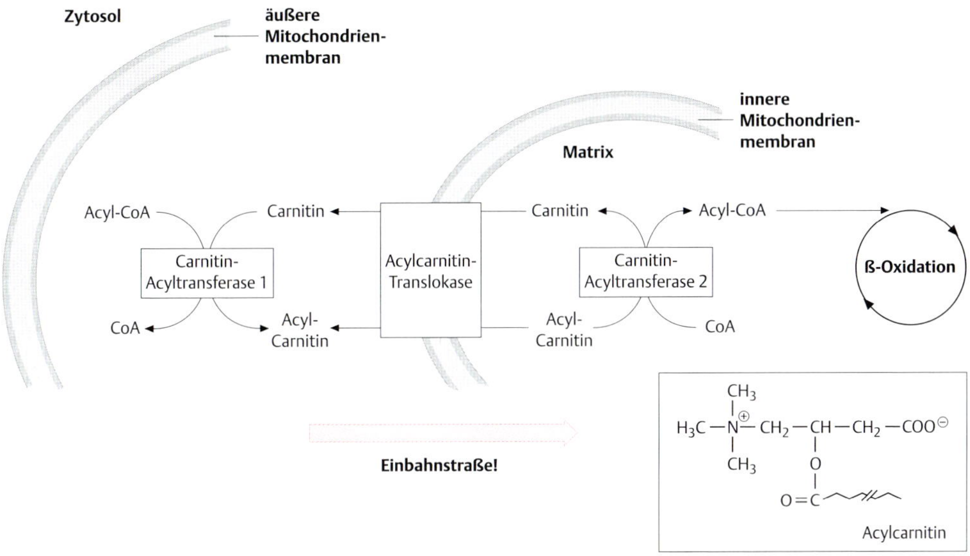

Abb. 3.14 Transport von Acylcarnitin durch die innere Mitochondrienmembran

dation in den **Erythrozyten** und **Nervenzellen** statt. Erythrozyten haben keine Mitochondrien, Nervenzellen fehlen die entsprechenden Enzyme, zudem gelangen die Lipide nicht über die Blut-Hirn-Schranke.

Der Name „β-Oxidation" für die Reaktionskette des Fettsäureabbaus weist darauf hin, dass dabei eine **Oxidation** am **β-C-Atom** der Fettsäure stattfindet (zur Nomenklatur der C-Atome s. **Abb. 3.15**). Als Zwischenstufen entstehen dabei **β-Hydroxy**- bzw. **β-Ketoacyl-Verbindungen** (**Abb. 3.16**). Der Begriff „Oxidation" kann hier auch synonym mit „Dehydrierung" verwendet werden.

In der β-Oxidation wird Acyl-CoA in einem Kreislauf, der wiederholt durchlaufen wird, zu mehreren Acetyl-CoA abgebaut (**Abb. 3.16**). Pro „Durchlauf" wird die Fettsäure um zwei C-Atome (entspricht einem Acetyl-CoA) gekürzt. Neben Acetyl-CoA entstehen die reduzierten Coenzyme **$NADH+H^+$** und **$FADH_2$**. Sinn eines katabolen Weges ist es, möglichst viele reduzierte Coenzyme zu erhalten und diese zur ATP-Bildung in der Atmungskette zu nutzen. Dementsprechend werden die gebildeten Acetyl-CoA in den Citratzyklus eingeschleust und liefern so weitere reduzierte Coenzyme.

Der Abbau der Fettsäuren liefert vergleichsweise viele reduzierte Coenzyme und kann deshalb auch

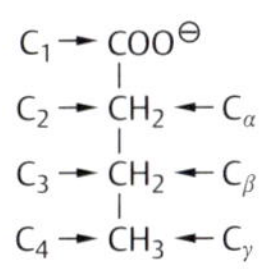

Abb. 3.15 Zur Nomenklatur der C-Atome: die C-Atome werden von 1–n durchnummeriert, wobei beim höchst oxidierten C-Atom begonnen wird. Bei der Bezeichnung mit griechischen Buchstaben fasst man die Carboxylgruppe als funktionellen Rest auf, sodass das darauf folgende C-Atom das erste, also α, ist.

nur im aeroben Zustand vollständig ablaufen. Es muss immer genügend Sauerstoff für die Atmungskette zur Verfügung stehen. Dies erklärt auch, warum es bei einer angestrebten Gewichtsreduktion günstiger ist, eine halbe Stunde ruhig zu laufen als 10 Minuten lang einen Berg hochzusprinten.

MERKE

Der Abbau der Fettsäuren kann nur im aeroben Zustand vollständig ablaufen, weil dann genügend Sauerstoff für die Atmungskette zur Verfügung steht.

Im Folgenden werden die einzelnen Reaktionen der β-Oxidation beschrieben (**Abb. 3.17**).

Zunächst wird das Acyl-CoA durch die **Acyl-CoA-Dehydrogenase** oxidiert (syn. dehydriert). Die beiden Wasserstoffatome werden dabei auf FAD übertragen und es entsteht eine Doppelbindung in

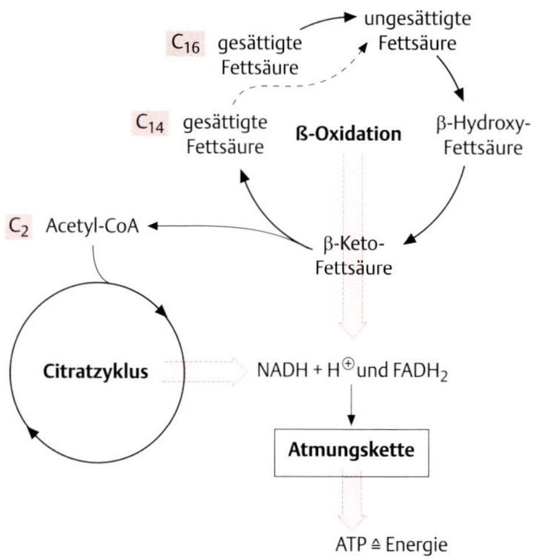

Abb. 3.16 Schematische Darstellung der β-Oxidation

trans-Stellung zwischen dem α- und β-C-Atom und ein $FADH_2$. An das entstandene α-β-trans-Enoyl-CoA (ungesättigte Fettsäure) wird durch die **Enoyl-CoA-Hydratase** Wasser addiert und es entsteht **L-β-Hydroxyacyl-CoA**. Diese Verbindung wird nun zu β-Ketoacyl-CoA oxidiert. Dabei entsteht ein $NADH+H^+$. Das diese Reaktion katalysierende Enzym ist die **β-Hydroxy-Aycl-CoA-Dehydrogenase**. Im letzten Schritt wird aus dem β-Ketoacyl-CoA durch die **β-Ketothiolase** ein Acetyl-CoA freigesetzt und die ursprüngliche Fettsäure geht als eine um 2 C-Atome verkürzte Fettsäure erneut in den Reaktionskreislauf ein.

Die Reaktionen der β-Oxidation sind **reversibel**. Es können also auch bestehende Fettsäuren verlängert werden (zum Beispiel Butyrat [C_4] wird zu Palmitinsäure [C_{16}] verlängert). Allerdings ist **keine Neubildung** von Fettsäuren aus Acetyl-CoA-Bausteinen möglich. Diese findet nur durch die „de novo"-Syn-

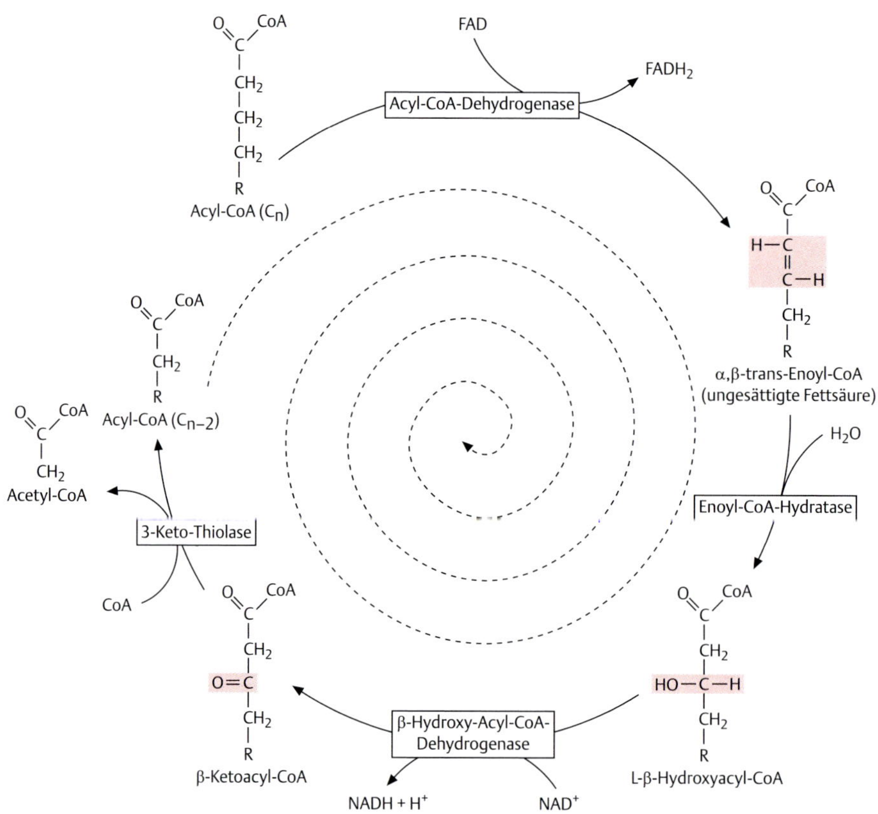

Abb. 3.17 Reaktionen der β-Oxidation

these am Multienzymkomplex im Zytosol statt (s. S. 65).

Exkurs: Die Bedeutung des Coenzyms FAD

FAD ist eine **prosthetische Gruppe** (s. S. 166) und damit fest (aber nicht kovalent) an der **Acyl-CoA-Dehydrogenase** gebunden. Die Umwandlung von FAD in $FADH_2$ findet also direkt am Enzymkomplex statt. Die weitere Nutzung von $FADH_2$ erfolgt am Komplex II in der Atmungskette im **Mitochondrium** (s. S. 134). Durch die feste Bindung von FAD an die Acyl-CoA-Dehydrogenase wird diese Reaktion der β-Oxidation also auch räumlich direkt an die Atmungskette gekoppelt. Dies gilt ebenso für die **Succinatdehydrogenase** aus dem Citratzyklus, deren Reaktion damit den Citratzyklus direkt an die Atmungskette bindet. Beide Enzyme müssen sich deshalb im Mitochondrium befinden.

Im Gegensatz dazu kann **NAD^+** als Coenzym vom Enzym abdiffundieren. Somit kann auch im Zytosol entstandenes $NADH+H^+$ in der Atmungskette genutzt werden.

3.2.2.5 Der Abbau der geradzahligen Fettsäuren

Beim Abbau der geradzahligen Fettsäuren entsteht pro Durchlauf 1 Acetyl-CoA, 1 $FADH_2$ und 1 $NADH+H^+$. Beachte: Im letzten Zyklus wird der C4-Körper **direkt** in 2 Acetyl-CoA gespalten. So braucht man um **Stearinsäure** (C_{18}) abzubauen „nur“ **8 Durchläufe** (s. u.). Acetyl-CoA wird in den Citratzyklus geschleust und alle entstandenen reduzierten Coenzyme werden in der Atmungskette zur ATP-Bildung genutzt.

Beispiel Stearinsäure C_{18}

- Die β-Oxidation wird 8-mal durchlaufen
- es entstehen 9 Acetyl-CoA
- es entstehen 8 $FADH_2$
- es entstehen 8 $NADH+H^+$.

3.2.2.6 Der Abbau der ungeradzahligen Fettsäuren

Der Abbau der **ungeradzahligen Fettsäuren** unterscheidet sich von dem der geradzahligen Fettsäuren erst im letzten Durchlauf. Hier wird von dem C5-Körper ein Acetyl-CoA abgespalten und ein C3-Körper – **Propionyl-CoA** – bleibt übrig.

Propionyl-CoA muss jetzt ebenfalls in den katabolen Stoffwechselweg eingeschleust werden und wird deshalb in ein Intermediärprodukt des Citratzyklus – **Succinyl-CoA** – umgewandelt **(Abb. 3.18)**.

Achten Sie bei den folgenden Reaktionen auch auf die Beteiligung der Coenzyme Biotin und Cobalamin (s. S. 185).

Propionyl-CoA wird zunächst durch die **Propionyl-CoA-Carboxylase** mit dem Cofaktor Biotin in **D-Methylmalonyl-CoA** umgewandelt. Das D-Methylmalonyl-CoA wird durch eine Racemase in L-Methylmalonyl-CoA überführt und dann in einer cobalaminabhängigen Reaktion zu Succinyl-CoA isomerisiert. Succinyl-CoA wird später in den Citratzyklus eingeschleust als Acetyl-CoA und liefert dementsprechend weniger reduzierte Coenzyme. Deshalb entsteht hier weniger Energie in der Atmungskette.

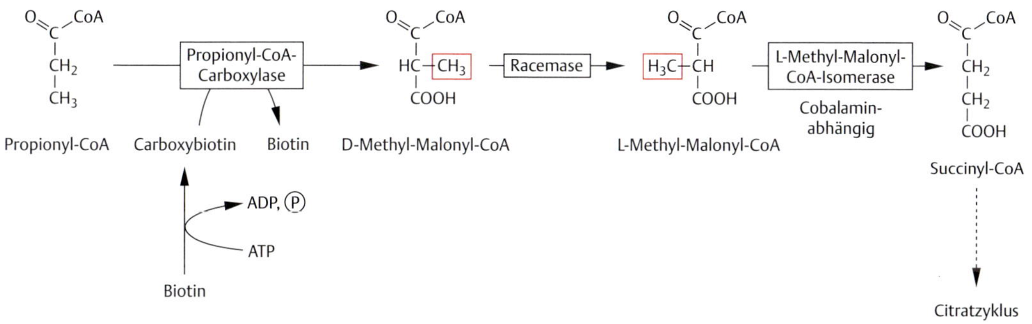

Abb. 3.18 Umwandlung von Propionyl-CoA zu Succinyl-CoA

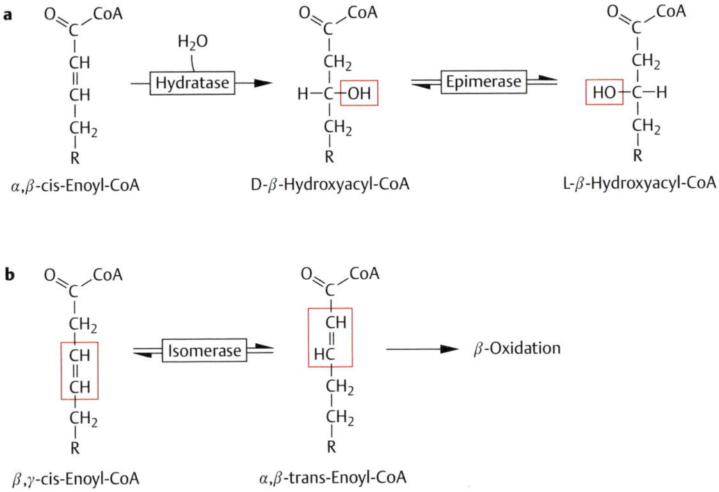

Abb. 3.19 Abbau der ungesättigten Fettsäuren; (a) α-β-ungesättigte Fettsäuren; (b) β-γ-ungesättigte Fettsäuren

Beispiel Fettsäure C_{19}

- Die β-Oxidation wird 8-mal durchlaufen
- es entstehen 8 Acetyl-CoA
- es entsteht 1 Propionyl-CoA, welches zu Succinyl-CoA umgewandelt wird
- es entstehen 8 $FADH_2$
- es entstehen 8 $NADH+H^+$.

3.2.2.7 Der Abbau der ungesättigten Fettsäuren

Ungesättigte Fettsäuren können nicht einfach in die β-Oxidation eingeschleust werden. Das Problem liegt darin, dass die ungesättigten Fettsäuren für die β-Oxidation in *trans*-Konfiguration vorliegen müssen, unsere natürlich vorkommenden Fettsäuren zeigen aber *cis*-Konfiguration. Je nachdem, ob die Doppelbindung zwischen dem α- und β-C-Atom liegt oder dem β- und γ-C-Atom, gibt es verschiedene Umwandlungsreaktionen **(Abb. 3.19)**:

- Die **α-β-ungesättigten Fettsäuren** (= α-β-cis-Enoyl-CoA) werden durch eine Hydratase zu D-β-Hydroxyacyl-CoA hydratisiert und dann durch eine Epimerase in L-β-Hydroxyacyl-CoA isomerisiert **(Abb. 3.19 a)**. Dieses wird dann in der β-Oxidation weiter abgebaut.
- Die **β-γ-ungesättigten Fettsäuren** (= β-γ-cis-Enoyl-CoA, **Abb. 3.19 b**) werden durch eine Isomerase direkt zu α-β-trans-Enoyl-CoA isomerisiert, das ein Zwischenprodukt der β-Oxidation darstellt.

Beim Vorliegen einer ungesättigten Fettsäure fällt die erste Reaktion (Acyl-CoA-Dehydrogenase) dieser einen Runde des β-Oxidationskreislaufes weg. Es wird deshalb 1 $FADH_2$ weniger gebildet

Beispiel Ölsäure C_{18}

- Die β-Oxidation wird 8-mal durchlaufen
- es werden 9 AcetylCoA gebildet
- es werden 7 $FADH_2$ gebildet
- es werden 8 $NADH^+ + H^+$ gebildet.

3.2.2.8 Die Energiebilanz des Fettsäureabbaus

Beachten Sie, dass beim Fettsäureabbau über die Kopplung an den Citratzyklus und die Atmungskette sehr viel Energie freigesetzt wird (vgl. S. 124, 129).

Während der β-Oxidation entstehen Acetyl-CoA und reduzierte Coenzyme ($FADH_2$, $NADH+H^+$). Um die Energiebilanz des kompletten Abbaus einer Fettsäure zu errechnen, muss man wissen, wie viel ATP aus den einzelnen Substraten entsteht (vgl. Kapitel Endoxidation, S. 137):

- 1 $FADH_2$ liefert in der Atmungskette 1,5 ATP.
- 1 $NADH+H^+$ liefert in der Atmungskette 2,5 ATP.
- 1 Acetyl-CoA liefert über Citratzyklus und Atmungskette 10 ATP.

Tab. 3.3 zeigt als Beispiel die Energiebilanz der Stearinsäure. Beim Abbau der ungeradzahligen und ungesättigten Fettsäuren entsteht entsprechend weniger ATP (s. o.).

Tabelle 3.3

Energiebilanz der Stearinsäure C_{18}

ATP-Lieferant	**gewonnene Anzahl ATP**
9 Acetyl-CoA	90 ATP
8 $FADH_2$	12 ATP
8 $NADH+H^+$	20 ATP
gesamt	122 ATP
Aktivierungsenergie	- 2 ATP
gesamter Energiegewinn	**120 ATP**

Beachte: Der in **Tab. 3.3** berechnete Energiegewinn zeigt, dass die Energieausbeute beim Fettsäureabbau sehr hoch ist. Diese Energieausbeute kann aber nur erreicht werden, wenn genügend Sauerstoff zur vollständigen Oxidation der Fettsäuren zur Verfügung steht.

3.2.3 Die Ketonkörper

Bei der Ketogenese ist es wichtig, sich klarzumachen, wann und warum der Körper Ketonkörper synthetisiert (z. B. beim Fasten).

Ketonkörper werden vom Körper produziert, wenn **wenig Kohlenhydrate** und **viele Fettsäuren** im Blut vorhanden sind, und deshalb Fettsäuren zur Energiegewinnung zur Verfügung stehen. Das ist im **Hungerzustand**, z. B. beim Fasten, der Fall. Außerdem werden Ketonkörper auch bei **Insulinmangel** produziert, obwohl Kohlenhydrate im Blut anwesend sind (s. S. 64). Es entstehen dabei die drei Verbindungen **Acetoacetat, β-Hydroxybutyrat** und **Aceton**. Zusammen werden diese als Ketonkörper bezeichnet.

Beachte: Die Bezeichnung ist historisch bedingt und etwas irreführend, da Hydroxybutyrat gar kein Keton ist.

3.2.3.1 Die Ketogenese

Die Produktion der Ketonkörper **(Ketogenese)** hängt eng mit der β-Oxidation zusammen und wird deshalb an dieser Stelle besprochen.

Im Hungerzustand fehlen dem Körper in erster Linie Kohlenhydrate und so werden die Fettspeicher (Triacylglycerine) abgebaut und die **Fettsäuren** ans Blut abgegeben. Diese Fettsäuren können von den meisten Geweben als „Energiequelle" genutzt werden, jedoch *nicht* von den **Erythrozyten** und dem **Nervensystem**. Besonders das Nervensystem ist daher bei dieser Stoffwechsellage gefährdet.

In dieser Situation wird die Leber mit Fettsäuren „überschwemmt". Die Leber baut die Fettsäuren in der β-Oxidation ab und schleust das entstehende Acetyl-CoA in den Citratzyklus und die reduzierten Coenzyme in die Atmungskette ein. Dies resultiert in einer hohen ATP-Ladung der Leberzelle. Beachte: Diese hohe ATP-Ladung und der Überschuss an reduzierten Coenzymen aus der β-Oxidation führt letztlich zu einer Hemmung des Citratzyklus. Als Folge davon sammeln sich **Acetyl-CoA** und **reduzierte Coenzyme** in der Leber an **(Abb. 3.20)**.

Zur gleichen Zeit ist die Leber aber auch bestrebt, leicht verfügbare, wasserlösliche Ersatzenergieträ-

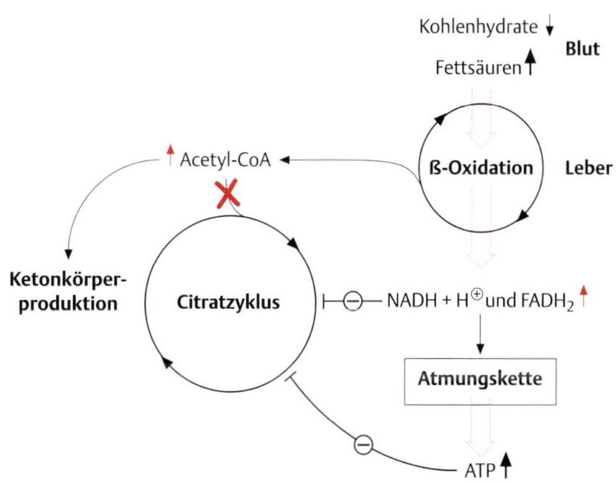

Abb. 3.20 Ketonkörperproduktion im Hungerzustand

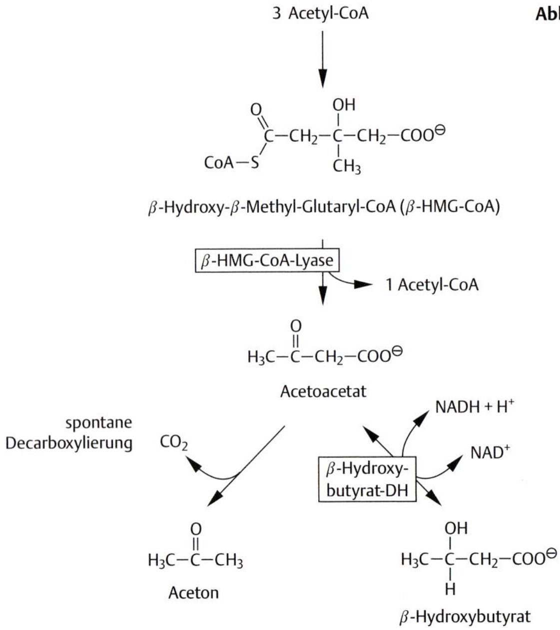

Abb. 3.21 Reaktionen der Ketogenese

ger zur Verfügung zu stellen. Dies erreicht sie durch die Produktion von **Ketonkörpern** aus **Acetyl-CoA** (**Abb. 3.21**).

MERKE

Hemmung des katabolen Stoffwechselweges in der Leber durch:
- **hohe ATP-Ladung (Hemmung der Isocitrat-Dehydrogenase)**
- **wenig oxidierte Coenzyme zur Speisung des Citratzyklus.**

Die Reaktionen der Ketogenese

Die **Ketogenese** findet in den **Mitochondrien der Leber** statt. In einem ersten Schritt entsteht aus drei Acetyl-CoA **β-Hydroxy-β-Methyl-Glutaryl-CoA** (β-HMG-CoA, **Abb. 3.21**). Diesen Schritt findet man auch bei der Cholesterinbiosynthese. Beachte aber, dass dieser Schritt bei der Cholesterinbiosynthese im Zytosol stattfindet (s. S. 72). β-HMG-CoA wird dann durch die β-HMG-CoA-Lyase unter Abspaltung eines Acetyl-CoA in den ersten Ketonkörper **Acetoacetat** umgewandelt. Aus Acetoacetat entsteht in geringer Menge gasförmiges **Aceton** durch **spontane Decarboxylierung** (ohne Enzym oder Coenzym). Aceton dient nicht als Ersatzenergieträger, sondern wird unverändert abgeatmet. Der größte Teil des Acetoacetats wird zu **β-Hydroxybutyrat** reduziert. Dieser Schritt dient dazu, die in der Leber in großer Menge vorhandenen reduzierten Coenzyme aus der β-Oxidation wieder zu oxidieren und in den Citratzyklus einzuschleusen.

β-Hydroxybutyrat ist wasserlöslich und kann ans **Blut** abgegeben werden. So steht neben den Fettsäuren eine weitere Energiequelle zur Verfügung, die von den extrahepatischen Geweben – auch vom Nervensystem – verstoffwechselt werden kann. Dieses β-Hydroxybutyrat kann bei einer Nulldiät auch im Harn nachgewiesen werden.

3.2.3.2 Die Ketonkörperverwertung

Die Ketonkörperverwertung findet **nur** in den Mitochondrien der **extrahepatischen Gewebe** statt. Hier werden, im Gegensatz zur Leber, reduzierte Coenzyme und Acetyl-CoA zur Energiegewinnung dringend benötigt.

β-Hydroxybutyrat wird zum **Acetoacetat** oxidiert (**Abb. 3.22**). Dabei entsteht NADH+H$^+$, das in die Atmungskette eingeschleust wird. Das Acetoacetat muss zu **Acetoacetyl-CoA** aktiviert werden, damit es weiter verwertet werden kann. Dies kann einmal dadurch geschehen, dass CoA von Succinyl-

CoA aus dem Citratzyklus auf Acetoacetat übertragen wird. Dabei entsteht Succinat. Diese **Kopplung an den Citratzyklus** bedeutet, dass zugunsten der Ketonkörperaktivierung in diesem Schritt des Citratzyklus kein GTP gebildet wird.
Eine zweite Möglichkeit besteht darin, freies CoA ATP-abhängig auf Acetoacetat zu übertragen. Hierbei wird ATP zu AMP und Pyrophosphat gespalten. Diese Reaktion erfolgt nach demselben Prinzip wie die Fettsäureaktivierung.
Acetoacetyl-CoA kann durch eine Thiolase in **zwei Acetyl-CoA** gespalten werden, die dann in den Citratzyklus eingeschleust werden können.

Die Energiebilanz der Ketonkörperverwertung
Als Beispiel für eine Energiebilanz bei der Ketonkörperverwertung sei hier die vollständige Verbrennung eines Moleküls β-Hydroxybutyrat angeführt: Sie liefert 21,5 ATP (**Tab. 3.4**).

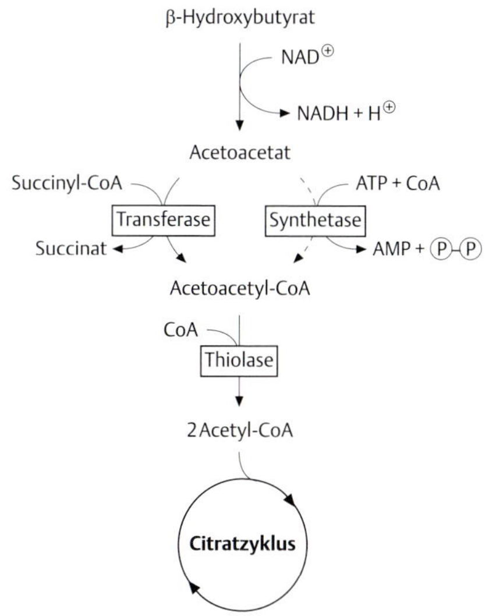

Abb. 3.22 Ketonkörperverwertung

3.2.3.3 Die Rolle des Ketonkörperstoffwechsels im Körper

Bei der Stoffwechsellage, die durch Kohlenhydratmangel oder Hunger induziert wird, sammeln sich die Energieträger Acetyl-CoA und reduzierte Coenzyme in der **Leber** an. Da aus Acetyl-CoA keine Kohlenhydrate gebildet werden können (s. S. 121), bildet die Leber daraus Ersatzenergieträger, die Ketonkörper, die von den extrahepatischen Geweben wieder in Acetyl-CoA und reduzierte Coenzyme umgewandelt und zur Energiegewinnung verwendet werden können. **Tab. 3.5** fasst dies noch einmal zusammen.

Anhand von Tab. 3.5 können Sie den physiologischen Sinn hinter dem Ketonkörperstoffwechsel nachvollziehen, nämlich die Bereitstellung von Ersatzenergieträgern durch die Leber.

3.2.3.4 Die Ketonkörperproduktion bei Diabetes mellitus

Die Ursache
Im gesunden Menschen wird die Ketonkörperproduktion durch einen zu niedrigen Blutzuckerspiegel angeregt. Dem Körper steht nicht genug Glucose zur Verfügung und die Leber beginnt mit der Produktion von Ersatzenergieträgern in Form der **Ketonkörper**.

Tabelle 3.4

Die Energiebilanz des β-Hydroxybutyratabbaus

ATP-Lieferant	gewonnene Anzahl ATP
1 NADH+H⁺	2,5 ATP
2 Acetyl-CoA	20 ATP
gesamt	22,5 ATP
Aktivierungsenergie	-1 GTP
gesamter Energiegewinn	**21,5 ATP**

Tabelle 3.5

Die Bedeutung des Ketonkörperstoffwechsels

Ketonkörperproduktion (Ketogenese)	Ketonkörperverwertung
findet in der **Leber** statt, wenn **ausreichend Energie** vorhanden ist (hohe ATP-Ladung) und sich viel Acetyl-CoA und reduzierte Coenzyme ansammeln	findet nur in **extrahepatischen** Geweben statt, wo **Energiemangel** herrscht und Acetyl-CoA und reduzierte Coenzyme dringend benötigt werden

Bei **Diabetes mellitus** (Typ I) liegt ein **Insulinmangel** vor und es herrscht ein hoher Blutzuckerspiegel. Die Gewebe, die Glucose insulin*un*abhängig aufnehmen (z. B. das ZNS), sind immer noch ausreichend mit Energie versorgt. Aber die Muskulatur und das Fettgewebe, deren Glucoseaufnahme vom Insulin abhängt und daher nicht mehr funktioniert, sind jetzt unterversorgt – obwohl das Blut genügend Glucose enthält. Dem Körper wird so ein Glucosemangel vorgetäuscht und deshalb – und weil die Insulin-Rezeptoren der Hepatozyten unbesetzt bleiben – kommt es in der Leber zur Produktion von **Ketonkörpern**.

MERKE

- **Diabetes mellitus: Hoher Blutzucker und hohe Ketonkörperkonzentration aufgrund von vorgetäuschtem Kohlenhydratmangel durch Insulinmangel.**
- **Fasten: Niedriger Blutzucker und hohe Ketonkörperkonzentration aufgrund von tatsächlichem Kohlenhydratmangel.**

Der Mechanismus

Bei Insulinmangel erhält der Muskel keine Energie in Form von Glucose. Für ihn ist dies das Signal dafür, dass der Körper unter Energiemangel leidet. Er beginnt sein eigenes Muskelprotein abzubauen und dem Organismus als Energie zur Verfügung zu stellen. Die entstehenden Aminosäuren gelangen ins Blut und damit auch in die Leber (**Abb. 3.23**). Der **Leber** wird durch die Aminosäuren signalisiert, dass Energie fehlt; als Folge wandelt sie die Aminosäuren in Glucose um und gibt sie ans Blut ab. Auch diese Glucose kann natürlich nicht vom Muskel aufgenommen werden. Es entsteht ein Teufelskreis und der Blutzuckerspiegel steigt weiter.

In dieser Insulinmangelsituation kann das insulinabhängige Fettgewebe keine Glucose aufnehmen. Es überwiegen die **lipolytischen Hormone** und die fettaufbauenden Enzyme sind gehemmt (s. S. 221). Als Folge davon baut das Fettgewebe die gespeicherten Triacylglycerine ab. Die nun freien **Fettsäuren** und **Glycerin** gelangen in die Blutbahn und damit zur Leber.

Einen Teil der Fettsäuren nutzt die Leber, um den eigenen Energiebedarf zu decken. Durch den hohen Spiegel an ATP und reduzierten Coenzymen, der durch den Abbau der Aminosäuren und Fettsäuren entstanden ist, wird der **Citratzyklus** gehemmt. Acetyl-CoA sammelt sich in der Leber an (s. S. 61). Außerdem signalisieren die Fettsäuren auch, dass im Fettgewebe Energiemangel herrscht und so produziert die Leber aus Acetyl-CoA **Ketonkörper** als Er-

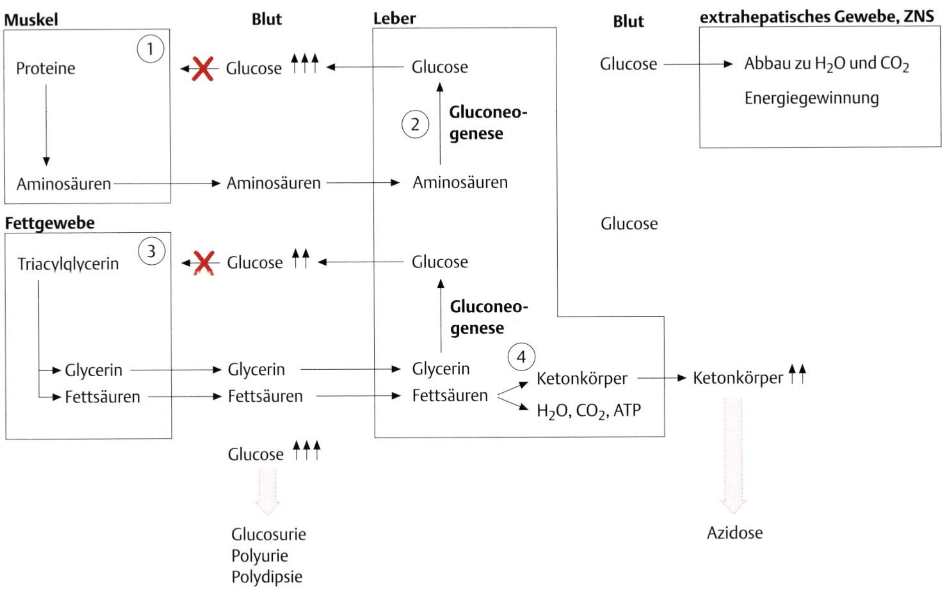

Abb. 3.23 Ketonkörperbildung bei Diabetes mellitus

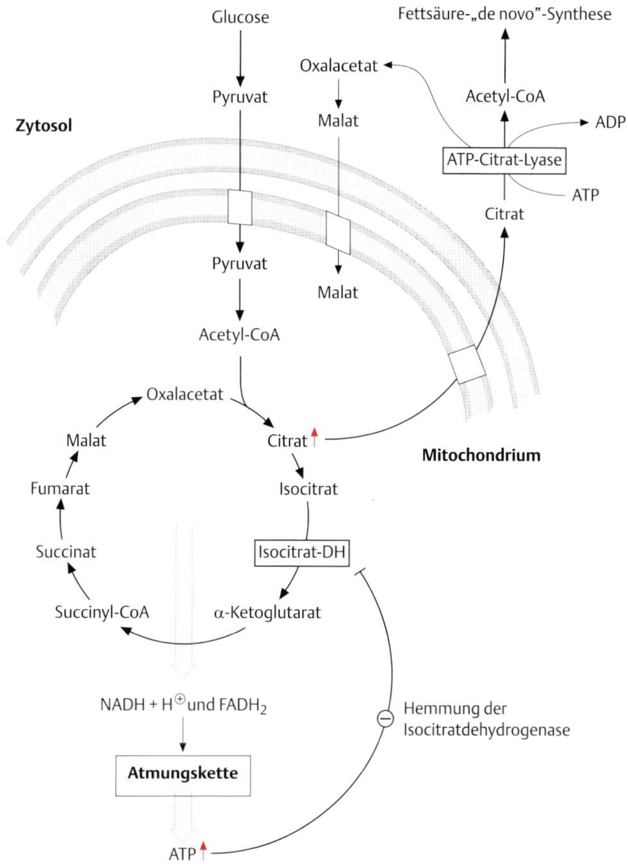

Abb. 3.24 Zusammenhang Glucoseabbau – Fettaufbau (zum detaillierten Ablauf des Citratzyklus s. S. 125)

satzenergieträger. Das freie Glycerin wird wie die Aminosäuren aus dem Muskel zur **Gluconeogenese** verwendet, dadurch steigt der Blutzucker weiter an. Beim Diabetes mellitus herrscht also ein „Verständigungsproblem" zwischen der Leber und den Organen, die Glucose insulinabhängig aufnehmen (Muskel und Fettgewebe). Die Leber reagiert auf einen nicht vorhandenen Glucosemangel.

Mehr Informationen zu den klinischen Erscheinungsbildern aufgrund der verschobenen Stoffwechsellage finden Sie im Kapitel Hormone (s. S. 195).

3.2.4 Die Biosynthese der Fettsäuren („de novo"-Synthese)

Es ist wichtig, dass Sie verstehen, wann Fette überhaupt aufgebaut werden. Achten Sie deshalb besonders auf die Beziehung zwischen Glucoseabbau und Fettaufbau. Verfolgen Sie den Weg der Ausgangssubstrate in der Zelle und wie sie in die verschiedenen Kompartimente gelangen.

Die Biosynthese der Fettsäuren („de novo"-Synthese) dient dem Körper zur Energiespeicherung. Sie wird durch den **Füllgrad der ATP-Speicher** kontrolliert (**Abb. 3.24**). Bei niedriger ATP-Ladung wird hauptsächlich Glucose (z. B. eine Tafel Schokolade) zur Energiegewinnung herangezogen und Glykolyse, Citratzyklus und Atmungskette laufen ungebremst ab. Die entstehenden reduzierten Coenzyme werden unter ATP-Gewinnung wieder oxidiert.

Vorausgreifend seien hier kurz die wesentlichen Schritte der ATP-Gewinnung aus Glucose skizziert:

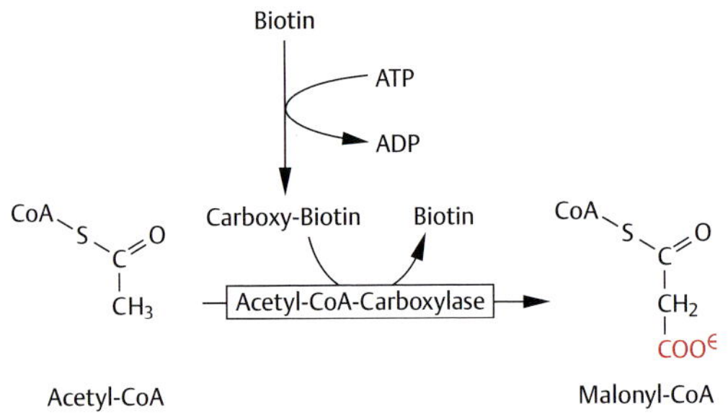

Abb. 3.25 Acetyl-CoA-Carboxylase-Reaktion

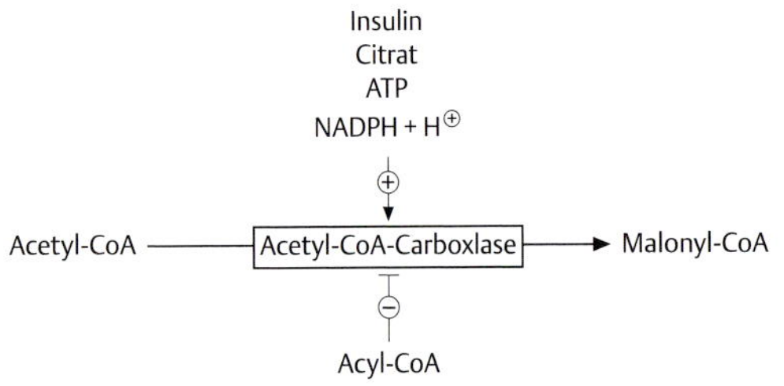

Abb. 3.26 Regulation der Acetyl-CoA-Carboxylase-Reaktion

- **Glykolyse**: Aus Glucose entstehen Pyruvat, reduzierte Coenzyme und ATP (s. S. 21).
- **Pyruvatdehydrogenase-Reaktion**: Pyruvat wird im Mitochondrium in Acetyl-CoA umgewandelt (s. S. 122). Dabei entstehen reduzierte Coenzyme.
- **Citratzyklus**: Acetyl-CoA wird in den Citratzyklus eingeschleust (s. S. 125). Dabei werden reduzierte Coenzyme und GTP gebildet.
- **Atmungskette**: Die reduzierten Coenzyme ($NADH+H^+$ und $FADH_2$) werden über die Komplexe I und II in der Atmungskette reoxidiert. Der dabei entstehende Elektronenfluss dient der ATP-Gewinnung (s. S. 132).

Wenn die ATP-Speicher genügend gefüllt sind (z. B. nach zwei Tafeln Schokolade), wird die **Isocitratdehydrogenase** des Citratzyklus **gehemmt**. Dadurch „staut" sich Citrat im Mitochondrium. Auch die reduzierten Coenzyme werden nicht mehr oxidiert. Es herrscht Energieüberschuss.
Diese überschüssige Energie wird vom Körper in **Triacylglycerinen** gespeichert, indem er das Citrat ins Zytosol schleust und dort in Acetyl-CoA und Oxalacetat spaltet. Das **Acetyl-CoA** wird verwendet, um an einem Multienzymkomplex Fettsäuren zu synthetisieren **(Fettsäurebiosynthese)**. Dabei entstehen meistens **Palmitinsäure** (C_{16}) oder **Stearinsäure** (C_{18}). Diese werden mit Glycerin-3-phosphat verestert und als Triacylglycerine im Fettgewebe gespeichert. Bei Bedarf können diese dann unter Energiegewinn in der β-Oxidation wieder abgebaut werden.

3.2.4.1 Der Transport des Acetyl-CoA ins Zytosol

Die Biosynthese der Fettsäuren benötigt als Ausgangssubstrat Acetyl-CoA. Dieses Acetyl-CoA wird in Form des Citrats, das sich in den Mitochondrien angestaut hat (s. o.), ins Zytosol gebracht **(Abb. 3.24)**. Das Citrat kann – im Gegensatz zu Acetyl-CoA – die Mitochondrienmembran durchwandern (Citrat/Malat-Antiporter). Im **Zytosol** wird Citrat durch die **ATP-Citratlyase** in Acetyl-CoA und Oxalacetat gespalten. Das Acetyl-CoA wird zur Fettsäurebiosynthese verwendet und das Oxalacetat gelangt über Malat wieder zurück ins Mitochondrium (s. S. 56).

3.2.4.2 Die Acetyl-CoA-Carboxylase-Reaktion

Die **Schrittmacherreaktion** der Biosynthese der Fettsäuren findet im Zytosol statt und wird durch die **Acetyl-CoA-Carboxylase** katalysiert **(Abb. 3.25)**. Dieses Enzym carboxyliert Acetyl-CoA zu Malonyl-CoA. Dieser Schritt ist biotinabhängig (s. S. 189). Die Acetyl-CoA-Carboxylase zählt zu den interkonvertierbaren Enzymen (s. S. 168) und ist im dephosphorylierten Zustand aktiv. Sie unterliegt außerdem einer negativen Rückkopplung (s. S. 168) durch Acyl-CoA, den Endprodukten der Fettsäurebiosynthese **(Abb. 3.26)**.
Citrat und ATP sind Aktivatoren des Enzyms, da sie bei Nahrungsüberschuss vermehrt gebildet werden (s. o.). $NADPH+H^+$ als typisches Coenzym des anabolen Stoffwechsels hat ebenfalls aktivierende Funktion. Insulin, das **einzige antilypolytische Hormon**, hemmt nicht nur den Abbau der Fettsäuren (Hemmung der TAG-Lipase, s. S. 221), sondern aktiviert ebenfalls die Acetyl-CoA-Carboxylase und fördert damit auch deren Aufbau.

Schauen Sie sich die Reaktion der Acetyl-CoA-Carboxylase genau an. Biotin-abhängige Carboxylierungen sowie interkonvertierbare Enzyme sind häufige Prüfungsthemen.

3.2.4.3 Der Biosynthese-Zyklus

Die eigentliche Biosynthese der Fettsäuren findet im Zytosol an dem Multienzymkomplex der **Fettsäuresynthase** statt. Die Biosynthese erfolgt genau wie der Abbau in mehreren Runden. In jeder Runde wird die entstehende Fettsäure um zwei C-Atome verlängert.

Die Fettsäuresynthase besitzt zwei **SH-Gruppen** (Sulfhydrylgruppen). Eine der SH-Gruppen befindet sich im Zentrum des Komplexes am sog. **Acyl-Carrier-Protein** (ACP), die andere liegt an der Peripherie. An diesen beiden Stellen können die Substrate **kovalent** über eine **Thioesterbindung** gebunden sein. Die zentrale SH-Gruppe am ACP gehört zu einem **Pantotheinrest**, die periphere SH-Gruppe stammt von einem **Cystein**.

Grundsätzlich werden alle neuen Substrate **zuerst an die zentrale SH-Gruppe** gebunden, an der auch alle Reaktionen stattfinden. Um Platz für die nächste Runde zu schaffen, wird das neu gebildete Substrat auf die periphere SH-Gruppe übertragen.

Beachte: Das ACP bildet die zentrale SH-Gruppe und ist ein Teil des Enzymkomplexes Fettsäuresynthase. Es ähnelt in seiner den Acetylrest tragenden Struktur stark dem Coenzym A.

Die Reaktionen der Fettsäurebiosynthese

Zu Beginn der Fettsäurebiosynthese **(Abb. 3.27)** wird ein Acetylrest (C2-Körper) von einem **Starter-Acetyl-CoA** an die SH-Gruppe des ACP gebunden und direkt nach peripher verschoben. Auf die jetzt wieder freie zentrale SH-Gruppe des ACP wird nun der Malonylrest (C3-Körper) eines **Malonyl-CoA** übertragen. Somit ist jetzt peripher ein Acetylrest und zentral ein Malonylrest gebunden. Dann **kondensieren** der C2-Körper und der C3-Körper am ACP zum C4-Körper, das fünfte C-Atom wird durch **Decarboxylierung** abgespalten.

Beachte: Das Malonyl-CoA bringt also nur **zwei** C-Atome seiner 3 C-Atome in die Fettsäure ein.

Die sich nun anschließenden Reaktionen, die alle zentral am ACP stattfinden, sind eine genaue Umkehrung der Reaktionen aus der β-Oxidation. Als Coenzym dient allerdings **NADPH+H$^+$**. Zunächst wird die β-Ketogruppe des C4-Körpers zum sekundären Alkohol **reduziert**. Durch Wasserabspaltung **(Dehydratisierung)** entsteht eine α-β-ungesättigte Verbindung mit einer Doppelbindung, die dann durch eine weitere **Reduktion** gesättigt wird. Damit ist die erste Runde der Fettsäurebiosynthese beendet und die um zwei C-Atome verlängerte Carbonsäure wird auf die periphere SH-Gruppe übertragen. An der zentralen SH-Gruppe des ACP bindet ein neuer Malonylrest und der Kreislauf beginnt von vorn.

Beispiel: Synthese der Stearinsäure C_{18}

- Der Biosynthesezyklus wird 8-mal durchlaufen
- es wird ein Acetyl-CoA (Start) benötigt
- es werden 8 Malonyl-CoA benötigt
- es werden 16 NADPH+H$^+$ verbraucht.

MERKE

Die Reaktionen der Biosynthese der Fettsäuren sind die Umkehrung der Reaktionen der β-Oxidation, werden aber durch andere Enzyme katalysiert, benötigen NADPH+H$^+$ anstelle von $FADH_2$ und NADH+H$^+$ und finden im Zytosol statt.

Exkurs: Das Coenzym NADPH+H$^+$

NADPH+H$^+$ wird überwiegend im Pentosephosphatweg synthetisiert (s. S. 30) und dient *nicht* der Energiegewinnung. Es wird *nicht* in die Atmungskette eingeschleust (nicht verwechseln mit NADH+H$^+$), sondern hauptsächlich für die Fettsäurebiosynthese benötigt.

Zwischen dem Pentosephosphatweg und der Fettsäurebiosynthese gibt es eine enge Beziehung. Während NADPH+H$^+$ die Acetyl-CoA-Carboxylase in der Fettsäurebiosynthese stimuliert (s. o.), hemmen „fertige" Fettsäuren die Glucose-6-phosphat-Dehydrogenase des Pentosephosphatwegs (s. S. 31). Dadurch wird weniger NADPH+H$^+$ gebildet und die Stimulierung der Acetyl-CoA-Carboxylase wird aufgehoben. Die Fettsäuren bremsen also ihre eigene Synthese, damit es nicht zu ihrer Überproduktion kommt.

3.2.4.4 Die Synthese der ungeradzahligen Fettsäuren

Die Fettsäurebiosynthese beginnt mit einem Acetyl-CoA als Starter-Molekül. Damit ist festgelegt, dass die entstehende Fettsäure eine gerade Anzahl an C-Atomen haben wird, da sie bei jeder Runde um 2 C-Atome verlängert wird. Um ungeradzahlige Fettsäuren zu synthetisieren, wird anstelle eines Acetyl-CoA ein Propionyl-CoA als Starter-Molekül verwendet. So wird mit dem C3-Körper bereits zu

3

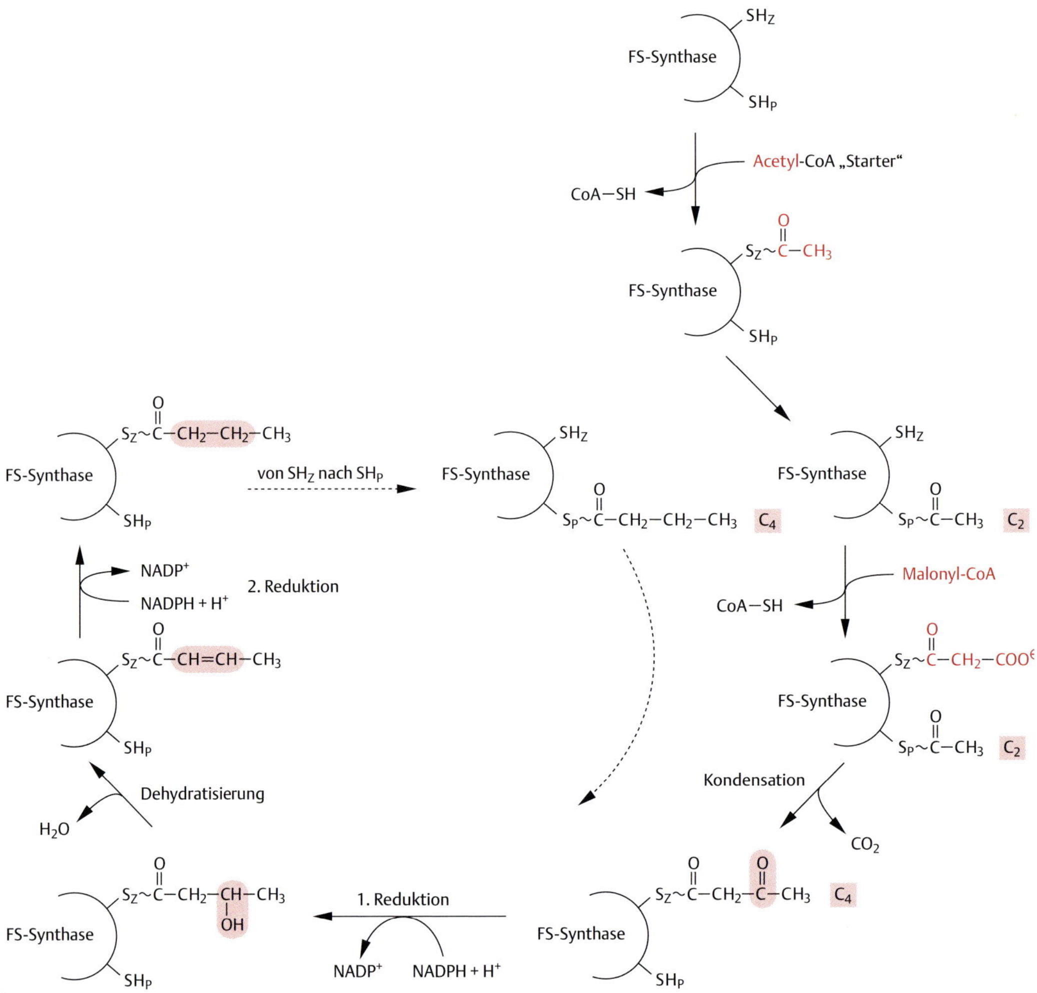

Abb. 3.27 Die einzelnen Reaktionen der Fettsäurebiosynthese (FS = Fettsäure; SHz = zentrale SH-Gruppe; SHp = periphere SH-Gruppe)

Beginn der Synthese die Voraussetzung für den Aufbau einer Fettsäure mit ungerader Anzahl von C-Atomen geschaffen.

3.2.4.5 Die Synthese der ungesättigten Fettsäuren

Am Fettsäuresynthase-Komplex werden **nur gesättigte Fettsäuren** synthetisiert, hauptsächlich Palmitinsäure und Stearinsäure. **Ungesättigte Fettsäuren** entstehen in der Leber mit Hilfe einer **Desaturase** (**Abb. 3.28**). Desaturasen sind mischfunktionelle Oxygenasen (s. S. 258) und enthalten Cytochrome für den Elektronentransport. Sie führen durch Dehydrierung eine Doppelbindung in die Fettsäure ein. Allerdings können solche Doppelbindungen nur bis Position C_9 eingeführt werden. Bei den ungesättigten Fettsäuren handelt es sich überwiegend um **Ölsäure** (mit einer Doppelbindung an C_9), die vom Körper aus Stearinsäure hergestellt werden kann.

Weitere ungesättigte Fettsäuren, wie Linol- bzw. Linolensäure, können nicht vom Körper synthetisiert werden, sondern müssen mit der Nahrung aufgenommen werden. Aus ihnen kann Arachidonsäure synthetisiert werden, welche zur Produktion der Eicosanoide benötigt wird (s. S. 228).

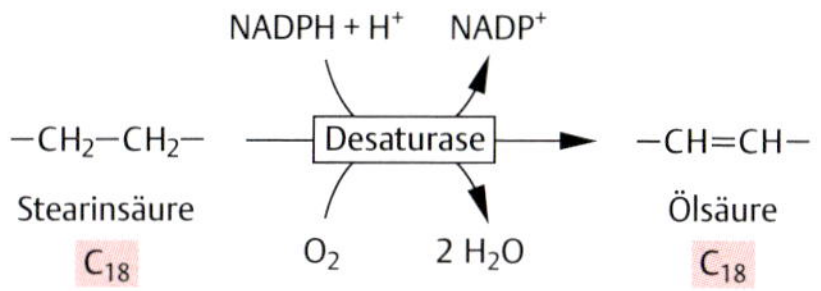

Abb. 3.28 Desaturase-Reaktion

3.2.5 Die Zusammenfassung des Fettsäurestoffwechsels

Im Lipidstoffwechel macht besonders die Differenzierung zwischen Fettsäureabbau (β-Oxidation) und Fettsäureaufbau („de novo"-Synthese) Schwierigkeiten.

Deshalb hier nochmals eine tabellarische Zusammenfassung dieser beiden Stoffwechselwege **(Tab. 3.6)**:

Tabelle 3.6

Übersicht über den Fettstoffwechsel

	β-Oxidation	**„de novo"-Synthese**
Art	kataboler Stoffwechsel	anaboler Stoffwechsel
Ort	Mitochondrium	Zytosol
beteiligte Enzyme	einzelne Enzyme	Multienzymkomplex
Coenzyme	$FADH_2$, $NADH+H^+$	$NADPH+H^+$
Reaktionsverlauf	reversibel	irreversibel
Reihenfolge der Reaktionen	Oxidation Wasseranlagerung Oxidation	Reduktion Wasserabspaltung Reduktion
Reihenfolge der Substratveränderung	gesättigte FS ungesättigte FS Hydroxygruppe Ketogruppe	Ketogruppe Hydroxygruppe ungesättigte FS gesättigte FS

Klinischer Bezug

Fettsäureoxidationsstörungen: Die Oxidation von Fettsäuren kann nur funktionieren, wenn Acyl-Reste über die Innenmembran der Mitochondrien transportiert werden können. Insbesondere **Herz**- und **Skelettmuskel** sind auf die Energiegewinnung aus Fettsäuren angewiesen. Bei Störungen im Fettsäuremetabolismus müssen die Organe auf den Glykogenspeicher zurückgreifen und als Folge des vermehrten Glukoseabbaus kann es zu schweren **Hypoglykämien** bis hin zum **Koma** kommen. Des Weiteren benötigt die **Leber** Fettsäuren zur Ketonkörpersynthese. Typisch für Fettsäureoxidationsdefekte ist daher eine **hypoketotische Hypoglykämie**.

Ein **Mangel der Acyl-Carnitin-Transferasen** 1 oder 2 kann sich durch chronische Skelettmuskelschwäche, akute belastungsabhängige **Rhabdomyolysen** (Myolyse der quergestreiften Muskulatur) sowie durch eine **Kardiomyopathie** zeigen.

Check-up

- ✔ **Machen Sie sich anhand der Tab. 3.6 noch einmal den Unterschied zwischen β-Oxidation und Fettsäurebiosynthese klar.**
- ✔ **Wiederholen Sie, wie sich die Induktion der Ketonkörperproduktion im Hungerzustand von der beim Diabetes mellitus unterscheidet.**
- ✔ **Rekapitulieren Sie, über welche Reaktionen die Glykolyse und die „de novo"-Synthese der Fettsäuren miteinander verbunden sind.**

3.3 Die Lipogenese und die Synthese der Phospholipide

Lerncoach

Die bereits synthetisierten Fettsäuren dienen dem Aufbau einfacher und komplexer Lipide. Deshalb ist es hilfreich sich deren Aufbau in Erinnerung zu rufen (s. S. 49).

3.3.1 Überblick und Funktion

Die Triacylglycerine sind die Speicherform der Fettsäuren und werden durch die Reaktionen der **Lipogenese** synthetisiert. Sie dienen dem Körper als Energiedepot, das bei Bedarf wieder in nutzbare Energie umgesetzt werden kann. Die komplexen Lipide wie z. B. die Phospholipide werden vom Körper als Bestandteile von Lipidmembranen benötigt und in der Regel aus bereits vorgefertigten Bausteinen zusammengesetzt.

3.3.2 Die Lipogenese

3.3.2.1 Die Bereitstellung der Ausgangsprodukte

Als Ausgangsprodukte für die Lipogenese werden Glycerin und Fettsäuren benötigt **(Abb. 3.29)**. Beide Verbindungen müssen zuvor aktiviert werden.

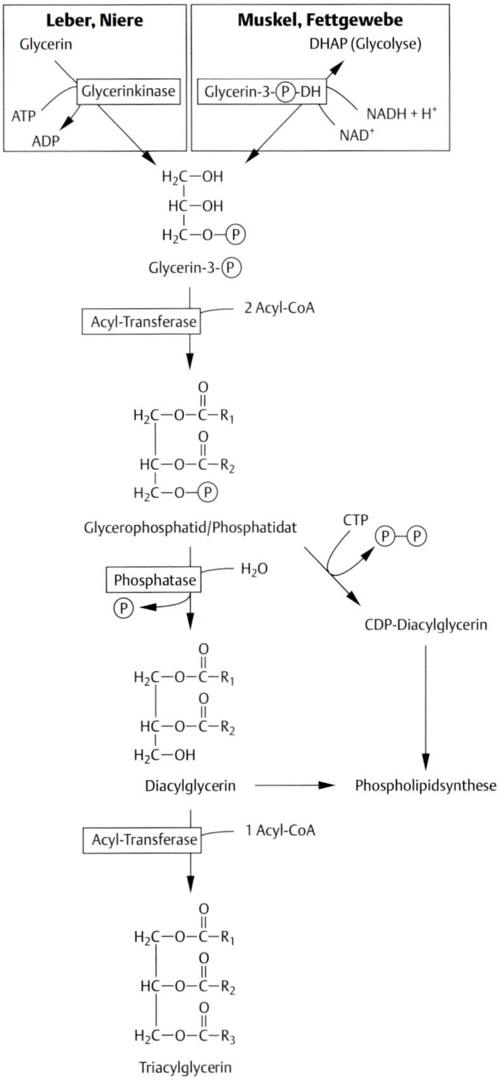

Abb. 3.29 Synthese des Triacylglycerins

Die Aktivierung des Glycerins

Glycerin wird zu **Glycerin-3-phosphat** aktiviert. Dies kann auf 2 unterschiedlichen Wegen geschehen. Diese Wege sind **organabhängig** und müssen unterschieden werden.

- **Leber** und **Niere** können mit Hilfe der **Glycerinkinase** freies Glycerin direkt zu Glycerin-3-phosphat aktivieren (s. S. 37). Diese Reaktion ist ATP-abhängig.
- **Muskel** und **Fettgewebe** verwenden ein Zwischenprodukt aus der Glykolyse: Dihydroxyacetonphosphat wird von der Glycerin-3-phosphatdehydrogenase durch Reduktion in Glycerin-3-phosphat umgewandelt.

Die Aktivierung der Fettsäuren

Die Fettsäuren werden im Zytosol aktiviert. Dies geschieht auf die gleiche Weise wie die Fettsäureaktivierung bei der Fettsäurebiosynthese (s. S. 56). Dabei entsteht Acyl-CoA.

3.3.2.2 Die Synthese der Triacylglycerine

Zwei verschiedene Acyltransferasen verestern in 2 Schritten hintereinander 2 Acyl-CoA mit den freien Alkoholgruppen des Glycerin-3-phosphats **(Abb. 3.29)**. Es entsteht **Glycerophosphatid** (Phosphatidsäure) mit zwei Fettsäuren. Im nächsten Schritt wird am C_3 des Glycerin-3-phosphat der Phosphatrest abgespalten und es entsteht **Diacylglycerin**. Durch Verknüpfung mit einem weiteren Acyl-CoA wird dieses in Triacylglycerin umgewandelt. Diacylglycerin kann auch zu Synthese von Phospholipiden verwendet werden (s. u.).

3.3.2.3 Die Energiebilanz der Triacylglycerinsynthese

Tab. 3.7 gibt einen Überblick über den Energieverbrauch bei der Triacylglycerinsynthese. Pro Triacylglycerin werden 7 ATP verbraucht.

Tabelle 3.7

Die Energiebilanz der Triacylglycerinsynthese

Reaktion	Anzahl verbrauchter ATP
Aktivierung von drei Fettsäuren Aktivierung des Glycerins	6 ATP (3 x 2 ATP) 1 ATP
Energieverlust pro Triacylglycerin	**7 ATP**

3.3.3 Die Synthese der Phospholipide

Hauptbestandteile der Phospholipidmembran sind Lecithin und die Kephaline. Die jeweiligen organischen Verbindungen, die in diesen Phospholipiden vorkommen (Cholin, Serin, Ethanolamin), müssen aktiviert werden zu CDP-Cholin bzw. CDP-Ethanolamin und CDP-Serin. Diese aktivierten Vorstufen werden dann mit Diacylglycerin unter Abspaltung von CMP verknüpft **(Abb. 3.30)**. Es entstehen die bei-

Abb. 3.30 Synthese des Lecithins und des Phosphatidylethanolamins aus Diacylglycerin

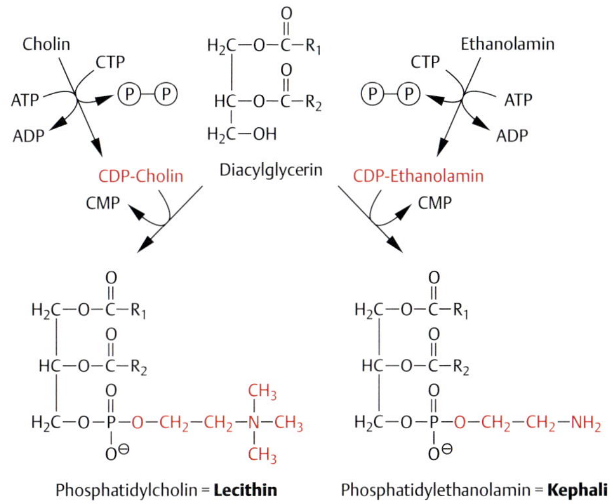

Abb. 3.31 Synthese von Cardiolipin, Phosphatidylinositol, Cerebrosid, Sphingomyelin und Gangliosid

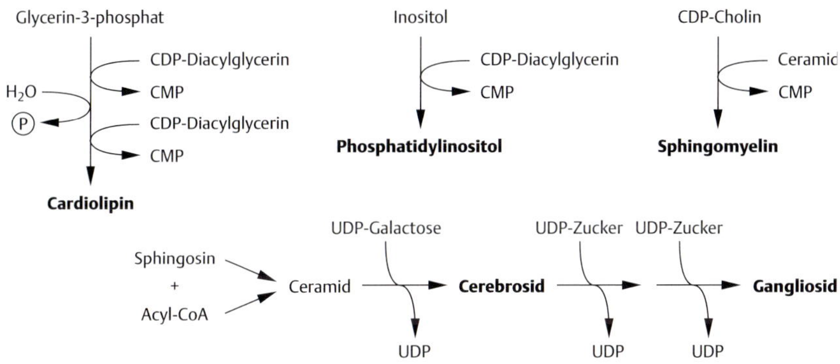

den Kephaline Phosphatidylethanolamin und Phosphatidylserin bzw. Phosphatidylcholin (= Lecithin). Eine direkte Umwandlung von (Phosphatidyl)ethanolamin in (Phosphatidyl)cholin ist über S-Adenosylmethionin-(SAM-)abhängige Methylierung möglich (s. S. 110).

Cardiolipin, als Bestandteil der Mitochondrienmembran, wird ebenfalls aus bekannten Bausteinen aufgebaut. Es entsteht aus **zwei aktivierten Diacylglycerin-Molekülen** (CDP-Diacylglycerin) und **Glycerin-3-phosphat**. Unter Abspaltung der CMP-Reste und einem Phosphat-Rest entsteht Diphosphatidylglycerin (= Cardiolipin, **Abb. 3.31**).

Für die Synthese von **Phospatidylinositol** wird ebenfalls **CDP-Diacylglycerin** benötigt und mit dem Alkohol **Inositol** unter Abspaltung von CMP verknüpft.

Für das Sphingophospholipid **Sphingomyelin** wird der Grundbaustein **Ceramid** aus **Sphingosin**, bestehend aus der Aminosäure Serin und Palmitinsäure, mit einer weiteren beliebigen **Fettsäure** verknüpft **(Abb. 3.31)**. Die organische Verbindung Cholin wird aktiviert zu **CDP-Cholin** und unter Abspaltung von CMP entsteht zwischen Ceramid und Cholin eine Phosphorsäurediesterbindung.

Klinischer Bezug

Das **Antiphospholipidsyndrom** ist eine erworbene Erkrankung, die als Folge von Medikamenteneinnahme oder nach Virusinfektionen auftreten kann. Auch eine autoimmunologische Genese ist bekannt. Es kommt zur Bildung von **Antikörpern** gegen verschiedene Phospholipide, häufig gegen **Cardiolipin**. Diese Antikörper binden an **Thrombozyten** und aktivieren diese. Außerdem führen sie zu einer **Resistenz** gegen **Gerinnungsinhibitoren**, wie Protein C. Besonders beim autoimmunologischen Antiphospholipidsyndrom steigt das Risiko zur Ausbildung **venöser und arterieller Thrombosen** um das 6- bis 7fache an.

Check-up

- ✔ **Wiederholen Sie, aus welchen Bausteinen die Triacylglycerine und die Phospholipide aufgebaut sind.**
- ✔ **Rekapitulieren Sie die verschiedenen Möglichkeiten der Aktivierung des Glycerins für die Lipogenese.**

3

3.4 Das Cholesterin

Lerncoach

Cholesterin hat wichtige Funktionen in Membranen und als Vorstufe von Hormonen. Der Körper wendet viel Energie auf, um dieses Molekül zu synthetisieren. Achten Sie deshalb beim Lernen darauf, wo Cholesterin eine Rolle spielt und verfolgen Sie den Energieverbrauch bei seiner Biosynthese.

3.4.1 Überblick und Funktion

Cholesterin, das auch als Cholesterol bezeichnet wird, kommt in allen biologischen **Membranen** der tierischen Zelle vor (Ausnahme: in der inneren Mitochondrienmembran ist nur sehr wenig Cholesterin vorhanden, offenbar aufgrund des phylogenetischen Ursprungs aus einem Bakterium, die zwar Steroide, aber kein Cholesterin synthetisieren können). Durch seine relativ starre Struktur (s. **Abb. 3.11**, S. 54) hat Cholesterin einen wesentlichen Einfluss auf die physikalischen Eigenschaften der Membranen. Es erhöht die Fluidität eng gepackter fester Membranen und verfestigt Membranen, die durch einen hohen Gehalt an ungesättigten Lipiden relativ flüssig sind.

Außerdem dient Cholesterin als Vorstufe für die Synthese von Vitamin D, Steroidhormonen und Gallensäuren.

3.4.2 Die verschiedenen Formen des Cholesterins

3.4.2.1 Die Cholesterinester

Cholesterin kann frei oder als Cholesterinester vorliegen. In einem Cholesterinester ist Cholesterin mit einer Fettsäure verknüpft. Dadurch sind Cholesterinester noch weniger polar als freies Cholesterin.

Im extrahepatischen Gewebe wird ein Cholesterinester **intrazellulär** durch die Acyl-CoA-Cholesterin-Acyltransferase **(ACAT)** gebildet. Im Blut (also extrazellulär) entstehen Cholesterinester mit Hilfe der Lecithin-Cholesterin-Acyltransferase **(LCAT)**. Die LCAT wird von der Leber sezerniert und ist an das Lipoprotein HDL gebunden (s. S. 76). Das Enzym kann freies Cholesterin mit Hilfe einer Fettsäure verestern und im HDL verpacken. Bei Leberschäden nimmt die Esterbildung ab.

MERKE

ACAT synthetisiert Cholesterinester in den Zellen des extrahepatischen Gewebes, LCAT wird von der Leber gebildet und synthetisiert Cholesterinester im Blut.

3.4.2.2 Das exogene Cholesterin

Cholesterin aus der Nahrung wird im Darm resorbiert, zum Teil in der Darmmukosa bereits verestert und gelangt mit den Chylomikronen zu den extrahepatischen Geweben (s. S. 247).

Exogenes Cholesterin macht ungefähr 1/3 des Gesamtcholesterins im Körper aus. Der größere Anteil (2/3) wird vom Körper selbst synthetisiert.

3.4.3 Die Cholesterinbiosynthese

Da Cholesterin vielfältige Aufgaben im menschlichen Organismus übernimmt, sind **viele Zellen** in der Lage Cholesterin zu synthetisieren. Mengenmäßig am meisten wird jedoch von der **Leber** produziert.

Achten Sie bei der Cholesterinbiosynthese auf die Anzahl der C-Atome in den einzelnen Strukturen. So können Sie nachvollziehen, wie viele der jeweiligen Moleküle (aktives Isopren, Acetyl-CoA) zur Synthese benötigt werden.

Die Cholesterinbiosynthese beginnt im **Zytosol** (die ersten beiden Schritte) und erfolgt dann im endoplasmatischen Retikulum. Als **Grundbaustein dient Acetyl-CoA**. In einem ersten Schritt werden drei Acetyl-CoA zu **β-Hydroxy-β-Methyl-Glutaryl-CoA** (β-HMG-CoA) zusammengefügt **(Abb. 3.32)**. Diese Reaktion findet ebenfalls zu Beginn der Ketogenese in

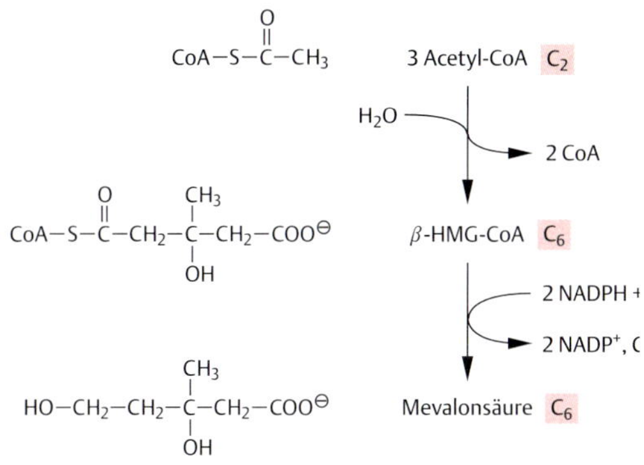

Abb. 3.32 Reaktionen vom Acetyl-CoA zur Mevalonsäure

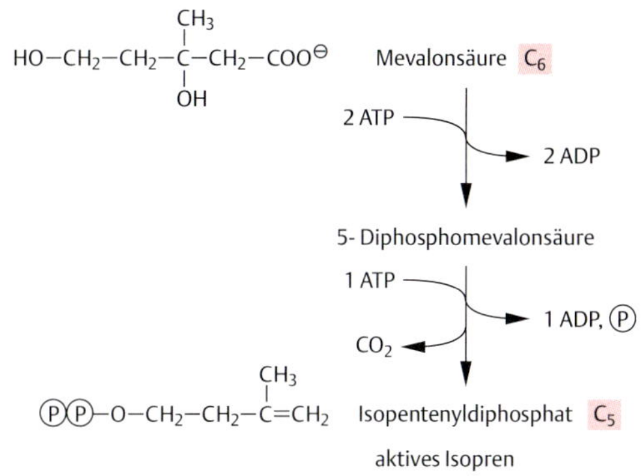

Abb. 3.33 Reaktionen von der Mevalonsäure zum aktiven Isopren

der Leber statt. Allerdings erfolgt die Ketogenese im Mitochondrium der Leber, sodass zwei verschiedene β-HMG-CoA-Pools exisitieren (s. S. 62).

MERKE

Das Schlüsselenzym in der Cholesterinbiosynthese ist die β-HMG-CoA-Reduktase.

Das Enzym reduziert β-HMG-CoA zu **Mevalonsäure**. Das Coenzym für diesen anabolen Stoffwechselweg ist NADPH+H^+.

Mevalonsäure wird unter Verbrauch von 2 ATP zu 5-Diphosphomevalonsäure **aktiviert**. 5-Diphosphomevalonsäure wird anschließend wiederum unter Verbrauch eines ATP zum **„aktiven Isopren“** (Isopentenyldiphosphat, **Abb. 3.33**) **decarboxyliert**. So wird aus dem C6-Körper ein C5-Körper. Isopentenyldiphosphat wird durch eine Isomerase in Dimethylallyldiphosphat umgewandelt. Dieses unterscheidet sich vom Isopentenyldiphosphat in der Lage einer Doppelbindung. Diese aktiven Isopreneinheiten sind die lipophilen Grundbausteine des Cholesterins.

Aus 3 aktiven Isopreneinheiten (2 Isopentenyldiphosphat und 1 Dimethylallyldiphosphat) entsteht über Geranyldiphosphat (2 Isopreneinheiten) *ein* **Farnesyldiphosphat**, bestehend aus 15 C-Atomen. Im nächsten Schritt wird aus *zwei* Molekülen Farnesyldiphosphat **Squalen** synthetisiert. Squalen ist ein C_{30}-Körper, aufgebaut aus **sechs** aktiven **Isopreneinheiten** (**Abb. 3.34**).

Durch Ringschluss wird Squalen in **Lanosterin** umgewandelt. Vom Lanosterin werden drei Methylgruppen abgespalten und es entsteht der **C_{27}-Körper Cholesterin** (**Abb. 3.35**).

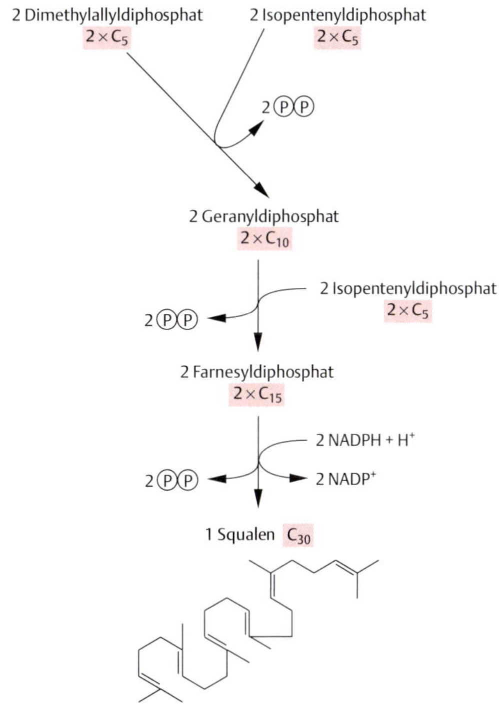

Abb. 3.34 Synthese des Squalen

3.4.3.1 Die Energiebilanz

Für den Aufbau eines Cholesterinmoleküls werden insgesamt **sechs Isopreneinheiten** benötigt. Diese werden aus 6 Mevalonsäuremolekülen synthetisiert. Daraus ergibt sich ein Verbrauch von **18 Acetyl-CoA** für ein Cholesterinmolekül (Mevalonsäure wird aus drei Acetyl-CoA aufgebaut). Diese 18 Acetyl-CoA können also nicht mehr zur ATP-Gewin-

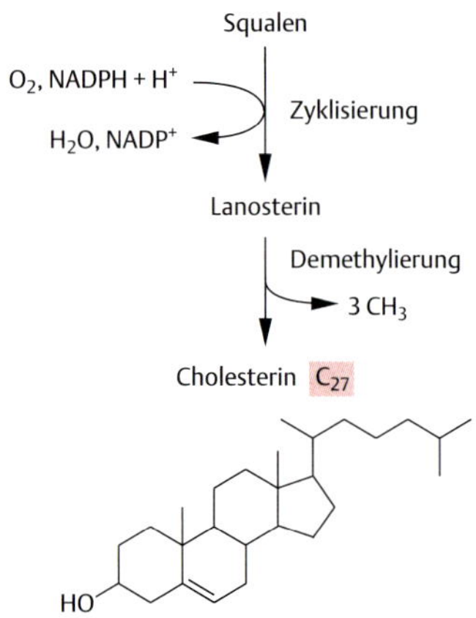

Abb. 3.35 Umwandlung des Squalen in Cholesterin

nung herangezogen werden. Ihre Energie wird vollständig in die Synthese des Cholesterins gesteckt. Daran kann man erkennen, wie wichtig dieses Molekül für den menschlichen Körper ist.

3.4.3.2 Die Regulation

Die Cholesterinbiosynthese wird über die **β-HMG-CoA-Reduktase** reguliert. Cholesterin selbst und die Gallensäuren bewirken eine negative Rückkopplung. Das exogene Cholesterin aus der Nahrung wird überwiegend über das Lipoprotein LDL an die extrahepatischen Gewebe geliefert (s. S. 247). Durch die LDL-Aufnahme in die Zellen und das anschließende Freiwerden des Cholesterins wird die β-HMG-CoA-Reduktase ebenfalls gehemmt.

Die Aktivität der β-HMG-CoA-Reduktase sinkt im Hungerzustand, aber auch beim Diabetes mellitus. Der Serumcholesterinspiegel kann bei dieser Krankheit aber trotzdem ansteigen, da der gesamte Cholesterinumsatz sinkt!

MERKE

Die β-HMG-CoA-Reduktase-Aktivität sinkt bei Hunger sowie auch bei Insulinmangel (Diabetes mellitus).

3.4.4 Der Cholesterinabbau

Cholesterin kann im Körper nicht wieder zu einzelnen Acetyl-CoA abgebaut werden. Dementsprechend kann aus Cholesterin keine Energie gewonnen werden.

MERKE

Kein Energiegewinn aus Cholesterin!!

Cholesterin wird in der Leber in die primären **Gallensäuren** Cholsäure und Cheno-Desoxycholsäure umgewandelt und mit den Aminosäuren Taurin und Glycin zu den **Gallensalzen** konjugiert. Die Gallensalze werden, ebenso wie ein geringer Teil freies Cholesterin, mit der Gallenflüssigkeit ausgeschieden. Die Gallensalze unterliegen dem **enterohepatischen Kreislauf** (s. S. 257) und werden zu einem sehr großen Teil wieder resorbiert. Nicht resorbiertes freies Cholesterin wird von Darmbakterien zu **Koprosterin** reduziert und ausgeschieden.

Klinischer Bezug

Gallensteine: Wenn es in der Gallenflüssigkeit zu einem **Ungleichgewicht** zwischen löslichen Substanzen (zu wenig Gallensäuren und Phospholipide) und nicht löslichen Substanzen (zu viel Cholesterin) kommt, können sich **Cholesterinsteine** ausbilden. Unterstützend für diese Entwicklung ist auch eine **Motilitätsstörung** der Gallenblase. Es kommt zur Ausfällung von Cholesterinkristallen, die sich aneinander lagern. Die Gallensteine können symptomlos bleiben, aber auch zu **Koliken** und **Entzündungen** führen. Als **Risikofaktoren** für Cholesteringallensteine gilt die **5 x F-Regel**: female, forty, fair (blond), fat, fecund (fruchtbar).

Neben Cholesterinsteinen, die 80 % aller Steine ausmachen, gibt es auch noch **Pigmentsteine**, die vermehrt **Bilirubin** enthalten. Sie entstehen, wenn z. B. bei einer chronischen Hämolyse vermehrt Bilirubin anfällt.

Check-up

- ✔ **Wiederholen Sie, welche Substrate in welcher Anzahl für die Cholesterinsynthese benötigt werden.**

3.5 Die Lipoproteine

Lerncoach

Legen Sie den Schwerpunkt auf die Übersicht über den Lipoproteinstoffwechsel und achten Sie darauf, in welcher Reihenfolge die Lipoproteine ineinander umgewandelt werden (vgl. Tab. 3.9, S. 79).

3.5.1 Überblick und Funktion

Lipide sind in wässrigem Medium nur sehr schwer löslich. Um sie im Blut transportieren zu können, werden sie mit Proteinen zu sog. **Lipoproteinen** zusammengefügt. Diese Komplexe bestehen aus **Proteinen** und unterschiedlichen Anteilen von **unpolaren** und **amphiphilen Lipiden**. Zu den unpolaren Lipiden zählen die Triacylglycerine und Cholesterinester. Die verschiedenen Phospholipide und Cholesterin sind amphiphil. Der äußere Proteinanteil besteht aus verschiedenen Apolipoproteinen. Insgesamt haben die Lipoproteine nach außen hin einen hydrophilen Charakter und sind im Blut löslich.

3.5.2 Der Aufbau

Die Lipoproteine haben einen **Kern**, der aus den unpolaren Triacylglycerinen besteht, und eine **Hülle**, die aus den amphiphilen Lipiden und Apolipoproteinen gebildet wird. Diese Hülle besteht im Gegensatz zu den Membranen nicht aus zwei, sondern nur aus einer Schicht von Membranlipiden, die den hydrophoben Kern umgeben. Die Apolipoproteine sorgen zum einen für den hydrophilen Charakter, zum anderen spielen sie auch eine wichtige Rolle bei der Interaktion der einzelnen Lipoproteine mit den Zellen.

3.5.3 Die Einteilung der Lipoproteine

Die Lipoproteine werden in vier Hauptklassen eingeteilt. Für die Namensgebung der Lipoproteine ist ihre **Dichte** entscheidend (z. B. VLDL = „*very low density lipoprotein*"). Die Dichte der Lipoproteine steigt mit Abnahme des Lipid- und Zunahme des Proteinanteils. Aufgrund der unterschiedlichen Proteinzusammensetzung unterscheiden sich Lipoproteine weiterhin in ihrem **Elektrophoreseverhalten** (vgl. S. 95). LDL wandern mit der β-Globulin-Fraktion, HDL mit der α-Globulin-Fraktion und VLDL laufen den β-Globulinen voraus. Die weitere Einteilung der Lipoproteine erfolgt anhand der **Art der transportierten Lipide** und nach Art der **Apolipoproteine**.

Tab. 3.8 gibt einen Überblick über die wesentlichen Lipoproteine.

Die Hauptlipidanteile und die wichtigen Apolipoproteine der verschiedenen Lipoproteine (hervorgehoben in Tab. 3.8) müssen Sie auswendig kennen.

3.5.3.1 Chylomikronen

Chylomikronen haben die geringste Dichte von allen Lipoproteinen und wandern nicht in der Elektrophorese. Sie haben den höchsten Anteil an Triacylglycerin. Diese Lipoproteine werden in der **Darmmukosa** gebildet und transportieren die exogenen Lipide der Nahrung. Sie werden an die Lymphe abgegeben, gelangen über den Venenwinkel (Ductus thoracicus) ins Blut und versorgen zunächst die extrahepatischen Gewebe mit den Nahrungslipiden.

Chylomikronen enthalten das **Apolipoprotein C2**, das für die Interaktion mit der **Lipoproteinlipase** (LPL) an den Endothelzellen verantwortlich ist. Die

Tabelle 3.8

Überblick über die Lipoproteine

	Elektrophoreseverhalten	Triacylglycerin-anteil	Proteinanteil	Cholesterin-anteil	wichtige enthaltene Apolipoproteine
Chylomikronen	wandern nicht	**90 %**	1%	6%	**C2, B_{48}**
VLDL	wandern mit Prä-β-Fraktion	**50 %**	10%	19%	**C2**, B_{100}
LDL („böses")	wandern mit β-Fraktion	10%	25%	**45 %**	**B_{100}**
HDL („gutes")	wandern mit α-Fraktion	1–5%	**50 %**	18%	**A1, E**

LPL spaltet **Fettsäuren** im Blut aus den Chylomikronen heraus, die dann von den Muskeln und dem Fettgewebe aufgenommen werden. Außerdem enthalten sie **Apolipoprotein B48**, das für die rezeptorvermittelte Endozytose der Chylomikronenreste (remnants) in der **Leber** mit verantwortlich ist.

3.5.3.2 VLDL

VLDL („*very low density lipoproteins*") haben eine sehr geringe Dichte und wandern in der Elektrophorese mit der prä-β-Fraktion. Auch sie haben einen großen Triacylglycerinanteil. Sie werden in der **Leber** gebildet und enthalten deshalb auch **endogene Lipide**.

Sie enthalten das **Apolipoprotein C2**, welches die gleiche Funktion hat, wie bei den Chylomikronen, und **B100**, welches seine Funktion erst erfüllt, wenn die VLDL in LDL umgewandelt wurden (s. u.).

3.5.3.3 LDL

LDL („*low density lipoproteins*") entstehen über Zwischenstufen aus VLDL, haben eine geringe Dichte und wandern in der Elektrophorese mit den β-Globulinen. Sie haben den höchsten Anteil an **Cholesterin** („schlechtes" LDL) und transportieren dieses zu den extrahepatischen Geweben.

Als **Apolipoprotein** enthalten sie $\mathbf{B_{100}}$. B_{100} ist der Ligand für den B_{100}-Rezeptor, über den es an den extrahepatischen Geweben zur **rezeptorvermittelten Endozytose** der LDL kommt und damit zur Aufnahme von **Cholesterin** in die Zellen. Dieses Cholesterin sowie die Fettsäuren werden erst nach Abbau der LDL-Partikel in den Lysosomen für die Zellen verfügbar.

3.5.3.4 HDL

HDL („*high density lipoproteins*") haben eine hohe Dichte und laufen in der Elektrophorese am weitesten (α-Fraktion). Sie werden von Leber und Darm synthetisiert und haben den höchsten Anteil an Protein. Ihre Hauptaufgabe ist der Rücktransport von Cholesterin zur Leber („gutes" HDL).

Sie enthalten als **Apolipoproteine A1**, welches die Bindung von **LCAT** (s. S. 72) an das Lipoprotein vermittelt, und **Apolipoprotein E**, das die Aufnahme des HDL in die Leberzelle ermöglicht.

3.5.4 Der Lipoproteinstoffwechsel

Die Lipoproteine haben im Körper die Aufgabe, Lipide, die im Blut unlöslich sind, so zu verpacken, dass sie trotzdem im Blut transportiert werden können. Dabei ist es unvermeidlich, dass sie einem Stoffwechsel unterliegen, in dem sie teilweise ineinander umgewandelt werden. Sie müssen auf- und abgebaut werden und mit einem Signal versehen werden, das Ladung und Bestimmung des Lipoproteins anzeigt. **Abb. 3.36** zeigt einen Überblick über diesen Stoffwechsel.

3.5.4.1 Chylomikronen

Die Chylomikronen werden in der Darmmukosa produziert und an die **Lymphbahn** abgegeben. Von dort gelangen sie über den Ductus thoracicus in den großen Körperkreislauf.

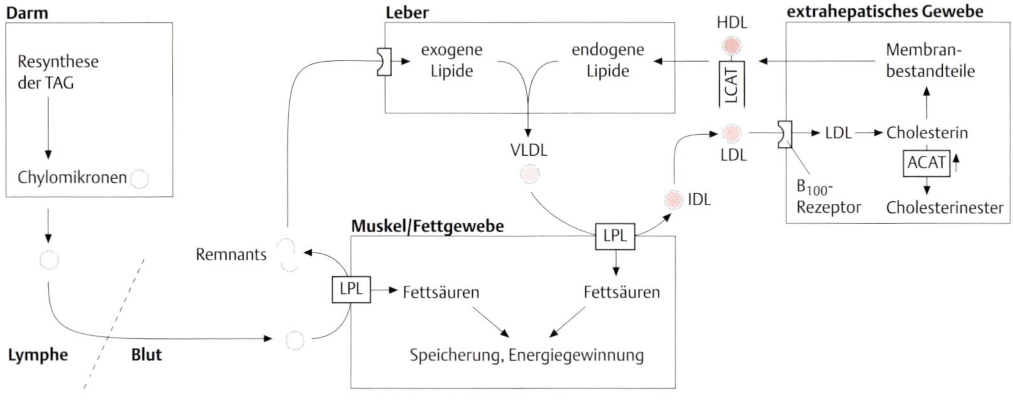

Abb. 3.36 Überblick über den Lipoproteinstoffwechsel (FS = Fettsäuren; TAG = Triacylglycerin; LPL = Lipoproteinlipase; restliche Abkürzungen siehe Text)

MERKE

Die Chylomikronen gelangen über den Ductus thoracicus in den großen Körperkreislauf und umgehen damit die Leber.

In der Blutbahn erhalten die Chylomikronen vom HDL das Apolipoprotein C2, das ihnen die Interaktion mit der Lipoproteinlipase (LPL) ermöglicht. Die LPL sitzt an den Endothelzellen der Blutbahn und dient den Chylomikronen als Andockstelle. Diese binden über Apolipoprotein C2 an die LPL. LPL spaltet die Triacylglycerine aus den Chylomikronen, und die Fettsäuren werden überwiegend von Muskel und Fettgewebe aufgenommen. Auf diesem Weg verlieren Chylomikronen den größten Teil ihres Triacylglycerins und es bleiben Reste, die **„remnants"**, übrig. Diese gelangen über das Blut zur Leber und werden dort über rezeptorvermittelte Endozytose, die durch Apolipoprotein B_{48} vermittelt wird, aufgenommen.

3.5.4.2 VLDL

Die Leber produziert nun neue Lipoproteine, die neben den Resten der exogenen Lipide hauptsächlich endogene Lipide enthalten. Diese VLDL werden in die Blutbahn abgegeben und erhalten ebenfalls Apolipoprotein C2 vom HDL und interagieren ebenso mit der Lipoproteinlipase wie die Chylomikronen.

MERKE

VLDL zeigen die gleiche Interaktion mit den Zellen wie Chylomikronen, transportieren aber hauptsächlich endogene Lipide.

Durch den Abbau der VLDL durch die Lipoproteinlipase, nehmen die Triacylglycerine ab und die Zusammensetzung und Struktur der Lipoproteine ändert sich. Über eine Zwischenstufe **IDL** (*„intermediate density proteins"*) entstehen LDL. Der genaue Weg von IDL zu LDL ist noch nicht geklärt, jedoch ist die Leber an dieser Umwandlung wahrscheinlich beteiligt. Bei dieser Umwandlung gehen den VLDL das Apolipoprotein C2 verloren und sie enthalten nur noch Apolipoprotein B_{100}.

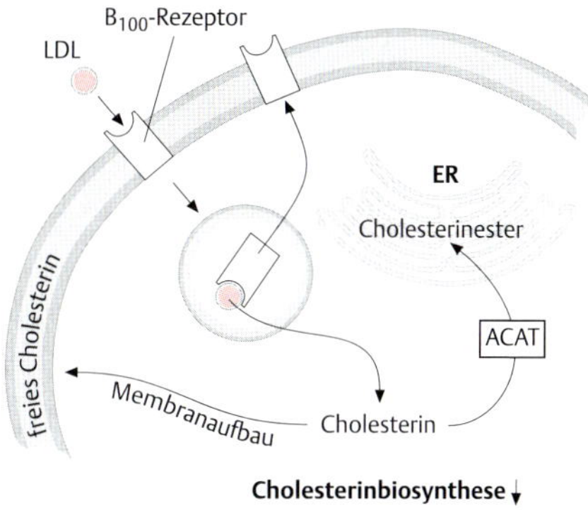

Abb. 3.37 LDL-Aufnahme und die Freisetzung von Cholesterin

MERKE

LDL haben durch die Umwandlung aus VLDL nur noch das Apolipoprotein B_{100}.

3.5.4.3 LDL

Die aus den VLDL entstandenen LDL-Partikel werden jetzt über die Interaktion von Apolipoprotein B_{100} mit dem B_{100}-Rezeptor von den extrahepatischen Geweben durch rezeptorvermittelte Endozytose komplett aufgenommen **(Abb. 3.37)**.

MERKE

Aufgrund seines Apolipoproteins B_{100} zeigt LDL andere Interaktion mit den Zellen als Chylomikronen und VLDL, die das Apolipoprotein C2 besitzen.

Nach der Endozytose wird LDL in den Lysosomen abgebaut und das Cholesterin wird frei. Der Rezeptor wird mit aufgenommen und gelangt nach dem lysosomalen Abbau der Lipoproteine zurück in die Membran. Ein hoher Cholesterinspiegel wirkt hemmend auf die Synthese des Rezeptors. In der Zelle werden zwei Enzyme durch das frei werdende Cholesterin beeinflusst:

- Die **ACAT**, die intrazellulär Cholesterinester zur Speicherung synthetisiert (s. S. 72), wird **stimuliert**.
- Die **β-HMG-CoA-Reduktase**, das Schrittmacherenzym der Cholesterinbiosynthese (s. S. 72), wird durch eine negative Rückkopplung **gehemmt**.

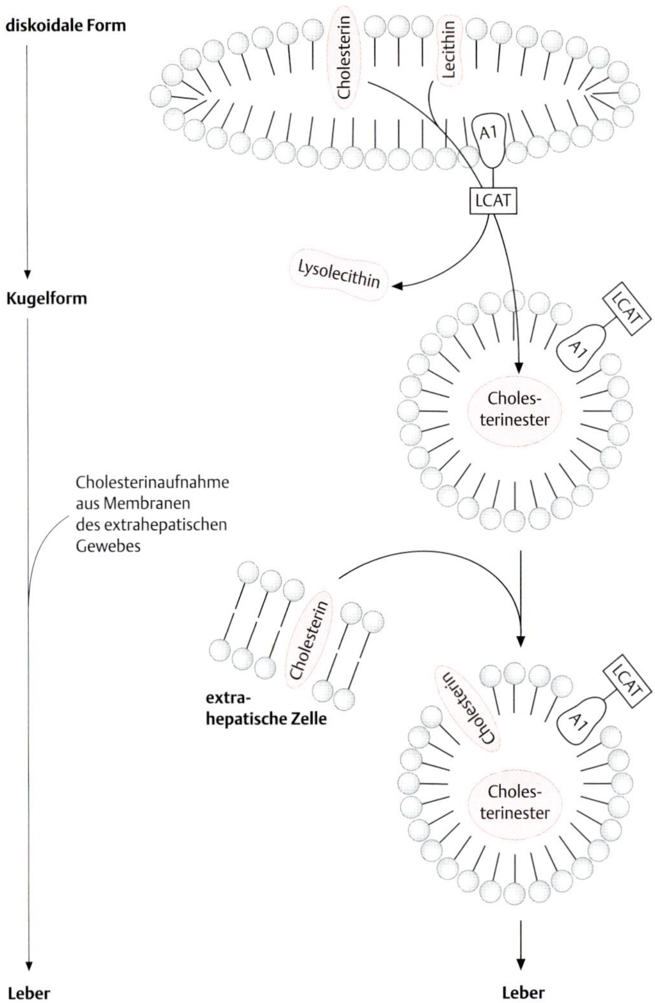

Abb. 3.38 Cholesterinaufnahme ins HDL

So wird einer Überschwemmung der Zelle mit Cholesterin entgegengewirkt.

3.5.4.4 HDL

Die HDL werden überwiegend von Darm und Leber produziert und als „diskoidale naszente" (scheibchenförmige) Vorstufen in die Blutbahn abgegeben. Ihre Hauptaufgabe ist es, Cholesterin aus den extrahepatischen Geweben wieder zurück zur Leber zu transportieren (ähnlich wie ein „Sammeltaxi"). Über Apolipoprotein A1 haben die HDL das Enzym LCAT (s. S. 72) gebunden. Die LCAT verestert Cholesterin aus der Hülle des HDL mit einer Fettsäure. Die Fettsäure für den Cholesterinester kommt aus der β-Position des Phospholipids Lecithin (Phosphatidylcholin), ebenfalls aus der Hülle des HDL. Das übrig bleibende Lysolecithin (Lysophosphatidylcholin) diffundiert ab und der entstandene unpolare Cholesterinester wandert von außen ins „Innere" des HDL. Aus dem diskoidalen HDL wird ein kugelförmiges HDL (**Abb. 3.38**). Die LCAT hat auf der HDL-Oberfläche „Platz" geschaffen. Hier kann jetzt Cholesterin aus den Zellmembranen der extrahepatischen Gewebe aufgenommen werden und zur Leber transportiert werden. So ist HDL nicht nur für den Cholesterintransport zur Leber verantwortlich, sondern hat durch die Entfernung von Cholesterin aus der Zellmembran Einfluss auf deren Fluidität.

MERKE

Da HDL vagabundierendes Cholesterin aus den Gefäßen zur Leber zurück transportiert, kann HDL das Arterioskleroserisiko senken.

Die folgende **Tab. 3.9** fasst nochmals zusammen, welche verschiedenen Wege die Lipoproteine im Körper nehmen.

Tabelle 3.9

Die Wege der Lipoproteine im Körper

Lipoprotein	Weg im Körper
Chylomikronen	Darm → Lymphe → Blut → Leber
VLDL	Leber → Blut → Umwandlung in LDL
LDL	Blut → extrahepatisches Gewebe
HDL	Leber/Darm → extrahepatisches Gewebe → Leber

Anhand der Tab. 3.9 können Sie sich nochmals klarmachen, welche Lipide von den jeweiligen Lipoproteinen wohin transportiert werden. Achten Sie darauf, dass die Lipoproteine untereinander sowohl Lipide als auch Apolipoproteine austauschen und teilweise ineinander übergehen können.

Klinischer Bezug

Hypercholesterinämien: Hypercholesterinämien zählen neben Hypertonie, Adipositas und Diabetes mellitus zu den Risikofaktoren für arteriosklerotische Gefäßveränderungen. Dies kann die Herzkranzgefäße (koronare Herzkrankheit KHK) sowie auch periphere Gefäße betreffen (arterielle Verschlusskrankheit AVK).
Die meisten Hypercholesterinämien entstehen sekundär durch Übergewicht und Bewegungsmangel und zeigen sich in einer Erhöhung der LDL-Konzentration im Blut. Hierbei wird auch eine genetische Disposition vermutet.
Primäre Hypercholesterinämien beruhen auf genetischen Defekten, bei der Hyperlipoproteinämie Typ II liegt am häufigsten ein LDL-Rezeptormangel vor. So kommt es durch verminderte Aufnahme zu einem Anstieg des Serumcholesterinspiegels. Zudem fehlt intrazellulär die Hemmung der Cholesterinbiosynthese durch die LDL-Aufnahme und der Cholesterinanstieg im Serum wird noch gefördert. Cholesterin lagert sich an den Gefäßwänden zumeist als Ester ab und führt so zur Einengung der Gefäße.

Check-up

- ✔ **Überlegen Sie sich noch einmal, anhand welcher Strukturen und Eigenschaften die Lipoproteine eingeteilt werden.**
- ✔ **Rekapitulieren Sie den Stoffwechsel der Lipoproteine. Sie können z. B. deren Weg zwischen den verschiedenen Geweben aufzeichnen und in einem zweiten Schritt ihre eigentlichen Interaktionen mit der Zelle einfügen.**

Kapitel 4

Aminosäuren, Peptide und Proteine

4.1 Grundlagen und die Chemie der Aminosäuren 83

4.2 Peptide und Proteine – Das Eiweiß 89

4.3 Der Aminosäurestoffwechsel 97

Nur drei Wochen

Bei der Ahornsirupkrankheit riecht der Urin nach Ahornsirup oder Maggi. Bei dieser Krankheit können die verzweigtkettigen Aminosäuren durch einen Enzymdefekt nicht vollständig abgebaut werden.

Was für andere Menschen lebensnotwendig ist, ist für Kevin gefährlich. Der Junge leidet an der seltenen, lebensbedrohlichen Ahornsirupkrankheit. Deshalb darf er die drei essenziellen Aminosäuren Leucin, Isoleucin und Valin nicht zu sich nehmen. Mehr über diese drei und die anderen 17 Aminosäuren erfahren Sie im nächsten Kapitel. Dort lesen Sie auch, wie aus Aminosäuren Peptide und Proteine entstehen und wie Aminosäuren abgebaut werden. Der Abbau der Aminosäuren ist es, der bei Kevin gestört ist.

Saures Blut

Der kleine Kevin, gerade einmal zwei Wochen alt, will seit einigen Tagen nicht mehr trinken und erbricht das bisschen Milch, das er zu sich genommen hat, wieder. In der Kinderklinik wird der Junge von Frau Dr. Groß untersucht. Kevin wirkt apathisch. Außerdem fällt der Ärztin eine ausgeprägte Muskelhypotonie auf. Als die Ergebnisse der Blutuntersuchung vorliegen, erschrickt Dr. Groß: Kevin hat eine Azidose, d. h. der pH-Wert des Blutes liegt bei 7,12 – viel zu niedrig! Der Blutzucker beträgt nur 35 mg/dl statt der normalen 44–62 mg/dl. Kevin leidet also auch an einer Hypoglykämie. Dr. Groß gibt Kevin sofort Glucose über einen venösen Zugang. Gleichzeitig versuchen die Ärzte, die Azidose auszugleichen, also den pH-Wert des Blutes wieder anzuheben. Außerdem wird Kevin parenteral, d. h. durch Infusionen, ernährt. Unter dieser Therapie bessert sich Kevins Zustand rasch.

Geruch nach Maggi

Erst drei Tage später erhält Kevin zum ersten Mal wieder Milch. Sofort geht es dem Kind wieder schlechter. Es liegt apathisch in seinem Bettchen und hat häufig Bauchkrämpfe. Als Dr. Groß den Jungen nochmals untersucht, fällt ihr ein eigenartiger Geruch auf: Es riecht irgendwie nach Maggi. Nun weiß Dr. Groß, welchen Test sie als nächstes durchführen muss: Die Dinitrophenylhydrazinprobe im Urin. Der Harn färbt sich sofort tiefrot, der Test ist also positiv. Damit ist klar: Kevin leidet an der Ahornsirupkrankheit.

In Kevins Körper können die verzweigtkettigen Aminosäuren Leucin, Isoleucin und Valin nicht abgebaut werden. Bei ihrem Abbau werden die drei Aminosäuren zunächst zu Ketosäuren verstoffwechselt. Der nächste Schritt, die oxidative Decarboxylierung, ist durch einen Enzymdefekt gestört. Die Ketosäuren und die nicht abgebauten Aminosäuren stauen sich an und schädigen vor allem das zentrale Nervensystem (ZNS). Je länger diese toxischen Stoffwechselprodukte auf die Zellen des ZNS einwirken, desto schwerer ist der Schaden.

Kevins Ernährung wird sofort umgestellt: Der Junge erhält eine spezielle Nahrung, in der keine verzweigtkettigen Aminosäuren enthalten sind. Die Blutspiegel von Leucin und Valin, die stark erhöht gewesen sind, normalisieren sich langsam. Die Diät wird Kevin sein Leben lang beibehalten müssen. Auch die Blutspiegel der Aminosäuren müssen weiterhin regelmäßig kontrolliert werden.

Rettendes Screening

Heute ist Kevin drei Jahre alt. Inzwischen ist klar geworden, dass sein Gehirn durch die toxischen Stoffwechselprodukte stark in Mitleidenschaft gezogen worden ist. Nur drei Wochen lang hat Kevin die für ihn unverträglichen Aminosäuren zu sich genommen – drei Wochen haben genügt, um ihn zerebral schwer zu schädigen. Vielleicht hätte man eine Behinderung vermeiden können: Am dritten oder vierten Lebenstag wird bei allen Neugeborenen das Blut untersucht, um Krankheiten wie Hypothyreose (Unterfunktion der Schilddrüse) oder Stoffwechseldefekte frühzeitig festzustellen. Doch erst seit 2003 gehört auch die Ahornsirupkrankheit zum Neugeborenen-Screening.

4 Aminosäuren, Peptide und Proteine

4.1 Grundlagen und die Chemie der Aminosäuren

Lerncoach

Alle Proteine unseres Körpers sind aus 20 verschiedenen Aminosäuren aufgebaut, die alle den gleichen Grundbauplan haben. Um sich die Strukturformeln dieser Aminosäuren zu merken, können Sie folgendermaßen vorgehen:

- **Prägen Sie sich den Grundbauplan anhand von Abb. 4.1 ein.**
- **Tab. 4.2 gibt Ihnen einen Überblick über die Strukturformeln der 20 Aminosäuren.**
- **Schauen Sie sich anschließend einige Besonderheiten von Aminosäuren an (Glycin hat kein chirales Zentrum, Cystein besitzt eine freie SH-Gruppe...). Tab. 4.1 kann Ihnen dabei helfen.**

4.1.1 Überblick und Funktion

Aminosäuren sind sehr wichtige Bestandteile jeglicher Form von Leben. Das beruht vor allem darauf, dass Aminosäuren die **Bausteine der Peptide und Proteine** sind. Daneben besitzen sie aber noch weitere Funktionen. Beim Menschen spielen sie z. B. eine Rolle:

- als Bausteine von **Lipiden** (z. B. Serin, s. S. 51)
- als **Neurotransmitter** (Glutamat, Aspartat und Glycin, s. S. 277)
- als Vorstufen für die **Gluconeogenese** (s. S. 36)
- als **Vorstufen** von **Neurotransmittern** (Glutamat ist z. B. die Vorstufe des Transmitters GABA, s. S. 277)
- bei der **Purin-** und **Pyrimidinsynthese** (s. S. 374)
- als Vorstufen der **biogenen Amine** (s. S. 100)
- als Vorstufe der **Hämbiosynthese** (Glycin, s. S. 300).

Es gibt proteinogene und nichtproteinogene Aminosäuren. Zu den proteinogenen Aminosäuren gehören die 20 Aminosäuren, die bei der Proteinbiosynthese (s. S. 398) in Proteine eingebaut werden können. Nichtproteinogene Aminosäuren werden nicht in Proteine eingebaut, sondern übernehmen

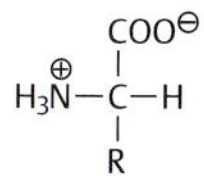

Abb. 4.1 Grundgerüst der L-Aminosäuren

andere Aufgaben im Körper (z. B. im Harnstoffzyklus, s. S. 102).

4.1.2 Die Struktur der Aminosäuren

Alle proteinogenen Aminosäuren besitzen das gleiche Grundgerüst, das aus einem zentralen C-Atom, einer Carboxylgruppe, einer Aminogruppe und einem H-Atom besteht (Ausnahme: Prolin, s. S. 85). Dieses Gerüst ist in **Abb. 4.1** dargestellt.

Chemisch gesehen handelt es sich bei den Aminosäuren um Aminocarbonsäuren. Bei den 20 proteinogenen Aminosäuren (s. u.) befindet sich die Aminogruppe am α-C-Atom, das ist das C-Atom, das direkt dem am höchsten oxidierten C-Atom (hier das C-Atom der Carboxylgruppe) benachbart ist. Lediglich in der mit R bezeichneten Seitenkette unterscheiden sich die Aminosäuren voneinander. Während Glycin nur drei unterschiedliche Substituenten am α-C-Atom besitzt, tragen die restlichen 19 Aminosäuren vier verschiedene Reste. Deshalb stellt das α-C-Atom bei diesen Aminosäuren ein chirales Zentrum dar. Das ist der Grund dafür, dass sie als L- oder D-Enantiomere (s. S. 13) vorliegen können. Die proteinogenen Aminosäuren liegen immer als L-Aminosäuren vor, d. h. dass sich in der Fischer-Projektion die Aminogruppe links vom α-C-Atom befindet. Bei den nichtproteinogenen Aminosäuren kann dieser Aufbau auch anders sein. So befindet sich die Aminogruppe bei β-Alanin am β-C-Atom und bei γ-Aminobuttersäure am γ-C-Atom.

4.1.2.1 Die proteinogenen Aminosäuren

Abhängig von der Seitenkette können die proteinogenen Aminosäuren in sieben verschiedene Klassen eingeteilt werden **(Tab. 4.1)**.

Tab. 4.2 zeigt die Strukturen der 20 proteinogenen Aminosäuren, wie sie in **Tab. 4.1** beschrieben sind. Es sind jeweils die Namen der Aminosäuren mit ihren Strukturen angegeben, in der Klammer hinter den Trivialnamen der Aminosäure steht das Dreibuchstabenkürzel, dahinter die Einbuchstabenabkürzung, die vor allem wegen einer erleichterten

Tabelle 4.1

Die Einteilung der 20 proteinogenen Aminosäuren

Klasse	Bezeichnung	dazugehörige Aminosäuren	Besonderheit
I	aliphatisch	Glycin Alanin Valin Leucin Isoleucin	Die aliphatischen Aminosäuren tragen nur eine Kohlenstoffseitenkette und sind unpolar.
II	schwefelhaltig	Cystein Methionin	Die schwefelhaltigen Aminosäuren sind ebenfalls unpolar. Cystein ist besonders wichtig, weil es eine freie SH-Gruppe enthält, mit der es mit einem zweiten Cystein Disulfidbrücken ausbilden kann.
III	aromatisch	Phenylalanin Tyrosin Tryptophan	Diese drei Aminosäuren zeichnen sich durch den aromatischen Ring aus. Während Phenylalanin unpolar ist, verhalten sich Tyrosin und Tryptophan schwach polar.
IV	neutral	Serin Threonin Asparagin Glutamin	Serin und Threonin enthalten eine Hydroxylgruppe, Asparagin und Glutamin eine Carbonsäureamidgruppe.
V	sauer	Aspartat Glutamat	Die sauren Aminosäuren besitzen eine Carboxylgruppe in ihrer Seitenkette, die bei physiologischen pH-Werten dissoziiert ist, was man in der Formel durch die Schreibweise $-COO^-$ deutlich macht und die Endung -at anhängt (Glutamat statt Glutaminsäure). Sie sind sehr polar.
VI	basisch	Histidin Lysin Arginin	Die basischen Aminosäuren liegen bei physiologischem pH-Wert in der protonierten Form vor (NH_3^+). Sie sind die polarsten Aminosäuren.
VII	Iminosäure Prolin	Prolin	Prolin nimmt eine Sonderstellung ein, da die Seitenkette mit dem α-C-Atom und der Aminogruppe einen Fünfring (Iminring) bildet. Genau genommen ist Prolin daher keine Amino-, sondern eine Iminosäure.

Verarbeitung von Sequenzanalysen durch einen Computer eingeführt wurde.

Beachten Sie beim Lernen die Einteilung der Aminosäuren in die verschiedenen Gruppen.

Einige Aminosäuren enthalten weitere besondere Strukturmerkmale **(Tab. 4.3)**. Diese können sie in den Strukturformeln der **Tab. 4.2** wiederfinden.

Die essenziellen Aminosäuren

8 der 20 proteinogenen Aminosäuren kann der Mensch nicht selbst synthetisieren. Diese Aminosäuren werden als **essenziell** bezeichnet. Dazu gehören neben den Aminosäuren mit verzweigter Kette (Valin, Leucin, Isoleucin und Threonin) die Aminosäuren Tryptophan, Phenylalanin, Lysin und Methionin. Im Säuglingsalter sind zudem die Aminosäuren Histidin und Arginin essenziell.

Die essenziellen Aminosäuren müssen Sie auswendig kennen: Valin, Leucin, Isoleucin, Tryptophan, Phenylalanin, Lysin, Threonin, Methionin.

4.1.2.2 Die nichtproteinogenen Aminosäuren

Als nichtproteinogene Aminosäuren bezeichnet man die Aminosäuren, die nicht zum Aufbau von Proteinen verwendet werden. Grundsätzlich unterscheidet man nichtproteinogene Aminosäuren, die aus proteinogenen Aminosäuren durch posttranslationale Modifizierung entstehen (Beispiele sind 3-Methylhistidin, Phosphoserin, u. a.), von denen, die im Intermediärstoffwechsel auftreten **(Tab. 4.4)**.

4.1.2.3 Die Säure-Base-Eigenschaften von Aminosäuren

Alle Aminosäuren enthalten wenigstens zwei Gruppen, die **ionisierbar** sind, nämlich eine Amino- und eine Carboxylgruppe. Mit diesen Gruppen können Aminosäuren Protonen aufnehmen oder abgeben.

Tabelle 4.2

Die Strukturformeln der 20 proteinogenen Aminosäuren					
aliphatische Aminosäuren					
Aminosäure (Abkürzung)	Glycin (Gly, G)	Alanin (Ala, A)	Valin (Val, V)	Leucin (Leu, L)	Isoleucin (Ile, I)
Struktur	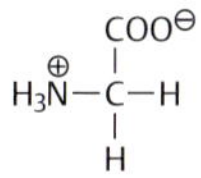	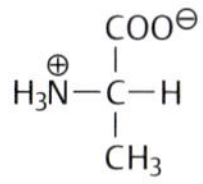	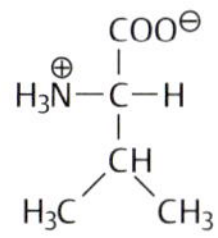	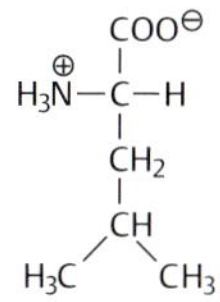	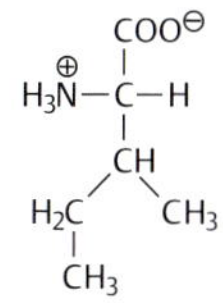
essenziell?	nein	nein	**ja**	**ja**	**ja**
schwefelhaltige Aminosäuren			**aromatische Aminosäuren**		
Aminosäure (Abkürzung)	Cystein (Cys, C)	Methionin (Met, M)	Phenylalanin (Phe, F)	Tyrosin (Tyr, Y)	Tryptophan (Trp, W)
Struktur	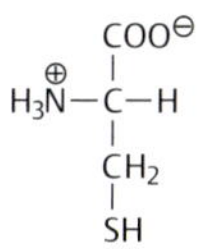	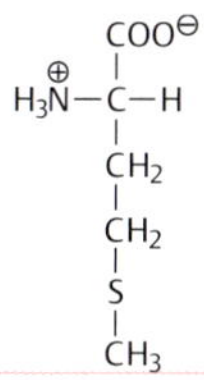	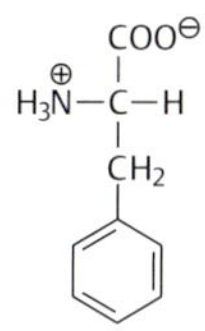	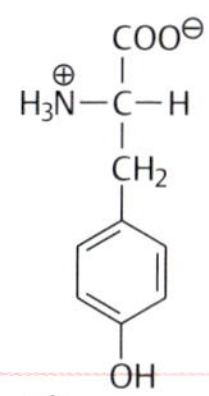	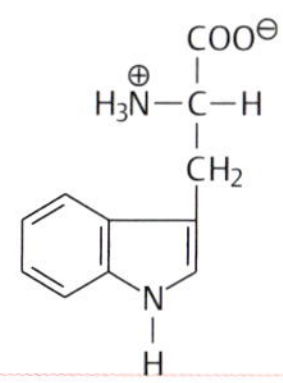
essenziell?	nein	**ja**	**ja**	nein	**ja**
neutrale Aminosäuren					**Prolin**
Aminosäure (Abkürzung)	Serin (Ser, S)	Threonin (Thr, T)	Asparagin (Asn, N)	Glutamin (Gln, Q)	Prolin (Pro, P)
Struktur	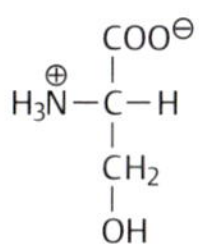	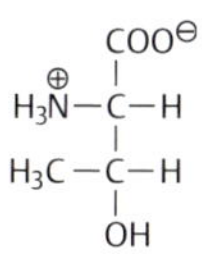	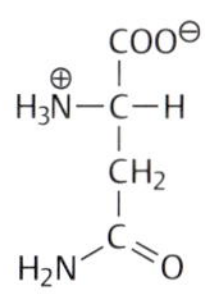	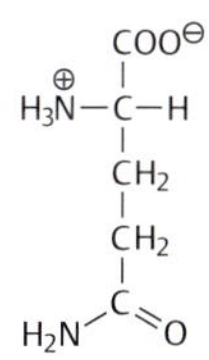	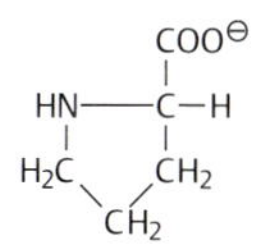
essenziell?	nein	**ja**	nein	nein	nein
saure Aminosäuren			**basische Aminosäuren**		
Aminosäure (Abkürzung)	Aspartat (Asp, D)	Glutamat (Glu, E)	Histidin (His, H)	Lysin (Lys, K)	Arginin (Arg, R)
Struktur	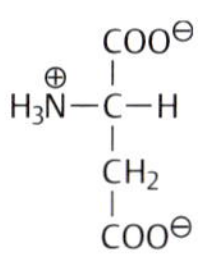	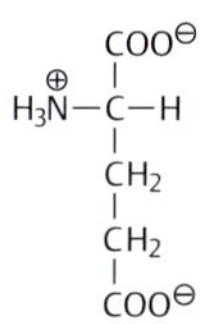	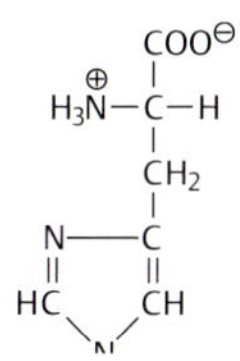	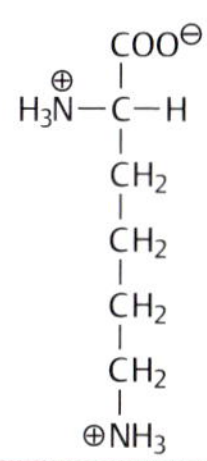	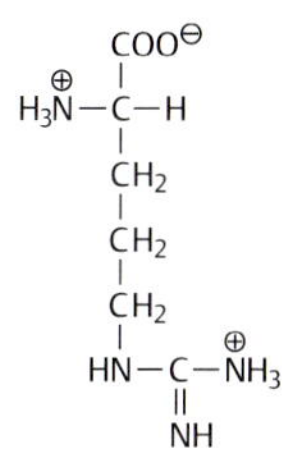
essenziell?	nein	nein	nein	**ja**	nein

4

Tabelle 4.3

Besondere Strukturmerkmale einiger Aminosäuren	
Aminosäure	**besondere Strukturmerkmale**
Glycin	**kein chirales C-Atom**
Valin	verzweigte Seitenkette
Leucin	verzweigte Seitenkette
Isoleucin	verzweigte Seitenkette, **zweites chirales C-Atom**
Cystein	**Sulfhydrylgruppe** (SH-Gruppe), damit Ausbildung von Disulfidbrücken möglich, die wichtig zur Stabilisierung von Proteinen sind
Methionin	Thioether
Phenylalanin	aromatischer Ring
Tyrosin	hydroxylierter aromatischer Ring; kann aus Phenylalanin gebildet werden
Tryptophan	**Indolring**
Prolin	**Pyrrolidinring**
Threonin	freie Hydroxylgruppe; **zweites chirales C-Atom**
Histidin	**Imidazolring**
Arginin	**Guanidinogruppe**

Deshalb bezeichnet man Aminosäuren auch als **Ampholyte**. Die pK-Werte der Aminogruppen liegen zwischen 8,8 und 10,5, daher liegen diese bei dem physiologischen pH von 7,4 (das ist der pH-Wert des Blutes) in der protonierten Form vor (NH_3^+). Die pK-Werte der Carboxylgruppen liegen zwischen 1,7 und 2,5, diese Gruppen sind unter physiologischen Bedingungen deprotoniert (COO^-). Wenn Aminosäuren gleichzeitig positiv und negativ geladen sind, bezeichnet man sie als **Zwitterionen**.

Von besonderer Bedeutung für den Ladungszustand von Aminosäuren sind die **Seitenketten** der sauren und basischen Aminosäuren, sowie der Imidazolring des Histidins. Andere dissoziable Gruppen von Aminosäuren sind die SH-Gruppe des Cysteins, die OH-Gruppe von Tyrosin und die Iminogruppe von Prolin. Da die ionisierbaren Gruppen der Aminosäuren bei unterschiedlichen pH-Werten in verschiedenen **Dissoziationsgraden** vorliegen, sind die Aminosäuren auch je nach pH-Wert unterschiedlich geladen. Das soll am Beispiel des Lysins verdeutlicht werden **(Abb. 4.2)**: Liegt der pH-Wert bei 1 (sauer), so sind die beiden Aminogruppen protoniert (NH_3^+-Ladung: jeweils +1), die Carboxylgruppe liegt als

Tabelle 4.4

Auswahl nichtproteinogener Aminosäuren	
Aminosäure	**Funktion**
Ornithin $^{\ominus}OOC{-}CH({}^{\oplus}NH_3){-}CH_2{-}CH_2{-}CH_2{-}{}^{\oplus}NH_3$	entsteht durch Abspaltung der Guanidinogruppe von Arginin; Ornithin ist Zwischenprodukt im Harnstoffzyklus (s. S. 102)
Citrullin $^{\ominus}OOC{-}CH({}^{\oplus}NH_3){-}CH_2{-}CH_2{-}CH_2{-}NH{-}C({=}O){-}NH_2$	entsteht durch Übertragung eines Carbamoylrests auf Ornithin; Citrullin ist Zwischenprodukt im Harnstoffzyklus (s. S. 102)
Homocystein $^{\ominus}OOC{-}CH({}^{\oplus}NH_3){-}CH_2{-}CH_2{-}SH$	entsteht durch Abspaltung eines Methylrests aus der Aminosäure Methionin; es ist Zwischenprodukt des Methioninstoffwechsels und kann mit Hilfe von Vit. B_{12} und Folat zurückverwandelt werden in Methionin (s. S. 110)
L-Dopa 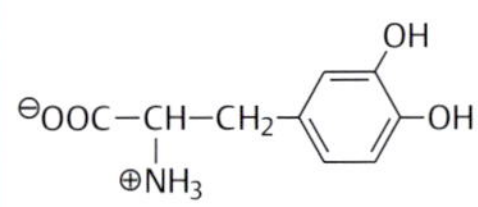	entsteht durch Hydroxylierung aus Tyrosin; es ist Zwischenprodukt der Katecholaminsynthese (s. S. 218)
Selenocystein $^{\ominus}OOC{-}CH({}^{\oplus}NH_3){-}CH_2{-}SeH$	ist ein Analogon des Cysteins. Es ist Bestandteil der Glutathionperoxidase (s. S. 303) und der Typ-I-Thyroxin-5-Dejodase. Selenocystein wird durch das Codon UGA kodiert, das eigentlich ein Stopcodon ist. Bei der Synthese der Selenocysteinproteine wird zunächst ein Serylphosphat eingebaut, aus dem die Aminosäure Selenocystein entsteht. Manchmal wird Selenocystein auch als die 21. Aminosäure bezeichnet.
β-Alanin $({}^{\oplus}NH_3)CH_2{-}CH_2{-}COO^{\ominus}$	entsteht durch Abspaltung der α-Carboxylgruppe von Aspartat; β-Alanin ist Bestandteil von Coenzym A, es entsteht zudem beim Abbau von Uracil
GABA $({}^{\oplus}NH_3)CH_2{-}CH_2{-}CH_2{-}COO^{\ominus}$	entsteht durch Decarboxylierung aus Glutamat; ist ein wichtiger Neurotransmitter

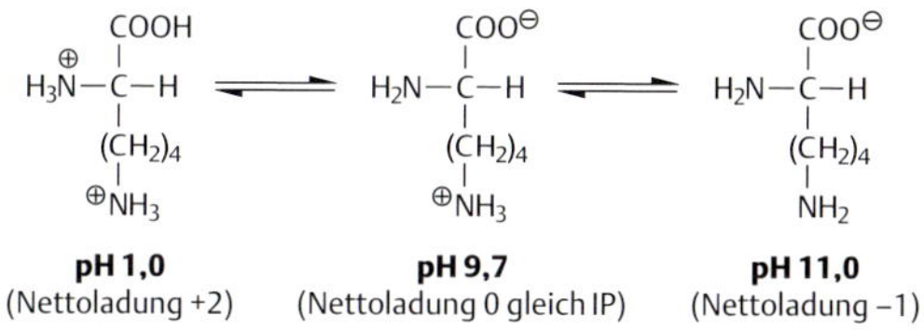

Abb. 4.2 Ladungszustand von Lysin bei verschiedenen pH-Werten

COOH vor (Ladung: 0). Das Molekül hat damit eine Nettoladung von 1 + 1 + 0 = + 2. Bei einem basischen pH von 12 sind alle drei Gruppen deprotoniert (zweimal NH_2 und COO^-). Nun beträgt die Nettoladung des Lysins 0 + 0 + (-1) = - 1. Bei einem pH-Wert von 9,7 ist die Nettoladung des Lysins gleich null, weil das Molekül eine positive und eine negative Ladung enthält. Diesen pH-Wert bezeichnet man als den **isoelektrischen Punkt (IP)**. Die positive und die negative Ladung heben sich gegenseitig auf [0 + 1 + (-1) = 0]. Da die Aminosäuren an ihrem isoelektrischen Punkt keine Nettoladung aufweisen, wandern sie bei diesem pH-Wert auch nicht im elektrischen Feld (vgl. S. 96).

MERKE

Am isoelektrischen Punkt (IP) tragen die Aminosäuren keine Nettoladung und wandern daher auch nicht im elektrischen Feld

Die Titrationskurven von Aminosäuren

Die meisten Aminosäuren tragen zwei, manche sogar drei protonierbare Gruppen. Durch die Titration der kationischen Form einer Aminosäure mit Natronlauge ergibt sich eine typische **Titrationskurve** einer zwei- bzw. dreiprotonigen Säure.

In **Abb. 4.3** ist die Titrationskurve von Alanin mit Natronlauge dargestellt. Am ersten Äquivalenzpunkt der Titration liegt das Zwitterion, am zweiten das Anion vor. Der pH-Wert am Wendepunkt des ersten Kurvenastes beträgt 2,35 und entpricht dem pK_1-Wert von Alanin. Der pH-Wert des Wendepunktes im zweiten Kurvenast entspricht dem pK_2 von Alanin (pH = 9,7). Aus der Titrationskurve lässt sich außerdem ablesen, dass es für Alanin und seine konjugierte Säure bzw. Base zwei Pufferbereiche gibt. Am Umkehrpunkt bei einem pH-Wert von 6,02 liegt Alanin vorwiegend als Zwitterion vor. Die Kurve zeigt zuletzt, dass Alanin bei einem pH-Wert von 7,4, der dem physiologischen pH-Wert des Blutes entspricht, kein guter Puffer ist (die Kurve steigt in diesem Bereich steil an).

Die Berechnung des isoelektrischen Punkts

Wie man den isoelektrischen Punkt von Aminosäuren berechnet, soll nun anhand einiger Beispiele erläutert werden. Betrachtet man die Aminosäure Glycin, so fällt auf, dass sie nur zwei protonierbare

Abb. 4.3 Titrationskurve von Alanin mit Natronlauge

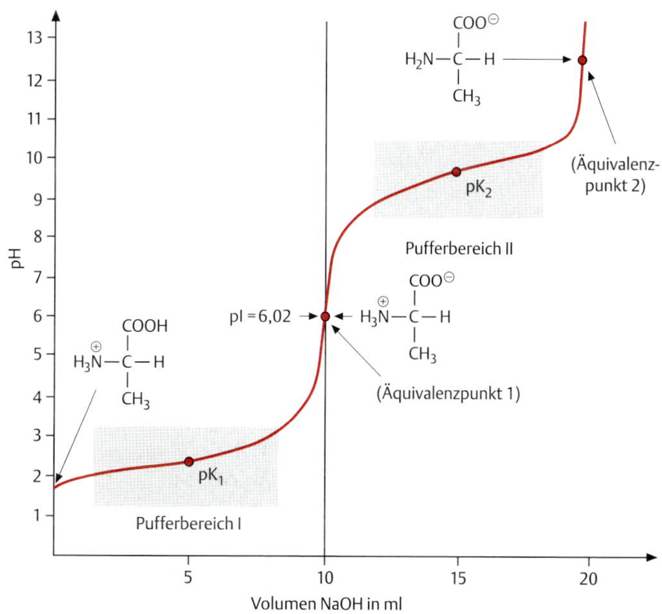

Gruppen enthält, nämlich die Carboxyl- und die α-Aminogruppe. Der pK-Wert der Carboxylgruppe beträgt 2,34, der pK der Aminogruppe 9,6. Der isoelektrische Punkt wird nun bestimmt nach der Formel:

$pI = 1/2\ (pK_1 + pK_2) = 1/2\ (2{,}34 + 9{,}6) = 5{,}97$

Der isoelektrische Punkt des Glycins liegt also ungefähr bei einem pH-Wert von 6. Das heißt, dass Glycin bei einem pH-Wert von 6 keine Nettoladung aufweist und daher bei diesem pH im elektrischen Feld auch nicht wandert. Der IP der meisten anderen Aminosäuren kann nach diesem Modus berechnet werden. Eine Besonderheit stellen in diesem Fall die sauren und die basischen Aminosäuren dar. Für die sauren Aminosäuren Aspartat und Glutamat errechnet man den IP, indem man den Mittelwert der pK-Werte der beiden Säuregruppen bildet. Am Beispiel des Glutamats bedeutet das:

$pK_1\ (\alpha\text{-}COO^-) = 2{,}19$
$pK_2\ (\alpha\text{-}NH_3^+) = 9{,}67$
pK_R (COO^- der Seitenkette) = 4,25
$pI = 1/2\ (pK_1 + pK_R) = 1/2\ (2{,}19 + 4{,}25) = 3{,}22$

In Analogie dazu wird der IP der basischen Aminosäuren errechnet, indem man die pK-Werte der basischen Gruppen addiert und den Mittelwert daraus bildet. Dies kann am Beispiel des Lysins gezeigt werden:

$pK_1\ (\alpha\text{-}COO^-) = 2{,}18$
$pK_2\ (\alpha\text{-}NH_3^+) = 8{,}95$
pK_R (NH_3^+ der Seitenkette) = 10,53
$pI = 1/2\ (pK_2 + pK_R) = 1/2\ (8{,}95 + 10{,}53) = 9{,}74$

MERKE

Als Faustregel gilt für die Berechnung des isoelektrischen Punkts: Man addiert die beiden pK-Werte, die am nächsten beieinander liegen, und teilt die Summe durch zwei.

Eine **Sonderstellung** nimmt das **Histidin** ein. Die ionisierbare Seitenkette (Imidazolring) des Histidins hat einen pK-Wert von etwa 6, dieser liegt so nahe bei dem physiologischen pH von 7,4, dass Histidin in vielen Proteinen Puffereigenschaften übernehmen kann (es kann als Broensted-Säure oder als Broensted-Base wirken, siehe Lehrbücher der Chemie).

Klinischer Bezug

Zystinurie: Bei der Zystinurie ist der Transport von dibasischen Aminosäuren im Darm und im proximalen Nierentubulus gestört. Die Krankheit wird autosomal-rezessiv vererbt und tritt mit einer Häufigkeit von 1:10000 auf. Betroffen von der Transportstörung sind die Aminosäuren Lysin, Arginin, Ornithin und besonders Cystin. Aufgrund der gestörten Rückresorption in der Niere werden die Aminosäuren vermehrt mit dem Urin ausgeschieden. Dabei ist der Verlust der Aminosäuren jedoch belanglos. Von Bedeutung ist die geringe Löslichkeit von Cystin (etwa 200 mg/l), das bei Patienten mit Zystinurie ausfällt. Als Leitsymptom der Zystinurie gilt daher die rezidivierende Nephrolithiasis (Nierensteine). Als Therapie müssen die Patienten in erster Linie viel trinken, um den Urin zu verdünnen und damit ein Ausfällen zu verhindern.

4.1.3 Die posttranslationale Modifizierung

Die enzymatische Modifikation von Peptiden und Proteinen nach der Translation (s. S. 398) bezeichnet man als **posttranslationale Modifizierung**. Da die Carboxyl- und Aminogruppen des Aminosäuregrundgerüsts fast vollständig in die Peptidbindungen eingebunden sind, betrifft die Modifizierung vor allem die Seitenketten der polaren Aminosäuren.

Tab. 4.5 gibt einen Überblick über die verschiedenen Reaktionen, die bei der posttranslationalen Modifizierung eine Rolle spielen. Aufgeführt sind auch die reagierenden Gruppen und die Aminosäuren, die dabei modifiziert werden.

Check-up

- ✔ **Rekapitulieren Sie den grundsätzlichen Aufbau einer Aminosäure und überlegen Sie sich dann, wie die Seitenketten der einzelnen Aminosäuren aussehen.**
- ✔ **Machen Sie sich klar, welche verschiedenen Funktionen die Aminosäuren haben (z. B. als Neurotransmitter, Lipidbaustein).**
- ✔ **Wiederholen Sie die essenziellen Aminosäuren.**

Tabelle 4.5

Posttranslationale Modifizierung von Proteinen

Reaktion	polare Gruppe einer Aminosäure	beteiligte Aminosäuren
Phosphorylierung	OH-Gruppe	Serin, Threonin, Tyrosin
Glykosylierung	OH-Gruppe (O-glykosidisch) $CONH_2$-Gruppe (N-glykosidisch)	Serin, Threonin Asparagin
Methylierung	COO^--Gruppe NH_3^+-Gruppe Imidazolring	Aspartat, Glutamat Lysin Histidin (im Aktin)
Acetylierung	NH_3^+-Gruppe	Lysin
Hydroxylierung	NH_3^+-Gruppe Iminorest Phenolring	Lysin Prolin Phenylalanin (es entsteht Tyrosin)
Disulfidbrücken	SH-Gruppe	Cystein (Cys–S–S–Cys = Cystin)
Sulfatierung	OH-Gruppe	Tyrosin
γ-Carboxylierung	COO^--Gruppe	Aspartat, Glutamat (die γ-Carboxylierung von Glutamylresten ist besonders wichtig für die Funktion der Gerinnungsfaktoren X,IV,-VII und II)
Verknüpfung mit Coenzymen	NH_3^+-Gruppe	Lysin (Verknüpfung der ε-Aminogruppe mit Biotin, Pyridoxal, u. a.)

4.2 Peptide und Proteine – das Eiweiß

Lerncoach

In diesem Kapitel wird beschrieben, wie sich die Peptide (< 100 Aminosäuren) und Proteine (> 100 Aminosäuren) räumlich organisieren. Achten Sie beim Lernen darauf, auf welcher „Organisationsebene“ Sie sich befinden. Unterscheiden Sie zwischen der Primärstruktur (einzelne Aminosäuren) und den höheren Konformationsebenen (Sekundär-, Tertiär- und Quartärstruktur).

4.2.1 Überblick und Funktion

Peptide und Proteine bestehen aus **Aminosäuren**, die durch **Peptidbindungen** (s. u.) miteinander verknüpft sind. Der Unterschied zwischen Peptiden und Proteinen besteht lediglich in der Länge der Aminosäurekette. Diesen Unterschied definiert man folgendermaßen: Eine Aminosäurekette mit einer Länge von bis zu 10 Aminosäuren wird als **Oligopeptid** bezeichnet. Dipeptide bestehen z. B. aus 2 Aminosäuren, Tripeptide aus 3 Aminosäuren, usw. Ist die Kette bis zu 100 Aminosäuren lang, heißt sie **Polypeptid**. Alle noch längeren Aminosäureketten werden **Proteine** genannt.

Peptide und Proteine sind lebenswichtige Bestandteile aller Lebewesen. Jeder menschliche Körper besitzt Tausende verschiedener Proteine. Die wichtigsten Gruppen der Proteine sind

- die etwa 2000 heute bekannten **Enzyme**
- **Strukturproteine** wie das Kollagen
- **Peptid- bzw. Proteohormone**, z.B Insulin und Glukagon
- **Rezeptorproteine**
- **Transportproteine** wie Hämoglobin, integrale Membranproteine (Rezeptoren, Kanäle, Transporter)
- **Immunglobuline** zur Abwehr, z. B. IgG
- Proteine, die der **Bewegung** dienen, wie die Muskelproteine Aktin und Myosin.

Bei Proteinen kann man zudem zwei Gruppen grundsätzlich unterscheiden: Die erste Gruppe besteht nur aus Aminosäuren, die zweite aus Aminosäuren und einem kovalent gebundenen Nichtproteinanteil, den man als **prosthetische Gruppe** bezeichnet. **Tab. 4.6** zeigt einige dieser zusammengesetzten Proteine.

Tabelle 4.6

Zusammengesetzte Proteine und ihre prosthetischen Gruppen

Klasse	prosthetische Gruppe	Beispiel
Glykoproteine	Kohlenhydrate	Immunglobuline
Hämproteine	Häm	Hämoglobin
Metalloproteine	Metalle (Eisen, Zink, u. a.)	Ferritin (Fe), Carboanhydrase (Zn)
Flavoproteine	Flavinnucleotide	Succinat-DH (s. Citratzyklus S. 126)

4.2.2 Die Peptidbindung

Die proteinogenen Aminosäuren sind Bestandteile der Peptide und Proteine. Peptide und Proteine entstehen während der Proteinbiosynthese (s. S. 398) durch Verknüpfung von Aminosäuren. Die einzelnen Aminosäuren eines Proteins sind durch **Peptidbindungen** miteinander verbunden (**Abb. 4.4**). Eine Peptidbindung entsteht durch die Verknüpfung der Carboxylgruppe der einen Aminosäure mit der Aminogruppe der nächsten Aminosäure. Dabei wird Wasser abgespalten. Die Peptidbindung ist eine **Carbonsäureamidbindung** (CONH), weil sie aus einer Carbonsäure und einer Aminogruppe gebildet wird.

4

MERKE

Die Peptidbindung entsteht durch Verknüpfung einer Carboxyl- und einer Aminogruppe unter Wasserabspaltung.

Abb. 4.4 zeigt ein Dipeptid (bestehend aus 2 Aminosäuren). Das dargestellte Peptid hat eine freie NH_3^+-Gruppe und eine freie COO^--Gruppe. In Formeln steht das freie N-Ende immer links, weil die ribosomale Proteinbiosynthese immer am N-Terminus beginnt. Will man nun die Aminosäuresequenz eines Peptids angeben, dann nennt man zunächst die Aminosäure am N-Terminus und hängt das Kürzel -yl an (z. B. Glycyl). Dieses Kürzel fügt man an alle Aminosäuren des Peptids an, mit Ausnahme der letzten Aminosäure am C-Terminus.

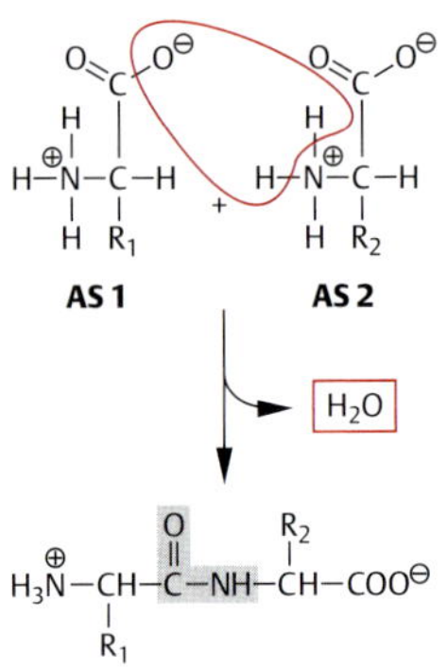

Abb. 4.4 Peptidbindung

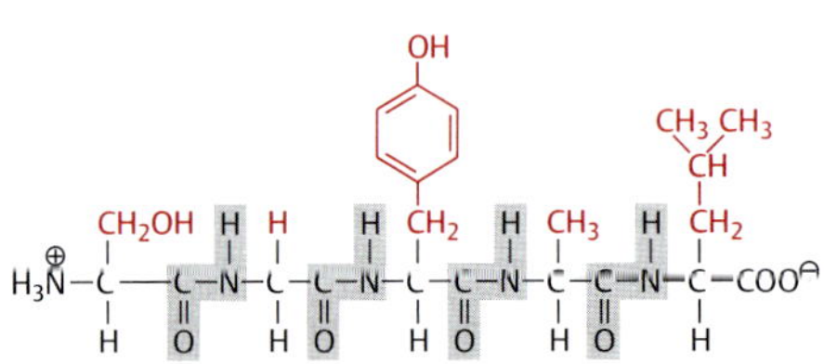

Abb. 4.5 Ein Pentapeptid

Versuchen Sie, in der Abb. 4.5 die Peptidbindungen zu erkennen und die am Aufbau des Peptides beteiligten Aminosäuren zu identifizieren.

Bei dem Molekül in **Abb. 4.5** handelt es sich um ein Pentapeptid, das aus den Aminosäuren (vom N-Terminus her gelesen) Serin, Glycin, Tyrosin, Alanin und Leucin besteht. Man nennt das Molekül also Seryl-Glycyl-Tyrosyl-Alanyl-Leucin. In der Dreibuchstaben-Abkürzung würde es als Ser-Gly-Tyr-Ala-Leu, in der Einbuchstaben-Schreibweise als SGYAL dargestellt.

An diesem Beispiel kann man auch erkennen, wie das Rückgrat – die Aminosäurehauptkette – eines Peptids oder Proteins aussieht. Man kann dies für das Beispiel aus **Abb. 4.5** vereinfacht folgendermaßen darstellen:

$$H_3^+N–C_\alpha–C–N–C_\alpha–C–N–C_\alpha–C–N–C_\alpha–C–N–C_\alpha–COO^-.$$

Dieses Gerüst ist allen Peptiden und Proteinen gemeinsam, unterschiedlich sind lediglich die Seitenketten der am Aufbau beteiligten Aminosäuren und die daran eventuell gebundenen Nichtproteinanteile. Damit wird deutlich, dass die Funktionen der Proteine eng mit dem Vorhandensein spezifischer Aminosäureseitenketten zusammenhängen. Ein Protein mit vielen Lysylresten ist z. B. sehr hydrophil, ein Protein mit vielen aliphatischen Aminosäureresten ist dagegen eher hydrophob.

Bezüglich ihres Aufbaus zeigt die Peptidbindung einige Besonderheiten: Die übliche Darstellung der Peptidbindung mit einer C=O-Doppelbindung und einer C-N-Einfachbindung ist nur eine der beiden möglichen Grenzstrukturen (**Abb. 4.6**). Wie alle Säureamidbindungen ist die Peptidbindung mesomeriestabilisiert. Das bedeutet, dass die freien Elektronen delokalisiert sind. Dadurch ist die Peptidbindung nicht frei drehbar und bekommt einen partiellen Doppelbindungscharakter (**Abb. 4.6**). Alle

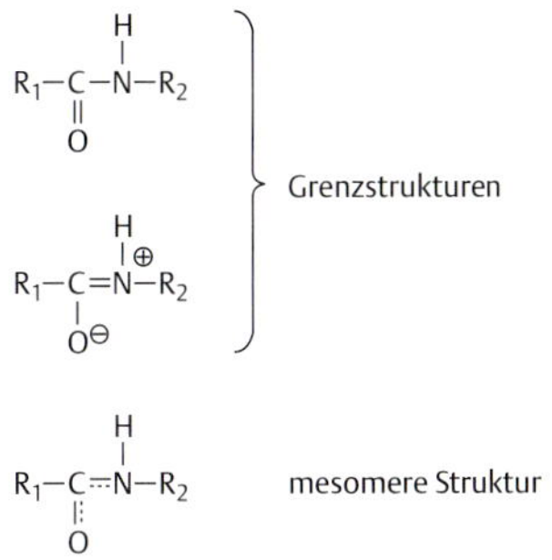

Abb. 4.6 Räumliche Struktur der Peptidbindung

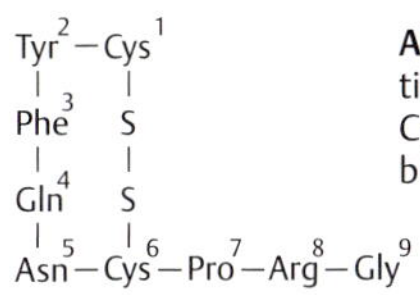

Abb. 4.7 Primärstruktur eines Peptides aus 9 Aminosäuren: Zwischen Cys_1 und Cys_6 hat sich eine Disulfidbrücke gebildet (s. S. 422)

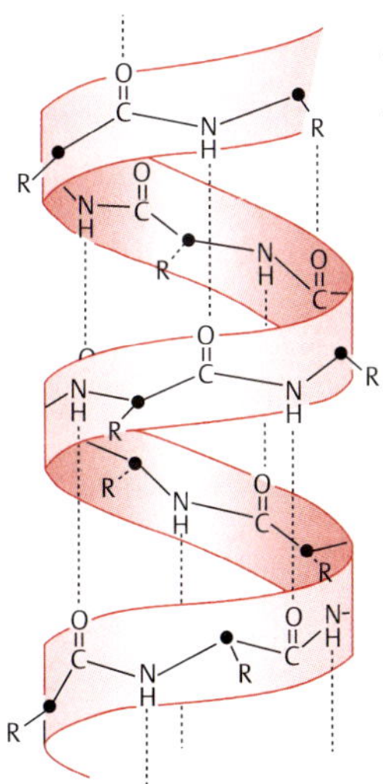

Abb. 4.8 α-Helix: Die Wasserstoffbrücken zwischen den 4 Aminosäuren voneinander entfernten Peptidbindungen sind punktiert gezeichnet

an der Peptidbindung beteiligten Atome liegen in einer Ebene.

MERKE

Die Peptidbindung ist eben und nicht frei drehbar. Sie hat partiellen Doppelbindungscharakter.

4.2.3 Die räumliche Struktur der Proteine

Jedes einzelne der vielen Proteine im menschlichen Körper besitzt eine einzigartige dreidimensionale Struktur. Diese dreidimensionale Struktur wird die Konformation eines Proteins genannt. Proteine können in vier hierarchisch aufgebaute Konformationsebenen eingeteilt werden: Primär-, Sekundär-, Tertiär-, und Quartärstruktur.

4.2.3.1 Die Primärstruktur

Die Primärstruktur eines Proteins wird durch die Sequenz der Aminosäuren in der Kette beschrieben. Diese Sequenz wird durch die auf der DNA enthaltene Information für dieses Protein festgelegt (s. S. 398). **Abb. 4.7** zeigt die Primärstruktur von ADH, einem Peptid aus 9 Aminosäuren.

4

4.2.3.2 Die Sekundärstruktur

Unter der Sekundärstruktur versteht man die regelmäßig angeordneten Strukturelemente der Aminosäurehauptkette des Proteins. Zwischen den CO-Resten und den NH-Resten der Kette können sich spezifische Strukturen ausbilden, die Elemente der Sekundärstruktur sind. Dazu zählen in erster Linie:

- die α-Helix-Struktur
- die β-Faltblatt-Struktur
- die β-Schleife.

Die α-Helix

Bei der α-Helix bildet die Proteinkette eine gewundene Helix-Struktur aus (**Abb. 4.8**). Die Helix wird dabei durch Wasserstoffbrücken stabilisiert. Diese bilden sich aus zwischen dem Wasserstoffatom der NH-Gruppe einer Peptidbindung und dem Sauerstoffatom einer CO-Gruppe einer zweiten Peptidbindung, die vier Aminosäuren entfernt ist. Für eine Drehung um 360° benötigt die α-Helix 3,6 Aminosäuren zurück. Eine Drehung entspricht dabei einer Strecke von 0,54 nm. Der Anteil an α-Helices reicht in globulären Proteinen von 0 bis 75 %. Bei der α-Helix-Struktur ist die Aminosäurekette rechtsgängig, also im Uhrzeigersinn gewunden. Linksgängige α-Helices kommen so gut wie nicht vor, sind aber möglich.

Das β-Faltblatt

Bei dieser Struktur liegen die Peptidebenen fast wie auf einem gefalteten Stück Papier (**Abb. 4.9**). Im β-Faltblatt bilden sich Wasserstoffbrücken zwischen den CO- bzw. NH-Gruppen von zwei benachbarten Strängen aus. Das β-Faltblatt ist beinahe gestreckt, eine vollständige Streckung wird jedoch durch die Wasserstoffbrücken zwischen den zwei Peptidketten verhindert. Verlaufen die beiden benachbarten Stränge in der entgegengesetzten Rich-

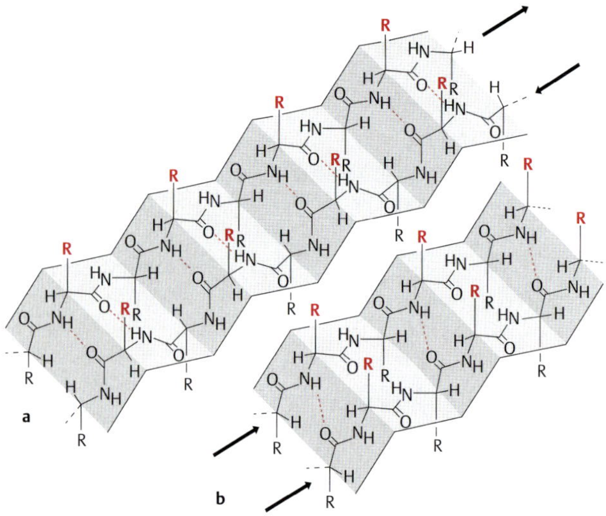

Abb. 4.9 (a) antiparalleles β-Faltblatt; (b) paralleles β-Faltblatt (farbig gestrichelt sind die Wasserstoffbrücken zwischen den verschiedenen Peptidsträngen)

tung, dann liegt ein antiparalleles **(Abb. 4.9 a)**, verlaufen sie in der gleichen Richtung, dann liegt ein paralleles β-Faltblatt vor **(Abb. 4.9 b)**.

Die β-Schleife

Durch die β-Schleife können Peptidketten ihre Richtung um 180° ändern. Deshalb nennt man sie häufig auch β-Haarnadelbiegung. In β-Schleifen sind 4 Aminosäurereste so angeordnet, dass sich die Kette dadurch in die Gegenrichtung umkehrt. Die erste und vierte Aminosäure der β-Schleife werden durch eine Wasserstoffbrücke stabilisiert.

Die Sonderstellung des Prolins

Da das N-Atom von Prolin Teil eines starren Ringes ist, ist eine Rotation um die eigentlich freie Achse zwischen α-C-Atom und N-Atom nicht möglich. Außerdem kann Prolin durch das Fehlen des Wasserstoffs am Imid-Stickstoff keine Wasserstoffbrücke ausbilden und stört aus diesen Gründen die Formation der α-Helix- und der β-Faltblatt-Struktur.

MERKE

Die verschiedenen Sekundärstrukturen bilden sich zwischen Elementen der Hauptkette des Proteins aus.

Ein Sonderfall: Die Tripelhelix des Kollagens

Kollagen ist das wichtigste **fibrilläre Protein des Bindegewebes** (s. S. 287). Auch das Kollagen ist helikal gewunden, allerdings zeigt die Kollagen-Helix einige Besonderheiten. Erstens ist die Helix **linksgängig** und nicht rechtsgängig wie die meisten α-Helices in Proteinen. Zum anderen findet man innerhalb der Helix **keine intramolekularen Wasserstoffbrücken**. Das bedeutet, dass das Kollagen durch einen anderen Mechanismus stabilisiert werden muss. Diese Stabilisierung des Kollagens gelingt durch Zusammenlagerung der linksgängigen Helices. Dabei bilden immer drei linksgängige Kollagen Einzel-Helices eine dann rechtsgängige Kollagen-Tripelhelix (s. S. 291). Zwischen diesen verschiedenen Helices können sich dann Wasserstoffbrücken ausbilden, die der Tripelhelix die bekannte Zugfestigkeit verleihen.

4.2.3.3 Die Tertiärstruktur

Die ersten beiden Ebenen der Proteinkonformation beschreiben die Sequenz der Aminosäuren (Primärstruktur) und die Anordnung der Proteinhauptkette (Sekundärstruktur). Mit der Tertiärstruktur versucht man, die Lage aller Atome eines Proteins im Raum zu verstehen. Sie beinhaltet alle Sekundärstrukturen und auch die weniger geordneten (deswegen aber nicht ungeordneten) Bereiche eines Proteins. **Abb. 4.10** ist ein typisches Beispiel für den Versuch, ein Protein dreidimensional in seiner Tertiärstruktur darzustellen.

Die Bindungstypen zur Ausbildung der Tertiärstruktur

Für die Ausbildung der Tertiärstruktur sind Bindungen notwendig, um das Molekül zusammenzuhal-

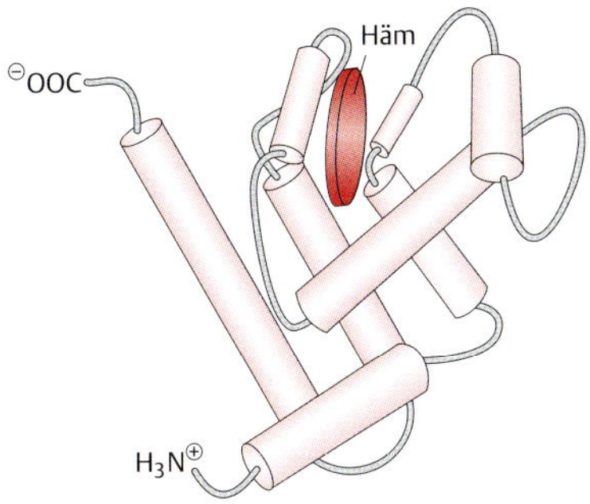

Abb. 4.10 Tertiärstruktur von Myoglobin in der Diagrammform. 8 α-Helices sind über Schleifen miteinander verbunden

ten (**Abb. 4.11**). Neben den Wasserstoffbrücken (**Abb. 4.11 a**), die bereits in der Sekundärstruktur vorkommen und sich auch zwischen geeigneten Aminosäureseitenketten ausbilden können, gibt es weitere wichtige Bindungstypen innerhalb von Proteinen.

Disulfidbrücken: Die Disulfidbrücken sind kovalente Bindungen der Sulfhydrylgruppen (SH) von zwei Cysteinresten in einem Protein (**Abb. 4.11 b**, vgl. **Abb. 4.7** S. 91). Sie werden in der Regel im endoplasmatischen Retikulum gebildet. 2 Cysteine, die über eine Disulfidbrücke miteinander verbunden sind, werden auch als Cystin bezeichnet. Die Disulfidbrücken sind sehr stabil. Ein Beispiel stellt das Insulin dar, in dem die A- und B-Kette durch zwei Disulfidbrücken miteinander verbunden sind (eine dritte Disulfidbrücke findet sich innerhalb der A-Kette, s. S. 220).

Ionenbeziehungen: Ionenbeziehungen finden innerhalb eines Moleküls zwischen geladenen Gruppen statt (meist zwischen positiv und negativ geladenen Aminosäureseitenketten, **Abb. 4.11 c**). Sie sind die stärksten nichtkovalenten Wechselwirkungen innerhalb eines Proteins.

Hydrophobe Wechselwirkungen: Die hydrophoben Reste in einem Protein können nicht mit H_2O-Molekülen wechselwirken, d. h. sie scheuen die polare Umgebung. Aus diesem Grund verlagern sie sich in das Innere des Proteins und verdrängen dadurch das dort befindliche Wasser. So wird im Inneren des Proteins ein wasserfreier Raum geschaffen (**Abb. 4.11 d**).

Dieser hydrophobe Effekt ist ein wichtiger Stabilisierungsfaktor für Proteine. Man kann dies auch daran erkennen, dass polare Lösungsmittel Proteine denaturieren können, indem sie die hydrophoben Wechselwirkungen stören.

Dipol-Dipol-Wechselwirkungen (Van-der-Waals-Kräfte:): Diese Wechselwirkungen sind die schwächsten Stabilisatoren der Proteinstruktur. Es handelt sich dabei um Anziehungskräfte, die darauf beruhen, dass die Elektronen in den Molekülorbitalen ungleich verteilt sind. Diese Art der Wechselwirkungen werden auch Van-der-Waals-Kräfte genannt. Das größte permanente Dipolmoment besitzen die Amid- und Carbonylreste der Seitenketten. Obwohl die Van-der-Waals-Bindung für ein Elektronenpaar nur etwa 4 kJ/mol beträgt (im Vergleich dazu beträgt die Energie einer Wasserstoffbrücke 12 bis 29 kJ/mol), sind die Dipol-Dipol-Wechselwirkungen in ihrer Gesamtheit von zentraler Bedeutung für die Konformation eines Proteins.

Die Supersekundärstruktur

Unter dem Begriff Supersekundärstruktur (auch **Motiv** genannt) versteht man die Kombination verschiedener in einem Protein vorhandenen Sekundärstrukturen. Am Beispiel des Myoglobins (**Abb. 4.10**) bedeutet dies, dass verschiedene α-Helices in definierter Art und Weise angeordnet und über Schleifen miteinander verbunden sind. Andere

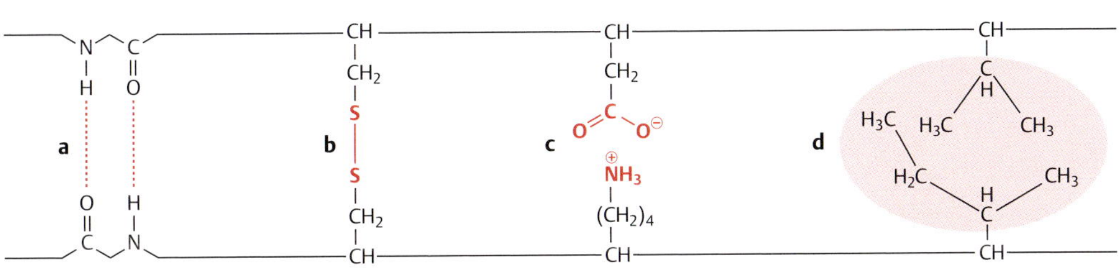

Abb. 4.11 Bindungstypen in Proteinen: (a) Wasserstoffbrücken; (b) Disulfidbrücken; (c) Ionenbeziehungen zwischen Asp- und Lys-Seitenketten; (d) hydrophobe Bindung zwischen einem Valin- und einem Isoleucinrest

Beispiele sind die β-Faltblatt-Lagen in Immunglobulinen oder die regelmäßig sich abwechselnde βαβαβ-Struktur in der Glycerinaldeyd-3-phosphat-Dehydrogenase.

Die Domäne

Proteine mit mehr als 200 Aminosäuren bilden oft mehrere eigenständige Bereiche aus. Diese eigenständigen Bereiche nennt man **Domänen**. Sie zeichnen sich dadurch aus, dass sie sich unabhängig vom Rest des Proteins falten. Der Anteil an Domänen innerhalb eines Proteins kann variieren. Zum besseren Verständnis der Domäne kann man sich ein Protein wie einen langen Faden vorstellen. Der Faden kann mehrere Knäuel ausbilden, die den einzelnen Domänen des Proteins entsprechen. Jede Domäne ist eine strukturell gesehen unabhängige Einheit innerhalb eines Proteins.

4.2.3.4 Die Quartärstruktur

Viele Proteine bestehen aus mehr als einer Polypeptidkette, die man als Untereinheiten des Proteins bezeichnet. Die räumliche Anordnung dieser Untereinheiten nennt man dann die **Quartärstruktur** des Proteins **(Abb. 4.12)**. Das Hämoglobin A_1 des Menschen besteht z. B. aus 574 Aminosäuren, die in vier Untereinheiten (zwei α- und zwei β-Untereinheiten) untergebracht sind.

Die Quartärstruktur ist ebenfalls sehr wichtig für die Konformation insbesondere von größeren Proteinen. Dies wird deutlich, wenn man bedenkt, dass die katalytische Aktivität von Enzymen u. a. von Änderungen der Konformation auf der Ebene der Quartärstruktur abhängt.

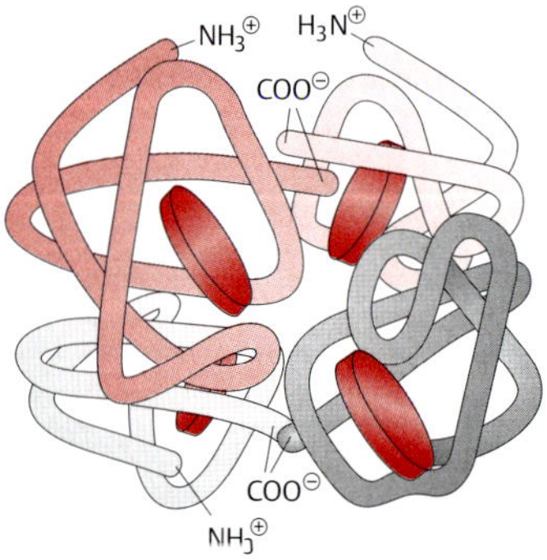

Abb. 4.12 Quartärstruktur eines Proteins mit vier Untereinheiten

Klinischer Bezug

Marfan-Syndrom: Beim Marfan-Syndrom führen Mutationen im Matrixprotein **Fibrillin** zu skeletalen Fehlbildungen (Hochwuchs, Arachnodaktylie), Störungen des kardiovaskulären Systems (Aortenaneurysmen, -rupturen) und zu Augenveränderungen. Die Erkrankung wird autosomal-dominant vererbt.

MERKE:

- **Primärstruktur beschreibt die Sequenz der Aminosäuren.**
- **Sekundärstruktur beschreibt die lokale Anordnung der Hauptkette des Proteins.**
- **Tertiärstruktur beschreibt die dreidimensionale Anordnung eines Proteins.**
- **Quartärstruktur beschreibt die räumliche Anordnung mehrerer Peptidketten (Untereinheiten) innerhalb eines Proteins.**

4.2.4 Verfahren zur Trennung und zum Nachweis von Proteinen

Der Biochemiker steht immer wieder vor der Aufgabe, aus Gemischen (z. B. Serum), die unzählige verschiedene Proteine enthalten, eines zu isolieren oder das Gemisch aufzutrennen und Proteine quantitativ zu bestimmen. Grundsätzlich unterscheiden sich die Proteine in ihrer Masse, in ihrer Ladung und in ihrem Löslichkeitsverhalten. Diese Unterschiede macht man sich bei den im Folgenden beschriebenen Trennverfahren zunutze. Die wichtigsten Verfahren zur Trennung und zum Nachweis von Proteinen sind die **Chromatographie**, die **Elektrophorese** und die **Ultrazentrifugation**.

Da die chromatographischen Verfahren bei komplexen Proteinlösungen meist zu keinen guten Ergebnissen führen, kann man Proteingemische mit einfacheren und günstigeren Methoden zunächst vorreinigen. Eine besondere Methode stellt das **Aussalzen** dar.

4.2.4.1 Das Aussalzen

Beim Aussalzen konkurrieren die Salzmoleküle um die Wassermoleküle, die ein Protein in Lösung halten. Einer Proteinlösung wird deshalb ein Salz bis zu einer Konzentration zugefügt, bei der das gewünschte Protein gerade noch nicht ausfällt. Andere in der Lösung befindliche Proteine fallen bei dieser

Konzentration bereits aus und können abfiltriert werden. Man erhält so eine bereits etwas gereinigte Lösung. Nun erhöht man die Salzkonzentration so weit, dass das gewünschte Protein gerade ausfällt. Dieses kann man nun abfiltrieren und hat dadurch eine kostengünstige Vorreinigung erzielt. Anschließend kann man die Lösung durch chromatographische Verfahren weiter reinigen. Meist wird das Aussalzen kombiniert mit der **isoelektrischen Präzipitation**. Hierzu stellt man den pH-Wert der Lösung auf den isoelektrischen Punkt des Proteins ein, da dadurch seine Löslichkeit minimal ist.

4.2.4.2 Die Chromatographie

Es gibt verschiedene chromatographische (von griech. *chroma*, Farbe und *graphein*, schreiben) Verfahren, die hier nur kurz beschrieben werden sollen. Sie beruhen auf einer Verteilung der zu trennenden Bestandteile eines Gemisches zwischen einer stationären und einer mobilen Phase.

Die Ionenaustauschchromatographie

Bei der **Ionenaustauschchromatographie** werden Ionen an eine feste Matrix (die meist aus Cellulose oder Harzen, z. B. Polystyrol, besteht), gebunden. Gibt man nun das Gemisch, aus dem man ein bestimmtes Protein isolieren möchte, hinzu, so verdrängen die Proteine die Ionen und binden selbst an den Ionenaustauscher. Dabei ist es wichtig, dass man pH-Wert, Salzkonzentration und den Ionenaustauscher so wählt, dass das Protein mit hoher Affinität an den Austauscher bindet. In einem zweiten Schritt kann man das Protein mit einer Salzlösung eluieren und in einem Gefäß auffangen. Das Protein liegt zwar noch nicht in der Reinform vor, da Verunreinigungen bei dieser Methode nicht zu vermeiden sind, man hat aber einen Volumeneffekt erreicht: Das gesuchte Protein liegt nun in höherer Konzentration vor als vor der Prozedur.

Die Papierchromatographie

Für die Trennung von kleinen Peptiden und Aminosäuren ist die **Papier-Chromatographie** heute unentbehrlich. Man gibt ein bis zwei Tropfen eines zu trennenden Gemisches (das zum Beispiel verschiedene Aminosäuren enthält) auf ein Stück Filterpapier (Startpunkt). Nun wird das Filterpapier mit diesem Ende in die mobile Phase, die aus Wasser und verschiedenen organischen Lösungsmitteln besteht (z. B. Ethanol), eingetaucht. Die Bestandteile des Gemisches wandern nun, wobei gilt, dass die Wanderungsgeschwindigkeit mit der Polarität abnimmt. Das heißt also, dass unpolare Substanzen schneller wandern, als polare Substanzen. Wenn die Lösungsmittelfront das andere Ende des Filterpapiers erreicht hat, nimmt man das Papier heraus und trocknet es. Da die Substanzen, die sich unterschiedlich auf dem Papier verteilt haben, meist farblos sind, muss man die Substanzen sichtbar machen. Durch Besprühen mit Ninhydrin, bildet sich ein violetter Farbkomplex an der Stelle, bis zu der eine bestimmte Aminosäure gewandert ist. Die Wanderungsgeschwindigkeit ist das Verhältnis von der zurückgelegten Strecke der Substanz geteilt durch die zurückgelegte Strecke des Lösungsmittels und wird als R_f-Wert bezeichnet. Als Formel ausgedrückt bedeutet dies:

Wanderungsgeschwindigkeit R_f = zurückgelegte Entfernung der Substanz/zurückgelegte Entfernung des Lösungsmittels

Jede Substanz besitzt je nach Papier und Lösungsmittel einen charakteristischen R_f-Wert.

Andere chromatographische Verfahren

Andere chromatographische Verfahren sind die **Ausschluss- oder Gelfiltrationschromatographie**, mit der man Moleküle nach ihrer Größe trennen kann, die **Affinitätschromatographie**, die **Adsorptionschromatographie** und die **Dünnschichtchromatographie**. Diese sollen hier jedoch nicht weiter erläutert werden. Eine besondere Methode stellt die **Hochdruckflüssigkeitschromatographie** (HPLC – *high pressure liquid chromatography*) dar, da sie eine hohe Trennleistung bei sehr kurzer Trennzeit aufweist. Sie wird unter hohem Druck durchgeführt (150–400 bar). Die getrennten Stoffe können anschließend durch UV-Photometrie oder andere Methoden nachgewiesen werden.

4.2.4.3 Die Elektrophorese

Elektrophorese kann man als „Bewegung elektrisch geladener Teilchen in nicht leitender Flüssigkeit unter dem Einfluss elektrischer Spannung" definieren. Hierzu trägt man die Proteine auf ein Trägermaterial auf und lässt sie dann im elektrischen Feld wandern. Die Proteine wandern verschieden

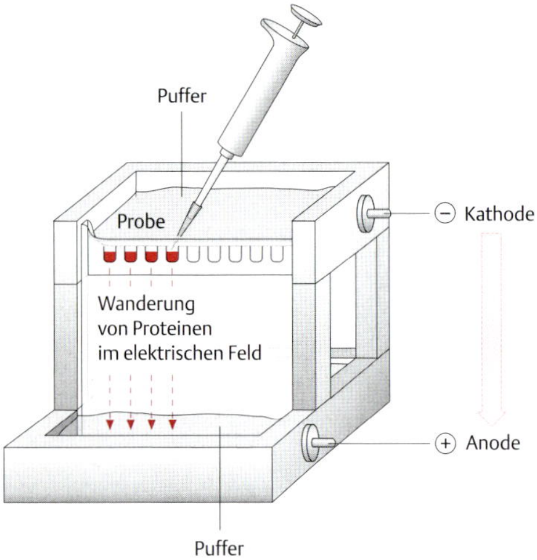

Abb. 4.13 Prinzip der Gelelektrophorese

schnell, da sie unterschiedlich groß sind und verschiedene Ladungen aufweisen. Die wichtigste Form der Elektrophorese ist die **Gelelektrophorese**.

Die Gelelektrophorese

Bei der Gelelektrophorese werden **Acrylamidgele** verwendet, die eine definierte Porengröße aufweisen. Man trägt das Proteingemisch auf das Gel auf und lässt es dann in einem elektrischen Feld durch das Gel wandern. Kleine Moleküle wandern schneller durch das Gel als große Moleküle, da das Gel eine Art Netz bildet, das kleine Moleküle leichter durchdringen können. Verschiedene Proben eines Gemisches werden in die Vertiefungen eines Gels eingefüllt. Nach Anlegen eines elektrischen Feldes wandern die Proteine je nach Ladung und Masse durch das Gel (**Abb. 4.13**). Nach Abschluss der Elektrophorese können die Moleküle angefärbt werden (z. B. mit Coomassie Blau) und erscheinen dann entsprechend ihrer Ladung und Masse als **Banden**.

Eine besondere Form der Gelelektrophorese ist die **Polyacrylamidgelelektrophorese (PAGE)**, die meist in Kombination mit **SDS** (engl. *sodium dodecylsulfate*, Natriumdodecylsulfat) durchgeführt wird. Die Besonderheit dieser Trennungsmethode ist, dass die SDS-Moleküle, die selbst eine negative Ladung tragen, gleichermaßen an alle Proteine binden. Die Eigenladung der Proteine wird dadurch unerheblich und die Proteinmoleküle werden nur noch nach ihrer **Molekülgröße** aufgetrennt.

Für das Auftrennen von Proteinen mit ähnlichem Molekulargewicht gibt es eine weitere effektive Methode, die **isoelektrische Fokussierung** (IEF) genannt wird. Wie die Aminosäuren besitzen auch Proteine einen isoelektrischen Punkt (s. S. 87), an dem ihre Nettoladung Null ist. Bei der IEF macht man sich das zunutze. Dazu erzeugt man einen **pH-Gradienten**, der sich von der Anode zur Kathode erstreckt und lässt das Gemisch nun wandern wie oben beschrieben. Jedes Protein wandert nur bis zu dem pH-Wert, der seinem isoelektrischen Punkt entspricht und bleibt dort liegen.

Die Papierelektrophorese

Bei der **Papierelektrophorese**, die auch **Trägerelektrophorese** genannt wird, erfolgt die Trennung von Proteinen auf einem Filterpapierstreifen oder einem Streifen aus Celluloseacetat (**Abb. 4.14**). Nach Auftragen des Gemisches auf die Mitte des Papiers werden die Streifenenden in eine Pufferlösung eingetaucht. In dieser Pufferlösung befinden sich die Elektroden. Die Proteine wandern nach Anlegen

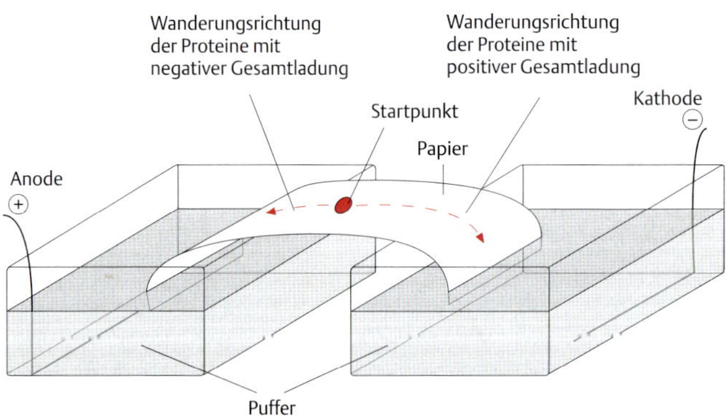

Abb. 4.14 Prinzip der Papierelektrophorese

des Stromes zu der Elektrode mit entgegengesetzter Polarität, d.h. dass die positiv geladenen Proteine zur Kathode wandern, die negativ geladen ist. Die Proteine mit einer negativen Gesamtladung bewegen sich in Richtung der positiv geladenen Anode. Nach Beendigung der Elektrophorese wird das Papier getrocknet und die Proteine können mit verschiedenen Methoden sichtbar gemacht werden.
Eine gebräuchliche Methode zur Darstellung von Proteinen ist die Anfärbung mit Ponceau-S-Rot oder Amidoschwarz.
Die wichtigste Papierelektrophorese ist die im klinischen Alltag oft verwendete **Serumeiweißelektrophorese**, die auf Celluloseacetat durchgeführt wird und die verschiedenen Proteine im Blut in fünf Fraktionen aufteilt, die Albumine, die α_1-, α_2-, β- und γ-Fraktion (s. S. 318).

4.2.4.4 Die Ultrazentrifugation

Die Proteine eines Gemisches befinden sich in ständiger thermischer Bewegung. Diese thermische Bewegung wirkt der Erdanziehungskraft entgegen, so dass Proteine nicht von selbst sedimentieren. Der Schwede Svedberg hat 1923 ein Verfahren entwickelt, mit dem es gelingt, auch Moleküle zu sedimentieren: die **Ultrazentrifugation**. In der Ultrazentrifuge werden die Moleküle mit bis zu 80000 Umdrehungen pro Minute zentrifugiert und so einer Zentrifugalkraft ausgesetzt, die dem 600000fachen der Erdanziehungskraft entspricht. Dadurch wird die thermische Bewegung überwunden und die Proteine sedimentieren. Man kann mit optischen Methoden die Sedimentationsgeschwindigkeit eines Stoffes messen und daraus seine Masse berechnen. Diese Methode ist jedoch recht aufwendig.

4.2.5 Verfahren zur Strukturaufklärung von Proteinen

Auch Kenntnisse über die Struktur von Proteinen sind von großer medizinischer Bedeutung. Sie können z.B. die Entwicklung von Arzneimitteln beschleunigen oder dazu beitragen, eine Krankheit besser zu verstehen und somit besser bekämpfen zu können.
Wichtige Verfahren zur Strukturaufklärung von Proteinen sind die **Hydrolyse**, die **Proteinsequenzierung** und die **Röntgenstrukturanalyse**.

4.2.5.1 Die Hydrolyse

Bei der Hydrolyse eines Proteins wird durch eine Behandlung mit starken Säuren oder Basen das Protein in seine Aminosäuren zerlegt. Auf diese Weise kann die Aminosäurezusammensetzung des Proteins ermittelt werden.

4.2.5.2 Die Proteinsequenzierung

Bei der Proteinsequenzierung wird vom N-Terminus eines Proteins eine Aminosäure nach der anderen abgespalten und identifiziert (z.B. durch Chromatographie). Dieser sog. Edman-Abbau (benannt nach dem Erfinder Edman) wird heute vollautomatisch durchgeführt und dient zur Ermittlung der Aminosäuresequenz eines Proteins.

4.2.5.3 Die Röntgenstrukturanalyse

Die Röntgenstrukturanalyse erlaubt die **Aufklärung der dreidimensionalen Struktur** eines Proteins. Dazu wird das Protein kristallisiert und dann einem Röntgenstrahl ausgesetzt. Die Elektronen im Proteinkristall brechen den Röntgenstrahl und die Röntgenstrahlen werden auf einem Film registriert. Sie bilden ein am Molekül gestreutes charakteristisches Muster, anhand dessen man die Elektronenverteilung und damit die räumliche Struktur des Proteins bestimmen kann.

Check-up

- ✔ **Rekapitulieren Sie die Bildung einer Peptidbindung. Sie können z.B. zwei beliebige Aminosäuren auf dem Papier „miteinander reagieren" lassen.**
- ✔ **Wiederholen Sie, was die Begriffe Primär-, Sekundär-, Tertiär-, und Quartärstruktur bedeuten.**

4.3 Der Aminosäurestoffwechsel

Lerncoach

Verschaffen Sie sich zuerst einen Überblick (Abb. 4.15) und erarbeiten Sie sich dann die verschiedenen Reaktionen. So sind Sie gut vorbereitet, um sich dann mit dem Abbau der einzelnen Aminosäuren zu beschäftigen. Achten Sie dabei besonders auf die verschie-

4

denen „Schicksale" des Stickstoffs und des Kohlenstoffgerüsts der Aminosäuren.
Mit diesem Kapitel bietet sich auch die Gelegenheit, den Kohlenhydratstoffwechsel und die Ketogenese zu wiederholen, da der Aminosäurestoffwechsel eng mit diesen Stoffwechselwegen verbunden ist (s. S. 61).

4.3.1 Überblick und Funktion

4

Dieses Kapitel beschäftigt sich mit dem Stoffwechsel der Aminosäuren. Etwa 15% der Körpermasse eines Menschen bestehen aus Proteinen. Allein daran wird deutlich, wie wichtig eine ausreichende Versorgung des Menschen mit Proteinen für die Aufrechterhaltung von Lebensvorgängen ist. Aminosäuren sind die **Bausteine der Proteine**. Täglich werden etwa 300 g Aminosäuren in Proteine eingebaut, etwa die gleiche Menge an Aminosäuren entsteht beim Proteinabbau. Der Aminosäurestoffwechsel hat aber neben dieser auch weitere wichtige Funktionen (**Abb. 4.15**):

- **Neusynthese** von Aminosäuren, da Aminosäuren **nicht gespeichert** werden. Pro Tag synthetisiert der Körper etwa 100 g Aminosäuren.
- Aminosäuren sind wichtige **Energielieferanten**. Viele Aminosäuren können zu Zwischenprodukten des Citratzyklus (s. S. 128) abgebaut und in diesen eingeschleust werden. Außerdem sind die Aminosäuren die quantitativ wichtigsten Vorstufen der Gluconeogenese (s. S. 36).
- Aminosäuren sind die quantitativ wichtigsten **stickstoffhaltigen Verbindungen** des Körpers. Das bei ihrem Abbau entstehende Ammoniak muss über verschiedene Mechanismen, v. a. den Harnstoffzyklus (s. S. 102), entgiftet werden.
- Aminosäuren sind **Vorstufen spezieller Moleküle**. Sie können z. B. zu den biogenen Aminen decarboxyliert werden (s. S. 100) oder als Bausteine von größeren Molekülen dienen, wie z. B. Glycin bei der Hämbiosynthese (s. S. 300), u.a.m. (s. auch Stoffwechselkarten am Ende des Buches).

4.3.2 Die Proteolyse der Proteine

Anhand von **Abb. 4.15** wird deutlich, dass die meisten freien Aminosäuren nicht neu vom Körper synthetisiert werden, sondern in der Mehrzahl aus abgebauten Proteinen stammen. Diesen Abbau der Proteine in zunächst kleinere Bruchstücke und schließlich die Aminosäuren bezeichnet man als **Proteolyse**.

Die Proteolyse geschieht zum einen nach Aufnahme von Nahrungsproteinen im Darm, zum anderen sind auch die Zellen in der Lage, körpereigene Proteine abzubauen. Wichtige Elemente des intrazellulären Proteinabbaus sind die **Lysosomen** (s. S. 362), die viele verschiedene proteolytische Enzyme enthalten, und die **Proteasomen**. Proteasomen sind frei im Zytosol vorkommende Proteinkomplexe, in denen vor allem falsch gefaltete und gealterte Proteine abgebaut werden. Dazu müssen sie zuvor mit **Ubiquitin**, einem kleinen Peptid aus 79 Aminosäuren, markiert werden.

4.3.2.1 Die Proteasen

Die Enzyme, die Proteine abbauen, nennt man proteolytische Enzyme oder Proteasen.

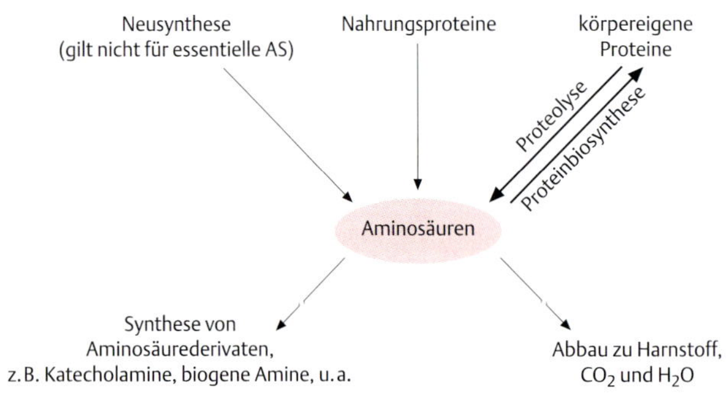

Abb. 4.15 Übersicht über Herkunft und Abbauwege der Aminosäuren im menschlichen Körper

Die Proteinasen

Proteinasen (auch **Endopeptidasen** genannt) spalten Proteine innerhalb der Aminosäurekette. Meist erkennen sie spezifische Sequenzabschnitte innerhalb eines Proteins, an denen sie angreifen können, und spalten dort. Je nach reaktiver Gruppe im aktiven Zentrum des Enzyms werden Proteasen zudem eingeteilt in **Serin-Proteasen**, **Cystein-Proteasen**, **Metall-Proteasen**, u. a. Wichtige Proteinasen sind z. B. die Verdauungsenzyme des Pankreas (s. S. 241). Diese werden oft zum Schutz der Zelle als Proenzyme (Zymogene) sezerniert und erst am Wirkort (im Duodenum) durch proteolytische Spaltung aktiviert.

Ein Beispiel für eine solche Proteinase ist Trypsin: Es entsteht durch proteolytische Spaltung aus der inaktiven Vorstufe Trypsinogen. Trypsin spaltet Proteine bevorzugt an Arginin- und Lysinresten (vgl. S. 85). Im aktiven Zentrum enthält Trypsin als reaktive Gruppe einen Serinrest und gehört somit zu den Serin-Proteasen.

Die Exoproteasen

Exoproteasen (auch **Exopeptidasen** genannt) spalten einzelne Aminosäuren von den Enden des Proteins ab. Man unterscheidet **Carboxypeptidasen**, die Aminosäuren vom Carboxyende (C-Terminus) abspalten und **Aminopeptidasen**, die am Aminoende (N-Terminus) von Proteinen angreifen. Im Gegensatz zu den Proteinasen spalten die Exoproteasen vor allem kleinere Peptide und nicht Proteine.

4.3.3 Der grundsätzliche Abbau der Aminosäuren

4.3.3.1 Die verschiedenen Mechanismen

Nach der Proteolyse können die einzelnen Aminosäuren ihrem Abbau zugeführt werden. Die drei wichtigsten Mechanismen des Aminosäureabbaus sind die **Decarboxylierung**, die **Transaminierung** und die **Desaminierung**. Diese stellen meist den einleitenden Schritt des Abbaus dar.

Die Decarboxylierung

Durch Decarboxylierung von Aminosäuren entstehen die **biogenen Amine** nach dem in **Abb. 4.16** gezeigten Mechanismus. Die katalysierenden Enzyme sind die **Aminosäuredecarboxylasen**.

Das Coenzym aller Aminosäuredecarboxylasen ist **Pyridoxalphosphat (PALP)**, das aktive Vitamin B_6 (s. S. 184). Die Aldehydgruppe des PALP bildet mit der Aminogruppe der Aminosäuren vorübergehend eine Schiff-Base aus (s. S. 422). Nach Abspaltung der Carboxylgruppe der Aminosäure wird das biogene Amin freigesetzt. Die biogenen Amine können vielfältige Aufgaben im Organismus übernehmen **(Tab. 4.7)**.

Der Abbau der biogenen Amine erfolgt durch die **Monoaminooxidase (MAO)** bzw. **Diaminooxidase (DAO)**. Im Gegensatz zur MAO, die Substrate mit nur einer Aminogruppe abbaut, baut die DAO Substrate ab, die zwei basische Gruppen besitzen **(Abb. 4.17)**. Beim Abbau entsteht der Aldehyd des biogenen Amins unter Abspaltung von Ammoniak. Der Aldehyd kann schließlich zur Säure oxidiert werden.

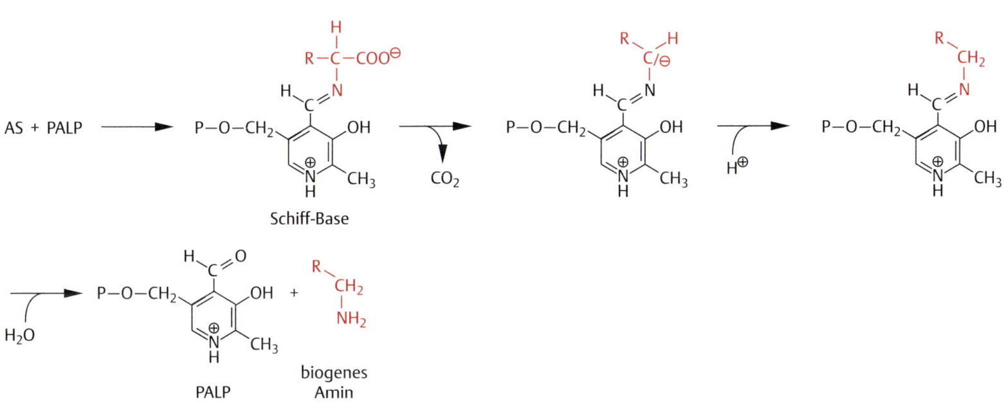

Abb. 4.16 Mechanismus der PALP-abhängigen Decarboxylierung

4

Tabelle 4.7

Die biogenen Amine und ihre Funktionen

Aminosäure	decarboxyliertes Produkt (biogenes Amin)	Funktion
Glutamat	GABA (γ-Aminobutyrat)	Neurotransmitter
Histidin	Histamin	Mediator bei allergischen Reaktionen, Gewebshormon (HCl-Freisetzung, s. S. 241)
Serin	Ethanolamin	Baustein von Phospholipiden
Cystein	Cysteamin	Bestandteil von CoA; Cysteamin kann in Taurin umgewandelt werden (Bestandteil von Gallensäuren und Osmoregulator)
Aspartat	β-Alanin	Bestandteil von CoA
5-Hydroxytryptophan	5-Hydroxytryptamin (Serotonin)	Mediator, Neurotransmitter
Threonin	Aminopropanol	Bestandteil von Vitamin B_{12}
Dopa (3,4-Dihydroxyphenylalanin)	Dopamin	Neurotransmitter, Vorstufe von Noradrenalin (s. Kap. Hormone)
Lysin	Cadaverin	Produkt von Darmbakterien
Arginin	Agmatin	Produkt von Darmbakterien
Ornithin	Putrescin	Produkt von Darmbakterien, Polyaminbiosynthese
Tyrosin	Tyramin	uteruskontrahierend

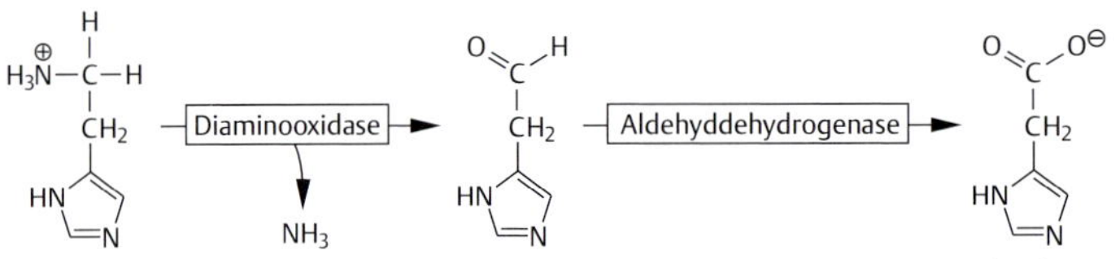

Abb. 4.17 Umwandlung von Histamin in Imidazolacetat durch die Diaminooxidase

Die Transaminierung

Die Transaminierungen werden durch **Transaminasen**, auch **Aminotransferasen** genannt, katalysiert. Ebenso wie die Aminosäuredecarboxylasen benötigen auch die Transaminasen **Pyridoxalphosphat** (PALP) als Coenzym. Die Transaminasen übertragen die Aminogruppe einer Aminosäure auf eine α-Ketosäure **(Abb. 4.18)**. Aus der Aminosäure entsteht dadurch eine α-Ketosäure, aus der ursprünglichen α-Ketosäure wird eine Aminosäure. Für jede Aminosäure, die eine Transaminierungsreaktion eingehen kann, gibt es eine spezifische Transaminase. Zwei dieser wichtigen Enzyme sind die **Alanintransaminase** (**ALT**, früher **GPT** = Glutamat-Pyruvat-Transaminase genannt) und die **Aspartattransaminase** (**AST**, früher **GOT** = Glutamat-Oxalacetat-Transaminase genannt).

Berechtigterweise stellt sich nun die Frage nach dem Sinn einer Reaktion, bei der aus einer Aminosäure und einer α-Ketosäure eine α-Ketosäure und eine Aminosäure entstehen. Eine Schlüsselrolle spielt dabei das Glutamat. Immer wenn eine Aminogruppe von einer Aminosäure auf α-Ketoglutarat übertragen wird, entsteht Glutamat. Glutamat kann wiederum durch die Glutamatdehydrogenase (GLDH) zu α-Ketoglutarat und Ammoniak abgebaut werden, das dann dem Harnstoffzyklus (s. u.) zugeführt wird. Die α-Ketosäure, die dabei ebenfalls entsteht, kann in einigen Schritten in ein Zwischenprodukt des Citratzyklus verwandelt werden. Die Transaminierung unter Beteiligung von α-Ketoglutarat stellt somit einen entscheidenden Schritt beim Abbau vieler Aminosäuren dar.

Eine ähnliche Rolle spielt das Aspartat, das durch Übertragung einer Aminogruppe auf Oxalacetat entsteht. Aspartat ist neben Glutamat ein wichtiger Lieferant von Ammoniak für den Harnstoffzyklus (s. S. 102).

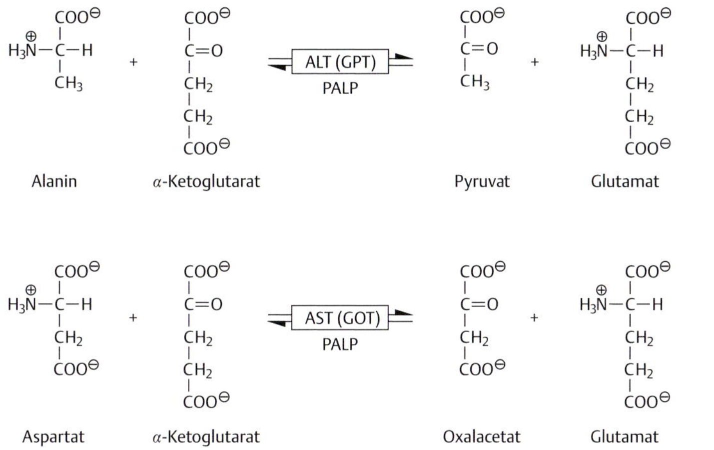

Abb. 4.18 Reaktionen der Alanintransaminase (ALT) und der Aspartattransaminase (AST)

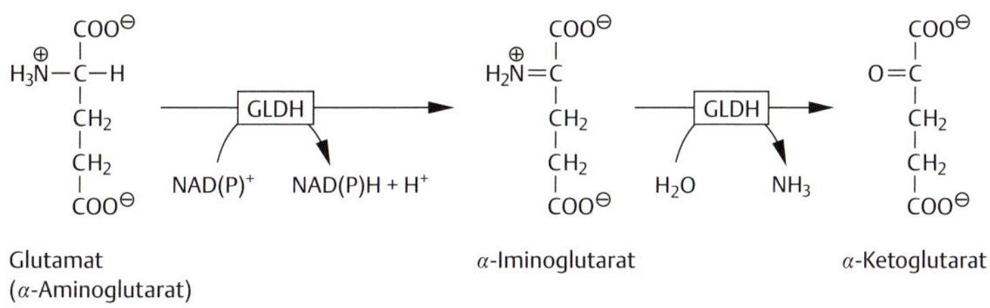

Abb. 4.19 Oxidative Desaminierung von Glutamat durch die Glutamatdehydrogenase (GLDH)

Da durch Transaminierung Aminosäuren leicht ineinander umgewandelt werden können, spielt dieser Reaktionstyp auch eine wichtige Rolle bei der Aminosäuresynthese und beim Transport von Metaboliten vom Zytosol ins Mitochondrium (s. S. 132).

Die Desaminierung

Bei der Transaminierung wird die Aminogruppe einer Aminosäure auf ein anderes Molekül übertragen. Bei der Desaminierung handelt es sich hingegen um die Entfernung der Aminogruppe aus einer Aminosäure. Dabei kann man drei Typen von Desaminierungen unterscheiden.

Die oxidative Desaminierung: Bei der oxidativen Desaminierung wird die Aminosäure zunächst oxidiert (deshalb oxidative Desaminierung), es entsteht dadurch eine **Iminosäure** **(Abb. 4.19)**. Eine Iminosäure besitzt im Gegensatz zur Aminosäure eine C=N-Doppelbindung. Die Reduktionsäquivalente (H^+) des ersten Schritts der oxidativen Desaminierung werden auf NAD^+ oder $NADP^+$ übertragen. Im nächsten Schritt wird die Iminogruppe hydrolytisch abgespalten und es entsteht eine α-Ketosäure.

Im menschlichen Organismus wird nur **Glutamat** durch oxidative Desaminierung abgebaut. Diese Reaktion wird durch die Glutamatdehydrogenase im Mitochondrium katalysiert.

Die hydrolytische Desaminierung: Durch hydrolytische Desaminierung werden Aminogruppen aus **Carbonsäureamidbindungen** ($CONH_2$) hydrolytisch abgespalten. Diese Desaminierung betrifft daher nur die Aminosäuren **Glutamin** und **Asparagin**, da diese eine Carbonsäureamidbindung in ihrer Seitenkette enthalten (vgl. **Tab. 4.2**, S. 85). Beispiel für diesen Reaktionstyp ist die hydrolytische Desaminierung von Glutamin durch die Glutaminase, wobei Glutamat entsteht **(Abb. 4.20)**.

Diese Glutaminase-Reaktion spielt eine wichtige Rolle in der Leber und in der Niere.

Glutamin ist die Aminosäure mit der **höchsten Konzentration im Blut**. Man könnte Glutamin auch als Ammoniak-Transporter des Blutes bezeichnen. In der Leber wird das Ammoniak durch Glutaminase entfernt und in den Harnstoffzyklus eingeführt. In der Niere spielt die Glutaminase eine wichtige Rolle bei der Ammoniakausscheidung.

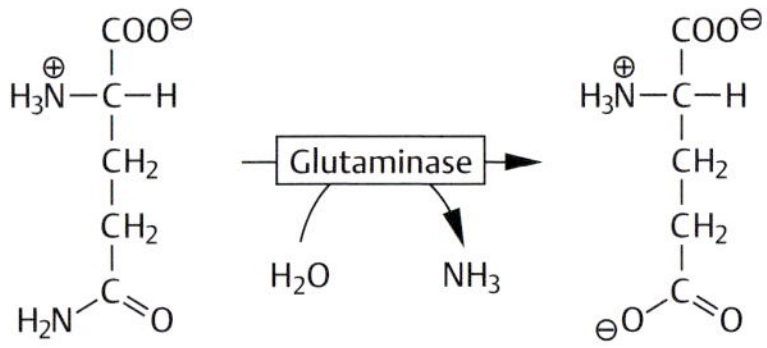

Abb. 4.20 Hydrolytische Desaminierung von Glutamin zu Glutamat durch die Glutaminase

Die eliminierende Desaminierung: Aminosäuren, die in ihrer Seitenkette am β-C-Atom eine OH- oder SH-Gruppe besitzen, also **Serin**, **Threonin** und **Cystein**, können durch β-Eliminierung desaminiert werden (**Abb. 4.21**). Unter Einwirkung einer **Dehydratase** entsteht zunächst ein ungesättigtes Zwischenprodukt, das sich spontan in ein **Imin** umwandelt. Das Imin wird wie beim zweiten Schritt der oxidativen Desaminierung hydrolytisch in eine α-Ketosäure und Ammoniak umgewandelt. Coenzym bei der eliminierenden Desaminierung ist wiederum **Pyridoxalphosphat**.

MERKE

Pyridoxalphosphat ist Coenzym bei der Decarboxylierung, der Transaminierung und der eliminierenden Desaminierung von Aminosäuren. Es ist somit von überragender Bedeutung für den Aminosäurestoffwechsel.

4.3.3.2 Der Weg des Stickstoffs und der Harnstoffzyklus

Der einleitende Schritt des Aminosäureabbaus besteht meist in der Entfernung der α-Aminogruppe durch **Desaminierung** oder **Transaminierung**. Ziel dieser Reaktionen ist es, überschüssigen Stickstoff auszuscheiden und das verbleibende Kohlenstoffgerüst unter Energiegewinn abzubauen. Der Aminostickstoff des Aminosäureabbaus wird in Form von Ammoniak frei, der bei physiologischem pH als Ammonium-Ion vorliegt (NH_4^+). Da Ammoniak bereits in geringen Konzentrationen neurotoxisch ist, muss der Körper über Mechanismen verfügen, um dieses Zellgift unschädlich zu machen. Viele Zellen in peripheren Organen übertragen Ammoniak deshalb auf **Glutamat** oder **Pyruvat**:

- Übertragung des Ammoniaks auf Glutamat durch die Glutaminsynthase – es entsteht **Glutamin**.
- Übertragung des Ammoniaks auf Pyruvat – es entsteht **Alanin**. Dies geschieht vorwiegend im Muskel.

Glutamin und Alanin werden an das Blut abgegeben. Tatsächlich besitzen diese beiden Aminosäuren die höchste Konzentration im Blut. Während Alanin vor allem in der Leber desaminiert und das frei werdende Pyruvat dann dem Glucoseaufbau zugeführt wird (Alaninzyklus, s. S. 106), findet die Desaminierung von Glutamin vor allem in der Niere statt. Aber auch die Lebermitochondrien enthalten Glutaminase, wobei das freigesetzte Ammoniak direkt zur Harnstoffsynthese eingesetzt wird.

Die **Leber** ist der wichtigste Ort des Aminosäureabbaus. Die Leber ist auch der Ort, an dem das für den Körper toxische Ammoniak endgültig fixiert und ausscheidungsfähig gemacht wird. Dazu verfügt die Leber über alle nötigen Enzyme für die Umwandlung von Ammoniak in **Harnstoff**. Diese Umwandlung geschieht in einem Kreislauf und wird daher **Harnstoffzyklus** genannt (**Abb. 4.22**). Harnstoff enthält zwei Stickstoffatome. Nur eines der beiden Stickstoffatome entstammt dem **Ammoniak**, das zweite Stickstoffatom wird von **Aspartat** geliefert. Das Kohlenstoffatom wird von **Bicarbonat** (HCO_3^-) beigesteuert.

Die Reaktionen des Harnstoffzyklus

Der Harnstoffzyklus findet in zwei verschiedenen Zellkompartimenten des Hepatozyten statt (**Abb. 4.22**). Die ersten beiden Reaktionen laufen im **Mitochondrium** ab, die übrigen im **Zytosol**. Im Folgenden werden die einzelnen Reaktionen genauer erläutert:

Abb. 4.21 Eliminierende Desaminierung von Cystein

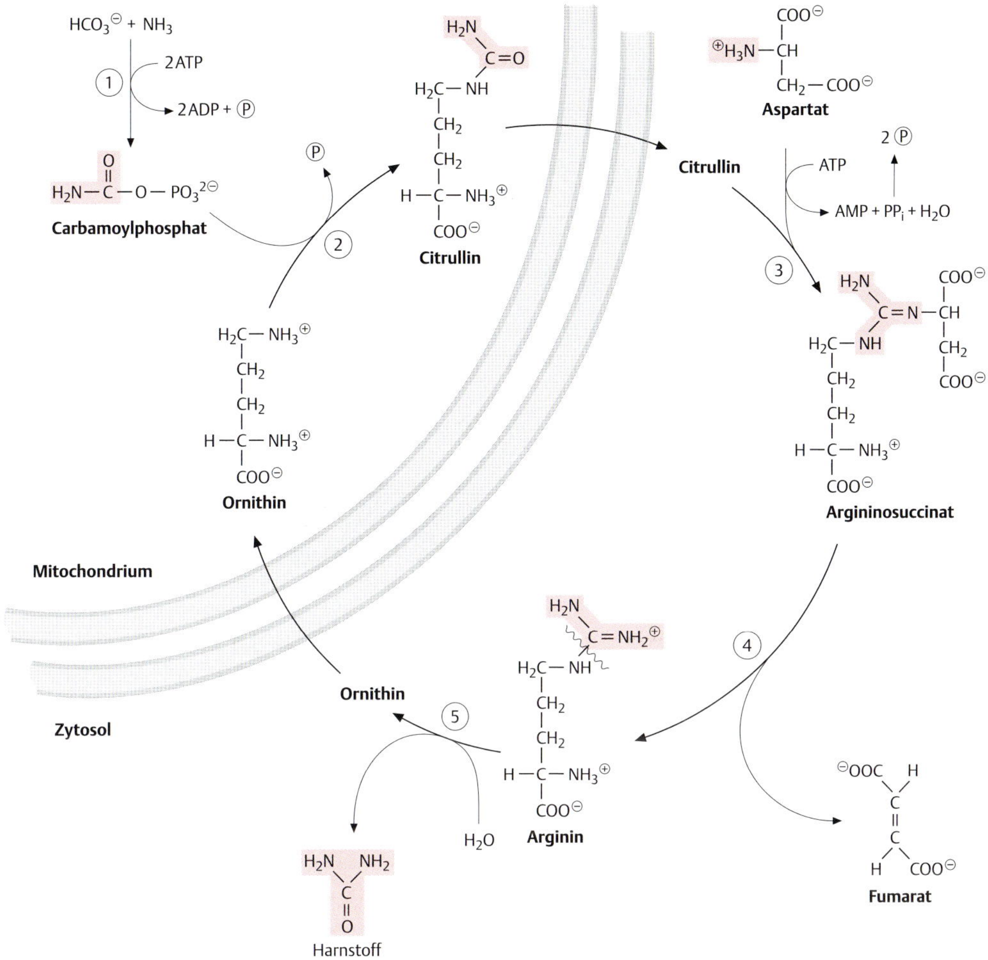

Abb. 4.22 Harnstoffzyklus (zu den Schritten 1–5 siehe Text)

1. Der erste Schritt ist zugleich der geschwindigkeitsbestimmende Schritt des Zyklus. Er besteht in der Kondensation von Ammoniak und Bicarbonat zu **Carbamoylphosphat** unter Verbrauch von zwei ATP. Enzym dieses Schrittes ist die **Carbamoylphosphatsynthetase I (CPS I)**. Dieses Enzym kann durch N-Acetylglutamat allosterisch aktiviert werden (s. u.). Beachte: Ein ähnliches Enzym, die Carbamoylphosphatsynthetase II (CPS II), unterscheidet sich in zwei wesentlichen Punkten von der CPS I: Erstens befindet sich die CPS II im Zytosol und nicht im Mitochondrium wie die CPS I. Zweitens hat sie nichts mit dem Harnstoffzyklus zu tun, sondern ist an der Pyrimidinsynthese beteiligt (s. S. 376). Sie verwendet nicht Ammoniak als Stickstoffdonor, sondern Glutamin.
2. Das entstandene Carbamoylphosphat wird im zweiten Schritt durch die **Ornithin-Transcarbamoylase** unter Phosphatabspaltung auf Ornithin übertragen. Es entsteht dadurch Citrullin. Damit sind die ersten beiden Reaktionen des Harnstoffzyklus abgeschlossen und das Citrullin verlässt das Mitochondrium, da die Schritte 3 bis 5 im Zytosol ablaufen. Für den Transport von Citrullin aus dem Mitochondrium ist ein **Carrierprotein** verantwortlich, das als Antiporter arbeitet und im Gegenzug Ornithin hineintransportiert.

3. Im Zytosol kondensieren Citrullin und Aspartat mit Hilfe der **Argininosuccinatsynthetase** zu Argininosuccinat. Dabei liefert das Aspartat das zweite Stickstoffatom des Harnstoffs. Bei dieser Reaktion wird ATP zu AMP und PP_i gespalten, was einer Spaltung von zwei energiereichen Bindungen entspricht (ATP → AMP + PP_i; PP_i → $2P_i$).
4. Die **Argininosuccinat-Lyase** spaltet Fumarat aus dem Argininosuccinat unter Bildung von Arginin ab. Arginin ist die direkte Vorstufe des Harnstoffs. Über das Fumarat sind Harnstoff- und Citratzyklus miteinander verbunden (s. u.). Ein Mangel an Argininosuccinat-Lyase führt zur Ammoniakausscheidung im Harn.
5. Im letzten Schritt wird Harnstoff durch die **Arginase I** von Arginin abgespalten. Dadurch entsteht wiederum Ornithin, das nach Transport in das Mitochondrium dem Zyklus erneut zur Verfügung steht. Harnstoff kann nun aufgrund seiner guten Wasserlöslichkeit in das Blut abgegeben und über die Niere ausgeschieden werden.

Da die Arginase I in geringer Menge auch in anderen Körperzellen vorkommt, kann Harnstoff in kleinen Mengen auch von diesen Zellen gebildet werden. Physiologisch ist das aber irrelevant.

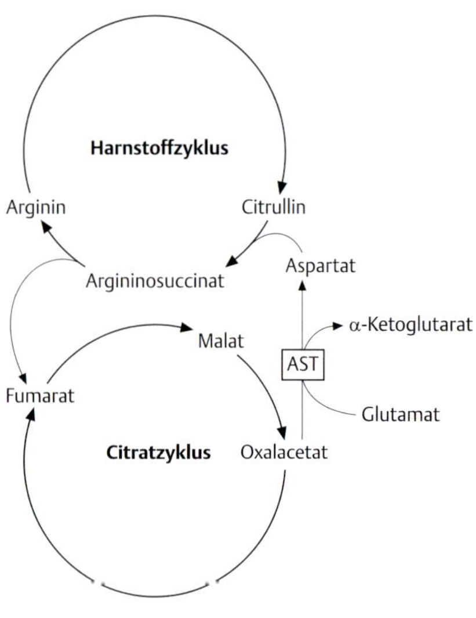

Abb. 4.23 Verbindung zwischen Harnstoffzyklus und Citratzyklus

Der Energieverbrauch im Harnstoffzyklus

Die Harnstoffsynthese im Harnstoffzyklus verbraucht Energie. Im ersten Schritt des Harnstoffzyklus, der Carbamoylphosphatsynthetase I-Reaktion, werden zwei ATP verbraucht. Zudem wird im dritten Schritt ein ATP in AMP und PP_i gespalten, welches dann zu zwei P_i hydrolysiert wird. Das heißt, dass insgesamt 4 energiereiche Bindungen gespalten werden. Die Nettoreaktionsgleichung des Harnstoffzyklus lautet also:

NH_3 + HCO^{3-} + Aspartat + 3 ATP → Harnstoff + Fumarat + 2 ADP + 2 P_i + 1 AMP + 2 P_i

Die Verbindung von Harnstoffzyklus und Citratzyklus

Das im Harnstoffzyklus aus Argininosuccinat abgespaltene Fumarat kann im Zytosol in Malat und weiter über **Oxalacetat** in Aspartat überführt werden, das dann wieder als Substrat für die Argininosuccinatsynthetase zur Verfügung steht. Andererseits kann Malat über den Malat-Aspartat-Shuttle (s. S. 132) in das Mitochondrium gelangen und im Citratzyklus umgesetzt werden.

Abb. 4.23 verdeutlicht den Zusammenhang zwischen Harnstoff- und Citratzyklus. Diese beiden Zyklen sind sozusagen über einen weiteren kleinen Zyklus miteinander verbunden.

Die Regulation des Harnstoffzyklus

Die Regulation des Harnstoffzyklus findet auf der Stufe der **Carbamoylphosphatsynthetase I** statt (s. o.). Allosterischer Aktivator des Enzyms ist **N-Acetylglutamat**, das durch die N-Acetylglutamatsynthase bei einem erhöhten Spiegel an Glutamat aus Glutamat und Acetyl-CoA gebildet wird. Dieser Zusammenhang zwischen Carbamoylphosphatsynthetase I und N-Acetylglutamat wird deutlich, wenn man sich die zentrale Bedeutung von Glutamat bei den Transaminierungen noch einmal klar macht. Wenn Aminosäuren zum Abbau zunächst transaminiert werden, so entsteht vermehrt Glutamat, das Ammoniak für den Harnstoffzyklus liefert. Der erhöhte Glutamatspiegel führt zu einer vermehrten Bildung von N-Acetylglutamat, wodurch der Harnstoffzyklus stimuliert wird. Der Harnstoffzyklus läuft also dann ab, wenn Aminosäureabbau stattfindet.

4.3.3.3 Der Weg des Kohlenstoffgerüsts

Der Abbau des Kohlenstoffgerüsts der verschiedenen Aminosäuren ist komplex. Abb. 4.24 und Tab. 4.8 können Ihnen den Überblick erleichtern.

Im vorigen Abschnitt wurde der Weg des Aminostickstoffs beim Aminosäureabbau und dessen Ausscheidung über den Harnstoffzyklus beschrieben. Während der Harnstoffzyklus Energie verbraucht, ist der Abbau der verbleibenden Kohlenstoffgerüste der Aminosäuren ein energieliefernder Prozess. Tatsächlich liefert der Abbau von Aminosäuren etwa 10% der im Stoffwechsel des Menschen erzeugten Energie. Dies beruht vor allem auf dem Abbau der Aminosäuren in Intermediate des Citratzyklus, die dann zu CO_2 und H_2O abgebaut oder in die Gluconeogenese eingeführt werden.

Abb. 4.24 gibt einen Überblick darüber, zu welchen Produkten die 20 proteinogenen Aminosäuren abgebaut und wie sie dann in den Intermediärstoffwechsel eingeschleust werden. Man kann erkennen, dass dabei nur **sieben verschiedene Endprodukte** entstehen. Dies sind vier Intermediate des Citratzyklus, nämlich Oxalacetat, α-Ketoglutarat, Succinyl-CoA und Fumarat. Die anderen drei Abbauprodukte von Aminosäuren sind Pyruvat, Acetyl-CoA und Acetoacetat.

Die meisten Aminosäuren werden in Pyruvat oder in Zwischenprodukte des Citratzyklus umgewandelt und dienen als die **wichtigsten Vorstufen** für die **Gluconeogenese**. Deshalb nennt man diese Aminosäuren **glucogen** (**Tab. 4.8**). Zusätzlich können sie auch dazu genutzt werden, den Citratzyklus aufzufüllen, von wo aus sie dann weiter abgebaut werden. Einige Aminosäuren werden in Acetoacetat oder in Acetyl-CoA umgewandelt. Formal werden die beiden Kohlenstoffatome des Acetyl-CoA im Citratzyklus in Form von 2 CO_2 eliminiert. Sie stehen damit nicht zur Gluconeogenese über Oxalacetat zur Verfügung. Vielmehr können aus Acetyl-

Abb. 4.24 Überblick über den Abbau der Aminosäuren zu Pyruvat, Zwischenprodukten des Citratzyklus und Ketonkörpern (ketogene Aminosäuren sind farbig gekennzeichnet; x = rein ketogen; o = gemischt gluco- und ketogen)

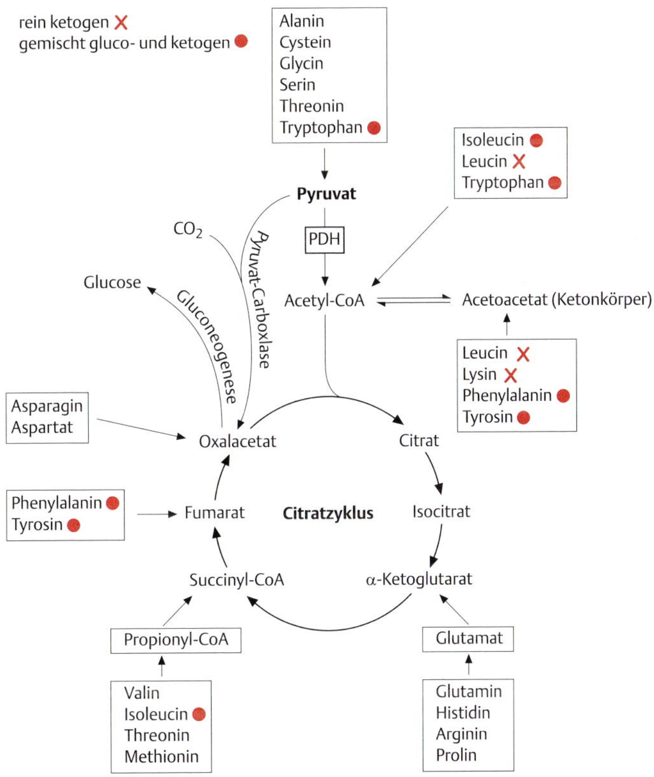

Tabelle 4.8

Übersicht über den Aminosäureabbau

Aminosäure	Abbauprodukt	glucogen	ketogen
Serin, Glycin, Alanin, Cystein, Threonin	Pyruvat	x	x
Tryptophan	2 Acetyl-CoA und Alanin (wird weiter in Pyruvat umgewandelt)	x	x
Lysin	2 Acetyl-CoA		x
Leucin	Acetyl-CoA und Acetoacetat		x
Aspartat, Asparagin	Oxalacetat	x	
Phenylalanin, Tyrosin	Fumarat und Acetoacetat	x	x
Isoleucin	Succinyl-CoA und Acetyl-CoA	x	x
Methionin, Valin	Succinyl-CoA	x	
Glutamat, Glutamin, Histidin, Prolin, Arginin	α-Ketoglutarat	x	

CoA und Acetoacetyl-CoA Ketonkörper oder Fettsäuren aufgebaut werden, weshalb man solche Aminosäuren als **ketogen** bezeichnet. Es gibt nur 2 Aminosäuren, die rein ketogen sind. Das sind die mit dem Buchstaben „L" beginnenden Aminosäuren Lysin und Leucin. Die anderen 4 ketogenen Aminosäuren (die aromatischen Aminosäuren Phenylalanin, Tyrosin und Tryptophan und die verzweigtkettige Aminosäure Isoleucin) gehören zu den **gemischt gluco- und ketogenen** Aminosäuren, da sie sowohl zu Zwischenprodukten des Citratzyklus, als auch zu Acetoacetat und Acetyl-CoA abgebaut werden können.

Manche Aminosäuren sind wichtige **Synthesevorstufen** und werden deshalb vermehrt zur Synthese anderer Stoffe eingesetzt. So dient z. B. die Aminosäure Tyrosin als Vorstufe für die Katecholamine Dopamin, Noradrenalin und Adrenalin.

Machen Sie sich klar, dass Aminosäuren sowohl zur Energiegewinnung, als auch als Vorstufe für viele andere Moleküle dienen.

4.3.4 Der Abbau der einzelnen Aminosäuren

Serin, Glycin, Alanin, Cystein und Threonin

Diese fünf Aminosäuren werden zu **Pyruvat** abgebaut **(Abb. 4.25)**. Neben den oben erwähnten gehört auch Tryptophan dazu, das in Acetoacetat und Alanin umgewandelt wird. Aus **Alanin** kann durch Transaminierung **Pyruvat** entstehen.

Serin wird durch die **Serindehydratase** in Pyruvat überführt. Dieses Enzym ist pyridoxalphosphatabhängig. **Glycin** wird zunächst in Serin umgewandelt. Diese Reaktion, die durch die **Serin-Hydroxymethyltransferase** katalysiert wird, benötigt Tetrahydrofolsäure als Donor eines C_1-Rests (s. S. 187). Glycin wird also über das Zwischenprodukt Serin zu Pyruvat abgebaut. Ein anderer Abbauweg von Glycin führt über Glyoxylat zu Oxalat. Wesentliches Merkmal des Stoffwechsels von Glycin und Serin ist, dass die beiden Aminosäuren leicht ineinander überführt werden können. So ist auch die Entstehung von Glycin aus Serin physiologisch relevant. Zum einen wird Glycin als Vorstufe etlicher Verbindungen benötigt, andererseits kann der bei dieser Reaktion abgespaltene C_1-Rest auf Tetrahydrofolat übertragen werden, das dann wiederum als Methylgruppendonor dient.

Alanin wird mit Hilfe der oben beschriebenen **Alanintransaminase (ALT)** in Pyruvat verwandelt. Dabei wird die Aminogruppe von Alanin auf α-Ketoglutarat übertragen, wodurch Pyruvat und Glutamat entstehen (vgl. **Abb. 4.18**, S. 101). Alanin nimmt eine zentrale Stellung im Stoffwechsel ein. So ist es die Aminosäure mit der zweithöchsten Konzentration im Blut. Vom Muskel freigesetzt, wird es in der Leber in Pyruvat umgewandelt. Da Pyruvat in der Gluconeogenese eingesetzt werden kann, entsteht wieder Glucose, die nun abgegeben und vor allem vom Muskelgewebe aufgenommen und abgebaut wird. Dieser sog. Alaninzyklus **(Abb. 4.26)** dient in erster Linie der Versorgung des Muskels mit Glucose und der Entfernung des Ammoniaks aus der Muskulatur.

Durch Abspaltung von H_2S entsteht aus **Cystein** Aminoacralat, das über Iminoproprionat zu Pyruvat umgesetzt wird. H_2S wird zu anorganischem Sulfat (SO_4^{2-}) oxidiert, wobei Protonen freigesetzt werden.

Die letzte Pyruvat liefernde Aminosäure ist **Threonin**. Threonin wird durch die **Threonin-Aldolase** in

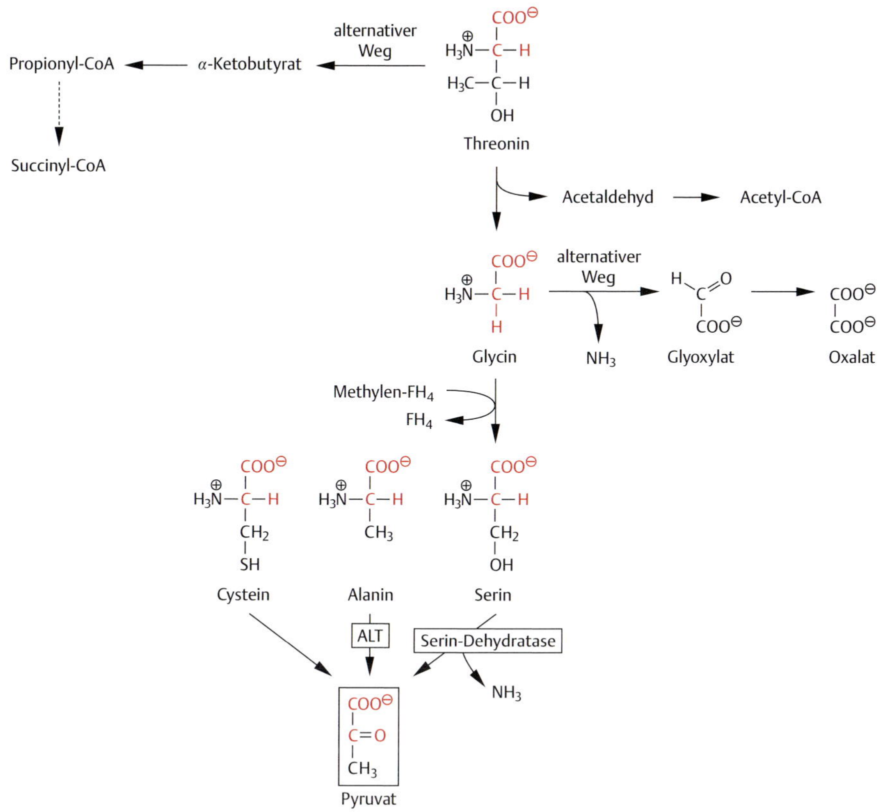

Abb. 4.25 Abbau der Aminosäuren Serin, Glycin, Alanin, Cystein und Threonin zu Pyruvat (ALT = Alanintransaminase)

Glycin und Acetaldehyd gespalten. Auch die Threonin-Aldolase ist wie die Serin-Hydroxymethyltransferase pyridoxalphosphatabhängig. Da Glycin weiter zu Pyruvat abgebaut werden kann, liefert auch Threonin Pyruvat. Ein anderer Abbauweg des Threonins besteht in einer Dehydrierung durch die Serindehydratase, letztendlich entsteht dabei Propionyl-CoA.

4.3.4.1 Aspartat und Asparagin

Die beiden Aminosäuren Aspartat und Asparagin werden zu **Oxalacetat** abgebaut. Asparagin wird zunächst durch die **Asparaginase** zu Aspartat desaminiert (**Abb. 4.27**). Aspartat wird durch die Aspartattransaminase (AST) in Oxalacetat umgewandelt (vgl. **Abb. 4.18**, S. 101). Das Produkt Oxalacetat wird entweder im Citratzyklus verwendet oder der Gluconeogenese zugeführt.

Abb. 4.26 Alaninzyklus zwischen Muskulatur und Leber (Erläuterungen siehe Text)

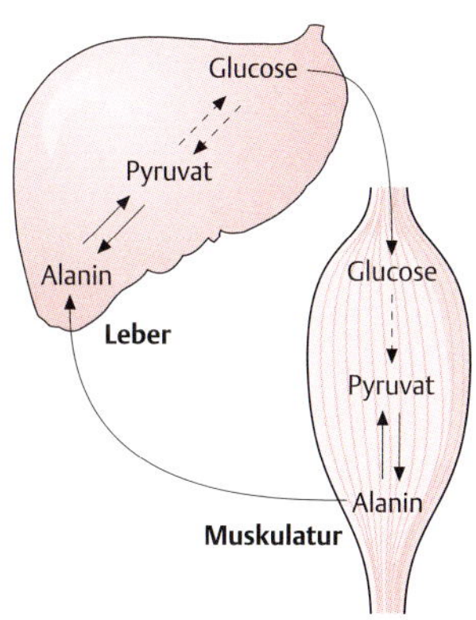

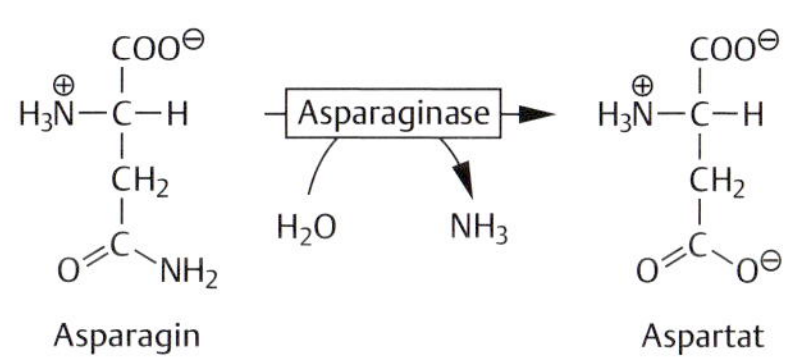

Abb. 4.27 Asparaginase-Reaktion

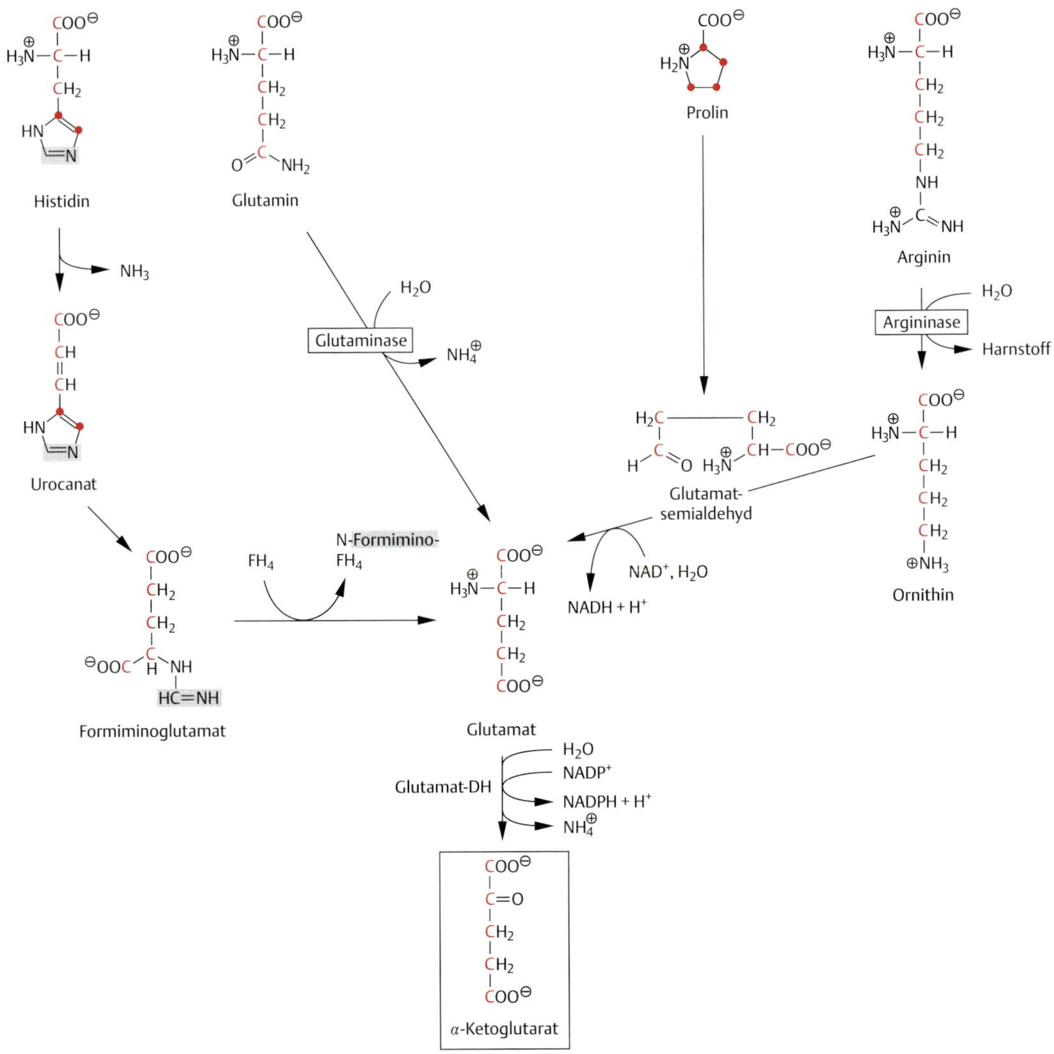

Abb. 4.28 Abbau der Aminosäuren Histidin, Glutamin, Prolin und Arginin zu Glutamat (farbig markiert sind die C-Atome, die zu α-Ketoglutarat abgebaut werden, grau unterlegt ist die Formiminogruppe, die auf FH_4 übertragen wird)

4.3.4.2 Arginin, Glutamat, Glutamin, Histidin und Prolin

Diese Aminosäuren haben gemeinsam, dass sie vor dem Abbau zu **α-Ketoglutarat** alle in **Glutamat** umgewandelt werden **(Abb. 4.28)**. Glutamat wird dann durch die **Glutamatdehydrogenase** zu α-Ketoglutarat desaminiert (s. S. 101). Der Abbau von Prolin und Glutamin ist relativ unkompliziert, da diese Aminosäuren genau wie Glutamat fünf Kohlenstoffatome besitzen. Glutamin wird über die **Glutaminase** in Glutamat umgewandelt und Prolin wird mit einem Zwischenschritt über Glutamatsemialdehyd zu Glutamat abgebaut. Da Arginin und Histidin sechs Kohlenstoffatome enthalten, ist deren Abbau zu Glutamat etwas schwieriger. Aus **Histidin** entsteht über einige Zwischenschritte zunächst **Formiminoglutamat**, das ein wichtiger C_1-Gruppenlieferant für Tetrahydrofolat ist. Nach Abgabe dieser C_1-Gruppe entsteht aus Formiminoglutamat schließlich Glutamat.

Arginin wird zunächst durch die **Arginase** des Harnstoffzyklus in Ornithin umgewandelt, aus dem

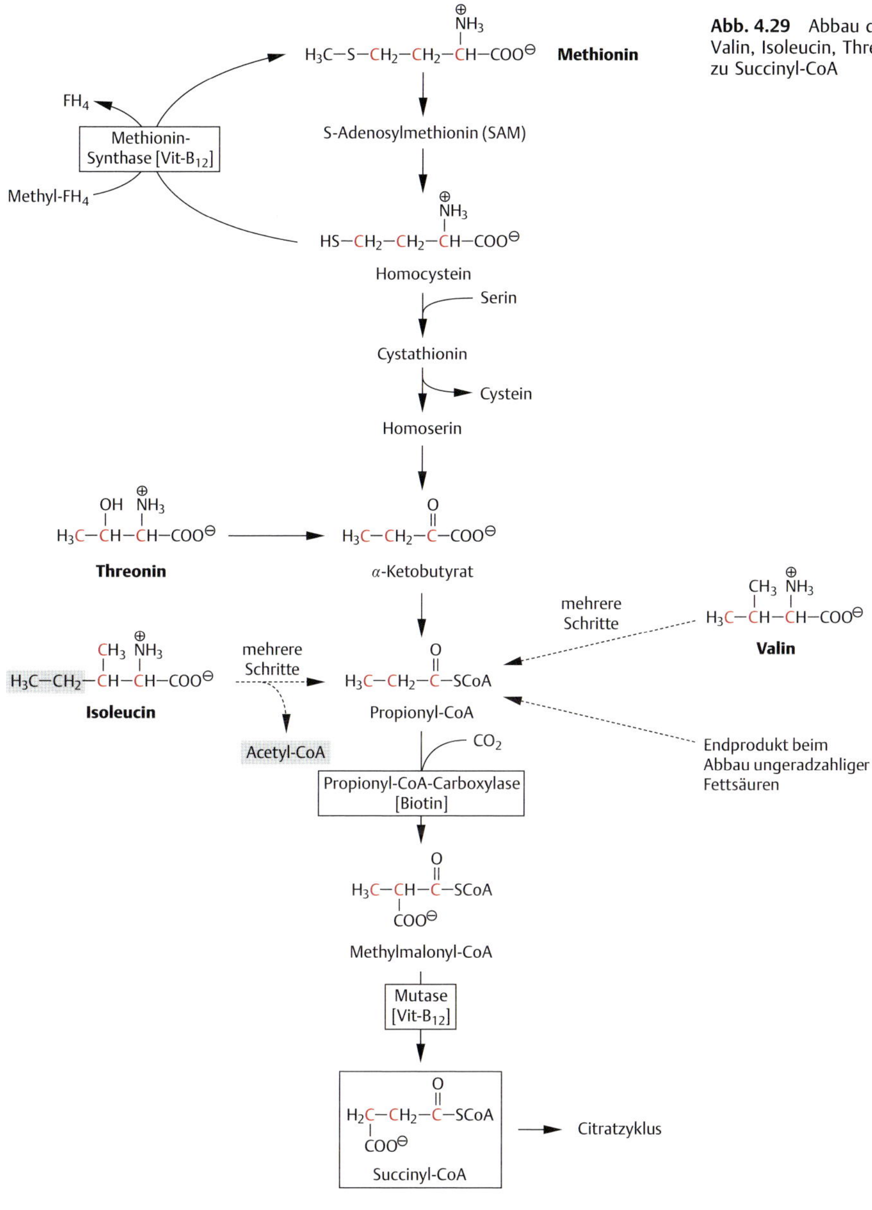

Abb. 4.29 Abbau der Aminosäuren Valin, Isoleucin, Threonin und Methionin zu Succinyl-CoA

dann über ein Glutamatsemialdehyd schließlich Glutamat gebildet wird.

4.3.4.3 Valin, Isoleucin, Threonin und Methionin

Diese vier Aminosäuren werden auf unterschiedlichen Wegen zu **Succinyl-CoA** abgebaut, einem Zwischenprodukt des Citratzyklus **(Abb. 4.29)**. Als primäres Abbauprodukt entsteht, genau wie beim Abbau ungeradzahliger Fettsäuren (s. S. 60), zunächst **Propionyl-CoA**. Dieses wird dann biotinabhängig zu **Methylmalonyl-CoA** carboxyliert. Durch Umlagerung der Carboxylgruppe entsteht schließlich unter Mithilfe von Vitamin B_{12} Succinyl-CoA, das wiederum ein Metabolit des Citratzyklus ist.

Valin und **Isoleucin** werden in mehreren Schritten direkt zu Propionyl-CoA abgebaut. Aus Isoleucin entsteht dabei zusätzlich Acetyl-CoA, daher ist

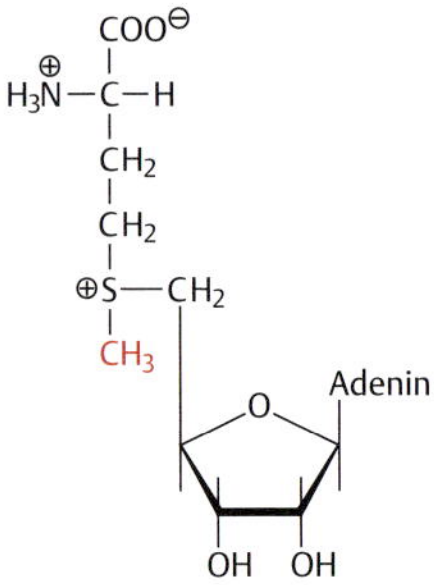

Abb. 4.30 Strukturformel des S-Adenosylmethionin (die farbig hervorgehobene Methylgruppe kann abgespalten und auf ein anderes Molekül übertragen werden)

Tabelle 4.9

Substanzen, die SAM-abhängig methyliert werden

Substanz	**Methylierungsprodukt**	**Funktion des methylierten Produkts**
Noradrenalin	Adrenalin	Katecholamin
Ethanolamin	Cholin	Bestandteil von Phospholipiden und dem Transmitter Acetylcholin
Guanidinoacetat	Kreatin	Muskelprotein
N-Acetylserotonin	Melatonin	Regulation des zirkadianen Rhythmus
Pharmakon	methyliertes Pharmakon	„Entgiftung" von Arzneimitteln
DNA- und RNA-Basen	methylierte Basen	Schutz der DNA vor Abbau

diese Aminosäure gemischt gluco- und ketogen. **Threonin** wird in α-Ketobutyrat, eine Vorstufe von Propionyl-CoA, umgewandelt. Alternativ kann Threonin auch zu Acetaldehyd und Glycin abgebaut werden (vgl. **Abb. 4.25**, S. 107).

Von besonderer Bedeutung, sowohl für den Stoffwechsel des Menschen, als auch für den klinischen Alltag (s. S. 110), ist der Abbau von **Methionin**. Im ersten Schritt des Abbaus entsteht aus Methionin und ATP **S-Adenosylmethionin (SAM, Abb. 4.30)**, das man auch als aktiviertes Methionin bezeichnet. SAM ist ein sehr wichtiger Methylgruppendonor ($-CH_3$) im Organismus und Cofaktor von Methyltransferasen. SAM ist zudem für die Bildung der **Polyamine** Spermidin und Spermin notwendig, die bei der Zellteilung eine entscheidende Rolle spielen und somit auch bei der Tumorentstehung von Bedeutung sind.

Einige Beispiele, bei denen SAM als Methylgruppendonor fungiert, sind in **Tab. 4.9** zusammengefasst.

Nach Abspaltung der Methylgruppe entsteht aus SAM das Zwischenprodukt **S-Adenosylcystein**, das weiter zu **Homocystein** hydrolysiert wird (**Abb. 4.29**). Homocystein kann nun in Methionin zurückverwandelt oder aber weiter abgebaut werden. Die Rückverwandlung wird katalysiert durch das Enzym Methioninsynthase, das als Coenzym Vitamin B_{12} benötigt. Die Methylgruppe dieser Reaktion wird von Methyltetrahydrofolsäure beigesteuert. Bei der Remethylierung von Homocystein arbeiten die beiden Vitamine **Folsäure** und **Cobalamin** (Vitamin B_{12}, s. S. 185) Hand in Hand.

Für den weiteren Abbau kondensiert Homocystein mit Serin durch die **Cystathionin-β-Synthase** zu Cystathionin. Cystathionin wird in das Abbauprodukt Homoserin und die Aminosäure **Cystein** gespalten. Beim Abbau der schwefelhaltigen Aminosäure Methionin wird also die andere schwefelhaltige Aminosäure Cystein gebildet, Serin hingegen wird verbraucht. Nach Desaminierung entsteht aus Homoserin α-Ketobutyrat, das weiter zu Propionyl-CoA und schließlich Succinyl-CoA abgebaut wird.

Klinischer Bezug

Homocystinurie: Bei einer verminderten Aktivität der Cystathion-β-Synthase akkumuliert das Homocystein, das durch die Verbindung mit einem zweiten Homocystein in **Homocystin** überführt werden kann. Dieses wird dann vermehrt im Urin ausgeschieden und führt so zur Homocystinurie. Durch Anreicherung dieses Disulfids in Blut und Gewebe können schwerwiegende Störungen entstehen. Im Vordergrund stehen bei dieser Erkrankung psychomotorische und **geistige Retardierung, Osteoporose** und **Thrombembolie-Neigung**. Da zudem im Normalfall **Cystein** aus Cystathionin freigesetzt wird, wird das Cystein bei Homocystinurie **essenziell**.

4.3.4.4 Phenylalanin und Tyrosin

Diese beiden aromatischen Aminosäuren sind gemischt keto- und glucogen. Als ketogenes Abbauprodukt entsteht **Acetoacetat**, das glucogene Produkt ist **Fumarat** (**Abb. 4.31**).

Der erste Schritt des Abbaus von **Phenylalanin** ist eine Hydroxylierung, d. h. das Einfügen einer OH-

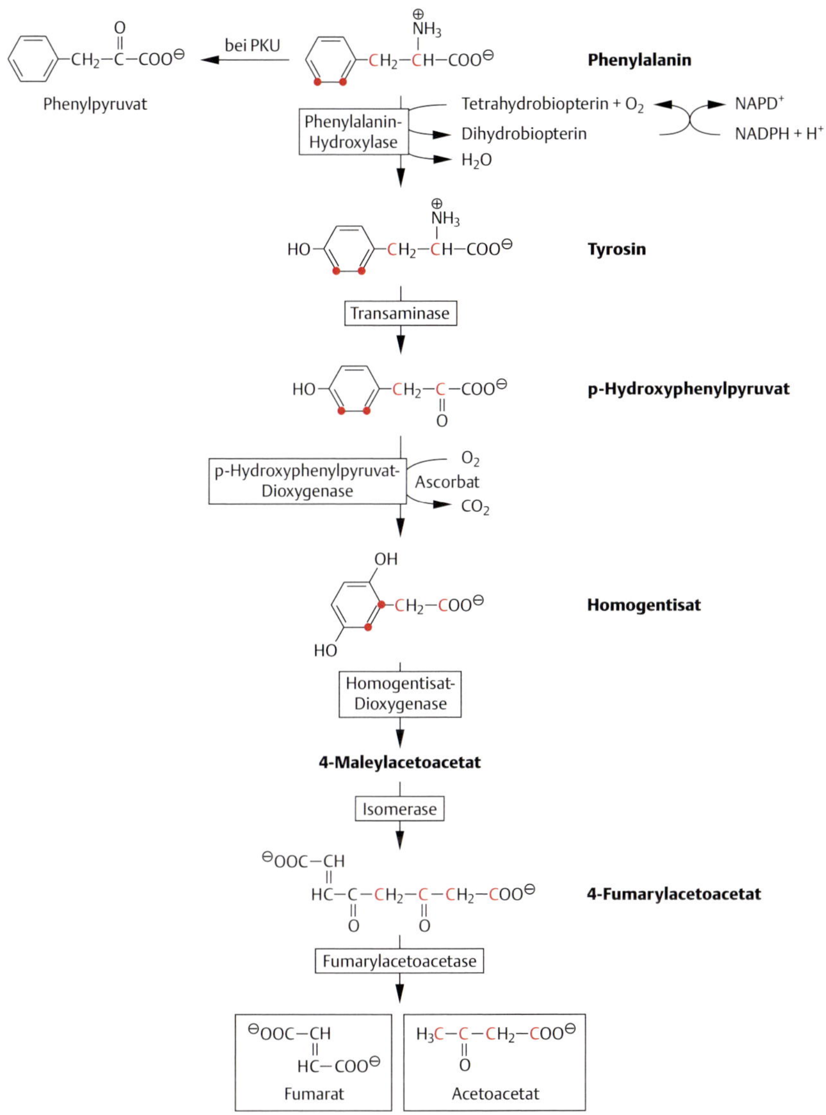

Abb. 4.31 Abbau der gemischt gluco- und ketogenen Aminosäuren Phenylalanin und Tyrosin zu Fumarat und dem Ketonkörper Acetoacetat (PKU = Phenylketonurie)

Gruppe. Durch die **Phenylalanin-Hydroxylase** entsteht aus Phenylalanin das am aromatischen Ring hydroxylierte Tyrosin. Tyrosin ist also nur essenziell, wenn Phenylalanin fehlt. Nach Umwandlung von Phenylalanin in Tyrosin ist der weitere Abbau dieser Aminosäuren identisch. Bei der Phenylalanin-Hydroxylase handelt es sich um eine Monooxygenase. Die Monooxygenasen bauen Sauerstoff (O_2) in ein Molekül ein. Dabei wird ein Sauerstoffatom auf das Substrat übertragen, das andere verbindet sich mit zwei Wasserstoffatomen zu Wasser. Dazu benötigt die Phenylalanin-Hydroxylase **Tetrahydrobiopterin** als Coenzym. Es liefert unter Mitwirkung von NADPH+H$^+$ die Wasserstoffatome für diese Reaktion und wird dabei zu Dihydrobiopterin oxidiert.

Ein Mangel an Phenylalanin-Hydroxylase führt zum Krankheitsbild der **Phenylketonurie**.

Klinischer Bezug

Phenylketonurie: Bei der Phenylketonurie (PKU) handelt es sich um eine autosomal-rezessiv vererbte Stoffwechselerkrankung.

Durch einen Mangel an dem Enzym Phenylalanin-Hydroxylase (s. S. 111) kann Phenylalanin nicht in Tyrosin umgewandelt werden. Die Folge ist, dass der Phenylalaninspiegel ansteigt, was man als Hyperphenylalaninämie bezeichnet. Das Phenylalanin wird nun auf anderem Wege in Phenylketone wie Phenylpyruvat umgewandelt. Da diese untypischen Abbauprodukte dann mit dem Urin ausgeschieden werden, gab man dieser Stoffwechselkrankheit den Namen Phenylketonurie (PKU)

Die Symptome entwickeln sich bereits im frühen Kleinkindalter. Im Vordergrund steht die **geistige Retardierung**, die hauptsächlich darauf zurückzuführen ist, dass der erhöhte Phenylalaninspiegel den Transport anderer Aminosäuren über die Blut-Hirn-Schranke behindert. Die Folge sind Myelinisierungsstörungen. Zudem kann ein Mangel an Aminosäuren, die Vorstufen von Neurotransmittern im ZNS sind, diese Symptomatik verstärken. So führt ein Mangel an Tryptophan im ZNS zu einer unzureichenden Synthese des Transmitters Serotonin. Ein weiteres Symptom, das bereits relativ früh mit dem bloßen Auge beobachtet werden kann, ist die auffällig **schwache Pigmentierung von Haut und Haaren** der betroffenen Kinder verglichen mit ihren Geschwistern. Durch den hohen Phenylalaninspiegel wird die Tyrosin-Hydroxylase gehemmt, was zu einer unzureichenden Melaninbildung führt (s. **Abb. 4.36**, S. 116).

Da die Folgen der PKU derart schwerwiegend sind, wird heute in Deutschland bei jedem Neugeborenen am 4. oder 5. Lebenstag der **Guthrie-Hemmtest** durchgeführt.

Die Therapie besteht in einer sofortigen phenylalaninarmen Diät, die nur wenig Protein enthält. Dadurch wird die Aminosäure Tyrosin essenziell und muss mit der Nahrung zugeführt werden.

Tyrosin kann man auch als p-Hydroxyphenylalanin bezeichnen, weil es sich von Phenylalanin lediglich in einer OH-Gruppe in para-Stellung im Ring unterscheidet. Es wird im nächsten Schritt zu p-Hydroxyphenylpyruvat **transaminiert**. Es folgt die Vitamin-C-abhängige Umwandlung in Homogentisat. Durch die **Homogentisat-Dioxygenase** entsteht unter Spaltung des aromatischen Ringes Maleylacetoacetat. . Im vorletzten Schritt des Tyrosinabbaus wird das Maleylacetoacetat zu Fumarylacetoacetat **isomerisiert**, das schließlich in Fumarat und Acetoacetat gespalten wird.

Klinischer Bezug

Alkaptonurie: Mit einer Häufigkeit von 1:250 000 ist die Alkaptonurie eine eher seltene, autosomal-rezessiv vererbte Krankheit. Sie beruht auf verminderter oder fehlender Aktivität der Homogentisat-Dioxygenase (s. S. 112). Als Folge wird vermehrt Homogentisat mit dem Urin ausgeschieden, der sich dadurch nach längerem Stehenlassen braun färbt. Weiterhin manifestiert sich die Alkaptonurie in einer **Schwarzfärbung von Knorpel** in Gelenken, vor allem im Ohrknorpel. Im Knie- und Schultergelenk, sowie in der Lendenwirbelsäule kann die Alkaptonurie eine Arthritis hervorrufen. Die Lebenserwartung eines Patienten mit Alkaptonurie ist trotz dieser Symptome in der Regel nicht eingeschränkt.

4.3.4.5 Tryptophan

Tryptophan gehört, wie auch Tyrosin und Phenylalanin, zu den gemischt keto- und glucogenen Aminosäuren. In **Abb. 4.32** ist der Abbau von Tryptophan vereinfacht dargestellt. Dabei stehen einige Aspekte im Vordergrund:

- Aus Tryptophan entsteht die Aminosäure **Alanin**, die dann weiter zu Pyruvat abgebaut werden kann.
- Tryptophan kann in einem alternativen Abbauweg in Chinolinat und anschließend in Nikotinsäureamid umgewandelt werden, das als Baustein der Coenzyme NAD^+ und $NADP^+$ dient. Tryptophan ist also **Provitamin von Niacin** (s. S. 183).
- Beim weiteren Tryptophanabbau entsteht α-Ketoadipat, dieses Produkt entsteht ebenfalls beim Abbau von Lysin. Die letzten Schritte des Abbaus von Tryptophan und Lysin sind von α-Ketoadipat ausgehend identisch.
- Aus α-Ketoadipat entsteht zunächst Glutaryl-CoA, das über eine β-Oxidation (s. S. 59) in Malonyl-CoA und Acetyl-CoA gespalten wird. Ma-

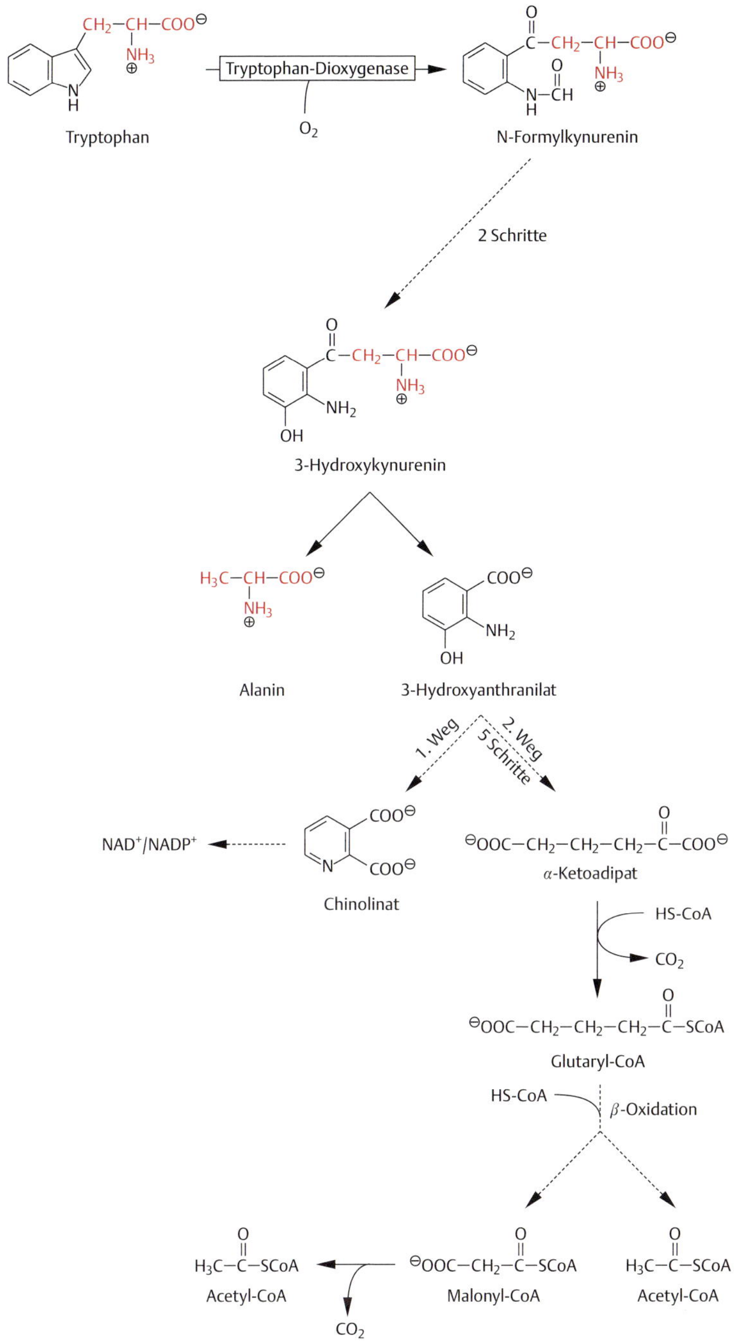

Abb. 4.32 Abbau von Tryptophan zu Alanin und Acetyl-CoA. Ein alternativer Abbauweg des Tryptophans führt zu Nikotinsäureamid (farbig markiert ist der Teil des Tryptophans, der zu Alanin wird)

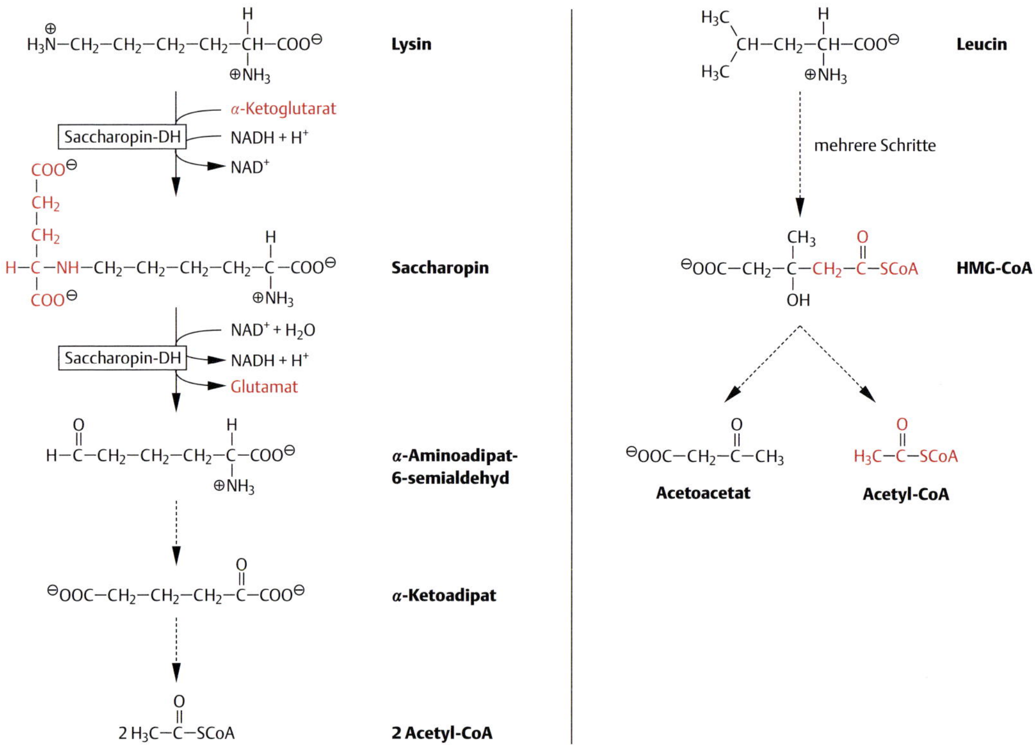

Abb. 4.33 Abbau der rein ketogenen Aminosäuren Lysin und Leucin zu Acetoacetat bzw. Acetyl-CoA

lonyl-CoA kann zu Acetyl-CoA decarboxyliert werden.

4.3.4.6 Lysin und Leucin

Die beiden Aminosäuren, die mit dem Buchstaben „L" beginnen, werden zu Acetyl-CoA bzw. Acetoacetat abgebaut **(Abb. 4.33)**. Da diese beiden Endprodukte nicht in Glucose umgewandelt werden können, sind sie die einzigen **rein ketogenen Aminosäuren**. **Lysin** wird in einem ersten Schritt durch die **Saccharopindehydrogenase** in Saccharopin verwandelt. Ein Mangel an diesem Enzym führt zur Hyperlysinämie, die durch geistige und körperliche Retardierung gekennzeichnet ist. Beim weiteren Lysinabbau entsteht α-Ketoadipat, das bereits vom Tryptophanabbau bekannt ist. Letztlich werden zwei Acetyl-CoA gebildet.

Der Abbau von **Leucin** hat Ähnlichkeit mit dem der anderen verzweigtkettigen Aminosäuren Valin und Isoleucin. An Stelle von Propionyl-CoA entsteht hier jedoch β-Hydroxy-β-Methylglutaryl-CoA **(β-HMG-CoA)**, ein wichtiges Zwischenprodukt bei der Ketonkörper- (Mitochondrium) und Cholesterinbiosynthese (Zytosol, s. S. 72). Aus β-HMG-CoA entstehen schließlich der Ketonkörper Acetoacetat sowie Acetyl-CoA.

4.3.5 Die Aminosäuren als Vorstufen wichtiger Biomoleküle

Im vorangegangenen Abschnitt wurde der Abbau der Aminosäuren beschrieben. Dieser Abbau dient vor allem dem Energiegewinn. Einige Aminosäuren können statt des Abbaus auch in wichtige Substanzen umgewandelt werden und dienen somit als lebenswichtige Synthesevorstufen. Ein gutes Beispiel sind die biogenen Amine, die durch Decarboxylierung von Aminosäuren entstehen (s. S. 100).

Im Folgenden werden weitere Aminosäuren beschrieben, die als Ausgangssubstanzen fungieren.

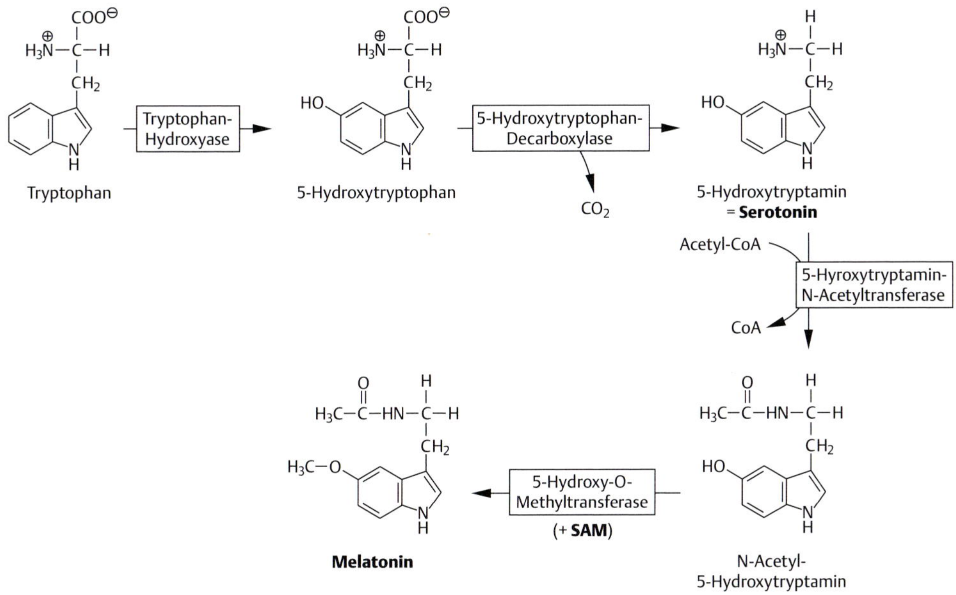

Abb. 4.34 Synthese von Serotonin und Melatonin aus der Aminosäure Tryptophan

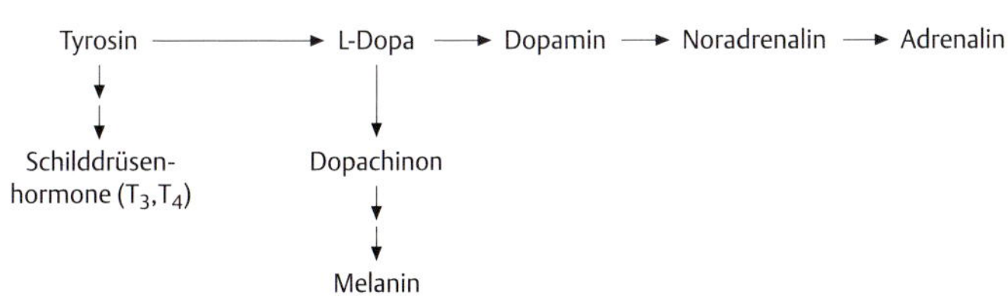

Abb. 4.35 Übersicht über die Derivate, die sich von Tyrosin ableiten

4.3.5.1 Tryptophan

Tryptophan ist die Ausgangssubstanz für **Serotonin** und **Melatonin** **(Abb. 4.34)**.

Serotonin

Tryptophan kann durch Hydroxylierung in 5-Hydroxytryptophan verwandelt werden. Durch pyridoxalphosphatabhängige Decarboxylierung (s. S. 184) entsteht daraus 5-Hydroxytryptamin, das den Trivialnamen **Serotonin** trägt (s. S. 228).

Melatonin

Melatonin kann durch 2 Schritte aus Serotonin synthetisiert werden. Dabei entsteht durch Acetylierung, d. h. Anhängen von $H_3C\text{-}COO^-$, zunächst N-Acetyl-5-Hydroxytryptamin. Dieses wird durch das Enzym 5-Hydroxy-O-Methyltransferase an der OH-Gruppe des Indolrings zu Melatonin methyliert. Melatonin ist ein wichtiges Hormon zur Regulation des zirkadianen Rhythmus (Schlaf-Wach-Rhythmus) und wird in der Epiphyse gebildet.

4.3.5.2 Tyrosin

Die Aminosäure Tyrosin ist Ausgangssubstanz für die Katecholamine **Dopamin**, **Noradrenalin** und **Adrenalin**, die sich allesamt vom Tyrosin ableiten (s. S. 218). Zudem gehen der Pigmentfarbstoff **Melanin** und die **Schilddrüsenhormone** aus Tyrosin hervor **(Abb. 4.35)**.

Die Katecholamine

Die Synthese der Katecholamine wird im Kapitel Hormone (s. S. 218) besprochen.

Melanin

Zur Melaninsynthese wird das Tyrosin in **Dopa** überführt (vgl. S. 218) und dann nicht wie bei der Katecholaminsynthese in Dopamin, sondern in ein

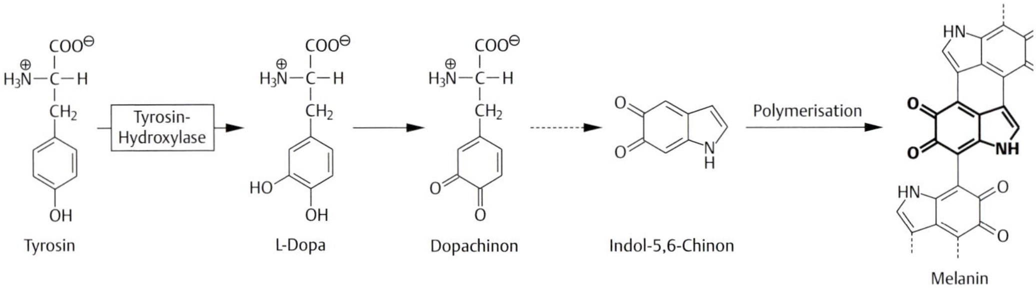

Abb. 4.36 Von der Aminosäure Tyrosin leitet sich der Farbstoff Melanin ab

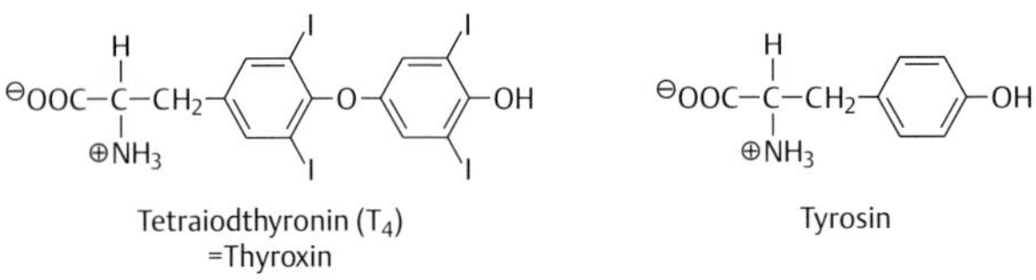

Abb. 4.37 (a) Schilddrüsenhormon T4; (b) Tyrosin

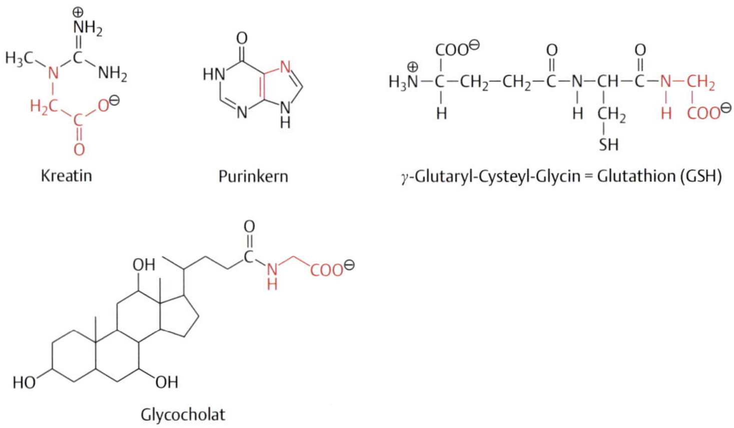

Abb. 4.38 Einige Moleküle, zu deren Synthese Glycin benötigt wird (der sich vom Glycin ableitende Bestandteil dieser Moleküle ist farblich hervorgehoben)

Dopachinon umgewandelt. Daraus wird über einige Zwischenschritte Indol-5,6-chinon generiert. Mehrere dieser Moleküle polymerisieren schließlich zum Farbstoff **Melanin** **(Abb. 4.36)**.

Die Schilddrüsenhormone

Die **Schilddrüsenhormone** entstehen innerhalb des Thyreoglobulins der Schilddrüse durch intramolekulare Kopplung zweier Tyrosylreste (s. S. 204). **Abb. 4.37** zeigt das Schilddrüsenhormon **Thyroxin** (Tetrajodthyronin, T_4). Die Ähnlichkeit zum Tyrosin ist noch deutlich zu erkennen.

MERKE

Der Farbstoff Melanin leitet sich von Tyrosin, das Epiphysenhormon Melatonin von Tryptophan ab. Um dies nicht zu verwechseln, kann man sich merken, dass das Produkt mit dem längeren Namen aus der Aminosäure mit dem längeren Namen entsteht.

4.3.5.3 Glycin

Die kleinste proteinogene Aminosäure Glycin nimmt eine zentrale Stellung als Ausgangssubstanz wichtiger Biomoleküle ein. Im Folgenden einige Beispiele dazu **(Abb. 4.38)**:

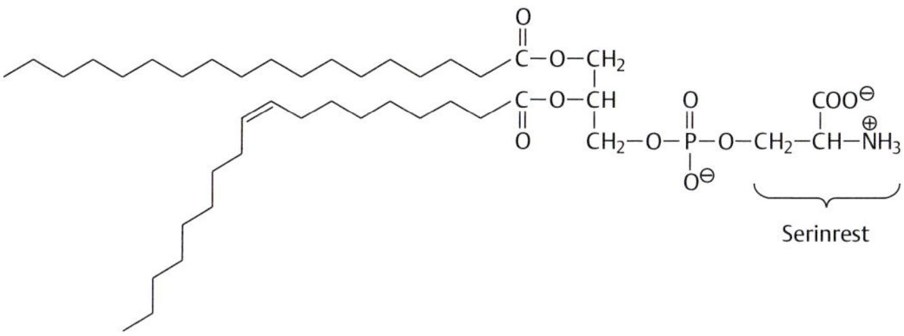

Abb. 4.39 Das Phospholipid Phosphatidylserin

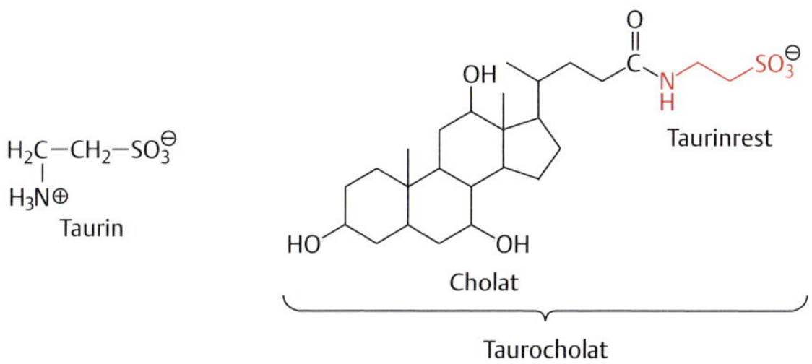

Abb. 4.40 (a) Strukturformel von Taurin, das sich von Cystein ableitet; (b) Taurin als Bestandteil von Taurocholat

- Im ersten Schritt der **Hämbiosynthese** entsteht aus Glycin und Succinyl-CoA δ-Aminolaevulinat (s. S. 300).
- Glycin kann mit Hilfe von Tetrahydrofolat in **Serin** umgewandelt werden (s. S. 106).
- Glycin ist an der **Kreatinbiosynthese** beteiligt.
- Glycin ist Baustein des **Purinkerns** (s. S. 374).
- gemeinsam mit Glutamat und Cystein ist Glycin Bestandteil von **Glutathion** (s. S. 303).
- Cholat und Glycin bilden gemeinsam das Gallensalz **Glycocholat** (s. S. 256).

4.3.5.4 Serin

In Phospholipiden ist der Phosphatrest oft mit einem Aminoalkohol verestert. Im Lecithin z. B. handelt es sich bei dem Aminoalkohol um Cholin. Serin ist ebenfalls ein Aminoalkohol, da es eine Amino- und eine Alkoholgruppe enthält. Es ist Bestandteil von **Phosphatidylserin** (**Abb. 4.39**).

4.3.5.5 Cystein

Cystein kann in einigen Schritten in die Aminosulfonsäure **Taurin** umgewandelt werden, die Bestandteil des Gallensalzes **Taurocholat** ist; zudem ist Taurin ein wichtiger Regulator zur Konstanthaltung der Osmolarität einer Zelle (**Abb. 4.40**, vgl. S. 256). Cystein ist auch ein Bestandteil von Glutathion (vgl. **Abb. 4.38**).

4.3.6 Die Biosynthese der Aminosäuren

Der Mensch muss die acht essenziellen Aminosäuren mit der Nahrung zuführen, da er sie nicht selbst bilden kann. Anders ist dies bei den übrigen Aminosäuren, die der Körper selbst synthetisiert. Der größte Teil dieser Aminosäuren entsteht aus Zwischenprodukten von Glykolyse und Citratzyklus (**Abb. 4.41**). Dabei verläuft der Aufbau oft umgekehrt zum Abbau. So ist Oxalacetat die Vorstufe für Aspartat, das durch Transaminierung aus Oxalacetat entsteht. Enzym dieser Reaktion ist die AST (Aspartattransaminase, s. S. 101). Man kann den Aminosäureaufbau in verschiedene Gruppen einteilen, je nachdem, welches Ausgangsprodukt benutzt wird.

4.3.6.1 Serin, Glycin und Cystein

Aus dem **Glykolyse-Zwischenprodukt 3-Phosphoglycerat** wird in 3 Schritten **Serin** gebildet. Serin kann leicht in **Glycin** umgewandelt werden. Durch Verbindung von Serin mit Homocystein aus dem Methioninabbau entsteht Cystathionin. Aus diesem kann **Cystein** freigesetzt werden (vgl. S. 109). Serin ist also Vorstufe von Glycin und Cystein.

4.3.6.2 Alanin

Durch Transaminierung wird **Pyruvat** in **Alanin** umgewandelt (s. S. 107).

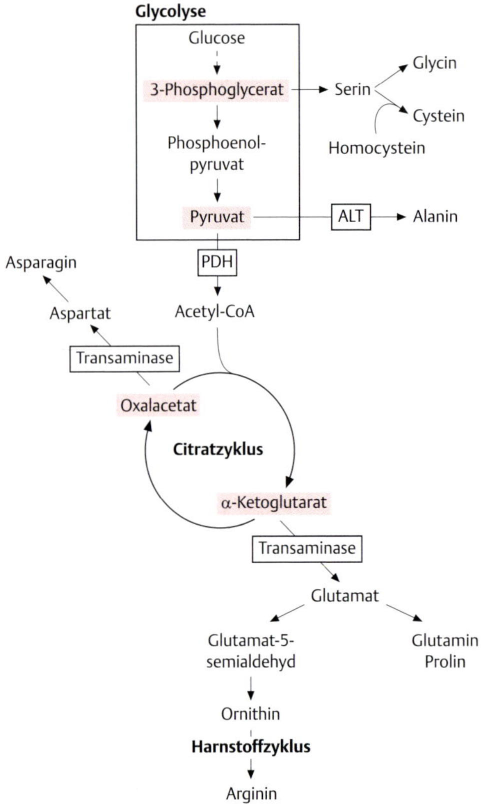

Abb. 4.41 Biosynthese der nichtessenziellen Aminosäuren aus Zwischenprodukten von Glykolyse und Citratzyklus

4.3.6.3 Die Glutamat-Familie

α-Ketoglutarat ist Ausgangssubstanz der so genannten **Glutamat-Familie**. **Glutamat** entsteht aus α-Ketoglutarat durch Transaminierung. Gleichzeitig ist Glutamat die Vorstufe der Aminosäuren **Glutamin, Arginin und Prolin**. Eine Besonderheit zeigt die Biosynthese von Arginin. Aus Glutamat entsteht zunächst ein Glutamat-5-semialdehyd, das weiter zu Ornithin umgewandelt wird. Im Verlauf des Harnstoffzyklus wird aus Ornithin schließlich Arginin generiert (s. S. 102). Da das im Harnstoffzyklus entstandene Arginin vor allem der Synthese von Harnstoff dient und weniger dem Aufbau von Arginin selbst, wird Arginin manchmal auch zu den essenziellen Aminosäuren gezählt.

4.3.6.4 Aspartat und Asparagin

Oxalacetat wird durch die AST (Aspartattransaminase, s. S. 101) zu **Aspartat** transaminiert. Aspartat kann wie beim umgekehrten Abbau in **Asparagin** umgewandelt werden (s. S. 107).

4.3.6.5 Tyrosin und Histidin

Tyrosin entsteht durch Hydroxylierung von **Phenylalanin** (vgl. S. 111). Damit wird deutlich, dass bei phenylalaninarmer Diät, z. B. bei Phenylketonurie, die Aminosäure **Tyrosin essenziell** wird.

Den mit Abstand aufwendigsten Biosyntheseweg weist **Histidin** auf. Es entsteht, wie auch die Purin- und Pyrimidinbasen, aus aktiviertem Sulfat – Phosphoribosylpyrophosphat (PRPP) – und ATP (s. S. 374). Von den beiden Stickstoffatomen stammt eines von Glutamin, das zweite von Glutamat.

Check-up

- ✔ **Rekapitulieren Sie die allgemeinen Mechanismen beim Aminosäureabbau (Decarboxylierung, Transaminierung, Desaminierung).**
- ✔ **Verfolgen Sie in Gedanken nochmals den Weg des Stickstoffs beim Abbau der Aminosäuren und vollziehen Sie die Reaktionen des Harnstoffzyklus nach. Überlegen Sie sich, wo dabei Energie verbraucht wird.**
- ✔ **Wiederholen Sie, was mit dem Kohlenstoffgerüst der einzelnen Aminosäuren beim Abbau geschieht.**

Kapitel 5

Endoxidation

5.1 **Einleitung** 121

5.2 **Der Pyruvatdehydrogenase-Komplex (PDH)** 121

5.3 **Der Citratzyklus** 124

5.4 **Die Atmungskette (oxidative Phosphorylierung)** 129

Die Diagnose der Polizei

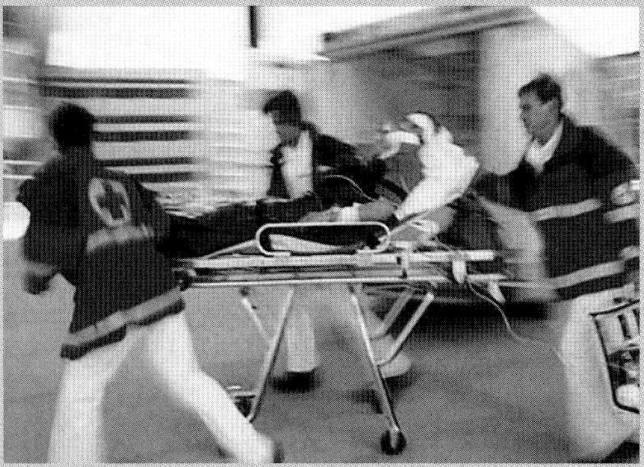

Trit der Notarzt rechtzeitig ein, kann ein Patient bei einer Cyanidvergiftung durch das Gegengift 4-Dimethylaminophenol gerettet werden.

Notärztin Dr. Grüner kann ihre Diagnose rasch stellen: Cyanidvergiftung. Bei einer Cyanidvergiftung können die Lungen noch so viel Sauerstoff einatmen und an das Blut weitergeben: Die Energiegewinnung des Körpers ist blockiert, der Mensch „erstickt" innerlich. Energiegewinnung findet in den Zellen durch Citratzyklus und Atmungskette statt. Mehr über diese Schritte der Endoxidation erfahren Sie im folgenden Kapitel.
Wird die Atmungskette unterbrochen, kann der Körper kein ATP mehr bilden. Ohne ATP (Adenosintriphoshat), den Energielieferanten des Zellstoffwechsels, geht nichts mehr: Es wird kein Blutsauerstoff verbraucht, und die Schleimhäute färben sich deutlich rot. Dies und der Geruch nach Bittermandel helfen dabei, die Diagnose zu stellen.

Ein Geruch nach Bittermandel

Die Putzfrau findet Dr. Bernhard A. um kurz nach 18 Uhr in seinem Büro im dritten Stock des Chemieunternehmens. Der Chemiker hat seinen Kopf auf den Schreibtisch gelegt und scheint zu schlafen. Vorsichtig beginnt die Reinigungskraft, den Boden zu putzen, doch als der Schlafende sich nicht rührt, tritt sie näher. Irgendetwas stimmt nicht. Um 18.08 geht der Notruf ein, wenige Minuten später fährt der Rettungswagen vor. Notärztin Dr. Grüner stürmt die Treppe hinauf. Kein Zweifel: Dr. A. ist bewusstlos. Sein Puls ist schwach, aber tastbar. Bemerkenswert ist die deutlich rote Färbung der Lippen des Bewusstlosen. Dr. Grüner fällt auch ein seltsamer Geruch auf. Die Atemluft des Patienten riecht nach Bittermandel. Ein Irrtum ist ausgeschlossen: Hier liegt eine Blausäurevergiftung vor. Der Patient wird sofort intubiert und beatmet und erhält noch im Rettungswagen ein Antidot. Außerdem informiert Dr. Grüner die Polizei.

Innerlich ersticken

Blausäure (HCN) und seine Salze, die Cyanide (CN^-) gehören zu den Hemmstoffen der Atmungskette. In den Mitochondrien der Zellen bindet sich CN^- an das dreiwertige Eisen (Fe^{3+}) der Cytochromoxidase. Die Atmungskette ist damit blockiert – und der Vergiftete erstickt innerlich. Erste Symptome treten wenige Minuten nach der Cyanideinnahme auf: Schleimhautirritationen, rosige Hautfarbe, dann Atemnot und Bewusstseinstrübung. Die Putzfrau hat Dr. A. gerade noch rechtzeitig entdeckt, denn eine Cyanidvergiftung führt rasch zum Tod. Doch Dr. A. überlebt dank des rettenden Gegengiftes: Er erhält 4-DMAP (4-Dimethylaminophenol). Dadurch wird Methämoglobin (MetHb, ein Hämoglobinmolekül mit dreiwertigem Eisen) gebildet, an das sich das CN^- rasch bindet und so die Cytochromoxidase wieder freigibt. Natürlich darf nicht zuviel MetHb gebildet werden, denn diese Form des Hämoglobins kann keinen Sauerstoff transportieren. Außerdem wird Dr. A. Natriumthiosulfat ($Na_2S_2O_3$) gespritzt. Thiosulfat reagiert mit Cyanid zu dem nichttoxischen Rhodanid (SCN^-). Während der Therapie wird Dr. A. intensivmedizinisch betreut. Dank der Geistesgegenwart der Putzfrau und der raschen Behandlung durch Dr. Grüner hat er gute Aussichten, zu den wenigen Patienten zu gehören, die eine Cyanidvergiftung überleben.

Mord oder Selbstmord?

Während die Ärzte um das Leben ihres Patienten kämpfen, interessiert sich auch die Kripo für den Fall. Denn eine versehentliche Blausäurevergiftung ist unwahrscheinlich. Ein Erwachsener müsste dafür z. B. 50 Bittermandeln zu sich nehmen. Bei dem Arbeitsumfeld von Dr. A., einer Chemiefabrik, liegen ein Mord- oder Selbstmordversuch näher. Die Kripobeamten untersuchen nicht nur das Büro von Dr. A., sondern auch seine Wohnung, befragen Arbeitskollegen, Verwandte und Freunde des Patienten. Auch Dr. Grüner wird zweimal vernommen. Sie berichtet den Kripobeamten, wie sie Dr. A. vorgefunden hat und wie sie ihre Diagnose stellen konnte. Nun wartet sie auf die Diagnose der Polizei: Selbstmordversuch oder Mordversuch...?

5 Endoxidation

Lerncoach
Die Endoxidation wird hier als dreistufiger Prozess behandelt: Reaktion der Pyruvatdehydrogenase (PDH), Citratzyklus und Atmungskette. Beachten Sie, dass in manchen Büchern diese Nomenklatur auch anders gehandhabt wird: Oft wird nur die Atmungskette als Endoxidation bezeichnet oder die PDH-Reaktion als letzte Reaktion der Glykolyse gesehen.

5.1 Einleitung

Für das Verständnis dieses Kapitels ist folgender Sachverhalt wichtig: Beim Abbau von Glucose in der Glykolyse entsteht Pyruvat. Bis zu diesem Punkt ist die Energieausbeute des Glucoseabbaus noch gering. Es folgt daher die Umwandlung des Pyruvats in Acetyl-CoA im **Pyruvatdehydrogenase-Multienzymkomplex**. Das Acetyl-CoA wird dann in den Citratzyklus eingeschleust. Das Acetyl-CoA kann natürlich auch aus der β-Oxidation (s. S. 55) oder dem Aminosäureabbau (s. S. 106) stammen.

Im **Citratzyklus** wird das Acetyl-CoA auf Oxalacetat übertragen. Dabei entsteht Citrat, das dem Zyklus seinen Namen gegeben hat. Im Citratzyklus werden beim Abbau eines Acetyl-CoA neben einem GTP drei $NADH+H^+$ und ein $FADH_2$ gebildet. Letztlich entstehen so durch den Glucoseabbau also vor allem die reduzierten Coenzyme $NADH+H^+$ und $FADH_2$. Diese reduzierten Coenzyme werden in der Atmungskette unter ATP-Gewinn wieder oxidiert.

Die **Atmungskette** besteht aus 5 Enzymkomplexen. In den Komplexen I bis IV wird ein Protonengradient über die innere Mitochondrienmembran aufgebaut. In Komplex V wird der Protonengradient genutzt, um ATP zu produzieren. Die Bereitstellung der reduzierten Coenzyme für die Atmungskette ist die wesentliche Aufgabe des katabolen (abbauenden) Stoffwechsels.

Diesen dreistufigen Prozess aus PDH-Reaktion, Citratzyklus und Atmungskette, der letztlich dazu dient, Energie in Form von ATP zu gewinnen, bezeichnet man als **Endoxidation**.

5.2 Der Pyruvatdehydrogenase-Komplex (PDH)

Lerncoach
Versuchen Sie zunächst einen Überblick über den PDH-Multienzymkomplex zu gewinnen, indem Sie sich dessen Zusammensetzung (Tab. 5.1 und Abb. 5.2), und den Ablauf der fünf Reaktionsschritte (Abb. 5.1) anschauen. Lernen Sie dann, wie der PDH-Komplex reguliert wird.

5.2.1 Überblick und Funktion

Die Pyruvatdehydrogenase (PDH) ist ein **Multienzymkomplex**, der aus drei verschiedenen Enzymkomplexen aufgebaut ist. Sie ist im Mitochondrium lokalisiert. Die Aufgabe der PDH ist die Umwandlung von **Pyruvat** in **Acetyl-CoA**. Da diese Umwandlung stark exergon ist, ist sie unter physiologischen Bedingungen nicht reversibel (es kann also aus Acetyl-CoA kein Pyruvat gebildet werden). Durch die Umwandlung von Pyruvat in Acetyl-CoA verbindet die PDH die Glykolyse mit dem Citratzyklus und leitet damit den aeroben Abbau der Glucose ein.

5.2.2 Der Aufbau

Der Multienzymkomplex der Pyruvatdehydrogenase enthält drei verschiedene Enzyme, die wiederum auf insgesamt fünf weitere Coenzyme angewiesen sind. Zusammen katalysieren sie die oxidative Decarboxylierung von Pyruvat zu Acetyl-CoA. Die drei Enzyme und ihre Coenzyme sind in folgenden Komplexen organisiert (E_1–E_3):

- **E1: Pyruvatdehydrogenase**: Decarboxylierung von Pyruvat
- **E2: Dihydroliponamid-Acetyltransferase**: Übertragung des Acetylrests auf CoA
- **E3: Dihydroliponamid-Dehydrogenase**: Regenerierung von Liponamid und Produktion von $NADH+H^+$

Die Funktionen der fünf Coenzyme werden bei den einzelnen Schritten der Reaktion von Pyruvat zu Acetyl-CoA beschrieben (s. u.). **Tab. 5.1** gibt darüber einen Überblick.

Der PDH-Multienzymkomplex des Menschen weist insgesamt eine molekulare Masse von $8{,}4 \cdot 10^6$ Da auf. Das ist etwa doppelt so viel wie die Masse ei-

Tabelle 5.1

Lokalisation und Funktion der Coenzyme im PDH-Komplex

	Coenzym	Vorkommen im PDH-Komplex	Funktion
1	**Thiaminpyrophosphat (TPP = aktives Vitamin B_1)**	E_1, nicht kovalent gebunden	übernimmt nach Decarboxylierung von Pyruvat durch E_1 den entstandenen Hydroxyethylrest
2	**Liponsäure**	E_2, kovalent gebunden	übernimmt den Hydroxyethylrest von TPP
3	**CoA**	E_2, nicht gebunden	übernimmt den Acetylrest von Liponamid
4	**FAD**	prosthetische Gruppe von E_3	wird durch Liponamid zu $FADH_2$ reduziert
5	**NAD^+**	E_3, nicht gebunden	wird durch $FADH_2$ zu NADH + H^+ reduziert

5

nes Eukaryonten-Ribosoms! Diese große molekulare Masse lässt sich durch die räumliche Anordnung der einzelnen Komponenten im PDH-Komplex erklären: Im Zentrum eines einzelnen Multienzymkomplexes befinden sich 60 E_2-Monomere, die von 30 E_1-Tetrameren und 6 E_3-Dimeren umgeben sind. Die Anordnung mehrerer Untereinheiten in einem Multienzymkomplex bietet den Vorteil, dass die Reaktionen besser koordiniert werden und damit schneller ablaufen können. Zudem ist eine bessere Regulation möglich.

5.2.3 Die einzelnen Reaktionen

Die Umwandlung von Pyruvat in Acetyl-CoA verläuft wie ein Kettenprozess von E_1 nach E_3 ab. Die Gesamtreaktion der PDH ist stark **exergon** und unter physiologischen Bedingungen **nicht reversibel**. Acetyl-CoA kann also *nicht* in Pyruvat und daher auch nicht in Glucose umgewandelt werden. Die Gleichung für die Reaktion des PDH-Komplexes lautet:

$$\text{Pyruvat} + \text{CoA} + NAD^+ \rightarrow \text{Acetyl-CoA} + CO_2 + NADH + H^+$$

5.2.3.1 Die Pyruvatdehydrogenase-Reaktion (E_1)

Schritt 1

Im ersten Schritt dieser Reaktion findet die Decarboxylierung von Pyruvat durch die Pyruvatdehydrogenase (E_1) statt. Der verbliebene Hydroxyethylrest wird auf aktives Vitamin B_1 **(Thiaminpyrophosphat = TPP)** übertragen, wodurch Hydroxyethyl-TPP gebildet wird **(Abb. 5.1)**.

Schritt 2

Noch in E_1 wird der Hydroxyethylrest von TPP zu einem Acetylrest oxidiert und auf **Liponamid** **(Abb. 5.2 a)** übertragen. Aus Liponamid wird dadurch **Acetylliponamid** **(Abb. 5.2 b)**. Oxidationsmittel dieser Reaktion ist die Disulfidgruppe von Liponamid, die ein Proton aufnimmt und dadurch zu einer freien SH-Gruppe wird. An das zweite Schwefelatom ist der Acetylrest gebunden.

5.2.3.2 Die Dihydroliponamid-Acetyltransferase-Reaktion (E_2)

Schritt 3

Durch die Dihydroliponamid-Acetyltransferase (E_2) wird der Acetylrest von Liponamid auf Coenzym A übertragen **(Abb. 5.1)**. Produkte dieser Reaktion sind **Acetyl-CoA** und **Dihydroliponamid** **(Abb. 5.2 c)**. Damit ist die Umwandlung von Pyruvat in Acetyl-CoA abgeschlossen. Die nächsten beiden Schritte im PDH-Komplex dienen also nicht mehr der Entstehung von Acetyl-CoA, sondern zur Regeneration des Liponamid und zur Bildung von NADH+H^+.

5.2.3.3 Die Dihydroliponamid-Dehydrogenase-Reaktion (E_3)

Schritt 4

Dieser Schritt dient der **Reoxidation** von **Dihydroliponamid**. Das Dihydroliponamid wird durch die Dihydroliponamid-Dehydrogenase in Liponamid umgewandelt. Die Reduktionsäquivalente werden dabei auf enzymgebundenes FAD übertragen. Als Redoxäquivalente bezeichnet man die Elektronen und die Protonen, die bei einer Redox-Reaktion übertragen werden.

Schritt 5

Das so entstandene $FADH_2$ wird durch NAD^+ in FAD zurückverwandelt. So entsteht schließlich NADH+H^+, das in der Atmungskette umgesetzt wird.

Abb. 5.1 Reaktionen im PDH-Komplex (zu den Schritten 1–5 siehe Text)

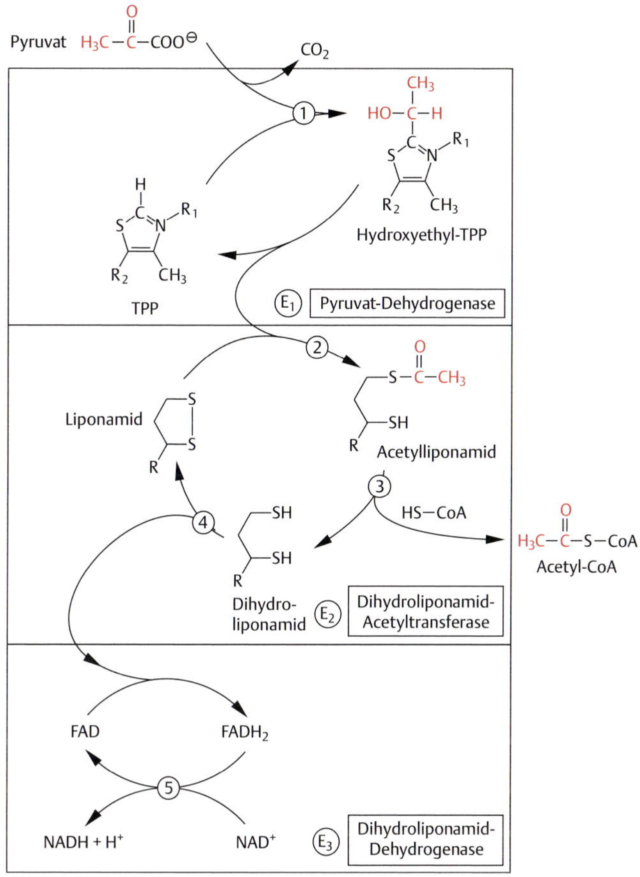

5

Klinischer Bezug

Wernicke-Enzephalopathie: Die Wernicke-Enzephalopathie beruht auf einem Thiaminmangel und betrifft hauptsächlich Alkoholiker. Da Thiamin nicht nur Coenzym der PDH, sondern auch der α-Ketoglutarat-Dehydrogenase des Citratzyklus ist, verursacht ein Mangel eine Minderung der zerebralen Glucoseausnutzung. Zusätzlich staut sich Glutamat aufgrund der eingeschränkten Aktivität der α-Ketoglutarat-Dehydrogenase an. Glutamatanstau und Energiedefizit führen zu einer Zellschädigung im Gehirn. Die Patienten imponieren durch Ophthalmoplegie (Augenmuskellähmung), Ataxie und umfassende Verwirrtheit. Die Erkrankung kann zum Koma und zum Tod führen. Dieses Beispiel zeigt, wie wichtig die Anwesenheit der Coenzyme für die Aktivität der PDH ist.

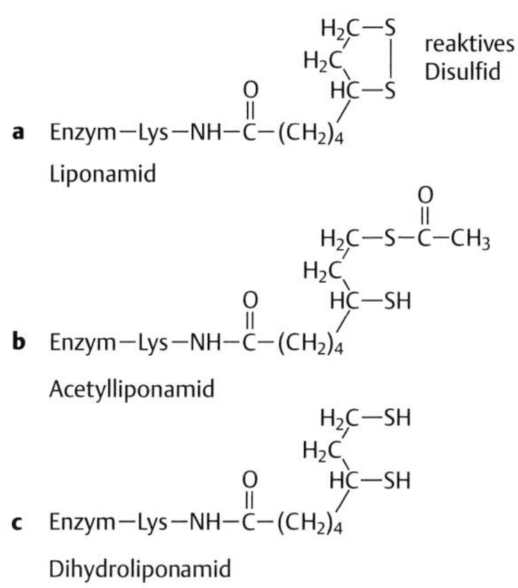

Abb. 5.2 Strukturen von (a) Liponamid mit einem reaktiven Disulfid, (b) Acetylliponamid und (c) Dihydroliponamid mit zwei Sulfhydrylgruppen

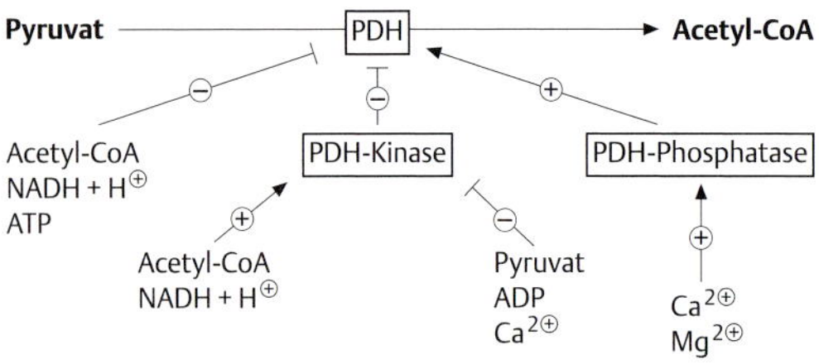

Abb. 5.3 Regulation des Pyruvatdehydrogenase-Multienzymkomplexes

5.2.4 Die Regulation

Der PDH-Multienzymkomplex kann durch zwei verschiedene Mechanismen reguliert werden:

- Durch **Produkthemmung**: Hohe Konzentrationen an Acetyl-CoA und $NADH+H^+$ führen als Endprodukte zu einer Abnahme der PDH-Aktivität.
- Durch **Phosphorylierung bzw. Dephosphorylierung** (Interkonvertierung, s. S. 168): Zwei Enzyme sind in der Lage, die Aktivität der PDH zu beeinflussen. Durch die **PDH-Kinase** wird der Komplex phosphoryliert und damit inaktiviert. Durch Dephosphorylierung wird die PDH aktiviert; das entscheidende Enzym ist hier die **PDH-Phosphatase**.
- Stärkste Aktivatoren der PDH-Kinase sind Acetyl-CoA und $NADH+H^+$, die den Komplex somit zusätzlich hemmen. Unterdrückt wird die PDH-Kinase-Aktivität in erster Linie durch Pyruvat, ADP und Ca^{2+}. Fördernden Einfluss auf die PDH-Phosphatase haben Ca^{2+} und Mg^{2+}.
- Auch Hormone nehmen Einfluss auf den PDH-Multienzymkomplex. Vasopressin und α-adrenerge Agonisten stimulieren die PDH, indem sie eine Steigerung des Calciumspiegels hervorrufen. Insulin aktiviert die PDH, indem es die Dephosphorylierung des Komplexes stimuliert.
- Der second messenger cAMP hat keinen Einfluss auf die PDH.

MERKE

In phosphoryliertem Zustand ist der PDH-Komplex inaktiv, in dephosphoryliertem Zustand ist er aktiv.

Check-up

✔ **Rekapitulieren Sie die fünf Reaktionsschritte des Pyruvatdehydrogenase-Multienzymkomplexes und die Funktionen der beteiligten Coenzyme.**

5.3 Der Citratzyklus

Lerncoach

Die zentrale Bedeutung des Citratzyklus als Drehscheibe des Intermediärstoffwechsels können Sie sich anhand des „Black Box"-Modells (Abb. 5.5) klarmachen. Achten Sie darauf, dass der Citratzyklus sowohl für den Katabolismus (Abbau) als auch für den Anabolismus (Aufbau) eine wichtige Rolle spielt.

5.3.1 Überblick und Funktion

Der Citratzyklus steht im Zentrum des Intermediärstoffwechsels. Seine wichtigste Funktion besteht in der Umwandlung von **Acetyl-CoA** in 2 CO_2. Die dabei frei werdende Energie wird in Form von **$NADH+H^+$** und **$FADH_2$** fixiert und in der Atmungskette zur ATP-Synthese verwendet. Die Enzyme des Citratzyklus befinden sich, wie die der Atmungskette auch, im **Mitochondrium**. Diese lokale Nähe erleichtert den Übergang der reduzierten Coenzyme vom Citratzyklus in die Atmungskette.

Acetyl-CoA entsteht beim Abbau von Glucose, Fettsäuren und einiger Aminosäuren (**Abb. 5.4**). Damit ist der Zyklus die **zentrale Anlaufstelle** des Katabolismus dieser drei Stoffgruppen. Andererseits entstehen einige seiner Metaboliten im Aminosäure-Abbau oder als Ausgangsverbindungen der Biosynthese vieler Verbindungen. Die Drehscheibe Citratzyklus ist also auch ein **zentraler Ausgangspunkt** des Anabolismus.

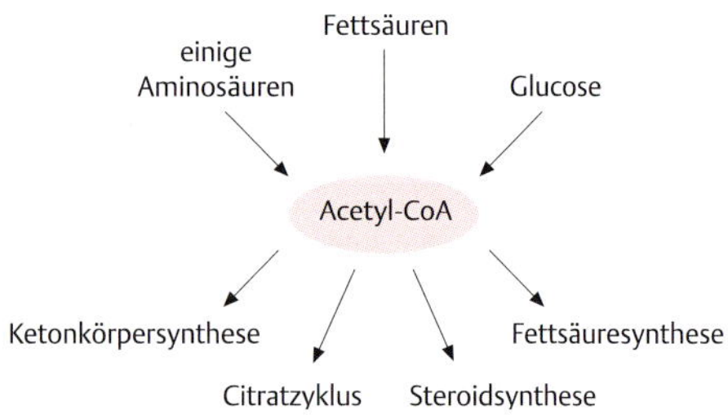

Abb. 5.4 Zentrale Stellung des Acetyl-CoA als Sammelbecken des Kohlenhydrat-, Fett- und Aminosäureabbaus

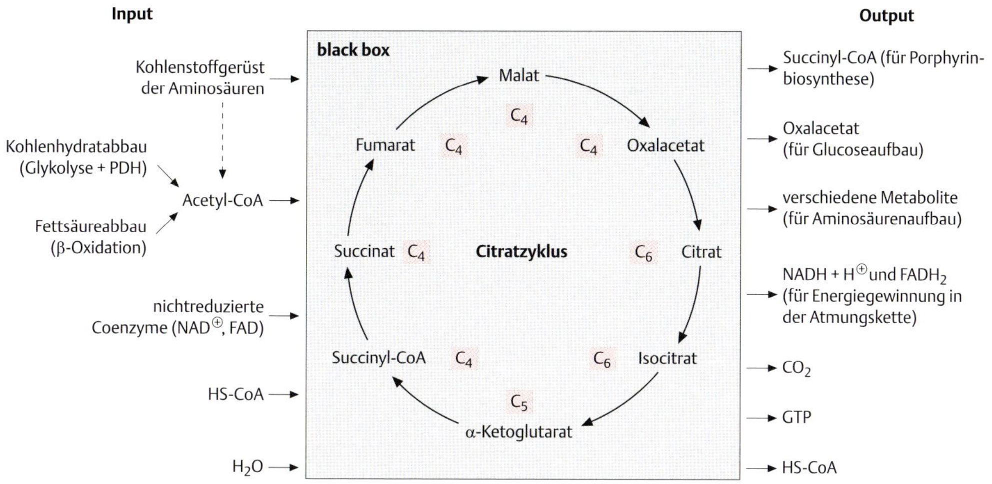

Abb. 5.5 „Black Box"-Modell des Citratzyklus

5.3.2 Das „Black Box"-Modell des Citratzyklus

Um die wichtige Stellung des Citratzyklus im Intermediärstoffwechsel besser zu verstehen, kann man ihn sich wie eine schwarze Kiste vorstellen („Black Box"). Dabei interessiert zunächst nicht, was in der Kiste passiert, sondern nur, was auf der einen Seite in die Kiste eingeführt (Input) und auf der anderen Seite ausgeführt wird (Output). In **Abb. 5.5** ist dies schematisch dargestellt. Im Zentrum des **Input** steht Acetyl-CoA. Aber auch die Kohlenstoffgerüste der Aminosäuren, die direkt in Zwischenprodukte des Citratzyklus umgewandelt werden, sind wichtige Eingangssubstrate. Ebenso wichtig auf der Seite des Input sind die Coenzyme NAD^+ und FAD, ohne die eine Konservierung der Energie, die beim Acetyl-CoA-Abbau frei wird, nicht möglich wäre.

Auf der Seite des **Output** stehen dann die reduzierten Coenzyme $NADH+H^+$ und $FADH_2$, die die aus dem Acetyl-CoA freigesetzte Energie gespeichert haben und weiter in die Atmungskette eingehen (s. S. 129). Ebenso zeigt der Output, dass der Zyklus auch wichtige Ausgangssubstanzen diverser Biosynthesen liefert. ATP selbst wird jedoch im Citratzyklus nicht gebildet, es entsteht lediglich ein GTP, das mit ADP zu ATP und GDP umgewandelt wird.

5.3.3 Die einzelnen Reaktionen

Lernen Sie die Formeln der Intermediärprodukte des Citratzyklus nicht einfach auswendig. Beginnen Sie den Zyklus beim Oxalacetat und folgen Sie den Verbindungen immer im Zusammenhang mit den Reaktionen, die sie eingehen.

Der Citratzyklus (**Abb. 5.6**) dient vor allem dem Abbau von Acetyl-CoA und der damit verbundenen Bereitstellung von $NADH+H^+$ und $FADH_2$ für die Atmungskette. Wird das Acetyl-CoA vollständig zu zwei CO_2 abgebaut, so lässt sich für den Umsatz im Citratzyklus folgende Reaktionsgleichung formulieren:

$$\text{Acetyl-CoA} + 3\,NAD^+ + FAD + GDP + 2\,H_2O + P_i \rightarrow 2\,CO_2 + CoA + 3\,NADH{+}H^+ + FADH_2 + GTP$$

5.3.3.1 Die Citratsynthase-Reaktion

Die **Citratsynthase** katalysiert die Übertragung von Acetyl-CoA auf Oxalacetat unter Bildung von **Citrat**. Bei dieser Reaktion wird Wasser eingeführt, das abgespaltene Coenzym A verlässt den Zyklus.

5.3.3.2 Die Aconitathydratase-Reaktion

Durch die **Aconitathydratase**, auch **Aconitase** genannt, wird der tertiäre Alkohol Citrat über das instabile Zwischenprodukt cis-Aconitat in den leich-

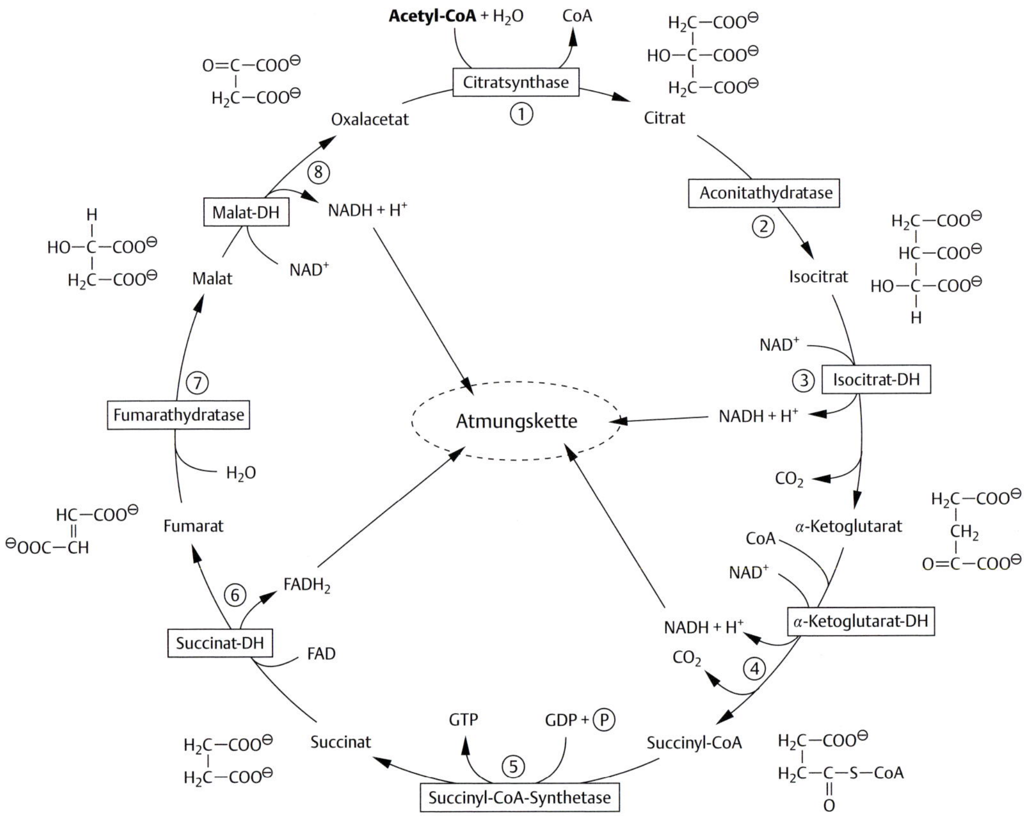

Abb. 5.6 Übersicht über die einzelnen Reaktionen des Citratzyklus (DH = Dehydrogenase; zu den Schritten 1–8 siehe Text)

5

ter oxidierbaren sekundären Alkohol **Isocitrat** verwandelt.

5.3.3.3 Die Isocitratdehydrogenase-Reaktion

Durch Decarboxylierung (Freisetzung von CO_2) von Isocitrat durch die **Isocitratdehydrogenase** entsteht **α-Ketoglutarat**. In dieser Reaktion entsteht **erstmalig NADH+H$^+$**.

5.3.3.4 Die α-Ketoglutarat-Dehydrogenase-Reaktion

Auch α-Ketoglutarat wird decarboxyliert. Enzym dieser Reaktion ist die **α-Ketoglutarat-Dehydrogenase**. Als Produkt entsteht **Succinyl-CoA**. In diesem Schritt wird das **zweite** reduzierte **NADH+H$^+$** gebildet. Die α-Ketoglutarat-Dehydrogenase ist wie der PDH-Komplex ein Multienzymkomplex (s. S. 121). Er funktioniert nach demselben Mechanismus wie die PDH über ein intermediäres Liponsäureamid. Es entsteht zuerst ein $FADH_2$, von dem dann die Wasserstoffatome auf NAD^+ übertragen werden.

5.3.3.5 Die Succinyl-CoA-Synthetase-Reaktion

Durch das Enzym **Succinyl-CoA-Synthetase** wird Succinyl-CoA in **Succinat** überführt. Die Energie, die bei der Spaltung der Thioesterbindung zwischen Succinylrest und CoA besteht, wird auf GDP übertragen. Es entsteht dadurch das energiereiche Triphosphat **GTP**, das energetisch einem ATP entspricht und in dieses umgewandelt werden kann.

5.3.3.6 Die Succinatdehydrogenase-Reaktion

Durch die **Succinatdehydrogenase** wird die zentrale Einfachbindung im Succinat in eine trans-Doppelbindung umgewandelt. Es entsteht dadurch Fumarat und ein reduziertes $FADH_2$.

5.3.3.7 Die Fumarathydratase-Reaktion

Die **Fumarathydratase**, auch **Fumarase** genannt, katalysiert die Hydratisierung von Fumarat zu **Malat**.

5.3.3.8 Die Malatdehydrogenase-Reaktion

Durch Umwandlung des sekundären Alkohols Malat durch die **Malatdehydrogenase** entsteht schließlich wieder **Oxalacetat**, das für eine neue Runde des Citratzyklus bereit ist. In diesem letzten Schritt entsteht das **dritte NADH+H$^+$**.

5.3.4 Die Energiebilanz

Sowohl aus der Reaktionsgleichung für den Citratzyklus (s. S. 125) als auch aus **Abb. 5.6** geht hervor, dass beim kompletten Abbau von einem Acetyl-CoA im Citratzyklus **3 NADH+H$^+$** und ein **FADH$_2$** entstehen. Diese werden in der Atmungskette in ATP verwandelt (vgl. S. 137). Dabei gilt:

- 1 NADH+H$^+$ liefert in der Atmungskette ~ 2,5 ATP.
- 1 FADH$_2$ liefert in der Atmungskette ~ 1,5 ATP.

Aus 3 NADH+H$^+$ und 1 FADH$_2$ erhält man in der Atmungskette also ~ 9 ATP.

Zusätzlich entsteht im Citratzyklus ein **GTP**, das energetisch einem ATP entspricht.

MERKE

Beim kompletten Abbau eines Moleküls Acetyl-CoA im Citratzyklus und der Atmungskette entstehen insgesamt ~ 10 ATP.

5.3.5 Die Regulation

Da Zwischenprodukte des Citratzyklus auch Bedeutung für andere Stoffwechselwege besitzen, müssen Einzelreaktionen auch ablaufen, wenn der Gesamtzyklus gehemmt ist. Es gibt daher kein Schlüsselenzym für die Regulation, wie es die Phosphofructokinase in der Glykolyse darstellt. Die Regulation des Citratzyklus beruht vor allem auf einer **Aktivierung** und **Hemmung** durch **Substrate** und **Metabolite**, die im Verlauf des Zyklus selbst entstehen (**Abb. 5.7**). Dabei ist es besonders wichtig, dass die Aktivität des Citratzyklus eng mit dem **Energiehaushalt** der jeweils betrachteten Zelle korreliert ist. Wenn es der Zelle energetisch gut geht, sie also viel NADH+H$^+$ und ATP zur Verfügung hat, ist die Aktivität des Zyklus gering. Andererseits ist die Aktivität des Zyklus besonders hoch, wenn es der Zelle energetisch schlecht geht, sie also einen hohen Gehalt an ADP und NAD$^+$ aufweist.

5

Im Vergleich zur Glykolyse ist die Regulation des Citratzyklus viel stärker von den Substraten, die er selbst bildet, abhängig. Umgekehrt haben **Hormone**, wie z. B. Insulin oder Glukagon, **keinen direkten Einfluss** auf die Aktivität der Citratzyklus-Enzyme. Drei Faktoren kontrollieren somit in erster Linie den Citratzyklus:

- **Das Substratangebot**: Vor allem ein hoher Gehalt an Acetyl-CoA und Oxalacetat beschleunigt den Citratzyklus.
- **Die Produkthemmung**: Im Zyklus entstandene Produkte hemmen das Enzym, durch das sie

Abb. 5.7 Übersicht über die Regulation des Citratzyklus

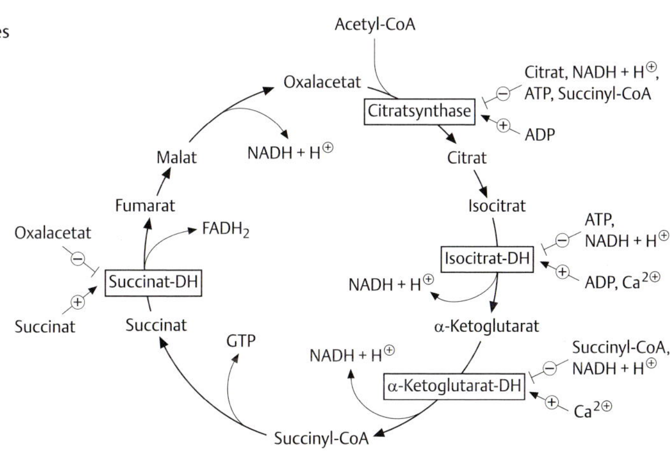

selbst gebildet wurden. So führt Citrat selbst zu einer Aktivitätsminderung der Citratsynthase. Gleiches gilt auch für NADH+H$^+$: Es hemmt die Citratsynthase, die Isocitrat-DH, die α-Ketoglutarat-Dehydrogenase und die Malatdehydrogenase.

- **Die Rückkopplungshemmung durch später im Zyklus entstandene Produkte:** Oxalacetat hemmt zum Beispiel die Succinatdehydrogenase.

Neben diesen drei Regulationsmechanismen sind **ATP, ADP und Ca^{2+}** in der Lage, die Aktivität des Citratzyklus zu modifizieren. Dabei übt ATP als Endprodukt der Atmungskette einen hemmenden Einfluss aus, während ADP und Ca^{2+} eine aktivierende Wirkung haben.

5.3.6 Der Citratzyklus als das amphibole Zentrum des Intermediärstoffwechsels

Anhand der Stoffwechselübersichten am Ende des Buches können Sie die Rolle des Citratzyklus als amphiboles Zentrum des Intermediärstoffwechsels gut erkennen und sich den Zusammenhang zwischen den Stoffwechselwegen klarmachen.

Wie im Black Box-Modell bereits angedeutet (s. S. 125), steht der Citratzyklus im Zentrum des Intermediärstoffwechsels. Er ist **amphibol**, hat also sowohl für den Abbau (Katabolismus) als auch für den Aufbau (Anabolismus) eine entscheidende Bedeutung **(Abb. 5.8)**. Viele **Aminosäuren** werden zu Intermediaten des Citratzyklus abgebaut. Gleichzeitig können aus einigen dieser Intermediate wieder Aminosäuren synthetisiert werden. Das gleiche Prinzip gilt für den **Kohlenhydratstoffwechsel**: Die Glykolyse mündet in den Citratzyklus, gleichzeitig dient der Citratzyklus aber auch als Ausgangspunkt für die Gluconeogenese. Auch für andere Biosynthesen **(Fettsäuren, Steroide, Porphyrine, Häm)** können Intermediate aus dem Citratzyklus abgezweigt werden.

Die Intermediate des Citratzyklus haben katalytische Funktion, d. h. sie werden regeneriert bzw. „wieder benutzt“. Damit der Citratzyklus effektiv ablaufen kann, müssen die Intermediate, die für den anabolen Stoffwechsel aus dem Zyklus entfernt werden, wieder ersetzt werden. Dies geschieht durch die **anaplerotischen Reaktionen** (sog. „Auffüllreaktionen“), die zur Bildung dieser Intermediate führen. Dazu gehört z. B. die Bildung von Oxalacetat aus Pyruvat durch die Pyruvatcarboxylase (s. S. 35).

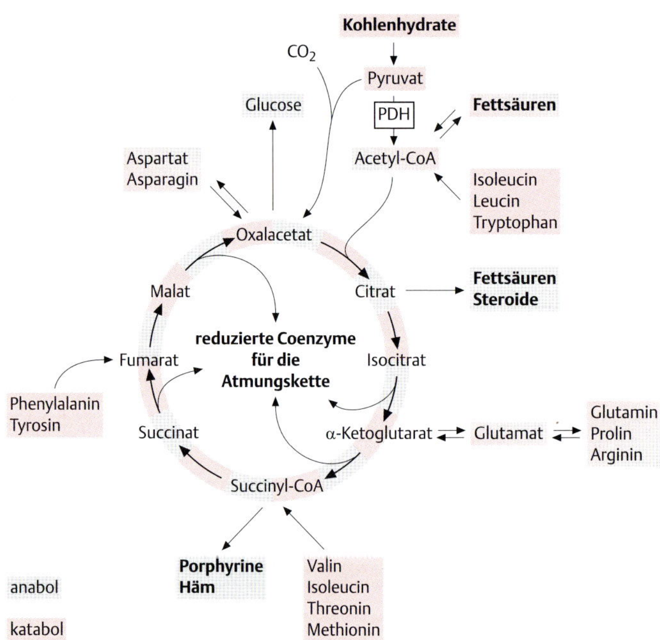

Abb. 5.8 Citratzyklus als das amphibole Zentrum des Intermediärstoffwechsels

Check-up

- ✔ **Wiederholen Sie die Reaktionen des Citratzyklus.**
- ✔ **Machen Sie sich klar, an welchen Stellen NADH+H⁺ bzw. $FADH_2$ und an welcher Stelle GTP gebildet wird.**
- ✔ **Schauen Sie sich auch noch einmal die Regulation des Citratzyklus an. Beachten Sie, welche Rolle dabei der Energiehaushalt der Zelle spielt.**

5.4 Die Atmungskette (oxidative Phosphorylierung)

Lerncoach

Der folgende Abschnitt verdeutlicht Ihnen Schritt für Schritt das Prinzip der Atmungskette: Mit Hilfe eines Protonengradienten wird Energie in Form von ATP zur Verfügung gestellt.

Versuchen Sie zunächst, einen Überblick über die fünf Komplexe der Atmungskette zu gewinnen. Verfolgen Sie dann den Fluss der Elektronen und Protonen durch die Atmungskette.

5.4.1 Überblick und Funktion

Die Funktion der Atmungskette besteht darin, ATP zu erzeugen, das dann energetisch ungünstige Reaktionen antreiben kann. Die **chemiosmotische Hypothese** von Mitchell aus dem Jahr 1961 besagt, dass Energie in einem Protonengradienten (H^+-Gradient) gespeichert wird, der über die innere Mitochondrienmembran aufgebaut wird. Die Energie zum Aufbau dieses Gradienten stammt von den reduzierten Coenzymen aus dem Citratzyklus und anderen katabolen Stoffwechselwegen. Freigesetzt wird die Energie dadurch, dass die Wasserstoffatome unter Bildung von H_2O auf Sauerstoff übertragen werden. Der Protonengradient dient dazu, um mit Hilfe einer ATP-Synthase die „Energiewährung" des Körpers, nämlich ATP, zu bilden.

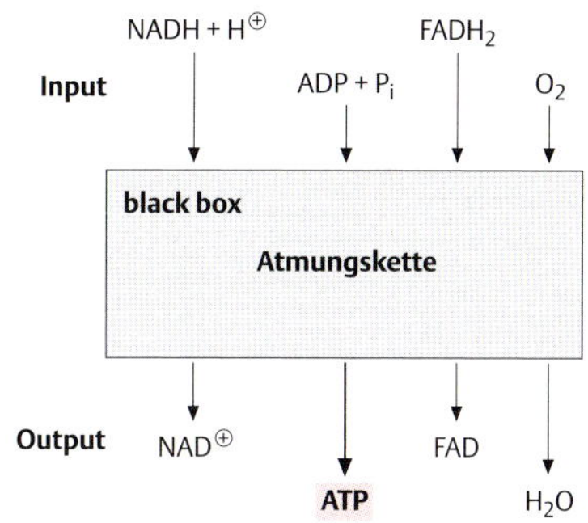

Abb. 5.9 „Black Box"-Modell der Atmungskette

5.4.2 Das „Black Box"-Modell der Atmungskette

Um das Prinzip der Atmungskette zu verstehen, kann man wiederum das „Black Box"-Modell zu Hilfe nehmen **(Abb. 5.9)**. Auf der Seite des Input stehen hier die reduzierten Coenzyme **NADH+H⁺** und **$FADH_2$, ADP, P_i** und **O_2**. Der Output der Atmungskette sind nichtreduzierte (oxidierte) Coenzyme **NAD⁺** und **FAD, ATP** und **H_2O**. Die Atmungskette produziert also ATP unter Reduktion von Sauerstoff zu Wasser.

5.4.2.1 Die Herkunft der reduzierten Coenzyme (Abb. 5.10)

Die wichtigsten Lieferanten von Reduktionsäquivalenten für die Atmungskette sind vor allem **NADH+H⁺** und **$FADH_2$**. Diese reduzierten Coenzyme entstehen hauptsächlich im Citratzyklus (s. o.) und bei der β-Oxidation (s. S. 55). Zwei NADH+H⁺ liefert die Glykolyse beim Abbau eines Hexosemoleküls zu Pyruvat (s. S. 24).

5.4.3 Die Atmungskette als Elektronentransportkette

In der Atmungskette wird letztlich aus den Wasserstoffatomen der reduzierten Coenzyme und dem Sauerstoff, den wir durch die Atmung aufnehmen, H_2O gebildet. Dabei wird Energie frei, die zur Bildung von ATP genutzt wird.

Die chemische Reaktion, die der Wasserbildung in der Atmungskette zugrunde liegt, ist die **Knallgasreaktion:**

$$H_2 + 1/2\ O_2 \rightarrow H_2O \quad \Delta G^0 = -235\ kJ/mol$$

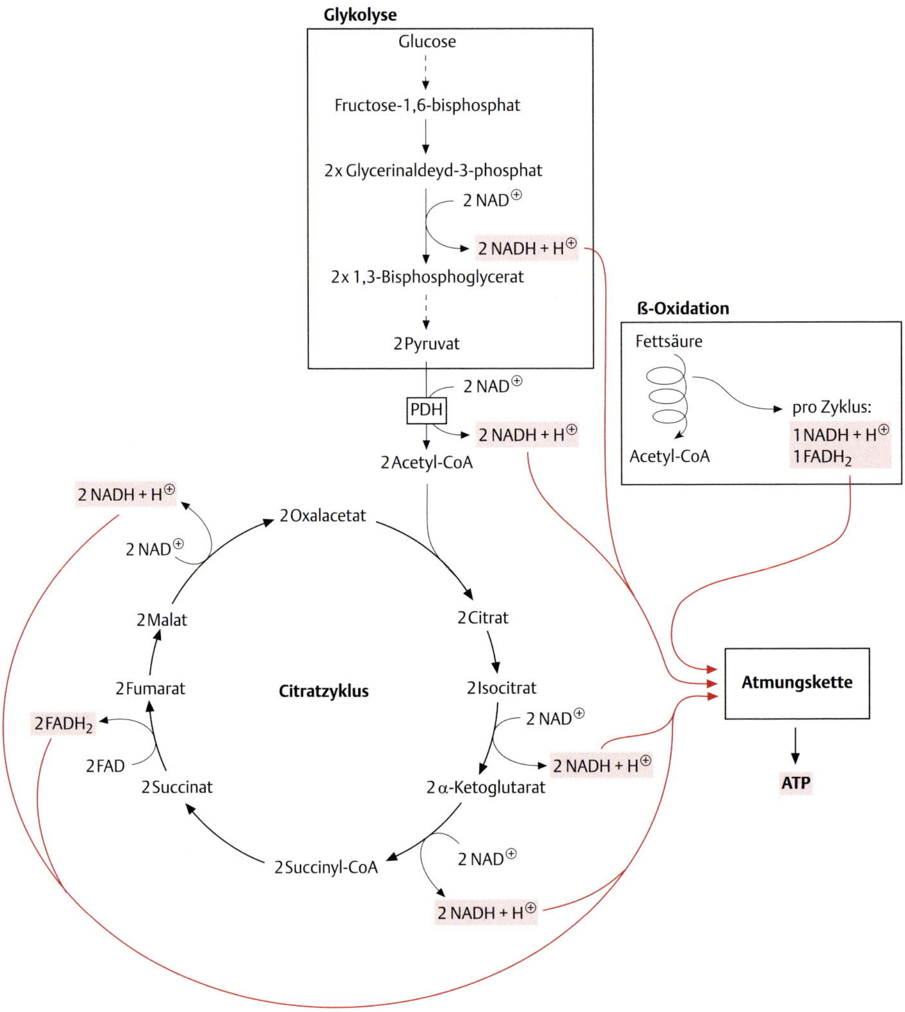

Abb. 5.10 Herkunft der reduzierten Coenzyme $NADH+H^+$ und $FADH_2$ für die Atmungskette

Diese Reaktion ist stark **exergon** und würde die Zelle in einer Mikroexplosion zerstören, wenn sie in einem Schritt als Knallgasreaktion ablaufen würde. Die Leistung der Atmungskette besteht nun darin, diese Reaktion so ablaufen zu lassen, dass die Zelle selbst dabei nicht zugrunde geht. Dazu wird die der Reaktion innewohnende Energie nicht auf einmal, sondern in mehreren kleinen Paketen freigesetzt. Das wird dadurch erreicht, dass die Elektronen, die bei dieser Reaktion vom Wasserstoff auf den Sauerstoff übertragen werden, schrittweise durch mehrere **Redoxsysteme** fließen, bevor sie mit dem Sauerstoff reagieren. Ein Redoxsystem ist eine Verbindung, die durch Elektronenabgabe bzw. Elektronenaufnahme vom reduzierten in den oxidierten Zustand übergehen kann und umgekehrt. Die Atmungskette enthält 4 solcher Redoxsysteme **(Komplexe I–IV)**, die alle unterschiedliche **Redoxpotenziale** besitzen, d. h. jedes hat eine andere Affinität zu Elektronen. Stehen mehrere solcher Redoxsysteme untereinander in Verbindung, fließen die Elektronen von dem System mit dem negativsten Redoxpotenzial zu demjenigen mit dem positivsten Redoxpotenzial. In der Atmungskette

Abb. 5.11 Übersicht über den Protonen- und Elektronenfluss durch die Atmungskette (Q = Coenzym Q = Ubichinon)

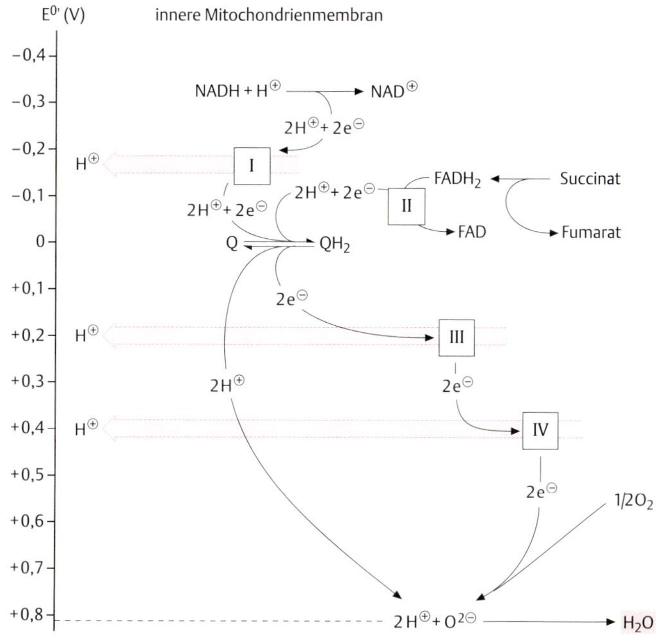

werden die Elektronen aus den reduzierten Coenzymen auf diese Weise von Komplex I zum Komplex IV transportiert.

Man könnte die Knallgasreaktion auch mit einem mächtigen Wasserfall vergleichen. Die Energie des Wassers bei Aufprall ist sehr hoch. Wenn man diesen Wasserfall nun über einige Staustufen verlaufen lässt, dann ist seine Energie sehr viel besser nutzbar. In **Abb. 5.11** ist die Atmungskette als ein Staustufensystem dargestellt. Vom **NADH+H⁺** fließen die Protonen und Elektronen in **Komplex I** der Atmungskette ein. Komplex I besitzt von allen Komplexen der Atmungskette das negativste Redoxpotenzial. Von dort geht der Fluss weiter bis in den **Komplex IV**. Die Elektronen werden schließlich auf **O_2** übertragen. Gemeinsam mit den Protonen aus den reduzierten Coenzymen entsteht nach der Gleichung $2H^+ + 1/2\ O_2 \rightarrow H_2O$ Wasser. Besonders wichtig ist dabei, dass die bei den einzelnen Elektronenübergängen frei werdende Energie genutzt wird, um Protonen durch eine Membran zu pumpen und so einen **elektrochemischen Gradienten** zu generieren. Das geschieht allerdings nur durch die Komplexe I, III und IV, Komplex II transportiert keine Protonen.

MERKE

In der Atmungskette fließen die Elektronen aus den Reduktionsäquivalenten wie in einem Staustufensystem von Redoxsystem zu Redoxsystem und geben dabei ihre Energie schrittweise ab.

5.4.4 Die Lokalisation der Atmungskette

Die Atmungskette ist in den **Mitochondrien** lokalisiert. Diese werden auch oft als „Kraftwerke der Zelle" bezeichnet, da in ihnen die oxidative Energiegewinnung stattfindet. Sie sind aus einer äußeren und einer inneren Membran aufgebaut (**Abb. 5.12**). Zwischen den beiden Membranen befindet sich der **Intermembranraum**. Der Raum, den die innere Membran auskleidet, heißt **Matrixraum**. In ihm befindet sich eine gelartige Substanz, in der vor allem die Enzyme und Substrate des oxidativen Stoffwechsels enthalten sind (z. B. des Citratzyklus). Die innere Mitochondrienmembran zeigt eine sehr starke Faltung, die man als **Cristae** bezeichnet. Diese Cristae erhöhen die Oberfläche der inneren Membran um ein Vielfaches.

Alle fünf Komplexe der Atmungskette (4 Redoxsysteme und die ATP-Synthase) sitzen in der **inneren Mitochondrienmembran**. Damit sind sie sowohl

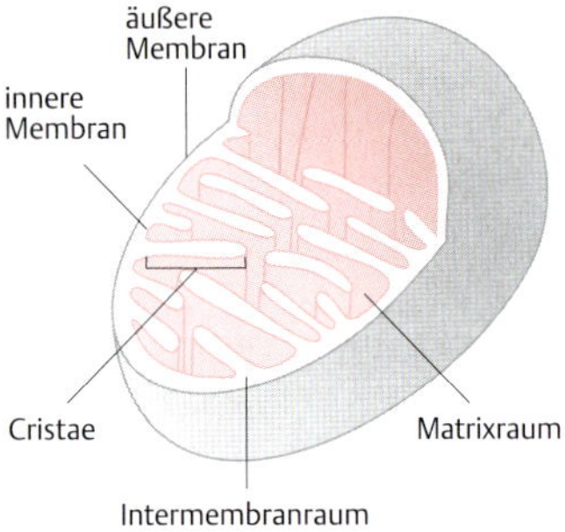

Abb. 5.12 Aufbau des Mitochondriums

dem Citratzyklus als auch der β-Oxidation der Fettsäuren räumlich sehr nahe. Die Einschleusung von reduzierten Coenzymen, die im Laufe des Citratzyklus und der β-Oxidation entstehen, kann somit direkt erfolgen. Auch das NADH+H$^+$, das im PDH-Komplex entsteht, wird direkt in die Atmungskette eingeführt, da die PDH ebenfalls in der mitochondrialen Matrix lokalisiert ist. Es ist also ein großer Vorteil, dass die Atmungskette den oxidativen Stoffwechselwegen, von denen sie mit NADH+H$^+$ und $FADH_2$ gespeist wird, direkt benachbart ist. Dies gilt für alle reduzierten Coenzyme, die in **Abb. 5.10** dargestellt sind. Die innere Mitochondrienmembran selbst dient zum Aufbau des elektrochemischen Protonengradienten (s. u.). Der pH-Wert im Matrixraum beträgt etwa 8, gegenüber 7,2 im Zytosol (und auch im Intermembranraum), sodass sich ein deutliches Membranpotenzial ergibt.

5.4.5 Der Transport der reduzierten Coenzyme vom Zytosol ins Mitochondrium

Da die Glykolyse im Zytosol der Zelle lokalisiert ist, ist der Transfer des NADH+H$^+$, das in der Glykolyse entsteht, in die Atmungskette etwas schwieriger. Die äußere Mitochondrienmembran enthält viele so genannte **Porine** und ist dadurch durchlässig für viele kleine Moleküle. Im Gegensatz dazu stellt die innere Membran der Mitochondrien eine fast unüberwindbare Hürde dar. Die innere Mitochondrienmembran ist hauptverantwortlich für den Aufbau eines Protonengradienten und muss deshalb für die meisten Moleküle schwer durchlässig sein. Das gilt auch für das zytosolisch gebildete NADH+H$^+$. Da dieses jedoch 2,5 ATP liefern kann, besitzt die Säugetierzelle mehrere Mechanismen, um Reduktionsäquivalente vom Zytosol ins Mitochondrium zu transferieren. Zwei davon werden hier erläutert.

5.4.5.1 Der Malat-Aspartat-Shuttle

Beim **Malat-Aspartat-Shuttle** **(Abb. 5.13)** wird das NADH+H$^+$ über Malat und Aspartat vom Zytosol ins Mitochondrium transportiert. Hierbei wird im ersten Schritt zunächst aus Aspartat Oxalacetat gebildet. Das geschieht durch die **Aspartattransaminase AST** (= GOT, s. S. 101), die gleichzeitig α-Ketoglutarat in Glutamat umwandelt (1) **(Abb. 5.13)**. Danach überträgt das **NADH+H$^+$** seine Protonen auf Oxalacetat. Dabei entsteht Malat (2). Malat wird nun im Austausch gegen α-Ketoglutarat vom Zytosol in den Matrixraum des Mitochondriums transportiert (3). Dort wird unter Regenerierung von **NADH+H$^+$** das Malat wieder in Oxalacetat rückverwandelt (4). Dieses wird wiederum durch die **AST** zu Aspartat transaminiert, wobei auch wieder α-Ketoglutarat aus Glutamat entsteht (5). Das Aspartat wird nun im Austausch gegen Glutamat ins Zytosol transportiert und steht für einen weiteren Transportzyklus zur Verfügung (6).
Die Komplexität dieses Systems zeigt, wie wichtig es für die Zelle ist, genau zu kontrollieren, welche Moleküle die innere Mitochondrienmembran überqueren.

5.4.5.2 Der Glycerophosphat-Shuttle

Durch den **Glycerophosphat-Shuttle** können ebenfalls Reduktionsäquivalente von zytosolisch gebildetem NADH+H$^+$ in das Mitochondrium transportiert werden **(Abb. 5.14)**. Dazu werden sie zunächst von der Glycerophosphat-Dehydrogenase auf Dihydroxyacetonphosphat (DHAP) übertragen. Das dadurch entstandene α-Glycerophosphat überträgt die Elektronen unter Bildung von enzymgebundenem **$FADH_2$** auf die Glycerophosphatoxidase oder Flavoproteindehydrogenase. Die Glycerophosphatoxidase ist an der Außenseite der inneren Mitochondrienmembran assoziiert. Das $FADH_2$ beliefert die Elektronentransportkette durch Übertragung der Elektronen auf Ubichinon.

5.4.6 Die einzelnen Komplexe der Atmungskette

Komplex I: Die NADH-Ubichinon-Reduktase

In Komplex I findet die Elektronenübertragung von NADH+H$^+$ auf **Ubichinon** statt, das auch **Coenzym Q** genannt wird. Das geschieht jedoch nicht direkt, sondern über zwei Zwischenschritte **(Abb. 5.15)**.

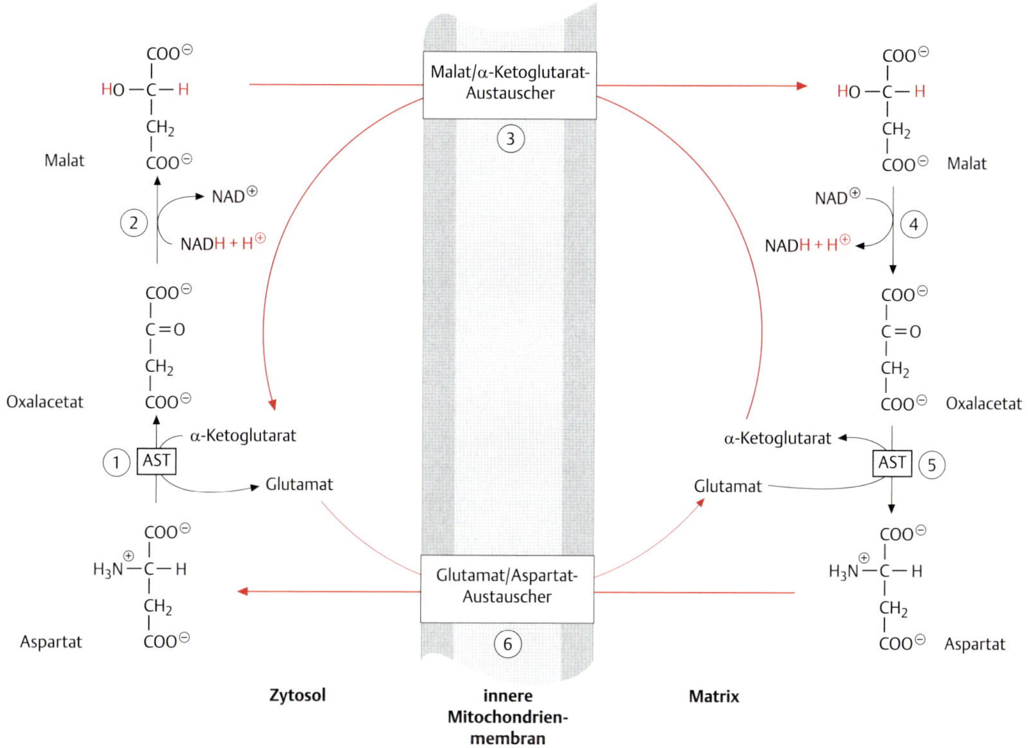

Abb. 5.13 Malat-Aspartat-Shuttle zum Transport von NADH+H+ vom Zytosol in das Mitochondrium (zu den Schritten 1–6 siehe Text)

Abb. 5.14 Glycerophosphatzyklus (DH = Dehydrogenase, GPOX = Glycerophosphatoxidase, Q = Ubichinon, QH2 = Ubichinol)

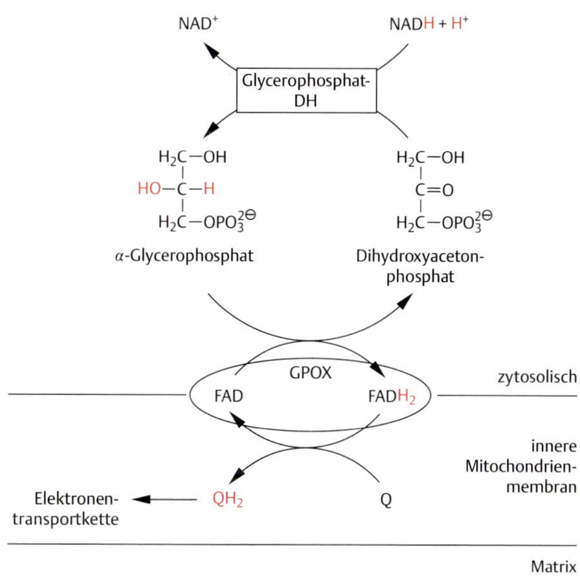

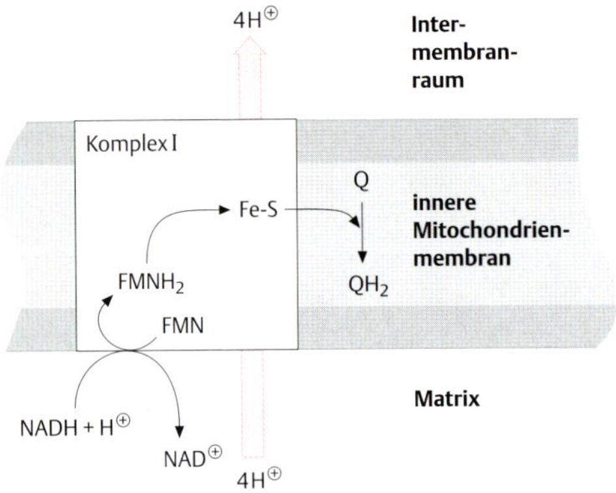

Abb. 5.15 Komplex I der Atmungskette: Übertragung von zwei Elektronen von NADH+H+ auf Ubichinon

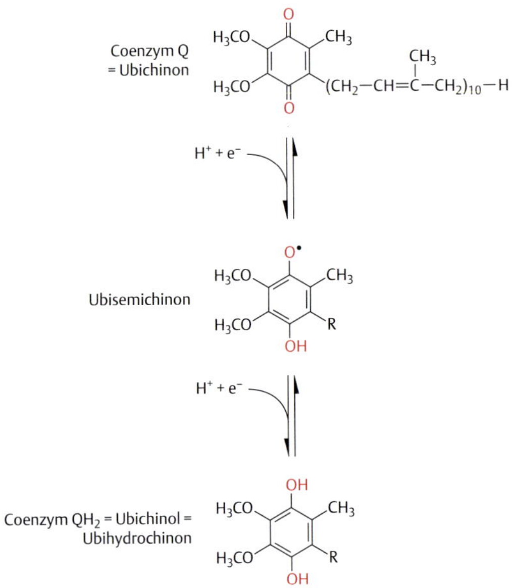

Abb. 5.16 Reduktion von Ubichinon zu Ubichinol

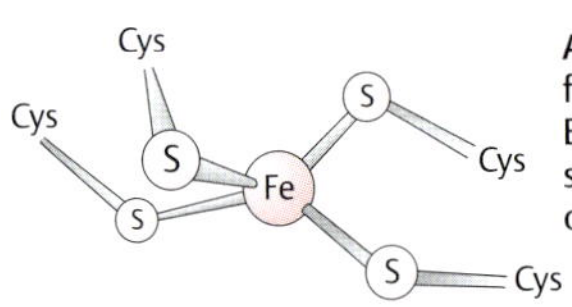

Abb. 5.17 Eisen-Schwefelcluster [1Fe – 0S]; das Eisen ist an 4 Cysteylreste seines Trägerproteins koordiniert

Komplex I enthält als prosthetische Gruppe **Flavinmononucleotid** (FMN, s. S. 182). Im ersten Schritt überträgt $NADH+H^+$ seine beiden Elektronen auf FMN. Das dabei reduzierte **$FMNH_2$** gibt diese Elektronen dann an so genannte **Eisen/Schwefel-Cluster** weiter, von denen sich mindestens sechs in Komplex I befinden. Von diesen erfolgt die Übertragung auf Ubichinon, das dadurch zu **Ubichinol** reduziert wird. Die Energie, die bei diesem Prozess frei wird, treibt vier Protonen vom Matrix- in den Intermembranraum.

Das Ubichinon/Ubichinol-System

Ubichinon oder Coenzym Q ist aus einem Chinon und einer Isoprenseitenkette aufgebaut. Strukturell hat es Ähnlichkeit mit den fettlöslichen Vitaminen E und K (s. S. 179). Wegen des lipophilen Schwanzes kann es sich frei in der inneren Mitochondrienmembran bewegen. Nach Aufnahme von zwei Protonen und zwei Elektronen wird es zu **Ubichinol** reduziert (**Abb. 5.16**), das auch als **Ubihydrochinon** oder **reduziertes Coenzym Q (QH_2)** bezeichnet wird.

Die Eisen-Schwefel-Cluster

Eisen-Schwefel-Cluster kommen in unterschiedlichen Varianten vor. Als prosthetische Gruppen sind sie an verschiedene Cysteinreste eines Proteins koordiniert. Je nach Anzahl von Eisen- und Schwefelatomen gibt es z. B. [1Fe-0S]-Cluster (**Abb. 5.17**), die 1 Eisen- und kein Schwefelatom besitzen. Andere Möglichkeiten sind die [2Fe-2S]-, die [3Fe–4S]- oder die [4Fe-4S]-Cluster. Herausragendes Merkmal dieser Cluster ist, dass sie durch die zwei möglichen Oxidationsstufen von Eisen, (+2 und +3), Elektronen aufnehmen bzw. wieder abgeben können.

5.4.6.1 Komplex II: Die Succinat-Ubichinon-Reduktase

Komplex II der Atmungskette ist gleichzeitig ein Enzym des Citratzyklus, nämlich die **Succinatdehydrogenase**. Es ist das einzige Enzym des Citratzyklus, das membrangebunden vorliegt. Die Aufgabe von Komplex II besteht darin, Wasserstoff von Succinat auf Ubichinon zu übertragen. Auch diese Übertragung verläuft über eine Zwischenstufe, in diesem Fall über **$FADH_2$** (**Abb. 5.18**). Weiterhin sind auch hier **Eisen-Schwefel-Cluster** am Elektronentransport beteiligt. Außerdem ist **Cytochrom b_{560}** im Komplex enthalten, allerdings weiß man noch nicht viel über dessen Funktion. Am Protonentransport ist Komplex II nicht beteiligt. Das ist auch der Grund dafur, dass $FADH_2$ in der Atmungskette nur ~ 1,5 ATP liefert, während die Ausbeute bei $NADH+H^+$ ~ 2,5 ATP beträgt.

MERKE

Als einziger der Komplexe I bis IV transloziert Komplex II keine Protonen in den Intermembranraum.

Das Sammelbecken Ubichinol

Ubichinol entsteht durch Elektronenübertragung in Komplex I und Komplex II aus Ubichinon. Daneben gibt es noch eine dritte Möglichkeit, Ubichinol zu gewinnen. Im ersten Schritt eines Zyklus in der β-Oxidation wird das Acyl-CoA zu Enoyl-CoA dehydriert (s. S. 58). Dabei entsteht eine Doppelbindung. Die beiden Wasserstoffatome werden in dieser Reaktion an FAD abgegeben. Das dadurch gebildete $FADH_2$ kann seine Wasserstoffatome ebenfalls an Ubichinon weiterleiten. Dazu ist jedoch kein eigener Komplex notwendig. Das $FADH_2$ gibt seine beiden Wasserstoffatome an ein elektronenübertragendes Flavoprotein **(ETF = electrontransfer flavoprotein)** ab. Dieses ETF reicht die Elektronen an die ETF-Ubichinon-Reduktase weiter, die sie schließlich auf Ubichinon überträgt.

MERKE

Reduziertes Ubichinol entsteht auf drei verschiedenen Wegen:

- **durch Übertragung der Elektronen von $NADH+H^+$ im Komplex I der Atmungskette**
- **durch Übertragung der Elektronen von $FADH_2$ im Komplex II der Atmungskette**
- **durch Übertragung der Elektronen von $FADH_2$, das beim Fettsäureabbau entsteht, durch ETF.**

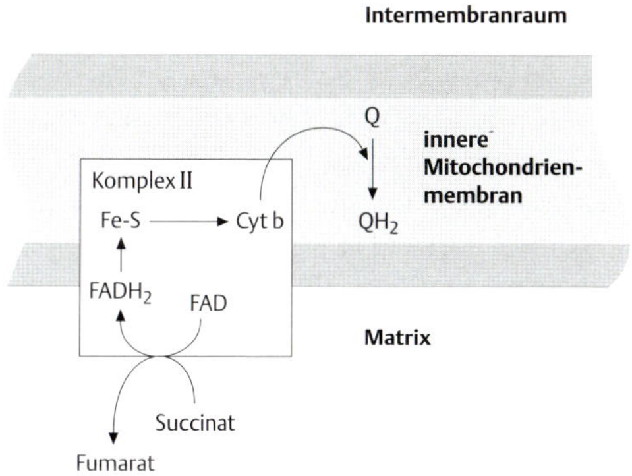

Abb. 5.18 Komplex II der Atmungskette: Übertragung der Wasserstoffatome von $FADH_2$ auf Ubichinon (IMM = innere Mitochondrienmembran)

5.4.6.2 Komplex III: Die Ubichinol-Cytochrom-c-Reduktase

Bis zu diesem Punkt ist auf drei verschiedenen Wegen reduziertes Ubichinol entstanden. Die Aufgabe von Komplex III besteht nun darin, die Elektronen von Ubichinol an **Cytochrom c** weiterzuleiten. Auch bei dieser Übertragung sind einige Faktoren zwischengeschaltet **(Abb. 5.19)**. Zunächst überträgt Ubichinol ein Elektron auf **Cytochrom b_{562}**. Von dort gelangt es über **Cytochrom b_{566}**, **Eisen-Schwefel-Cluster** und **Cytochrom c_1** schließlich zu **Cytochrom c**. Cytochrom c befindet sich im **Intermembranraum** und ist dort locker an die Außenseite der inneren Mitochondrienmembran gebunden. Die Aufgabe von Cytochrom c ist es, den Elektronentransport von Komplex III zu Komplex IV durchzuführen. Wie Komplex I ist auch Komplex III eine **Protonenpumpe**. Bei der Übertragung eines Elektronenpaars auf zwei Moleküle Cytochrom c werden insgesamt vier Protonen in den Intermembranraum befördert.

Die Cytochrome

Cytochrome sind **hämhaltige Proteine** (s. S. 299). Im sichtbaren Licht weisen die Absorptionsspektren der reduzierten Hämgruppen drei Peaks auf: α-, β- und γ-Peak. Der α-Peak ist jeweils charakteristisch für eine Gruppe von Cytochromen. Aufgrund dieser unterschiedlichen α-Peaks werden die Cytochrome in die **Cytochrome a, b und c** eingeteilt.

Die drei Gruppen unterscheiden sich neben unterschiedlichen Absorptionsspektren auch darin, dass

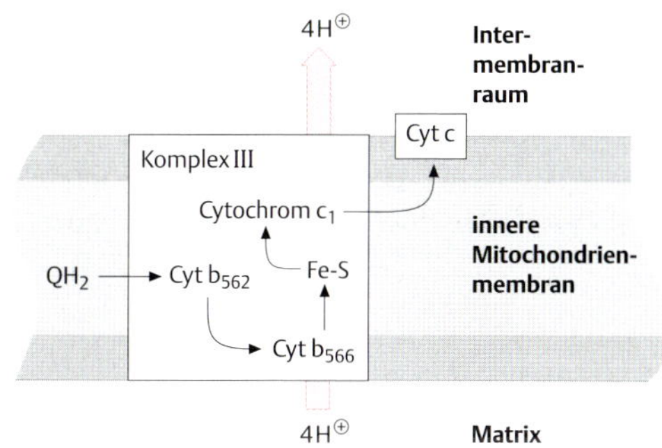

Abb. 5.19 Komplex III der Atmungskette: Übertragung der Elektronen von Ubichinol (QH_2) auf Cytochrom c

der Porphyrinring unterschiedlich substituiert ist. Cytochrome vom b-Typ beispielsweise enthalten einen Hämanteil, der dem des **Hämoglobins** entspricht. Im Cytochrom a enthält der Porphyrinring noch einen hydrophoben **Isoprenschwanz** und die Cytochrome vom c-Typ sind über zwei **Cysteinreste** an ein Protein gebunden. Die Indizes, die z. B. den Cytochromen in Komplex III der Atmungskette angehängt sind, erklären sich folgendermaßen: Cytochrom b_{562} hat einen charakteristischen α-Peak bei 562 nm, Cytochrom b_{566} bei 566 nm.

Die wichtigste Eigenschaft der Cytochrome besteht darin, dass ihre Hämgruppen ein **zentrales Eisenatom** enthalten. Es kann in der **dreiwertigen** oder **zweiwertigen** Form vorliegen. Diese Eigenschaft befähigt die Cytochrome, am Elektronentransport der Atmungskette teilzunehmen. Im Gegensatz zum Ubichinon, das zwei Elektronen aufnehmen kann, können die Cytochrome nur ein Elektron aufnehmen.

5

MERKE

Ubichinon kann zwei Elektronen aufnehmen, Cytochrome dagegen nur ein Elektron.

5.4.6.3 Komplex IV: Die Cytochrom-c-Oxidase

Komplex IV ist der letzte Komplex der Atmungskette, der am Elektronen- und Protonentransport beteiligt ist. Aufgabe von Komplex IV ist es, die Elektronen von **Cytochrom c** auf **Sauerstoff** zu übertragen **(Abb. 5.20)**. Wie in allen anderen Komplexen geschieht dies nicht direkt. Komplex IV enthält im Gegensatz zu den Komplexen I bis III keine Eisen-Schwefel-Cluster. Stattdessen sind zwei Cytochrome, nämlich **Cytochrom a** und **Cytochrom a_3**, sowie die beiden **Kupferatome Cu_a** und **Cu_b** am Elektronentransport beteiligt.

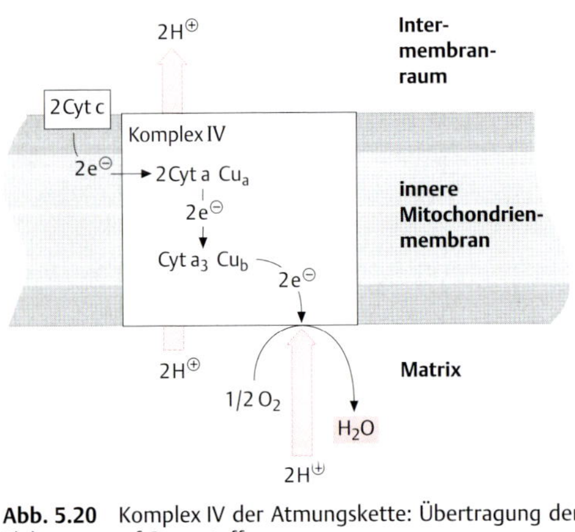

Abb. 5.20 Komplex IV der Atmungskette: Übertragung der Elektronen auf Sauerstoff

Cytochrom c überträgt sein Elektron, das es zuvor vom Ubichinol übernommen hat, zunächst auf Cytochrom a. Beteiligt an dieser ersten Reaktion ist auch Cu_a. Von dort gelangt das Elektron zu Cytochrom a_3 und Cu_b, die auch eine **O_2-Bindungsstelle** enthalten. Letztlich werden im Komplex IV nacheinander zwei Elektronen von Cytochrom c auf ein Sauerstoffatom übertragen:

$$2\ \text{Cytochrom}\ c^{2+} + 1/2\ O_2 \rightarrow 2\ \text{Cytochrom}\ c^{3+} + 1/2\ O_2^{2-}.$$

Gleichzeitig werden dem Matrixraum 4 Protonen entnommen. Zwei dieser Protonen verbinden sich mit dem zweifach negativ geladenen Sauerstoff zu Wasser:

$$1/2\ O_2^{2-} + 2\ H^+ \rightarrow H_2O.$$

Die anderen beiden Protonen werden in den Intermembranraum befördert.

Klinischer Bezug

Lebersche Optikusneuropathie: Bei der Entdeckung der Leberschen Optikusneuropathie fand man zum ersten Mal einen Hinweis darauf, dass Mutationen in der mitochondrialen DNA eine Rolle bei menschlichen Erkrankungen spielen. Die Lebersche Optikusneuropathie beruht auf Punktmutationen der mitochondrialen DNA, die zu Veränderungen von Untereinheiten von Komplex I oder manchmal Komplex IV der Atmungskette führen. Das mittlere Erkrankungsalter dieser erblichen Störung liegt bei 23 Jahren, wobei Männer 3- bis 4-mal häufiger betroffen sind als Frauen. Sie äußert sich durch Störungen des Farbsehens und einen schmerzlosen Verlust des Sehvermögens.

5.4.6.4 Komplex V: Die ATP-Synthase

Nach der oben erwähnten chemiosmotischen Hypothese wird der von Komplex I, III und IV aufgebaute Protonengradient genutzt, um ATP zu produzieren. Dieser als **oxidative Phosphorylierung** bezeichnete Prozess ist die Aufgabe von Komplex V.

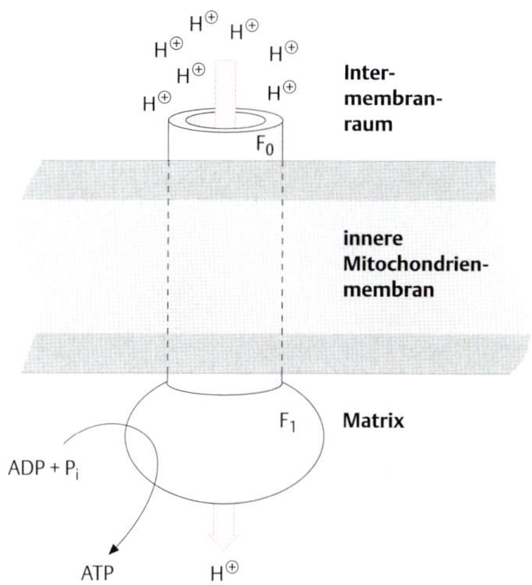

Abb. 5.21 Komplex V der Atmungskette (Schematischer Aufbau; F_0 = Protonenkanal, F_1 = katalytische Einheit)

Komplex V der Atmungskette ist aus zwei verschiedenen Untereinheiten aufgebaut, dem **F_0-** und dem **F_1-Anteil** (**Abb. 5.21**). F_0 ist ein **Protonenkanal**, durch den die Protonen aus dem Intermembranraum in die Matrix zurückfließen können. Der F_1-Anteil ist die eigentliche **katalytische Einheit** von Komplex V. Er sitzt dem Protonenkanal wie ein kleines Köpfchen auf und ragt in die Matrix hinein. F_1 ist aus fünf verschiedenen Untereinheiten, nämlich 3 α-, 3 β- und jeweils einer γ-, δ- und ε- Untereinheit aufgebaut. Er produziert energiereiches ATP aus ADP und P_i.

Die ATP-Synthese

Um **ein ATP** aufzubauen, müssen etwa **drei Protonen** durch Komplex V hindurchfließen. Da die Atmungskette bei kompletter Oxidation von NADH+H^+ etwa 12 Protonen in den Intermembranraum transportiert (s. u.), würde man einen Gewinn von 4 ATP erwarten. Tatsächlich ist dieser Wert jedoch niedriger. Er liegt für NADH+H^+ bei etwa **2,5 ATP**. Der Grund dafür ist der **Cotransport von P_i und H^+** in das Mitochondrium. Dabei wird pro P_i, das zur ATP-Produktion in die Matrix befördert wird, ein Proton aus dem Intermembranraum wieder zurück in die Matrix transportiert. Dem Protonengradienten geht dadurch ein Proton für die ATP-Synthese verloren.

Da H^+ noch an anderen Transportvorgängen beteiligt ist, werden auch nicht 3, sondern etwas weniger als 3 ATP gewonnen. Werden Elektronen erst auf der Stufe des Ubichinons in die Atmungskette eingeschleust, also unter Umgehung von Komplex I, so liegt der ATP-Gewinn bei etwa **1,5**.

Als Maß für den Energiegewinn wurde der **P/O-Quotient** eingeführt. Er beschreibt, wie viele ATP-Moleküle pro Sauerstoffmolekül, und damit pro gebildetem Wassermolekül (H_2O), aus ADP und P_i gebildet werden. Für **NADH+H^+** liegt der P/O-Quotient bei **2,5**, für **$FADH_2$** beträgt er etwa **1,5**.

5.4.7 Die Protonenausbeute in der Atmungskette

Die ersten vier Komplexe der Atmungskette veranlassen die reduzierten Coenzyme NADH+H^+ und $FADH_2$ ihre Wasserstoffatome abzugeben. Dabei werden die Elektronen letztlich auf Sauerstoff übertragen. Dieser verbindet sich dann mit Protonen zu Wasser. Außerdem wird durch diesen Elektronentransport Energie frei, die dazu genutzt wird, um Protonen von der Matrix des Mitochondriums in den Intermembranraum zu befördern. An diesem Protonentransport sind folgende Komplexe beteiligt:

- **Komplex I**: Pro NADH+H^+ werden **4 Protonen** befördert.
- **Komplex III**: Pro Ubichinol werden ebenfalls **4 Protonen** in den Intermembranraum transportiert.
- **Komplex IV**: Pro entstandenem Wassermolekül werden 2 Protonen vom Matrixraum verwendet. Zusätzlich werden 2 Protonen in den Intermembranraum gepumpt. Die Transportleistung von Komplex IV beträgt darum ebenfalls **4 Protonen**.

Insgesamt sind also die Komplexe I, III und IV an einer Verschiebung von je 4 Protonen in den Intermembranraum beteiligt. Komplex II nimmt am Protonentransport nicht teil.

Der Protonentransport über die innere Mitochondrienmembran lässt sich folgendermaßen zusammenfassen: Pro NADH+H^+, das am Komplex I in die Atmungskette eintritt, werden im Verlauf der Atmungskette 12 Protonen in den Intermembranraum befördert. Da $FADH_2$ unter Umgehung von Komplex I Eingang in die Atmungskette findet, kann es den Transport von maximal 8 Protonen antreiben.

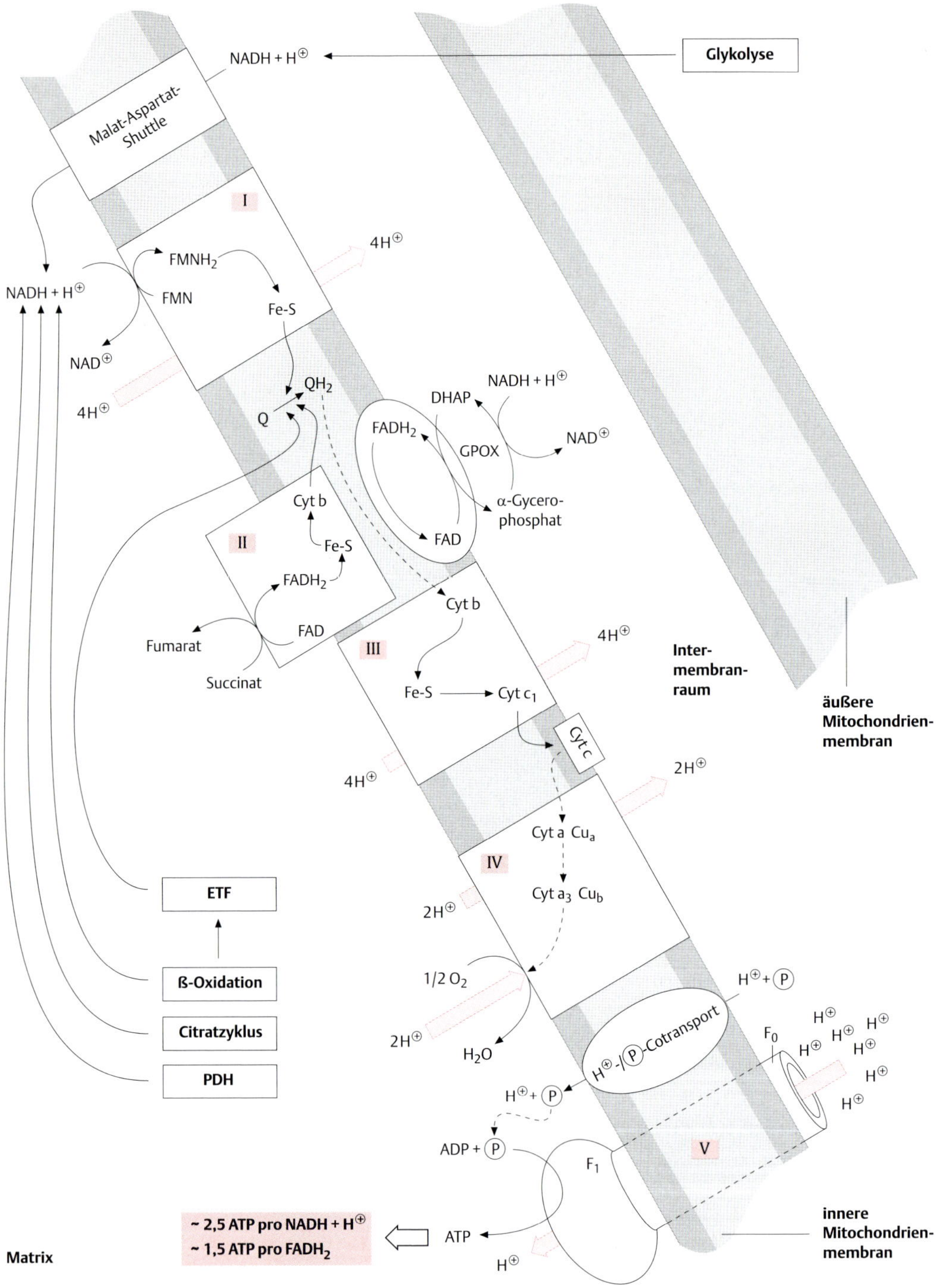

Abb. 5.22 Übersicht über die Atmungskette und die oxidative Phosphorylierung

MERKE

- **Pro NADH+H⁺ werden in der Atmungskette 12 Protonen in den Intermembranraum gepumpt.**
- **Pro $FADH_2$ werden in der Atmungskette 8 Protonen in den Intermembranraum gepumpt.**

5.4.8 Zusammengefasst: Die Vorgänge in der Atmungskette

Die wichtigste Aufgabe des oxidativen Stoffwechsels ist die **Bildung von reduzierten Coenzymen**. Die aus der β-Oxidation, dem Aminosäureabbau, dem Citratzyklus und der PDH-Reaktion stammenden reduzierten Coenzyme werden zur Energiegewinnung in die Atmungskette eingeschleust. Dort wird **Wasserstoff** auf **Sauerstoff** übertragen und es entsteht **Wasser**.

Eine direkte Übertragung des Wasserstoffs auf Sauerstoff (Knallgas-Reaktion) würde die Zelle zerstören. Deshalb werden die Reduktionsäquivalente **schrittweise** in nutzbare chemische Energie umgewandelt. Dazu werden die Wasserstoffatome zunächst auf **Ubichinon** übertragen. Dies geschieht durch **Komplex I**, der die Übertragung der Reduktionsäquivalente von **NADH+H⁺** katalysiert. **Komplex II** (= Succinatdehydrogenase des Citratzyklus) enthält **$FADH_2$** als prosthetische Gruppe und überträgt dessen Wasserstoffatome auf Ubichinon. Außerdem werden die Reduktionsäquivalente des bei der β-Oxidation entstehenden $FADH_2$ (s. S. 57) mit Hilfe eines Elektronen transferierenden Flavoproteins **ETF** (s. S. 135) auf Ubichinon übertragen. Auch die **Glycerophosphatoxidase** in der inneren Mitochondrienmembran kann Wasserstoffatome von NADH+H⁺ aus dem Zytosol über $FADH_2$ auf Ubichinon übertragen. Bei der Übertragung von Wasserstoff wird Ubichinon zu Ubichinol reduziert. Ubichinol stellt also einen Sammelpool für alle Reduktionsäquivalente dar, die Eingang in die Atmungskette finden.

Vom Ubichinol werden die Elektronen zu **Komplex III** der Atmungskette transportiert. Es folgt dort die Umladung der Elektronen auf **Cytochrom c**, das sich an der Außenseite der inneren Mitochondrienmembran befindet. Cytochrom c leitet die Elektronen an **Komplex IV** weiter, der sie schließlich auf **Sauerstoff** überträgt. Der dadurch negativ geladene Sauerstoff verbindet sich mit **Protonen** aus dem Matrixraum zu **Wasser**. Gleichzeitig wird die Energie der Elektronenübertragungen von den Komplexen I, III und IV genutzt, um einen **Protonengradienten** über die innere Mitochondrienmembran aufzubauen. Dieser Gradient ist die Voraussetzung für die **ATP-Produktion** durch **Komplex V**. Da die innere Mitochondrienmembran für geladene Teilchen wie H⁺ nicht frei permeabel ist, fließen die Protonen bevorzugt durch den **F_0-Anteil** von Komplex V zurück in die Matrix. Dadurch verändert sich die Konformation von F_1, das somit in der Lage ist, ATP zu bilden.

5.4.9 Der Transport von ATP aus dem Mitochondrium in das Zytosol

Bei der oxidativen Phosphorylierung entsteht viel ATP. Dieses ATP muss nun der gesamten Zelle zur Verfügung gestellt werden, d. h. es muss aus dem Mitochondrium ins Zytosol transportiert werden. Dazu gibt es in der inneren Mitochondrienmembran den **ATP/ADP-Translokator**. Das ist ein spezieller Transporter, der ATP im Austausch gegen ADP aus dem Matrixraum befördert. Bei diesem Transport wird ATP, das vier negative Ladungen besitzt, gegen ADP mit drei negativen Ladungen ausgetauscht. Mit jedem Transportvorgang wird daher eine negative Ladung aus dem Mitochondrium herausgeschafft. Angetrieben wird dieser Transport durch das **Membranpotenzial der inneren Mitochondrienmembran**. Da die Membran außen positiv geladen ist, erfolgt der Transport negativer Ladungen von innen nach außen entlang dem elektrischen Gefälle über die Membran (entsprechend dem Streben nach Ladungsausgleich).

Wird der ATP/ADP-Translokator gehemmt (z. B. durch Atractylosid, **Tab. 5.2**), gelangt nicht genügend ADP ins Mitochondrium und die Oxidation der reduzierten Coenzyme kommt zum Erliegen.

5.4.10 Die Hemmung der Atmungskette

Verschiedene Substanzen sind in der Lage, die Atmungskette zu hemmen. In **Tab. 5.2** sind die wichtigsten Hemmstoffe der Atmungskette sowie ihr Angriffspunkt angegeben.

Tabelle 5.2

Hemmstoffe der Atmungskette	
Substanz	**Wirkort/Mechanismus**
Barbiturate, Rotenon	Blockade der Atmungskette in Komplex I zwischen FMN und Ubichinon
Antimycin A	Blockade der Atmungskette in Komplex III zwischen Cytochrom b und Cytochrom c
HCN, CO, H_2S	Blockade der Atmungskette in Komplex IV zwischen Cytochrom a und Sauerstoff
Oligomycin	Hemmung der ATP-Synthase (Komplex V)
Entkoppler (2,4-Dinitrophenol, Chlorcarbonylcyanidphenylhydrazon [CCCP])	Transport von Protonen durch die innere Mitochondrienmembran → dadurch bricht das über die innere Mitochondrienmembran aufgebaute Potenzial zusammen. Der Elektronentransport vom $NADH+H^+$ zum O_2 läuft normal. Da der Protonengradient jedoch zusammenbricht, wird kein ATP erzeugt. Stattdessen wird die Energie als **Wärme** frei
Atractylosid	ATP/ADP-Translokator, Hemmung durch Festhalten in einer Konformation

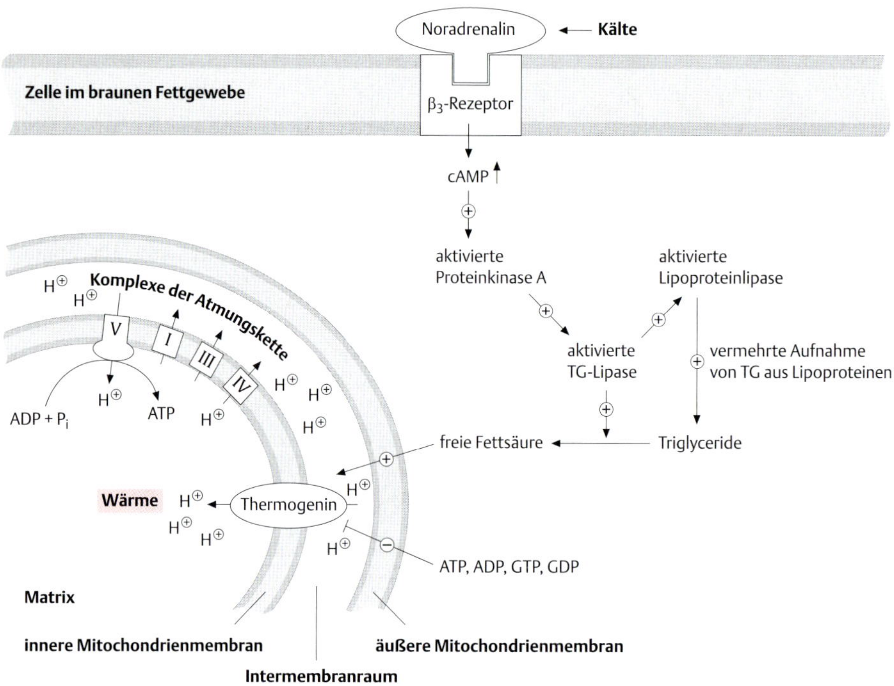

Abb. 5.23 Entkopplung der oxidativen Phosphorylierung durch das Kanalprotein Thermogenin

5.4.11 Die Entkopplung der oxidativen Phosphorylierung im braunen Fettgewebe

Braunes Fettgewebe kommt typischerweise bei winterschlafenden Tieren, aber auch bei **Neugeborenen** vor, Erwachsene besitzen nur noch Reste von braunem Fettgewebe. Im Vergleich zum weißen Fettgewebe enthält es sehr **viele Mitochondrien**, deren Cytochrome die makroskopisch sichtbare braune Farbe bedingen. Das braune Fettgewebe hat die Hauptaufgabe, den Körper mit Wärme zu versorgen. Dazu wird ein spezielles Kanalprotein – **Thermogenin** – exprimiert. Es durchspannt die innere Mitochondrienmembran **(Abb. 5.23)**. Da es für Protonen durchlässig ist, führt dies zu einem Zusammenbruch des durch die Atmungskette aufgebauten Protonengradienten. Die Folge ist, dass die

ATP-Synthese aufgrund des fehlenden Gradienten eingeschränkt ist. Stattdessen wird **Wärme** erzeugt. Aktiviert werden die braunen Fettzellen über **β_3-Rezeptoren**. Eine Bindung von **Noradrenalin** an diesen Rezeptor führt über eine Erhöhung der cAMP-Konzentration zu einer Aktivierung der **Triacylglycerinlipase** (s. S. 55). Dieses Enzym setzt Fettsäuren aus Triacylglycerinen frei. Durch freie Fettsäuren wird das Kanalprotein Thermogenin direkt **aktiviert**. Dahingegen führen Nucleotid-Phosphate, wie ATP, ADP, GTP und GDP, zu einer **Hemmung** von Thermogenin. Neben einer Aktivierung der Triacylglycerinlipase aktiviert Noradrenalin auch die **Lipoproteinlipase**, die die intrazelluläre Konzentration an Fetten erhöht (s. S. 263). Immerhin führt die Wärmeproduktion durch braunes Fettgewebe in der Aufwachphase vom Winterschlaf bei Tieren zu einer Erhöhung der Körpertemperatur von 8 °C auf 37 °C innerhalb von etwa 2 h.

5.4.12 Das ATP – die „Energiewährung" unseres Körpers

Am Ende der Atmungskette entsteht ATP, das aus ADP regeneriert wurde. Die frei werdende chemische Energie des Glucose-, Fettsäure- und Aminosäureabbaus wird also in diesem Molekül fixiert.

5.4.12.1 Die „energiereiche" Verbindung ATP

ATP (Adenosintriphosphat) ist aufgebaut aus **Adenin, Ribose** und **drei Phosphatresten** (**Abb. 5.24**). Der erste Phosphatrest ist mit der Ribose verestert. Die Phosphatreste selbst sind über **Säureanhydridbindungen** (s. S. 422) miteinander verbunden. Energiereich sind vor allem die zwei Säureanhydridbindungen zwischen den drei Phosphatresten. Sie sind deshalb energiereich, weil sie leicht gespalten und die Phosphatreste auf andere Moleküle übertragen werden können. Anstatt von einer energiereichen Verbindung zu sprechen, ist es deshalb korrekter, das ATP als eine Verbindung mit einem **hohen Gruppenübertragungspotenzial** zu bezeichnen. Dieses hohe Gruppenübertragungspotenzial ist in erster Linie dadurch bedingt, dass im ATP 4 negative Ladungen benachbart sind, die sich gegenseitig abstoßen. Das Molekül ist darum nur dadurch stabil, dass 2 Ladungen durch Mg^{2+} neutralisiert werden. Durch Abspaltung von 1 oder 2

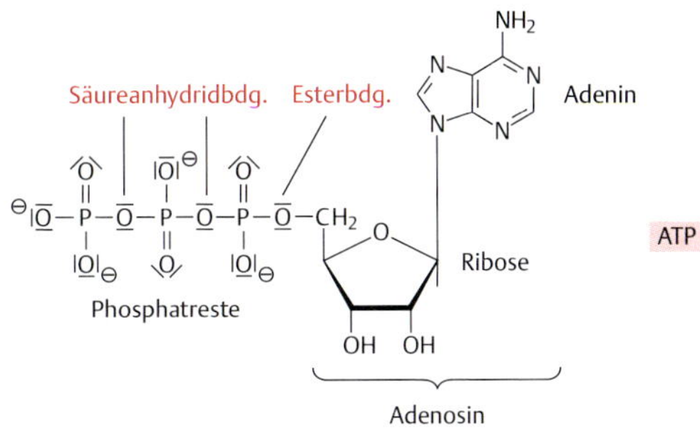

Abb. 5.24 Struktur von Adenosintriphosphat (ATP)

Phosphatresten geht das Molekül darum in einen thermodynamisch stabileren Zustand über.

Bei der Hydrolyse von ATP zu ADP und P_i wird Energie frei, d. h. das Gleichgewicht der Reaktion liegt auf der Seite des ADP:

$$ATP + H_2O \rightarrow ADP + P_i \; \Delta G^{0'} = -30{,}5 \text{ kJ/mol}$$

Dafür gibt es verschiedene Gründe:

- Die Hydrolyseprodukte von ATP, also ADP + P_i oder AMP + PP_i, sind besser **resonanzstabilisiert** als das ATP selbst. D.h. die aneinander gebundenen Phosphorylgruppen konkurrieren um die Elektronen des sie verbindenden Sauerstoffatoms. Wird eine Phosphatgruppe abgespalten, so fällt diese Konkurrenz weg. Dies begünstigt die Hydrolyse des ATP zu ADP + P_i.
- Wie **Abb. 5.24** zeigt, tragen die Phosphatgruppen des ATP vier **negative Ladungen**. Diese Ladungen stoßen sich gegenseitig ab, was die Abspaltung einer oder mehrerer Phosphatgruppen unterstützt (s. o.).
- Das ATP weist eine geringere **Solvatationsenergie** auf als seine hydrolysierten Produkte. Solvatationsenergie ist die Energie, die freigesetzt wird (negativer Wert), wenn ein Stoff in Lösung geht. Die hydrolysierten Produkte liegen daher bevorzugt vor, weil sie eine größere Solvatationsenergie als ATP haben.

Die Hydrolyse von ATP ist stark **exergon**. Dennoch sind die Säureanhydridbindungen relativ stabil. Das ist wichtig, damit das ATP nicht gleich nach der Bildung wieder zerfällt. Besonders in Anwesenheit eines Enzyms wird ATP jedoch leicht hydrolysiert.

Die stark exergone Hydrolyse von ATP kann an Prozesse gekoppelt sein, die endergon sind, also Ener-

Tabelle 5.3

Verbindungen mit hohem Gruppenübertragungspotenzial	
energiereiche Verbindung	**Gruppenübertragungspotenzial**
Phosphoenolpyruvat	– 62 kJ/mol
1,3-Bisphosphoglycerat	– 50 kJ/mol
Kreatinphosphat	– 42 kJ/mol
Acetyl-CoA	– 35 kJ/mol
Glycerinphosphat	– 30 kJ/mol

gie benötigen. Ein Beispiel für eine solche Reaktion ist die Hexokinase-Reaktion, also der erste Schritt der Glykolyse (s. S. 24). Die Phosphorylierung von Glucose ist endergon ($\Delta G^{0'}$ = + 14 kJ/mol). Sie läuft daher nicht freiwillig ab. Erst durch die gleichzeitige Hydrolyse von ATP ($\Delta G^{0'}$ = –30,5 kJ/mol) kann die Reaktion ablaufen:

Glucose + P_i → Glucose-6-P	$\Delta G^{0'}$: +14 kJ/mol
ATP + H_2O → ADP + P_i	$\Delta G^{0'}$: –30,5 kJ/mol
Gesamtreaktion	$\Delta G^{0'}$: –16,7 kJ/mol

Andere Verbindungen mit hohem Gruppenübertragungspotenzial sind in **Tab. 5.3** zusammengefasst. ATP mit einem Gruppenübertragungspotenzial von –30,5 kJ/mol steht am unteren Ende der in **Tab. 5.3** genannten Verbindungen. Damit kann es sowohl als Phosphatgruppendonor als auch als Phosphatgruppenakzeptor dienen. ATP wird darum nicht nur im Zuge der oxidativen Phosphorylierung, sondern auch durch Umwandlung von 1,3-Bisphosphoglycerat zu 3-Phosphoglycerat, Phosphoenolpyruvat zu Pyruvat und indirekt von Succinyl-CoA zu Succinat gebildet. Man bezeichnet diese Form der ATP-Synthese als **Substratketten-Phosphorylierung**. Dagegen ist die Bildung von Kreatinphosphat aus ATP bzw. die Bildung von ATP aus Kreatinphosphat eine **Transphosphorylierung**, bei der in keiner Richtung nutzbare Energie frei wird.

5.4.12.2 Die ATP-Ausbeute bei vollständiger Oxidation von Glucose

Am Beispiel des vollständigen Abbaus eines Moleküls Glucose zu H_2O und CO_2 soll gezeigt werden, in wie viele Moleküle der allgemeingültigen „Energiewährung" ATP der Körper die in einem Molekül Glucose steckende Energie umtauschen kann.
Die vollständige Oxidation der Glucose über Glykolyse, PDH, Citratzyklus und Atmungskette erfolgt nach folgender Gleichung:

$$C_6H_{12}O_6 + 6\ O_2 \rightarrow 6\ CO_2 + 6\ H_2O$$

Die dabei frei werdende Energie wird zu einem kleinen Teil bereits im Verlauf von Glykolyse und

Tabelle 5.4

ATP-Ausbeute beim vollständigen Glucoseabbau	
Reaktion	**ATP-Ausbeute**
Glykolyse (Zytosol): Glucose → Glucose-6-phosphat Fructose-6-P → Fructose-1,6-bisphosphat 2 x 1,3-BPG → 2 x 3-Phosphoglycerat 2 x PEP → 2 x Pyruvat Glycerinaldehyd-3-P → 1,3-BPG: 2 x NADH+H⁺	 - 1 ATP - 1 ATP + 2 ATP + 2 ATP
Pyruvatdehydrogenase (Mitochondrium) I: 2 NADH+H⁺	
Citratzyklus (Mitochondrium) II: 2 x Succinyl-CoA → 2 Succinat insgesamt 2x3, also 6 NADH+H⁺ insgesamt 2x1, also 2 $FADH_2$	 +2 GTP (energetisch gleich 2ATP)
Atmungskette und oxidative Phosphorylierung (Mitochondrium): 2 NADH+H⁺ aus Glykolyse, jeweils 2,5 ATP (bei Transport durch Malat-Aspartat-Shuttle) 2 NADH+H⁺ aus PDH, jeweils 2,5 ATP 6 NADH+H⁺ aus Citratzyklus, jeweils 2,5 ATP 2 $FADH_2$ aus Citratzyklus, jeweils 1,5 ATP	 + 5 ATP + 5 ATP + 15 ATP + 3 ATP
Gesamtausbeute pro Glucose	**+ 32 ATP**

Citratzyklus direkt in ATP bzw. GTP konserviert. Der größte Anteil der ATP-Ausbeute stammt jedoch aus den reduzierten Coenzymen, die im Citratzyklus gebildet werden und in denen die Energie sozusagen zwischengespeichert wird. Sie werden in der Atmungskette wieder oxidiert und die dabei freigesetzte Energie wird in der oxidativen Phosphorylierung dazu verwendet, ATP zu synthetisieren. Insgesamt entstehen beim vollständigen Abbau eines Glucosemoleküls **32 ATP** **(Tab. 5.4)**.

Check-up

- ✔ **Gehen Sie den Ablauf der Atmungskette von den reduzierten Coenzymen bis zur ATP-Synthese noch einmal durch.**
- ✔ **Rekapitulieren Sie, wo die Hemmstoffe der Atmungskette angreifen. Sie können dazu z. B. die Hemmstoffe aus Tab. 5.2 in die Abb. 5.22 einzeichnen.**
- ✔ **Machen Sie sich klar, warum gerade ATP vom Körper als Energiewährung verwendet wird.**

Kapitel 6

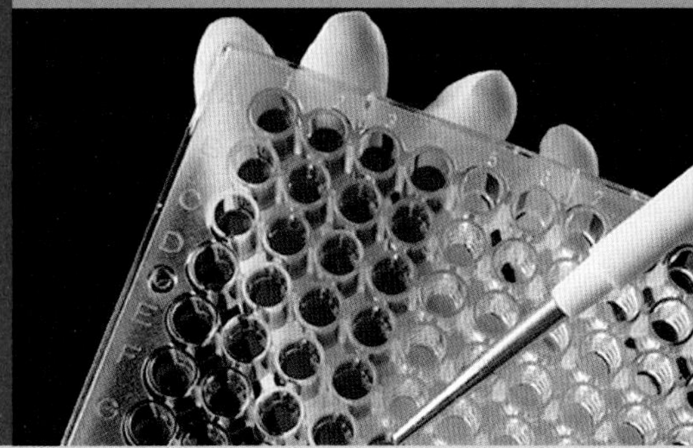

Enzyme

6.1 Einleitung 147

6.2 Grundbegriffe der Energetik und Kinetik 147

6.3 Die Enzymkinetik 154

6.4 Die Einteilung der Enzyme 162

6.5 Die Prinzipien der Stoffwechselregulation 167

Vorsicht bei Festen und Fasten

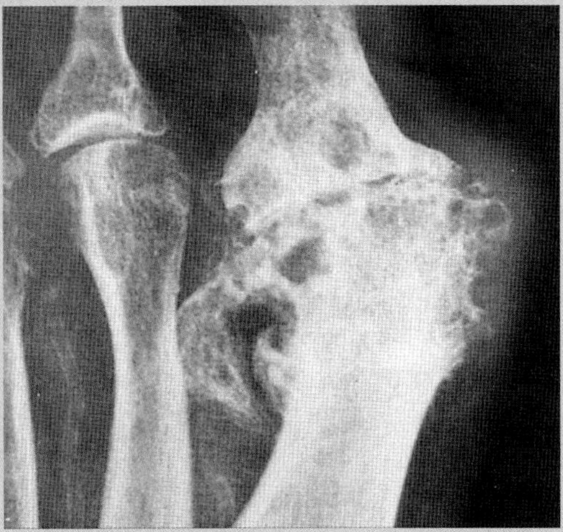

Im Röntgenbild dieses Patienten erkennt man eine Arthrose des Großzehengrundgelenks, die durch Kristallablagerungen im Gelenk entstanden ist.

AST, ALT, LDH, ... hinter diesen Kürzeln verbergen sich Enzyme, die im klinischen Alltag eine große Rolle spielen. Die Aktivität dieser Enzyme im Blut kann man messen – oft ein wichtiger Schritt auf dem Weg zur richtigen Diagnose. Mehr über Enzyme, ihre Funktionen und Wirkungsweise erfahren Sie im nächsten Kapitel.
Doch nicht nur für die Diagnostik von Erkrankungen sind Enzyme wichtig. Auch bei der Therapie spielen Enzyme eine wichtige Rolle – vielmehr deren Hemmung. Das bekannteste Arzneimittel, das durch Enzymhemmung wirkt, ist das Schmerzmittel Aspirin. Es hemmt das Enzym Cyclooxygenase. Bei Pfarrer P. wird jedoch ein anderer Enzymhemmstoff eingesetzt.

Zu viel fette Martinsgans

Pfarrer Waldemar P. ist schon im Schlafanzug, als er die letzten Reste des Festessens zusammenräumt. Das Martinsgansessen mit den Gemeinderatsvorsitzenden hat bei ihm Tradition. Doch heute hat Pfarrer P. viel zu viel gegessen. Todmüde und satt schlüpft er unter die Bettdecke. Er ist schon fast eingeschlafen, als ihn ein Schmerz zusammenzucken lässt: Sein rechter großer Zeh tut ihm unglaublich weh. Schon nach kurzer Zeit kann Pfarrer P. das Gewicht der Bettdecke auf dem schmerzenden Fuß kaum noch ertragen. Er knipst die Nachttischlampe an und untersucht den Zeh. Das Zehengelenk ist rot und geschwollen. Vielleicht ist er in den letzten Tagen einfach zu viel unterwegs gewesen: Zwei Hochzeiten, fünf Beerdigungen und dann auch noch der Martinsumzug mit den Kindern...

„Verstauchter Fuß" + Fieber = Gicht

Am nächsten Morgen fühlt sich der Pfarrer wie zerschlagen. Er hat Fieber und möchte am liebsten gar nicht aufstehen. Aber gleich am Morgen kommt ein Paar zum Traugespräch. Gut, dass die künftige Braut Ärztin ist. Pfarrer P. erzählt ihr von dem verstauchten Fuß und der Grippe, die nun über Nacht aufgetreten sei. Die junge Ärztin schüttelt den Kopf: „Das ist kein verstauchter Fuß und auch keine Grippe, das ist ein akuter Gichtanfall", sagt sie. Gicht, so erklärt sie weiter, sei eine typische „Wohlstandskrankheit" und Gichtanfälle träten häufig nach Nahrungsexzessen auf. Durch zu viele purinhaltige Nahrungsmittel (z. B. Fleisch, Innereien) steigt der Harnsäurespiegel an, denn Harnsäure ist das Endprodukt des Purinstoffwechsels. Schließlich kommt es zur Ablagerung von Harnsäurekristallen (Uraten) in der Synovialflüssigkeit der Gelenke. Wenn diese von den Granulozyten des Blutes phagozytiert, also „aufgefressen" werden, werden Entzündungsmediatoren freigesetzt. Ein akuter Gichtanfall, so lernt Pfarrer P., ist also eine Gelenkentzündung. Das Medikament mit Namen Colchizin, das ihm die Ärztin in der nahegelegenen Apotheke besorgt, hemmt die Aktivität der Phagozyten im kranken Gelenk. Dadurch geht es Pfarrer P. schnell besser, doch leider wird ihm von dem Medikament entsetzlich übel – eine häufige Nebenwirkung von Colchizin.

Weniger Essen – aber bloß nicht fasten!

Zwei Tage später sucht Pfarrer P. seinen Hausarzt auf. Sein Harnsäurespiegel ist mit 10,8 mg/dl tatsächlich stark erhöht. Um die Harnsäure im Serum auf unter 6,5 mg/dl zu senken und weitere Gichtanfälle zu vermeiden, erhält Pfarrer P. das Medikament Allopurinol. Die Arznei wirkt durch Enzymhemmung: Allopurinol hemmt das Enzym Xanthinoxidase, das beim Abbau von Purinen zu Harnsäure beteiligt ist. Außerdem empfiehlt der Arzt dem Pfarrer, weniger Fleisch zu essen und sein Körpergewicht zu reduzieren. Pfarrer P. seufzt. Vielleicht sollte er demnächst eine Fastenzeit in einem Kloster einplanen? Doch auch beim Fasten kann der Harnsäurespiegel ansteigen und Gichtanfälle auslösen. Daher rät der Arzt, strenge Diäten zu vermeiden. Pfarrer P. ist darüber nicht wirklich traurig.

6 Enzyme

Lerncoach

Dieses Kapitel beschäftigt sich mit den Enzymen und mit der Enzymkinetik. Dabei werden einige einfache Grundlagen aus der Chemie und der Thermodynamik besprochen. Das Verständnis dieser Grundlagen ist Voraussetzung für das Verständnis der Enzymkinetik.

6.1 Einleitung

Enzyme sind **Biokatalysatoren**. Sie sind an den meisten chemischen Umsetzungen des Stoffwechsels beteiligt. Die Stoffe, die von einem Enzym umgesetzt werden, heißen **Substrate**. Bei fast allen Enzymen handelt es sich chemisch gesehen um **Proteine**. Allerdings können auch einige **Nucleinsäuren** katalytische Eigenschaften besitzen. Sie werden als **Ribozyme** bezeichnet. Ohne Enzyme wäre der koordinierte Stoffwechsel einer Zelle nicht möglich.

Die wichtigste Aufgabe eines Enzyms besteht darin, die **Geschwindigkeit einer Reaktion zu erhöhen**. Durch die Anwesenheit eines Enzyms kann die Geschwindigkeit einer Reaktion um den Faktor 10^{10} und mehr gesteigert werden. Das **Enzym** selbst wird bei den Reaktionen **nicht verbraucht**. Enzyme beschleunigen die Reaktionsgeschwindigkeit, indem sie die **Aktivierungsenergie herabsetzen** (s. u.).

Von chemischen Katalysatoren unterscheiden sich Enzyme in den folgenden Punkten:

- **Reaktionsgeschwindigkeit**: Die Reaktionsgeschwindigkeit wird durch ein Enzym in der Regel sehr viel stärker erhöht als durch einen chemischen Katalysator.
- **Reaktionsbedingungen**: Enzyme arbeiten bei sehr „angenehmen" Bedingungen (neutraler pH, Temperatur zwischen 30 und 40 °C, usw.). Chemische Katalysatoren sind oft erst unter Extrembedingungen aktiv. So fangen die Fe_3O_4/Al_2O_3-Katalysatoren bei der Ammoniak-Synthese nach Haber und Bosch erst über 400 °C an zu arbeiten.
- **hohe Spezifität**: Ein Enzym ist sehr viel spezifischer für ein bestimmtes Substrat als ein chemischer Katalysator. Das bietet den Vorteil, dass seltener unerwünschte Nebenprodukte entstehen als bei chemischen Umwandlungen.
- **Regulation**: Es gibt zahlreiche Möglichkeiten, eine Reaktion über das beteiligte Enzym zu regulieren.

6.2 Grundbegriffe der Energetik und Kinetik

In diesem Abschnitt lernen Sie wichtige Grundlagen zur Enzymkinetik kennen. Prägen Sie sich vor allem die Gibbs-Helmholtz-Gleichung ein, sie wird gerne geprüft.

6.2.1 Der Überblick

Die Energie, die der Organismus zum Leben benötigt, ist im Körper in Form von chemischen Verbindungen gespeichert. Diese Energie wird bei chemischen Reaktionen freigesetzt oder umgesetzt. Dabei spielen Enzyme eine entscheidende Rolle. Um zu verstehen, wie Enzyme arbeiten und welche Rolle sie bei der Umsetzung von Substraten spielen, werden hier kurz die wichtigsten Grundlagen der **Energetik** und **Kinetik** von chemischen Reaktionen erläutert. Außerdem werden die wichtigsten **Eigenschaften von Enzymen** vorgestellt, mit denen sie chemische Reaktionen beeinflussen können.

6.2.2 Einige Grundlagen zur Reaktionsenergetik

6.2.2.1 Die freie Energie nach Gibbs

Bei der Betrachtung von chemischen und biochemischen Reaktionen ist es wichtig zu erkennen, ob eine Reaktion spontan abläuft oder nicht. Ein Kriterium für den **spontanen Ablauf** von Reaktionen liefert die von Gibbs im Jahr 1878 eingeführte **Gibbs' freie Energie G**. Sie wird auch als freie Reaktionsenthalpie bezeichnet. **ΔG** gibt die Änderung der freien Energie bei einer Reaktion an. Dabei gilt:

$\Delta G < 0$: Die Reaktion läuft spontan ab, sie ist **exergon**.

$\Delta G = 0$: Das System ist im Gleichgewicht.

$\Delta G > 0$: Die Reaktion kann nicht spontan ablaufen. Es ist eine Zufuhr von Energie notwendig, um die Reaktion anzutreiben. Die Reaktion ist **endergon**.

6.2.2.2 Die Enthalpie

Ausgangsstoffe einer Reaktion (z.B. Glucose) und Produkte einer Reaktion (z.B. H_2O und CO_2) unterscheiden sich in ihrer **inneren Energie (Enthalpie H)**. Die Änderung der inneren Energie bezeichnet man als Enthalpieänderung (ΔH). Die Einheit von ΔH ist J/mol. Wenn die innere Energie der Ausgangssubstanz abnimmt, muss die entsprechende Energiemenge in einer anderen Form frei werden. Bei dieser anderen Form von Energie handelt es sich um **Wärme**. Ein **negatives ΔH** bedeutet, dass bei der Reaktion Wärme frei wird. Die Reaktion ist **exotherm**. Bei einer Reaktion mit **positivem ΔH** muss Wärme zugeführt werden, damit sie abläuft. Die Reaktion ist **endotherm**.

6

6.2.2.3 Die Entropie

Die **Entropie (S)** ist ein Maß für die **Unordnung eines Systems**. Man kann sie auch als die Wahrscheinlichkeit eines Zustandes bezeichnen. Ein System strebt immer den **maximalen Grad an Unordnung** an. Anders gesagt ist ein Zustand maximaler Unordnung der wahrscheinlichste aller Zustände eines Systems. Die Zunahme der Entropie kann einen Prozess antreiben. Ein Beispiel für einen solchen Prozess ist die Diffusion von NaCl in Wasser (**Abb. 6.1**). Durch die gleichmäßige Verteilung der Natrium- und Chloridionen erhöht sich der Grad der Unordnung des Systems. Die Entropie nimmt zu, gleichzeitig nimmt die innere Energie des Systems ab. Die Differenz der inneren Energie zwischen Ausgangs- und Endzustand des Systems treibt die Diffusion der Ionen an.

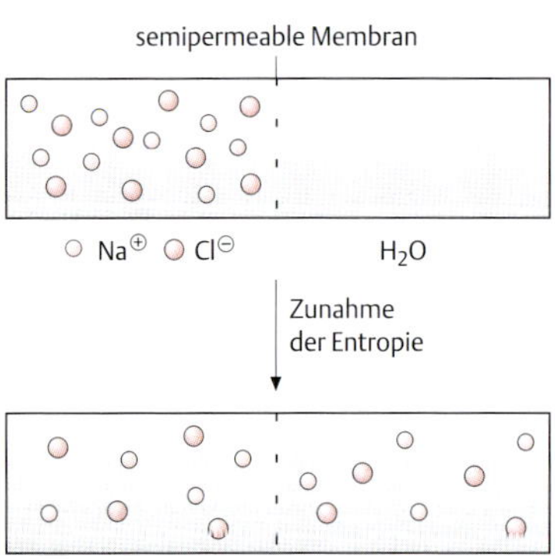

Abb. 6.1 Antrieb der Diffusion von NaCl in Wasser durch Zunahme der Entropie

6.2.2.4 Die Gibbs-Helmholtz-Gleichung

Der Zusammenhang zwischen der Änderung der freien Energie einer Reaktion und der Änderung von Enthalpie und Entropie wird durch folgende Gleichung ausgedrückt:

$$\Delta G = \Delta H - T\Delta S$$

ΔG = Änderung der **freien Energie**
ΔH = Änderung der **Enthalpie**
ΔS = Änderung der **Entropie**
T = Temperatur (in K)

Diese Gleichung wird auch **Gibbs-Helmholtz-Gleichung** genannt.
ΔG beschreibt die Änderung der freien Energie bei **konstantem Druck** und **konstanter Temperatur**. Der Wert zeigt an, **wie viel Arbeit eine Reaktion maximal** leisten kann.
Die Gibbs-Helmholtz-Gleichung besagt, dass die Änderung der freien Energie eines Systems von der Änderung der Enthalpie (als Wärmeänderung) und der Änderung der Entropie abhängt.

6.2.2.5 Die freien Standardenergien G^0 und $G^{0\prime}$

Zusätzlich zur **freien Energie G** gibt es auch die **freien Standardenergien G^0** und **$G^{0\prime}$**. Sie sind folgendermaßen definiert (zur Erinnerung: ΔG ist die Änderung der freien Energie eines Systems unter konstantem Druck und konstanter Temperatur):
ΔG^0: Änderung der freien Energie (ΔG) unter **Standardbedingungen**. Das bedeutet, dass alle Reaktionspartner bei Beginn der Reaktion in einer Konzentration von 1 mol/l vorliegen und Druck und Temperatur dem Standarddruck von 101,325 kP und der Standardtemperatur von 25 °C (= 298 K) entsprechen.
$\Delta G^{0\prime}$: Änderung der freien Standardenergie (ΔG^0) bei einem **pH-Wert von 7**. $\Delta G^{0\prime}$ wird besonders gerne von Biochemikern verwendet, da viele Reaktionen des Körpers bei einem pH-Wert um 7 stattfinden.

6.2.2.6 Der Zusammenhang zwischen freier Standardenergie und der Gleichgewichtskonstanten

Chemische Reaktionen führen zu einem Gleichgewicht der beteiligten Reaktionspartner. Eine Reaktion, in der die Stoffe A und B in die Stoffe C und D umgewandelt werden, wird folgendermaßen formuliert:

$$[A]+[B] \rightleftharpoons [C]+[D]$$

Nach dem Massenwirkungsgesetz lautet die **Gleichgewichtskonstante** K dieser Reaktion:

$$K' = \frac{[C][D]}{[A][B]} \quad (1)$$

K′ = Gleichgewichtskonstante bei pH = 7

Je weiter das Gleichgewicht der Reaktion auf der Seite der Produkte C und D liegt, desto schneller läuft die Reaktion ab. Für die Gleichgewichtskonstante bedeutet das: Je größer die Gleichgewichtskonstante, desto schneller die Reaktion. Die Änderung der freien Energie berechnet man durch:

$$\Delta G = \Delta G^{0}{}' + RT \cdot \ln \frac{[C][D]}{[A][B]} \quad (2)$$

ΔG = freie Energie
$\Delta G^{0\prime}$ = Änderung der freien Standardenergie bei pH = 7
R = Gaskonstante = $8{,}314 \frac{J}{mol \cdot K} = 8{,}314 \cdot 10^{-3} \frac{kJ}{mol \cdot K}$
T = absolute Temperatur in Kelvin = 298 °K (= 25 °C)

Durch Kombination von Gleichung (1) und Gleichung (2) ergibt sich:

$$\Delta G = \Delta G^{0}{}' + RT \cdot \ln K'$$

Im Gleichgewicht gilt: **ΔG** = 0. Für $\Delta G^{0\prime}$ dieser Reaktion gilt dann:

$$\Delta G^{0}{}' = -RT \cdot \ln K' \quad (3)$$

$\Delta G^{0\prime}$ = Änderung der freien Standardenergie bei pH = 7
R = Gaskonstante = $8{,}314 \frac{J}{mol \cdot K} = 8{,}314 \cdot 10^{-3} \frac{kJ}{mol \cdot K}$
T = absolute Temperatur in Kelvin = 298 °K (=25 °C)
K′ = Gleichgewichtkonstante.

Wenn man den Faktor für die Umwandlung des natürlichen in den dekadischen Logarithmus berücksichtigt, kann Gleichung (3) auch ausgedrückt werden als:

$$\Delta G^{0}{}' = -2{,}303 RT \cdot \log K'$$

Durch diese Formel sind die Gleichgewichtskonstante einer Reaktion und die Änderung der freien Standardenergie miteinander verbunden. Das bedeutet, dass man bei bekannter Gleichgewichtskonstante die Änderung der freien Standardenergie berechnen kann und umgekehrt. Je größer K′, desto mehr Energie wird frei **(K′ > 1)**. $\Delta G^{0\prime}$ ist dann negativ und die Reaktion ist **exergon**. Wenn die Reaktion im Gleichgewicht ist, dann ist **K′ = 1**. Der Logarithmus von 1 ist 0. Dementsprechend ist das System im Gleichgewichtszustand und $\Delta G^{0\prime}$ gleich 0, das System kann **keine Arbeit leisten**. Wenn **K′ < 1** ist, liegt das Gleichgewicht auf der Seite der Ausgangsstoffe und $\Delta G^{0\prime}$ wird positiv. Die Reaktion läuft nicht spontan ab; sie ist **endergon**.

6

6.2.2.7 Das freie Redoxpotenzial E

Redoxprozesse sind von zentraler Bedeutung für die Energiegewinnung aerober Organismen. In der Atmungskette beispielsweise werden reduzierte Coenzyme zur Produktion von ATP verwendet, indem sie oxidiert werden (s. S. 132). Die Neigung eines Systems, Elektronen abzugeben bzw. aufzunehmen, bezeichnet man als sein **Redoxpotenzial E** (unter Standardbedingungen $\mathbf{E^0}$ bzw. $\mathbf{E^{0\prime}}$).
Nach folgender Gleichung sind das Redoxpotenzial eines Systems und die freie Energie miteinander verbunden:

$$\Delta G^{0} = -n \cdot F \cdot \Delta E^{0}$$

n = Anzahl der übertragenen Elektronen
F = Faraday-Konstante (1 F = 96494 J/V · mol)
ΔE^0 = Änderung des Redoxpotenzials unter Standardbedingungen

Nach dieser Formel ist es möglich, die Änderung von Redoxpotenzialen in Energiebeträge umzurechnen. So kann man die Änderung der freien Energie für die vollständige Oxidation von Glucose angeben:

$$C_6H_{12}O_6 + 6O_2 \rightarrow 6\ CO_2 + 6\ H_2O \quad \Delta G^0 = -2840\ kJ/mol$$

6.2.3 Einige Grundlagen zur Reaktionskinetik

Die freie Energie ΔG^0 einer Reaktion gibt an, ob diese Reaktion unter den gegebenen Bedingungen freiwillig abläuft oder nicht. Über die Geschwindigkeit der Reaktion, ihre **Kinetik**, gibt sie aber keine Auskunft.

6.2.3.1 Die Reaktionsgeschwindigkeit

Die Geschwindigkeit einer Reaktion kann experimentell gemessen werden, indem man die Änderung der Konzentration eines Ausgangs- oder Endproduktes über die Zeit bestimmt. Sie hängt von der Aktivierungsenergie, der Konzentration der Reaktanden und weiteren Parametern ab (s. u.).

6.2.3.2 Die Aktivierungsenergie

Die meisten biochemischen Reaktionen laufen in wässriger Lösung nur langsam ab. Das liegt daran, dass die Ausgangsprodukte (Substrate) zuerst einen „energiereichen" **Übergangszustand** erreichen müssen, bevor sie zu den Endprodukten reagieren können. Die Energie, die nötig ist, um diesen Übergangszustand zu erreichen, nennt man die **Aktivierungsenergie E_a**. Am besten wird dies durch ein Energiediagramm dargestellt **(Abb. 6.2)**. Hat das Ausgangsprodukt den Übergangszustand erreicht, reagiert es ohne weitere Energiezufuhr zum Endprodukt. Die Aktivierungsenergie wird dabei wieder frei, d. h. ΔG^0 der Reaktion wird nicht verändert.

Durch einen **Katalysator** kann die **Aktivierungsenergie** einer Reaktion erheblich **erniedrigt** werden, da das Substrat durch Wechselwirkung mit den Katalysatoren den Übergangszustand auf einem niedrigen Energieniveau einnimmt. Die Gleichgewichtslage kann ein Katalysator dagegen nicht verändern. Dadurch wird die **Reaktion beschleunigt**. Bei biochemischen Reaktionen übernehmen Enzyme die Rolle des Katalysators (s. u.).

6.2.3.3 Die Reaktionsordnung

Die Reaktionsordnung einer Reaktion gibt an, inwiefern die Reaktionsgeschwindigkeit der Reaktion von der Konzentration der Ausgangsstoffe abhängt. Sie lässt sich nur experimentell ermitteln.

Die Reaktion erster Ordnung

Eine Reaktion A → B bewegt sich auf ein Gleichgewicht zu. Wenn die Reaktion nur von der Konzentration des Ausgangsproduktes abhängig ist, liegt eine **Reaktion erster Ordnung** vor. Die Reaktionsgeschwindigkeit v wird durch die Differenzialgleichung $-\frac{d[A]}{dt}$ beschrieben, bei der das negative Vorzeichen die Abnahme der Ausgangsverbindung anzeigt.

$$v = -\frac{d[A]}{dt} = k \cdot [A]$$

Der Faktor k ist die **Geschwindigkeitskonstante** der Reaktion. Sie hängt vom Typ der Reaktion und den Reaktionsbedingungen ab.

Die Reaktion zweiter Ordnung

Wenn zwei Ausgangssubstanzen A und B miteinander zu C und D reagieren (A + B → C + D) und die Reaktionsgeschwindigkeit von der Konzentration von A und B abhängt, liegt eine **Reaktion zweiter Ordnung** vor. Für die Reaktionsgeschwindigkeit v gilt:

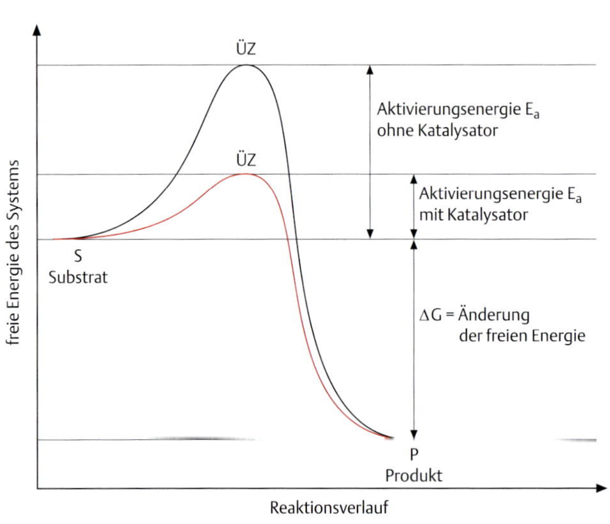

Abb. 6.2 Energiediagramm einer exergonen Reaktion: Ein Katalysator beschleunigt den Ablauf der Reaktion, indem er die Aktivierungsenergie herabsetzt (ÜZ = Übergangszustand)

$$v = -\frac{d[A]}{dt} = -\frac{d[B]}{dt} = k \cdot [A][B]$$

Die Reaktion pseudo-erster Ordnung

Für eine Reaktion A + B → C + D, bei der B im Überschuss vorhanden ist, ändert sich die Konzentration von B im Vergleich zur Konzentration von A kaum. D.h., dass die Konzentration von B keinen Einfluss auf die Reaktionsgeschwindigkeit hat. Man kann dann vereinfacht sagen:

$$v = -\frac{d[A]}{dt} = k \cdot [A]$$

Es handelt sich um eine **Reaktion pseudo-erster Ordnung**, weil die Reaktionsgeschwindigkeit v nur von [A] abhängt.

Bei allen hydrolytischen Spaltungen handelt es sich um Reaktionen pseudo-erster Ordnung, weil Wasser im Überschuss vorliegt.

Die Reaktion nullter Ordnung

Wenn eine Reaktion nicht von den Konzentrationen der Reaktanden abhängig ist, spricht man von einer **Reaktion nullter Ordnung**. Die Reaktion nullter Ordnung tritt **bei enzymkatalysierten Reaktionen** auf. Diese Situation ist gegeben, wenn das Substrat in sehr hoher Konzentration vorliegt und die Enzyme in dem betrachteten Zeitintervall immer gesättigt sind. Für die Reaktion nullter Ordnung gilt:

$$v = -\frac{d[A]}{dt} = k$$

MERKE

Reaktion 0. Ordnung: v = k
Reaktion 1. Ordnung: v = k · [A]
Reaktion 2. Ordnung: v = k · [A] · [B]

Die Reaktion im Gleichgewicht

Das chemische Gleichgewicht ist ein dynamischer Zustand, bei dem ohne Änderung der Gleichgewichtslage genau so viele Substrate zu Produkt umgesetzt werden, wie umgekehrt Produkte zu Substrat reagieren, d.h. der Quotient der Geschwindigkeitskonstanten entspricht der Gleichgewichtskonstanten. Es gilt:

$$A + B \underset{k_{-1}}{\overset{k_{+1}}{\rightleftharpoons}} C + D \qquad K = \frac{[C][D]}{[A][B]} = \frac{k_{+1}}{k_{-1}}$$

k_{+1}: Geschwindigkeitskonstante der Hinreaktion
k_{-1}: Geschwindigkeitskonstante der Rückreaktion

Vergewissern Sie sich, dass Sie die Begriffe Enthalpie und Entropie verstanden haben. Schreiben Sie die Gibbs-Helmholtz-Gleichung auf und benennen Sie die einzelnen Gleichungsbestandteile.

6.2.4 Der Einfluss von Enzymen auf biochemische Reaktionen

6.2.4.1 Das Fließgleichgewicht

Im lebenden Organismus stellt sich ein wirkliches Reaktionsgleichgewicht niemals ein. Der Organismus Mensch stellt ein **offenes System** dar. Jede Zelle ist auf den Zu- und Abfluss von Substanzen angewiesen. Wenn es diesen Fluss nicht gäbe, wäre die Zelle arbeitsunfähig und tot. Deshalb befindet sich ein lebender Organismus in einem **Fließgleichgewicht**. Ständig nimmt der Mensch energiereiche Substrate aus der Umgebung auf und gibt energiearme Substrate ab. Das System befindet sich somit in einem dynamischen Gleichgewichtszustand **(steady state)**, in dem sich Substanzzufluss und -abfluss die Waage halten (**Abb. 6.3**).

Enzyme sind für die Erhaltung von Fließgleichgewichten unentbehrlich. Sie verändern zwar nicht die Gleichgewichtslage einer Reaktion, auf die Lage des Fließgleichgewichts haben sie jedoch einen großen Einfluss. Sie sind **regulierbare Katalysatoren**, durch die der Organismus in die Lage versetzt wird, die einzelnen Reaktionen des Stoffwechsels

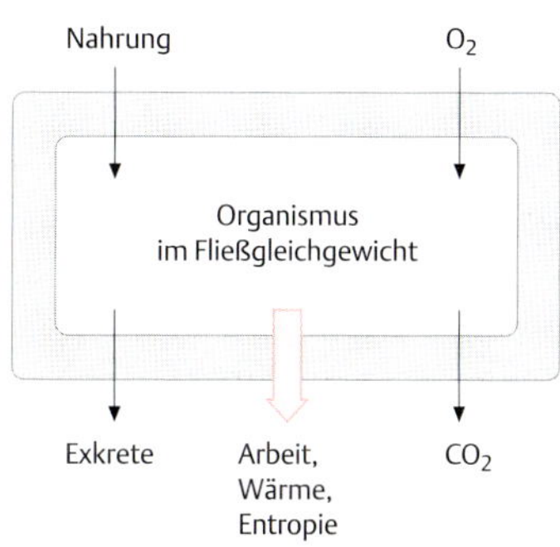

Abb. 6.3 Fließgleichgewicht im lebenden Organismus

zu steuern. So kann der Organismus zwischen verschiedenen Fließgleichgewichten umschalten und sich auf Veränderungen von Bedingungen gezielt einstellen. Ein Beispiel dafür ist der Wechsel zwischen Fettsäureabbau im Hungerzustand und Fettsäuresynthese nach einer üppigen Mahlzeit. Das Umschalten zwischen den einzelnen Fließgleichgewichten wird durch die Regulierbarkeit der Enzyme gewährleistet.

6.2.4.2 Der Einfluss eines Enzyms auf die Reaktionsgeschwindigkeit

Ein Enzym ist in der Lage, die Geschwindigkeit einer Reaktion um ein Vielfaches zu erhöhen, indem es wie ein **Katalysator** die **Aktivierungsenergie herabsetzt** (s. o.). Dadurch beschleunigt es die Reaktion und damit die Einstellung des Gleichgewichts. Auf die Gleichgewichtskonstante einer Reaktion haben die Enzyme keinen Einfluss.

MERKE

Enzyme beschleunigen biochemische Reaktionen ohne die Gleichgewichtslage zu verändern.

Um den Mechanismus der enzymatischen Katalyse zu verstehen, kann man eine Reaktion in mehrere Einzelschritte unterteilen. Zunächst reagiert das Enzym E mit dem Substrat S unter Ausbildung eines Enzym-Substrat-Komplexes ES. Im nächsten Schritt reagiert das Substrat S zum Produkt P und wird schließlich freigesetzt:

$$E+S \rightarrow ES \rightarrow EP \rightarrow E + P$$

Die Absenkung der Aktivierungsenergie wird durch mehrere Faktoren erreicht:

- Die Reaktion eines Substrats S zu einem Produkt P durchläuft einen **Übergangszustand**, der in der Regel durch eine Elektronenkonfiguration in energetisch ungünstiger Lage charakterisiert ist (vgl. **Abb. 6.2**). Der Übergangszustand besitzt darum eine höhere freie Energie als S und P. Die Aktivierungsenergie einer Reaktion ist die Differenz zwischen freier Energie des Substrats und freier Energie des Übergangszustands. Die freie Energie des Übergangszustandes einer nichtkatalysierten Reaktion ist sehr hoch. Deshalb wird eine hohe Aktivierungsenergie benötigt, um ihn zu erreichen. Bei einer katalysierten Reaktion wird durch die Wechselwirkung des Substrats mit einem Enzym der **Übergangszustand** stabilisiert, sodass die freie Energie beträchtlich niedriger ist als die eines Übergangszustandes einer nichtkatalysierten Reaktion.
- Durch die chemische Umgebung herrschen im aktiven Zentrum des Enzyms günstigere Bedingungen für die Reaktanden.
- Ein Enzym **erhöht** die **Wahrscheinlichkeit des Zusammentreffens** der Reaktanden durch deren Annäherung und entsprechende Orientierung im Raum.

Alle diese Faktoren führen dazu, dass Reaktionen durch Enzyme mit einer vielfach höheren Geschwindigkeit ablaufen können als ohne Enzym.

6.2.4.3 Die Substratbindung an das aktive Zentrum

Enzyme sind meist Proteine mit einem Molekulargewicht zwischen 10 000 und mehreren 100 000 Da. Für die Bindung des Substrats an das Enzym ist ein Bereich im Enzym verantwortlich, der als **aktives Zentrum** bezeichnet wird. Für das aktive Zentrum von Enzymen gilt:

- Das aktive Zentrum macht häufig nur einen relativ kleinen Anteil der Gesamtmasse des Enzyms aus.
- Die aktiven Zentren sind oft **höhlenförmig** angeordnet. Für Wasser ist die Höhle in der Regel nicht zugänglich. Dadurch wird die Substratbindung im aktiven Zentrum erleichtert.
- Das aktive Zentrum ist eine **dreidimensionale Struktur**, die von vielen Aminosäuren gebildet wird, die in verschiedenen Abschnitten des Enzymproteins liegen.
- Substrate werden zumeist **nicht kovalent** an das aktive Zentrum gebunden. Stattdessen sind oft viele **schwache Kräfte** an der Substratbindung beteiligt (ionische Wechselwirkungen, hydrophobe Wechselwirkungen, Wasserstoffbrücken, van-der-Waals-Kräfte).
- Die Bindungsspezifität von Enzymen ist vom aktiven Zentrum abhängig. Früher stellte man sich vor, dass Substrat und aktives Zentrum wie Schlüssel und Schloss zueinander passen. Heute weiß man, dass bei vielen Reaktionen die aktiven Zentren der Enzyme nach der Bindung ihre Kon-

formation ändern und dadurch komplementär zum Substrat werden. Das Modell, das diesen Sachverhalt beschreibt, wird als **induced fit Modell** (induzierte Passform, **Abb. 6.4**) bezeichnet.

6.2.4.4 Die Definition der Enzymaktivität

Die Geschwindigkeit einer chemischen Reaktion wird als Stoffumsatz pro Zeiteinheit angegeben (mol/s). Die katalytische Einheit der Enzymaktivität ist **Katal (kat)**. Ein kat entspricht einem Stoffumsatz von einem Mol pro Sekunde (mol/s).
Eine weitere verwendete Einheit ist die **Internationale Einheit U (unit)**. Sie entspricht einem Umsatz von 1 μMol pro Minute (μmol/min). 1U entspricht 16,7 nkat (nanokat).

6.2.4.5 Die Spezifität von Enzymen

Enzyme unterscheiden sich von anderen chemischen Katalysatoren durch ihre hohe Spezifität. Das betrifft sowohl den Typ der katalysierten Reaktion **(Wirkungsspezifität)** als auch die Auswahl des Substrats **(Substratspezifität)**. Die Spezifität hat vor allem den Vorteil, dass die Produktion von nutzlosen Nebenprodukten minimal ist. Die Substratspezifität beruht unter anderem auf der **Stereospezifität** von Enzymen. Darunter versteht man die Umwandlung nur eines optischen Isomeren durch ein Enzym. Ein Beispiel ist die Lactatdehydrogenase (s. S. 27), die ausschließlich L-Lactat in Pyruvat umwandeln kann, nicht jedoch D-Lactat.
Hochspezifische Enzyme spalten nur einen Bindungstyp einer ganz bestimmten Struktur. Ein Beispiel für ein hochspezifisches Enzym ist die Protease Thrombin (s. S. 315), die nur die Hydrolyse von Arginin-Glycin-Bindungen in bestimmten Peptidsequenzen katalysiert.
Etwas weniger spezifische Enzyme besitzen zwar eine hohe Wirkungsspezifität, indem sie z. B. vor allem Esterbindungen spalten. Ihre Substratspezifität ist aber geringer und sie akzeptieren deshalb häufig unterschiedliche Substrate.

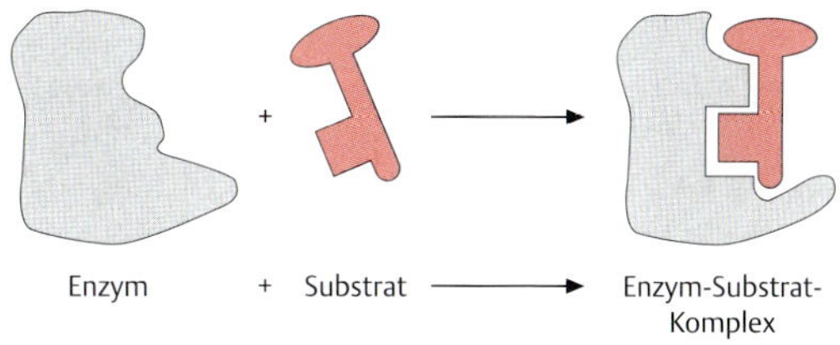

Abb. 6.4 Induced fit Modell: Das aktive Zentrum des Enzyms ändert nach der Bindung seine Konformation. Die komplementäre Form von aktivem Zentrum und Substrat wird erst nach der Substratbindung erreicht.

6.2.4.6 Die Katalyse endergoner Reaktionen

Es gibt zwei Möglichkeiten, endergone Reaktionen mit positivem $\Delta G^{0\prime}$ ablaufen zu lassen:

Die Entfernung der Produkte aus dem Gleichgewicht
Eine endergone Reaktion kann dann ablaufen, wenn die Konzentration der Produkte der Reaktion niedrig gehalten wird. Das kann durch **Entfernen der Produkte** aus dem Gleichgewicht geschehen, zum Beispiel durch **Transport aus der Zelle** oder eine **Anschlussreaktion**.

Die energetische Kopplung
Koppelt man eine endergone Reaktion an eine exergone Reaktion, kann die endergone Reaktion dann ablaufen, wenn **ΔG0′ der Gesamtreaktion negativ** ist. D. h. der Betrag von $\Delta G^{0\prime}$ der exergonen Reaktion muss größer sein als der Betrag von $\Delta G^{0\prime}$ der endergonen Reaktion. An der energetischen Kopplung im Stoffwechsel sind häufig Enzyme beteiligt. Ein Beispiel aus dem Stoffwechsel ist die Umwandlung von Glucose in Glucose-6-phosphat durch das Enzym Hexokinase (s. S. 24). Das $\Delta G^{0\prime}$ dieser Reaktion ist positiv (+13,8 kJ/mol), sodass sie also eigentlich nicht ablaufen kann. Die Reaktion wird aus diesem Grund an die Spaltung von ATP → ADP + P_i gekoppelt, deren $\Delta G^{0\prime}$ –30,5 kJ/mol beträgt. $\Delta G^{0\prime}$ der Gesamtreaktion beträgt also –16,7 kJ/mol. Die Gesamtreaktion ist damit exergon **(Abb. 6.5)**.

Abb. 6.5 Energetische Kopplung der Hexokinasereaktion an die Spaltung von ATP

				$\Delta G^{0\prime}$ (kJ/mol)
Reaktion 1	P_i + Glucose	⇌	Glucose-6-phosphat + H_2O	+13,8
Reaktion 2	ATP + H_2O	⇌	ADP + P_i	–30,5
Gesamtreaktion	ATP + Glucose	⇌	ADP + Glucose-6-phosphat	–16,7

Klinischer Bezug

Aktivitätsmessung von Enzymen in der klinischen Diagnostik: Die Aktivitätsmessung von Enzymen im Blut hat heute eine große klinische Bedeutung. Viele Diagnosen greifen dabei u. a. auf ganz bestimmte Enzymmuster im Serum zurück. So sind bei der akuten Pankreatitis vor allem Pankreas-Lipase und -Amylase im Serum erhöht (s. S. 241).

Check-up

- ✔ **Machen Sie sich nochmals klar, warum der menschliche Organismus ein offenes System darstellt, das sich im Fließgleichgewicht befindet.**
- ✔ **Prägen Sie sich den Einfluss von Enzymen auf Reaktionsgeschwindigkeit und Gleichgewichtslage ein. Sie können dazu die Abb. 6.2 nutzen.**

6.3 Die Enzymkinetik

Lerncoach

Im folgenden Kapitel lernen Sie das wichtigste Modell zur Beschreibung des Ablaufs einer Enzymreaktion kennen: die Michaelis-Menten-Kinetik. Legen Sie beim Lernen besonderen Wert auf die Bedeutung der Michaelis-Menten-Gleichung, die Michaelis-Konstante K_m und die maximale Reaktionsgeschwindigkeit V_{max}.

6.3.1 Der Überblick

Die Enzymkinetik beschreibt den Ablauf einer enzymkatalysierten Reaktion in Abhängigkeit verschiedener Parameter. Ein besonders wichtiges Modell ist das **Michaelis-Menten-Modell**, das die Abhängigkeit von Enzymaktivität und Substratkonzentration erklärt. In diesem Abschnitt wird die Michaelis-Menten-Gleichung hergeleitet und beschrieben, welche Aussagen sich daraus über eine Enzymreaktion ergeben. Außerdem werden einige der Parameter besprochen, die einen Einfluss auf die **Enzymaktivität** haben und damit in die **Regulation der Enzyme** eingreifen.

6.3.2 Das Modell nach Michaelis und Menten

Die Darstellung einer enzymatisch katalysierten Reaktion, in der man die **Reaktionsgeschwindigkeit** gegen die **Substratkonzentration** aufträgt, ergibt eine **hyperbolische Kurve**. Die Kurve nähert sich asymptotisch der **Maximalgeschwindigkeit V_{max}** der Reaktion an.

6.3.2.1 Die Michaelis-Menten-Gleichung

Es ist wichtig, jeden Schritt in der Herleitung der Michaelis-Menten-Gleichung nachzuvollziehen.

Im Jahr 1913 haben Leonor **Michaelis** und Maud **Menten** aufgrund ihrer Untersuchungen an Hefe-Zellen ein Modell vorgestellt, das den Zusammenhang zwischen Enzymaktivität und Substratkonzentration aufzeigt, und somit die kinetischen Eigenschaften von Enzymen erklären kann. Das Modell geht davon aus, dass bei der Umsetzung eines Substrats zum Produkt ein **Enzym-Substrat-Komplex (ES)** als Zwischenstufe entsteht. Die Reaktionsgleichung dieser Umsetzung wird formuliert durch:

$$E + S \underset{k_2}{\overset{k_1}{\rightleftharpoons}} ES \xrightarrow{k_3} E + P$$

Die Rückreaktion von k_3 wird dabei vernachlässigt, da das Produkt im Stoffwechsel in der Regel gleich weiterreagiert bzw. im Reagenzglas abgefangen wird. Da die Produktbildung den geschwindigkeits-

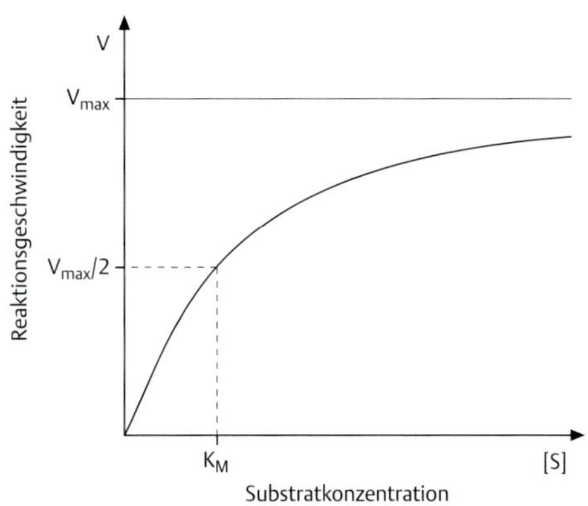

Abb. 6.6 Reaktionsgeschwindigkeit einer enzymatisch katalysierten Reaktion in Abhängigkeit der Substratkonzentration nach Michaelis-Menten (V_{max} = Maximalgeschwindigkeit, K_m = Michaelis-Konstante)

bestimmenden Schritt der Reaktion darstellt, ist die **Katalysegeschwindigkeit** gegeben durch:

$$v = k_3 \cdot [ES] \qquad (1)$$

Diese Gleichung sagt aus, dass die Reaktionsgeschwindigkeit von der Konzentration des Enzym-Substrat-Komplexes abhängt. Bildung und Zerfall dieses Komplexes lässt sich durch 2 Differenzialgleichungen beschreiben, nämlich:

$$\frac{\delta[ES]}{\delta t} = k_1 \cdot [E] \cdot [S] \qquad (2) \quad \text{und}$$

$$-\frac{\delta[ES]}{\delta t} = k_2 + k_3[ES] \qquad (3)$$

Da man für die Berechnung von einem **steady state** Zustand ausgeht, bei dem Bildung und Zerfall des Enzym-Substrat-Komplexes gleich groß sind, ergibt sich mit der Beziehung

$$\frac{\delta[ES]}{\delta t} = 0 \qquad (4)$$

$$k_1 \cdot [E] \cdot [S] = k_2 + k_3 \cdot [ES]$$

Diese Gleichung lässt sich umformen zu

$$[E] \cdot [S] = \frac{k_2 + k_3}{k_1}[ES] \rightarrow [E] \cdot [S] = K_M \cdot [ES] \quad (5)$$

Die Verrechnung von konstanten Faktoren (hier die Geschwindigkeitskonstanten der Teilreaktionen) ergibt wiederum einen konstanten Wert, der aufgrund der Bedeutung seiner bahnbrechenden Arbeiten zur Enzymkinetik die Bezeichnung Michaelis-Konstante (K_M) erhalten hat. Die Michaelis-Konstante ist somit ein Wert für die Stabilität des Enzym-Substratkomplexes. Sie ist groß, wenn die Geschwindigkeitskonstanten der Zerfallsreaktionen groß sind, und sie ist klein, wenn k_1 groß ist. Damit ist der K_M-Wert ein Maß für die Affinität von einem Enzym zu „seinem" Substrat.

Für eine einfache Berechnung des K_M-Wertes benötigt man die Berücksichtigung der Enzym-Erhaltungsgleichung, die aussagt, dass Enzym (wie jeder Katalysator) bei der Reaktion nicht verbraucht wird. Die Konzentration an freiem Enzym [E] ist somit die Differenz der gesamten Enzymmenge $[E]_g$ und der Menge, die im Enzymsubstratkomplex gebunden ist [ES]:

$$[E] = [E]_g - [ES] \qquad (6)$$

Ersetzt man die freie Enzymmenge in Gleichung (5) durch den Ausdruck in (6), so ergibt sich:

$[E]_g \cdot [S] - [ES] \cdot [S] = K_M \cdot [ES]$ oder
$[E]_g \cdot [S] = K_M \cdot [ES] + [ES] \cdot [S]$ oder
$[E]_g \cdot [S] = (K_M + [S]) \cdot [ES]$ oder

$$[ES] = \frac{[E]_g[S]}{K_M + [S]} \qquad (7)$$

Nach Gleichung (1) ist der geschwindigkeitsbestimmende Schritt der Gesamtreaktion

$$v = k_3 \cdot [ES]$$

Somit lässt sich die Geschwindigkeit der Reaktion ableiten, wenn beide Seiten der Gleichung mit k_3 multipliziert werden:

$$v = k_3 \cdot [ES] = \frac{k_3 \cdot [E]_g \cdot [S]}{K_M + [S]} \qquad (8)$$

Nun ist $k_3 \cdot [E]_g$ die maximal mögliche Geschwindigkeit, da hier alle Enzymmoleküle als Enzym-Substrat-Komplex vorliegen ($[E]_g = [ES]$). Ersetzt man in (8) den Ausdruck $k_3 \cdot [E]_g$ durch V_{max}, so ergibt sich die Michaelis-Menten Gleichung

$$v = \frac{V_{max} \cdot [S]}{K_M + [S]} \qquad (9)$$

Die Geschwindigkeit der Enzymreaktion, d. h. die Umsatzrate pro Zeiteinheit, lässt sich experimentell für jede beliebige Substratkonzentration bestimmen. Sie wird maximal, wenn ein sehr hoher Substratüberschuss vorhanden ist. Somit lässt sich auch der K_M-Wert relativ leicht ermitteln. Es gibt aber auch eine sehr einfache Lösung der Gleichung (9), wenn nämlich v den Wert $V_{max}/2$ annimmt. Dann ergibt sich aus (9)

$$\frac{V_{max}}{2} = \frac{V_{max} \cdot [S]}{K_M + [S]} \quad \Rightarrow \quad K_M + [S] = \frac{V_{max} \cdot [S] \cdot 2}{V_{max}}$$

$$\Rightarrow \quad K_M = 2[S] - [S]$$

$$\Rightarrow \quad K_M = [S]$$

Diese Folgerung aus der Michaelis-Menten-Gleichung zeigt, dass der K_M-Wert die Dimension einer Substratkonzentration hat und bei der graphischen Auftragung von v gegen [S] als der Abszissen-Wert erscheint, der bei halbmaximaler Geschwindigkeit aus der experimentell ermittelten Kurve abgelesen werden kann.

MERKE

Mit Hilfe der Michaelis-Menten-Gleichung lässt sich der K_M-Wert rechnerisch oder graphisch aus experimentell leicht zugänglichen Daten ermitteln.

Die Bedeutung von K_M

Die **Michaelis-Konstante K_M** ist von einigen Faktoren wie Temperatur und pH-Wert abhängig. K_M hat folgende Eigenschaften:

- K_M gibt die Substratkonzentration an, bei der die **halbmaximale Geschwindigkeit ($V_{max}/2$)** einer Reaktion erreicht ist. Sie besitzt daher die **Dimension einer Substratkonzentration (mol/l)**.
- K_M ist ein Maß für die **Affinität des Enzyms** zu seinem Substrat. Ein niedriger K_M-Wert zeigt eine hohe Affinität des Enzyms zum Substrat an, ein hoher K_M-Wert eine niedrige Affinität.
- Die Michaelis-Konstante ist unabhängig von der Enzymkonzentration.

6.3.2.2 Das Lineweaver-Burk-Diagramm

Die Bestimmung von V_{max} und K_M durch die Auftragung von v gegen [S] **(Abb. 6.6)** ist prinzipiell möglich. Allerdings nähert sich die Kurve nur **asymptotisch** der Maximalgeschwindigkeit, ohne diese jemals zu erreichen. Dadurch ist die Bestimmung von V_{max} und K_M nur durch Extrapolation möglich und niemals völlig verlässlich. Besser ist

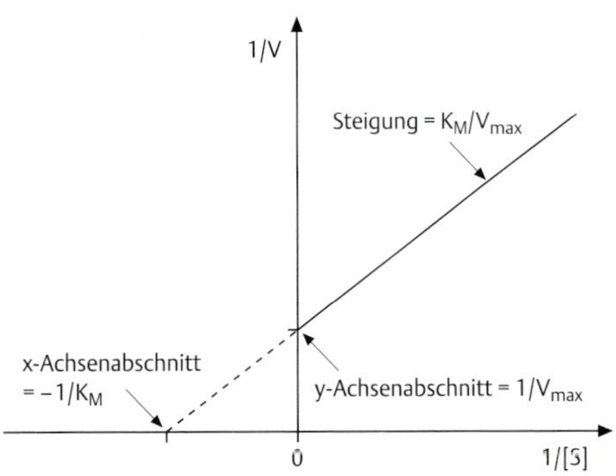

Abb. 6.7 Darstellung einer Enzymkinetik nach Lineweaver und Burk

es, eine **lineare Auftragung** zu erreichen. Das gelingt, indem man von beiden Seiten der Michaelis-Menten-Gleichung die **Kehrwerte** bildet:

$$\frac{1}{v} = \frac{K_m}{V_{max}} \cdot \frac{1}{[S]} + \frac{1}{V_{max}}$$

Nach **Lineweaver und Burk** wird nun 1/v gegen 1/[S] aufgetragen **(Abb. 6.7)**.

Die Steigung der Geraden entspricht K_M/V_{max}. Der Schnittpunkt mit der y-Achse gibt den Kehrwert der Maximalgeschwindigkeit wieder ($1/V_{max}$). Durch Extrapolation auf den Wert 1/V = 0 lässt sich auch der Schnittpunkt der Geraden mit der x-Achse ermitteln. Er entspricht $-1/K_M$.

Die Wechselzahl

Um die Leistungsfähigkeit eines Enzyms anzugeben, bietet sich die **Wechselzahl** an. Sie wird auch turnover number genannt. Die Wechselzahl gibt an, wie viele Moleküle Substrat pro Zeiteinheit von einem Enzym umgesetzt werden. Sie wird häufig auch als **molare Aktivität** bezeichnet. Als Einheit der Wechselzahl wird meist s^{-1} angegeben.

6.3.3 Die Mechanismen zur Regulation von Enzymen

Durch die Regulation der Enzyme kann eine Zelle auf Änderungen der momentanen Stoffwechselbedingungen reagieren. Enzyme können in ihrer Aktivität entweder gehemmt oder stimuliert werden.

Die Hemmung **(Inhibition)** von Enzymen spielt sowohl für die Regulation von Stoffwechselvorgängen als auch für die Wirkung von Medikamenten eine entscheidende Rolle. Je nach Mechanismus unterscheidet man **reversible** und **irreversible** Hemmung von Enzymen. Bei der reversiblen Hemmung unterscheidet man weiterhin **kompetitive** und **nichtkompetitive** Hemmung.

6.3.3.1 Die reversible Hemmung

Die kompetitive Hemmung

Ein kompetitiver Inhibitor **ähnelt dem Substrat** des Enzyms und **konkurriert** mit diesem um das **aktive Zentrum**. Durch die Bindung des kompetitiven Hemmstoffs wird das Enzym blockiert und kann für die Dauer der Bindung kein Substrat umsetzen. Daraus folgt, dass eine erhöhte Substratkonzentra-

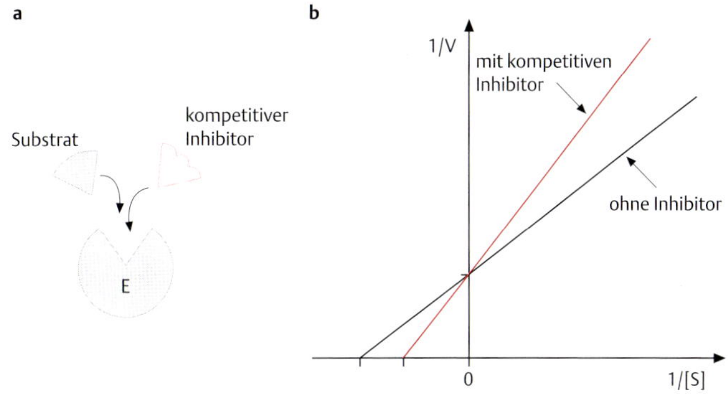

Abb. 6.8 (a) Mechanismus der kompetitiven Hemmung durch einen substratähnlichen Inhibitor; (b) Darstellung der Kinetik im Lineweaver-Burk-Diagramm

tion benötigt wird, um $V_{max}/2$ zu erreichen. Aus diesem Grund **steigt** die **Michaeliskonstante K_M** bei reversibler Enzym-Inhibition an. Mit einem Überschuss an Substrat kann man den Inhibitor verdrängen, die **Maximalgeschwindigkeit V_{max}** bleibt daher **unverändert**. Mit der graphischen Darstellung der kompetitiven Hemmung im Lineweaver-Burk-Diagramm lassen sich die charakteristischen Veränderungen von V_{max} und K_M zeigen **(Abb. 6.8)**.

MERKE

Die kompetitive Hemmung lässt sich durch sehr hohe Substratkonzentrationen aufheben. Ein kompetitiver Inhibitor hat keinen Einfluss auf V_{max}, er erhöht aber K_M.

Ein Beispiel für einen kompetitiven Inhibitor ist die Bisphosphoglycerat-Mutase-Reaktion. Dieses Enzym wandelt besonders im Erythrozyten 1,3-Bisphosphoglycerat in 2,3-Bisphosphoglycerat um (s. S. 297). 2,3-Bisphosphoglycerat ist ein kompetitiver Hemmstoff des Enzyms. 1,3-Bisphosphoglycerat und 2,3-Bisphosphoglycerat besitzen große strukturelle Ähnlichkeit, was eine charakteristische Eigenschaft der kompetitiven Hemmstoffe ist.

Klinischer Bezug

ACE-Hemmer: Das Angiotensin-converting-enzyme (ACE, s. S. 212) katalysiert die Umwandlung von Angiotensin I in das Hormon Angiotensin II. Durch Hemmstoffe des Enzyms wird diese Umwandlung verhindert. Typische ACE-Hemmer sind **Captopril** und **Enalapril**. Sie haben strukturelle Ähnlichkeit mit Angiotensin I. Sie sind daher **kompetitive Inhibitoren** von ACE. Die ACE-Hemmer werden vor allem zur Therapie des Bluthochdrucks eingesetzt: Durch die verminderte Bildung von Angiotensin II wird die durch das Hormon bedingte Vasokonstriktion abgeschwächt. Es resultiert eine Blutdrucksenkung, die jedoch von der jeweiligen Aktivität des RAAS (s. S. 212) zu Behandlungsbeginn abhängt.

Die nichtkompetitive Hemmung

Ein nichtkompetitiver Inhibitor muss **keine Ähnlichkeit** mit dem Substrat besitzen. Er bindet aus diesem Grund auch nicht wie ein kompetitiver Hemmstoff an das aktive Zentrum eines Enzyms. Er **bindet** das Enzym an einer **anderen Stelle**. Dadurch wird die Aktivität des Enzym-Substrat-Komplexes reduziert. Die Substratbindung wird durch einen nichtkompetitiven Inhibitor nicht eingeschränkt. Durch die Bindung des nichtkompetitiven Inhibitors wird die **Menge** an funktionsfähigem **Enzym-Substrat-Komplex verringert**. Dadurch wird die **Maximalgeschwindigkeit herabgesetzt**. **K_M** bleibt hingegen **unverändert (Abb. 6.9)**.
Eine nichtkompetitive Hemmung lässt sich durch Substratüberschuss nicht aufheben, da Substrat und Inhibitor an unterschiedliche Stellen des Enzyms binden.

MERKE

Eine nichtkompetitive Hemmung lässt sich durch Substratüberschuss nicht aufheben. Ein nichtkompetitiver Inhibitor verringert V_{max}, hat aber keinen Einfluss auf K_M.

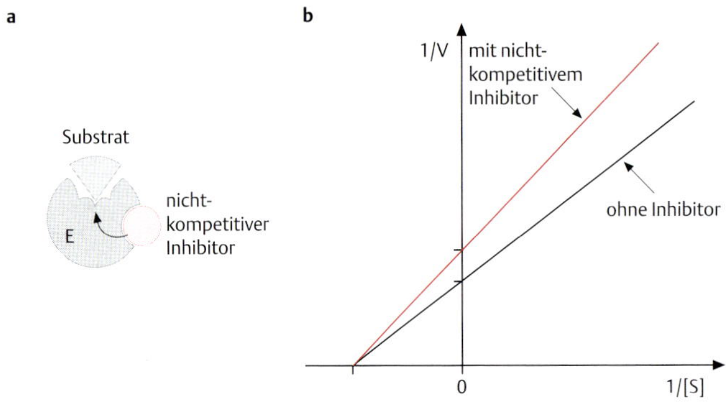

Abb. 6.9 (a) Mechanismus der nicht-kompetitiven Hemmung; (b) Darstellung der Kinetik im Lineweaver-Burk-Diagramm

6

6.3.3.2 Die irreversible Hemmung

Bei der irreversiblen Hemmung bindet der Hemmstoff sehr fest an das Enzym. Die Bindung kann **nicht mehr rückgängig** gemacht werden. Durch die Bindung ist das Enzym nicht mehr in der Lage, seine Funktion auszuführen. Irreversibel werden Enzyme vor allem durch **Nervengifte** oder **Schwermetallionen** gehemmt. Z.B. reagiert das Nervengas DFP (Diisopropylfluorophosphat) mit Serinresten im aktiven Zentrum von Enzymen. Iodacetamid oder Schwermetallionen (Ag^{+}, Hg^{2+}) hemmen die enzymatische Aktivität durch irreversible Modifikation von SH-Gruppen im Enzym.

Beispiel: Allopurinol hemmt die Xanthinoxidase irreversibel. Das Enzym ist beteiligt am Abbau von Hypoxanthin und Xanthin zu Harnsäure. Allopurinol wird daher als Therapeutikum bei Gicht eingesetzt, um den Harnsäurespiegel zu senken.

Klinischer Bezug

Cyclooxygenase-Hemmer: Hemmstoffe des Enzyms Cyclooxygenase sind sehr weit verbreitet. Ihr bekanntester Vertreter ist die **Acetylsalicylsäure** (Aspirin, **Abb. 6.10**). Acetylsalicylsäure enthält einen labilen Acetatrest, der kovalent an die Cyclooxygenase binden kann. Dadurch wird das Enzym **irreversibel gehemmt**. Durch die Hemmung der Cyclooxygenase wird die Synthese der Eikosanoide (v. a. Prostaglandine und Thromboxane, s. S. 228) unterbrochen. Dementsprechend findet Aspirin Anwendung in der Gerinnungshemmung, der Entzündungshemmung und der Schmerzbekämpfung.

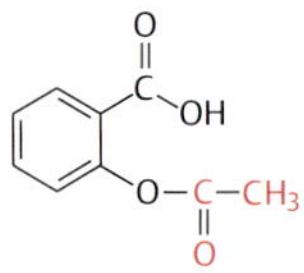

Acetylsalicylsäure

Abb. 6.10 Struktur von Acetylsalicylsäure (Aspirin)

6.3.3.3 Suizidinhibitoren

Suizidinhibitoren werden im **aktiven Zentrum** des Enzyms **umgewandelt** und bleiben nach dieser Umwandlung **fest** an das Enzym **gebunden**. Das Enzym stellt sich seinen Inhibitor also selbst her und bringt sich dadurch um. Beispiel für einen Suizidinhibitor ist Azaserin, ein von dem Bakterium *Streptomyces fragilis* gebildetes zytotoxisches Antibiotikum. Es hat eine glutaminähnliche Struktur und wird deshalb von der Glutamin-PRPP-Amidotransferase (s. S. 374) gebunden und umgesetzt. Ein anderer Suizidinhibitor ist das Antibiotikum Penicillin, das an die bakterielle Transpeptidase bindet und diese inaktiviert.

6.3.3.4 Die allosterische Regulation

Das Michaelis-Menten-Modell ist ein einfaches Modell, das die kinetischen Eigenschaften vieler Enzyme erklären kann. Es gibt aber Enzyme, die sich durch die Michaelis-Menten-Kinetik nicht erfassen lassen. Dazu gehören die **allosterisch regulierten Enzyme**. Diese Enzyme bestehen mit ganz wenigen Ausnahmen aus zwei oder mehreren Untereinheiten. Es handelt sich häufig um Enzyme, die eine wichtige Reaktion eines Stoffwechselweges katalysieren.

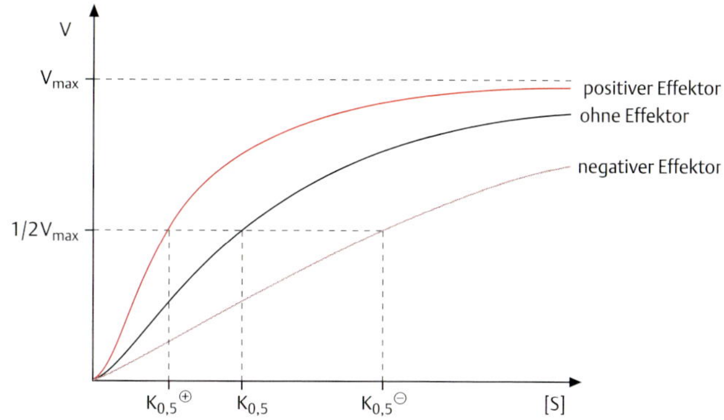

Abb. 6.11 Graphische Darstellung eines allosterisch regulierten Enzyms vom K-Typ und Einfluss eines positiven und eines negativen Modulators auf $K_{0,5}$: V_{max} bleibt unverändert

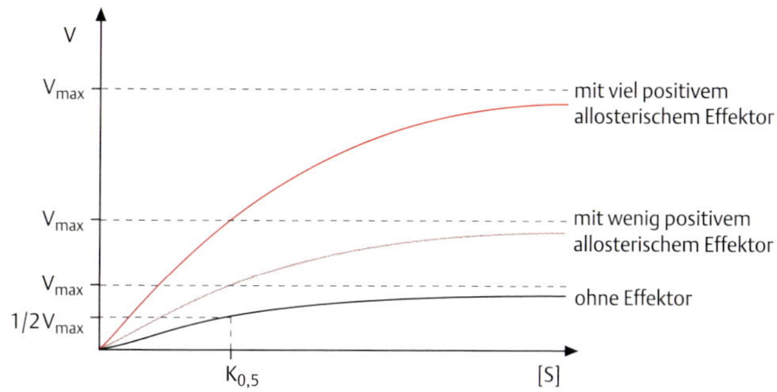

Abb. 6.12 Graphische Darstellung eines allosterisch regulierten Enzyms vom V-Typ und Einfluss von positiven Effektoren auf V_{max}: $K_{0,5}$ bleibt unverändert

Allosterische Enzyme können durch positive oder negative Effektoren beeinflusst und damit reguliert werden. Bei den Effektoren handelt es sich um das Substrat selbst (homotrop), oder um einen vom Substrat abweichenden Effektor (heterotrop).
Man unterscheidet zwei Typen **allosterischer Regulation**: Regulation vom **K-Typ** und vom **V-Typ**.

Effektoren vom K-Typ
Effektoren vom K-Typ (K für Bindungskonstante) binden an das Enzym und erschweren oder erleichtern dadurch die Bindung des Substrats an das aktive Zentrum (**Abb. 6.11**). Ähnlich einem kompetitiven Inhibitor hat ein allosterischer Effektor damit in erster Linie Einfluss auf den **K_M-Wert** des Enzyms. Da allosterische Enzyme nicht der Michaelis-Menten-Kinetik gehorchen, sollte man statt K_M besser die Abkürzung **$K_{0,5}$** verwenden. Bei den meisten allosterisch regulierten Enzymen handelt es sich um Enzyme vom K-Typ.
Ein Beispiel für ein allosterisch reguliertes Enzym vom K-Typ ist die Phosphofructokinase der Glykolyse. Das Enzym wird durch ATP und Citrat allosterisch gehemmt; in Anwesenheit von ADP, AMP und Fructose-2,6-bisphosphat wird es allosterisch aktiviert. Interessant ist, dass ATP bei geringen Konzentrationen im aktiven Zentrum gebunden wird und als Substrat dient (niedriger K_M-Wert), bei hohen Konzentrationen aber auch allosterisch gebunden wird (hoher K_M-Wert) und das Enzym durch Konformationsänderung inaktiviert.

Effektoren vom V-Typ
Ein allosterischer Effektor vom V-Typ (V für Geschwindigkeit) bindet an das Enzym, ohne dabei die Bindung des Substrats zu beeinflussen (**Abb. 6.12**). Allerdings wird die Umwandlung des Substrats in das Produkt erleichtert oder erschwert. Analog zum nichtkompetitiven Inhibitor schränkt ein negativer Effektor vom V-Typ die katalytische Fähigkeit des Enzyms ein. Dadurch **vermindert** sich die **Maximalgeschwindigkeit**, während $K_{0,5}$ fast unbeeinflusst bleibt.
Beispiel für ein allosterisch reguliertes Enzym vom V-Typ ist die Pyruvatcarboxylase, die Pyruvat zu Oxalacetat carboxyliert. Positiver Effektor des Enzyms ist Acetyl-CoA. Wenn Acetyl-CoA nicht anwe-

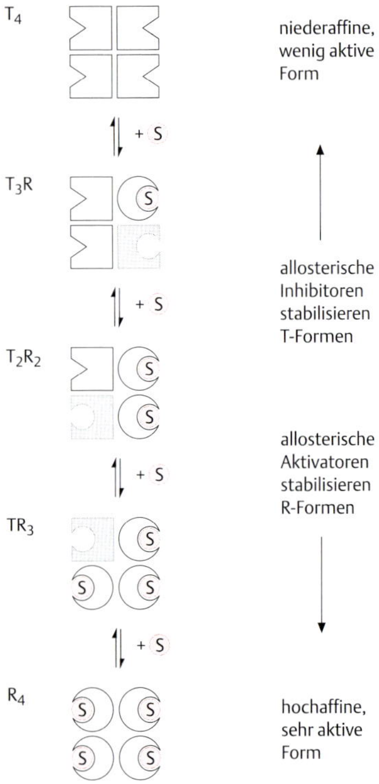

Abb. 6.13 Schematische Darstellung der Kooperativität allosterischer Enzyme mit mehreren katalytischen Untereinheiten (S = Substrat, T = T-Form, R = R-Form der Untereinheit)

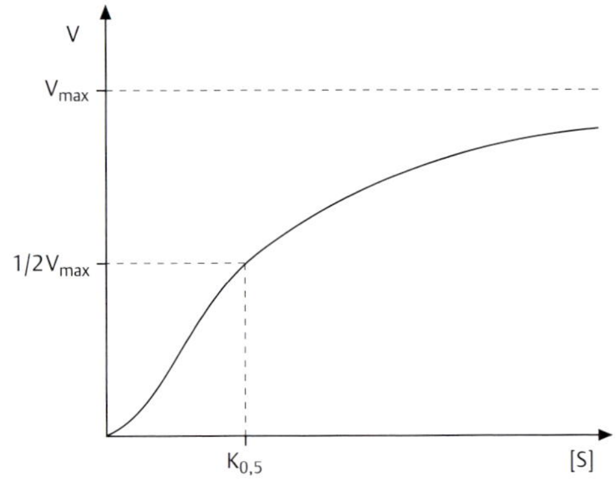

Abb. 6.14 Schematische Darstellung der sigmoiden Abhängigkeit der Reaktionsgeschwindigkeit von der Substratkonzentration bei einem allosterisch regulierten Enzym

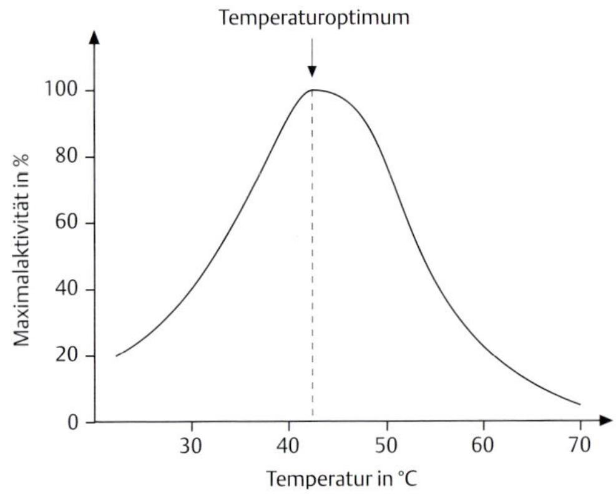

Abb. 6.15 Einfluss der Temperatur auf die Enzymaktivität

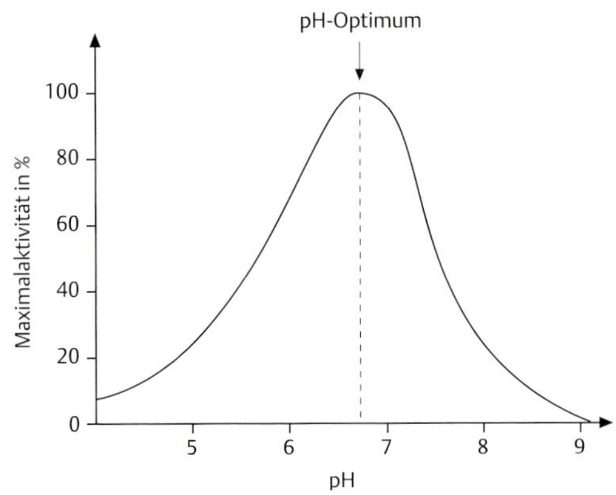

Abb. 6.16 Abhängigkeit der Enzymaktivität vom pH-Wert

send ist, ist die Pyruvatcarboxylase praktisch inaktiv.

Die Kooperativität

Die allosterische Regulation beruht häufig auf dem Phänomen der Kooperativität. Besteht ein Enzym aus mehreren Untereinheiten, können sich diese Untereinheiten gegenseitig allosterisch beeinflussen. Durch Bindung eines Substrates an eine Untereinheit wird die Bindung eines weiteren Substrates an eine zweite Untereinheit erleichtert, usw. Diese Bindung der Substrate nennt man **kooperativ**. Jede Untereinheit des Enzyms kann in einer **T (tense)-** oder **R (relaxed)-Form** vorliegen (**Abb. 6.13**). Die T-Form ist inaktiv, die R-Form aktiv. Die Affinität der R-Form zum Substrat ist sehr viel höher als die Affinität der T-Form. Durch Bindung eines Substrates an eine Untereinheit des Enzyms geht diese von der T-Form in die R-Form über und erleichtert dadurch die Bindung eines weiteren Substrates an die

Abb. 6.17 Schematische Darstellung des Prinzips eines Spektralphotometers

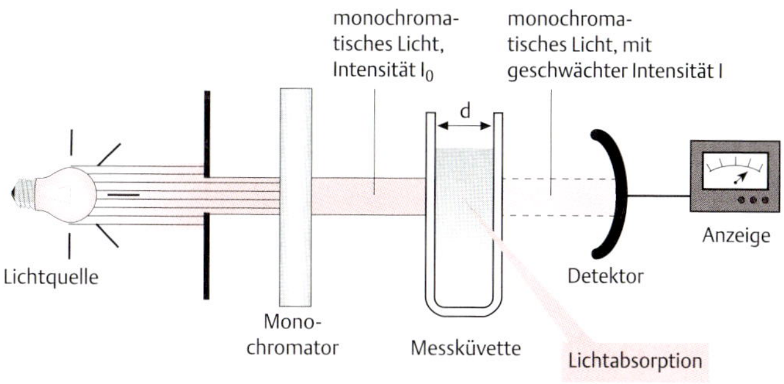

nächste Untereinheit. Je mehr Untereinheiten in der R-Form vorliegen, desto leichter bindet ein weiteres Substrat. Im Diagramm v gegen [S] zeigen die allosterisch regulierten Enzyme einen **sigmoidalen** und nicht hyperbolischen Verlauf der Kurve (**Abb. 6.14**).

Diese Kooperativität ist der Sauerstoffbindung durch das Hämoglobin analog. Je mehr der vier Untereinheiten des Hämoglobins mit Sauerstoff beladen sind , desto leichter bindet ein weiteres Sauerstoffmolekül an eine weitere Untereinheit (s. S. 307).

6.3.4 Der Einfluss von Temperatur und pH-Wert auf die Enzymaktivität

Die Geschwindigkeit der Enzymkatalyse ist sowohl von der **Temperatur** als auch dem **pH-Wert** abhängig. Vereinfacht gesagt gilt, dass sich die **Enzymaktivität** bis zum Erreichen des Temperaturoptimums **alle 10 °C etwa verdoppelt**. Je höher die Temperatur ist, desto häufiger kommt es zu Zusammenstößen zwischen Enzym und Substratmolekülen. Allerdings werden die Enzyme ab einer gewissen Temperatur **denaturiert**, da sie Proteine sind. Die Temperatur, bei der ein Enzym am besten arbeiten kann, bezeichnet man als sein Temperaturoptimum.

Interessanterweise haben Enzyme aus Organismen, die bei extremen Umgebungstemperaturen leben, besonders hohe (z. B. Bakterien in heißen Quellen) oder tiefe (Tiefseefische) Temperaturen. Ein gutes Beispiel ist die *taq*-Polymerase, die aus dem Archaebakterium *Thermus aquaticus* isoliert wurde. Dieser Organismus lebt in heißen Quellen und seine Polymerase arbeitet am besten bei 72 °C. Aus diesem Grund wird dieses Enzym bei der Polymerase-Kettenreaktion verwendet (PCR, s. S. 414).

Die Abhängigkeit der Enzymaktivität vom pH-Wert ähnelt der Temperaturabhängigkeit. Für jedes Enzym gibt es einen pH-Wert, bei dem seine Aktivität maximal ist. Für die meisten zellulären Enzyme des Menschen liegt dieser pH-Wert **(pH-Optimum)** knapp oberhalb von **pH = 7**. Es gibt auch Enzyme, die extreme pH-Werte bevorzugen, wie z. B. Pepsin im Magen mit einem pH-Optimum von 0,8–1,3. Allgemein gilt, dass die Enzymaktivität abnimmt, je weiter sich der pH-Wert vom Maximum entfernt. Das pH-Optimum eines Enzyms stimmt meistens ziemlich genau mit dem pH-Wert der natürlichen Umgebung überein.

6.3.5 Das Prinzip der Spektralphotometrie zum Nachweis der Enzymaktivität

Viele Stoffe sind in der Lage, Licht einer definierten Wellenlänge zu absorbieren. Diese **Absorption** kann genutzt werden, um die **Konzentration** des absorbierenden Stoffes mit Hilfe eines Spektralphotometers zu bestimmen. Das Ausmaß der Absorption hängt dabei von der Wellenlänge und der Konzentration des Stoffes ab. Licht einer einzigen Wellenlänge bezeichnet man als monochromatisches Licht.

Bei der Spektralphotometrie fällt monochromatisches Licht mit der Intensität I_0 auf eine Küvette ein, die die absorbierende Lösung enthält (**Abb. 6.17**). Der austretende Strahl mit der Intensität I wird mit einem Detektor gemessen. Nach dem **Lambert-Beer-Gesetz** ist die Absorption definiert als der negative Logarithmus der geschwächten Strahlenintensität I durch die Anfangsintensität I_0. Als Maß für die Absorption gilt die **Extinktion E**:

$$E = -\log \frac{I}{I_0} = \varepsilon \cdot c \cdot d$$

E = Extinktion
ε = molarer Extinktionskoeffizient
c = Konzentration des absorbierenden Stoffes
d = Schichtdicke der Küvette

Auch die Aktivität von Enzymen kann mit der Spektralphotometrie bestimmt werden. Dabei macht man sich zunutze, dass NAD(P)H im Vergleich zu $NAD(P)^+$ ein zusätzliches Absorptionsmaximum bei einer Wellenlänge von 340 nm besitzt **(Abb. 6.18)**.

Auf dieser Tatsache beruht auch der gekoppelte Test zum Nachweis von Glucose:

1) $\text{Glucose} + \text{ATP} \xrightarrow{\text{Hexokinase}} \text{Glucose-6-phosphat} + \text{ADP}$

2) $\text{Glucose-6-phosphat} + \text{NADP}^+ \xrightarrow[\text{Glucose-6-P-Dehydrogenase}]{} \text{6-Phosphogluconat} + \text{NADPH} + \text{H}^+$

Im ersten Schritt wandelt die Hexokinase die Glucose in Glucose-6-phosphat um. Glucose-6-phosphat lässt man mit $NADP^+$ zu 6-Phosphogluconat weiterreagieren. Durch diese Reaktion entsteht neben dem 6-Phosphogluconat auch $NADPH+H^+$, dessen Absorption man bei 340 nm messen kann. Dabei gilt, dass die Konzentration des entstandenen NADPH proportional zur ursprünglichen Glucosekonzentration ist.

Check-up

✔ **Rekapitulieren Sie, welche Aussagen man über Reaktionsgeschwindigkeit mit dem Modell nach Michaelis und Menten machen kann und was die einzelnen Komponenten der Michaelis-Menten-Gleichung bedeuten.**

✔ **Wiederholen Sie, durch welche Mechanismen ein Enzym reguliert werden kann.**

6.4 Die Einteilung der Enzyme

Lerncoach

Im folgenden Kapitel lernen Sie die Einteilung der Enzyme in sechs verschiedene Klassen kennen. Prägen Sie sich zu jeder Enzymklasse den Reaktionstyp und einige der gegebenen Beispiele ein.

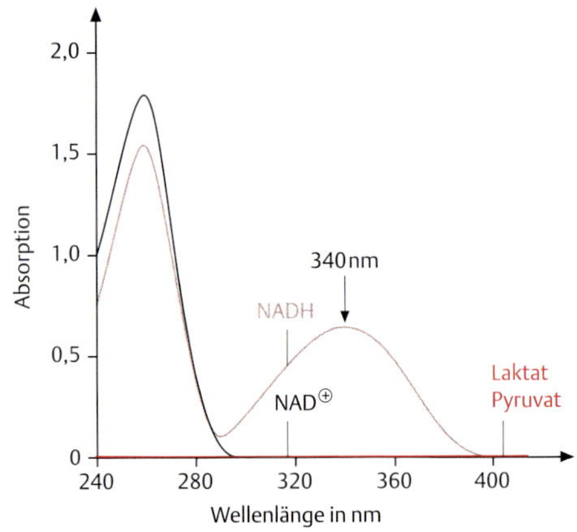

Abb. 6.18 Absorptionsspektrum von NAD(P)H und $NAD(P)^+$: das reduzierte NAD(P)H weist bei 340 nm ein zusätzliches Absorptionsmaximum auf

6.4.1 Der Überblick

Bis heute sind über 2000 verschiedene Enzyme bekannt. Um nicht den Überblick zu verlieren, wurden die Enzyme in **Klassen** eingeteilt **(Tab. 6.1)**. Die Organisation dieser Klassen wird in diesem Abschnitt besprochen. Außerdem wird auf die **Coenzyme** und die **Isoenzyme** eingegangen.

6.4.2 Die Enzymklassen

Die Gesamtheit aller Enzyme wird in **sechs Hauptgruppen** unterteilt. Jede Hauptgruppe wird wiederum in eine **Unterklasse** und eine weitere **Unterunterklasse** eingeteilt. Jedes Enzym wurde mit einer vierstelligen **EC-Nummer** versehen. EC steht für Enzyme Comission. Die erste Ziffer gibt die Hauptklasse, die zweite die Unterklasse und die dritte die Unterunterklasse an. Die letzte Zahl ist die individuelle Nummer des Enzyms.

Beispiel:

Alkoholdehydrogenase – EC-Nummer: 1.1.1.1
- Hauptklasse: 1 – Oxidoreduktasen
- Unterklasse: 1 – eine CH-OH-Gruppe als Donor
- Unterunterklasse: 1 – $NAD(P)^+$ als Akzeptor
- Enzymnummer: 1

Die Alkoholdehydrogenase ist also eine Oxidoreduktase, die Reduktionsäquivalente von CH-OH des Ethanols auf NAD^+ überträgt (**Abb. 6.19**).

Tabelle 6.1

Die sechs Enzymklassen

Hauptklasse	Reaktionstyp	wichtige Unterklassen	Beispiele (EC-Nummer)
1. Oxidoreduktasen	$A_{red} + B_{ox} \rightleftharpoons A_{ox} + B_{red}$	Dehydrogenasen, Oxidasen, Mono- und Dioxygenasen, Reduktasen	Alkoholdehydrogenase (1.1.1.1) Lactatdehydrogenase (1.1.1.27) Pyruvatdehydrogenase (1.2.4.1) Monoaminooxidase, MAO (1.4.3.4) Glutathionreduktase (1.6.4.2)
2. Transferasen	A-B + C $\rightleftharpoons$ A + B-C	C_1-Transferasen Aminotransferasen Glykosyltransferasen Phosphotransferasen	Catechol-O-Methyltransferase, COMT (2.1.1.6) Aspartattransaminase, AST (2.6.1.1) Hexokinase (2.7.1.1) Glykogenphosphorylase (2.4.1.1)
3. Hydrolasen	A-B + H_2O $\rightleftharpoons$ A-H + B-OH	Esterasen, Peptidasen, Glykosidasen	Phospholipase A_2 (3.1.1.4) Trypsin (3.4.21.4) α-Amylase (3.2.1.1) Acetylcholinesterase (3.1.1.7)
4. Lyasen	A + B $\rightleftharpoons$ A-B	C-C-Lyasen, C-O-Lyasen C-N-Lyasen	Pyruvatdecarboxylase (4.1.1.1) Aldolase (4.1.2.13) Carboanhydrase (4.2.1.1)
5. Isomerasen	A-B-C $\rightleftharpoons$ C-A-B	cis-trans-Isomerasen, Epimerasen	Methylmalonyl-CoA-Mutase (5.4.99.2) DNA-Topoisomerase (5.99.1.2)
6. Ligasen	A+B + ATP $\rightleftharpoons$ A-B + ADP	C-C-Ligasen, C-O-Ligasen C-N-Ligasen	Pyruvatcarboxylase (6.4.1.1) Glutaminsynthetase (6.3.1.2)

6.4.2.1 Klasse 1: Die Oxidoreduktasen

Oxidoreduktasen katalysieren die **Übertragung** von **Reduktionsäquivalenten**. Der Elektronendonor wird durch Elektronenabgabe oxidiert, während der Akzeptor reduziert wird. Wichtige Untergruppen der Oxidoreduktasen sind die **Dehydrogenasen**, die **Oxygenasen**, die **Reduktasen** und die **Oxidasen**. **Abb. 6.19** zeigt die Reaktion der Alkoholdehydrogenase als Beispiel eines Enzyms der Klasse 1.

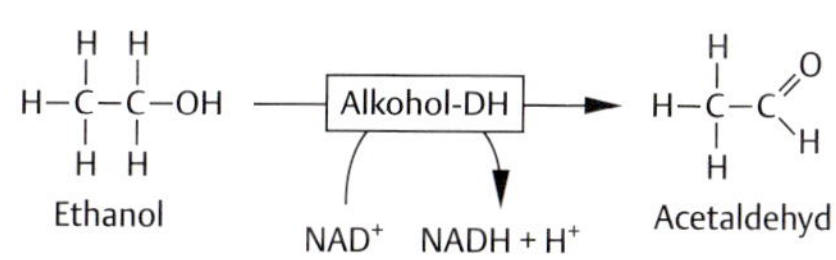

Abb. 6.19 Alkoholdehydrogenase-Reaktion

6.4.2.2 Klasse 2: Die Transferasen

Transferasen sind **gruppenübertragende Enzyme**. Je nach übertragener Gruppe unterscheidet man z. B. Aminotransferasen, die Aminogruppen übertragen, Glykosyltransferasen, die Kohlenhydrate übertragen, usw.

Beispiel: Die Catechol-O-Methyltransferase überträgt einen Methylrest ($-CH_3$) auf die Katecholamine bei deren Abbau **(Abb. 6.20)**. Zu den Transferasen gehört auch die Hexokinase.

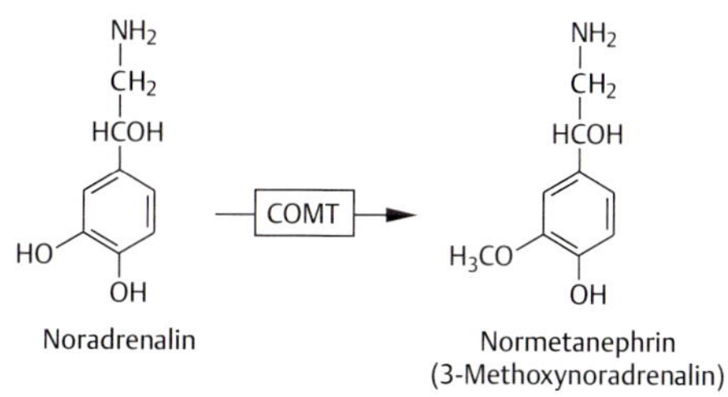

Abb. 6.20 Methylierung von Noradrenalin durch die Catechol-O-Methyltransferase (COMT)

6.4.2.3 Klasse 3: Die Hydrolasen

Wie der Name schon vermuten lässt, haben Hydrolasen etwas mit Wasser zu tun. Hydrolasen **spalten** Moleküle unter **Anlagerung von Wasser**. Den Vorgang bezeichnet man als hydrolytische Spaltung. Typische Hydrolasen sind Peptidasen, Proteinasen, Esterasen und Glykosidasen.

Beispiel: Durch die Acetylcholinesterase wird Acetylcholin hydrolytisch in Acetat und Cholin gespalten **(Abb. 6.21)**. Auf diese Weise wird der Neurotransmitter im synaptischen Spalt inaktiviert.

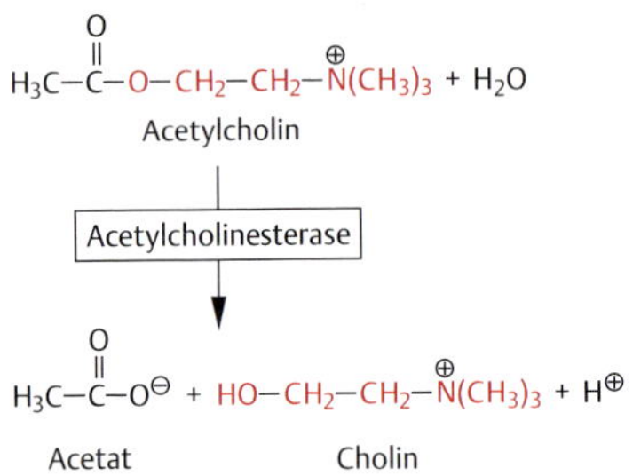

Abb. 6.21 Hydrolytische Spaltung von Acetylcholin durch die Acetylcholinesterase

6.4.2.4 Klasse 4: Die Lyasen (Synthasen)

Lyasen katalysieren die **nichthydrolytische Spaltung** von Bindungen. Dabei werden durch Spaltung von C-N, C-O oder C-C Bindungen Gruppen abgespalten und **Doppelbindungen** eingeführt. Gleichzeitig können sie auch die Umkehrreaktion katalysieren. Lyasen werden häufig auch als **Synthasen** bezeichnet.

Beispiel: Die Carboanhydrase katalysiert die Bildung von H_2CO_3 aus H_2O und CO_2, bzw. die Spaltung von H_2CO_3 in H_2O und CO_2.

6.4.2.5 Klasse 5: Die Isomerasen

Isomerasen katalysieren die **Umwandlung isomerer Moleküle ineinander**, ohne die Summenformel des Substrats zu verändern.

Beispiel: Die Methylmalonyl-CoA-Mutase verwandelt Methylmalonyl-CoA Vitamin B_{12}-abhängig in Succinyl-CoA **(Abb. 6.22)**. Dabei wird die CO-S-CoA-Gruppe vom C2- auf das C3-Atom übertragen. Die Summenformel ändert sich bei dieser Reaktion nicht.

6.4.2.6 Klasse 6: Die Ligasen (Synthetasen)

Ligasen katalysieren die **energieabhängige Knüpfung von Bindungen**. Sie sind dementsprechend abhängig von Verbindungen mit **hohem Gruppenübertragungspotenzial**. In den meisten Fällen ist das **ATP**. Die Ligasen werden auch als Synthetasen bezeichnet.

Beispiel: Die Pyruvatcarboxylase katalysiert die ATP-abhängige Carboxylierung von Pyruvat zu Oxalacetat **(Abb. 6.23)**.

6.4.2.7 Exkurs: Erklärung einiger Begriffe

Außer den sechs Begriffen, mit denen die Enzymklassen bezeichnet werden, gibt es weitere Bezeichnungen für Enzyme, die häufig verwendet und gerne durcheinander gebracht werden. Es handelt sich dabei um die folgenden Begriffe:

Die Synthasen

Synthasen katalysieren **Synthesereaktionen**, **ohne** dabei auf ATP oder andere Nucleosidtriphosphate als **Energiequelle** angewiesen zu sein. Synthasen werden auch als **Lyasen** bezeichnet (s. o.).

Die Synthetasen

Synthetasen katalysieren ebenfalls **Synthesereaktion**. Sie sind jedoch im Gegensatz zu den Synthasen auf **ATP** oder andere Nucleosidtriphosphate **als Energiequelle** angewiesen. Synthetasen werden auch als **Ligasen** bezeichnet (s. o.).

Die Kinasen

Kinasen **übertragen** eine **Phosphat-Gruppe** von einem Nucleosidtriphosphat wie **ATP** auf ein Akzeptormolekül. Durch die Übertragung der Phosphatgruppe werden die Produkte für Folgereaktionen aktiviert. Die Reaktion einer Kinase wird als **Phosphorylierung** bezeichnet. Kinasen gehören zur Klasse der **Transferasen**. Beispiel ist die Hexokinase, die einen Phosphatrest von ATP auf Hexosen wie z. B. Glucose überträgt. Das Produkt dieser Reaktion ist Glucose-6-phosphat.

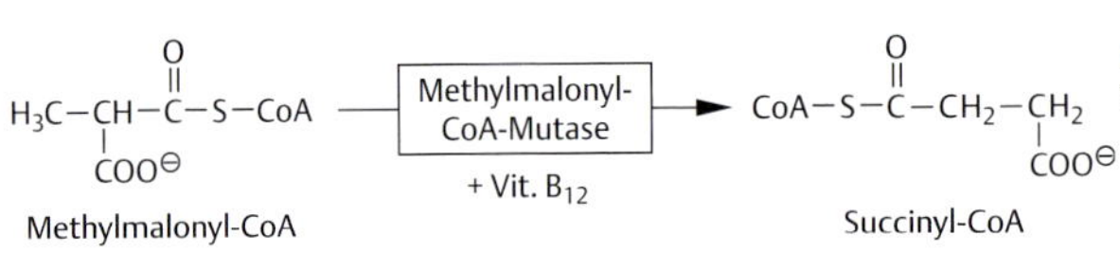

Abb. 6.22 Umwandlung von Methylmalonyl-CoA in Succinyl-CoA durch die Methylmalonyl-CoA-Mutase

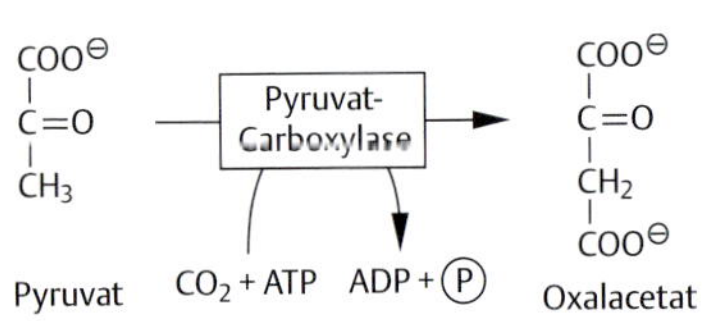

Abb. 6.23 ATP-abhängige Carboxylierung von Pyruvat zu Oxalacetat durch die Pyruvatcarboxylase

Die Phosphorylasen

Im Gegensatz zu den Kinasen katalysieren Phosphorylasen die **Spaltung von Molekülen** und die kovalente Bindung von **Phosphat an die Bruchstelle**. Dies entspricht der Hydrolyse, nur wird anstelle von H_2O Phosphorsäure verwendet. Sie gehören wie die Kinasen auch zur Klasse der **Transferasen**. Die bekannteste Phosphorylase ist die Glykogenphosphorylase, die Glucose-1-phosphat aus Glykogen freisetzt. Auch die Glycerinaldehydphosphat-Dehydrogenase (GAP-DH) der Glykolyse arbeitet nach diesem Prinzip.

Die Phosphatasen

Phosphatasen katalysieren die **Abspaltung** von **Phosphat aus Phosphatestern**. An der Abspaltung von Phosphat ist Wasser beteiligt. Die Phosphatasen werden daher den **Hydrolasen** zugeordnet. Beispiel ist die Fructose-1,6-bisphosphatase, die in der Gluconeogenese Fructose-1,6-bisphosphat in Fructose-6-phosphat umwandelt.

6.4.3 Die Isoenzyme

Viele Enzyme kommen in mehreren Formen vor, die zwar die **gleiche Reaktion** katalysieren, aber von unterschiedlichen Genen kodiert werden. Diese Isoformen von Enzymen bezeichnet man als **Isoenzyme**. Die Isoenzyme unterscheiden sich in ihrer Aminosäuresequenz und dem Verhalten gegenüber positiven oder negativen Effektoren.

Klinischer Bezug

Manche Enzyme kommen in **bestimmten Organen** besonders häufig vor. Bei einer Erkrankung des Organs ist die Konzentration dieses Enzyms im Blut erhöht. Der erhöhte Wert ist ein wertvoller diagnostischer Parameter für den behandelnden Arzt. Zwei Beispiele dafür sind die Lactatdehydrogenase und die Kreatinkinase.

6.4.3.1 Die Lactatdehydrogenase

Von der **Lactatdehydrogenase** (LDH) gibt es 5 verschiedene Isoenzyme, die als LDH_1 bis LDH_5 bezeichnet werden. Die LDH ist aus vier Untereinheiten aufgebaut. Die Untereinheiten kommen in zwei Formen vor, dem **H-Typ (heart)** oder dem **M-Typ (muscle)**. Die verschiedenen Isoformen bestehen aus einer jeweils unterschiedlichen Kombination von H-Typ- und M-Typ-Untereinheiten (Tab. 6.2). Während sich die LDH_1 mit 4 Untereinheiten des H-Typs in erster Linie im Herzmuskel befindet, kommt die LDH_5 aus 4 M-Typ-Untereinheiten hauptsächlich im Skelettmuskel vor. Die verschiedenen LDHs haben eine unterschiedliche elektrophoretische Mobilität (s. S. 95) und unterscheiden sich außerdem in ihren K_M-Werten für Lactat.

Tabelle 6.2

Die verschiedenen Formen der LDH

Isoenzym der LDH	Untereinheiten	Vorkommen vor allem in
LDH_1	H H H H	**Herzmuskel**, Erythrozyten, Niere
LDH_2	M H H H	Erythrozyten, Niere, Herz, Lunge
LDH_3	M M H H	Lunge, Thrombozyten, lymphatisches System
LDH_4	M M M H	verschiedene Organe
LDH_5	M M M M	**Skelettmuskel**, Leber

6.4.3.2 Die Kreatinkinase

Die **Kreatinkinase** (CK) existiert in drei Isoformen, die sich jeweils in ihren beiden Untereinheiten unterscheiden. Die beiden Untereinheiten der Kreatinkinase werden als **M-Typ (muscle)** oder **B-Typ (brain)** bezeichnet. Dementsprechend gibt es folgende Isoenzyme der Kreatinkinase:

- **CK-MM** kommt vorwiegend in der Skelettmuskulatur vor.
- **CK-BB** wird vor allem im Gehirn und in gastrointestinalen Tumoren gefunden.
- **CK-MB** befindet sich vorwiegend in der Herzmuskulatur.

Klinischer Bezug

Herzinfarkt: Beim Herzinfarkt kommt es meist durch einen Verschluss der Koronargefäße zur Nekrose der Herzmuskelzellen und als Folge zum Anstieg einiger typischer Serumparameter. Dazu gehören neben **Myoglobin** und **Troponin T** auch die Enzyme **Lactatdehydrogenase** (v. a. LDH_1) und Kreatinkinase **CK-MB** (s. o.). Ein Anteil der CK-MB an der Gesamt-CK über 6 bis 8 % weist auf einen Herzinfarkt hin. Die Parame-

Tabelle 6.3

Übersicht über die wichtigsten Coenzyme

Coenzym	Funktion	beteiligtes Vitamin	Beispiel
$NAD(P)^+$	überträgt $2e^-$ und $1H^+$	Niacin	Malatdehydrogenase, Glc-6-P-Dehydrogenase
FAD, FMN	überträgt $2e^-$ und $2H^+$	Riboflavin	Succinatdehydrogenase (s. S. 126)
Liponamid	überträgt $2e^-$ und $2H^+$	-	Pyruvatdehydrogenase (s. S. 121)
Ubichinon (Coenzym Q)	überträgt $2e^-$ und $1H^+$	-	Atmungskette (s. S. 132)
Cytochrome	übertragen $1e^-$	-	Atmungskette
S-Adenosylmethionin	überträgt Methylgruppe	-	Adrenalinsynthese (Phenylethanolamin-N-Methyltransferase, s. S. 218)
Nucleosidphosphate	übertragen Phosphate, Ribosephosphate, usw.	-	Hexokinase (ATP), Glykogensynthase (UDP)
Thiaminpyrophosphat	überträgt Hydroxyalkylreste	Thiamin (B_1)	Pyruvatdehydrogenase
Biotin	überträgt Carboxylgruppen	Biotin	Pyruvatcarboxylase (s. S. 35)
Tetrahydrofolat	überträgt C_1-Gruppen	Folat	Purinsynthese (s. S. 374)
Coenzym A	überträgt Acylreste	Pantothensäure	Acyltransferasen
Pyridoxalphosphat (PALP)	überträgt Aminogruppen	Pyridoxin (B_6)	Transaminasen, z. B. AST (s. S. 101)

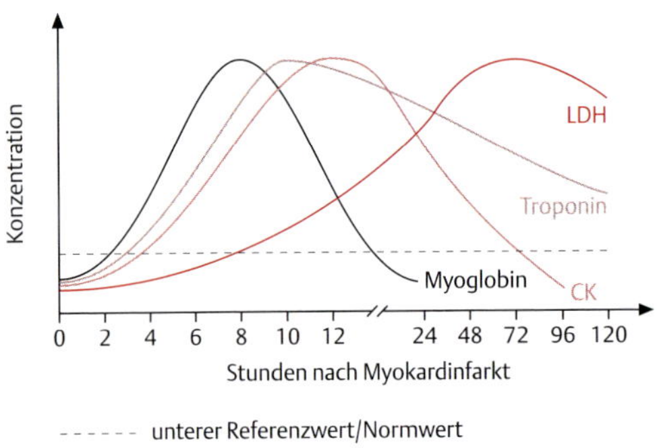

Abb. 6.24 Veränderungen spezifischer Serumparameter nach Herzinfarkt

ter steigen zu bestimmten Zeiten nach dem Infarkt an **(Abb. 6.24)**. Die Bestimmung der Serumparameter dient daher nicht nur der Diagnose, sondern auch der groben Abschätzung des Infarktzeitpunkts.

6.4.4 Die Coenzyme und die prosthetischen Gruppen

Verschaffen Sie sich anhand von Tab. 6.3 einen Überblick über die Coenzyme.

An vielen enzymatischen Reaktionen sind neben Enzym und Substrat weitere Faktoren beteiligt. Diese Faktoren fungieren als **Hilfsmoleküle** und werden **Coenzyme** oder **Cosubstrate** genannt. Sie unterstützen die Arbeit des Enzyms, indem sie Elektronen oder Gruppen vorübergehend übernehmen, die während der Reaktion übertragen werden. Die Coenzyme können löslich vorliegen oder fest an das Enzym gebunden sein. **Fest** an das Enzym **gebundene Coenzyme** werden als **prosthetische Gruppen** bezeichnet.

Viele Coenzyme leiten sich von **Vitaminen** ab (s. S. 173). Ferner unterscheidet man Redox-Coenzyme wie NAD^+ oder FAD von gruppenübertragenden Coenzymen wie Coenzym A oder Thiaminpyrophosphat.

Die wichtigsten Coenzyme und ihre Funktion sind in **Tab. 6.3** aufgeführt.

Klinischer Bezug

Enzymdefekte: Durch einen genetischen Defekt können manche Enzyme eine verringerte oder gar keine Aktivität aufweisen. Auf dieser Tatsache beruhen viele **Enzymdefekterkrankungen** wie beispielsweise die Phenylketonurie (PKU). Bei der PKU ist das Enzym Phenylalanin-Hydroxylase defekt (s. S. 111).

Enzyme sind auch häufige Angriffsorte **(targets)** von Medikamenten. Beispiele sind die oben erwähnten Medikamente Aspirin, Allopurinol und Captopril (s. S. 157).

Check-up

- ✔ **Gehen Sie die sechs Enzymklassen noch einmal durch und merken Sie sich jeweils einige Beispiele.**
- ✔ **Vergegenwärtigen Sie sich den Unterschied zwischen Synthase und Synthetase sowie zwischen Kinase, Phosphorylase und Phosphatase.**
- ✔ **Wiederholen Sie anhand der Tab. 6.3 die wichtigsten Coenzyme.**

6.5 Die Prinzipien der Stoffwechselregulation

Lerncoach

Im folgenden Kapitel geht es um die Mechanismen zur Regulation von Enzymaktivitäten. Diese greifen auf sehr unterschiedlichen Ebenen entweder direkt am Enzym oder auf Transkriptionsebene an. Achten Sie auf diese Unterschiede.
Schauen Sie sich zu jedem Regulationsmechanismus das zugehörige Beispiel an, das erleichtert das Lernen.

6.5.1 Der Überblick

Die vielen enzymatischen Reaktionen, die in jeder Sekunde im Körper eines Menschen ablaufen, müssen fein **reguliert** sein. Ohne die Möglichkeit, Enzyme zu regulieren und damit einzelne Stoffwechselprozesse aufeinander abzustimmen, wäre Leben nicht möglich. Die Möglichkeiten der Regulation sind vielfältig. Die Aktivität eines Enzyms kann z. B. durch die **Substratkonzentration** reguliert werden. Es kann aber auch chemisch modifiziert werden, indem es phosphoryliert oder dephosphoryliert wird **(Interkonvertierung)** und dabei seine Funktion ändert. Im folgenden Abschnitt werden die verschiedenen Regulationsmechanismen vorgestellt.

6.5.2 Die Regulation durch die Substratkonzentration

In **Abb. 6.6** (S. 154) ist die hyperbolische Abhängigkeit einer enzymatisch katalysierten Reaktion von der Substratkonzentration dargestellt. Daraus wird deutlich, dass eine Erhöhung der Konzentration des Substrats auch zu einer Beschleunigung der Reaktionsgeschwindigkeit führt. Das gilt jedoch nicht für den Bereich der Substratsättigung. Allerdings haben Messungen ergeben, dass viele enzymatische Reaktionen im Bereich des K_M-Wertes, also bei **halbmaximaler** Geschwindigkeit ablaufen. Unter diesen Bedingungen haben bereits geringfügige **Änderungen der Substratkonzentration** einen großen Einfluss auf die **Geschwindigkeit** der Reaktion. Besonders bedeutsam ist das für Moleküle, die gleichzeitig Substrat von mehreren Enzymen sind.

6.5.2.1 Die Glucokinase und die Hexokinase

Sowohl die **Glucokinase** (auch Hexokinase IV genannt) als auch die **Hexokinase** sind in der Lage, Glucose in Glucose-6-phosphat umzuwandeln. Die Glucokinase (K_M = 5 mmol/l), die in der Leber und in den B-Zellen des Pankreas vorkommt, hat eine sehr viel **niedrigere Affinität** zu Glucose als die Hexokinase (K_M = 0.1 mmol/l).
In der Leber wird die Glucose hauptsächlich durch die Glucokinase phosphoryliert. Dazu muss die Glucose zunächst über den Insulin-unabhängigen GLUT-2-Transporter in die Hepatozyten gelangen. Bei niedrigen Glucosekonzentrationen ist die Glucokinase an ein **Glucokinase-Regulatorprotein** (GKRP) gebunden und dadurch inaktiviert. Erst bei höheren Glucosekonzentrationen löst sich die Glucokinase von dem Protein ab und steht für die Glucoseumwandlung zur Verfügung. Außerdem ist Insulin ein Induktor der Glucokinase. Sie produziert Glucose-6-phosphat für die Glykogensynthese (über Glucose-1-phosphat), Glykolyse und den Pentosephosphatweg. Die Glucokinase wandelt Glucose proportional zur extrazellulären Glucosekonzentration um. Zusammen mit dem GLUT-2-Transporter (s. S. 221) ist sie deshalb ein guter Glucosesensor. Die Hexokinase phosphoryliert Glucose in erster Linie in den extrahepatischen Geweben.
Die beiden Isoenzyme sind ein gutes Beispiel für die Abhängigkeit der Enzymaktivität von der Substratkonzentration. Die Bedeutung dieser Abhän-

Tabelle 6.4

Einige Enzyme, die durch Interkonvertierung reguliert werden

Enzym	Aktivitätsänderung durch Phosphorylierung
Glykogenphosphorylase	aktiv
Phosphorylasekinase	aktiv
Glykogensynthase	inaktiv
Pyruvatdehydrogenase	inaktiv
Pyruvatkinase	inaktiv
Fructose-2,6-bisphosphatase	aktiv
Acetyl-CoA-Carboxylase	inaktiv
Triacylglycerinlipase	aktiv
Glycerin-3-phosphat-Acyltransferase	inaktiv
β-HMG-CoA-Reduktase	inaktiv
Cholesterinhydrolase	aktiv

gigkeit besteht in erster Linie darin, dass die Glykogenspeicherung in der Leber aufgrund der größeren Substratabhängigkeit der Glucokinase erst bei höheren Glucosekonzentrationen stattfindet und die Leber den anderen Geweben die Glucose bei Nahrungskarenz nicht entzieht.
Beachte: Glucokinase und Hexokinase werden auch noch über andere Mechanismen reguliert (s. S. 24).

6.5.3 Die Regulation durch negative Rückkopplung

Viele Enzyme werden durch ihr eigenes Produkt gehemmt. Ein Beispiel für die Produkthemmung ist wiederum die **Hexokinase** (nicht Glucokinase), die durch ihr eigenes Produkt Glucose-6-phosphat kompetitiv gehemmt wird.
Eine andere Möglichkeit ist die **Endprodukthemmung**. Häufig werden die Schlüsselenzyme einer Synthesekette durch das Endprodukt der Kette gehemmt. Ein Beispiel ist die Hemmung der δ-ALA-Synthase durch Häm als Endprodukt der Hämbiosynthese (s. S. 300).

6.5.4 Die allosterische Regulation

Die allosterische Regulation betrifft vor allem größere Enzyme, die besonders wichtige Reaktionen katalysieren und aus diesem Grund besonders fein reguliert sind. **Allosterische Aktivatoren** stabilisieren die aktive R-Form des Enzyms (s. S. 160), **allosterische Hemmstoffe** stabilisieren die inaktive T-Form. Die Bindung des Effektors erfolgt an das sog. allosterische Zentrum des Enzyms, das *nicht* dem aktiven Zentrum entspricht. Allosterisch reguliert sind z. B. die Phosphofructokinase (Glykolyse) und die Isocitratdehydrogenase (Citratzyklus).

6.5.5 Die Induktion und Repression der Enzymsynthese

Eine Möglichkeit, die Menge eines Enzyms in der Zelle zu steigern bzw. zu verringern, ist die **vermehrte Synthese** bzw. der **vermehrte Abbau**. Dazu können Signale in der Zelle die **Transkription** des Enzym-Gens induzieren oder beschleunigen. Bei den Signalen handelt es sich häufig um Hormone. Die Transkriptionssteigerung zur Vermehrung der Anzahl an Enzymen in der Zelle bezeichnet man als **Induktion**, das Gegenteil als **Repression**. Allerdings ist diese Regulation sehr energieaufwendig und dauert zudem einige Stunden. Daher dienen Induktion und Repression weniger der schnellen Anpassung, sondern vielmehr der Langzeitanpassung an veränderte Umweltbedingungen. Z.B. führt Cortisol zu einer Induktion der Phosphoenolpyruvat-Carboxykinase der Gluconeogenese. Auch **Insulin** reguliert die Transkription vieler Gene. In der Leber induziert Insulin die Enzyme der Glykolyse und reprimiert die Enzyme der Gluconeogenese (s. S. 221).

6.5.6 Die Interkonvertierung

Manche Enzyme besitzen eine Art Schalter, mit dem sie ein- oder ausgeschaltet werden können. Dieser Schalter ist meist eine freie OH-Gruppe eines Serin-, Tyrosin- oder Threoninrests in der Proteinkette des Enzyms. An diesen freien OH-Gruppen können die Enzyme phosphoryliert werden. Die **Phosphorylierung** führt dann zu einer Aktivierung oder Deaktivierung des Enzyms. Diese Art der Regulation bezeichnet man als **Interkonvertierung**. Für die Phosphorylierung bzw. die Dephosphorylierung sind spezifische Enzyme, die **Kinasen** bzw. die **Phosphatasen**, zuständig. Enzyme, die durch Interkonvertierung reguliert werden, sind **häufig Schlüsselenzyme** wichtiger Stoffwechselwege **(Tab. 6.4)**.

Beachte: Beim Glykogenstoffwechsel wird z. B. durch Interkonvertierung die Synthese gehemmt und gleichzeitig der Abbau stimuliert. Auf diese Weise wird sichergestellt, dass Aufbau und Abbau nicht gleichzeitig ablaufen können.

6.5.7 Die limitierte Proteolyse

Einige Enzyme, zum Beispiel die Serin-Proteasen, liegen als inaktive Vorstufen vor. Sie werden erst durch Abspaltung eines Teils ihrer Peptidkette aktiviert. Diesen Vorgang bezeichnet man als **limitierte Proteolyse**. Die inaktiven Vorstufen dieser Enzyme werden **Proenzyme** oder **Zymogene** genannt.
Durch limitierte Proteolyse werden viele Proteasen des Gastrointestinaltrakts, einige Blutgerinnungsfaktoren und Komplementfaktoren sowie die an der Apoptose beteiligten Caspasen aktiviert.

6.5.7.1 Das Trypsin

Die Protease **Trypsin** wird als inaktives Zymogen **Trypsinogen** freigesetzt und unter dem Einfluss der **Enteropeptidase** (Enterokinase) in Trypsin umgewandelt. Dabei wird ein Teil der Peptidkette des Trypsinogens abgespalten und das aktive Zentrum des Trypsins freigelegt. Erst durch die limitierte Abspaltung eines Peptidanteils ist das Enzym zur Substratbindung befähigt.

Klinischer Bezug

Akute Pankreatitis: Infolge einer Gallenwegserkrankung oder von Alkoholmissbrauch kann es zu einer akuten Entzündung der Bauchspeicheldrüse kommen. Leitsymptome der akuten Pankreatitis sind plötzlich einsetzende heftige Oberbauchschmerzen, die häufig gürtelförmig in den Rücken ausstrahlen. Daneben können Meteorismus, sowie Übelkeit und Erbrechen auftreten. Für die Diagnose ist die Bestimmung der Serumaktivität von Pankreas-Amylase und Pankreas-Lipase unerlässlich. Die Aktivität der Amylase kann auf mehr als das 4fache der Norm, die Aktivität der Lipase gar bis auf das 80fache der Norm ansteigen. Bei 10–20 % der Patienten kann sich eine nekrotisierende Pankreatitis entwickeln, die in bis zu 80 % der Fälle tödlich verläuft. Aus diesem Grund ist eine frühzeitige Diagnose, besonders mit Hilfe von Amylase und Lipase, unerlässlich.

Check-up

✔ **Gehen Sie die verschiedenen Regulationsmechanismen nochmals durch und überlegen Sie sich jeweils ein Beispiel.**

Kapitel 7

Vitamine und Spurenelemente

7.1 Grundlagen 173

7.2 Die fettlöslichen Vitamine 175

7.3 Die wasserlöslichen Vitamine 181

7.4 Die Spurenelemente 190

Ameisen an den Füßen

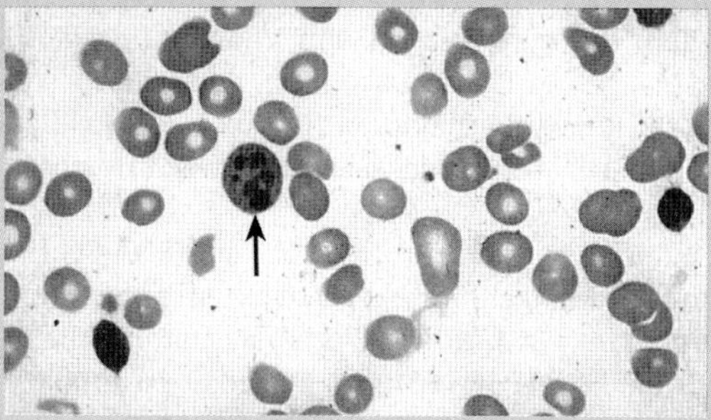

Durch Vitamin-B_{12}-Mangel wird die Zellteilung verlangsamt und es kommt zu übergroßen Blutzellen, die man im Blutausstrich erkennen kann (sog. Megaloblasten, Pfeil).

In den Supermarktregalen findet man heute ganze Regalreihen mit Vitaminpräparaten. Was hätten die skorbutgeplagten Seeleute früher für eine Handvoll dieser Tabletten gegeben! Denn die Ursache für Zahnfleischbluten, Muskelschwäche und Gelenkschmerzen bei Skorbut ist ein Vitamin-C-Mangel. Auch heute gibt es noch Vitamin-Mangelkrankheiten, beispielsweise Beriberi in Asien, die auf zu wenig Vitamin B_1 zurückzuführen ist. In Deutschland sind solche Hypovitaminosen selten geworden – aber es gibt sie noch. Heike B., um die es in dieser Fallgeschichte geht, leidet an einem Vitamin-B_{12}-Mangel. Mehr über Vitamine und ihre Funktionen finden Sie im folgenden Kapitel.

Lächerliche Symptome

Heike B. hat schon lange aufgehört, auf die unverbindliche Frage: „Wie geht's?" mit „Danke, gut". zu antworten. Statt dessen sagt sie „Es geht so", denn richtig schlecht geht es ihr auch nicht. Deshalb ist die 42-jährige Bürokauffrau auch noch nicht zum Arzt gegangen. Denn was sollte sie ihm auch erzählen? Dass sie seit einem halben Jahr ein großes Schlafbedürfnis hat und sich schlecht konzentrieren kann? Dass ihre Füße manchmal kribbeln, als ob Ameisen darüber liefen? Dass sie ab und zu stolpert? Das ist doch lächerlich! Eigentlich ist es nur dem Drängen ihres Partners zu verdanken, dass sie jetzt bei ihrer Hausärztin Dr. Weidle im Wartezimmer sitzt.

Zu wenig Rot im Blut

Dr. Weidle fällt sofort auf, dass die Patientin sehr blass ist. Noch bevor Heike B. von ihren Problemen erzählt, denkt sie deshalb an eine Anämie, eine Blutarmut. Eine Anämie kann viele Ursachen haben: Eisenmangel – denn Eisen ist für die Synthese des Blutfarbstoffs Hämoglobin nötig – , chronische Blutungen oder einen gesteigerten Abbau der Erythrozyten in der Milz. Auch Müdigkeit und Konzentrationsstörungen passen zu der Verdachtsdiagnose Anämie. Als Heike B. außerdem von ihren Kribbelmissempfindungen berichtet, horcht die Ärztin auf: Diese Kombination von Symptomen deutet auf einen Vitamin-B_{12}-Mangel hin. Vitamin B_{12} spielt eine wichtige Rolle bei der DNA-Synthese. Fehlt Vitamin B_{12}, ist die Blutbildung gestört. Es werden dann besonders große rote Blutkörperchen gebildet (megaloblastäre Anämie).

Schuld ist der Magen!

Das Blutbild zeigt, dass Heike B. tatsächlich an einer solchen Anämie leidet. Als Ursache wird eine Autoimmungastritis, also eine Entzündung der Magenschleimhaut, festgestellt. Aber was hat der Magen mit der Blutbildung zu tun? Vitamin B_{12} kann von der Darmschleimhaut nur resorbiert werden, wenn ein „intrinsic factor" anwesend ist. Und dieser wird von Zellen der Magenschleimhaut gebildet. Bei einer Autoimmungastritis bildet der Organismus Antikörper gegen die Zellen, die den „intrinsic factor" produzieren. Folglich kann kein Vitamin B_{12} mehr aufgenommen werden.

Heike B. erhält von Dr. Weidle über eine Woche jeden Tag eine Spritze mit Vitamin B_{12}. Am Ende der Woche sind die Megaloblasten, die großen roten Blutkörperchen, schon fast aus dem Blutbild verschwunden. Stattdessen wimmelt es unter dem Mikroskop von Retikulozyten, Vorstufen der Erythrozyten. Künftig muss Heike B. alle drei Monate eine Vitamin-B_{12}-Spritze bekommen – lebenslang. Denn für die Autoimmungastritis gibt es bislang keine Therapie. Dank der Spritzen fühlt sich Heike B. rasch wieder besser. Die Müdigkeit lässt nach und auch das Kribbeln in den Füßen verschwindet. Und auf die Frage „Wie geht es ihnen?" antwortet sie wieder mit „Danke, gut".

7 Vitamine und Spurenelemente

7.1 Grundlagen

Lerncoach

- **Verschaffen Sie sich zunächst einen Überblick. Die Tabellen am Anfang des Kapitels bieten Ihnen einen guten Einstieg in Einteilung, Herkunft und Funktion der Vitamine.**
- **Schauen Sie sich die Buchstaben-Zuordnung der Vitamine an und prägen Sie sich die Trivialnamen aller Vitamine ein (z. B. Vitamin E = Tocopherol).**

7.1.1 Überblick und Funktion

Vitamine sind essenzielle Nahrungsbestandteile, die für die Aufrechterhaltung von Stoffwechselprozessen benötigt werden. Meist sind sie Vorstufen von **Coenzymen**. Das bedeutet, dass sie zunächst aktiviert werden und dann als Cofaktor bei einer enzymatischen Reaktion dienen. Manchmal sind sie auch Vorstufen von **Signalstoffen**.

Es gibt 13 Vitamine, die aufgrund ihrer unterschiedlichen chemischen Eigenschaften in zwei Gruppen eingeteilt werden (**Abb. 7.1**, **Tab. 7.1**):

- Die 4 **lipophilen** (fettlöslichen) Vitamine: Vitamine E, D, K und A.
- Die 9 **hydrophilen** (wasserlöslichen) Vitamine: Die Vitamine der B-Gruppe und das Vitamin C.

Die tägliche Mindestdosis für Vitamine ist gering. Genaue Angaben zur Mindestdosis sind schwierig zu erstellen, da der Bedarf starken individuellen Schwankungen unterliegt. Für die meisten Vitamine gilt, dass eine Aufnahme im niedrigen mg-Bereich ausreichend ist (1–2 mg/Tag).

Spurenelemente sind **anorganische Elemente**, die für den Körper ebenfalls **essenziell** sind und daher mit der Nahrung aufgenommen werden müssen. Der Organismus benötigt nur „Spuren" dieser Elemente – weniger als 20 mg/Tag.

7.1.2 Hypovitaminose, Hypervitaminose, Avitaminose

Vitaminosen sind Erkrankungen, die durch eine **Unter-** oder **Überversorgung** mit Vitaminen entstehen. Bei einer Unterversorgung spricht man von einem **Vitaminmangel**. Dabei ist der Körper des Menschen unzureichend mit Vitaminen versorgt. Bei leichter Unterversorgung spricht man von einer **Hypovitaminose**, bei komplettem Mangel von einer **Avitaminose**. Ist der Vitaminspiegel des Körpers zu hoch, spricht man von einer **Hypervitaminose**. Vor allem die fettlöslichen Vitamine können eine Hypervitaminose verursachen, da ihre Eliminierung aus dem Körper schwieriger ist als die der wasserlöslichen Vitamine. Die wasserlöslichen Vitamine hingegen werden bei zu hoher Zufuhr gut renal eliminiert. Aus diesem Grund ist eine Hypervitaminose bei diesen Vitaminen selten. Ein Überschuss fettlöslicher Vitamine kann zu verschiedenen klinischen Symptomen, in schweren Fällen bis zu einer Intoxikation, führen.

Die Symptome eines Vitaminmangels sind in der Regel sehr unspezifisch. Viele Vitamine sind an Reaktionen des Intermediärstoffwechsels beteiligt, daher sind besonders Organe mit hohem Stoffwechselumsatz betroffen. Zu bedenken ist, dass der menschliche Körper in manchen Situationen einen **erhöhten Vitaminbedarf** aufweist. Ein Beispiel ist der erhöhte Bedarf an Folsäure in der Schwangerschaft.

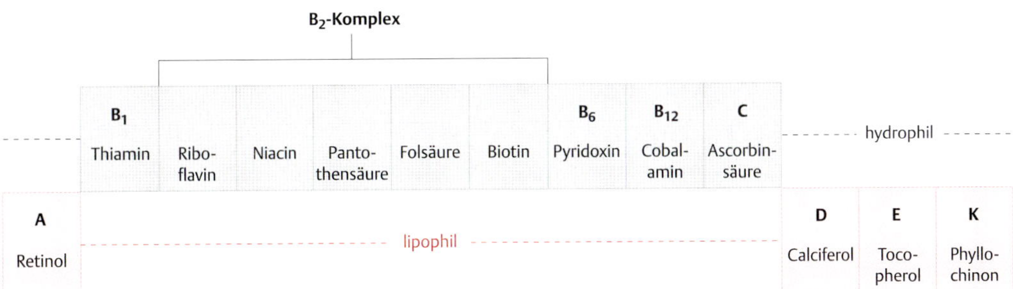

Abb. 7.1 Übersicht über die Vitamine

Tabelle 7.1

Die Vitamine

Vitamin	aktive Form	Funktion(en)	Vorkommen	empfohlene Tagesdosis*
fettlöslich (lipophil)				
Vit. A – Retinol	Retinol, Retinal, Retinsäure	Sehvorgang (Retinal); Entwicklung (Retinsäure) Epithelschutz (Retinol)	Fisch, Provitamin in vielen Pflanzen (β-Carotin)	0,8–1,1 mg
Vit. D – Cholecalciferol	1,25-Dihydroxycholecalciferol (Calcitriol)	Hormon des Ca^{2+}-Stoffwechsels	Lebertran, Eier, Leber, Milch, Synthese aus Cholesterin (s. u.)	5 µg
Vit. E – Tocopherol	Tocopherol-Hydrochinon	Oxidationsschutz ungesättigter Fettsäuren	Getreidekeime, Pflanzenöle,	12 mg
Vit. K – Phyllochinon	Difarnesylnaphtochinon	Coenzym von Carboxylierungen	Synthese durch Darmbakterien, Gemüse, tierische Gewebe	65–80 µg
wasserlöslich (hydrophil)				
Vit. B_1 – Thiamin	Thiaminpyrophosphat	dehydrierende Decarboxylierungen	Nüsse, Keime, Schweinefleisch	1,1–1,6 mg
Vit. B_2 – Riboflavin	FAD, FMN	Wasserstoffübertragung	Aal, Hefe, Käse, Hühnerbrust, Milch	1,5–1,8 mg
Niacin	NAD^+, $NADP^+$	Wasserstoffübertragung	Nüsse, Fleisch, Fisch, Synthese aus Tryptophan (s. u.)	15–20 mg
Vit. B_6 – Pyridoxin	Pyridoxalphosphat	Transaminierungen, Decarboxylierungen	Leber, Fisch, Erbsen, Walnüsse, Bierhefe	1,6–2,1 mg
Vit. B_{12} – Cobalamin	5'-Desoxyadenosylcobalamin Methylcobalamin	C-C-Umlagerungen, C-1-Übertragungen	Fisch, Fleisch, Synthese durch Darmbakterien	3 µg
Folsäure	Tetrahydrofolsäure	C-1-Übertragungen	frisches, grünes Gemüse, z. T. Synthese durch Darmflora	300 µg
Pantothensäure	CoA, Phosphopantethein	Acylübertragungen	Eier, Fleisch, Erdnüsse	6 mg
Biotin	Biocytin	Carboxylierungen	Synthese durch Darmbakterien	30–100 µg
Vit. C – Ascorbinsäure	Ascorbinsäure	Redoxsystem, Hydroxylierungen	Obst und Gemüse	75 mg

* Empfehlungen der Deutschen Gesellschaft für Ernährung (DGE)

7.1.2.1 Die primäre Ursache des Vitaminmangels

Mangelhafte orale Zufuhr

Bei dieser Ursache des Vitaminmangels wird dem Körper primär zu wenig Vitamin zugeführt. Dies wird besonders in Ländern der Dritten Welt beobachtet. In den westlichen Industrienationen sind diese Formen der Hypovitaminose eher selten.

7.1.2.2 Die sekundären Ursachen des Vitaminmangels

Die gestörte intestinale Resorption

Bei einer gestörten intestinalen Resorption werden die Vitamine dem Körper zwar oral zugeführt, können von ihm aber nicht in ausreichender Menge aufgenommen (resorbiert) werden. Dies gilt insbesondere für die **fettlöslichen Vitamine**, die bei der Resorption auf die **Gallensalze** aus der Leber angewiesen sind. So können Resorptionsstörungen z. B. Folge eines Gallengangverschlusses sein. Hier werden die für die Mizellbildung notwendigen Gallensalze nicht in das Duodenum sezerniert (s. S. 247). Ein anderes Beispiel ist ein resorptionsbedingter **Mangel an Vit. B_{12}** (Cobalamin), da dieses Vitamin bei der Resorption auf den **Intrinsic factor** aus den Belegzellen des Magens angewiesen ist (s. S. 239). Daher kann es z. B. nach einer Magenresektion zu einem resorptionsbedingten Cobalaminmangel kommen.

Die fehlende Umwandlung des Vitamins in die aktive Form

Ein Vitaminmangel kann auch dadurch zustande kommen, dass die Vorstufe des Vitamins im Körper **nicht** oder nur **unzureichend** in seine **aktive Form umgewandelt** wird. So wird die Umwandlung von Vitamin B_1 (Thiamin) in das aktive Thiaminpyrophosphat unter Alkoholeinfluss gestört. Neben einer ungenügenden Aufnahme wird ein Thiaminmangel bei Alkoholikern dadurch zusätzlich verstärkt.

Klinischer Bezug

Zöliakie: Die Zöliakie ist eine gluteninduzierte Erkrankung der Dünndarmschleimhaut. Die Krankheit wird durch eine genetische Disposition ausgelöst. Dabei kommt es durch eine Immunreaktion gegen das Protein Gluten, das in vielen Getreidearten vorkommt, zu schweren Veränderungen der Dünndarmschleimhaut. Diese verliert dadurch ihre digestive und absorptive Funktion für die meisten Nährstoffe und auch für die fettlöslichen Vitamine. Als Therapie gibt man eine glutenfreie Kost auf Kartoffel-, Reis- oder Maisbasis.

Check-up

✔ **Gehen Sie die 13 Vitamine noch einmal durch. Wiederholen Sie die Buchstabenbezeichnungen und die Trivialnamen.**

7.2 Die fettlöslichen Vitamine

Lerncoach

Es gibt 4 fettlösliche Vitamine: Die Vitamine A, D, E und K. Sie können sie sich anhand des Wortes „EDeKA" merken.

7.2.1 Vitamin A – das Retinol

7.2.1.1 Vorkommen

Vitamin A wird hauptsächlich in Form des Provitamins β-Carotin aufgenommen. β-Carotin kommt in hoher Konzentration in gelbem Obst und Gemüse vor (z. B. in Karotten). Als Retinylester kommt Vitamin A auch in tierischen Geweben vor, besonders in der Leber, da es dort gespeichert wird (s. u.).

7.2.1.2 Die Struktur

Retinol **(Abb. 7.2)** besteht aus vier Isopreneinheiten (s. S. 54). Als solches kann es mit der Nahrung zugeführt werden, es kann jedoch auch in Form des Provitamins β-Carotin aufgenommen werden. In diesem Fall wird das β-Carotinmolekül durch das Enzym Dioxygenase in zwei Moleküle Retinal (Vitamin-A-Aldehyd) gespalten. Das Retinal kann in Retinol oder Retinsäure (Vitamin-A-Säure) umgewandelt werden **(Abb. 7.3)**.

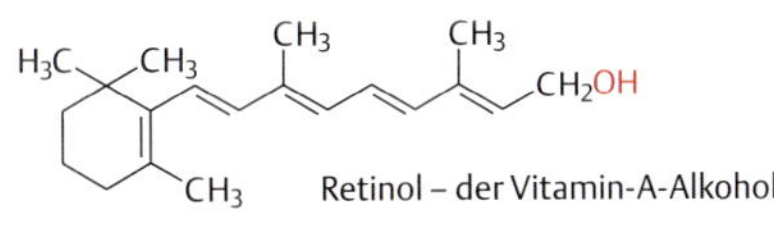

Abb. 7.2 Struktur von Retinol

Abb. 7.3 Umwandlung von β-Carotin in Retinal, Retinsäure oder Retinol

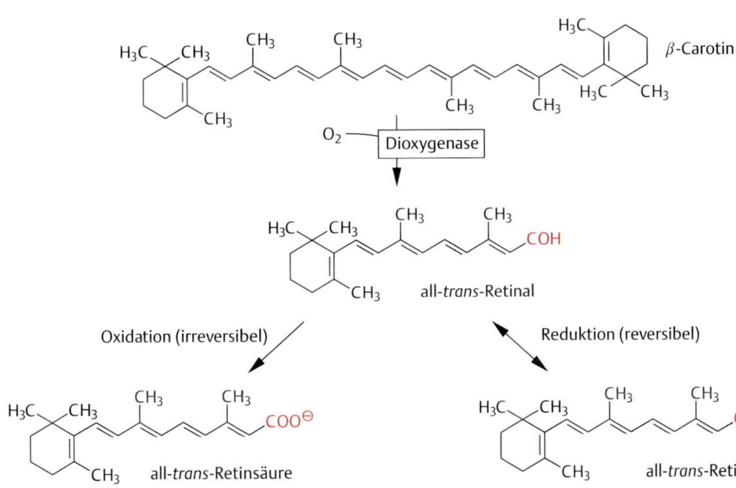

7

7.2.1.3 Die Aufnahme und Speicherung

Retinol bzw. β-Carotin werden als fettlösliche Vitamine (wie andere lipophile Substanzen) in Anwesenheit von Gallensäuren in die Enterozyten des Dünndarms aufgenommen (s. S. 243). Nach der Aufnahme in die Enterozyten erfolgt dort die Spaltung des β-Carotins in den Vitamin-A-Aldehyd Retinal. Das Retinal wird in Chylomikronen verpackt und letztendlich zur Leber transportiert. Dort wird das Retinal zu Retinol reduziert, das mit der Fettsäure Palmitat verestert werden kann (s. S. 423). Es entsteht dabei **Retinylpalmitat**. In dieser Form wird Vitamin A in den **Ito-Zellen** der Leber gespeichert. Wird Vitamin A benötigt, so kann es mit Hilfe einer Esterase freigesetzt und mit Hilfe von **Retinolbindungsproteinen** zu den Geweben transportiert werden.

7.2.1.4 Die Funktion

Die drei verschiedenen Formen des Vitamin A haben verschiedene Funktionen. Man kann diese folgendermaßen zusammenfassen:

- **Retinal** hat eine sehr wichtige Funktion beim **Sehvorgang** (s. u.).
- **Retinsäure** kann die Expression von Genen beeinflussen und hat vor allem Einfluss auf die Entwicklung und das Wachstum (s. u.).
- **Retinol** dient dem Schutz von Epithelien (s. u.).

Das Retinal: Der Sehvorgang

Retinal ist gemeinsam mit dem Transmembranprotein Opsin Bestandteil des Sehpurpurs **Rhodopsin**, das sich in den Außensegmenten der Sinneszellen des Auges (Stäbchen und Zapfen) befindet. Die ε-Aminogruppe eines Lysinrests des Opsins und die Aldehydgruppe des Retinals bilden gemeinsam eine **Schiff-Base** aus (**Abb. 7.4**). Eine Schiff-Base entsteht durch die Verknüpfung einer Aldehydgruppe mit einer Aminogruppe.

Bei **Dunkelheit** liegt das Retinal im Rhodopsin als 11-cis-Retinal vor. Außerdem ist im Dunkeln der cGMP-Gehalt der Stäbchen und Zapfen in der Retina hoch. Dies führt zu einer Öffnung von Ionenkanälen und die Zellen werden depolarisiert. Die **Depolarisation** führt zur Freisetzung von **Glutamat** in den synaptischen Spalt (**Abb. 7.5 a**). Die bipolaren Zellen reagieren auf diese Glutamatfreisetzung, indem sie ein Signal als Dunkelsignal an die nachgeschalteten Ganglienzellen weiterleiten.

Trifft nun ein Photon auf eine Sinneszelle in der Retina, so wird eine G-Protein-vermittelte Kaskade in Gang gesetzt (**Abb. 7.5 b**): Das 11-cis-Retinal **photoisomerisiert** zu all-trans–Retinal, über einige Zwischenstufen entsteht aktives Rhodopsin (R*, Metarhodopsin II). Das R* aktiviert **Transducin**, ein G-Protein in den Sinneszellen des Auges. Danach wird die Bindung zwischen Opsin und all-trans-Retinal hydrolysiert, das all-trans-Retinal diffundiert vom Opsin weg. Die Aktivierung des Transducins durch R* führt zu einem Austausch von GDP gegen GTP an der α-Untereinheit des Transducins, die sich nun von der β- und γ-Untereinheit abspaltet und eine **cGMP-Phosphodiesterase** (PDE) aktiviert. Die PDE ist in der Lage, cGMP in 5'-GMP zu spalten. Durch die Aktivierung der PDE nimmt der cGMP-Gehalt der Sinneszellen ab und Ionenkanäle, die zuvor durch direkte Einwirkung von cGMP offen gehalten wurden, schließen sich. Dadurch nimmt die intrazelluläre Calciumkonzentration der Zelle ab. Folge ist eine **Hyperpolarisation** und eine starke Abnahme der Glutamatfreisetzung. Dieser Abfall der Glutamatfreisetzung wird von den Bipolarzellen wahrgenommen und weitergeleitet. Letztlich entsteht das Lichtsignal (**Abb. 7.6**).

Das 11-cis-Retinal kann auf zwei Wegen **regeneriert** werden. Nach Ende des Lichtimpulses wird das all-trans-Retinal, das nicht mehr an das Opsin gebunden ist, zu 11-cis-Retinal **isomerisiert**. Unter erneuter Ausbildung einer Schiff-Base verbinden sich 11-cis-Retinal und Opsin wieder zu Rhodopsin, das dann erneut durch ein Photon aktiviert werden kann.

Bei sehr starkem Lichteinfall wird das all-trans-Retinal zu **all-trans-Retinol** reduziert. Dieser Alkohol

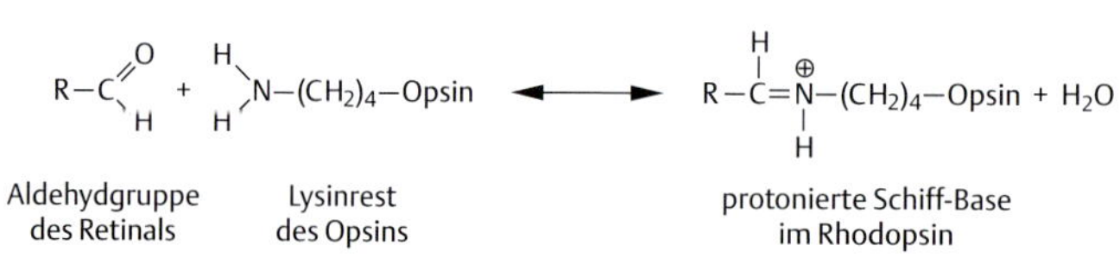

Abb. 7.4 Entstehung des Rhodopsins

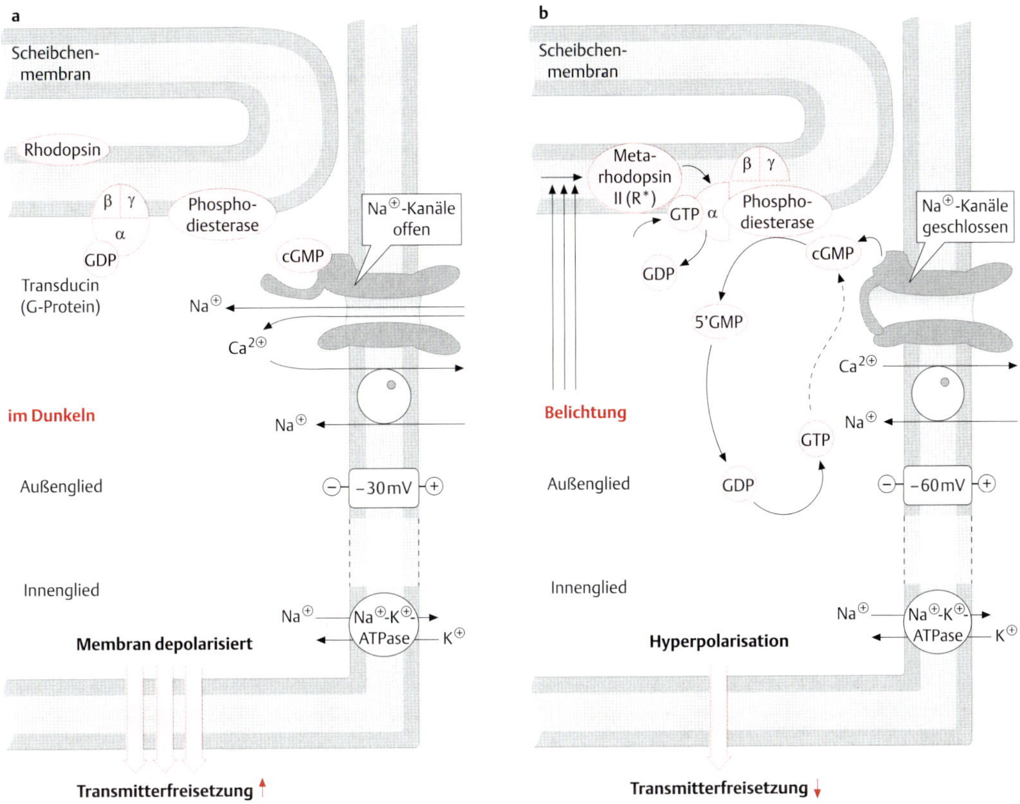

Abb. 7.5 Situation in einer Sinneszelle der Retina (a) bei Dunkelheit und (b) bei Belichtung

kann NAD⁺-abhängig in Retinal zurückverwandelt werden.

Die Retinsäure: Die Beeinflussung der Genexpression
Die vom Retinal abgeleitete Retinsäure (Retinoat) ist in der Lage, die Expression von Genen zu beeinflussen, die insbesondere für **Wachstums-, Differenzierungs-** und **Entwicklungsvorgänge** verantwortlich sind.

Weitere Wirkungen von Vitamin A
Einen sehr wichtigen Einfluss hat Vitamin A auf den **Schutz** (Membranintegrität) und die Erhaltung **von Epithelzellen** von Haut und Schleimhäuten.
In der Embryogenese übt Retinoat Einfluss auf die **Entwicklung des Skeletts**, des Neuralrohrs und andere Organe aus. Vitamin A ist außerdem wichtig für die Erhaltung der mitochondrialen Membran.

7.2.1.5 Die Hypovitaminose
Eine **primäre Hypovitaminose A** kommt in gut entwickelten Ländern so gut wie nicht vor. In einigen Ländern des fernen Ostens, wie z. B. Indonesien, leiden jedoch bis zu 70 % der Bevölkerung unter verschiedenen Auswirkungen einer Vitamin-A-Mangelernährung. Erstes Symptom ist meist die Nachtblindheit **(Hemeralopie)**, die durch eine mangelhafte Regeneration von Rhodopsin bedingt ist. Längerfristiger Vitamin-A-Mangel kann zur Verhornung der Cornea führen **(Xerophthalmie)**. Dies ist auch heute noch der häufigste Grund für die Erblindung von vor allem Kleinkindern in unterentwickelten Ländern (100 000–500 000 Neuerkrankungen pro Jahr!). Begleitet wird die Xerophthalmie meist von so genannten **Bitot-Flecken**. Dabei handelt es sich um mattweisse Flecken im Lidspaltenbereich der Konjunktiva. Weitere Symptome eines Vitamin-A-Mangels sind:

7

Lichteinfall

↓

Rhodopsin (Opsin + **11-cis**-Retinal)

↓

Umwandlung von 11-cis in **all-trans** Retinal
(primär lichtabhängige Reaktion)

↓

Aktives Rhodopsin R* (Metarhodopsin II)

↓

Austausch von GDP gegen GTP
an α-Untereinheiten des **Transducins**

↓

Abspaltung der GTP-bindenden α-Untereinheit

↓

diese aktiviert eine cGMP-Phosphodiesterase

↓

rascher cGMP-Abfall in Sinneszellen
(die Phosphodiesterase spaltet cGMP in 5'-GMP)

↓

Schließen der Ionenkanäle und IZ $Ca^{2\oplus}$-Abfall

↓

Hyperpolarisation

↓

Abfall der Transmitterfreisetzung

↓

Lichtsignal

Abb. 7.6 Schematische Darstellung der Kaskade des Sehvorgangs

- Schleimhautverhornung
- Atrophie von Speicheldrüsen
- Atrophie von Darmepithel
- hypochrome Anämie
- Störungen der Spermatogenese

Bei der Hypovitaminose A in den westlichen Ländern handelt es sich meist um **sekundäre Formen**, bedingt durch **Resorptionsstörungen** nach Darmresektion, Gallensteinleiden oder ethyltoxisch bedingter Leberzirrhose.

7.2.1.6 Die Hypervitaminose

Sehr hohe Vitamin-A-Zufuhr kann zu einer akuten Intoxikation führen. Besondere Merkmale sind dabei Kopfschmerzen, Erbrechen und Schwindel. Bei chronischer Hypervitaminose A treten Symptome wie Hautaustrocknung, Haarausfall, Hepatomegalie und Hyperostosen (Überschussbildung von Knochengewebe) auf.

7.2.2 Vitamin D – die Calciferole

Vitamin D wirkt im menschlichen Körper als Hormon. Seine Eigenschaften und Wirkungen, die es als solches entfaltet, sind ausführlich im Kapitel Hormone (s. S. 225) beschrieben.

7.2.2.1 Vorkommen

Die beiden wichtigsten Formen des Vitamin D sind Vitamin D_2 **(Ergocalciferol)** und Vitamin D_3 **(Cholecalciferol)**. Mehr als 50% des Cholecalciferols entstehen beim Menschen aus der Vorstufe 7-Dehydrocholesterol, das aus Cholesterin synthetisiert wird. Zudem enthalten pflanzliche Produkte, Speisepilze und Lebertran beträchtliche Mengen an Calciferolen.

7.2.2.2 Die Struktur

Die Calciferole gehören zu den Steroiden **(Abb. 7.7)**. Vitamin D_2 entsteht aus Ergosterol (kommt v. a. in Pilzen und Pflanzen vor) durch eine photochemische Spaltung des B-Ringes im Steran-Gerüst. Vitamin D_3 entsteht aus Cholesterin auf die gleiche Weise. Die Synthese des Vitamin D_3 ist für den Menschen von besonderer Bedeutung (s. S. 225).

7.2.2.3 Die Funktion

Vitamin D wird vom Menschen in das aktive Vitamin-D-Hormon (Calcitriol) umgewandelt (s. S. 225). Die Wirkung von Calcitriol besteht vor allem in einer **Erhöhung des Calciumspiegels und einer Förderung der Knochenmineralisation**. Außerdem wird unter ihrem Einfluss vermehrt **Phosphat resorbiert**.

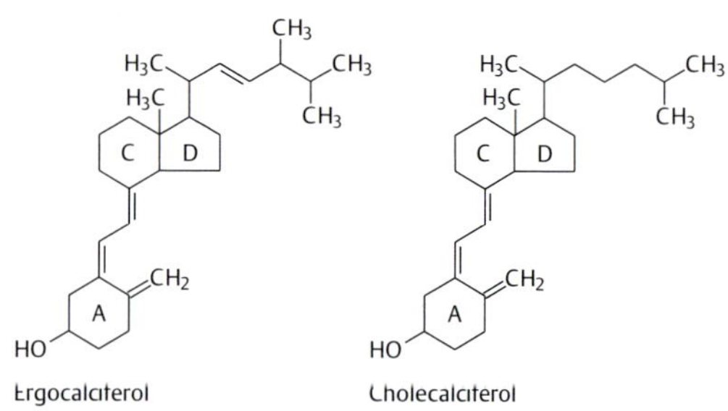

Abb. 7.7 Struktur von (a) Vitamin D_2 = Ergocalciferol und von (b) Vitamin D_3 = Cholecalciferol

Calcitriol entfaltet seine Wirkung vor allem im Darm, in den Knochen und in der Niere (s. S. 226).

7.2.2.4 Die Hypovitaminose

Bei einem Vitamin-D-Mangel kommt es zu Mineralisierungsstörungen des Skeletts. So führt eine Hypovitaminose im Säuglings- und Kindesalter zum Krankheitsbild der **Rachitis**. Dabei können schwerwiegende Skelettdeformationen wie X-und O-Beine auftreten. Die Rippen können ventral am Sternum aufgetrieben sein, wodurch der so genannte rachitische Rosenkranz entsteht. Das Becken ist oft atypisch verformt. Die Ausprägungen der Rachitis können verschieden stark sein und bei starker Hypokalzämie bis zu Tetanien und Krampfanfällen führen (besonders bei der angeborenen Form).

Im Erwachsenenalter führt ein Vitamin-D-Mangel zur Verstärkung einer Osteoporose. In schweren Fällen kommt es zur **Osteomalazie**, die häufig schmerzhaft ist und zu Spontanfrakturen führen kann.

Ein Vitamin-D-Mangel kann auf einer Mangelernährung, einer Resorptionsstörung oder einem Enzym- bzw. Rezeptorendefekt beruhen. Auch Lichtmangel kann ein Grund sein, da zur Synthese des Vitamins UV-Licht notwendig ist (s. S. 227).

7.2.2.5 Die Hypervitaminose

Übermäßige orale Zufuhr von Vitamin D führt zu Hyperkalzämie, Hyperkalzurie, Erbrechen und Schwindel. Zudem kann die Hypervitaminose zu multiplen Verkalkungen, besonders von Nieren und Leber führen.

7.2.3 Vitamin E – das Tocopherol

7.2.3.1 Vorkommen

Vitamin E kommt **nur in Pflanzen** vor, in besonders hoher Konzentration in Pflanzenölen und keimendem Weizen.

7.2.3.2 Die Struktur

Allen Tocopherolen ist der **Chroman-Ring** (Benzodihydropyran) gemeinsam **(Abb. 7.8)**. Sie unterscheiden sich lediglich in ihrer Isoprenseitenkette.

7.2.3.3 Die Funktion

Die Wirkung als Antioxidans

α-Tocopherol ist Bestandteil aller biologischer Membranen. Es ist ein **wirksames Antioxidans** und schützt ungesättigte Fettsäuren in Zell- und Mitochondrienmembranen vor einer Oxidation durch organische **Peroxylradikale**. Da ungesättigte Fettsäuren mindestens eine **Doppelbindung** enthalten, sind sie besonders anfällig für Angriffe von Radikalen.

Der **Schutzmechanismus** verläuft folgendermaßen: Tocopherol kann in **Tocopherol-Hydrochinon** umgewandelt werden **(Abb. 7.9)**. Als solches kann es mit organischen Peroxylradikalen reagieren, indem es ein Proton abgibt und dabei selbst radikalisiert wird. Regeneriert wird das **Tocopheryl-Radikal** dann mit Hilfe von wasserlöslichem Ascorbat (Vitamin C) oder Glutathion.

Weitere Wirkungen von Vitamin E

Vitamin E hat Einfluss auf die zelluläre Signaltransduktion und übt Effekte auf die Interaktion zwischen Blutbestandteilen und der Endothelzellmembran aus.

7.2.3.4 Die Hypovitaminose

Ein Vitamin-E-Mangel manifestiert sich **selten akut**, da er nur unter schwersten Mangelzuständen auftritt. Zudem besitzt das Depotfett **Vitamin-E-**

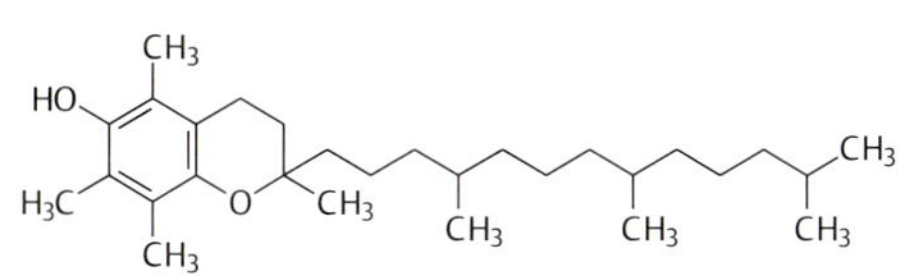

Abb. 7.8 Struktur von α-Tocopherol

Abb. 7.9 Antioxidative Wirkung von Tocopherol

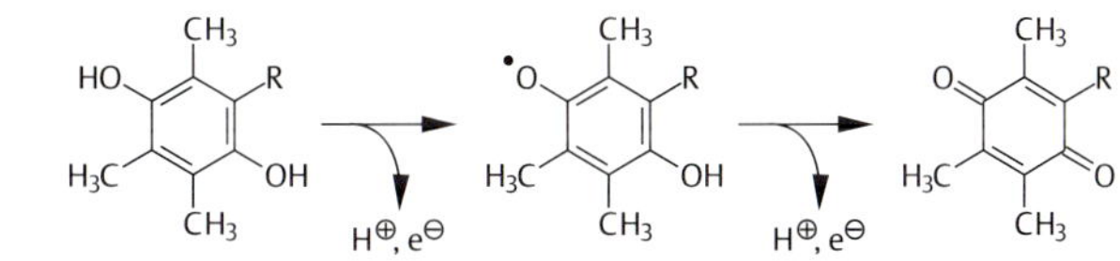

Speicher, die für 1–2 Jahre ausreichen. Kommt es dennoch zu einem Mangel, so stehen Symptome des **oxidativen Stresses** im Vordergrund. Es kann eine hämolytische Anämie auftreten, die vermutlich auf einer Schädigung der Erythrozytenmembran beruht.

7.2.4 Vitamin K – das Phyllochinon

7.2.4.1 Vorkommen

Vitamin K wird von **Pflanzen**, aber auch von der **Darmflora** synthetisiert. Pflanzen bilden Vitamin K_1 **(Phyllochinon)**, das eine **Phytylseitenkette** enthält. Die Darmbakterien erzeugen Vitamin K_2 **(Menachinon)**, dessen Seitenkette aus einem **Difarnesylrest** besteht.

7.2.4.2 Die Struktur

Die Vitamine K_1 und K_2 leiten sich von **Menadion** (2-Methyl-1,4-naphtochinon) ab **(Abb. 7.10)**. Der Doppelring ist allen Derivaten des Menadions gemeinsam, sie unterscheiden sich lediglich in der Seitenkette am C3-Atom des Naphtochinons.

7.2.4.3 Die Funktion

Vitamin K ist Cofaktor bei der **γ-Carboxylierung** Vitamin K-abhängiger Proteine. Zu diesen zählen besonders die **Gerinnungsfaktoren X, IX, VII und II**, **Protein C** und **Protein S**. Ohne die Carboxylierung sind diese Gerinnungsfaktoren inaktiv. Auch die Knochenproteine **Osteocalcin** und **Matrix-Gla-Protein** werden durch Vitamin K-abhängige γ-Carboxylierung aktiviert.

MERKE

Die Vitamin-K-abhängigen Gerinnungsfaktoren merken Sie sich am einfachsten als Jahreszahl: 1972 = Neun-zehnhundert-zweiund-siebzig.

Der Mechanismus der γ-Carboxylierung läuft in einem Kreislauf ab **(Abb. 7.11)**. Zunächst wird Vitamin K mit Hilfe von NADPH+H⁺ und der Chinonreduktase in reduziertes Vitamin K **(Vitamin-K-Hydrochinon)** umgewandelt. Das Hydrochinon reagiert mit Sauerstoff vorübergehend zum **Vitamin-K-Alkoxid**. Das Alkoxid kann nun ein Proton von einem Glutamylrest eines Vitamin-K-abhängigen Pro-

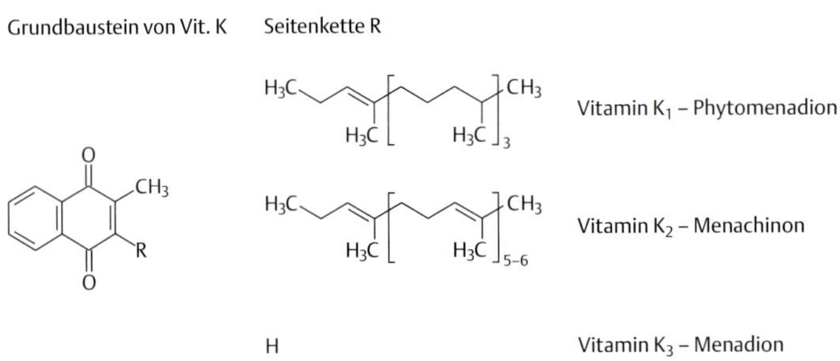

Abb. 7.10 Struktur von Vitamin K

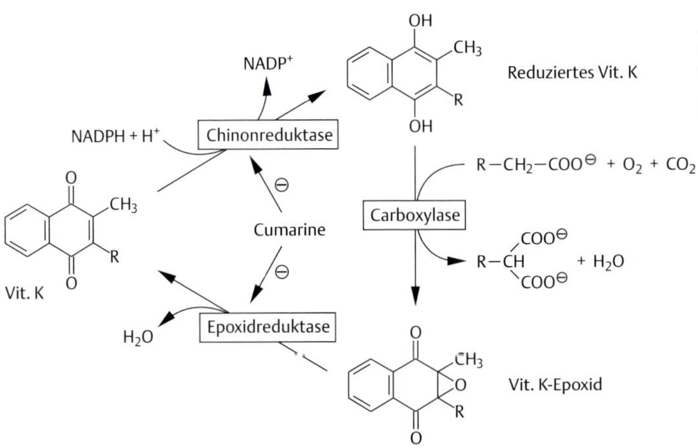

Abb. 7.11 Funktion von Vitamin K bei der γ-Carboxylierung der Gerinnungsfaktoren; Cumarin-Derivate hemmen sowohl die Epoxidreduktase als auch die Chinonreduktase

teins aufnehmen. Vitamin K fungiert hier als Cofaktor der Carboxylase. Nach Abgabe von OH^- entsteht aus dem Alkoxid das **Vitamin-K-Epoxid**. Dieses kann durch die Epoxidreduktase in Vitamin K zurückverwandelt werden. Damit ist der Kreislauf geschlossen. Bei der Reaktion erhalten Glutamatreste noch eine zusätzliche Carboxylgruppe am γ-C-Atom, sodass sie gut Ca^{2+} binden können.

Klinischer Bezug

Um die Blutgerinnungszeit zur **Infarkt-** und **Thromboseprophylaxe** zu verlängern, gibt es die Möglichkeit, den Kreislauf Vitamin-K-abhängiger Carboxylierungen durch **Vitamin-K-Antagonisten** (Cumarinderivate) zu unterbrechen. Ein solcher Antagonist ist **Phenprocoumon** (Marcumar, Abb. 7.12), der die Epoxidreduktase und die Chinonreduktase reversibel hemmt. Dadurch ist der Kreislauf unterbrochen und es resultiert eine Verlängerung der Gerinnungszeit, die klinisch mit dem Quick-Test (Thromboplastinzeit) ermittelt wird.
Eine schwerwiegende Nebenwirkung der antikoagulatorischen Therapie mit Cumarinderivaten ist eine erhöhte **Blutungsneigung**. Blutungen im Rahmen einer Cumarintherapie betreffen häufig Hohlorgane (Magen-Darm-Trakt, ableitende Harnwege, u.a.) und das subkutane Gewebe. Die Blutungen sind in den meisten Fällen Folge einer Cumarinüberdosierung.
Durch hochdosierte Gabe von Vitamin K_1 (Phytomenadion) kann ein Gerinnungsfaktorenmangel beschleunigt behoben werden. Der Wirkungseintritt von Vitamin K_1 nimmt allerdings einige Zeit in Anspruch. Ein sofortiges Aufheben des Mangels an gerinnungsaktiven Substanzen lässt sich daher nur durch ein Gerinnungsfaktoren-Konzentrat herbeiführen.
Weiterhin ist zu beachten, dass die Nachbildung von gerinnungsfördernden und -hemmenden Substanzen unterschiedlich schnell verläuft (Vitamin K ist beteiligt an der Synthese der aktiven Gerinnungsfaktoren 10, 9, 7 und 2, aber auch von Protein C und Protein S). Bei dem Versuch einer Cumarinantagonisierung durch Vitamin K tritt daher häufig ein Zustand der Hyperkoagulabilität mit verstärkter Thromboseneigung auf. Vor operativen Eingriffen sollte daher statt eines „Hochpeitschens" des Quick-Wertes mit Vitamin K besser das Abklingen der Cumarinwirkung abgewartet werden.

Abb. 7.12 Struktur von Marcumar

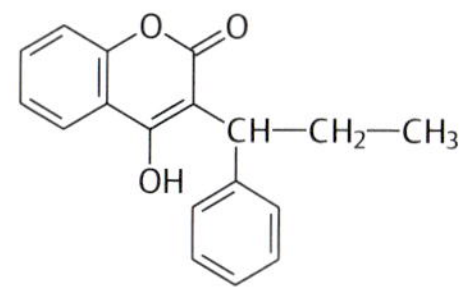

7.2.4.4 Die Hypovitaminose

Da Vitamin K in der Nahrung weit verbreitet ist und zudem von unseren Darmbakterien synthetisiert wird, ist ein ernährungsbedingter Mangel ausgesprochen selten. Ein Mangel kann aber auftreten, wenn Patienten einer lange andauernden oralen Antibiotikatherapie unterzogen werden, da in diesem Falle häufig die Darmflora ebenfalls gestört wird.
Zudem kann es, wie bei allen fettlöslichen Vitaminen, zu einem resorptionsbedingten Vitamin-K-Mangel kommen.

7.2.4.5 Die Hypervitaminose

Beim Menschen gibt es keine Hinweise, dass hohe Dosen an Vitamin K toxisch sind.

Check-up

✔ **Machen Sie sich nochmals die Funktion der einzelnen Vitamine klar, z. B. indem Sie jedem Vitamin ein Schlagwort zu seiner Funktion zuordnen (z. B. Vitamin A – Sehvorgang; Vitamin D – Calciumstoffwechsel)**

7.3 Die wasserlöslichen Vitamine

Lerncoach

Die wasserlöslichen Vitamine sind ein beliebtes Prüfungsthema, v. a. die Hypovitaminosen. Sie können sich aus den Folgen einer Hypovitaminose die Funktion des Vitamins ableiten.

MERKE

Da die wasserlöslichen Vitamine gut nierengängig sind, kommt eine Hypervitaminose praktisch nicht vor.

7.3.1 Vitamin B_1 – das Thiamin

7.3.1.1 Vorkommen

Sowohl in pflanzlichen, als auch in tierischen Produkten ist Thiamin **weit verbreitet**. Es befindet sich in Pflanzen vor allem in den Randschichten von Getreidekörnern. Außerdem enthält Schweinefleisch viel Vitamin B_1.

7.3.1.2 Die Struktur

Thiamin ist aus einem **Pyrimidinring** und einem **Thiazolring** aufgebaut, die über eine Methylenbrücke miteinander verbunden sind **(Abb. 7.13)**.

7.3.1.3 Die Funktion

Thiamin selbst ist nicht aktiv. Es muss zunächst durch eine Thiaminkinase ATP-abhängig in **Thiaminpyrophosphat** (TPP) umgewandelt werden **(Abb. 7.14)**.

In der aktiven Form ist TPP an der **Decarboxylierung von α-Ketosäuren** beteiligt. Es unterstützt dabei zwei Enzyme:

- die **Pyruvatdeydrogenase (PDH)**, die Pyruvat in Acetyl-CoA umwandelt (s. S. 121)
- die **α-Ketoglutarat-Dehydrogenase**, die α-Ketoglutarat in Succinyl-CoA umwandelt (Citratzyklus, s. S. 126).

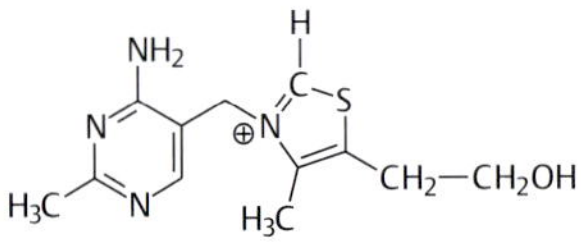

Abb. 7.13 Struktur von Thiamin

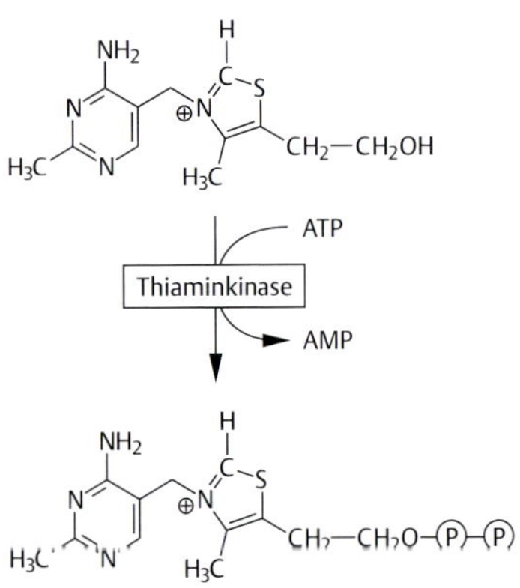

Abb. 7.14 Umwandlung von Thiamin in Thiaminpyrophosphat

Neben TPP sind die vier Coenzyme Liponamid, CoA, FAD und NAD^+ an diesen Reaktionen beteiligt.

Außerdem ist Thiaminpyrophosphat Coenzym der **Transketolase** des Pentosephosphatwegs (s. S. 32).

MERKE

Vitamin B_1 ist Coenzym der PDH, der α-Ketoglutarat-Dehydrogenase und der Transketolase.

7.3.1.4 Die Hypovitaminose

In Ländern, in denen viel polierter Reis (enthält die thiaminreiche Schale nicht mehr) gegessen wird, tritt eine besondere Thiaminmangelerkrankung auf, die **Beriberi-Krankheit**. Bei einem Thiaminmangel sind sowohl die PDH als auch die α-Ketoglutarat-Dehydrogenase als Enzym des Citratzyklus in ihrer Funktion eingeschränkt. Daher sind vor allem Gewebe mit einem hohen Glucoseumsatz von einem Vitamin-B_1-Mangel betroffen. Symptome der Beriberi-Krankheit sind Polyneuropathien, Skelettmuskelschwund, Herzfunktionsstörungen und Ödeme.

In Westeuropa ist die Beriberi-Krankheit sehr selten. Allerdings tritt bei Alkoholikern ein Vitamin-B_1-Mangel häufiger auf. Dieser Mangel ist in erster Linie auf die unzureichende Ernährung zurückzuführen.

MERKE

Thiaminmangel führt zur Beriberi-Krankheit.

7.3.2 Vitamin B_2 – das Riboflavin

7.3.2.1 Vorkommen

Im Pflanzen- und Tierreich ist Riboflavin **weit verbreitet**. Eine besonders reiche Quelle für Riboflavin sind **Milch** und **Milchprodukte**.

7.3.2.2 Die Struktur

Das Riboflavin ist aus einem **trizyklischen Isoalloxazinringsystem** aufgebaut, das am N^{10}-Atom einen Ribitolrest (nicht Ribose!) enthält **(Abb. 7.15)**.

7.3.2.3 Die Funktion

Riboflavin ist Bestandteil der beiden Flavoproteine **FMN** (Flavinmononucleotid) und **FAD** (Flavin-Adenin-Dinucleotid, **Abb. 7.16**).

FMN und FAD sind wichtige **Elektronenakzeptoren** und **-donatoren** in biologischen Systemen. Reaktio-

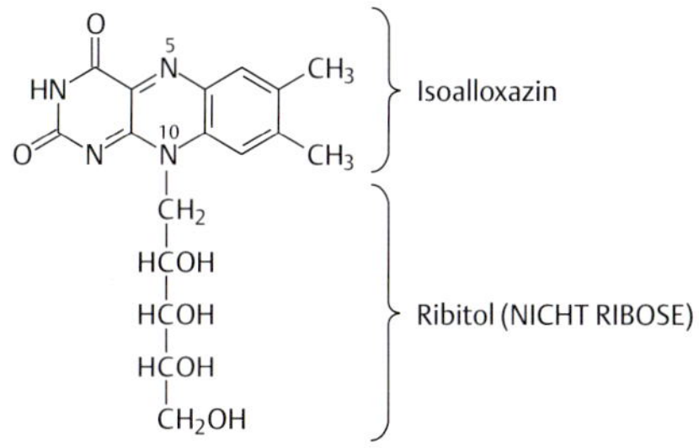

Abb. 7.15 Struktur von Riboflavin

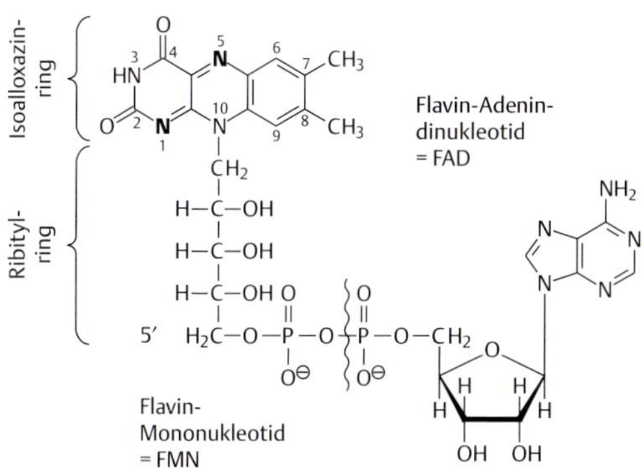

Abb. 7.16 Struktur von FAD und FMN

nen, an denen sie beteiligt sind, sind unter anderem:

- Oxidative Desaminierungen (Aminosäureoxidasen, die Aminosäuren dehydrierend desaminieren, s. S. 101)
- Dehydrierungen (z. B. Acyl-CoA-Dehydrogenase der β-Oxidation, s. S. 57)
- Oxidation von Aldehyden (z. B. Xanthinoxidase beim Purinabbau, s. S. 378)
- Transhydrogenierungen (z. B. Pyruvatdehydrogenase, s. S. 121)
- FMN ist Bestandteil von Komplex I der Atmungskette (s. S. 132)

7.3.2.4 Die Hypovitaminose

Da FMN und FAD im Stoffwechsel überall vorkommen, sind auch die Symptome eines Riboflavinmangels sehr **unspezifisch**. Zudem bestehen enge Beziehungen zwischen Flavoproteinen und Stoffwechselwegen von Niacin, Vitamin B_6 und Folsäure (s. u.).

Bei Riboflavinmangel können Veränderungen der Mundschleimhaut in Form einer angulären Stomatitis oder Mundwinkelrhagaden (Einrisse in den Mundwinkeln) auftreten, daneben kann eine Glossitis beobachtet werden (Magenta-Zunge). Neben einer normochromen Anämie können auch Erytheme der Haut und eine periphere Neuropathie an Händen und Füßen auftreten.

7.3.3 Das Niacin

7.3.3.1 Vorkommen

Reich an Niacin sind vor allem **tierische Gewebe** und **Fisch**. Pflanzen sind eher arm an Niacin. Zudem ist es in Bohnenkaffee vorhanden (1-2 mg pro Tasse).

Nicotinsäureamid (eine Form des Niacin) kann aus der Aminosäure **Tryptophan** gebildet werden. Man bezeichnet Tryptophan deshalb auch als Provitamin für Niacin.

7.3.3.2 Die Struktur

Niacin ist der Sammelbegriff für Nicotinsäure und Nicotinsäureamid (**Abb. 7.17**), die im Stoffwechsel des Menschen ineinander überführt werden können.

Beide Vitamine haben quantitativ und qualitativ die gleiche Wirkung.

7.3.3.3 Die Funktion

Niacin ist Bestandteil der beiden Coenzyme **NAD^+** (**Abb. 7.18**) und **$NADP^+$**. $NADP^+$ entsteht aus NAD^+ in einer ATP-abhängigen Reaktion durch Phosphorylierung des C2-Atoms der Ribose des Adenosins (Adenosin = Adenin + Ribose).

NAD^+ und $NADP^+$ sind an einer Vielzahl von Redoxreaktionen und Wasserstoffübertragungen beteiligt.

Abb. 7.17 Struktur von Niacin

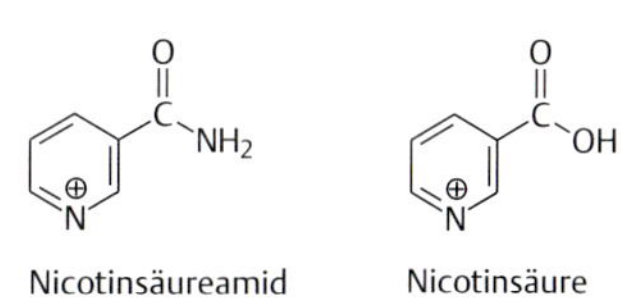

Abb. 7.18 Struktur von NAD^+

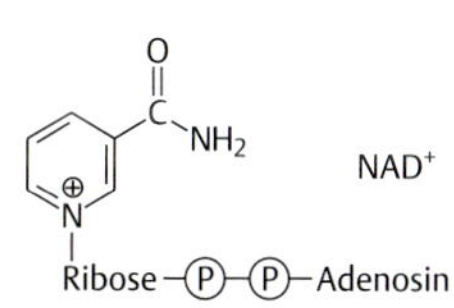

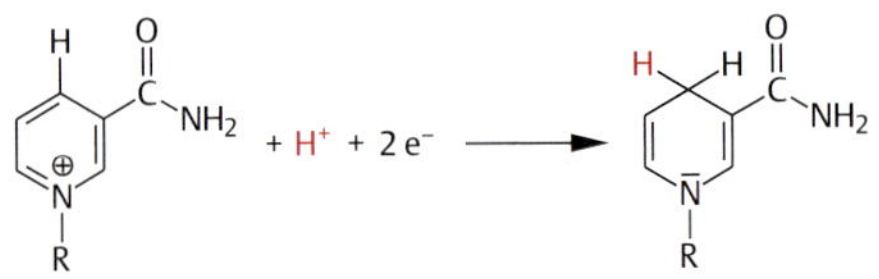

Abb. 7.19 Reaktion von NAD^+ zu NADH durch Aufnahme von H^+ und 2 e^-

Dabei ist der reaktive Teil das Ringsystem des Nicotinsäureamids. Bei der Oxidation eines Substrats nimmt der Ring ein Hydrid-Ion (Proton und zwei Elektronen) auf **(Abb. 7.19)**.

7.3.3.4 Die Hypovitaminose

Zu Beginn eines Niacinmangels treten zunächst unspezifische Symptome wie Schlaflosigkeit, Appetitlosigkeit, Schwindel, u. a. auf. Ein ausgeprägter Niacinmangel führt zum Krankheitsbild **Pellagra**. Diese Erkrankung manifestiert sich an Haut, Verdauungstrakt und Nervensystem in der typischen Trias: Dermatitis, Diarrhö und Demenz.

MERKE

Niacinmangel führt zur Pellagra.

7.3.4 Vitamin B_6 – das Pyridoxin

7.3.4.1 Vorkommen

Vitamin B_6 ist **weit verbreitet**. Besonders reichlich kommt es in Leber, Schweine- und Hühnerfleisch, Fisch, Gemüse und Nüssen vor. Außerdem findet sich Pyridoxin auch in Bierhefe.

7.3.4.2 Die Struktur

Unter den Pyridoxinen werden der Vitamin B_6-Aldehyd **(Pyridoxal)**, das Amin **(Pyridoxamin)** und der Alkohol **(Pyridoxol)** zusammengefasst **(Abb. 7.20)**.

Versuchen Sie, in Abb. 7.20 die 3 Vitamin B_6-Formen anhand ihrer funktionellen Gruppen zu unterscheiden (Aldehyd, Amin, Alkohol).

7.3.4.3 Die Funktion

Aufgenommenes Vitamin B_6 wird im Gewebe durch die **Pyridoxalkinase** und ATP in das aktive **Pyridoxalphosphat (PALP)** umgewandelt **(Abb. 7.21)**.

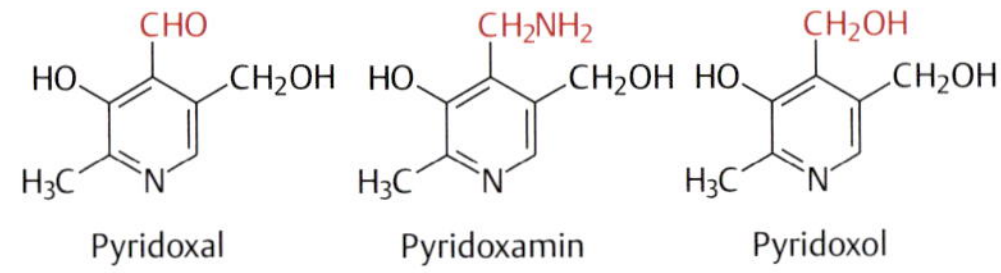

Abb. 7.20 Struktur der Pyridoxine

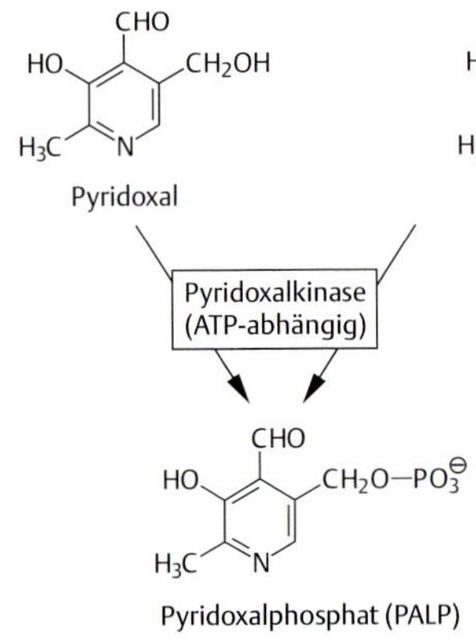

Abb. 7.21 Umwandlung von Vitamin B_6 in Pyridoxalphosphat

PALP ist Coenzym von etwa 100 Enzymen im Aminosäurestoffwechsel, besonders von **Decarboxylierungen** und **Transaminierungen.**

Die Decarboxylierungen

Bei der Decarboxylierung von Aminosäuren entstehen die biogenen Amine der Aminosäuren (s. S. 100). Ein Beispiel dafür ist die Decarboxylierung von Glutamat, dabei entsteht GABA.

DieTransaminierungen

Die **Aspartataminotransferase** (AST) überträgt eine Aminogruppe von Aspartat auf α-Ketoglutarat. Es entstehen Oxalacetat und Glutamat (s. S. 101).
Die **Alaninaminotransferase** (ALT) überträgt eine Aminogruppe von Alanin auf α-Ketoglutarat. Es entstehen Pyruvat und Glutamat (s. S. 101).

Weitere wichtige PALP-abhängige Reaktionen

- die **δ-Aminolaevulinsäuresynthase**-Reaktion bei der Hämbiosynthese (s. S. 300)
- die **Glykogenphosphorylase**-Reaktion beim Glykogenabbau (s. S. 40)
- PALP ist beteiligt bei der **Niacinbiosynthese** (s. S. 183)
- **Lysyloxidase**-Reaktion bei der Kollagenbiosynthese (s. S. 291)

7.3.4.4 Die Hypovitaminose

Da Vitamin B_6 in Lebensmitteln ubiquitär verbreitet ist und der Körper zudem über B_6-Reserven verfügt, tritt ein Mangel **selten** auf. Die Symptome sind dann wegen der vielen Beteiligungen von Pyridoxin im Stoffwechsel sehr **unspezifisch**. Es treten neurologische Störungen, Depressionen, Infektanfälligkeit, Dermatitis, Glossitis, u. a. auf. Da PALP zudem Coenzym der δ-Aminolaevulinsäuresynthetase ist, kann es durch die Einschränkung der Häm-Synthese zu einer **hypochromen Anämie** kommen.

7.3.5 Die Pantothensäure

7.3.5.1 Vorkommen

Pantothensäure ist weit verbreitet und kommt sowohl in Pflanzen als auch im tierischen Gewebe vor (dann meist als CoA). Besonders reich an Pantothensäure sind **Eigelb, Leber, Niere** und die **Ovarien von Stockfischen**. Zudem wird Pantothensäure von den Darmbakterien gebildet.

7.3.5.2 Die Struktur

Pantothensäure ist aus β-Alanin und Pantoinsäure (2,4-Dihydroxy-3,3-dimethylbutyrat) aufgebaut **(Abb. 7.22)**.

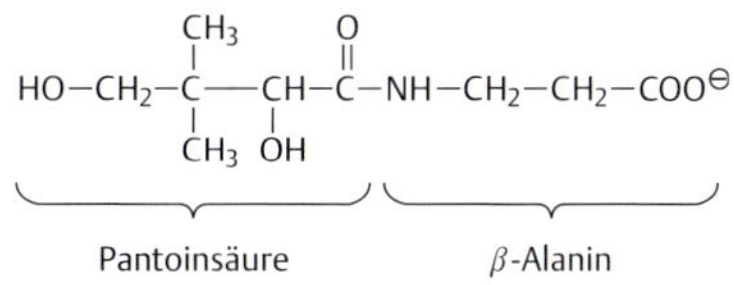

Abb. 7.22 Struktur der Pantothensäure

7.3.5.3 Die Funktion

Die wichtigste Funktion hat Pantothensäure als **Bestandteil von Coenzym A** **(Abb. 7.23)**. Coenzym A entsteht intrazellulär aus Pantothensäure, Cystein und ATP.

Der aktive Teil des Coenzym A ist die freie SH-Gruppe, die mit der Säuregruppe eines Substrats eine Thioesterbindung ausbilden kann. Man kürzt das CoA deshalb oft auch als CoA-SH ab. Das bekannteste Beispiel ist die Esterbindung zwischen Acetat und CoA zum Acetyl-CoA **(Abb. 7.24)**, das im Intermediärstoffwechsel eine zentrale Stellung einnimmt. Außerdem spielt CoA-SH eine wichtige Rolle bei der Aktivierung von Fettsäuren zum Acyl-CoA (s. S. 56). Es kommt auch im Succinyl-CoA vor, das ein Zwischenprodukt des Citratzyklus ist.

7.3.5.4 Die Hypovitaminose

Da Pantothensäure weit verbreitet ist, kommt ein Mangel sehr **selten** vor. Betroffen sind vor allem der Fettstoffwechsel, die Proteinsynthese und das Nervensystem (Acetylcholin entsteht aus Acetyl-CoA und Cholin). Eine erniedrigte Konzentration von Coenzym A wird bei einem Pantothensäuremangel nicht beobachtet.

7.3.6 Vitamin B_{12} – das Cobalamin

7.3.6.1 Vorkommen

Weder Pflanzen noch Tiere sind in der Lage, das komplexe Cobalamin zu bilden. Dies können nur Mikroorganismen, die auch in der Darmflora leben. Aus diesem Grund ist Cobalamin **nur in tierischen Produkten**, besonders reichlich in der Leber, in Rind- und Schweinefleisch, sowie in Milch- und Eierprodukten enthalten. Bei einer Ernährung, die

Abb. 7.23 Struktur des Coenzym A

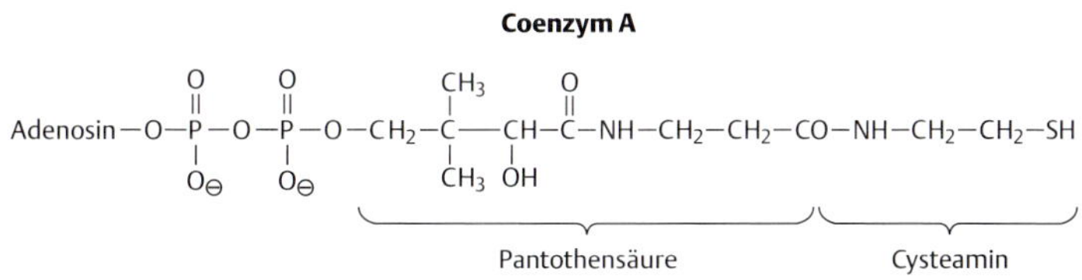

Abb. 7.24 Struktur von Acetyl-CoA

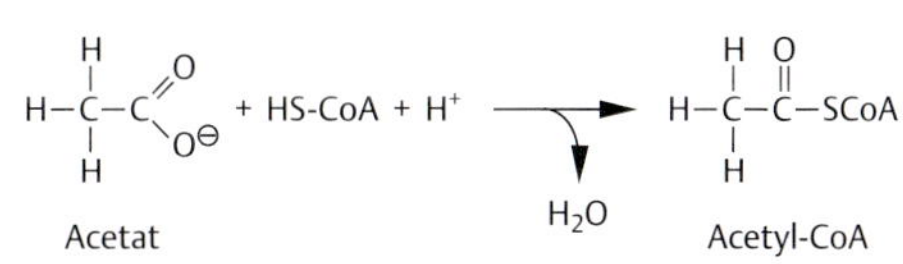

auf alle tierischen Produkte verzichtet, kann ein Vitamin-B_{12}-Mangel entstehen, der Grund für eine perniziöse Anämie sein kann (s. u.). Zwar bilden auch die Darmbakterien Cobalamin. Dieses kann jedoch nicht resorbiert werden, da Vitamin B_{12} auf den intrinsic factor aus dem Magen angewiesen ist.

7.3.6.2 Die Aufnahme und der Transport von Cobalamin

Vitamin B_{12} wird auch als **extrinsic factor** bezeichnet. Die Resorption des Vitamin B_{12} findet nur nach Bindung an den **intrinsic factor** statt. Das ist ein Glykoprotein, das von den Belegzellen des Magens gebildet wird (s. S. 239). Intrinsic und extrinsic factor bilden einen Komplex. Zum einen schützt dies vor dem Angriff der Pankreasenzyme im Dünndarm, zum anderen ist der intrinsic factor an der Resorption des Komplexes durch Endozytose beteiligt.

7

Cobalamin wird im Gegensatz zu den anderen Vitaminen im **terminalen Ileum** resorbiert. Daher kann es bei einer Entzündung in diesem Darmabschnitt (z. B. bei Morbus Crohn) zu einem isolierten Vitamin-B_{12}-Mangel durch mangelhafte Resorption kommen.

Cobalamin liegt nicht frei im Blut vor, sondern wird mit Hilfe von **Transcobalamin II** transportiert.

MERKE

Nur bei Anwesenheit von intrinsic factor wird Vitamin B_{12} im unteren Ileum aufgenommen.

7.3.6.3 Die Struktur

Einige markante Strukturen im Vitamin B_{12} sind (**Abb. 7.25**):

- Es besitzt ein zentrales Cobaltatom.
- Das Cobaltatom steht im Zentrum einer als Corrinring bezeichneten Struktur. Der Corrinring besteht aus vier Pyrrolringen (**Tetrapyrrol**), die miteinander verbunden sind. Er weist deutliche Unterschiede zum Tetrapyrrol-Ringsystem der Häm-Gruppe auf.
- Das Cobaltatom besitzt 6 Bindungsstellen. Mit vier Bindungsstellen ist das Cobaltatom mit den Stickstoffatomen des Tetrapyrrols verbunden. An der fünften Bindungsstelle befindet sich ein 5,6-Dimethylbenzimidazolribosid. An der sechsten Bindungsstelle (Rest in **Abb. 7.25**) können sich verschiedene Substituenten befinden:

  R: 5'Desoxyadenosin → **5'Desoxyadenosylcobalamin**

  R: Methylrest → **Methylcobalamin**

  R: Cyanorest → **Cyanocobalamin**

7.3.6.4 Die Funktion

Die beiden Coenzymformen 5'Desoxyadenosylcobalamin und Methylcobalamin üben unterschiedliche Funktionen aus.

Das **5'Desoxyadenosylcobalamin** ist an der intrazellulären **Umlagerung** von **Alkylresten** beteiligt (**Abb. 7.26**). Ein Beispiel für eine solche Umlagerungsreaktion findet sich beim Abbau ungeradzahliger Fettsäuren (s. S. 59). Das dort entstandene Methylmalonyl-CoA wird Vitamin-B_{12}-abhängig durch eine Mutase in Succinyl-CoA umgewandelt.

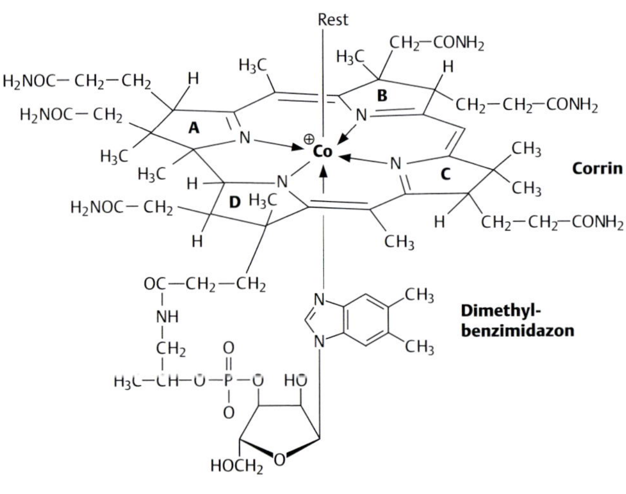

Abb. 7.25 Struktur des Cobalamins

Abb. 7.26 Beispiel für eine Umlagerungsreaktion

Als **Methylcobalamin** ist Vitamin B_{12} gemeinsam mit **Folat** an der **Remethylierung** von Homocystein zu Methionin beteiligt (s. S. 110).

7.3.6.5 Die Hypovitaminose

Längere Zeit andauernder Cobalamin-Mangel führt zur **perniziösen Anämie,** bei der die Erythrozyten vergrößert sind (deshalb auch als megaloblastäre Anämie bezeichnet). Die Ursachen sind vielfältig. Die rein vegetarische Ernährung spielt dabei in der Praxis eine geringere Rolle. Klinisch wichtiger sind Störungen der Resorption, die auf einer Entzündung des unteren Ileums oder einer mangelhaften oder fehlenden Synthese des intrinsic factors (z. B. nach Gastrektomie) beruhen können (s. o.).

MERKE

Bei der Remethylierung von Homocystein zu Methionin arbeiten Vitamin B_{12} und Folsäure zusammen.

Klinischer Bezug

Funikuläre Myelose: Bei der funikulären Myelose kommt es durch Cobalaminmangel zu einer systemischen Entmarkung markhaltiger Nervenzellen, v. a. im Bereich der Seiten- und Hinterstränge, da die Umwandlung von Methylmalonyl-CoA zu Succinyl-CoA (s. o.) gestört ist. Die Gewebekonzentrationen von Methylmalonyl-CoA und Propionyl-CoA steigen dadurch an. Als Folge werden unphysiologische Fettsäuren synthetisiert und in neuronale Lipide eingebaut. Dabei entsteht ein defektes Myelin. Die Folge sind irreversible neurologische Ausfälle. Unter anderem können Sensibilisierungsstörungen, Parästhesien und Lähmungserscheinungen auftreten.

7.3.7 Die Folsäure

7.3.7.1 Vorkommen

Gute Quellen für Folsäure sind Spinat, Spargel, Blattsalate, Getreide und Leber. Fleisch, Fisch und Obst hingegen sind relativ arm an Folsäure.

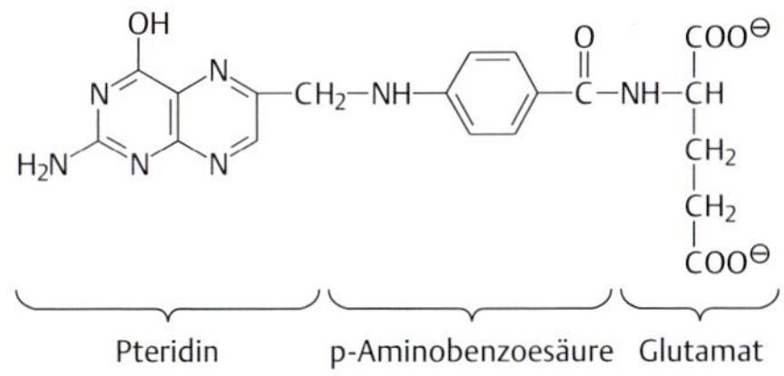

Abb. 7.27 Struktur der Folsäure

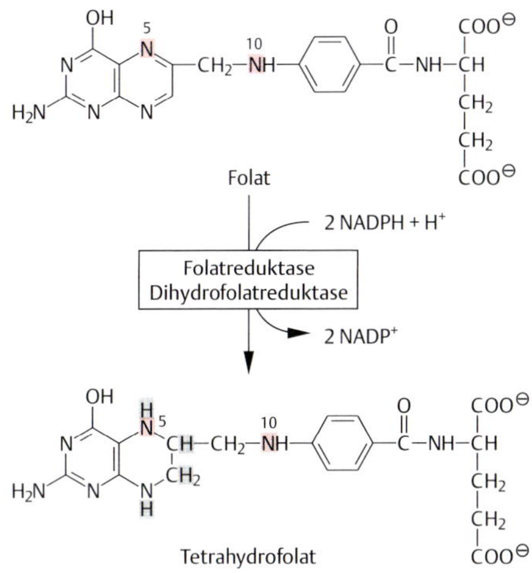

Abb. 7.28 Umwandlung von Folat in Tetrahydrofolat

7.3.7.2 Die Struktur

Folat besteht aus drei verschiedenen Bausteinen: Ein Pteridinringsystem ist über die p-Aminobenzoesäure mit der Aminosäure Glutamat verbunden (**Abb. 7.27**).

7.3.7.3 Die Funktion

Der reaktive Teil der Folsäure (Folat) sind die Stickstoffatome 5 und 10. Allerdings ist das Folat noch nicht die aktive Form des Vitamins. Es muss in zwei Schritten in **Tetrahydrofolat** (FH_4) umgewandelt werden (**Abb. 7.28**). Diese Aktivierung geschieht durch die Folatreduktase bzw. die Dihydrofolatreduktase, als Coenzym fungiert $NADPH+H^+$. An die beiden N-Atome werden C_1-Reste gebunden, die anschließend auf ein geeignetes Substrat übertragen werden. Folat ist also Coenzym bei **C_1-Übertragungen**. **Tab. 7.2** fasst zusammen, welche Gruppen von Folat übertragen werden.

Tabelle 7.2

Funktionelle Gruppen, die von Folat übertragen werden

Folat-Derivat	beteiligtes N-Atom	Reaktionen
Methyl-FH_4	N^5	Homocystein → Methionin (gemeinsam mit Cobalamin) Ethanolamin → Cholin
Formyl-FH_4	N^{10}	C_2 und C_8 für Purinsynthese Synthese von N-Formylmethionin-t-RNA für Proteinbiosynthese
Hydroxymethyl-FH_4	N^5 und N^{10}	Glycin → Serin Methylgruppen von Thymin (Pyrimidinsynthese)
Formimino-FH_4	N^5	Histidinstoffwechsel (Umwandlung von Formiminoglutamat in Glutamat beim Histidinabbau)

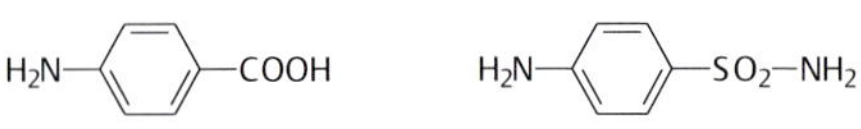

p-Aminobenzoesäure Sulfanilamid

Abb. 7.29 p-Aminobenzoesäure und der Hemmstoff Sulfanilamid

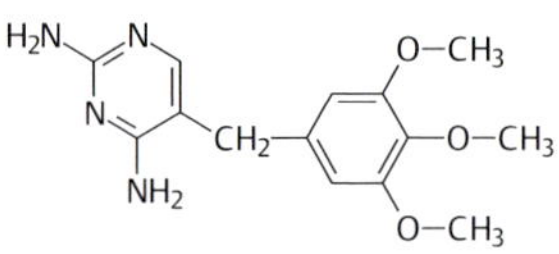

Abb. 7.30 Struktur von Trimethroprim

Der aktive Teil der FH_4 sind das N^5- und N^{10}-Atom. Versuchen Sie, das anhand der Abb. 7.28 nachzuvollziehen.

7.3.7.4 Die klinische Anwendung

Bakterien synthetisieren ihre Folsäure selbst. Zur antibiotischen und zytostatischen Therapie kann man daher **Hemmstoffe** der Folsäure einsetzen. Es gibt zwei unterschiedliche Wirkprinzipien.

Sulfonamide hemmen die Synthese von Folsäure, indem anstatt der p-Aminobenzoesäure ähnliche Moleküle eingebaut werden. Das führt zu einem funktionsunfähigen Produkt. Ein Beispiel für ein solches Pharmakon ist Sulfanilamid (**Abb. 7.29**). Es entsteht keine aktive Folsäure, dadurch ist die Vermehrung der Bakterien gehemmt (da auch die Bakterien die Folsäure zur Purin- und Pyrimidinsynthese benötigen).

Die **Dihydrofolatreduktase-Hemmer** wirken zytostatisch, da durch die Hemmung der Dihydrofolatreduktase kein aktives Tetrahydrofolat entsteht. Zu den Dihydrofolatreduktase-Hemmern zählen beispielsweise Trimethoprim (**Abb. 7.30**) und Amethoprim (Methotrexat). Methotrexat wird v. a. in der antirheumatischen Therapie und der Tumortherapie eingesetzt.

7.3.7.5 Die Hypovitaminose

Folsäure ist ein wichtiges Element des **Purin- und Pyrimidinstoffwechsels**. Bei einem Mangel sind vor allem Gewebe mit hoher **Mitoserate** betroffen, wie z. B. das Knochenmark, in dem die Hämatopoese stattfindet. In diesem Fall resultiert daraus eine **megaloblastäre Anämie** (die Erythrozyten sind vergrößert). Nach länger andauerndem Mangel werden auch der Lipid- und Aminosäurestoffwechsel beeinträchtigt.

Ferner sollte der erhöhte Bedarf an Folsäure in der **Schwangerschaft** bedacht werden. Da zwischen Folsäuremangel der Mutter während der Schwangerschaft und Neuralrohrdefekten beim Kind (Dysrhaphien wie Spina bifida oder Cranium bifidum) ein Zusammenhang besteht, empfiehlt man bei Schwangerschaft eine Substitution der Folsäure.

MERKE

Sowohl ein Vitamin B_{12}- als auch ein Folsäuremangel führen zu einer megaloblastären Anämie.

7.3.8 Das Biotin

7.3.8.1 Vorkommen

Biotin kommt vor allem in Leber, Sojabohnen, Schokolade, Nüssen und Eigelb vor. Die Darmbakterien sind ebenfalls in der Lage, Biotin zu produzieren.

Tabelle 7.3

Die biotinabhängigen Carboxylierungen

Reaktion	beteiligtes Enzym	Stoffwechselweg
Acetyl-CoA → Malonyl-CoA	Acetyl-CoA-Carboxylase (s. S. 66)	Fettsäurebiosynthese
Pyruvat → Oxalacetat	Pyruvatcarboxylase (s. S. 35)	Gluconeogenese
Propionyl-CoA → Methylmalonyl-CoA	Propionyl-CoA-Carboxylase (s. S. 59)	Fettsäureabbau
3-Methylcrotonyl-CoA → 3-Methylglutaconyl-CoA	3-Methylcrotonyl-CoA-Carboxylase (s. S. 114)	Leucinabbau

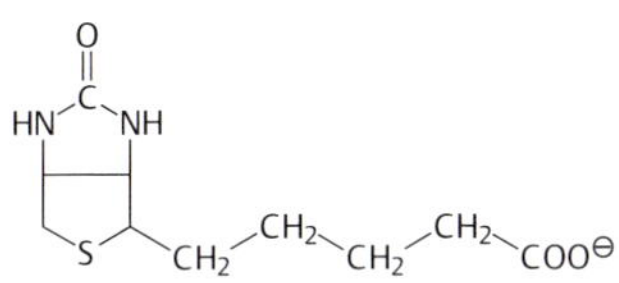

Abb. 7.31 Struktur von Biotin

a

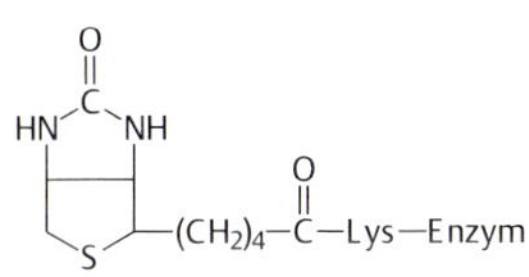

b

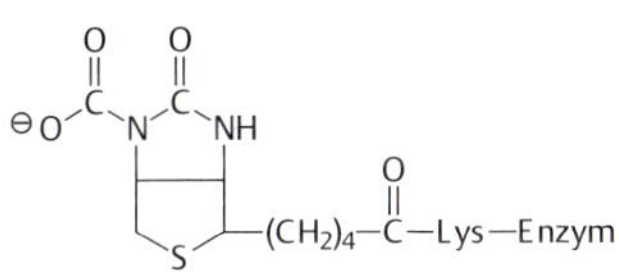

Abb. 7.32 (a) die Bindung des Biotins an das Enzym erfolgt über einen Lysinrest; (b) Biotin mit einem Carboxylrest

7.3.8.2 Die Struktur

Biotin ist ein Derivat des Harnstoffs **(Abb. 7.31)**.

7.3.8.3 Die Funktion

Biotin dient als prosthetische Gruppe für **Carboxylierungsreaktionen**. Im Gegensatz zu den meisten anderen Coenzymen, die in löslicher Form vorliegen, ist Biotin fest mit dem Enzym verbunden. Es ist eine prosthetische Gruppe (s. S. 166). Biotin ist an Carboxylierungen beteiligt, die nicht Vitamin-K-abhängig sind **(Tab. 7.3)**.

In der **aktiven Form** ist Biotin über seine Carboxylgruppe mit dem **Lysinrest** eines Enzyms verbunden. Am N-Atom 1 kann es während einer Carboxylierungsreaktion einen Carboxylrest aufnehmen **(Abb. 7.32)**, der auf das Substrat des Enzyms übertragen wird. Bei der Pyruvatcarboxylase ist das Substrat zum Beispiel Pyruvat, das zu Oxalacetat carboxyliert wird.

MERKE

Biotin (Vitamin H)-abhängige Reaktionen sind immer eine Carboxylierung.

7.3.8.4 Die Hypovitaminose

Da die Darmflora des Menschen Biotin produziert, ist ein Mangel **äußerst selten**. Er kann beispielsweise nach Mangelernährung oder lange andauernder oraler Antibiotikatherapie auftreten. Zudem befindet sich im rohen Hühnereiweiß das Glykoprotein **Avidin**, das Biotin bindet und dadurch seine Resorption hemmt. In einer Studie mit vier Probanden, denen täglich Avidin verabreicht wurde, entstanden nach einigen Wochen schuppige Hautveränderungen, Depressionen, Muskelschmerzen, Hyperästhesien, u. a.

7.3.9 Vitamin C – die L-Ascorbinsäure

7.3.9.1 Vorkommen

Vitamin C ist weit verbreitet. Einen hohen Vitamin-C-Gehalt haben **Zitrusfrüchte** und Gemüse wie **Broccoli** und **Rosenkohl**. Auch die **Kartoffel** ist eine wichtige Vitamin-C-Quelle.

Beachte: Fast alle Tiere können aus Glucose L-Ascorbinsäure bilden. Nur der Mensch und andere Primaten bilden eine Ausnahme. Ihnen fehlt die Gulonolactonoxidase, die Gulonolacton im letzten Syntheseschritt in Vitamin C umwandelt.

7.3.9.2 Die Struktur

Eine markante Struktur der L-Ascorbinsäure ist der Lactonring mit zwei Hydroxylgruppen **(Abb. 7.33)**: chemisch heißt Vitamin C 2,3-Endiol-L-Gulonsäurelacton. Beachte: Ascorbinsäure ist empfindlich gegenüber Erhitzen und Oxidation. Deshalb sollten Obst und Gemüse möglichst frisch verzehrt werden.

7.3.9.3 Die Funktion

Vitamin C hat die Funktion eines **Antioxidans**. Dabei wird es unter Elektronenabgabe selbst zur **Dehydroascorbinsäure** oxidiert **(Abb. 7.34)**. Diese Reak-

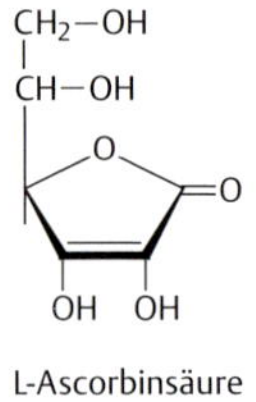

Abb. 7.33 Struktur der L-Ascorbinsäure

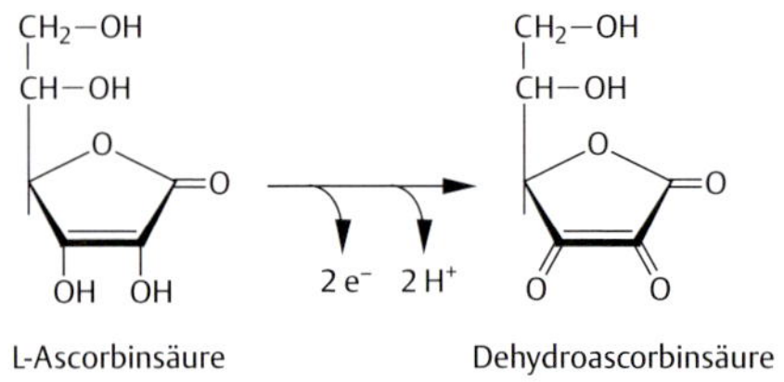

Abb. 7.34 Oxidation der Ascorbinsäure zu Dehydroascorbinsäure

tion ist besonders wichtig, um das beim Lipidschutz in den Zellmembranen radikalisierte Tocopherol (Vitamin E, s. S. 179) zu regenerieren.

An folgenden Reaktionen ist L-Ascorbinsäure beteiligt:

- **Kollagenbiosynthese**: Hydroxylierung von Lysin und Prolin.
- Hydroxylierung von Dopamin zu **Noradrenalin**.
- **Serotoninsynthese**: Die Hydroxylierung von Tryptophan zu 5-Hydroxytryptophan ist Vitamin C-abhängig, aus 5-Hydroxytryptophan entsteht Serotonin.
- **Steroidhormonsynthese**, insbesondere der Glucocorticoide: Die höchste Konzentration von Vitamin C im Körper herrscht in der **Nebennierenrinde**.
- Neutralisation des **Tocopherylradikals**: Vitamin C hilft beim Schutz von Membranlipiden (s. o.).
- **Carnitinsynthese** aus Lysin und Methionin: die Hydroxylierung von Trimethyllysin (s. o.).
- Reduktion von **Methämoglobin** zu Hämoglobin (s. S. 303).
- L-Ascorbinsäure steigert die enterale **Eisenresorption**.
- **Tetrahydrofolatsynthese** (s. S. 187).

7.3.9.4 Die Hypovitaminose

Ein lange andauernder Vitamin-C-Mangel manifestiert sich in Symptomen, die unter dem Begriff **Skorbut** zusammengefasst werden. Besonders die mangelhafte Hydroxylierung des Kollagens führt zu einer **Bindegewebsschwäche**, die sich in Petechien (kleine Einblutungen in die Haut), Zahnfleischbluten, Zahnausfall, Muskelschwäche, Gelenkschmerzen, u. a. äußert. Bleibt der Vitamin-C-Mangel weiter bestehen, kann der Skorbut zum Tode führen: Der Mangel an Vitamin C hat schon viele Seefahrer das Leben gekostet. Heute tritt Skorbut so gut wie nicht mehr auf.

Check-up

✔ **Gehen Sie die wasserlöslichen Vitamine noch einmal durch und machen Sie sich die wichtigsten Funktionen klar.**

7.4 Die Spurenelemente

Lerncoach

Es empfiehlt sich, sich hier erst einmal einen Überblick zu verschaffen, welche Spurenelemente es gibt. Um diese leichter voneinander abzugrenzen, sind sie in Tabellenform aufgeführt.

7.4.1 Die Funktion der Spurenelemente

Die Spurenelemente sind fast alle Metallionen. Sie haben im Stoffwechsel meistens Funktion als **Cofaktoren** verschiedener Enzyme.

7.4.2 Die einzelnen Spurenelemente

Klinischer Bezug

Morbus Wilson: Der **Morbus Wilson** (auch hepatolentikulärer Defekt genannt) beruht auf einer verminderten Fähigkeit des Körpers, aufgenommenes Kupfer bei Bedarf wieder auszuscheiden. Diesem Krankheitsbild liegt ein **Enzymdefekt der Kupfer-transportierenden ATPase** in der Leber zugrunde. Es kommt vor allem in der **Leber** zur **Akkumulation von Kupfer**. Diese Ablagerungen führen in der Leber zur Nekrose und später zur Zirrhose des Gewebes. Weiterhin lagert sich Kupfer an verschiedenen Orten im **Gehirn** ab (Nukleus lentiformis, Pons, Thalamus, etc.) und führt zu den auffallenden Symptomen dieser Erkrankung. Es treten **Tremor**, **Spastik** und choreatische

Tabelle 7.4

Die Spurenelemente

Element	Tagesbedarf	Nahrungsquelle	Vorkommen/Funktion	Besonderheiten
Zink (Zn)	15 mg	Fleisch Leber Getreide	– Dehydrogenasen/Hydrolasen (Glutamat-DH, Alkohol-DH) – **Carboanhydrase** – **Alkalische Phosphatase** – Zinkfinger-Proteine (Steroid-Rezeptoren und Schilddrüsenhormon-Rezeptor) – Insulinspeicher im Pankreas – Membranstabilisator	– kommt in über 300 Enzymen vor – ist im Blut an Albumin gebunden
Eisen (Fe)	10 mg	Fleisch Leber Getreide Gemüse Eier	– **Peroxidase** – **Katalasen** – **Cytochrom c** (Elektronentransport) – **Hämoglobin (enthält 65 % des Eisenbestandes des Körpers)** (Sauerstofftransport) – Myoglobin (Sauerstoffbindung) – Aminooxidase – **Xanthinoxidase**	– **Ferritin** und **Hämosiderin** als Eisenspeicher (20 %) in Leber, Knochemark und Milz – benötigt **Transferrin** als Transportprotein – nur 10 % werden nach oraler Aufnahme resorbiert – ca. 5 g Gesamtbestand im Körper – Resorption wird durch Vitamin C gefördert und durch Phosphat gehemmt
Mangan (Mn)	2–5 mg	ubiquitär	– Pyruvat-Carboxylase – PEP-Carboxylase – Superoxiddismutase	– Biosynthese von Proteoglykanen
Kupfer (Cu)	2–3 mg	Fleisch Gemüse Früchte Fisch	– **Cytochrom-c-Oxidase** – Tyrosinase – **Lysyloxidase** – **Superoxiddismutase** – Monoaminooxidase – Dopamin-β-Hydroxlase	– wird an **Caeruloplasmin** (Ferrooxidase) gebunden transportiert
Cobalt (Co)	< 0,01 mg	Fleisch	– In Vitamin B_{12} (Cobalamin) enthalten	
Selen (Se)	< 0,2 mg	Fleisch Gemüse	– **Glutathionperoxidase** – **Thyroxin-5′-Dejodase** (Typ I)	– liegt als Selenocystein vor
Jod (I)	0,15 mg	Meeresfisch odiertes Salz Trinkwasser	– Bestandteil der Schilddrüsenhormone	– Bei Jodmangel kommt es zum Jodmangelstruma
Fluor (F)	< 0,004 mg	Trinkwasser Tee Milch	– Remineralisierung der Zähne – Fluorhydroxyl-Apatit im Knochen	– Schutz vor Karies – Osteoporose-Prophylaxe
Chrom (Cr)	< 0,2 mg	ubiqitär	– nicht bekannt	
Molybdän (Mo)	< 0,5 mg	Getreide Nüsse	– Xanthinoxidase	

Symptome auf. Goldfarbene Ablagerungen von Kupfer in der Descement-Membran der Cornea, der so genannte Kayser-Fleischer-Ring, sind weitere diagnostische Kriterien.

Check-up

✔ **Wiederholen Sie, welche Spurenelemente es gibt und wo sie vorkommen.**

Kapitel 8

Hormone

8.1 Die Grundlagen 195

8.2 Die Effektorhormone des Hypothalamus und der Hypophyse 202

8.3 Die Schilddrüsenhormone 204

8.4 Das Wachstumshormon Somatotropin 207

8.5 Die Hormone der Nebennierenrinde 208

8.6 Die Sexualhormone 214

8.7 Die Katecholamine 217

8.8 Das Insulin und das Glukagon 219

8.9 Die Hormone des Calciumstoffwechsels 224

8.10 Die Gewebshormone 227

8.11 Die Hormone des Gastrointestinal-Traktes 231

Luca holt auf

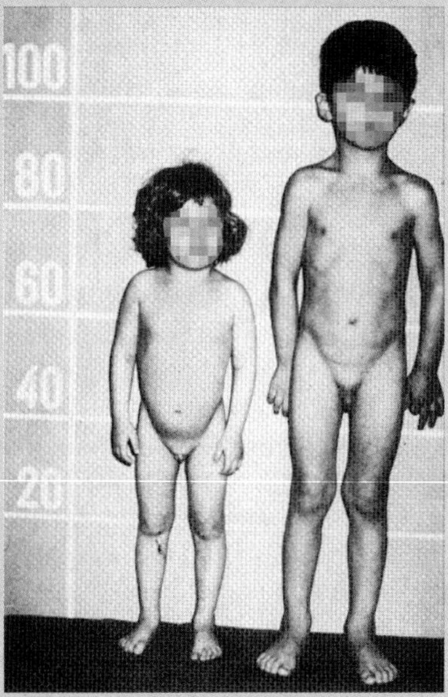

Die Jungen auf diesem Bild sind beide vier Jahre alt. Der Junge links leidet an hypophysärem Minderwuchs, der durch einen Mangel an Wachstumshormon Somatotropin verursacht wird. Der Junge rechts ist gesund.

Hormone bestimmen, ob wir fit oder müde sind, ob uns warm oder kalt ist und ob wir groß oder klein sind. Wie diese Botenstoffe entstehen, können Sie im nächsten Kapitel lesen. Um Fehler bei der Hormonausschüttung zu minimieren, werden die meisten Hormone über einen komplizierten Regelkreis gesteuert. Dennoch kann manchmal unbemerkt etwas schief laufen. Wie bei Luca.

Kein Theater für Luca

„Die Vorstellung ist nur für Kinder ab drei Jahren", sagt die Frau an der Kasse des Kasperltheaters mit Blick auf Luca. Lucas Mutter ist das schon gewöhnt. Sie erklärt, dass ihr Sohn bald vier Jahre alt werde, auch wenn er aussehe wie ein Zweijähriger. Ganze 85 cm ist er groß und damit deutlich kleiner als seine Freunde im Kindergarten. Aber schließlich ist Luca auch lange krank gewesen: Mit anderthalb Jahren hat er eine heftige Lungenentzündung durchgemacht und musste kurz darauf wegen einer schweren Salmonelleninfektion mehrere Wochen in der Kinderklinik behandelt werden. Anschließend sind ihm die anderen Kinder in seiner Krabbelgruppe in ihrer Entwicklung weit voraus gewesen. Motorisch und sprachlich hat Luca den Rückstand längst wieder wettgemacht. Nur wachsen will er kaum noch.

Unter der dritten Perzentile

Im letzten Jahr ist Luca immer gesund gewesen. Deshalb hat seine Kinderärztin Dr. Glems ihn schon länger nicht mehr gesehen. Doch nun steht die U7 an, die Vorsorgeuntersuchung für dreieinhalb- bis vierjährige Kinder. Dr. Glems ist mit Lucas Entwicklung zufrieden – nur seine Größe bereitet ihr Kopfzerbrechen. Sie liegt weit unter der 3. Perzentile in der Wachstumskurve. Das bedeutet: Bezogen auf hundert Kinder gehört Luca zu den drei kleinsten. Während seines Klinikaufenthaltes ist Luca gründlich untersucht worden. Anhalte für eine Organerkrankung, die zu Minderwuchs führen kann, z. B. einen Herzfehler, hat es damals nicht gegeben. Da er jetzt gut isst und keinen auffälligen Stuhlgang hat, kommt eine Darmerkrankung als Ursache ebenfalls nicht infrage. Dr. Glems vermutet eine Hormonstörung und überweist Luca an einen Spezialisten in der Universitäts-Kinderklinik.

Zu wenig Wachstumshormon

Dort wird Luca Blut abgenommen. Mehrere Hormone, die einen Einfluss auf das Wachstum haben, werden untersucht: Schilddrüsenhormone, Kortison und das Wachstumshormon Somatotropin (STH). Und tatsächlich, der STH-Spiegel ist viel zu niedrig. Auch die unter Einfluss von STH in der Leber gebildeten Somatomedine liegen unterhalb des Normbereichs. Weitere Tests bestätigen, dass Luca an einem Mangel an Wachstumshormon leidet. Da STH in der Hypophyse gebildet wird, wird nun eine Computertomographie des Schädels durchgeführt. Doch die CT ist unauffällig. Es bleibt also unklar, weshalb Lucas Hypophyse kein STH produziert.

Kein Kino für Luca

Dennoch kann dem Jungen geholfen werden. Lucas Mutter muss ihrem Sohn künftig jeden Tag eine Spritze mit gentechnisch hergestelltem Wachstumsfaktor geben – bis sich die Epiphysenfugen schließen und das Ende seines Wachstums erreicht ist. Außerdem muss Luca sich regelmäßig in der Ambulanz zur Kontrolle vorstellen.

Innerhalb des nächsten Jahres wächst Luca 14 cm. Auch in den folgenden Jahren holt Luca weiter auf. Heute ist Luca 14 Jahre alt, 157 cm groß und auf der 25. Perzentile der Wachstumskurve. Seine Spritzen gibt er sich längst selbst. Er möchte so schnell wie möglich 160 cm groß werden. Denn vielleicht kann er sich dann, wie einige seiner Klassenkameraden, an der Kinokasse als 16-Jähriger ausgeben.

8 Hormone

8.1 Die Grundlagen

Lerncoach
Die Hormone stellen eine uneinheitliche Gruppe von Substanzen dar. Verschaffen Sie sich deshalb zuerst einen Überblick über die Einteilung.
Schauen Sie sich dann den hypothalamisch/hypophysären Regelkreis an und achten Sie darauf, ob und wie die einzelnen Hormone diesem Regelkreis unterliegen.

8.1.1 Überblick und Funktion

Hormone sind **Signalstoffe**, die **vom Körper selbst produziert** werden. Sie dienen dazu, Informationen von A nach B zu bringen. Nur so kann der Stoffwechsel der einzelnen Gewebe koordiniert werden und reibungslos ablaufen. An oder in der Zielzelle gibt es spezifische Rezeptoren, die das jeweilige Hormon binden und die zelluläre Antwort auslösen.
Da es eine Vielzahl von Hormonen gibt und sie keine einheitliche Gruppe bilden, können sie auf verschiedene Weisen eingeteilt werden, z. B. nach ihrem **Bildungsort** oder nach der **chemischen Struktur**.

8.1.1.1 Die Einteilung nach Bildungsort

Die hypothalamischen Hormone

Der Hypothalamus erhält seine Information auf neuralem Weg und gibt diese in Form von Hormonen weiter. Je nach Art der „Mitteilung des Nervensystems" unterscheidet man zwischen **Releasing-Hormonen** (Endung –RH, z. B. TRH, CRH, LH-RH) und **Release-Inhibiting-Hormonen** (Endung –IH, z.B PIH, Somatostatin). Diese Hormone wirken auf den Hypophysenvorderlappen.
Außerdem werden im Hypothalamus das antidiuretische Hormon (**ADH** = Vasopressin) und **Oxytocin** gebildet. Beide Hormone unterliegen keinem Regelkreis. Sie werden zwar im Hypothalamus gebildet, gelangen aber über Axonwanderung in den Hypophysenhinterlappen und werden dort gespeichert.

Die hypophysären Hormone

Die Hypophyse (Hirnanhangsdrüse) wird in den Hypophysenvorderlappen (auch Adenohypophyse), den Hypophysenmittellappen und den Hypophysenhinterlappen (auch Neurohypophyse) unterteilt.
Die Hormone, die im **Hypophysenvorderlappen** gebildet werden, sind wichtig in der Hormonregulation. Sie dienen der **Steuerung des peripheren Hormonsystems**, wirken auf die Sekretion der Hormone in den peripheren Drüsen und werden deshalb **glandotrope Hormone** genannt. Zu ihnen zählen ACTH, TSH, STH, LH und FSH. Diese werden ans Blut abgegeben und haben jeweils eine spezifische Wirkung auf bestimmte Drüsen.
Außerdem wird im Hypophysenvorderlappen **Prolaktin** produziert. Das Hormon wird ans Blut abgegeben und wirkt direkt am Gewebe, es zählt also nicht zu den regulatorischen Hormonen.
Im Hypophysenmittellappen wird ein melanozytenstimulierendes Hormon (MSH) produziert und gespeichert.

8

Die glandulären Hormone

Die glandulären Hormone werden in speziellen Drüsen wie **Pankreas** (Insulin und Glukagon), **Schilddrüse** (T_3 und T_4, Calcitonin), **Nebenschilddrüse** (Parathormon) und **Nebenniere** (Steroidhormone und Katecholamine) gebildet. Nach Abgabe ans Blut (= endokrine Sekretion) wirken sie direkt auf das Effektorgewebe.
Bei diesen Hormonen unterscheiden sich also Bildungsort und Wirkort voneinander.

Die aglandulären Hormone

Die aglandulären Hormone werden von verschiedenen Geweben gebildet und werden deshalb auch **Gewebshormone** genannt. Einige dieser Hormone gelangen über das Blut zur Zielzelle (Sekretin, Gastrin), andere liegen in direkter Nachbarschaft zur Zielzelle oder werden von der Zielzelle selbst produziert (Serotonin, Histamin, Eicosanoide). Wird das Hormon in den Zellen der Nachbarschaft produziert, spricht man von **parakriner Sekretion**. Bei einer Synthese des Hormons direkt in der Zielzelle nennt man die **Sekretion autokrin**. Zu den Gewebshormonen zählen auch die Zytokine (Interleukine, Interferone).

8.1.1.2 Die Einteilung nach der chemischen Struktur

Grundsätzlich unterscheidet man **lipophile Hormone** und **hydrophile Hormone**. Anhand des chemischen Aufbaus der Hormone ergibt sich ihr Verhalten im Organismus. Aus dieser Einteilung kann man auf den Wirkmechanismus der einzelnen Hormone schließen.

Die Aminosäurederivate und Proteohormone

Hormone, die aus Aminosäuren aufgebaut sind, können entweder aus einer einzelnen Aminosäure synthetisiert werden (Aminosäurederivate) oder aus mehreren Aminosäuren bestehen (Proteohormone). Diese Hormone sind in der Regel **hydrophil** (Ausnahme: lipophile Schilddrüsenhormone).

Die Steroide und Fettsäurederivate

Die **Steroidhormone** werden aus **Cholesterin** aufgebaut und enthalten ein Sterangerüst. Sie sind lipophil. Auch die **Eicosanoide** sind als **Fettsäurederivate** im wässrigen Medium (z.B. Blut) schlecht löslich und damit lipophil.

8

8.1.2 Die lipophilen Hormone

Zu den lipophilen Hormonen gehören:

- alle **Steroidhormone**: Glucocorticoide, Mineralcorticoide, Sexualhormone
- das **Vitamin-D-Hormon**: Calcitriol
- die **Schilddrüsenhormone**: Trijodthyronin (T_3) und Thyroxin (T_4)
- die **Eicosanoide:** Prostaglandine, Thromboxane und Leukotriene.

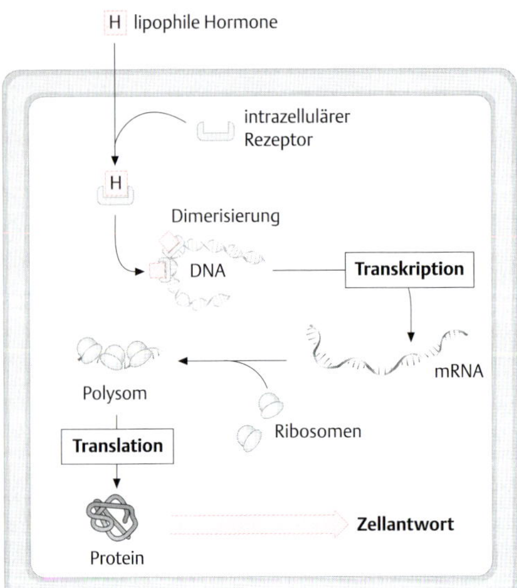

Abb. 8.1 Wirkmechanismus der lipophilen Hormone (H = Hormon)

8.1.2.1 Der Wirkmechanismus

Lipophile Hormone haben eine geringe Löslichkeit im Blut und müssen an spezifische oder unspezifische **Transportproteine** gebunden werden. Da nur freie Hormone wirksam sind, ist die Menge des bereitstehenden Transportproteins wichtig für die biologische Aktivität des Hormons.

Aufgrund ihres lipophilen Charakters können diese Hormone die Zellmembran durchdringen. Zu einer Wirkung auf die Zelle kommt es aber nur, wenn **intrazellulär** ein hochspezifischer **Hormonrezeptor** vorhanden ist **(Abb. 8.1)**. Es entsteht ein aktiver Hormon-Rezeptor-Komplex, der aufgrund von freigelegten Kernimport-Sequenzen (s.S. 360) in den Zellkern einwandert und an die DNA bindet. In manchen Fällen bilden 2 Hormon-Rezeptor-Komplexe dabei ein Dimer **(Dimerisierung)**.

Zu den häufigsten intrazellulären Rezeptoren von lipophilen Hormonen zählen die **Steroidhormonrezeptoren**. Sie enthalten **Zinkfingerdomänen**, um an bestimmte DNA-Sequenzen zu binden und so direkt auf die Transkription zu wirken. Diese DNA-Abschnitte sind so genannte **Enhancer-Elemente** (s.S. 395). Sie enthalten oft repetitive Sequenzen oder **Palindrome.** Die Zelle wird „ aufgefordert" ein bestimmtes Protein, z.B. ein Enzym, zu synthetisieren. Diesen Vorgang nennt man **Induktion**. Die Zellantwort besteht also in einer Proteinsynthese.

Zum Beispiel bewirkt Cortisol, ein Glucocorticoid aus der Nebennierenrinde, im Körper einen Anstieg des Blutzuckers. Dafür wird über die Gluconeogenese Glucose produziert. Die Synthese der Enzyme aus diesem Stoffwechselweg (z.B. PEP-Carboxykinase) wird duch Cortisol intrazellulär auf Transkriptionsebene induziert.

Die **Eicosanoide** habe nur eine kurze Halbwertszeit von Sekunden oder wenigen Minuten. Es sind **Gewebshormone**, die nur am Ort ihrer Entstehung wirken. Für Prostaglandine gibt es sowohl membranständige Rezeptoren (7 Transmembrandomänen, G-Protein-gekoppelt, s.S. 198) als auch intrazelluläre Rezeptoren.

8.1.2.2 Die Speicherung

Bis auf das Schilddrüsenhormon Thyroxin werden die lipophilen Hormone nicht gespeichert. Diese Hormone werden erst bei Bedarf synthetisiert und direkt ausgeschüttet.

8.1.2.3 Der Abbau

Wie viele lipophile Substanzen müssen auch die lipophilen Hormone über die **Biotransformation** in der Leber abgebaut werden (s. S. 258). Dort entstehen unwirksame, hydrophile Substanzen, die ausgeschieden werden können.

8.1.3 Die hydrophilen Hormone

Zu den hydrophilen Hormonen gehören:

- Hormone aus einer Aminosäure (**Aminosäurederivate**): Die **Katecholamine** (z. B. Adrenalin) und die **Gewebshormone** (Histamin, Serotonin).
- sämtliche **Peptid-** und **Proteohormone**: *alle* Hormone aus Hypothalamus oder Hypophyse, sowie Insulin und Glukagon, Parathormon und Calcitonin.

8.1.3.1 Der Wirkmechanismus

Hydrophile Hormone benötigen **keinen Carrier im Blut**. Aufgrund ihres hydrophilen Charakters können sie die Zellmembran nicht durchdringen. Zu einer Interaktion mit der Zelle kommt es nur, wen ein spezifischer **membranständiger Rezeptor** vorhanden ist. An diesen Rezeptor bindet das Hormon (first messenger) auf der äußeren Seite der Membran. Der Rezeptor dient hier als molekularer Schalter mit der Aufgabe, das Hormonsignal in das Zellinnere weiterzuleiten. Dies geschieht meist durch Freisetzung eines intrazellulären Botenstoffes, dem **second messenger**. Je nach Hormon gibt es verschiedene Rezeptoren und verschiedene second messenger (**Abb. 8.2**).

MERKE

Alle hypothalamischen und hypophysären Hormone haben einen hydrophilen Wirkmechanismus über einen membranständigen Rezeptor!

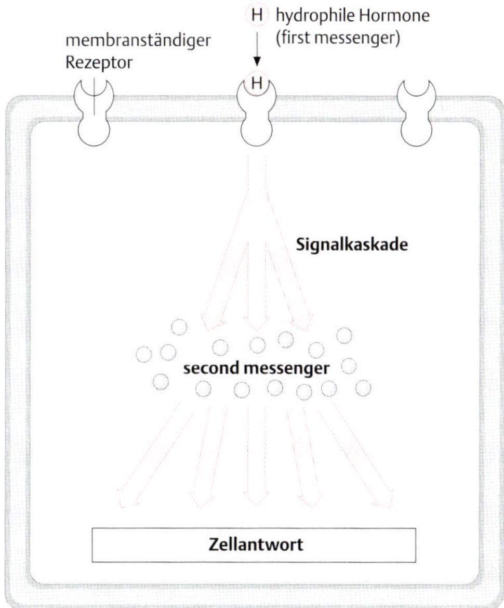

Abb. 8.2 Wirkmechanismus der hydrophilen Hormone (H = Hormon)

8.1.3.2 Die membranständigen Hormonrezeptoren

Der Tyrosinkinase-Rezeptor

Ein **Tyrosinkinase-Rezeptor** besteht aus einer Transmembrandomäne. Er hat **enzymatische Eigenschaften**: Während an der extrazellulären Seite das Hormon bindet (α-Untereinheit), befindet sich auf der intrazellulären Seite das katalytische Zentrum (β-Untereinheit). Der **Insulin**-Rezeptor ist z. B. ein **Dimer** aus zwei Rezeptormolekülen. Die beiden α-Untereinheiten binden gemeinsam das Insulin. Durch die Insulinbindung kommt es zur **Phosphorylierung von Tyrosinresten** des Rezeptors selbst und danach zur Phosphorylierung von Substratproteinen. Durch diese Phosphorylierungen werden Enzyme aktiviert und vermitteln in der Zelle die Hormonwirkung. Auch **Zytokine** wirken über einen Tyrosinkinase-Rezeptor.

Der Ionenkanal als Rezeptor

In diesem Fall ist der Rezeptor gleichzeitig ein Ionenkanal (**Abb. 8.3**). Allerdings öffnet sich dieser Kanal nur nach Bindung eines Liganden (deshalb auch **ligandengesteuerter Ionenkanal**), als Ligand fungiert hier das Hormon. Diesen Ionenkanal muss man von „normalen" Ionenkanälen abgrenzen, deren Öffnungszustand vom Membranpotenzial ab-

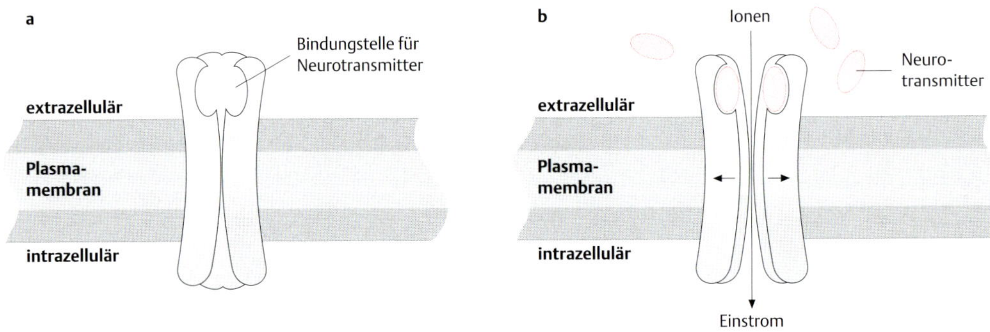

Abb. 8.3 (a) Struktur des ligandengesteuerten Ionenkanals; (b) Öffnung des Kanals durch Ligandenbindung

hängt. Über Liganden gesteuerte Ionenkanäle vermitteln besonders die **Neurotransmitter** ihre Wirkung.

Die G-Protein-gekoppelten Rezeptoren

Einige Rezeptoren vermitteln die Hormonwirkung über heterotrimere **G-Proteine**. Diese Rezeptoren bestehen aus **sieben Transmembrandomänen**. Ein solches G-Protein ist ein aus drei Untereinheiten (α, β, γ) aufgebautes Protein. An die α-Untereinheit ist im inaktiven Zustand ein GDP gebunden (**Abb. 8.4**). Durch die Bindung des Hormons an die extrazelluläre Bindungsstelle des Rezeptors, kommt es zur Konformationsänderung auf der intrazellulären Seite des Rezeptors und an der α-Untereinheit des G-Proteins wird GDP gegen GTP ausgetauscht. Sowohl die $\beta\gamma$-Untereinheit als auch die α-Untereinheit sind jetzt aktiv. Die **$\beta\gamma$-Untereinheit** bindet an zelleigene Proteine und kann eine **Affinitätsänderung** des Rezeptors für das Hormon bewirken. Die **α-Untereinheit** mit dem GTP löst sich vom intrazellulären Anteil des membranständigen Rezeptors und kann auf verschiedene Effektorenzyme wirken.

Oft handelt es sich bei dem Effektorenzym um eine membranständige **Adenylatzyklase**, die aus ATP den second messenger cAMP synthetisiert (s. u.). Sogenannte G_s-Proteine wirken stimulierend, G_i-Proteine wirken inhibitorisch auf die Adenylatzyklase. Des Weiteren gibt es G_q-Proteine, die auf die Phospholipase C wirken (s. u.). Ein wichtiges G-Protein ist Transducin, das am Sehvorgang beteiligt ist (s. S. 176). Beachte: Es gibt neben den heterotrimeren G-Proteinen auch monomere G-Proteine.

Es ist wichtig, dass Sie die verschiedenen G-Proteine und ihre Funktionen unterscheiden können (z. B. G_i-Protein wirkt inhibitorisch auf die Adenylatzyklase).

Weitere membranständige Hormonrezeptoren

Es gibt eine membranständige **Guanylatzyklase**, die den second messenger **cGMP** synthetisiert (s. S. 201).

8.1.3.3 Die second messenger

Second messenger wirken intrazellulär und leiten die Hormonwirkung weiter. Sie verursachen einen Verstärkungseffekt in der Zelle: Der first messenger (Hormon) führt zur Produktion einer Vielzahl von second messenger.

Das cAMP (zyklisches Adenosinmonophosphat)

cAMP ist ein wichtiger und häufiger second messenger. Achten Sie grundsätzlich darauf, welche Hormone den cAMP-Spiegel in der Zelle erhöhen bzw. senken und welche Wirkungen dadurch in der Zelle ausgelöst werden.

cAMP wird durch die **Adenylatzyklase** synthetisiert und durch die **Phosphodiesterase** abgebaut (**Abb. 8.5**). Die Adenylatzyklase katalysiert folgende Reaktion:

$$ATP \rightarrow cAMP + PP_i$$

cAMP ist der second messenger von Glukagon sowie der Katecholamine (z. B. Adrenalin, s. S. 218).

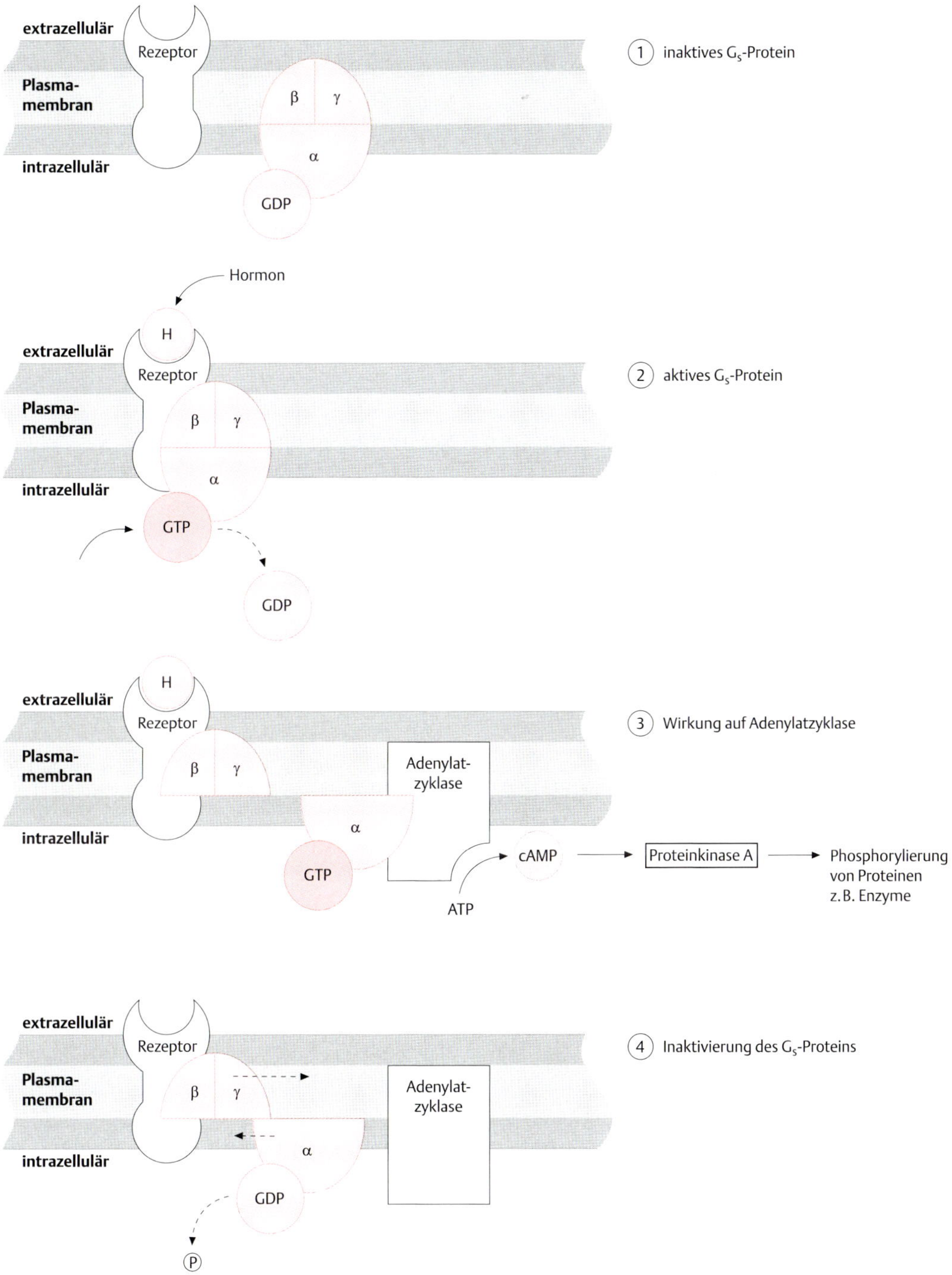

Abb. 8.4 Mechanismus der G-Protein-gekoppelten Signalübertragung

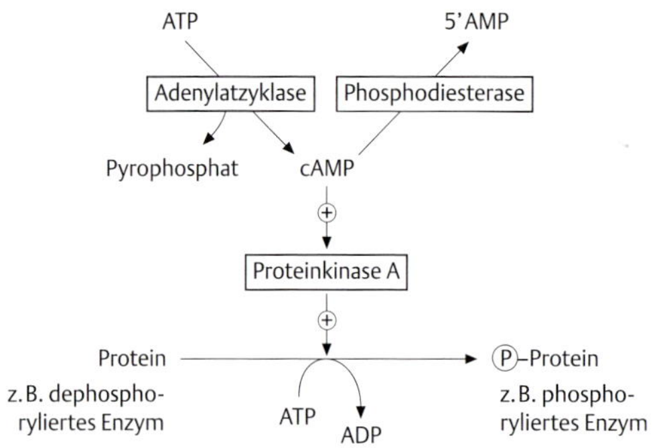

Abb. 8.5 cAMP-Kaskade

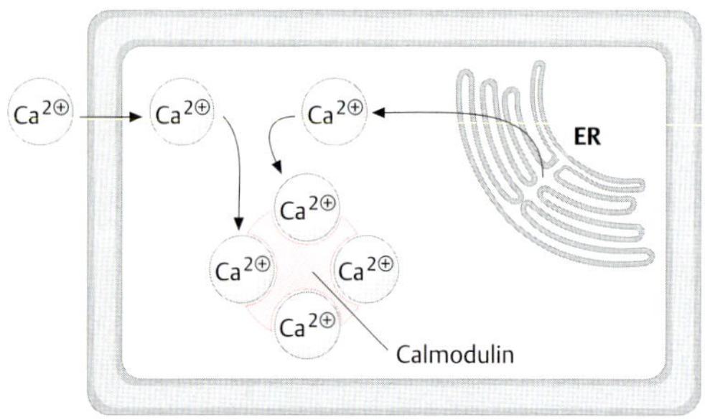

Abb. 8.6 Calciumeinstrom und Calciumfreisetzung ins Zytosol

MERKE

Viele Hormone wirken über G-Proteine und cAMP-Produktion.

cAMP aktiviert vor allem die **Proteinkinasen A**. Proteinkinasen A phosphorylieren allgemein Proteine, zu denen auch die interkonvertierbaren Enzyme gehören. Diese verändern dadurch ihren Aktivitätszustand (s. S. 168).

MERKE

Interkonvertierbare Enzyme ändern durch Phosphorylierung ihren Aktivitätszustand. Die meisten interkonvertierbaren Enzyme sind im dephosphorylierten Zustand aktiv.

Zur Erinnerung seien deshalb hier noch einmal die fünf Ausnahmen genannt, die im **phosphorylierten** Zustand aktiv sind.

- Triacylglycerinlipase (s. S. 55)
- Phosphorylasekinase (s. S. 42)
- Glykogenphosphorylase (s. S. 40)
- Cholesterinesterase (s. S. 247)
- Fructose-2,6-bisphosphatase (s. S. 29).

Ein **hoher cAMP**-Spiegel geht immer mit einer Aktivierung von Proteinkinasen A einher und somit mit einer vermehrten **Phosphorylierung von Enzymen.** Hormone, die die Bildung von cAMP über G_s-Proteine steigern, vermitteln die Zunahme von phosphorylierten Enzymen. Andere Hormone wirken auf die Phosphodiesterase, also auf den Abbau von cAMP. Damit bleiben die Enzyme im dephosphorylierten Zustand. Dieser Mechanismus spielt besonders im Insulin-Glukagon-System eine wichtige Rolle (s. S. 219).

Die Calcium-Ionen

Normalerweise herrscht im Zytosol der Zelle ein niedriger Calciumspiegel. Ein Anstieg wird durch eine Depolarisation der Zelle oder durch Signalstoffe, wie die Neurotransmitter, ausgelöst. Es kommt dann zum Calciumeinstrom in die Zelle durch membranständige Ionenkanäle **(Abb. 8.6)**. Intrazellulär wird Calcium durch die Wirkung eines second messenger aus dem endoplasmatischen Retikulum freigesetzt. Das zytosolische Calcium kann dann an bestimmte Proteine wie z. B. **Calmodulin** binden. Calmodulin bindet 4 Ca^{2+}-Ionen und die dadurch verstärkte positive Ladung des Calcium-Protein-Komplexes führt zur Interaktion mit negativ geladenen Gruppen von Enzymen und damit zur Aktivitätsänderung.

Das IP_3 und DAG

Weitere second messenger sind **Inositoltrisphosphat (IP_3)** und **Diacylglycerol (DAG)**. Sowohl G_q-Proteine als auch Tyrosinkinasen können eine **Phospholipase C** aktivieren. Die Phospholipase C spaltet das Phospholipid Phosphatidylinositol-bisphosphat (PIP_2) in der Zellmembran in die beiden second messenger IP_3 und DAG. Beide Moleküle wirken auf intrazelluläre Vorgänge im Sinne einer Kaskade **(Abb. 8.7)**.

IP_3 ist hydrophil, wandert zum endoplasmatischen Retikulum und ruft dort eine Calciumfreisetzung hervor. DAG ist lipophil, verbleibt in der Membran und aktiviert die Proteinkinase C. Auch diese Proteinkinase phosphoryliert Enzyme und ändert dadurch deren Aktivitätszustand. Die Proteinkinase C ist calciumabhängig und arbeitet nur bei hohen Calciumkonzentrationen. Dieses Calcium wird

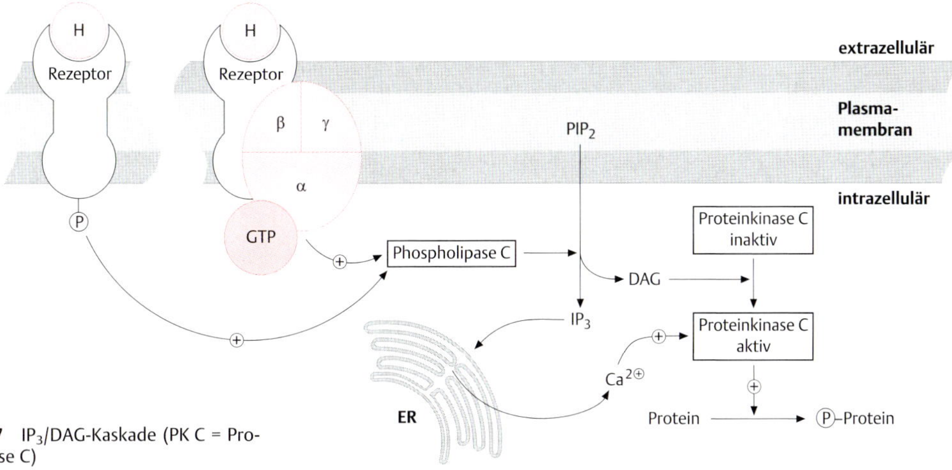

Abb. 8.7 IP₃/DAG-Kaskade (PK C = Proteinkinase C)

durch IP_3 aus dem endoplasmatischen Retikulum zur Verfügung gestellt.

MERKE

Proteinkinase C arbeitet nur in Gegenwart von Calcium (C = Calcium).

Das cGMP und Stickstoffmonoxid (NO)

Die Guanylatzyklase, die den second messenger cGMP synthetisiert, kommt wesentlich seltener vor als die Adenylatzyklase. Es gibt zwei verschiedene Guanylatzyklasen (**Abb. 8.8**).

Die **membranständige** Guanylatzyklase: Dieses Enzym besitzt eine extrazelluläre Bindungsstelle für Hormone. Sie wird nach Bindung des Hormons aktiv und synthetisiert cGMP. Als Hormon ist hier das ANF (atrialer natriuretischer Faktor) bekannt.

Die **lösliche** Guanylatzyklase: Dieses Enzym liegt frei löslich im Zytosol der Zelle vor. Aktiviert wird diese Guanylatzyklase durch NO. NO ist ein extra- und intrazellulärer Signalstoff, der im Körper durch NO-Synthasen aus **Arginin** gespalten wird. Die **Halbwertszeit** von NO beträgt nur wenige **Sekunden**.

Verwechseln Sie nicht die Begriffe G-Protein und Guanylatzyklase: G-Proteine aktivieren die Adenylatzyklase, die Guanylatzyklase wird direkt aktiviert (s. S. 198) und synthetisiert einen weiteren second messenger: cGMP.

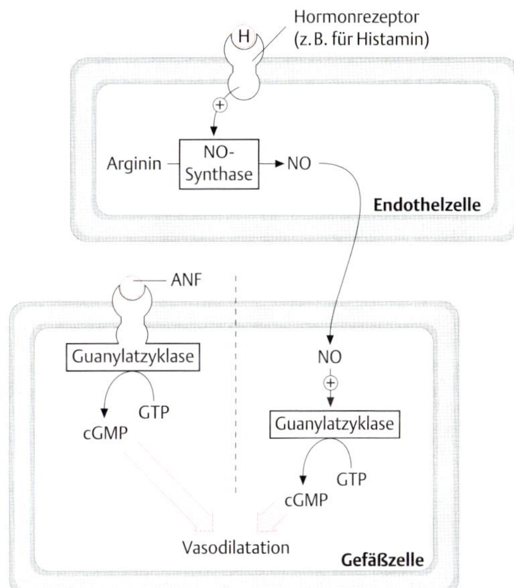

Abb. 8.8 Signaltransduktion durch cGMP (ANF = atrialer natriuretischer Faktor)

cGMP aktiviert genau wie cAMP verschiedene Enzyme. Darunter sind verschiedene **Proteinkinasen**, die u. a. für eine Relaxation der glatten Muskulatur verantwortlich sind. Außerdem werden **Ionenkanäle** und **Phosphodiesterasen** durch cGMP aktiviert, wobei cGMP selbst durch Phosphodiesterase abgebaut werden kann..

NO ist ein besonders potenter physiologischer **Vasodilatator**. Vasodilatatoren, die in der Klinik eingesetzt werden sind z. B. die Nitrate. Nitrate sind so genannte „prodrugs", denn erst im Organismus wird aus den Substanzen das wirksame NO enzymatisch freigesetzt.

MERKE

Die Funktion des NO als second messenger wurde erst in neuerer Zeit entdeckt. Es ist Gegenstand intensiver Forschung und wird in Zukunft wahrscheinlich vermehrt in Prüfungen gefragt werden.

8.1.4 Die hormonelle Regulation

Die Sekretion der Hormone kann vom Körper auf verschiedene Weise reguliert werden.

8.1.4.1 Der einfache Regelkreis

Die einfache Möglichkeit ist die **Regulation durch den beeinflussten Parameter**. So wird Insulin bei einem hohen Blutzuckerspiegel vermehrt ausgeschüttet, und wenn dieser sinkt, verringert sich auch die Insulinfreisetzung.

8

8.1.4.2 Der komplexe Regelkreis

Wie aus der Einteilung der Hormone nach Bildungsort schon ersichtlich ist, gibt es ein enges Zusammenspiel zwischen Hypothalamus, Hypophyse und einigen peripheren Drüsen. Es handelt sich dabei um ein sich selbst regulierendes System **(Abb. 8.9)**.

Die **hypothalamischen Hormone** (Releasing- und Inhibiting-Hormone) wirken auf den **Hypophysenvorderlappen**. Der Hypophysenvorderlappen sezerniert wiederum Hormone (glandotrope Hormone), die auf die peripheren Drüsen wirken und dort für eine Sekretion der **Effektorhormone** sorgen.

In dieses System ist ein **Rückkopplungsmechanismus** eingebaut. Im Sinne eines **negativen Feedbacks** werden die „oberen" Stufen gehemmt. Hormone der peripheren Drüsen hemmen demnach die Sekretion von Hormonen aus Hypothalamus und Hypophyse. Die Hormone aus der Hypophyse wirken zusätzlich noch dämpfend auf den Hypothalamus.

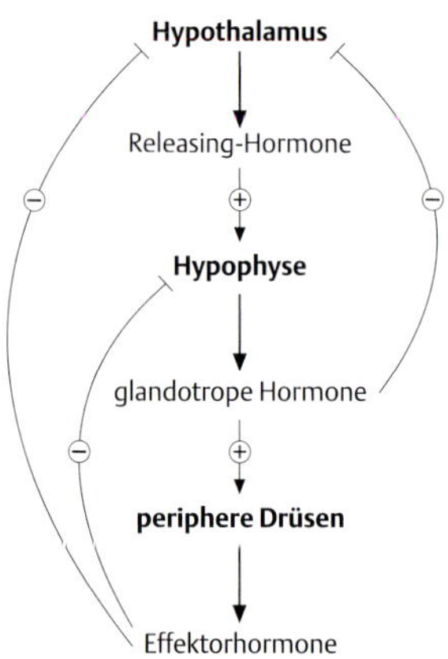

Abb. 8.9 Der hypothalamisch/hypophysäre Regelkreis

Check-up

- ✔ **Wiederholen Sie, anhand welcher Kriterien die Hormone in Gruppen eingeteilt werden können.**
- ✔ **Rekapitulieren Sie die Wirkmechanismen der lipophilen und hydrophoben Hormone mit den dazugehörenden Signaltransduktionswegen.**
- ✔ **Machen Sie sich nochmals das Prinzip des hypothalamisch/hypophysären Regelkreises klar.**

8.2 Die Effektorhormone des Hypothalamus und der Hypophyse

Lerncoach

Im Hypothalamus und in der Hypophyse werden hauptsächlich Hormone zur Regulation anderer Hormone synthetisiert. Es gibt aber auch wenige Effektorhormone, die keine Rolle bei der Regulation von Hormonen spielen, Diese lernen sie in diesem Kapitel kennen.

8.2.1 Überblick und Funktion

Im **Hypothalamus** werden die Releasing- und Inhibiting-Hormone (TRH, CRH, PIH, LH-RH, Somatostatin) synthetisiert. Sie werden im Zusammenhang mit den jeweiligen Effektorhormonen besprochen. Außerdem werden im Hypothalamus noch **Ocytocin** und **ADH** (Vasopressin) synthetisiert. Beide Hormone sind aus neun Aminosäuren aufgebaut und werden im **Hypophysenhinterlappen** gespeichert.

Im **Hypophysenvorderlappen** werden überwiegend Hormone aus dem hypothalamisch/hypophysären Regelkreis produziert: ACTH, TSH, STH, FSH, LH. Auch sie werden im Zusammenhang mit den jeweiligen Effektorhormonen besprochen. Daneben wird im Hypophysenvorderlappen auch **Prolaktin** synthetisiert.

8.2.2 Die Hypothalamushormone ADH und Ocytocin

8.2.2.1 Die Wirkung von ADH (antidiuretisches Hormon = Vasopressin)

ADH erhöht über bestimmte Rezeptoren (V_1-Rezeptoren) den Gefäßtonus durch Kontraktion der Gefäße. Dadurch werden die Gefäße zusammengepresst = Vasopressin. Außerdem steigert es in der Niere die **Rückresorption von H_2O** über V_2-Rezeptoren durch Erhöhung der Wasserkanal-Moleküle (Aquaporine, s. S. 284). Die ADH-Ausschüttung wird über Osmorezeptoren reguliert: Wenn die Plasmaosmolariät steigt (viel Natrium im Blut), kommt es zu einer vermehrten Rückresorption von H_2O und das Blut wird „verdünnt".

Beachte: ADH ist nur für eine H_2O-Rückresorption verantwortlich, nicht aber für die Rückresorption gemeinsam mit Natrium! Dies geschieht durch Aldosteron.

Wenn die ADH-Ausschüttung gehemmt wird, kommt es zu einem Plasmavolumenmangel. Alkohol führt zu einer Hemmung der ADH-Ausschüttung. Folglich muss man durch Alkoholkonsum öfters Wasserlassen, der Körper verliert Flüssigkeit und so entsteht der typische „Nachdurst".

8.2.2.2 Die Wirkung von Ocytocin

Die Sekretion von Ocytocin wird durch das Saugen an der stillenden Brust angeregt. Es kommt zum **Milcheinschuss**. Die Kontrolle der Milchproduktion (Laktation) erfolgt dann durch Prolaktin.

Außerdem wird die Sekretion von Ocytocin durch die Dehnung der Genitalorgane bei der Geburt angeregt, wodurch dann die Kontraktion des Uterus gesteigert wird (Wehenverstärkung).

8.2.3 Das Hypophysenhormon Prolaktin

8.2.3.1 Die Funktion

Prolaktin ist ein Glykoprotein mit Wirkung auf die männlichen und weiblichen Keimdrüsen (Hoden, Ovar) und fördert außerdem die Laktation.

8.2.3.2 Die Regulation der Prolaktinausschüttung

Aus dem Hypothalamus wird der Prolactin inhibiting factor (**PIF**) sezerniert. PIF ist identisch mit **Dopamin** und hemmt die Prolaktinausschüttung aus der Hypophyse (**Abb. 8.10**). **TRH** als Releasing-Hormon für den Regelkreis der Schilddrüsenhormone wirkt fördernd auf die Sekretion von Prolaktin. Bei Erkrankungen der Schilddrüse, wie eine primäre **Hypothyreose**, steigt TRH aufgrund fehlender Rückkopplung durch T_3 und T_4 an (s. S. 206) und somit auch die **Prolaktinausschüttung**.

Abb. 8.10 Regulation der Prolaktinausschüttung

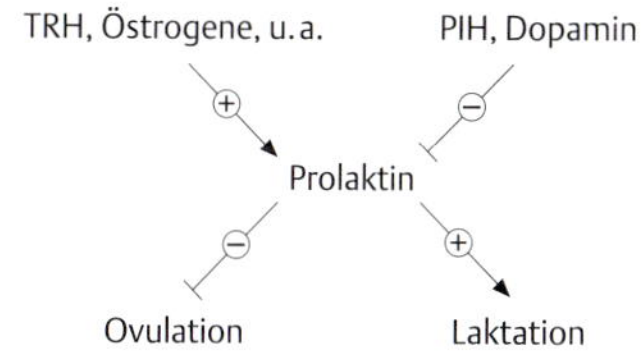

Prolaktin selbst **hemmt** in großen Konzentrationen die Ausschüttung der Gonadotropine **FSH und LH**. Es kann zudem während der Stillzeit einen erneuten Eisprung verhindern. Zudem hemmt Prolaktin die Testosteronproduktion.

8.2.3.3 Die Wirkungen von Prolaktin

Prolaktin induziert die **Laktation** (Produktion der Muttermilch bei stillenden Frauen). Der Milcheinschuss (Milchejektion) wird über Ocytocin durch das Saugen des Babys ausgelöst (s.o.). Außerdem hemmt Prolaktin die Ovulation.

MERKE

Die Milchproduktion wird durch Prolaktin kontrolliert, der Milcheinschuss durch Ocytocin induziert.

Klinischer Bezug

Prolaktinom: Das Prolaktinom ist ein prolaktinproduzierender Tumor in der Hypophyse. Der hohe Prolaktinspiegel führt zur Hemmung von FSH und LH. Dies führt bei der Frau zu Galaktorrhö, Amenorrhö und Infertilität. Beim Mann sind die Symptome Impotenz und ebenfalls Infertilität.

Check-up

✔ **Wiederholen Sie die Effektorhormone des Hypothalamus und der Hypophyse und machen Sie sich klar, dass diese keine regulatorische Funktion haben, sondern Effektorhormone sind.**

8.3 Die Schilddrüsenhormone

Lerncoach
Die Schilddrüsenhormone unterliegen einer komplexen Regulation durch Hypothalamus und Hypophyse. Behalten Sie diesen Regelkreis immer im Auge, dadurch erleichtern Sie sich das Lernen und das Verständnis der Schilddrüsenfunktionsstörungen.

8.3.1 Überblick und Funktion

Die Schilddrüse produziert die Hormone **Trijodthyronin (T_3) und Thyroxin (T_4)**. Sie sind essenziell für das **Wachstum** und die **Reifung** des Organismus. Neben der anabolen Wirkung erhöhen Schilddrüsenhormone den Grundumsatz und steigern u.a. die Herzarbeit.

8

8.3.2 Die hormonelle Regulation

Die Schilddrüse zählt zu den „untergeordneten" Hormondrüsen. Sie unterliegt einer Regulation durch den Hypothalamus (TRH) und die Hypophyse (TSH, **Abb. 8.11**).

MERKE
Anhand dieses Regelkreises kann man gut die Wirkungen bei Störungen auf den einzelnen Stufen erläutern. Die meisten Störungen liegen bei der peripheren Drüse und die Symptome ergeben sich meist aus der fehlenden Rückkopplung auf Hypophyse und Hypothalamus.

8.3.2.1 Das Thyreotropin-Releasing-Hormon (TRH)

Im Hypothalamus wird **TRH** (Thyreotropin-Releasing-Hormon, **Thyroliberin**) synthetisiert. Es ist ein **Tripeptid** (besteht aus drei Aminosäuren), welches durch limitierte Proteolyse aus einer höhermolekularen Vorstufe entsteht. TRH bewirkt an der Hypophyse die Bildung und Abgabe von TSH.

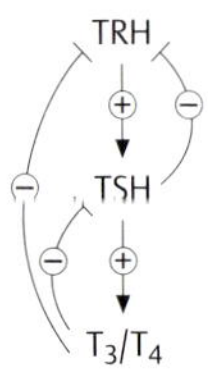

Abb. 8.11 Regelkreis der Schilddrüsenhormone

8.3.2.2 Das Thyreoidin stimulierende Hormon (TSH)

Im Vorderlappen der Hypophyse wird das **Proteohormon TSH** (Thyreoidin stimulierendes Hormon, **Thyreotropin**) gebildet. TSH bewirkt an der Schilddrüse die **Synthese** der Schilddrüsenhormone, fördert die **Aufnahme** von Jodid in die Schilddrüsenzellen und das **Wachstum** der Schilddrüse.

MERKE
TRH und TSH sind beide aus Aminosäuren aufgebaut. Sie wirken als hydrophile Hormone über einen membranständigen Rezeptor, während T_3 und T_4 durch ihren Jod-Anteil lipophil sind. Sie werden im Blut an Proteine gebunden transportiert und wirken auf der Transkriptionsebene (s. u.).

8.3.3 Die Biosynthese von T_3 und T_4

Die Schilddrüsenhormone werden aus der Aminosäure Tyrosin synthetisiert und enthalten Jod. Aufgrund des Jodanteils sind diese Hormone lipophil und wirken deshalb über einen intrazellulären Rezeptor.

Das zur Synthese benötigte Jodid wird von der Schilddrüse **aktiv** aufgenommen. Jodid wird durch eine **Peroxidase** zu J_2 oxidiert und kann die Schilddrüse nicht mehr verlassen. Die Schilddrüse wird deshalb auch als **Jodfalle** bezeichnet. Das Jod wird mit Tyrosylresten des Thyreoglobulin verknüpft und so entsteht das Prohormon bzw. die Speicherform **Thyreoglobulin**. Thyreoglobulin enthält Monojodtyrosin (MIT) und Dijodtyrosin (DIT), aus denen **Trijodthyronin** (T_3) und **Thyroxin** (T_4) mit drei bzw. vier Jodidresten entstehen. Das Thyreoglobulin bildet das extrazelluläre Kolloid der Schildrüsenfollikel.

Nach proteolytischer Abspaltung aus dem Thyreoglobulin werden T_3 und T_4 ans Blut abgegeben. Im Blut werden die schlecht wasserlöslichen Hormone an ein Transportprotein gebunden. Das wichtigste Transportprotein ist das **thyroxinbindende Globulin (TBG)**. Aber auch durch unspezifische Bindung an thyroxinbindendes Präalbumin (TBPA) und Albumin werden die Schilddrüsenhormone transportiert.

Viele Medikamente können einzelne Schritte in der Biosynthese der Schilddrüsenhormone unterbinden und so die Produktion herabsetzten. Thyreostatika werden bei einer Überfunktion der Schilddrüsenhormone (Hyperthyreose) eingesetzt, um ihre Produktion zu vermindern. Am häufigsten werden Thiamazol und Thiouracile eingesetzt. Sie hemmen die Peroxidase. Perchlorat hemmt dagegen die Aufnahme von Jod in die Zelle, wird aber klinisch kaum noch eingesetzt.

Achten Sie darauf, die Begriffe Thyreoglobulin und thyroxinbindendes Globulin (TBG) nicht zu verwechseln: Thyreoglobulin ist die Speicherform und TBG das Transportprotein der Schilddrüsenhormone im Blut.

8.3.4 Die Wirkungen der Schilddrüsenhormone

Aufgrund ihrer lipophilen Eigenschaften durch den Jodanteil wirken die Schilddrüsenhormone über einen intrazellulären Rezeptor.

MERKE

Schilddrüsenhormone sind lipophil und wirken über einen intrazellulären Rezeptor.

T_4 hat eine wesentlich höhere Konzentration im Blut als T_3 und 30% des T_4 werden durch eine Dejodase in T_3 umgewandelt (**Abb. 8.12**). Die Umwandlung geschieht in **Leber** und **Niere**.

T_3 ist ungefähr 3fach stärker wirksam als T_4. T_4 kann aber auch in reverses T_3 (rT_3) umgewandelt werden, hier liegt eine andere Verteilung der Jod-Anteile vor. rT_3 ist biologisch inaktiv.

MERKE

T_3 ist zwar in geringerer Konzentration im Blut vorhanden als T_4, aber wirksamer.

T_3 gelangt aus dem Zytosol der Zielzelle in den Zellkern und bindet dort an einen spezifischen Rezeptor. In der Regel dimerisieren die aktivierten Rezeptoren und binden mit ihren Zinkfingerdomänen an die DNA. Sie wirken so als Transkriptionsfaktoren, die die Genexpression beeinflussen können.

Grundsätzlich wirken Schilddrüsenhormone, indem sie folgende Stoffwechselwege beeinflussen:

Die Schilddrüsenhormone (insbesondere T_3) fördern das **Wachstum** und fördern die Synthese des Wachstumshormons und der Wachstumsfaktoren. Sie greifen in den Intermediärstoffwechsel ein: Über **Gluconeogenese** und **Glykogenolyse** wird der Blutzuckerspiegel erhöht, während in den Zellen die **Fettsäuresynthese** zum Lipidaufbau gefördert wird. Die **Steigerung** des **Grundumsatzes** wird durch eine verstärkte Exprimierung der **Na^+/K^+-ATPase** erreicht. So steigen der **Sauerstoffverbrauch** und die **Wärmeproduktion** an.

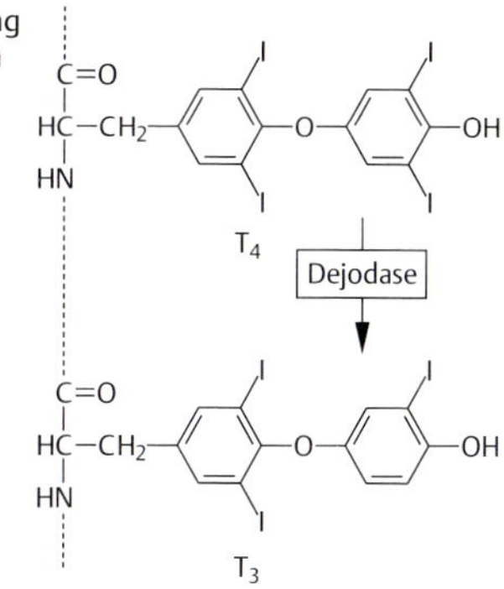

Abb. 8.12 Umwandlung von Trijodthyronin T_3 in Thyroxin T_4

Am **Herzen** wirken die Schilddrüsenhormone **positiv** auf die Kontraktionskraft (inotrop) und die Herzfrequenz (chronotrop). Sie führen zu einer Erhöhung der **β_1-Rezeptorendichte** am Herzmuskel.

Zudem wirken die Schilddrüsenhormone über eine Induktion der **Hyaluronidase** auf das Bindegewebe. Dies spielt eine wichtige Rolle bei einer **Unterfunktion** der Schilddrüse, in diesem Fall kann sich ein **Myxödem** entwickeln.

8

Klinischer Bezug

Funktionsstörungen der Schilddrüse Hyperthyreose: Eine **Hyperthyreose** (Überfunktion der Schilddrüse) wirkt sich auf den gesamten Organismus im Sinne eines Hypermetabolismus aus (der Körper „gibt ständig 120%“). Grundumsatz, Herzfrequenz und Körpertemperatur sind erhöht, die Patienten leiden u. a. unter Gewichtsabnahme, Unruhe, Schwitzen, Tremor, Diarrhö und Schlafstörungen. Die möglichen Ursachen sind vielfältig: sie kann autoimmun (z. B. Morbus Basedow, s. u.); entzündlich, durch funktionelle Autonomie (z. B. Adenom); neoplastisch, durch einen erhöhten TSH-Spiegel oder durch exogene Hormonzufuhr bedingt sein.

Beim **Morbus Basedow** produziert der Körper Antikörper, die an die TSH-Rezeptoren der Schilddrüse

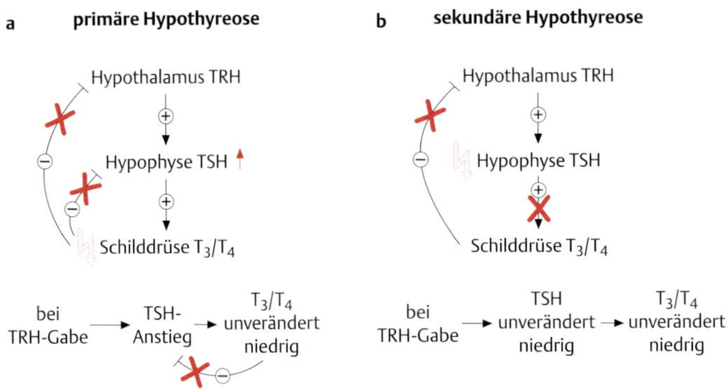

Abb. 8.13 (a) primäre und (b) sekundäre Hypothyreose: Ursache und TRH-Test. Das Blitzzeichen bedeutet Ausfall der jeweiligen Drüse.

binden und die gleiche Wirkung wie TSH hervorrufen. Die Symptome ergeben sich aus den Wirkungen von T_3 und T_4: der Grundumsatz steigt, der Körper läuft sozusagen auf Hochtouren. Die Patienten leiden an Nervosität, verlieren Gewicht und neigen zu übermäßiger Schweißbildung. Der Morbus Basedow zeigt oft die Symptomkombination der **Merseburger Trias**: Struma, Herzrasen und Exophthalmus (Hervortreten der Augäpfel).

Hypothyreose: Bei einem Funktionsausfall bzw. einer Unterfunktion der Schilddrüse mit Verminderung des Thyroxingehalts im Blut spricht man von einer Hypothyreose. Ein **angeborener Mangel** an Schilddrüsenhormonen ist meist durch eine Aplasie oder Hypoplasie der Schilddrüse bedingt und führt unbehandelt innerhalb kurzer Zeit zu massiver irreversibler Beeinträchtigung der Intelligenz und zu verzögertem und vermindertem Wachstum **(Kretinismus)**. Aus diesem Grund ist eine frühzeitige Diagnose überaus wichtig (Screening auf erhöhtes TSH am 5. Lebenstag).

Bei **erworbener Hypothyreose** fallen die Patienten vor allem durch Antriebsarmut, Müdigkeit, trockene, kühle Haut, eine rauhe Stimme und Myxödeme (durch Mucopolysaccharidablagerung) auf.

Beachte: Bei älteren Menschen werden die Symptome leicht als „normale Verkalkung“ verkannt und die behandelbare Hypothyreose nicht diagnostiziert!

Man unterscheidet primäre, sekundäre und tertiäre Hypothyreose (**Abb. 8.13**). Eine **primäre** Störung liegt bei der **Schilddrüse** selbst, es wird nicht genügend T_3 und T_4 synthetisiert. Eine **sekundäre** Störung liegt eine Stufe höher. Hierbei produziert die **Hypophyse** nicht genügend TSH, somit fehlt der Reiz für die Schilddrüse zur Hormonproduktion.

Bei der sehr seltenen **tertiären** Hypothyreose ist der Hypothalamus geschädigt. Es wird kein TRH ausgeschüttet und als Folge auch kein T_3 und T_4.

Der TRH-Test: Man kann die verschiedenen Formen der Hypothyreose durch den **TRH-Test** auseinanderhalten (**Abb. 8.13**): Die intravenöse Verabreichung von TRH löst normalerweise über die Hypophyse eine Ausschüttung von TSH aus und der Serum-TSH-Spiegel steigt an. Bei einer **primären Unterfunktion der Schilddrüse** kommt es auch in diesem Test zum Anstieg des Serum-TSH-Spiegels (die Hypophyse ist ja „gesund“). Der Anstieg fällt aber höher aus als normalerweise, da durch den hier niedrigen T_3/T_4-Spiegel (die Schilddrüse ist „krank“) die negative Rückkopplung zur Hypophyse fehlt.

Bei der **sekundären Schilddrüsenunterfunktion** ist die Hypophyse geschädigt. Die TRH-Gabe bringt hier also keinen TSH-Anstieg (die Hypophyse ist „krank“) und damit auch keinen T_3/T_4-Anstieg, trotz primär gesunder Schilddrüse.

Beachte: Zu ähnlichen TSH-Werten führt auch eine **Schilddrüsenüberfunktion**. Auch hier gibt es bei TRH-Gabe keinen TSH-Anstieg, da der zu hohe T_3/T_4-Spiegel die Ausschüttung von TSH verhindert. Jedoch lassen sich (sekundäre) Hypothyreose und Hyperthyreose eindeutig anhand des klinischen Bildes und auch durch den T_3/T_4-Wert unterscheiden.

Bei der **tertiären Hypothyreose** fehlt das TRH. Beim TRH-Test wird dieser Mangel durch die TRH-Gabe kurzzeitig behoben und Hypophyse und Schilddrüse reagieren normal.

Struma: Der Begriff **Struma** bezeichnet die **Vergrößerung der Schilddrüse** und ist nicht mit einer Diagnose gleichzusetzen. Es wird weder die Funktionslage der Schilddrüse noch die Ursache der Vergrößerung definiert. Als weitaus häufigste Ursache gilt der alimentäre

Jodmangel in den Jodmangelgebieten der Erde. Der Jodmangel verursacht eine verminderte Produktion von Schilddrüsenhormonen. Durch den niedrigen T_3/T_4-Spiegel fehlt die negative Rückkopplung (Abb. 8.14), und es kommt zu einer vermehrten Ausschüttung von TSH aus der Hypophyse. TSH führt zu einer gesteigerten Schilddrüsendurchblutung und zu einer Zellhypertrophie. Durch den Jodmangel kommt es zudem zu einer Aktivierung intrathyreoidaler Wachstumsfaktoren. Folge davon ist eine Hyperplasie der Schilddrüsenzellen. Therapeutisch kann der Jodmangel durch eine Gabe von Jodid und Thyroxin ausgeglichen werden.

MERKE

Hypothyreose oder Hyperthyreose darf nicht mit kleiner oder großer Schilddrüse gleichgesetzt werden. Es gibt sowohl Überfunktionen einer kleinen Schilddrüse als auch Unterfunktionen einer großen Schilddrüse.

Check-up

✔ **Rekapitulieren Sie die komplexe Regulation der Schilddrüsenhormone. Machen Sie sich klar, wo Schädigungen auftreten können und welche Auswirkungen diese haben.**

8.4 Das Wachstumshormon Somatotropin

Lerncoach

In diesem Kapitel wird das Wachstumshormon (STH) besprochen, das u. a. in der Leber Wachstumsfaktoren freisetzt. Achten Sie darauf, dass Sie diese Begriffe nicht verwechseln.

8.4.1 Überblick und Funktion

Das Wachstumshormon **Somatotropin (STH)** wird in der Hypophyse gebildet. Es ist ein hydrophiles Hormon, das aus Aminosäuren aufgebaut ist. STH wirkt auf Knochen, Fettgewebe und Muskulatur und regt das Größen- und Längenwachstum des Körpers an.

Abb. 8.14 Entstehung einer Jodmangelstruma

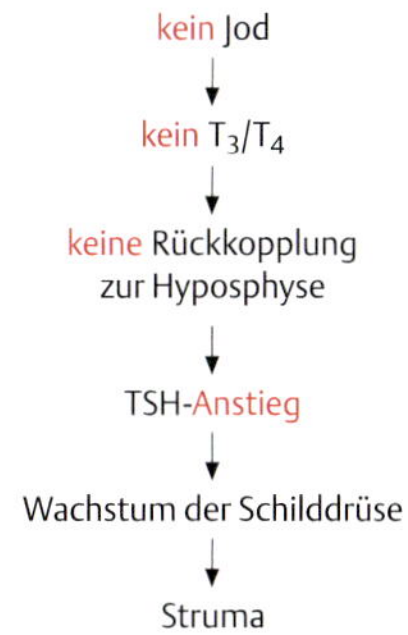

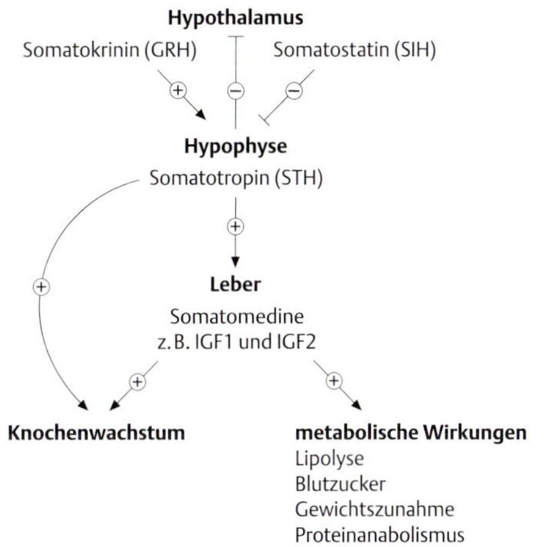

Abb. 8.15 Wirkung von Somatostatin und Somatokrinin

8.4.2 Die Regulation

Aus dem Hypothalamus werden die beiden Proteohormone **Somatokrinin** und **Somatostatin** ausgeschüttet (Abb. 8.15). Somatostatin wird außerdem auch in Pankreas und Darm produziert. Die beiden Hormone wirken gegensätzlich auf die Somatotropinausschüttung der Hypophyse: Somatokrinin wirkt positiv und Somatostatin – wie aus dem Namen ersichtlich – negativ. Die Sekretion von STH ist nicht nur von den Hormonen des Hypothalamus abhängig, sondern auch vom physischen und psychischen Zustand des Körpers. Zum Beispiel fördern die Schilddrüsenhormone die Freisetzung von STH.

Außerdem wird STH bei durch Hunger bedingter Hypoglykämie, bei körperlicher Arbeit und im Tiefschlaf ausgeschüttet. STH wirkt auf die Leber und regt dort die Produktion der Somatomedine an (s. u.).

8.4.3 Die Wirkungen von STH

STH wirkt in erster Linie über die Somatomedine. Die **Somatomedine** sind Wachstumsfaktoren und werden in der Leber produziert. Sie werden eingeteilt in insulin-like growth factor I und II (**IGF-I und IGF-II**) und setzen die Wirkung des Wachstumshormons an Knochen, Muskulatur und Fettgewebe um. Am Knochen wirkt STH auch direkt **(Abb. 8.15)**. Über eine negative Rückkopplung wirken die Somatomedine hemmend auf den Hypothalamus und die Hypophyse. Außerdem hemmt STH den Hypothalamus.

8.4.3.1 Die Wirkungen der Somatomedine

Wie der Name *insulin-like growth factor* verdeutlicht, haben die Somatomedine strukturelle Ähnlichkeit mit Insulin. Sie wirken an einem Rezeptor mit Tyrosinkinaseaktivität. Im Proteinstoffwechsel wirken sie insulinsynergistisch, im Lipid- und Blutzuckerstoffwechsel insulinantagonistisch.

8

MERKE

Somatomedine wirken im Proteinstoffwechsel insulinsynergistisch, im Lipid- und Blutzuckerstoffwechsel insulinantagonistisch.

Im Einzelnen sind die Wirkungen der Somatomedine folgende:

- Steigerung der Proteoglykansynthese (extrazelluläre Matrix).
- Zunahme des Körpergewichts.
- Förderung des Muskelaufbaus.
- Steigerung der Lipolyse.
- Erhöhung des Blutzuckerspiegels.

Klinischer Bezug

Akromegalie: Die Akromegalie wird z. B. durch einen **Tumor in der Hypophyse** ausgelöst, der zu einem exzessiven Anstieg der STH-Ausschüttung führt. Es kommt bei Jugendlichen zum hypophysären Riesenwuchs (**Gigantismus**), bei Erwachsenen kommt es zum **Wachstum von Akren** und inneren Organen. Aufgrund der langsamen Entwicklung wird das Krankheitsbild meist erst spät erkannt. Die Symptome im Einzelnen sind:

- **erhöhtes Akrenwachstum**.
- Vergrößerung der Nase, des Unterkiefers und der supraorbitalen Wülste (oft fällt den Patienten als erstes auf, dass der Hut nicht mehr passt).
- verdickte Haut, wulstige Lippen.
- Herzvergrößerung.
- **Sehstörungen:** bei einem Hypophysenadenom kann es durch die supraselläre Lage in Nähe des Chiasma opticum zu einer bitemporalen Hemianopsie kommen. Der Tumor drückt auf die Sehbahnen und aufgrund der anatomischen Strukturen fallen als erstes die temporalen Gesichtsfelder aus.

Die bekannteste Figur mit einem Hypophysenadenom ist Goliath, der Riese. David konnte ihn besiegen, da Goliath ihn nicht gesehen hat, als er ihn von der Seite mit der Steinschleuder traf.

Check-up

✔ **Wiederholen Sie die Wirkungen von Somatotropin.**

8.5 Die Hormone der Nebennierenrinde

Lerncoach

Die Hormone der Nebennierenrinde unterscheiden sich oft nur in wenigen Molekülgruppen, haben aber dennoch ganz unterschiedliche Aufgaben. Anhand dieser Gruppen können Sie die Hormone identifizieren und auseinander halten.

8.5.1 Überblick und Funktion

Die Hormone aus der Nebennierenrinde sind die **Glucocorticoide** und die **Mineralcorticoide**. Auch **Sexualhormone** werden zum Teil hier synthetisiert **(Abb. 8.16)**. Alle Hormone der Nebennierenrinde sind **Steroidhormone** und haben **lipophilen** Charakter. Sie erzielen ihre Wirkung also intrazellulär über die Induktion der Transkription ihrer Zielgene.

Die verschiedenen Hormone werden in unterschiedlichen Bereichen der Nebenniere synthetisiert: Die Mineralcorticoide in der **Zona glomerulosa**, die Glucocorticoide in der **Zona fasciculata** und die Sexualhormone in der **Zona reticulosa**.

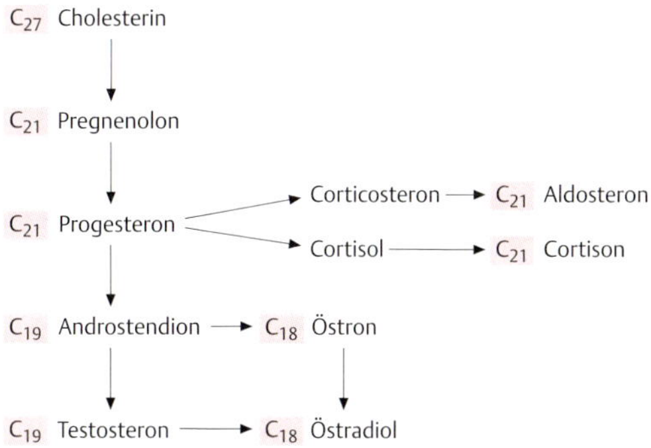

Abb. 8.16 Überblick über die Synthese der Hormone der Nebennierenrinde

MERKE

Von außen nach innen
G (lomerulosa) salt
F (asciculata) sugar
R (eticulosa) sex

8.5.2 Die Glucocorticoide

8.5.2.1 Die Funktion

Die Glucocorticoide werden in der **Zona fasciculata** der Nebennierenrinde aus der Vorstufe Cholesterin synthetisiert. Sie zählen mit den Katecholaminen zu den **Stresshormonen** und sind am Energiestoffwechsel beteiligt. Zudem haben sie eine immunsuppressive Wirkung (s. S. 211).

8.5.2.2 Die Regulation

Die Glucocorticoide unterliegen einem komplexen Regelkreis unter Einbeziehung von Hypothalamus und Hypophyse **(Abb. 8.17)**.

Das CRH des Hypothalamus

Aus dem Hypothalamus wird das Corticotropin-Releasing-Hormon (CRH = Corticoliberin) als Proteohormon sezerniert. CRH wirkt auf die Hypophyse und induziert dort die Freisetzung von Corticotropin (= Adrenocorticotropes Hormon, ACTH). Die Sekretion des CRH aus dem Hypothalamus erfolgt stressinduziert, sie folgt aber auch einem biologischen Rhythmus. So erklären sich die **zirkadiane ACTH- und Cortisolsekretion** (s. u.).

Das ACTH der Hypophyse

Das ACTH = (Corticotropin) wird bei nicht gestressten Menschen etwa 8-10-mal in 24 Stunden sezerniert, mit einer Häufung am Morgen. Das Proteohormon ACTH entsteht durch limitierte Proteolyse aus der höhermolekularen Vorstufe **Proopiomelanocortin** (POMC, s. S. 279). Es hat einen hydrophilen Wirkmechanismus über einen membranständigen Rezeptor (wie alle Hormone aus Hypothalamus und Hypophyse).

Abb. 8.17 Regelkreis der Cortisolausschüttung

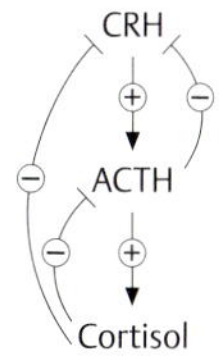

Beachte: Die durch ACTH-Stimulation sezernierten Glucocorticoide sind lipophil und haben einen lipophilen Wirkmechanismus über einen intrazellulären Rezeptor.

Aus POMC entstehen durch proteolytische Prozessierung außer ACTH noch folgende Substanzen:

- α-δ-Endorphin
- Enkephaline
- β-Lipotropin
- α-MSH (Melanozyten stimulierendes Hormon)

Die Namen der aus POMC entstehenden Substanzen müssen Sie auswendig kennen.

ACTH wirkt auf die Synthese der Glucocorticoide durch Steigerung der Cholesterinesteraseaktivität und erhöht den Substratumsatz im Pentosephosphatweg, sodass mehr $NADPH+H^+$ gebildet wird. ACTH stellt also den Grundbaustein Cholesterin und das Coenzym $NADPH + H^+$ für die Synthese der Glucocorticoide zur Verfügung.

Das synthetisierte Cortisol wird dementsprechend ACTH-gefördert produziert und ausgeschüttet. Es akkumuliert wegen seiner langen Halbwertszeit **im Blut**, so entstehen die **hohen Cortisolspiegel am Morgen**.

Über eine negative Rückkopplung hemmt Cortisol die Ausschüttung von CRH und ACTH **(Abb. 8.17)**.

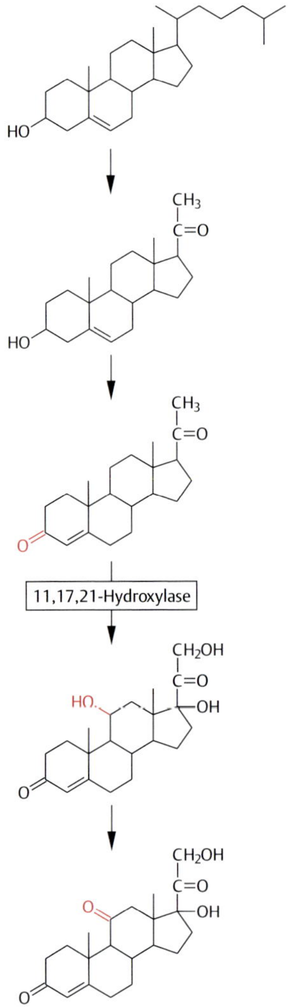

Abb. 8.18 Synthese der Glucocorticoide

8.5.2.3 Die Synthese

Achten Sie bei der Synthese der Glucocorticoide auf charakteristische Gruppen, die Ihnen die Einteilung erleichtern (Abb. 8.18).

Die Synthese *aller* Steroidhormone geht vom **Cholesterin** aus. Es handelt sich dabei überwiegend um eine Seitenkettenverkürzung und um **Hydroxylierungen**. Diese Reaktionen werden durch die **Cholesterindesmolase** und **Cytochrom-P_{450}-Monooxygenasen** (s. S. 258) katalysiert, die O_2 und NADPH+H^+ als Substrate benötigen. Hier wird die Synthese der **Glucocorticoide** näher erläutert **(Abb. 8.18)**. Aus Cholesterin wird mit Hilfe der Cholesterindesmolase **Pregnenolon** gebildet, das die gemeinsame Vorstufe aller Steroidhormone ist. Pregnenolon wird in Progesteron umgewandelt das bereits als Sexualhormon wirkt. Progesteron hat als charakteristische Gruppe die Ketogruppe an C_3. Nach dreifacher Hydroxylierung (Vitamin-C-abhängig) an C_{11}, C_{17} und C_{21} entsteht daraus Cortisol. Corti**sol** hat als charakteristische Gruppe die Alko**hol**gruppe an C_{11}. Aus Cortisol kann durch Oxidation an C_{11} **Cortison** entstehen. Corti**son** hat als charakteristische Gruppe die Ket**o**gruppe an C_{11}. Cortisol ist lipophil und wird im Blut an das Transportprotein **Transcortin** gebunden.

MERKE

Alle Glucocorticoide sind aus 21 C-Atomen aufgebaut.

8.5.2.4 Die Wirkungen

Cortisol spielt eine wichtige Rolle bei der Stressantwort. Es greift in den Stoffwechsel ein und hat außerdem entzündungshemmende und immunsuppressive Wirkung.

Die Wirkungen im Stoffwechsel

Im Stoffwechsel ist Cortisol ein **Insulinantagonist** und erhöht den Blutzuckerspiegel, indem es die extrahepatische Glucoseaufnahme hemmt. Daher kommt der Begriff Steroid-Diabetes. Daneben wird auch die **Lipolyse** gesteigert, wodurch Fettsäuren und Glycerin entstehen. Durch vermehrte **Proteolyse** werden Aminosäuren bereitgestellt und es kommt außerdem zu einem vermehrten Anfall von NH_3. Dadurch wird die **Harnstoffsynthese** angeregt. In der Leber steigert Cortisol aber gleichzeitig die Gluconeogenese aus dem abgespaltenen Glycerin und den Aminosäuren. Die so entstandene Glucose wird dann als Glykogen gespeichert.

MERKE

Durch Ausschüttung des Cortisols vor allem am Morgen hat der Körper ausreichend Nährstoffe (insbesondere Glucose) im Blut und kann „den Tag beginnen". Ein Teil der Glucose wird aber auch durch Einwirkung von Cortisol in der Leber gespeichert und dient als Energiereserve!

Die Wirkungen im Immunsystem

Glucocorticoide vermindern die Synthese der Zytokine wie Interferone und Interleukine (z. B. IL-1,2; TNF-α) und induzieren Apoptose (s. S. 366). Sie hemmen so die Lymphozytenfunktion (besonders die der T-Lymphozyten) und erniedrigen die Anzahl der Makrophagen. Daher können Sie zur **Immunsuppression** eingesetzt werden (z. B. bei Autoimmunkrankheiten).

Weitere Wirkungen

Glucocorticoide hemmen die Synthese von Osteocalcin, einem Protein das zur Knochenmorphogenese essenziell ist. Deshalb kann es z. B. bei einer Glucocorticoidtherapie zur **Osteoporose** kommen. Außerdem hemmen Glucocorticoide die Kollagensynthese. Sie steigern die Lipocortinsynthese, was zur Hemmung der Eicosanoidsynthese und damit zur entzündungshemmenden Wirkung führt (s. S. 230).

8.5.3 Die Mineralcorticoide

8.5.3.1 Die Funktion

Die Mineralcorticoide werden in der **Zona glomerulosa** der Nebennierenrinde produziert. Sie spielen eine wichtige Rolle in der Regulation des **Wasser- und Elektrolythaushalts** und beeinflussen das Blutvolumen und den Blutdruck. Aldosteron ist das wichtigste Mineralcorticoid.

8.5.3.2 Die Regulation

Die Ausschüttung von Aldosteron unterliegt dem **Renin-Angiotensin-Aldosteron-System** (RAAS) und *nicht* der Kontrolle über Hypothalamus und Hypophyse. Die Einzelheiten zum RAAS werden am Ende des Kapitels erläutert (s. S. 212).

MERKE

Die Ausschüttung von Aldosteron unterliegt nicht der Regulation durch den Hypothalamus und der Hypophyse, sondern dem RAAS.

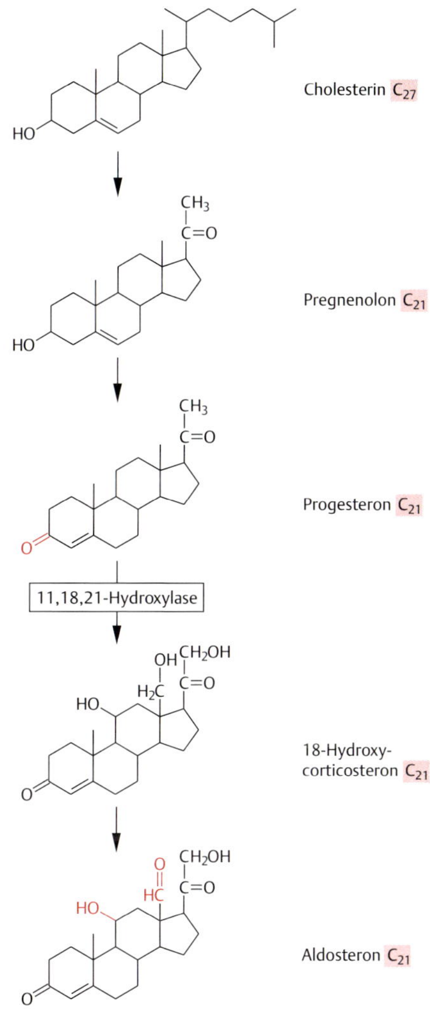

Abb. 8.19 Synthese der Mineralcorticoide

8.5.3.3 Die Synthese

Die Synthese der Mineralcorticoide erfolgt in den ersten beiden Schritten vom Cholesterin zum Progesteron wie bei der Glucocorticoidsynthese: Aus Cholesterin wird mit Hilfe der Cholesterindesmolase **Pregnenolon** gebildet. Pregnenolon wird in **Progesteron** umgewandelt. Hier trennen sich die Synthesewege. Aus Progesteron entsteht auf dem Weg zu den Mineralcorticoiden **18-Hydroxy-Corticosteron** durch Hydroxylierung der C-Atome 11, 18 und 21. Die Hydroxylierungen sind Vitamin-C-abhängig. Auch an diesen Hydroxylierungen sind **Cytochrom-**

P_{450}-Monooxygenasen beteiligt (s. S. 258). Aus 18-Hydroxy-Corticosteron entsteht durch weitere Hydroxylierung (wiederum Vitamin-C-abhängig) und Oxidation an C_{18} **Aldosteron**. **Al**dosteron ist das wichtigste Mineralcorticoid und hat als charakteristische Gruppe die **Al**dehydgruppe an C_{18}.

8.5.3.4 Die Wirkungen

Aldosteron spielt eine wesentliche Rolle im Elektrolythaushalt. Als lipophiles Hormon wirkt es auf der Transkriptionsebene und induziert die Synthese der **Na^+/K^+-ATPase** in den Tubuluszellen der Niere. Die Na^+/K^+-ATPase liegt auf der basolateralen Seite der Zelle und schleust Natrium im Austausch gegen Kalium aus der Zelle. Der dadurch entstehende Gradient führt zur eigentlichen Wirkung von Aldosteron: Es kommt zur **verstärkten Natriumrückresorption** und zur **erhöhten Kaliumausscheidung** (**Abb. 8.20**).

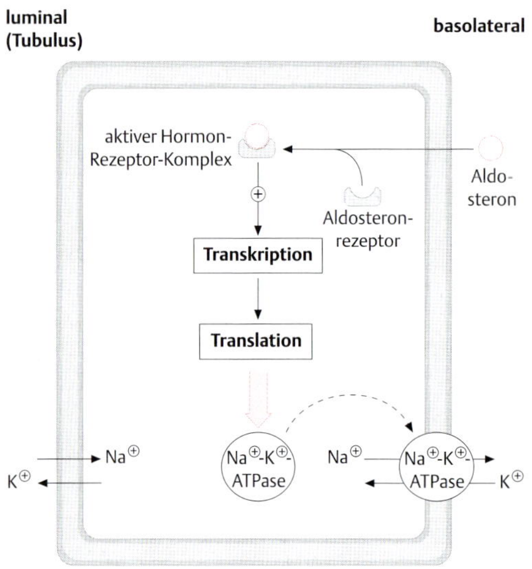

Abb. 8.20 Wirkung von Aldosteron auf die Tubuluszelle in der Niere

MERKE

Wo Natrium, da auch H_2O
Wo Kalium, da auch H^+

Die Rückresorption von Natrium bewirkt eine Zunahme des Blutvolumens und damit einen Blutdruckanstieg. Dieser Blutdruckanstieg durch die Wirkung von Aldosteron wird über das **Renin-Angiotensin-Aldosteron-System** (RAAS) geregelt.

8.5.3.5 Das Renin-Angiotensin-Aldosteron-System

Das **Renin-Angiotensin-Aldosteron-System (RAAS)** kontrolliert im Körper den Gefäßtonus (**Abb. 8.21**). Renin ist eine Protease, die von den Zellen des **juxtaglomerulären Apparats** der Niere gebildet und als Vorstufe (Prorenin) gespeichert wird. Nach Aktivierung und Abgabe ans Blut spaltet Renin **Angiotensinogen** in Angiotensin I. Das Angiotensinogen wird von der Leber gebildet und durch limitierte Proteolyse im Blut in **Angiotensin I** umgesetzt. Dieses wird durch das **Angiotensin-Conversions-Enzym (ACE)** unter Abspaltung eines Dipeptids in **Angiotensin II** umgewandelt. Dieser ACE-katalysierte Schritt findet vorwiegend in der Lunge statt. Dort wird auch das ACE gebildet.

Beachte: ACE-Hemmer, die die Synthese von Angiotensin II verhindern, sind gegenwärtig Mittel der Wahl bei Bluthochdruck (arterielle Hypertonie).

Angiotensin II ist das eigentlich interessante Hormon in diesem System. Es wirkt über zwei verschiedenen Rezeptoren. Der AT_1-Rezeptor ist aus

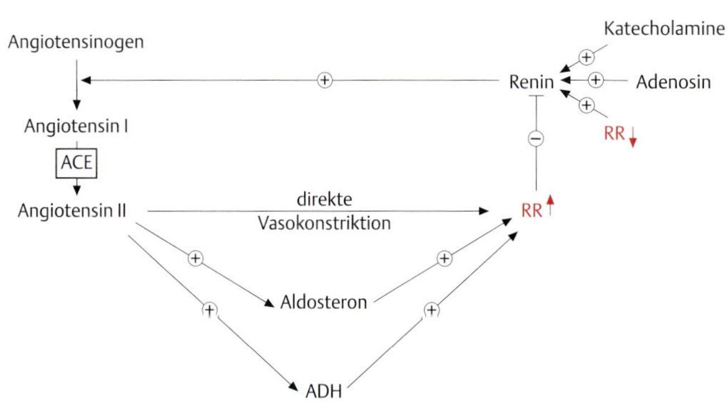

Abb. 8.21 Renin-Angiotensin-Aldosteron-System (ACE = Angiotensin-Converting Enzyme)

sieben Transmembrandomänen aufgebaut und an ein trimeres G-Protein gekoppelt. Es kommt über IP_3 und DAG- Ausschüttung zum Anstieg des intrazellulären Calciums. Der Aufbau und Wirkmechanismus des AT_2-Rezeptors ist noch nicht eindeutig geklärt, scheint aber im menschlichen Körper keine wichtige Rolle zu spielen. Angiotensin II führt direkt zu einer **Vasokonstriktion** und damit zu einer Blutdruckerhöhung, zudem steigert es die Freisetzung von **Aldosteron** und **ADH**, was zu einer erhöhten Natrium- und Wasserrückresorption führt. Die Folge ist eine **Zunahme des Plasmavolumens** und damit ein Blutdruckanstieg. Angiotensin II wirkt zudem in einer negativen Rückkopplung auf die Sekretion von Renin.

Zusammengefasst ergibt sich, dass die Ausschüttung von Renin zu einem Blutdruckanstieg (inklusive Natriumrückresorption) führt und Renin aus diesem Grund bei niedrigem Blutdruck (und niedrigem Natrium-Spiegel) ausgeschüttet wird. Entscheidend ist der Blutdruckabfall in den afferenten Arteriolen, wodurch es zur **Reninfreisetzung** kommt. Zusätzlich wirken auch Katecholamine und Adenosin fördernd auf die Freisetzung von Renin.

Beachte: Es gibt mit ANF ein antagonistisch wirkendes Hormon zu diesem Regelkreis. Dieses Hormon wird im Vorhof des Herzens synthetisiert und der auslösende Reiz zur Sekretion ist die Vorhofdehnung. Es kommt NO-vermittelt zu einer Vasodilatation, zur direkten Hemmung der Natriumrückresorption an der Niere und einer Hemmung der RAAS-Hormone.

Klinischer Bezug

Funktionsstörungen der Nebennierenrinde, Conn-Syndrom: Beim **Conn-Syndrom** (primärer Aldosteronismus) handelt es sich um eine pathologisch gesteigerte Aldosteronproduktion der Nebennierenrinde. Sie kann u. a. durch ein Nebennierenrindenadenom hervorgerufen werden. Die Symptome lassen sich von den normalen Aldosteronwirkungen herleiten.

- Vermehrte Rückresorption von Natrium und Wasser führt zu Hypernatriämie und Hypertonie.
- Vermehrte Ausscheidung von Kalium und H^+ führt zu Hypokaliämie und Alkalose.

Morbus Addison: Morbus Addison bezeichnet eine primäre **Nebennierenrinden-Insuffizienz**. Es fehlen Gluco- und Mineralcorticoide. Die Folge sind:

- Hyponatriämie und Volumenverlust
- Hyperkaliämie und Azidose
- Adynamie, Gewichtsverlust
- Hypoglykämie
- Hyperpigmentierung der Haut (ACTH wird aufgrund der fehlenden Rückkopplung vermehrt ausgeschüttet und hat melanotrope Wirkung).
- Vorzeitige Vergreisung
- Erniedrigung der 17-Hydroxy- und 17-Ketosteroidkonzentration im Urin.

Morbus Cushing und Cushing-Syndrom: Morbus Cushing ist eine **Überfunktion der Nebennierenerinde** z. B. aufgrund eines ACTH-produzierenden Tumors in der Hypophyse. Als Cushing-Syndrom bezeichnet man eine Erhöhung des Cortisolspiegels im Blut. Die häufigste Ursache hierfür ist eine Überdosierung nach langjähriger Cortisoltherapie. Die Folge sind:

- Stammfettsucht durch Umverteilung der Fette („Büffelnacken“, „Vollmondgesicht“)
- Striae distensae durch dünne Haut.
- Steroiddiabetes durch Hyperglykämie.
- Hypertonie durch Natrium- und Wasser-Retention.
- Osteoporose durch fehlendes Osteocalcin.
- Muskelschwund durch gesteigerte Proteolyse.

Adrenogenitales Syndrom (AGS): Beim AGS besteht in 90 % der Fälle ein **C_{21}-Hydroxylase-Mangel**. Dadurch können bestimmte Steroidhormone nicht mehr ausreichend produziert werden. Die Hydroxylierung von Cortisol ist nicht mehr möglich und die Vorstufen sammeln sich an. Es kommt zur **Produktion von Androgenen** aus den Vorstufen.

Es gibt zwei verschiedene Formen: AGS mit oder ohne Salzverlust, das heißt mit oder ohne Aldosteronmangel.

AGS ohne Salzverlust: führt zur Virilisierung bei Mädchen (Ausbildung männlicher Geschlechtsmerkmale) und zur Pseudopubertas praecox bei Jungen.

AGS mit Salzverlust: führt zusätzlich zu Hyponatriämie und Hyperkaliämie und zur Azidose.

Check-up

- ✔ **Wiederholen Sie die Wirkung und Regulation der einzelnen Steroidhormone (z. B. anhand der klinischen Beispiele).**

8.6 Die Sexualhormone

Lerncoach
Das System der Sexualhormone ist komplex. Schauen Sie sich besonders den weiblichen Zyklus an, er wird gerne im Detail geprüft.

8.6.1 Überblick und Funktion

Der größte Anteil der Sexualhormone wird beim Mann in den **Hoden** und bei der Frau in den **Ovarien** produziert. In geringen Mengen werden Sexualhormone auch in der Nebennierenrinde (**Zona reticulosa**) synthetisiert.

Die Sexualhormone sind Steroidhormone. Sie werden unterteilt in die weiblichen Sexualhormone (Östrogen und Progesteron) und die männlichen Sexualhormone (Testosteron). Sie wirken fördernd auf die **Entwicklung der Geschlechtsorgane** und **-merkmale** und befähigen den menschlichen Organismus zur **Fortpflanzung**.

8.6.2 Die Regulation

Alle Sexualhormone unterliegen einer Regulation durch Hypophyse und Hypothalamus. Aus dem Hypothalamus wird das **LH-Releasinghormon** (LH-RH bzw. Gonadotropin-Releasinghormon) sezerniert. Es wirkt – wie der Name schon sagt – auf die Ausschüttung der Gonadotropine aus der Hypophyse. Zu den Gonadotropinen zählen das follikelstimulierende Hormon (**FSH**) und das luteinisierende Hormon (**LH**). Sowohl LH-RH, wie auch FSH und LH sind hydrophile Hormone. Die Sexualhormone selbst dagegen sind lipophil.

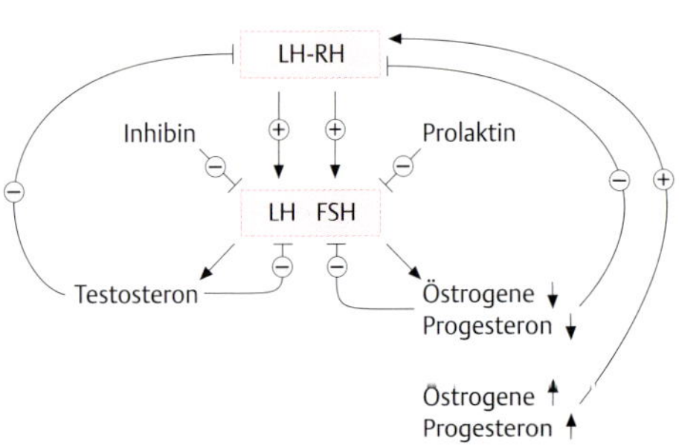

Abb. 8.22 Regulation der Sexualhormone

Die Wirkung von **F**SH führt bei der Frau zur **F**ollikelreifung, beim Mann zur **S**permatogenese. Außerdem stimuliert es die Östrogensynthese **(Abb. 8.22)**.

LH bewirkt bei der Frau die Ovu**l**ation (Eisprung) und die Aufrechterhaltung des Corpus **l**uteum, beim Mann die Testosteronsynthese in den **L**eydig-Zellen. Außerdem stimuliert es die Östrogen- und Progesteronsynthese.

Kleine Konzentrationen von Progesteron und Östrogenen **hemmen** über Hypothalamus und Hypophyse die Ausschüttung von LH. FSH wird insbesondere von Östradiol inhibiert. Bei **größeren** Konzentrationen kommt es zu einer **positiven Rückkopplung** durch die Sexualhormone auf LH-RH. Progesteron wirkt allerdings nur bei gleichzeitigem Vorhandensein der Östrogene. Es kommt zu einem **Anstieg von FSH und LH**. Über die verschiedenen Rückkopplungsmechanismen wird der Menstruationszyklus beeinflusst.

MERKE

Rückkopplungsmechanismen der Östrogene auf die Gonadotropinfreisetzung:
Niedrige Östrogenkonzentration → negative Rückkopplung
Hohe Östrogenkonzentration → positive Rückkopplung

Daneben gibt es auch Inhibin und Prolaktin, die negativ auf die Gonadotropin-Sekretion aus der Hypophyse wirken. **Inhibin** wird auch im Hoden produziert und sorgt so auch beim Mann für eine negative Rückkopplung zur Hypophyse, da **Testosteron** keine direkte Hemmung von FSH vermittelt, sondern nur auf den Hypothalamus wirkt.

Prolaktin wirkt besonders hemmend auf die LH-Freisetzung aus der Hypophyse (s. S. 203) und verhindert so die Ovulation.

8.6.3 Die Synthese

Testosteron wird beim Mann in den **Leydig-Zellen** des Hodens und in der **Nebennierenrinde** produziert. Östrogene und Gestagene werden bei der Frau im **Ovar** und in geringen Mengen in der **Nebennierenrinde** produziert. Während der Schwangerschaft produzieren auch Plazenta und der Gelbkörper Sexualhormone.

MERKE

Testosteron wird bei Frauen auch in der Nebennierenrinde produziert, ebenso wie Östrogene bei Männern. Sie wirken bei Mann und Frau an verschiedenen Erfolgsorganen und in unterschiedlichen Konzentrationen.

Genau wie bei den Corticoidhormonen werden die Sexualhormone aus Cholesterin aufgebaut (**Abb. 8.23**), an den Hydroxylierungen sind **Cytochrom-P_{450}-Monooxygenasen** beteiligt. In einem ersten Schritt entsteht über **Pregnenolon** das Gestagen Progesteron. In den Granulosazellen des Ovars ist **Progesteron** das Endprodukt. In der **Theca interna** kann Progesteron über die C_{17}-C_{20}-Lyase in **Androstendion** umgewandelt werden, das dann wieder in die Granulosazelle gelangt. Des Weiteren kann Androstendion aus Pregnenolon über die Zwischenstufe Dehydroepiandrosteron (DHEA, **Abb. 8.23**) gebildet werden.
Androstendion kann zu **Testosteron** hxdroxyliert werden. Testosteron ist ein Endprodukt bei der Synthese der Androgene, der männlichen Sexualhormone. In die aktive Form 5-Dihydrotestosteron (DHT) wird es erst am Wirkort umgewandelt.
Sowohl Androstendion wie auch Testosteron können über einen Aromatase-Komplex in die Östrogene **Östron** bzw. **Östradiol** umgewandelt werden.

MERKE

Androstendion und Testosteron sind aus 19 C-Atomen und Östron und Östradiol aus 18 C-Atomen aufgebaut.

Die Sexualhormone müssen im Blut an ein Protein gebunden transportiert werden. Dafür gibt es das **Testosteron-Östrogen-bindende-Protein.** Progesteron wird an **Transcortin** gebunden. Eine kleine Menge kann auch unspezifisch an Albumin gebunden werden.

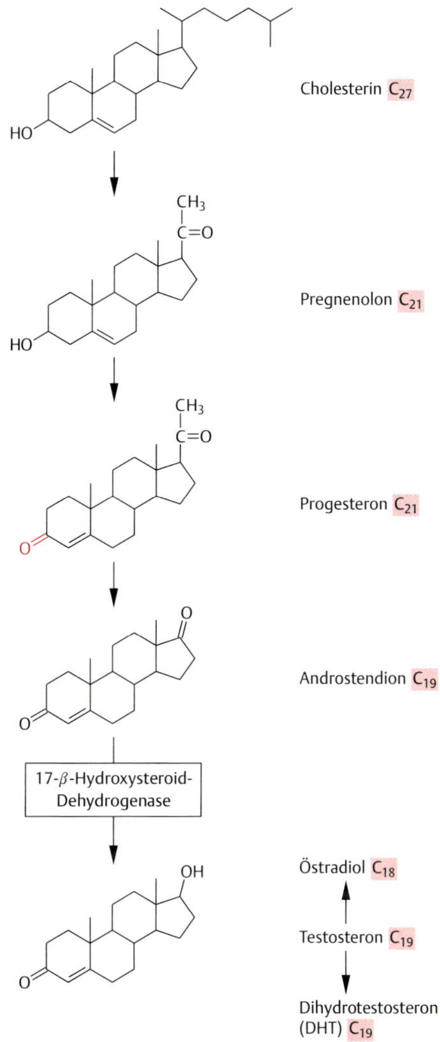

Abb. 8.23 Synthese der Sexualhormone

8.6.4 Die männlichen Sexualhormone

8.6.4.1 Die Wirkungen der männlichen Sexualhormone (Androgene)

Die höchste Aktivität der Androgene besitzt **5-Dihydrotestosteron**. Es wird mittels einer 5α-Reduktase aus Testosteron gebildet. Es stimuliert das Wachstum der primären und sekundären Geschlechtsmerkmale und löst den Stimmbruch aus (durch Verdickung der Stimmbänder). Außerdem stimuliert es die Calcifizierung des Knochens und wirkt anabol auf den Proteinstoffwechsel.

8.6.4.2 Der Abbau der männlichen Sexualhormone

Androgene werden über die Biotransformation (s. S. 258) abgebaut. Das Ausscheidungsprodukt dabei sind die **17-Ketosteroide,** z. B. **Androsteron**

(Achtung: Androsteron nicht verwechseln mit der Vorstufe des Testosterons Androstendion!).

8.6.5 Die weiblichen Sexualhormone

8.6.5.1 Die Wirkungen der weiblichen Sexualhormone

Die Östrogene

Die höchste Aktivität unter den Östrogenen besitzt **Östradiol**. Es stimuliert die Regeneration und **Proliferationsphase** des Uterus (in der 1. Zyklushälfte vor der Ovulation). Die Östrogene bereiten den Uterus direkt nach der Menstruationsblutung wieder auf einen Eisprung vor. Sie erhöhen die Viskosität des Zervixschleims (er wird zähflüssiger). Nach der Ovulation fallen die Östrogenspiegel wieder ab. Sie induzieren das Wachstum der sekundären weiblichen Geschlechtsmerkmale und wirken ebenfalls anabol auf den Proteinstoffwechsel.

8

Die Gestagene

Die höchste Aktivität der Gestagene besitzt **Progesteron**. Es wirkt als Schwangerschaftshormon in der **Sekretionsphase** des Uterus (nach der Ovulation). Es erhöht die basale Körpertemperatur in der zweiten Zyklushälfte nach dem Eisprung und erniedrigt die Viskosität des Zervixschleims (erleichtertes Vorwärtskommen der Spermien). Progesteron ermöglicht, dass es zum Einnisten des befruchteten Eies in der Uterusschleimhaut kommt und ist für die Ernährung verantwortlich. Das Progesteron wird nach der Ovulation (Eisprung) vom Corpus luteum gebildet **(Abb. 8.24)**. Wenn es nicht zur Befruchtung kommt, wird aus dem Corpus luteum ein Corpus luteum menstruationes. Hier kommt es nur 14 Tage zur Progesteronproduktion, d.h. der Progesteronspiegel fällt am Ende der 2. Zyklushälfte wieder ab und es kommt zur Menstruationsblutung.

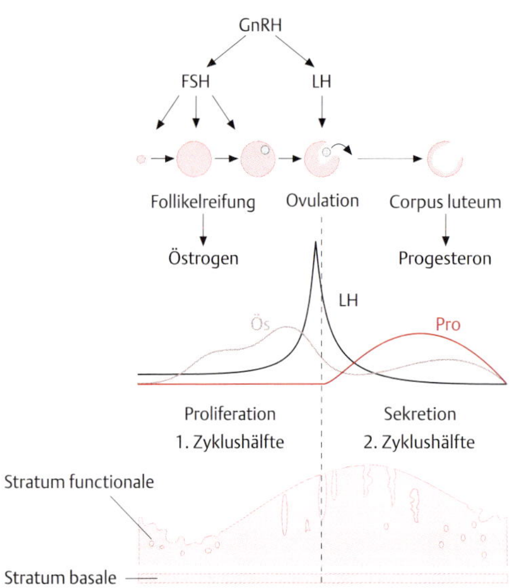

Abb. 8.24 Wirkungen von Östrogen und Progesteron während des Menstruationszyklus

Wenn das Ei jedoch befruchtet wird, bildet sich durch den Einfluss von β-HCG (s.u.) das Corpus luteum graviditatis und Progesteron wird über 20 Wochen produziert. Danach übernimmt die Plazenta die Synthese von Progesteron. Progesteron stimuliert auch die Ausbildung der Milchgänge und ist außerdem für die Wehenhemmung (Tokolyse) verantwortlich.

Auch Östrogene werden von der Plazenta synthetisiert. Als Vorstufe wird allerdings Dehydroepiandrosteron (DHEA) genutzt, da das Enzym C_{17}-C_{20}-Lyase in der Plazenta fehlt, um den C_{21}-Körper Progesteron als Vorstufe zu verwerten.

MERKE

In der Schwangerschaft steigen Östrogen- und Progesteronspiegel um das 10-100fache an. Zusätzliche Produktion findet auch in Plazenta und Corpus luteum statt.

8.6.5.2 Der Abbau der weiblichen Sexualhormone

Östrogene und Progesterone werden über die Biotransformation in der Leber abgebaut. Das **Ausscheidungsprodukt** von Progesteron ist das unwirksame **Pregnandiol**.

8.6.6 Die Schwangerschaftshormone

Die Schwangerschaftshormone werden während der Schwangerschaft vom weiblichen Körper produziert. Dazu gehören **Relaxin** und **β-HCG**.

8.6.6.1 Das Relaxin

Das Schwangerschaftshormon Relaxin wird nicht in der Nebenniere synthetisiert, sondern vom **Gelbkörper** und der **Plazenta**. Es ist ein Proteohor-

Abb. 8.25 Wirkung von β-HCG (= humanes β-Choriogonadotropin)

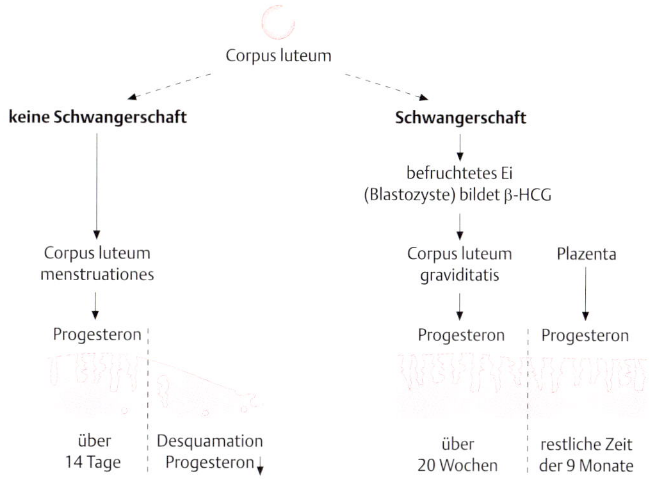

mon und führt bei einer schwangeren Frau zu Weitung des Beckenringes, um die Geburt zu erleichtern.
Es lockert das Bindegewebe der Symphyse und die Uterusmuskulatur.

8.6.6.2 Das β-HCG

β-HCG (**h**umanes β-**C**horio**g**onadotropin) wird während einer Schwangerschaft in der Plazenta gebildet. Dieses Hormon ähnelt den Gonadotropinen LH und FSH der Hypophyse. Die Produktion von β-HCG beginnt direkt nach der Implantation des Eies. β-HCG wird von Blastozysten selbst synthetisiert und der β-HCG-Nachweis dient deshalb als früher **Schwangerschaftstest**.
Die Wirkungen von β-HCG gleichen der Wirkung von LH (**Abb. 8.25**). Durch seine Wirkung wird das Corpus luteum zum Corpus luteum graviditatis. Es regt außerdem die Produktion von Progesteron und Östrogen an.

8.6.7 Klinische Bezüge

8.6.7.1 „Anti-Baby-Pille“ – Kontrazeptiva

Kontrazeptiva sind Substanzen, die der Empfängnisverhütung dienen. Sie enthalten entweder nur Gestagen oder Gestagene und Östrogene. Die Ausschüttung der Gonadotropine, besonders von LH, aus der Hypophyse wird dadurch über negative Rückkopplung vermindert. Es kommt nicht zur Ovulation (Eisprung) und nicht zur Vorbereitung der Uterusschleimhaut auf eine Schwangerschaft.

Check-up

- ✔ **Wiederholen Sie die Bildungsorte und die Funktionen der Sexualhormone. Achten Sie dabei besonders auf das Schwangerschaftshormon ß-HCG, es ist auch für andere Fächern prüfungsrelevant (z. B. Physiologie).**
- ✔ **Machen Sie sich nochmals den Ablauf und die Regulation des Menstruationszyklus klar und was sich bei einer Schwangerschaft ändert.**

8.7 Die Katecholamine

Lerncoach

Die Katecholamine spielen auch in der Physiologie eine wichtige Rolle, dies können Sie ggf. zum fächerübergreifenden Lernen nutzen.

8.7.1 Überblick und Funktion

Die Katecholamine, **Adrenalin und Noradrenalin**, sind Hormone, die in Stresssituationen **(„fright, fight, flight“)** ausgeschüttet werden. Sie wirken sowohl als Neurotransmitter als auch als Hormone. Die Katecholamine werden in den Ganglienzellen des Sympathikus und im **Nebennierenmark** synthe-

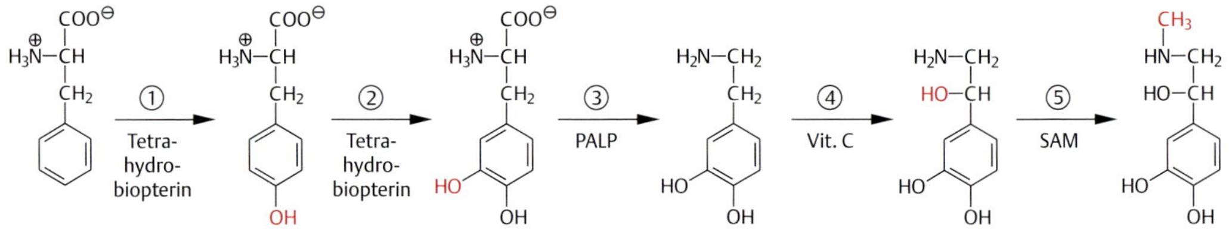

Phenylalanin Tyrosin DOPA Dopamin Noradrenalin Adrenalin

Abb. 8.26 Biosynthese der Katecholamine. Beteiligte Enzyme: (1) Phenylalaninhydroxylase; (2) Tyrosinhydroxylase; (3) Decarboxylase; (4) Dopaminhydroxylase; (5) N-Methyltransferase

tisiert. Das Nebennierenmark entspricht entwicklungsgeschichtlich einem umgewandelten sympathischen Ganglion und ist sozusagen ein „**verlängerter Arm des vegetativen Nervensystems**".
Die Regulation der Katecholamine geschieht dementsprechend *nicht* über das Hypothalamus-/Hypophysensystem, sondern über den Sympathikus.

8.7.2 Die Synthese

Katecholamine sind Abkömmlinge der Aminosäure Tyrosin und wirken über verschiedene membranständige Rezeptoren.

Achten Sie bei den einzelnen Syntheseschritten auf die neu hinzukommende charakteristische Gruppe und die beteiligten Coenzyme.

Aus der essenziellen Aminosäure Phenylalanin wird durch Hydroxylierung **Tyrosin** (oder auch 4-Hydroxyphenylalanin, **Abb. 8.26**). Das Tyrosin wird weiter zu **Dopa** hydroxyliert. Bei beiden Hydroxylierungen ist **Tetrahydrobiopterin** das Coenzym. Dopa wird zu seinem biogenen Amin **Dopamin** decarboxyliert. Wie bei jeder Decarboxylierung einer Aminosäure zum biogenen Amin ist auch bei dieser Reaktion Pyridoxalphosphat (PALP) Coenzym (s. S. 184).

MERKE

Dopamin ist ein indirektes biogenes Amin, da es nicht direkt aus einer proteinogenen Aminosäure entsteht, sondern über die Zwischenstufe Dopa.

Aus Dopamin kann durch weitere Hydroxylierung **Noradrenalin** entstehen. Dabei dient Vitamin C als Coenzym. Noradrenalin wird methyliert zu **Adrenalin**. Die Methylgruppe wird von S-Adenosyl-Methionin (SAM, s. S. 110) geliefert.

8.7.3 Die Wirkungen

Die Katecholamine werden bei Alarmbereitschaft ausgeschüttet (z. B. bei einer akuten Gefahr wie „dem Tiger im Busch") und wirken über α- und β-Rezeptoren. Dabei aktivieren sie entweder G-Proteine oder Phospholipase C und beeinflussen so die Konzentrationen der Botenstoffe cAMP, IP_3 und DAG. Die Konzentrationsänderungen dieser Boten-

Tabelle 8.1

Die Rezeptoren der Katecholamine und ihre Wirkmechanismen

Rezeptor	aktivierte Proteine	second messenger	Wirkung
α_1-Rezeptor	Phospholipase C	es entsteht IP_3 und DAG	Glykogenolyse zur Substratbereitstellung Konstriktion der glatten Muskulatur
α_2-Rezeptor	G_i-Proteine	cAMP-Konzentration wird **erniedrigt**	Hemmung der Insulinsekretion und der Lipolyse
β_1-Rezeptor	G_s-Proteine	es entsteht cAMP	Stimulation des Herzens: Kontraktionskraft, Frequenz, AV-Überleitung und Blutdruck werden gesteigert Steigerung der Reninsekretion
β_2-Rezeptor	G_s-Proteine	es entsteht cAMP	Glykogenolyse und Steigerung der Insulinsekretion Lipolyse zur Substratbereitstellung Dilatation der glatten Muskulatur
β_3-Rezeptor	G_s-Proteine	es entsteht cAMP	Lipolyse zur Substratbereitstellung

stoffe lösen dann die spezifischen Wirkungen der Katecholamine aus **(Tab. 8.1)**. Noradrenalin wirkt überwiegend über α-Rezeptoren, während Adrenalin über α- und β-Rezeptoren wirkt.
Die Rezeptoren sind in den verschiedenen Geweben in unterschiedlich großer Anzahl anzutreffen. Dementsprechend variieren die Effekte. Grundsätzlich werden durch die Katecholamine **Substrate** zur Verfügung gestellt und die „wichtigen" Gewebe **Skelettmuskulatur** und **Herz** werden **positiv** beeinflusst.

8.7.4 Der Abbau

Der Abbau der Katecholamine führt zur **Vanillinmandelsäure** **(Abb. 8.27)**. In einem ersten Schritt werden die Katecholamine mit Hilfe der Katecholamin-O-Methyltransferase **(COMT)** methyliert. Es entsteht **Methanephrin** beim Abbau von Adrenalin (bzw. **Normethanephrin** beim Abbau von Noradrenalin). Danach werden die Aminogruppen durch eine Monoaminooxidase **(MAO)** entfernt, diesen Vorgang nennt man oxidative Desaminierung (s. S. 101). Das Enzym ist von FAD und Kupfer abhängig. Durch die Entfernung der Aminogruppe entsteht eine Aldehydgruppe. Diese Aldehydgruppe wird durch eine Aldehyddehydrogenase zu einer Säuregruppe oxidiert und es entsteht das Ausscheidungsprodukt 3-Methoxy-4-Hydroxymandelsäure, kurz Vanillinmandelsäure.

MERKE

Die Katecholamine Adrenalin und Noradrenalin werden beide zu Vanillinmandelsäure abgebaut.

Klinischer Bezug

Phäochromozytom: Das Phäochromozytom ist ein Tumor des Nebennierenmarks und kann durch vermehrte Produktion von Katecholaminen zu gefährlichen Blutdruckkrisen führen. Die Diagnose des Phäochromozytoms wird anhand des Anstiegs der Metabolite der Katecholamine, wie Methanephrin, Normethanephrin oder (nicht mehr so häufig) Vanillinmandelsäure im Urin gefestigt.

Abb. 8.27 Abbau des Adrenalin zu Vanillinmandelsäure

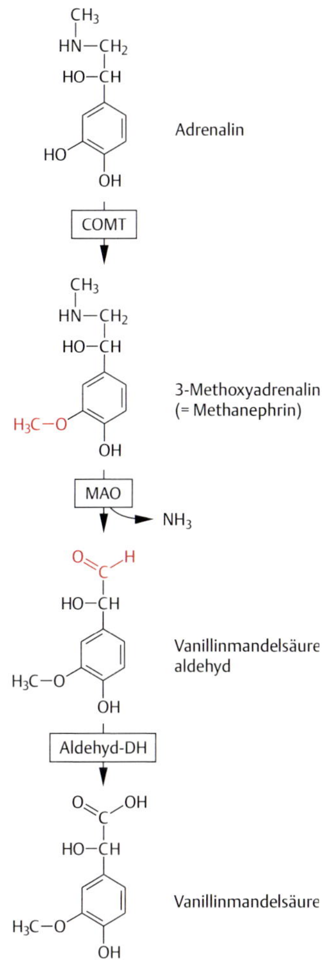

Check-up

- ✔ **Rekapitulieren Sie, wann Katecholamine sezerniert werden (Stichwort: „fright, fight and flight")!**
- ✔ **Ordnen Sie die Rezeptoren der Katecholamine ihren Wirkmechanismen zu.**

8.8 Das Insulin und das Glukagon

Lerncoach

Insulin und sein Antagonist Glukagon sind Hormone mit Wirkung auf den gesamten Stoffwechsel. Sie sind ein beliebtes Prüfungsthema und wichtig für die klinische Tätigkeit.

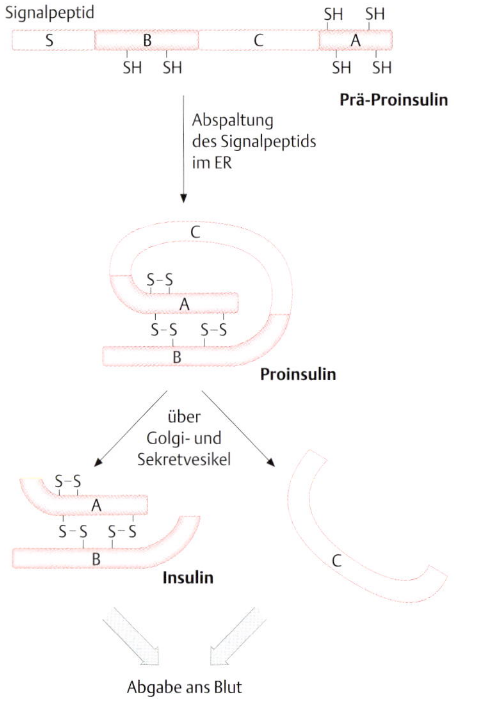

Abb. 8.28 Synthese des Insulins (B = B-Kette, C = C-Peptid, A = A-Kette)

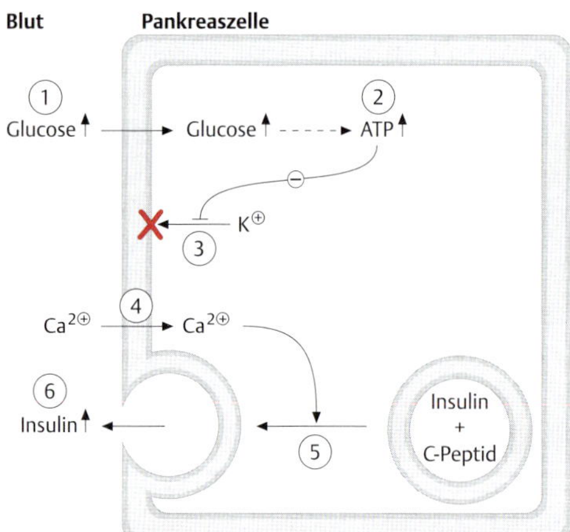

Abb. 8.29 Regulation der Insulinausschüttung (zu den Schritten 1–6 siehe Text)

8.8.1 Überblick und Funktion

Insulin und Glukagon sind besonders wichtige Hormone im **Kohlenhydratstoffwechsel. Insulin** kann als einziges Hormon den Blutzuckerspiegel senken und regt den Fettaufbau an. Es reguliert besonders in Muskulatur, Fettgewebe und Leber den Intermediärstoffwechsel. **Glukagon** ist der Gegenspieler des Insulins und hat seinen Hauptwirkort in der Leber.

8.8.2 Das Insulin

8.8.2.1 Die Synthese

Insulin wird in den **B-Zellen des endokrinen Pankreas** (Langerhans-Zellen) synthetisiert und dort als Zinkkomplex gespeichert. Es ist ein **Proteohormon** und besteht aus einer A-Kette (21 Aminosäuren) und einer B-Kette (30 Aminosäuren). Beide Ketten sind über 2 Disulfidbrücken miteinander verknüpft. Insulin zählt zu den hydrophilen Hormonen und wirkt über einen membranständingen **Tyrosinkinase-Rezeptor**.

Insulin wird als Sekretprotein SRP-abhängig (s. S. 404) zusammen mit dem Ribosom an das ER herangeführt und in das Lumen des ER hineintranslatiert. Cotranslational kommt es zur Abspaltung des Signalpeptids und aus dem **Prä-Proinsulin** entsteht **Proinsulin**, bei dem die A- und B-Kette noch durch das **C-Peptid** verknüpft sind (**Abb. 8.28**). Nach Passage des Golgi-Apparates wird Proinsulin zusammen mit einer spezifischen Protease (Prohormon-Konvertase) in Sekretgranula gespeichert. Innerhalb der Sekretgranula (z. T. aber auch schon im Golgi-Apparat) wird das C-Peptid herausgeschnitten und es entsteht **reifes Insulin**. Insulin und C-Peptid werden in äquimolarem Verhältnis ins Blut abgegeben, sodass der Gehalt an C-Peptid bei Diabetikern diagnostische Bedeutung für die endogene Insulinbiosynthese besitzt.

8.8.2.2 Die Regulation der Insulinausschüttung

Die Insulinausschüttung unterliegt *keinem* hypothalamisch/hypophysären Regelkreis, sondern wird über den Blutzuckerspiegel reguliert. Insulin wird immer dann ausgeschüttet, wenn der Blutzuckerspiegel ansteigt. Die Glucose im Blut wird vom Pankreas proportional zur ihrer Konzentration aufgenommen. Je höher der Blutzuckerspiegel ist, desto mehr **Glucose gelangt in die Pankreaszelle** (1 in **Abb. 8.29**). Interessanterweise besitzen die B-Zellen des Pankreas einen Glucosetransporter (GLUT-2) und die Glucokinase, die beide einen hohen K_M-Wert (also eine niedrige Affinität) für Glucose haben. Auf diese Weise wird sichergestellt, dass Glucose nur dann aufgenommen und verstoffwechselt

wird, wenn die Blutglucose deutlich über der normalen Konzentration von 80–120 mg/dl liegt.
In der Zelle wird Glucose über Glykolyse, Citratzyklus und Atmungskette zur **Energiegewinnung** und damit zur **ATP-Produktion** genutzt (2). Der steigende ATP-Spiegel wirkt auf einen **ATP-abhängigen Kaliumkanal** an der luminalen Seite der Zelle (3). Der Kanal wird durch den ATP-Anstieg verschlossen und Kalium kann die Zelle nicht mehr verlassen. Durch den intrazellulären Anstieg von Kalium kommt es zur **Depolarisation** und damit zum **Einstrom von Calcium** (4). Calcium bewirkt eine Fusion der Sekretgranula mit der Zellmembran und es kommt zur **Freisetzung von Insulin** ins Blut (5 und 6).

8.8.2.3 Die Wirkungen von Insulin

Insulin wirkt über einen membranständigen Rezeptor, dessen intrazellulärer Anteil Tyrosinkinaseaktivität besitzt. Durch diesen Rezeptortyp werden verschiedene spezifische molekulare Wirkungen ausgelöst:

- Die Translokation des **GLUT-4-Transporters** in die Membran (s. u.).
- Die **Aktivierung von Phosphodiesterasen** (der cAMP-Spiegel sinkt).
- Die Induktion verschiedener Enzyme.

Die Aktivierung von Phosphodiesterasen führt zu einer Senkung des cAMP-Spiegels in der Zelle. Dadurch wird die cAMP-Kaskade gehemmt (s. S. 200). Es kommt so nicht zur Aktivierung der Proteinkinase A und somit nicht zur Phosphorylierung von interkonvertierbaren Enzymen. Die „fünf Ausnahmen" unter den interkonvertierbaren Enzymen, die phosphoryliert aktiv sind, werden also durch Insulin gehemmt (s. S. 200). In diesem Zusammenhang spielen die Triacylglycerin-Lipase sowie die Phosphorylasekinase und Glykogenphosphorylase eine wichtige Rolle.

MERKE

Insulin bewirkt die Dephosphorylierung interkonvertierbarer Enzyme!

Insulinantagonistisch wirken die Katecholamine, sowie Glukagon und Somatostatin.
Eine der wichtigsten Insulinwirkungen ist die Glucoseaufnahme in die Zelle.

Die Abhängigkeit der Glucoseaufnahme ergibt sich aus den verschiedenen Glucosetransportern der Organe. Während Leber und Pankreas Glucose über den **GLUT-2-Transporter** insulin*un*abhängig aufnehmen, besitzen Muskulatur und Fettgewebe den **GLUT-4-Transporter**. Dieser wird **insulinabhängig** aus Sekretgranula in die Membran eingebaut und ermöglicht eine erhöhte Glucoseaufnahme in die Zelle.

MERKE

In Muskulatur und Fettgewebe ist die Glucoseaufnahme insulinabhängig.

Wirkungen auf den Kohlenhydratstoffwechsel

Die durch die Insulinwirkung gesteigerte Glucoseaufnahme in die Zelle führt zu einer **Senkung des Blutzuckerspiegels**. In der Zelle kann die Glucose entweder in die **Glykolyse** oder den **Pentosephosphatweg** eingeschleust oder als Glykogen gespeichert werden. Der Abbau der Glykogenspeicher (Hemmung der Glykogenphosphorylase) sowie die Neubildung von Glucose werden gehemmt, da ausreichend Glucose im Blut vorhanden ist.
Insulin bewirkt in der **Fettzelle** aber auch eine **Umwandlung von Glucose in Fette** (**Abb. 8.30**). Beim Abbau von Glucose entsteht über Glykolyse und Pyruvatdehydrogenase Acetyl-CoA. Die Umwandlung von Acetyl-CoA in Malonyl-CoA (Schrittmacher der Fettsäuresynthese) wird von Insulin aktiviert und das Coenzym für den Fettsäureaufbau, NADPH+H^+, steht über den Pentosephosphatweg zur Verfügung.

Wirkungen auf den Lipidstoffwechsel

Insulin hemmt die Lipolyse (Hemmung der TAG-Lipase) und aktiviert die Lipoproteinlipase. Es fördert so die **Aufnahme von Fettsäuren** in die Zelle für den Fettaufbau. Das Glycerin als Grundgerüst für den Fettaufbau wird über ein Zwischenprodukt aus der Glykolyse geliefert. Insulin spielt also eine wichtige Rolle, in der Verknüpfung von Kohlenhydrat- und Lipidstoffwechsel.

MERKE

Insulin zählt zu den anabolen Hormonen: Es hält als einziges Hormon die Fette in den Depots. Zusätzlich baut Insulin Glykogenspeicher auf.

Abb. 8.30 Umwandlung der Kohlenhydrate in Lipide

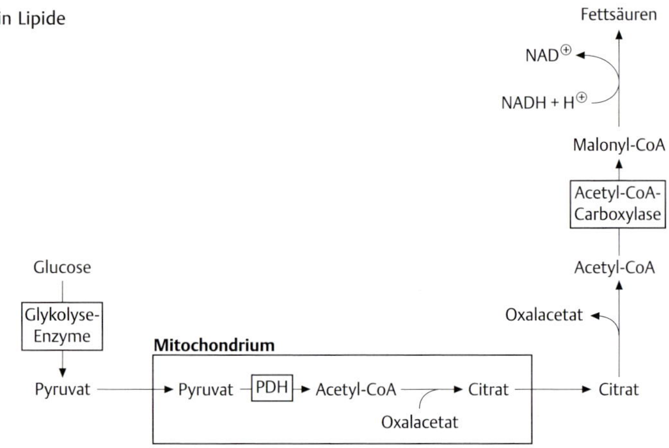

Tabelle 8.2

Wirkung von Insulin auf die Enzymsynthese

Muskulatur (Glucoseaufnahme [GLUT-4])	**Fettgewebe (Glucoseaufnahme [GLUT-4])**	**Leber (Glucoseaufnahme [GLUT-2])**
Glykolyse - Hexokinase ↑ Glykogenaufbau - Glykogensynthase ↑ - Glykogenphosphorylase ↓	Glykolyse - Hexokinase ↑ - Phosphofructokinase ↑ - Pyruvatkinase ↑ Liponeogenese - Acetyl-CoA-Carboxylase ↑ - FS-Synthase ↑ - **Lipoproteinlipase** ↑	Glykolyse **- Glucokinase** ↑ - Phosphofructokinase ↑ - Pyruvatkinase ↑ - **PFK-2** ↑ (Fructose-2,6-bisphosphat ↑) Glykogenaufbau - Glykogensynthase ↑ - Glykogenphosphorylase ↓ **Gluconeogenese** ↓ - Pyruvatcarboxylase ↓ ↓ - PEP-Carboxykinase ↓ - Fructose-1,6-bis-Phosphatase ↓

Wirkungen auf die Enzymsynthese

Insulin induziert die Synthese wichtiger Stoffwechselenzyme **(Tab. 8.2)**.

8.8.2.4 Der Abbau des Insulins

Der Abbau des Insulins erfolgt durch die Aufnahme des Insulins mitsamt des Rezeptors. Im Lysosom werden die Disulfidbrücken gespalten und die freien Ketten proteolytisch abgebaut.

8.8.3 Das Glukagon

8.8.3.1 Die Synthese von Glukagon

Glukagon ist der **wichtigste Insulinantagonist**. Das Proteohormon (29 Aminosäuren) wird in den A-Zellen des endokrinen Pankreas als Spaltprodukt aus einem größeren Protein synthetisiert und als Insulinantagonist bei niedrigem Blutzuckerspiegel sezerniert.

MERKE

B-Zellen = Insulin
A-Zellen = Glukagon
D-Zellen = Somatostatin (s. S. 231)

8.8.3.2 Die Wirkungen von Glukagon

Glukagon wirkt über G-Proteine und Erhöhung des cAMP-Spiegels. Sein Hauptwirkort ist die **Leber**. Es hemmt die Glykolyse und steigert die Glykogenolyse und die Gluconeogenese. Die dabei entstehende Glucose wird ans Blut abgegeben und hebt den Blutzuckerspiegel. Auch steigert Glukagon die Lipolyse. Allerdings sind die genauen Wirkmechanismen am Fettgewebe noch unklar.

MERKE

Glukagon ist ein kataboles Hormon und stellt Glucose und Fettsäuren im Blut bereit.

8.8.3.3 Der Abbau von Glukagon

Glucagon wird durch Abspaltung eines N-terminalen Dipeptids inaktiviert und die Kette wird proteolytisch abgebaut.

8.8.4 Der Diabetes mellitus

Unter Diabetes mellitus (Zuckerkrankheit) werden Störungen des Glucosestoffwechsels zusammengefasst, deren gemeinsames Merkmal ein relativer oder absoluter Insulinmangel ist. Man muss beim Diabetes mellitus mehrere verschiedene Typen unterscheiden, von denen der Typ-I- und der Typ-II-Diabetes klinisch die wichtigsten sind.

8.8.4.1 Typ-I-Diabetes

Der Typ-I-Diabetes (juveniler Typ) ist eine **Autoimmunkrankheit** mit Bildung von Antikörpern gegen das endokrine Pankreas. Es kommt zur Zerstörung der B-Zellen und damit zum **absoluten Insulinmangel**. In der Therapie kann dieser Mangel nur durch eine exogene Zufuhr von Insulin behoben werden.

Durch den Insulinmangel kommt es zu einer Glucoseverwertungsstörung, Muskulatur und Fettgewebe bekommen keine Energie in Form von Glucose, sondern die Glucose bleibt im Blut. Der Muskel hungert und baut deshalb seine Proteine ab, diese gelangen zur Leber. Dort wird aus den glucoplastischen Aminosäuren wiederum Glucose produziert. So entsteht ein Teufelskreis mit ansteigendem Blutzuckerspiegel **(Abb. 8.31)**.

MERKE

Es ist eigentlich genug Glucose vorhanden, sie erreicht nur die Muskulatur und das Fettgewebe nicht.

Der Blutzuckerspiegel steigt an (norm: 80-120 mg/dl) und erreicht auch die Nierenschwelle von

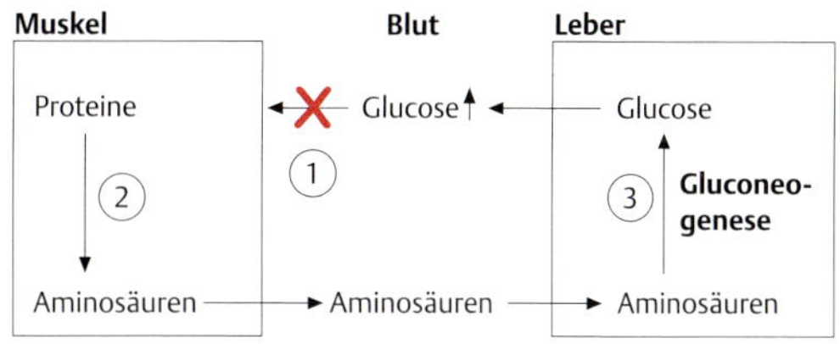

Abb. 8.31 Teufelskreis beim Diabetes mellitus

160 mg/dl (s. S. 281). Glucose wird dann mit dem Urin ausgeschieden. Es kommt zu den **ersten Symptomen**:

- Leistungsabfall: es ist zu wenig „Energie" vorhanden.
- Glucosurie und Polyurie (häufiges Wasserlassen): die Glucose zieht H_2O mit sich.
- Polydipsie (Durst): als Folge des hohen Wasserverlusts.
- Gewichtsabnahme: das anabole Hormon Insulin fehlt.

Typischerweise kommen junge Menschen zum Arzt und klagen über Abgeschlagenheit, Lustlosigkeit, sowie starken Durst.

Auch dem Fettgewebe steht keine Glucose zur Energiedeckung zur Verfügung, der durch Insulin geförderte Fettaufbau fällt aus und so wird **Neutralfett abgebaut** und die Fettsäuren werden ans Blut abgegeben. Die **Leber synthetisiert** ihrerseits aus den Fettsäuren **Ketonkörper**. Die Ketonkörper werden ans Blut abgegeben und bewirken eine **metabolische Ketoazidose**. Die Anhäufung der Ketonkörper kann zu einer akut lebensbedrohlichen Situation führen, dem **diabetischen Koma**:

- vertiefte Atmung (Kussmaul-Atmung) bis zur Atemdepression.
- Dehydratation mit Blutdruckabfall und Herzrasen.
- Bewusstlosigkeit.

8.8.4.2 Typ-II-Diabetes

Bei Diabetes mellitus Typ II (Altersdiabetes) kommt es durch Insulinresistenz der peripheren Zellen zu einem **relativen Insulinmangel**, obwohl der Insulingehalt des Blutes sogar erhöht sein kann. Man spricht auch von einer „Wohlstandserkrankung". Für die Erkrankung ist eine genetische Disposition nachgewiesen. Oft findet man diese Form bei älteren Menschen mit Adipositas (Fettleibigkeit) und

8

Hypertonie. Diese Faktoren fördern eine Insulinresistenz und es kommt zum Blutzuckeranstieg. Die Ursache liegt also nicht primär im Pankreas. Durch die Resistenz der Zellen gegen Insulin kommt es zu einer Anpassung und damit zur Abnahme der Insulinsekretion im Pankreas.

8.8.4.3 Therapie

Der Diabetes mellitus ist eine **chronisch, progressive Erkrankung**, die nicht geheilt werden kann, sondern eine lebenslange Therapie verlangt. Neben der Insulinpflicht beim Typ I-Diabetiker spielt besonders beim Typ II-Diabetiker die Diät zur Stoffwechselführung eine wichtige Rolle. So können **diabetische Spätkomplikationen** wie z. B. **Makro- und Mikroangiopathie** und **Neuropathie** lange, allerdings nur selten komplett verhindert werden.

Die Makro- und Mikroangiopathie kann u. a. zu koronarer Herzkrankheit, arterieller Verschlusskrankheit, Schlaganfall, Sehverschlechterung (Retinopathie) und „diabetischem Fuss" (offene Wunden, Gangrän durch verminderte Durchblutung) führen. Die Neuropathie zeichnet sich durch Schmerzen, Taubheitsgefühl, Verlangsamung der Motorik und Reflexe und durch herabgesetztes Schmerzempfinden aus.

Klinischer Bezug

Insulin und Kaliumaufnahme: Insulin fördert die Kaliumaufnahme in die Zellen. Diesen Effekt kann man sich bei Behandlung einer **Hyperkaliämie** zunutze machen (z. B. bei einer Niereninsuffizienz), indem man gleichzeitig Glucose und Insulin verabreicht. Aus dem gleichen Grund muss man bei einer Therapie des Diabetes mellitus durch Insulingabe darauf achten, dass es nicht zu einer gefährlichen Hypokaliämie kommt, da Kalium einen sehr engen Referenzbereich aufweist.

Check-up

- ✔ **Das Krankheitsbild Diabetes mellitus ist weit verbreitet und auch Laien bekannt. Üben Sie, die Probleme des Körpers bei Insulinmangel und die sich daraus ergebenden klinischen Symptome verständlich zu erklären.**
- ✔ **Rekapitulieren Sie die insulinantagonistische Wirkung des Glukagons.**

8.9 Die Hormone des Calciumstoffwechsels

Lerncoach

Der Calciumstoffwechsel wird durch Hormone beeinflusst, die an verschiedenen Orten synthetisiert werden und unterschiedlich wirken. Achten Sie besonders auf den Einfluss der Hormone auf den Calciumspiegel im Blut.

8.9.1 Überblick und Funktion

Calcium übernimmt vielfältige Aufgaben im Körper: Knochenaufbau, wie auch intrazelluläre Signalvermittlung und Erregung von Nerven- und Muskelzellen.

Die **intrazelluläre** Calciumkonzentration im Zytosol ist normalerweise sehr **niedrig**. Sie kann erhöht werden sowohl durch Aufnahme von extrazellulärem Calcium als auch durch Ausschüttung aus dem endoplasmatischen Retikulum und den Mitochondrien, den intrazellulären Calciumspeichern.

Zur Konstanthaltung der extrazellulären Calciumkonzentration (im Blut) stehen dem Körper die Hormone **Parathormon** und **Calcitonin** und das **Vitamin D (= Calcitriol)** zur Verfügung.

8.9.2 Die Regulation

Parathormon, Calcitonin und Vitamin D werden über den Calciumspiegel im Blut reguliert und haben *keine* Beziehung zum Hypothalamus oder zur Hypophyse.

8.9.3 Das Parathormon

8.9.3.1 Die Synthese

Das Parathormon wird in der **Nebenschilddrüse** produziert und ist ein **Proteohormon** aus 84 Aminosäuren. Es hat hydrophilen Charakter und wirkt über membranständige Rezeptoren gekoppelt an ein trimeres G-Protein.

8.9.3.2 Die Wirkungen

Das Parathormon wirkt neben dem Calciumstoffwechsel auch auf den Phosphatstoffwechsel. Grundsätzlich ist das Parathormon für einen Anstieg der Calciumkonzentration und einen Abfall der Phosphatkonzentration im Blut verantwortlich:

↑ **Calcium**
↓ **Phosphat**

Bei einem niedrigen Calciumspiegel im Blut kommt es zur Ausschüttung von Parathormon. Es gibt drei Organsysteme an denen Parathormon angreift: Knochen, Niere und Darm.

Die Wirkung auf den Knochen
Im Knochen werden durch die Wirkung von Parathormon die **Osteoklasten** aktiviert, was zum Knochenabbau und zum Anstieg des Calciumspiegels im Blut führt. Auch die organische Knochenmatrix, wie Kollagen, wird durch aktivierte Proteasen abgebaut.

Die Wirkung auf die Niere
In der Niere werden die Phosphatresorption und die Calciumausscheidung vermindert. Dadurch steigt der Calciumspiegel und sinkt der Phosphatspiegel im Blut. Außerdem wird die **Vitamin-D-Produktion** stimuliert (s. u.).

Die Wirkung auf den Darm
Im Darm wird die **Resorption von Calcium** gesteigert, wodurch sich die Calciumkonzentration im Blut erhöht.

Klinischer Bezug

Unterfunktion des Parathormons: Eine Unterfunktion des Parathormons beruht häufig auf einer unbeabsichtigten Resektion der Epithelkörperchen bei einer Strumaentfernung. Es kommt zu einem **Abfall der extrazellulären Calciumkonzentration** und damit zur Übererregbarkeit und tetanischen Krämpfen der Muskulatur.

8.9.4 Das Calcitonin

8.9.4.1 Die Synthese

Calcitonin wird in den parafollikulären C-Zellen der **Schilddrüse** produziert und ist ein **Proteohormon** aus 32 Aminosäuren. Es hat einen hydrophilen Wirkmechanismus über einen membranständigen Rezeptor, der an ein G-Protein oder eine Phospholipase C gekoppelt ist.
Beachte: Calcitonin wird zwar in der Schilddrüse produziert, aber nicht über TSH gesteuert.

8.9.4.2 Die Wirkungen

Calcitonin wird bei hohem Calciumspiegel ausgeschüttet und erniedrigt die Konzentration von Calcium und Phosphat im Blut:

↓ **Calcium**
↓ **Phosphat**

Die Wirkung auf den Knochen
Die Osteoklasten werden gehemmt, d. h. es findet kein Knochenabbau statt, sondern es kommt zur **Mineralisierung** des Knochens und der Calciumspiegel im Blut sinkt.

Die Wirkung auf die Niere
In der Niere werden Calcium- und Phosphatausscheidung stimuliert. Dadurch sinken die Konzentrationen von Calcium und Phosphat im Blut.

Die Wirkung auf den Darm
Im Darm vermindert sich unter Wirkung von Calcitonin zusätzlich die Sekretion der Verdauungssäfte und der Calciumspiegel im Blut sinkt.

MERKE

Calcitonin und Parathormon sind Antagonisten im Calciumstoffwechsel und Synergisten im Phosphatstoffwechsel.

8.9.5 Das Vitamin D

Vitamin D ist ein Vitamin, das in ein Hormon umgewandelt wird. Wiederholen Sie daher ggf. den Abschnitt über Vitamin D im Kapitel Vitamine und Spurenelemente (s. S. 178).

Das **Calcitriol** (= biologisch aktives Vitamin D, 1,25-Dihydroxycalciferol) ist aus einem Sterangrundgerüst aufgebaut und hat damit lipophilen Charakter. Es wirkt intrazellulär und induziert die Biosynthese von verschiedenen Proteinen.

8.9.5.1 Die Synthese

Das Vitamin D (= Cholecalciferol) ist die Vorstufe des Hormons Calcitriol, das vom Körper selbst synthetisiert wird (s. S. 178). Diese Synthese findet in verschiedenen Geweben statt und Grundbaustein ist Cholesterin **(Abb. 8.32)**.

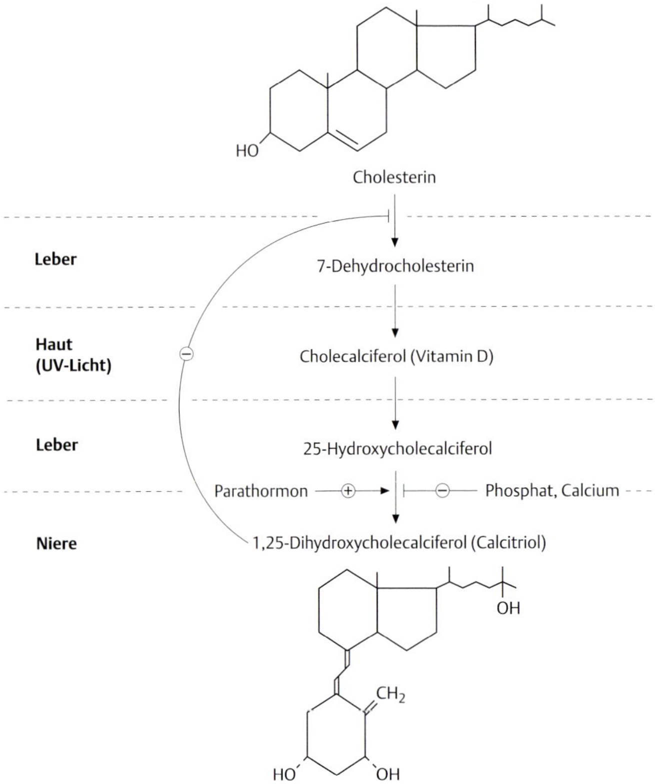

Abb. 8.32 Synthese des Calcitriols

Im ersten Schritt wird in der **Leber** aus Cholesterin 7-Dehydrocholesterin (Provitamin D) synthetisiert. Auf dieser Stufe findet die Produkthemmung durch Calcitriol statt. 7-Dehydrocholesterin wird dann in der **Haut** durch UV-Einstrahlung in Cholecalciferol umgewandelt. Dabei wird ein Ring des Sterangrundgerüsts aufgebrochen. Cholecalciferol gelangt erneut in die **Leber** und wird an Position 25 hydroxyliert. Es entsteht 25-Hydroxycalciferol. Diese Hydroxylase arbeitet mit NADPH+H^+ und O_2 und wird auch als Monooxygenase bezeichnet (s. S. 258). Die Umwandlung zum biologisch aktiven Calcitriol bzw. **1,25-Dihydroxychalciferol** geschieht in der **Niere** durch eine Hydroxylierung an Position 1 durch die 1α-Hydroxylase. Dieses Enzym wird durch cAMP aktiviert. Der wichtigste Aktivator von cAMP ist Parathormon, das maßgeblich verantwortlich ist für eine Erhöhung des Calcitriolspiegels. Gehemmt wird die cAMP-Aktivität durch Ca^{2+}. In der Membran der Tubuluszellen der Niere gibt es Ca^{2+}-sensitive Proteine, die nach Aktivierung durch Ca^{2+} die intrazelluläre cAMP-Konzentration senken. Auch ein hoher Phosphatspiegel hemmt die Biosynthese von Calcitriol an dieser Stelle.

MERKE

Parathormon fördert die Synthese von Calcitriol, Calcium hingegen hemmt die Synthese.

Achten Sie beim Lernen immer auf die verschiedenen Syntheseorte: Leber – Haut – Leber – Niere.

8.9.5.2 Die Wirkungen

Durch Calcitriol wird der Calciumspiegel im Blut angehoben, gleichzeitig wird aber auch die Mineralisierung des Knochens gefördert.

Tabelle 8.3

Die Wirkungen der Hormone des Calciumstoffwechsels			
Wirkung auf ...	**Parathormon**	**Calcitonin**	**Calcitriol = Vit.D_3-Hormon**
Serum-Calciumspiegel	wird erhöht	wird erniedrigt	wird erhöht
den Knochen	Mobilisation von Ca^{2+} durch Osteoklastenaktivierung	fördert den Ca^{2+}-Einbau, hemmt den Knochenabbau	Mineralisation durch Osteoblastenaktivierung
die Niere	Ca^{2+}-Reabsorption, Stimulation der P_i-Ausscheidung, Hydroxylierung von 5-Hydroxycholecalciferol	erhöhte Ca^{2+} und P_i-Ausscheidung	Ca^{2+} und P_i-Reabsorption
den Darm	Erhöhung der Ca^{2+}-Resorption	verringerte Calciumresorption durch Verlangsamung der intestinalen Motilität	erhöhte Ca^{2+}-Resorption durch Steigerung der Synthese einer Ca^{2+}-ATPase und eines Calcium-bindenden Proteins

Wirkungen auf den Knochen

Calciferole fördern die **Mineralisation des Knochens,** indem sie Osteoblasten aktivieren (u. a. über Osteocalcin, s. S. 180). Die Osteoblasten bauen Calcium und Phosphat in den Knochen ein.

Beachte: Vitamin D kann unter Calciummangel ebenfalls die Demineralisation des Knochens fördern. Wahrscheinlich geschieht dies durch eine vermehrte Ausreifung von Osteoklasten auf Knochenmarksebene. Das Calcitriol vollzieht diesen Wirkungswechsel, weil eine schwere Hypokalzämie ein lebensbedrohlicher Zustand ist.

Wirkungen auf die Niere

Durch Calcitriol werden **Calcium und Phosphat vermehrt reabsorbiert**. Außerdem hemmt Calcitriol die 1α-Hydroxylase über einen negativen feedback-Mechanismus. Der Calcium- und Phosphatspiegel im Blut steigt an.

Wirkungen auf den Darm

Unter dem Einfluss von Calcitriol **werden Ca^{2+} und Phosphat vermehrt resorbiert**. Das geschieht durch erhöhte Synthese einer Ca^{2+}-ATPase und eines Calcium-bindenden Proteins (Calbindin). Dabei steigt der Calciumspiegel im Blut.

MERKE

Die Hauptaufgabe des Calcitriols ist die Aufnahme von Calcium aus der Nahrung und der Einbau in die Knochenmatrix.

8.9.6 Zusammenfassung

Tabelle 8.3 gibt Ihnen eine Zusammenfassung der Wirkung der Hormone im Calciumstoffwechsel.

Klinischer Bezug

Vitamin-D-Mangel: Da Vitamin D vom Körper in der Haut synthetisiert werden kann, kann zum Beispiel ein **Mangel an UV-Licht** eine Hypovitaminose hervorrufen. Beobachtet wurde dies im letzten Jahrhundert vor allem bei den Menschen, die unter Tage arbeiteten. Es kommt zu einer unzureichenden Knochenmineralisierung und die Knochen werden „weich" und brüchig. Bei Kindern nennt man dieses Krankheitsbild **Rachitis**, beim Erwachsenen **Osteomalazie**.

Check-up

✔ **Wiederholen Sie die Hormone des Calciumstoffwechsels und ihre Wirkungen anhand der Tab. 8.3**

8.10 Die Gewebshormone

Lerncoach

Die Gewebshormone sind eine uneinheitliche Gruppe von Hormonen mit unterschiedlicher Wirkung. Bei Serotonin und Histamin stehen die Aufbau- und Abbauprodukte im Vordergrund, bei den Eicosanoiden ist es die Wirkung und deren Hemmung durch Medikamente.

8.10.1 Überblick und Funktion

Zu den Gewebshormonen zählen **Serotonin, Histamin**, die **Eicosanoide**, die **Kinine** und die **Zytokine**. Diese Hormone werden nicht in speziellen Drüsen synthetisiert, sondern in vielen verschiedenen Zellen des Körpers und übernehmen vielfältige Funktionen. Sie wirken direkt vor Ort, gelangen z. B. durch Diffusion zu ihren Zielzellen oder wirken, wie die Eicosanoide, direkt in den Zellen, in denen sie synthetisiert wurden, bzw. deren Nachbarzellen.

8.10.2 Das Serotonin

8.10.2.1 Die Synthese

Serotonin (= 5-Hydroxytryptamin) ist das **biogene Amin** von **5-Hydroxy-Tryptophan**, es entsteht also in einer PALP-abhängigen Decarboxylierung (s. S. 184). 5-Hydroxy-Tryptophan entsteht aus der essenziellen Aminosäure Tryptophan.

8

Serotonin kommt in Thrombozyten, im ZNS und in den enterochromaffinen Zellen des Darms vor und bindet an verschiedene Rezeptoren.

8.10.2.2 Die Wirkungen

Nach Ausschüttung von Serotonin aus **Thrombozyten** kommt es zur Vasokonstriktion (die Substanz im Serum steigert den Vasotonus → Ser*otonin*). In den Zellen des ZNS stimuliert Serotonin die Ausschüttung von Neurotransmittern, im **Darm** führt es zu einer gesteigerten Darmperistaltik.

8.10.2.3 Der Abbau

Serotonin wird durch eine Monoaminooxidase (MAO) zu **5-Hydroxy-indol-essigsäure** abgebaut.

Klinischer Bezug

Serotoninagonisten und -antagonisten: Es gibt viele verschiedene Medikamente, die über eine Bindung an einen Serotoninrezeptor ihre Wirkung ausüben. Da Serotonin normalerweise **vielfältige Aufgaben** ausübt, sind auch die Einsatzbereiche der Medikamente weit gestreut. Die unterschiedliche Wirkung wird über den Angriff **verschiedener 5HT (5-Hydroxytryptophan)-Rezeptoren** reguliert.

An **5HT1-Rezeptoren** binden die so genannten **„Triptane"** (z. B. Sumatriptan) als Serotonin*agonisten*. Sie üben eine entzündungshemmende und konstriktorische Wirkung auf kraniale Gefäße aus und werden deshalb zur **Migränebehandlung** eingesetzt.

An **5HT3-Rezeptoren** binden die „Setrone" (z. B. Ondansetron), die als Serotonin*antagonisten* wirken. Sie wirken **gegen Übelkeit und Erbrechen** und können so z. B. eingesetzt werden, um Nebenwirkungen bei einer Chemotherapie zu vermindern.

8.10.3 Das Histamin

8.10.3.1 Die Synthese

Histamin entsteht durch PALP-abhängige Decarboxylierung und ist das direkte **biogene Amin von Histidin** (s. S. 100). Es kommt in den Mastzellen vor und bindet an H_1- oder H_2-Rezeptoren.

8.10.3.2 Die Wirkungen von Histamin

Wirkung am H_1-Rezeptor

Der H_1-Rezeptor kommt vor allem in der glatten Muskulatur vor. Bei Histaminausschüttung, z. B. im Rahmen einer allergischen Reaktion, treten daher typische Symptome auf: Bronchialkonstriktion und -vasodilatation mit Ödembildung. Aus diesem Grund werden bei allergischen Reaktionen H_1-Blokker eingesetzt.

Wirkung am H_2-Rezeptor

Der H_2-Rezeptor kommt vor allem im Magen vor. Dort regt Histamin die Salzsäureproduktion an. Deshalb werden H_2-Blocker bei **Magengeschwüren** eingesetzt (Ulkus-Therapie).

8.10.3.3 Der Abbau

Histamin wird zu **Imidazolacetat** inaktiviert.

Lernen Sie bei Serotonin und Histamin die Ausgangs- und die Abbauprodukte auswendig. Diese werden in Prüfungen häufig gefragt.

8.10.4 Die Eicosanoide

Zu den Eicosanoiden zählen die Prostaglandine, Prostacycline, Thromboxane und Leukotriene. Sie spielen als lokale Mediatoren eine wichtige Rolle.

8.10.4.1 Die Synthese

Als Ausgangssubstanz der Eicosanoidsynthese dient **Arachidonsäure**, eine vierfach ungesättigte Fettsäu-

re, die aus der essenziellen Fettsäure Linolsäure synthetisiert wird (s. S. 50).
Arachidonsäure ist Bestandteil der Phospholipide der Zellmembran. Durch die **Phospholipase A_2** wird die Arachidonsäure herausgespalten. Die weitere Umwandlung kann über zwei verschiedene Wege stattfinden (**Abb. 8.33**): Über die **Cyclooxygenase** entstehen Prostaglandine, Prostacycline und Thromboxane. Die **Lipoxygenase** wandelt Arachidonsäure in Leukotriene um.

MERKE

Leukotriene werden nicht mit Hilfe der Cyclooxygenase synthetisiert, sondern durch die Lipoxygenase.

8.10.4.2 Die Wirkungen

Die Eicosanoide sind Derivate einer Fettsäure, wirken jedoch über membranständige Rezeptoren. Sie modulieren das Adenylatzyklase- und Guanylatzyklasesystem (s. S. 198) und haben vielfältige Wirkungen.

8.10.4.3 Die Prostaglandine (PG)

Die Prostaglandine werden von verschiedenen Geweben produziert.

- Prostaglandin D_2 (**PG D_2**) und Prostaglandin F_2 (**PG F_2**) bewirken eine Konstriktion der glatten Muskulatur.
- **PG E_2** bewirkt eine Dilatation der glatten Muskulatur (z. B. Vasodilatation mit folgendem Blutdruckabfall) und hemmt die Lipolyse und die Magensaftsekretion. Es erhöht die **Schmerzsensibilität** und Entzündungsreaktionen.

8.10.4.4 Die Thromboxane

Thromboxane werden von **Thrombozyten** gebildet (s. S. 311). Sie fördern die Thrombozytenaggregation und die Vasokonstriktion.

MERKE

Thrombozyten wollen sich aneinanderkuscheln und produzieren Thromboxan als aggregationsfördernde Substanz.

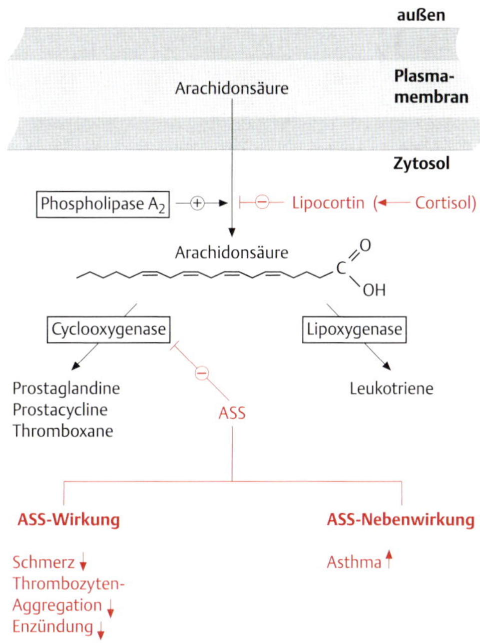

Abb. 8.33 Synthese der Eicosanoide und Wirkmechanismen verschiedener Schmerzmedikamente (ASS = Acetylsalicylsäure)

8.10.4.5 Das Prostacyclin (= Prostaglandin I_2)

Prostacyclin wird vom **Gefäßendothel** gebildet. Es hemmt die Thrombozytenaggregation und fördert die Vasodilatation.

MERKE

Prostacycline und Thromboxane sind Gegenspieler! Störungen im Gleichgewicht der beiden Substanzen führen zu arteriosklerotischen Veränderungen der Gefäße!

8.10.4.6 Die Leukotriene

Leukotriene sind Mediatioren bei **Entzündungs- und Allergievorgängen** und werden auch „slow reacting substances (SRS) of anaphylaxia" genannt. Sie werden von verschiedenen Geweben produziert.
Die Leukotriene bewirken eine Bronchokonstriktion (Leukotrien C_4 ist 1000-mal stärker als Histamin). Dies kann zu **Asthma** bronchiale führen. Außerdem erhöhen die Leukotriene die Membranpermeabilität und können so Ödeme verursachen. Sie haben

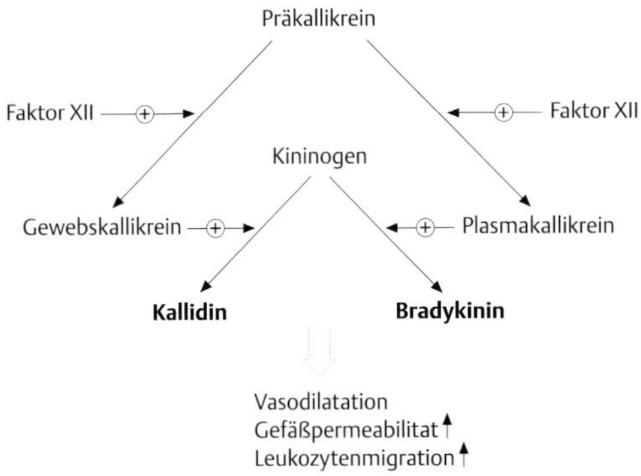

Abb. 8.34 Synthese und Wirkung der Kinine

zudem chemotaktische Wirkung (Leukotrien B_4 hat einen chemotaktischen Effekt auf Leukozyten).
Beachte: Leukotriene können mit Aminosäuren verknüpft sein, so ist das Tripeptid Glutathion (s. S. 303) Bestandteil des Leukotriens C_4.

8

8.10.4.7 Die Wirkung von ASS auf die Eicosanoide

MERKE

Es werden immer mehr Wirkungen der Eicosanoide bekannt. Mit ASS greift eines der meist verkauften Medikamente in ihre Biosynthese ein.

Acetylsalicylsäure (ASS, s. S. 158) ist ein **irreversibler Cyclooxygenase (COX)-Hemmer**, d. h. es hemmt die Synthese von Prostaglandinen, Prostacyclinen und Thromboxanen. Die Thromboxansynthese wird stärker gehemmt als die Prostacyclinsynthese. Dies führt zu einer **Hemmung** der Thrombozytenaggregation. Durch Hemmung der Prostaglandinsynthese kommt es zur **Schmerzverminderung** und zur **Entzündungshemmung**.
Da durch ASS-Wirkung der Weg über die Cyclooxygenase blockiert ist, kommt es zu einer vermehrten Umsetzung von Arachidonsäure über die Lipoxygenase. Es entstehen vermehrt Leukotriene. Folge davon kann eine Bronchokonstriktion, das sog. **„ASS-Asthma"**, sein. Diese Nebenwirkung tritt bei anderen schmerzlindernden und entzündungshemmenden Substanzen nicht auf: Die Glucocorticoide hemmen über die gesteigerte Synthese von Lipocortin die Phospholipase A_2, also auch die Leukotrien-Synthese.

8.10.5 Die Kinine

Die Kinine werden vom Körper im Rahmen einer **Entzündungsreaktion** aktiviert und zeichnen sich durch eine **schnelle** und **kurze** Wirkung aus.

8.10.5.1 Die Synthese

Zu den Kininen zählen **Bradykinin** und **Kallidin**. Als Vorstufe wird in der Leber das Prohormon Kininogen gebildet und ans Blut abgegeben.
Die **Bildung der Kinine** aus Kininogen wird **durch Kallikreine** gefördert (**Abb. 8.34**). Es gibt sowohl Plasma- wie auch Gewebskallikreine. Die Kallikreine sind Proteasen: Plasmakallikrein setzt Bradykinin frei, das Gewebskallikrein bildet das Kallidin aus der Vorstufe. Auch andere Proteasen können die Kinine freisetzen.
Die Kallikreine werden selbst aus Prokallikrein synthetisiert und aktiviert. Dafür ist der Gerinnungsfaktor XII (Hageman-Faktor) verantwortlich.

8.10.5.2 Die Wirkungen

Die Kinine bewirken eine Vasodilatation, erhöhen die Gefäßpermeabilität und die Leukozytenmigration (**Abb. 8.34**). Sie wirken sehr schnell und sehr kurz. Innerhalb weniger Sekunden werden sie durch eine Kininase proteolytisch gespalten und inaktiviert.

8.10.6 Die Zytokine

Zytokine sind hormonähnliche Peptide und Proteine, die zur Signaltransduktion dienen. Zu ihnen gehören u. a. die **Interleukine** und **Interferone**, die ausführlich im Kapitel Immunsystem (s. S. 341) besprochen werden und die **Wachstumsfaktoren** (Somatomedin, IGF-I und IGF-II), die weiter oben (s. S. 208) behandelt werden.

Check-up

✔ **Wiederholen Sie die Synthese der Eicosanoide und die Wirkung und Nebenwirkung von ASS.**

8.11 Die Hormone des Gastrointestinal-Traktes

Lerncoach
In diesem Kapitel lernen Sie die Hormone des Gastrointestinaltraktes kennen, sie werden Ihnen im Kapitel Ernährung und Verdauung wieder begegnen (s. S. 238).

8.11.1 Überblick und Funktion

Der genaue Verlauf der Verdauung wird in Kapitel Ernährung und Verdauung (s. S. 235) besprochen.
Im GI-Trakt gibt es mengenmäßig die meisten Zellen des Körpers, die Hormone produzieren. Diese verschiedene Hormone dienen zur Regulation der Verdauung.

8.11.2 Die Hormone des Magens

Gastrin ist das einzige Hormon, das im Magen produziert wird. Es wird in den G-Zellen des Magens synthetisiert. Zur Sekretion kommt es durch Reizung des Parasympathikus (Neurotransmitter Acetylcholin), Magendehnung, Anstieg des pH-Wertes und auch durch Alkohol und Coffein. Gastrin stimuliert die Salzsäureproduktion in den Belegzellen der Magenschleimhaut (s. S. 239). Die Salzsäureproduktion ist unerläßlich für die Proteinverdauung. Durch den sauren pH-Wert werden die **Proteine denaturiert**, d. h. bis auf die Primärstruktur entfaltet.
Zu den Hormonen mit positiver Wirkung auf die Verdauung im Magen zählt außerdem Histamin (s. S. 241).
Sekretionshemmend auf den Magen wirken die Hormone, die im Duodenum und Jejunum produziert werden. Hierzu zählen das **Sekretin**, Cholecystokinin-Pankreozymin (**CCK-PZ**), das gastroinhibitorische Peptid (**GIP**) und **Somatostatin**.

8.11.3 Die Hormone des Darms

8.11.3.1 Das Sekretin

Sekretin wird im Duodenum produziert, wenn Nährstoffe in den Magen gelangen und hemmt direkt die Gastrin-Ausschüttung. Außerdem fördert Sekretin die Bildung des Pankreassekrets und fördert so die Verdauung im Duodenum. Sekretin regt die Sekretion von Bikarbonat (HCO_3^-) und in geringerem Umfang auch die Sekretion der Verdauungsenzyme an.

Lassen Sie sich nicht durch den Namen „Sekretin" verwirren. Dieses Hormon hemmt zwar die Verdauung im Magen, fördert aber die Verdauung im Duodenum.

8.11.3.2 Das Cholecystokinin-Pankreozymin (CCK-PZ)

Das CCK-PZ wird ebenfalls im Duodenum produziert. Es hemmt zwar die Verdauung im Magen, fördert aber die Sekretion der Enzyme aus dem exokrinen Pankreas. Außerdem sorgt CCK-PZ für die Kontraktion der Gallenblase.

MERKE

Sekretin fördert die Bikarbonat-Sekretion, CCK-PZ fördert die Enzymsekretion.

8

8.11.3.3 Das Gastroinhibitorische Peptid (GIP)

GIP wird im Duodenum und Jejunum produziert. Es hemmt die Verdauung im Magen. Seine Hauptaufgabe ist aber eine Stimulierung der Insulinsekretion, damit die resorbierten Nährstoffe auch verwertet werden können.

8.11.3.4 Das Somatostatin

Somatostatin wird von den enteroendokrinen Zellen des Darms und den D-Zellen im Pankreas produziert und hemmt die gesamte Verdauung.
Beachte: Somatostatin wird auch im Hypothalamus synthetisiert (s. S. 207)

MERKE

Somatostatin hemmt: STH, TSH, Insulin, Glukagon und die Verdauungsprozesse.

Klinischer Bezug

Pankreasinsuffizienz: Um eine exokrine Insuffizienz des Pankreas nachzuweisen, eignet sich der **Sekretin-Pankreozymin-Test**. Dabei werden die beiden Enzyme Sekretin und Pankreozymin getrennt voneinander intravenös verabreicht und im Duodenalsaft wird die HCO_3^--Konzentration bzw. die Enzymkonzentration bestimmt. Dieser Test ist jedoch sehr aufwendig. In der Praxis werden daher die **Pankreasenzyme** (meistens Elastase und Chymotrypsin) **im Stuhl** analysiert, um eine Funktionsstörung des Pankreas nachzuweisen.

Check-up

✔ **Rekapitulieren Sie, welche Hormone im GI-Trakt synthetisiert werden und machen Sie sich ihre Wirkung klar.**

Kapitel 9

Ernährung und Verdauung

9.1 Die Ernährung 235

9.2 Die Verdauung 237

Reis statt Roggen

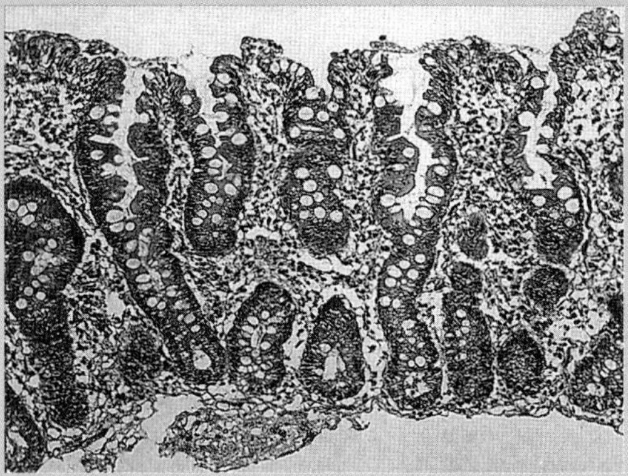

In diesem histologischen Bild der Dünndarmschleimhaut eines Zöliakiepatienten ist die totale Zottenatrophie (Zottenzerstörung) zu erkennen, die durch eine Unverträglichkeit des Proteins Gluten im Getreide ausgelöst wird.

Erinnern Sie sich an Luca, den Jungen aus der Fallgeschichte im Kapitel „Hormone"? Er wuchs nicht altersentsprechend – ansonsten war Luca gesund und munter. Grund war eine hormonelle Störung: Ein Mangel an Wachstumshormon Somatotropin. Auch Tabea ist klein für ihr Alter – aber bei ihr ist eine Darmkrankheit Ursache für die Gedeihstörung. Mehr über die Funktion des Darms und die Verdauung erfahren Sie in diesem Kapitel.

Ein schwieriges Kind

Tabea ist schon immer ein schwieriges Kind gewesen. Schon als Baby schlief sie nur auf Mamas Arm ein und wollte nachts stündlich trinken. Bei der U6, der Vorsorgeuntersuchung mit etwa einem Jahr, hatte der Arzt keine Auffälligkeiten feststellen können und die etwas genervte Mutter beruhigt. Doch im zweiten Lebensjahr gingen die Probleme erst richtig los. Tabea weinte häufig; vor allem beim Essen gab es jedes Mal Geschrei. Zwar hatte Tabea anfangs gerne Brei gegessen, doch nach einigen Monaten begann sie, die Nahrung zu verweigern, spuckte alles wieder aus oder schlug mit der Hand nach dem Löffel. Sie war eine schlechte Esserin – aber trotz ihrer Spatzenportionen hatte Tabea immer viel Stuhlgang, meist sogar Durchfall. Mit 18 Monaten maß sie noch immer 75 cm, kaum mehr als mit einem Jahr. Während des Sommerurlaubs an der Nordsee fiel ihren Eltern Christine und Thomas erstmals auf, wie ausgemergelt Tabea im Vergleich zu den anderen Kindern aussah. Der ganze Babyspeck hatte sich verloren, nur ihr Bauch war groß und weit vorgewölbt. Vielleicht war Tabea gar nicht schwierig, sondern krank?

Gluten zerstört die Darmschleimhaut

Nun sitzen die besorgten Eltern mit ihrer Tochter bei Dr. Wielander im Sprechzimmer. Der Kinderarzt hat schnell einen Verdacht, der sich bei den weiteren Untersuchungen bestätigt: Gedeihstörung, fehlender Appetit, voluminöse Durchfälle, ein vorgewölbtes Abdomen – das alles passt zu der Diagnose Zöliakie.

Dr. Wielander erklärt Christine und Thomas, was es mit dieser Erkrankung auf sich hat: Patienten mit Zöliakie vertragen das Protein Gluten nicht, das in Weizen, Roggen, Hafer und Gerste vorkommt. Nehmen sie dennoch Gluten zu sich, wird die Darmschleimhaut langsam zerstört. Dann kommt es zur Malassimilation, d. h. die Nahrung kann vom Körper nicht mehr aufgenommen werden. So erklären sich auch die massiven Durchfälle und die fehlende Gewichtszunahme. Diese Symptome beginnen erst einige Monate, nachdem ein Kind erstmals Breinahrung mit Gluten zu sich genommen hat, also zu Beginn des zweiten Lebensjahrs – wie bei Tabea. Eine Gewebsentnahme (Biopsie) aus dem Dünndarm bestätigt die Diagnose. In der Gewebsprobe sieht man atrophierte, also stark zurückgebildete Darmzotten.

Kein Weizenbrot, kein Hefeweizen

Zöliakiepatienten müssen ein Leben lang eine glutenfreie Diät einhalten, d. h. auf Weizen, Roggen, Gerste und Hafer verzichten. Das bedeutet: kein Brot vom Bäcker, kein normaler Kuchen, kein Müsli und kein Weizenbier. Stattdessen können die Betroffenen z. B. Nahrungsmittel aus Reis, Kartoffeln und Soja zu sich nehmen. Christine und Thomas sind entsetzt, als sie von der Diät erfahren. Doch nur bei konsequenter Diät geht es Zöliakiepatienten gut. Auch bei Tabea macht sich die glutenfreie Ernährung schlagartig bemerkbar: Sie wird ein fröhliches, ausgeglichenes Kind, nimmt wieder zu und hat keine Durchfälle mehr. Und das, finden Christine und Thomas, ist die Mühe wert.

9 Ernährung und Verdauung

9.1 Die Ernährung

Lerncoach

- **Dieses Kapitel überschneidet sich mit der Physiologie und der Chemie. Es bietet sich also an, dieses Thema fächerübergreifend zu lernen (z. B. Verstoffwechselung und Chemie der einzelnen Nährstoffe).**
- **Verfolgen Sie beim Lernen, welchen Weg die Nahrungsstoffe im Körper nehmen und in welche Bestandteile sie zerlegt werden (Abb. 9.2).**

9.1.1 Überblick und Funktion

Zu den Hauptnährstoffen zählen die **Kohlenhydrate**, die **Lipide** und die **Proteine** (**Abb. 9.1**). Um eine ausgewogene Ernährung zu erreichen, sollte man alle drei Stoffe mit der Nahrung zu sich nehmen.

Die **Kohlenhydrate** sollten den größten Anteil ausmachen, da sämtliche Zellen des menschlichen Organismus Kohlenhydrate (überwiegend Glucose) zur Energiegewinnung heranziehen können.

Zu den Lipiden zählen die neutralen **Triacylglycerine** (Speicherfett), deren Abbau der Energiegewinnung des Körpers dienen. Zudem gehören **Glykolipide** sowie **Phospholipide** und **Cholesterin**, die als Membranbestandteile dienen, zu den Lipiden.

Die **Proteine** werden überwiegend für den Aufbau unserer körpereigenen Proteine verwendet, die Energiegewinnung steht hier im Hintergrund.

Als Richtlinie für die Zusammensetzung einer ausgewogenen Ernährung gilt:
- Kohlenhydrate 60%
- Lipide 25%
- Proteine 15%.

9.1.2 Der Energiegehalt der Nahrung

9.1.2.1 Der Brennwert

Die Energie für die Erhaltung der zahlreichen Funktionen unseres Körpers ist in der Nahrung chemisch gebunden. Bei der **biologischen Oxidation** über die Atmungskette wird diese Energie zu etwa 40% in ATP überführt, der Rest wird als Wärme frei. Die Menge an Energie, die bei dieser Oxidation (= Verbrennung) umgesetzt wird, bezeichnet man als **Brennwert** des jeweiligen Nahrungsstoffes.

Die drei Nährstoffe haben unterschiedliche Brennwerte. Das bedeutet, dass beim oxidativen Abbau unterschiedlich viel Energie (in Form von Kalorien bzw. Joule) freigesetzt wird. Da die veraltete Bezeichnung kcal umgangssprachlich noch immer häufig benutzt wird, wird sie hier zuweilen zusätzlich zur SI-Einheit kJoule aufgeführt. Der Umrechnungsfaktor beträgt 4,2, d. h. 1 kcal = 4,2 kJ.

Die in **Tab. 9.1** genannten Brennwerte ergeben sich aus dem vollständigen Abbau der Nährstoffe zu **CO_2** und **H_2O**. Sie werden auch **„physikalische Brennwerte“** genannt, da sie dem Brennwert entsprechen, der sich ergibt, wenn man den Nahrungsstoff im Kalorimeter vollständig verbrennt.

Kohlenhydrate und Lipide werden im Körper vollständig zu CO_2 und H_2O oxidiert. Proteine werden beim Menschen biologisch nicht vollständig abge-

9

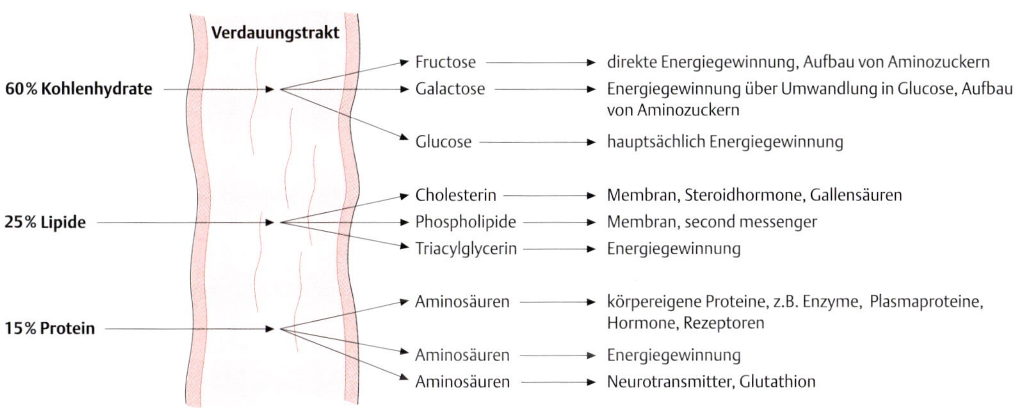

Abb. 9.1 Übersicht über die Nährstoffe

Tabelle 9.1

Brennwerte der Nahrungsstoffe

Nährstoff	physikalischer Brennwert
Kohlenhydrate	17 kJ/g
Lipide	37 kJ/g
Proteine	23 kJ/g (biologisch: 17 kJ/g)

baut, sondern **Harnstoff** bleibt als Ausscheidungsprodukt übrig. Harnstoff enthält aber noch Energie, die der Körper nicht mehr nutzen kann. Deshalb zeigen Proteine bei der biologischen Oxidation einen niedrigeren Brennwert als der physikalische Brennwert erwarten lässt. Man spricht dann vom **biologischen Brennwert**. Der biologische Brennwert von Proteinen ist demnach niedriger als der physikalische Brennwert.

Ein vom Brennwert abzugrenzender Begriff ist das **kalorische Äquivalent**. Dies steht für die Energieausbeute pro Liter **Sauerstoff**. Für Kohlenhydrate, Proteine und Lipide liegt er bei ungefähr 20 kJ/l O_2 (~ 5 kcal/l O_2).

9

MERKE

Kohlenhydrate und Proteine liefern dem Körper etwa gleichviel Energie, Lipide haben einen doppelt so hohen Brennwert.

9.1.2.2 Der Energieumsatz

Der **Energieumsatz** pro Tag unterliegt Schwankungen. Man muss dabei immer die ausgeübte Tätigkeit oder eine mögliche Erkrankung beachten. Für die Energiemenge, die mit der Nahrung aufgenommen werden soll, gelten folgende Zahlen als grobe Richtwerte:

- Männer: 8400–12600 kJ/d (2007–3011 kcal/d)
- Frauen: 6300–10500 kJ/d (1506–2510 kcal/d)

9.1.3 Die essenziellen Nahrungsbestandteile

Essenzielle Bestandteile der Nahrung kann der Körper nicht selbst synthetisieren, sondern muss sie mit der Nahrung aufnehmen.

Es gibt acht essenzielle **Aminosäuren:** Phenylalanin, Isoleucin, Tryptophan, Methionin, Leucin, Valin, Lysin und Threonin. Ihr Bedarf kann allerdings auch dadurch gedeckt werden, dass man die entsprechenden α-Ketosäuren als Vorstufen zu sich nimmt.

Die wichtigsten essenziellen **Fettsäuren** sind die mehrfach ungesättigten Fettsäuren Linolsäure (ω6-Fettsäure) und Linolensäure (ω3-Fettsäure, s. S. 50). Sie sind insbesondere in Pflanzen- und Fischölen enthalten. Von ihnen sollten pro Tag mehrere Gramm aufgenommen werden.

Außerdem zählen **Vitamine**, **Elektrolyte** und **Spurenelemente** zu den essenziellen Nahrungsbestandteilen.

9.1.4 Die besondere Bedeutung der Proteine

Die **WHO** empfiehlt die Aufnahme einer **Mindestmenge** Protein von **1 g/kg Körpergewicht** am Tag. Warum gibt es solche Empfehlungen für Proteine, nicht aber für Kohlenhydrate und Lipide?

Einen beträchtlichen Anteil unserer häufig synthetisierten Proteine machen die **Plasmaproteine** (z. B. Albumin) aus. Diese Proteine sind wichtig, um den **kolloid-osmotischen Druck** in den Gefäßen aufrechtzuerhalten. Sie sorgen dafür, dass Wasser nicht in das umgebende Gewebe fließt und so zu (Hunger-)Ödemen und Aszites (Flüssigkeit in der freien Bauchhöhle) führt.

Des Weiteren ist der menschliche Organismus **nicht** in der Lage, überschüssige Aminosäuren zu **speichern**. Im Gegensatz zu den Kohlenhydraten (Glykogenspeicher) und den Lipiden (Triacylglycerinspeicher) werden die überschüssigen Aminosäuren direkt abgebaut und liefern so Energie.

Wenn jedoch vom Körper keine Energie benötigt wird und die ATP-Speicher gesättigt sind, wird die von den Aminosäuren gelieferte Energie zum großen Teil als Wärme frei. Hier spricht man von **Extrawärmebildung** der Proteine. Eskimos, die in nördlichen kalten Gebieten leben, ernähren sich z. B. überwiegend von proteinreichem Robbenfleisch und Fisch.

9.1.4.1 Die biologische Wertigkeit der Proteine

Je näher die Aminosäurezusammensetzung eines Proteins der Aminosäurezusammensetzung des menschlichen Körpers kommt, desto höher ist seine **biologische Wertigkeit**. Außerdem hängt seine biologische Wertigkeit auch vom Gehalt an essenziellen Aminosäuren ab. Fehlt ihm z. B. nur eine essenzielle Aminosäure, hat es die biologische

Wertigkeit 0, denn die körpereigenen Proteine können nur dann fehlerfrei synthetisiert werden, wenn *alle* acht essenziellen Aminosäuren gleichzeitig vorhanden sind. Tierisches Protein ist **biologisch höherwertig** als pflanzliches Protein.

9.1.4.2 Die Stickstoffbilanz

Über die **Stickstoffbilanz** wird die **Proteinbilanz** des Körpers gemessen. Bei einer negativen Stickstoffbilanz verliert der Körper Stickstoff. Das bedeutet eine Proteinunterversorgung, die zu schwerwiegenden Gesundheitsstörungen führen kann. Dagegen hat eine positive Stickstoffbilanz, d. h. eine übermäßige Proteinzufuhr, beim gesunden Menschen keine schädigende Wirkung.

Klinischer Bezug

Proteinmangel-Syndrome: Proteinmangel-Syndrome können durch eine zu geringe Proteinaufnahme verursacht sein. Ein Beispiel dafür sind die Kinder in der dritten Welt, die Hunger leiden und zu wenige Proteine mit der Nahrung zu sich nehmen. Die körpereigenen Proteine, wie z. B. **Albumin**, werden nicht ausreichend synthetisiert. Der Albuminmangel führt zu einem verminderten **kolloidosmotischen Druck** in den Gefäßen und die Flüssigkeit entweicht ins Interstitium. So kommt es zu typischen **Hungerödemen** und die Kinder zeigen einen aufgetriebenen Bauch.
Auch Erkrankungen, insbesondere der **Leber**, können zu Proteinmangel-Syndromen führen. Wenn es durch eine **verminderte Synthese** der körpereigenen Proteine in der Leber zu einem Albuminmangel kommt, kommt es auch hier zur Ödementwicklung und **Aszitesbildung**.

9.1.5 Die künstliche Ernährung

Bei der künstlichen Ernährung werden dem Patienten definierte Nahrungsgemische auf nicht physiologischem Weg zugeführt.

9.1.5.1 Die enterale Ernährung

Die **enterale Ernährung** erfolgt über eine Magensonde. Die Nahrung enthält alle Nährstoffe in flüssiger Form. Der Vorteil der enteralen Ernährung besteht darin, dass die Verdauungsfunktion des Darms und somit auch die Abwehrfunktion der Darmbakterien aufrechterhalten wird.

9.1.5.2 Die parenterale Ernährung

Bei der **parenteralen Ernährung** wird die Nahrung intravenös verabreicht. Dabei wird die Darmschranke bzw. die regulierte Aufnahme der Nährstoffe über den Darm umgangen, so dass die Gefahr von Stoffwechselentgleisungen ansteigt. Die Zusammensetzung der Nährstoffe weicht von der „normalen" Nahrung ab: Die Nährlösung enthält Aminosäurengemische, keine Proteine (wegen der Gefahr allergischer Reaktionen) und Fettemulsionen. Bei Leber- oder Nierenschädigungen muss die Nahrungszusammensetzung an die jeweilige Stoffwechselsituation adaptiert werden.

Check-up

- ✔ **Rekapitulieren Sie, aus welchen Bestandteilen unsere Nahrung aufgebaut ist.**
- ✔ **Machen Sie sich klar, was der Begriff Brennwert bedeutet und bringen Sie ihn in Zusammenhang mit den einzelnen Nahrungsbestandteilen. Überlegen Sie, warum die Proteine eine Sonderrolle einnehmen.**

9.2 Die Verdauung

Lerncoach

Sie können die komplette Verdauung der einzelnen Nährstoffe besser nachvollziehen, wenn Sie sich zuerst die vier Verdauungssekrete anschauen.

Die meisten Nahrungsbestandteile kann der Körper nicht direkt resorbieren, sondern muss sie dazu in kleinere Moleküle zerlegen. Dies geschieht bei der Verdauung sowohl **mechanisch** als auch **enzymatisch**. Ein Frühstücksbrot wird also nicht nur zerkaut, sondern die darin enthaltenen Nährstoffe werden auch chemisch gespalten **(Tab. 9.2)**. Die Nahrungsstoffe durchwandern den Verdauungstrakt, wo sie schrittweise mit verschiedenen **Sekreten** vermischt werden, die die Verdauungsenzyme enthalten **(Abb. 9.2)**. Nach der Spaltung werden die einzelnen Bausteine von den Mucosazellen im Dünndarm resorbiert und über das Blut bzw. die Lymphe dorthin gebracht, wo sie weiter verwertet werden. Der Körper kann sie zur Ener-

Tabelle 9.2

Spaltprodukte der einzelnen Nährstoffe	
Nährstoff	**Spaltprodukt**
Kohlenhydrate	Monosaccharide
Lipide	Fettsäuren, Glycerin, Cholesterin
Proteine	Aminosäuren

giegewinnung oder zum Aufbau körpereigener Substanzen verwenden. Die nicht verwerteten Bestandteile werden ausgeschieden.

9.2.1 Die Regulation

Die Verdauung wird über verschiedene **Hormone** und nerval über den **Parasympathikus** reguliert. Der Parasympathikus fördert die Verdauung. Die Motilität des Verdauungstrakts wird noch zusätzlich durch **Motilin** gefördert, das im Dünndarm sezerniert wird.

Weitere Hormone wirken meist speziell auf die Sekretion von Verdauungssäften. Typische Vertreter sind **Gastrin** und **Sekretin**. Gastrin fördert die Verdauung im Magen, während Sekretin positiv auf die Sekretbildung im exokrinen Pankreas wirkt, aber hemmend auf den Magen (vgl. S. 231).

9.2.2 Die Verdauungssekrete

Um zu verstehen, durch welche Reaktionen die Nahrungsbestandteile abgebaut werden, kann es hilfreich sein, deren Chemie noch einmal kurz zu wiederholen (s. S. 9, 49, 83)

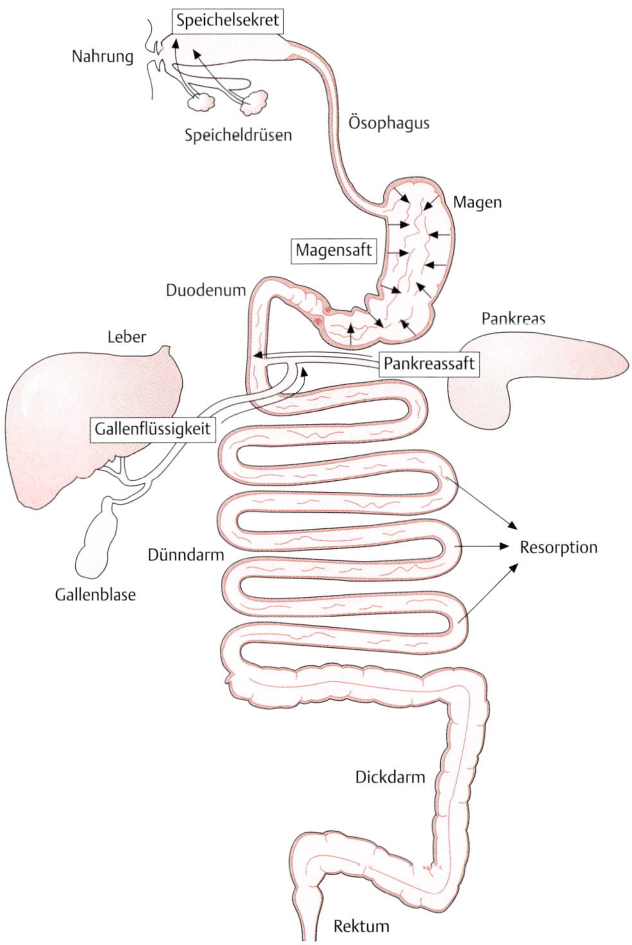

Abb. 9.2 Übersicht über den Verdauungstrakt und seine Funktion

9.2.2.1 Der Mundspeichel

Der Mundspeichel wird vor allem zum „einspeicheln" benötigt, um die Passage der Nahrung durch die Speiseröhre zu erleichtern. Hierfür sind die sog. **Mucine** zuständig. Außerdem ist im Mundspeichel das Enzym **Ptyalin** (eine **α-Amylase**) enthalten. α-Amylasen bauen die Polysaccharide Stärke und Glykogen zu kleineren Bruchstücken, wie Oligosacchariden und **Disacchariden** (Maltose und Isomaltose) ab. Die **Verdauung der Kohlenhydrate** beginnt also schon im Mund.

Pro Tag werden etwa 0,5-1,5 Liter Mundspeichel von verschiedenen Drüsen sezerniert (Glandula submandibularis, sublingualis, parotis). Der **Ruhespeichel** hat einen pH-Wert von ungefähr 7 und aufgrund der Natriumresorption im Mundbereich eine niedrigere Osmolarität als das Blut. Zum **Anstieg** des Speichelflusses kommt es durch parasympathische Innervation. Der pH-Wert wird leicht alkalisch, während die Natrium-Resorption abnimmt und Natrium und Chlorid in ähnlicher Konzentration im Speichel und im Blut vorkommen.

9.2.2.2 Die Salzsäure des Magensafts

Der Magensaft hat durch einen hohen Salzsäuregehalt einen stark sauren pH-Wert von **0,8–1,3**. Dieser saure pH-Wert wird benötigt, um die Proteine zu **denaturieren**, damit sie dann von Enzymen besser abgebaut werden können. In den **Nebenzellen** der Magenschleimhaut werden **Mucine** (Glykoproteine mit O- und N-glykosidisch gebundenen Kohlenhydratketten) gebildet, die die Schleimhaut vor der aggressiven Salzsäure schützen.

Die Produktion der HCl

Die Ionen der HCl des Magensaftes werden aus den **Belegzellen** der Magenschleimhaut ins Magenlumen gepumpt, wo dann die HCl entsteht **(Abb. 9.3)**. Beachte: Die Belegzellen produzieren außerdem den **intrinsic-Factor** für die Vitamin-B_{12}-Aufnahme (s. S. 186).

Schauen Sie sich die folgenden Enzymreaktionen genau an. Sie werden gerne im Detail geprüft.

- Die **Carboanhydrase** katalysiert die Reaktion:
  $CO_2 + H_2O \leftrightarrow HCO_3^- + H^+$
  Aus zwei Substraten, die überall auftreten (Kohlendioxid, CO_2 und Wasser, H_2O) entstehen Hydrogencarbonat (HCO_3^-) und Protonen (H^+). Dieses Enzym kommt außer in den Belegzellen auch in vielen anderen Zellen im Körper vor (1 in Abb. 9.3).
- Die Protonen werden aktiv (d. h. unter direktem ATP-Verbrauch) von einer **H^+/K^+-ATPase** ins Magenlumen gepumpt (2). Im Austausch gegen die Protonen gelangt dabei Kalium (K^+) in die Zelle. Dieser Transporter wird auch als **Protonenpumpe** bezeichnet und sorgt direkt für den niedrigen pH-Wert im Magen. Die nachfolgenden Reaktionen 3 und 4 dienen dem passiven Chlorid-Transport von der basolateralen zur luminalen Seite der Belegzellen. Die treibende Kraft sind die Protonen im Lumen.
- Zum Ladungsausgleich wird das HCO_3^- auf der basolateralen Seite der Zelle im Antiport gegen

9

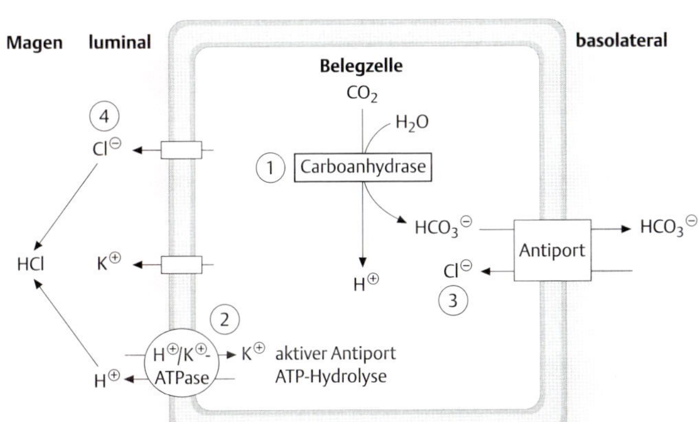

Abb. 9.3 HCl-Synthese (zu den Schritten 1–4 siehe Text)

Chlorid (Cl^-) aus der Zelle hinaustransportiert (3). Das Cl^--Ion gelangt dabei in die Zelle. Bei diesem **HCO_3^-/Cl^--Antiport** werden beide Ionen durch denselben Antiporter transportiert.

- Das Cl^- wird an der luminalen Membran gemeinsam mit K^+ wieder aus der Zelle hinaustransportiert (4). So entsteht im Lumen HCl. Das K^+, das vorher durch die Protonenpumpe in die Zelle gepumpt wurde, gelangt so wieder aus der Zelle hinaus. Bei diesem **Cl^-/K^+-Transport** werden die beiden Ionen durch zwei verschiedene Kanäle transportiert.

Die K^+-Konzentrationen innerhalb und außerhalb der Zelle ändern sich also letztendlich nicht und es kommt außerdem während der gesamten HCl-Synthese nicht zur Verschiebung des Membranpotenzials, die Ladung bleibt gleich (Anionen wurden gegen Anionen ausgetauscht oder gemeinsam mit Kationen transportiert)!

Klinischer Bezug

Protonenpumpen-Hemmer: Substanzen, die direkt die H^+/K^+-ATPase in den Belegzellen der Magenschleimhaut hemmen, werden als Protonenpumpenhemmer bezeichnet. Sie können den Säuregehalt im Magen verringern. Diese Medikamente (Wirkstoffe sind z. B. Omeprazol, Pantoprazol) werden vor allem zur Behandlung von Magen- und Doudenalgeschwüren (Ulcus ventriculi und duodeni) eingesetzt.

Die Regulation der HCl-Produktion

Die Produktion der HCl wird über gastrointestinale Hormone gesteuert. Auch Neurotransmitter sind an dieser Regulation beteiligt (**Tab. 9.3, 9.4**). Hormone, die im **Magen** synthetisiert werden, bzw. Neurotransmitter, die dort an Rezeptoren binden, wirken immer **sekretionsfördernd** auf die Magensaft-Produktion. Hormone, die im **Duodenum** produziert oder sezerniert werden, wirken **sekretionshemmend** auf die HCl-Produktion.

9

Tabelle 9.3

Hormone und Neurotransmitter zur Förderung der HCl-Produktion

Bezeichnung	Bildungsort	Stimulation durch	Wirkung
Hormone			
Gastrin	Gastrinzellen im Magen	Magendehnung, proteinreiche Nahrung	stimuliert Freisetzung von Histamin
Histamin	enterochromaffine Zellen	Gastrin, Acetylcholin	bindet an H_2-Rezeptoren auf Belegzellen
Neurotransmitter			
Acetylcholin	Parasympatikus	ZNS	stimuliert Freisetzung von Histamin, wirkt über IP_3 und Ca^{2+} als second messenger

Tabelle 9.4

Hormone zur Hemmung der HCl-Produktion

Bezeichnung	Bildungsort	Stimulation durch	Wirkung
Somatostatin	D-Zellen des Intestinaltraktes	hohe Proteinkonzentration	hemmt die Ausschüttung von Histamin, hemmt direkt die HCl-Produktion in den Belegzellen
Sekretin	Duodenum, Jejunum	saurer Mageninhalt, Polypeptide in der Nahrung	hemmt die Ausschüttung von Gastrin, stimuliert die panktreatische HCO_3^--Sekretion
Cholecystokinin	Duodenum, Jejunum	Fettsäuren und Peptide im Duodenum	Hemmung der Magenmotorik Herabsetzung des Hungergefühls
Gastroinhibitorisches Peptid (GIP)	Duodenum, oberes Jejunum	Glucose, Aminosäuren, Fettsäuren	Hemmung der Magenmotorik

Vor allem bei Magendehnung und proteinreicher Nahrung wird von den im Magen liegenden Gastrinzellen **Gastrin** sezerniert. Gastrin bewirkt an den Belegzellen die **Steigerung der HCl-Produktion** und wirkt fördernd auf die Histaminsekretion aus den enterochromaffinen Zellen.
Histamin bewirkt an den Belegzellen über die Bindung an seinen H_2-Rezeptor ebenfalls eine Steigerung der HCl-Produktion.
Beachte: Auch körperfremde Stoffe, wie z. B. Coffein wirken fördernd auf die HCl-Produktion.
Sekretin, dessen Name sich auf die Förderung der Sekretion im Duodenum bezieht, hemmt die Ausschüttung von Gastrin. **Cholecystokinin** und **GIP** (gastroinhibitorisches Peptid) wirken inhibitorisch auf die Magenmotorik. **Somatostatin**, das im Duodenum gebildet wird, wirkt **hemmend** auf die Histaminausschüttung und damit auf die **HCl-Produktion**. Weitere Einzelheiten zu den Hormonen finden Sie auch im Kapitel Hormone (s. S. 231).

MERKE

Hormone, die im Duodenum und weiteren Intestinaltrakt gebildet werden, wirken hemmend auf die Magensaftproduktion

Die Funktion der HCl

Der stark saure pH-Wert führt zu einer **Denaturierung der Proteine** in der Nahrung. Dadurch wird die Quartär-, Tertiär-, und Sekundärstruktur der Proteine zerstört (s. S. 91). **Die Primärstruktur**, die durch die Peptidbindungen zwischen den einzelnen Aminosäuren festgelegt wird, **bleibt erhalten**: Aus dem Proteinknäuel wird ein entwirrter Proteinfaden.

BEACHTE

Denaturierung ist nicht gleich Hydrolyse. Bei der Hydrolyse werden die einzelnen Peptidbindungen gespalten.

9.2.2.3 Die Enzyme des Magensafts

Die **Hauptzellen** der Magenschleimhaut bilden **Pepsinogen**. Pepsinogen ist die Vorstufe des Verdauungsenzyms Pepsin. Es wird in Zymogengranula in der Zelle gespeichert. Die Umwandlung von inaktivem Pepsinogen in das aktive Pepsin findet erst im Magenlumen durch sog. **limitierte Proteolyse** statt.
Diese Aktivierung mittels limitierter Proteolyse ist typisch für Peptidasen (Enzyme, die Proteine spalten). Sie findet immer extrazellulär statt, damit die aktivierten Peptidasen nicht die zelleigenen Proteine zerstören.
Pepsin ist eine **Endopeptidase**: Sie kann ein Protein nur innerhalb der Polypeptidkette spalten, aber keine einzelnen Aminosäuren am Ende abspalten. Pepsin schneidet vor allem hinter den aromatischen Aminosäuren Tyrosin und Phenylalanin. Sein pH-Optimum liegt zwischen 1,0 und 2,0. Das Proteinknäuel wird also nach seiner Denaturierung zum Proteinfaden von Pepsin in mehrere kürzere Fäden zerkleinert!

MERKE

Pepsin ist ein Enzym, das ein pH-Optimum von 1–2 besitzt und darum bevorzugt in Säuren arbeitet.

Außerdem wird von den Hauptzellen auch eine Magenlipase produziert. Diese spielt bei der Fettverdauung des Erwachsenen jedoch nur eine untergeordnete Rolle.

9.2.2.4 Der Pankreassaft

Das **Sekret des exokrinen Pankreas** wird in das Duodenum sezerniert. Pro Tag werden etwa 2 Liter produziert. Es hat einen pH-Wert von 7–8 und enthält viel **Hydrogencarbonat**, um den niedrigen pH-Wert aus dem Magen zu neutralisieren. Da das Duodenum keine ausreichende Schleimschicht hat, würde es sonst durch den niedrigen pH-Wert zerstört werden. Neben dem Hydrogencarbonat enthält der Pankreassaft zahlreiche Enzyme, die sämtliche Nährstoffe angreifen. Je mehr Nahrung in das Duodenum gelangt, desto enzymhaltiger ist das Sekret.

Die α-Amylase

Wie bereits bei der α-Amylase Ptyalin im Mundspeichel erwähnt, spalten α-Amylasen **Glykogen und Stärke** bis zum Disaccharid Maltose und Isomaltose. Es gibt also für die Kohlenhydratverdauung im Darm eine „zweite Instanz", die die bereits im Mund begonnene Zerlegung der Kohlenhydrate weiterführt.

Die (Desoxy-)Ribonuklease

(Desoxy-)Ribonukleasen spalten die **Nukleinsäuren** in Nukleotide. Die Basen werden dann resorbiert und über den *salvage pathway* (s. S. 378) in den Nukleotid-Stoffwechsel eingeschleust.

Die Lipase

Lipase spaltet die **Triacylglycerine** meist in zwei freie Fettsäuren und β-Monoacylglycerin (s. S. 50). Sie muss vorher durch eine Co-Lipase aktiviert werden, was erst erfolgt, wenn ein Kontakt mit Micellen besteht.

Die Phospholipase

Phospholipase spaltet **Phospholipide** in Glycerin, Fettsäuren und die jeweilige organische Verbindung (s. S. 51).

MERKE

Bei einer Entzündung des Pankreas kommt es in Blut bzw. Urin zu einem Anstieg der Pankreasenzyme Lipase und Amylase.

Die Cholesterinesterase

Cholesterinesterase spaltet **Cholesterinester** in freies Cholesterin und eine Fettsäure.

Die Endopeptidasen

Die Endopeptidasen Trypsin und Chymotrypsin spalten die **Proteine innerhalb der Polypeptidkette** hydrolytisch nach bestimmten Aminosäuren. Trypsin spaltet hinter den basischen Aminosäuren Arginin und Lysin, während Chymotrypsin hinter den aromatischen Aminosäuren Tryptophan und Phenylalanin spaltet. Beide Endopeptidasen haben ein pH-Optimum zwischen 7 und 8 (im Gegensatz zu Pepsin im Magen mit einem pH-Optimum von 1).
Die Vorstufen von Trypsin und Chymotrypsin sind Trypsinogen bzw. Chymotrypsinogen. Sie werden durch limitierte Proteolyse aktiviert.

Die Exopeptidasen

Exopeptidasen spalten einzelne Aminosäuren von den Enden der Polypeptidkette ab. Die Spaltung ist wie bei den Endopeptidasen eine hydrolytische Spaltung. Carboxypeptidase A und B spalten die Aminosäuren **vom Carboxyl-Ende der Proteinketten**. Carboxypeptidase A spaltet aromatische Aminosäuren ab, Carboxypeptidase B basische Aminosäuren. Beide Carboxypeptidasen benötigen Zink als prosthetische Gruppe.
Die Aktivierung der Vorstufen Pro-Carboxypeptidase A bzw. Pro-Carboxypeptidase B erfolgt durch limitierte Proteolyse.

MERKE

Die Spaltung der Primärstruktur der Proteine (Peptidbindungen) ist eine Hydrolyse.

Die Elastasen

Elastasen spalten das Protein **Elastin**. Ihre Vorstufen heißen Pro-Elastasen und werden ebenfalls durch limitierte Proteolyse aktiviert.

9.2.2.5 Die Gallenflüssigkeit

Die Gallenflüssigkeit wird in der Leber gebildet (ca. 0,5 Liter pro Tag) und in der **Gallenblase** gespeichert. Sie wird gemeinsam mit dem Pankreassekret in das Duodenum sezerniert und enthält Gallensäuren, Gallenfarbstoffe, Cholesterin und Phospholipide. Die Gallensäuren sind unerlässlich für die Lipidverdauung.

Die Gallensäuren

Die Synthese der Gallensäuren wird beim Stoffwechsel der einzelnen Organe beschrieben (s. S. 257). An dieser Stelle kommt es nur darauf an, die prinzipielle Struktur der Gallensäuren und ihre Funktion zu verstehen.

Die Gallensäuren werden von der Leber aus dem hydrophoben Cholesterin aufgebaut und mit hydrophilen Aminosäuren (Glycin) oder Aminosäurederivaten (Taurin) konjugiert. Die dadurch entstandenen Gallensalze sind **amphiphile** Substanzen, d. h., sie haben einen hydrophoben und einen hydrophilen Anteil.
Sie können sich im Darm mit ihrem hydrophoben Schwanz um die Lipidbestandteile der Nahrung anlagern, wobei ihr hydrophiler Kopf nach außen weist (**Abb. 9.4**). So ist der Gesamtkomplex nach außen hydrophil und damit im wässrigen Verdauungssekret löslich. Diesen Gesamtkomplex bezeichnet man als **Micelle**: Die Gallensäuren haben die

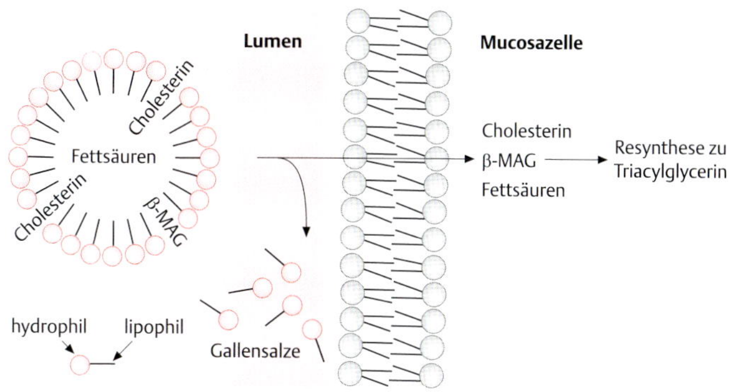

Abb. 9.4 Micellenbildung, Transport und Resorption lipophiler Nahrungsbestandteile (FS = Fettsäuren; β-MAG = β-Monoacylglycerin)

Lipide **emulgiert**. Auch β-Monoacylglycerin ist amphiphil und ist an der Micellenbildung beteiligt.
Die Micelle transportiert die lipophilen Nahrungsbestandteile im wässrigen Medium bis zur Plasmamembran. Dort zerfällt die Micelle und die lipophilen Anteile passieren die Membran. Die Gallensäuren werden erst im terminalen Ileum reabsorbiert und gelangen dann über den enterohepatischen Kreislauf wieder zur Leber zurück (s. S. 257).

Das Cholesterin und die Phospholipide
Cholesterin und Phospholipide werden bei Bedarf über die Gallenflüssigkeit ausgeschieden. Dem Cholesterin kommt dabei eine besondere Bedeutung zu: Es kann vom menschlichen Organismus nicht abgebaut und damit nicht zur Energiegewinnung herangezogen werden. Es gibt für den Körper nur zwei Möglichkeiten, Cholesterin loszuwerden: Ein kleiner Teil wird frei mit der Gallenflüssigkeit ausgeschieden, den überwiegenderen Teil aber wandelt die Leber in Gallensäuren um (s. S. 257). Diese helfen bei der Lipidverdauung und werden größtenteils wieder resorbiert.

Die Gallenfarbstoffe
Die Gallenfarbstoffe entstehen beim **Abbau von Hämoglobin**. Durch die Konjugation in der Biotransformation in der Leber mit Glucuronsäure (s. S. 259) werden sie hydrophil und sind in der Gallenflüssigkeit als **Bilirubindiglucuronid** löslich. Einzelheiten zum Hämoglobinabbau sind im Kapitel Blut erläutert (s. S. 301).

Verwechseln Sie nicht die Begriffe Gallensäure und Gallenfarbstoff.

9.2.3 Die Verdauung der einzelnen Nährstoffe

Achten Sie beim Lernen der einzelnen Verdauungsprozesse darauf, wo diese stattfinden und stellen Sie so den Bezug zu den einzelnen Verdauungssekreten her (z. B.: Lipide werden erst im Duodenum verdaut, da dafür die Gallensäuren benötigt werden).

9.2.3.1 Die Proteine

Die Verdauung der Proteine
Proteine, die mit der Nahrung aufgenommen werden, bestehen aus Aminosäuren und weisen oft einen komplizierten Aufbau bis zur Quartärstruktur auf. Diese Strukturen müssen aufgebrochen werden, damit die Proteine gespalten werden können. Für diesen Schritt wird der saure pH-Wert im Magen benötigt, der die Proteine **denaturiert**, sodass nur die Primärstruktur erhalten bleibt (Proteinfaden, Aminosäurekette). Das bedeutet, dass im Mund die Proteine noch nicht enzymatisch angegriffen werden. Erst nach der Denaturierung im Magen beginnt das erste Enzym mit der Proteinverdauung. Dieses Enzym **Pepsin** spaltet die Proteinkette in kürzere Peptide.

MERKE

Die Denaturierung der Proteine ist essenziell für ihre Verdauung.

Im Duodenum gelangen weitere Peptidasen aus dem Pankreassekret zu den Proteinen (**Abb. 9.5**): **Trypsin**, **Chymotrypsin** und die **Carboxypeptidase A und B**. Die gesamten Peptidasen des Pankreasse-

9

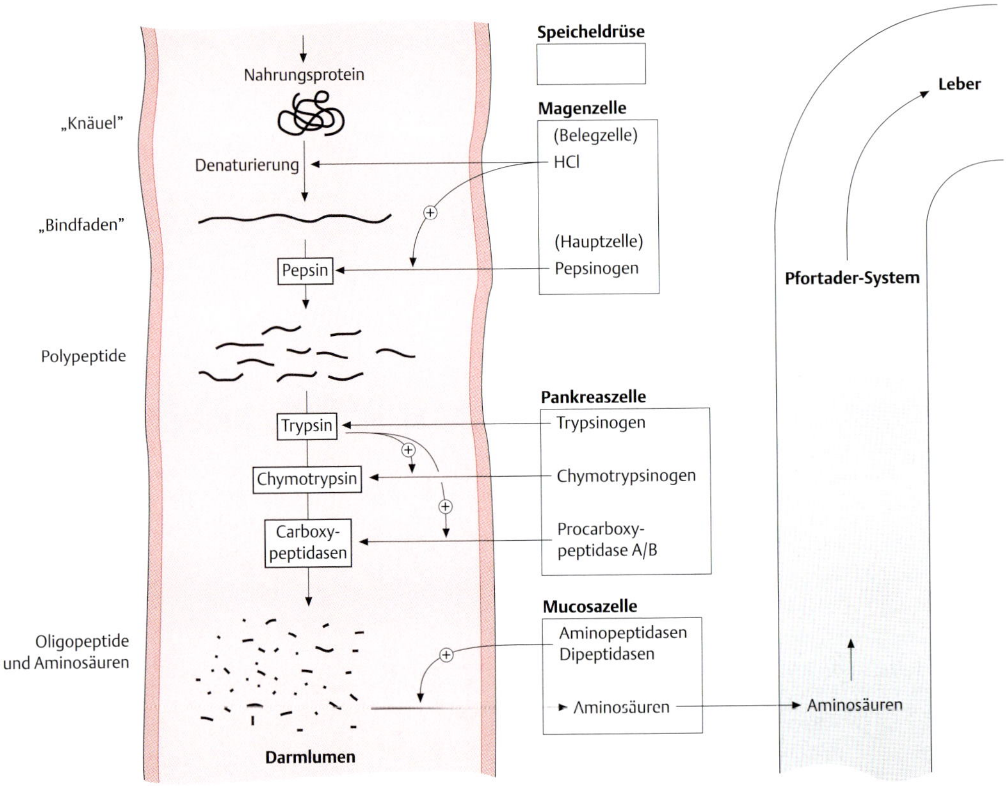

Abb. 9.5 Verdauung der Proteine

krets werden als Vorstufen sezerniert und somit durch limitierte Proteolyse erst im Lumen aktiviert. Hier spielt die **Enteropeptidase** eine wichtige Rolle. Dieses Enzym wird von der Dünndarmmucosa sezerniert und setzt die kaskadenartige Aktivierung der Vorstufen in Gang:

Enterokinase setzt Trypsinogen in Trypsin um. Trypsin aktiviert Chymotrypsinogen und die Pro-Carboxypeptidasen A und B.

Die aktivierten Peptidasen spalten die Proteinketten im Duodenum weiter auf und es bleiben Oligopeptide (mit bis zu vier Aminosäureresten) und einzelne Aminosäuren als Grundbausteine übrig. Einige Aminosäuren werden auch durch **Aminopeptidasen** (Exopeptidasen, die am N-terminalen Ende einer Proteinkette spalten) und **Dipeptidasen** der Dünndarmmucosa freigesetzt.

Die Oligopeptide und Aminosäuren werden im weiteren Darmabschnitt von den Mucosazellen resorbiert. Die Oligopeptide werden dort von zytoplasmatischen Peptidasen in Aminosäuren zerlegt. Aus den Mucosazellen gelangen die Aminosäuren in die Blutgefäße des Darms. Diese fließen zur **Pfortader** zusammen und die Aminosäuren erreichen direkt die **Leber**. Dort wird aus den Aminosäuren ein großer Teil der vom Körper benötigten Proteine synthetisiert (u.a. Albumin).

Die Resorption der Aminosäuren und Oligopeptide

Die Resorption der Aminosäuren geschieht durch einen **sekundär aktiven Na^+-Symport** (**Abb. 9.6**). Die Aminosäuren werden an der luminalen Membran der Mucosazellen gemeinsam mit Na^+ in die Zelle aufgenommen. Die Energie dazu liefert ein Na^+-Gradient, der durch eine basolateral gelegene **Na^+/K^+-ATPase** aufrechterhalten wird. Diese Na^+/K^+-ATPase pumpt unter ATP-Verbrauch im Austausch K^+-Ionen gegen Na^+-Ionen aus der Zelle hinaus. Das ATP wird benötigt, da das Na^+ gegen ein Konzentrationsgefälle gepumpt werden muss. Dieser Vor-

Abb. 9.6 Resorption der Aminosäuren

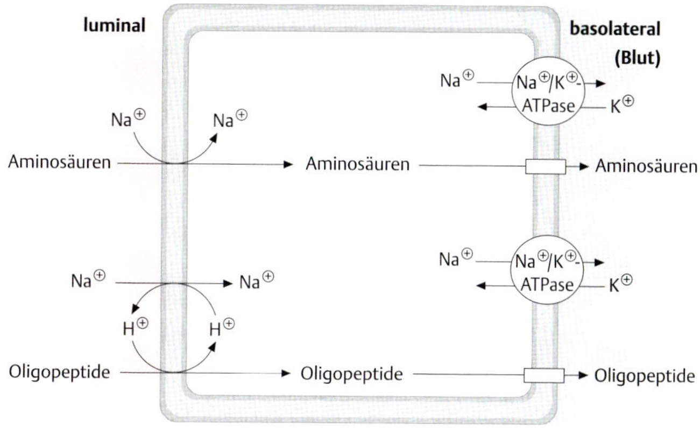

Abb. 9.7 Verdauung der Kohlenhydrate

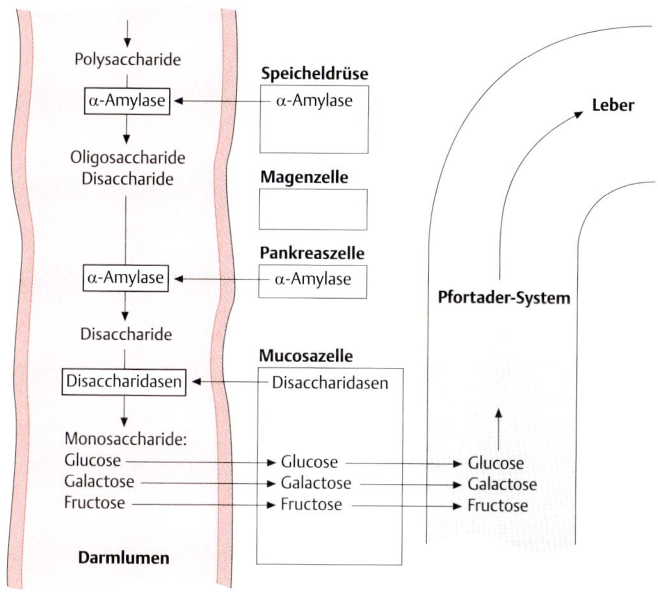

gang ist ein primär aktiver Transport, da direkt ATP dabei verbraucht wird. Im Gegensatz dazu ist der Symport von Aminosäuren mit Na^+ an der luminalen Membran ein **sekundär aktiver Transport**, da die Energie aus einem Ionengradienten (in diesem Fall einem Na^+-Gradienten) stammt, der durch einen primär aktiven Transport geschaffen wurde. Bei diesem Symport „fließen" die Na^+-Ionen in Richtung ihres Konzentrationsgefälles in die Zelle hinein und „nehmen" die Aminosäuren „mit".

Die Aufnahme der Oligopeptide geschieht H^+-abhängig über einen Na^+/H^+-Austauscher, der an die **Na^+/K^+-ATPase** gekoppelt ist.

9.2.3.2 Die Kohlenhydrate

Die Verdauung der Kohlenhydrate

Die mit der Nahrung am häufigsten aufgenommenen Kohlenhydrate sind **Glykogen** und **Stärke**. Beide sind ausschließlich aus Glucosemolekülen aufgebaut, die α-glykosidisch miteinander verknüpft sind. Sie werden durch die **α-Amylasen** im Mund (Ptyalin) und aus dem Pankreas bis zu den Disacchariden Maltose mit einer $\alpha 1 \rightarrow 4$-glykosidischen Bindung und Isomaltose mit einer $\alpha 1 \rightarrow 6$-glykosidischen Bindung gespalten (**Tab. 9.2, Abb. 9.7**).

Die ebenfalls in der Nahrung vorhandene **Cellulose** besteht aus Glucosemolekülen, die β-glykosidisch miteinander verbunden sind. Da der menschliche

Tabelle 9.5

Übersicht über die Verdauung der Kohlenhydrate

Ort	Enzym	Spaltprodukte
Mund	α-Amylase Ptyalin	Maltose, Isomaltose
Pankreas (Duodenum)	Pankreas-α-Amylase	Maltose, Isomaltose
Darmmucosa	Maltase	Glucose
Darmmucosa	Lactase	Glucose, Galactose
Darmmucosa	Saccharase	Glucose, Fructose

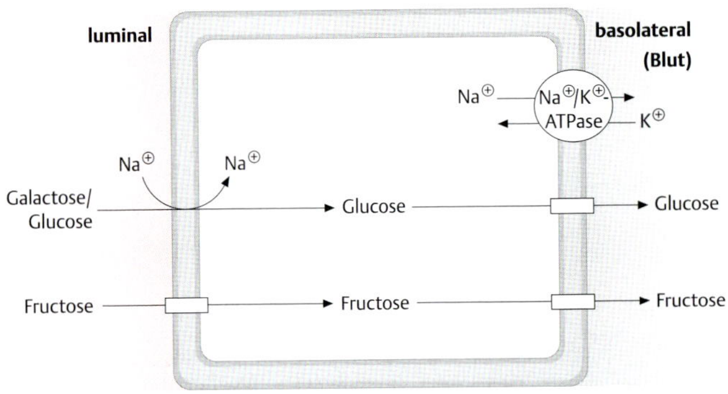

Abb. 9.8 Resorption der Monosaccharide

Organismus keine β-glykosidische Verbindungen spalten kann, wird Cellulose als **Ballaststoff** unverdaut ausgeschieden.

Neben der (Iso-)**Maltose** gelangen auch die Disaccharide **Saccharose** und **Laktose** in den Darm. Erst durch Disaccharidasen in der Zellmembran der Darmmucosa werden sie weiter gespalten. **Tab. 9.5** gibt einen Überblick über die Verdauung der Kohlenhydrate.

Die Resorption der Monosaccharide

Die Resorption von Glucose und Galactose wird wie die Resorption der Aminosäuren durch einen **sekundär aktiven Na^+-Symport** ermöglicht **(Abb. 9.8)**. Die Energie dazu wird von derselben basolateral gelegenen Na^+/K^+-Pumpe bereitgestellt. Die Resorption der Glucose ist unabhängig von Insulin.

MERKE

Die Glucoseaufnahme in die Mucosazellen des Darms ist insulin*un*abhängig

Die Aufnahme der Fructose geschieht durch erleichterte Diffusion.

Die resorbierten Monosaccharide werden direkt an die **Pfortader** abgegeben und gelangen zur **Leber**. Da der Körper im Moment der Nahrungsaufnahme genügend Energie hat, kann die Glucose zumindest teilweise in der Leber als Glykogen gespeichert werden. So stehen dem Körper Energiereserven zur Verfügung.

9.2.3.3 Die Lipide

Die Verdauung der Lipide

Die Lipidverdauung beginnt – unter Vernachlässigung der Magenlipase – erst im Duodenum **(Abb. 9.9)**. Hier werden die benötigten Enzyme (Lipase, Phospholipase, Cholesterinesterase) aus dem Pankreas sezerniert und die Gallenflüssigkeit hinzugeführt. Erst die **Gallensäuren** der Gallenflüssigkeit machen die Fettverdauung möglich, da sie die Pankreaslipase aktivieren. Die Lipase spaltet vom Neutralfett, dem Triacylglycerin, die einzelnen Fettsäuren ab. So entstehen meist β-Monoacylglycerin

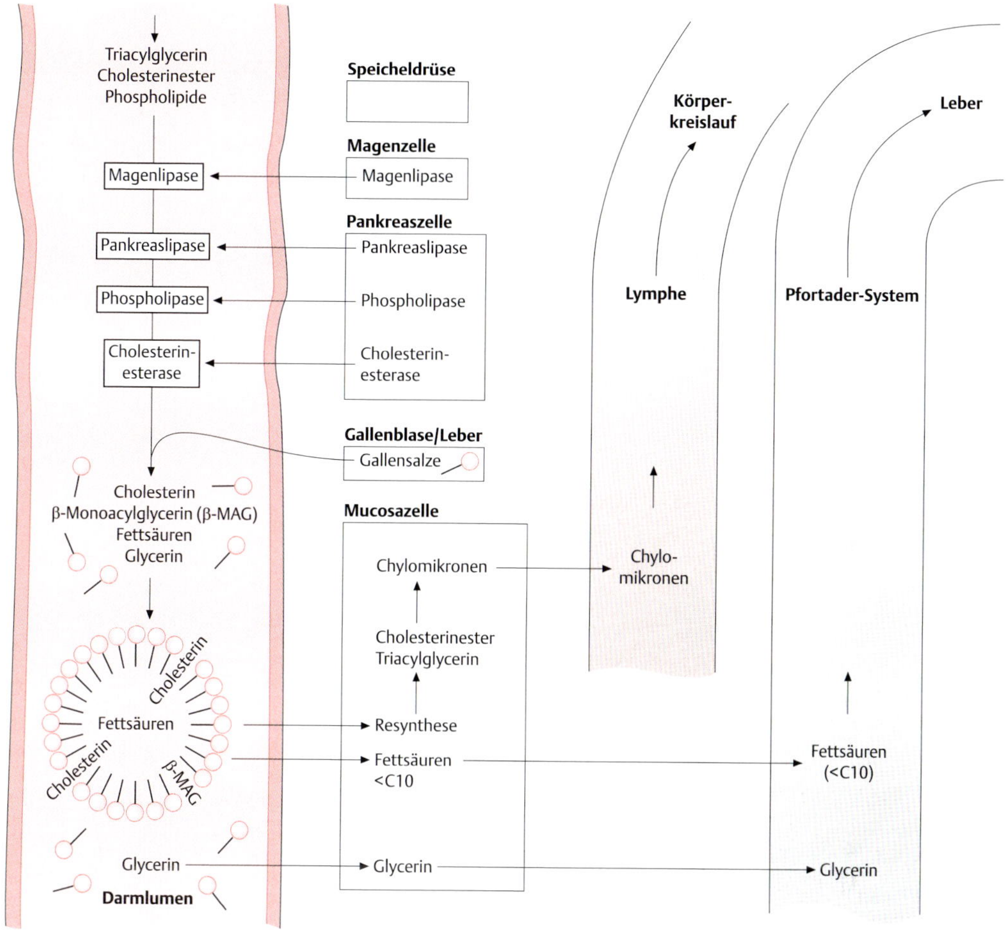

Abb. 9.9 Verdauung der Lipide

und zwei freie Fettsäuren oder auch Glycerin und drei freie Fettsäuren.
Cholesterinester (Cholesterin mit einer Fettsäure) werden durch die Cholesterinesterase gespalten und können dann resorbiert werden.

Die Resorption der Lipidbestandteile
Die einzelnen Lipidbestandteile werden von den Gallensäuren in Micellen emulgiert und zur Zellmembran transportiert. Die Membran ist für die lipophilen Nahrungsbestandteile durchlässig, die so in die Mucosazelle gelangen. Die Lipide werden von dort nicht direkt an die Blutbahn abgegeben. Nur sehr kurze und damit wasserlösliche Fettsäuren ($< C_{10}$) gelangen direkt ins Blut. Der Transport der größeren Lipidbestandteile erfolgt in **Lipoproteinen**. Dafür werden die einzelnen Lipidbestandteile in der Mucosazelle durch die Triacylglycerinsynthetase wieder zusammengesetzt und zusammen mit Cholesterin und den aufgebauten Phospholipiden zu **Chylomikronen** verpackt (s. S. 75). Diese Chylomikronen haben nach außen einen hydrophilen Proteinanteil und haben die Aufgabe, die exogenen Nahrungslipide im Körper zu verteilen. Das für die Chylomikronen wichtige Apolipoprotein B_{48} wird ebenfalls von der Mucosazelle synthetisiert.
Chylomikronen werden in die **Lymphbahn** abgegeben. Das hat folgenden Grund: Über die Blutbahn (Pfortader) würden die Lipide direkt in die Leber

gelangen. Über den „Umweg Lymphbahn" wird die Leber umgangen und die Lipide erreichen direkt über den Ductus thoracicus den Körperkreislauf. So können besonders Muskulatur und Fettgewebe ohne Verzögerung mit den Lipiden versorgt werden. Dies geschieht mit Hilfe der **Lipoproteinlipase**, die die Chylomikronen im Blut abbaut und so für die Muskulatur bzw. das Fettgewebe die Fettsäuren bereitstellt (s. S. 76).

MERKE

Chylomikronen werden nicht ins Blut, sondern in die Lymphbahn abgegeben.

Check-up

- ✔ **Rekapitulieren Sie die wichtigsten Inhaltsstoffe und die Funktion der vier Verdauungssekrete.**
- ✔ **Verdeutlichen Sie sich, welchen Weg die einzelnen Nahrungsstoffe von der Aufnahme bis zum Transport im Blut nehmen und welches „Schicksal" sie an den einzelnen Stationen erwartet.**

Kapitel 10

Stoffwechsel der einzelnen Organe

10.1 **Die Leber** 251

10.2 **Das Fettgewebe** 261

10.3 **Das Muskelgewebe** 266

10.4 **Das Zentrale Nervensystem (ZNS)** 274

10.5 **Niere und Elektrolyt-Haushalt** 279

10.6 **Das Bindegewebe** 287

Nicht im August

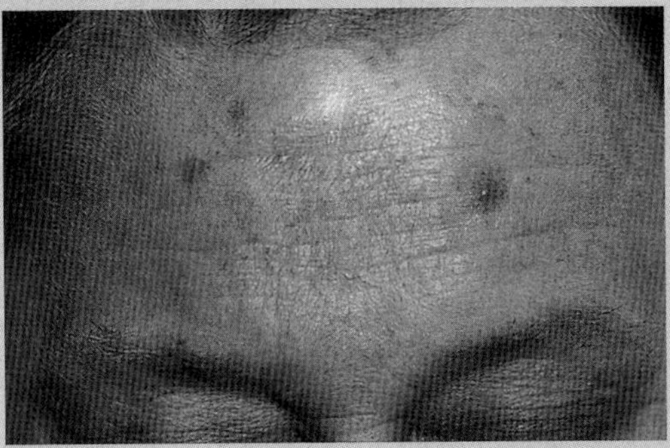

Bei Lebererkrankungen können sog. Spider-Naevi auftreten. Das sind spinnenartig ausstrahlende Gefäßnetze um eine pulsierende Arterie, wie sie in dieser Aufnahme auf der Stirn des Patienten zu erkennen sind.

In der Stoffwechselmaschine Leber, dem Energiespeicher Fettgewebe oder der Kraftmaschine Muskulatur – überall finden biochemische Prozesse statt. Und überall kann bei diesen Prozessen etwas schief laufen; sei es, durch einen angeborenen Enzymfehler, durch eine Infektion oder durch Substanzen wie Alkohol oder Medikamente, die Stoffwechselprozesse beeinflussen. Ärzte müssen oft mit detektivischem Spürsinn versuchen, hinter den Systemfehler zu kommen. Manchmal kann man durch Blutuntersuchungen zur Diagnose gelangen – wie auch in unserer Fallgeschichte.

Wie Gott in Frankreich

„Wir leben wie Gott in Frankreich", hatte Andreas auf seine Urlaubskarten geschrieben. Und tatsächlich hatten Anke und Andreas ihren Urlaub auf dem kleinen Zeltplatz an der Côte d'Azur sehr genossen: Tagsüber baden und faulenzen, abends in einem der kleinen Strandlokale Fisch essen und Wein trinken. Deutschland empfing sie mit grauem Schmuddelwetter. Kein Wunder, dass Andreas nun, zwei Wochen nach seiner Rückkehr, krank ist. Er hat leichtes Fieber, die Gelenke schmerzen, und er fühlt sich müde und abgeschlagen. Sein Hausarzt, Dr. Zumbier, verordnet ihm pflanzliche Präparate gegen Erkältungskrankheiten und empfiehlt Bettruhe. Die hält Andreas auch ein, doch es geht ihm nicht besser. Am nächsten Tag kommen Übelkeit und Schmerzen im rechten Oberbauch hinzu. Vier Tage quält er sich. Am Morgen des fünften Tages geht es ihm auf einmal besser – bis er in den Spiegel schaut: Seine Augen sind über Nacht gelb geworden. Auf der Toilette bemerkt er, dass sein Urin dunkel und sein Stuhlgang hell ist. Erschrokken sucht er Dr. Zumbier auf.

Alles ist gelb!

Der Arzt erklärt ihm, dass er an einem Ikterus, einer Gelbsucht, leide. Die gelbe Farbe kommt durch das Bilirubin, ein Abbauprodukt des roten Blutfarbstoffs Hämoglobin. „Heißt das, mein ganzes Blut löst sich gerade auf?" fragt Andreas erschrocken. „Nicht unbedingt", erklärt der Arzt. „Es kann auch sein, dass die Leber, die das Bilirubin abbauen soll, nicht richtig arbeitet. Oder dass sie das Bilirubin nicht über die Gallenwege ausscheiden kann, weil z. B. ein Gallenstein den Weg versperrt." Dr. Zumbier untersucht Andreas gründlich. Die Leber ist vergrößert und druckschmerzhaft. Dies spricht, zusammen mit der Anamnese und den weiteren Symptomen, für eine Lebererkrankung. Bei der Blutuntersuchung ist wie erwartet das Bilirubin erhöht – und die Leberenzyme Aspartataminotransferase (AST) und Alaninaminotranferase (ALT). Das bedeutet, dass das Lebergewebe geschädigt ist. Die Blutuntersuchung verrät auch, wodurch: Es finden sich Antikörper gegen Hepatits-A-Virus (Anti-HAV). Andreas leidet also an einer Hepatits.

Hände waschen und – kein Alkohol!

Andreas leidet an der vergleichsweise harmlosen akuten Hepatits A, mit der man sich meist durch verunreinigte Nahrungsmittel infiziert. Gefährlicher hingegen ist die durch Blut oder Sexualkontakt übertragene Hepatitis B oder C.

Zur Therapie verordnet Dr. Zumbier Andreas Bettruhe und verbietet Alkohol. Denn Alkohol wird über die Leber abgebaut und belastet diese dabei zusätzlich. Außerdem soll Andreas durch sorgfältige Hygiene verhindern, dass sich Anke oder andere Personen in seiner Umgebung mit dem Virus anstecken.

Bleibt nur noch zu klären, wie Andreas sich mit dem Virus infiziert hat. Andreas überlegt: Hatte er im Urlaub nicht ab und zu Austern gegessen, trotz Ankes Warnung, dass man diese nur in Monaten mit „r" essen dürfe? Tatsächlich kann Hepatitis durch rohe Meerestiere übertragen werden, und diese Gefahr ist im Sommer besonders groß. Also: Wenn schon Austern, dann nicht im August.

10 Stoffwechsel der einzelnen Organe

10.1 Die Leber

Lerncoach
Die Leber ist zu fast allen bekannten Stoffwechselreaktionen befähigt („Mutter der Organe“). Hier überschneiden sich viele Stoffwechselwege (z. B. Kohlenhydratstoffwechsel und Lipidstoffwechsel), achten Sie beim Lernen darauf.

10.1.1 Überblick und Funktion

Als ein zentrales Organ unseres Körpers übernimmt die Leber vielfältige Aufgaben. Sie ist an der **Glucosehomöostase** beteiligt, synthetisiert zahlreiche **Proteine** und übernimmt einen Großteil der **Lipoproteinsynthese** sowie der **Cholesterinsynthese**. In der Leber werden auch die Gallensäuren synthetisiert.

Des Weiteren ist die Leber das Entgiftungsorgan des Menschen, dies gilt für Medikamente ebenso wie für körpereigene Substanzen. Die Arbeit der Leber lässt sich in zwei Phasen einteilen. In der **Resorptionsphase**, während und ca. zwei Stunden nach einer Mahlzeit werden die Nahrungsbestandteile aus dem Blut aufgenommen. In dieser Zeit synthetisiert die Leber Proteine, Glykogen und Triacylglycerine. Ihren eigenen Energiebedarf deckt die Leber in dieser Phase hauptsächlich durch den Abbau von Glucose zu CO_2 und H_2O.

In der **Postresorptionsphase** zwischen den Mahlzeiten versorgt die Leber die übrigen Gewebe mit Energie. Durch Glykogenolyse und gegebenenfalls Gluconeogenese produziert sie freie Glucose, die sie an das Blut abgibt. Außerdem werden Ketonkörper gebildet. Ihren eigenen Energiebedarf deckt die Leber in dieser Phase durch die β-Oxidation von Fettsäuren.

Während längerfristiger Nahrungskarenz tritt der Körper in die **Hungerphase** ein. In dieser Zeit übernimmt die Leber die lebensnotwendige Aufgabe, den Blutzuckerspiegel auf einem Mindestmaß konstant zu halten. Dazu bildet sie freie Glucose durch Glykogenolyse und Gluconeogenese, um die Glucose in das Serum abzugeben. Sind die Speicher erschöpft, baut die Leber die vorhandenen Fettsäuren ab und gewinnt in großen Mengen Acetyl-CoA. Diese benutzt die Leber, um dem Körper Energie in Form von Ketonkörpern zur Verfügung zu stellen (s. S. 61).

10.1.2 Der Aufbau

Die Leber ist aus verschiedenen Zelltypen aufgebaut (**Abb. 10.1**). In den Parenchymzellen (**Hepatozyten**), die den Hauptanteil des Lebergewebes ausmachen, laufen die wichtigen Stoffwechselreaktionen ab. Eine wesentliche Aufgabe haben die sinusoidalen Endothelzellen, die für die Resorption von Substraten aus dem Blut sorgen und diese über den Disse-Raum dem Hepatozyten zuführen. Die Hepatozyten sortieren die Substrate und geben z. B. Gallensäuren in die Gallenkanälchen ab. Diese kleinen Röhren haben noch keine epitheliale Auskleidung. In der weiteren Fortsetzung bildet sich dort ein Epithel aus Cholangiozyten. Hier wird die von den Hepatozyten in die Gallengänge sezernierte Gallenflüssigkeit weiter modifiziert.

Weitere Zelltypen der Leber sind die **Kupfferzellen** (Phagozyten) und **Itozellen** (fettspeichernde Zellen, die Vitamin A enthalten). Einzelheiten zum makroskopischen und mikroskopischen Aufbau der Leber siehe Lehrbücher der Anatomie.

10.1.3 Der Kohlenhydratstoffwechsel

Die Leber greift wesentlich in den Kohlenhydratstoffwechsel ein. Eine wichtige Rolle spielt dabei der Glucosestoffwechsel. Aber auch Galactose und Fructose werden in der Leber verstoffwechselt.

10.1.3.1 Der Glucosestoffwechsel

Die Leber ist in der Lage, Glucose aufzubauen (**Gluconeogenese**), Glucose zu speichern (**Glykogensynthese**) und Glucose ins Blut abzugeben (**Glykogenolyse**). Bei der Glykogenolyse ist das Schlüsselenzym die **Glycogenphosphorylase**. So kann die Leber den Blutzuckerspiegel regulieren (**Abb. 10.2**, vgl. S. 36).

Die Glykogensynthese läuft während der Resorptionsphase ab. Die aus dem Blut aufgenommene Glucose wird als Glykogen gespeichert. In dieser Phase können aus Glucose auch Triacylglycerine gebildet werden (s. S. 65). Die Glykogenolyse dient zum Abbau der Glykogenspeicher und findet in der

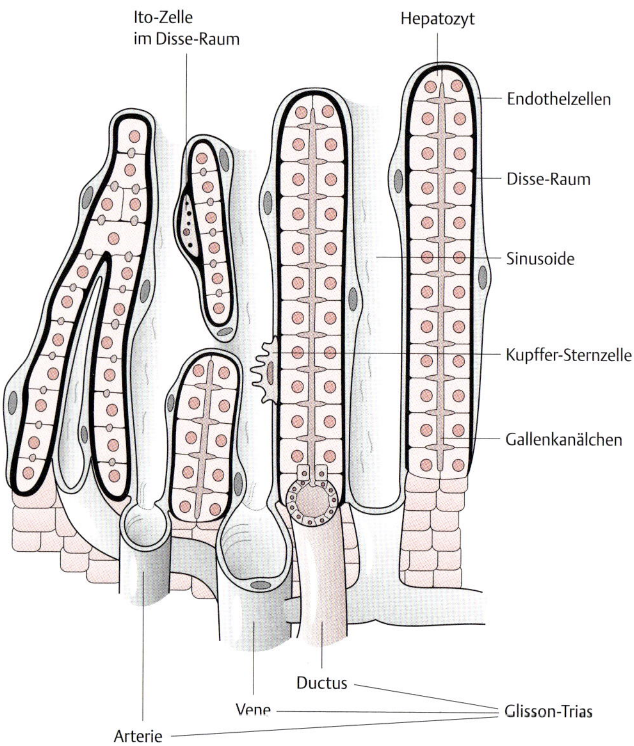

Abb. 10.1 Zellulärer Aufbau der Leber (schematisch)

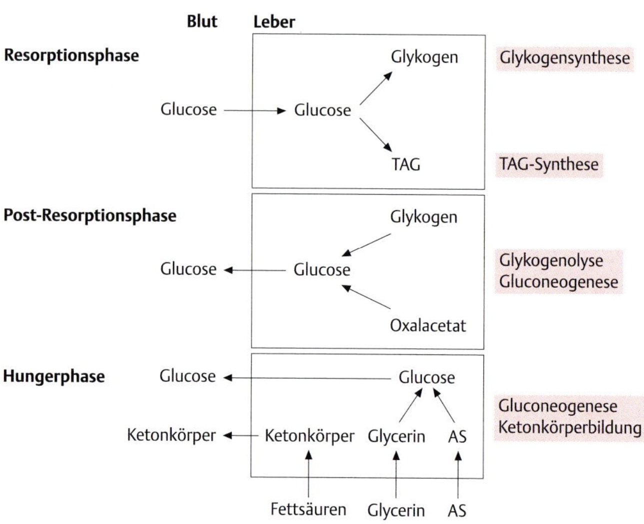

Abb. 10.2 Glucosestoffwechsel in der Leber (AS = Aminosäuren, TAG = Triacylglycerin)

Postresorptionsphase statt, wenn die Leber den Körper mit freier Glucose versorgt. Die Gluconeogenese findet hauptsächlich während der Hungerphase statt. In dieser Zeit steht der Leber kein Glykogen zur Glucosebereitstellung zur Verfügung. Sie baut dann aus glucoplastischen Aminosäuren, Glycerin und Lactat Glucose auf (s. S. 105).

MERKE

Durch den Auf- und Abbau des Glykogenspeichers und die Fähigkeit, freie Glucose in das Blut abzugeben, ist die Leber in der Lage, den Blutzuckerspiegel zu beeinflussen und konstant zu halten (vgl. S. 36)!

10.1.3.2 Der Fructose- und Galactosestoffwechsel

Fructose wird in der Leber zur **Energiegewinnung** herangezogen. Sie wird phosphoryliert und durch die Aldolase B in Glycerinaldehyd und Dihydroxyacetonphosphat gespalten (s. S. 45).

Galactose wird auch überwiegend in der Leber verstoffwechselt. Sie muss in Glucose umgewandelt werden, um zur Energiegewinnung genutzt werden zu können. Galactose selbst ist häufig **Bestandteil von Glykoproteinen** und wird in die jeweiligen Proteine eingebaut (s. S. 19).

10.1.4 Der Protein- und Stickstoffstoffwechsel

Die Leber synthetisiert in der Resorptionsphase sehr viele Proteine, darunter Enzyme, Hormone und Transportproteine. Viele davon werden in die Blutbahn abgegeben. Die Aminosäuren für den Aufbau der Proteine werden zum Teil mit der Nahrung geliefert, andere (nicht-essenzielle) Aminosäuren werden in der Leber meist durch **Transaminierung** aber auch de novo synthetisiert **(Abb. 10.3)**.

10.1.4.1 Die lebereigenen Proteine

Viele Proteine, die von der Leber produziert werden, erfüllen ihre Aufgabe *außerhalb* der Leber. Die meisten der synthetisierten Proteine, insbesondere die Enzyme des Intermediärstoffwechsels, finden sich jedoch *innerhalb* der Leberzelle **(Tab. 10.1)**. Hierzu gehören besonders Enzyme aus dem Proteinstoffwechsel. Diese Enzyme treten dann bei Leberparenchymschäden gehäuft im Serum auf und sind somit wichtig für die Diagnose (s. S. 254).

10.1.4.2 Die Exportproteine

Die Proteine, die von der Leber synthetisiert werden und ihre Aufgabe außerhalb der Leber erfüllen, werden über die Blutbahn exportiert. In **Tab. 10.2** sind einige dieser Proteine aufgeführt.

Tabelle 10.1

Lebereigene Enzyme

Enzym	Lokalisation	leber spezifisch
Aspartataminotransferase (AST)	Zytoplasma und Mitochondrium	nein
Alaninaminotransferase (ALT)	Zytoplasma	ja
Glutamatdehydrogenase (GLDH)	Mitochondrium	ja
Gamma-Glutamyl-transferase (γ-GT)	membrangebunden	ja

Tabelle 10.2

Einige Exportproteine der Leber

Proteine	Bedeutung
Albumin	wichtigstes Plasmaprotein (s. S. 318), Transport von Fettsäuren
Cholinesterase	Serum-Enzym
Kininogen, Angiotensinogen	Vorstufen von Hormonen (s. S. 230)
Transferrin, Caeruloplasmin	Transportproteine (s. S.)
Prothrombin, Fibrinogen	Gerinnungsfaktoren (s. S. 315)
C-reaktives Protein (CRP)	Akut-Phase-Protein
IGF-I, IGF-II	Somatomedine (s. S. 208)
Plasminogen	Vorstufe der Protease Plasmin
α- und β-Globuline	große Gruppe globulärer Proteine
α_1-Antitrypsin	Proteasehemmer
Haptoglobin (α_2-Makroglobulin)	Transportprotein
Hämopexin (β-Globulin)	Häminbindendes Protein

Konzentrieren Sie sich besonders auf die „Ausnahmen", d. h. auf die Proteine, die nicht in der Leber synthetisiert werden.

Beachte: Die folgenden Proteine werden *nicht* in der Leber produziert:

- **Verdauungsenzyme** (z. B. Lipase) werden im GI-Trakt synthetisiert.
- **Hämoglobin** wird im Knochenmark synthetisiert.
- **Immunglobuline** (γ-Globuline) werden in B-Lymphozyten (Plasmazellen) synthetisiert.

10

Klinischer Bezug

Leberparenchymschäden: Bei Schädigungen des Leberparenchyms (Hepatitis, Leberzirrhose) kommt es durch den Zerfall der Zellen zum Freiwerden von Enzymen aus der Leberzelle. Diese Enzyme sind dann im Blut nachweisbar.

Bei **leichten Leberschäden** steigt im Serum als Erstes die Aktivität der membrangebundenen Enzyme und der Enzyme aus dem Zytosol der Hepatozyten. Dazu gehören die **γ-GT** (γ-Glutamyltransferase, membrangebunden), die Alaninaminotransferase **(ALT)** und wenig Aspartataminotransferase (AST, beide zytosolisch). Erst bei **schwereren Leberschäden** steigt die **AST**-Aktivität stärker an, da dieses Enzym sowohl im Zytosol, als auch im Mitochondrium vorkommt. Die Glutamatdehydrogenase **(GLDH)** findet sich nur im Mitochondrium. Deshalb steigt die Aktivität dieses Enzyms im Blut erst bei **schweren Leberschäden**. Der Aktivitätsanstieg der Leberenzyme im Blut zeigt die Stärke der Leberzellschädigung an, lässt aber keine Aussage über Syntheseleistungen der Leber zu!

Umgekehrt kommt es bei Leberschäden zu einem Konzentrationsabfall der Proteine im Blut, die normalerweise von der Leber synthetisiert und exportiert werden. Zu Beginn der Leberschädigung betrifft dies die **Cholinesterase**, die **Gerinnungsfaktoren** und das **Antithrombin III**, bei stärkerer Beeinträchtigung kommt es zur Verminderung des **Albuminspiegels**. Der Konzentrationsabfall der Leberexportproteine ist ein Indikator für eine funktionelle Einschränkung der Syntheseleistung der Leber. Diese Einschränkung setzt erst sehr spät ein, wenn bereits eine wesentliche Menge der Leberzellen zerstört worden ist.

10.1.4.3 Die Verwertung der Aminosäuren

Achten Sie hier auf die Verbindung zwischen Proteinstoffwechsel und Kohlenhydratstoffwechsel.

In der Postresorptionsphase und in der Hungerphase werden die Proteine vom extrahepatischen Gewebe vermehrt abgebaut. Die Leber nutzt die dabei frei werdenden **glucoplastischen Aminosäuren** um Glucose zu produzieren und damit den Blutzuckerspiegel konstant zu halten. Die ebenfalls frei werdenden **ketoplastischen Aminosäuren** werden zur Synthese der **Ketonkörper** herangezogen. Durch den Um- bzw. Abbau der Aminosäuren kommt es außerdem zu einem vermehrten Anfall von **Ammoniak**, das in der Leber in **Harnstoff** umgewandelt werden kann **(Abb. 10.3)**.

Der Harnstoffzyklus

Die Leber ist in der Lage, das beim Abbau der Aminosäuren entstehende giftige Ammoniak in ungiftigen Harnstoff umzuwandeln. Man findet in den Leberzellen dazu die Enzyme des **Harnstoffzyklus** (s. S. 102).

Der steigende Ammoniakspiegel kann aber auch durch ein leberspezifisches Enzym gesenkt werden: Die **Glutaminsynthetase** überträgt Ammoniak auf Glutamat. Dabei entsteht Glutamin. Dieses Enzym kommt vor allem dann zum Einsatz, wenn der Harnstoffzyklus aufgrund von gewünschten HCO_3^--Einsparungen (Regulation des Säure- und Basen-Haushaltes) nur eingeschränkt funktioniert. Dann

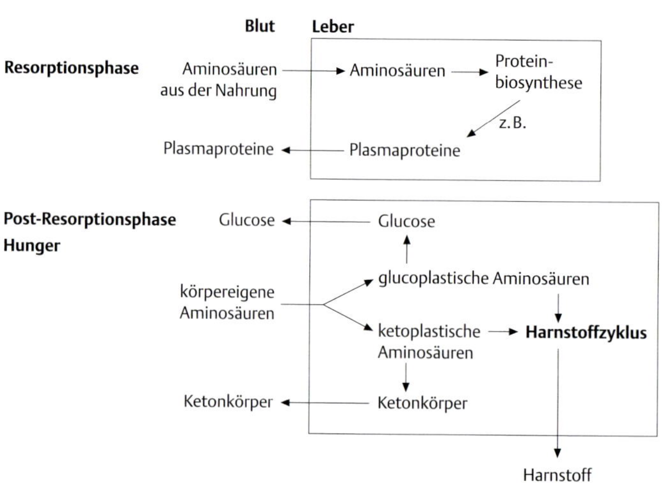

Abb. 10.3 Proteinstoffwechsel in der Leber (AS = Aminosäuren)

10

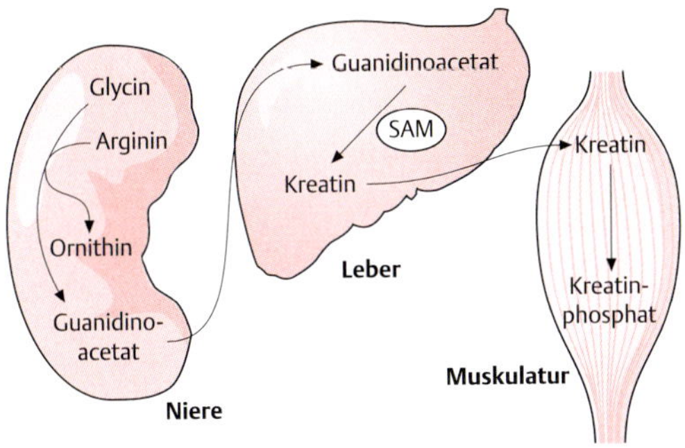

Abb. 10.4 Reaktionsschritte der Kreatinsynthese (SAM = S-Adenosylmethionin)

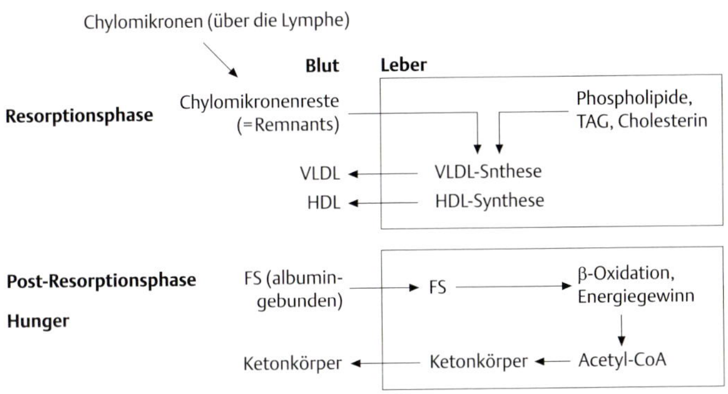

Abb. 10.5 Lipidstoffwechsel in der Leber (FS = Fettsäuren, TAG = Triacylglycerine, HDL, VLDL = Lipoproteine)

muss Ammoniak über andere Stoffwechselwege entfernt werden.

10.1.4.4 Die Kreatinsynthese

Die Leber ist auch an der Synthese von Kreatin beteiligt. Kreatin wird vom Muskel in **Kreatinphosphat** umgewandelt und dort als Energieträger genutzt (s. S. 273).

Die zwei Schritte der Kreatinsynthese finden in verschiedenen Organen statt **(Abb. 10.4)**. Der erste Schritt läuft in der Niere ab. Hier entsteht aus den Aminosäuren Glycin und Arginin unter Abspaltung von Ornithin **Guanidinoacetat**. In einem zweiten Schritt wird in der Leber aus Guanidinoacetat **Kreatin** gebildet. Dieser Schritt wird durch die **Guanidinoacetat-Transmethylase** katalysiert und benötigt als Cofaktor **S-Adenosylmethionin** (SAM). Das so synthetisierte Kreatin gelangt über die Blutbahn zum Muskel und wird dort in Kreatinphosphat überführt (s. S. 274).

10.1.5 Der Lipidstoffwechsel

Verschiedene Stoffwechselwege des Lipidhaushaltes finden in der Leber statt. In der Resorptionsphase werden in den Leberzellen sowohl **Triacylglycerine** (Neutralfett) als auch **Phospholipide** synthetisiert **(Abb. 10.5)**.

In der Postresorptionsphase oder in der Hungerphase ist die Leber als einziges Organ in der Lage, **Ketonkörper** als Ersatzenergieträger zu synthetisieren. Diese werden aber nur zur Deckung des extrahepatischen Energiebedarfs verwendet. Die Leber selbst kann keine Ketonkörper verwerten, sondern deckt ihren Energiebedarf in der Postresorptionsphase und bei Hunger über die β-Oxidation.

Zur Erinnerung können Sie ggf. noch einmal die Verbindung zwischen Lipogenese, β-Oxidation und Ketogenese (s. S. 55) wiederholen.

10.1.5.1 Die Cholesterinbiosynthese

Die Leber ist Hauptproduzent des **Cholesterins**. Cholesterin ist am Aufbau von Membranen und Hormonen beteiligt. Da überschüssiges Cholesterin nicht zur Energiegewinnung genutzt werden kann, verwendet die Leber Cholesterin zur Synthese der **Gallensäuren** (s. u.).

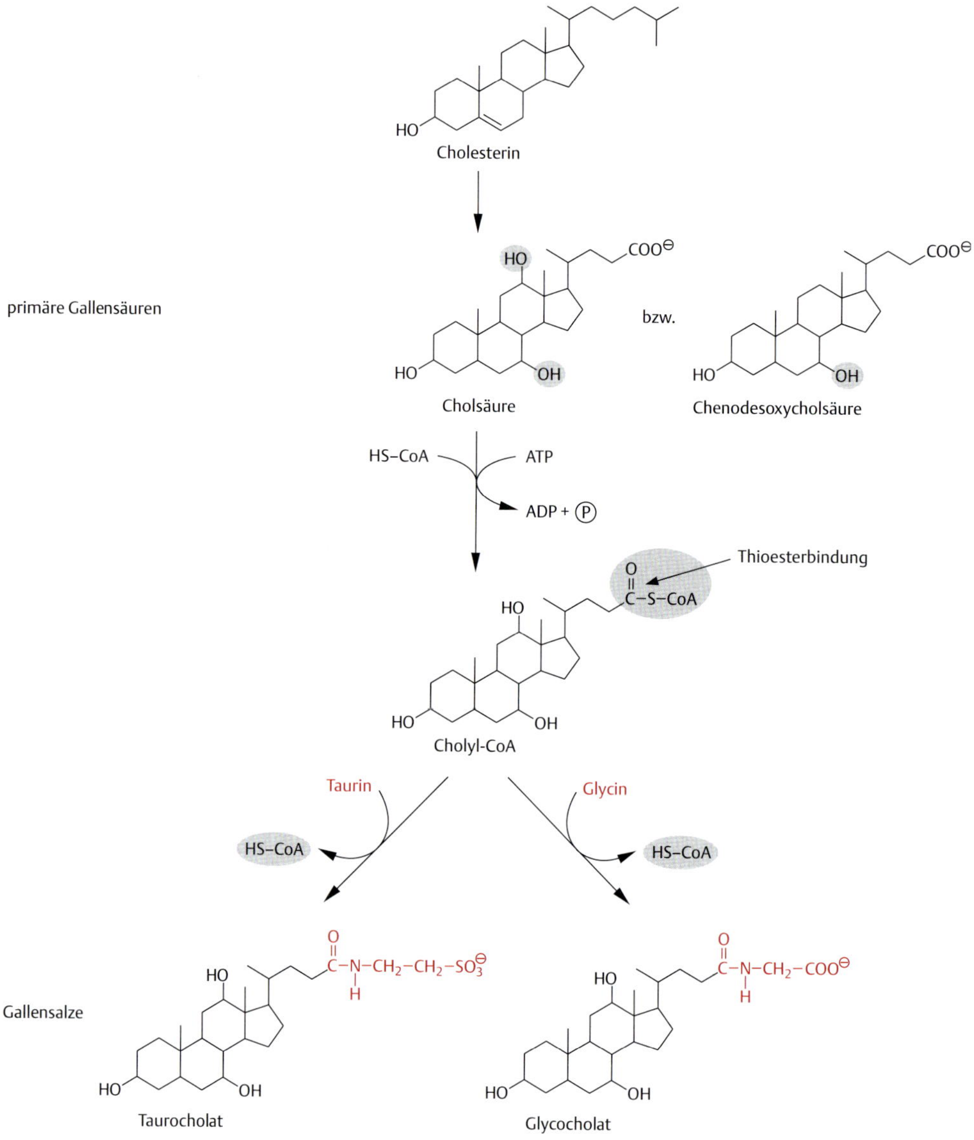

Abb. 10.6 Reaktionsschritte der Gallensäurensynthese am Beispiel der Cholsäure

Einzelheiten zur Cholesterinbiosynthese siehe Kapitel Lipide (S. 72).

10.1.5.2 Die Lipoproteinsynthese

Die Leber produziert zum Transport von unpolaren Lipiden die **Lipoproteine** VLDL und HDL **(Abb. 10.5)**. **VLDL** (*very low density lipoprotein*) transportiert Nahrungslipide (exogene) und körpereigene (endogene) Lipide in der Blutbahn. VLDL wird durch die **Lipoproteinlipase** (LPL) abgebaut und wandelt sich in LDL (*low density lipoprotein*) um.

Außerdem produziert die Leber **HDL** (*high density lipoprotein*). Die Hauptaufgabe dieses Lipoproteins ist der Rücktransport von Cholesterin aus dem extrahepatischen Gewebe zur Leber. Weiteres zum Lipoproteinstoffwechsel siehe Kapitel Lipide (S. 76).

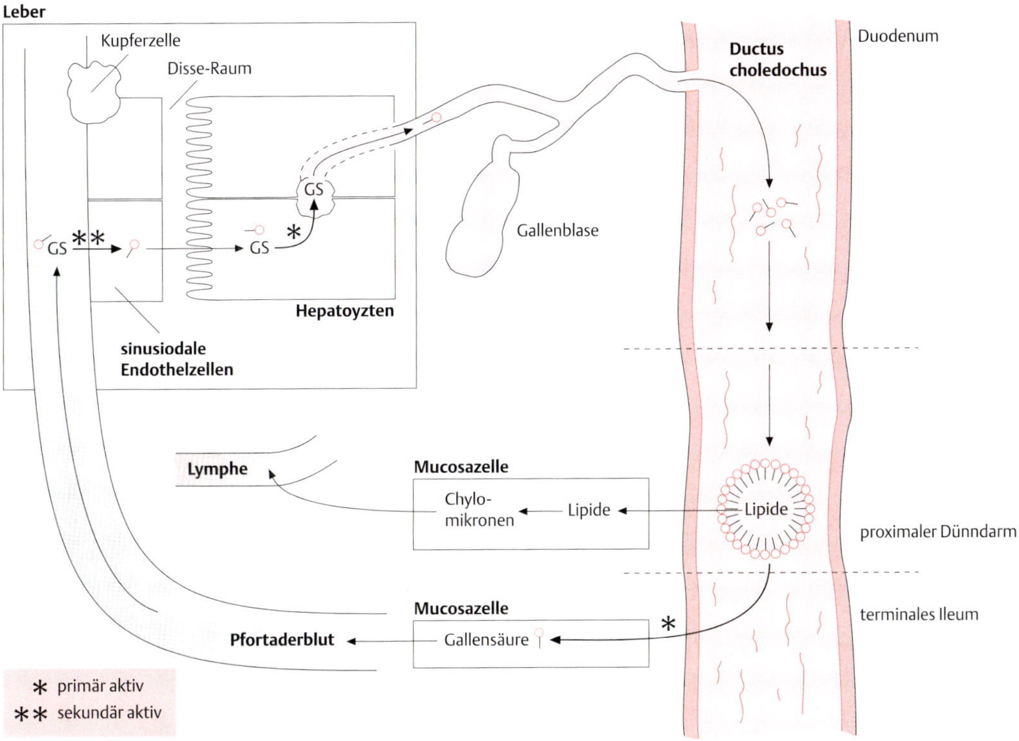

Abb. 10.7 Enterohepatischer Kreislauf (FS = Fettsäuren, GS = Gallensäuren)

10.1.6 Die Gallensäuren

Die Gallensäuren entstehen aus Cholesterin (Abb. 10.6) und unterliegen dem enterohepatischen Kreislauf. Sie sind für die Lipid-Verdauung unerlässlich, da sie über die Bildung von Micellen die Resorption lipophiler Substanzen ermöglichen (s. S. 247). Die Synthese der Gallensäuren findet in den **Peroxisomen** des Hepatozyten statt. Wichtige primäre Gallensäuren sind **Cholsäure** und **Chenodesoxycholsäure**.

10.1.6.1 Die Synthese der Gallensäuren

Cholesterin wird in einem ersten Schritt durch die Einführung von Hydroxylgruppen und Carboxylgruppen (Säuregruppen) in Cholsäure bzw. Chenodesoxycholsäure umgewandelt. Diese Säuren werden im nächsten Schritt durch CoA aktiviert (in Abb. 10.6: Cholsäure zu Cholyl-CoA) Es wird eine Thioesterbindung geknüpft. Der CoA-Rest wird im nächsten Schritt durch die Aminosäuren Glycin oder Taurin, das biogene Amin des oxidierten Cysteins, ersetzt. Beide dienen der Konjugation und erhöhen den hydrophilen Charakter der Cholsäure. Es entstehen die **konjugierten Gallensalze** Taurocholsäure und Glykocholsäure. Bei der Verdauung liegen die primären Gallensäuren also als **Salze** vor.
Ein Teil der Gallensalze wird im Dickdarm durch Bakterien in die **sekundären Gallensäuren** umgewandelt: Nach Dekonjugation der Gallensalze entstehen wieder die primären Gallensäuren, aus denen durch Dehydroxylierungen die sekundären Gallensäuren Desoxycholsäure und Lithocholsäure entstehen.
Die meisten Gallensäuren werden wieder reabsorbiert (enterohepatischer Kreislauf, s. u.). Der kleine nicht reabsorbierte Anteil wird ausgeschieden und stellt die einzige Möglichkeit des Körpers dar, Cholesterin auszuscheiden.

10.1.6.2 Der enterohepatische Kreislauf

(Abb. 10.7)

Die in den Hepatozyten produzierten Gallensäuren gelangen über die Gallenkanälchen in die Gallenblase. Der Transport über die Hepatozytenmem-

bran erfolgt als **primär aktiver Transport** über den ATP-abhängigen Gallensäuretransporter. In der Gallenblase wird die von der Leber sezernierte Gallenflüssigkeit (Lebergalle) gespeichert und durch Wasserentzug „eingedickt". In der so entstanden Blasengalle sind die Gallensäure und andere Bestandteile (Cholesterin, Phospholipide und Gallenfarbstoffe) dementsprechend höher konzentriert.
Da der Gallensäurebedarf wesentlich höher ist als die in der Leber vorhandene Menge an Gallensäuren, werden diese (6- bis 10-mal täglich) aus dem Darm zu 90 % rückresorbiert. Dies geschieht größtenteils unabhängig von den emulgierten lipophilen Substanzen: Die meisten Gallensäuren werden erst im terminalen Ileum über ein aktives Transportsystem reabsorbiert und ans Blut abgegeben. Sie erreichen mit dem Blut die Pfortader und werden von dort über die sinusoidalen Endothelzellen wieder in die Hepatozyten aufgenommen. Die Wiederaufnahme der Gallensäuren geschieht über einen **sekundär aktiven Natrium-Symport**. Hierbei wird über die sinusoidal (= basolateral) gelegene Na^+/K^+-ATPase in der Hepatozytenmembran ein elektrochemischer Natriumgradient aufgebaut, der dazu dient, die Gallensäuren apikal im Kotransport mit Natrium in die Zellen zu transportieren. Diesen Kreislauf der Gallensäuren nennt man den **enterohepatischen Kreislauf**. Die Gallensäuren selbst fördern die Sekretion der Gallenflüssigkeit aus der Leber. In geringem Maße wirkt auch das Verdauungshormon Sekretin stimulierend auf die Sekretion (s. S. 231).

10.1.7 Die Leber als Entgiftungsorgan

Bei der Entgiftung unseres Körpers kommt der Leber eine zentrale Bedeutung zu. Sie nimmt aus dem Blut endogene und exogene toxische Substanzen auf, wie z. B. Ammoniak, bakterielle Toxine, Schwermetalle, Alkohole, Arzneimittel oder andere Gifte. Diese Substanzen werden in der Leber inaktiviert und dann mit der Gallenflüssigkeit oder mit dem Urin ausgeschieden.

10.1.7.1 Die Biotransformation

Die Aufgabe der Biotransformation ist es, für den Körper gefährliche Substanzen unschädlich zu machen. Die Leber besitzt dafür ein Enzymsystem, das in der Lage ist, apolare lipophile Substanzen in wasserlösliche Substanzen umzuwandeln. Dabei kann es sich um körpereigene **(Endobiotika)** oder körperfremde **(Xenobiotika**, z. B. Medikamente) Substanzen handeln. Diesen Vorgang nennt man **Biotransformation**. Das Ziel der Biotransformation ist es, die Wirkung solcher Substanzen aufzuheben und sie „flüssig" zu machen, damit sie ohne Probleme ausgeschieden werden können.
Die prinzipielle Aufgabe der Biotransformation ist die **Entgiftung** von Substanzen. Einige Medikamente (z. B. Zytostatika) können aber über diesen Prozess auch wirksamer oder sogar giftig werden. Diese Verstärkung der toxischen Wirkung nennt man **Giftung**.
Die Biotransformation findet im **glatten endoplasmatischen Retikulum** statt und wird grundsätzlich in zwei Phasen unterteilt. In der ersten Phase der Biotransformation wird die zu entgiftende Substanz vorbereitet, indem **reaktive Gruppen** eingeführt werden. An die reaktiven Gruppen können in der nächsten Phase weitere Moleküle binden, die die Substanz dann wasserlöslich machen.

MERKE

Das Grundprinzip der Biotransformation ist, apolare lipophile Substanzen wasserlöslich zu machen.

Schauen Sie sich die Reaktionen der beiden Phasen der Biotransformation genau an, das wird häufig geprüft.

Phase I

Zu den reaktiven Gruppen, die in der ersten Phase der Biotransformation eingeführt werden, zählen u. a. Hydroxylgruppen (-OH), Aminogruppen (-NH_2) und Carboxylgruppen (-COOH). Am häufigsten handelt es sich um **Hydroxylgruppen**, die typischerweise durch die mikrosomalen **Cytochrom P_{450}-Enzyme** in die Substanz eingefügt werden.
Cytochrom P_{450}-Enzyme sind **Hydroxylasen** oder (gleichbedeutend) **Monooxygenasen**, weil sie **ein** Sauerstoffatom in das Substrat einbauen. Die Coenzyme dieser Reaktion sind **NADPH+H⁺** und molekularer Sauerstoff **(O_2)**. Ein Sauerstoffatom wird in die Substanz eingeführt (**Mono**oxygenase) und es entsteht dabei eine Hydroxylgruppe (Hydroxylase). Das

zweite Sauerstoffatom reagiert mit den zwei Wasserstoff-Atomen des NADPH+H$^+$ zu Wasser (H_2O). NADP$^+$ bleibt übrig. **Abb. 10.8** zeigt als Beispiel für die Einführung einer Hydroxylgruppe das Benzol, das in der ersten Phase der Biotransformation in Phenol umgewandelt wird. Weitere Reaktionen, die zur Einführung von reaktiven Gruppen führen, sind Oxidationen, Reduktionen und Hydrolysen.

BEACHTE

Cytochrom P_{450}-Enzyme dürfen nicht mit den Cytochromen der Atmungskette verwechselt werden. Achten Sie deshalb in Prüfungen genau darauf, nach welchen Cytochromen gefragt wird.

Phase II

In der zweiten Phase der Biotransformation kommt es zur **Konjugation**, dem eigentlichen „flüssig-machen". Wie der Name schon sagt, wird die jetzt reaktive Substanz mit hydrophilen Substanzen konjugiert. Dann kann der Gesamtkomplex über die Niere ausgeschieden werden.

Die häufigste Konjugation findet mit **UDP-Glucuronsäure** statt **(Abb. 10.9)**. Man spricht dann von **Glucuronidierung**. Die stark hydrophile UDP-Glucuronsäure wird über die vorher eingeführten (Hydroxyl-)Gruppen mit der betreffenden Substanz verbunden (in unserem Beispiel entsteht Phenol-Glucuronid), die dann als unwirksame, hydrophile Substanz ausgeschieden wird.

Neben der UDP-Glucuronsäure gibt es noch weitere Substanzen, die der Körper zur Konjugatbildung verwendet:

- **PAPS** (Phospho-adenosin-phospho-sulfat) zur Sulfatierung.
- **Acetat** zur Acetylierung.
- **Aminosäuren** (siehe Synthese der Gallensäuren, S. 257).
- **Glutathion** zur Thioetherbildung.

Die Umwandlung der lipophilen Substanz Cholesterin zu den löslichen Gallensäuren (s. o.) zeigt starke Ähnlichkeit mit der Biotransformation. Auch hier wird eine funktionelle Gruppe (Säuregruppe) eingeführt und diese anschließend mit Aminosäuren konjugiert, um das lipophile Cholesterin in die wasserlöslichen Gallensäuren zu überführen.

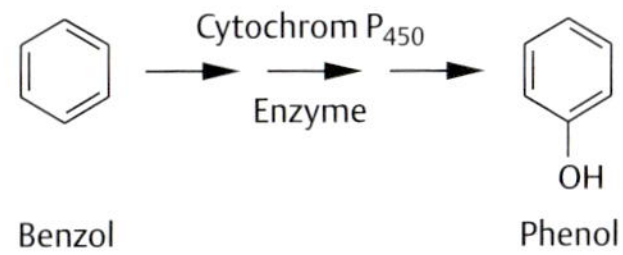

Abb. 10.8 Phase I der Biotransformation: Einführung einer Hydroxylgruppe in Phenol. Dabei findet im Anschluss an die Monooxygenasereaktion noch eine Reduktion statt.

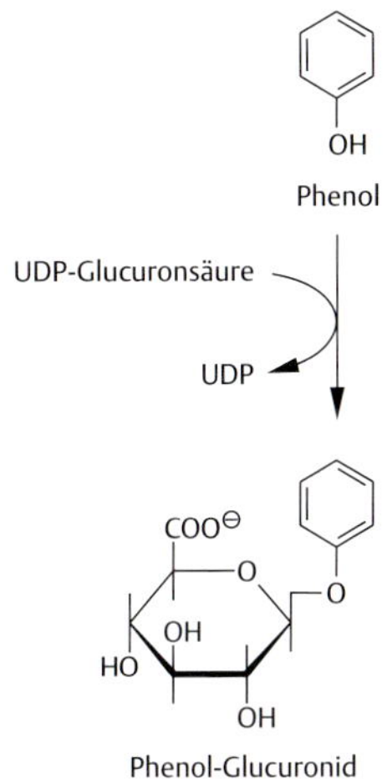

Abb. 10.9 Phase II der Biotransformation: Konjugation mit Glucuronsäure

Die Induktion der Biotransformation

Die Enzyme der Cytochrom P_{450}-Systeme sind induzierbar, d. h. verschiedene Substanzen (u. a. Medikamente) wirken als Induktoren und erhöhen so die Wirksamkeit des Systems. Zu den bekanntesten Medikamenten, die eine Enzyminduktion hervorrufen, gehören die **Barbiturate**, die heutzutage allerdings nur noch selten eingesetzt werden. Das Antibiotikum **Rifampicin** wirkt ebenfalls als Induktor. Die Folge der Enzyminduktion ist ein **vermehrter Abbau lipophiler Substanzen** in der Leber. Dies ist vor allem dann zu berücksichtigen, wenn parallel lipophile Medikamente eingenommen werden, die über die Leber metabolisiert und so schneller ausgeschieden werden.

10.1.7.2 Der Genuss von Alkohol und seine Folgen

Beim *akuten* Genuss von Alkohol steigt der Ethanolspiegel im Blut stark an. Das Ethanol wird von den Hepatozyten aufgenommen und abgebaut. Dieser Abbau wird durch zwei Enzyme katalysiert: **Alkoholdehydrogenase** und **Aldehyddehydrogenase** **(Abb. 10.10 a)**. Im ersten Schritt wird das Ethanol

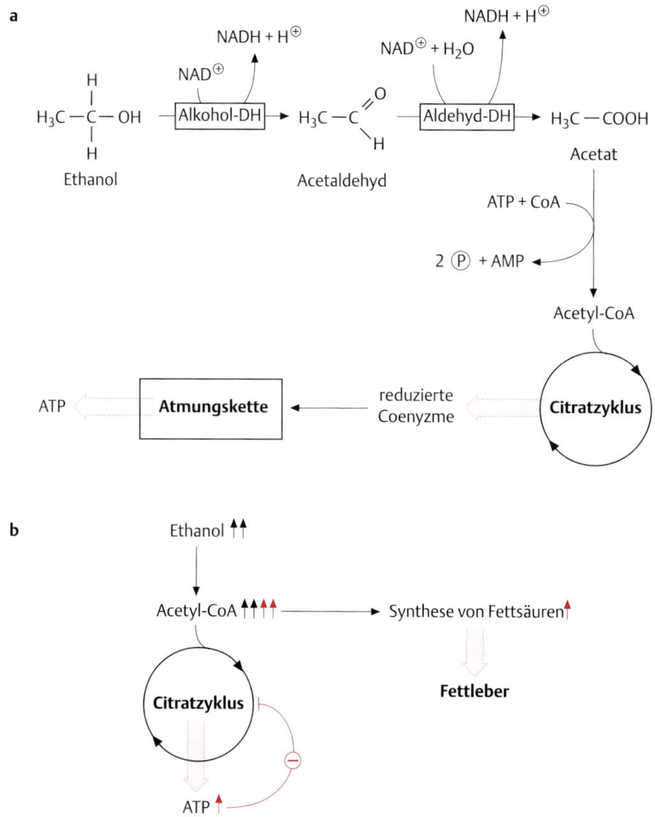

Abb. 10.10 (a) Reaktionen des Alkoholabbaus in der Leber (DH = Dehydrogenase), (b) Hemmung von Citratzyklus und Atmungskette bei Alkoholgenuss

durch die Alkoholdehydrogenase in **Acetaldehyd** umgewandelt. Da diese Reaktion eine Oxidation ist, wird NAD^+ zu $NADH+H^+$ reduziert. Anschließend wird der entstandene Acetaldehyd durch die Aldehyddehydrogenase in **Acetat** überführt. Bei diesem Vorgang kommt es ebenfalls zur Oxidation. In einem letzten Schritt wird das Acetat zu **Acetyl-CoA** aktiviert und kann dadurch über den Citratzyklus und die Atmungskette zur **ATP-Bildung** beitragen.

Bei übermäßigem oder chronischem Alkoholgenuss kommt es in der Leber zu schwerwiegenden Veränderungen. Das beim Alkoholabbau anfallende überschüssige Acetyl-CoA liefert über die Atmungskette eine hohe Anzahl an ATP, die durch Hemmung des Enzyms Isocitratdehydrogenase den Citratzyklus und die Atmungskette zum Erliegen bringt **(Abb. 10.10 b)**. Dadurch kann das Acetyl-CoA nicht mehr zur ATP-Gewinnung herangezogen werden. Es wird statt dessen zur Fettsäuresynthese benutzt und dann in Form von Triyacylglycerinen gespeichert.

Das außerdem beim Alkoholabbau entstehende Zwischenprodukt Acetaldehyd wirkt lebertoxisch über die **Freisetzung von Sauerstoffradikalen**, die vermehrt Membranen und deren Transportsysteme schädigen. Deshalb können die Triacylglycerine nicht mehr aus den Hepatozyten ausgeschleust werden und lagern sich dort ab. Es entsteht eine **Fettleber**.

Des Weiteren führt Acetaldehyd zur Bildung von **Proteinaddukten**, die als antigene Strukturen zu Immunreaktionen führen. Durch die Ausschüttung verschiedener Zytokine kommt es zur Proliferation und **Fibrosierung** des Lebergewebes und letztlich zur **Leberzirrhose**.

Ein erhöhter Ethanolspiegel induziert auch das **mi**krosomale **e**thanol**o**xidierende **S**ystem **(MEOS)**. Dieses System zählt ebenfalls zu den Cytochrom P_{450}-Enzymen (s. o.). Es verbraucht Sauerstoff unter der Verwendung von reduzierten Coenzymen, ohne dabei ATP zu gewinnen. Dies kann zu hypoxischen Leberschäden führen.

Klinischer Bezug

Paracetamol-Vergiftung: Paracetamol ist ein weit verbreitetes **Analgetikum**. Aufgrund seiner guten Verträglichkeit im Vergleich zu Acetylsalicylsäure (ASS, Aspirin) ist es gerade in der Kinderheilkunde beliebt.
Eine wichtige Eigenschaft von oral appliziertem Paracetamol ist seine **lebertoxische Wirkung**. Die dadurch auftretende Lebervergiftung als Nebenwirkung findet man heutzutage recht häufig, da Paracetamol rezeptfrei in der Apotheke zu erhalten ist. Paracetamol wird in der Leber über die Biotransformation inaktiviert und anschließend ausgeschieden. Bei erhöhten Dosen entstehen aufgrund der limitierten Möglichkeit zur Glucuronidierung und Sulfatierung vermehrt reaktive Zwischenstufen, die an die lebereigenen Proteine binden und damit toxisch wirken (ab 7 g). Unter anderem können die giftigen Zwischenstufen durch **Konjugation mit Gluthation** inaktiviert werden. Sie binden an die SH-Gruppen des Glutathions und oxidieren dieses. Wenn die Glutathion-Reserven erschöpft sind, binden diese Zwischenstufen an die SH-Gruppen zelleigener Proteine. Es kommt zur **Leberzellnekrose** und der Gefahr des **Leberversagens**.
Als **Antidot** bei Überdosierung gibt man innerhalb der ersten 10 Stunden **N-Acetylcystein** (ACC, Fluimucil: findet sich in jedem Notfallkoffer und als „Schleimlöser" in den meisten Hausapotheken). So verabreicht man zusätzliche SH-Gruppen, um die weitere Zerstörung der Leberzellen aufzuhalten.
Dass Paracetamol trotz dieser Gefahren in der **Kinderheilkunde** beliebt ist, liegt an der Art der Applikation. Bei Kindern gibt man Medikamente meist als **Zäpfchen**. Die Gefäße des unteren Rektums münden nicht in die Pfortader, sondern direkt in die Hohlvene und so wird die **Leber umgangen**.

Check-up

- ✔ **Verdeutlichen Sie sich nochmals die Stellung der Leber im Intermediärstoffwechsel. Vollziehen Sie nach, was in der Leber mit Kohlenhydraten, Lipiden und Proteinen geschieht.**
- ✔ **Machen Sie sich klar, warum die Gallenflüssigkeit so wichtig ist.**
- ✔ **Überlegen Sie sich, wie die Leber den Organismus von schädlichen Substanzen befreit. Rekapitulieren Sie nochmals das Prinzip der Biotransformation.**

10.2 Das Fettgewebe

Lerncoach

Je nachdem, in welcher Stoffwechselsituation sich der Körper befindet, dient das Fettgewebe entweder als Energiespeicher oder als Energielieferant. In ihm sind Kohlenhydrat- und Fettsäurestoffwechsel eng verzahnt. Achten Sie beim Lernen darauf, von welcher Stoffwechsellage (Hunger, Nahrungsüberschuss, Insulinmangel) die Rede ist.

10.2.1 Überblick und Funktion

Es gibt zwei Arten von Fettgewebe: **braunes** und **weißes** Fettgewebe. Das braune Fettgewebe macht beim erwachsenen Menschen nur einen ganz geringen Anteil am Gesamtfettgewebe aus und wird hier nur am Rande erwähnt. Es dient zur **Wärmeerzeugung** (s. S. 140).
Die Hauptmasse des Fettgewebes besteht aus weißem Fettgewebe und dient der **Speicherung der Triacylglycerine** (Depotfette, Speicherfette). Im Folgenden ist nur von weißem Fettgewebe die Rede.
Die Triacylglycerine sind aus einem Glycerin und drei Fettsäuren aufgebaut (s. S. 50) und sind wertvolle **Energiereserven** des Körpers, die vor allem bei Kohlenhydratmangel genutzt werden. Die Freisetzung von Fettsäuren aus den Triacylglycerinen (Lipolyse) unterliegt einer **hormonellen Regulation**, an der besonders Insulin und die Katecholamine beteiligt sind. Bei Nahrungsüberschuss wird aus Glucose Triacylglycerin synthetisiert und gespeichert. Die Arbeit des Fettgewebes kann ebenso wie die Arbeit der Leber in die Resorptionsphase und die Postresorptionsphase eingeteilt werden (s. S. 251).

10.2.2 Der Aufbau

Das Fettgewebe besteht aus großen Zellen mit je einer einzelnen Vakuole, die fast den gesamten Zellinnenraum ausfüllt. In dieser Vakuole werden die Triacylglycerine gespeichert. Man nennt sie deshalb auch Fetttröpfchen. Das Zytoplasma (mit den Zellorganellen) bildet nur noch einen schmalen Saum direkt unterhalb der Plasmamembran. Dort finden auch die Reaktionen der verschiedenen Stoffwechselwege statt.

10.2.3 Der Kohlenhydratstoffwechsel

Die **Glucose** wird von den Fettzellen **insulinabhängig** aus dem Blut aufgenommen. Die Zellen enthalten alle Enzyme der Glykolyse. Sie sind also dazu befähigt, Glucose in Pyruvat und schließlich in Acetyl-CoA umzuwandeln. Dieses wird dann weiterverwertet.

Während der Resorptionsphase erhält das Fettgewebe die Energie hauptsächlich aus der **Glykolyse** und dem weiteren Abbau von Acetyl-CoA.

Bei Nahrungsüberschuss werden sowohl die Fettsäuren als auch das Glyceringrundgerüst für den **Aufbau** und die **Speicherung** der **Triacylglycerine** aus dem Abbau der Glucose gewonnen (**Abb. 10.11**). Für die Synthese der Fettsäuren wird NADPH+H⁺ benötigt, welches über den **Pentosephosphatweg** geliefert wird.

10.2.3.1 Die Umwandlung von Glucose in Triacylglycerin

Um Triacylglycerin zu synthetisieren, wird in den Fettzellen Glucose als Ausgangssubstrat verwendet. Aus Dihydroxyacetonphosphat kann **Glycerin-3-phosphat** und aus **Acetyl-CoA** können die Fettsäuren gebildet werden (s. S. 65).

Die Synthese des Glycerin-3-phosphat

Da es im Fettgewebe keine Glycerinkinase gibt, hat es keine Möglichkeit, freies Glycerin zu Glycerin-3-phosphat zu phosphorylieren. Deshalb verwendet es für die Synthese von Glycerin-3-phosphat **Dihydroxyacetonphosphat** (DHAP), ein Zwischenprodukt aus der Glykolyse: Die aufgenommene Glucose wird im Fettgewebe über die Glykolyse (Aldolase-Reaktion) bis zum C3-Körper DHAP abgebaut. DHAP wird in diesem Fall nicht über die Triosephosphatisomerase zu Glycerinaldhyd-3-phosphat, sondern zu Glycerin-3-phosphat reduziert. Diese Reaktion wird durch die Glycerin-3-phosphat-Dehydrogenase katalysiert und benötigt NADH+H⁺.

MERKE

Im Fettgewebe gibt es keine Glycerinkinase!

Die Synthese der Fettsäuren

Die **Synthese der Fettsäuren** findet im Zytosol der Zelle an einem Multienzymkomplex statt (s. S. 65). Hier entstehen durch Bereitstellung von mehreren Acetyl-CoA die Fettsäuren, in erster Linie Palmitin- und Stearinsäure. Das benötigte **Acetyl-CoA** entsteht hauptsächlich beim Abbau der Glucose. Für die Neusynthese der Fettsäuren benötigt das Fettgewebe als Coenzym **NADPH+H⁺**. Dieses wird über

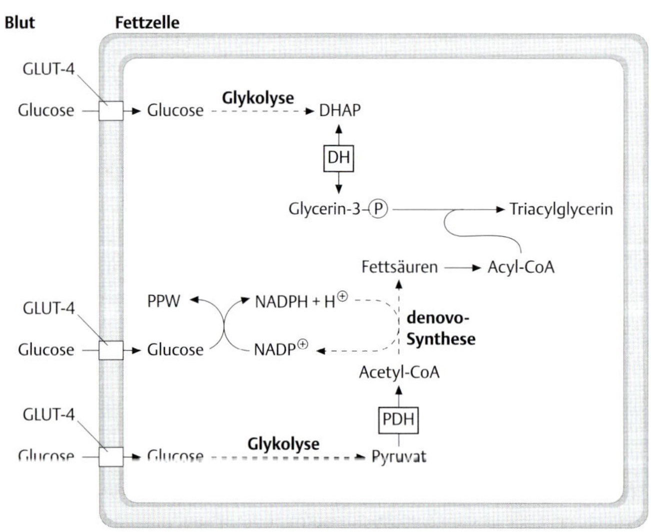

Abb. 10.11 Aufbau von Triacylglycerin aus Glucose (GLUT-4 = insulinabhängiger Glucosetransporter, DHAP = Dihydroxyacetonphosphat, DH = Glycerin-3-phosphat-Dehydrogenase, PDH = Pyruvatdehydrogenase, PPW = Pentosephosphatweg)

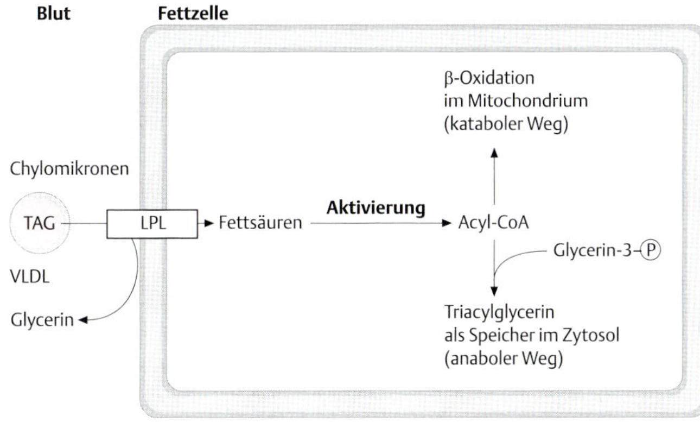

Abb. 10.12 Bildung und Speicherung von Triayclglycerin (TAG = Triacylglycerin, LPL = Lipoproteinlipase)

den **Pentosephosphatweg** geliefert, der ebenfalls mit der Glucose aus der Nahrung gespeist wird.

10.2.4 Der Lipidstoffwechsel

Das Fettgewebe synthetisiert nicht nur selbst Fettsäuren, sondern speichert auch die mit der Nahrung aufgenommenen Fettsäuren. Die Fettsäuren werden dazu im Fettgewebe mit dem Glyceringrundgerüst zu Triacylglycerin verestert.

Die Triacylglycerine werden bei Bedarf (z.B. bei Hunger) wieder in ihre Bestandteile zerlegt und die Fettsäuren in der β-Oxidation abgebaut. Die β-Oxidation dient während der Postresorptionsphase auch zur Deckung des eigenen Energiebedarfs. Der Lipidstoffwechsel unterliegt einer strengen hormonellen Kontrolle (s. u.).

10.2.4.1 Die Speicherung der Triacylglycerine

Die Triacylglycerine, die wir mit der Nahrung aufnehmen **(exogene Lipide)**, werden über Lipoproteine in der Blutbahn transportiert (s. S. 76). Sie sind aufgrund ihres lipophilen Charakters nicht frei im Blut löslich. Vom Darm werden deshalb **Chylomikronen** synthetisiert, die über die Lymphbahnen in den großen Körperkreislauf gelangen. An den Endothelzellen des Fettgewebes spaltet die **Lipoproteinlipase** die in den Chylomikronen enthaltenen Triacylglycerine in Glycerin und Fettsäuren. Die Fettsäuren werden von den Fettzellen aufgenommen, das Glycerin ist frei wasserlöslich und verbleibt im Blut **(Abb. 10.12)**.

Von der Leber wird **VLDL**, ein weiteres Lipoprotein, gebildet, das zusätzlich zu den Triacylglycerinen aus der Nahrung auch vom Körper produzierte Triacylglycerine und andere **endogene Lipide** enthält. VLDL wird ebenfalls wie die Chylomikronen durch die Lipoproteinlipase abgebaut und versorgt das Fettgewebe mit Fettsäuren.

10.2.4.2 Die Lipolyse

Unter Lipolyse versteht man den Abbau von Triacylglycerinen in Glycerin und Fettsäuren (s. S. 55). Die gespeicherten Triacylglycerine werden im Fettgewebe durch eine hormonsensitive **Triacylglycerinlipase** in Fettsäuren und Glycerin gespalten und an die Blutbahn abgegeben **(Abb. 10.13)**. Die **Fettsäuren** werden hierbei an Albumin gebunden im Blut transportiert, während **Glycerin** wasserlöslich ist.

MERKE

Lipolyse: Triacylglycerin + 3 H_2O → Glycerin + 3 Fettsäuren.

Die **Lipolyse** findet statt, wenn keine oder nur wenige Kohlenhydrate zur Verfügung stehen und **Energiemangel** herrscht. Diesen Zustand findet man bei der Nahrungskarenz oder beim Fasten. In diesem Fall können viele Organe ihren Energiehaushalt durch die Verbrennung von Fettsäuren aufrechterhalten und Glucose kann von der Leber für die Organe zur Verfügung gestellt werden, die von Glucose als Energielieferant abhängig sind. Ein Teil der Fettsäuren wird auch in der Leber in die wasserlöslichen **Ketonkörper** umgewandelt, die als Ersatzenergieträger dienen (u. a. im Muskel, bei einer längeren Hungerphase auch im ZNS, s. S. 61). Glycerin kann in der Leber zur **Gluconeogenese** herangezogen werden.

10

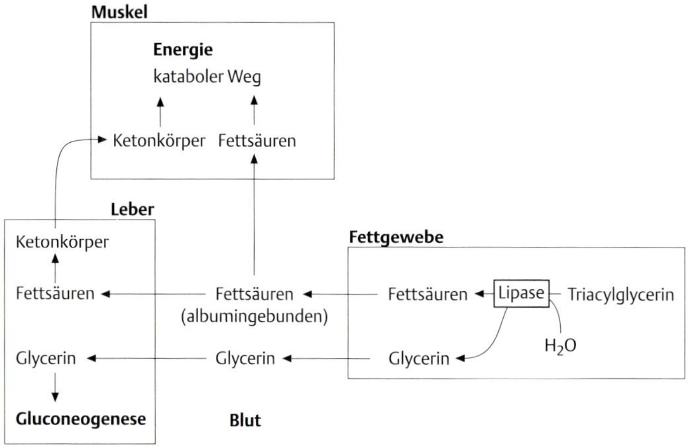

Abb. 10.13 Freisetzung von Fettsäuren und Glycerin (FS = Fettsäure)

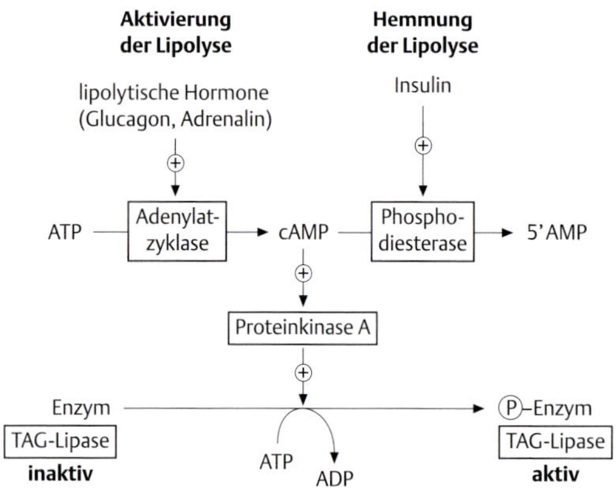

Abb. 10.14 Regulation der Lipolyse durch Insulin (DHAP = Dihydroxyacetonphosphat)

10.2.4.3 Die hormonelle Regulation des Lipidstoffwechsels

Der Lipidstoffwechsel wird durch das Hormon **Insulin** und seine Gegenspieler, die **Katecholamine** und **Glukagon**, reguliert.

Die Wirkung des Insulins

Die bekannteste Wirkung von Insulin auf Fettzellen ist die **Stimulation** der Glucoseaufnahme über den **GLUT-4**-Transporter **(Abb. 10.14)**. Außerdem aktiviert Insulin die **Glykolyse** und die **Pyruvatdehydrogenase**. Aus Glucose wird dementsprechend über Pyruvat Acetyl-CoA gebildet. Das Acetyl-CoA kann durch die **Acetyl-CoA-Carboxylase** zu Malonyl-CoA carboxyliert werden. Die Acetyl CoA Carboxylase ist das Schrittmacherenzym bei der Biosynthese der Fettsäuren und wird durch Insulin aktiviert.

Die **Lipoproteinlipase** an den Endothelzellen wird ebenfalls durch Insulin **induziert**. Sie spaltet Fettsäuren aus den Chylomikronen und VLDL ab, die dann von der Zelle aufgenommen und in Form von Triacylglycerinen gespeichert werden können.

Das zentrale Enzym der Lipolyse ist die hormonsensitive **Triacylglycerinlipase** (TAG-Lipase), die sich im Zytosol des Fettgewebes befindet. Dieses Enzym zählt zu den **interkonvertierbaren Enzymen**, d. h. seine Aktivität wird durch Phosphorylierung und Dephosphorylierung reguliert. Wie die meisten interkonvertierbaren Enzyme wird die TAG-Lipase durch eine **cAMP-abhängige Proteinkinase A** phosphoryliert **(Abb. 10.14)**.

Beachte: Viele Enzyme werden durch Phosphorylierung inaktiv, aber die TAG-Lipase ist (wie die Glykogenphosphorylase) eine der Ausnahmen, die phosphoryliert im aktiven Zustand vorliegt (s. S. 168).

MERKE

TAG-Lipase ist im phosphorylierten Zustand aktiv.

Insulin führt zu einer Aktivierung der Phosphodiesterase, die cAMP in 5'-AMP spaltet und damit den cAMP-Spiegel in der Zelle senkt (s. S. 221). Als Folge davon sinkt auch die Aktivität der Proteinkinase A. Die TAG-Lipase bleibt dephosphoryliert und damit inaktiv. Das bedeutet, dass Insulin die Triacylglycerine in den Depots hält und damit **antilipolytisch** wirkt!

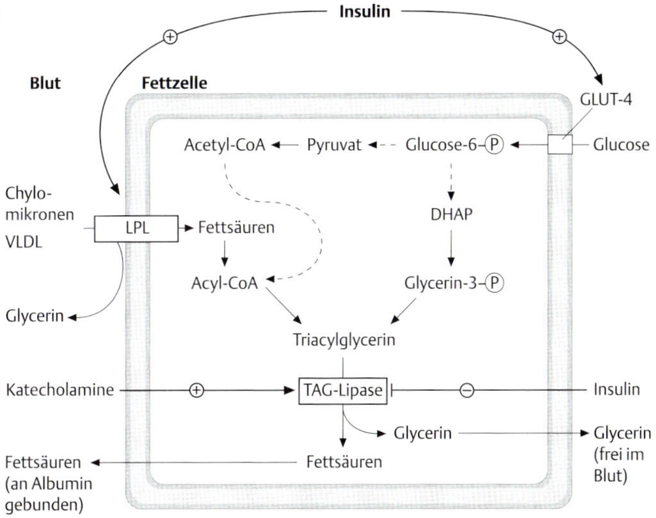

Abb. 10.15 Regulation des Lipidstoffwechsels durch Hormone

MERKE

Insulin ist ein antilipolytisches Hormon. Es verhindert den Abbau der Fette (durch Hemmung der Triacylglycerinlipase) und fördert ihren Aufbau (durch Aktivierung der Lipoproteinlipase).

Die Wirkung der Katecholamine

Katecholamine sind **Antagonisten** des Insulins. Sie erhöhen über G-Protein-gekoppelte Reaktionen den cAMP-Spiegel in der Zelle und bewirken so eine Phosphorylierung der TAG-Lipase **(Abb. 10.15)**. Die Triacylglycerine werden abgebaut und die Fettsäuren dienen dem Körper zur Energiegewinnung. Das Glycerin fließt in der Leber in die Gluconeogenese ein. Katecholamine wirken vor allem bei **Belastung**. **Glucagon**, ebenfalls Gegenspieler des Insulins, wirkt im Gegensatz zu den Katecholaminen in erster Linie bei **Nahrungskarenz** auf die **Leber** und nur in geringem Maße lipolytisch auf das Fettgewebe.

10.2.4.4 Fehlfunktionen im Fettgewebe bei Diabetes mellitus

Das Fettgewebe zählt zu den Organen, die Glucose insulinabhängig über den GLUT-4-Transporter aufnehmen. Bei Insulinmangel **(Diabetes mellitus)**, kann trotz hohem Blutzuckerspiegel keine Glucose aufgenommen werden und dem Fettgewebe wird so fälschlicherweise ein Energiemangel vorgespielt. Es gibt keine Unterscheidung zwischen Glucose- bzw. Insulinmagel für das Fettgewebe.

Das Signal „Energiemangel" veranlasst die Fettzellen, Triacylglycerine abzubauen und so dem Körper Energie zu liefern. Die abgegebenen Fettsäuren werden in der Leber zum Teil in **Ketonkörper** umgewandelt und gelangen ins Blut (Gefahr der Ketoazidose). Das Glycerin wird in der Leber zur **Gluconeogenese** herangezogen, obwohl genügend Glucose vorhanden ist (vgl. S. 64).

10.2.5 Die Regulation der Nahrungsaufnahme durch Leptin

Das Fettgewebe ist ein Organ mit endokriner Tätigkeit. Es produziert das Peptidhormon **Leptin**, das über einen geschlossenen Regelkreis die Nahrungsaufnahme reguliert **(Abb. 10.16)**. Beim Menschen korreliert der Leptinspiegel im Blut mit der Körperfettmasse.

Wenn es durch die Neusynthese von Triacylglycerinen und Substratüberschuss zu einer Zunahme der Fettmasse kommt, wird Leptin vom Fettgewebe an die Blutbahn abgegeben. Mit dem Blut gelangt das

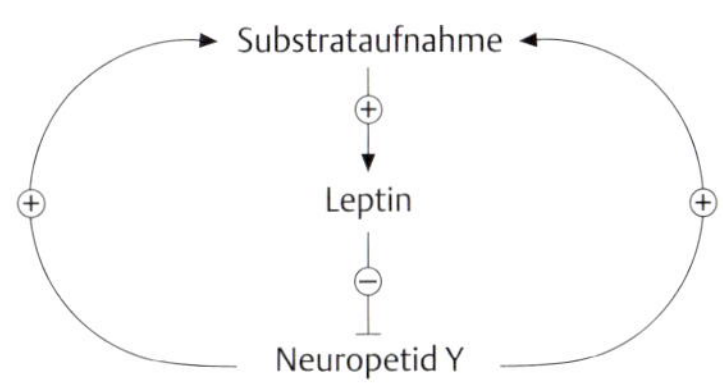

Abb. 10.16 Regulation der Nahrungsaufnahme durch Leptin

Leptin an seinen Wirkungsort im **Hypothalamus**. Hier bewirkt es über einen membranständigen Rezeptor eine verminderte Produktion des **Neuropeptids Y**. Neuropeptid Y gehört zu den Neurohormonen, die normalerweise stimulierend auf die Nahrungsaufnahme wirken. Durch den Einfluss von Leptin wird diese Stimulation verringert und die Nahrungsaufnahme vermindert. Dies führt letzlich zum Substratmangel und damit zur Lipolyse. Im Fettgewebe wird dadurch die Freisetzung von Leptin gehemmt und der Regelkreis ist geschlossen.

Leptin und seine Wirkungen sind erst seit 1994 bekannt. Es werden daher in Zukunft auch vermehrt Fragen zu diesem Hormon gestellt werden. Prägen Sie sich den Regelkreis zum Neuropeptid Y deshalb gut ein.

10.2.6 Das braune Fettgewebe

Das braune Fettgewebe ist von dem „normalen" weißen Fettgewebe abzugrenzen. Es ist besonders gut durchblutet und die Zellen enthalten sehr viele **Mitochondrien**. Die Endoxidation dient hier vor allem der **Wärmeproduktion** (s. S. 140). Es wird nur wenig ATP gebildet. Braunes Fettgewebe findet man bei **Neugeborenen**, die aufgrund der großen Körperoberfläche im Verhältnis zum Körpergewicht leichter auskühlen, sowie bei verschiedenen Tieren, die Winterschlaf halten.

Klinischer Bezug

Adipositas: Adipositas wird im Allgemeinen durch Begriffe wie Fettleibigkeit oder Übergewicht erklärt. Während früher die Adipositas oft als **erworben** und **umweltbedingt** galt, weiß man heute, dass ebenso verschiedene angeborene, also **genetische Faktoren** eine Rolle bei der Entstehung spielen.
Definiert wird Adipositas über den **Body-Maß-Index** (BMI), der sich durch die Division des Körpergewichts (kg) durch die Körperlänge (m) im Quadrat errechnen lässt. Normal sind Werte zwischen 19 und 25 kg/m^2, von Adipositas wird bei Werten über 30 kg/m^2 gesprochen. In Deutschland sind schätzungsweise 20 % aller erwachsenen Männer und Frauen adipös.
Adipositas zählt bei vielen Erkrankungen, wie koronare Herzkrankheit, Gallensteine, Diabetes mellitus Typ II und auch bei Krebserkrankungen (z. B. Brustkrebs) als gesicherter **Risikofaktor**.

Check-up

- ✔ **Wiederholen Sie, welche Auswirkungen Nahrungskarenz und Nahrungsüberschuss auf das Fettgewebe haben.**
- ✔ **Rekapitulieren Sie, wann aus Glucose Triacylglycerin aufgebaut wird.**
- ✔ **Machen Sie sich nochmals klar, wie die Verknüpfung der einzelnen Stoffwechselwege (z. B. Glucoseabbau – Triacylglycerinsynthese) aussieht und welche Rolle Insulin dabei spielt.**

10.3 Das Muskelgewebe

Lerncoach

Die Abgrenzung der verschiedenen Arten von Muskelgewebe wird Ihnen leichter fallen, wenn Sie sich die Unterschiede im Aufbau und in der Innervation klarmachen.

10.3.1 Überblick und Funktion

Man unterscheidet lichtmikroskopisch **quergestreifte Muskulatur** und **glatte Muskulatur**. Zur quergestreiften Muskulatur gehören die **Skelettmuskulatur** und die **Herzmuskulatur**. Während die **Skelettmuskulatur** willkürlich innerviert wird, wird das Herz autonom reguliert. Die **glatte Muskulatur** findet man im Verdauungstrakt, im Urogenitaltrakt und im Bronchialsystem sowie an den Gefäßen. Sie wird unwillkürlich innerviert.

10.3.2 Der Aufbau

Die einzelnen Muskelzellen und -fasern enthalten verschiedene Proteine, die für die Struktur und die Kontraktion verantwortlich sind. Zum detaillierten Aufbau der einzelnen Muskelgewebe siehe Lehrbücher der Physiologie und Histologie.

10.3.2.1 Die Skelettmuskulatur

Eine einzelne Skelettmuskelfaser besteht aus einem großen Zellsynzytium mit zahlreichen randständi-

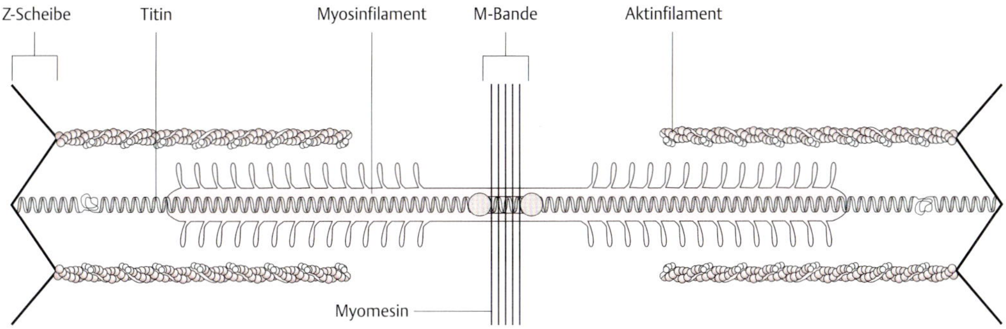

Abb. 10.17 Aufbau eines Sarkomers

gen Zellkernen. Das Synzytium kann eine Länge von mehreren Zentimetern aufweisen. Die Muskelfasern enthalten **Muskelproteine**, die den Großteil des Zellvolumens einnehmen. Dazu gehören in erster Linie **Aktin** und **Myosin**, zwei Proteine, die für die **Kontraktion der Muskelzelle** verantwortlich sind. In ihrer längsgerichteten Anordnung bilden die Proteine die Myofibrillen, die wiederum aus **Sarkomeren** als kleinster Einheit aufgebaut sind (**Abb. 10.17**). Sarkomere werden durch die Z-Scheiben begrenzt: Hier inserieren die **dünnen Myofilamente**, bestehend aus Aktin. Weitere Proteinkomplexe wie **Titin** (das größte Protein im Körper) und **Myomesin** in der Mitte des Sarkomers (M-Bande) halten die **dicken Myofilamente** (Myosin) in der richtigen Stellung. Weitere Proteine in der Membran, z.B. Dystrophin, stellen die Verbindung der Myofilamente zur extrazellulären Matrix her.

10.3.2.2 Der Herzmuskel

Die quergestreifte Herzmuskulatur besteht aus **einzelnen Zellen** (Kardiomyozyten), die netzartig miteinander verbunden sind (funktionelles Synzytium) und über das **Reizleitungssystem** des Herzens zur Kontraktion stimuliert werden.

10.3.2.3 Die glatte Muskulatur

Die glatte Muskulatur besteht ebenfalls aus **einzelnen Zellen**, die langsamere Bewegungen ausführen als die quergestreiften Muskelzellen.

Klinischer Bezug

Muskeldystrophie Typ Duchenne: Die Muskeldystrophie Typ Duchenne wird **x-chromosomal rezessiv** vererbt und ist die häufigste Muskeldystrophie. Dem Krankheitsbild liegt ein genetischer Defekt des Muskelproteins Dystrophin zu Grunde, das normalerweise der Strukturerhaltung dient. Der Defekt betrifft alle Muskelgruppen und es kommt bereits zwischen dem 8. und 12. Lebensjahr zu **Paresen der Muskulatur** und die Patienten sind auf einen Rollstuhl angewiesen. Auch Zwerchfell und Interkostalmuskulatur sind betroffen, sodass die Patienten im jungen Erwachsenenalter meist an einer **respiratorischen Insuffizienz** versterben.

10.3.3 Die Kontraktion

Das Muskelgewebe ermöglicht durch die **Kontraktion der Muskelfasern** dem Körper Bewegungen auszuführen. An der Kontraktion sind vor allem die Muskelproteine Aktin und Myosin beteiligt.

Achten Sie beim Lernen darauf, wie die Kontraktionen zustande kommen und wie das benötigte ATP bereitgestellt wird.

10.3.3.1 Das Myosin

Das Myosin besteht aus zwei schweren und vier leichten Polypeptidketten, die ein Hexamer mit einem Schaft und zwei **Köpfchen** bilden (**Abb. 10.18 a**). Mehrere Myosinhexamere bilden ein verdrilltes **dickes Myofilament**, aus dem die Köpfchen herausragen (**Abb. 10.18 b**). Die Myosinköpfchen bilden mit Aktin **Querbrücken** aus, die aktiv an der Bewegung

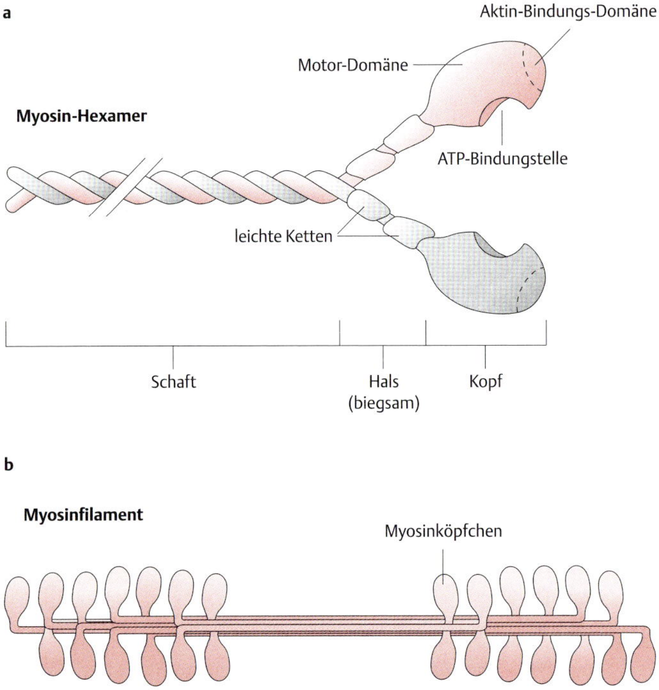

Abb. 10.18 (a) Myosinhexamer; (b) Zusammenlagerung der Myosinhexamere zum dicken Filament

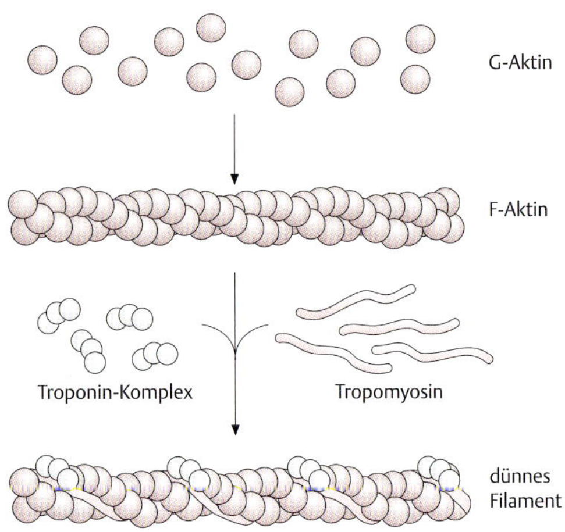

Abb. 10.19 Aufbau des dünnen Filaments im quergestreiften Muskel

beteiligt sind. In den Köpfchen läuft die **Hydrolyse des ATP** ab, das die Energie für die Bewegung liefert. Es gibt verschiedene **Myosin-Isoformen**, die im Muskel vorkommen können und sich in ihrer ATPase-Aktivität und in ihrer Verkürzungsgeschwindigkeit unterscheiden. So ist der Körper in der Lage aufeinander abgestimmte Bewegungen durchzuführen.

10.3.3.2 Das Aktin

Aktin bildet zusammen mit anderen Proteinen das dünne **Myofilament**. Das kugelförmige G-Aktin lagert sich zu dem fadenförmigen **F-Aktin** zusammen, es entsteht das Bild einer Doppelhelix **(Abb. 10.19)**. Um dieses Aktin windet sich Tropomyosin. Im quergestreiften Muskel ist zusätzlich ein **Troponin-Komplex** dem Aktinfaden angelagert. In der glatten Muskulatur findet man anstelle von Troponin **Caldesmon**.

10.3.3.3 Die Regulation der Kontraktion

Die Kontraktion wird über die Verbindung von Aktin und Myosin über die **Querbrücken**, also die Myosinköpfchen, vermittelt. Im ruhenden quergestreiften Muskel verhindern Troponin und Tropomyosin die Bindung des Myosinköpfchens an das Aktin. **Calciumeinstrom** von außen in die Zelle und aus dem sarkoplasmatischen Retikulum führt zur Bindung von Calciumionen an Troponin C, eine Untereinheit von Troponin **(Abb. 10.20)**. Troponin C

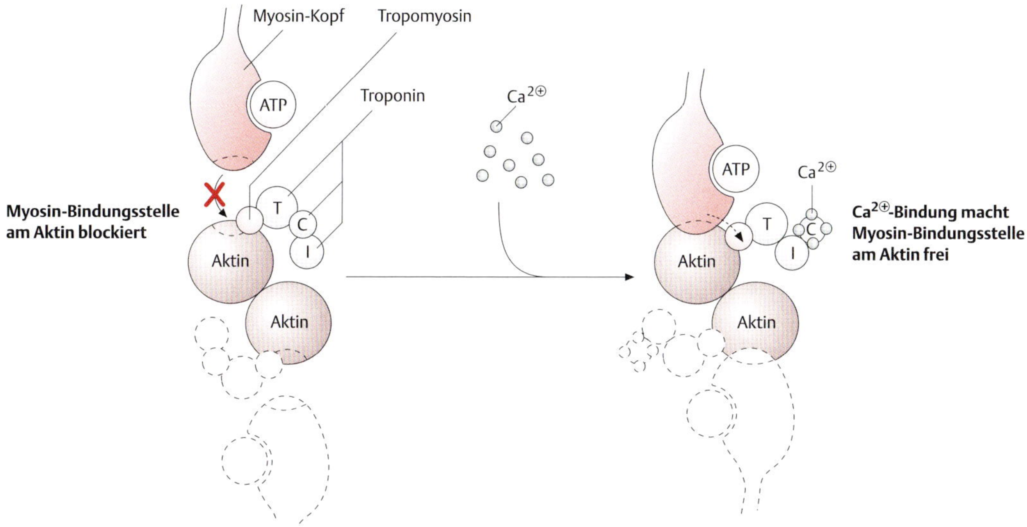

Abb. 10.20 Regulation der Kontraktion durch Calcium

weist eine große Ähnlichkeit mit Calmodulin, einem anderen calciumbindenden Protein, auf. Durch die Bindung des Calcium an Troponin C kommt es zu einer Konformationsänderung, durch die der Komplex aus Troponin und Tropomyosin die Bindungsstelle für das Myosinköpfchen freigibt.

In der **glatten Muskulatur** bindet in Ruhe das Protein **Caldesmon** an das Tropomyosin des Aktins. Hier wird im Zytosol durch den Anstieg der Calciumkonzentration ein Calcium-Calmodulin-Komplex gebildet, der das Caldesmon bindet. Das Caldesmon löst sich vom Aktin und somit wird der Platz für die Bindung des Myosin-Köpfchens freigegeben.

Der Calcium-Calmodulin-Komplex kann weiterhin eine Myosinkinase aktivieren, die eine der **leichten Peptidketten** (die regulierende Kette) des Myosins phosphoryliert und somit den Kontraktionsvorgang einleitet (Myosin-Leichtketten-Kinase [**MLCK**]).

10.3.3.4 Der Kontraktionsvorgang

Während des Kontraktionsvorganges gleiten die dünnen und dicken Myofilamente ineinander und das Sarkomer verkürzt sich. Hierbei wird ATP verbraucht. Im Einzelnen läuft der Kontraktionsvorgang folgendermaßen ab **(Abb. 10.21)**:

Schritt 1

In der Ruhestellung ist das Myosinköpfchen vom Aktin gelöst und hat ATP gebunden. Durch ein ankommendes **Aktionspotenzial** wird Calcium aus dem sarkoplasmatischen Retikulum freigesetzt und die zytosolische **Calciumkonzentration** steigt. Das Calcium bindet an Troponin C und aktiviert dadurch die ATPase des Myosins. ATP wird zu ADP und P_i gespalten. Dabei kommt es zur Anlagerung des Myosinköpfchens an eine freie Bindungsstelle des Aktins.

Schritt 2

Bei der Anlagerung des Myosin an das Aktin diffundiert das P_i vom Myosinköpfchen ab und löst dadurch eine **Konformationsänderung** des Myosins aus. Das Köpfchen kippt um 45° und bewegt dabei das Aktinfilament am Myosin vorbei. Dies ist die eigentliche Bewegung (engl. *power stroke*). Die vielen Myosinköpfchen hintereinander wirken wie ein „Ruder-Achter in Olympia-Bestform" und verkürzen so das gesamte Sarkomer **(Abb. 10.22)**.

Schritt 3

Nach der Bewegung wird auch das ADP frei. Das Myosinköpfchen bleibt am Aktin gebunden.

10

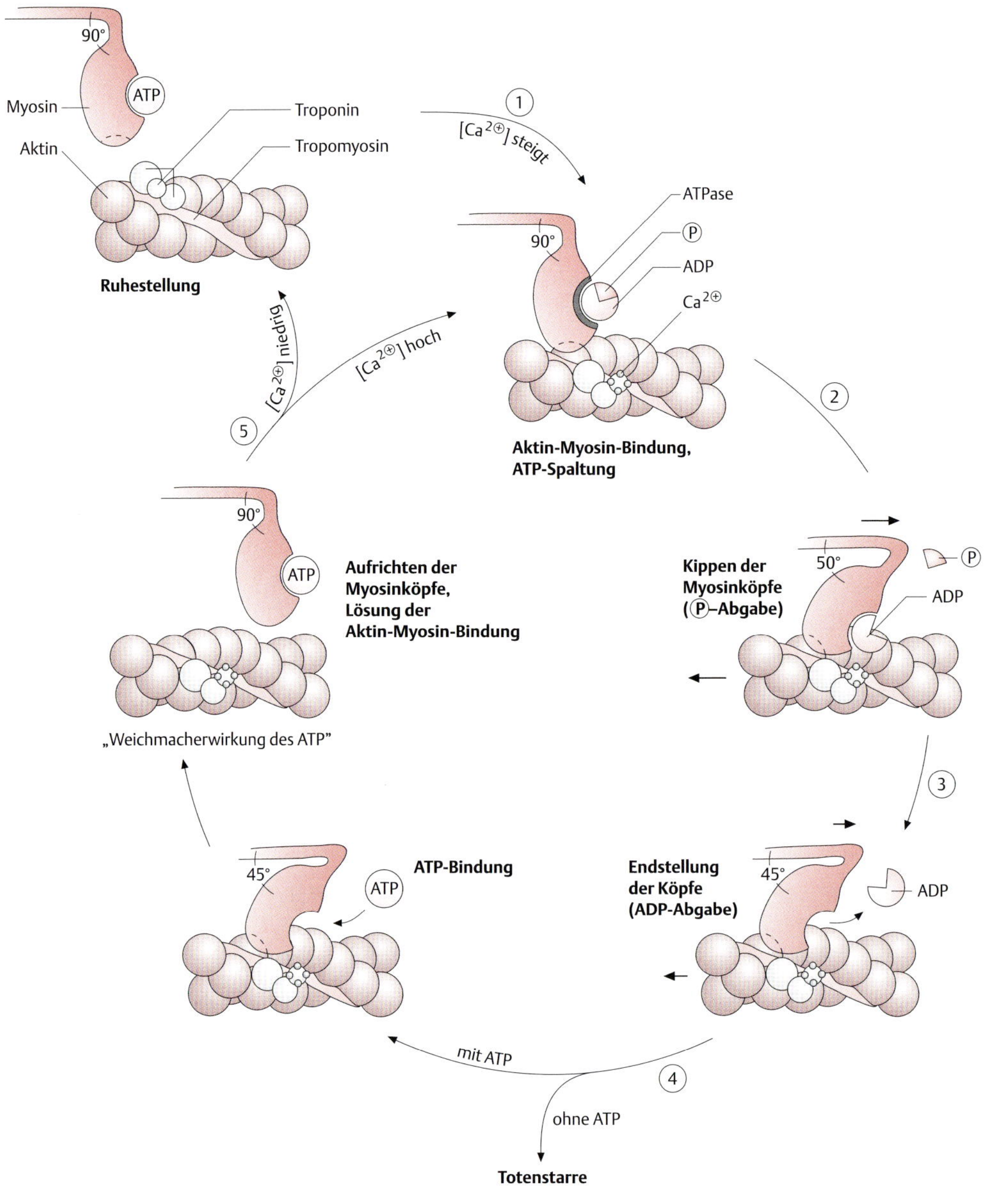

Abb. 10.21 Kontraktionszyklus in der Muskelfaser (zu den Schritten 1–5 siehe Text)

Schritt 4

Eine erneute Bindung von ATP an das Köpfchen führt zu einer **Lösung des Myosins vom Aktin** (Weichmacherwirkung des ATP). Bleibt diese ATP-Bindung aus, kommt es zur sog. Totenstarre.

Schritt 5

Bleibt die Calciumkonzentration im Zytosol hoch, kommt es zur erneuten Bindung des Myosinköpfchens an das Aktinfilament und ein neuer Bewegungszyklus läuft ab. Sinkt die Calciumkonzentration, bleibt die Bindung zwischen Aktin und Myosin gelöst und der Muskel kehrt in die Ruhestellung zurück (s. u.).

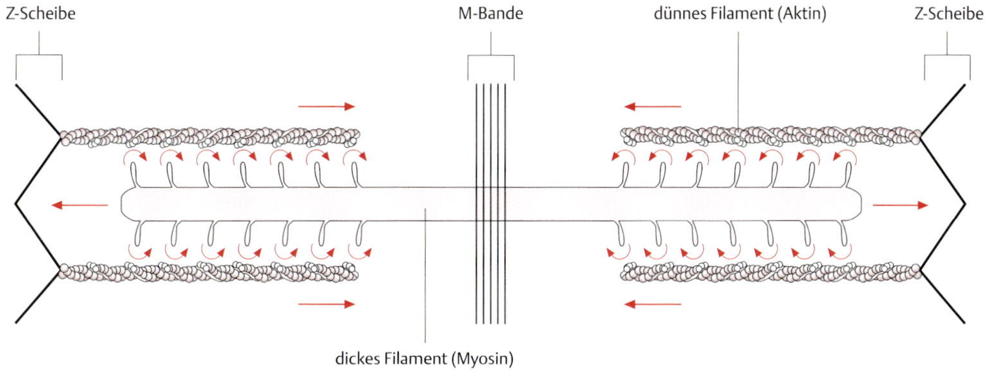

Abb. 10.22 Ineinandergleiten der Myofilamente bei der Kontraktion

Durch den Ablauf weiterer Kontraktionszyklen, rücken die dünnen Filamente näher zur M-Scheibe und die dicken Filamente wandern in Richtung der Z-Scheibe. Diese Kontraktion bringt eine Verkürzung von etwa 10 nm pro „Ruderschlag" und kann sich pro Sekunde 5-mal wiederholen.

10.3.3.5 Die Relaxation

Entscheidend bei der Relaxation der Muskulatur ist die **zytosolische Calciumkonzentration**. Damit der Muskel in den Ruhezustand zurückkehren kann, muss die zytosolische Calciumkonzentration wieder auf einen niedrigen Wert gesenkt werden. Das kann auf zwei Arten geschehen. Einmal kann das Calcium über die **Calcium-ATPase** zurück ins sarkoplasmatische Retikulum gepumpt werden. Dort wird Calcium an das Protein **Calsequestrin** gebunden und so gespeichert. Zum anderen kann über einen **Na^+/Ca^{2+}-Antiport** das Calcium aus der Zelle hinaus in den extrazellulären Raum transportiert werden.
Bei niedriger zytosolischer Calciumkonzentration bleiben Myosin und Aktin getrennt und der Muskel entspannt sich (s. o.).

10.3.4 Die rote und die weiße Muskulatur

Es gibt rote und weiße Muskelfasern, die sich in ihren Sauerstoffreserven unterscheiden. Die **rote Muskulatur** steht insbesondere für **langsamere Ausdauerleistungen** zur Verfügung und hat einen höheren Anteil an Myoglobin und damit eine größere O_2-Reserve als weiße Muskulatur. Das Myoglobin ist ein monomeres Hämprotein und weist eine stärkere Affinität zu O_2 als Hämoglobin auf. Die rote Muskulatur besitzt mehr Mitochondrien und kann deshalb ihren Energiehaushalt aerob aufrechterhalten. Dafür werden meist **Fettsäuren** herangezogen.
Die **weiße Muskulatur** führt **schnelle kurze Bewegungen** aus. Sie hat weniger O_2-Reserven als die rote Muskulatur und muss ihren ATP-Bedarf auch anaerob decken. Dies geschieht über die anaerobe Glykolyse mit Laktat als Endprodukt. Um schnell Energie zur Verfügung stellen zu können, speichert die Muskulatur **Glucose** als Substrat für die Glykolyse in Form von Glykogen.

10.3.5 Der Kohlenhydratstoffwechsel

Der Glykogenspeicher der Muskulatur ist besonders für die **weißen Muskelfasern** wichtig, da sie wenig O_2-Reserven besitzen und ihre Energie über die **anaerobe Glykolyse** gewinnen **(Abb. 10.23)**. Das Glykogen kann über Glucose-1-phosphat schnell zu Glucose-6-phosphat umgesetzt und in die anaerobe Glykolyse eingeschleust werden. Pyruvat wird hier

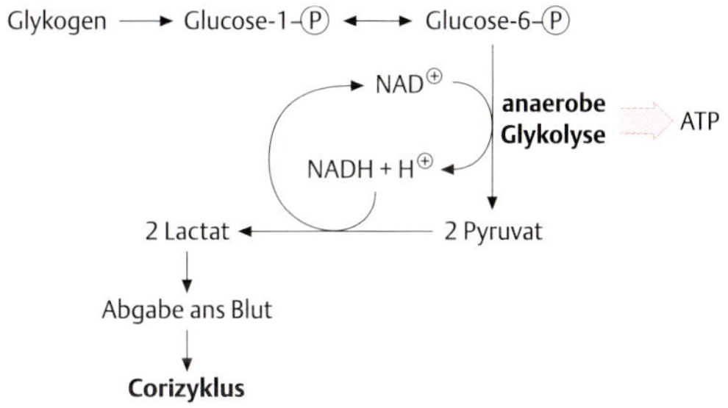

Abb. 10.23 Kohlenhydratstoffwechsel in der weißen Muskulatur

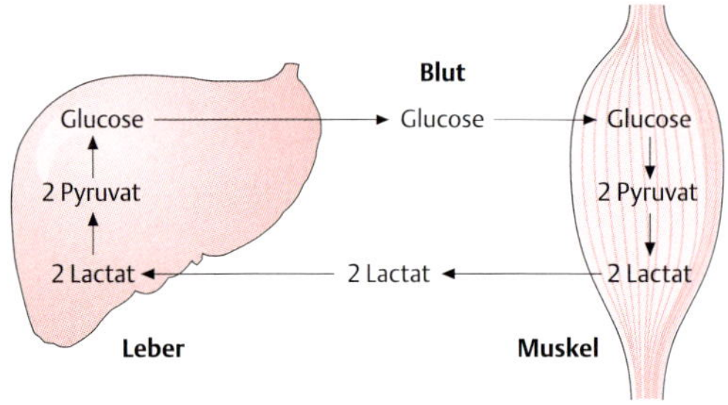

Abb. 10.24 Corizyklus

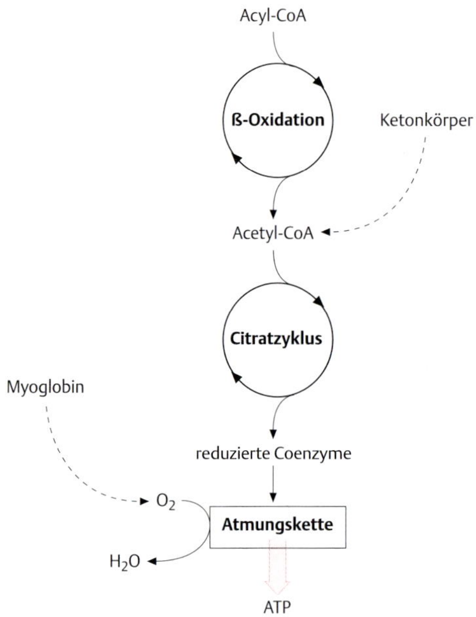

Abb. 10.25 Aerober Stoffwechsel in der roten Muskulatur

im letzten Schritt in Laktat umgewandelt. Dieser Schritt ist nötig, um das reduzierte Coenzym ($NADH+H^+$) wieder zu reoxidieren. Da ohne Sauerstoff die Atmungskette nicht abläuft, können die reduzierten Coenzymmoleküle nicht zur ATP-Bildung herangezogen werden. In oxidierter Form stehen sie erneut für die anaerobe Glykolyse zur Verfügung. Das entstandene Laktat wird ans Blut abgegeben und gelangt über den **Corizyklus** zur Leber.

MERKE

Die Glykogenreserve des Muskels dient nur dem Muskel selbst. Das Glykogen kann nicht zu freier Glucose abgebaut und ans Blut abgegeben werden, da die Glucose-6-Phosphatase fehlt.

10.3.5.1 Der Corizyklus

Der Corizyklus (**Abb. 10.24**) dient der Energiebereitstellung für den Muskel. Das im Muskel durch anaerobe Glykolyse entstandene Laktat gelangt über das Blut in die Leber. Die Leber wandelt das Lactat in Pyruvat um. Bei Bedarf kann Pyruvat dann in die Gluconeogenese einfließen und aus zwei C3-Körpern entsteht Glucose. Diese Glucose wird ans Blut abgegeben und vom Muskel aufgenommen (vgl. S. 37).

10.3.6 Der Lipidstoffwechsel

Die **rote Muskulatur** ist aufgrund ihres hohen Myoglobingehaltes gut mit O_2 versorgt. Rote Muskelfasern gewinnen dementsprechend ihre Energie über **aerobe** Stoffwechselwege (**Abb. 10.25**). Dies geschieht in großen Anteilen über den Abbau von Fettsäuren über **β-Oxidation, Citratzyklus** und **Atmungskette**. Im Hungerzustand können auch **Ketonkörper** vom Muskel verstoffwechselt werden.

10.3.7 Der Proteinstoffwechsel

Der Muskel nimmt überwiegend **verzweigtkettige Aminosäuren** aus dem Blut auf und baut diese ab. Die Kohlenstoffgerüste werden in den Citratzyklus eingeschleust. Der Muskel baut auch Aminosäuren auf. Dies sind insbesondere **Alanin** und **Glutamin**, über die der Aminostickstoff zur Leber transportiert wird.

MERKE

Der Aminostickstoff wird im Blut an Glutamin und Alanin gebunden transportiert.

Die eigenen Muskelproteine (Aktin, Myosin, Titin) werden nur bei generellem Energiemangel im Körper, besonders bei Glucosemangel, angegriffen. Die Aminosäuren gibt der Muskel ans Blut ab. In der Leber werden die glucoplastischen Aminosäuren dann zur Gluconeogenese herangezogen und die Glucose kann insbesondere vom ZNS verstoffwechselt werden (**Abb. 10.26**). Um den Abbau der Muskelproteine in Grenzen zu halten, stellt das ZNS bei längerem Glucosemangel auf die Verwertung von Ketonkörpern um.

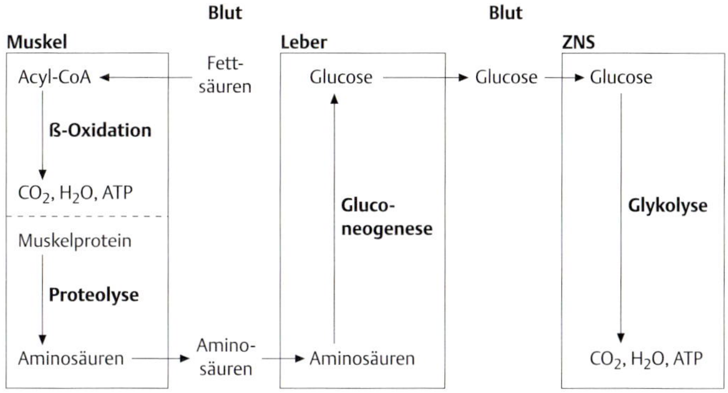

Abb. 10.26 Stoffwechsel bei längerem Glucosemangel

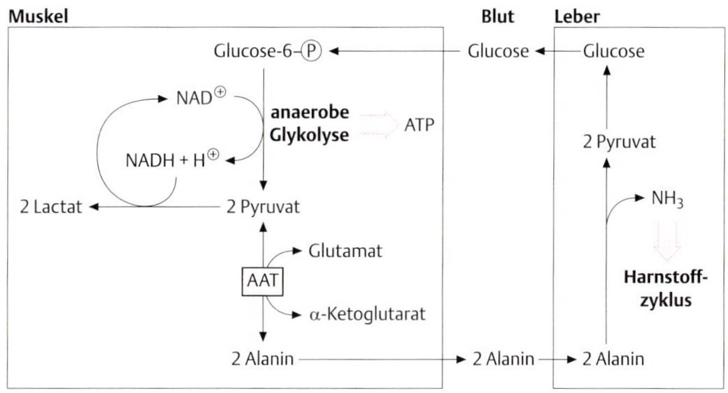

Abb. 10.27 Alaninzyklus (AAT = Alanin-aminotransferase)

10.3.7.1 Der Alanin-Zyklus

Im Muskel kann das während der Glykolyse entstandene Pyruvat nicht nur in Laktat umgewandelt, sondern auch zu der Aminosäure **Alanin** transaminiert werden (**Abb. 10.27**). Alanin dient als Transportmittel für den Aminostickstoff aus dem Muskel. Es wird an die Blutbahn abgegeben und gelangt zur Leber. Dort kann Alanin wieder in Pyruvat umgewandelt und der Aminostickstoff über den Harnstoffzyklus ausgeschieden werden. Pyruvat fließt in die Gluconeogenese ein und die neu synthetisierte Glucose gelangt über die Blutbahn erneut in den Muskel. Diesen Kreislauf nennt man den **Alaninzyklus**.

10.3.8 Die ATP-Bereitstellung

ATP wird in den Muskelfasern ständig in großen Mengen für die einzelnen Kontraktionen benötigt. Das vorhandene ATP reicht nur aus, um die Kontraktion für den Bruchteil einer Sekunde aufrechtzuerhalten. Deshalb besitzt der Muskel einen Speicher für energiereiche Phosphatgruppen in Form des **Kreatinphosphats**. Außerdem kann der Muskel mit Hilfe der **Adenylatkinase** ATP synthetisieren.

10.3.8.1 Das Kreatinphosphat

Kreatin wird in Niere und Leber synthetisiert (s. S. 255) und gelangt über das Blut zur Muskulatur. Dort wird in Ruhephasen ein Phosphatrest des nicht benötigten ATP auf Kreatin übertragen (**Abb. 10.28**). Diese Reaktion wird durch die **Kreatinkinase** katalysiert und ist bei ATP-Bedarf der Muskelfaser reversibel. Für diese „Zwischenlagerung" des Phosphatrests existieren in der Muskelzelle 2 Kreatinkinase-Isoformen, von denen die eine an der Außenseite der inneren Mitochondrienmembran und die andere zytosolisch lokalisiert ist. In der Ruhephase entsteht ein ATP-Überschuss durch die oxidative Phosphorylierung und im Intermembranraum bildet sich Kreatinphosphat und ADP. Bei Muskelarbeit entsteht im Zytosol rasch ein leicht saurer pH-Wert, so dass die zytosolische Kreatinkinase aktiviert wird und das Gleichgewicht vollständig auf die Seite von ATP und Kreatin verschiebt,

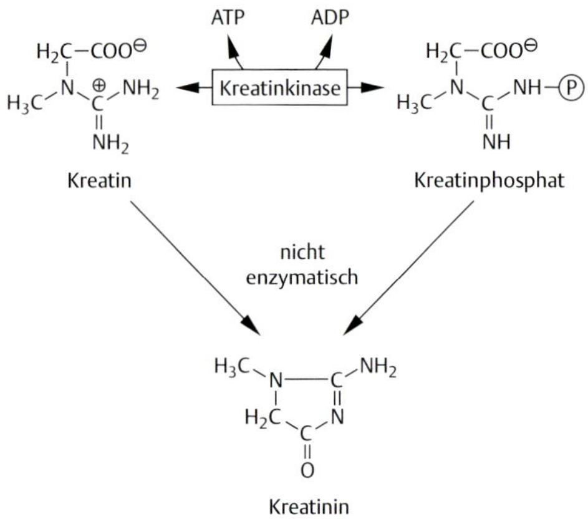

Abb. 10.28 Synthese des Kreatin und die Entstehung des Kreatinin

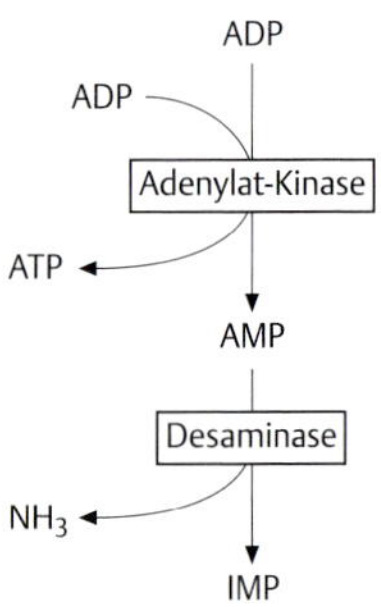

Abb. 10.29 Reaktion der Adenylatkinase

zumal das ATP dem Gleichgewicht entzogen wird. Man spricht hier von einer Transphosphorylierung, die ohne Energieverlust abläuft.

Ein konstanter Teil des Kreatins wird nicht enzymatisch irreversibel zu **Kreatinin** umgewandelt und über die Niere ausgeschieden. Die Kreatininmenge ist dabei proportional zur Muskelmasse und wird komplett glomerulär filtriert, aber *nicht* tubulär sezerniert oder rückresorbiert. Aus diesem Grund kann Kreatinin zur Bestimmung der glomerulären Filtrationsrate (GFR) herangezogen werden (s. S. 279).

10.3.8.2 Die Adenylatkinase

Neben der Bildung von Kreatinphosphat ist die Muskulatur ebenfalls in der Lage ATP über die **Adenylatkinase** aufzubauen. Dieses Enzym synthetisiert aus zwei ADP ein ATP und ein AMP. Das entstandene AMP wird durch eine Desaminase weiter zu IMP abgebaut; so wird verhindert, dass durch die eigentlich reversible Reaktion der Adenylatkinase wieder zwei ADP entstehen.

Check-up

- ✔ **Wiederholen Sie die Möglichkeiten der ATP-Bereitstellung im Muskelgewebe.**
- ✔ **Machen Sie sich nochmals klar, welche aeroben und anaeroben Stoffwechselwege der Muskel nutzt und wie sich die einzelnen Muskelfasern darin unterscheiden.**
- ✔ **Wiederholen Sie den Cori- und den Alaninzyklus und das Zusammenspiel von Muskel und Leber.**

10.4 Das zentrale Nervensystem (ZNS)

Lerncoach

Die Neurotransmitter und die Erregungsweiterleitung spielen auch in der Physiologie eine große Rolle. Deshalb eignet sich dieses Kapitel gut zum fächerübergreifenden Lernen.

10.4.1 Überblick und Funktion

Das zentrale Nervensystem (ZNS) umfasst Gehirn und Rückenmark. Hier laufen sämtliche **Sinneseindrücke**, **Vitalfunktion** und **kognitive Leistungen** zusammen und es erfolgt die Koordination willkürlicher und unwillkürlicher Bewegungen.

Die Verbindung zwischen Gehirn und den peripheren Organen stellt das **periphere Nervensystem** (PNS) dar. Hierüber werden die Signale an die Peripherie geleitet und umgekehrt Reize zum zentralen Nervensystem gesendet.

Die Koordination und Weiterleitung der Informationen innerhalb des Nervensystems wird hauptsächlich über **Synapsen** vermittelt, an denen präsynaptisch Neurotransmitter ausgeschüttet werden. Die Bindung der Neurotransmitter an postsynaptische membranständige Rezeptoren führt wiederum zur Veränderung von Ionengradienten und damit zur Weiterleitung der Information.

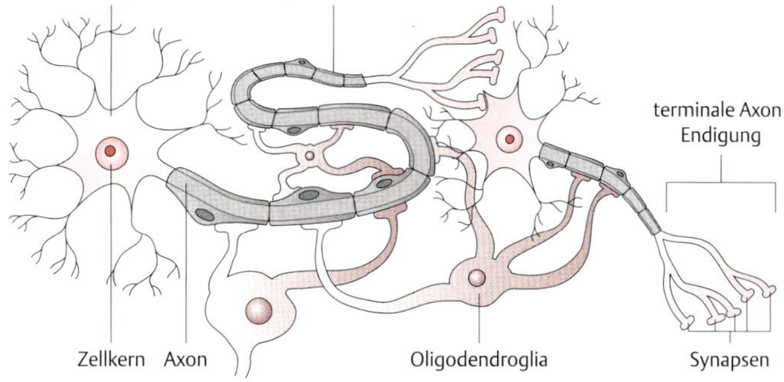

Abb. 10.30 Aufbau des Nervengewebes im Gehirn

10.4.2 Der Aufbau

Das ZNS besteht aus den organspezifischen **Neuronen**, die für die Reizleitung und Reizverarbeitung zuständig sind, und den **Gliazellen**, die auch als Stützzellen beschrieben werden. Neben Neuronen und Gliazellen findet sich auch Bindegewebe mit **Glykoproteinen** und **Proteoglykanen**.

10.4.2.1 Die Neurone

Ein Neuron besitzt einen Zellleib, von dem viele verzweigte Fortsätze abgehen **(Abb. 10.30)**. Diese zahlreichen **Dendriten** dienen als Empfangsstationen. Für die Weitergabe der Erregung ist das einzelne **Axon** zuständig. Am Ende des Axons finden sich die **Synapsen**, an denen die Erregung zum nächsten Neuron oder – befindet sich die Synapse an einer **motorischen Endplatte** – zur Muskelfaser weitergeleitet werden kann.

10.4.2.2 Die Gliazellen

Die Gliazellen gewährleisten die **Ernährung der Neurone**. Sie bilden die **Myelinscheiden** von Axonen (Oligodendroglia im ZNS und Schwann-Zellen im PNS), sie sind Bestandteil der Blut-Hirn-Schranke **(Astroglia)** und fungieren als Makrophagen **(Mikroglia)**. Die Myelinscheiden der Axone sind reich an Lipiden, wie Phospholipiden, Sphingoglykolipiden und Cholesterin.

10.4.2.3 Die Blut-Hirn-Schranke

Die Blut-Hirn-Schranke spielt eine wichtige Rolle im Stoffwechsel des ZNS. Achten Sie darauf, welche verschiedenen Substrate diese Barriere überwinden können.

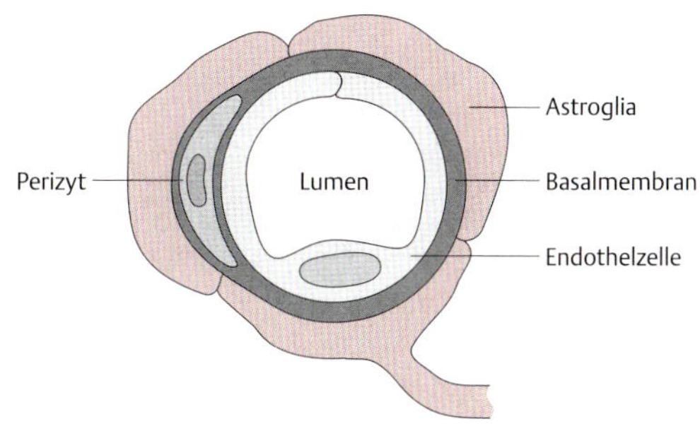

Abb. 10.31 Aufbau der Blut-Hirn-Schranke

Die Blut-Hirn-Schranke **(Abb. 10.31)** ist eine selektiv durchlässige Schranke zwischen Blut und Hirnsubstanz. Sie ist aufgebaut aus dem **Endothel** der Hirngefäße, einer durchgängigen **Basalmembran**, die von den Perizyten gebildet wird und den **Astroglia**. Die **Blut-Hirn-Schranke** isoliert das Gehirn vom Körperkreislauf und schützt es so vor Schwankungen im Gesamtstoffwechsel und vor Schadstoffen

Die **Permeabilität** der Hirngefäße ist stark herabgesetzt. Sie sind nur für wenige Substanzen durchlässig. Hierzu zählen die Gase CO_2 und O_2, aber auch das toxische NH_3. Für andere **niedermolekulare Substanzen**, wie z. B. Aminosäuren und Elektrolyte, ist die Blut-Hirn-Schranke **kaum durchlässig**. Um eine ausreichende Energieversorgung des Gehirns zu garantieren, gibt es deshalb verschiedene **Transporter für Aminosäuren und Glucose** in den Membranen der Endothelzellen. Lipide können die Blut-Hirn-Schranke nicht überwinden.

10.4.2.4 Der Liquor

Der Liquor wird vom **Plexus choroideus** produziert und in den **Hirnventrikel** und den **Subarachnoidal-**

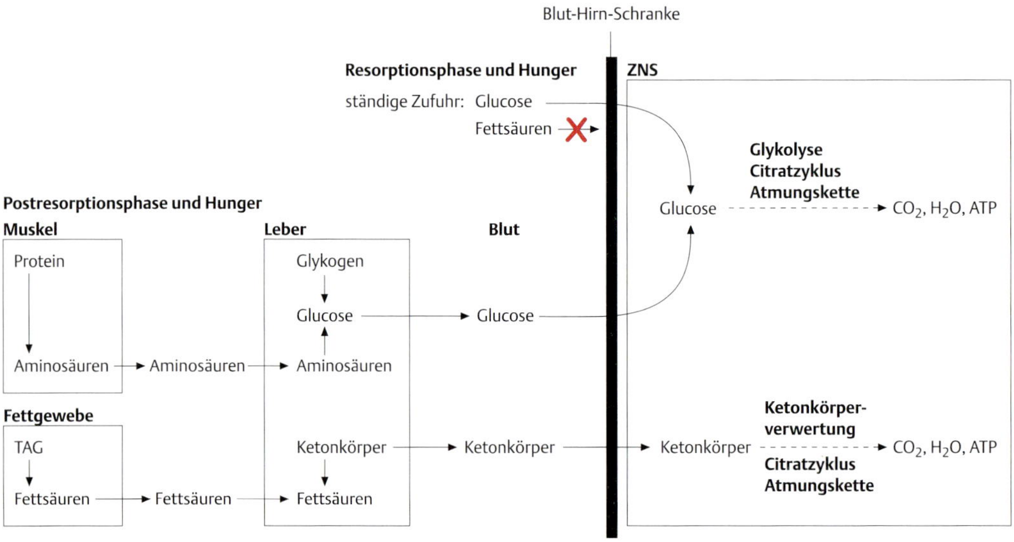

Abb. 10.32 Versorgung des ZNS bei Glucosemangel (TAG = Triacylglycerinlipase)

raum abgegeben. Er wird aus dem Blutplasma abgepresst, ist proteinarm und ähnelt in seiner Zusammensetzung der interstitiellen Flüssigkeit des Gehirns. Die Zirkulation des Liquor wird durch die ständige Neuproduktion und den **Abtransport in die venösen Sinus** gewährleistet.

10.4.3 Der Kohlenhydratstoffwechsel

Das zentrale Nervensystem ist auf eine kontinuierliche Zufuhr von Glucose aus dem Blut angewiesen, da der Glykogenspeicher des ZNS sehr klein ist. Ein Abfall des Blutzuckerspiegels führt rasch zum Nachlassen der teils lebenswichtigen Gehirnfunktionen bis zum Ausfall mit irreversiblen Schädigungen („Hirntod"). Die Glucose kann sowohl aerob als auch anaerob abgebaut werden und so den ATP-Bedarf decken. ATP wird im Gehirn vor allem für die Funktion der Ionenpumpen benötigt (z. B. Na^+/K^+-ATPase).

10.4.4 Der Lipidstoffwechsel

Fettsäuren können die Blut-Hirn-Schranke nicht durchdringen und stehen deshalb dem ZNS nicht zur Energiegewinnung zur Verfügung. Bei Energiemangel (= Glucosemangel) werden deshalb von der Leber **Ketonkörper** synthetisiert (s. S. 61). Dazu werden aus dem Fettgewebe Fettsäuren abgegeben, die in der **Leber** über die β-Oxidation abgebaut werden. Aus dem entstehenden Acetyl-CoA werden dann die Ketonkörper, hauptsächlich **Hydroxybutyrat** synthetisiert. Diese sind wasserlöslich und werden ans Blut abgegeben. Sie können die Blut-Hirn-Schranke überwinden und vom ZNS verstoffwechselt werden (**Abb. 10.32**).

10.4.5 Der Proteinstoffwechsel

Aminosäuren stehen dem ZNS nur begrenzt zur Energiegewinnung zur Verfügung, da sie hauptsächlich als **Neurotransmitter** benötigt werden.

10.4.6 Die Neurotransmitter

Neurotransmitter dienen der **Kommunikation** der **Neurone** untereinander. Es gibt verschiedene Neurotransmitter, die unterschiedliche Wirkungen haben. Sie werden **präsynaptisch in Vesikeln** gespeichert (**Abb. 10.33**) und an der Synapse ausgeschüttet, wo sie an ihren **postsynaptisch gelegenen Rezeptor** binden. Diese Rezeptoren sind oft **Ionenkanäle** (schnelle Rezeptoren); durch die folgenden Änderungen des Membranpotenzials kommt es zur Informationsweitergabe.

10.4.6.1 Das Acetylcholin

Acetylcholin setzt sich aus **Acetyl-CoA** und dem Aminoalkohol **Cholin** über eine **Esterbindung** zusammen (**Abb. 10.34**). Man findet es nicht nur an

Abb. 10.33 Aufbau einer Synapse

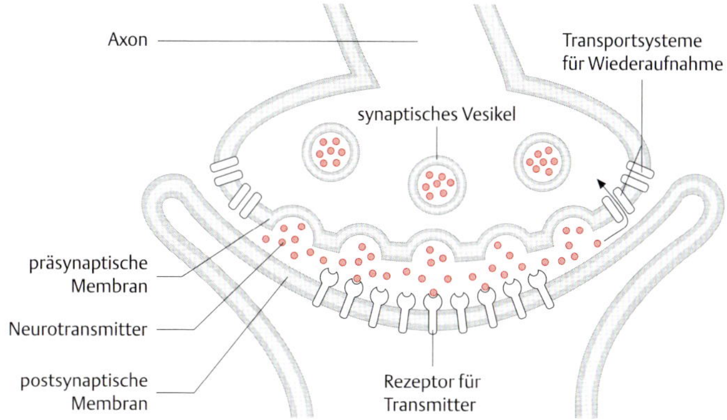

Synapsen zwischen Neuronen, sondern auch als Transmitter an der **motorischen Endplatte**.

Die Acetylcholinrezeptoren

Es gibt zwei Arten von Acetylcholinrezeptoren: **nikotinische** und **muskarinische** Rezeptoren. Die nikotinischen Rezeptoren sind **ligandengesteuerte Ionenkanäle**, bei denen die Bindung von Acetylcholin zur Öffnung eines Natriumkanals führt. Muskarinische Rezeptoren sind an **G-Proteine gekoppelt** und kommen nicht an der motorischen Endplatte vor.

Das Acetylcholin wird noch an der **postsynaptischen Membran** bzw. an der motorischen Endplatte inaktiviert, um seine Wirkung aufzuheben: **Acetylcholin-Esterasen** spalten den Transmitter, das Cholin wird präsynaptisch wieder aufgenommen und kann erneut zur Acetylcholinsynthese verwendet werden. Andere Transmitter werden häufig wieder direkt präsynaptisch aufgenommen, wodurch ihre Wirkung beendet wird.

10.4.6.2 Das Glutamat

Die Aminosäure Glutamat spielt als Neurotransmitter sowie als „Ammoniak-Fänger" eine **zentrale Rolle** im Stoffwechsel des Gehirns.

Das Glutamat in Gliazellen

In den Gliazellen wird Glutamat zumeist in Glutamin umgewandelt, um so **Ammoniak** aus dem ZNS zu entfernen **(Abb. 10.35)**. Das Glutamin wird an die Blutbahn abgegeben und zur Leber und zur Niere transportiert. Auf diesem Wege wird Glutamat gleichzeitig „inaktiviert" und hat keine Wirkung mehr als Neurotransmitter.

Abb. 10.34 Neurotransmitter Acetylcholin (die Esterbindung ist farbig unterlegt)

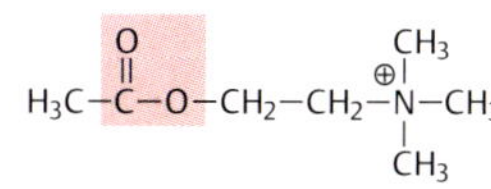

Acetylcholin

Das Glutamat in Neuronen

In den Neuronen ist Glutamat der wichtigste **exzitatorische Neurotransmitter**. Es kann aus dem gebildeten Glutamin regeneriert oder **aus Glucose aufgebaut** werden **(Abb. 10.35)**. Hierfür wird die Glucose zu Pyruvat abgebaut und in Acetyl-CoA umgewandelt. Acetyl-CoA wird in den Citratzyklus eingeschleust und das Intermediärprodukt α-Ketoglutarat kann durch Transaminierung in Glutamat umgewandelt werden.

Glutamat ist außerdem **Vorstufe** für einen weiteren Neurotransmitter: **γ-Aminobutyrat** (GABA, **Abb. 10.35**, s. u.). Aus GABA kann über Transaminierung und Oxidation Succinat entstehen, welches über den Citratzyklus wieder in α-Ketoglutarat umgewandelt werden kann **(GABA-Shunt)**. α-Ketoglutarat wiederum kann zu Glutamat transaminiert werden **(Abb. 10.36)**.

Die Glutamatrezeptoren

Es gibt verschiedene Glutamatrezeptoren. Sie gehören alle zu den **ligandengesteuerten Ionenkanälen**. Nach Bindung von Glutamat kommt es zur erhöhten Permeabilität für Calcium- oder Natriumionen. Glutamat wird oft asiatischen Gerichten als Geschmacksverstärker beigefügt und kann zu Kopfschmerzen und Herzklopfen („Chinarestaurant-Syndrom") führen.

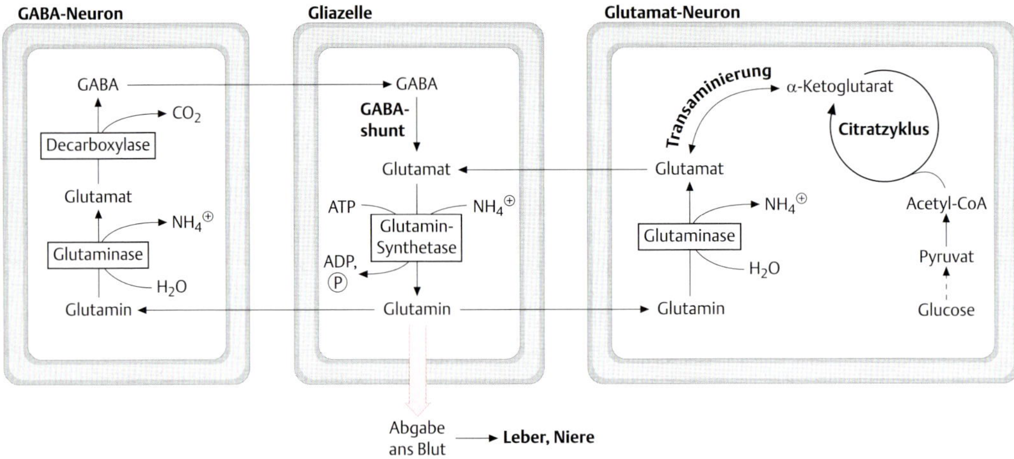

Abb. 10.35 Glutamatstoffwechsel im ZNS (GABA = γ-Aminobutyrat)

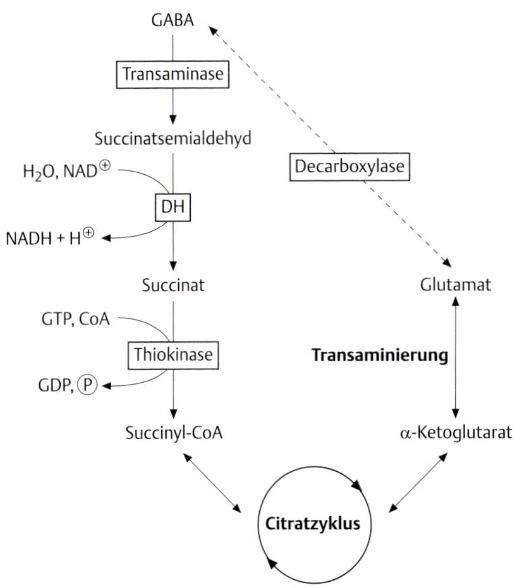

Abb. 10.36 GABA-Shunt (GABA = γ-Aminobutyrat, DH = Dehydrogenase)

10.4.6.3 Das γ-Aminobutyrat (GABA) und das Glycin

GABA ist das **biogene Amin** von Glutamat, entsteht also durch PALP-abhängige Decarboxylierung, und ist ein **inhibitorischer Neurotransmitter**. Auch für GABA gibt es mehrere Rezeptoren, die zum Großteil zur Familie der **ligandengesteuerten Ionenkanäle** (Chloridkanäle) gehören. Der $GABA_B$-Rezeptor ist an eine Adenylatzyklase gebunden.

Die Aminosäure **Glycin** ist ebenfalls ein **inhibitorischer Neurotransmitter** mit Bindung an einen Chloridkanal. Glycinbindung führt zur Öffnung des Kanals.

10.4.6.4 Das Serotonin und das Histamin

Serotonin (5-Hydroxytryptamin [5-HT]) entsteht durch PALP-abhängige Decarboxylierung von Hydroxytryptophan (s. S. 228). Es ist somit kein *direktes* **biogenes Amin** von Tryptophan, das ja Tryptamin heißt. Serotonin ist nicht nur Neurotransmitter, sondern wirkt über seine Rezeptoren vor allem auch im Darm und in Thrombozyten. Bei seiner Freisetzung aus den Thrombozyten fördert es deren Aggregation (s. S. 311).

Es gibt **Serotoninrezeptoren**, die an G-Proteine gekoppelt sind (5HT1, 5HT2, 5HT4), und Serotoninrezeptoren, die über ligandengesteuerte Ionenkanäle wirken (5HT3). Über die 5HT3-Rezeptoren im ZNS wird **Übelkeit** und **Erbrechen** ausgelöst. Sie spielen daher bei der Behandlung dieser Symptome eine tragende Rolle.

10.4.6.5 Die Katecholamine

Dopamin, **Noradrenalin** und **Adrenalin** sind ebenfalls Neurotransmitter im ZNS. Sie werden aus der Aminosäure Tyrosin synthetisiert und im Kapitel Hormone ausführlich erläutert (s. S. 217).

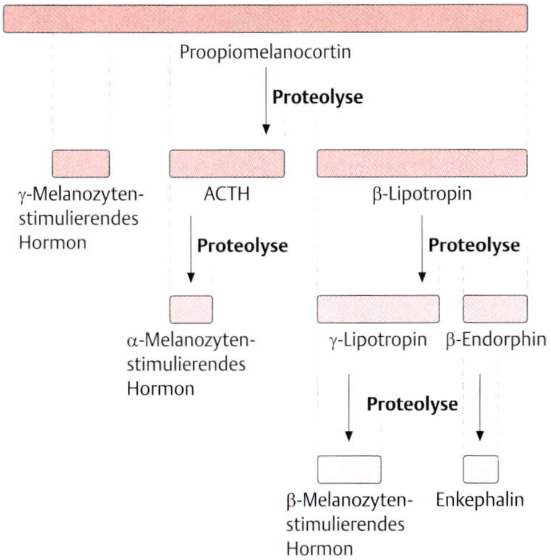

Abb. 10.37 Synthese der verschiedenen Hormone im ZNS (ACTH = Adenocorticotropes Hormon)

Klinischer Bezug

Morbus Parkinson: Im Bereich der **Basalganglien** spielen die Transmitter Glutamat, Dopamin und GABA die Hauptrolle. Dopamin wirkt dabei als Modulator zwischen bewegungshemmenden und bewegungsfördernden Impulsen. Es stammt aus den Neuronen der Substantia nigra im Striatum. Eine Degeneration dieser Neurone führt zum **Dopaminmangel** mit starkem Übergewicht der bewegungshemmenden Impulse und löst so die typischen Symptome des Morbus Parkinson aus: **Rigor** (Steifheit der Muskulatur), **Ruhetremor** und **Akinese** (allgemeine Bewegungsarmut).
Therapeutisch kann man gegen diese Symptome **Anticholinergika** einsetzen oder Dopamin selbst substituieren. Da Dopamin die **Blut-Hirn-Schranke** nicht überwinden kann, verabreicht man die Vorstufe **Dopa** gemeinsam mit einem **Decarboxylasehemmer**, damit nicht schon in der Peripherie Dopamin gebildet wird und so zahlreiche Nebenwirkungen entstehen. Der Decarboxylasehemmer ist nicht ZNS-gängig und so wird Dopa nach Überqueren der Blut-Hirn-Schranke im Gehirn zu Dopamin decarboxyliert und kann seine Wirkung am Bestimmungsort entfalten.

10.4.6.6 Die Endorphine und die Enkephaline

Endorphine sind Peptide, die aus der Vorstufe **β-Lipotropin** abgespalten werden **(Abb. 10.37)**. β-Lipotropin wiederum ist Teil des **Proopiomelanocortins** (POMC, s. S. 209). **Enkephaline** sind Peptide, die aus fünf Aminosäuren aufgebaut sind und aus den Endorphinen abgespalten werden. Sowohl Endorphine als auch Enkephaline haben analgetische Wirkung und werden auch als **endogene Opiate** bezeichnet.

Check-up

- ✔ **Rekapitulieren Sie den Aufbau der Blut-Hirn-Schranke und wiederholen Sie, welche Konsequenzen diese Barriere für den Energiehaushalt des Gehirns hat.**
- ✔ **Machen Sie sich die Bedeutung von Glutamat als Neurotransmitter, Vorstufe und „Ammoniak-Fänger" deutlich.**

10.5 Niere und Elektrolyt-Haushalt

10

Lerncoach

- **Zentrale Funktion der Niere ist die Ausscheidung hydrophiler Substanzen. Legen Sie den Schwerpunkt beim Lernen auf die harnpflichtigen Substanzen und machen Sie sich klar, wo und wann diese Substanzen entstehen.**
- **Der Wasser- und Elektrolythaushalt lässt sich am besten in Verbindung mit der Physiologie lernen. Sie können dies zum fächerübergreifenden Lernen nutzen.**

10.5.1 Überblick und Funktion

Die Niere ist in erster Linie für die Ausscheidung von wasserlöslichen Substanzen verantwortlich. 25% des Herzzeitvolumens durchfließen die beiden Nieren, das entspricht 1,2 l/min. Es werden nur Plasmabestandteile, aber keine zellulären Bestandteile im Glomerulum der Niere abfiltriert. Der Anteil des Plasmas, der filtriert wird, wird als glomeruläre Filtrationsrate (GFR) bezeichnet und liegt bei 120 ml/min. Zu den filtrierten Substanzen gehören die ausscheidungspflichtigen Substanzen Harnsäure, Harnstoff und Kreatinin. Aber auch Elektrolyte, Monosaccharide und Aminosäuren werden aus

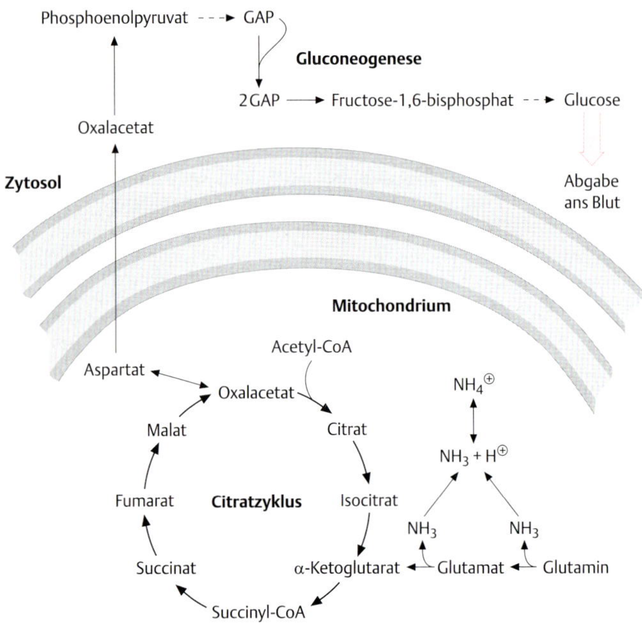

Abb. 10.38 Kohlenhydratstoffwechsel in der Niere

dem Blut filtriert. Einige Substanzen werden wieder **tubulär resorbiert**. Ein weiterer Teil der auszuscheidenden Substanzen wird zusätzlich **tubulär sezerniert**, um so die vollständige Entsorgung zu gewährleisten. Dies betrifft vor allem Substanzen, die im Blut an Plasmaproteine gebunden sind und so nicht direkt filtriert werden können.

Die Niere ist außerdem auch **Bildungsort für Hormone**. Sie produziert Erythropoetin (Blutbildung, s. S. 286), Cholecalciferol (Calciumhaushalt, s. S. 178) und Renin (Blutdruckregulation, s. S. 212).

10.5.2 Der Aufbau

Die Niere besteht aus **Nierenrinde** und **Nierenmark**. Über beide Anteile verteilt findet man die **Nephrone**, die einem Röhrensystem gleichen (vgl. **Abb. 10.41**). In der Nierenrinde befinden sich die Glomeruli, die eigentlichen Filtrationsstationen. Über das **proximale Tubulussystem** gelangt man ins Nierenmark, wo sich die **Henle-Schleife** anschließt. Aus dem Nierenmark heraus führt das **distale Tubulussystem** wieder in die Nierenrinde. Über einen Verbindungstubulus mündet das Nephron in ein **Sammelrohr**. Diese Sammelrohre sind das gemeinsame Endstück mehrerer Nephrone. Hierüber gelangt die Tubulusflüssigkeit wieder in das Nierenmark und mündet im **Nierenbeckenkelchsystem**. Zum detaillierten Aufbau der Niere siehe Lehrbücher der Physiologie und Anatomie.

10.5.3 Der Stoffwechsel

10.5.3.1 Der Kohlenhydratstoffwechsel

(Abb. 10.38)

Die Niere zählt neben der Leber ebenfalls zu den Organen, die freie Glucose aus Nicht-Kohlenhydraten herstellen können. Die **Gluconeogenese** findet in den Zellen des proximalen Tubulussystems der **Nierenrinde** statt. Als Substrat verwendet die Niere dazu hauptsächlich **Glutamin** (s. u.), das in **α-Ketoglutarat** umgewandelt wird. Das entstandene NH_3 wird ausgeschieden (s. S. 285) und α-Ketoglutarat über die Enzyme des Citratzyklus in Oxalacetat umgesetzt. Das Oxalacetat wird dann im Zytosol in die Gluconeogenese eingeschleust (PEP-Carboxykinase). Die neu synthetisierte Glucose wird von den proximalen Tubuluszellen über den GLUT-2-Transporter ans Blut abgegeben.

Das **Nierenmark** ist auf Glucose als Energielieferant angewiesen und muss ausreichend damit versorgt werden. In seinen Zellen finden sich die Enzyme der **Glykolyse**, mit denen es bei Sauerstoffmangel Glucose zur anaeroben Energiegewinnung heranziehen kann.

Abb. 10.39 Glutamatstoffwechsel in der Niere

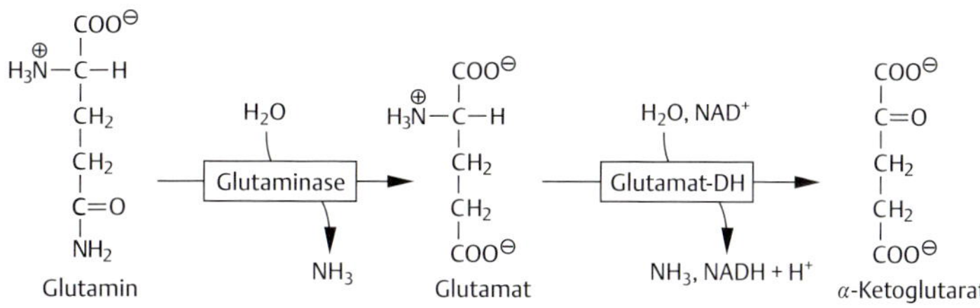

10.5.3.2 Der Lipidstoffwechsel

In den Zellen des proximalen Tubulussystems **(Nierenrinde)** wird zwar Glucose produziert, es findet aber keine Glykolyse statt, da die Zellen dafür keine Enzyme besitzen. Die Zellen dienen der Reabsorption der Glucose aus dem Harn und der Gluconeogenese (s. o.) und sind für ihren eigenen Stoffwechsel auf den sauerstoffabhängigen Abbau von **Fettsäuren** und **Ketonkörpern** angewiesen. Sie reagieren deshalb empfindlich auf einen Sauerstoffabfall. Aus diesem Grund ist die Nierenrinde auch besser durchblutet als das Nierenmark.

MERKE

- **Energiegewinnung in der Nierenrinde über Fettsäuren.**
- **Energiegewinnung im Nierenmark über Glucose.**

10.5.3.3 Der Proteinstoffwechsel

Das Glutamin

Das **Glutamin** in der Niere stammt zum großen Teil aus dem ZNS. Dort synthetisiert die Glutaminsynthetase aus Ammoniak und Glutamat das Glutamin (vgl. **Abb. 10.35**). Glutamin ist ein **Aminogruppendonator** und wird in der Niere durch zwei Reaktionen zu α-Ketoglutarat abgebaut **(Abb. 10.39)**. Die beiden dazu benötigten Enzyme Glutaminase und Glutamatdehydrogenase kommen in hoher Konzentration im Nierengewebe vor. Das entstandene **Ammoniak** kann in Ammonium (NH_4^+) umgewandelt werden, dadurch wird die H^+-Konzentration erniedrigt und so die Gefahr einer Azidose verringert. Das Ammonium wird mit dem Harn ausgeschieden. Ein weiterer Anteil des Ammoniak (NH_3) diffundiert sowohl nach luminal wie auch nach basolateral.

MERKE

Glutamin ist der „Ammoniak-Transporter" zwischen ZNS und Niere.

10.5.4 Die Niere als Ausscheidungsorgan

Die Niere kann hydrophile Substanzen ausscheiden. Diese werden frei im Blut transportiert und können ohne weitere Umwandlung über die Glomerula filtriert werden.

Die Ausscheidung von Glucose und die Nierenschwelle

Glucose wird von der Niere glomerulär filtriert. Da Glucose eine wichtige Energiequelle für den menschlichen Organismus darstellt, wird unter normalen Umständen diese Glucose direkt von den proximalen Tubuluszellen wieder vollständig resorbiert und dem Körper erneut zur Verfügung gestellt. Die **Rückresorption** der Glucose aus dem Primärharn findet an der luminalen Membran der proximalen Tubuluszellen im Cotransport mit Natrium statt. An der basolateralen Seite wird Glucose über den GLUT-2-Transporter an das Blut abgegeben.

Die Kapazität der luminalen Transportsysteme ist begrenzt. Ihre maximale Rückresorptionskapazität nennt man die **Nierenschwelle**. Für Glucose liegt sie bei einem Blutzuckerspiegel von 10 mmol/l bzw. 160 mg/dl. Oberhalb dieser Grenze kann die Resorption nicht weiter gesteigert werden und Glucose lässt sich im Urin nachweisen **(Glucosurie)**. Eine Glucosurie tritt vor allem beim **Diabetes mellitus** auf (s. S. 223).

Die Ausscheidung von Lipiden

Lipophile Substanzen werden *nicht* über die Niere, sondern über die Leber abgebaut.

Tabelle 10.3

Die wichtigsten harnpflichtigen Substanzen

	Harnstoff	Kreatinin	Harnsäure
Entstehung	Abbau von Aminosäuren	Umwandlung von Kreatin	Abbau von Purinen
Menge	variabel, je nach Nahrungsproteinen	relativ konstant, je nach Muskelmasse	variabel, je nach Nahrungspurinen
Ausscheidung	100 % Filtration; 50 % Rückresorption	100 % Filtration; 0 % Rückresorption	100 % Filtration; 90 % Rückresorption; Sezernation
Besonderheiten	hauptsächlich zur Stickstoff-Ausscheidung	wird zur GFR-Schätzung herangezogen	Steinbildung bei Azidose

Die Ausscheidung von Proteinen

Peptide und Aminosäuren werden aufgrund ihrer Größe und Ladung nur **eingeschränkt glomerulär filtriert** und in den Zellen des proximalen Tubulus wieder **reabsorbiert**. Dies geschieht je nach Größe über Endozytose oder durch Na^+-abhängige Cotransporter.

10

MERKE

Normalerweise finden sich keine Glucose, keine Lipide und nur sehr wenige niedermolekulare Proteine im Urin.

Die Ausscheidung von harnpflichtigen Substanzen

Den größten Anteil der Substanzen, die über die Niere ausgeschieden werden, machen die harnpflichtigen Substanzen aus (Substanzen, die mit dem Harn ausgeschieden werden *müssen*). Hierzu zählen in erster Linie **Harnstoff, Kreatinin** und **Harnsäure** (**Tab. 10.3**). Weitere Bestandteile des Harns sind in Wasser gelöste anorganische Substanzen, wie z. B. NaCl. Die täglich produzierte Harnmenge beträgt im Mittel 1,5 Liter, der pH-Wert liegt zwischen 4,5 und 8.

Beachte: Werden aufgrund einer **Nierenschädigung** die harnpflichtigen Substanzen nicht ausreichend ausgeschieden, führt dies zu Störungen im Wasser-, Elektrolyt- und Säure-Basen-Haushalt sowie Organschäden durch die toxischen retinierten harnpflichtigen Substanzen **(Urämie)**.

10.5.4.1 Der Harnstoff

Verwechseln Sie in Prüfungen Harnstoff nicht mit Harnsäure.

Beim **katabolen Stoffwechsel der Proteine** entsteht Harnstoff (s. S. 102). Harnstoff, als Diamid der Kohlensäure, enthält zwei Aminogruppen und dient damit zur **Entsorgung des Stickstoffs**, der sonst als Ammoniak schädlich für die Zellen wäre. Der in der Leber produzierte Harnstoff ist wasserlöslich und wird über das Blut zur Niere transportiert. 50 % des filtrierten Harnstoffs werden rückresorbiert, die andere Hälfte wird mit dem Harn direkt ausgeschieden.

Die Menge des Harnstoffs im Blut korreliert stark mit der **Proteinzufuhr**, sodass der Harnstoffspiegel leicht durch die Nahrung beeinflusst werden kann. Aus 100 g Nahrungsprotein entstehen ungefähr 30 g Harnstoff. Im Harnstoff ist der Stickstoffanteil der Aminosäuren gebunden, sodass eine vermehrte Harnstoffausscheidung mit einem Abbau von Proteinen einhergeht und somit eine negative Stickstoffbilanz anzeigen würde.

MERKE

Die „Ammoniak-Entsorgung“ in der Niere erfolgt über die Synthese von Harnstoff und von NH_4^+.

10.5.4.2 Das Kreatinin

Kreatinin entsteht im Muskel spontan aus **Kreatin** (**Abb. 10.40 a**). Das Kreatin dient dem Muskel als Zwischenspeicher von Phosphat, das am Aufbau von ATP beteiligt ist (s. S. 273). Die Menge des pro-

duzierten Kreatinins ist abhängig von der **Muskelmasse**, so haben Sportler häufig einen höheren Kreatininspiegel im Serum als nicht Sport treibende Menschen.
Kreatinin ist wasserlöslich, wird glomerulär filtriert, in geringen Mengen auch tubulär sezerniert, und nicht wieder reabsorbiert.
Aus diesem Grund dient der Kreatininspiegel als **Kontrollparameter der GFR** und damit auch der Nierenfunktion. Bei einer **eingeschränkten Nierenfunktion** kommt es zu einer Verminderung der GFR, wodurch weniger Kreatinin glomerulär filtriert wird. Im Blut findet man bei einer GFR < 50 % einen **erhöhten Kreatininspiegel** (Normalwerte: 0,5–1,1 mg/dl bei Männern, 0,5–0,9 mg/dl bei Frauen).

MERKE

Im klinischen Alltag zeigen ansteigende Kreatinin-Spiegel im Serum eine Störung der Nierenfunktion an.

10.5.4.3 Die Harnsäure

Harnsäure entsteht als Endprodukt beim oxidativen **Abbau der Purinbasen**. Sie wird glomerulär filtriert, aber zum großen Teil wieder aktiv reabsorbiert. Im distalen Tubulssystem wird ein Teil der Harnsäure dann wieder sezerniert. Für diesen Vorgang sind polyspezifische Transporter verantwortlich, sodass Harnsäure mit anderen Säuren, wie Lactat und Ketonkörpern, um diesen Transporter in Konkurrenz steht. Bei einer Lactatazidose (z. B. durch Alkoholaufnahme) oder Ketoazidose (Diabetes mellitus, Hunger) kann es so zu einem Anstieg von Harnsäure im Blut kommen.
Harnsäure liegt im Harn meist dissoziiert als Urat und damit wasserlöslich vor **(Abb. 10.40 b)**.

10.5.4.4 Die Nierensteine

Zur Nierensteinbildung kommt es, wenn einzelne harnpflichtige Substanzen aufgrund von pH-Wert-Veränderungen nicht mehr ausreichend gelöst werden können, aber auch dann, wenn die Konzentration der Substanz zunimmt und somit nicht mehr genügend Puffer (z. B. Protonen) zum Lösen zur Verfügung stehen.

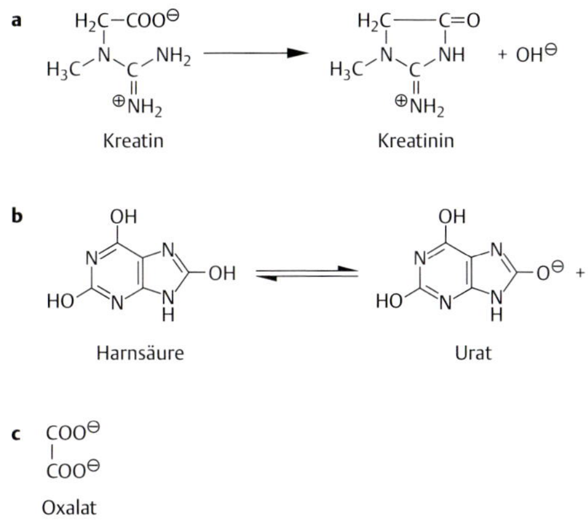

Abb. 10.40 (a) Kreatin, Kreatinin (b) Harnsäure, Urat; (c) Oxalat

Auch **Harnsäure** kann an der Steinbildung beteiligt sein. Wenn zuviel Harnsäure anfällt (z. B. bei Gicht), findet sich vermehrt Harnsäure im Urin. Da die Umwandlung der Harnsäure in das wasserlöslichere Urat vom pH-Wert abhängig ist, kann bei einer Azidose im Harn die Harnsäure nicht mehr dissoziieren und fällt aus. Ein wichtiger Bestandteil des Therapieplans bei Gicht ist folglich die **Alkalisierung des Harns**.
Die häufigsten Nierensteine sind jedoch **Calciumoxalat-Steine**. Oxalat entsteht beim Abbau von Glycin und zählt ebenfalls zu den harnpflichtigen Substanzen **(Abb. 10.40 c)**.

BEACHTE

Oxalat entsteht beim Abbau von Glycin. Verwechseln Sie es nicht mit der α-Ketosäure Oxalacetat, einem Zwischenprodukt im Citratzyklus.

Weitere Nierensteine sind Cysteinsteine und Magnesiumammoniumphosphat-Steine (Struvit).

10.5.5 Der Mineralhaushalt

Die Niere hat einen entscheidenden Einfluss auf den Mineralhaushalt des Körpers, da sämtliche **Elektrolyte** über das Glomerulum filtriert werden und sich im Primärharn wiederfinden. Mehr als 99 % davon werden im Tubulussystem wieder reabsorbiert. Im Folgenden werden die Elektrolyte einzeln bespro-

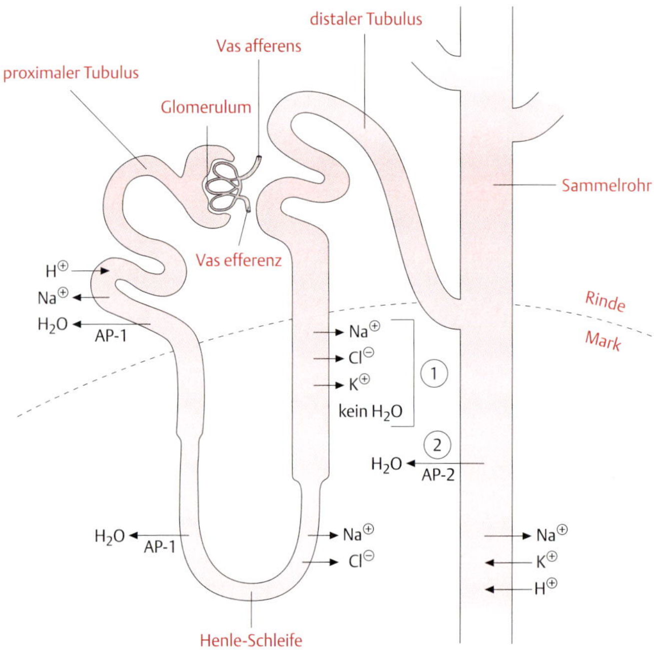

Abb. 10.41 Mineral- und Wasserhaushalt; (1) im Mark: hypotoner Urin und hypertones Interstitium, (2) Resorption von H_2O zum Ausgleich der Osmolarität des Endurins.

chen, ausführliche Informationen über Resorptionsvorgänge finden Sie in Lehrbüchern der Physiologie.

10.5.5.1 Das Wasser

Durch die Rückresorption von Elektrolyten und hydrophilen Substanzen, wie Monosacchariden und Aminosäuren, kommt es im Tubuluslumen zu einem Abfall der Osmolarität. Um den **Osmolaritätsausgleich** zu erzielen, strömt Wasser aus der Tubulusflüssigkeit ins Interstitium. Hierbei kommt es zu einem sog. **solvent drag**, d. h. weitere Elektrolyte werden vom Wasser „mitgerissen" **(Abb. 10.41)**.

Die Resorption von Wasser erfolgt zum einen parazellulär (durch die Interzellularverbindungen), zum anderen gibt es spezielle Wasserkanäle, die **Aquaporine** (AP), die für den Wassertransport zuständig sind. Diese liegen im dünnen Abschnitt der Henle-Schleife und im distalen Tubulus (Aquaporin-1, AP-1).

Beachte: Der dicke Abschnitt der Henle-Schleife ist *nicht* permeabel für Wasser.

In den Zellen des Sammelrohrs findet sich Aquaporin-2 für die endgültige Osmolaritätseinstellung des Harns. Durch **ADH** (anti-diuretisches Hormon, Vasopressin) wird die Anzahl der Kanäle reguliert und so kann die Osmolarität des Harns zwischen 50–1300 mosmol/l schwanken. ADH sorgt für eine vermehrte Resorption von Wasser. Es wird weniger Harn ausgeschieden (Anti-Diurese) und die **Osmolarität des Harns** steigt an.

10.5.5.2 Das Natrium

Natrium ist der Elektrolyt des **Extrazellularraums**, er findet sich also hauptsächlich im Blut. Natrium wird in der Niere komplett filtriert und zu 99% reabsorbiert. Der größte Anteil des Natriums wird im **proximalen Tubulussystem** reabsorbiert. Zum Teil wird es im Cotransport mit den Monosacchariden oder Aminosäuren aufgenommen, zum Teil aber auch im Antiport mit Protonen. Passiv wird Natrium zudem mit Wasser resorbiert, weshalb eine steigende Natriumresorption auch immer mit einer **Volumenzunahme** einhergeht **(Abb. 10.41)**.

MERKE

Wo Natrium resorbiert wird, wird auch Wasser resorbiert.

Weitere 25% des Natriums werden im **aufsteigenden Teil der Henle-Schleife** zusammen mit Chlorid

(dünner Anteil) oder über einen **$Na^+/K^+/2\,Cl^-$-Symport** (dicker Anteil) wieder aufgenommen.
Im **Sammelrohr** ist das Hormon **Aldosteron** wesentlich an der Natriumreabsorption beteiligt. Hier gibt es spezifische Natriumkanäle, durch die Natrium ohne Chlorid aufgenommen wird. So kommt es zu einer elektrochemischen „Verschiebung": Es gelangt nur ein Kation ohne ausgleichendes Anion in die Zelle. Aus diesem Grund wird gleichzeitig das Kation Kalium ins Sammelrohr sezerniert. Natrium gelangt also in die Zelle, während Kalium aus der Zelle geschleust wird. Dieser Vorgang wird nur durch die **basolateral** gelegene **Na^+/K^+-ATPase** ermöglicht: Natrium wird aus der Zelle ins Blut gepumpt und damit kann aus dem Sammelrohrlumen wieder Natrium in die Zelle aufgenommen werden. Kalium wird im Gegenzug von der Zelle aufgenommen und dann nach luminal sezerniert (s. S. 286)
Die Expression des Na^+/K^+-ATPase-Gens wird durch **Aldosteron** induziert.

MERKE

Die eigentliche Wirkung des Aldosterons: Die basolateral gelegene Na^+/K^+-ATPase erzeugt einen Gradienten, der dazu führt, dass auf der luminalen Seite Natrium in die Zelle und Kalium aus der Zelle strömt.

10.5.5.3 Das Chlorid

Chlorid wird **zusammen mit Natrium** reabsorbiert, um das elektrochemische Potenzial aufrechtzuerhalten. Hierbei ist das dem Natrium nachströmende Wasser die treibende Kraft, welche Chlorid durch den solvent drag mitreißt (s. o.). Dadurch wird die im Tubuluslumen entstehende negative Ladung ausgeglichen.
Nur am Sammelrohr wird Natrium ohne Chlorid über eigene Kanäle unter Aldosteronbeeinflussung aufgenommen (s. o.).

MERKE

Die Rückresorption von Natrium und Chlorid erfolgt immer zusammen mit Wasser.

10.5.5.4 Das Kalium

Kalium ist der Elektrolyt des Intrazellularraums. Es wird in der Niere zu 90 % reabsorbiert. Entweder wird es mit dem Wasser aufgenommen oder über den $Na^+/K^+/2\,Cl^-$-Symport im dicken Teil der Henle-Schleife transportiert. Kalium wird unter Einfluss von **Aldosteron** im Austausch gegen Natrium auch in das **Sammelrohr sezerniert** (s. o.).

10.5.5.5 Das Calcium und das Magnesium

Sowohl Calcium als auch Magnesium werden gemeinsam mit Wasser fast vollständig **reabsorbiert**. Die Resorption von Calcium unterliegt einer **hormonellen Regulation** über Parathormon/Calcitonin/Calcitriol (s. S. 224).

10.5.5.6 Die Protonen

Protonen werden auf verschiedene Weisen aus dem Körper ausgeschieden. Eine Verschiebung von Protonen führt dabei zu einer **Veränderung des pH-Werts**. Die Entstehung der Protonen in den verschiedenen Zellen wird durch die **Carboanhydrase** katalysiert (**Abb. 10.42**). Dabei wird CO_2 und H_2O zu HCO_3^- und H^+ umgewandelt.
Die Protonen werden im **proximalen Tubulus** über einen **Na^+/H^+-Austauscher** in das Tubuluslumen sezerniert, während basolateral Natrium gemeinsam mit HCO_3^- die Zelle verlässt. Dieser Vorgang wird durch die Na^+/K^+-ATPase gefördert.
In den Zellen des Sammelrohrs entsteht ebenfalls durch die Carboanhydrase HCO_3^- und H^+. Hier wird luminal je nach Zelltyp entweder HCO_3^- im Austausch gegen Cl^- oder H^+ mit Hilfe einer ATPase (Protonenpumpe) sezerniert.

MERKE

Im Sammelrohr werden Natrium und Wasser resorbiert, Kalium und Protonen sezerniert.

Ein großer Teil der Protonen wird als **NH_4^+** sezerniert. Ammoniak (NH_3) entsteht bei der Umwandlung von Glutamin in α-Ketoglutarat und kann Protonen binden. Diese Reaktion stellt ein wichtiges Puffersystem dar. Eine Azidose kann durch eine vermehrte Bindung von Protonen an NH_3 kompensiert werden.
Wenn keine Protonen abgefangen werden, diffundiert NH_3 sowohl basolateral ins Blut als auch luminal in die Tubulusflüssigkeit. Von dort wird es ebenfalls ausgeschieden (**Abb. 10.43**).

10

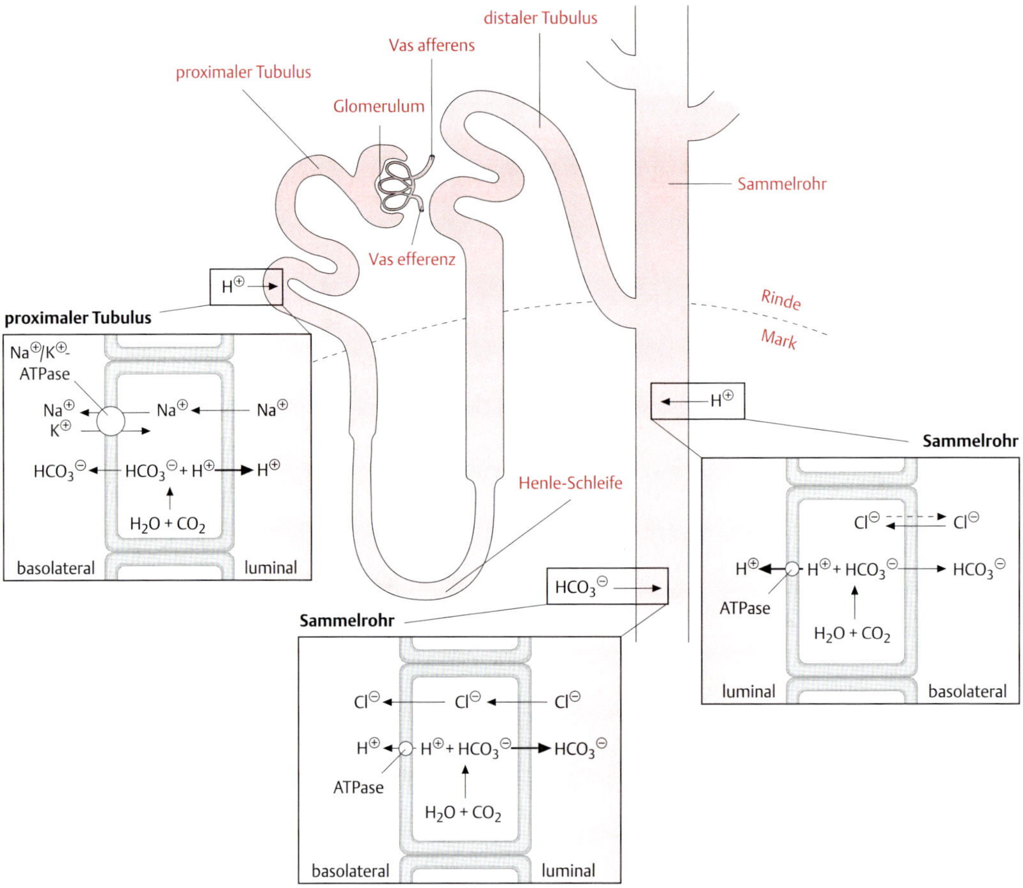

Abb. 10.42 Säure-Base-Haushalt

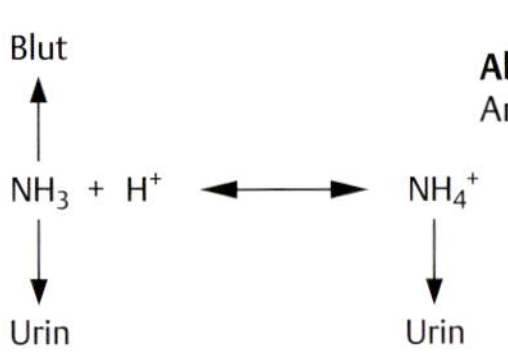

Abb. 10.43 Umwandlung von Ammoniak in Ammoniumionen

10.5.6 Die Produktion von Hormonen

Die Niere synthetisiert Hormone und greift so in zahlreiche Stoffwechselwege ein. Prägen Sie sich die Wirkung dieser Hormone gut ein, dies hilft Ihnen, das klinische Bild bei einer Nierenschädigung besser zu verstehen.

10.5.6.1 Das Erythropoetin

Das Glykoprotein **Erythropoetin (EPO)** wird (vor allem bei Sauerstoffmangel, Höhentraining der Sportler) hauptsächlich von der Niere synthetisiert und stimuliert die **Blutbildung im Knochenmark** (s. S. 297).

10.5.6.2 Das Calcitriol (vgl. S. 225)

Die biologisch aktive Form der Calciferole (Vitamin D) entsteht in der Niere durch Hydroxylierung des Steran-Grundgerüsts. So entsteht 1,25-Dihydroxycholecalciferol, auch **Calcitriol** genannt. Dieser „letzte" Schritt in der Niere wird durch das **Parathormon** gefördert und durch Calcium und Phosphat gehemmt. Beide Hormone haben großen Einfluss auf den **Calciumspiegel im Serum**.

Calcitriol wird als lipophile Substanz im Blut an ein Protein gebunden transportiert und wirkt an den Zielzellen über einen intrazellulären Rezeptor:

- An den Mucosazellen des **Darms** induziert Calcitriol die Synthese des Proteins Calbindin und erhöht so die **Resorption von Calcium** aus dem Darm.
- Über die Osteoblasten bewirkt es vermehrte **Kalzifizierung** des Knochens.
- In der **Niere** fördert Calcitriol die Resorption von **Calcium** und **Phosphat**.

Klinischer Bezug

Chronische Niereninsuffizienz: Bei einer **chronischen Niereninsuffizienz** kommt es häufig zu einer verminderten Produktion von Calcitriol und Erythropoetin. Dies resultiert in einem sekundären Hyperparathyreoidismus und einer renalen Anämie.
Eine zu geringe Calcitriolsynthese führt zu einem Anstieg des Phosphatspiegels und Absinken des Calciumspiegels im Blut. Dadurch wird weniger Calcium in den Knochen eingebaut. Gegenregulatorisch wird vom Körper Parathormon ausgeschüttet und es entsteht ein **sekundärer Hyperparathyreoidismus**.
Bei einer eingeschränkten Erythropoetinsynthese kommt es zu einer verringerten Blutbildung, die als **renale Anämie** bezeichnet wird.

10.5.6.3 Das Renin

Renin ist Bestandteil des Renin-Angiotensin-Aldosteron-Systems (**RAAS**) und hat Einfluss auf die **Blutdruck-Kontrolle** des menschlichen Organismus. Das RAAS wird im Kapitel Hormone erläutert (s. S. 212).

Check-up

- ✔ **Wiederholen Sie, wie die Energiegewinnung in Nierenrinde und Nierenmark erfolgt.**
- ✔ **Machen Sie sich die Unterschiede in der Ausscheidung von Kreatinin, Harnstoff und Harnsäure klar.**
- ✔ **Rekapitulieren Sie die Bedeutung von Glutamin und Ammoniak als Bestandteil des renalen Puffersystems und wie die Niere eine Azidose reguliert.**

10.6 Das Bindegewebe

Lerncoach

Das wichtigste Bindegewebsprotein ist das Kollagen, dazu werden häufig Fragen gestellt. Nehmen Sie sich daher ausreichend Zeit für dieses Kapitel.

10.6.1 Überblick und Funktion

Das Bindegewebe dient als **Stütz- und Verpackungsgewebe** im menschlichen Organismus. Knorpel und Knochen zählen zum stützenden Bindegewebe, das interstitielle Bindegewebe zu den Verpackungsgeweben. Die **extrazelluläre Matrix** (EZM) nimmt in den Bindegeweben viel Raum ein. Hier befinden sich Proteine, die von den Bindegewebszellen produziert wurden und Einfluss auf das **Wachstum** der benachbarten Zellen haben.

10.6.2 Der Aufbau des Bindegewebes

Zu den Bindegewebszellen gehören u. a. die **Fibroblasten** des interstitiellen Bindegewebes, die **Chondroblasten** des Knorpels und die **Osteoblasten** des Knochens. Die Aufgabe der Bindegewebszellen ist die Produktion und Sezernierung von Proteinen, v. a. der **Kollagene**. Die unterschiedlichen Bindegewebstypen enthalten jeweils charakteristische Kollagentypen (**Tab. 10.4**). Auch **Elastin**, **Proteoglykane** und **Glykoproteine** werden von den Bindegewebszellen produziert und sezerniert.

10.6.3 Die Proteine des Bindegewebes

10.6.3.1 Das Kollagen

Es gibt etwa **20 verschiedene Kollagene**, die häufigsten sind in **Tab. 10.4** aufgeführt. Man unterteilt sie in fibrilläre und nicht fibrilläre Kollagene. Sie unterscheiden sich in der Anordnung und im Durchmesser ihrer Fibrillen (s. u.).
Alle Kollagene haben den gleichen Grundaufbau: Drei Peptidketten lagern sich über Wasserstoffbrücken zu einer rechtsgewundenen **Tripelhelix** zusammen (keine α-Helix!). Diese Peptidketten enthalten die sich ständig wiederholende Aminosäuresequenz **Glycin – X – Y** (**Abb. 10.44 a**). An der X-Position befindet sich meist ein **Prolin**, an Position Y kann **Hydroxyprolin**, **Lysin** oder **Hydroxyly-**

10

Tabelle 10.4

Übersicht über verschiedene Bindegewebsarten

Vorkommen	Funktion	Hauptprotein	Hauptkohlenhydrat
Knochen	Druck- und Zugfestigkeit Einlagerung von Hydroxylapatit	Kollagen Typ I	**Chondroitinsulfat** Hyaluronsäure
Knorpel	Druckfestigkeit, Elastizität	Kollagen Typ II	Aggrecan: Kette aus **Chondroitinsulfat** und Keratansulfat assoziiert mit Hyaluronsäure
Synovia	Stoßdämpfung	Kollagen Typ II	Hyaluronsäure
Haut	Festigkeit (bei Bewegung, Dehnung)	Kollagen Typ I, III, VII	**Dermatansulfat**
große Blutgefäße	Dehnbarkeit, Reißfestigkeit	Elastin Kollagen Typ III, I	**Chondroitinsulfat**
Basalmembran	Trennfunktion, Permeabilität	Kollagen Typ IV, V	Heparansulfat

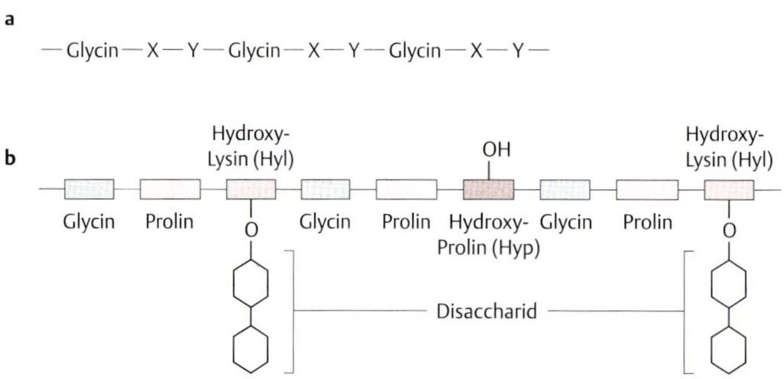

Abb. 10.44 Grundstruktur einer Peptidkette des Kollagens; (a) charakteristische Aminosäuresequenz, (b) Modifizierungen der Aminosäuren im Kollagen

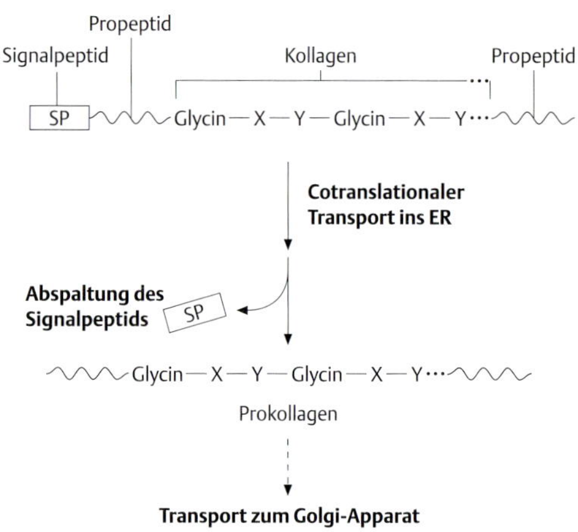

Abb. 10.45 Translation des Kollagens am endoplasmatischen Retikulum

sin stehen. Prolin ist durch die Aminogruppe, die sich im Ring befindet, in seiner Rotation um die Peptidbindung eingeschränkt, was die Ausbildung einer Tripelhelix erleichtert. An die Hydroxylgruppe des Hydroxylysins kann über eine **O-glykosidische Bindung** Galactose oder Glykosylgalactose gebunden sein **(Abb. 10.44 b)**.

Die Kollagenbiosynthese

Die Kollagenbiosynthese erfolgt intrazellulär am rauen ER. Die Kollagenvorstufen durchlaufen den sekretorischen Weg (s. S. 404), wobei je drei Einzelmoleküle eine Tripelhelix bilden und als Gesamtmolekül (Kollagenmonomer) in die extrazelluläre Matrix exportiert werden. Dort findet der abschließende Aufbau des unlöslichen Kollagens statt.

Achten Sie darauf, wo die einzelnen Syntheseschritte stattfinden (intrazellulär oder extrazellulär).

Da das Kollagen für die extrazelluläre Matrix produziert wird, wird es SRP-abhängig in das Lumen des **ER** translatiert (s. S. 404). Die Peptidkette mit dem Signalpeptid wäre das **Präprokollagen**

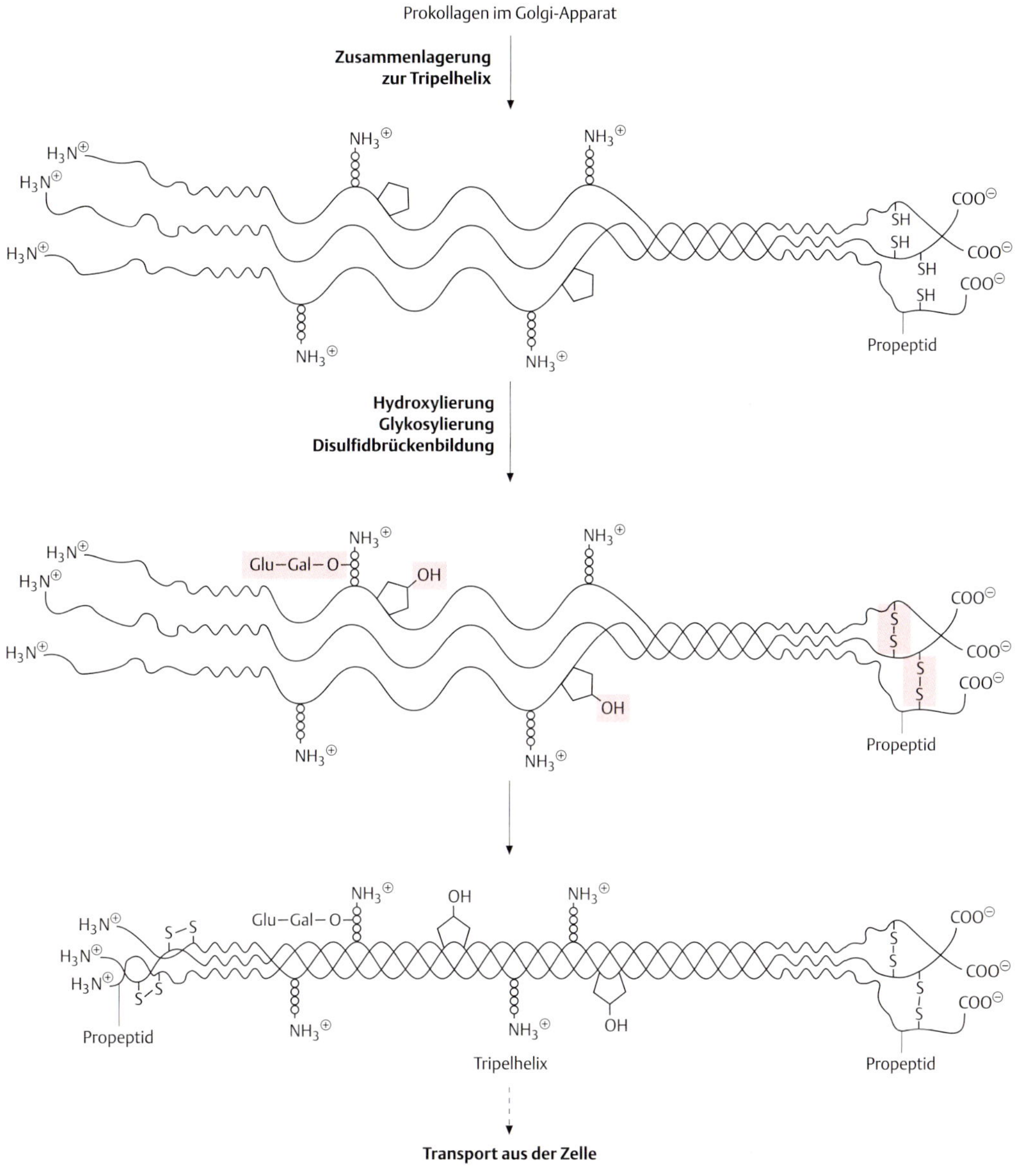

Abb. 10.46 Posttranslationale Modifizierung des Kollagens im Golgi-Apparat

(Abb. 10.45), beachte aber, dass das Signalpeptid cotranslational im ER abgespalten wird.

Das **Prokollagen** wird zum Golgi-Apparat transportiert. Sowohl am N-terminalen Ende als auch am C-terminalen Ende finden sich **Propeptide** (auch Registerpeptide und Telopeptide genannt). Diese dienen als **Stabilisatoren** und ermöglichen die Ausbildung der Tripelhelix **(Abb. 10.46)**. Beide Propeptide enthalten die Aminosäure **Cystein**. Über die SH-Gruppe des Cysteins kommt es zur Ausbildung von intra- und intermolekularen **Disulfidbrücken**. Am C-terminalen Ende können außerdem N-glykosidisch Disaccharide gebunden werden.

Einzelne Aminosäuren der Peptidkette (**Prolin** und **Lysin**) werden im Golgi-Apparat **Vitamin-C-abhängig** und α-Ketoglutarat-abhängig **hydroxyliert.** Die

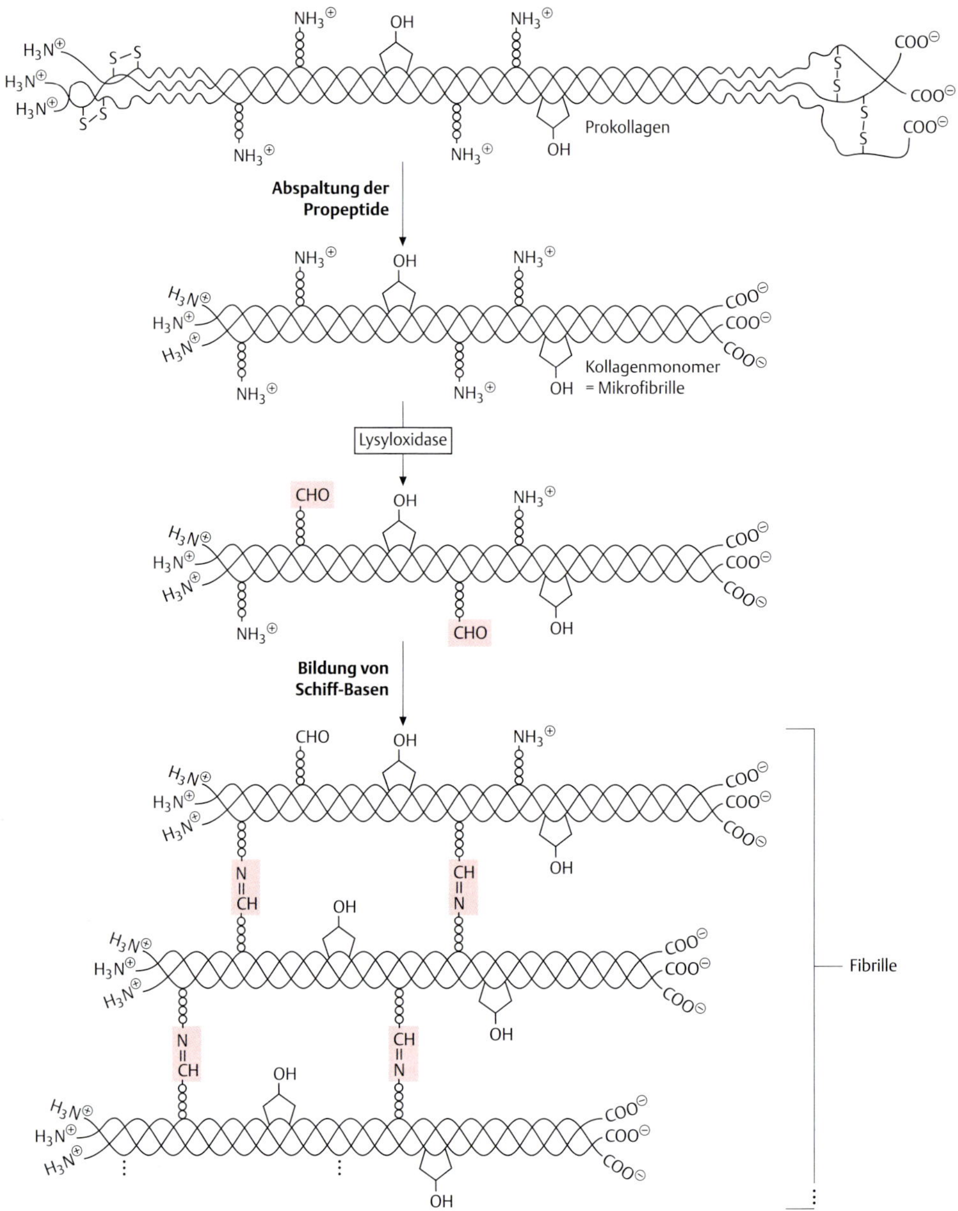

Abb. 10.47 Extrazelluläre Modifikationen bei der Kollagensynthese

OH-Gruppen der Hydroxyproline und Hydroxylysine bilden Wasserstoffbrücken zwischen den drei Peptidketten der Tripelhelix aus und erhöhen so den **Schmelzpunkt** des Kollagens. Diese Erhöhung des Schmelzpunktes auf über 40 °C ist essenziell, da die Kollagene bei einer Körpertemperatur von 37 °C sonst nicht ihre regelmäßige Struktur bilden könnten.

Am **Hydroxylysin** kann es zudem durch Glykosyltransferasen zur Ausbildung von **O-glykosidischen Bindungen** mit Galactose oder dem Disaccharid Glykosylgalactose kommen.

Abb. 10.48 (a) fibrilläres Kollagen, (b) nicht-fibrilläres Kollagen

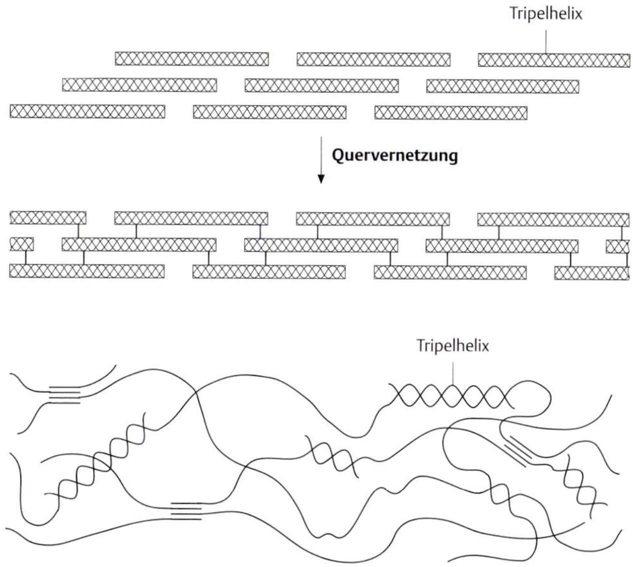

MERKE

O-Glykosylierungen finden nur an Hydroxylysin, nicht an Hydroxyprolin statt.

Durch diese Modifikationen lagern sich **drei Peptidketten** beginnend am C-terminalen Ende zur **Tripelhelix** zusammen.

In den **Propeptiden** bilden sich dann **Disulfidbrücken** zwischen den Peptidketten aus. Es entsteht das **Kollagenmonomer** (= Mikrofibrille). Auf dieser Stufe ist die **intrazelluläre** Modifikation abgeschlossen und es erfolgt die Sekretion in die extrazelluläre Matrix.

Im **extrazellulären Raum** kommt es zur Synthese von **unlöslichem Kollagen** und zur Assoziation der Kollagenmonomere zu **Fibrillen** (Abb. 10.47). Dabei spaltet eine Amino- bzw. Carboxy-Propeptidase die Propeptide ab. Durch die **Lysyloxidase** kommt es zur Desaminierung von Lysin und zur Einführung von Aldehydgruppen. Diese Aldehydgruppen bilden wiederum zusammen mit anderen Aminogruppen **Schiff-Basen** aus und es kommt zur **kovalenten** Quervernetzung der Mikrofibrillen.

Die Kollagenmonomere lagern sich parallel zusammen. Dabei bilden sich aufgrund der Ladungsverteilung **Pentamere** und der Schmelzpunkt steigt erneut. Verschiedene Peptidketten und unterschiedlich dicke Fibrillen führen zur Ausbildung **verschiedener fibrillärer Kollagene** (Abb. 10.48 a).

Nicht fibrilläre Kollagene (Typ IV in der Basalmembran) zeigen teilweise ebenfalls eine tripelhelikale Struktur, aber mit häufigen Unterbrechungen. An diesen Unterbrechungen kommt es zur Assoziation mehrerer Monomere und so zur Ausbildung einer **flächigen Struktur** (Abb. 10.48 b).

10

Klinischer Bezug

Ehlers-Danlos-Syndrom: Beim Ehlers-Danlos-Syndrom kommt es aufgrund einer **fehlerhaften Kollagensynthese** zu einer verstärkten Dehnbarkeit der Haut und der Gelenke. Man unterscheidet verschiedene Typen, die sich in ihrer Symptomatik unterscheiden. So kommt es bei einem Defekt der Synthese des Kollagens III z. B. zu einer erhöhten Blutungsgefahr, da die Gefäße weniger widerstandsfähig sind und leichter einreißen.

Der Kollagenabbau

Der Abbau der Kollagene wird durch **spezifische Kollagenasen** katalysiert. Bei diesen handelt es sich um **zinkabhängige** Matrix-Metallo-Proteinasen. Sie werden als **inaktive Proenzyme** (Zymogene) syn-

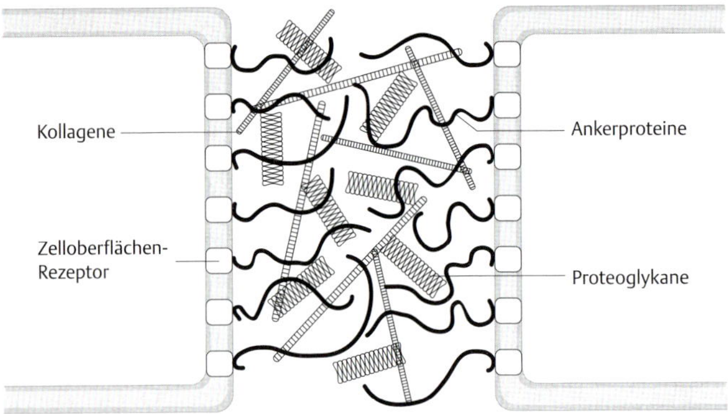

Abb. 10.49 Proteine der extrazellulären Matrix

thetisiert und sezerniert. Extrazellulär werden sie durch **limitierte Proteolyse** aktiviert.

10.6.3.2 Das Elastin

Elastine findet man in elastischen Fasern, z. B. in **Gefäßwänden**. Es sind quervernetzte Proteine mit einem großen Anteil an **hydrophoben Aminosäuren**, die für die Elastizität verantwortlich sind. Kommt es durch Dehnung zu Kontakt mit einem wässrigen Medium (z. B. Blut), kommt es zur Zusammenlagerung der hydrophoben Aminosäuren **(Aggregation)**, sie bewirken so die **Rückstellung**.

10.6.3.3 Das Fibronectin und das Laminin

Laminine und **Fibronectine** zählen zu den so genannten **Ankerproteinen**. Sie binden in der extrazellulären Matrix an andere organische Strukturen und sind zudem zur **Zelladhäsion** fähig. Fibronectin und Laminin binden die Zellen über bestimmte Proteine auf deren Oberfläche und können so die **Zellwanderung** beeinflussen. Sie bilden damit die Verankerung der Zelle im Interstitium.

10.6.4 Das Knochengewebe

Der Knochen dient als **Stützgewebe** und ist aus **organischen** und **anorganischen** Substanzen aufgebaut. Zu den organischen Substanzen zählen die beschriebenen **Kollagene** (Typ I) sowie zahlreiche Proteoglykane und (z. T. calciumbindende) Glykoproteine. Anorganische Substanzen sind vor allem **Calcium** und **Phosphat**, die im Knochen als **Hydroxylapatit** gespeichert werden. Der anorganische Anteil am Aufbau des Knochens liegt bei 80 %.

Für den Auf- und Abbau des Knochens sind **Osteoblasten** und **Osteoklasten** verantwortlich. Diese Zellen werden über vielfältige Mechanismen reguliert (s. S. 225).

10.6.5 Das Knorpelgewebe

Im Knorpel findet man neben den Proteinen (Kollagen Typ II) vor allem **Proteoglykane** (Aggrecan), die durch ihre Wasserbindung entscheidend die **Druckresistenz** des Knorpels beeinflussen und die gelartige Konsistenz herbeiführen.

Check-up

- ✔ **Wiederholen Sie den Grundaufbau der Tripelhelix eines Kollagen-Monomers.**
- ✔ **Rekapitulieren Sie die einzelnen Schritte der Kollagenbiosynthese und wo sie stattfinden.**

Kapitel 11

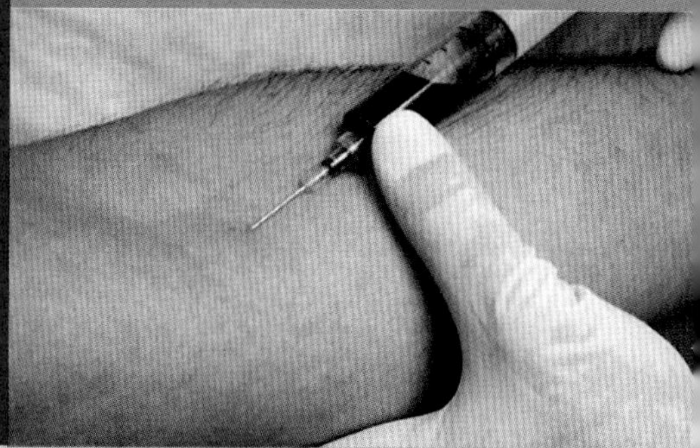

Blut

11.1 Einleitung 295

11.2 Die zellulären Bestandteile des Blutes 295

11.3 Das Hämoglobin und Myoglobin 299

11.4 Der Gastransport 306

11.5 Die Blutgruppeneigenschaften 309

11.6 Die Hämostase 310

11.7 Die Plasmaproteine 318

Zwei Stürze und ein Gipfel

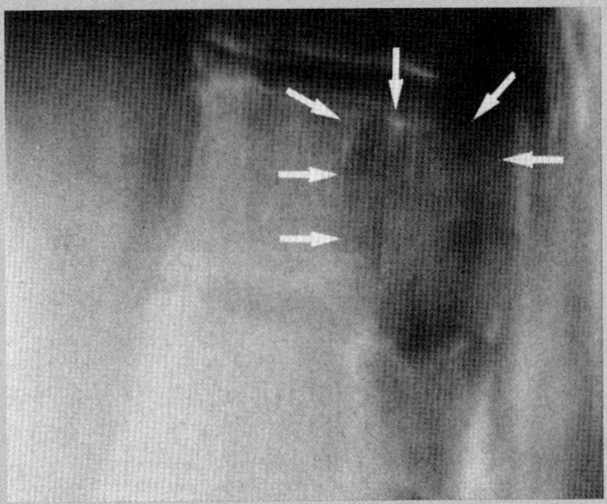

In diesem Tomogramm einer Wirbelsäule erkennt man eine osteolytische Veränderung (Pfeile). Sie wird durch Antikörper verursacht, die von einem aggressiven Tumor der Plasmazellen (Plasmozytom) gebildet werden.

Schon während des Pflegepraktikums fallen sie jedem Medizinstudenten auf: Die 200 mm langen Röhrchen im Stationszimmer, mit denen die Blutsenkungsgeschwindigkeit (BSG) gemessen wird. In ihnen wandern die roten Blutkörperchen im Laufe der Zeit nach unten, normalerweise bis zu 20 mm in der ersten Stunde. Bei Entzündungen und anderen Erkrankungen stürzen die Erythrozyten in dem Röhrchen schneller ab. So auch bei Wolf W. Er leidet an einer Tumorerkrankung, die man mit einem anderen Bluttest diagnostizieren kann. Mehr über das Blut und seine Bestandteile erfahren Sie im folgenden Kapitel.

Sturz von den Skiern

Wolf W. hat sich noch nie so urlaubsreif gefühlt. Seit zwei Monaten macht ihm ein Leistungstief zu schaffen. Die freie Woche möchte der 56-jährige Geschäftsführer zum Langlauf nutzen.

Am nächsten Tag geht es los. Ehepaar W. bezieht ein Zimmer in einem kleinen Hotel und schon am Nachmittag stehen sie auf den Skiern. Früher musste Wolf W. mit Rücksicht auf seine Frau immer recht langsam fahren. Doch in diesem Jahr muss sich Wolf W. anstrengen, um hinterher zu kommen. Dabei strauchelt er und fällt. Obwohl es ein eher harmloser Sturz war, schmerzt sein Oberarm so sehr, dass er noch am selben Tag ins Kreiskrankenhaus fährt.

Der Sturz im Röhrchen.

Im Krankenhaus wird eine Humerusschaftfraktur diagnostiziert. Herr W. erhält einen Gipsverband. Eher mäßig erholt kehrt er in seine Firma zurück. Vier Wochen später – der Gips ist gerade entfernt – sucht Herr W. das Krankenhaus in seiner Heimatstadt auf. Seit Jahren plagen ihn Hämorrhoiden, nun soll er operiert werden. Der Termin steht schon lange fest. Bei der Aufnahmeuntersuchung wird Herrn W. Blut abgenommen und sein Thorax geröntgt. Als Dr. Gärtner, Assistenzarzt der chirurgischen Abteilung, am Abend die Befunde durchsieht, stockt ihm der Atem: Die Blutsenkungsgeschwindigkeit (BSG) von Herrn W. liegt bei 127 mm in der ersten Stunde. Außerdem entnimmt er dem nächsten Laborzettel einen zu niedrigen Hämoglobinwert: Herr W. leidet also auch an einer Anämie, einem Mangel an roten Blutkörperchen.

Der γ-Globulin-Gipfel

Als nächstes betrachtet Dr. Gärtner das Röntgenbild. Die Kollegen aus der Radiologie haben einige Auffälligkeiten an den Rippen und der Wirbelsäule bemerkt. Dr. Gärtner sieht seine Vermutung bestätigt. Am nächsten Morgen wird dem überraschten Herrn W. wieder Blut abgenommen, damit eine Eiweißelektrophorese durchgeführt werden kann. Dabei werden die im Plasma enthaltenen Proteine entsprechend ihrer elektrischen Ladung in fünf Fraktionen aufgeteilt. Normalerweise zeigt die Kurve einen hohen Peak bei der Albuminfraktion und vier kleine Hügelchen bei α1-, α2-, β- und γ-Globulinen. Bei Herrn W. ist jedoch auch in der γ-Globulin-Fraktion ein Peak zu erkennen. Damit steht die Diagnose fest: Wolf W. leidet an einem Plasmozytom, einem aggressiven Tumor der Plasmazellen, der das Knochenmark besiedelt und in großen Mengen Immunglobuline produziert. Dabei wird der Knochen zerstört und die normale Blutbildung aus dem Knochenmark verdrängt. Diese Knochenläsionen haben die Radiologen im Röntgen-Thorax-Bild gesehen. Nun ist auch klar, dass die Humerusfraktur vor vier Wochen eine sog. „pathologische Fraktur“ war: Der gebrochene Knochen war zuvor bereits durch die Krankheit zerstört worden. Weitere Untersuchungen ergeben, dass das Plasmozytom bei Herrn W. bereits in einem fortgeschrittenen Stadium ist. Die Ärzte beginnen sofort mit einer Chemotherapie. Dennoch: heilbar ist das Plasmozytom nicht. Wolf W. hat nur noch eine Lebenserwartung von sechs bis zwölf Monaten.

11 Blut

11.1 Einleitung

Lerncoach
Das Blut ist ein „Organ“ mit sehr vielfältigen Aufgaben. Es hat Transportfunktion (z. B. für Gase oder Nahrungsstoffe), Schutzfunktion (z. B. Blutgerinnung) und dient der Aufrechterhaltung des Elektrolyt- und Wärmehaushalts. Da diese Funktionen unabhängig voneinander sind, lassen sie sich gut getrennt voneinander lernen.

Das Blut macht etwa 8% des Körpergewichts aus (bei 70 kg: ca. 5,6 l Blutvolumen). Es besteht zu etwa 45% aus zellulären Bestandteilen (**Abb. 11.1**), die restlichen 55% des Blutvolumens machen das Blutplasma aus. Dieses besteht zu 90% aus Wasser. Die übrigen 10% setzen sich zu 70% aus über 100 Plasmaproteinen, zu 20% aus niedermolekularen Stoffen und zu 10% aus Elektrolyten zusammen. Lässt man das Blut gerinnen und zentrifugiert die Gerinnungsbestandteile ab, erhält man das Serum. Serum unterscheidet sich also von Plasma durch das Fehlen der gerinnungsaktiven Proteine, vor allem des Fibrinogens.

Folgende Begriffe zur Blutzusammensetzung kann man unterscheiden:

- **Vollblut:** entspricht dem Blut innerhalb des Blutkreislaufs.
- **Plasma:** Vollblut ohne zelluläre Bestandteile.
- **Serum:** Plasma ohne gerinnungsaktive Proteine.
- **Hämatokrit:** Anteil der Zellen am Blutvolumen (in %).

Eine wichtige Funktion des Blutes ist der **Transport** von O_2 und CO_2, Nahrungsstoffen, Stoffwechselendprodukten, Hormonen u. a. Auch die Komponenten der **Immunabwehr** (zelluläre und humorale Bestandteile) werden vom Blut transportiert. Es dient zudem der Aufrechterhaltung des Wasser- und Wärmehaushaltes und des Säure-Basen-Gleichgewichts (**Homöostase**). Außerdem hat es **Schutzfunktion** (Blutgerinnung und Fibrinolyse, s. S. 310).

11.2 Die zellulären Bestandteile des Blutes

Lerncoach
Die beiden Blutzelltypen Erythrozyten (rote Blutkörperchen) und Thrombozyten (Blutplättchen) sind unvollständige Zellen, d. h. sie haben keine oder nur noch wenige Organellen. Dadurch ist ihr Stoffwechsel eingeschränkt. Achten Sie beim Lernen auf diese Besonderheiten.

11.2.1 Überblick und Funktion

Der zelluläre Teil des Blutes besteht aus den **Erythrozyten**, den **Leukozyten** und den **Thrombozyten** (**Tab. 11.1**). Sie haben unterschiedliche Funktionen. Alle Blutzellen stammen von einer gemeinsamen pluripotenten Stammzelle ab. Die Entstehung und Reifung der Blutzellen bezeichnet man als **Hämatopoese**.

Die **Leukozyten** werden im Kapitel Immunsystem besprochen (s. S. 323).

Tabelle 11.1

Die zellulären Bestandteile des Blutes

Zellart	Anzahl /μl Blut
Erythrozyten	4,3–5,7 Mio. (Männer) 3,9–5,4 Mio. (Frauen)
Leukozyten	3800–10 500
Thrombozyten	140 000–345 000

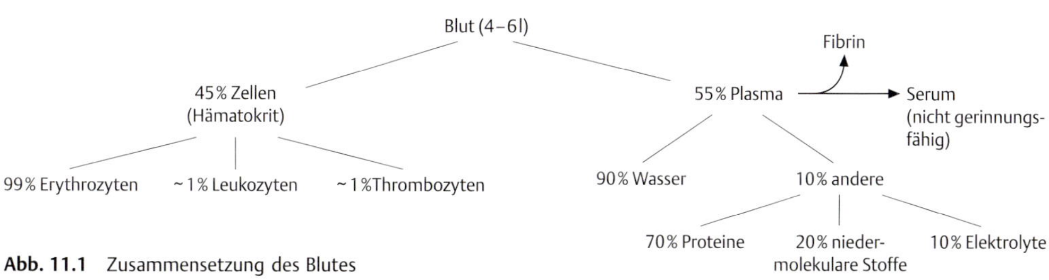

Abb. 11.1 Zusammensetzung des Blutes

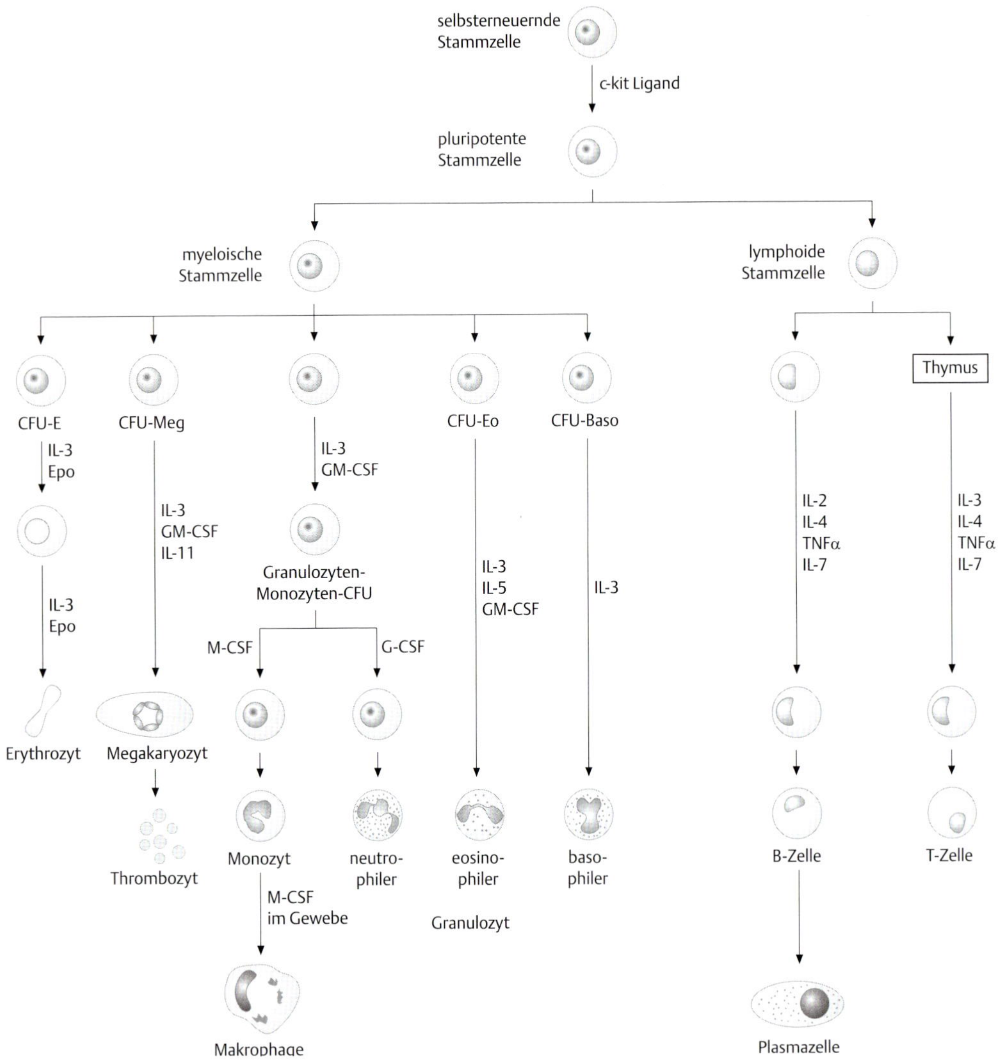

Abb. 11.2 Schema der Hämatopoese (CFU = colony forming unit; CSF = colony stimulating factor; EPO = Erythropoietin; IL = Interleukin; TNFα = Tumor-Nekrose-Faktor)

11.2.2 Die Hämatopoese

Bei der Hämatopoese **(Abb. 11.2)** entwickelt sich eine pluripotente Stammzelle in eine **myeloische** oder eine **lymphatische Stammzelle**. Die lymphatische Stammzelle ist Vorläufer der B- und T-Lymphozyten. Aus der myeloischen Stammzelle entstehen die sog. **colony forming units** (CFU), die je nach Zellart in CFU-E (Erythrozyten), CFU-Meg (Megakaryozyten) usw. eingeteilt werden. Aus ihnen bilden sich unter dem Einfluss verschiedener Zytokine wie Wachstumsfaktoren (colony stimulating factors [CSF]) und Interleukinen die verschiedenen Zellen der myeloischen Reihe.

11.2.3 Die Erythrozyten

99% der zellulären Bestandteile des Blutes sind rote Blutkörperchen **(Erythrozyten)**. 1 μl Blut enthält ca. 4 bis 6 Millionen ($5 \cdot 10^6$) Erythrozyten. Im gesamten Blut gibt es etwa 25 Billionen ($25 \cdot 10^{12}$) rote Blutkörperchen, von denen jedes in seinem Leben ca. 400 km zurücklegt.

Die Erythrozyten entstehen im Knochenmark aus **Erythroblasten**. Diese wiederum entstehen aus myeloischen Stammzellen, die sich aus pluripotenten Stammzellen entwickelt haben **(Abb. 11.2)**. Die Erythrozyten sind **kernlos**, da bei ihrer Entstehung der Zellkern aus dem Erythroblasten ausgestoßen wird. Sie sind daher eher als korpuskuläre Partikel und nicht als eigenständige Zellen anzusehen. Die reifen Erythrozyten sind bikonkave Scheiben mit einer zentralen Eindellung. Sie haben einen Durchmesser von 7–8 μm. Sehr junge Erythrozyten **(Retikulozyten)** unterscheiden sich von den älteren dadurch, dass sie noch Reste ribosomaler RNA und einiger Zellorganellen enthalten. Der Anteil der Retikulozyten an der Gesamtmenge der Erythrozyten beträgt im Normalfall 0,8 bis 2,5%. Steigt dieser Wert stark an, weist das auf eine Erythropoese nach akutem Blutverlust oder einer Hämolyse (Auflösung oder Abbau von Erythrozyten) hin.
Ein wichtiger Regulator der Erythropoese ist das Hormon **Erythropoietin**. Dieses Glykoprotein wird zu 90% in der Niere und zu 10% in der Leber gebildet. Bei Sauerstoffmangel (wie z.B. beim Aufenthalt in großen Höhen) kann es in den peripheren Geweben und in der Nierenrinde zu einer **Hypoxie** kommen, d.h. der O_2-Partialdruck im arteriellen Blut nimmt ab. Daraufhin wird in der Nierenrinde vermehrt EPO synthetisiert und freigesetzt. Die Synthese wird durch einen Transkriptionsfaktor (HIF = *hypoxia inducible factor*) induziert. EPO regt über einen membranständigen Rezeptor die Erythropoese im Knochenmark an. Gentechnisch hergestelltes EPO wird vor allem bei Tumoranämie und Anämie aufgrund von Nierenversagen eingesetzt. Im Sportbereich ist es ein unerlaubtes Dopingmittel.
Die Lebensdauer eines Erythrozyten beträgt etwa **120 Tage**. Alte Erythrozyten werden von den retikuloendothelialen Zellen in Milz, Knochenmark und Leber **phagozytiert**.
Beachte: Um eine Gesamtzahl von 25 Billionen Erythrozyten zu erhalten, muss der Körper bei einer Lebensdauer von 120 Tagen pro Erythrozyt in jeder Sekunde 2,4 Millionen rote Blutkörperchen bilden.

11.2.3.1 Die Funktion der Erythrozyten

Die wichtigste Aufgabe der Erythrozyten ist der **Gastransport** (s.u.). Der Mensch verbraucht in Ruhe etwa 500 l Sauerstoff pro Tag. Die roten Blutkörperchen transportieren den Sauerstoff von der Lunge in die Gewebe und Kohlendioxid von den Geweben in die Lunge.

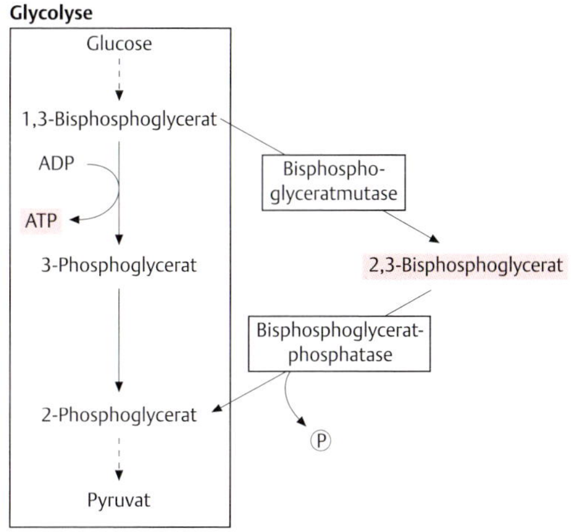

Abb. 11.3 Synthese von 2,3-Bisphosphoglycerat aus dem Glykolysezwischenprodukt 1,3-Bisphosphoglycerat

11.2.3.2 Der Stoffwechsel der Erythrozyten

Der Erythrozytenstoffwechsel ist stark eingeschränkt, da sie weder Zellkern noch Zellorganellen besitzen. Aus diesem Grund ist der Stoffwechsel des Erythrozyten auf zwei Reaktionswege beschränkt:

- die **anaerobe Glykolyse** zum Gewinn von ATP
- den **Pentosephosphatweg** zur Bereitstellung von $NADPH+H^+$ für die Regeneration von Glutathion (s.u.).

Durch die anaerobe Glykolyse gewinnt der Erythrozyt **2 Mol ATP** pro 1 Mol Glucose. Das ATP wird vor allem für die Na^+/K^+-ATPase in der Erythrozytenmembran und die Glutathionsynthese benötigt (s.u.). Im Gegensatz zu anderen Zellen, die bei vollständiger Oxidation von Glucose etwa 32 ATP erzeugen, ist die Ausbeute in den Erythrozyten also deutlich niedriger. Der ATP-Gewinn im Erythrozyten liegt noch unter 2 ATP pro Glucose, da der Erythrozyt aus dem Glykolyse-Zwischenprodukt 1,3-Bisphosphoglycerat 2,3-Bisphosphoglycerat (2,3-BPG) synthetisiert **(Abb. 11.3)**. 1,3-Bisphosphoglycerat wird nicht in 3-Phosphoglycerat umwandelt und das ATP, das bei der Phosphoglyceratkinase-Reaktion gebildet werden würde, geht verloren.

Das 2,3-BPG hat eine wichtige Funktion bei der O_2-Abgabe von Hämoglobin (s. u.).

11.2.3.3 Der Glucose-6-phosphat-Dehydrogenase-Mangel

Die Glucose-6-phosphat-Dehydrogenase ist ein Enzym des Pentosephosphatwegs. Sie wandelt Glucose-6-Phosphat in 6-Phosphogluconolacton um. In diesem Schritt wird reduziertes NADPH+H^+ gebildet. Eine Unterfunktion der Glucose-6-Phosphat-Dehydrogenase führt zu einem **Mangel an NADPH+H^+**. Dadurch steht weniger NADPH+H^+ für die Regeneration von Glutathion zur Verfügung. Folge ist eine erhöhte Anfälligkeit der Erythrozyten für Radikale und Peroxide. Der Glucose-6-phosphat-Dehydrogenase-Mangel ist mit etwa 400 Mio. Merkmalsträgern die häufigste Enzymmangelerkrankung der Welt.

Durch oxidativen Stress (z. B. Infektionen, bestimmte Arzneimittel) kann es zur Auslösung hämolytischer Krisen mit Fieber, Oberbauchschmerzen und Ikterus kommen. Allerdings tritt diese Komplikation eher selten auf. Auch die Fava-Bohne kann bei diesen Patienten eine solche Krise auslösen, das Krankheitsbild wird als **Favismus** bezeichnet.

11.2.4 Die Leukozyten

Die Leukozyten sind die Zellen der Immunabwehr. Sie werden in Granulozyten, Lymphozyten und Monozyten eingeteilt. Insgesamt machen sie nur etwa 1 % der zellulären Bestandteile des Blutes aus. Sie werden im Kapitel Immunsystem (s. S. 323) besprochen.

11.2.5 Die Thrombozyten

Die **Thrombozyten** entstehen durch Abschnürung von **Megakaryozyten** im Blut und sind etwa 2–3 µm groß. In 1 µl Blut sind 150 000 bis 450 000 Thrombozyten enthalten. Ihre Lebensdauer beträgt ca. 8 bis 10 Tage.

Thrombozyten enthalten keinen Zellkern, besitzen aber einige Mitochondrien und Lysosomen. Sie verfügen somit über mitochondriale DNA und enthalten in ihrem Zytoplasma zudem stabile RNA, sodass sie zur Synthese eigener Proteine befähigt sind. Die Thrombozyten können sowohl über die Glykolyse als auch über den **Citratzyklus** und die **Atmungskette** Energie gewinnen. Sie besitzen außerdem sog. Granula. Diese enthalten verschiedene Effektorsubstanzen **(Tab. 11.2)**, die bei der **Blutstillung** (s. S. 311) eine wichtige Rolle spielen.

Tabelle 11.2

Die Inhaltsstoffe der Thrombozytengranula

Inhaltsstoff	Funktion
ADP	Aktivierung und Aggregation
Serotonin	Vasokonstriktion
von Willebrand-Faktor	Adhäsion an Kollagen
Fibronektin	Adhäsion an Gewebezellen
Gerinnungsfaktoren	Unterstützung der Thrombusbildung
Plättchenfaktor 4	chemotaktisch für Granulozyten
platelet-derived growth factor (PDGF)	Vasokonstriktion, mitogen auf glatte Muskelzellen

Klinischer Bezug

Polycythaemia vera: Bei der Polycythaemia vera liegt eine klonale Störung in einer transformierten pluripotenten Stammzelle vor. Dadurch sind die Erythropoese und die Thrombopoese gesteigert. Als Folge liegt ein hyperplastisches Knochenmark vor. Erythrozyten, Granulozyten und Thrombozyten sind im peripheren Blut vermehrt vorhanden. Durch das vergößerte Blutvolumen weisen die Patienten eine erhöhte **Blutviskosität** auf. Dadurch treten häufig **Thrombosen** auf, insbesondere in peripheren Gefäßen, Kopf- und Herzkranzgefäßen. Therapeutisch wird die Blutviskosität durch häufige Aderlässe erniedrigt. Die mediane Überlebenszeit beträgt 10 bis 14 Jahre.

Check-up

- ✔ **Machen Sie sich klar, wie Erythrozyten ATP gewinnen.**
- ✔ **Wiederholen Sie, warum die Bereitstellung von NADPH+H^+ für den Erythrozyten so wichtig ist.**

11.3 Das Hämoglobin und Myoglobin

Lerncoach

Hämoglobin und Myoglobin enthalten Häm als prosthetische Gruppe. Verschaffen Sie sich zunächst einen Überblick über den Auf- und Abbau der Hämgruppe, bevor Sie sich die Einzelheiten anschauen (Abb. 11.6 und Abb. 11.7).

11.3.1 Überblick und Funktion

Hämproteine enthalten **Häm** als **prosthetische Gruppe**. Diese Hämgruppe ist ein sog. Tetrapyrrolringsystem mit einem zentralen Eisenatom. Das wichtigste Hämprotein im Blut ist **Hämoglobin**, das dem Blut seine rote Farbe verleiht. Es dient zum Transport von Sauerstoff und CO_2. Ein weiteres Hämprotein ist **Myoglobin**, das im Muskel als Sauerstoffspeicher dient.

11.3.2 Das Hämoglobin

Hämoglobin macht einen großen Bestandteil des Blutes aus: Ein Erythrozyt besteht zu 34% aus Hämoglobin, aus Wasser (65%) sowie Enzymen und anderen Proteinen (1%). Hämoglobin ist ein tetrameres Protein aus zwei mal zwei identischen Proteinketten (**Abb. 11.4**), von denen jede eine Hämgruppe gebunden hat. Die Ketten werden durch nichtkovalente Kräfte zusammengehalten. Das häufigste Hämoglobin beim Erwachsenen ist das **Hämoglobin A_1** (HbA_1, A für adult). HbA_1 besteht aus 2 α- und 2 β-Ketten ($\alpha_2\beta_2$). Im Gegensatz zum Hämoglobin des Erwachsenen ist das fetale Hämoglobin **(HbF)** aus 2 α- und 2 γ-Ketten aufgebaut ($\alpha_2\gamma_2$). HbF hat eine größere Sauerstoffaffinität als HbA_1. Das erleichtert die Versorgung des Feten mit Sauerstoff, weil das HbF dem mütterlichen HbA_1 den Sauerstoff durch die höhere Sauerstoffaffinität abnehmen kann. Außerdem bindet der Regulator 2,3-Bisphosphoglycerat (s. u.) schwächer an HbF als an HbA_1, was ebenfalls den Sauerstoffübertritt von der Mutter zum Fetus erleichtert. Ein weiteres Hämoglobin, das in geringer Menge beim Erwachsenen vorkommt, ist das **Hämoglobin A_2** (HbA_2, $\alpha_2\delta_2$).

Jedes Hämoglobinmolekül enthält vier Hämgruppen. Da jede Häm-Gruppe ein Sauerstoffmolekül aufnehmen kann, transportiert **ein Hämoglobinmolekül maximal vier O_2-Moleküle**.

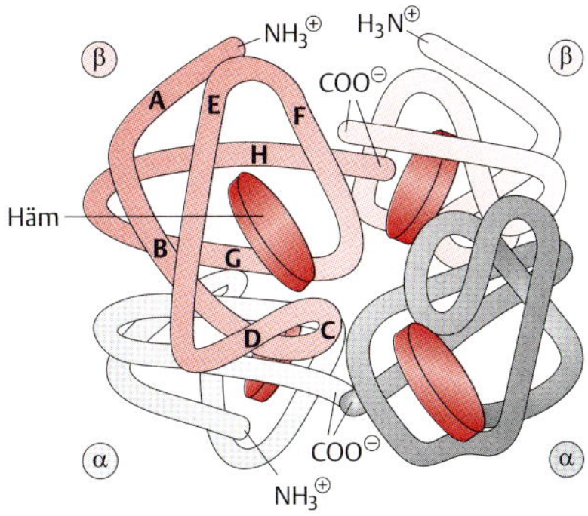

Abb. 11.4 Schema der Struktur des Hämoglobins A_1

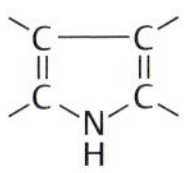

Abb. 11.5 Struktur des Pyrrolrings

11.3.2.1 Das glykierte Hämoglobin

An die N-terminalen Enden der β-Ketten im HbA_1 können nichtenzymatisch verschiedene Kohlenhydrate angehängt werden. Dieser als **Glykierung** bezeichnete Prozess führt beim normalen Erwachsenen dazu, dass 5–7% des Hämoglobins glykiert vorliegen. Glykiertes Hämoglobin heißt **HbA_{1C}**.

Der HbA_{1C}-Wert steigt bei erhöhter Blutglucosekonzentration und charakterisiert als „Blutzuckergedächtnis" den Blutzuckergehalt eines Patienten in den letzten Wochen. Daher dient der HbA_{1C}-Wert dem Arzt als Kontrollparameter zur Einstellung eines Diabetes-Patienten.

11.3.2.2 Die Hämgruppe

Die **Hämgruppe** (das Häm) ist die **prosthetische Gruppe** des Hämoglobins (und des Myoglobins, s. u.). Sie ist ein sog. **Porphyrinringsystem** und besteht aus 4 untereinander über Methinbrücken (-CH=) verbundenen **Pyrrolringen** (**Abb. 11.5**), die verschiedene Seitenketten tragen. Über die 4 Stickstoffatome in der Mitte des Ringsystems ist ein zweiwertiges **Eisenatom** komplex gebunden. An dieses Eisenatom kann ein **Sauerstoffmolekül** (O_2) angelagert werden, ohne dass sich die Wertigkeit des Eisens ändert. Es handelt sich bei dieser Anlagerung also nicht um eine Oxidation.

Neben dem Hämoglobin enthalten auch die Cytochrome (s. S. 135), die Peroxidase (s. S. 204) und die Katalase (s. S. 303) ein Porphyrinringsystem.

Die Biosynthese des Häms

Die Hämbiosynthese besteht aus zwei Stufen (Abb. 11.6): Die erste Stufe ist die Synthese des Porphobilinogens, in der zweiten Stufe wird aus 4 Molekülen Porphobilinogen das Häm aufgebaut.

85% des Häms werden im Knochenmark synthetisiert. Zudem kann Häm auch in der Leber gebildet werden. Wie beim Harnstoffzyklus läuft die Biosynthese in zwei verschiedenen Kompartimenten der Zelle ab. Beginn und Ende der Hämbiosynthese finden im Mitochondrium statt, einige Zwischenschritte erfolgen im Zytosol (Abb. 11.6):

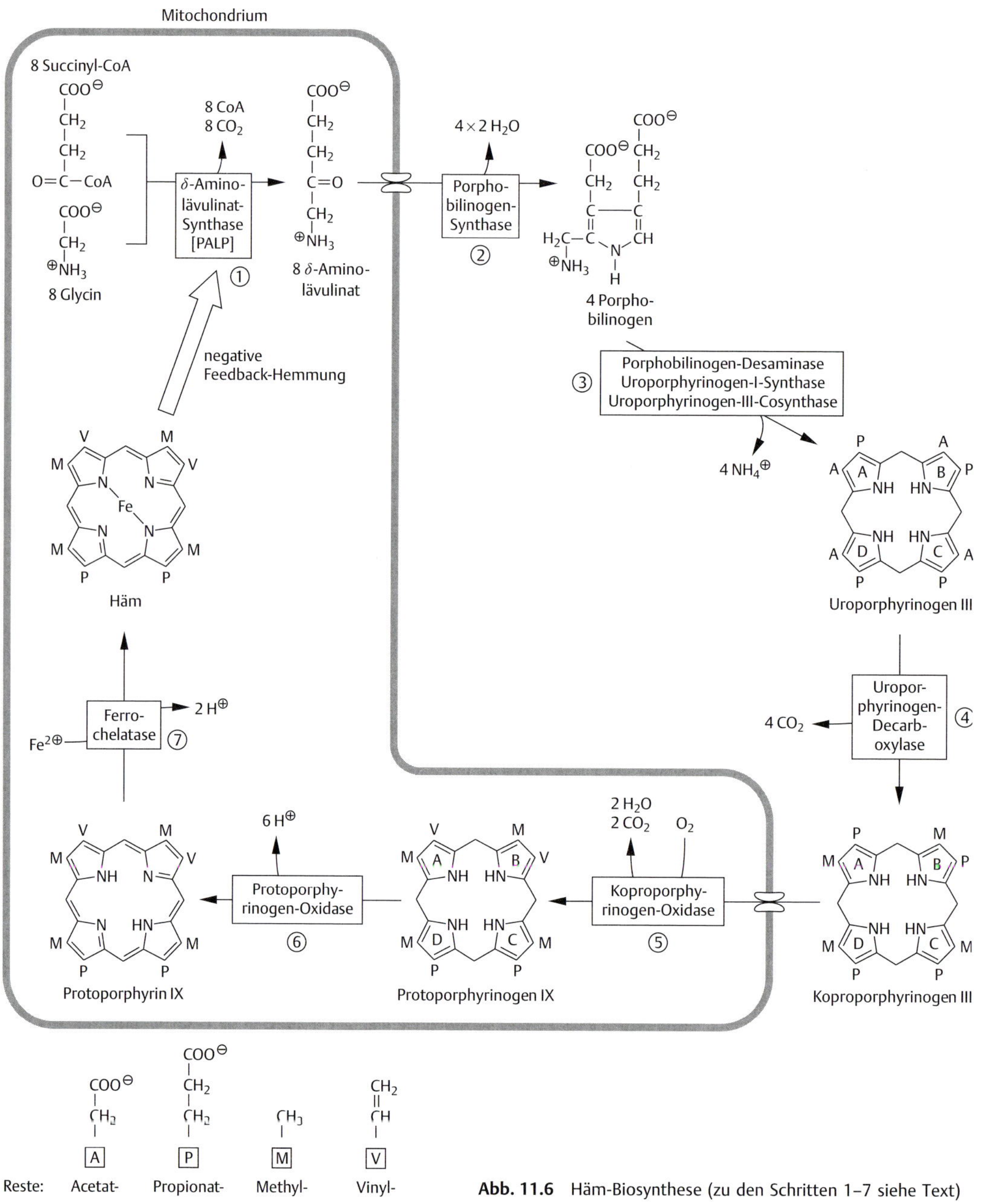

Abb. 11.6 Häm-Biosynthese (zu den Schritten 1–7 siehe Text)

1. Katalysiert durch die **δ-Aminolaevulinat-Synthase** entsteht aus Glycin und Succinyl-CoA PALP-abhängig im Mitochondrium δ-Amino-β-ketoadipat, das spontan zu δ-Aminolaevulinat decarboxyliert. Die δ-Aminolaevulinat-Synthase ist das **Schlüsselenzym** der Hämbiosynthese.
2. δ-Aminolaevulinat tritt vom Mitochondrium ins Zytosol über. Durch die Porphobilinogen-Synthase werden 2 Moleküle δ-Aminolaevulinat zu einem Molekül **Porphobilinogen** zusammengefügt. Das Porphobilinogen enthält bereits den Pyrrolring.
3. 4 Moleküle Porphobilinogen werden in 2 Schritten durch die **Porphobilinogen-Desaminase** und die **Phosphobilinogen-Isomerase** unter Abspaltung von 4 NH_2-Gruppen zu **Uroporphyrinogen III** zusammengebaut. Da für jedes Porphobilinogen 2 Moleküle δ-Aminolaevulinat verbraucht werden, benötigt die Synthese von einem Molekül Uroporphyrinogen III 8 Glycinmoleküle und 8 Succinyl-CoA-Moleküle.
4. Die 4 Acetatreste von Uroporphyrinogen III werden durch die **Uroporphyrinogen-Decarboxylase** zu Methylresten decarboxyliert. Es entsteht **Koproporphyrinogen III,** das über einen Transporter in das Mitochondrium zurückkehrt.
5. Intramitochondrial werden die Propionatseitenketten des Koproporphyrinogens durch das Enzym **Koproporphyrinogen-Oxidase** zu Vinylresten decarboxyliert und dehydriert. Produkt der Reaktion ist **Protoporphyrinogen IX**. An diesem Punkt sind die Seitenketten des späteren Häms fertiggestellt. Die beiden abschließenden Reaktionen beschäftigen sich nur noch mit der Modifizierung des inneren Tetrapyrrols.
6. Durch Dehydrierungsreaktionen im Tetrapyrrolringsystem entsteht aus Protoporphyrinogen IX der direkte Hämvorläufer **Protoporphyrin IX.**
7. Im letzten Schritt wird durch die **Ferrochelatase** das zweiwertige Eisen eingefügt. Damit ist die Biosynthese des **Häms** beendet.

Klinischer Bezug

Porphyrien: Unter dem Begriff Porphyrien fasst man verschiedene Krankheiten zusammen, die auf einer Störung der Hämbiosynthese beruhen. Meist liegt diesen Erkrankungen ein angeborener Enzymdefekt zugrunde. Bei einer Porphyrie wird das Endprodukt **Häm vermindert gebildet**. Dadurch fällt die Feedback-Hemmung der δ-Aminolaevulinat-Synthase teilweise weg. Folge ist eine Aktivitätssteigerung des Enzyms. Je dach Enzymdefekt akkumulieren unterschiedliche Porphyrine, die in die Gewebe übertreten. Oft treten neurologische Symptome und Hauterscheinungen auf. Die häufigsten Formen der Porphyrien sind die **akute intermittierende Porphyrie** mit einem Phosphobilinogen-Mangel und die **Porphyria cutanea tarda** mit einem Uroporphyrinogen-Decarboxylase-Mangel.

Die Regulation der Hämbiosynthese

Die Hämbiosynthese wird auf der Stufe der δ-Aminolaevulinat-Synthase reguliert. Häm selbst führt über einen **negativen Feedback-Mechanismus** zur allosterischen Hemmung des Enzyms. Zudem kann Häm die Synthese der δ-Aminolaevulinat-Synthase unterdrücken.

MERKE:

Die δ-Aminolaevulinat-Synthase ist das Schlüsselenzym der Häm-Biosynthese. Sie ist abhängig von Pyridoxalphosphat (PALP).

Der Abbau des Häm

Alte Erythrozyten werden von den Zellen des retikuloendothelialen Systems (RES) in Milz, Knochenmark und Leber phagozytiert und abgebaut. Das Hämoglobin wird zunächst in den Globin- und den Häm-Anteil zerlegt. Das Globin wird vollständig zu den entsprechenden Aminosäuren abgebaut **(Abb. 11.7)**.

Das **rote Häm** wird im ersten Schritt seines Abbaus durch die **Hämoxygenase** in **grünes Biliverdin** umgewandelt. Die Hämoxygenase ist eine Monooxygenase (s. S. 258), die zur P_{450}-Superfamilie gehört. Diese Reaktion findet im Endoplasmatischen Retikulum statt und ist O_2- und NADPH+H^+-abhängig. Dabei werden u. a. Eisen und Kohlenmonoxid (CO) freigesetzt. Das Eisen steht für den Einbau in ein neues Häm-Molekül zur Verfügung, das CO wird ausgeatmet.

Durch die **Biliverdinreduktase** wird Biliverdin in **orangenes Bilirubin** verwandelt. Die sich ändernde Farbe eines „blauen Fleckens“ (Hämatom) macht

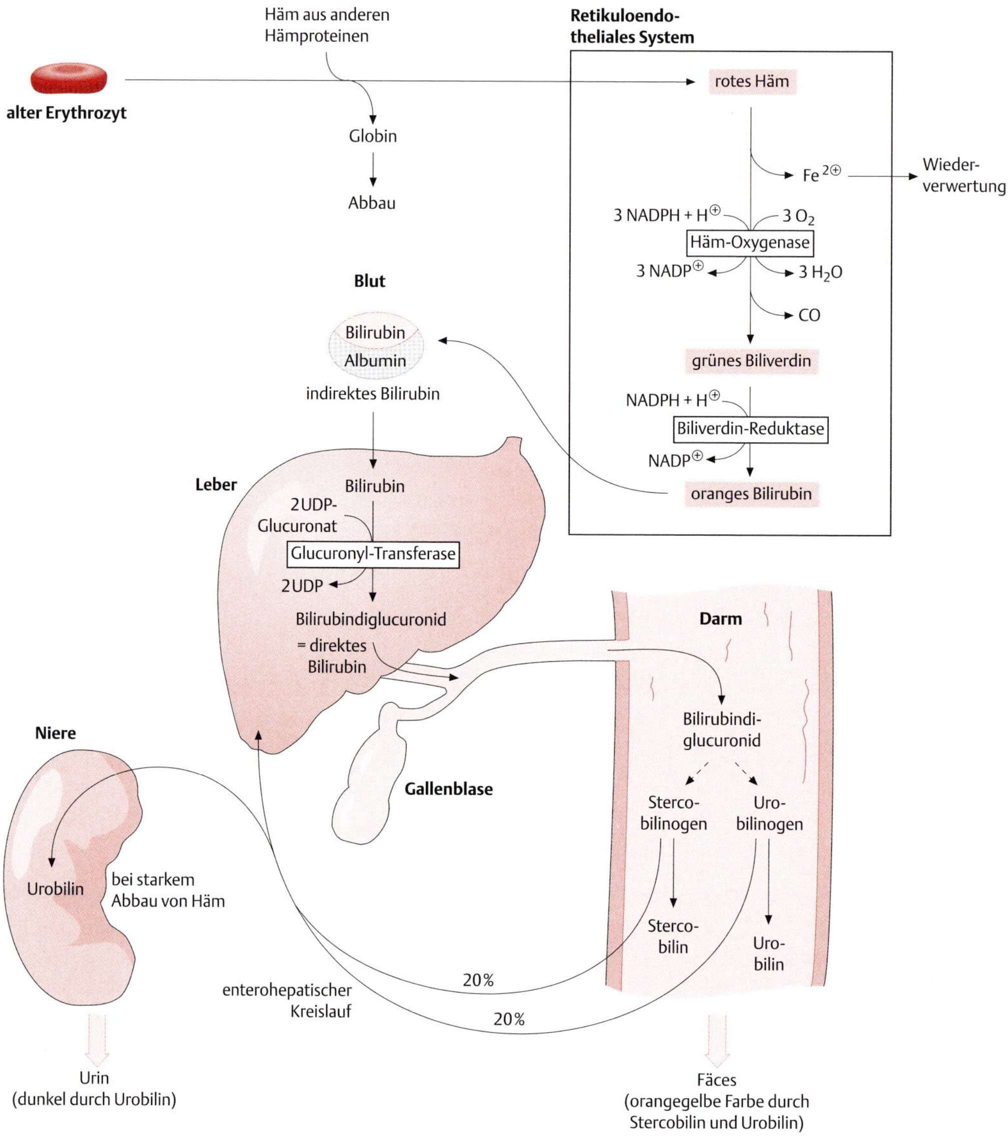

Abb. 11.7 Abbau des Häm

diese Abbaureaktion deutlich. Das Bilirubin verlässt das RES und wird an Albumin gebunden zur Leber transportiert (= indirektes Bilirubin).

Das indirekte Bilirubin wird in die Leber aufgenommen und dort in **Bilirubindiglucuronid** umgewandelt. Dazu werden die beiden freien Carboxylreste des Bilirubins durch die Glucuronosyltransferase mit Glucuronsäure verestert. Produkt dieser Veresterung ist Bilirubindiglucuronid (= direktes Bilirubin). Das direkte Bilirubin wird in einem aktiven Transportprozess in die Galle abgegeben. Da dieser Transportprozess gegen einen Konzentrationsgradienten stattfindet, ist er der **geschwindigkeitsbestimmende Schritt** des gesamten Hämabbaus. Das Bilirubin gelangt über die Galle in den Darm und wird dort weiter zu den farblosen Produkten **Stercobilinogen** und **Urobilinogen** abgebaut. Diese gelangen zu 20% über den enterohepatischen Kreislauf zurück zur Leber. Die restlichen 80% werden weiter in die orange-gelben Gallenfarbstoffe **Stercobilin** bzw. **Urobilin** ver-

wandelt, die dem Faeces seine Farbe geben. Bei starkem Hämabbau wird Urobilin zudem über die Niere ausgeschieden und färbt den Urin dunkel.
Beachte: Die Gallenfarbstoffe sind nicht zu verwechseln mit den Gallensalzen, die beim Abbau von Cholesterin entstehen.

Klinischer Bezug

Hyperbilirubinämie (Ikterus): Ein erhöhter Bilirubinspiegel über 2 mg/dl (Normwert 1 mg/dl Gesamtbilirubin) führt zur Gelbfärbung der Skleren und der Haut (Gelbsucht, **Ikterus**). Die Gelbsucht kann verschiedene Ursachen haben:

- Beim **prähepatischen Ikterus** entsteht die Hyperbilirubinämie hauptsächlich durch Hämolyse mit vermehrtem Hämabbau. Dabei ist vor allem das **indirekte Bilirubin erhöht**, weil die Konjugationskapazität der Leber überschritten wird.
- Der **intrahepatische Ikterus** beruht auf einer Leberschädigung (Hepatitis, Leberzirrhose) mit einem eingeschränkten Abbau von Bilirubin. Je nach Art der Schädigung kann sowohl das indirekte als auch das direkte Bilirubin erhöht sein.
- Beim **posthepatischen Ikterus** steigt das **direkte Bilirubin** durch einen gestörten Abfluss von Gallenflüssigkeit (z. B. Gallengangsstein).

Eine Sonderform des Ikterus ist der **Neugeborenenikterus**, der bei fast allen Neugeborenen zwischen dem 2. und 6. Lebenstag auftritt. Er beruht zum einen auf einem physiologisch erhöhten Bilirubinanfall, zum anderen ist die Aktivität der UDP-Glucuronyltransferase beim Neugeborenen noch nicht voll entwickelt und es kann das anfallende Bilirubin nicht ausreichend konjugieren.

11.3.2.3 Das Methämoglobin

Bei der Anlagerung von Sauerstoff an die Hämgruppe findet manchmal eine Oxidation des zweiwertigen Eisens zu dreiwertigem Eisen statt. Dabei entsteht **Methämoglobin**. Das Methämoglobin ist nicht mehr in der Lage, Sauerstoff zu transportieren, kann aber durch die NADH+H^+-abhängige **Methämoglobinreduktase** in Hämoglobin zurückverwandelt werden. Das NADH für diese Reaktion stammt aus der Glykolyse (vgl. **Abb. 11.8**).

11.3.2.4 Die Schutzmechanismen gegen oxidativen Stress

Bei der Oxidation von Hämoglobin entsteht neben dem Methämoglobin auch das reaktive **Superoxidradikal (O_2^-)**. Dieses Radikal kann der Zelle, z.B den ungesättigten Fettsäuren in der Zellmembran, schwere Schäden zufügen. Der Erythrozyt verfügt deshalb über Mechanismen, mit denen er auf diesen **oxidativen Stress** reagieren kann **(Abb. 11.8)**.
Durch Aufnahme eines zweiten Elektrons entsteht mit Hilfe der **Superoxiddismutase** aus dem Superoxidradikal ein Peroxidanion (O_2^{2-}). Das Peroxidanion verbindet sich mit 2 Protonen zu Wasserstoffperoxid (H_2O_2), das in H_2O überführt wird. Dies geschieht entweder durch die hämhaltige **Katalase**, die 2 Moleküle H_2O_2 zu H_2O und O_2 reagieren lässt, oder durch die selenhaltige **Glutathionperoxidase**, die 1 Molekül H_2O_2 mit Hilfe von 2 Glutathion (s. u.) in 2 H_2O umwandelt.
Wenn der oxidative Stress zu groß wird und Katalase und Glutathionperoxidase überlastet sind, kann das Peroxidanion (O_2^{2-}) ein weiteres Elektron aufnehmen und sich spontan in O^- und O^{2-} spalten. Während das O^{2-} mit 2 Protonen in Wasser übergeht, kann aus dem O^- durch Protonenaufnahme das hochreaktive **Hydroxylradikal** (·OH) entstehen. Unter Wasserbildung kann es besonders mehrfach ungesättigte Fettsäuren in Alkylradikale umwandeln und damit schädigen.

Das Glutathion

Glutathion ist ein **Tripeptid** aus den Aminosäuren Glutamat, Cystein und Glycin (Glu–Cys–Gly). Der Erythrozyt bildet das Glutathion extraribosomal unter ATP-Verbrauch, da er keinen Proteinsyntheseapparat besitzt (zum Proteinsyntheseapparat s. S. 398). Dabei wird eine untypische Bindung zwischen Glutamat und Cystein gebildet: Die Aminogruppe des Cysteins wird mit der γ-Carboxylgruppe (nicht α-Carboxylgruppe) des Glutamats verknüpft.
Glutathion (GSH) ist das wichtigste Antioxidans des Erythrozyten. Bei Antioxidanzien handelt es sich um leicht oxidierbare Substanzen, die aufgrund ihres niedrigen Redoxpotenzials andere Moleküle (z. B. Membranlipide) vor Oxidation schützen können. Beim Glutathion ist die freie SH-Gruppe des Cysteinrests redoxaktiv. Über diese Gruppe können sich zwei GSH-Moleküle zum Di-

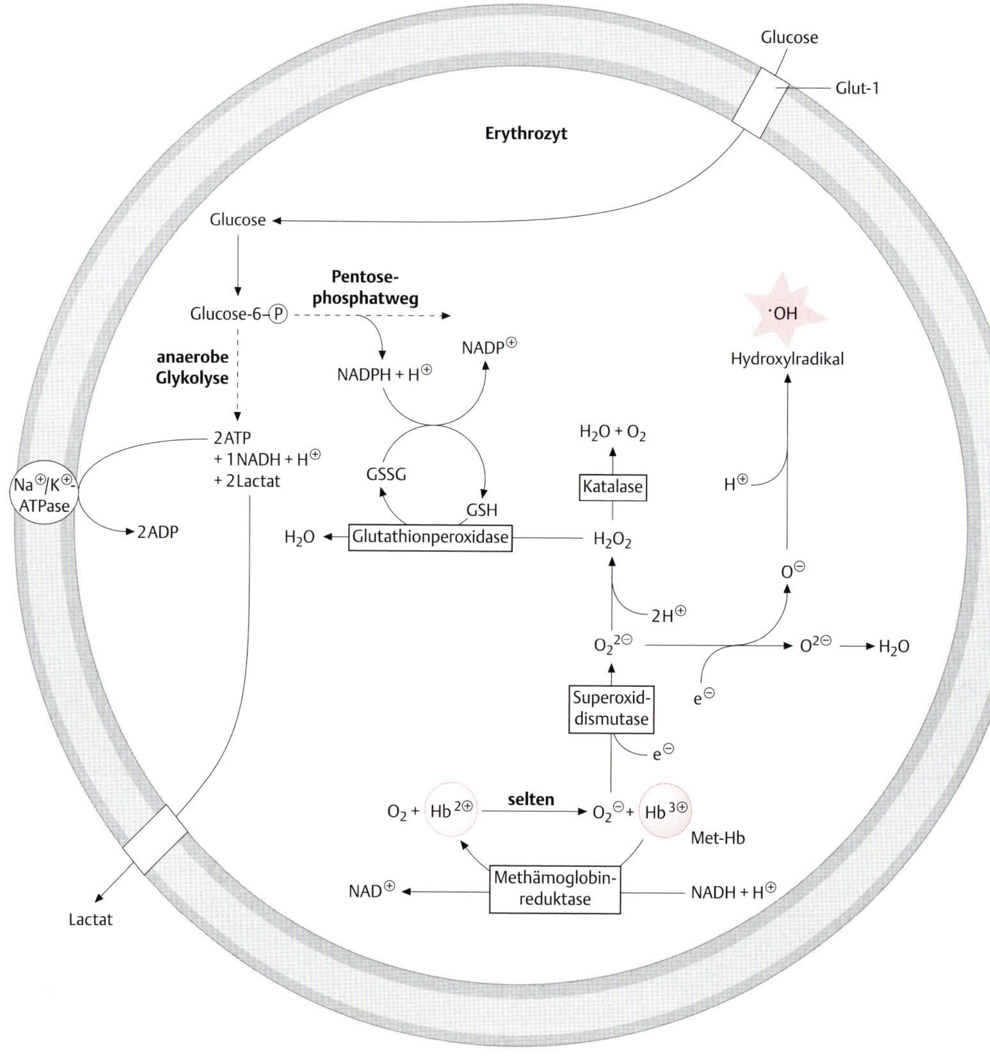

Abb. 11.8 Rolle des Glutathions beim Schutz vor oxidativem Stress

sulfid (GSSG) verbinden **(Abb. 11.9)**. Die Regeneration von Glutathion aus dem GSSG wird von der NADPH-abhängigen **Glutathionreduktase** katalysiert. Das reduzierte NADPH+H^+ stammt aus dem Pentosephosphatweg.

11.3.2.5 Das Carboxyhämoglobin HbCO

Kohlenmonoxid (CO) kann wie Sauerstoff über das Eisenatom an die Hämgruppe binden. Hämoglobin (Hb), das CO gebunden hat, bezeichnet man als **Carboxy-Hb** (HbCO). Kohlenmonoxid weist eine etwa 300fach größere Affinität zu Hämoglobin auf als Sauerstoff. Durch diese feste Bindung wird das HbCO für den Sauerstofftransport unbrauchbar. Da es sich hier um eine kompetitive Inhibition handelt (s. S. 156), kann ein hoher Sauerstoffpartialdruck das CO wieder verdrängen.

MERKE

CO bindet mit einer 300fach stärkeren Affinität an Hämoglobin als Sauerstoff.

11.3.2.6 Das Hämoglobin als Puffer

Substanzen, die H^+- bzw. OH^--Ionen binden können, tragen zur Pufferung des Blutes bei. Die wichtigsten Puffer des Blutes sind: Na-Hydrogenkarbonat ($NaHCO_3$ bzw. Bikarbonat), Hämoglobin und die Plasmaproteine.

Hämoglobin ist wegen seiner zahlreichen **Histidyl-** und **Sulfhydrylreste** der wichtigste Nicht-Bikarbonat-Puffer des Blutes. Als Desoxyhämoglobin kann es sehr viel besser Protonen aufnehmen als in der Oxy-Form, da das Desoxyhämoglobin mit 8,25 einen höheren pK-Wert besitzt als das Oxyhämoglobin (pK = 6,95).

11.3.2.7 Hämoglobinopathien

Die Sichelzellanämie

Bei der Sichelzellanämie ist durch eine Mutation im Gen der β-Kette des Hämoglobins das polare **Glutamat** an Position 6 durch ein unpolares **Valin** ersetzt. Das mutierte Hb wird als **HbS** bezeichnet. Bei Trägern, die homozygot für dieses Allel sind, besteht 80% des Hämoglobins aus HbS, 20% aus HbF. Die Sauerstoffbindung an HbS ist ungestört. Im desoxygenierten Zustand polymerisieren die HbS-Moleküle zu Fibrillen und die Erythrozyten nehmen eine Sichelform an. Dadurch verstopfen sie die kleinen Gefäße und stören so die Mikrozirkulation. Es kommt zu Organinfarkten und einer Anämie durch vermehrten Erythrozytenabbau.

HbS-Träger weisen eine erhöhte Resistenz gegen **Malaria** auf. Besonders für heterozygote Träger, die klinisch unauffällig sind, stellt diese Tatsache einen Selektionsvorteil dar. Deshalb tritt die Sichelzellanämie in manchen Malariagebieten Afrikas gehäuft auf, und auch bei der schwarzen Bevölkerung der USA ist ein erhöhter Anteil heterozygoter Träger vorhanden.

Die Thalassämie (Mittelmeeranämie)

Thalassämien bezeichnen eine heterogene Gruppe von Erkrankungen. Ihnen gemeinsam ist eine **Störung** der **Synthese** einer der beiden **Hämoglobinketten**. Weil die Thalassämien häufig in Mittelmeerregionen anzutreffen sind, werden sie auch als Mittelmeeranämien bezeichnet.

Je nach betroffener Kette unterscheidet man in erster Linie die α- und die **β-Thalassämie**. In Griechenland und Italien sind die β-Thalassämien besonders häufig. Sie beruhen meist auf der Substitution oder Deletion von Nucleotiden im Gen der β-Kette. In Südostasien ist die α-Thalassämie verbreiteter. Sie entsteht in den meisten Fällen durch eine Gendeletion.

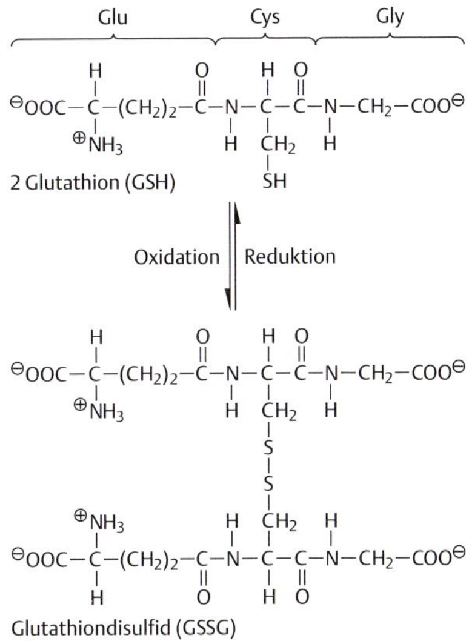

Abb. 11.9 Oxidation von Glutathion

Je nach Schweregrad der Ausprägung unterscheidet man eine **Thalassämia major**, **intermedia** und **minor**. Zur Thalassämia major kommt es bei homozygoten Trägern. Die Krankheit entwickelt sich bereits in den ersten Lebensmonaten, wenn das HbF gegen das HbA_1 ausgetauscht wird. Die Kinder leiden an einer schweren Anämie, zeigen eine verzögerte Entwicklung und sterben in der Regel, bevor sie das Erwachsenenalter erreichen. Die Thalassämia intermedia geht oft nur mit einer leichtgradigen Anämie einher. Die Thalassämia minor, bei der die Träger heterozygot sind, verläuft meist symptomlos.

11.3.3 Das Myoglobin

Myoglobin kommt hauptsächlich im **Muskel** vor und besteht aus nur einer Proteinkette und einer Hämgruppe. Dementsprechend kann es nur ein Sauerstoffmolekül binden. Myoglobin dient als O_2-Speicher in Skelett- und Herzmuskel.

Da beim Myoglobin **kein kooperativer Effekt** (d.h. keine gegenseitige Beeinflussung der Proteinuntereinheiten, vgl. S. 160) auftritt, verläuft die Sauerstoffbindungskurve hyperbolisch und nicht S-förmig (**Abb. 11.10**).

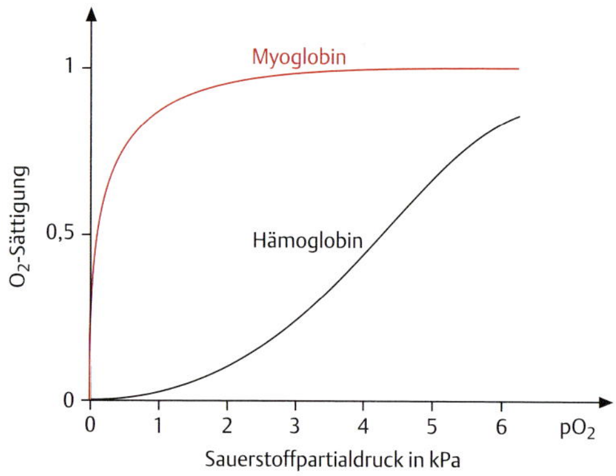

Abb. 11.10 Sauerstoffbindungskurven von Myoglobin und Hämoglobin

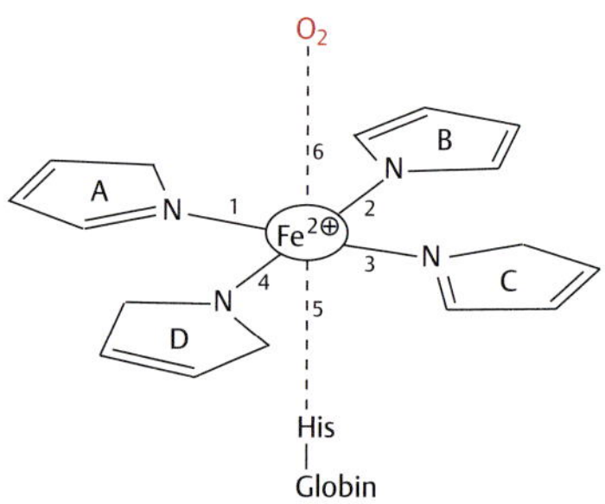

Abb. 11.11 Bindungen des Fe^{2+} im Oxy-Hämoglobin

Check-up

✔ **Wiederholen Sie die Hämbiosynthese und den Hämabbau. Machen Sie sich dabei insbesondere die geschwindigkeitsbestimmenden Schritte klar.**

11.4 Der Gastransport

Lerncoach

Eine wichtige Aufgabe des Blutes ist der Transport von Sauerstoff und CO_2. Die beiden Gase haben unterschiedliche chemische Eigenschaften und werden deshalb auch unterschiedlich transportiert. Achten Sie beim Lernen auf diese Unterschiede.

11.4.1 Überblick und Funktion

Die Gewebe sind auf die ständige Zufuhr von **Sauerstoff** angewiesen. Ein Atemstillstand führt bereits nach etwa fünf Minuten zu irreversiblen Schädigungen des ZNS. Das **Kohlendioxid** wiederum, das bei manchen Stoffwechselreaktionen entsteht, muss aus den Geweben entfernt werden. Da die Löslichkeit von O_2 und CO_2 im Blut sehr gering ist, müssen die Gase durch das Blut transportiert werden. Sauerstoff wird fast ausschließlich durch Hämoglobin transportiert, während für das Kohlendioxid mehrere Transportmöglichkeiten zur Verfügung stehen.

11.4.2 Der Weg des Sauerstoffs von der Lunge in das Gewebe

Das wichtigste O_2-Transportsystem des Blutes ist das Hämoglobin der Erythrozyten. Ein Mann besitzt etwa 16 g, eine Frau ca. 14 g Hämoglobin pro 100 ml Blut.

11.4.2.1 Die Beladung des Hämoglobins mit O_2

Jedes **Hämoglobinmolekül** im Erythrozyten kann maximal **vier O_2-Moleküle** transportieren. Dazu wird der Sauerstoff an die sechste Bindungsstelle des zentralen Fe^{2+}-Atoms im Häm gebunden **(Abb. 11.11)**. Vier Bindungsstellen des Eisens sind mit den N-Atomen der vier Pyrrolringe belegt. Über die fünfte Bindungsstelle ist das Fe^{2+}-Atom mit einem Histidinrest des Globins verbunden.

Bei hohem O_2-Partialdruck in der Lunge diffundiert der Sauerstoff ins Blut. Dort wird er vom Hämoglobin der Erythrozyten aufgenommen und zu den Geweben transportiert. Den Prozess der Sauerstoffbeladung des Hämoglobins bezeichnet man als **Oxygenierung** (*nicht* als Oxidation). Die Oxidationsstufe des zentralen Eisenatoms (+2) ändert sich dabei nicht. Die Farbe des Blutes wechselt sichtbar von dunklem Rot (venöses Blut) zu hellem Rot (arterielles Blut).

MERKE

Die Beladung des Hämoglobins mit Sauerstoff ist keine Oxidation sondern eine Oxygenierung, da hier kein Elektronentransfer stattfindet.

Hämoglobin kann zwei verschiedene Konformationen einnehmen, die man als **T-**(tense) und als **R-Form** (relaxed) bezeichnet. Die T-Form **(Desoxyhämoglobin)** hat eine sehr viel niedrigere Affinität

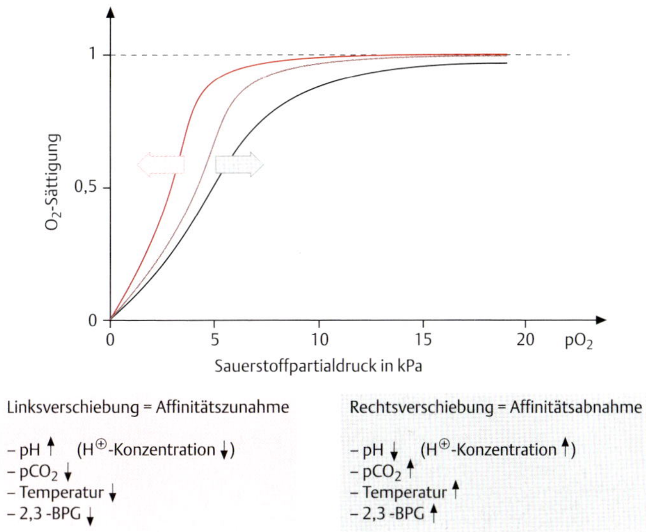

Abb. 11.12 Sauerstoffbindungskurve des Hämoglobins bei pH = 7,4, Temperatur 37°C, pCO_2 = 5,3 kPa (= 40 mmHg).

zu O_2 als die R-Form **(Oxyhämoglobin)**. Die gespannte Form des Desoxyhämoglobins wird durch Salzbrücken zwischen den Untereinheiten stabilisiert. Die Bindung eines ersten Sauerstoffmoleküls an Desoxyhämoglobin führt zum Aufbrechen der Salzbrücken und einer Konformationsänderung im Hb. Gleichzeitig wird 2,3-Bisphosphoglycerat, das die T-Form stabilisiert, verdrängt. Dadurch wird die Bindung eines zweiten Sauerstoffs erleichtert. Die beiden erleichtern die Bindung eines dritten und so weiter. Das vierte Sauerstoffmolekül wird schließlich mit einer 100 fach höheren Affinität gebunden als das erste. Sauerstoff fördert somit als positiver Effektor seine eigene Bindung **(= kooperative Bindung)**. Deshalb verläuft die Sauerstoffsättigungskurve, in der die O_2-Sättigung gegen den O_2-Partialdruck aufgetragen ist, sigmoidal **(Abb. 11.12)**.

Die Sauerstoffbindung wird durch weitere Faktoren beeinflusst. Eine Erniedrigung des pH-Wertes, eine Erhöhung der CO_2-Konzentration und eine Erhöhung der Temperatur vermindern die Affinität des Sauerstoffs zum Hämoglobin. 2,3-Bisphosphoglycerat entsteht aus dem Glykolysezwischenprodukt 1,3-Bisphosphoglycerat (s. S. 26). Durch seine selektive Anlagerung an Desoxyhämoglobin verringert es dessen Sauerstoffaffinität. Dadurch wird die Sauerstoffabgabe in den peripheren Geweben erleichtert. Alle diese Faktoren führen zu einer **Rechtsverschiebung** der Sauerstoffbindungskurve. Eine Rechtsverschiebung zeigt somit eine **Affinitätsabnahme** des Sauerstoffs zum Hämoglobin an. Eine **Linksverschiebung** der Sauerstoffbindungskurve zeigt eine **Affinitätszunahme** des Sauerstoffs zum Hb an.

11.4.2.2 Die Sauerstoffabgabe an das Gewebe

Das in der Lunge mit O_2 beladene Hämoglobin gibt den Sauerstoff an Gewebe mit niedrigem Sauerstoffpartialdruck ab. In diesen Geweben laufen oxidative Stoffwechselwege ab, die dazu führen, dass dort der pH niedriger sowie pCO_2 und Temperatur höher sind als in der Lunge. Besonders der niedrige pH-Wert und der erhöhte pCO_2 fördern die Freisetzung des Sauerstoffs aus dem Hämoglobin. Dies bezeichnet man als **Bohr-Effekt** **(Abb. 11.13)**. Der

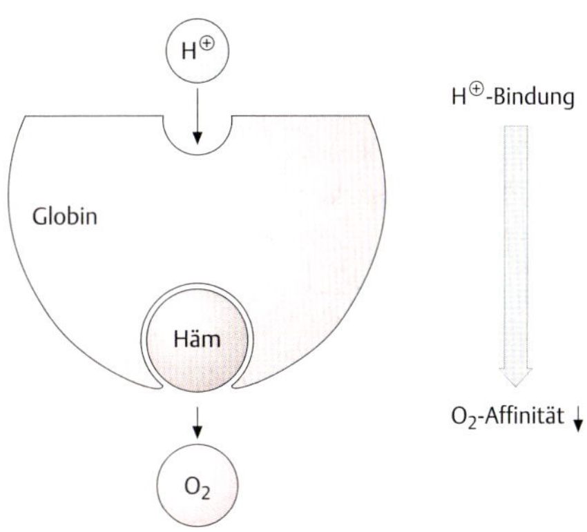

Abb. 11.13 Bohr-Effekt

11

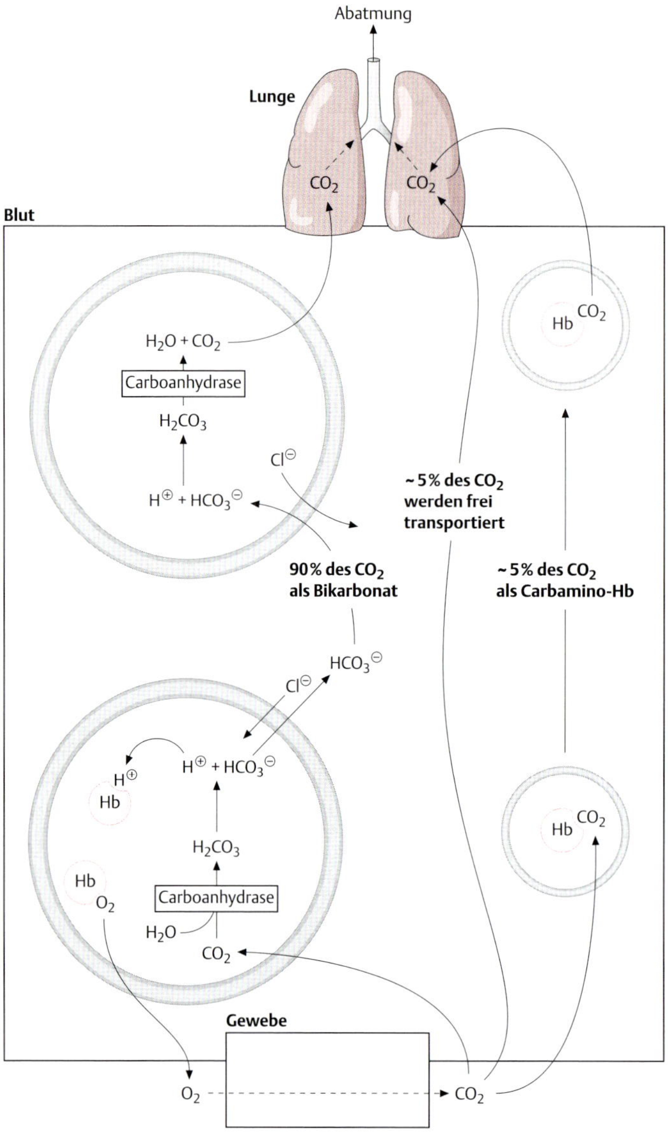

Abb. 11.14 Verschiedene Möglichkeiten des CO_2-Transports zur Lunge

niedrige pH-Wert, der erhöhte pCO_2 und die erhöhte Temperatur im Gewebe verschieben die Sauerstoffbindungskurve des Oxyhämoglobins nach rechts. Diese Faktoren signalisieren dem Oxyhämoglobin, dass an diesem Ort O_2 benötigt wird: Das Hämoglobin gibt seinen Sauerstoff ab.

11.4.3 Der Weg des CO_2 von den Geweben zur Lunge

Anders als für Sauerstoff, der fast ausschließlich durch das erythrozytäre Hämoglobin transportiert wird, gibt es für das Kohlendioxid drei Möglichkeiten, um von den Geweben in die Lunge zu gelangen.

11.4.3.1 Der Transport als Bikarbonat

Das im Gewebe anfallende CO_2 diffundiert in das Blut. Es gelangt in den Erythrozyten und wird durch die **Carboanhydrase** in Kohlensäure umgewandelt. Die Kohlensäure dissoziiert in **Bikarbonat** (HCO_3^-) und H^+. Das HCO_3^- verlässt den Erythrozyten im Austausch gegen **Cl^-** und erreicht im Blut gelöst die Lunge. Den Austausch von HCO_3^- gegen Cl^- bezeichnet man auch als **Hamburger-Shift**. In der Lunge wird das HCO_3^- im Austausch gegen Cl^- wieder in den Erythrozyten aufgenommen und in CO_2 zurückverwandelt. CO_2 verlässt den Erythrozyten und wird abgeatmet. Etwa 90% des im Körper anfallenden CO_2 werden auf diese Weise ausgeschieden.

11.4.3.2 Der Transport an Hämoglobin gebunden

Etwa 5% des CO_2 werden an freie Aminogruppen des Hämoglobins gebunden:

$$Hb\text{-}NH_2 + CO_2 \rightleftharpoons Hb\text{-}NH\text{-}COO^- + H^+$$

Als Carbamino-Hb wird das CO_2 zur Lunge transportiert und dort abgegeben. Anders als Sauerstoff (oder Kohlenmonoxid) wird Kohlendioxid *nicht* an das zentrale Fe^{2+} gebunden.

11.4.3.3 Der Transport als freies CO_2 im Blut

Kohlendioxid hat eine 20fach bessere Löslichkeit im Blut als Sauerstoff. 5% des im Gewebe anfallenden CO_2 werden frei im Blut zur Lunge transportiert.

Klinischer Bezug

Kohlenmonoxidvergiftung: Die wichtigsten Emissionsquellen für Kohlenmonoxid sind Verbrennungsprozesse mit ungenügender Sauerstoffzufuhr. Vergiftungen treten in schlecht belüfteten Autowerkstätten und Garagen auf, letztere oftmals in suizidaler Absicht. Dabei hängt die Schwere der Vergiftung von der CO-Konzentration der Außenluft und der Einwirkungszeit ab. 0,1 bis 0,2% CO in der Außenluft führen in etwa einer halben Stunde zum Tod, liegt der Wert bei 0,5%, tritt der Tod durch Atemlähmung und Herzstillstand bereits nach wenigen Minuten ein.

Durch die etwa 300fach stärkere Affinität zum Hb als Sauerstoff, liegen bereits bei 0,1% CO in der Atemluft über 50% des Hämoglobins als Carboxyhämoglobin vor, das die Fähigkeit zur Sauerstoffbindung verloren hat.

Da das Carboxyhämoglobin dem Blut eine kirschrote Farbe verleiht, weisen an einer CO-Vergiftung Verstorbene eine ausgeprägt rosige Hautfarbe auf.

Die Therapie besteht in einer sofortigen Beendigung der Exposition und einer Sauerstoffbeatmung, eventuell unter hyperbaren Bedingungen.

Check-up

- ✔ **Machen Sie sich klar, wie ein O_2-Molekül von der Lunge bis ins Gewebe gelangt.**
- ✔ **Wiederholen Sie, durch welche Faktoren die Sauerstoffabgabe vom Hämoglobin beeinflusst werden kann.**

11.5 Die Blutgruppeneigenschaften

Lerncoach

In diesem Kapitel ist es wichtig, dass Sie verstehen, welche Prinzipien den Blutgruppensystemen zugrunde liegen und warum es bei Bluttransfusionen zu Zwischenfällen kommen kann.

11.5.1 Der Überblick

Auf der Oberfläche der menschlichen Erythozyten befinden sich zahlreiche Moleküle. Gegen manche dieser Moleküle können Antikörper gebildet werden. Deshalb bezeichnet man sie auch als Antigene, genauer als Blutgruppenantigene. Diese Antigene wurden zuerst auf den Erythrozyten entdeckt, kommen aber auch auf vielen anderen Zellen vor. Die unterschiedlichen Blutgruppenantigene werden in Gruppen eingeteilt. Bis heute sind beim Menschen fünfzehn Blutgruppensysteme bekannt. Die klinisch wichtigsten Blutgruppensysteme sind das **AB0-System** und das **Rhesus-System**.

11.5.2 Das AB0-System

Im AB0-System gibt es die Blutgruppen **A, B, AB** und **0** (Null). Die Antigene des AB0-Systems sind **Glykosphingolipide,** die aus einem Lipidanteil und einem Zuckeranteil bestehen. Der Lipidanteil dient als Anker in der Erythrozytenmembran, der Zuckeranteil zeigt nach außen. Die Antigene unterscheiden sich nur in einem Zuckermolekül des Kohlenhydratanteils (Abb. 11.15). Im AB0-System gibt es die drei Antigene **A, B** und **H**, wobei der Kohlenhydratanteil des H-Antigens aus drei Zuckerresten besteht und der Blutgruppe 0 entspricht. Bei den A- und B-Antigenen ist dieses Trisaccharid um jeweils eine Kohlenhydrateinheit verlängert.

Die Kohlenhydratreste werden durch **Glykosyltransferasen** angehängt. Mutationen in den Genen dieser Enzyme sind verantwortlich für die unter-

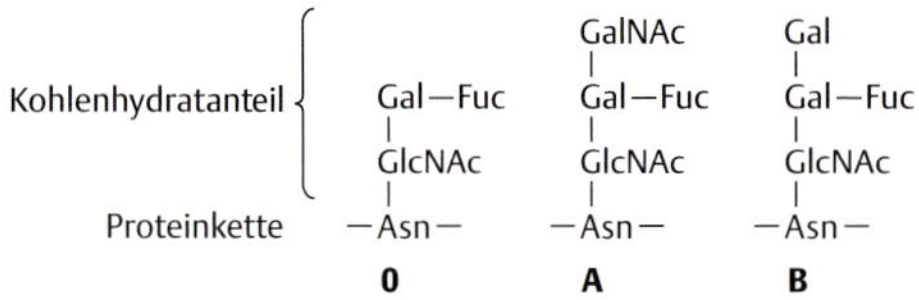

Abb. 11.15 Kohlenhydratanteile der AB0-Antigene (GlcNAc = N-Acetylglucosamin, Gal = Galactose, Fuc = Fucose, GalNAc = N-Acetylgalactosamin)

Tabelle 11.3

Die AB0-Blutgruppenantigene

Blutgruppe	Erythrozyten-Antigen	Plasma-Antikörper	Häufigkeit
A	A	Anti-B	44 %
B	B	Anti-A	10 %
AB	AB	keine	4 %
0	H (0)	Anti-A und Anti-B	42 %

schiedlichen Blutgruppen des AB0-Systems. So ist die Deletion nur einer Base im H-Gen dafür verantwortlich, dass bei Trägern der Blutgruppe 0 ein Enzym entsteht, das die H-Kette nicht weiter modifizieren kann.

Die Antikörper des AB0-Systems gehören zur Klasse **IgM** (s. S. 333) und sind deshalb nicht plazentagängig. Sie werden von Säuglingen im ersten Lebensjahr gegen Oberflächenmoleküle von **Darmbakterien** gebildet. Diese Antigene haben Ähnlichkeit mit den Blutgruppenantigenen. Es werden nur solche Antikörper gebildet, die nicht gegen die eigenen Erythrozyten gerichtet sind. Ein Mensch mit der Blutgruppe A besitzt daher Antikörper gegen B, Blut der Gruppe B besitzt Antikörper gegen A, usw. **(Tab. 11.3)**. Spenderblut der Gruppe A würde bei einem Empfänger der Gruppe B zu einer **Agglutination** führen. Aus diesem Grund ist eine genaue Analyse der Spender- und Empfängerblutgruppen vor einer Bluttransfusion notwendig.

11.5.3 Das Rhesus-System

Bei den **Rhesusfaktoren** (Rh) handelt es sich nicht um Zuckerreste, sondern um **Proteine**. Es gibt drei Rhesusantigene, die als C, D und E (bzw. c, d und e) bezeichnet werden. Entscheidend ist das D-Antigen. 85 % der weißen Bevölkerung besitzen dieses 417 Aminosäuren lange Protein auf der Erythrozytenoberfläche und sind deshalb rhesuspositiv.

Klinischer Bezug

Morbus haemolyticus neonatorum: Bei einer Schwangerschaft einer Rh(-)-Mutter mit einem Rh(+)-Kind können während des Geburtsvorganges Erythrozyten des Kindes in den Kreislauf der Mutter gelangen. Die Immunabwehr der Mutter reagiert darauf mit einer Produktion von Antikörpern gegen Rh(+)-Erythrozyten. Die Antikörper gegen das Rhesusantigen gehören zur Klasse **IgG** und sind damit plazentagängig. In einer zweiten Schwangerschaft mit einem Rh(+)-Kind können die Antikörper der Mutter in den Kreislauf des Kindes gelangen. Das führt zu einem beschleunigten Abbau der kindlichen Erythrozyten. Folge ist eine Anämie, die zum Tod des Feten führen kann. Die Krankheit wird als Morbus haemolyticus neonatorum oder als fetale Erythroblastose bezeichnet. Bei schwerem Verlauf kann der Tod des Kindes nur durch intrauterine Bluttransfusionen verhindert werden. Zur Vermeidung der Feten-Schädigung gibt man heute gefährdeten Müttern Rhesusantikörper (AntiD), die fetale rhesuspositive Erythrozyten eliminieren und die Antikörperbildung unterdrücken.

Check-up

✔ **Wiederholen Sie die Unterschiede zwischen den Blutgruppenantigenen A, B und H.**

11.6 Die Hämostase

Lerncoach

Die Blutgerinnung dient der Verhinderung eines Blutverlustes bei einer Verletzung. Achten Sie beim Lernen darauf, dass dabei zwei verschiedene Mechanismen eine Rolle spielen (Thrombusbildung durch Thrombozyten und Fibrinbildung durch die Blutgerinnungsfaktoren).

11.6.1 Überblick und Funktion

Um bei einer Verletzung des Blutgefäßsystems einen Blutverlust zu vermeiden, kann der Körper eine Blutung zum Stillstand bringen. Diesen Prozess der Beendigung einer Blutung nennt man **Hämostase**. Sie lässt sich in zwei Phasen einteilen:

- Die **Blutstillung** durch Thrombozyten führt zu einem primären instabilen Wundverschluss (primäre Hämostase).
- Die **Blutgerinnung** durch plasmatische Gerinnungsfaktoren führt zu einem stabilen Wundverschluss durch ein unlösliches Fibrinnetz (sekundäre Hämostase).

Der in der Blutstillung gebildete Thrombozytenthrombus ermöglicht eine schnelle aber instabile Unterbindung eines massiven Blutverlusts. Für die Ausbildung eines stabilen Wundverschlusses werden bei der Blutgerinnung Fibrinmonomere gebildet, die zu einem festen Fibrinnetz verbunden werden. Als letzte Station der Blutgerinnung kontrahieren sich die Thrombozyten und üben einen starken Zug auf den Thrombus aus. Dieser schrumpft auf einen Bruchteil seiner Ausgangsgröße und nähert die Wundränder einander an.

Im weiteren Sinne kann die **Fibrinolyse**, die zur Auflösung des Thrombus führt, als dritte Phase der Hämostase gesehen werden.

11.6.2 Die Blutstillung durch Thrombozyten

Im intakten Gefäß wird die Thrombozytenaggregation dadurch verhindert, dass Endothelzellen die aggregationshemmenden Substanzen Prostaglandin I_2 (ein Eikosanoid), Stickstoffmonoxid (NO) und Heparin sezernieren. Außerdem können Thrombozyten nicht an intakte Endothelzellen binden, da sie für deren Oberflächenmoleküle keine Rezeptoren besitzen.

Thrombozyten tragen aber Rezeptoren **(Glykoproteine GP I – GP X)** auf ihrer Oberfläche, mit denen sie an defekte Endothelzellen binden können. Bei einer Gefäßverletzung werden Kollagenfasern freigelegt, an die sich die Thrombozyten anheften. Diese Anheftung wird durch den **von Willebrand-Faktor (vWF)** vermittelt, der von Endothelzellen und Thrombozyten gebildet wird. Der vWF bildet mit dem Gerinnungsfaktor VIII (s. S. 313) einen Komplex, der mit dem freigelegten Kollagen und dem Glykoprotein Ib/IX-Rezeptor der Thrombozyten eine Brücke bildet (**Abb. 11.16a**). Nach dieser Aktivierung kommt es zu einer **Formveränderung** des Thrombozyten. Er setzt ADP frei, das an einen **ADP-Rezeptor** auf anderen Thrombozyten bindet. So entsteht ein primäres reversibles Thrombozytenaggregat. Daraufhin geben die Thrombozyten vasokonstriktorische Substanzen wie **Serotonin** und **Thromboxan A_2** (s. S. 229) aus ihren Granula ab (**Abb. 11.16b**). Die Vasokonstriktion verringert den Blutfluss an der Verletzungsstelle, wodurch die Thrombozytenaggregation erleichtert wird. Es entsteht schließlich ein festes Aggregat, indem die „Klebstoffe“ **Fibrinogen** und **Fibronektin** an den GP IIb/IIIa-Rezeptor auf den aktivierten Thrombozyten binden (**Abb. 11.16c**). 2 bis 4 Minuten nach Beginn der Aktivierung ist so ein Pfropf aus Thrombozyten **(Thrombus)** entstanden, der die plasmatische Blutgerinnung (s. u.) in Gang setzt.

Neben Kollagen und ADP führt auch Thrombin zu einer Aktivierung der Thrombozyten.

Klinischer Bezug

Von-Willebrand-Jürgens-Syndrom: Das Von-Willebrand-Jürgens-Syndrom wird häufig autosomal-dominant vererbt. Bei der Erkrankung ist die Aktivität des von Willebrand-Faktors im Blut erniedrigt. Da der vWF eine wichtige Rolle bei der Thrombozytenaggregation für die primäre Wundstillung spielt, ist diese beim Von-Willebrand-Jürgens-Syndrom eingeschränkt. Klinisch besteht erhöhte Blutungsneigung, besonders typisch sind punktförmige Einblutungen **(Petechien)** und **Schleimhautblutungen** (z. B. Nasenbluten).

11

11.6.2.1 Die Hemmung der Thrombozytenaggregation

Einige Medikamente wie Aspirin oder Ticlopidin hemmen die Thrombozytenaggregation.

Der Cyclooxygenasehemmer Acetylsalicylsäure ASS (z. B. Aspirin)

ASS hemmt in Thrombozyten und Endothelzellen das Enzym **Cyclooxygenase** *irreversibel*. Die Cyclooxygenase ist beteiligt an der Synthese von **Thromboxan A_2** und **Prostacyclin** (Prostaglandin I_2, s. S. 229). Diese zwei Mediatoren sind Antagonisten. Thromboxan A_2 aus Thrombozyten fördert die Thrombozytenaggregation, während Prostacyclin aus Endothelzellen sie hemmt. Die Bildung beider Mediatoren wird durch ASS gehemmt. Die Thrombozyten sind im Gegensatz zu den Endothelzellen allerdings nicht in der Lage, das defekte Enzym

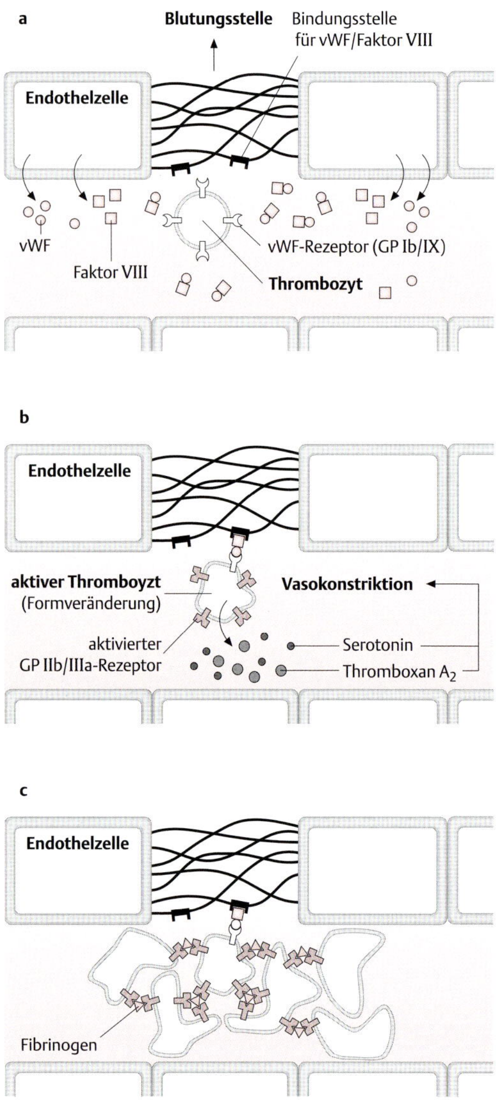

Abb. 11.16 Primäre Wundstillung durch Thrombozyten (zu a, b und c siehe Text)

nachzubilden, weil sie keinen eigenen Syntheseapparat dafür besitzen. Der Thrombozyt kann daher für die Dauer seiner Lebenszeit kein Thromboxan A_2 mehr bilden. Die Förderung der Aggregation durch Thromboxan A_2 fällt damit weg. Im Gegensatz dazu bildet die Endothelzelle die Cyclooxygenase nach. Die Aggregationshemmung findet also weiterhin statt. In niedriger Dosierung (ca. 50 mg/d) wird ASS zur **Rezidivprophylaxe** nach Herzinfarkten, nach Bypass-Operationen und nach Schlaganfällen eingesetzt.

Das Clopidogrel

Clopidogrel inhibiert die Aktivierung des **GP IIb-IIIa-Rezeptors**, mit dem die Thrombozyten über Finbrinogen miteinander vernetzt werden **(Abb. 11.16)**. Dadurch wird die Aggregation der Thrombozyten verhindert. Clopidogrel wird zu ähnlichen Zwecken wie niedrig dosierte ASS eingesetzt. Einen analogen Wirkungsmechanismus wie Clopidogrel besitzt die Substanz Ticlopidin.

11.6.3 Die Blutgerinnung

Die Blutgerinnung wird durch viele Proteine gesteuert. Versuchen Sie zunächst, sich anhand von Abb. 11.17 einen Überblick über die gemeinsame Endstrecke der Blutgerinnung zu verschaffen. Gehen Sie dann ins Detail und erarbeiten Sie sich die verschiedenen Wege der Blutgerinnung.

Die **Blutgerinnung** kann auf zwei Wegen aktiviert werden. Beim **intrinsischen** Weg befinden sich alle notwendigen Gerinnungsfaktoren im Blut (z. B. wird die Gerinnung von Blut im Reagenzglas durch den intrinsischen Weg ausgelöst).

Um den **extrinsischen** Weg zu aktivieren, wird der Gerinnungsfaktor III (Gewebsthromboplastin) benötigt. Dieser ist ein Membranprotein, das auf nicht-vaskulären Zellen sitzt. Er gelangt erst bei Gewebsschädigung in das Blut und löst die Blutgerinnung aus.

Sowohl der extrinsische als auch der intrinsische Weg enden in einer gemeinsamen Endstrecke, die bei der Aktivierung von **Faktor X** beginnt **(Abb. 11.17)**. Gemeinsam mit Faktor Va sowie Phospholipiden und Ca^{2+}, aktiviert Faktor Xa das Prothrombin. Aus Prothrombin entsteht durch limitierte Proteolyse das Thrombin, das den Faktor I (Fibrinogen) in Fibrin umwandelt. Am Ende entstehen Fibrinmonomere als Produkt sowohl des extrinsischen als auch des intrinsischen Weges der Blutgerinnung. Einzelne Fibrinmonomere werden zu einem **stabilen Fibrinnetz** verknüpft.

11.6.3.1 Die einzelnen Schritte der Blutgerinnung

Für die Umwandlung von löslichem Fibrinogen in unlösliches Fibrin läuft eine **Kaskade** ab, bei der sich die Gerinnungsfaktoren gegenseitig aktivieren. Bei den Gerinnungsfaktoren handelt es sich hauptsächlich um **Glykoproteine**, die als inaktive Vorstufen von der Leber gebildet und in das Blut abgegeben werden **(Tab. 11.4)**. Sie werden mit einer römischen Ziffer bezeichnet, der ein a angehängt wird, wenn der Gerinnungsfaktor aktiviert ist.
Die Gerinnungkaskade läuft in drei Schritten ab: **Aktivierungsphase, Koagulationsphase** und **Retraktionsphase**.

Die Aktivierungsphase

Die **extrinsische Aktivierung** beginnt mit Faktor III, dem Gewebsthromboplastin, das bei einer Gefäßverletzung ins Blut gelangt. Dort aktiviert Faktor III den Faktor VII. Faktor VIIa, Ca^{2+} und Phospholipide bilden einen Komplex , der zur Aktivierung von Faktor X **(Abb. 11.18)** führt. Damit ist die Endstrecke der Blutgerinnung auf dem extrinsischen Weg bereits erreicht.

MERKE:

extrinsischer Weg: Faktor III aus dem Gewebe → Faktor VIIa → Faktor Xa → Endstrecke

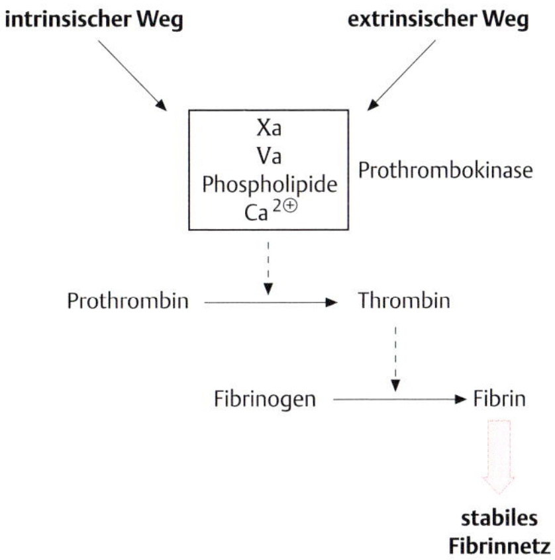

Abb. 11.17 Endstrecke der Blutgerinnung

Die **intrinsische Aktivierung** beginnt mit **Faktor XII** (Hageman-Faktor, **Abb. 11.18**). Dieser wird durch Kontakt mit den negativ geladenen Oberflächen von Kollagen und Thrombozyten in Faktor XIIa gespalten. Für die Aktivierung des intrinsischen Systems ist daher eine kleine Gefäßläsion ausreichend. Neben dem Faktor XII sind außerdem das **hochmolekulare Kininogen (HMK)** und das **Präkallikrein** beides Glykoproteine, zur Kontaktaktivierung des intrinsischen Systems notwendig. Der aktivierte Hageman-Faktor spaltet Präkallikrein in Kallikrein. Kallikrein wiederum aktiviert den Hageman-Faktor,

Tabelle 11.4

Die Gerinnungsfaktoren

Faktor	Bezeichnung	Funktion
I	Fibrinogen	lösliche Vorstufe von Fibrin
II	Prothrombin	inaktive Vorstufe einer Serin-Protease
III	Gewebsthromboplastin	von Geweben gebildet, löst den extrinsischen Weg aus
IV	Calcium	
V	Proaccelerin	Cofaktor von Faktor X
VI	aktivierter Faktor V	Begriff wird nicht mehr verwendet
VII	Prokonvertin	inaktive Vorstufe einer Serin-Protease
VIII	antihämophiler Faktor A	Cofaktor von Faktor IX
IX	Christmas Faktor	inaktive Vorstufe einer Serin-Protease
X	Stuart-Prower-Faktor	inaktive Vorstufe einer Serin-Protease; gemeinsame Endstrecke
XI	Plasma-Thromboplastin-Antecedent	inaktive Vorstufe einer Serin-Protease
XII	Hageman-Faktor	inaktive Vorstufe einer Serin-Protease, Startpunkt des intrinsischen Weges
XIII	fibrinstabilisierender Faktor (FSF)	Transamidase, Ausbildung des Fibrinnetzes

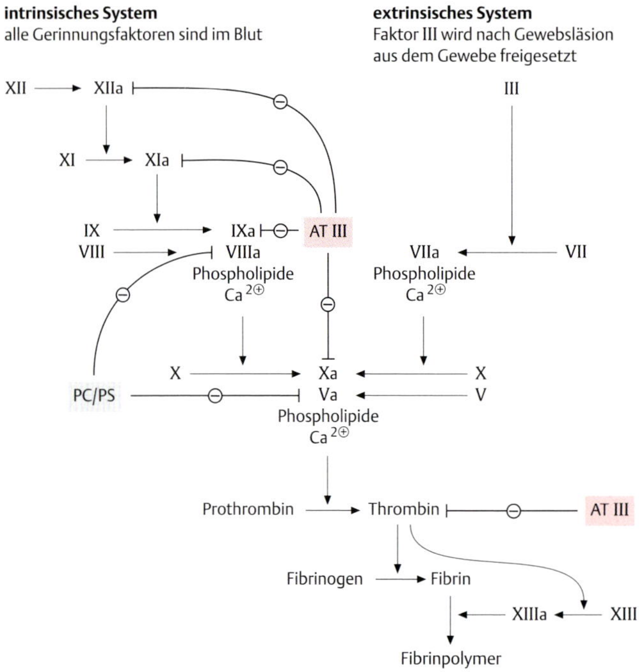

Abb. 11.18 Schema der Blutgerinnung: Eingezeichnet sind auch die hemmenden Einflüsse durch Antithrombin III (ATIII) und Protein C/Protein S (PC/PS)

11

die beiden Glykoproteine beeinflussen sich also gegenseitig. In der Folge wird der **Faktor XI** aktiviert, der seinerseits zur Spaltung von Faktor IX in **Faktor IXa** führt. Faktor IXa bildet gemeinsam mit **Faktor VIIIa** sowie Phospholipiden (PL) und Ca^{2+} einen Komplex, der zur Aktivierung von **Faktor X** führt. Damit ist die gemeinsame Endstrecke der Blutgerinnung erreicht.

Klinischer Bezug

Die Hämophilien: Das komplexe System der Blutgerinnung kann an verschiedenen Stellen gestört sein. In der Klinik definiert man eine über das normale Maß hinausgehende Blutungsneigung als **hämorrhagische Diathese**. Häufige Erkrankungen sind die **Hämophilie A** und **B**.

Hämophilie A: Die X-chromosomal vererbte Hämophilie A beruht auf einem **Defekt des Gerinnungsfaktors** VIII. Sie tritt fast ausschließlich bei Männern auf und ist mit einer Häufigkeit von 1:5000 der häufigste Defekt der Blutgerinnung. Das Gen für Faktor VIII ist mit 26 Exons sehr groß und macht etwa 0,1 % der Länge des X-Chromosoms aus. Aus diesem Grund sind viele verschiedene Mutationen für die Hämophilie A beschrieben worden. Da in 30 % der Fälle Spontanmutationen ursächlich sind, ist die Familienanamnese häufig negativ.

Patienten mit Hämophilie A leiden unter einer **gesteigerten Blutungsneigung**, besonders nach kleineren Verletzungen. Es können außerdem spontane Blutungen in Gelenken, Abdomen und Muskulatur auftreten. Die primäre Blutstillung verläuft zwar normal, typisch für diese Erkrankung sind aber Komplikationen, die durch Nachblutungen auftreten, nachdem es bereits zur Blutstillung gekommen war. Etwa 10 % der Patienten versterben an intrakraniellen Blutungen. Bei Patienten mit schwerer Hämophilie müssen die Gerinnungsfaktoren regelmäßig substituiert werden. Die PTT ist bei dieser Erkrankung verlängert.

Hämophilie B: Die Hämophilie B beruht auf einem **Defekt des Gerinnungsfaktors IX**. Das Gen für Faktor IX liegt ebenfalls auf dem X-Chromosom. Mit acht Exons ist das Gen für Faktor IX viel kleiner als das Gen für Faktor VIII. Die klinischen Symptome der Hämophilie entsprechen denen der Hämophilie A. Die PTT ist bei Hämophilie B ebenfalls verlängert.

MERKE:

Intrinsischer Weg: Faktor XII + Präkallikrein + HMK → Faktor XIa → Faktor IXa + Faktor VIIIa + PL + Ca^{2+} → Faktor Xa → Endstrecke

Die Koagulationsphase

Die Koagulationsphase beginnt, sobald über den extrinsischen oder intrinsischen Weg das Prothrombin zu **Thrombin** aktiviert wurde. Thrombin spaltet Fibrinogen in kleine **Fibrinmonomere**. Diese lagern sich zu einem instabilen **Fibringerinnsel** zusammen. Thrombin aktiviert neben Fibrinogen gleichzeitig den **Faktor XIII** (fibrinstabilisierender Faktor), eine Transamidase, die Lysin- und Glutaminreste benachbarter Ketten des Fibrins miteinander verknüpft **(Abb. 11.19)**. Dadurch entsteht ein stabiles **Fibrinpolymer**.

Die Retraktionsphase

Durch die Koagulation ist ein Fibrinnetz entstanden, das in den Thrombozytenthrombus eingeflochten ist. Das Fibrin ist über GP IIb/IIIa-Rezeptoren (s. o.) mit den Thrombozyten verbunden. Unter der Einwirkung von Thrombin und **Thrombosthenin**, einem myosinähnlichen Protein, ziehen sich die noch intakten Thrombozyten zusammen. Dadurch schrumpft der ursprüngliche Thrombus auf einen Bruchteil seiner ursprünglichen Größe. Die Wundränder nähern sich einander an.

11.6.3.2 Die γ-Carboxylierung der Gerinnungsfaktoren

Die Gerinnungsfaktoren **X, IX, VII, II** (10, 9, 7, 2 wie die Jahreszahl 1972) und die **Proteine C** und **S** (s. u.) werden in der Leber an ihren Glutamatresten modifiziert. An diese Glutamatreste wird mit Hilfe von **Vitamin K** (K wie Koagulation, auch Phyllochinon, s. S. 180) am **γ-C-Atom** eine zweite Carboxylgruppe angehängt.
Erst durch diese zusätzliche Carboxylierung werden die Faktoren in einen aktivierbaren Zustand versetzt. Der γ-carboxylierte Glutamatrest stellt bei der Komplexbildung mit anderen Faktoren über eine **Calciumbrücke** die Verbindung zu den Phospholipiden her.
Diese Carboxylierungsreaktionen besitzen eine große klinische Bedeutung. Durch medikamentöse Vitamin-K-Antagonisten kann die Carboxylierung der

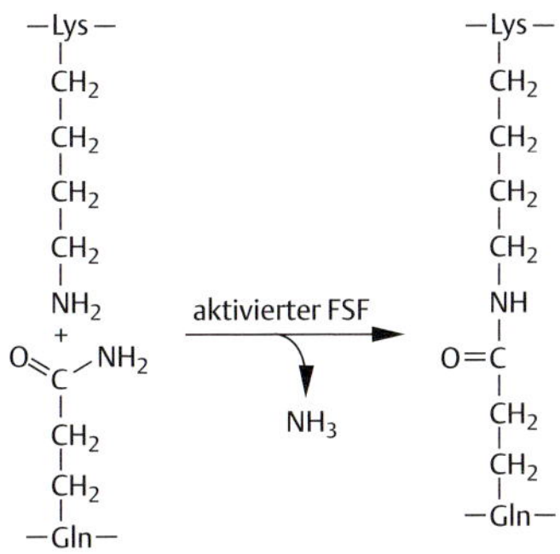

Abb. 11.19 Reaktion des fibrinstabilisierenden Faktors FSF

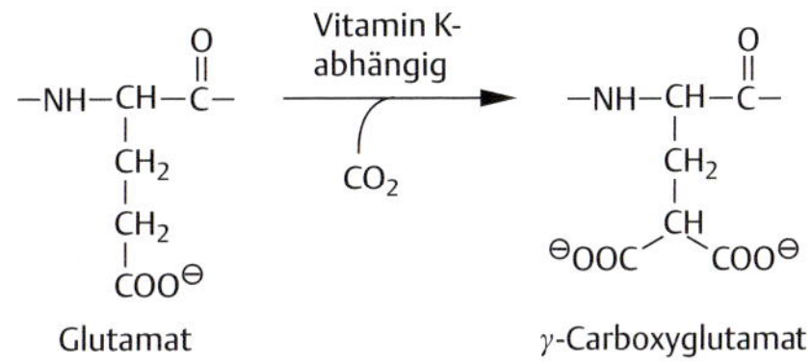

Abb. 11.20 γ-Carboxylierung eines Glutamatrestes

vier genannten Gerinnungsfaktoren gehemmt werden. Das führt zu einer Inaktivität der Gerinnungsfaktoren. Es resultiert eine verlangsamte Blutgerinnungszeit, die besonders bei Infarktpatienten zur Rezidivprophylaxe angestrebt wird (vgl. S. 316).

MERKE

Die Synthese der Gerinnungsfaktoren X, IX, VII und II (1972), sowie der Proteine C und S, ist Vitamin-K-abhängig.

11.6.3.3 Die Hemmung der Blutgerinnung

Die Blutgerinnung ist ein esenzieller Schutzmechanismus gegen Blutverlust. Gleichzeitig muss der Körper aber auch die Gerinnung kontrollieren können, um eine ausreichende Blutzirkulation sicherzustellen. Das geschieht überwiegend durch plasmatische Proteaseinhibitoren. Zu diesen zählt **Antithrombin III**, das die Gerinnungsfaktoren XIIa XIa, IXa und Xa hemmt **(Abb. 11.18)**.
Andere Inhibitoren der Blutgerinnung sind **Protein C** und **Protein S**. Beide werden wie oben erwähnt in der Leber Vitamin-K-abhängig carboxyliert. Protein C und Protein S hemmen in aktivem Zustand die Gerinnungsfaktoren Va und VIIIa, also die beiden Cofaktoren der Blutgerinnung **(Tab. 11.4)**. Pro-

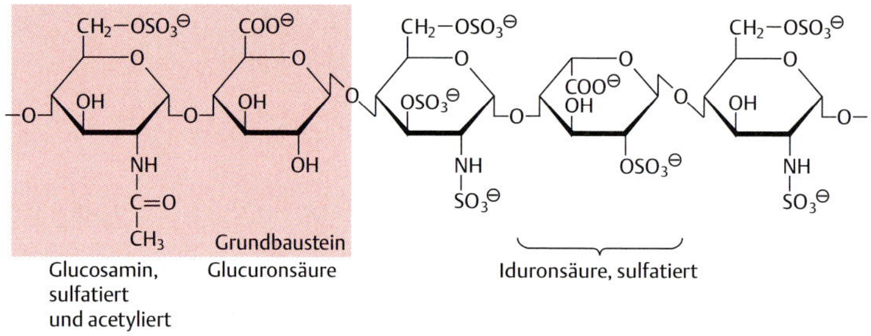

Abb. 11.21 Ausschnitt aus einem Heparin-Molekül

tein C wird im Blut zunächst durch Thrombomodulin in aktiviertes Protein C (APC) umgewandelt. Seine optimale Aktivität erreicht es in Zusammenarbeit mit Protein S.

Klinischer Bezug

APC-Resistenz: Die APC-Resistenz wird auch als Faktor-V-Leiden bezeichnet. Das aktivierte Protein C (APC) kann den Faktor V bei dieser Erkrankung nicht spalten. Ursache ist meist eine **Punktmutation**, die zu einem Austausch von Arginin gegen Glutamin an Position 506 des **Faktors V** führt. Dadurch ist die Hemmung von Faktor V durch aktiviertes Protein C eingeschränkt. 0,02 % der Bevölkerung sind homozygote Träger der APC-Resistenz. Die Patienten haben ein vielfach **erhöhtes Thromboserisiko** im Vergleich zur Normalbevölkerung. Auch bei der heterozygoten Form, die mit etwa 10 % sehr häufig ist, ist das Thromboserisiko erhöht.

11

Thrombomodulin ist ein Membranprotein auf Endothelzellen, das in das Lumen der Gefäße hineinragt. Es bindet spezifisch an Thrombin und modifiziert es. Das modifizierte Thrombin hat keine Gerinnungsaktivität mehr, ist aber ein 1000fach stärkerer Aktivator für Protein C als das normale Thrombin.

Klinischer Bezug

Die Blutgerinnung in der Klinik: Der komplexe Ablauf der Blutgerinnung bietet verschiedene Möglichkeiten, um medikamentös einzugreifen. Das spielt sowohl bei der Behandlung von Patienten (in vivo) als auch im klinisch-chemischen Labor (in vitro) ein Rolle. Für die Hemmung der Blutgerinnung in vivo haben sich Heparin und die Vitamin-K-Antagonisten bewährt.

Heparin: Heparin ist ein polymeres Glucosaminoglykan, das alternierend aus Glucosaminen und Hexuronsäuren (Glucuronsäure oder Iduronsäure) aufgebaut ist **(Abb. 11.21)**. Es wird von einigen körpereigenen Zellen, wie Mastzellen oder basophilen Granulozyten, gebildet. Die gerinnungshemmende Wirkung von Heparin beruht auf einer **Aktivierung von Antithrombin III**. Antithrombin III hemmt unter normalen Bedingungen den Faktor Xa. Zusammen mit Heparin kann es jedoch auch andere Gerinnungsfaktoren, wie z. B. Thrombin, inaktivieren. Heparin hemmt die Blutgerinnung sowohl in vivo als auch in vitro.
Heparin wird eingesetzt zur Thromboseprophylaxe und -therapie. Bei bedrohlichen Nebenwirkungen bietet es den Vorteil, dass seine Wirkung durch das Protein **Protamin** schnell antagonisiert werden kann.
Vitamin-K-Antagonisten: Die **Cumarin-Derivate** (s. S. 181) sind wirksame Antagonisten von Vitamin K in der Leber, die das Enzym **Epoxidreduktase** hemmen. Dadurch wir die Rückführung des Vitamin-K-Epoxids in Vitamin K unterbunden (s. S. 181). Es resultiert eine verminderte Carboxylierung der Gerinnungsfaktoren X, IX, VII und II. Vitamin-K-Antagonisten können die Blutgerinnung nur **in vivo** hemmen. Sie werden zur Rezidivprophylaxe nach Infarkten sowie zur Thromboseprophylaxe eingesetzt. Dabei soll die Blutgerinnung längerfristig beeinflusst werden. Im Gegensatz zu Heparin, das subkutan appliziert werden muss, können Cumarin-Derivate in Tablettenform eingenommen werden.

Klinischer Bezug

Die Blutgerinnungstests: Bei Patienten, die gerinnungshemmende Substanzen einnehmen, ist eine engmaschige Kontrolle der Gerinnungsfunkion des

Blutes notwendig. Dafür gibt es verschiedene Verfahren.

Der Quicktest (Thromboplastinzeit): Mit dem Quicktest werden der **extrinsische Gerinnungsweg** und die gemeinsame Endstrecke der Gerinnung überprüft. Dazu wird dem Blutplasma zunächst Natriumcitrat (zur Bindung von Ca^{2+}-Ionen) zugesetzt, um es bis zur Durchführung des Tests ungerinnbar zu machen.

Nach Zugabe von Gewebsthromboplastin (Faktor III) und Ca^{2+} im Überschuss wird die Gerinnung aktiviert und die Zeit bis zur Fibrinbildung gemessen. Die Zeit wird in Relation zur Gerinnungszeit verdünnter Plasmen gesetzt und in Prozent angegeben. Der Normwert beträgt 70–120 %. Weil dem Plasma Gewebsthromboplastin zugesetzt wird, wird der Quick-Wert auch als **Thromboplastinzeit** bezeichnet. Die Thromboplastinzeit ist bei Patienten verlängert, die mit Vitamin-K-Antagonisten behandelt werden.

Weil die Thromboplastinpräparate von Labor zu Labor unterschiedlich sind, wird der Quick-Wert zunehmend durch die Angabe der **INR** (international normalized ratio) ersetzt. Für die Bestimmung der INR wurde durch den Vergleich vieler kommerzieller Thromboplastine mit einem WHO-Standard ein **ISI** (international sensivity index) ermittelt. Die Gerinnungswerte der INR sind international vergleichbar. Der Normwert der INR beträgt etwa 0,9 bis 1,15.

Die partielle Thromboplastinzeit (PTT): Mit der partiellen Thromboplastinzeit werden die Gerinnungsfähigkeit des **intrinsischen Systems** und der gemeinsamen Endstrecke überprüft. Dazu wird dem Citratplasma des Patienten ein Oberflächenaktivator, Phospholipid und Ca^{2+} zugesetzt, dann misst man die Gerinnungszeit (Zeit bis zum Auftreten von Fibrinfäden in Sekunden, normal 25–38 sec). Die Normwerte sind stark methodenabhängig. Die PTT ist verlängert bei:

- Heparin-Therapie
- Hämophilie A und B (s. u.)
- von-Willebrand-Jürgens-Syndrom

Die Thrombinzeit (TZ): Mit der Thrombinzeit wird durch Zugabe von Thrombin zum Patientenplasma die **Umwandlung von Fibrinogen in Fibrin** getestet. Sie dient zum Beispiel der Kontrolle einer Lysetherapie mit Streptokinase.

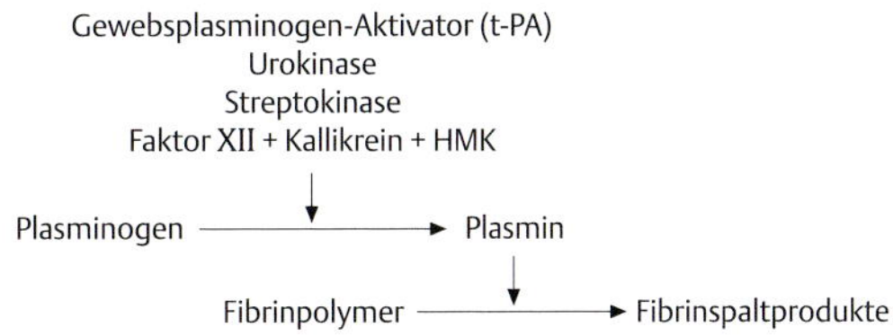

Abb. 11.22 Aktivierung der fibrinolytischen Protease Plasmin

11.6.4 Die Fibrinolyse

Die Blutgerinnung ist keine Einbahnstraße. Genauso wichtig wie der Aufbau von unlöslichen Fibrinnetzen ist ihr Abbau. Fibrin wird hauptsächlich durch die Serin-Protease **Plasmin** abgebaut. Im Plasma liegt Plasmin als inaktives Plasminogen vor. Der wichtigste körpereigene Aktivator von Plasminogen ist der **Gewebe-Plasminogenaktivator** (tPA für tissue plasminogen activator). tPA ist ein 70 kDa großes Glykoprotein, das aufgrund des schnellen Abbaus in der Leber eine Halbwertszeit von nur drei Minuten hat. Ein weiterer körpereigener Plasminogenaktivator ist die von den Nieren gebildete **Urokinase**. Urokinase erhielt den Namen, da das Enzym im Urin nachweisbar ist. Eine aktivierende Wirkung auf Plasminogen hat auch der Komplex aus Hageman-Faktor, Kallikrein und hochmolekularem Kininogen (HMK).

Einige Bakterien können fibrinolytische Substanzen sezernieren, z. B. bilden Streptokokken Streptokinase. Streptokinase ist ein potenter Plasminogenaktivator ohne eigentliche enzymatische Aktivität. Die Streptokinase ist von besonderem medizinischen Interesse, da sie zur Auflösung eines Gefäßverschlusses bei Herzinfarkt oder Schlaganfall eingesetzt werden kann. Bei Patienten, die zuvor eine Streptokokkeninfektion durchgemacht haben, muss man allerdings mit der Anwesenheit spezifischer Antikörper rechnen.

Check-up

- ✔ **Wiederholen Sie die Gerinnungskaskaden des intrinsischen und extrinsischen Weges und deren gemeinsame Endstrecke.**
- ✔ **Rekapitulieren Sie, wie die Blutgerinnung in vivo und in vitro beeinflusst werden kann.**

11.7 Die Plasmaproteine

Lerncoach

Die Plasmaproteine sind Ihnen schon an anderen Stellen begegnet (z. B. Transcortin beim Transport von Cortisol, s. S. 210). Hier werden sie im Zusammenhang mit der Blutplasmaanalyse besprochen.

11.7.1 Überblick und Funktion

Das Plasma enthält über 100 verschiedene Proteine. In 100 ml Blut befinden sich zwischen 6 und 8 g Proteine. Meist handelt es sich um Glykoproteine, die in der Leber gebildet werden. Sie haben vielfältige Funktionen, wie z. B. bei der Blutgerinnung (s. o), bei der Abpufferung, beim Transport usw.

11.7.2 Die Analyse der Plasmaproteine

In der Papierelektrophorese (s. S. 96) lassen sich die Plasmaproteine in fünf Fraktionen trennen (**Tab. 11.5**, **Abb. 11.23 a**). Die Trennung beruht auf ihrer unterschiedlichen Ladung und Größe. Das Plasma wird in Nähe der Kathode aufgetragen. Die Proteine des Plasmas wandern dann in Richtung Anode. Nach Beendigung der Wanderung werden die Proteine angefärbt. Die Intensität des gebildeten Farbbandes wird photometrisch gemessen.

In jeder der fünf Fraktionen finden sich verschiedene Proteine, die funktionell meist nichts miteinander gemeinsam haben. Sie haben lediglich ähnliche Größe und Ladung und finden sich daher in einer gemeinsamen Fraktion.

Tabelle 11.5

Die Plasmaproteine

Fraktion	% - Anteil	Beispiele	Funktion
Albumine	55–65 % (60 %)	Albumin	Transport von Fettsäuren, Bilirubin, Pharmaka, Ca^{2+} u. a., Aufrechterhaltung des osmotischen bzw. kolloidosmotischen oder onkotischen Drucks
		Präalbumin	Transport von Schilddrüsenhormonen
α_1 - Globuline	2,5–4,5 (4 %)	α_1-Antitrypsin	Hemmung von Proteasen (z. B. Trypsin, Plasmin, u. a.)
		α_1-Lipoprotein (HDL)	Lipidtransport
		Prothrombin	Proenzym von Thrombin
		TBG	Transport von Schilddrüsenhormonen
		Transcortin	Transport von Cortisol
α_2 - Globuline	6–10 % (8 %)	Caeruloplasmin	Transport von Kupfer-Ionen
		AT III	Hemmung von Gerinnungsfaktoren
		Cholin-Esterase	Spaltung von Cholin-Estern (z. B. Acetylcholin)
		Haptoglobin	Hämoglobinbindung
		Plasminogen	Proenzym von Plasmin
		retinolbindendes Protein	Vitamin-A – Transport
β - Globuline	8,5–14 % (12 %)	β-Lipoprotein (LDL)	Lipidtransport
		Transferrin	Eisentransport
		Fibrinogen	Vorstufe von Fibrin
		C-reaktives Protein (CRP)	Aktivierung des Komplementsystems
		Hämopexin	Häminbindung
γ - Globuline	10–21 % (16 %)	Immunglobuline	Immunabwehr

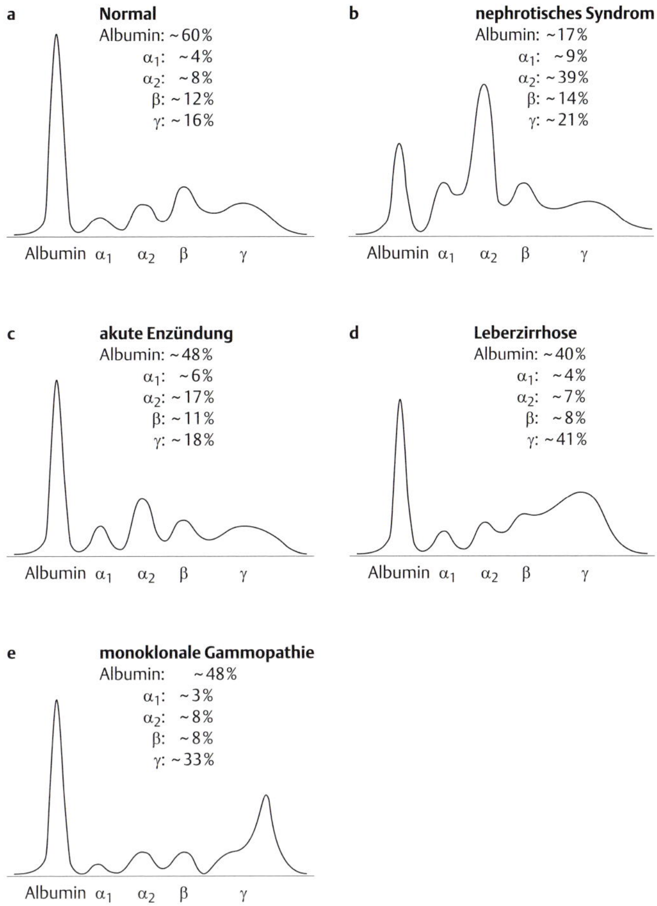

Abb. 11.23 Serumeiweißelektrophorese (zu a–e siehe Text)

MERKE:

Für die Normalverteilung der Plasmaproteine in der Elektrophorese gilt folgende Faustregel:

- **Albumine ~ 60 %**
- **α_1-Globuline ~ 4 %**
- **α_2-Globuline ~ 8 %**
- **β-Globuline ~ 12 %**
- **γ-Globuline ~ 16 %**

11.7.3 Dysproteinämien

Die Konzentration der Proteine im Plasma wird durch die Dynamik von Synthese und Abbau bestimmt. Störungen können auf beiden Ebenen auftreten. Die Serumeiweißelektrophorese kann dabei Rückschlüsse auf bestimmte Krankheiten zulassen (**Abb. 11.23**). Eine krankhafte Veränderung der Plasmaproteinkonzentration bezeichnet man als **Dysproteinämie**.

Klinischer Bezug

Nephrotisches Syndrom (**Abb. 11.23 b**): Beim nephrotischen Syndrom ist der Filtrationsapparat des Glomerulums geschädigt. Dadurch gehen vermehrt Proteine über die Niere verloren (**Proteinurie**). Am stärksten ist der Albuminverlust. Durch die **Hypoalbuminurie** kommt es zur Ödembildung, da Albumin für die Aufrechterhaltung des onkotischen Drucks verantwortlich ist (**Tab. 11.5**). Charakteristisch ist die Erhöhung der α_2- und der β-Fraktion.

Akute Entzündung (**Abb. 11.23 c**): Bei der akuten Enzündungsreaktion ist die Konzentration einzelner Plasmaproteine erhöht. Ursache der Erhöhung ist der

Einfluss von Zytokinen wie IL-1 oder TNF-α. Proteine, deren Synthese besonders stark im Rahmen der Entzündung ansteigt, werden als **Akute-Phase-Proteine** bezeichnet. Zu ihnen zählt vor allem das **C-reaktive Protein (CRP)**, Haptoglobin, α_1-Antitrypsin und Fibrinogen. Die Akute-Phase-Proteine haben verschiedene Funktionen. CRP beispielsweise opsonisiert Eindringlinge und aktiviert dadurch das Komplementsystem auf dem klassischen Weg (s. S. 339). Gleichzeitig fällt die Konzentration anderer Proteine ab. Dazu zählen in erster Linie Albumin und Transferrin. Wegen der Abnahme ihrer Konzentration bei der Entzündungsreaktion bezeichnet man sie als **Anti-Akute-Phase-Proteine**.

MERKE:

Akute-Phase-Proteine: CRP, Haptoglobin, α_1-Antitrypsin, Fibrinogen
Anti-Akute-Phase-Proteine: Albumin, Transferrin

Klinischer Bezug

Leberzirrhose (**Abb. 11.23 d**): Bei der Leberzirrhose ist die Synthesefähigkeit der Leber eingeschränkt. Das führt zu einem Abfall aller Proteinfraktionen mit Ausnahme der Immunglobuline, da diese von den Plasmazellen und nicht von der Leber gebildet werden. Die Erhöhung der Immunglobuline ist zudem Ausdruck einer chronischen Entzündung.

Monoklonale Gammopathie (**Abb. 11.23 e**):
Unter einer Gammopathie versteht man eine Erkrankung, die mit einer exzessiv gesteigerten Produktion von Immunglobulinen (γ-Globulinen) einhergeht.
Der monoklonalen Gammopathie liegt häufig eine **maligne Entartung** von **Plasmazellen** im Knochenmark zugrunde. Die entarteten Plasmazellen proliferieren und bilden unkontrolliert Antikörper. Dabei kann es sich um Antikörper aller Klassen handeln. Seltener bilden die transformierten Zellen nur leichte oder nur schwere Ketten. In der Elektrophorese imponiert die monoklonale Gammopathie meist als schmalgipfliger γ-Peak. Krankheiten, die einer monoklonalen Gammopathie zugrunde liegen können, sind z. B. Plasmozytom, Morbus Waldenström, u. a.
Bence-Jones-Proteinurie: Die Bence-Jones-Proteinurie ist eine Form der monoklonale Gammopathie. Sie stellt aber eine Besonderheit dar, da es sich bei den Bence-Jones-Proteinen um Leichtketten von Immunglobulinen handelt, die renal ausgeschieden werden. Sie sind deshalb im Blut kaum nachweisbar und müssen im Urin nachgewiesen werden.

Check-up

- ✔ **Wiederholen Sie die fünf Gruppen der Plasmaproteine mit ihren Funktionen.**
- ✔ **Machen Sie sich nochmals klar, wie sich die Verteilung der Plasmaproteine bei einer Leberzirrhose oder einer Nierenschädigung verändert.**

Kapitel 12

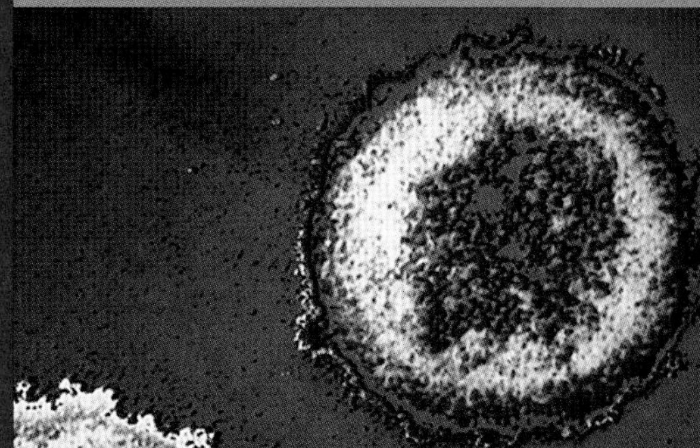

Immunsystem

12.1 Einleitung 323

12.2 Die spezifische Immunantwort 323

12.3 Die unspezifische Immunantwort 338

12.4 Die Immunantwort: Zusammenfassung 345

12.5 Störungen des Immunsystems 345

12.6 Wichtige immunologische Nachweisreaktionen 349

Ende gut, alles gut?

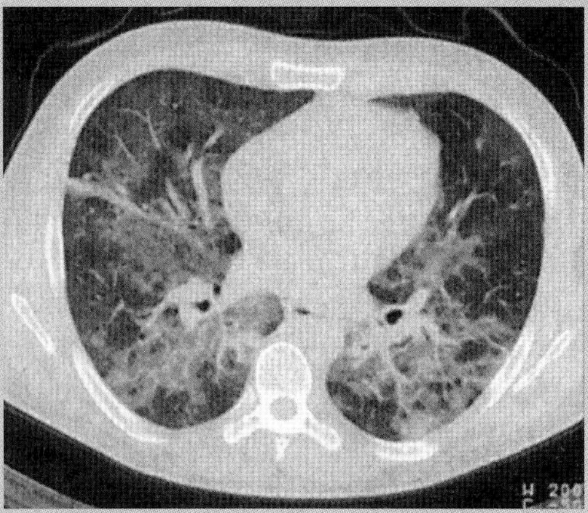

Das Computertomogramm eines Patienten mit AIDS und einer Pneumocystis-carinii-Pneumonie (PCP) zeigt eine inhomogene Dichteerhöhung (weißliche Strukturen) mit dazwischenliegenden Bereichen normalen Lungengewebes (dunkle Bereiche).

Ganze Scharen von menschlichen Zellen haben nur eine Aufgabe: gegen Eindringlinge zu kämpfen. Wer die Hauptdarsteller bei der Immunabwehr sind und wie der Körper den ständigen Angriffen von Bakterien, Viren und Co. Herr wird, erfahren Sie im folgenden Kapitel. Erst wenn sich die Abwehrzellen geschlagen geben, haben die Eindringlinge freie Bahn. Wie bei Jennifer R. Sie leidet an einer Krankheit, an der weltweit bereits 40 Millionen Menschen erkrankt sind: der Immunschwächekrankheit AIDS.

Mehr als Lampenfieber

Nur noch zwei Wochen bis zur Premiere. Jennifer R. ist nervös. Ausgerechnet jetzt, wo sie endlich eine Hauptrolle spielen darf – die der Lady Macbeth in Shakespeares Drama –, hat sie die Erkältungswelle erwischt. Seit Beginn der Proben leidet die 32-Jährige unter Fieber und fühlt sich müde und erschöpft. Nur dank starker Medikamente war sie in den letzten Wochen auf den Beinen. Nun geht es ihr besser – doch Husten und Atemnot sind geblieben. Sie geht nochmals zum Arzt. Dr. Tobel ist erstaunt, die junge Frau wieder bei sich zu sehen. Zunächst hatte er bei ihr eine Bronchitis diagnostiziert, später eine Lungenentzündung, die mit Antibiotika behandelt wurde. Doch inzwischen müsste die Pneumonie längst abgeheilt sein.

Ein Pilz und ein Virus

Dr. Tobel beschließt, es mit einem anderen Antibiotikum zu versuchen. Zur Sicherheit möchte er parallel zur neuen Therapie das Sputum untersuchen lassen. Einige Tage später erhält er das Laborergebnis. Der Keim, der in Jennifers Sputum gefunden wurde, ist der Pilz Pneumocystis carinii. Dr. Tobel erschrickt: Eine Pneumocystis-carinii-Pneumonie tritt fast ausschließlich bei Patienten auf, die mit dem Humanen Immunschwächevirus (HIV) infiziert sind. Oft ist eine solche sog. opportunistische Infektion die erste Manifestation der Immunschwächekrankheit AIDS.
Am nächsten Tag fragt Dr. Tobel Jennifer vorsichtig, ob sie schon einmal an die Möglichkeit einer HIV-Infektion gedacht habe. Sie verneint, stimmt aber einem Bluttest zu. Außerdem behandelt Dr. Tobel die Lungenentzündung mit dem bei Pneumocystis-carinii-Infektion wirksamen Antibiotikum Cotrimoxazol. Als Jennifer wiederkommt, hat Dr. Tobel eine schockierende Nachricht: Jennifer ist HIV-positiv.

Zehn Jahre Inkubationszeit

Vermutlich hat sich Jennifer bereits vor über zehn Jahren infiziert. Eine solch lange Zeitspanne zwischen der Infektion mit HIV und dem Ausbruch von AIDS ist in den Industrieländern normal. Neuinfizierte erkranken zunächst an der grippeähnlichen akuten HIV-Krankheit. Dann folgt eine rund zehnjährige Latenzphase. Erst wenn opportunistische Infektionen oder Tumore auftreten, spricht man von AIDS.
Das HI-Virus befällt die Zellen, die das CD4-Oberflächenantigen tragen, z. B. T-Lymphozyten. Die T-Helferzellen werden zerstört und das Immunsystem geschädigt. Bei Jennifer liegt die Zahl der T-Helferzellen knapp unter der Normgrenze von 400/µl Blut. Die junge Frau erhält sofort eine Kombinationstherapie aus drei sog. antiretroviralen Substanzen. Die Nebenwirkungen dieser Therapie sind erheblich. Hinzu kommt noch die psychische Belastung.
Heute ist Jennifer in regelmäßiger medizinischer Behandlung. Die CD4-Zellzahl und die Viruslast, d. h. die Menge an HI-Viren, werden regelmäßig kontrolliert. Inzwischen hat Jennifer bei der lokalen AIDS-Hilfe gemeinsam mit anderen Infizierten eine kleine Schauspielgruppe gegründet. Dort inszenieren sie – mit viel Galgenhumor – eine Komödie von Shakespeare. All is well that end's well.

12 Immunsystem

12.1 Einleitung

Lerncoach

Die Mechanismen der Immunabwehr sind komplex. Verschaffen Sie sich zunächst anhand von Abb. 12.1 einen Überblick über die Komponenten des Immunsystems.

Der Mensch ist ständig in Kontakt mit Eindringlingen wie Bakterien, Viren, Parasiten und mit entarteten eigenen Zellen. Um sich gegen diese Feinde zu wehren, besitzt der Körper das Immunsystem, das aus einer **spezifischen** und einer **unspezifischen Abwehr** besteht (**Abb. 12.1**). Sowohl die spezifische als auch die unspezifische Abwehr ist aus einem **zellulären** Anteil (Leukozyten, weiße Blutkörperchen, **Tab. 12.1**) und einem **humoralen**, löslichen Anteil (Antikörper, lat. humor = Körperflüssigkeit) aufgebaut. Merkmal der unspezifischen Abwehr ist der Angriff gegen Eindringlinge aller Art. Die spezifische Abwehr geht gezielt gegen ganz bestimmte Invasoren vor. Für die gezielte Abwehr werden die Komponenten der spezifischen Abwehr in den primären und sekundären lymphatischen Organen geschult. Deshalb ist die spezifische Abwehr auch **erworben**, wohingegen das unspezifische Abwehrsystem **angeboren** ist.

Tabelle 12.1

Die verschiedenen Leukozyten

Zellart	Anzahl/ µl Blut	% der Leukozyten
neutrophile Granulozyten (s. S. 342)	3000	60
eosinophile Granulozyten (s. S. 344)	150	3
basophile Granulozyten (s. S. 344)	<50	<1
Lymphozyten (s. S. 325)	1500	30
Monozyten (s. S. 342)	300	6

12.2 Die spezifische Immunantwort

Lerncoach

Die spezifische Immunantwort besteht aus mehreren Komponenten. Machen Sie sich klar, dass es eine zelluläre und eine humorale Antwort gibt und wie diese ablaufen.

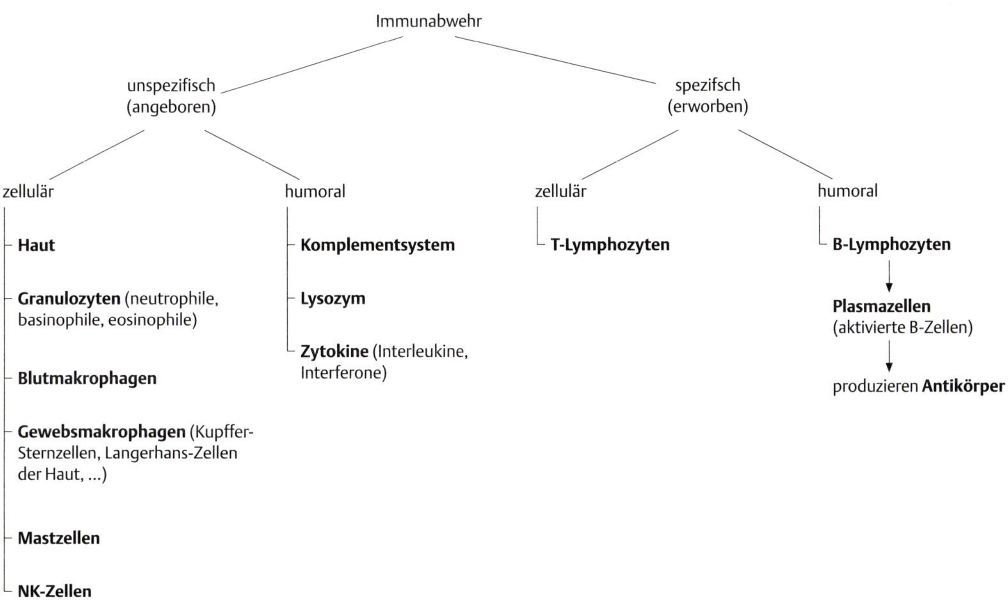

Abb. 12.1 Übersicht über die Komponenten der Immunabwehr

12.2.1 Überblick und Funktion

Die Träger der spezifischen Immunantwort sind die **Lymphozyten**. Es gibt T-Lymphozyten und B-Lymphozyten. Das T steht für **Thymus**, weil die T-Lymphozyten dort reifen. Das B leitet sich ursprünglich von der **Bursa fabricii** ab, einem Organ bei Vögeln, in denen die B-Lymphozyten gebildet werden. Heute steht das B jedoch für das englische **bone marrow** (Knochenmark). Im Knochenmark reifen die Vorläuferzellen zu den B-Lymphozyten heran. Beachte: Auch die Natürlichen Killerzellen (NK-Zellen, s. u.) der unspezifischen Abwehr gehören zu den Lymphozyten.

Nur etwa 1% der Lymphozyten befinden sich im Blut (2000–4000 Lymphozyten/mm^3), die restlichen 99% befinden sich im Gewebe.

Die Funktion der spezifischen Abwehr ist die Erkennung **körperfremder spezifischer Antigene**. In Kooperation mit der unspezifischen Abwehr werden die Antigene dann unschädlich gemacht.

Die Spezifität der Abwehrreaktion kommt dadurch zustande, dass auf den Zelloberflächen der Lymphozyten verschiedene Rezeptoren sitzen, die zusammen hochspezifisch ein bestimmtes Antigen erkennen. Eine wichtige Molekülgruppe sind die **CD-Proteine**, die ebenfalls auf den Zelloberflächen sitzen.

12

Eine weitere wichtige Rolle sowohl bei der spezifischen als auch bei der unspezifischen Immunantwort spielt der **Major Histocompatibility Complex MHC**. Diese Moleküle kommen auf fast allen Körperzellen vor. Sie sind entscheidend für die Präsentation von Antigenen (s. S. 336).

12.2.2 Die CD-Moleküle

CD-Moleküle sind Zelloberflächenmoleküle, die auf allen Immunzellen vorkommen. Da sie aber auch auf anderen Zellen sitzen und dort bei der Immunantwort eine Rolle spielen, werden sie gleich zu Beginn dieses Kapitels besprochen.

Verschaffen Sie sich anhand von Tab. 12.2 einen Überblick über die CD-Moleküle und nutzen Sie diese Tabelle ggf. zum Nachschlagen.

CD-Moleküle (von engl. *cluster of differentiation*) sind **Oberflächenproteine** auf Immunzellen. Durch diese Oberflächenmarker kann man die Immunzellen voneinander unterscheiden (deshalb differentiation!). Da die Lymphozyten in verschiedenen Entwicklungsphasen unterschiedliche CD-Moleküle ausbilden, kann man anhand der CD-Moleküle einer Zelle auch ihren jeweiligen **Entwicklungsstand** identifizieren. Auch andere Zellen, die nicht zur Immunantwort gehören, exprimieren CD-Proteine auf ihrer Oberfläche. Ein Beispiel dafür ist CD64, das auf Leukozyten, aber auch auf Epithelzellen

Tabelle 12.2

Überblick über die wichtigsten CD-Moleküle

Molekül	Struktur	Vorkommen	vermutete Funktion
CD2	50 kD	T-Zellen, Natürliche Killerzellen	Rolle bei T-Zellaktivierung
CD3	mehrere Ketten	T-Zellen	assoziiert mit dem T-Zellrezeptor (TZR), beteiligt an der Signalübermittlung nach Antigenerkennung durch TZR
CD4	55 kD	MHC-II-positive Zellen	bindet MHC-II-Moleküle, (Rezeptor für HIV)
CD8	zwei Ketten mit je 34 kD	MHC-I–positive Zellen	bindet MHC-I-Moleküle
CD14	55 kD	Monozyten	Lipopolysaccharid-Rezeptor
CD19	90 kD	fast alle B-Zellen	Rolle bei B-Zellaktivierung
CD22	135 kD	B-Zellen	Zelladhäsion und B-Zellaktivierung
CD34	105-120 kD	Stammzellen	nicht bekannt
CD40	zwei Ketten mit 44 und 48 kD	B-Zellen	Rolle bei B-Zellaktivierung durch T-Zellkontakt
CD56	zwei Ketten mit 135 und 220 kD	NK-Zellen	Adhäsion

und Fibroblasten vorkommt. Es spielt eine Rolle bei der Regulation der Komplementaktivierung.

MERKE

Durch die CD-Oberflächenstrukturen kann man Immunzellen voneinander unterscheiden und ihren Entwicklungsstand beurteilen.

CD3 zum Beispiel ist ein aus drei Peptidketten (ϵ, γ, δ) bestehendes Oberflächenprotein. Außerdem zählen zwei weitere Ketten (ξ, η) zum CD3-Komplex. CD3 ist mit dem T-Zellrezeptor (s. u.) assoziiert und unerlässlich für die Signaltransduktion bei der T-Zell-Aktivierung.
Eine kleine Auswahl an CD-Oberflächenmoleküle ist in **Tab. 12.2** zusammengefasst. Die gesamte Liste an charakterisierten CD-Molekülen geht weit über 100 hinaus.

12.2.3 Die Entstehung und Reifung der Lymphozyten

Die Lymphozyten werden in den **primären lymphatischen Organen** gebildet. Im **Thymus** reifen die T-Lymphozyten, im **Knochemark** die B-Lymphozyten. Bereits in den primären lymphatischen Organen werden über 90% der T-Lymphozyten und etwa 75% der B-Lymphozyten wieder eliminiert, ohne dass diese jemals ihre Funktion ausgeübt haben. Diese **Selektion** findet statt, weil die Zellen möglicherweise gefährlich für den eigenen Körper (autoreaktiv) sein könnten; diese Zellen werden apoptotisch eliminiert (s. S. 366).
Die weitere Reifung der Lymphozyten findet in den **sekundären lymphatischen Organen** statt. Diese sind in erster Linie **Lymphknoten** und **Milz**. Außerdem enthalten die Schleimhäute lymphatisches Gewebe. Dazu zählen vor allem die so genannten „ALTs", die **associated lymphatic tissues**. Je nach Lokalisation unterscheidet man GALT (*gut associated lymphatic tissue*, von englisch *gut* für Eingeweide), MALT (*mucosa associated lymphatic tissue*), SALT (*skin associated lymphatic tissue*), usw. Die Tonsillen und die Peyer-Plaques werden zum Beispiel dem GALT zugerechnet.

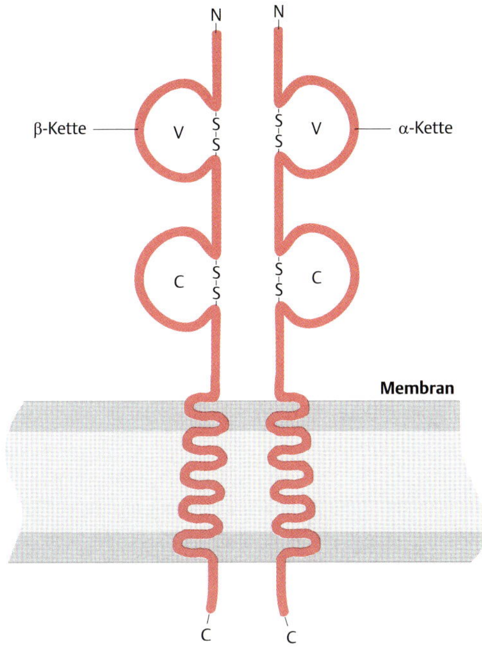

Abb. 12.2 Schematische Darstellung des T-Zellrezeptors (c = konstante Region, v = variable Region)

12.2.4 Die T-Lymphozyten (T-Zellen)

Verschaffen Sie sich zuerst einen Überblick über die Rezeptoren und Moleküle auf der Oberfläche der T-Zellen. Dann ist die Differenzierung und Aktivierung der T-Zellen leichter zu verstehen.

Die T-Zellen machen die zelluläre Antwort der spezifischen Immunantwort aus. Sie haben auf ihrer Zelloberfläche den sog. **T-Zellrezeptor**. Jede T-Zelle reagiert mit ihrem spezifischen T-Zellrezeptor auf ein bestimmtes Antigen. Nach Bindung des Antigens an den Rezeptor wird in der T-Zelle eine Signaltransduktionskaskade ausgelöst, die letztlich zur Aktivierung der T-Zelle führt.
Der T-Zellrezeptor ist in den meisten Fällen aus einer α- und einer **β-Kette** aufgebaut. In seiner Struktur ähnelt er stark den Antikörpern (s. S. 330). Er ist wie die Immunglobuline aus **variablen** und **konstanten** Bereichen aufgebaut (**Abb. 12.2**). Das carboxyterminale Ende durchspannt die Zellmembran mit einer Transmembrandomäne.

Durch ähnliche **genetische Rekombination** wie bei den Immunglobulinen (s. S. 333) entstehen Millionen verschiedener T-Zellrezeptoren, die in ihrer Wirkungsweise gegen ein bestimmtes Antigen hochspezifisch sind. Der T-Zellrezeptor ist immer mit dem Molekül **CD3** assoziiert.

MERKE

Der T-Zellrezeptor liegt immer in Assoziation mit CD3 vor.

Der T-Zellrezeptor ist MHC-restringiert, d. h., dass er nur Antigene erkennen kann, die ihm von einer Zelle über MHC-Moleküle präsentiert werden (MHC = Major Histocombatibility Complex, s. S. 336). T-Zellen können keine löslichen Antigene erkennen. Bei der MHC-Restriktion spielen die beiden Moleküle **CD4** und **CD8** eine wichtige Rolle. Sie sind ebenfalls auf der T-Zelloberfläche vorhanden.

MERKE

T-Zellen können keine gelösten Antigene erkennen.

12

12.2.4.1 Die Differenzierung der T-Zellen

Die in den Thymus eingewanderten **Stammzellen** reifen zu T-Zellen, die in der Mehrzahl einen T-Zellrezeptor mit einer α- und einer **β- Kette** ausbilden. Weniger als 5 % der ursprünglichen Zellen überleben diesen Reifungsprozess. Diese T-Zellen lassen sich durch verschiedene CD-Moleküle weiter differenzieren **(Abb. 12.3)**. Wenn eine T-Zelle **CD4** auf der Oberfläche trägt, so wird sie **T-Helferzelle** (T_H-Zelle) genannt, **CD8**-positive Zellen werden als **zytotoxische T-Zellen** (T_C-Zellen) bezeichnet. Eine weitere Gruppe von CD8-T-Zellen sind die **T-Suppressorzellen**. Sie sollen die Immunantwort, die durch T- und B-Lymphozyten ausgeübt wird, unterdrücken können. Obwohl die Existenz dieser Zellen schon in den 60er Jahren postuliert wurde, weiß man bis heute sehr wenig über sie. Viele Forscher neigen heute dazu, die Existenz der T-Suppressorzellen als eigenständige Klasse von T-Zellen zu verneinen.

Weniger als 5 % aller T-Lymphozyten enthalten einen T-Zellrezeptor, der aus einer γ- und einer **δ-Kette** aufgebaut ist. Auch dieser T-Zellrezeptor ist mit CD3 assoziiert. Diese T-Zellen enthalten aber weder CD4 noch CD8 auf ihrer Oberfläche. Über die Funktion dieser Zellen ist noch wenig bekannt.

Die T-Helferzellen

Aus den CD4-T-Zellen bilden sich die T-Helferzellen (T_H-Zellen). Diese Zellen haben vor allem eine **unterstützende Funktion**. Sie bilden **Zytokine** (s. S. 340), die sie ans Blut abgeben. Dadurch aktivieren sie weitere T-Zellen. Zunächst entsteht, vermittelt durch Interleukin-2, eine T_{H0}-Zelle, die sich dann entweder in eine T_{H1}- oder eine T_{H2}- Zelle verwandelt. Diese beiden Zellen unterscheiden sich folgendermaßen:

- In ihrer **Zytokinproduktion:** T_{H1}-Zellen produzieren Interleukin-2, Interferon-γ und Tumornekrosefaktor-α, T_{H2}-Zellen produzieren vorwiegend die Interleukine 4, 5, 6, 10 und 13.
- In ihren **Aufgaben:** T_{H1}-Zellen aktivieren andere T-Zellen und antigenpräsentierende Zellen (APC) und rufen so eine zellvermittelte Immunantwort hervor. Die T_{H2}-Zellen lösen eine humorale Antwort aus, indem sie die B-Zellen aktivieren, die dann als Plasmazellen zur Freisetzung von Antikörpern befähigt sind. Außerdem stimulieren die T_{H2}-Zellen eosinophile Granulozyten bei einer allergischen Reaktion.

Alle T_H-Zellen erkennen Antigene, die ihnen gebunden an **MHC II** (s. S. 336) präsentiert werden.

Die zytotoxischen T-Zellen

Aus den CD8-T-Zellen entwickeln sich die zytotoxischen T-Lymphozyten (T_C-Zellen). Die zytotoxischen T-Zellen erkennen Antigene, die ihnen durch **MHC I**-Moleküle präsentiert werden. Bei diesen Antigenen handelt es sich oft um Virusfragmente, die den T_C-Zellen anzeigen, dass eine Zelle von einem Virus befallen ist. Zytotoxische T-Zellen können aber auch Makrophagen abtöten, die von Bakterien befallen sind. Das können sie auf zwei verschiedene Weisen bewerkstelligen:

- Von außen: Durch Freisetzung von **Perforin** werden **Kanäle** in die Membran der Zielzelle eingebaut. Diese Kanäle führen zu einem unkontrollierten „Auslaufen“ und damit zur **Lyse** der Zelle.
- Von innen: Immunzellen, Zellen von Leber, Lunge und Nieren, aber auch manche infizierten Zellen exprimieren auf ihrer Oberfläche das sog.

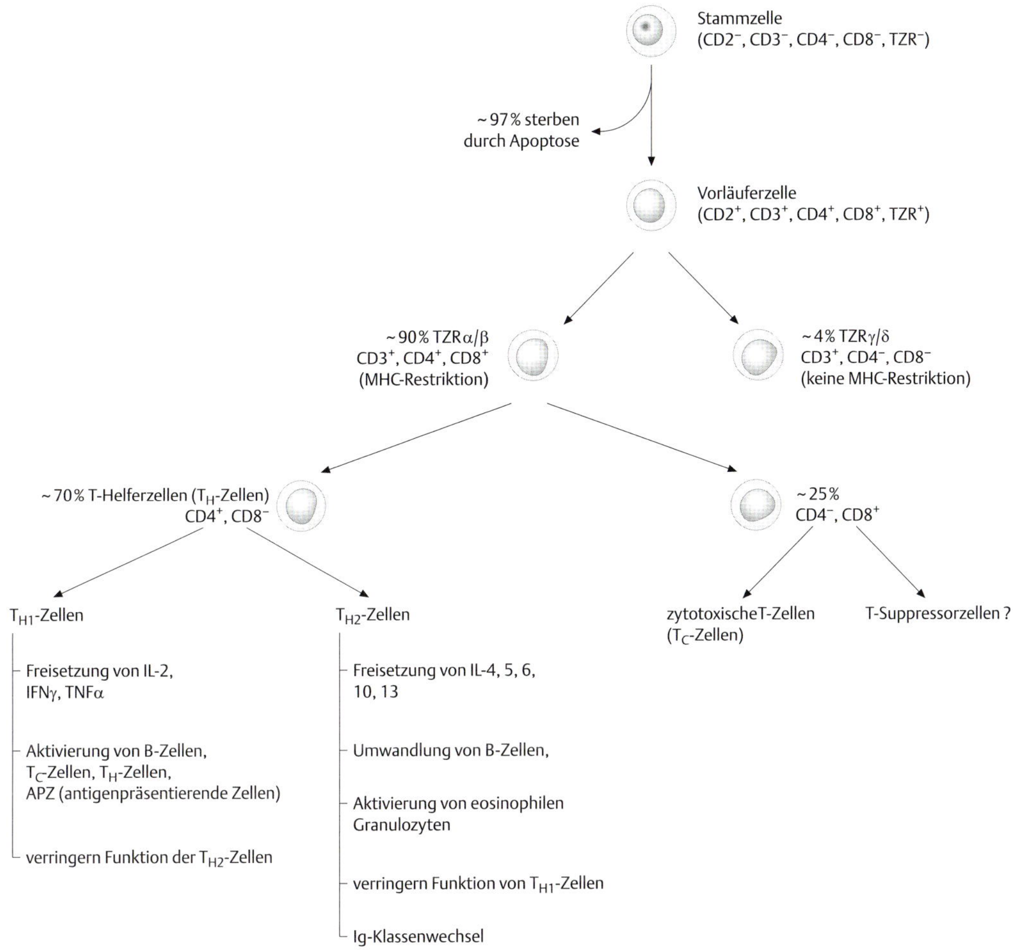

Abb. 12.3 Entwicklung der T-Zellen (IL = Interleukin; TZR = T-Zellrezeptor, MHC = Major Histocompatibility Complex; CD = cluster of differentiation)

Fas-Protein, über das die Apoptose ausgelöst werden kann. Die T_C-Zellen besitzen auf ihrer Oberfläche den Fas-Liganden, mit dem sie an infizierte Zellen binden können, in denen dadurch die Apoptose induziert wird.

MERKE

T_H-Zellen besitzen CD4 auf ihrer Oberfläche und reagieren auf Antigene, die ihnen auf MHC II-Molekülen präsentiert werden. Der Oberflächenmarker CD8 auf zytotoxischen T-Zellen bindet Antigene, die von MHC I präsentiert werden.

12.2.4.2 Die Aktivierung der T-Zellen

T-Zellen befinden sich normalerweise in einem Ruhezustand, in dem sie sich nicht teilen. Bevor sie ihre Funktion ausüben können, müssen sie durch Bindung von **MHC-Peptidkomplexen** an den T-Zellrezeptor aktiviert werden. Dadurch werden in den T-Zellen über einen Signaltransduktionsweg folgende Vorgänge ausgelöst:

- verstärkte Transkription von Genen, das führt zu vermehrter Expression verschiedener Rezeptormoleküle
- vermehrte Freisetzung von Zytokinen
- Induktion der Mitose und Übergang in die S-Phase des Zellzyklus (s. S. 365).

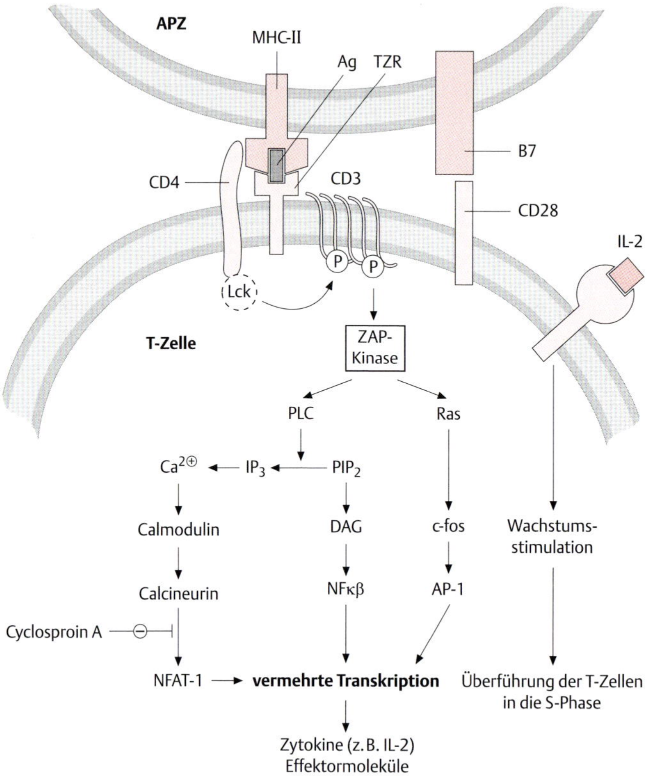

Abb. 12.4 Signaltransduktionsweg zur Aktivierung einer T-Zelle (zur Erklärung siehe Text)

Mechanismen der T-Zellaktivierung

Wenn einer T-Zelle über einen MHC-Antigen-Komplex ihr Antigen präsentiert wird, bindet dieser Komplex an den T-Zellrezeptor. Bei einer Antigenpräsentation über **MHC II** wird in der T-Zelle die **Tyrosinkinase lck** aktiviert, die an CD4 oder CD8 gekoppelt ist **(Abb. 12.4)**. Die aktivierte lck phosphoryliert Tyrosinreste an CD3, welches dann eine Kinase **(ZAP-Kinase)** aktiviert. Die weitere Signaltransduktion erfolgt auf zwei Wegen:

- Zum einen wird die **Phospholipase C** aktiviert, die eine Spaltung von Phosphatidylinositol-4,5-bisphosphat in **IP_3** und **Diacylglycerin** (DAG) bewirkt. IP_3 bewirkt eine Erhöhung der intrazellulären Ca^{2+}-Konzentration (s. S. 200). Das Ca^{2+} aktiviert über **Calmodulin** das **Calcineurin**, welches dann über die Aktivierung des Transkriptionsfaktors **NFAT-1** die Transkription der Gene für Zytokine und andere Effektormoleküle induziert. DAG aktiviert die Proteinkinase C, die wiederum den Transkriptionsfaktor NFκB aktiviert. Dies führt ebenfalls zu einer Geninduktion.
- Zum anderen wird durch **Ras** das **Protoonkogen c-fos** aktiviert. Das Produkt dieses Gens ist eine Komponente des Transkriptionsfaktors **AP-1**, der wiederum Zytokingene und Gene anderer Effektormoleküle induziert.

Durch Bindung einer Antigen-präsentierenden Zelle an den T-Zellrezeptor der T-Zelle kommt es in der T-Zelle also dazu, dass verschiedene **Transkriptionsfaktoren** aktiviert werden. Das führt zu einer gesteigerten Transkription von mehr als **70 Genen**, die durch Translation in Proteine übersetzt werden. Die aktivierte T-Zelle zeichnet sich daher durch die verstärkte Produktion von Proteinen (z. B. Interleukinen) aus. Eines dieser Proteine ist **Interleukin-2**, das von aktivierten T-Zellen freigesetzt wird und andere T-Zellen aktiviert.

Hinweis: Bei Organ-Transplantationen wird das Medikament **Cyclosporin A** eingesetzt, das die Kinase Calcineurin hemmt und damit die Geninduktion verhindert. Dadurch wird die Immunantwort unterdrückt, die sonst zu einer Abstoßung des Fremdorgans führen würde **(Abb. 12.4)**.

12.2.5 Die B-Lymphozyten (B-Zellen)

Auch hier ist es sinnvoll, sich zuerst einen Überblick über Rezeptoren und Moleküle auf der Zelloberfläche der B-Zellen zu verschaffen.

Die B-Zellen sind verantwortlich für die humorale Antwort der spezifischen Abwehr. Sie besitzen auf ihrer Zelloberfläche den **B-Zellrezeptor**, über den sie zu sog. **Plasmazellen** aktiviert werden können. Nach der Aktivierung produzieren die B-Zellen die Antikörper.
Der B-Zellrezeptor besteht aus einem membrangebundenen **Immunglobulin**, das als Antigenrezeptor fungiert. Dieser **membranständige Antikörper** ist mit den beiden Proteinen **Igα** und **Igβ** assoziiert. Der B-Zellrezeptor ist also analog dem T-Zellrezeptor aus einem Komplex von Proteinen aufgebaut. Dabei entsprechen Igα und Igβ funktionell dem CD3 des T-Zellrezeptor-Komplexes. Sie haben wie CD3 besondere Aufgaben bei der Ausbildung des B-Zellrezeptor-Komplexes und bei der Signaltransduktion nach dem Kontakt mit einem Antigen.
Auf der B-Zelloberfläche befinden sich außerdem mehrere **Hilfsmoleküle** (**Tab. 12.3**).

Tabelle 12.3

Wichtige Oberflächenmoleküle der B-Lymphozyten

Oberflächenmolekül	**Funktion**
MHC II	Rolle bei der T_{H2}/B-Zell-Interaktion
CD40	Rolle bei der T_{H2}/B-Zell-Interaktion
CD19	Rolle bei der B-Zell-Aktivierung
CD20	Rolle bei der B-Zell-Aktivierung
B7 (CD80 und CD86)	Bindet an CD28 auf T-Lymphozyten und ist damit ein Costimulator von T-Zellen
Komplementrezeptoren	Regulation der B-Zellaktivierung
F_C-Rezeptoren	negative Feedback-Kontrolle der B-Zellaktivierung durch Bindung von Antigen/Antikörper-Komplexen

12.2.5.1 Die Aktivierung der B-Zellen

Im Gegensatz zum T-Zellrezeptor kann der B-Zellrezeptor **freie Antigene** binden. Das gebundene Antigen wird mit dem Rezeptor internalisiert. Das Antigen wird proteolytisch abgebaut und **Fragmente** (kleine Peptide) des Antigens werden von den B-Zellen zusammen mit **MHC II** auf ihrer Oberfläche **präsentiert**. Dieser MHC -II-Antigen-Komplex wird vorwiegend von **TH_2-Zellen** erkannt und gebunden (**Abb. 12.5**). Diese Bindung zwischen den Zellen wird durch den antigenbeladenen B-Zellrezeptor und den **$CD4^+$-T-Zellrezeptor-Komplex** der T_{H2}-Helferzelle ermöglicht. Durch diese Bindung wird die B-Zelle aktiviert. Weitere costimulatorische Signale tauschen B- und T_H-Zelle über B7 der B-Zelle und CD28 der T-Zelle, bzw. CD40 der B-Zelle und CD40-Ligand der T-Zelle aus.
Die weitere Aktivierung der B-Zelle verläuft ähnlich wie bei den T-Zellen (s. S. 325): Es werden mehrere **Transkriptionsfaktoren** aktiviert, die zu einer Neusynthese von Proteinen (z. B. Interleukinen) führen, die dann an der Immunantwort beteiligt sind.
Die Antigenerkennung durch B-Zellen findet meist in den **Lymphknoten** oder im **submukosalen lymphoiden Gewebe** statt. Die B-Zellen begeben sich zunächst in den **Parakortex**, wo die Zahl an T-Lymphozyten besonders hoch ist. Nach Aktivierung durch T-Helferzellen wandern sie in die **primären Follikel**. Dort bilden die aktivierten B-Zellen nun

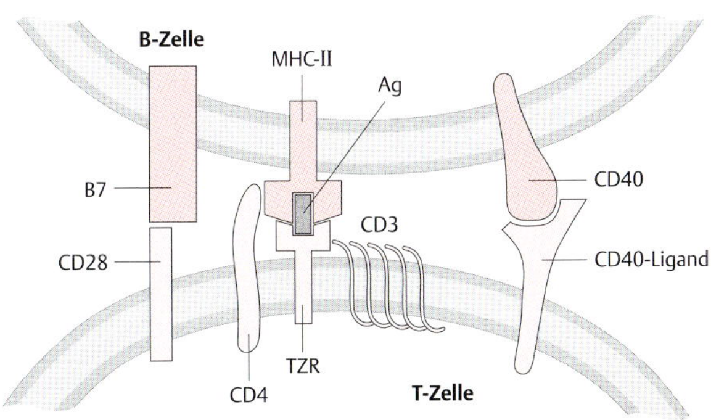

Abb. 12.5 Informationsaustausch zwischen antigenpräsentierender B-Zelle und T-Helferzelle

Keimzentren aus, in denen sie rasch proliferieren. Als Folge entstehen viele als **Zentrozyten** bezeichnete Klone der aktivierten B-Zelle. Diese Zentrozyten haben nun zwei Möglichkeiten der weiteren Entwicklung:

- Sie entwickeln sich zu aktiv antikörperproduzierenden **Plasmazellen.**
- Sie entwickeln sich zu **Gedächtniszellen.** Diese verbleiben in einem inaktiven Ruhezustand und können dann bei erneutem Kontakt mit demselben Antigen sehr schnell zu antikörperproduzierenden Zellen umgewandelt werden.

12.2.6 Die Antikörper

Antikörper sind Proteine, die in großen Mengen von Plasmazellen gebildet werden, um Antigene zu neutralisieren. Sie werden auch als **Immunglobuline** bezeichnet. Man unterscheidet fünf Klassen von Immunglobulinen: IgA, IgD, IgE, IgG und IgM (Ig = Immunglobulin, **Tab. 12.4**).

12.2.6.1 Der Aufbau

Antikörper haben eine charakteristische Struktur, die für ihre Funktion essenziell ist. Achten Sie beim Lernen auf diese Struktur und deren Funktionen (z. B. Antigenbindung im variablen Teil des Moleküls).

Alle Immunglobuline bestehen aus zwei **schweren Ketten** (H-Ketten = h*eavy chains*) und zwei **leichten Ketten** (L-Ketten = l*ight chains*). Es gibt fünf Arten von schweren Ketten, die durch die griechischen Buchstaben α, γ, δ, ϵ und μ gekennzeichnet werden. Diese geben dem jeweiligen Ig seinen Namen: IgA enthält z. B. zwei schwere α-Ketten. Bei den leichten Ketten unterscheidet man die κ (Kappa)-Kette und die λ (Lambda)-Kette.

Das Immunglobulin hat eine Y-Form **(Abb. 12.6)**. Die zwei schweren (H) und die zwei leichten (L) Ketten sind über Disulfidbrücken miteinander verbunden. Die leichten Ketten besitzen eine **variable** (V_L) und eine **konstante** Domäne (C_L). Die schweren Ketten enthalten vier Domänen: eine N-terminale variable Domäne (V_H) und drei C-terminale konstante Domänen (C_{H1}-C_{H3}). Disulfidbrücken innerhalb der Ketten dienen der Stabilisierung der Immunglobu-

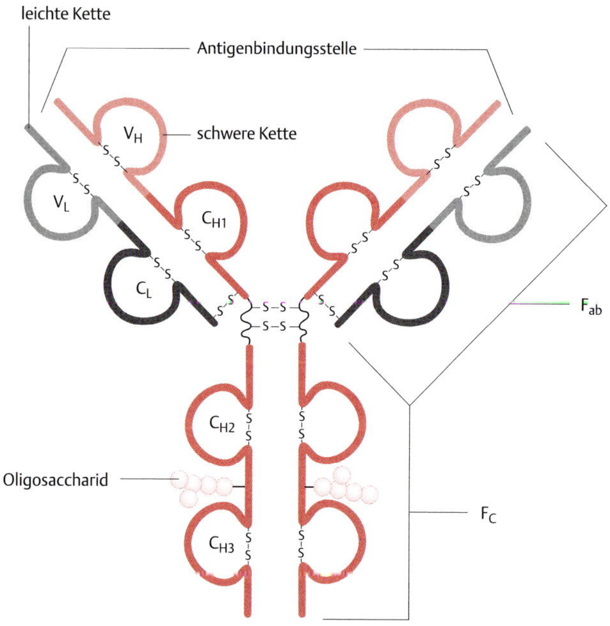

Abb. 12.6 Schematische Darstellung von IgG (zur Erklärung siehe Text)

line. Durch die pflanzliche Protease Papain, die in der Papaya-Frucht enthalten ist, kann das IgG in ein **F_C- und zwei F_{ab}-Fragmente** gespalten werden. Das F_{ab}-Fragment (F_{ab} = antigen binding fragment) enthält die Region des Antikörpers, die spezifisch Antigene bindet. F_C bedeutet crystallizable fragment (da es leicht kristallisierbar ist). Das F_C-Fragment von IgG enthält ein Oligosaccharid. Der F_C-Teil der Immunglobuline spielt eine wichtige Rolle bei der Bindung der Antikörper an Zelloberflächen und bei der Komplementfixierung (s. u.). Der bewegliche „Knick", der das F_{ab}- mit dem F_C-Fragment verbindet, wird als **hinge-Region** bezeichnet (engl. *hinge* = Scharnier, Gelenk).

12.2.6.2 Die Funktion

Antikörper sind entweder membrangebundener **Bestandteil des B-Zellrezeptors** oder sie liegen **frei im Blut** vor, nachdem sie von Plasmazellen sezerniert wurden. Antikörper selbst können keine Erreger abtöten. Sie haben folgende Funktionen:

- Sie **neutralisieren** Antigene durch Bindung an ihren F_{ab}-Teil und machen die Antigene dadurch unschädlich für die Körperzellen (= Neutralisation).
- Phagozytierende Zellen besitzen F_C-Rezeptoren, mit denen sie den freien F_C-Teil eines Antikörpers binden. Dabei wird der Antigen-Antikörper-Komplex sehr viel besser gebunden als das freie Antigen und somit die Phagozytose erleichtert. Diesen Prozess nennt man **Opsonisierung.**
- Besonders IgM führt zu einer Aktivierung des Komplementsystems, nachdem es ein Antigen gebunden hat. Dieser Antigen-Antikörper-Komplex **aktiviert das Komplementsystem** auf dem klassischen Weg (s. u.).

12.2.6.3 Die einzelnen Antikörperklassen

Es gibt fünf verschiedene Antikörperklassen, die im Körper an unterschiedlichen Stellen vorkommen und auch unterschiedliche Aufgaben haben. Verschaffen Sie sich anhand von Tab 12.4 einen Überblick.

Das IgA

IgA ist das mengenmäßig am meisten produzierte Ig. Es wird hauptsächlich im Darm produziert. Nur ein relativ geringer Anteil des IgA wird in das Blut sezerniert. Der weitaus größere Teil befindet sich als sekretorisches IgA auf Schleimhautoberflächen, in der Tränenflüssigkeit, in der Muttermilch und im Speichel. Dort dient das IgA dem Schutz der **Schleimhautepithelzellen**, indem es Mikroorganismen und Toxine neutralisiert.

Die **Synthese des IgA** erfolgt in der Schleimhaut. Plasmazellen direkt unter der Schleimhaut bilden IgA und geben es als **Dimer** ab. Über ein **joinig peptide** (engl. *to join* = verbinden) sind zwei IgA-Moleküle an ihren F_C-Teilen miteinander verbunden **(Tab. 12.4)**. Das IgA-Dimer wird von den Schleimhautzellen an ihrer basolateralen Seite über den Polyimmunglobulin-Rezeptor I, der als sekretorische Komponente bezeichnet wird, gebunden und aufgenommen **(Abb. 12.7)**. Der Komplex aus IgA und Rezeptor wandert in Vesikel verpackt durch die Zelle hindurch und wird auf der apikalen Seite freigesetzt. Dabei wird die extrazelluläre Domäne der sekretorischen Komponente, die das IgA trägt, abgespalten, während die Transmembrandomäne der sekretorischen Komponente an der Epithelzelle verbleibt. Der Anteil der sekretorischen Komponente scheint das IgA-Dimer vor einem proteolytischen Angriff im Darmlumen zu schützen. Auf diese Weise findet auch die Sekretion von IgA in die Galle, Milz und den Speichel statt.

MERKE

IgA kommt vor allem auf Schleimhäuten vor.

Das IgD

Die Konzentration von **IgD** im Plasma ist sehr gering. Als **membranständiges Immunglobulin** kommt es auf der Oberfläche von **B-Lymphozyten** vor. Über die Funktion von IgD ist wenig bekannt.

Das IgE

Mastzellen und basophile Granulozyten exprimieren Rezeptoren, mit denen sie den F_C-Teil von **IgE** binden können. Verschiedene Allergene, wie Hausstaub oder Pollen, werden von IgE gebunden und komplexieren dann mit Mastzellen und basophilen Granulozyten. Auf diesen Reiz hin setzen diese Zellen Granula mit gewebeaktiven Stoffen wie Histamin frei. Zudem synthetisieren sie vermehrt Eikosanoide wie Prostaglandine und Leukotriene

Tabelle 12.4

Die fünf Antikörperklassen

	IgA	IgD	IgE	IgG	IgM
Struktur				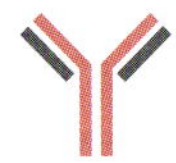	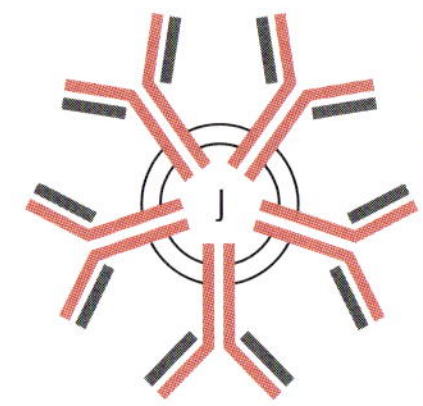
Molekulargewicht (kDa)	150 (Dimer: 400)	180	200	150	**900**
Serumkonzentration (g/l)	3,5	0,03	0,00005	**13,5**	1,5
schwere Ketten (H)	α	δ	ε	γ	μ
leichte Ketten (L)	κ oder λ	κ oder λ	κ oder λ	κ oder λ	κ oder λ
joining peptide	**ja**	nein	nein	nein	**ja**
plazentagängig?	nein	nein	nein	ja	nein
Komplement-aktivierung	-	-	(+)	+	+++
Hauptfunktionen	Schleimhautschutz; Schutz von Neugeborenen (IgA ist in Muttermilch vorhanden)	Beeinflussung der Lymphozytenfunktion? (es ist neben IgM auf der Oberfläche von B-Zellen vorhanden)	Auslösung einer anaphylaktischen Reaktion; Parasitenabwehr	Schutz des extravaskulären Raumes vor Bakterien und Viren	erste Abwehr gegen Mikroorganismen im Blut (Frühphase einer Infektion)

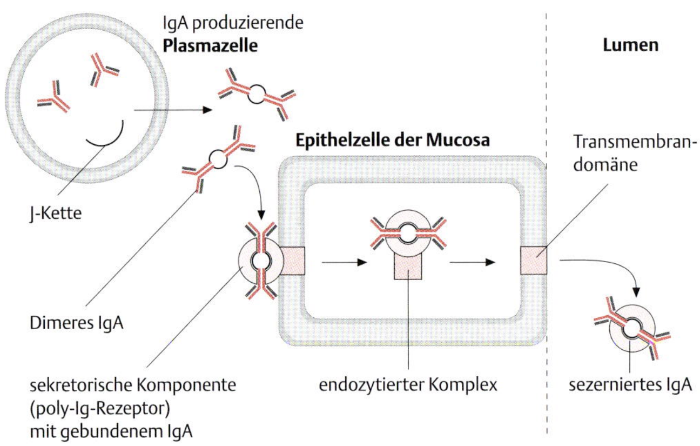

Abb. 12.7 Sekretion von IgA

(s. S. 228). Letztlich resultiert eine anaphylaktische Sofortreaktion, die auch als **Überempfindlichkeitsreaktion vom Soforttyp** bezeichnet wird (s. S. 345). Eine wichtige Aufgabe von IgE ist die Abwehr von eingedrungenen Parasiten und Würmern. Dabei spielt die IgE-abhängige Zytotoxizität, die durch eosinophile Granulozyten vermittelt wird, vermutlich eine entscheidende Rolle.

MERKE

Anaphylaktische Reaktionen werden durch IgE hervorgerufen.

Das IgG

Die Immunglobuline der Klasse G haben die **höchste Plasmakonzentration**. Ihre Aufgabe besteht vor allem in der **Neutralisation** von Bakterientoxinen, der **Komplementaktivierung** und der **Opsonisierung**. Phagozytierende Zellen besitzen spezielle Rezeptoren für den F_C-Teil von IgG, die als $F_C\gamma$-Rezeptoren bezeichnet werden. IgG ist die einzige Antikörperklasse, die die Plazentaschranke überwinden kann. Dadurch besitzt das Neugeborene einen IgG-Nestschutz, den es braucht, weil es sich noch nicht selbst gegen Mikroorganismen durchsetzen kann.

Das IgM

Sezerniertes IgM ist als Pentamer aus **fünf IgM-Monomeren** aufgebaut. Die einzelnen Monomere sind wie beim IgA über ein **joinig peptide** miteinander verbunden. IgM kann wegen der mehrfach vorhandenen Antigenbindungsstellen gut agglutinieren. IgM wird bei einer akuten Erstinfektion primär von den Plasmazellen gebildet. Ein erhöhter IgM-Spiegel gegen ein bestimmtes Antigen, z. B. das core-Antigen des Hepatitis-B-Virus, steigt kurz nach der Infektion an. Daher weist ein erhöhter IgM-Spiegel bei der Diagnostik auf eine frische Infektion hin. Außerdem ist IgM der stärkste **Aktivator des Komplementsystems** (s. u.).

12.2.6.4 Die Grundlagen der Antikörpervielfalt

Die Antikörpervielfalt erreicht der Körper durch immer wieder neue Kombination derselben Genabschnitte auf den Genen für die leichten und schweren Ketten der Antikörper.

Achten Sie beim Lernen darauf, für welche Immunglobuline welche Genabschnitte benötigt und kombiniert werden.

Der menschliche Körper kann spezifische Antikörper gegen mehrere Millionen verschiedene Antigene bilden. Hätte jeder einzelne Antikörper sein eigenes Gen, wäre die Kapazität des menschlichen Genomes bei weitem überschritten. Die Antikörpervielfalt muss also auf andere Weise entstehen. Sie wird durch zwei Mechanismen gewährleistet:

- durch somatisches **Gen-Rearrangement** während der Entwicklung der B-Zellen im Knochenmark.
- durch somatische **Mutationen** in den variablen Bereichen der Immunglobulin-Gene.

Das Gen-Rearrangement

Die **leichten Ketten** der Immunglobuline werden von 4 verschiedenen Exons kodiert (**Abb. 12.8**):

- dem Leit-Segment **(L)**
- dem variablen Segment **(V)**
- dem joining-Segment **(J)**, (Beachte: dieses joining Segment hat nichts mit dem joining peptide von IgA und IgM zu tun.)
- dem konstanten Segment **(C)**.

Dabei kodieren L-, V- und J-Segment für den variablen Teil der Ketten, während der konstante Teil vom C-Segment kodiert wird. Die einzelnen Segmente sind auf der DNA hintereinander angeordnet: Auf etwa 150 Tandems aus L- und V-Einheiten folgen in einem bestimmten Abstand 5 dicht beieinander liegende J-Segmente und noch weiter stromabwärts ein einziges C-Segment (**Abb. 12.8**). Während der Differenzierung der B-Lymphozyten im Knochenmark findet eine **Rekombination** dieser Exons statt. Dabei kommen durch **DNA-Rearrangement** jeweils ein L-, V-, J- und C-Segment hintereinander zu liegen; die dazwischen liegenden DNA-Abschnitte werden herausgeschnitten. Durch Transkription und Splicing (s. S. 396) entsteht aus dieser DNA eine mRNA, die für eine einzelne leichte Kette kodiert. Nach der Translation (s. S. 398) wird das L-Peptid (kodiert durch das L-Segment) abgespalten und es entsteht die leichte Kette eines Immunglobulins.

Auch die **schweren Ketten** entstehen durch Gen-Rearrangement (**Abb. 12.9**). Dabei gibt es zwei Unterschiede zu den leichten Ketten:

- Zu den L-, V-, J- und C-Segmenten kommen etwa 10 **D-Segmente** (D = diversity), die auf der DNA zwischen den ca. **250** Tandems aus L- und V-Segmenten und den J-Segmenten liegen. Bei der Rekombination entsteht dann eine Fusion aus L-, V-, D- und J-Segmenten. Zusätzlich befinden sich jeweils zwischen V- und D- bzw. D- und J-Segment noch die sog. **N-Regionen**, die durch Einfügen weiterer Nukleotide entstehen. Dabei entsteht zwischen den jeweiligen V und J-Segmenten eine NDN-Region. Diese Region ist

12

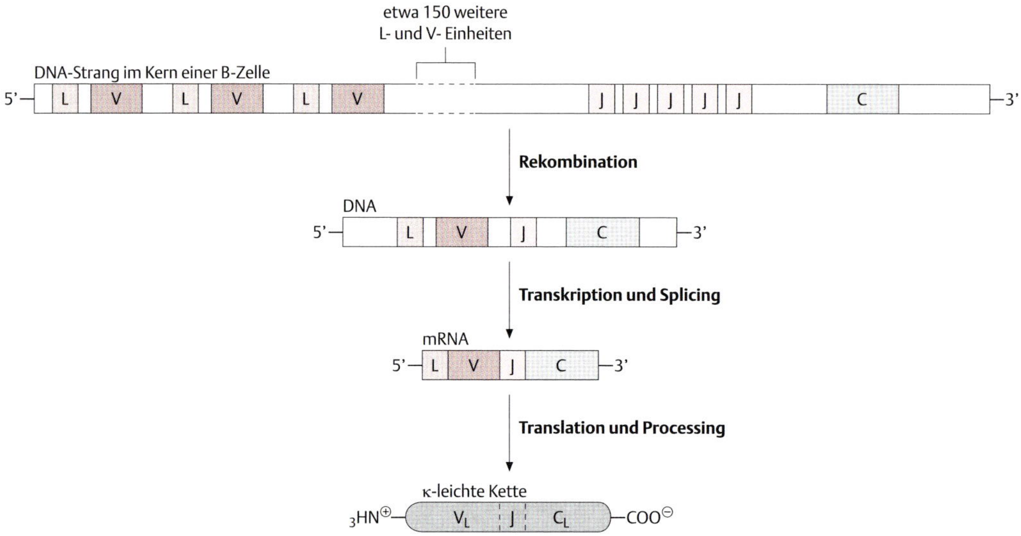

Abb. 12.8 Entstehung einer κ-Immunglobulin-Leichtkette durch DNA-Rekombination (zur Erklärung siehe Text)

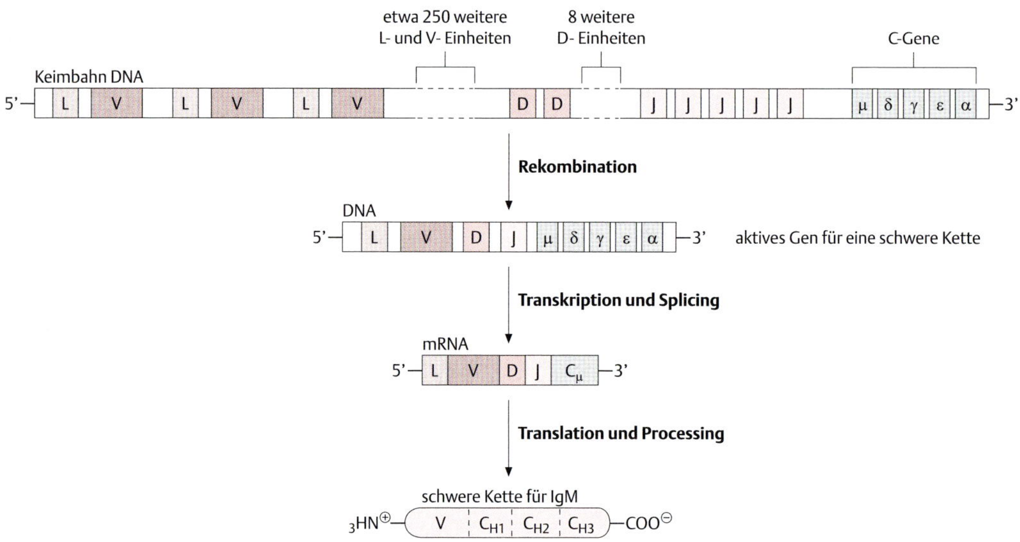

Abb. 12.9 Entstehung der schweren Kette eines IgM-Moleküls

ein besonders variabler Abschnitt des Gens für die schwere Kette.

- Es gibt **fünf C_H-Segmente:** μ, δ, γ, ϵ und α. Durch sie wird die Antikörperklasse festgelegt. Der μ-Abschnitt beispielsweise kodiert für den konstanten Abschnitt der schweren Kette von IgM.

Ein Schätzwert geht davon aus, dass 10^{12}–10^{14} (10^{12} = 1 Billion) verschiedene Antikörper gebildet werden können. Da die Zahl der unterschiedlichen Antigene, mit denen ein Mensch im Laufe seines Lebens in Kontakt kommt, im Millionenbereich liegt, nutzt ein Mensch nur einen geringen Prozentsatz seines Antikörper-Pools aus.

Der Klassenwechsel der Antikörper

Junge B-Zellen produzieren meist membrangebundenes IgM. Zu einem späteren Zeitpunkt einer In-

Abb. 12.10 Klassenwechsel von IgM zu IgG

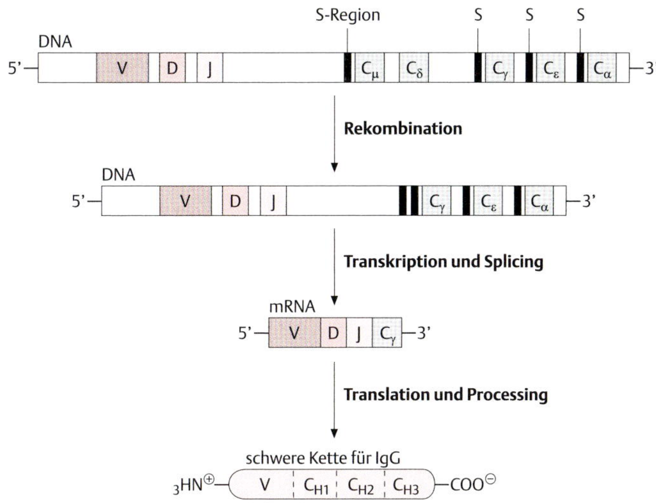

fektion produzieren sie dann andere Antikörper (s. S. 329). Diesen Wechsel von IgM zu einer anderen Antikörperklasse bezeichnet man auch als **Antikörper-switching**. Dafür gibt es zwei Mechanismen:

- **RNA-Prozessierung:** Durch veränderte Prozessierung der mRNA-Vorstufe zur mRNA können schwere Ketten mit gleichen variablen und unterschiedlichen konstanten Regionen gebildet werden.
- **Deletion von DNA-Abschnitten:** Mit Ausnahme der C_δ-Region liegt vor jedem C_H-Segment eine sog. **S-Region** (S für switch = Wechsel, **Abb. 12.10**). Dieses S-Segment dient als **Signalsequenz** für einen Klassenwechsel. Bei einem Klassenwechsel wird das Stück DNA, das zwischen der VDJ-Region und dem gewünschten C_H-Segment liegt, **irreversibel deletiert**. Diese irreversible Entfernung der DNA bedeutet, dass ein Klassenwechsel nicht wieder rückgängig gemacht werden kann. Ein weiterer Wechsel kann nur „in Richtung" einer neuen Klasse vollzogen werden.

12.2.6.5 Die monoklonalen Antikörper

Antikörper sind wichtige „Werkzeuge" für biomedizinische Verfahren. So beruht beispielsweise der Test gegen das HIV-Antigen auf einer Reaktion eines Antikörpers mit HIV-Antigen aus Patientenblut. Identische B-Zellen, die nur einen gewünschten Antikörper produzieren, lassen sich nicht im Reagenzglas züchten. Deshalb kombiniert man die Antikörper-produzierenden Zellen mit Zellen, die sich leicht kultivieren lassen und eine lange Lebensdauer haben. Solche Zellen sind Tumorplasmazellen (= **Myelomzellen**).

Bei der Herstellung einer solchen kombinierten Zelle injiziert man einer Maus ein Antigen und regt dadurch die Proliferation von B-Zellen an, die den gewünschten Antikörper produzieren. Diese B-Zellen entnimmt man der Maus und fusioniert sie mit einer Myelomzelle. Dabei erhält man ein sog. **Hybridom**, das die gewünschten Antikörper produziert und zusätzlich gut kultivierbar ist. Ein solches Hybridom kann eine fast unbegrenzte Anzahl Antikörper gegen das Antigen produzieren, das der Maus zuvor injiziert wurde. Weil sich die Antikörper alle von einer einzelnen B-Zelle ableiten und daher identisch sind, bezeichnet man sie als **monoklonale Antikörper**. Monoklonale Antikörper sind nur gegen eine bestimmte antigene Determinante (= Epitop, s. u.) gerichtet und deshalb sehr spezifisch.

12.2.7 Die Antigene

Antigene sind **Substanzen**, die mit Oberflächenmolekülen von B- oder T-Zellen oder mit Antikörpern reagieren können. Der Bereich des Antigens, der an einen Antikörper oder eine B-Zelle bindet, wird als **Epitop** bezeichnet. Gewöhnlich besitzt ein Antigen mehrere solcher Epitope. Die Anzahl der Epitope

12

bestimmt die **Valenz** eines Antigens (ein Antigen mit zwei Epitopen ist z. B. divalent). Ein Epitop ist eine kurze Sequenz von Aminosäuren innerhalb eines größeren Proteins.

12.2.7.1 Die Vollantigene und Haptene

Nur wenn ein Antigen durch Bindung an B- oder T-Zellen eine Immunantwort auslösen kann, ist es immunogen. Es wird dann als **Vollantigen** bezeichnet. Kleine Antigene, die an den Ig-Rezeptor von B-Zellen oder an Antikörper binden, ohne eine Immunantwort hervorzurufen, nennt man **Haptene**. Haptene sind somit nicht immunogen, können aber durch Kopplung an ein Trägerprotein immunogen werden.

12.2.7.2 Die Superantigene

Superantigene können viele verschiedene T-Zellen gleichzeitig aktivieren. Diese Aktivierung ist **unspezifisch**. Das Superantigen wird der T-Zelle über ein MHC-Molekül einer antigenpräsentierenden Zelle zugeführt. Das besondere ist, dass sich das Superantigen mit der **Vβ-Region** des T-Zellrezeptors verbindet. Da diese Region keine **spezifischen** Peptidbindungsstellen besitzt, kann ein Superantigen unspezifisch viele verschiedene T-Zellen aktivieren. Die dadurch resultierende hohe Freisetzung von Zytokinen stellt eine Gefahr für den Körper dar. Ein Beispiel für ein solches Superantigen ist das toxic shock syndrome toxin, das von manchen *Staphylokokkus aureus*-Stämmen produziert wird.

12

12.2.7.3 Die thymusunabhängigen Antigene

Thymusunabhängige Antigene sind in der Lage, B-Zellen ohne die Hilfe von T-Helferzellen zu aktivieren. Häufig handelt es sich bei diesen Antigenen um Lipopolysaccharide, die von gramnegativen Bakterien gebildet werden.

12.2.8 MHC – Der Major Histocompatibility Complex

MHC-Proteine sind Glykoproteine, die fest in der Membran der Zelle verankert sind. Sie kommen auf allen kernhaltigen Zellen im Körper vor. Beim Menschen werden sie häufig als Humane Leukozyten Antigene **(HLA)** bezeichnet, weil sie zuerst auf Leukozyten entdeckt wurden.

Es gibt mindestens zwei verschiedene Arten von MHC-Proteinen. **MHC-I**-Moleküle finden sich auf allen kernhaltigen Zellen und auf Thrombozyten. Die reifen Erythrozyten besitzen kein MHC. **MHC-II**-Proteine kommen auf B-Lymphozyten, Makrophagen und dendritischen Zellen vor.
Ein Strukturvergleich zwischen den MHC-Molekülen, dem T-Zellrezeptor und den Immunglobulinen lässt vermuten, dass diese Proteine der gleichen Überfamilie angehören **(Abb. 12.11)**.

MERKE

MHC-I-Proteine kommen auf allen kernhaltigen Zellen vor, MHC-II-Proteine auf B-Lymphozyten, Makrophagen und dendritischen Zellen. Erythrozyten besitzen keine MHC-Proteine.

12.2.8.1 Die MHC-Klasse-I-Proteine

Die **MHC-I-Proteine** sind auf allen **kernhaltigen Zellen** vorhanden. Sie sind aus einer α-Kette mit drei extrazellulären Domänen aufgebaut, die mit β_2-Mikroglobulin assoziiert ist **(Abb. 12.11)**.
MHC I-Moleküle sind unentbehrlich für eine Zelle, um sich ständig als körpereigen auszuweisen. Sie sind vergleichbar mit einem Personalausweis am Zoll. Wäre der Zollbeamte eine zytotoxische T-Zelle und man selbst Zelle eines Gewebes, so müsste man seinen MHC-I-Komplex, der mit zelleigenen Antigenen beladen ist, vorzeigen. Dadurch kann man demonstrieren, dass man dazu gehört und nicht schädlich ist.
Die Hauptaufgabe der MHC-I-Proteine ist es, den **zytotoxischen T-Zellen** ($CD8^+$) Antigenpeptide, die eine Länge von 9 bis 11 Aminosäuren haben, zu **präsentieren**. Nur in Verbindung mit MHC I können zytotoxische T-Zellen die Antigene erkennen und binden. Ist eine Zelle beispielsweise von einem Virus infiziert, so präsentiert sie virale Proteinfragmente zusammen mit MHC I auf ihrer Zelloberfläche und wird nach der Bindung an eine zytotoxische T-Zelle von dieser eliminiert.

12.2.8.2 Die MHC-Klasse-II-Proteine

MHC-II-Proteine sind aus einer α- und einer β-Kette aufgebaut **(Abb. 12.11)**. Da sie die Funktion haben, den $CD4^+$ T-Helferzellen Antigene zu präsentieren, kommen sie auf **antigenpräsentierenden Zellen** vor.

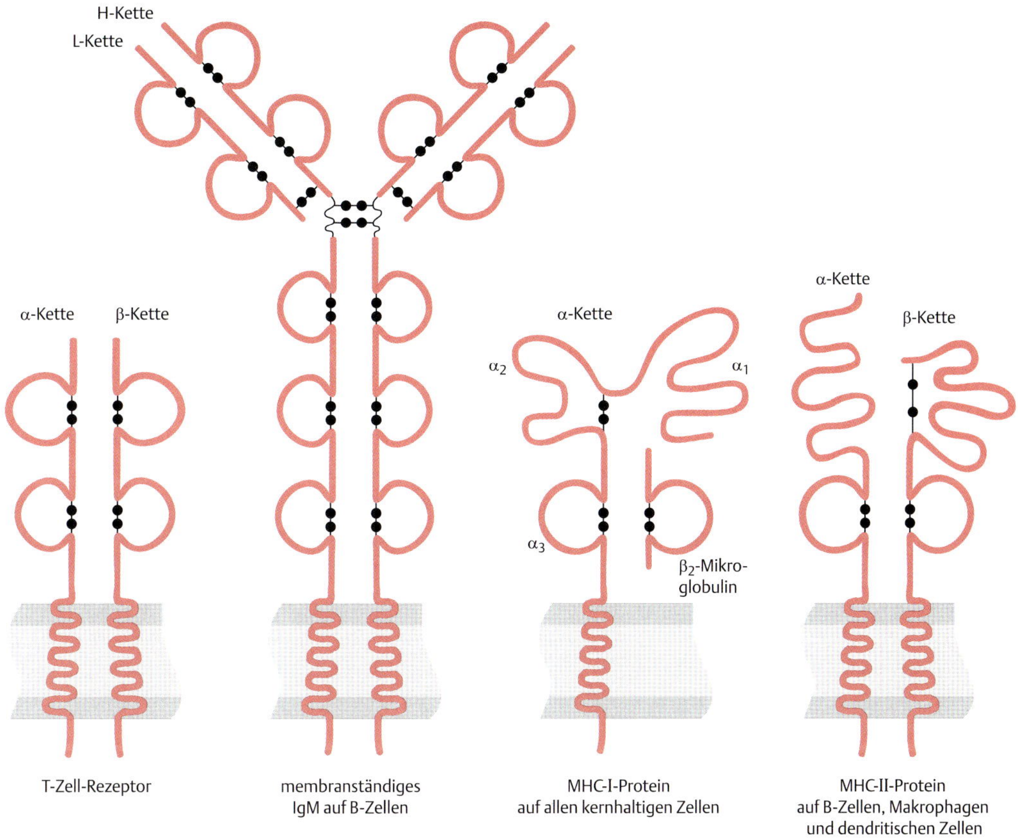

Abb. 12.11 Struktur von Proteinen der Immunglobulin-Überfamilie

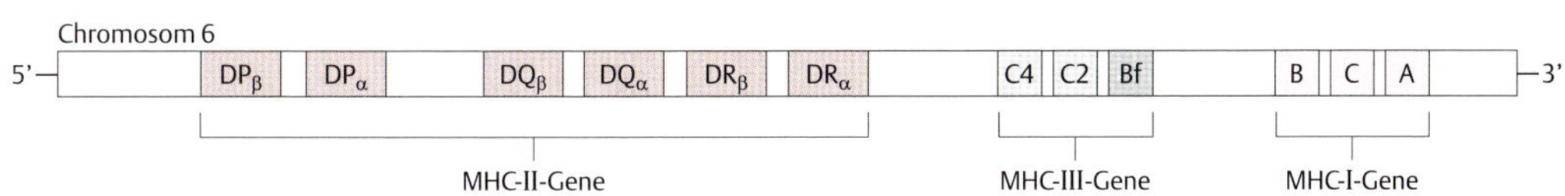

Abb. 12.12 Anordnung der verschiedenen MHC-Gene, die beim Menschen die HLA-Proteine codieren (Bf = Faktor B, s. S. 340)

Das sind B-Lymphozyten, Makrophagen und dendritische Zellen. Diese Zellen nehmen Antigene auf und fragmentieren sie durch Proteolyse. Einzelne Antigenfragmente werden im ER an MHC-II-Moleküle gebunden und über Vesikel zur Zelloberfläche transportiert. Werden sie dort von einer T-Helferzelle mit dem entsprechenden T-Zellrezeptor erkannt, wird eine Immunantwort ausgelöst.

12.2.8.3 Die MHC-Gene

Der MHC-Genlocus, der für die menschlichen HLA-Proteine kodiert, liegt auf **Chromosom 6** (**Abb. 12.12**). Die drei Hauptgene von **MHC I** sind **HLA-A, HLA-B** und **HLA-C**. Für Klasse-II-MHC codieren **HLA-DP, HLA-DQ** und **HLA-DR**. Zusätzlich gibt es einen MHC-III-Genort auf Chromosom 6, der für verschiedene Komplementfaktoren (s. u.) kodiert.

Die MHC-Gene sind die **am meisten polymorphen Gene**, die es bei Wirbeltieren gibt. Allein für HLA-B sind über 100 verschiedene Allele entdeckt worden, die alle mit einem eigenen Buchstaben versehen sind. Dieser Polymorphismus ist dafür verantwortlich, dass zwei verschiedene Menschen wahrscheinlich niemals die gleiche MHC-Protein-

Ausstattung haben können, abgesehen von eineiigen Zwillingen. Er ist ebenfalls zu einem großen Teil für Transplantatabstoßungen verantwortlich.

Klinischer Bezug

Verschiedene Erkrankungen zeigen eine Vergesellschaftung mit einem bestimmten HLA-Protein. Das beruht in erster Linie auf einer unterschiedlichen Peptidbindungsfähigkeit der HLA-Proteine. Es scheint eine **Assoziation** verschiedener **HLA-Moleküle** mit bestimmten **Allergien**, **Autoimmun-** und **Infektionskrankheiten** zu geben. Ein Beispiel für eine solche Assoziation ist die reaktive Lyme-Arthritis.
Reaktive Lyme-Arthritis: Die Lyme-Arthritis kann als Spätsymptom einer Borreliose auftreten. Ursächlich bei dieser Erkrankung ist die Übertragung des Bakteriums *Borrelia burgdorferi* durch einen Zeckenbiss. Ein bestimmtes Protein des Bakteriums weist Struktur-Homologien mit **LFA-1** auf. LFA-1 (Lymphozytenfunktion-assoziiertes Antigen) ist ein Adhäsionsmolekül auf Leukozyten, das die Anheftung an Endothelzellen ermöglicht. Bei Menschen des HLA-Typs DR*0401 wird ein Protein (outer surface Protein) des Bakteriums präsentiert, das in einem kurzen Abschnitt homolog zu einem Bereich des LFA-1 ist. $CD4^+$-T-Zellen, die gegen das Bakterienantigen gerichtet sind, erkennen nun auch die LFA-1 Sequenz. Als Folge kommt es zu einer reaktiven Arthritis, die häufig das Kniegelenk befällt. Die Arthritis ist schmerzlos und kann Wochen bis Monate anhalten. Bei rezidivierenden Verläufen können auch ZNS und Haut beteiligt sein.

Check-up

- ✔ **Machen Sie sich klar, welche unterschiedlichen T-Zell-Arten es gibt und welche Funktionen diese ausüben.**
- ✔ **Wiederholen Sie die fünf Antikörperklassen und ihre Besonderheiten anhand von Tab. 12.4.**
- ✔ **Rekapitulieren Sie die Unterschiede im Gen-Rearrangement zwischen den leichten und schweren Ketten der Immunglobuline.**

12

12.3 Die unspezifische Immunantwort

Lerncoach

Verschaffen Sie sich anhand der Abb. 12.1 auf S. 323 einen Überblick über die unspezifische Abwehr und lernen Sie dann die Details, die im folgenden Kapitel besprochen werden.

12.3.1 Überblick und Funktion

Auch die unspezifische Abwehr besteht aus einem **zellulären** und einem **humoralen** Teil. Der zelluläre Teil umfasst die **Makrophagen**, die **Granulozyten** und die **Natürlichen Killerzellen**. Der humorale Teil besteht aus dem **Komplementsystem**. Das ist eine Gruppe von Proteinen, deren kaskadenartige Aktivierung zur Eliminierung von Bakterien und anderen Zellen führt. Außerdem gehören zu den humoralen Faktoren das Enzym **Lysozym**, das Bakterienzellwände angreift, und die **Zytokine**, die Botenstoff-Funktion haben.
Im Gegensatz zur spezifischen Abwehr erkennen die Faktoren der unspezifischen Abwehr **Antigene unspezifisch**. Dabei werden häufig unspezifische Strukturen, wie z. B. Lipopolysaccharide auf Bakterienzelloberflächen, als Antigen erkannt. Eine wichtige Funktion der unspezifischen Abwehr ist, schnell auf verschiedene Eindringlinge zu reagieren. Um die Erreger völlig zu eliminieren, arbeitet die unspezifische Abwehr mit der spezifischen Abwehr zusammen.
Ein weiterer Unterschied zur spezifischen Abwehr ist, dass die unspezifische Abwehr keine Gedächtniszellen ausbildet.

12.3.2 Das Komplementsystem

Prägen Sie sich die Wirkungsmechanismen des Komplementsystems gut ein, sie sind häufig Gegenstand von Prüfungsfragen.

Das Komplementsystem ist eine komplexe Gruppe mit mehr als 20 von der Leber gebildeten **Plasmaproteinen**, die sich als inaktive Vorstufen im Blut befinden. Bei Aktivierung dieses Systems wird eine **Kaskade** in Gang gesetzt, die schließlich zur Eliminierung der Fremdzelle führt. Somit ähnelt die

Komplementkaskade der Blutgerinnungskaskade (s. S. 314). Seinen Namen erhielt das Komplementsystem, weil es die Funktion der spezifischen Abwehr sozusagen ergänzt oder „komplementiert". Die Faktoren des Komplementsystems werden meist mit C und einer Zahl versehen, wie zum Beispiel der Komplementfaktor C1 am Beginn des klassischen Aktivierungsweges (s. u.). Das Komplementsystem wirkt durch drei verschiedene Mechanismen:

- **Chemotaxis:** Einige aktivierte Komplementfaktoren wirken als Chemotaxine, d. h. sie locken andere Zellen des Immunsystems an, hauptsächlich phagozytierende Zellen.
- **Opsonisierung:** Durch Anheften eines Komplementfaktors an eine Zelle wird die Phagozytose erleichtert.
- **Lyse:** Die Endstrecke der Komplementkaskade mündet in den membranangreifenden Komplex (MAC), der in der Lage ist, fremde Zellen durch Lyse abzutöten.

MERKE

Die drei Wirkungsmechanismen des Komplementsystems sind Chemotaxis, Opsonisierung und Zelllyse.

12.3.2.1 Die Aktivierung des Komplementsystems

Es gibt zwei verschiedene Möglichkeiten, die Komplementkaskade in Gang zu setzen:

- **Klassischer Aktivierungsweg:** Er wird durch Bindung des Komplementfaktors C1 an einen **Antigen-Antikörper-Komplex** in Gang gesetzt.
- **Alternativer Aktivierungsweg:** Dabei wird das Komplementsystem ohne Antikörperbeteiligung direkt durch **Antigene** aktiviert.

MERKE

Klassischer Weg: Aktivierung durch Antigen-Antikörper-Komplexe.
Alternativer Weg: Aktivierung nur durch Antigene.

Der klassische Weg der Komplementaktivierung

Die Aktivierung des Komplementsystems auf dem klassischen Weg erfolgt über die Bindung des **Komplementfaktors C1** an den F_C-Teil eines Antikörpers. C1 besteht aus den Untereinheiten C1q, C1r und C1s. C1q ist der eigentliche Aktivator **(Abb. 12.13)**. Mit seinen sechs „Köpfchen", die wie die Blüten eines Tulpenstraußes angeordnet sind, kann er an die **FC-Region** von IgM und IgG binden. C1q muss mindestens zwei Bindungen an Immunglobuline

12

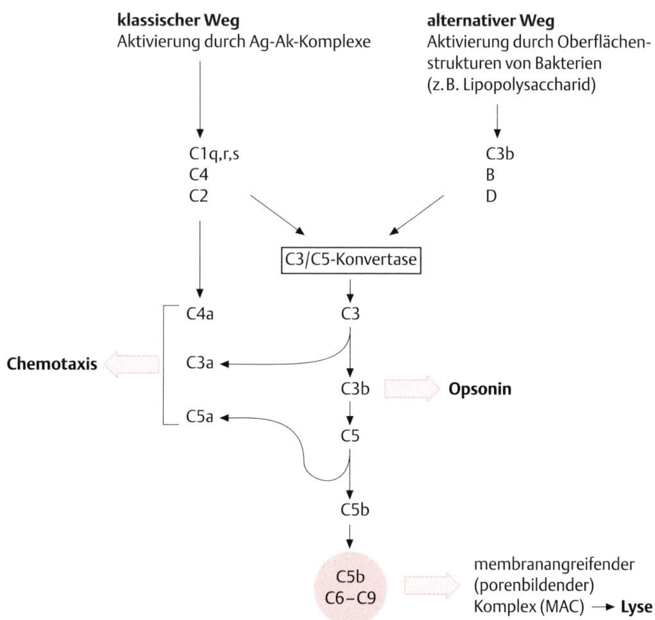

Abb. 12.13 Ablauf der Komplementkaskade: die gemeinsame Endstrecke der klassischen und der alternativen Aktivierung beginnt bei Faktor C3

gleichzeitig eingehen, um aktiviert zu werden. $C1_q$ kann nur an Antigen-Antikörper-Komplexe binden, nicht jedoch an freie Antikörper: Durch Bindung von IgM an ein Antigen oder an Zelloberflächen findet im IgM eine Konformationsänderung statt, die die Komplementbindungsstelle im F_c-Teil des IgM zugänglich macht.

Weil C1q mindestens zwei Bindungen ausbilden muss, um die Kaskade auszulösen, ist IgM als Pentamer ein sehr viel stärkerer Aktivator des Komplementsystems als IgG. Es reicht nämlich schon ein einziger IgM-Antigen-Komplex aus, um das Komplementsystem zu aktivieren, während mindestens zwei IgG-Moleküle vorliegen müssen.

Der aktivierte C1 spaltet C4 in C4a und C4b **(Abb. 12.13)**. C4a ist ein **Chemotaxin**, C4b aktiviert den Faktor C2. C4b und C2b werden als **C3/C5-Konvertase** bezeichnet. Hier treffen sich der klassische und der alternative Weg der Komplementaktivierung (s. u.). Die C3/C5-Konvertase spaltet C3 in C3a und C3b. Komplementfaktor C3a ist ebenfalls ein Chemotaxin. C3b aktiviert gemeinsam mit der C3/C5-Konvertase den Faktor C5. Gleichzeitig besitzt C3b eine sehr reaktive Thioestergruppe, mit der es kovalent an Antigene binden kann. C3b dient so als **Opsonin**, das die Phagozytose erleichtert. C5a ist wie C3a und C4a ein Chemotaxin, C5b bildet mit den Faktoren C6 bis C9 den membranangreifenden Komplex **(MAC = membrane attack complex)**. Er bildet eine Pore in der Wand eines Bakteriums, was zu dessen Lyse führt.

Durch Bindung von Faktor C1q an den F_C-Teil eines aktivierten Antikörpers sind also folgende Faktoren entstanden:

- Die chemotaktisch wirksamen Faktoren **C4a, C3a** und **C5a**. Diese locken vor allem phagozytierende Immunzellen an.
- Das Opsonin **C3b**, das die Phagozytose des markierten Moleküls erleichtert.
- Der membranangreifende Komplex **(C5b, C6–C9)**, der zu einer Lyse der angegriffenen Zelle führt.

Der alternative Weg der Komplementaktivierung

Beim alternativen Weg der Komplementaktivierung sind keine Antikörper beteiligt, die Aktivierung erfolgt **allein durch Antigene**.

Der Weg beginnt damit, dass der Faktor C3b an **Strukturen** einer **Bakterienoberfläche**, z. B. Lipopolysaccharid, bindet. Das C3b auf der Bakterienoberfläche wird dann von **Faktor B** gebunden. Faktor B hat eine ähnliche Funktion im alternativen Aktivierungsweg, wie C2 im klassischen Weg: Faktor B und C3b lagern sich Mg^{2+}-abhängig zu einem Komplex zusammen. Dann wird Faktor B von **Faktor D**, einer Serinprotease, gespalten und es entsteht eine aktive **C3/C5-Konvertase** **(Abb. 12.13)**. Diese ist zwar nicht identisch zu der im klassischen Weg vorkommenden C3/C5-Konvertase, hat aber eine vergleichbare Wirkung. Die Aktivierung der weiteren Komplementfaktoren verläuft wie beim klassischen Weg und führt letztlich zur Lyse der angegriffenen Zelle (s. o.)

Die alternative Aktivierung hat durch den Faktor C3b vor allem eine Verstärkerfunktion auf die Komplementkaskade.

12.3.3 Das Lysozym

Lyso*zym* ist ein En*zym*, das in vielen Zellen und vor allem in **Sekreten** vorkommt. Es kann die **bakterielle Zellwand zerstören**, indem es β-glykosidische Bindungen zwischen N-Acetylmuraminsäure (NAM) und N-Acyetylglucosamin (NAG) spaltet. NAM und NAG sind Bestandteile des Glykans im Murein von Bakterienzellwänden. Aufgebaut ist Lysozym aus einer einfachen Peptidkette mit 129 AS und vier intramolekularen Disulfidbrücken. Das Lysozym des Blutes wird von **Monozyten** gebildet.

Viele Körpersekrete wie Nasenschleim, Schweiß und Tränenflüssigkeit enthalten Lysozym. Damit ist Lysozym als Bestandteil der unspezifischen Abwehr vor allem für die allererste Attacke gegen Eindringlinge verantwortlich.

12.3.4 Die Zytokine

Unter dem Begriff **Zytokine** fasst man eine Vielzahl von **Proteohormonen** zusammen, die teils überlappende, teils sehr spezifische Eigenschaften haben. Übersetzt bedeutet Zytokin ungefähr so viel wie „Zelle bewegen". Zytokine wirken als Botenstoffe zwischen verschiedenen Zellen. Anhand ihrer Funktion teilt man sie in vier verschiedene Gruppen ein.

- **Interleukine**
- **Interferone**

Tabelle 12.5

Übersicht über die wichtigsten Interleukine

Interleukin	produzierende Zelle	Zielzelle	Wirkung
Interleukin-1	Makrophagen, Monozyten, Endothelzellen	T-Zellen, Endothelzellen, Hypothalamus, Leber	Stimulation, Entzündung, Fieber, Induktion von Akute-Phase-Proteinen
Interleukin-2	T-Zellen	T-Zellen, B-Zellen, NK-Zellen	Aktivierung, Proliferation
Interleukin-4	T_H-Zellen, Mastzellen	B-Zellen, T-Zellen Monozyten,	Proliferation, Hemmung der Aktivierung von Makrophagen, Klassenwechsel der Plasmazellen zu IgE
Interleukin-6	Makrophagen, Monozyten, Endothelzellen	Thymozyten, reife B-Zellen, Hypothalamus, Leber	Costimulation, Proliferation, Fieber, Induktion von Akute-Phase-Proteinen
Interleukin-10	T-Zellen	Makrophagen und Monozyten, B-Zellen	Hemmung von Makrophagen, Aktivierung der B-Zellen
Interleukin-12	Makrophagen	NK-Zellen, T-Zellen	Aktivierung
Tumornekrose-faktor-α (TNF)	Makrophagen/Monozyten, T-Zellen	neutrophile Granulozyten, Endothelzellen, Hypothalamus, Leber	Aktivierung, Entzündung, Fieber, Induktion von Akute-Phase-Proteinen

- **Chemokine**
- **Wachstumsfaktoren.**

Interleukine, Interferone und Chemokine haben ein Funktion im Immunsystem, während Wachstumsfaktoren auch außerhalb des Immunsystems (z. B. bei der Hämatopoese) wirken.

12.3.4.1 Die Interleukine

In der Kommunikation zwischen den weißen Blutkörperchen nehmen die **Interleukine** eine zentrale Stellung ein. So ist z. B. Interleukin-2 das wichtigste Zytokin, das T-Helferzellen bilden, um sich selbst und weitere T-Zellen zu aktivieren. Meistens kürzt man die Interleukine mit IL ab und hängt eine Zahl an, die das Interleukin genau charakterisiert **(Tab. 12.5)**.

IL-1 wird z. B. von Makrophagen, Monozyten und Endothelzellen gebildet und aktiviert T-Zellen und Endothelzellen. Gleichzeitig führt IL-1 durch eine Einwirkung auf den Hypothalamus zu **Fieber**. In der Leber bewirkt IL-1 die Produktion und Freisetzung von **Akute-Phase-Proteinen**. Akute-Phase-Proteine werden bei einer Entzündungsreaktion freigesetzt. Zu ihnen gehören das C-reaktive Protein (CRP) und Antiproteasen wie α-Antitrypsin. Das CRP dient als Opsonin, die Antiproteasen verhindern eine Gewebezerstörung durch Proteasen, die bei einer Entzündungsreaktion von verschiedenen Zellen freigesetzt werden. Aufgabe der Akute-Phase-Proteine ist die Lokalisation einer Entzündung und deren Eindämmung.

Zu den Interleukinen gehört auch der **Tumornekrosefaktor-α** (TNF-α), der u. a. eine zytolytische bzw. zytostatische Wirkung auf Tumorzellen hat. Er wird aber *nicht* von Tumoren produziert. Ähnlich wie Interleukin-1 wird der TNF-α von Monozyten, Makrophagen und T-Zellen gebildet. Er ist der wichtigste Mediator im Kampf gegen gramnegative Bakterien.

12.3.4.2 Die Interferone

Die Interferone (IFN) sind mit den Interleukinen nahe verwandt. Sie werden in **Typ-I-Interferone** und **Typ-II-Interferone** eingeteilt und binden an unterschiedliche Rezeptoren **(Tab. 12.6)**. Zu den Typ-I-Interferonen zählt man IFN-α und IFN-β. Das einzige Typ-II-Interferon ist das IFN-γ. Der wichtigste Unterschied der beiden Interferon-Typen besteht vor allem in ihrer Wirkung. Interferon-γ führt zu einer Aktivierung von Makrophagen und Monozyten und ist ein wichtiger Mediator der Entzündungsreaktion. Die Interferone-α und -β stehen im Zentrum des Kampfes gegen Viren.

12.3.5 Die Zellen der unspezifischen Abwehr

Neben den humoralen Faktoren sind auch einige Zellen an der unspezifischen Abwehr beteiligt. Das sind insbesondere **Makrophagen, Granulozyten** und **Natürliche Killerzellen (NK-Zellen)**.

Tabelle 12.6

Übersicht über die Interferone

Interferon (IFN)	produzierende Zelle	Zielzelle	Wirkung
Interferon-α	v. a. Makrophagen, Monozyten	alle	**antiviral**, verstärkte Expression von MHC I auf Zielzellen, Aktivierung von NK-Zellen
Interferon-β	v. a. Fibroblasten	NK-Zellen	v. a. Aktivierung der NK-Zellen
Interferon-γ	T-Zellen, NK-Zellen	Makrophagen und Monozyten, Endothelzellen, andere	Aktivierung der Zielzellen, verstärkte Expression von MHC I und MHC II

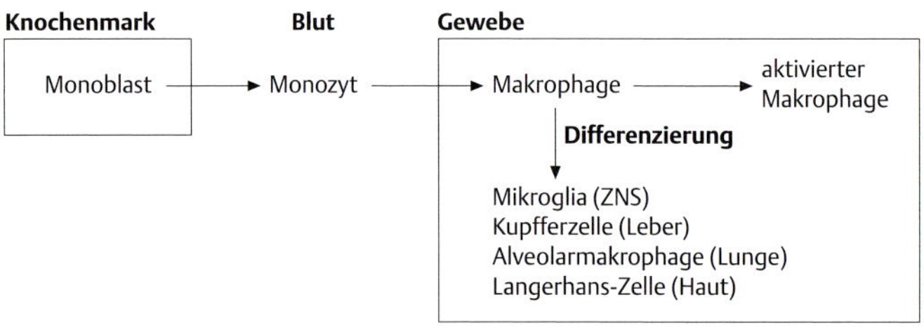

Abb. 12.14 Entwicklung der Makrophagen aus Monoblasten des Knochenmarks

12.3.5.1 Die Makrophagen

Die Makrophagen entstehen aus den Monoblasten des Knochenmarks. Sie gelangen als Monozyten ins Blut und differenzieren sich im Gewebe (**Abb. 12.14**). Dabei entstehen aktivierte Makrophagen, die zur Phagozytose (= Aufnahme fester Partikel) befähigt sind. Sie nehmen Fremdmaterial auf und bauen es intrazellulär ab. Makrophagen haben in den verschiedenen Geweben unterschiedliche Namen (z. B. heißen die Makrophagen der Leberzellen Kupffer-Sternzellen).

Die Aktivierung der Makrophagen

Makrophagen besitzen F_C-Rezeptoren für IgG und Rezeptoren für Komplementfaktoren (**Abb. 12.15**). Über diese Rezeptoren erfolgt die Aktivierung der Makrophagen:

1. Ein Makrophage bindet Antigen-Antikörper-Komplexe und mit Komplementfaktoren opsonisierte Antigene über oben genannte Rezeptoren und internalisiert sie.
2. Das Antigen wird intrazellulär durch **lysosomale Enzyme** proteolytisch abgebaut. Ein Peptidfragment des Antigens wird dann im Komplex mit **MHC II** an die Zelloberfläche transportiert und dort den $CD4^+$-T-Helferzellen präsentiert.
3. Der T-Zellrezeptor einer T-Helferzelle, der spezifisch dieses Antigen erkennt, bindet an den antigenpräsentierenden MHC II und veranlasst dadurch den Makrophagen zur Freisetzung von **IL-1**. An dieser Bindung sind auch die beiden Moleküle B7 (auf dem Makrophagen) und CD28 (auf der T-Helferzelle) beteiligt.
4. IL-1 bindet an die T-Zelle und stimuliert diese zur Sekretion von **IL-2** und **Interferon-γ**. Durch IL-2 werden weitere T-Zellen aktiviert, das Interferon-γ lockt weitere Makrophagen an.

Neben diesen Molekülen setzen aktivierte Makrophagen auch Entzündungsmediatoren wie **Plättchen-aktivierender Faktor** (PAF), **Prostaglandine** u. a. frei.

Zudem werden Makrophagen durch Aktivierung zur Produktion von **Peroxidasen** und **Superoxiddismutase** stimuliert, die für die Abtötung internalisierter Bakterien wichtig sind.

12.3.5.2 Die Granulozyten

Die Granulozyten haben ihren Namen von den mikroskopisch auffälligen Granula in ihrem Zellinneren. Man unterscheidet drei Typen von Granulozyten (vgl. **Tab. 12.1**):

- **neutrophile Granulozyten**
- **eosinophile Granulozyten**
- **basophile Granulozyten**.

Die neutrophilen Granulozyten

Etwa 60–70 % der Granulozyten sind **neutrophile Granulozyten**. Sie werden wegen des Aussehens ih-

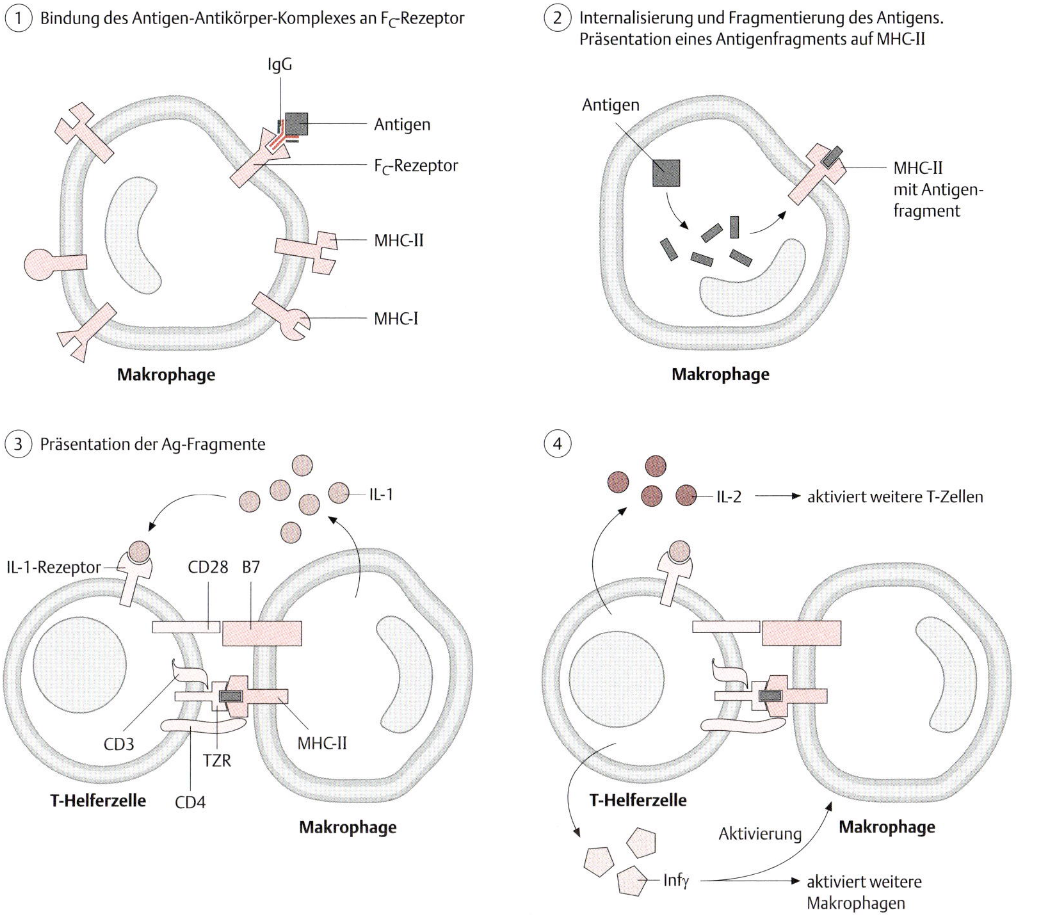

Abb. 12.15 Aktivierung eines Makrophagen (zu den Schritten 1–4 siehe Text)

res Kernes auch als **polymorphkernige Granulozyten** bezeichnet. Wie die Makrophagen besitzen sie F_C-Rezeptoren für IgG und Komplementrezeptoren auf ihrer Zelloberfläche und phagozytieren vorwiegend opsonisierte Bakterien. Neutrophile Granulozyten enthalten besondere Enzyme in ihren Granula, mit denen sie die phagozytierten Bakterien zerstören:

- **Hydrolasen** wie **saure Phosphatase, Elastase, Kollagenase** und **Cathepsin G**. Hydrolasen katalysieren die Spaltung von Estern, Ethern, Peptiden, C–C-Bindungen u. a. und spielen damit eine Rolle beim Abbau internalisierter Moleküle.
- **Lysozym** zerstört die bakterielle Zellwand durch Spaltung von Murein und Mucopeptiden.
- **Laktoferrin** bildet mit Eisen Komplexe und entzieht den Bakterien das für sie lebenswichtige Metall.
- **Myeloperoxidase** führt zur Bildung von reaktiven Sauerstoffverbindungen, die die Bakterienmembranen zerstören.

Neutrophile Granulozyten gelangen durch gezielte **Migration** (Wanderung) an den Infektionsherd. Sie adhärieren dazu mit bestimmten Oberflächenmolekülen, den **Selectinen** und **Integrinen**, an Rezeptoren auf den Endothelzellen, wie z. B. **ICAM-1** (CAM = *cell adhesion molecule*). Durch die Bindung werden die Neutrophilen aktiviert, dazu werden sie von Chemokinen (Interleukine, Komplementfaktoren C3 a und C5 a, Leukotriene) angelockt. Sie wandern zwischen den Endothelzellen hindurch ins Gewebe **(Diapedese)** und bewegen sich chemotaktisch auf den Infektionsherd zu. Dort angekommen, phagozytieren sie die Bakterien und zerstören sie (s. o.). Meistens gehen sie dabei selbst mit zugrunde.

Klinischer Bezug

Shwachman-Diamond-Syndrom: Das Hauptsymptom dieser autosomal-rezessiv vererbten Erkrankung ist eine **Insuffizienz des exokrinen Pankreas**. Daneben kommt es zu einer **zyklischen Neutropenie** (Zahl der Neutrophilen vermindert), manchmal einer Thrombozytopenie. Unter Umständen treten metaphysäre Dysostosen, geistige Retardierung und Diabetes mellitus im Rahmen der Erkrankung auf. Aufgrund der Pankreasinsuffizienz kommt es oft zu Durchfällen, durch die zyklische Neutropenie treten bakterielle Infekte überproportional häufig auf. Die Therapie besteht in der Gabe von Pankreasenzympräparaten und Antibiotika bei Infektionen.

Die eosinophilen Granulozyten

Eosinophile Granulozyten haben eine wichtige Funktion im Kampf gegen Helminthen (Würmer) und Protozoen. Außerdem sind sie beteiligt bei Überempfindlichkeitsreaktionen vom Soforttyp (s. S. 345).

Die basophilen Granulozyten

Basophile Granulozyten sind durch Granula gekennzeichnet, die vor allem **Histamin, Heparin** sowie Prostaglandine und Leukotriene enthalten. Insgesamt sind die basophilen Granulozyten den Mastzellen sehr ähnlich. Beide Zellen sind beteiligt an einer Überempfindlichkeitsreaktion vom Soforttyp.

12.3.5.3 Die Natürlichen Killerzellen

Die Natürlichen Killerzellen (NK-Zellen) gehören zu den Zellen der **lymphatischen Reihe** (s. S. 296). Welche Rolle sie in der Immunantwort spielen, ist noch weitgehend ungeklärt. Man kann sich die NK-Zellen als unreife zytotoxische T-Zellen vorstellen. Im Gegensatz zu den T-Zellen besitzen die NK-Zellen aber weder CD3 noch einen T-Zellrezeptor. Deshalb sind NK-Zellen **nicht MHC-restringiert**. Man findet auf ihrer Oberfläche die Moleküle CD2 und CD16, sowie einen schwach affinen Rezeptor für IL-2 und den F_C-Teil von IgG.

Zielzellen der NK-Zellen sind vor allem **virusinfizierte Zellen** und **Tumorzellen**. Wie sie diese Zellen erkennen, ist noch nicht geklärt. Eine Möglichkeit besteht darin, dass die von einem Virus befallenen Zellen Oberflächenstrukturen aufweisen, die von den NK-Zellen erkannt werden. Eine andere Theorie besagt, dass die NK-Zellen die Zielzellen deshalb abtöten, weil diese eine zu geringe Anzahl von MHC-I-Molekülen auf ihrer Oberfläche tragen. Das könnte den NK-Zellen als Signal dienen, die Zielzelle abzutöten. Dies gilt besonders für virusinfizierte Zellen und Tumorzellen.

Im Gegensatz zu den zytotoxischen T-Zellen benötigen NK-Zellen keinen Antigenkontakt, um aktiviert zu werden. Dennoch wird ihre Aktivität durch Zytokine wie IL-2, sowie IFN α und γ verstärkt. Zudem sind sie mit Hilfe von CD16 dazu befähigt, mit IgG markierte Zielzellen zu erkennen und abzutöten. Diese Form der Zelltötung bezeichnet man als **antikörperabhängige zellvermittelte Zytotoxizität (ADCC** – „antibody dependent cell-mediated cytotoxicity"). Der Mechanismus der Zelltötung gleicht in vielerlei Hinsicht der Zelltötung durch T_C-Zellen. Nach Erkennung ihrer Zielzelle setzt die Killerzelle Perforin und verschiedene Zytotoxine frei und kann die Apoptose der Zielzelle einleiten. Durch Freisetzung von TNF-α und IFN-γ können NK-Zellen Makrophagen aktivieren.

Check-up

- ✔ **Rekapitulieren Sie die Komponenten der unspezifischen Immunantwort.**
- ✔ **Wiederholen Sie die Kaskade des Komplementsystems und den Unterschied zwischen der klassischen und der alternativen Aktivierung.**

12.4 Die Immunantwort: Zusammenfassung

Lerncoach

Die spezifische und unspezifische Immunantwort sind nicht isoliert zu betrachten. Sie beeinflussen sich gegenseitig und gehen in einer gemeinsamen Aktion gegen Eindringlinge und andere körperfremde Substanzen vor. Nehmen Sie sich ausreichend Zeit, um diese Zusammenfassung zu lesen.

Die Abwehrreaktionen eines Organismus auf Eindringlinge und andere körperfremde Substanzen erfolgen über das Zusammenspiel der spezifischen und unspezifischen Immunantwort, wobei sich die beiden Systeme gegenseitig beeinflussen und verstärken. Ein Antigen kann beide Systeme unabhängig voneinander aktivieren. Die Aktivierung des einen Systems führt in der Regel dann zur Aktivierung des anderen Systems und umgekehrt. **Abb. 12.16** fasst die Immunantwort zusammen:

1. Der Gewebsmakrophage erkennt ein Antigen. Es wird phagozytiert und fragmentiert.
2. a) Virusfragmente (Peptide) werden auf MHC I den zytotoxischen T-Zellen präsentiert.b) bakterielle Antigene werden auf MHC II den T_H-Zellen präsentiert.
3. Die T-Zelle mit dem passenden TZR bindet an den MHC-Antigen-Komplex.
4. Durch IL-1 aktiviert der Makrophage die T-Zellen zusätzlich.
5. Die passende T_H- bzw. T_C-Zelle wird aktiviert. IL-2 und IFN-γ wird freigesetzt.
6. IL-2 stimuliert weitere T-Zellen. Es folgt die klonale Expansion der Antigen-bindenden T-Zellen.
7. Die aktivierte T_C-Zelle führt durch eine Freisetzung von Perforin, Proteasen u.a. zur Lyse der Virus-infizierten Zelle.
8. T_H-Zellen binden mit dem TZR an antigenpräsentierende B-Zellen (MHC II).
9. Durch Interleukine wie IL-4, die von der T_H-Zelle freigesetzt werden, werden die B-Zellen aktiviert.
10. Die B-Zelle vermehrt sich rasch und wird zur Antikörper-produzierenden Plasmazelle.
11. Die Plasmazellen produzieren in großen Mengen Antikörper vom Typ IgG.
12. Einige der aktivierten B- oder T-Zellen werden zu Gedächtniszellen, die jahrelang in einem inaktiven Zustand verweilen können. Bei erneutem Kontakt mit dem gleichen Antigen kann der Körper schnell reagieren, indem sich diese Zellen zu Plasmazellen entwickeln.
13. Durch zirkulierende Antigen-Antikörper-Komplexe wird die Komplementkaskade auf dem klassischen Weg in Gang gesetzt.
14. Der Faktor C3 b opsonisiert das Antigen.
15. Die Faktoren C4 a, C3 a und C5 a locken als Chemotaxine Neutrophile und Makrophagen an.
16. Die Faktoren C5 b und C6 bis C9 bilden den membranangreifenden Komplex (MAC), der zu einer Lyse des Bakteriums führt.

12.5 Störungen des Immunsystems

Lerncoach

Vor allem die Überempfindlichkeitsreaktionen spielen klinisch eine große Rolle, prägen Sie sich daher Namen und Auslöser dieser Reaktionen gut ein.

12.5.1 Der Überblick

Die Immunantwort ist sehr komplex. Diese Komplexität bietet eine Vielzahl möglicher Störungen. Solche Störungen sind beispielsweise **Überempfindlichkeitsreaktionen, Immundefektkrankheiten** oder **Autoimmunkrankheiten**.

12.5.2 Die Überempfindlichkeitsreaktionen

Bei den Überempfindlichkeitsreaktionen reagiert der Körper bei **Zweitkontakt übermäßig stark** auf ein Antigen. Als Folge wird der Organismus durch freigesetzte Substanzen oder aktivierte Zellen geschädigt. Man unterscheidet 4 Typen von Überempfindlichkeitsreaktionen (**Tab. 12.7**). Die Typen I bis III sind humoral vermittelt. Dem Typ IV liegt eine zelluläre Überreaktion zu Grunde.

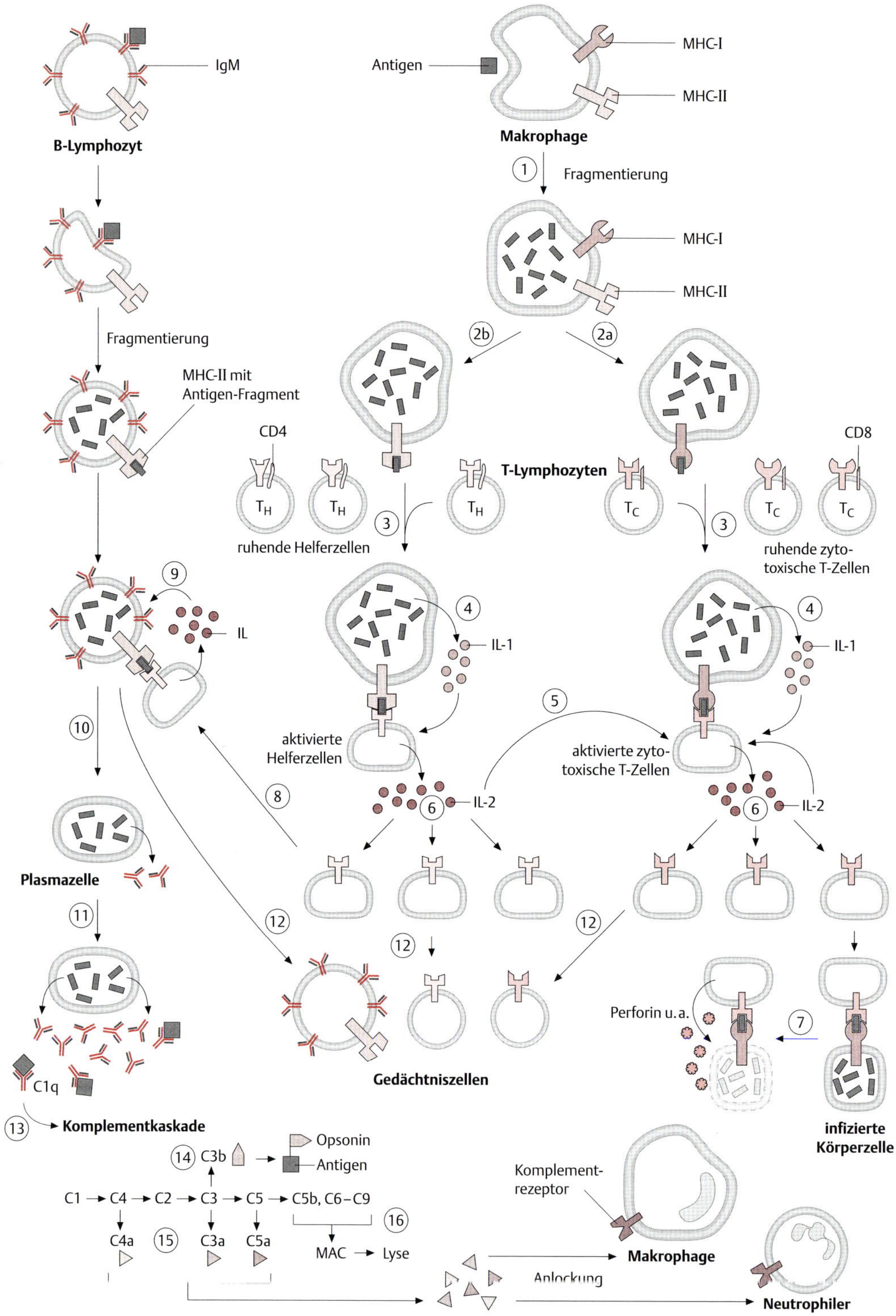

Abb. 12.16 Ein vereinfachtes Schema zur Immunantwort (zu den Schritten 1–16 siehe Text)

12

Tabelle 12.7

Die vier Typen der Überempfindlichkeitreaktion

Typ	Name	Auslöser	Unterscheidungs-Merkmal	Krankheiten (Bsp.)
I	anaphylaktische Sofortreaktion	**IgE**-Bindung an Mastzellen und Basophile	Degranulation und Histaminfreisetzung, Kontraktion glatter Muskeln	Urtikaria, Asthma bronchiale, allergische Rhinitis, anaphylaktischer Schock
II	zytotoxische Reaktion	Bindung von Antikörpern (**IgM** oder **IgG**) an Membran-Antigene	Komplementaktivierung, dadurch Lyse der Antikörper-gebundenen Zellen, Phagozytenaktivierung	Morbus haemolyticus neonatorum, Transfusionszwischenfälle, Goodpasture-Syndrom
III	Immunkomplexreaktion	Ablagerung von **Antigen-Antikörper**-Komplexen in Geweben und Blutgefäßen	Gewebeschädigung durch abgelagerte Immunkomplexe	Arthus-Reaktion, Serumkrankheit, systemischer Lupus erythematodes
IV	Reaktion vom Spättyp	**T-Zellen**	zellvermittelte Immunität, Makrophagenaktivierung, Aktivierung von NK-Zellen	Tuberkulinreaktion (Tuberkulose-Test), allergisches Kontaktekzem

12.5.3 Die Immundefektkrankheiten

12.5.3.1 Angeborene Immundefektkrankheiten

Die kongenitale Agammaglobulinämie (Bruton-Syndrom)

Bei dieser X-chromosomal vererbten Erkrankung liegt eine stark **erniedrigte Immunglobulinkonzentration** im Serum vor. Weil die Immunglobuline die γ-Fraktion der Serumeiweißelektrophorese bilden, wird die Krankheit als Agammaglobulinämie bezeichnet. Ursache ist ein **Mangel** an **funktionsfähigen B-Zellen**. Grund dafür ist ein Defekt bei der Reifung der Prä-B-Zellen zu den B-Zellen. Tonsillen und Keimzentren bilden sich bei den betroffenen Kindern nicht aus.

Die kongenitale Thymusaplasie (DiGeorge-Syndrom)

Bei dieser Erkrankung sind **Thymus** und **Epithelkörperchen** nicht angelegt. Hauptsymptom ist daher ein **Mangel** an **T-Zellen** mit einer verminderten zellvermittelten Immunität. Durch das Fehlen der Epithelkörperchen kommt es wegen des Parathormonmangels zur Hypokalzämie und Tetanie (s. S. 224).

12.5.3.2 Erworbene Immundefektkrankheiten

AIDS (acquired immuno deficiency syndrome)

Das 1981 erstmals bekannt gewordene Erworbene Immundefektsyndrom (AIDS) wird durch das Humane Immundefizienzvirus (HIV 1 und HIV 2) hervorgerufen. HIV ist ein RNA-haltiges Retrovirus (**Abb. 12.17**). Um ihre genetische Information als DNA in die Wirtszelle integrieren zu können, besitzen diese Viren das Enzym **reverse Transkriptase** (s. S. 407). Dieses Enzym kann RNA in DNA um-

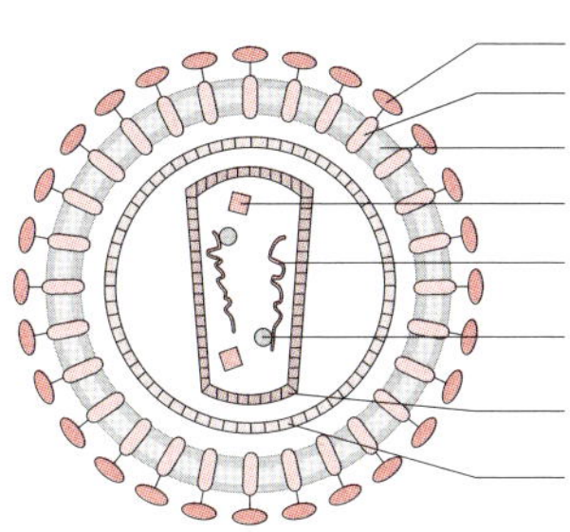

Abb. 12.17 Schematischer Aufbau von HIV

schreiben. Eine **Protease** ist von zentraler Bedeutung für die Ausbildung Virus-eigener Proteine in der Wirtszelle.

HI-Viren befallen **$CD4^+$-Zellen** (T-Helferzellen und Makrophagen). Für den Viruseintritt in diese Wirtszellen ist die Bindung des **Glykoproteins gp160** an CD4 erforderlich. Gp160 ist ein aus gp41 und gp120 aufgebautes Hüllprotein des Virus (**Abb. 12.17**). Gleichzeitig sind sog. Corezeptoren **CCR5** auf Makrophagen bzw. **CXCR4** auf T-Helferzellen notwendig. Beides sind Chemokinrezeptoren. Etwa 3 % der eurasischen Bevölkerung weisen eine Mutation des CCR5-Corezeptors auf. Dadurch sind sie vermutlich resistent gegen HIV.

Die Infektion mit HI-Viren führt zu einer **schleichend** einsetzenden **Immunschwäche**. Der Verlauf weist erhebliche individuelle Unterschiede auf, die meistens bis zur Entwicklung des AIDS-Vollbildes gehen. Manchmal treten aber auch asymptomatische Verläufe auf. Die Patienten erkranken häufig durch normalerweise harmlose Erreger, vor allem

12

Pilze und Viren. Zudem haben sie ein deutlich erhöhtes Risiko, an bestimmten Tumoren zu erkranken (z. B. Kaposi-Sarkom).
Die Therapie richtet sich heute vor allem gegen die reverse Transkriptase und die Protease. Hemmstoffe der reversen Transkriptase sind beispielsweise Azidothymidin oder Zidovudin. Die Protease wird durch Medikamente wie Indinavir gehemmt.

12.5.4 Die Autoimmunkrankheiten

Bei Autoimmunkrankheiten ist die antikörper- oder zellvermittelte Immunität gegen den **eigenen Organismus** gerichtet. Normalerweise werden autoreaktive Lymphozyten, die den eigenen Körper angreifen, im Verlauf der Reifung eliminiert. Diesen Prozess bezeichnet man als **negative Selektion** (s. S. 325). Die überlebenden Lymphozyten sind **autotolerant** (d. h. sie tolerieren körpereigene Zellen und Moleküle). Das Gegenteil von Autotoleranz ist die Autoimmunität. Krankheiten, die als Folge einer Autoimmunität entstehen, werden als **Autoimmunkrankheiten** bezeichnet. Die Ursachen sind bis heute nicht genau bekannt, es gibt jedoch einige Faktoren, die die Entwicklung begünstigen:

- genetische Faktoren
- lokale Gewebeveränderungen
- vorausgegangene Infektionen
- bestimmte immunologische Funktionsstörungen.

Der systemische Lupus erythematodes (SLE)

Der SLE ist eine episodisch auftretende **Multisystemerkrankung**, die vor allem jüngere Frauen trifft. Die Autoantikörper beim SLE sind gegen eine ganze Reihe zelleigener Substanzen gerichtet. Spezifisch für den SLE sind Antikörper gegen doppelsträngige DNA **(Anti-dsDNA)**. Außerdem können Antikörper gegen RNA, Histone und Ribonukleoproteine auftreten, die in ihrer Gesamtheit Antinukleäre Antikörper **(ANA)** genannt werden.
Die immunologischen Mechanismen des SLE beruhen insbesondere auf einer Ablagerung von Antigen-Antikörper-Komplexen. Durch die Komplexe wird das Komplementsystem verstärkt aktiviert. Das führt schließlich zu einer Schädigung zelleigener Strukturen.
Die Symptome der Erkrankung sind sehr unterschiedlich, weshalb der SLE auch als Chamäleon bezeichnet wird. Zu Beginn imponiert die Krankheit meist wie eine Grippe. Erst später treten die charakteristischen Organsymptome auf, z. B.:

- Arthritis
- Hautrötung im Gesicht (Schmetterlingserythem)
- Vaskulitis
- erniedrigte Leukozyten- und Thrombozytenzahl im Blut
- Nephritis.

Weitere Beispiele für Autoimmunkrankheiten und deren Angriffsorte sind in Tabelle 12.8 zusammengefasst.

Tabelle 12.8

Einige Autoimmunkrankheiten und ihr Angriffsort

Autoimmunkrankheit	Angriffsort
Morbus Addison	Nebenniere
Morbus Crohn	Darm
Goodpasture Syndrom	Niere und Lunge
Morbus Basedow	Schilddrüse
multiple Sklerose	Gehirn und Rückenmark
insulin-dependent Diabetes mellitus	B-Zellen des Pankreas
Myasthenia gravis	motorische Endplatte
Schuppenflechte	Haut
systemischer Lupus erythematodes	DNA, Thrombozyten, andere

Wegenersche Granulomatose

Die Wegenersche Granulomatose ist eine nekrotisierende und granulomatöse Entzündung der kleinen, seltener der mittleren Arterien und Venen **(Vaskulitis)**.
Im Initialstadium der Erkrankung imponieren v. a. Symptome des HNO- und Respirationstrakts wie Rhinitis, Sinusitis und Dyspnoe. Ohne Therapie geht die Wegenersche Granulomatose in ein Generalisationsstadium über, mit der klassischen Trias des Lungen-, HNO- und Nierenbefalls. Besonders die Nierenbeteiligung ist bedrohlich. Durch Ausbildung einer progredienten Glomerulonephritis droht der Tod durch Nierenversagen.
Die Ätiologie der Erkrankung ist bisher ungeklärt. Allerdings sind **cANCA** (zytoplasmatische antineutrophile Antikörper) charakteristisch für diese Erkrankung. Sie sind gegen die Proteinase 3 der Granulozyten gerichtet. Möglicherweise lösen cANCA eine Degranulation von Granulozyten aus mit daraus resultierender Endothelschädigung.

Unbehandelt führt die Wegenersche Granulomatose zum Tod. Durch die Behandlung mit Methotrexat und Glucocorticoiden, im Generalisationsstadium mit Cyclophosphamid, lässt sich die Langzeitprognose erheblich verbessern.

Check-up

- ✔ **Wiederholen Sie die Formen von Überempfindlichkeitsreaktionen und ihre Auslöser.**
- ✔ **Machen Sie sich klar, wie das HI-Virus die zelluläre Immunität schädigt.**

12.6 Wichtige immunologische Nachweisreaktionen

Lerncoach

Machen Sie sich mit den immunologischen Testverfahren vertraut, indem Sie sich das jeweils zugrunde liegende Prinzip klarmachen (z. B. Quervernetzung von Antigenen durch Antikörper beim Agglutinationstest).

12.6.1 Überblick und Funktion

Die vielen immunologischen Nachweisreaktionen beruhen in der Regel auf einem Nachweis von **spezifischen Reaktionen** zwischen **Antigenen** und **Antikörpern**. Seit es möglich ist, monoklonale Antikörper im Labor herzustellen (s. S. 335), haben die immunologischen Testverfahren an Spezifität zugenommen und sind vielfältig einsetzbar.

12.6.2 Der Neutralisationstest

Der Neutralisationstest basiert auf der Fähigkeit von Antikörpern, Antigene zu binden und damit zu neutralisieren. Mit diesen Tests wird häufig der **Impfschutz** von Patienten festgestellt. Hierbei wird untersucht, ob ein Patientenserum **genügend Antikörper** enthält, um in vitro einen Zellrasen vor der Zerstörung durch ein Antigen zu schützen. Dazu inkubiert man ein Gemisch, das aus dem Patientenserum und dem Antigen (z. B. Virus oder bakterielles Toxin) besteht. Dieses Gemisch gibt man auf den Zellrasen, und überprüft durch Anfärbung, ob der Zellrasen zerstört wurde. Sind genügend Antikörper im Patientenserum vorhanden, wird das Antigen von ihnen gebunden und neutralisiert (unschädlich gemacht) und der Zellrasen bleibt intakt. Bei zu wenigen oder fehlenden Antikörpern wird er zerstört. Um den Test zu verfeinern, wird zusätzlich eine Verdünnungsreihe des Patientenserums getestet. Ab einer bestimmten Verdünnungsstufe sind zur Neutralisation des Antigens zu wenig Antikörper vorhanden und der Zellrasen wird angegriffen. Die verdünnungsstufe, bei der weniger als 50 % des Zellrasens zerstört werden, gibt man als den **Neutralisationstiter** an.

12.6.3 Der Agglutinationstest

Bei einem Agglutinationstest reagieren Antikörper mit einem an einen Träger **gebundenen Antigen**. Ein Beispiel für einen Agglutinationstest ist der **Latexagglutinationstest**, mit dem man Rheumafaktoren im Serum eines Patienten nachweisen kann (**Abb. 12.18**). Der Rheumafaktor ist ein Immunglobulin der Klasse IgM, das gegen körpereigenes IgG gerichtet ist. Bei diesem Test werden die Antikörper der Klasse IgG zunächst auf Latexpartikeln fixiert. Dann gibt man das Patientenblut hinzu. Befindet sich der Rheumafaktor in diesem Blut, so bindet dieser an die auf die Latexpartikel aufgebrachten IgG-Antikörper. Da der Rheumafaktor ein pentameres Immunglobulin der Klasse M ist, führt die Bindung zu einer sichtbaren Agglutination.

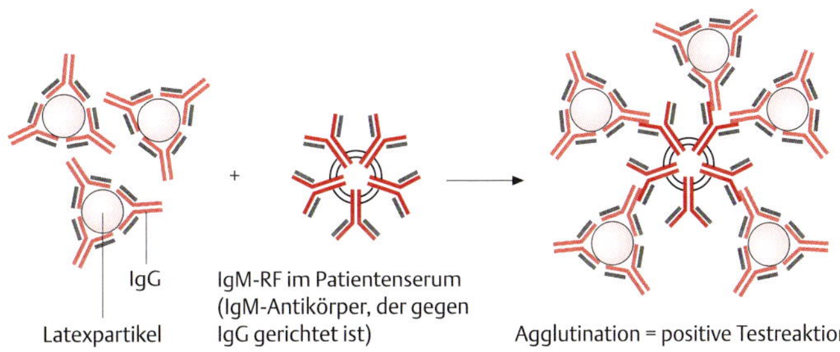

Abb. 12.18 Agglutination am Beispiel des Rheumafaktorsuchtests

12

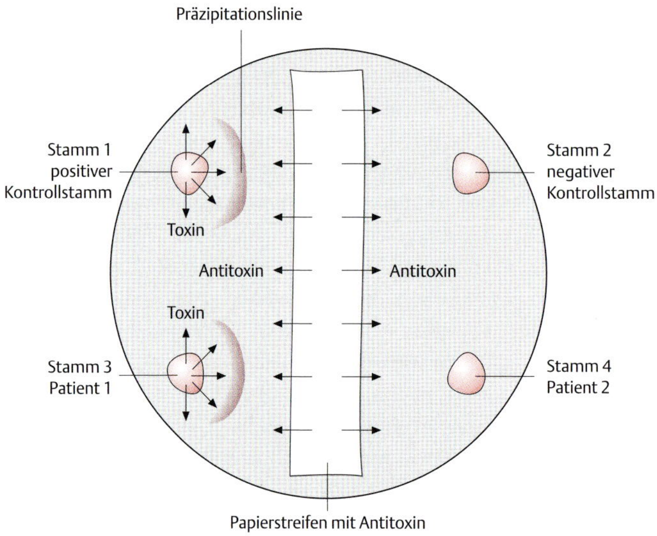

Abb. 12.19 ELEK-Test zum Nachweis von Diphtherietoxin

12.6.4 Der Präzipitationstest

Jeder Antikörper besitzt mindestens zwei Antigenbindungsstellen. Deshalb kann ein Antikörper Epitope auf **mehreren** Antigenmolekülen gleichzeitig binden. In einem Gemisch von Antikörper und Antigen können sich deshalb **Präzipitate** (= Niederschläge) bilden. Dabei handelt es sich um Vernetzungen von Antigen-Antikörper-Komplexen, die makroskopisch sichtbar sind. Mit Präzipitationstests werden **lösliche Proteine** und **Polysaccharide** nachgewiesen. Ein Beispiel für einen Präzipitationstest ist der **ELEK-Test**. Mit ihm kann nachgewiesen werden, ob ein Stamm des Bakteriums *Corynebakterium diphtheriae* das gefährliche Diphtherietoxin bildet oder nicht. Man gibt dazu vier Bakterienstämme von *Corynebacterium diphtheriae* auf einen geeigneten Nährboden in einer Petrischale **(Abb. 12.19)**. Die Stämme 1 und 2 sind Kontrollstämme: Stamm 1 bildet das Toxin (positiver Kontrollstamm), Stamm 2 bildet kein Toxin (negativer Kontrollstamm). Stamm 3 und 4 stammen von verschiedenen Patienten. In die Mitte der Schale legt man einen Papierstreifen, der das Diphtherie-Antitoxin (Antikörper gegen das Diphtherie-Toxin) enthält. Das Antitoxin und das Toxin aus den Bakterienstämmen diffundieren in den Nährboden. Wenn Toxin und Antitoxin aufeinander treffen, bildet sich eine Präzipitatlinie. In **Abb. 12.19** bilden die Bakterien von Patient 1 (Stamm 3) das Toxin, d. h. der Test ist positiv. Der Test von Patient 2 ist negativ.

12.6.5 ELISA – enzyme linked immuno sorbent assay

Der ELISA ist ein sehr häufig eingesetztes Verfahren, besonders zum **Nachweis bestimmter Antikörper** im Patientenserum. Bei ihm werden zwei verschiedene Antikörper eingesetzt, um ein Antigen nachzuweisen **(Abb. 12.20)**.

Das Antigen wird auf einer Trägerplatte **immobilisiert**. Diese Trägerplatte wird dann mit dem verdünnten Patientenserum inkubiert, das den nachzuweisenden Antikörper enthält. Dabei bindet der Antikörper an sein Antigen und wird so ebenfalls immobilisiert. Dieser Antikörper wird als **primärer Antikörper** bezeichnet, weil er als erster Antikörper an das Antigen bindet. Nachdem die Bindung erfolgt ist, werden alle nicht gebundenen Serumbestandteile ausgewaschen. Um den Antikörper sichtbar zu machen, wird die Trägerplatte mit dem Antigen-Antikörper-Komplex nun mit dem **sekundären Antikörper** inkubiert. Dieser Antikörper erkennt die F_c-Region des primären Antikörpers und bindet daran. Außerdem trägt der sekundäre Antikörper ein kovalent gebundenes Enzym (meistens eine **Peroxidase**), das ein farbloses Substrat in einen Farbstoff umwandeln kann. Nachdem alle nichtgebundenen sekundären Antikörper wieder

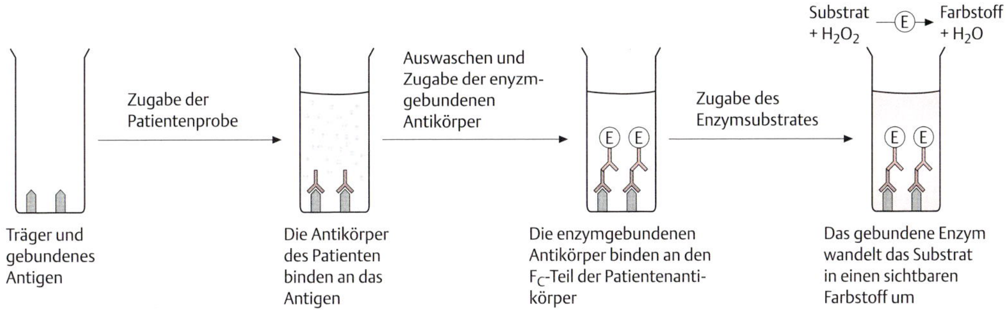

Abb. 12.20 Prinzip des ELISA

von der Trägerplatte abgewaschen wurden, gibt man das Substrat zur Trägerplatte. Findet eine **Farbentwicklung** statt, ist dies der **Nachweis** für den gesuchten (primären) Antikörper im Patientenserum. Je intensiver die Farbe ist, desto höher ist der Antikörpertiter im Serum. Fehlt dem Patientenserum der Antikörper, kann auch der sekundäre Antikörper nicht binden und es findet keine Farbentwicklung statt. Der Test ist negativ.

Klinischer Bezug

Varizellen – Die Windpocken: Die Windpocken werden durch das **Varizella-Zoster-Virus** hervorgerufen, das zu den humanen Herpesviren gehört. Es wird durch Tröpfcheninfektion übertragen. Nach einer Inkubationszeit von etwa 2 Wochen tritt ein Exanthem auf, das sich vom Stamm über das Gesicht und die Extremitäten ausbreitet. Charakteristisch ist das gleichzeitige Auftreten verschiedener Effloreszenzen wie Bläschen, Pusteln und Papeln. Die Hauterscheinungen heilen juckend und narbenlos ab.

Das Virus persistiert lebenslang in Nervenganglien und kann bei Reaktivierung ein Hautsegment befallen, das von dem Nerv versorgt wird. Diese Erkrankung bezeichnet man als Zoster oder Gürtelrose.

Eine durchgemachte Windpockenerkrankung hinterlässt in der Regel eine langjährige Immuninität. Die spezifischen Antikörper können mittels eines **ELISA** nachgewiesen werden.

12.6.6 Die Komplementbindungsreaktion (KBR)

Die Komplementbindungsreaktion ist im Vergleich zu vielen anderen immunologischen Tests ein sehr altes Verfahren. Sie wurde erstmals von Wassermann beschrieben, dem es vor etwa 80 Jahren mit seinen Mitarbeitern gelang, mithilfe der KBR Antikörper gegen *Treponema pallidum* (Erreger der Syphilis) nachzuweisen.

Zur Durchführung der KBR benötigt man Patientenserum. Ist der Patient beispielsweise Syphilitiker, so befinden sich Antikörper gegen *Treponema pallidum* in seinem Serum (Schritt 1 in **Abb. 12.21**). Im ersten Schritt der KBR inaktiviert man die Komplementfaktoren der Probe (2). Anschließend gibt man ein Antigen hinzu, das vom gesuchten Antikörper gezielt gebunden wird (3). Nun gibt man Komplementfaktoren hinzu, die im positiven Fall gezielt an die zuvor gebildeten Antigen-Antikörper-Komplexe binden (Aktivierung auf dem klassischen Weg, 4). Im letzten Schritt gibt man mit Antikörpern beladene Erythrozyten hinzu, die eigentlich durch die Komplementfaktoren lysiert würden (5). Ist das Patientenserum jedoch positiv, so findet keine Lyse statt, da die Komplementfaktoren zuvor durch die Antigen-Antikörper-Komplexe verbraucht wurden (6).

Bei der KBR ist die Hämolyse das negative Testergebnis. Findet hingegen keine Hämolyse statt, heißt das, dass in der Probe Antikörper vorliegen. Der Test ist also dann positiv, wenn man nichts sieht!

12.6.7 Der Western Blot

Mit dem Western Blot kann man ebenfalls Antikörper aus dem Serum eines Patienten nachweisen. Dazu wird ein Antigen zunächst denaturiert und damit in verschiede Untereinheiten zerteilt. Diese trennt man dann in einer **Polyacrylamid-Gelelektrophorese** (s. S. 96) nach ihrem Molekulargewicht auf

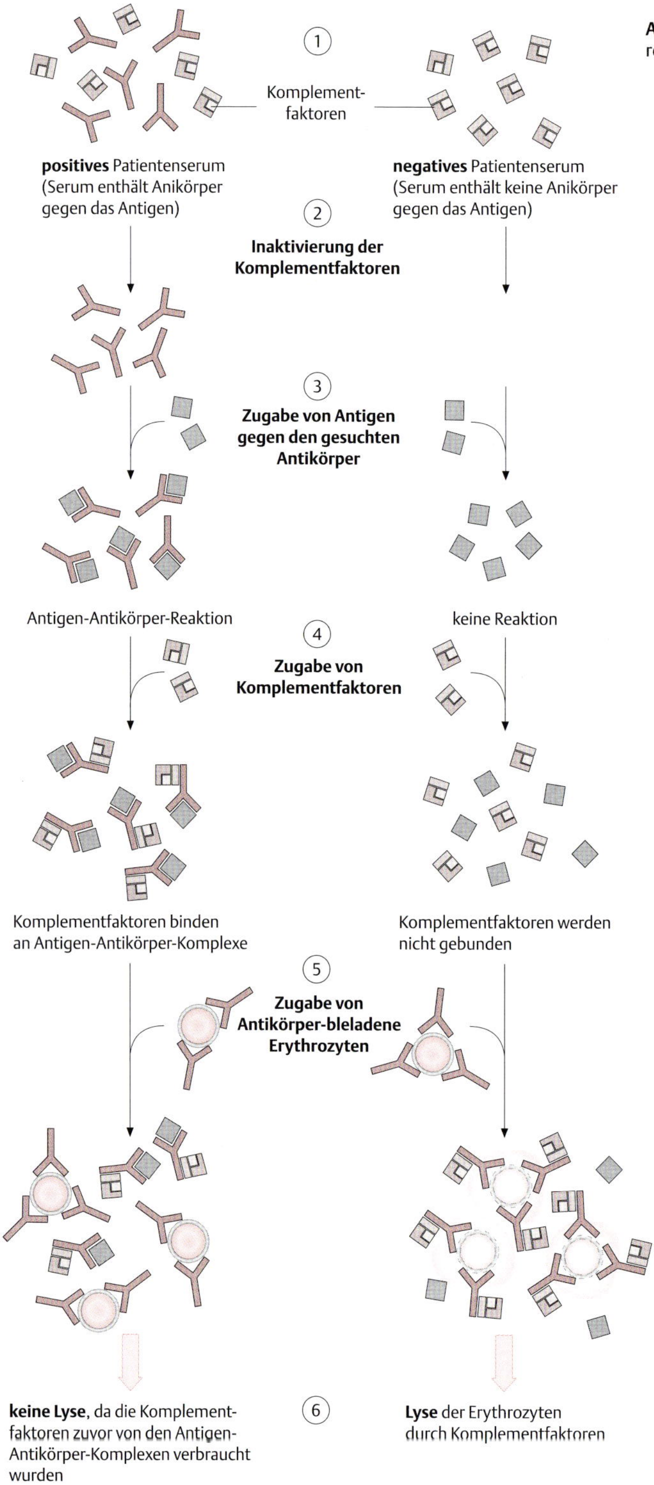

Abb. 12.21 Prinzip der Komplementbindungsreaktion (KBR, zu den Schritten 1–6 siehe Text)

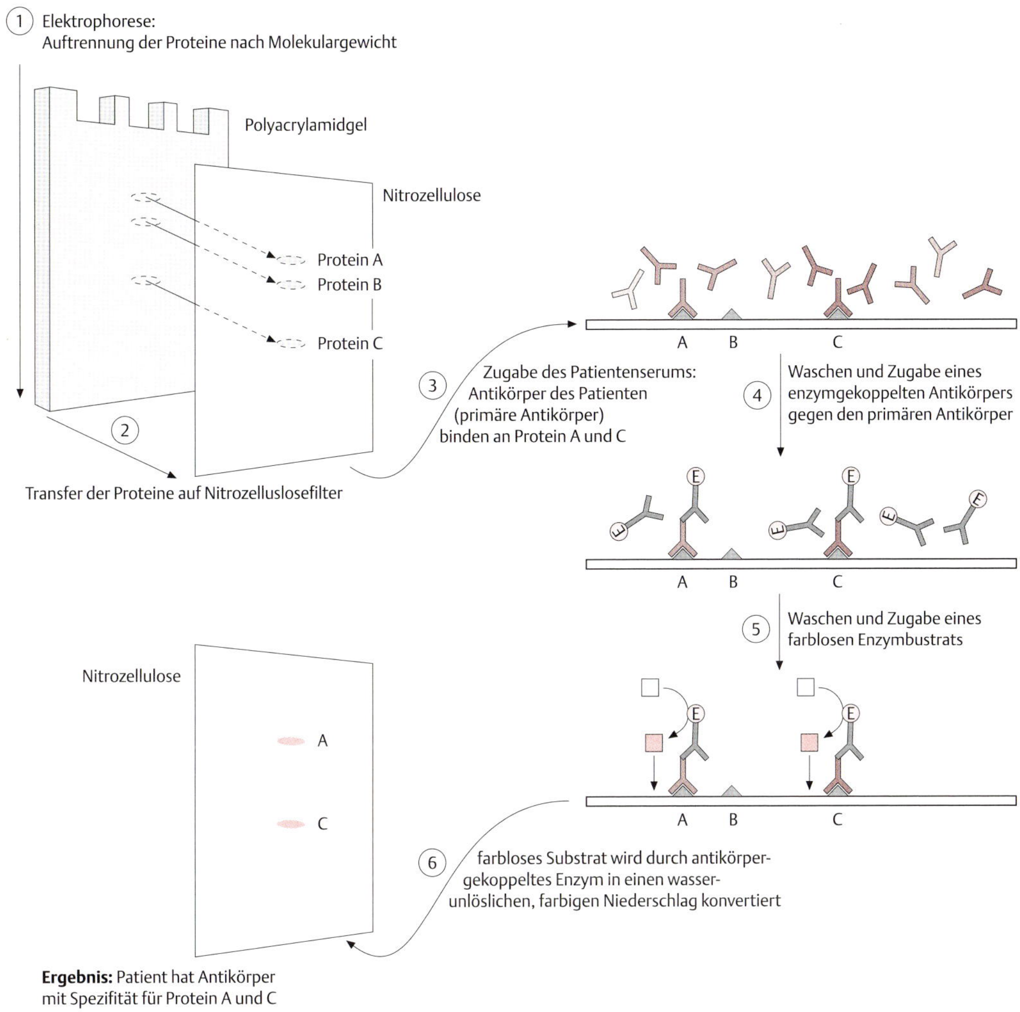

Abb. 12.22 Prinzip des Western Blot zum Nachweis von Antikörpern im Patientenserum (zu den Schritten 1– 6 siehe Text)

(Schritt 1 in **Abb. 12.22**). In einem zweiten Schritt werden die aufgetrennten Untereinheiten (in **Abb. 12.22** Protein A, B und C) auf **Nitrozellulose** übertragen (2). Nun gibt man das Patientenserum **(primärer Antikörper)** auf die Nitrozellulose. Die Proteine werden von den Antikörpern aus dem Blut des Patienten gebunden (3). Nach dem Auswaschen ungewünschter Partikel gibt man wie beim ELISA den enzymgebundenen **sekundären Antikörper** gegen die Patienten-Antikörper hinzu (4). Nach erneutem Waschen fügt man schließlich ein Substrat bei (5), das durch das gebundene Enzym in einen Farbstoff umgewandelt wird (6). Der Farbstoff wird als Bande auf der Nitrozellulose sichtbar. Im vorliegenden Beispiel enthält das Patientenserum Antikörper gegen Protein A und C, nicht jedoch gegen Protein B.

Beachte: Außer dem Western Blot gibt es auch noch den Northern und den Southern Blot als Nachweismethode für RNA bzw. DNA (s. S. 417).

Check-up

✔ **Rekapitulieren Sie die verschiedenen immunologischen Nachweismethoden. Machen Sie sich klar, auf welchen Prinzipien sie beruhen.**

Kapitel 13

Zellbiologie

13.1 **Die Membranen** 357

13.2 **Die Zellorganellen und das Zytoskelett** 359

13.3 **Der Zellzyklus und die Apoptose** 365

ER auf Hochtouren

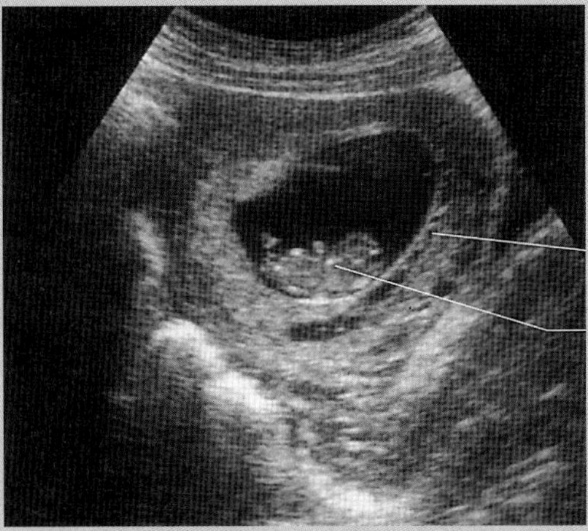

In dieser sonographischen Aufnahme erkennt man den Embryo (Kopf rechts), der in der Amnionhöhle liegt.

Jeder Teil der Zelle hat seine Aufgabe: Mitochondrien, Zellkern, Golgi-Apparat, Lysosomen... Von uns völlig unbemerkt läuft das Kraftwerk Mitochondrium. Proteine entstehen, Proteine werden abgebaut, und im Zellkern verdoppelt sich immer wieder die Desoxyribonukleinsäure (DNA). Manche Zellorganellen können sogar zu wahren „Hochtouren" auflaufen, beispielsweise das Endoplasmatische Retikulum (ER). Doch das kann, wie Thea spüren muss, Folgen haben ...

Rätselraten in der WG-Küche

Sebastian, Thea und Beatrice sitzen in der WG-Küche beim Frühstück. Sebastian erzählt gerade von dem Kinofilm, den er am Vortag gesehen hat, als Thea aufspringt und mit der Hand vor dem Mund zur Toilette rennt. Kurz darauf hört man Würgegeräusche und dann die Klospülung. Sebastian und Beatrice sehen sich betroffen an. „Das war nun schon mindestens das dritte Mal in dieser Woche", meint Sebastian. „Vielleicht ist es die Aufregung vor der Zwischenprüfung?" „Oder eine Nebenwirkung der Medikamente", schlägt Beatrice vor, die im fünften Semester Medizin studiert. Thea, die Ethnologiestudentin, hatte sich vor einigen Monaten während eines Praktikums in Afrika mit Tuberkulose infiziert. Die Aufregung war groß gewesen, die gesamte WG und andere Kontaktpersonen von Thea waren im Gesundheitsamt untersucht worden. Zum Glück war sonst niemand erkrankt. Thea bekam eine ganze Reihe von Medikamenten verordnet, die sie auch jetzt, nach etwa einem halben Jahr, noch einnehmen muss.

Ein Riesenzufall

Am Nachmittag klopft Beatrice an Theas Zimmertür. Thea sitzt über ihren Büchern. Nach einer Weile kommt Beatrice auf das Thema zu sprechen, das sie bewegt. „Wie geht's dir eigentlich?" „Ach, der übliche Prüfungsstress. Ich nehme zu, weil ich kiloweise Schokolade fresse." „Sag mal", fragt Beatrice vorsichtig, „könnte es sein, dass du schwanger bist?" Thea lacht laut auf. Sie nehme seit Jahren die Pille, nie sei etwas passiert. Zwar habe sie ihre Tage schon eine ganze Weile nicht mehr gehabt, aber das sei in Stresszeiten immer so gewesen.
Eine halbe Stunde später geht Beatrice in ihr Zimmer zurück. Auch sie muss noch lernen: Allgemeine Pharmakologie. Heute geht es um Arzneimittelelimination. Das Hauptorgan des Arzneimittelstoffwechsels ist die Leber. Dabei spielen die Enzyme des glatten ERs eine wichtige Rolle. Plötzlich ist Beatrice hellwach. Das ist ja ein Riesenzufall! Kurze Zeit später stürmt sie in Theas Zimmer. „Wie heißen deine Medikamente?" fragt sie. Thea zeigt ihr die Schachteln auf ihrem Nachttisch. Auf einer davon steht „Rifampicin".

Medikament + Pille = Schwangerschaft

Beatrice holt tief Luft und erklärt ihrer Freundin, was sie eben gelesen hat: Arzneimittel, aber auch Kontrazeptiva wie die Pille, werden im ER der Leberzelle abgebaut. Manche Medikamente können bewirken, dass sich das ER vermehrt. Dadurch werden diese, aber auch andere Arzneimittel, schneller abgebaut. Zu den Pharmaka, die diese Hypertrophie des glatten ERs bewirken, gehört auch das Tuberkulosemedikament Rifampicin. Und zu den Arzneimitteln, die dann ebenfalls schneller abgebaut werden, gehören auch Kontrazeptiva! D.h. wenn man Rifampicin (oder auch Penicillin oder Barbiturate) einnimmt, ist die Pille nicht mehr sicher.
Thea besorgt sich sofort einen Schwangerschaftstest aus der Apotheke. Das Ergebnis ist eindeutig: Sie ist schwanger. Die Frauenärztin bestätigt, dass Thea bereits im dritten Monat ist. Nach dem ersten Schock freuen sich Thea und ihr Freund auf das Kind. Und ein halbes Jahr später kommt Leon – gesund und munter – auf die Welt.

13 Zellbiologie

13.1 Die Membranen

Lerncoach
Im folgenden Kapitel ist es wichtig, dass Sie sich den grundlegenden Aufbau von Membranen gut einprägen, da dieses Wissen für das Verständnis der Transportvorgänge über die Membran Voraussetzung ist.

13.1.1 Überblick und Funktion

Alle Zellen sind durch Membranen vom extrazellulären Raum getrennt. Die Membran dient also der Begrenzung der Zellen und wird **Plasmamembran** genannt. In den Zellen werden verschiedene Zellorganellen wiederum von Membranen umschlossen (s. S. 359). So entsteht eine Barriere zwischen den **Zellorganellen** und dem wässrigen Zytosol. Man bezeichnet die Zellorganellen auch als **Kompartimente**. Die Membranen hier sind meist einfach (Ausnahme: Mitochondrien und Zellkern besitzen eine Doppelmembran).

Grundsätzlich dienen Membranen der Abgrenzung von verschiedenen Kompartimenten. Um jedoch trotzdem eine Interaktion zwischen einzelnen Kompartimenten aufrechtzuerhalten, gibt es in den Membranen verschiedene Transportsysteme und Rezeptoren, die aus Proteinen aufgebaut sind.

13.1.2 Der Aufbau zellulärer Membranen (Plasmamembran)

Die Plasmamembran besteht aus einer kontinuierlichen **Doppelschicht** aus **Lipiden**, in die Proteine eingebettet sind. Einige Membranen tragen zusätzlich auf der Außenseite Kohlenhydrate. Die Lipide dienen hauptsächlich als Wasser-Barriere, **Proteine** als Vermittler zwischen den Kompartimenten und **Kohlenhydrate** bilden die Glykokalix (s. S. 19).

Die Membranen sind **asymmetrisch** aufgebaut, d. h. die Zusammensetzung der inneren und äußeren Lipidschicht ist unterschiedlich.

13.1.2.1 Lipide

Die Membranen sind aus einer **Lipiddoppelschicht** aufgebaut, deren Hauptbestandteil die Phospholipide bilden (daher auch der Name Phospholipidmembran). Zu den typischen Phospholipiden in der Plasmamembran zählen **Lecithin** und **Kephaline** (s. S. 71). Die **Phospholipide** haben sowohl einen lipophilen als auch einen hydrophilen Anteil, sie sind also **amphiphil**. Durch diese Polarität ergibt sich der Aufbau einer typischen Membran: Die hydrophilen Köpfe zeigen nach außen und die lipophilen Schwänze nach innen. Diese innere Schicht bildet die Wasserbarriere zwischen den Zellen bzw. zwischen den Zellorganellen und dem Zytosol.

Aus den Phospholipiden der Membran können durch Phospholipasen sog. **second messenger** abgespalten werden, die für den intrazellulären Informationsfluss sorgen. So spaltet z. B. die Phospholi-

Abb. 13.1 Aufbau der Zellmembran

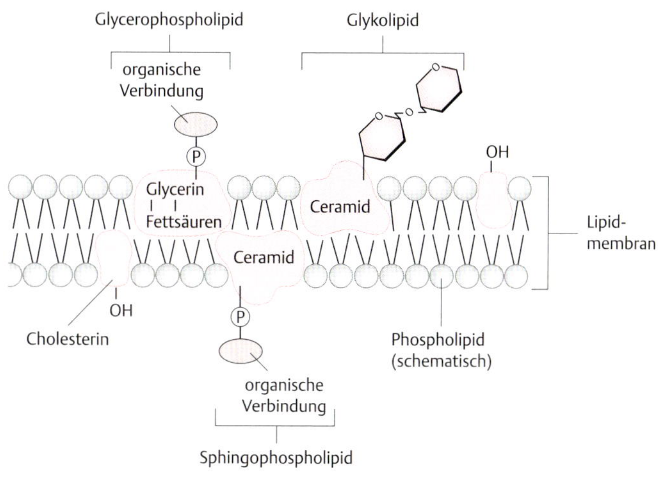

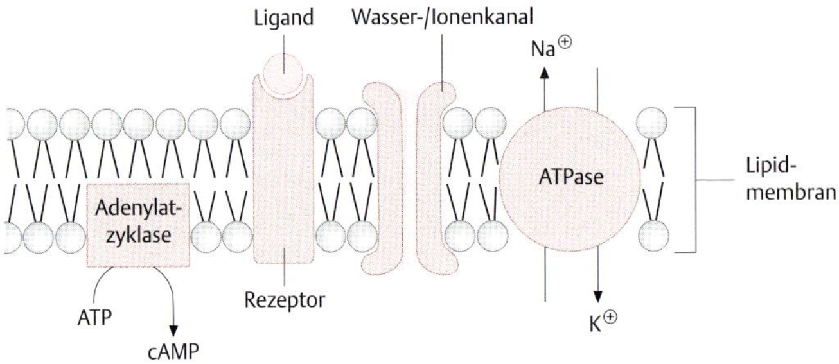

Abb. 13.2 Membrantransport durch Membranproteine

pase C aus Phosphatidyl-inositol-4,5-bisphosphat (PIP_2) die second messenger Diacylglycerol **(DAG)** und Inositol-tri-phosphat **(IP_3)** ab.

Ein weiterer wichtiger Bestandteil der Membranen ist **Cholesterin**. Es kommt in den Membranen nur **unverestert** vor.

Die einzelnen Membrankomponenten werden durch hydrophobe Wechselwirkungen und schwache van-der-Waals-Kräfte zusammengehalten und sind im Fluß bzw. gegeneinander beweglich (**Fluidität** der Membran). Das in der Membran vorkommende Cholesterin nimmt darauf Einfluss: Es erhöht die Fluidität eng gepackter fester Membranen und verfestigt Membranen, die durch einen hohen Gehalt an ungesättigten Lipiden relativ flüssig sind.

13

13.1.2.2 Proteine

Die Proteine können als **integrale Membranproteine** oder membran-assoziierte Proteine vorkommen. Integrale Membranproteine durchspannen die gesamte Membran mit einer oder mehreren Transmembrandomänen (TMD) und verbinden Extra- und Intrazellularraum, während **membran-assoziierte Proteine** nur auf einer Seite an die Membran gebunden sind. Die Proteine sind in der Membran beweglich und können lateral verschoben werden **(Abb. 13.2)**.

Die integralen Membranproteine sorgen dafür, dass trotz der Barriere eine **Interaktion** zwischen Extra- und Intrazellularraum oder den verschiedenen Kompartimenten möglich ist. Zu diesen Proteinen zählen u. a. die **Transportproteine** oder **Rezeptoren**.

Die Transportproteine

Die sog. Transporter erkennen und binden zu transportierende Moleküle und helfen ihnen durch die Membran. Sie sind meist selektiv für bestimmte Stoffe und auch für die Richtung des Transports. Dies soll an einem Beispiel dargestellt werden: Die **Glucose-Transportproteine** (GLUT; 12 TMD) ermöglichen die Aufnahme von Glucose in die Zelle über den Mechanismus der erleichterten Diffusion bzw. Carrier-vermittelten Diffusion.

Die basolateral lokalisierte Na^+/K^+-ATPase ist dagegen ein typisches Beispiel für einen Antiport (Natrium raus aus der Zelle, Kalium rein in die Zelle) und zählt zudem zu den primär aktiven Transportmechanismen, da bei dem Vorgang direkt ATP verbraucht wird. Ein sekundär aktiver Transportmechanismus liegt z. B. bei der Resorption von Aminosäuren vor. ATP wird hier nicht direkt verbraucht, sondern vorher von der Na^+/K^+-ATPase beim Aufbau eines Konzentrationsgradienten. Mit Hilfe dieses Gradienten werden dann (sekundär) z. B. Aminosäuren resorbiert (s. S. 244).

Die Proteine als membranständige Rezeptoren

Über membranständige Rezeptoren kann ein extrazelluläres Signal (z. B. ein hydrophiles Hormon) seine Wirkung nach intrazellulär vermitteln ohne selbst in die Zelle zu gelangen. In diesen Fällen schließt sich an **die Bindung des Hormons** an den Rezeptor eine weitere Kaskade aus Signalstoffen und Enzymen an.

Beispiel: Adrenalin bindet an einen **Adrenorezeptor**, es kommt zur Interaktion mit einem G-Protein und einer Adenylatzyklase. Der second messenger cAMP entsteht und vermittelt z. B. die Calciumausschüttung und damit die Kontraktion des Skelettmuskels.

Die Membran-assoziierten Proteine

Die Membran-assoziierten Proteine sind nur mit einer Seite der Membran verbunden. Dabei dienen oft Fettsäuren oder aber die Membranproteine selbst als kovalente Verknüpfung. Ein Beispiel hierfür sind die oben genannten G-Proteine. Sie liegen an der innern Seite der Membran und sind an einen Rezeptor gekoppelt. G-Proteine spielen eine wichtige Rolle in der Signaltransduktion.

Klinischer Bezug

Kugelzellanämie (Sphärozytose): Der **Kugelzellanämie** liegt ein angeborener **Membrandefekt** zu Grunde. Die membran-assoziierten Proteine, die in Erythrozyten ein Membranskelett bilden, werden nicht ausreichend synthetisiert. Daraus folgt eine **Störung der Barriere** und Natrium und Wasser strömen in den Erythrozyten, es kommt zur **Kugelform** des Erythrozyten. Diese Sphärozyten werden von der Milz abgefangen und frühzeitig abgebaut. Die Symptome der **Hämolyse** sind Anämie, Ikterus und Milzvergrößerung. Die einzige Therapieoption besteht in einer Entfernung der Milz.

13.1.2.3 Kohlenhydrate

Die Glykokalix ist ein Saum auf der Zelloberfläche, der v.a. von den Polysaccharidketten der Glykosphingolipide und der Glykoproteine der Plasmamembran gebildet wird. Da die Struktur des Polysaccharids die Spezifität bestimmt, dient der Kohlenhydratrest auch der **Zellerkennung**.

Beispiel: Die **Blutgruppenantigene** sind durch Kohlenhydratketten definiert und werden über einen Lipidanker in der Membran gehalten (s. S. 309).

MERKE

Kohlenhydratreste kommen nur in der äußeren Lipidschicht der Membran vor und ragen in den extrazellulären Raum.

Check-up

✔ **Wiederholen Sie den Aufbau der Plasmamembran und machen Sie sich klar, wie Stoffe die Zellmembran überwinden können.**

13.2 Die Zellorganellen und das Zytoskelett

Lerncoach

Die „Aufenthaltsorte“ der einzelnen Enzyme werden gerne gefragt, achten Sie deshalb darauf, in welchen Kompartimenten welche Stoffwechselreaktionen stattfinden.

13.2.1 Der Überblick

Im Zytosol einer eukaryontischen Zelle befinden sich zahlreiche intrazelluläre Organellen wie der Zellkern, die Mitochondrien, das endoplasmatische Retikulum oder der Golgi-Apparat, die verschiedene Funktionen übernehmen **(Abb. 13.3)**.

Weiterhin verfügen alle eukaryonten Zellen über ein sog. Zytoskelett, das an der Formerhaltung der Zelle, der Zellteilung und der Zellmotilität beteiligt ist. Es setzt sich aus dünnen, dicken und intermediären Filamenten zusammen, die aus Aktin, Tubulin und verschiedenen anderen Filament-Proteinen bestehen.

13.2.2 Der Zellkern (Nukleus)

13.2.2.1 Der Aufbau

Der Zellkern ist Bestandteil aller eukaryontischen Zellen und enthält das Erbgut, die DNA. Er wird von einer Membran umgeben, die Teil des endoplasmatischen Retikulums ist. So ergibt sich eine Doppelmembran, deren Intermembranraum ER-Lumen darstellt. In dieser Struktur sind Kernporen für den Durchtritt von Molekülen vorhanden, die nicht „offen“ sind, sondern den Durchtritt (RNA-Moleküle, Proteine) streng kontrollieren **(Abb. 13.3)**.

Der Nukleolus

Im Zellkern befindet sich auch der Nukleolus (Kernkörperchen). Er besitzt keine eigene Membran und ist vom Erbgut, das in kompakter Form als **Heterochromatin** vorliegt, umschlossen (perinukleäres Heterochromatin). Ebenfalls kompaktes Heterochromatin findet sich in der Peripherie, an der Innenseite der Kernmembran. Zwischen den Ansammlungen des Heterochromatins befindet sich das locker gepackte **Euchromatin** **(Abb. 13.4)**.

Im **Nukleolus** werden die ribosomale RNA (rRNA) sowie NAD^+ synthetisiert. Die **rRNA** wird als größere Vorstufe prä-rRNA synthetisiert und anschlie-

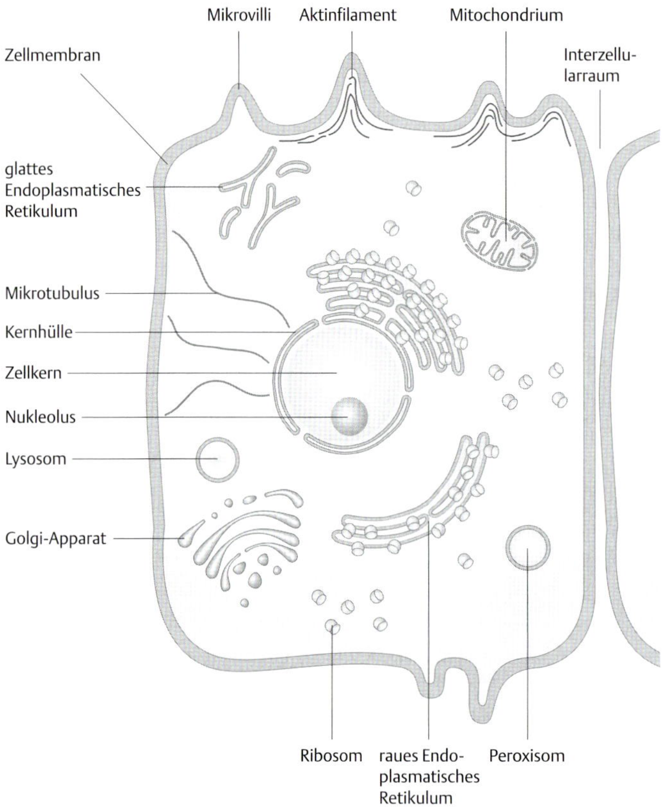

Abb. 13.3 Aufbau der tierischen Zelle

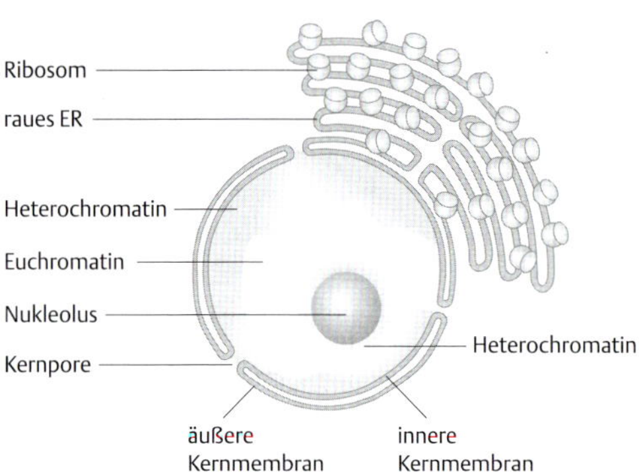

Abb. 13.4 Nukleus: idealisierte Darstellung eines Schnitts durch den Zellkern

ßend prozessiert. Sie bildet mit Proteinen ribosomale Untereinheiten. Diese Untereinheiten lagern sich im Zytosol mitsamt der mRNA zu den „Proteinfabriken" (Ribosomen) zusammen. Die rRNA dient der mRNA-Bindung am Ribosom für die Translation.

NAD$^+$ wird aus dem Vitamin Niacinamid aufgebaut (s. S. 183). Die Vorstufen für die NAD$^+$-Synthese werden in den Zellkern importiert und NAD$^+$ wieder exportiert. Es ist ein wichtiges **Coenzym** bei katabolen Redox-Reaktionen. Als Ausnahme unter den sonst essenziellen Vitaminen kann die Aminosäure Tryptophan als Provitamin als Synthesevorstufe für NAD$^+$ dienen. Beachte: Tryptophan ist in vielen Nährstoffen enthalten, jedoch nicht in Mais.

Die Kernporen

Die **Kernporen** dienen dem Transport von Molekülen in den Zellkern hinein oder aus dem Zellkern heraus. Proteine, die in den Zellkern gelangen sollen (Import), werden im Zytosol an freien Ribosomen synthetisiert. Um ihren Bestimmungsort zu erreichen, enthalten diese Proteine eine sog. **Kernlokalisationssequenz**. Substrate (einschließlich Proteine), die aus dem Kern ausgeschleust werden sollen (Export), enthalten **Kernexportsequenzen**. Diese Signalsequenzen werden von spezifischen Transportfaktoren erkannt und gebunden. Bei den Transportfaktoren handelt es sich um die **Caryopherine** (Exportine und Importine). Der Komplex aus Protein und Transportfaktor wird dann im nächsten Schritt durch die Kernpore geleitet. Hier spielt ein weiteres Protein eine wichtige Rolle: **Nucleoporine**, die sich an der Öffnung der Kernporen befinden, „begleiten" das Protein samt Transportfaktor in den Zellkern **(Abb. 13.5)**.

Importiert werden vor allem Moleküle, die für die Lagerung der DNA sowie Replikation und Transkription verwendet werden. Dazu zählen u. a. die **Histonproteine** und auch **(d)NTPs**, Transkriptionsfaktoren und *Snurps*-**Proteine** (s. S. 396).

Zu den Molekülen, die im Zellkern synthetisiert und im Zytosol benötigt werden, zählen z. B. **rRNA, tRNA** und **mRNA**, die für die Translation benötigt werden.

13.2.2.2 Die Funktion

Der Zellkern enthält in Form von doppelsträngiger **DNA** das Erbgut der Zelle. Im Zellkern finden die Replikation statt, d. h. die identische Verdoppelung der DNA für die Zellteilung, und die Transkription, bei der ein bestimmter Bereich der DNA abgeschrieben und in eine messenger RNA (mRNA) übersetzt wird (s. S. 393).

13.2.3 Das endoplasmatische Retikulum (ER)

13.2.3.1 Der Aufbau

Man unterscheidet das **raue** und das **glatte endoplasmatische Retikulum**. Beide sind von einer Membran umgeben und bestehen aus Zisternen, die ein Netzwerk in der Zelle ausbilden. Das endoplasmatische Retikulum ist Teil der Kernhülle und kommuniziert mit dem Golgi-Apparat. Das **raue endoplasmatische Retikulum** ist mit **Ribosomen** besetzt, das glatte endoplasmatische Retikulum nicht.

13.2.3.2 Die Funktion

Im **rauen endoplasmatischen Retikulum** findet die **Proteinbiosynthese** der Membranproteine, Sekretproteine sowie von Proteinen des ER, des Golgi-Apparates und der Lysosomen statt. Bei dieser Translation findet sich als Besonderheit am N-terminalen Ende der Proteinkette eine Verlängerung, das **Signalpeptid**. Es besteht hauptsächlich aus hydrophoben Aminosäuren und dient als Einfädelungssequenz ins endoplasmatische Retikulum,

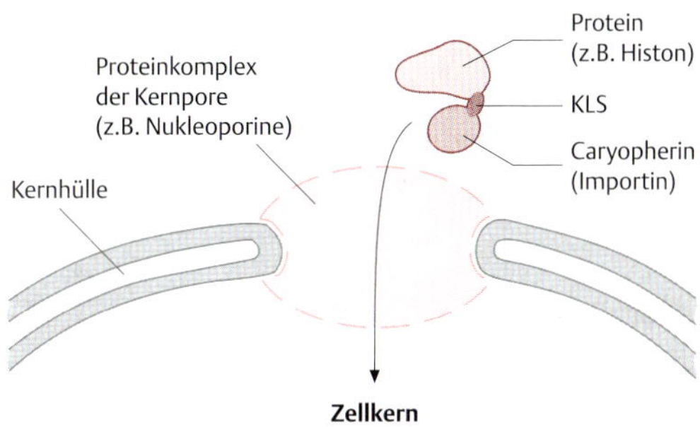

Abb. 13.5 Transport durch die Kernporen (KLS = Kernlokalisierungssequenz)

wo dann die Abspaltung des Signalpeptids stattfindet (vgl. S. 404). Im endoplasmatischen Retikulum wird das Protein posttranslational modifiziert, hier erfolgt z. B. die Verknüpfung von Zuckerresten von Dolicholphosphat auf einen Asparaginrest der wachsenden Peptidkette (N-Glykane, s. S. 19).

Das **glatte endoplasmatische Retikulum** ist besonders in der Leber kräftig ausgebildet. Hier befinden sich die Enzyme der **Biotransformation**, die den Abbau von lipophilen Substanzen katalysieren (Phase I- und Phase II-Enzyme, s. S. 258) und Enzyme des Hämabbaus. Außerdem ist im endoplasmatischen Retikulum der Leber das Enzym **Glucose-6-phosphatase** lokalisiert, das der Leber die Synthese von freier Glucose ermöglicht, die ans Blut abgegeben werden kann. Am glatten endoplasmatischen Retikulum werden außerdem die **Phospholipide** synthetisiert. Damit spielt es eine wichtige Rolle für die Biogenese der zellulären **Membranen**.

13

MERKE

Am glatten endoplasmatischen Retikulum werden keine Proteine, aber Phospholipide für den Membranaufbau, synthetisiert.

13.2.4 Der Golgi-Apparat

13.2.4.1 Der Aufbau

Der Golgi-Apparat befindet sich in der Nähe des Zellkerns und ist aus mehreren Schichten aufgebaut, die alle von einer Membran umgeben sind. Man spricht hier von abgeflachten Zisternen, die in ***cis*-, mediale** und ***trans*-Golgi-Zisternen** unterteilt werden **(Abb. 13.6)**.

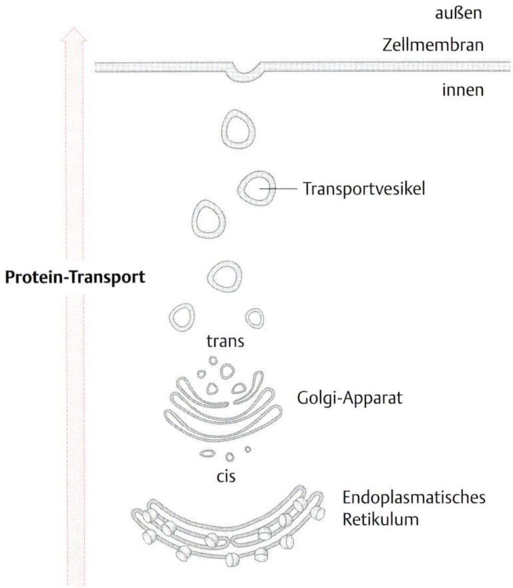

Abb. 13.6 Proteintransport im Golgi-Apparat

13.2.4.2 Die Funktion

Im Golgi-Apparat kommen die entsprechenden Proteine über vesikularen Transport vom ER her an und werden hier weiter modifiziert, indem die Glykanreste modifiziert werden. Die synthetisierten **Glykoproteine** werden von *cis* in Richtung *trans* transportiert. Die cis-Seite stellt die „Landebahn" für die synthetisierten Proteine dar, auf dem Weg zur *trans*-Seite werden sie modifiziert und sortiert. Dort angekommen werden die Proteine in **Vesikel** verpackt und heben sozusagen an der *trans*-Seite wieder ab. Da die Golgi-Zisternen keine Kontinuität besitzen, erfolgt der Transport von *cis* über *medial* nach *trans* ebenfalls über vesikularen Transport.

13

13.2.5 Die Lysosomen

13.2.5.1 Der Aufbau

Lysosomen sind von einer Membran umschlossene Zellorganellen, die **hydrolytische Enzyme** enthalten. Diese Enzyme haben ihr pH-Optimum bei 5 und sind somit saure Hydrolasen. Sie werden am rauen endoplasmatischen Retikulum gebildet und gelangen in den Golgi-Apparat. Dort werden sie glykosyliert und aktiviert, indem der Zuckerrest zusätzlich noch phosphoryliert wird. Die Proteine erhalten einen **Mannose-6-phosphat-Rest** als „Adresse" und binden an einen Mannose-6-phosphat-Rezeptor in der Membran des Golgi-Apparats. Diese Bindung führt dann zu Abschnürung der Vesikel, den **primären Lysosomen**.

Die Vesikel enthalten die Hydrolasen, die abzubauenden Substrate werden mittels Endozytose oder Autophagozytose ebenfalls in Vesikeln angeliefert. Diese Vesikel fusionieren mit dem Primären Lysosom und es entsteht ein **sekundäres Lysosom**, in dem dann der hydrolytische Abbau stattfindet.

13.2.5.2 Die Funktion

In den Lysosomen werden von außen aufgenommene (endozytierte) Moleküle enzymatisch gespalten und die einzelnen Bausteine der Zelle zur Verfügung gestellt. Auch intrazelluläre Moleküle werden „zerkleinert". Zuständig für den Abbau der Moleküle sind saure Hydrolasen. Folgende Hydrolasen sind u. a. in den Lysosomen enthalten:

- Peptidasen (Cathepsine)
- Glucosidasen, Glucuronidasen
- Ribonukleasen
- Lipasen
- Sulfatasen
- saure Phosphatasen.

MERKE

In den Lysosomen findet z. B. der Abbau der LDL-Lipoproteine statt (s. S. 76).

13.2.6 Die Mitochondrien

13.2.6.1 Der Aufbau

Mitochondrien besitzen eine **Doppelmembran**, von der die innere Membran mehrmals schlauchförmig eingestülpt ist. So wird die Oberfläche der Membran extrem stark vergrößert (**Abb. 13.7**). Zwischen den beiden Membrananteilen liegt der Intermembranraum, während der Matrixraum den Innenraum darstellt. In den Innenraum ragen die Vorwölbungen der inneren Membran, die so genannten **Cristae**.

Beachte: Die innere Mitochondrienmembran weist Besonderheiten auf: Sie enthält kein Cholesterin, aber dafür das Phospholipid Cardiolipin. Aufgrund dieser anderen Zusammensetzung ist die **innere Membran** selbst für kleine Moleküle **undurchlässig**. Porine in der äußeren Membran erlauben hingegen den Austausch kleinerer Moleküle.

MERKE

Die innere Mitochondrienmembran enthält praktisch kein Cholesterin.

Der Aufbau der Mitochondrien ähnelt dem Aufbau von anderen Mikroorganismen: so besitzen Mitochondrien eine **eigene DNA** in Form eines ringförmigen doppelsträngigen **DNA-Plasmids** und sind zur Proteinbiosynthese fähig. Sie enthalten eigene rRNA, tRNA, mRNA und Ribosomen, die hinsichtlich ihrer Größe dem prokaryontischen Aufbau entsprechen. Aus dieser Beobachtung entwickelte sich die sog. **Endosymbionten-Theorie**: Die Mitochondrien sind als eigenständige Mikroorganismen in tierische Organismen eingedrungen und im Laufe der Evolution zu festen Bestandteilen der Zellen geworden.

Die mitochondriale DNA spielt bei der Proteinbiosynthese nur eine untergeordnete Rolle. Die meisten Enzyme für die mitochondrialen Stoffwechselwege sind auf der DNA des Zellkerns codiert und werden im Zytosol synthetisiert.

Mitochondrien werden **maternal** vererbt, da die „männlichen" Mitochondrien der Samenzelle nicht in die Eizelle mit eindringen.

13.2.6.2 Die Funktion

In der **inneren Mitochondrienmembran** finden sich die Komplexe I-V der **Atmungskette** (s. S. 132), die essenziell für den Organismus sind um Energie in Form von ATP zu gewinnen. Man nennt die Mitochondrien deshalb auch die **„Kraftwerke der Zelle"**. Da bei diesem Vorgang Sauerstoff verbraucht wird („Zellatmung"), kann er nur unter aeroben Bedingungen stattfinden. Durch die große Oberfläche der inneren Membran kann die Atmungskette verstärkt ablaufen.

Der katabole (abbauende) Weg der Glucose-Verstoffwechslung läuft ab dem Pyruvat in der Mitochondrienmatrix ab: Sowohl der **Pyruvatdehydrogenase**-Komplex als auch die Enzyme des **Citratzyklus** befinden sich im Matrixraum des Mitochondriums. Die dort reduzierten Coenzyme ($NADH+H^+$ und $FADH_2$) werden in die Atmungskette eingeschleust.

Der katabole Stoffwechselweg der Fettsäuren über die **β-Oxidation** findet ebenfalls komplett im Mitochondrium statt. Auch hier dienen die reduzierten

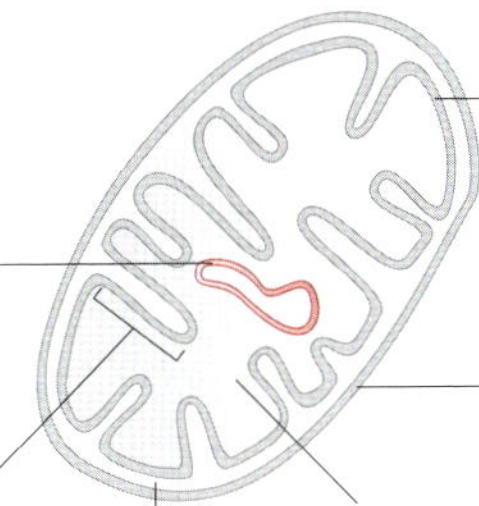

Abb. 13.7 Mitochondrium

Coenzyme der ATP-Bildung über die Atmungskette. Die reduzierten Coenzyme werden über den Komplex I ($NADH+H^+$) bzw. Komplex II ($FADH_2$) in die Atmungskette eingeschleust. Hierbei ist zu beachten, dass FAD im Gegensatz zu NAD^+ eine prosthetische Gruppe darstellt und deshalb fest mit dem Enzym verbunden ist. Da $FADH_2$ immer über den Komplex II die Atmungskette speist, müssen sich die FAD-abhängigen Enzyme auch stets im Mitochondrium befinden (s. S. 134). $NADH+H^+$ hingegen kann im Zytosol entstehen, sich vom Enzym lösen und über den Malat-Aspartat-Shuttle die H^+ übertragen.

MERKE

FAD-assoziierte Enzyme sind direkt mit dem Komplex II der Atmungskette verbunden und befinden sich stets im Mitochondrium.

Es gibt weitere Stoffwechselwege, die komplett im Mitochondrium ablaufen, dazu zählt z. B. die **Ketogenese** in der Leber. Zusätzlich finden im Mitochondrium Teilreaktionen vieler anderer Stoffwechselwege statt (Gluconeogenese, Harnstoffzyklus, Hämbiosynthese).

Klinischer Bezug

Mitochondrial bedingte Krankheiten: Diese maternal vererbten Erkrankungen sind durch Mutationen oder Deletionen der mitochondrialen DNA verursacht. Durch die ubiquitäre Bedeutung der Mitochondrien für den oxidativen Stoffwechsel ergibt sich eine vielfältige Symptomatik, die zumeist schon im Jugendalter auftritt.

Zu diesen Erkrankungen zählt u. a. das **MELAS-Syndrom**: *M*itochondriale Muskelschwäche, *E*nzephalopathie mit Krampfanfällen, *L*aktat*a*zidose und rezidivierende *S*chlaganfälle. Die Therapie besteht in der Verhinderung von Komplikation, wie der Gabe von Antiepileptika.

13.2.7 Die Peroxisomen

13.2.7.1 Der Aufbau

Die Peroxisomen sind von einer einfachen Membran umgeben und enthalten verschiedene Enzyme. Durch **oxidative Reaktionen** findet in ihnen eine „**Entgiftung**" statt. In den letzten Jahren sind jedoch noch viele weitere Stoffwechselwege im Peroxisom bekannt geworden.

13.2.7.2 Die Funktion

Peroxisomen enthalten Enzyme, die oxidativ auf die Substrate wirken. Hierbei entsteht oftmals Wasserstoffperoxid (daher auch die Namensgebung), das dann durch die **Katalase** in Wasser und Sauerstoff zerlegt wird. Da dies nur in Anwesenheit von Sauerstoff stattfindet, spricht man von oxidativen Vorgängen.

Wichtig für den Zellstoffwechsel ist die Fähigkeit der Peroxisomen, Fettsäuren über die **β-Oxidation** abzubauen. Fettsäuren, die aus **mehr als 18 C-Atome** bestehen, werden auf diese Weise vom menschlichen Organismus in den Peroxisomen abgebaut (und nicht im Mitochondrium!). Zudem werden die **Gallensäuren** in den Peroxisomen aus Cholesterin hergestellt (s. S. 257).

13.2.8 Das Zytoskelett und die extrazelluläre Matrix

Das Zytoskelett ist an der Formerhaltung der Zelle, der Zellteilung und der Zellmotilität beteiligt. Es setzt sich aus dünnen, dicken und intermediären Filamenten zusammen, die aus Aktin, Tubulin und verschiedenen anderen Filament-Proteinen bestehen.

13.2.8.1 Die Aktinfilamente (Mikrofilamente)

Aktin ist ein globuläres (kugeliges) Protein, das sowohl als Monomer als auch als Polymer vorkommt. Es bildet mit einer Vielzahl aktinbindender Proteine ein Netzwerk und übernimmt so unterschiedliche Aufgaben:

- In Thrombozyten sind Aktinfilamente mit Proteinen der Zellmembran assoziiert und für die Verformung der Zelle verantwortlich.
- In Muskelzellen können Aktinfilamente mit Myosinfilamenten interagieren und sind so für die Kontraktion einer Muskelzelle verantwortlich (s. S. 267).
- In Darmzellen sind Aktinfilamente an der Ausbildung der Mikrovilli beteiligt.

13.2.8.2 Die Mikrotubuli

Die Mikrotubuli sind Röhrensysteme, die sich aus Dimeren der globulären Proteine **α- und β-Tubulin** zusammensetzen. Diese Zylinder sind Bauelemente der Zentriolen und damit des Spindelapparats. Die Aufrechterhaltung der Struktur wird durch Mikrotubuli-assoziierte Proteine gewährleistet.

Die Mikrotubuli dienen oft als „Gleise" für verschiedene Transportvorgänge (auch Endo- und Exozytose) und halten die Zellorganellen in ihrer Position.

Colchicin, ein Alkaloid der Herbstzeitlosen, bindet an die Tubulindimere und verhindert so eine normale Ausbildung der Mikrotubuli. Die korrekte Ausbildung des Spindelapparats ist dann nicht mehr möglich, eine Zellteilung findet nicht statt (s. S. 384). Colchicin war die erste Substanz, die als Zytostatikum eingesetzt wurde.

13.2.8.3 Die Intermediärfilamente

Intermediärfilamente sorgen für die Stabilität der Zellen. Sie unterscheiden sich in ihrem Aufbau, der jeweils für bestimmte Zelltypen charakteristisch ist, und haben unterschiedliche Funktionen. Intermediärfilamente bilden lange Röhren, die sich oft zu Doppelhelices zusammenlagern. Hier einige Beispiele für Intermediärfilamente: Desmin kommt in Muskelzellen vor und ist am Aufbau der Z-Scheiben beteiligt, Zytokeratine wiederum sind typische Bestandteile epithelialer Zellen, Vimentin findet man in mesenchymalen Zellen.

Check-up

✔ **Wiederholen Sie den Aufbau und die Funktion der Zellorganellen.**

13.3 Der Zellzyklus und die Apoptose

Lerncoach
Der Ablauf und die Regulation des Zellzyklus gehören sowohl in der Biologie wie auch in der Biochemie zum Basiswissen. Dieses Wissen erleichtert Ihnen das Verständnis abweichender Reaktionen (z. B. unkontrolliertes Zellwachstum, vgl. S. 406).

13.3.1 Der Überblick

Proliferierende Zellen durchlaufen einen Teilungszyklus, der als Zellzyklus bezeichnet wird. Man unterscheidet vier verschiedene Phasen: G_1, S, G_2, M-Phase. Aus der G_1-Phase können Zellen in die G_0-Phase eintreten. Dort befinden Sie sich in einem Ruhezustand ohne Teilung, den sie auf Signal von außen durch Eintritt in die S-Phase wieder verlassen können.

Um die Zellzahl zu regulieren bzw. Zellzahlen konstant zu halten, müssen nicht nur die Zellproliferation und -differenzierung ungestört ablaufen, sondern Zellen müssen auch eliminiert werden können. Dies geschieht durch den programmierten Zelltod (Apoptose).

13.3.2 Der Ablauf des Zellzyklus

Der Zellzyklus wird in vier Phasen unterteilt: Nach ihrer Reihenfolge sind dies die **G_1, S, G_2 und M-Phase** (**Abb. 13.8**). Wenn die Zellen nicht den Zellzyklus durchlaufen, sondern ruhen, befinden sie sich in der **G_0-Phase**. Aus dieser Phase können sie unter bestimmten Voraussetzungen (z. B. Wirkung von Wachstumsfaktoren oder bei maligner Entartung) wieder in den Zellzyklus eintreten.

- Die **G_1-Phase** ist durch **Zellwachstum** und die **Synthese** von Proteinen gekennzeichnet.
- Erst wenn ausreichend Proteine synthetisiert wurden, geht der Zellzyklus in die **S-Phase** über, in der die **Replikation** des Erbguts stattfindet – aus dem diploiden Chromosomensatz wird in der Mitose ein tetraploider Chromosomensatz.
- Die folgende **G_2-Phase** dient der **Qualitätssicherung**, d. h. die Zelle überprüft, ob die Replikation vollständig und fehlerfrei beendet ist und bereitet die Mitose vor.

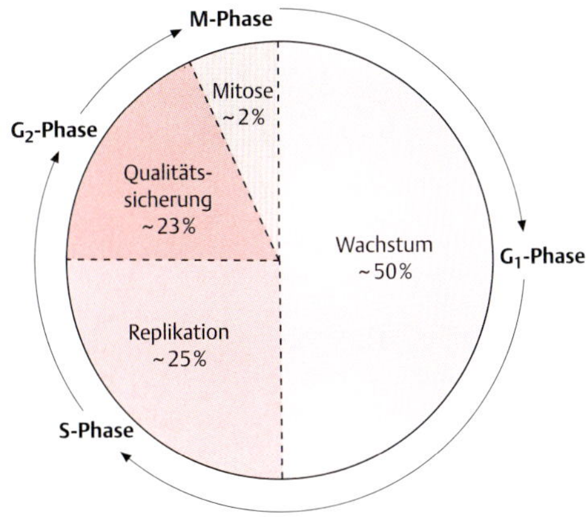

Abb. 13.8 Ablauf des Zellzyklus, die %-Angaben beziehen sich auf die Dauer der Phasen

- Die darauf folgende Mitose **(M-Phase)** entspricht der eigentlichen **Zellteilung**, der verdoppelte Chromosomensatz wird auf die zwei Tochterzellen aufgeteilt.

13.3.3 Die Regulation des Zellzyklus

Der Zellzyklus läuft unter strenger Kontrolle ab. Die Zellen verfügen über eine **innere Uhr**, bestehend aus **Cyclinen** und **Cyclin-aktivierten Kinasen** (CAK), die den reibungslosen Ablauf gewährleisten. Diese **endogenen Regulationsfaktoren** wirken im Zellkern und haben in verschiedenen Phasen Einfluss auf den Zellzyklus. Sie überprüfen außerdem an festgelegten **Kontrollpunkten**, ob die Zelle reif für die nächste Phase ist.

Auch **exogene Faktoren** beeinflussen den Zellzyklus. Hier spielen v. a. **Wachstumsfaktoren** eine wichtige Rolle, die mitogen wirken, und so die Mitose der Zelle fördern. Viele verschiedene Wachstumsfaktoren wirken über Bindung an einen membranständigen Rezeptor und setzen eine **Phosphorylierungskaskade** über G-Proteine und weitere Kinasen in Gang. Die gesamte Kaskade führt letztlich zu einer **Expression der Cycline**. Wachstumsfaktoren von außen haben also Einfluss auf die endogene Regulation (s. **Abb. 13.9**).

Störungen in beiden Systemen können zu **unkontrolliertem Zellwachstum und Zellteilung** und damit zu Tumorerkrankungen führen (s. S. 406). Besteht z. B. ein Überschuss an einem bestimmten Wachstumsfaktor, dann kommt es über die Phos-

13

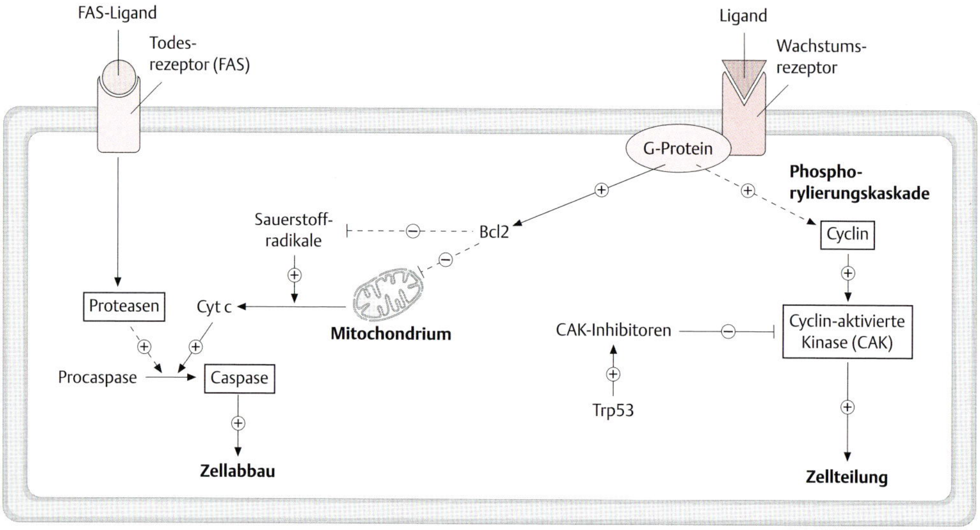

Abb. 13.9 Regulation des Zellzyklus und der Apoptose

phorylierungskaskade zu einem übermäßigen Wachstumsreiz mit vermehrtem Zellwachstum.

Die hier beschriebenen Wachstumsfaktoren, G-Proteine und Kinasen zählen zur Gruppe der **Protoonkogene**. Sie gehören zu den **normalen zellulären Genen**, können aber durch verschiedene **Mutationen** als Onkogene zu unkontrolliertem (Tumor-)-Wachstum führen (s. S. 409).

13

13.3.4 Die Apoptose (programmierter Zelltod)

Die Apoptose ist ein genetisch programmierter Zelltod, der gezielt einzelne Zellen im Körper eliminiert. So kommt es im Körper **physiologischerweise** zum Absterben von Zellen. Dieser Vorgang ist ebenso wie das Wachstum und die Zellteilung nötig, um ein ausgeglichenes Zell-Leben und damit z. B. die Größe eines Organs aufrechtzuerhalten. Die Apoptose unterliegt einer strengen Kontrolle. Beispiel: Prolaktin regt das Wachstum der Brustdrüse an und setzt die Milchproduktion in Gang. Der Abfall des Prolaktinspiegels nach dem Ende der Stillphase führt zur Apoptose einiger Brustdrüsen-Zellen und damit auch zur Größenabnahme der Brust.

Dass Apoptose lebensnotwendig ist, sieht man z. B. am Phänomen der Zerstörung von Immunzellen, die Autoantikörper produzieren. Ohne Apoptose würde sich der Körper selbst zerstören (s. S. 325).

13.3.4.1 Die Regulation der Apoptose

Die Apoptose wird ebenso wie der Zellzyklus durch **endogene** und **exogene Faktoren** gesteuert. An dem **exogenen** Weg sind membranständige Rezeptoren beteiligt, die sog. **Todesrezeptoren**. Nach Ligandenbindung kommt es auf der zytosolischen Seite des Rezeptors zu einer Signalweiterleitung über Proteasen, die ihrerseits die **Caspasen** (Cystein-Proteasen, die nach *Asp*artat schneiden) aktivieren.

Zu den Todesrezeptoren zählt das **Fas**-Protein, an dem der Fas-Ligand bindet und so die Aktivierung der Caspasen auslöst. Auch Zytokine, wie **TNF-α** (s. S. 341), können als Liganden ebenfalls an einen Rezeptor binden, der eine Todesrezeptor-Domäne enthält.

Zudem gibt es die Proteine der **bcl2-Familie**, die Einfluss auf die Apoptose nehmen. Einige Proteine aus dieser Familie (z. B. Bax) fördern die Apoptose, indem sie die Ausschleusung von **Cytochrom c** aus dem Mitochondrium **ins Zytosol** (deshalb auch mitochondrialer Weg genannt) vermitteln. Cytochrom C aktiviert im Zytosol wiederum die Caspasen und leitet somit die eigentliche **Zellzerstörung** ein **(Abb. 13.9)**.

Andere Proteine, wie bcl2 selbst, hemmen die Apoptose, indem sie die **Freisetzung** von Cytochrom c aus dem Mitochondrium **hemmen**.
An der **endogenen Aktivierung** der Apoptose ist vor allem das Protein **Trp53** (früher p53 genannt) beteiligt. Bei einer **Schädigung** der **DNA**, z. B. durch Chemikalien oder UV-Licht, steigt die Konzentration von Trp53. Es kommt zum Stillstand des Zellzyklus in der G_1-Phase und zur Induktion der Apoptose. Das Trp53-Protein wirkt als **Transkriptionsfaktor** und bewirkt die **Expression eines CAK-Inhibitors** – der Zellzyklus wird gestoppt und ein Arrest in der G_1-Phase herbeigeführt. So schützt sich die Zelle vor der Weitergabe fehlerhafter DNA und verhindert die Entstehung von Tumoren. Trp53 wird aus diesem Grund auch als **Tumorsuppressorprotein** bezeichnet (es „unterdrückt" den Tumor).

13.3.4.2 Der Zellabbau

Die aktivierten Caspasen spielen eine zentrale Rolle während des Zellabbaus. Sie spalten Proteine hinter Asparagin und führen zu einer Proteolyse der Zellproteine. Einige Caspasen aktivieren eine DNase, zudem kommt es zum Abbau der DNA und damit zur endgültigen Zerstörung der Zelle.
Morphologisch ist die Apoptose gekennzeichnet durch Veränderungen der Zellmembran, ein Schrumpfen des Zellkerns, Chromatinkondensation und Fragmentierung der DNA. Makrophagen erkennen diese apoptotischen Zellen und entsorgen sie mittels Phagozytose, eine Entzündungsreaktion tritt nicht auf.

Die Nekrose

Bei der Nekrose handelt es sich um einen umschriebenen (un-programmierten) Zelltod in einem lebenden Organismus, wobei hier ein deutlicher Unterschied zur Apoptose besteht. Die Nekrose findet immer dann statt, wenn die Zelle so stark beschädigt ist, dass es zu einem irreversiblen Ausfall aller Zellfunktionen kommt. Dann funktioniert kein „Programm" mehr und die Zelle geht zugrunde. Die aus der Zelle austretenden Stoffe verursachen häufig eine begleitende Entzündungsreaktion des umgebenden Gewebes.

Klinischer Bezug

Zerebraler Infarkt – Schlaganfall: Das Gehirn ist auf eine gleichmäßige Durchblutung zur **Sauerstoffversorgung** angewiesen. Eine Minderdurchblutung führt zu vielfältigen Symptomen. Dazu gehören motorische und sensible Ausfallserscheinungen, Sprachstörungen, aber auch Persönlichkeitsveränderungen. Die Patienten müssen teils in kürzester Zeit mit schweren **Behinderungen** leben.
Pathophysiologisch unterteilt man das betroffene Hirnareal in einen infarzierten und einen ischämischen Bezirk. Der ischämische Bezirk wird auch **Penumbra** genannt und ist bei frühzeitiger Behandlung noch zu „retten".
Während in dem infarzierten Bezirk die Zellen nekrotisieren und absterben, wird in den Zellen der Penumbra Apoptose induziert. Der **apoptotische Zelltod** tritt im Gegensatz zum nekrotischen verzögert auf, so dass durch eine **frühzeitige Reperfusion** die Möglichkeit besteht, das betroffene Hirnareal zu verkleinern und so die Symptome zu vermindern.

Check-up

- ✔ **Wiederholen Sie die Phasen des Zellzyklus und machen Sie sich klar, durch welche Mechanismen er gestört werden kann.**
- ✔ **Erklären Sie den Begriff Apoptose und grenzen Sie hiervon die Nekrose ab.**

Kapitel 14

Molekularbiologie

14.1 Die Chemie der Nukleotide 371

14.2 Die Chemie der Nukleinsäuren 380

14.3 Die Replikation der DNA 384

14.4 Die Transkription 392

14.5 Die Translation 398

14.6 Molekulare Onkologie 406

14.7 Gentechnik und Analyse von Nukleinsäuren 411

Ein Bauplanfehler

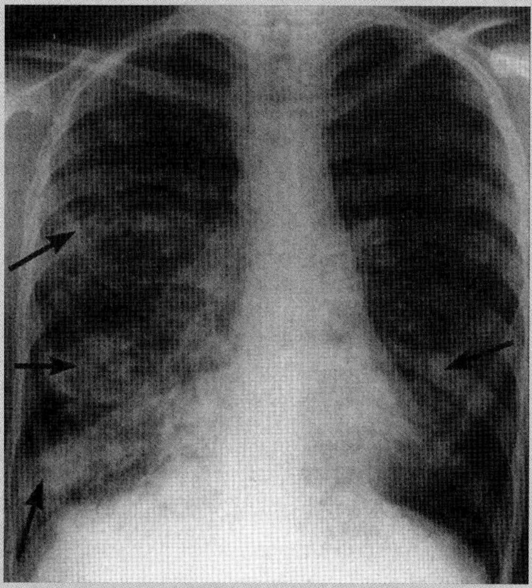

Diese Thorax-Röntgenaufnahem stammt von einem 14-jährigen Mädchen mit Mukoviszidose. In diesem Fall besteht durch eine Infektion mit Pseudomonas aeruginosa eine schwerste Pneumonie mit Abszessen (Pfeile).

Kaum zu glauben, dass man unser gesamtes Erbgut mit ein paar Buchstaben ausdrücken kann: T, C, G und A. Mit Hilfe der vier Basen Thymin, Cytosin, Guanin und Adenin sind alle wichtigen Informationen auf der DNS, der Desoxyribonukleinsäure, verschlüsselt. Mehr über den Aufbau der DNS und ihre Funktion lesen Sie im folgenden Kapitel.

Bei manchen Menschen haben sich Fehler in die Bauanleitung auf der DNS eingeschlichen. So auch bei Peter. Der Junge leidet an der häufigsten angeborenen Stoffwechselerkrankung in Europa: Mukoviszidose.

OP nach der Geburt

Dass Peter krank ist, wurde gleich nach seiner Geburt entdeckt. Er litt an einem Mekoniumileus. Mekonium nennt man den Stuhl des Neugeborenen; Ileus ist die Bezeichnung für einen Darmverschluss. Peter musste operiert werden. Da über 95% der Babys mit Mekoniumileus an Mukoviszidose leiden, lag es nahe, die Erkrankung auch bei Peter zu vermuten. Ein Test auf Mukoviszidose wird bei allen Babys in der ersten Lebenswoche durchgeführt. Bei Peter war die Diagnose positiv, d. h. er leidet an Mukoviszidose.

Eine Aminosäure zu wenig

Dieser autosomal-rezessiv vererbten Stoffwechselerkrankung liegt ein genetischer Defekt zugrunde. Dem Protein, welches den Transport von Chlorid durch die Zellmembranen regelt, fehlt bei den meisten Mukoviszidosepatienten die Aminosäure Phenylalanin. Und dieser kleine Baufehler in der DNS hat gewaltige Konsequenzen. In zahlreichen Drüsen des Körpers ist das produzierte Sekret nicht flüssig genug und kann nicht abfließen. Betroffen sind z. B. Lunge, Pankreas, Leber, Schweißdrüsen und die Keimdrüsen des Mannes. Leitsymptome bei Mukoviszidose sind eine chronische Bronchitis und Maldigestion, also eine Störung der Verdauung. In der Lunge wird zähflüssiges Sekret gebildet, das durch die Flimmerhärchen nicht gut nach draußen transportiert werden kann. Die Folge sind regelmäßige Infekte, die schließlich die Lunge zerstören können. Die Verdauungsstörung ist auf fehlende Enzyme des Pankreas zurückzuführen. Denn auch dort wird zähes Sekret produziert, das die Ausführungsgänge verstopft. Die Patienten leiden an einem geblähten Bauch, chronischen Durchfällen und Gedeihstörungen, da die Nährstoffe nicht vom Körper aufgenommen werden können.

Tägliche Therapie

Peters Eltern waren ratlos, als sie von der Diagnose erfuhren. Was bedeutete das für ihr Kind? Mukoviszidose ist nicht heilbar, und unbehandelt kann die Erkrankung schon nach wenigen Jahren zum Tod führen. Therapierte Mukoviszidosepatienten werden heute jedoch durchschnittlich 35 Jahre alt. Um den Kranken ein möglichst normales Leben zu ermöglichen, werden Pankreasenzyme gegeben. Aufwändiger ist die Therapie der Atemwegssymptome. Tägliche Physiotherapie (z. B. Atemgymnastik, Klopfdrainage) und Inhalationen sind unverzichtbar. Infektionen werden mit Antibiotika bekämpft.

Heute ist Peter 25 Jahre alt und in einer Selbsthilfegruppe für Mukoviszidosepatienten aktiv. Er studiert Sozialpädagogik und möchte möglichst lange möglichst normal leben können. Deshalb interessiert er sich besonders für neue Therapiemöglichkeiten. Seine große Hoffnung ist die Gentherapie: Wenn es eines Tages möglich ist, die Gensequenz mit dem Bauplanfehler gegen eine gesunde auszutauschen, wäre Mukoviszidose heilbar.

14 Molekularbiologie

14.1 Die Chemie der Nukleotide

Lerncoach

- **Die Molekularbiologie gewinnt zunehmend an Bedeutung und wird deswegen auch häufiger geprüft. Nehmen Sie sich also ausreichend Zeit für dieses Kapitel.**
- **Um den roten Faden nicht zu verlieren, ist es hilfreich, sich die Bausteine der Nukleotide (Zucker, Phosphat, Base) einzeln anzuschauen und dann die Nukleotide Stück für Stück zusammenzubauen.**

14.1.1 Überblick und Funktion

Die **Nukleotide** sind die **Bausteine** der Nukleinsäuren. Sie setzen sich aus einem **Zucker**, einem **Phosphatrest** und einer **Base** zusammen **(Abb. 14.1)**. Der Feinbau des Zuckers variiert je nach Art der Nukleinsäure.

Es gibt zwei Formen von Nukleinsäuren:

- Desoxyribonukleinsäure (engl. *desoxyribonucleic acid*, DNA): Sie ist unser Erbgut. In ihr ist der **Bauplan sämtlicher Proteine unseres Körpers gespeichert** (s. S. 398).
- Ribonukleinsäure (engl. *ribonucleic acid*, RNA): Es gibt verschiedene Formen, die wichtige Werkzeuge der Proteinbiosynthese darstellen (s. S. 392).

14.1.2 Der Aufbau

Ein Nukleotid besteht aus drei Komponenten:

- **Zucker**
- **Phosphat**
- heterozyklische **Base**

Die Kombination der Komponenten Zucker und Base bezeichnet man als **Nukleosid**, die Kombination aller drei Komponenten als **Nukleotid** oder Nukleosidmonophosphat.

MERKE

Nukleosid: Zucker + Base
Nukleotid: Zucker + Base + Phosphat

Die einzelnen Bausteine sind über verschiedene Bindungen miteinander verknüpft. Der **Zucker** und die **Base** (je nach Art der Nukleinsäuren Ribose oder Desoxyribose) sind **N-glykosidisch** miteinan-

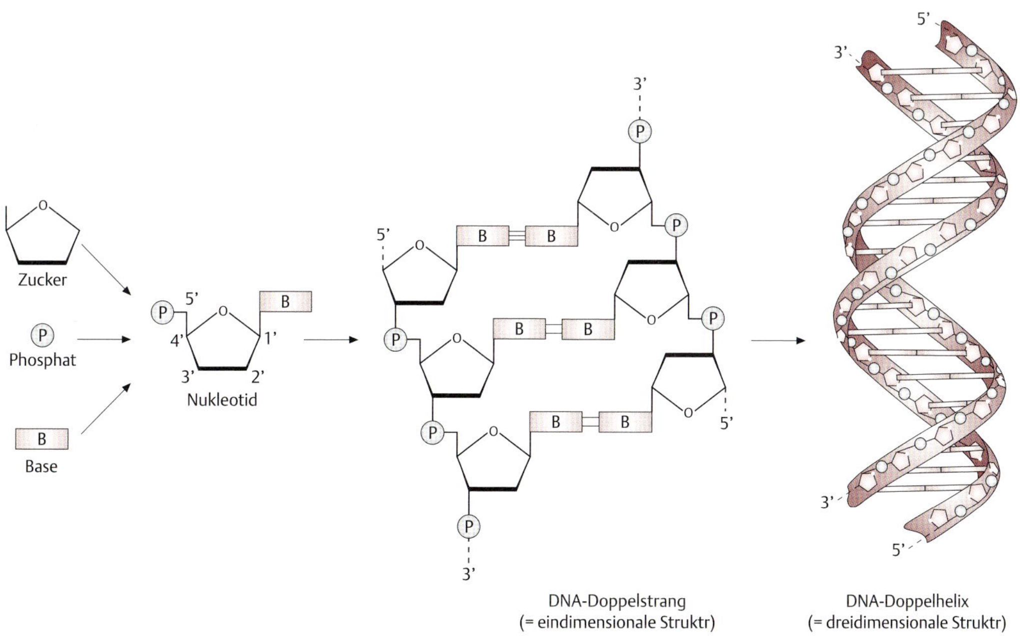

Abb. 14.1 Struktur der Nukleinsäure DNA (im DNA-Doppelstrang werden die Basen über Wasserstoffbrücken zusammengehalten)

der verbunden. **Phosphat** ist mit dem **Zucker** durch eine **Esterbindung** verknüpft, d.h. die Säuregruppe des Phosphats verbindet sich unter Wasserabspaltung mit der Alkoholgruppe am **C5-Atom** des Zuckers **(Abb. 14.2)**.

14.1.2.1 Zucker

Das Zuckermolekül in einem Nukleotid besteht aus fünf C-Atomen, d.h. es handelt sich um eine Pentose. Die Nukleotide der **RNA** enthalten **Ribose**, die der **DNA** enthalten **Desoxyribose** (daher die Bezeichnung Ribo- bzw. Desoxyribonukleinsäure). Man spricht von Ribo- bzw. Desoxyribonukleotiden. Ribose und Desoxyribose sind die wichtigsten Pentosen im menschlichen Organismus.

MERKE

In einer Nukleinsäure kommt als Zuckermolekül entweder Ribose oder Desoxyribose vor.

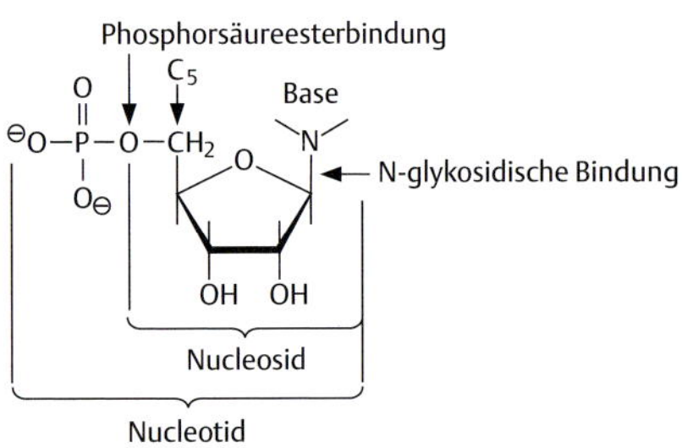

Abb. 14.2 Aufbau eines Nukleotids

Bei der **Umwandlung von Ribose in Desoxyribose** wird aus Ribose ein Sauerstoffatom entfernt **(Abb. 14.3)**. Dieser Schritt ist eine **Reduktion** und wird durch die Ribonukleotidreduktase katalysiert. Das Enzym setzt Ribose nur dann in Desoxyribose um, wenn am betroffenen Nukleosid zwei Phosphatreste vorhanden sind, d.h. ein Nukleosid*di*phosphat vorliegt. Bei der Reaktion wird das Sauerstoffatom am zweiten C-Atom der Ribose entfernt. Dies geschieht mit Hilfe des **Proteins Thioredoxin**, welches bei diesem Vorgang selbst oxidiert wird, also zwei Wasserstoffatome abgibt. Diese Wasserstoffatome verbinden sich mit dem Sauerstoff und so wird bei dieser Reaktion Wasser (H_2O) frei. Thioredoxin enthält zwei SH-Gruppen, die bei der Oxidation eine Disulfidbrücke ausbilden. Um Thioredoxin wieder in seine reduzierte Form zu überführen, werden verschiedene Coenzyme benötigt: **$FADH_2$** gibt zwei Wasserstoff-Atome an Thioredoxin ab und **NADPH+H^+** liefert zwei „neue" Wasserstoff-Atome an FAD. Neues NADPH+H^+ kann im Pentosephosphatweg gebildet werden.
Letztendlich wird so für die Umwandlung von Ribose in Desoxyribose ein NADPH+H^+ verbraucht.

MERKE

Die Umwandlung von Ribose in Desoxyribose durch die Ribonukleotidreduktase geschieht auf der Stufe der Nukleosiddiphosphate.

14

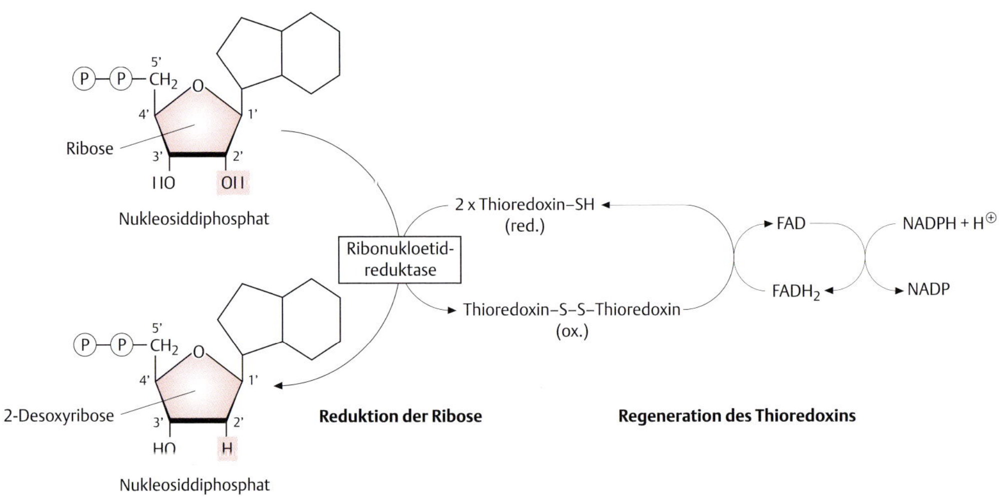

Abb. 14.3 Umwandlung von Ribose in Desoxyribose

14.1.2.2 Phosphat

Phosphat ist die zweite Komponente eines Nukleotids. Es dient zur Knüpfung von **Phosphorsäurediesterbindungen**, die die Nukleotide miteinander zu einem Nukleotidstrang, der Nukleinsäure, verbinden.

14.1.2.3 Base

Die Basen der Desoxyribonukleotide bilden untereinander Wasserstoffbrücken aus, die für die Doppelstrangbildung der DNA verantwortlich sind. Die Basen beider Nukleinsäure-Formen spielen für die Proteinsynthese eine Rolle (s. S. 398).

Man unterscheidet **Pyrimidin-** und **Purinbasen**. Die Begriffe Pyrimidin bzw. Purin bezeichnen den Ringaufbau aus Kohlenstoff (C)- und Stickstoff (N)-Atomen. Pyrimidinbasen bestehen aus einem einzigen Ring, Purinbasen aus einem Doppelring **(Abb. 14.4)**.

Zu den **Purinbasen** zählen:

- Adenin (A) **(Abb. 14.5)**
- Guanin (G) **(Abb. 14.5)**
- Hypoxanthin (wichtige Zwischenstufe beim Abbau der Purinbasen)

Zu den **Pyrimidinbasen** gehören **(Abb. 14.6)**:

- Cytosin (C)
- Thymin (T)
- Uracil (U)

Die Nukleotide der DNA enthalten Adenin, Guanin, Cytosin oder **Thymin**, Nukleotide der RNA Adenin, Guanin, Cytosin oder **Uracil**.

MERKE

DNA-Basen: ATGC
RNA-Basen: AUGC
RNA enthält statt Thymin Uracil.

Die Base ist für die Bezeichnung des Nukleosids bzw. Nukleotids ausschlaggebend. Die Nomenklatur der Nukleoside und Nukleotide ist in **Tab. 14.1** aufgeführt.

14.1.3 Die Funktion

Die folgenden Nukleosidtriphosphate werden für den **Aufbau von DNA bzw. RNA** benötigt, spielen aber zum Teil auch in anderen Stoffwechselbereichen eine wichtige Rolle:

Abb. 14.4 Grundstruktur von Pyrimidin- und Purinbasen

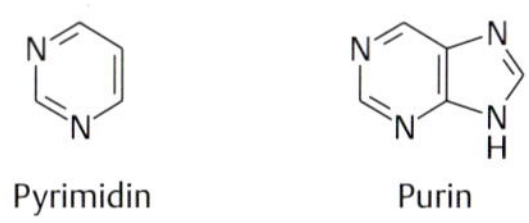

Abb. 14.5 Die Purinbasen Adenin und Guanin

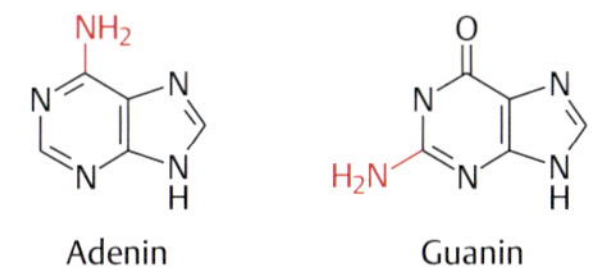

Abb. 14.6 Die Pyrimidinbasen Cytosin, Thymin und Uracil

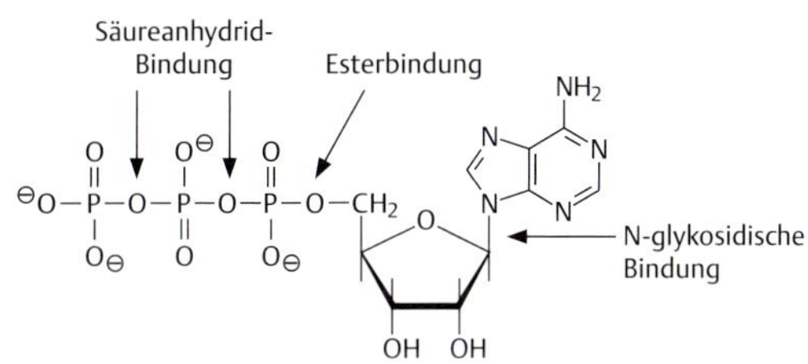

Abb. 14.7 Adenosintriphosphat (ATP)

Tabelle 14.1

Nomenklatur der Nukleoside

Base	Nukleosid	Nukleotid
Adenin	Adenosin	Adenosinmonophosphat (AMP)
Cytosin	Cytidin	Cytidinmonophosphat (CMP)
Guanin	Guanosin	Guanosinmonophosphat (GMP)
Thymin	Thymidin	Thymidinmonophosphat (TMP)
Uracil	Uridin	Uridinmonophosphat (UMP)
Hypoxanthin	Inosin	Inosinmonophosphat (IMP)

- **Adenosin-tri-phosphat** (**ATP**, **Abb. 14.7**): Diese in unserem Stoffwechsel zentrale Substanz wird vornehmlich in der Atmungskette generiert. ATP dient dem Körper aufgrund seiner sehr energiereichen Phosphorsäureanhydridbindungen **(Abb. 14.7)** als **Energielieferant** für verschiedenste enzymatische Reaktionen. Unter anderem wird es für die Aktivierung von Fettsäuren (s. S. 56) und Aminosäuren (s. S. 400) herangezogen. Des Weiteren kann ATP in **cAMP** umgewandelt werden, das ein weit verbreiteter **second messenger** ist.

- **Guanosin-tri-phosphat (GTP):** Aufgrund seiner Phosphorsäureanhydridbindungen dient GTP wie ATP in vielen Stoffwechselwegen als **Energielieferant**. GTP ist außerdem wichtiger **Bestandteil der G-Proteine**.
- **Uridin-tri-phosphat (UTP):** Die Energie seiner Phosphorsäureanhydridbindungen wird zur Aktivierung verschiedener Monosaccharide verwendet, z. B. von Glucose. Die Bereitstellung von UDP-Glucose ist wesentlich für die **Glykogensynthese**. Außerdem spielt UTP eine wichtige Rolle bei der **Biotransformation** (s. S. 258) in der Leber: Mit seiner Hilfe wird Glucuronsäure zu UDP-Glucuronsäure aktiviert.
- **Cytosin-tri-phosphat (CTP):** Dieses wird für die Herstellung der **Glycerophospholipide** (s. S. 71) benötigt. Hierbei reagiert z. B. CDP-Cholin mit Diacylglycerin zu Phosphatidylcholin (= Lecithin).
- **Thymidin-tri-phosphat (TTP)**: Dieses Nukleosidtriphosphat hat als einziges nur eine Aufgabe: die Mitwirkung am Aufbau von DNA.

14.1.4 Die Synthese der Nukleotide

14.1.4.1 Die Synthese der Purinnukleotide

Schauen Sie sich an, woher die C- und N-Atome für den Aufbau des Purinrings kommen, dies wird häufig geprüft. Achten Sie deshalb auf neu auftretende Gruppen, die in den Abbildungen markiert sind.

Ausgangspunkt für die Synthese der Purinnukleotide ist **Ribose-5-phosphat**, ein Produkt des Pentosephosphatzyklus (s. S. 30). Um bei den weiteren Syntheseschritten als „Halterung" dienen zu können, muss Ribose-5-phosphat zum energiereichen Phosphoribosylpyrophosphat (PRPP) aktiviert werden. An diesen Grundbaustein wird in mehreren Schritten der Purinring angebaut **(Abb. 14.8)**. Bei Ringschluss entsteht **Inosinmonophosphat** (IMP), das wiederum **Ausgangspunkt für die Synthese von Adenosin- und Guanosinmonophosphat** (AMP bzw. GMP) ist.

MERKE

Die Synthese des Purin-Doppelrings findet schrittweise an einer „Halterung" aus Ribose-5-phosphat statt.

Die Aktivierung von Ribose-5-phosphat (Synthese von Phosphoribosylpyrophosphat): Auf das C1-Atom von Ribose-5-phosphat wird Pyrophosphat, das aus einem ATP-Molekül stammt, übertragen. Es entsteht Phosphoribosylpyrophosphat **(Abb. 14.8)**.

Die IMP-Synthese: Im ersten Schritt der IMP-Synthese wird Pyrophosphat durch eine **Aminogruppe** ersetzt, die aus dem **Glutamin** stammt. Glutamin ist der häufigste Aminogruppendonator und wird hierbei in Glutamat umgewandelt.

Im nächsten Schritt erfolgt eine Verknüpfung mit der Aminosäure **Glycin**. Glycin liefert damit für den Purinring sowohl Kohlenstoff als auch Stickstoff.

Daraufhin wird eine C1-Gruppe in Form einer **Formylgruppe** in den wachsenden Ring eingebaut. Sie wird von Tetrahydrofolat (FH_4) geliefert, der aktiven Form des Vitamins Folsäure (s. S. 187). FH_4 kann verschiedene C1-Gruppen übertragen.

Als nächste Schritte werden eine **Aminogruppe** – wiederum aus **Glutamin** – und **freies Kohlendioxid** (CO_2) eingebaut. Es entsteht so der 5-Ring (Imidazol) des späteren Purins.

Eine weitere **Aminogruppe** wird von **Aspartat** geliefert. Aspartat wird dabei zu Fumarat, welches in den Citratzyklus eingeschleust werden kann und über Zwischenprodukte wieder in Aspartat umgewandelt wird (s. S. 107).

Als letzter Schritt wird eine weitere **C_1-Gruppe** von **Tetrahydrofolat** geliefert und eingebaut. Durch **Ringschluss** entsteht die **Purinbase Hypoxanthin** und damit – da sie an Ribose-5-phosphat „hängt" – das Nukleotid **IMP**.

MERKE

Stickstoff-Donatoren für den Purinring sind die Aminosäuren Glutamin (2 x), Glycin und Aspartat. Kohlenstoff-Donatoren sind Tetrahydrofolat (2 x), Glycin (da es komplett eingebaut wird) undfreies (!) CO_2.

IMP wird im nächsten Schritt entweder in AMP oder GMP umgewandelt. Diese Nukleotide werden

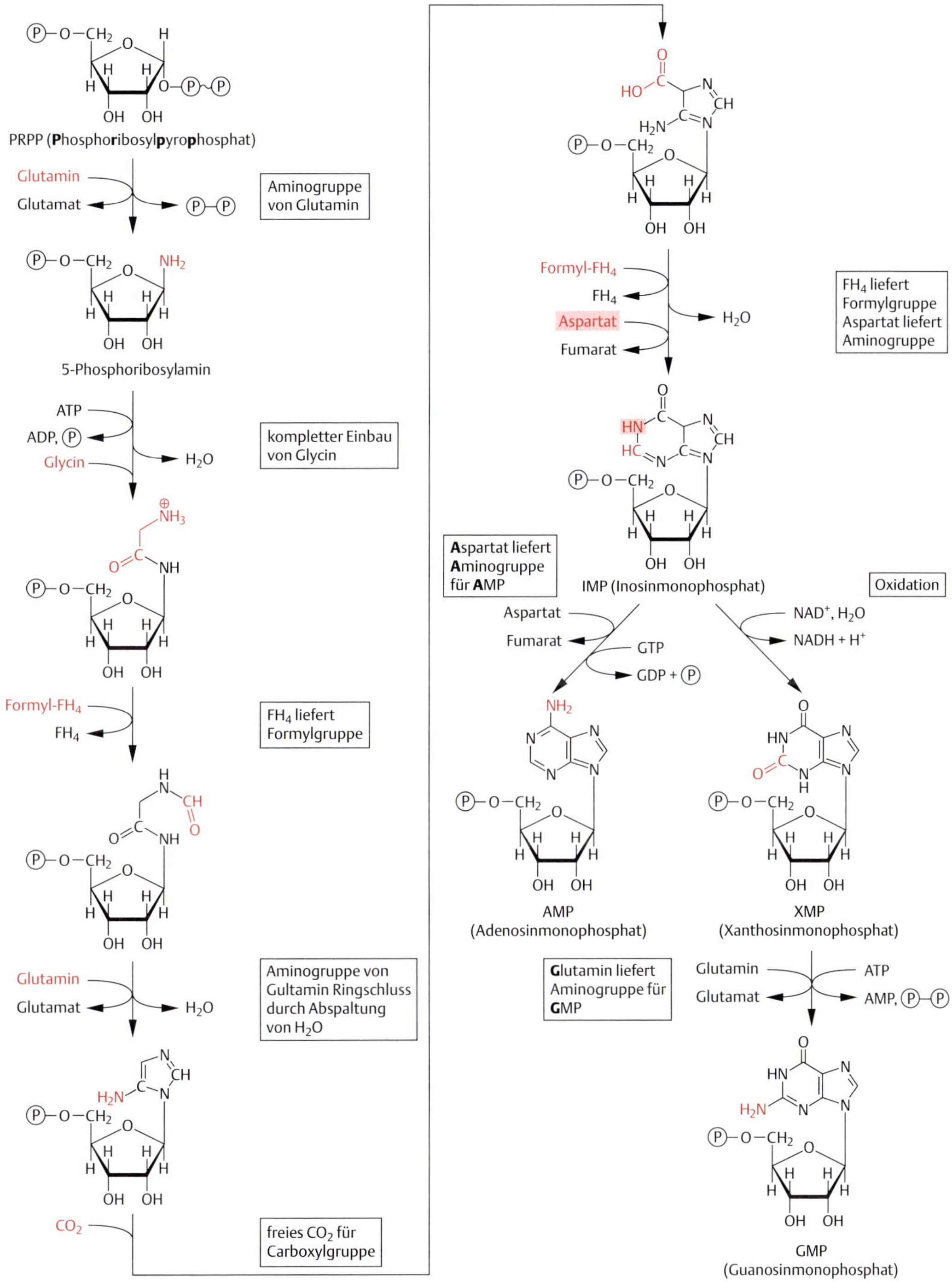

Abb. 14.8 Synthese der Purinnukleotide

für den Aufbau der DNA, aber auch – in der Form der Triphosphate – als Energieträger benötigt (s. S. 141).

Die AMP-Synthese: Zur Synthese der Base **Adenin** wird das Sauerstoffatom des Hypoxanthins durch eine **Aminogruppe** ersetzt, die von Aspartat stammt. Die für diese Reaktion nötige Energie liefert die Hydrolyse von GTP.

Die GMP-Synthese: Zunächst wird Hypoxanthin zu Xanthin oxidiert, so dass Xanthosinmonophosphat (XMP) entsteht. Dann wird das neu hinzugekommene Sauerstoffatom durch eine von **Glutamin** stammende **Aminogruppe** ersetzt (Abb. 14.8).

> **MERKE**
>
> **Eselsbrücke für die Herkunft der Aminogruppe in Adenin und Guanin:**
> **2 x A: Adenin – Aspartat**
> **2 x G: Guanin – Glutamin**

14.1.4.2 Die Synthese der Pyrimidinnukleotide

Hier ist es wichtig, sich zu merken, in welcher Reihenfolge die Nukleotidkomponenten (Base, Zucker, Phosphat) synthetisiert bzw. bereitgestellt werden.

Die Synthese der Pyrimidinnukleotide beginnt mit der **Synthese des Pyrimidin-Rings**. Dieser wird mit aktiviertem Ribose-5-phosphat – Phosphoribosylpyrophosphat (PRPP, s. S. 374) – verknüpft (Abb. 14.9). Hierdurch entsteht das Nukleotid **Orotidinmonophosphat** (OMP), das in **Uridinmonophosphat** (UMP) umgewandelt wird. UMP ist der **Ausgangspunkt für die Synthese der Thymin- und Cytosinnukleotide** (Abb. 14.9).

Synthese des Pyrimidin-Rings: Dieser entsteht „lediglich" **aus Carbamoylphosphat** und der Aminosäure **Aspartat**. Bei der Reaktion von Carbamoylphosphat und Aspartat werden Phosphat und Wasser frei (letzteres entsteht beim Ringschluss). Sowohl Carbamoylphosphat als auch Aspartat liefert Kohlenstoff (C)- und Stickstoff (N)-Atome für den Ring. Das Reaktionsprodukt, Dihydroorotsäure, wird anschließend in Orotsäure umgewandelt.

Beachte: Carbamoylphosphat spielt auch im Harnstoffzyklus eine Rolle (s. S. 103), anders als dort wird das zur Pyrimidinsynthese benötigte Carbamoylphosphat jedoch im Zytosol synthetisiert, wobei Glutamin als Stickstoffquelle dient.

> **MERKE**
>
> **Am Ringaufbau sind „nur" Carbamoylphosphat und Aspartat beteiligt. Beide liefern sowohl C- als auch N-Atome.**

Die Synthese von OMP: Der Pyrimidin-Ring der Orotsäure wird über eine N-glykosidische Bindung mit **PRPP** verknüpft. Durch die Abspaltung von Pyrophosphat entsteht das **Nukleotid** Orotidinmonophosphat (OMP), bestehend aus einer Pyrimidinbase, Ribose und Phosphat.

> **MERKE**
>
> **Die Synthese der Pyrimidinbasen beginnt mit der Herstellung des Pyrimidin-Rings. Erst wenn der Ringschluss vollzogen ist, kommt es zur N-glykosidischen Bindung mit der Ribose, die bereits über eine Esterbindung mit dem Phosphatrest verbunden ist.**

Die Synthese von UMP: Die weiteren Syntheseschritte betreffen nur noch die Pyrimidinbase: Durch **Abspaltung von CO_2** entsteht die erste Pyrimidinbase, die in der RNA vorkommt: **Uracil**. Da diese Base bereits mit der Ribose und diese mit dem Phosphatrest verknüpft ist, ist hiermit Uridinmonophosphat **(UMP)** entstanden (zur Nomenklatur s. Tab. 14.1).

> **MERKE**
>
> **Uracil (Bestandteil des Nukleotids UMP) ist der Ausgangspunkt für die Synthese der Basen Thymin und Cytosin.**

Die Synthese von dTMP: Die Base Thymin kommt nur in der DNA vor. In einem ersten Syntheseschritt **reduziert** die Ribonukleotidreduktase (s. S. 372) die **Ribose** des UMP zu Desoxyribose, so dass **dUMP** entsteht.

Im Anschluss wird dem Pyrimidinring noch eine **Methylgruppe** ($-CH_3$) **„angehängt"**: Es entsteht **dTMP**

(Abb. 14.9). Die Methylgruppe wird von dem Coenzym **Tetrahydrofolat** (FH4, s. S. 187) geliefert. FH_4 liegt hierzu als Methylen-FH_4 vor. Bei der Umsetzung des Methylenrests in eine Methylgruppe kommen Wasserstoffatome von FH_4 zum Einsatz, so dass FH_4 zu Dihydrofolat (FH_2) oxidiert wird.
Die Synthese von dTMP wird durch die **Thymidylatsynthase** katalysiert.

MERKE

d*T*MP hat eine Me*t*hylgruppe von *T*etrahydrofolat!

Klinischer Bezug

Eingriffe in den Folsäurestoffwechsel als Therapieansatz:

Tumortherapie mit Methotrexat. Die aktive Form des Vitamins Folsäure, Tetrahydrofolat (FH_4), spielt als Überträger von C_1-Gruppen eine wichtige Rolle bei der Synthese der Nukleotide und damit bei der DNA-Synthese. Ein **Mangel an FH_4** führt zur Hemmung der DNA-Synthese und somit zu einer **Hemmung von Zellvermehrung und -wachstum**. Dies ist bei Tumoren erwünscht. Daher setzt man in der Tumortherapie Methotrexat ein. Es verhindert die enzymatische Umwandlung von Folsäure in FH_4 und bewirkt somit einen FH_4-Mangel. Aus diesem Grund bezeichnet man Methotrexat als Folsäure-Antagonist.
Tumortherapie mit Fluorouracil. Das Enzym Thymidylatsynthase lässt sich durch das Pyrimidinanalogon Fluorouracil hemmen, was in der Tumortherapie ausgenützt wird: Fluorouracil reduziert die Zahl der Thyminnukleotide und hemmt so die DNA-Synthese insbesondere sich schnell teilender Zellen (z. B. Tumorzellen).
Antibiotikatherapie mit Folsäuresynthesehemmern (Sulfonamiden). Im Gegensatz zum Menschen können Bakterien Folsäure synthetisieren. Ein wichtiger Folsäurebaustein ist p-Aminobenzoesäure. **Sulfonamide** sind Substratanaloga der p-Aminobenzoesäure, d. h. sie konkurrieren in Bakterien mit p-Aminobenzoesäure um den Einbau in Folsäure, wodurch die Folsäuresynthese gehemmt wird. Da auch Bakterien FH_4 zur Nukleinsäuresynthese benötigen, hemmen Sulfonamide die Vermehrung von Bakterien.

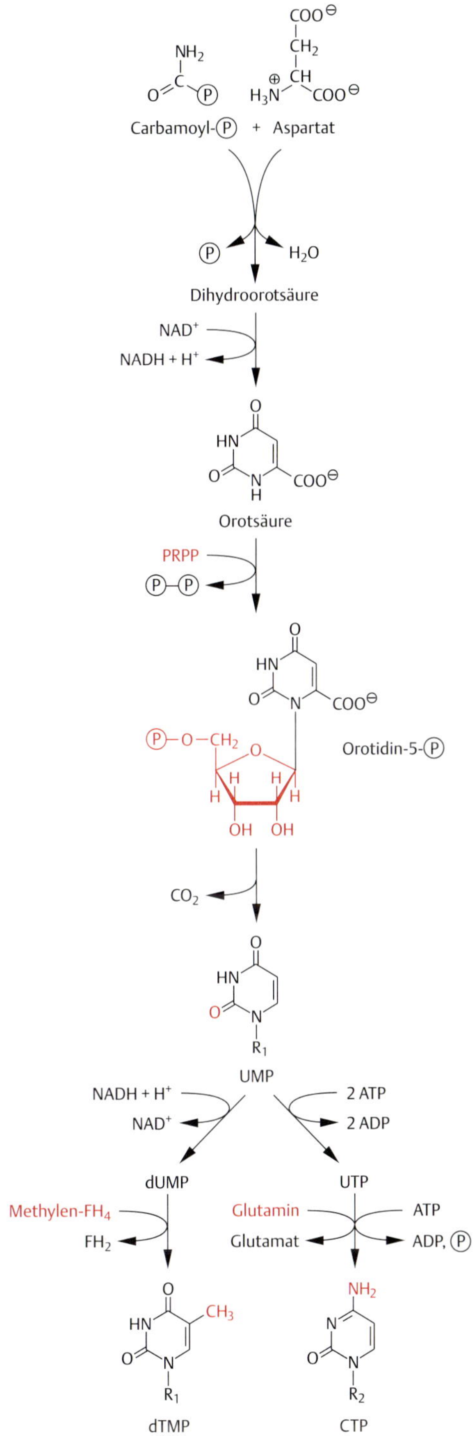

Abb. 14.9 Synthese der Pyrimidinnukleotide

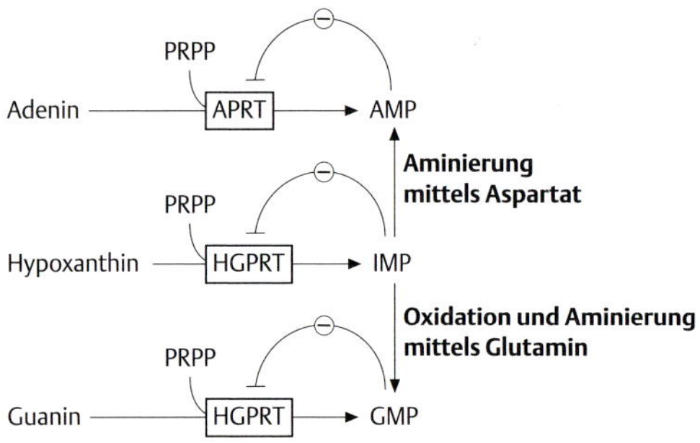

Abb. 14.10 Wiederverwertung von Adenin, Hypoxanthin und Guanin und ihre Regulation (APRT = Adenin-Phosphoribosyltransferase; HGPRT = Hypoxanthin-Guanin-Phosphoribosyltransferase)

Die Synthese von CTP: Cytosin kommt sowohl in DNA als auch in RNA vor. Im ersten Syntheseschritt wird UMP in das aktivierte Triphosphat **UTP** umgewandelt. Anschließend wird eine **Aminogruppe**, die von Glutamin stammt, dem Pyrimidinring hinzugefügt. Es entsteht **CTP** **(Abb. 14.9)**.

MERKE

CTP hat eine Aminogruppe von Glutamin!

14.1.5 Die Wiederverwertung (Salvage Pathway)

14

Purine werden vom Körper wieder verwertet. Die Enzyme, die am Wiederaufbau der Nukleotide beteiligt sind, enthalten im Namen die Reaktion, die sie katalysieren. Diese Namen, können Ihnen dabei helfen, die Enzyme ihren Reaktionen zuzuordnen.

Die **Synthese** der Purin- und Pyrimidinnukleotide, insbesondere der Basen, ist kompliziert und benötigt viele Enzyme, Substrate und Energie. Aus diesem Grund nutzt der Körper vor allem die aus der Nahrung resorbierten oder die beim Abbau der Nukleinsäuren in Körperzellen anfallenden Basen. Diese Wiederverwertung nennt man auch salvage pathway.

14.1.5.1 Die Wiederverwertung der Purine

In unserer Nahrung sind neben den drei Hauptnährstoffgruppen (Kohlenhydrate, Proteine und Lipide) auch Nukleinsäuren enthalten. Diese werden im Darm durch Ribonukleasen gespalten und die einzelnen Purinbasen werden resorbiert. Neben **Guanin** und **Adenin** wird vor allem **Hypoxanthin** aufgenommen, da es durch eine Aminierung in Adenin und über Xanthin in Guanin umgewandelt werden kann. Guanin und Hypoxanthin fallen auch beim Abbau der Purinnukleotide (s. u.) in unseren Körperzellen an.

Die Basen werden über N-glykosidische Bindungen **mit PRPP verknüpft**, an dieser Reaktion sind folgende Transferasen beteiligt:

- Die **Adenin-Phosphoribosyl-Transferase (APRT)** wandelt Adenin in AMP um **(Abb. 14.10)**.
- Die **Hypoxanthin-Guanin-Phosphoribosyl-Transferase (HGPRT)** wandelt Hypoxanthin in IMP und Guanin in GMP um **(Abb. 14.10)**.

Beide Enzyme werden durch die Produkte AMP bzw. IMP und GMP im Sinne einer **Produkthemmung** **(Abb. 14.10)** reguliert, d. h. wenn genügend Purinnukleotide vorhanden sind, werden keine Purinbasen aus der Nahrung verwertet.

14.1.5.2 Die Wiederverwertung der Pyrimidine

Von den Pyrimidinen können nicht die freien Basen wiederverwendet werden, sondern nur die Nukleoside. Die Vorgänge der Wiederverwertung sind noch nicht ausreichend aufgeklärt.

14.1.6 Der Abbau

14.1.6.1 Der Abbau der Purinnukleotide

Der Abbau der Purinnukleotide beginnt auf der Stufe der Nukleosidmonophosphate.

Der Abbau von GMP: Hier wird als erstes die **N-glykosidische Bindung** zwischen der Base und dem Zucker **getrennt**. So wird Guanin frei **(Abb. 14.11)**.

Als nächstes wird die **Aminogruppe entfernt**, wodurch **Xanthin** entsteht. Dabei wird Ammoniak frei, ein (besonders das ZNS schädigendes) Zellgift, das über den Harnstoffzyklus entfernt wird.

Das Enzym **Xanthinoxidase** wandelt Xanthin in **Harnsäure** um. Diese ist für den menschlichen Organismus (und die Primaten) nicht weiter verwertbar und muss ausgeschieden werden. Der größte Teil wird über die Niere **mit dem Urin ausgeschie-**

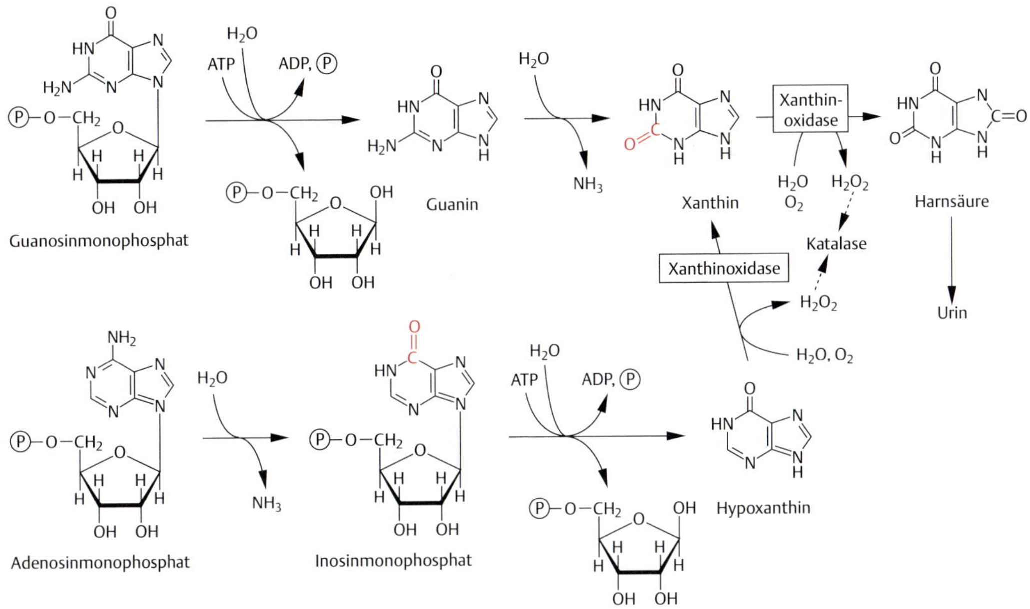

Abb. 14.11 Abbau der Purinnukleotide GMP und AMP

den. Andere Säuger können Harnsäure mit Hilfe des Enzyms Uricase zum besser wasserlöslichen Allantoin abbauen.

Bei der Umwandlung von Xanthin in Harnsäure wird den Substraten Sauerstoff zugeführt (Oxidation) und als Nebenprodukt entsteht Wasserstoffperoxid. Dieses wird durch eine Katalase in Wasser umgewandelt **(Abb. 14.11)**.

Der Abbau von AMP: AMP wird als erstes zu IMP desaminiert. Erst jetzt wird die N-glykosidische Bindung gelöst, so dass **Hypoxanthin** entsteht. Dieses kann durch die Xanthinoxidase in Xanthin umgewandelt werden, so dass die Abbauwege beider Purinbasen (Adenin und Guanin) zusammentreffen **(Abb. 14.11)**.

BEACHTE

Harnsäure nicht mit Harnstoff verwechseln! Beides sind nicht weiter verwertbare Substanzen, die ausgeschieden werden, kommen aber aus voneinander unabhängigen katabolen Vorgängen (Harnsäure: Purinbasenabbau, Harnstoff: Aminosäurenabbau)!

14.1.6.2 Der Abbau der Pyrimidinnukleotide

Die Pyrimidinnukleotide werden als erstes in Nukleoside umgewandelt. Aus diesen wird dann die Base freigesetzt. Anschließend wird der Ring der Pyrimidinbasen gespalten und „zerlegt", nach mehreren Reaktionen entstehen **CO_2** und **Ammoniak**. CO_2 wird abgeatmet, Ammoniak über den Harnstoffzyklus entfernt. Abgesehen von Ammoniak bleibt beim Abbau der Pyrimidinbasen im Gegensatz zum Purinabbau keine Substanz „übrig", die ausgeschieden werden muss.

14

14.1.7 Störungen im Nukleotidstoffwechsel

Störungen des Pyrimidinstoffwechsels sind sehr **selten**. Dagegen ist eine **Störung des Purinstoffwechsels**, die **Hyperurikämie bzw.** ihre manifeste Form, die **Gicht**, **häufig**.

14.1.7.1 Hyperurikämie und Gicht

Von **Hyperurikämie** spricht man, wenn die Harnsäurekonzentration im Serum ca. 6,5 mg/dl übersteigt. Hierbei treten noch keine Symptome auf. Außer im Blut ist die Harnsäurekonzentration jedoch auch in Gelenkflüssigkeit und im Urin erhöht. Bei **Überschreitung des Löslichkeitsprodukts** fallen

Harnsäurekristalle aus, was **Beschwerden** verursacht. Dann spricht man von **Gicht**. Bei Überschreitung des Löslichkeitsprodukts in der Gelenkflüssigkeit lagern sich Harnsäurekristalle (Uratkristalle, auch Gicht-Tophi genannt) im betroffenen **Gelenk** ab, was zur Einwanderung von Makrophagen und zu einer Entzündung (häufig des Großzehengrundgelenkes) führt. Harnsäurekristalle fallen oft auch in der **Haut** aus. Fallen sie in den Nierentubuli aus, wird die Nierenleistung beeinträchtigt (sog. Uratnephropathie).
Man unterscheidet eine primäre und eine sekundäre Hyperurikämie.

Primäre Hyperurikämie
Die primäre Hyperurikämie ist genetisch bedingt. Meist ist die **Harnsäureausscheidung** in den Urin aufgrund eines Enzymdefekts **gestört**. Nur sehr selten werden Purine im Übermaß synthetisiert. Ein Beispiel einer **vermehrten Purinsynthese** ist das **Lesch-Nyhan-Syndrom**. Bei diesem **x-chromosomal vererbten** Krankheitsbild **fehlt** das Enzym **Hypoxanthin-Guanin-Phosphoribosyl-Transferase**. Daher können Purinbasen aus der Nahrung kaum verwertet werden und der Körper reagiert aufgrund der fehlenden Rückkopplungshemmung mit unkontrollierter Synthese. Die hohe Purinkonzentration führt zu einer vermehrten Harnsäureproduktion. Es kommt zu Hyperurikämie, schwerer Gicht und Uratnephropathie. Hinzu kommen ausgeprägte neurologische Symptome (z. B. Spastik), psychische und physische Retardierung, überdurchschnittliche Aggressivität und eine Neigung zur Selbstverstümmelung. Dieses Krankheitsbild zeigt die große Bedeutung der Purinbasenwiederverwertung insbesondere für das ZNS. Nervenzellen nutzen für die Nukleotidsynthese normalerweise überwiegend den salvage pathway.

Sekundäre Hyperurikämie
Die **sekundäre Hyperurikämie** ist Folge einer Erkrankung, die mit vermehrtem Nukleinsäureabbau (z. B. Leukämie) oder der Einnahme von Medikamenten einhergeht. Letztere können zu vermehrtem Anfall von Zellen führen (z. B. Zytostatika). Häufig liegt eine Kombination aus **falscher Ernährung** und einer Nierenerkrankung vor: Die Betroffenen ernähren sich meist zu „purinreich", essen also z. B. viel Fleisch (Innereien sind besonders purinreich) und können aufgrund ihrer **eingeschränkten Nierenfunktion** Harnsäure nicht ausreichend ausscheiden. Akute Gichtanfälle mit Gelenkschmerzen treten typischerweise nach dem großen „Festessen" auf.

MERKE

Bei Gicht liegt häufig eine sekundäre Hyperurikämie vor.

Therapie der Hyperurikämie bzw. Gicht
Ein wichtiges Medikament in der Therapie der Hyperurikämie bzw. Gicht ist der **Xanthinoxidase-Hemmer Allopurinol**. Dieses Medikament verhindert die Bildung von Harnsäure.

Check-up

- ✔ **Rekapitulieren Sie die Unterschiede zwischen Pyrimidin- und Purinbasen und welche Substanzen an ihrem Aufbau beteiligt sind.**
- ✔ **Wiederholen Sie die in der DNA bzw. RNA vorkommenden Basen mit ihren charakteristischen Gruppen.**
- ✔ **Machen Sie sich klar, welche Purine aus der Nahrung resorbiert werden und wie Hypoxanthin umgewandelt werden kann.**

14.2 Die Chemie der Nukleinsäuren

Lerncoach

Im folgenden Abschnitt wird der Aufbau der Nukleinsäuren erklärt. Achten Sie besonders darauf, wie die einzelnen Nukleotide miteinander verbunden werden und welche chemischen Eigenschaften dies vorraussetzt.

14.2.1 Überblick und Funktion

Nukleinsäuren sind Stränge aneinander gereihter Nukleotide (auch Polynukleotide genannt). Man unterscheidet zwei Formen der Nukleinsäuren: Desoxynukleinsäure **(DNA)** und Ribonukleinsäure **(RNA)**.
Die **DNA** ist unser Erbgut und kommt im Zellkern sowie in den Mitochondrien vor. Sie wird für **zwei Hauptaufgaben** benötigt: Sie kann verdoppelt wer-

den und dient so der identischen Weitergabe des Erbguts an die Tochterzellen (s. S. 384).
Da die DNA Informationen über den Aufbau sämtlicher Proteine enthält, die unser Körper benötigt, wird sie zur **Proteinbiosynthese** benötigt (s. S. 398).
Die **Reihenfolge der Basen** in der Nukleinsäure codiert für die **Reihenfolge der Aminosäuren** in einem Protein und die verschiedenen Proteine werden aus Aminosäuren unterschiedlicher Anordnung aufgebaut. Ein bestimmter DNA-Abschnitt, dessen Basen den Code für *ein* Protein enthalten, nennt man **Gen**. Unsere DNA besteht aus ungefähr **$3 \cdot 10^9$ Basen** und codiert etwa **30 000–45 000 Gene**. So können sämtliche Proteine, die unser Körper benötigt, über die Proteinbiosynthese aufgebaut werden.
Die **RNA** kommt in sechs **verschiedenen Formen** vor, sowohl im Zellkern als auch im Zytosol und im Mitochondrium. Die bekanntesten Formen sind mRNA, rRNA und tRNA. Alle diese Formen werden auf verschiedenen Ebenen der **Proteinbiosynthese** benötigt.

14.2.2 Die Prinzipien des Nukleinsäure-Aufbaus

Innerhalb eines Nukleotids sind Base und Zucker durch eine **N-glykosidische Bindung** verbunden. Phosphat ist mit der Alkoholgruppe am C5′-Atom des Zuckers durch eine **Esterbindung** verknüpft.
Zum Aufbau der Nukleinsäuren werden die **Nukleotide** miteinander verbunden, indem das bereits am **C5′**-Atom des einen Zuckers gebundene Phosphat mit der Alkoholgruppe am **C3′**-Atom eines weiteren Zuckers eine Esterbindung eingeht. Durch Anlagerung weiterer Nukleotide in der gleichen Weise entsteht ein Nukleinsäurestrang. Die einzelnen Nukleotide sind durch eine **5′-3′-Phosphodiesterbindung (Phosphorsäurediesterbindung)** miteinander verknüpft (**Abb. 14.1**). Am Beginn des Strangs ist ein („saures") 5′-Phosphatende frei und am Ende ist die („basische") Alkoholgruppe am C3′-Atom des Zuckers frei. So kommt es zur Polarität innerhalb des Nukleinsäurestranges. Die Synthese aller Nukleinsäuren erfolgt in der Orientierung 5′-3′-Ende. Zur Unterscheidung der Nummerierung der Basen bezeichnet man die C-Atome der Zucker mit einem Strich (engl. *prime*).

MERKE

In Nukleinsäuren sind Nukleotide durch eine 5′-3′-Phosphodiesterbindung miteinander verknüpft.

14.2.3 Der Aufbau der DNA

14.2.3.1 Die DNA-Doppelhelix

Prägen Sie sich gut ein, welche Basen Paare bilden, also komplementär sind.

Die DNA besteht aus **zwei Nukleotidsträngen**, die mittels **Basenpaarung** miteinander verbunden sind: Die Purinbasen eines Stranges bilden **Wasserstoffbrücken** mit bestimmten Pyrimidinbasen des anderen Stranges und umgekehrt. An diesen Bindungen sind immer dieselben polaren Gruppen beteiligt. Die Basen müssen in ihrer jeweiligen **Keto- bzw. Lactamform** vorliegen, um Wasserstoffbrücken bilden zu können. Adenin und Thymin bilden zwei Wasserstoffbrücken, Guanin und Cytosin bilden drei Wasserstoffbrücken aus.

MERKE

- **Adenin paart sich mit Thymin unter Bildung von zwei Wasserstoffbrücken.**
- **Guanin paart sich mit Cytosin unter Bildung von drei Wasserstoffbrücken.**

Diese Basenpaarung zeigt **Abb. 14.12**.
Da sich immer dieselben Basen paaren, gibt ein DNA-Strang den Aufbau des zweiten Strangs kom-

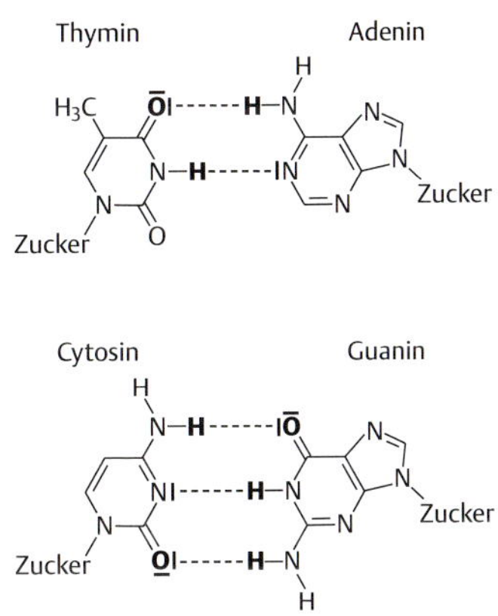

Abb. 14.12 Basenpaarung in der DNA

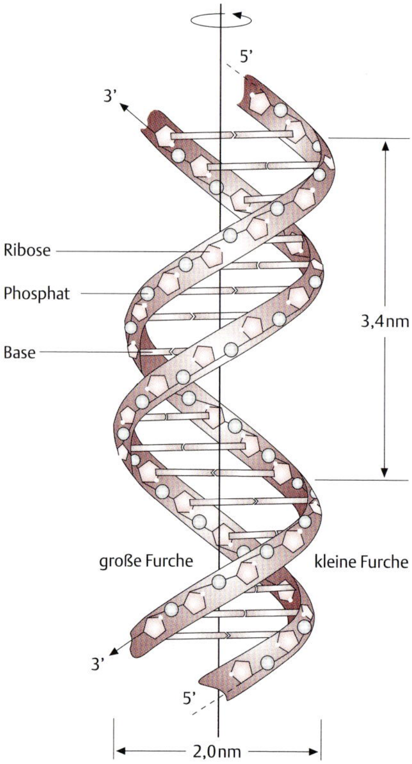

Abb. 14.13 DNA-Doppelhelix (B-Form)

plett vor: Die beiden **DNA-Stränge** sind zueinander **komplementär**. Aufgrund dieser Anordnung ist die **Polarität der beiden Stränge entgegengesetzt**: Dem 5′-Ende des einen Stranges (mit dem freien Phosphatrest) liegt das 3′-Ende des anderen Stranges (mit der freien Alkoholgruppe des Zuckers) gegenüber. Die Stränge laufen also antiparallel.

MERKE

Ein DNA-Molekül besteht aus zwei komplementären Strängen entgegengesetzter Polarität, die über Wasserstoffbrücken zwischen Basen verknüpft sind. Das Verhältnis Purin : Pyrimidin in einem DNA-Molekül entspricht 1 : 1.

Die Wasserstoffbrücken bewirken, dass die DNA-Stränge eine spezifische räumliche Struktur annehmen: die Struktur einer **Doppelhelix**, d. h. die beiden Stränge sind gegeneinander verdrillt (**Abb. 14.13**). Diese DNA-Doppelhelix wurde erstmals von **Watson** und **Crick** beschrieben (Nobelpreis 1953).

Die Doppelhelix kommt in drei Konformationen vor:

- **In vivo** liegt die DNA **größtenteils** in der **B-Konformation (B-Form**, **Abb. 14.13)** vor: Hierbei ist die Doppelhelix rechtsgängig und eine Helixwindung besteht aus 10 Basenpaaren. Die Wasserstoffbrücken stehen im rechten Winkel zur gedachten Helixachse.
- Nur ein sehr geringer Anteil der DNA liegt in vivo in der **Z-Konformation (Z-Form)** vor: Dabei ist die Doppelhelix linksgängig und es finden sich 12 Basenpaare pro Windung.
- Die **A-Konformation (A-Form)**, bei der die Doppelhelix rechtsgängig ist und pro Windung 11 Basenpaare aufweist, kommt in vivo nicht vor.

Durch die Wasserstoffbrücken der Basen ist die Doppelhelix **innen basisch**, während nach **außen** die **negativ geladenen** Teile der Phosphatreste zeigen (s. **Abb. 14.12** und **Abb. 14.13**). Durch die spiralförmige Verdrillung der DNA-Stränge entstehen an den Windungen eine kleine und eine große Furche (**Abb. 14.13**), an deren äußere negative Ladung sich positiv geladene Teilchen anlagern können.

MERKE

Das DNA-Molekül ist innen positiv geladen (basisch), außen negativ geladen (sauer).

In der Doppelhelix kommt es zu weiteren Wechselwirkungen. Dazu gehört, dass sich die Elektronen der übereinanderliegenden Basen überlappen und so zu Stapelkräften (engl. *stacking forces*) führen. Diese tragen erheblich zur Stabilisierung der DNA-Struktur bei.

14.2.3.2 Das Chromatin

Um die DNA im Zellkern maximal zu komprimieren, liegt sie an Proteine (sog. Histone) gebunden vor. **Histone** enthalten einen hohen Prozentsatz an den **basischen Aminosäuren,** insbesondere Lysin und Arginin, aber weniger Histidin. Die positiv geladenen Gruppen dieser Aminosäuren lagern sich an die negativ geladenen Gruppen an der Außenseite der DNA an.

BEACHTE

Zwischen Histonen und DNA kommt es zu ionischen Wechselwirkungen, nicht zu kovalenten Bindungen.

Da Histone Proteine sind, ist ihr Aufbau in der DNA verschlüsselt. Die DNA-Sequenz der Histongene hat sich im Lauf der Evolution kaum verändert. Die Histon-DNA wird im Zellkern transkribiert und die Histone werden **im Zytosol synthetisiert**. Anschließend werden sie, ebenfalls im Zytosol, (posttranslational) modifiziert (s. S. 405): Es werden Ladungen eingefügt, die dazu dienen, die DNA stabiler zu verpacken. Folgende **Modifikationen** finden statt:

- Acetylierung
- Phosphorylierung
- Methylierung
- Ribosylierung.

Anschließend werden die Histone mit Hilfe von Kernlokalisationssequenzen, die Teil der Proteinsequenz sind (s. S. 360), **in den Zellkern transportiert**.

Es gibt fünf verschiedene Histone: H1, H2A, H2B, H3 und H4. Je zwei Moleküle H2A, H2B, H3 und H4 bilden ein **Histonoktamer**, um das sich eine 140–160 bp lange DNA herumwickeln kann. Ein Histonoktamer mitsamt herumgewickelter DNA (Superhelix) bezeichnet man als **Nukleosom** oder **Core-Partikel**.

Die Nukleosomen sind durch ca. 50–60 bp lange DNA-Verbindungsstücke **(linker-DNA)** miteinander verbunden, so dass ein **Nukleosomenstrang** entsteht (**Abb. 14.14**). Mit der linker-DNA ist H1 assoziiert; es neutralisiert die negativ geladenen Reste an der DNA-Außenseite. Der Nukleosomenstrang wickelt sich seinerseits auf, so dass die sog. **30 nm-Chromatinfaser (Solenoid)** entsteht. Diese Faser faltet sich mit Hilfe verschiedener Nicht-Histonproteine zu **Chromatinschleifen**, **Abb. 14.14**). Man unterscheidet Eu- und Heterochromatin. Im **Euchromatin** ist die DNA geringfügig komprimiert, so dass sie leicht transkribiert werden kann (s. S. 392). Im **Heterochromatin** ist sie stark komprimiert und wird daher selten transkribiert. Zur Anordnung von Eu- und Heterochromatin im Zellkern siehe Kapitel Zellbiologie (S. 359).

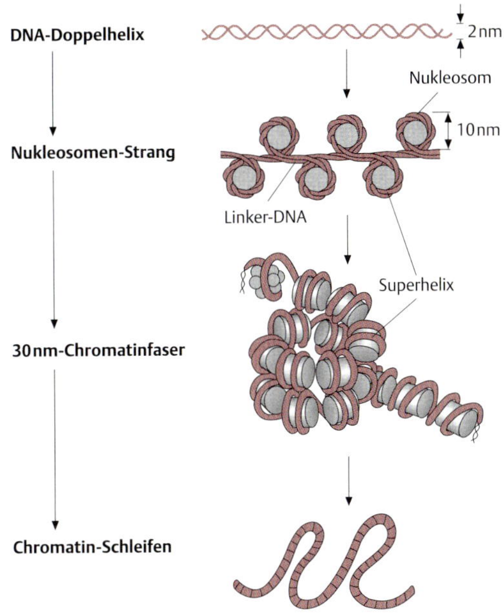

Abb. 14.14 Kondensierung der DNA im Zellkern

Tabelle 14.2

Die verschiedenen Formen der RNA

Abkürzung	Name
hnRNA	heteronukleäre RNA
mRNA	messenger RNA
snRNA	small nukleäre RNA
scRNA	small zytoplasmatische RNA
rRNA	ribosomale RNA
tRNA	transfer RNA

14.2.4 Der Aufbau der RNA

RNA liegt im Körper meist **einzelsträngig** vor. Anteile eines RNA-Moleküls können jedoch durch Ausbildung von Wasserstoffbrücken zwischen den Basen – Adenin paart sich mit Uracil, Guanin mit Cytosin – als Doppelstrang vorliegen. Hierdurch entsteht z. B. die Kleeblattstruktur der tRNA (s. S. 399).

Es gibt sechs verschiedene RNA-Formen, alle sind an der Proteinbiosynthese beteiligt. Ihre Funktion wird dort besprochen (s. S. 392).

MERKE

RNA: Einzelstränge mit AUGC
DNA: Doppelstrang mit ATGC
Aufbau der DNA: Nukleotide → Nukleinsäuren → Doppelhelix → Nukleosom → Chromatin.

Check-up

- ✔ **Machen Sie sich nochmals den Aufbau der DNA vom Nukleotid bis zum Chromatin klar. Wiederholen Sie, welche Funktion die Histone dabei haben.**
- ✔ **Rekapitulieren Sie die Unterschiede zwischen RNA und DNA.**

14.3 Die Replikation der DNA

Lerncoach

Sie können sich die am Replikationsvorgang beteiligten Enzyme am besten merken, wenn Sie sie in zwei Kategorien einteilen: eine Kategorie für die Enzyme, die die DNA „vorbereiten", und eine für die Enzyme, die anschließend die DNA replizieren.

14.3.1 Überblick und Funktion

Bei der Replikation der DNA wird durch DNA-Neusynthese eine 1:1-Kopie der *gesamten* DNA erstellt. Dies findet während der Synthesephase (S-Phase) des Zellzyklus (s. S. 365) statt, also bevor die Zelle in die Mitose eintritt (**Abb. 14.15**). Dadurch ist gewährleistet, dass nach der Zellteilung die Tochterzellen die gleiche genetische Information wie die Mutterzelle enthalten.

Um die *gesamte* DNA in kurzer Zeit replizieren zu können, wird bei Eukaryonten und somit auch beim Menschen ausgehend von **multiplen** definierten Orten eines DNA-Moleküls, den sog. **Replikationsursprüngen**, repliziert. Ergebnis der DNA-Replikation sind zwei DNA-Doppelstränge. Jeder dieser Doppelstränge besteht aus einem ursprünglichen (Eltern-)Strang und einem neuen (Tochter-)Strang. Es handelt sich daher um eine sog. **semikonservative Replikation**. Der Grund hierfür ist, dass jeder Elternstrang als Vorlage für einen Tochterstrang

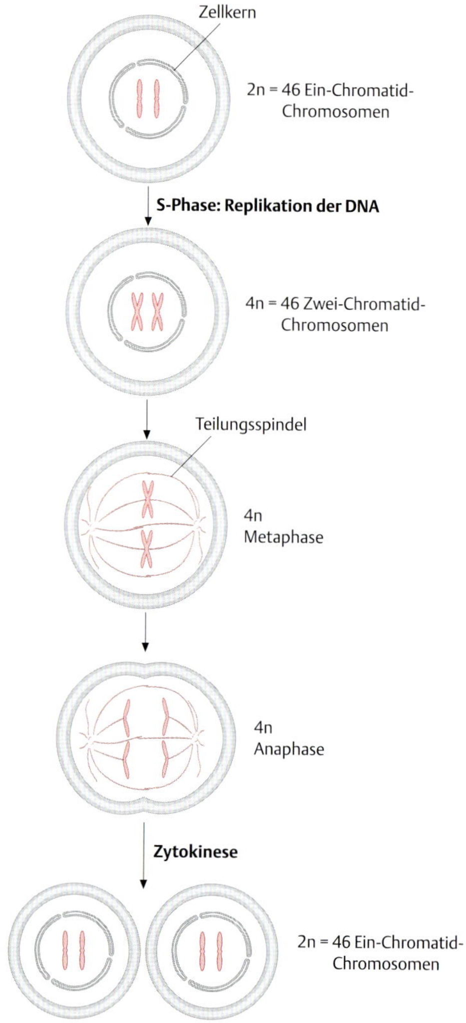

Abb. 14.15 Schicksal der DNA einer Zelle vor und während der Zellteilung

dient; der Tochterstrang ist also zum Elternstrang komplementär.

14.3.2 Der Ablauf der Replikation

Man kann die Replikation in zwei Abschnitte einteilen. Im ersten Abschnitt wird die DNA vorbereitet: Jeder der beiden Doppelstränge wird durch Entwindung der Doppelhelix „freigelegt", wodurch die äußeren Rahmenbedingungen geschaffen werden. Im zweiten Abschnitt findet die Synthese der DNA-Tochterstränge statt.

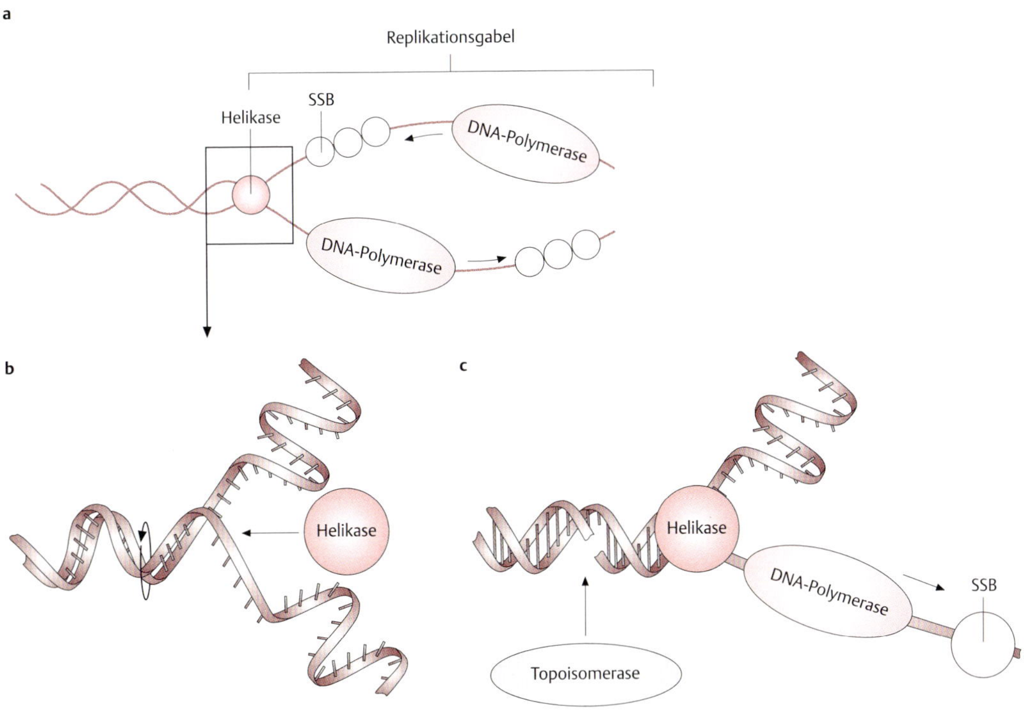

Abb. 14.16 Entwindung der DNA: (a) Ansicht einer Replikationsgabel; (b) Ausschnittsvergrößerung; (c) Funktion der Topoisomerase (SSB = single strand binding protein)

14.3.2.1 Die Entwindung der DNA

An jedem Replikationsursprung bindet eine **Helikase** an einen der beiden DNA-Stränge, entwindet die DNA-Doppelhelix und trennt so die beiden DNA-Stränge voneinander. Den DNA-Abschnitt, in dem zwei DNA-Einzelstränge vorliegen, bezeichnet man als **Replikationsgabel** (**Abb. 14.16**). Durch die Entwindung der DNA werden die noch nicht entwundenen Abschnitte förmlich zusammengedrückt und dadurch die Spannung in der Doppelhelix gesteigert. Diese Spannung kann durch die **Topoisomerase** abgebaut werden: Sie führt reversible **Strangbrüche** in einen der beiden oder in beide DNA-Stränge ein.

Single strand binding proteins (SSB, **Abb. 14.16**) gewährleisten, dass die beiden DNA-Stränge voneinander getrennt bleiben: Die Synthese der DNA-Tochterstränge kann starten.

14.3.2.2 Die Synthese der DNA-Tochterstränge

Das Prinzip

Achten Sie besonders darauf, wie Polymerasen funktionieren.

Enzyme, die Nukleotide miteinander verbinden und somit Nukleinsäuren herstellen, heißen **Polymerasen**. Die DNA-Polymerasen **benötigen** ein **freies 3′-OH-Ende eines Nukleotids**, um daran ein weiteres Nukleotid knüpfen zu können. Aus diesem Grund muss zunächst durch eine RNA-Polymerase ein kurzes Stück RNA komplementär zur DNA synthetisiert werden (**Abb. 14.17**). Dieses Stück heißt **Primer** und das zuständige Enzym **Primase**.

Im Rahmen der DNA-Replikation synthetisieren DNA-Polymerasen den Tochter-Strang, indem sie die Basenfolge des Elternstrangs ablesen und Nukleotide, die hierzu komplementäre Basen enthalten, miteinander verknüpfen. Die **DNA-Polymerasen** bewegen sich auf dem Elternstrang während des

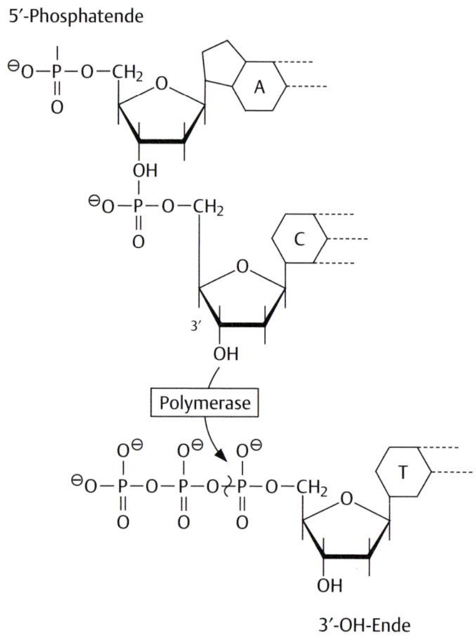

Abb. 14.17 Mechanismus der Nukleinsäuresynthese

Ablesens in **3′-5′-Richtung**. Sie lesen den Elternstrang folglich so, wie man ein Buch liest: erst Seite 3, dann Seite 5. Diese Leserichtung gilt für alle Polymerasen. Da Eltern- und Tochterstrang entgegengesetzte Polarität aufweisen, wächst der neue Strang in 5′-3′-Richtung: Polymerasen **synthetisieren** Nukleinsäuren also in **5′-3′-Richtung**.

14

MERKE

DNA-Polymerasen lesen den Elternstrang in 3′-5′-Richtung und synthetisieren den Tochterstrang in 5′-3′-Richtung.

Nukleotide müssen für die Nukleinsäuresynthese in ihrer energiereichen Form, als Nukleosid*tri*phosphate vorliegen. Für die DNA-Replikation werden die **Desoxyribonukleosidtriphosphate** – dATP, dGTP, dCTP und dTTP – benötigt.

Die Energie für die **Knüpfung der Phosphodiesterbindung** liefert die Abspaltung von Pyrophosphat vom Nukleosidtriphosphat. Das „übrig gebliebene" Phosphat bildet die Esterbindung mit der Alkoholgruppe der Desoxyribose (**Abb. 14.17**).

Tabelle 14.3

Replikation bei Prokaryonten
Die beteiligten Enzyme
Helikase, Topoisomerase, SSB → Replikationsgabel
Primase (RNA-Polymerase!)
DNA-Polymerase III
DNA-Polymerase I
DNA-Ligase
Cofaktoren der DNA-Polymerasen:
- dATP, dTTP, dGTP, dCTP, Mg^{2+}

Die Elongation (Verlängerung)

Beachte: Die folgende Beschreibung des Ablaufs der Elongation bezieht sich auf Prokaryonten (**Tab. 14.3**; zum Ablauf bei Eukaryonten s. u.).

Primer-Synthese: Die Synthese eines DNA-Tochterstrangs beginnt am 3′-Ende jedes „freigelegten" Elternstrangs mit Hilfe einer **Primase**. Dies ist eine DNA-abhängige **RNA-Polymerase**: Sie liest den DNA-Elternstrang ab, synthetisiert jedoch RNA, nämlich ein kurzes RNA-Stück einer Länge von 8–10 Nukleotiden (1 in **Abb. 14.18**). Dieses kurze RNA-Stück bezeichnet man als **Primer**.

Synthese des DNA-Tochterstrangs: Die eigentliche DNA-Neusynthese wird durch die **DNA-Polymerase III** katalysiert. Sie benötigt den kurzen neuen Primer-Strang mit dem freien 3′-OH-Ende als Ansatz. Sie beginnt, mit einer enorm hohen Geschwindigkeit (1000 Nukleotide pro Sekunde) den DNA-Tochterstrang an den Primer zu synthetisieren (2 in **Abb. 14.18**). Es gibt zwei Tochterstränge: den Leitstrang und den Folgestrang.

- **Synthese des Leitstranges:** Der Leitstrang wird an dem DNA-Elternstrang synthetisiert, an dem die Replikationsgabel sich in 3′-5′-Richtung öffnet. Hier kann die DNA-Polymerase III – mit dem Primer als Ansatz – den **Leitstrang durchgängig synthetisieren**, da sie sich in Richtung Replikationsgabel bewegt (3 in **Abb. 14.18**) und von der Helikase ständig ein weiteres Stück dieses Einzelstrangs freigelegt bekommt.
- **Synthese des Folgestranges:** Der Folgestrang wird am anderen DNA-Elternstrang synthetisiert. Hier öffnet sich die Replikationsgabel in 5′-3′-Richtung. An der Gabelung wird der **Pri-**

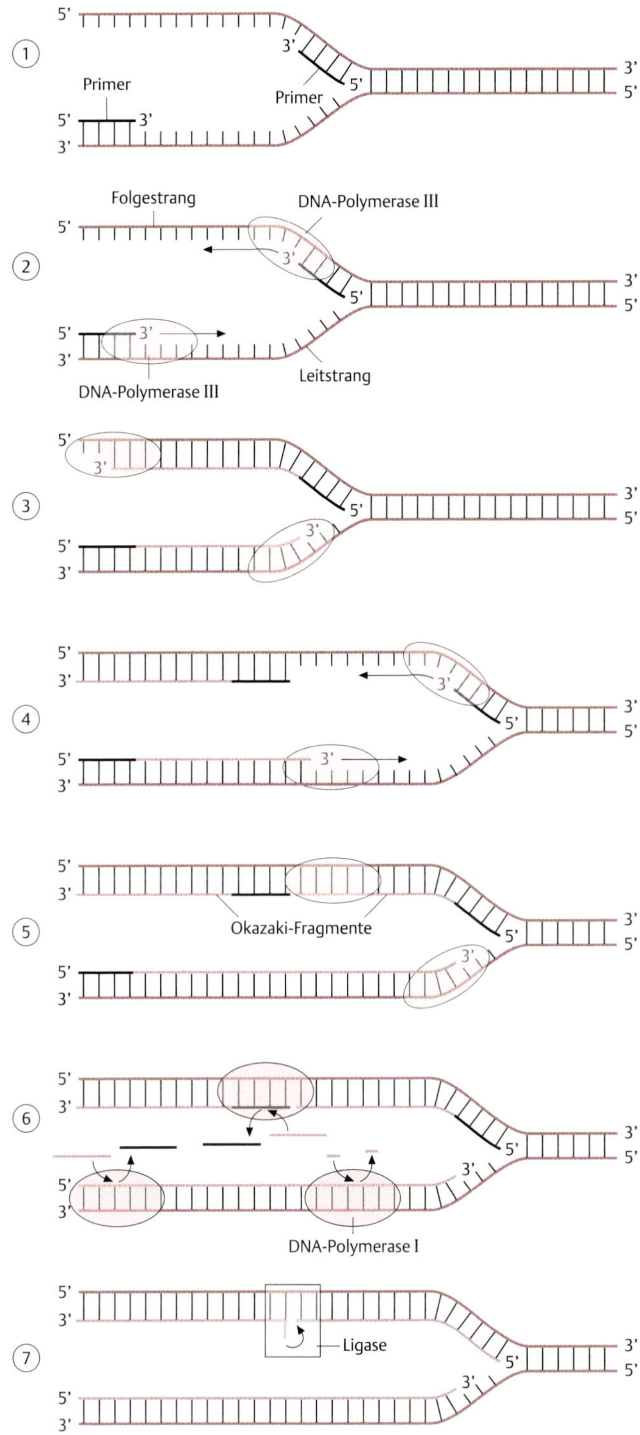

Abb. 14.18 Synthese der DNA-Tochterstränge (bei Prokaryonten)

mer durch die Primase synthetisiert. Die DNA-Polymerase III bewegt sich bei der Synthese des Tochterstrangs also von der Replikationsgabel weg, in Richtung 5′-Ende des abzulesenden Folgestrangs. Es entsteht nur ein kurzes Tochterstrang-Stück, weil die DNA-Polymerase III bald das Ende der Replikationsgabel erreicht. Erst wenn sich die Replikationsgabel weiterbewegt hat, kann der DNA-Elternstrang weiter repliziert werden: Dazu synthetisiert die Primase am Beginn der neu geöffneten Replikationsgabel wieder einen Primer, an den die DNA-Polymerase III in Richtung des 5′-Endes des DNA-Elternstrangs Nukleotide anhängt (4 in **Abb. 14.18**), bis sie auf das bereits produzierte Tochterstrang-Stück trifft (5 in **Abb. 14.18**). Daher besteht der Folgestrang lediglich aus einzelnen Fragmenten, zwischen denen sich die Primer (RNA) befinden. Diese Fragmente werden **Okazaki-Fragmente** genannt. Sie haben eine Länge von 1000–2000 bp.

Fertigstellung der DNA-Tochterstränge:

- Da die DNA-Tochterstränge ausschließlich aus DNA bestehen sollen, müssen die Primer zwischen den Okazaki-Fragmenten und der **Primer** am zum Leitstrang komplementären Tochterstrang **entfernt** werden. Zudem muss ein Enzym die hierdurch entstandenen Lücken mit Desoxyribonukleotiden auffüllen. Beides kann *ein* Enzym, die **DNA-Polymerase I**. Sie kann außerdem **Fehler in der DNA-Basensequenz aufspüren und reparieren**. Dieses Enzym ist die **„Qualitätssicherung"** der DNA-Replikation und damit der Star unter den Replikations-Enzymen. Die DNA-Polymerase I ist gleichzeitig
  - Ribonuklease (sie entfernt den Primer) (6 in **Abb. 14.18**)
  - Exonuklease (sie entfernt Nukleotide mit fehlerhaften Basen)
  - DNA-Polymerase (sie füllt Lücken auf).
- Dieses Enzym ist von besonderer Bedeutung für die Replikation, da es eine hohe Genauigkeit der DNA-Kopie garantiert. Dies ist für die identische Weitergabe des Erbguts an die Tochterzellen und damit für das weitere Leben und Wachstum dieser Zellen essenziell.
- Zum Schluss **verbindet** eine **DNA-Ligase** die in Lücken eingefügten Nukleotide mit dem Rest-Tochterstrang bzw. die **Okazaki-Fragmente** miteinander (7 in **Abb. 14.18**). Diese Reaktion ist ATP-abhängig.

Bei **Eukaryonten** erfolgt der Ablauf der Elongation sehr ähnlich, allerdings heißen die DNA-Polymerasen α–ϵ. Die DNA-Polymerase α synthetisiert den Folgestrang und enthält die Primaseaktivität. DNA-Polymerase δ synthetisiert den Führungsstrang. Die DNA-Polymerasen β und ϵ sind Reparaturenzyme und die DNA-Polymerase γ ist im Mitochondrium lokalisiert und für die Replikation der mtDNA verantwortlich.

Syntheseablauf an den Chromosomen-Enden

Wenn man gedanklich die Replikation des Leit- und des Folgestrangs durchläuft, trifft man am Ende der DNA-Vorlage, also an den Chromosomen-Enden – den sog. **Telomeren** –, auf ein Problem: Der Leitstrang kann durchgehend von der DNA-Polymerase δ bis zum Ende repliziert werden, der Folgestrang jedoch nicht. Schuld hieran ist die Lücke *vor* dem 5′-Ende des Okazaki-Fragments, die entsteht, wenn die DNA-Polymerase α den Primer entfernt (**Abb. 14.19 a**). Die DNA-Polymerase δ hat keine Ansatzmöglichkeit mehr um die Primer-Lücke mit Desoxyribonukleotiden zu füllen. Dies hätte zur Folge, dass die DNA bei jeder Replikation um einige Nukleotide, nämlich genau die Primer-Lücke, kürzer würde. Damit dies nicht passiert, finden sich **an den 3′-Enden des Elternstrangs nichtkodierende Sequenzen**, also eine Folge von Basen, die sich nicht in eine Aminosäuresequenz übersetzen lässt. Es handelt sich um mehrere tausend Basenpaare mit der **repetitiven** (d. h. sich wiederholenden) **Sequenz** 5′-TTAGGG-3′.

Diese nichtkodierenden Sequenzen am 3′-Ende werden wie die übrige DNA repliziert, wobei jeweils ein Stück am Ende des neu synthetisierten Tochterstrangs verloren geht (Primer-Lücke, **Abb. 14.19 a**). Die DNA kann also so lange fehlerfrei repliziert werden, bis die Telomere aufgebraucht sind.

Aus der **begrenzten Länge der Telomere** ergibt sich, dass die Anzahl der möglichen Zellteilungen begrenzt ist (eine somatische Zelle kann sich ca. 30- bis 50-mal teilen) und somit auch die **Lebensdauer einer Zelle begrenzt** ist. Die Telomere sind sozusagen die „Uhrzeiger unserer molekularen Lebensuhr", die der Zelle zeigt, wann die Zeit abgelaufen ist.

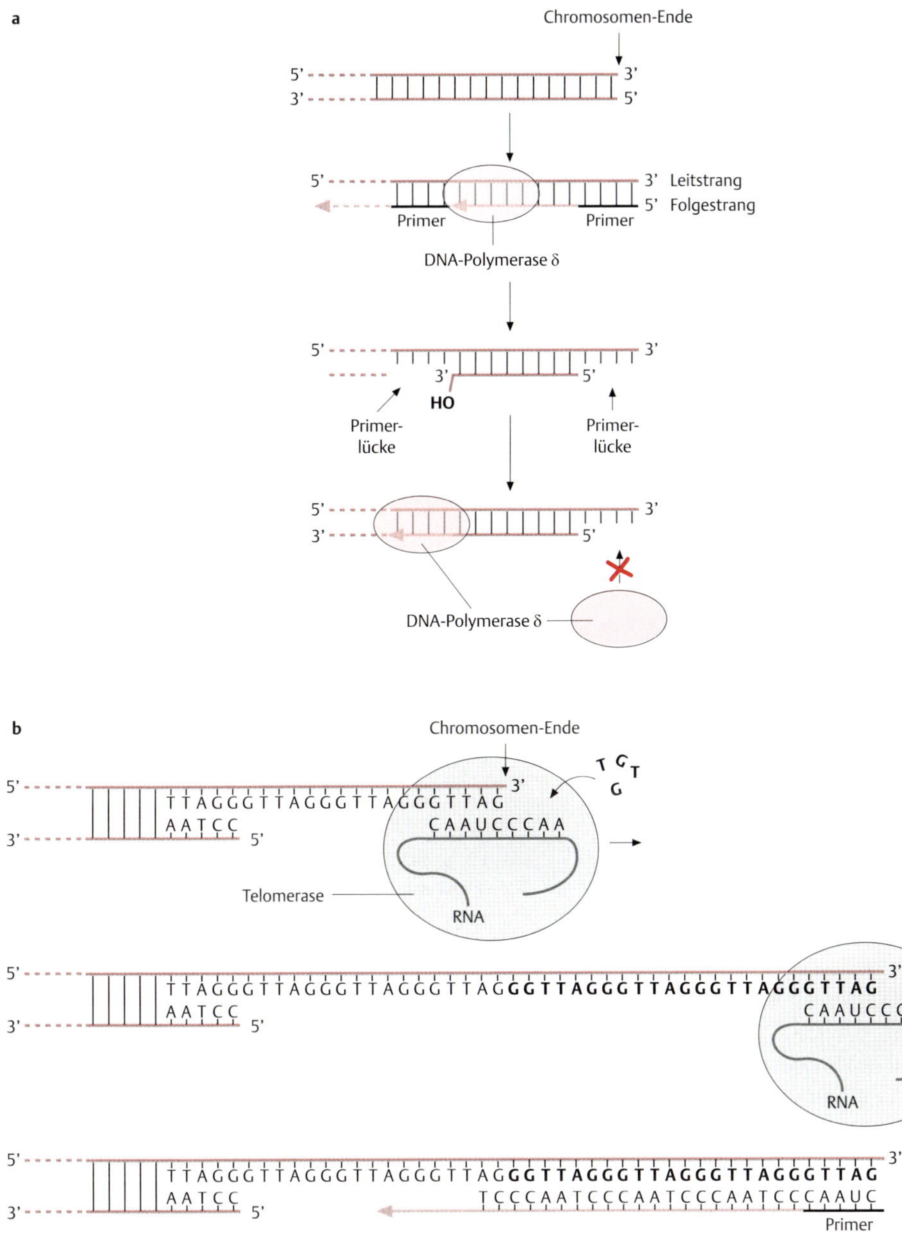

Abb. 14.19 (a) Problematik der DNA-Replikation am Chromosomenende und (b) ihre Lösung (T = Telomerase). Dies gilt für Eukaryonten (Prokaryonten haben zirkuläre DNA und damit keine Telomere).

MERKE

Eine komplette fehlerfreie Replikation wird durch die Telomere ermöglicht!

Eine „lebensverlängernde Maßnahme", die verhindert, dass die Lebenszeitbeschränkung alle Körperzellen betrifft, stellt das Enzym **Telomerase** dar. Dies ist eine Polymerase, die die **nichtkodierenden Sequenzen der Telomere** immer wieder **verlängert**.

Die Telomerase enthält als **Matrize** einen **RNA-Abschnitt**, dessen Sequenz komplementär zu der des 3′-Endes der DNA ist. Nach Anlagerung der RNA-Matrize an das 3′-Ende beginnt die Telomerase, von der eigenen RNA abzulesen und Nukleotide an das 3′-Ende des Mutterstrangs anzuhängen (**Abb. 14.19b**). Die Telomerase ist also eine RNA-abhängige DNA-Polymerase – eine reverse Transkriptase – mit eigener RNA-Matrize. Anschließend kann am Mutterstrang wieder ein Primer angebracht werden und die DNA-Polymerase III den kompletten Strang synthetisieren (**Abb. 14.19b**).

Da die Telomerase die Telomere immer wieder erneuert, wird der **Alterungsprozess** der Zelle **verzögert**. Besäßen alle Zellen Telomerase, wäre der „Stein der Weisen" gefunden und die ewige Jugend eine Tatsache. Normale somatische Zellen besitzen jedoch keine Telomerase, sondern sind in ihrer Zellteilung eingeschränkt und altern somit. **Keimbahnzellen** dagegen **enthalten Telomerase** und können sich daher **beliebig oft teilen**. Auch **Tumorzellen besitzen Telomerase-Aktivität**, was das unbegrenzte Wachstum der Tumorzellen erklärt. Es wird untersucht, ob sich die Telomerase der Tumorzellen gezielt ausschalten lässt.

Es wird auch nach Möglichkeiten gesucht, die Telomerase-Aktivität von Tumorzellen auf „gesunde" somatische Zellen zu übertragen, denn diese Zellen ließen sich als „Jungbrunnen-Therapie" vermarkten.

14

14.3.3 Hemmstoffe der DNA-Replikation

14.3.3.1 Antibiotika und Zytostatika

Bei den Hemmstoffen der Replikation muss man zwischen Antibiotika und Zytostatika unterscheiden. Antibiotika hemmen gezielt die Zellteilung (und damit die Zellvermehrung) bei Prokaryonten, also bei Bakterien, während Zytostatika die Zellteilung auch bei Eukaryoten – z. B. beim Menschen – verhindern. **Tab. 14.4** zeigt die Wirkungsmechanismen wichtiger DNA-Replikationshemmer beider Kategorien.

Die in Tab. 14.4 aufgeführten Substanzen müssen Sie auswendig kennen.

Tabelle 14.4

Hemmstoffe der DNA-Replikation

Substanzklasse	Substanz	Wirkungsmechanismus
Antibiotika		
Gyrase-Hemmer	z. B. Ciprofloxacin	Hemmung der bakteriellen Topoisomerase (= Gyrase)
Zytostatika		
Replikations-Hemmer	Mitomycin Actinomycin	Kovalente Wechselwirkung mit der DNA bzw. den Guaninresten
Nukleotidanaloga	z. B. Cytosinarabinosid	Können als „falsche" Nukleotide nicht eingebaut werden und hemmen so die DNA-Polymerase

14.3.4 Die DNA-Reparatur

Die fehlerfreie Verdopplung der gesamten DNA ist für die Zellen essenziell um sich zu teilen und zu wachsen. Veränderungen und Fehler in der DNA-Sequenz müssen deshalb rasch erkannt und behoben werden.

Solche Veränderungen werden **Mutationen** genannt, sie können einzelne Basen betreffen oder auch größere DNA-Abschnitte (s. S. 409).

Da die DNA durch verschiedene **chemische und physikalische Einwirkungen** (z. B. ionisierende Strahlung, Sauerstoffradikale) geschädigt werden kann, benötigt die Zelle **Reparaturmechanismen**. Hier ist der doppelsträngige Aufbau der DNA von großem Vorteil, da die genetische Information in einem Strang reicht, um den Fehler im anderen Strang zu beheben.

14.3.4.1 Die Nukleotidexzision

Eine relativ häufige Schädigung entsteht durch die Einwirkung von **ultraviolettem Licht** auf die DNA. Dies kann zur **Dimerbildung** von Pyrimidinen, wie Thymin oder Cytosin führen. Diese Dimere können nicht in die Doppelhelix der DNA eingebaut werden und blockieren die Replikation der Zelle.

MERKE

Durch Einwirkung von UV-Licht entstehen Thymindimere in der DNA!

Um solche Dimere zu entfernen, wird mit Hilfe eines Multienzymkomplexes ein größerer DNA-Abschnitt repariert, diesen Mechanismus nennt man **Nukleotid-Exzisionsreparatur** **(Abb. 14.20)**:
Eine **Nuklease** spaltet ein Oligonukleotid von 10-20 Nukleotiden inklusive dem „Fehler" aus dem fehlerhaften Strang heraus. Eine DNA-Helikase entfernt dieses Oligonukleotid. Die Lücke wird von der **DNA-Polymerase I** wieder aufgefüllt und mit Hilfe der **DNA-Ligase** geschlossen.

Klinischer Bezug

Xeroderma pigmentosum: Xeroderma pigmentosum ist eine seltene autosomal-rezessiv vererbte Krankheit, die darauf beruht, dass durch eine **fehlerhafte Endonuklease** Pyrimidindimere nicht mehr beseitigt werden können. Charakteristisch für diese Erkrankung ist das Auftreten von starken **Sonnenbrandreaktionen** und bereits im Kindesalter die Entstehung von bösartigen **Hauttumoren**. Eine Heilung der Erkrankung ist bisher nicht möglich. Da die Kinder Kontakt mit Sonnenlicht meiden müssen und erst nach dem Sonnenuntergang ins Freie können, spricht man auch von **Mondscheinkindern**.

14.3.4.2 Die Basenexzision

Auch eine einzelne fehlerhafte Base kann ausgetauscht werden.
Für diesen Mechanismus **(Basen-Exzisionreparatur)** wird durch eine **DNA-Glykosylase** die beschädigte Base entfernt. Da Zucker und Phosphorsäureesterbindung noch intakt sind, wird die verbleibende Stelle als AP- (= *a*pyrimidisch bzw. *a*purinisch) Stelle bezeichnet. Eine **AP-Endonuklease** und eine **Phosphodiesterase** spalten über die Trennung der Esterbindung die Nukleinsäure an dieser Stelle auf und entfernen das Desoxyribosephosphat. Die **DNA-Polymerase I** fügt die neue „richtige" Base je nach komplementärer Base ein und die **DNA-Ligase** schließt die Lücke.
Sehr häufig ist **Uracil** die **fehlerhafte Base**, entstanden aus der Desaminierung von Cytosin. Durch die Reparaturenzyme wird Uracil als fremde Base in der **DNA** erkannt und ersetzt. In der DNA kommt normalerweise Thymin als Pyrimidinbase vor, also „methyliertes" Uracil.

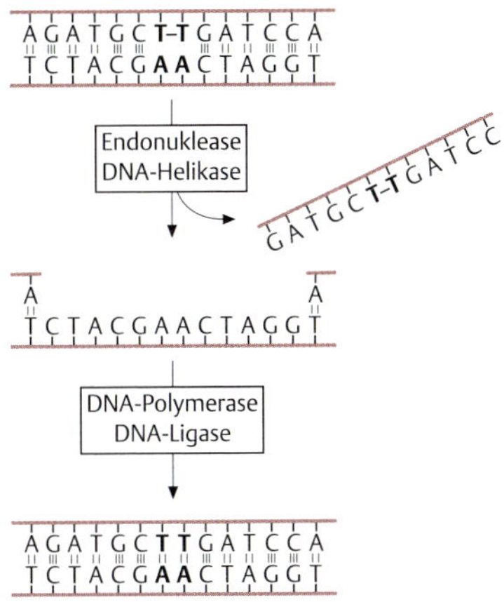

Abb. 14.20 Nukleotidexzisionsreparatur am Beispiel eines Thymindimers

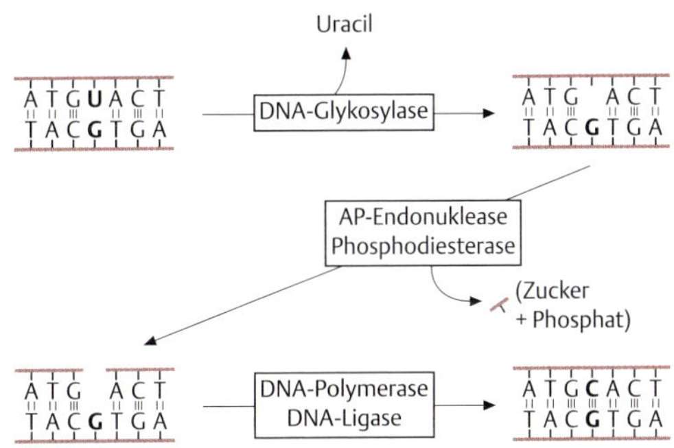

Abb. 14.21 Basenexzisionsreparatur am Beispiel eines Uracils

Fehler in den Reparaturmechanismen der DNA, z. B. durch Enzymdefekte, sind für die Entstehung von einigen Tumorerkrankungen verantwortlich.

Check-up

- ✔ **Wiederholen Sie die Funktionen und Substrate der DNA-Polymerasen und warum auf dem Folgestrang mehrere Okazaki-Fragmente zu finden sind.**
- ✔ **Machen Sie sich klar, was das Besondere an der DNA-Polymerase I ist.**
- ✔ **Rekapitulieren Sie die DNA-Replikation an den Telomeren und ihre Auswirkungen auf die Zellteilung.**
- ✔ **Wiederholen Sie die DNA-Reparaturmechanismen.**

14.4 Die Transkription

Lerncoach
Die Transkription (= RNA-Synthese) und DNA-Replikation weisen Ähnlichkeiten im Ablauf auf, finden aber unabhängig voneinander statt. Achten Sie deshalb darauf, dass Sie diese beiden Vorgänge nicht miteinander verwechseln.

14.4.1 Überblick und Funktion

Die Transkription ist der **erste Schritt der Proteinbiosynthese** und damit der erste Abschnitt des Weges „vom Gen zum Protein". Benötigt eine Zelle ein bestimmtes Protein, wird im Zellkern eine RNA-Kopie des DNA-Abschnitts für die Proteinbiosynthese hergestellt, der die Information dafür enthält. Dieser DNA-Abschnitt ist das **Gen**, die RNA-Kopie bezeichnet man als **Transkript**, den Vorgang der Kopieerstellung als **Transkription**. Die ausführenden Enzyme sind **DNA-abhängige RNA-Polymerasen**, diese können den neuen RNA-Strang komplementär zur DNA Matrize synthetisieren.

Da bei **Eukaryonten** in dem transkribierten DNA-Abschnitt sowohl kodierende **(Exons)** als auch nicht-kodierende Basensequenzen **(Introns)** enthalten sind, muss die RNA im Zellkern noch weiter **modifiziert** werden. Dabei werden auch die Introns entfernt und die Exons wieder zusammengefügt (**Spleißen**, s. S. 396). Die „reife" RNA gelangt dann ins Zytosol, wo die anschließende **Translation** und somit der eigentliche Aufbau der Proteine stattfindet (s. S. 398).

Die Gesamtheit aller Gene einer Zelle bezeichnet man als **Genom**, die Gesamtheit aller mRNA-Kopien einer Zelle als **Transkriptom** und die Gesamtheit aller Proteine einer Zelle als **Proteom.** Die Größe des Transkriptoms in einer Zelle ist im Gegensatz zum **Genom** stark variabel, da in der Zelle **je nach Bedarf Transkripte** (RNA) zur Synthese der benötigten Proteine hergestellt werden. Ebenso müssen nicht alle Transkripte dann direkt zur Bildung des gleichen Proteins führen (alternatives Spleißen, s. S. 397), und so können auch Transkriptom und **Proteom** einer Zelle unterschiedlich groß sein.

Bei **Prokaryonten** ist die Transkription weniger komplex, da ihre DNA keine Introns enthält und deshalb kein Spleißen stattfinden muss. Sie besitzen nur eine DNA-abhängige RNA-Polymerase, die mit Hilfe verschiedener Faktoren die Gene transkribiert.

MERKE
Das Genom (alle Gene einer Zelle) hat in allen Zellen die gleiche Größe, während das Transkriptom (alle mRNA-Kopien einer Zelle) und das Proteom (alle Proteine einer Zelle) in verschiedenen Zellen unterschiedlich groß sein können.

14.4.2 Die verschiedenen RNA-Formen

Die **messengerRNA** (mRNA) überträgt die Nachricht vom Zellkern zum Zytosol und dient als Matrize der Proteinbiosynthese. Ihre Synthese wird im Folgenden ausführlich erläutert.

Für beide Schritte der Proteinbiosynthese (Transkription und Translation) werden aber auch noch verschiedene **andere RNA-Formen** benötigt, deren Basenabfolge jedoch *nicht* als Code für den Aufbau eines Proteins dient (z. B. rRNA, tRNA). Auch diese RNA-Sequenzen sind komplementär zu bestimmten DNA-Sequenzen und werden durch DNA-abhängige RNA-Polymerasen „transkribiert". Das Produkt der RNA-Polymerasen ist eine **Vorläufer-RNA**. Diese wird noch im Zellkern modifiziert, damit sie funktionsfähig wird. Bei Eukaryonten gibt es **drei Typen von RNA-Polymerasen** (**Tab. 14.5**). Sie synthetisieren unterschiedliche Produkte:

- Die **RNA-Polymerase I** transkribiert Gene, die für die **ribosomale RNA** kodieren (**rRNA** ist Bestandteil von Ribosomen, dem Ort der Translation, s. S. 400). Diese Gene befinden sich im Nukleolus (s. S. 359). Die RNA-Polymerase I **synthetisiert** die **Vorläufer der rRNA**, aus denen die reifen rRNA-Moleküle durch Spleißen hervorgehen.

Tabelle 14.5

Die eukaryontischen RNA-Polymerasen und ihre Produkte

Polymerase	Transkriptionsprodukt
RNA-Polymerase I (im Nukleolus)	Prä-ribosomale RNA (prä-rRNA)
RNA-Polymerase II (im Nukleus)	Heteronukleäre RNA (hnRNA) = prä-messenger-RNA (prä-mRNA)
RNA-Polymerase III (im Nukleus)	transfer-RNA (prä-tRNA) , small-nuclear-RNA (snRNA) und 5S-rRNA

14

- Die **RNA-Polymerase II** transkribiert die Gene, die für **Proteine** kodieren. Sie **produziert** dabei **heteronukleäre RNA (hnRNA = prä-mRNA)**, den **Vorläufer der „reifen“ mRNA**. mRNA wird bei der Translation (Proteinbiosynthese) abgelesen und mit Hilfe der tRNA (s. u.) in eine Aminosäuresequenz, ein Protein, übersetzt (s. S. 401).
- Die **RNA-Polymerase III** transkribiert:
  - Die Gene, die für **transfer-RNA (tRNA)** kodieren. Auch hier entstehen erst Vorläufer-tRNA. Es gibt verschiedene **tRNA**-Moleküle, die bei der Translation als **Verbindungsstück** zwischen der Basenabfolge der mRNA und der zu dieser mRNA passenden Aminosäureabfolge fungieren.
  - Die Gene der **small nuclear RNA (snRNA)**, die für das Spleißen benötigt wird. Dazu bildet snRNA mit geeigneten Proteinen einen Komplex (ähnlich dem Ribosom, s. S. 396), der als Splicosom bezeichnet wird.
  - Die Gene der **small cytoplasmic RNA (scRNA)**, die Bestandteil der signal recognition particles (SRP, s. S. 404) ist. Auch dies ist ein RNA-Protein-Komplex
  - Das Gen eines Subtyps von rRNA (5S-rRNA).

MERKE

Bei Eukaryonten:
RNA-Polymerase I synthetisiert Vorläufer der rRNA.
RNA-Polymerase II synthetisiert Vorläufer der mRNA.
RNA-Polymerase III synthetisiert die tRNA.

Die Funktionen der verschiedenen Polymerasen werden gerne geprüft. Schauen Sie sich deshalb Tab. 14.5 genau an.

14.4.3 Der Ablauf der Transkription

14.4.3.1 Die Umwandlung von Heterochromatin in Euchromatin

Damit das zu transkribierende Gen von der RNA-Polymerase abgelesen werden kann, wird das stark komprimierte Heterochromatin durch Modifikation der Histone in das weniger komprimierte Euchromatin umgewandelt. Diesen Vorgang nennt man **Antirepression**.

14.4.3.2 Die Initiation der Transkription

Da bei der Transkription nur ein **bestimmter Abschnitt der DNA** abgeschrieben werden soll, ist es wichtig, dass die Polymerase dieses Gen auch findet. Dafür gibt es **Gen-Startpunkte**, an denen die RNA-Polymerasen binden können. Dieser ist dem Gen vorgeschaltet und liegt **in der Gen-Steuerregion**, die man als **Promoter** oder auch cis-Element bezeichnet. Der Promoter eukaryontischer Gene weist oft eine adenin- und thyminreiche Basensequenz auf. Diese heißt – nach der Basenabfolge der DNA – **TATA-Box**.

Um an den Promoter binden zu können, benötigt eine RNA-Polymerase **Transkriptionsfaktoren** (TF). Diese werden je nachdem, mit welcher RNA-Polymerase sie „zusammenarbeiten“, als TF I, II oder III bezeichnet. Für jede RNA-Polymerase gibt es mehrere Transkriptionsfaktoren, die durch die Buchstaben des Alphabets gekennzeichnet werden (z. B. TFA, TFB, etc.). Eine RNA-Polymerase mit ihren TF bezeichnet man als **Holoenzym** oder **Initiationskomplex**.

Hier wird am Beispiel der hn- bzw. mRNA-Synthese das Zusammenspiel der RNA-Polymerase II und der TF II beschrieben: TF IID besitzt als Untereinheit das **TATA-Box binding protein (TBP)**. Dieses bindet an die TATA-Box und vermittelt so die Anheftung des gesamten Holoenzyms an die DNA.

Anschließend muss der zu transkribierende **DNA-Einzelstrang** für die Polymerase **zugänglich gemacht** werden, wofür die gleichen Enzyme und Proteine wie bei der DNA-Replikation zuständig sind: Die **Helikase** entwindet die Doppelhelix vor der RNA-Polymerase und trennt so die beiden DNA-Stränge voneinander. Während die RNA-Polymerase beim Ablesen am DNA-Strang entlang wandert, bindet der Einzelstrang seinen Gegenstrang hinter der RNA-Polymerase wieder und formt sich erneut zur Helix. Bei der Transkription wird also nicht die gesamte DNA nach und nach entwunden, sondern nur der DNA-Abschnitt, auf dem die Information für die gesuchte RNA bzw. das gesuchte Protein kodiert ist. Dieser entwundene DNA-Abschnitt heißt **Transkriptionsblase**. **Topoisomerasen** reduzieren die Spannung im DNA-Molekül und **single strand binding proteins** (SSB) halten die Transkriptionsblase offen (Abb. 14.22).

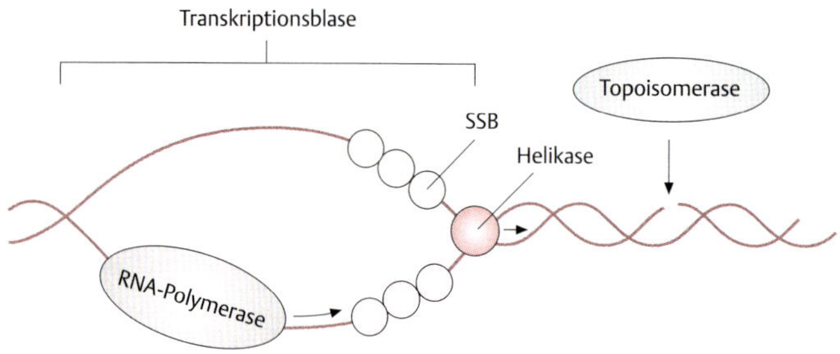

Abb. 14.22 Ansicht einer Transkriptionsblase (der Initiationskomplex ist nicht dargestellt; SSB = single strand binding proteins)

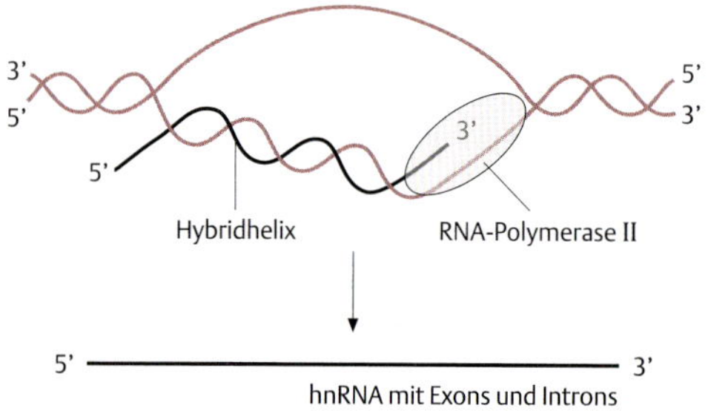

Abb. 14.23 Synthese des RNA-Strangs am Beispiel der heteronukleären RNA (hnRNA)

Klinischer Bezug

Wilms-Tumor: Der **Wilms-Tumor** (Nephroblastom) ist ein Tumor der Niere, der sich bereits im **Kindesalter** (2.–3. Lebensjahr) manifestiert. Die Kinder kommen oft erst zum Arzt, wenn der Tumor bereits sehr groß ist und das **Abdomen vorwölbt**. Weiteren Beschwerden, wie Magen-Darm-Störungen und ein herabgesetztes Allgemeinbefinden sind seltener vorhanden. Der Tumor wird sowohl **operativ** als auch mit **Chemo**- und **Strahlentherapie** behandelt und die Kinder können bei nicht metastasierten Tumoren oft **geheilt** werden.

Ursächlich für die Tumorentstehung ist der **Verlust** eines Tumorsuppressorgens (Wilms-Tumor-Gen = **WT-1**). Auf diesem Gen ist normalerweise ein **Transkriptionsfaktor** codiert, der an der Regulation der Urogenital-Entwicklung beteiligt ist. Fehlt dieser, kommt es zu Fehlentwicklungen der Nieren und Ausbildung von Tumoren.

14

14.4.3.3 Die Synthese der RNA

Zu Beginn der RNA-Synthese befindet sich die **RNA-Polymerase II am DNA-Einzelstrang und wird phosphoryliert**. Sie löst sich vom TF IID und tritt damit in die Elongationsphase (Synthese) ein. Der **Initiationskomplex zerfällt** und die **RNA-Polymerase beginnt** – ohne Primer – mit der **Synthese von RNA**. Hierzu benötigt sie (wie die anderen RNA-Polymerasen auch) folgende Ribonukleosidtriphosphate: ATP, GTP, CTP und UTP (kein TTP). Diese werden über Phosphodiesterbindungen miteinander verknüpft. Dabei wird aus den energiereichen Triphosphaten unter Energiegewinn ein Diphosphat abgespalten. Die anschließende Hydrolyse des Diphosphats liefert zusätzliche Energie für die Phosphodiesterbindung zwischen den Nukleosid*monophosphaten*.

MERKE

Für die Transkription wird kein Primer benötigt!

Wie DNA-Polymerasen lesen auch RNA-Polymerasen den DNA-Strang in 3′-5′-Richtung ab und synthetisieren RNA demnach in 5′-3′-Richtung. Hierbei entsteht kurzzeitig eine sog. **Hybridhelix**, bestehend aus DNA und komplementärer RNA **(Abb. 14.23)**.

14.4.3.4 Die Termination der Transkription

So wie es am Genanfang einen Startpunkt für die RNA-Polymerase gibt, existieren am Genende **Stoppsignale** für die RNA-Polymerase.

Die entstandene RNA ist ein noch nicht funktionsfähiges Vorläufermolekül. Im Falle der RNA-Polymerase II handelt es sich um hnRNA. Diese enthält sowohl kodierende als auch nichtkodierende Basensequenzen (Exons und Introns, **Abb. 14.23**).

Beachte: Im Gegensatz zur DNA-Replikation gibt es bei der Transkription **kein Reparaturenzym**, da RNA kurzlebig ist und Transkriptionsfehler sich deshalb nicht manifestieren können.

14.4.3.5 Die Regulation der Transkription

Da von einer Zelle nicht alle Proteine gleich häufig oder gleichzeitig benötigt werden, muss die Transkription der Gene reguliert weden.

Die Transkriptionsregulation bei Eukaryonten

Bei Eukaryonten wird die Transkription über mehrere Faktoren gesteuert. Bei Genen, deren Produkte immer in gleich bleibender Menge benötigt werden (sog. Haushaltsgene, engl. *house keeping genes*), wird die Transkription nur über die Promotersequenzen und die Transkriptionsfaktoren der RNA-Polymerasen geregelt. Gene für Proteine, die nur unter bestimmten Bedingungen verstärkt exprimiert werden, enthalten außer den Promotersequenzen weitere Steuersequenzen. Dies sind bestimmte Basensequenzen, an die spezifische Liganden binden. Die Basensequenzen bezeichnet man als **Enhancer** (cis-aktivierende Elemente). Die Liganden wirken positiv auf den Initiationskomplex und induzieren die Transkription dieser Gene. Dazu zählen z. B. Hormon-Rezeptor-Komplexe. So bindet das lipophile Steroidhormon Cortisol intrazellulär an den Glucocorticoidrezeptor. Als DNA-bindende Region dienen „Zinkfinger"-Proteine. Die Bindung des Cortisol-Glucocorticoidrezeptor-Komplexes an den enhancer regt die Transkription von Genen an, die für Enzyme der Gluconeogenese in der Leber kodieren **(Abb. 14.24)**. So kommt es zur Erhöhung des Blutzuckerspiegels.

Die Transkriptionsregulation bei Prokaryonten

Auch auf der prokaryontischen DNA befindet sich ein **Promoter**. Zusätzlich gibt es den **Operator** in der Nähe des Promoters. Am Operator gibt es zwei Möglichkeiten der Regulation:

- Bei der **negativen Kontrolle** ist ständig ein **Repressorprotein** an den Operator gebunden und verhindert die Transkription des nachgeschalteten Gens. Durch die Bindung eines **Induktors** am Repressorprotein kommt es zum Ablösen des Induktor-Repressor-Komplexes vom Operator und das Gen kann transkribiert werden **(Abb. 14.25)**.
- Bei der **positiven Kontrolle** wird das nachgeschaltete Gen erst transkribiert, wenn ein **Aktivatorprotein** am Operator bindet.

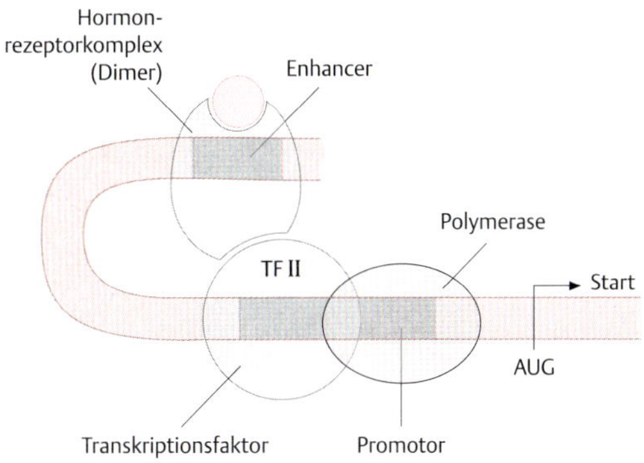

Abb. 14.24 Funktion eines Enhancers am Beispiel der Steroidhormone

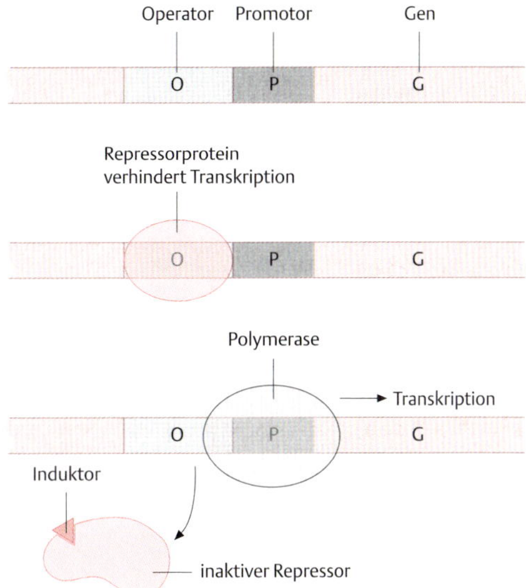

Abb. 14.25 Negative Kontrolle als Beispiel für Transkriptionsregulation bei Prokaryonten

14.4.3.6 Zusammenfassung

Tab. 14.6 fasst die Unterschiede zwischen Replikation und Transkription noch einmal zusammen.

Achten Sie in Tab. 14.6 besonders auf die unterschiedlichen Cofaktoren und Polymerasen bei der Replikation und Transkription.

Tabelle 14.6

Vergleich von DNA-Replikation und Transkription bei Eukaryonten	
DNA-Replikation	**Transkription**
Helikase, Topoisomerase, SSB → Replikationsgabel	Helikase, Topoisomerase, SSB → Transkriptionsblase
Polymerase α (besitzt Primase- und DNA-Polymerase-Aktivität)	keine Primase
Polymerase δ (DNA-Polymerase)	RNA-Polymerase (I, II, III)
Polymerasen β und ϵ (DNA-Polymerasen)	keine Reparaturenzyme
DNA-Ligase	keine Ligase
Cofaktoren der DNA-Polymerasen: - dATP, dTTP, dGTP, dCTP, Mg^{2+}	Cofaktoren der RNA-Polymerasen: - ATP, UTP, GTP, CTP, Mg^{2+}
Besonderheiten: - komplette DNA-Verdopplung - Qualitätssicherung	Besonderheiten: - nur DNA-Teilbereich - Regulation über Promotor, Enhancer

14.4.4 Die posttranskriptionale Modifikation von RNA (RNA-Reifung)

Die verschiedenen **Vorläufer-RNA-Formen**, wie prä-rRNA, prä-tRNA und prä-mRNA (= hnRNA) unterliegen nach der Transkription weiteren **Modifikationen**. Prä-rRNA und prä-tRNA werden durch Entfernung oder Veränderung bestimmter Basen in funktionsfähige RNA umgewandelt. hnRNA wird in zweifacher Hinsicht modifiziert: Zunächst wird sie „verpackt", um ihre Struktur zu schützen **(Prozessierung)**. Anschließend wird sie von den nichtkodierenden Sequenzen (Introns) befreit und die kodierenden Sequenzen werden miteinander verbunden **(Spleißen)**.

14

14.4.4.1 Die Prozessierung (Processing)

Die Prozessierung beinhaltet Modifikationen an beiden Enden der hnRNA.

- Am **5′-Ende** erhält die hnRNA eine sog. **Cap-Struktur**. Dies ist ein zusätzliches Nukleosidtriphosphat mit der Base Guanin, an deren N^7-Atom eine Methylgruppe angehängt wurde. Die Cap-Struktur ist also ein N^7-methyliertes GTP, das während der Transkription in umgekehrter Orientierung an das erste Nukleotid angehängt wird.
- Am **3′-Ende** der hnRNA werden 50–200 AMP angehängt. Daher spricht man vom **Poly-AMP-Schwanz oder Poly-A-Ende**.

Beide Modifikationen dienen dem **Schutz vor RNAsen** auf dem Weg der mRNA durch das Zytosol zu den Ribosomen. Die **Cap-Struktur** dient darüber hinaus als **Lokalisationshilfe**: Anhand dieser Struktur bindet die mRNA später an die Ribosomen (cap = Kappe = Anfang).

14.4.4.2 Das Spleißen (Splicing)

Bei **Eukaryonten** codiert nicht das gesamte Gen für ein Protein. Man unterscheidet so genannte kodierende Abschnitte **(Exons)** von nicht-kodierenden Abschnitten **(Introns)**. Die meisten Gene sind aus mehreren Exon- und Intron-Sequenzen aufgebaut. Die Intron-Sequenzen machen den größeren Anteil aus und bestehen oft aus sich wiederholenden Basenabfolgen (so genannte **repetitive Sequenzen**). Sie dienen als eine Art „Verpackungsmaterial". Bei **DNA-Schädigungen** durch chemische und physikalische Einflüsse (s. S. 390) haben Schädigungen der Intron-Sequenzen keinen direkten Einfluss auf die Proteinbiosynthese und ermöglichen so die **fehlerfreie Produktion** von Enzymen, Hormonen, etc.

Für die Proteinbiosynthese wird nur die RNA-Abschrift des kodierenden Anteils des Gens benötigt. Da bei der Transkription sowohl Exon- als auch Intron-Sequenzen in hnRNA umgeschrieben wurden, müssen die **nicht-kodierenden Introns herausgeschnitten** werden.

Beachte: Exons und Introns kommen *nur* bei Eukaryonten (also auch beim Menschen) vor, während Prokaryonten keine Intron-Sequenzen besitzen.

Das Herausschneiden der Intronsequenzen geschieht an den **Spleißosomen**, auch snRibonucleoproteins (snRNPs oder „snurps") genannt. Diese bestehen aus snRNA (s. S. 393) und Nukleasen – Enzymen, zum Schneiden von Nukleinsäuren.

Die **snRNA** der Spleißosomen **lagert sich** mittels Basenpaarung **an die Introns** der hnRNA **an** und bewirkt, dass diese sich aus der Ebene der übrigen hnRNA herausstülpen (**Abb. 14.26**). Anschließend **trennen** die **Nukleasen** die derartig markierten **Introns von den Exons**: Hierbei wird die hnRNA zuerst am 3′-Ende des ersten Exons gespalten, dann am folgenden Intron-Exon-Übergang etc. Die übrig bleibenden **Exons** werden wieder **zusammengefügt** (**Abb. 14.26**). Beachte: Manchmal wird auch nur das Zusammenfügen der Exons als Spleißen definiert.

MERKE

Spleißen (engl. *to splice* = verbinden, kleben) = Verbinden der Exons!

Die **reife mRNA** enthält nur noch Exons und ist am 5′-Ende durch die Cap-Struktur, am 3′-Ende durch das Poly-A-Ende geschützt (**Abb. 14.26**). An Proteine gebunden, gelangt sie durch die Kernporen ins Zytosol und bindet hier an RNA-Bindungsproteine. Diese Bindungsproteine sind für das weitere Schicksal der mRNA-Moleküle entscheidend. Einige dieser Proteine sind Cofaktoren für die Proteinbiosynthese (Translation, s. S. 398), andere führen die mRNA einem gezielten Abbau zu (posttransskriptionale Kontrolle der Proteinbiosynthese).

Das alternative Spleißen

Beim alternativen Spleißen werden die Exons in unterschiedlicher Weise miteinander verknüpft. So entstehen **unterschiedliche reife Transkripte**, die für **verschiedene Proteine** kodieren. Diese Proteine weisen eine große Homologie auf, können aber völlig unterschiedliche Aufgaben übernehmen.

Dies trifft z. B. auf **Calcitonin** und CGRP (Calcitonin gene related peptide) zu. Während Calcitonin im Caciumstoffwechsel eine wichtige Rolle spielt, wirkt **CGRP** als Neuropeptid. Beide Substanzen sind auf dem gleichen Gen codiert. Durch die Einbeziehung **verschiedener Exone**, kommt es zu zwei verschiedenen Proteinen.

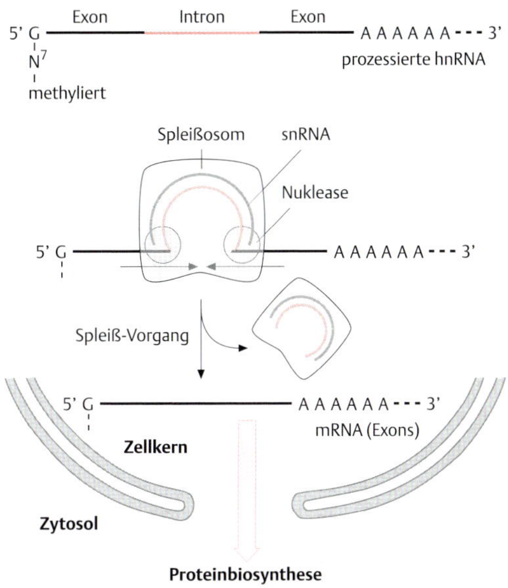

Abb. 14.26 Ablauf des Spleißens

Tabelle 14.7

Therapeutisch einsetzbare Hemmstoffe der Transkription	
Substanz	**Wirkungsmechanismus**
Antibiotika	
Gyrase-Hemmer, z. B. Ciprofloxacin	Hemmung der bakteriellen Topoisomerase (= Gyrase)
Rifampicin (Antituberkulotikum der 1. Wahl)	Hemmung der prokaryontischen RNA-Polymerase
Zytostatika	
z. B. Mitomycin, Actinomycin	die Komplementärstränge der DNA werden durch Alkylierung quervernetzt („Verkleben" der DNA) → Entwindung durch die Helicase unmöglich

14.4.5 Hemmstoffe der Transkription

Zu den Hemmstoffen der Transkription zählen verschiedene **Antibiotika** und **Zytostatika** (**Tab. 14.7**) sowie das Pilzgift α-Amanitin.

Gyrase-Hemmer verhindern sowohl die Transkription als auch die DNA-Replikation von Bakterien, da ihr Zielobjekt, die bakterielle Topoisomerase (= Gyrase), sowohl für die Bildung der Transkriptionsblase als auch der Replikationsgabel benötigt wird.

Interkalatoren sind flache Moleküle, die sich zwischen die Basenpaare der DNA-Doppelhelix schieben. Sie verhindern bei Pro- und Eukaryonten die Entwindung der DNA bei DNA-Replikation und der Transkription.

α-Amanitin, das Toxin des grünen Knollenblätterpilzes, hemmt die eukaryontische RNA-Polymerase II. Für die Schwere des Krankheitsbildes ist die Hemmung der Transkription in Leber- und Nierenzellen ausschlaggebend, die zum Versagen dieser Organe führt: Häufigste Todesursache ist ein akutes Leber- und/oder Nierenversagen.

Die in Tab. 14.7 aufgeführten Substanzen müssen Sie auswendig kennen. Da ständig neue Antibiotika und Zytostatika mit diesen Wirkungsmechanismen entwickelt werden, konzentrieren Sie sich vor allem auf die Substanzen, die im aktuellen Gegenstandskatalog aufgeführt sind.

Check-up

- ✔ **Machen Sie sich die Unterschiede und Gemeinsamkeiten von Transkription und Replikation klar.**
- ✔ **Rekapitulieren Sie die Prozessierung und das Spleißen von mRNA und beschreiben Sie den Aufbau reifer mRNA.**
- ✔ **Wiederholen Sie die Transkriptionsregulation bei Eukaryonten und bei Prokaryonten.**

14.5 Die Translation

Lerncoach

Die Translation stellt die eigentliche Synthese der Proteine aus einzelnen Aminosäuren dar. Achten Sie beim Lernen insbesondere auf die Funktionen der verschiedenen RNA-Formen (z. B. rRNA als Bestandteil der Ribosomen und Bindungsstelle für die mRNA).

14.5.1 Überblick und Funktion

Der Bauplan für ein Protein wird bei der Transkription und der posttranskriptionalen Modifikaton in Form von mRNA transportfähig gemacht und gelangt aus dem Zellkern in das Zytosol. Dort wird die Basensequenz der mRNA in eine Aminosäuresequenz und damit in ein Protein übersetzt. Diese Übersetzung von Basen- in Aminosäuresequenz bezeichnet man als **Translation**. Sie ist die **eigentliche Proteinbiosynthese**. Das entstandene Protein ist jedoch oft noch nicht funktionsfähig und muss noch während oder nach der Translation **(co- oder posttranslational)** modifiziert werden.

14.5.2 Die Grundlage: Der genetische Code

Der genetische Code legt fest, welche Basenabfolge auf der DNA für welche Aminosäure im Protein steht. Sie müssen ihn nicht auswendig kennen. Achten Sie beim Lernen aber darauf, nach welchem Prinzip er funktioniert (drei Basen stehen für eine Aminosäure).

Im genetischen Code ist festgelegt, welche Basen für welche Aminosäure kodieren. Jeweils **drei Basen (Basentriplett, Codon)** kodieren für **eine** bestimmte **Aminosäure**. Da in DNA und RNA vier Basen vorkommen, lassen sich rein rechnerisch 4^3 = 64 Aminosäuren verschlüsseln. Die Proteine unserer Zellen sind jedoch nur aus den 20 bzw., wenn man Selenocystein berücksichtigt, 21 proteinogenen Aminosäuren aufgebaut. Daher können theoretisch mehrere Codons für eine Aminosäure kodieren. Tatsächlich bestimmen im genetischen Code die ersten beiden Basen des Codons, für welche Aminosäure dieses kodiert. Die dritte Position kann – in gewissen Grenzen – durch unterschiedliche Basen besetzt sein; die kodierte Aminosäure ändert sich dadurch nicht. So kodiert sowohl GTC als auch GTT für Valin (**Abb. 14.27**). Folglich gibt es bei den meisten Aminosäuren mehrere Codons pro Aminosäure. Da dies einem Verlust an maximal möglicher Information gleichkommt, spricht man hier von der **Degeneration des genetischen Codes**. Diese hat jedoch keine negativen Auswirkungen, da nur 20 (bzw. 21, s. S. 86) proteinogene Aminosäuren kodiert werden müssen.

In der Zelle wird die Information der DNA dazu benutzt, ein Protein zu synthetisieren. Die **Variabilität** der Basen in der **wobble-Position** (= 3. Position des Codons, s. u.) führen jedoch dazu, dass es *nicht* möglich ist, aus der Aminosäuresequenz des Proteins auf die Basensequenz des kodierenden Gens zu schließen.

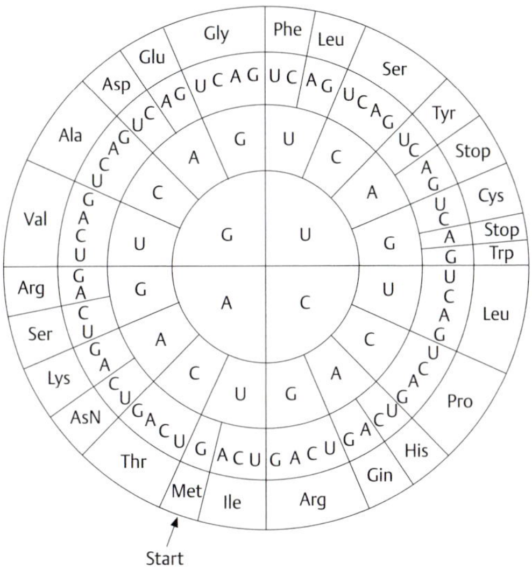

Abb. 14.27 Der genetische Code bezogen auf die mRNA (statt T wird U verwendet)

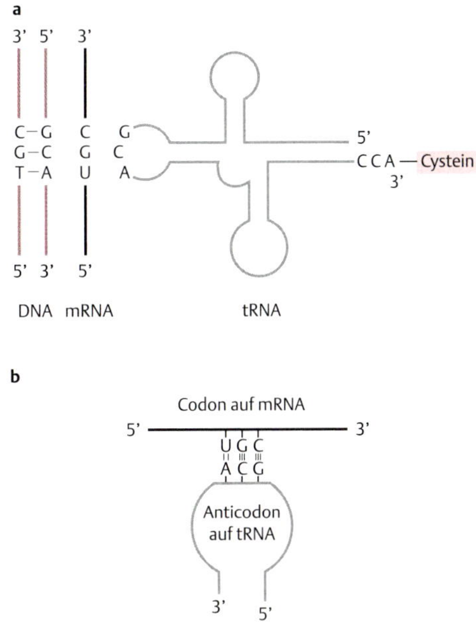

Abb. 14.28 (a) Struktur und Funktion der tRNA; (b) antiparallele Bindung zwischen Codon und Anticodon

MERKE

Dogma der Molekularbiologie: kein Informationsfluss von Protein zu DNA!

14.5.3 Das Werkzeug: Die transfer-RNA (tRNA)

Die tRNA nimmt als Aminoacyl-tRNA eine zentrale Stellung in der Proteinbiosynthese ein. Achten Sie beim Lernen auf die Struktur der tRNA und auf die Teile der Struktur, die für die Funktion unerlässlich sind.

14.5.3.1 Die Struktur und Funktion der tRNA

Die transfer-RNA (tRNA) ist das Werkzeug, mit dessen Hilfe die Basensequenz einer mRNA und damit eines Gens in eine Aminosäuresequenz übersetzt wird.

Es gibt ca. 30 verschiedene tRNA-Moleküle, deren Bauplan auf der DNA im Zellkern gespeichert ist und deren Vorläufer durch die **RNA-Polymerase III** synthetisiert werden. Die Vorläufer werden posttranskriptional modifiziert, so dass die fertigen tRNA-Moleküle einen hohen Gehalt an seltenen Basen wie **Pseudouridin** oder **Inosin** haben. Allen tRNA-Molekülen ist gemeinsam, dass sie aus **70–85 Nukleotiden** bestehen und dass sie **einzelsträngig** sind, aber zahlreiche Anteile aufweisen, die aufgrund von intramolekularen Wasserstoffbrücken zwischen komplementären Basen als **Doppelstrang** vorliegen. Hierdurch entsteht die typische **Kleeblattstruktur** der tRNA-Moleküle (**Abb. 14.28 a**). Die dem Stiel gegenüberliegende Schleife weist in dem Bereich, der keine Wasserstoffbrücken ausbildet, ein für dieses tRNA-Molekül spezifisches Basentriplett auf, das zu einem bestimmten Basentriplett der mRNA komplementär ist. Dieses zum Codon der mRNA komplementäre Basentriplett wird als **Anticodon** bezeichnet. Am 3′-Ende des Kleeblattstiels ist eine spezifische Aminosäure gebunden. Dieses 3′-Ende ist bei allen tRNA-Molekülen identisch: Es weist die Basenfolge CCA auf. Das Adenosinmonophosphat dient als **Bindungsstelle** für die Aminosäure. Welche Aminosäure gebunden wird, richtet sich nach dem Anticodon. Die tRNA dient also als Verbindungsstück oder **Vermittler** zwischen Basen- und Aminosäuresequenz.

Das Anticodon der tRNA interagiert mittels Wasserstoffbrücken mit dem Codon der mRNA. Dabei werden die ersten beiden Basen des Codons (sie interagieren mit den letzten beiden Basen des

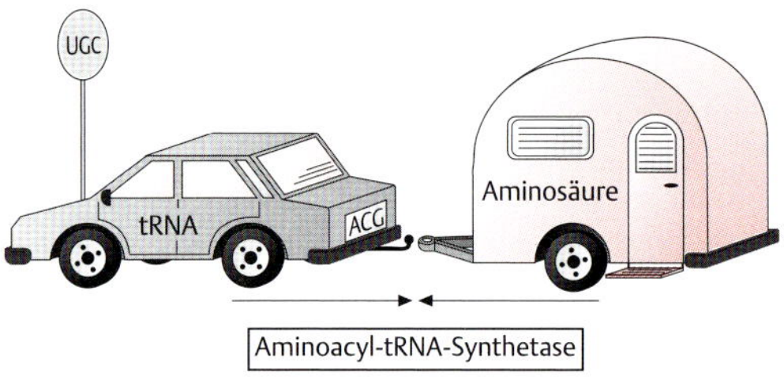

Abb. 14.29 Funktion der Aminoacyl-tRNA-Synthetasen

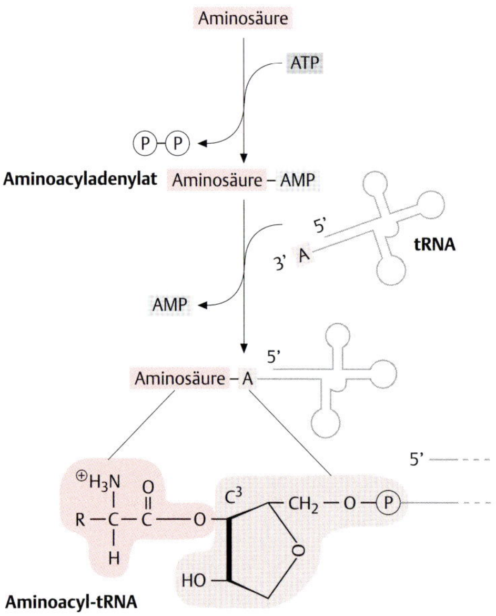

Abb. 14.30 Reaktionsschritte beim Ankoppeln der Aminosäure an die tRNA

14

Anticodons, **Abb. 14.28b**) exakt komplementär gebunden, während die Bindung der dritten Base mit der ersten Base des Anticodons manchmal ungenau sein kann. Die 3. Base des Codons wird daher auch als **wobble** (d.h. wackelnde) Base bezeichnet **(Wobble-Hypothese)**. So kann dieselbe tRNA mit ihrem Anticodon mehrere Codons erkennen, wobei sie aber immer dieselbe Aminosäure trägt.

MERKE

- **Das Codon liegt auf der mRNA.**
- **Das Anticodon liegt auf der tRNA.**

14.5.3.2 Das Ankoppeln der Aminosäure an die tRNA

Das Ankoppeln der Aminosäure an die tRNA übernehmen **Aminoacyl-tRNA-Synthetasen**. Jede Synthetase koppelt einen spezifischen Anhängertyp (eine definierte Aminosäure) an einen bestimmten Autotyp mit spezifischem Autokennzeichen (ein tRNA-Molekül mit einem ganz bestimmten Anticodon) **(Abb. 14.29)**. Aminoacyl-tRNA-Synthetasen sind demnach **aminosäuren**-spezifisch: Sie aktivieren die Aminosäure und binden diese an tRNA, die sie aufgrund ihrer Struktur erkennen.

MERKE

Es stehen mehrere tRNA-Moleküle mit sehr ähnlichen Basentripletts für die gleiche Aminosäure zur Auswahl (s. S. 398).

Das Ankoppeln läuft – im Zytosol – wie folgt ab:
Die reaktionsträge Aminosäure muss aktiviert werden, bevor sie mit einem tRNA-Molekül verknüpft werden kann. Zur **Aktivierung der Aminosäure** verknüpft die Aminoacyl-tRNA-Synthetase ein ATP mit der Aminosäure. Dabei wird Pyrophosphat freigesetzt und das AMP an die Aminosäure gebunden. Es entsteht energiereiches **Aminoacyladenylat** **(Abb. 14.30)** mit einer **gemischten Anhydridbindung**. Anschließend spaltet die Aminoacyl-tRNA-Synthetase den AMP-Rest wieder ab und verknüpft die Aminosäure mit dem Adenosinmonophosphat am 3′-Ende der tRNA. Dabei entsteht eine **Esterbindung** zwischen der Carboxylgruppe der Aminosäure und der 3′-OH-Gruppe der Ribose im Adenosin **(Abb. 14.30)**.
So werden verschiedene tRNA-Moleküle mit spezifischen Aminosäuren beladen. Die beladenen tRNA-Moleküle können jetzt innerhalb Ribosomen an der mRNA über Wasserstoffbrücken binden und die Aminosäuren für die Proteinbiosynthese liefern.

14.5.4 Der Ort: Die Ribosomen

Die Übersetzung der Basensequenz der mRNA in eine Aminosäuresequenz findet im Zytosol an den Ribosomen statt. Dies sind Komplexe aus **Proteinen** und **rRNA** (s.u.). Man unterscheidet eine kleine Untereinheit und eine große Untereinheit. Solange keine Proteinbiosynthese stattfindet, liegen die beiden Untereinheiten getrennt voneinander vor. Wenn die mRNA aus dem Zellkern ins Zytosol gelangt ist und an die kleine Untereinheit gebunden hat, lagern sich die beiden Untereinheiten bei der

Abb. 14.31 Polysomen

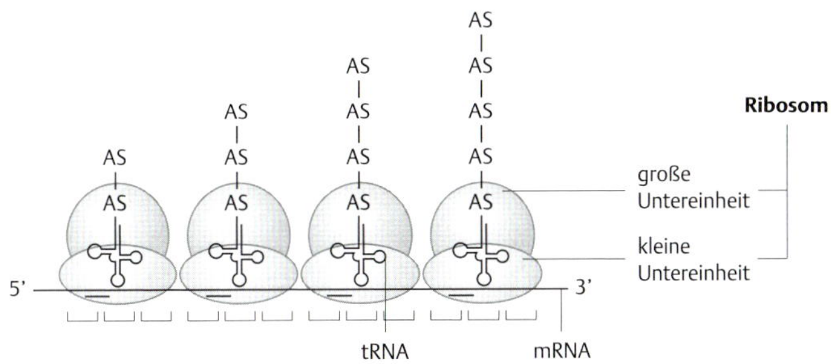

Tabelle 14.8

Unterschiede in der Ribosomenzusammensetzung zwischen Pro- und Eukaryonten (S = Sedimentationskonstante)

„Bauteil"	Prokaryonten	Eukaryonten
Kleine Untereinheit	30S	40S
Große Untereinheit	50S	60S
Komplettes Ribosom	70S	80S

Initiation der Translation zum Ribosom zusammen. Meist lagern sich während der Proteinbiosynthese mehrere Ribosomen an das mRNA-Molekül an. So entstehen die **Proteinfabriken**, die **Polysomen** (**Abb. 14.31**).

Pro- und Eukaryonten weisen Unterschiede in der Zusammensetzung, Größe und Dichte der Ribosomen auf, was sich auf die Sedimentationsgeschwindigkeit der Ribosomen bei der Ultrazentrifugation auswirkt (**Tab. 14.8**). An der Zusammensetzung eukaryonter Ribosomen-Untereinheiten sind vier verschiedene rRNA-Moleküle beteiligt: Die große Untereinheit enthält 5S-, 5,8S- und 28S-rRNA, die kleine Untereinheit enthält 18S-rRNA.

Beachte: Auch die Mitochondrien eukaryonter Zellen sind zur Proteinbiosynthese befähigt und enthalten prokaryonte Ribosomen.

14.5.5 Der Ablauf der Translation

Nehmen Sie beim Lernen des Translationsablaufs die Abb. 14.32 und 14.33 zu Hilfe und vollziehen Sie die einzelnen Schritte der Translation dort nach. „Verfolgen" Sie den Weg der tRNA am Ribosom und prägen Sie sich ein, wie die Aminosäuren verknüpft werden.

14.5.5.1 Die Initiation der Translation

Die Translation beginnt mit der Bildung eines **Komplexes** aus der **kleinen** ribosomalen Untereinheit und verschiedenen **Initiationsfaktoren** (IF, bei Eukaryonten eIF). Diese Proteine binden und hydrolysieren GTP und liefern so die für die Translation benötigte Energie (**Abb. 14.32**).

Die im Zytosol befindliche „reife" mRNA bindet mit der **Cap-Struktur** einen Initiationsfaktor **(eIF4)**. Im nächsten Schritt kann die mRNA an die rRNA der kleinen Untereinheit binden. eIF4 bindet hierbei an andere Initiationsfaktoren, u. a. **eIF3**.

Diese Initiationsfaktoren ermöglichen, dass die mRNA an der kleinen Untereinheit „entlangrutschen" kann, bis das Startcodon AUG im Bereich der kleinen Untereinheit erscheint (**Abb. 14.32**).

Um an das Startcodon binden zu können, muss die passende **Starter-tRNA**, die bei Eukaryonten die Aminosäure **Methionin** (bei Prokaryonten Formyl-Methionin) trägt, einen **Komplex** mit dem **eIF-2** bilden. Erst die Spaltung von GTP durch diesen Faktor ermöglicht es der Starter-tRNA, an das Startcodon zu binden. Nach der Bindung an das **Startcodon** löst sich eIF-2 von der Starter-tRNA (**Abb. 14.32**).

Im nächsten Schritt lagert sich die **große** Untereinheit an und die restlichen Initationsfaktoren lösen sich vom Ribosom. So entsteht der **Initiationskomplex** aus kleiner Untereinheit, mRNA und tRNA sowie großer Untereinheit. Am Ribosom kann man drei Bindungsstellen unterscheiden, an denen die mRNA offen liegt und eine tRNA mit ihrem Anticodon binden kann: die **Peptidylstelle** (P-Stelle), die **Akzeptorstelle** (A-Stelle) und die **Exitposition** (E-Stelle) für die entladenen tRNA. An die P-Stelle ist zu Beginn der Translation die Methionin-tRNA gebunden (**Abb. 14.32**), weitere beladene tRNA binden an die Akzeptorstelle.

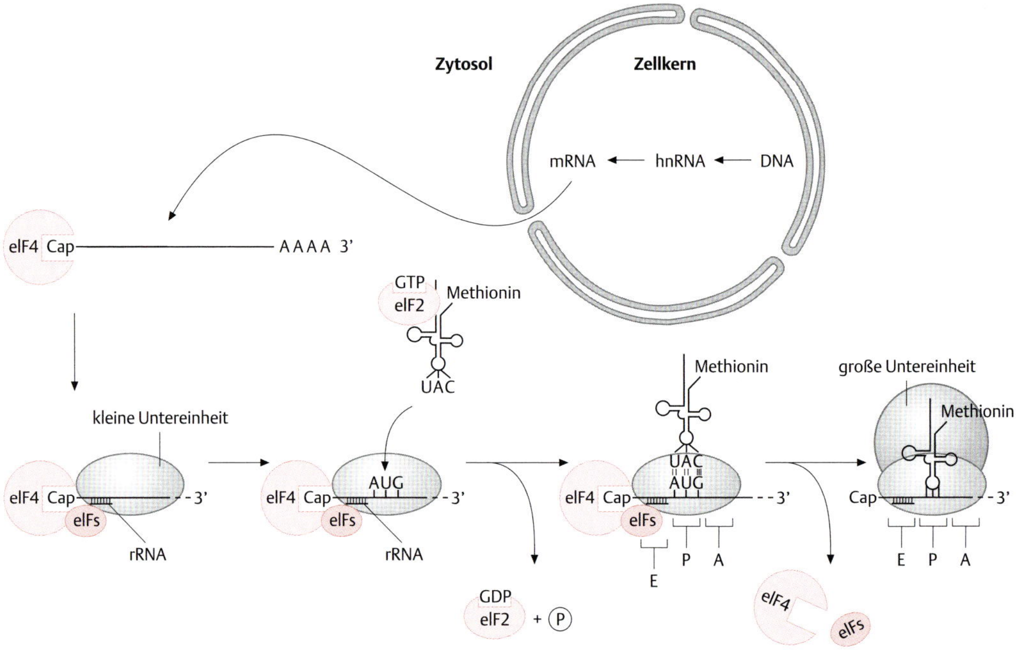

Abb. 14.32 Initiation der Translation; zur Wiederholung sind die zuvor stattfindenden Vorgänge ebenfalls dargestellt (UE = Untereinheit, E = Exitstelle, P = Peptidylstelle, A = Akzeptorstelle)

MERKE

- **eIF2 bildet Komplex mit tRNA und GTP**
- **eIF4 bildet Komplex mit der mRNA und bindet über eIF3 an die kleine Untereinheit.**

14

14.5.5.2 Die Elongation der Peptidkette und die Termination

Die Anlagerung der Aminoacyl-tRNA an die Akzeptorstelle

Zu Beginn der Translation ist die Starter-tRNA an die Peptidylstelle gebunden, die Akzeptorstelle ist frei. Die zum folgenden Codon passende tRNA bildet einen Komplex mit dem **Elongationsfaktor eEF-1α** (= eEF-Tu) und GTP und bindet unter Hydrolyse des GTP an die Akzeptorstelle. Anschließend löst sich der eEF-1α von der tRNA, wobei das GDP am eEF-1α mit Hilfe des eEF-1β durch GTP ersetzt wird. Nun sind beide Bindungsstellen des Ribosoms mit tRNA-Molekülen beladen (**Abb. 14.33**).

Die Verknüpfung der Aminosäuren

Die ribosomale **Peptidyltransferase** überträgt nun die Aminosäure von der Peptidylstelle (die Starter-Aminosäure [Formyl-]Methionin) auf die Aminosäure auf der Akzeptorstelle (**Abb. 14.33**), indem sie die Aminosäuren durch eine Peptidbindung miteinander verknüpft.

MERKE

Die Peptidkette wird verlängert, indem die Aminosäure(n) der Peptidylstelle auf die „neue" Aminosäure der Akzeptorstelle übertragen wird (werden). Dadurch bleibt (Formyl-)Methionin immer am Anfang der Peptidkette.

Die Translokation und Elongation

Wenn die Peptidbindung geknüpft worden ist, rutscht das Ribosom auf der mRNA (in Richtung 3′-Ende) drei Basenpositionen weiter (**Abb. 14.33**). Diesen Vorgang bezeichnet man als **Translokation**, das katalysierende Enzym als Translokase. Dadurch besetzt die tRNA mit dem wachsenden Peptid die Peptidylstelle und die Akzeptorstelle ist wieder frei. Die leere tRNA befindet sich dann in der E-Position, von der aus sie das Ribosom verläßt. Die Translokase benötigt als Cofaktor den eEF-2 (= eEF-G).

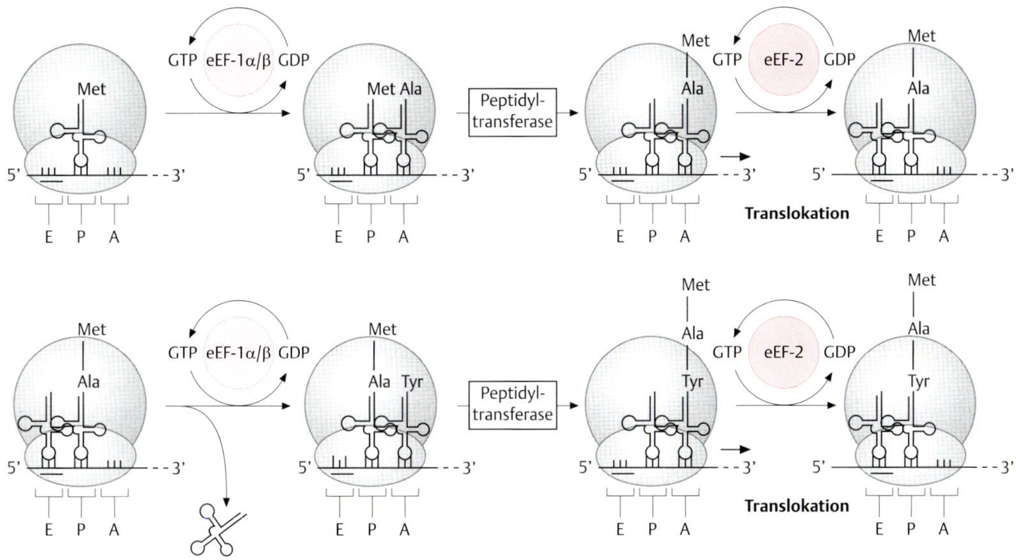

Abb. 14.33 Ablauf der Peptidsynthese (eEF = eukaryontischer Elongationsfaktor)

MERKE

- **eEF-1 (GTP-bindendes Protein) ermöglicht die Bindung von tRNA an die Akzeptorstelle.**
- **eEF-2 (GTP-bindendes Protein) ermöglicht den Wechsel der tRNA von der Akzeptorstelle auf die Peptidylstelle.**

Durch weitere sich wiederholende Zyklen wird die Peptidkette verlängert **(Elongation)**: Die zum folgenden Codon passende tRNA bindet an die **Akzeptorstelle**, und die Peptidyltransferase überträgt die Peptidkette an der Peptidylstelle auf die Aminosäure der tRNA an der Akzeptorstelle. Die tRNA an der Peptidylstelle wird frei und die Ribosomen rutschen auf der mRNA um drei Basenpositionen vor **(Abb. 14.33)**. So ist erneut die Akzeptorstelle frei und eine weitere tRNA mit Aminosäure kann binden.

Die Termination

Erscheint eines der drei Stoppcodons der mRNA in der Akzeptorstelle, bindet daran keine tRNA, sondern es binden **Releasingfaktoren** (eRF). Daraufhin überträgt die Peptidyltransferase die Peptidkette von der tRNA auf der Peptidylstelle auf Wasser und die Peptidkette ist frei. Die N-terminale Aminosäure dieser Peptidkette ist Methionin. Die mRNA löst sich vom Ribosom und das Ribosom zerfällt in seine Untereinheiten.

MERKE

Nach der Translation ist die erste (die N-terminale) Aminosäure jedes Proteins Methionin.

14.5.6 Hemmstoffe der Translation

Zu den Hemmstoffen der Translation zählen Zytostatika und Antibiotika **(Tab. 14.9)**.

14

Tabelle 14.9

Hemmstoffe der Translation

Substanz	**Wirkungsmechanismus**
Zytostatika	
Puromycin	Analogon des 3-Endes einer Aminoacyl-tRNA →Bindung an die Akzeptorstelle des Ribosoms von Eu- und Prokaryonten → Abbruch der Peptidkette
Cycloheximid	Hemmung der eukaryonten Translokase
Antibiotika	
Tetracyclin	Bindung an die kleine Untereinheit bei Prokaryonten (30S) → Hemmung der Bindung der tRNA an die Akzeptorstelle
Streptomycin	Bindung an die kleine Untereinheit bei Prokaryonten (30S) → mRNA-Ablesefehler
Erythromycin	Hemmung der prokaryonten Translokase
Chloramphenicol	Hemmung der prokaryonten Peptidyltransferase

Die Hemmstoffe der Translation (ebenso wie die Hemmstoffe der DNA-Replikation und der Transkription) müssen Sie auswendig kennen. Die jeweils neuesten Substanzen finden Sie im aktuellen Gegenstandskatalog.

14.5.7 Die Proteinfaltung

Die durch die Translation entstandenen Proteine sind meist noch **nicht funktionsfähig**. Bereits während der Synthese erfolgen mit Hilfe von Bindungsproteinen und Enzymen die **Faltung** der Proteine und damit der Aufbau von Sekundär-, Tertiär und **Quartärstruktur**.

Faltungsproteine können die Faltung **beschleunigen**, dazu zählen die Protein-Disulfid-Isomerasen **(PDI)**, die sich nur im endoplasmatischen Retikulum finden und die Peptidyl-Prolyl-cis-trans-Isomerasen **(PPI)**. Diese Faltungsproteine bringen **kovalente Bindungen** ein und erhöhen die Effizienz der Proteinfaltung.

Die PDI bilden **Disulfidbrücken** in den Proteinen aus, während PPI in der Peptidkette cis-Konformationen der Peptidbindungen, an denen Prolin beteiligt ist, in trans-Konformationen umwandeln.

Des Weiteren spielen sog. **Chaperone oder Hitzeschockproteine** (hsp) eine wichtige Rolle. Diese Proteine unterstützen die Faltung, haben aber keine eigene katalytische Aktivität. Hitzeschockproteine werden vermehrt bei einer Temperatur über 37°C synthetisiert, um andere Proteine, die bei diesen Temperaturen denaturieren, wieder in die funktionsfähige Form zurückzuführen. Dementsprechend interagieren sie unter ATP-Verbrauch mit den noch nicht oder falsch gefalteten Proteinen und korrigieren die Fehler.

14.5.8 Der Transport von Proteinen

Achten Sie beim Lernen darauf, wie das Protein zum ER transportiert wird und wie es dort hinein gelangt.

Die mRNA von Proteinen, die nicht im Zytosol ihre Funktion haben, sondern **sezerniert** oder in **Membranen eingebaut** werden, enthält eine Basensequenz, die für ein **Signalpeptid** kodiert. Die Translation dieser Proteine beginnt also am N-Terminus mit einem Signalpeptid. Dieses besteht hauptsächlich aus **hydrophoben** Aminosäuren. Sobald das Signalpeptid aus dem Ribosom austritt, wird es von einem **signal recognition particle (SRP)** – bestehend aus scRNA (s. S. 393) und Proteinen – gebunden **(Abb. 14.34)** und die Translation kommt zum Stillstand. Das SRP geleitet das Signalpeptid mit dem

14

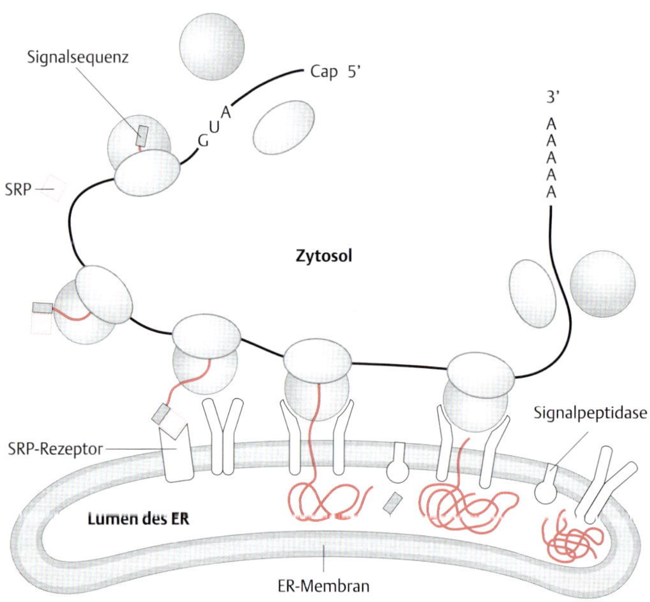

Abb. 14.34 Cotranslationaler Transport eines Proteins ins ER

daran „hängenden“ Ribosom an das endoplasmatische Retikulum (ER), wo das Ribosom über das SRP an den SRP-Rezeptor in der ER-Membran andockt. Mit Ribosomen besetztes ER bezeichnet man als raues ER (s. S. 361). Hat das Ribosom am ER angedockt, wird das Signalpeptid durch einen Kanal in das ER hineingezogen. Die Translation wird wieder aufgenommen und die weitere Synthese des Proteins erfolgt durch diesen Kanal hindurch ins ER hinein. Im ER wird das Signalpeptid durch die **Signalpeptidase** abgespalten. Der **Transport** des Ribosoms und mit ihm des Proteins zum ER findet also **cotranslational** – während der Proteinbiosynthese – statt. Nach Beendigung der Translation befinden sich die Sekret- und Membranproteine im Lumen des rauen ER. Von dort gelangen sie zum Golgi-Apparat, wo sie weiter modifiziert und verpackt werden, um an ihre Zielorte zu gelangen.

Auch die Proteine der **Lysosomen** werden am ER translatiert. Hier dient Mannose-6-phosphat als Signal, das im Golgi-Apparat an einen bestimmten Rezeptor bindet. Die Mannose-6-phosphat enthaltenden Proteine werden in Vesikel sortiert und zu den Lysosomen transportiert. Demgegenüber werden Proteine, die ihre Funktion im Zytosol haben, wie die Steroidhormonrezeptoren oder die Enzyme der Glykolyse, nicht im ER, sondern im Zytosol synthetisiert; ihre mRNA kodiert daher auch keine Signalsequenz. Auch Proteine des Zellkerns, der Peroxisomen oder des Mitochondriums (z. B. Histone, Katalase, mitochondriale Proteine) werden im Zytosol synthetisiert, wobei diese Proteine eine besondere Signalsequenz enthalten, die dann für die Aufnahme in die entsprechenden Organellen sorgt.

14.5.9 Die co- bzw. posttranslationale Modifikation von Proteinen

Fast jedes Protein unseres Körpers unterliegt einer co- oder posttranslationalen Modifikation. Daher spielen die Mechanismen, die zu einer Modifikation führen, eine wichtige Rolle.

Die Modifikation von Proteinen findet während (cotranslational) oder nach ihrer Synthese (posttranslational) hauptsächlich im ER und Golgi-Apparat statt, aber auch im Zytosol. **Beispiele** für die Modifikation von Proteinen sind:

- die **Abspaltung des Startermethionons**
- die **Hydroxylierung:** Prolin → Hydroxyprolin, Lysin → Hydroxylysin (Kollagensynthese, s. S. 289)
- die **Phosphorylierung**: Serin oder Tyrosin zu Phosphoproteinen (Tyrosinkinase-Rezeptor, s. S. 197)
- die **Glykosylierung**:
  - **O-glykosidisch:** Serin, Threonin
  - **N-glykosidisch:** Asparagin (*nicht* Glutamin)
- die nicht-enzymatische **Glykierung**: in der offenen Form kann die Aldehydgruppe von Glucose einer Schiff-Base mit Amingruppen von Proteinen eingehen (Glykierung von Hämoglobin zum HbA_{1c}, s. S. 299).
- die **Acylierung**: Kopplung an Fettsäuren, meist Palmitinsäure
- die **Isoprenylierung**: Kopplung an Isoprenderivate, wie Farnesyl- oder Geranylreste
- die **Verankerung** in der Membran: Glykosylphosphatidylinositol-Anker (GPI-Anker) leiten sich von den Glycerophospholipiden ab und können Proteine in der Membran verankern (z. B. das Enzym Acetylcholinesterase)
- die **limitierte Proteolyse**: findet ausschließlich extrazellulär statt und betrifft v. a. Verdauungsenzyme und Gerinnungsfaktoren wie z. B. Pepsinogen → Pepsin (s. S. 241), Prothrombin → Thrombin (s. S. 315)
- **Reifung** der Proteine durch Prozessierung (z. B. Proinsulin → Insulin, s. S. 220).

14

MERKE

Die limitierte Proteolyse findet extrazellulär, die Reifung intrazellulär statt.

Klinischer Bezug

Osteogenesis imperfecta: Die Osteogenesis imperfecta wird auch als Glasknochenkrankheit bezeichnet. Es handelt sich um eine seltene angeborene Erkrankung des Bindegewebes, die – wie der Name schon sagt – zu einer unvollständigen Knochenbildung führt. Die Ursache liegt in einem Defekt der Kollagensynthese Typ 1, durch eine gestörte posttranslationale Protein-

modifikation, die in einem unvollständigen Aufbau der Tripelhelix mündet.
Die gestörte Knochenqualität führt zur erhöhten Brüchigkeit, die Knochen brechen wie Glas, hierzu bedarf es nicht einmal eines Bagatelltraumas. Zudem liegt eine erhöhte Neigung zur Knochenverformung vor. Aufgrund der Frakturen und der Beinfehlstellungen, ist die Mehrzahl der Betroffenen nicht steh-, geschweige denn gehfähig. In der Therapie ergänzen sich operative und konservative Maßnahmen.

Check-up

✔ **Rekapitulieren Sie die Initiation und Elongation der Translation. Achten Sie hier insbesondere auf die Beteiligung verschiedener eIF und eEF, sowie auf die energieverbrauchenden Schritte.**

✔ **Wiederholen Sie, welche Schritte sich der Translation anschließen, um ein funktionsfähiges Protein aufzubauen. Machen Sie sich dabei klar, wie Proteine innerhalb der Zelle an ihren Bestimmungsort gelangen.**

14.6 Molekulare Onkologie

Lerncoach

Die Tumorentstehung ist ein zentrales Thema in der medizinischen Forschung. Konzentrieren Sie sich auf die Onkogene und Tumorsuppressorgene. Rufen Sie sich hierzu ggf. den Abschnitt „Regulation des Zellzyklus" (s. S. 365) in Erinnerung.

14

14.6.1 Der Überblick

Die Onkologie, die „Geschwulstlehre", befasst sich mit der Entstehung und Behandlung autonomer Zellproliferation, also mit der Entstehung eines Tumors. Es gibt verschiedene Ursachen einer ungehemmten Zellproliferation.
Hierzu gehört u. a. die **Infektion mit Viren**. Sowohl DNA- als auch RNA-Viren können zu einem Tumorwachstum führen. Unter ihnen nehmen die Retroviren eine besondere Stellung ein. Diese sind in der Lage ihr als RNA vorliegendes Erbgut in DNA umzuschreiben und dann in das Wirtsgenom zu integrieren. So in das Wirtsgenom integrierte Virusgene können die Wirtszelle zu einer unkontrollierten Vermehrung zwingen. Solche viralen Gene bezeichnet man als **virale (v-)Onkogene**.
Neben Viren gibt es auch in unseren eigenen Zellen verschiedene „Brennpunkte", die über ein Versagen **intrazellulärer Regulationsmechanismen** zu einer ungehemmten Zellproliferation führen können. Dies sind:

- die **Mutation von Protoonkogenen:** Protoonkogene sind Gene, die in normalen Körperzellen jedes Menschen zu finden sind. Ihre Produkte sind essenziell für die Regulation des Zellwachstums. Durch Mutationen können sie zu **zellulären (c-)Onkogenen** werden. Die Produkte zellulärer Onkogene induzieren ungehemmte Zellproliferation.
- die **Inaktivierung von Tumorsuppressorgenen:** Tumorsuppressorgene sind ebenfalls in normalen Körperzellen zu finden. Die Produkte dieser Gene sind die Gegenspieler der Protoonkogenprodukte. Tumorsuppressorgene werden häufig durch Mutationen inaktiviert. Es folgt eine „**Enthemmung**" des zugehörigen Protoonkogens; ungehemmte Zellproliferation ist die Folge.

Die Umwandlung einer normalen Zelle in eine Tumorzelle umfasst mehrere Schritte. Erst wenn es zur Mutation mehrerer Protoonkogene bzw. Inaktivierung von Tumorsuppressorgenen gekommen ist, kommt es zu einem unkontrollierten Zellwachstum und das normale Gewebe wandelt sich in Tumorgewebe um.

14.6.2 Begriffsdefinitionen

Als **Tumor** oder **Geschwulst** im weiteren Sinne bezeichnet man jede lokalisierte Volumenzunahme eines Gewebes; im engeren Sinne bezeichnet man so eine Gewebsmasse, die durch unkontrollierte, ungehemmte Zellproliferation entstanden ist. Ein Tumor kann gutartig oder bösartig sein. Ein **gutartiger (benigner) Tumor** wächst verdrängend, komprimiert also umgebendes Gewebe, und metastasiert nicht, d. h. es gelangen keine Tumorzellen in den restlichen Körper. Ein **bösartiger (maligner) Tumor = Krebs** wächst infiltrativ und destruierend, kann also das umgebende Gewebe zerstören, und metastasiert.

14.6.3 Ausgangspunkte der Tumorentstehung

14.6.3.1 Die viralen Onkogene

Einführung: Der Aufbau und die Vermehrung von Viren

Achten Sie besonders auf die Unterschiede in der Enzymausstattung von Retrovirus und menschlicher Zelle.

Viren bestehen häufig aus einer **Hülle** in Form einer Lipidmembran, in die Glykoproteine eingelagert sind, und einem **Capsid**, einem Hohlkörper aus Proteinen, der das **virale Erbgut** – ein- oder doppelsträngige DNA oder RNA – umschließt (z. B. HIV, Abb. S. 347).

Für ihre Vermehrung sind Viren auf die Enzyme ihrer Wirtszellen angewiesen. Bei **DNA-Viren** wird die DNA wie die DNA des Wirts repliziert, transkribiert und die mRNA in Virusproteine übersetzt (translatiert). **RNA-Viren** beschreiten unterschiedliche Vermehrungswege, da die Wirtszellen keine Enzymausstattung haben um RNA zu replizieren. Diese Enzyme (RNA-abhängige RNA-Polymerasen) werden – oft als Bestandteil des Capsids – durch das Virus mitgeliefert.

In den meisten **RNA-Viren**, werden der RNA-Einzelstrang oder ein Strang der Doppelstrang-RNA durch **RNA-abhängige RNA-Polymerasen** transkribiert **(Abb. 14.35)**. Die so synthetisierten komplementären Stränge werden dann erneut transkribiert und es entstehen direkte Kopien des ursprünglichen RNA-Stranges, d. h. mit der identischen Basenabfolge. Diese können dann – als Einzelstrang oder gemeinsam mit dem Komplementärstrang – in die **Virusnachkommenschaft** eingebaut werden.

Einen anderen Weg beschreiten die Retroviren. Sie enthalten zwei identische Kopien einer einzelsträngigen RNA und können ihr Erbgut in DNA umwandeln und in das Wirtsgenom integrieren. Die Umwandlung der RNA in DNA erfolgt mit Hilfe der viruseigenen **reversen Transkriptase**, diese ist folglich eine **RNA-abhängige DNA-Polymerase**. Sie benutzt die virale RNA als Matrize und synthetisiert einen komplementären DNA-Strang, also genau entgegengesetzt den RNA-Polymerasen des menschlichen Organismus. Als **Primer** benutzt sie ein 3′-OH Ende einer **freien tRNA** einer Wirtszelle. Es entsteht ein **RNA-DNA-Hybrid** **(Abb. 14.36)**.

Sobald die RNA in DNA umgewandelt worden ist, zerstört das Virus mit Hilfe der **RNase**-Eigenschaft der reversen Transkriptase **(RNAse H)** die eigene virale RNA und „verwischt" so seine Spuren. Das virale Genom liegt nun in Form eines DNA-Einzelstrangs vor.

Des Weiteren besitzt die reverse Transkriptase auch die Eigenschaften einer **DNA-abhängigen DNA-Polymerase**, kann also einen komplementären DNA-Strang synthetisieren. Der entstandene DNA-Doppelstrang **(Provirus)** wird mit Hilfe eines weiteren viruseigenen Enzyms, der **Integrase**, in das Wirtsgenom integriert und mit Hilfe wirtseigener Enzyme mit dem Wirtsgenom repliziert und transkribiert. So entsteht neue virale RNA, deren Informationen mittels Translation umgesetzt werden. Dazu zählt z. B. die **Lyse der Wirtszelle**, so dass die Viren freigesetzt werden und sich im Körper ausbreiten können.

Zu den Retroviren gehört u. a. das Human Immunodeficiency Virus (HIV). Die Infektion mit HIV führt im Endstadium zum acquired immune deficiency syndrome (AIDS, s. S. 347).

MERKE

Die reverse Transkriptase der Retroviren hat drei verschiedene Enzymaktivitäten:
Reverse Transkriptase (RNA-abhängige DNA-Polymerase) – RNase – DNA-abhängige DNA-Polymerase

Definition und Eigenschaften viraler Onkogene

Das Genom sowohl von DNA-Viren als auch von RNA-Viren (wie den Retroviren), enthält Gene, deren Produkte eine permanente, unkontrollierte Proliferation der Wirtszelle induzieren. Diese Gene, die die betroffene Zelle in eine Tumorzelle umwandeln (transformieren), bezeichnet man als **virale (v-)Onkogene** (s.o.). Sie weisen eine große Ähnlichkeit mit Genen normaler Körperzellen auf, die an essenziellen Wachstums- und Entwicklungsprozessen beteiligt sind. Wahrscheinlich sind sie in das Virusgenom gelangt, indem die zellulären „Gegenstücke" dieser Gene fälschlicherweise zusammen mit dem viralen Genom transkribiert und in die neu entstandenen Viruspartikel integriert wurden. Diese Viren lösen also keine akute Erkrankung aus,

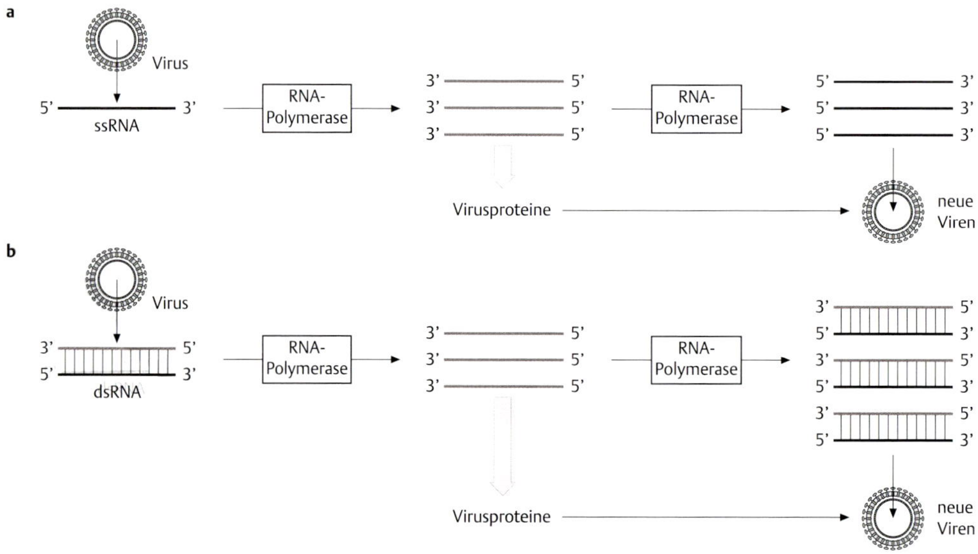

Abb. 14.35 Replikationsmechanismen von RNA-Viren (a) Viren mit einzelsträngiger RNA (ssRNA); (b) Viren mit doppelsträngiger RNA (dsRNA)

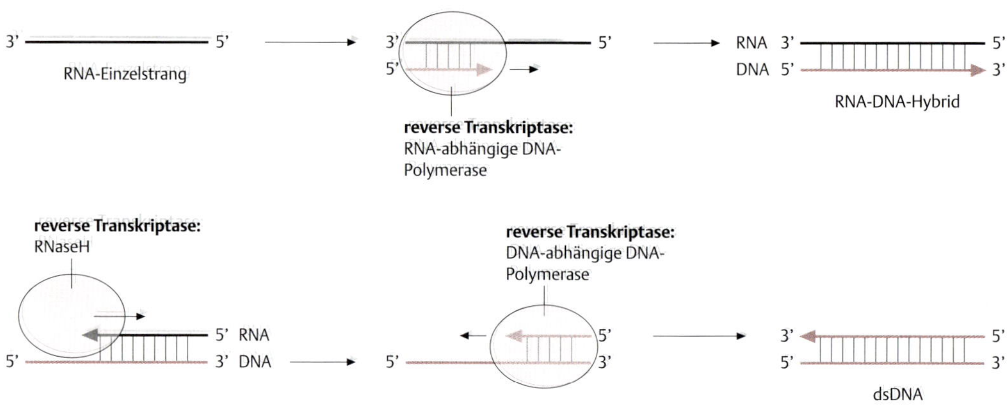

Abb. 14.36 Synthese von DNA aus RNA durch die reverse Transkriptase

sondern führen aufgrund einer Persistenz der Viren und Synthese der v-Onkogenprodukte im menschlichen Körper zur **Transformation der Zelle**.

14.6.3.2 Die Mutation von Protoonkogenen

Die an Wachstumsprozessen beteiligten Gene normaler Körperzellen werden aufgrund ihrer strukturellen Ähnlichkeit mit viralen Onkogenen als **Protoonkogene** bezeichnet.

MERKE

Protoonkogene sind Bestandteil des Genoms normaler menschlicher Zellen (nicht von Viren) und übernehmen essenzielle Aufgaben der Wachstumsregulation. Sie sind in jedem menschlichen Organismus vorhanden.

Sie können (müssen nicht!) durch **Mutationen** so verändert werden, dass sie zu **zellulären (c-) Onkogenen** werden und zu unkontrollierter Proliferation der betroffenen Zelle führen. **Tab. 14.10** zeigt, welche Funktionen die Genprodukte von Protoonkogenen (also auch von c-Onkogenen) haben, und führt wichtige Beispiele für Protoonkogene auf.

Prägen Sie sich den Inhalt von Tab. 14.10 gut ein.

Die Mutationsarten, die zur Aktivierung von Protoonkogenen, d. h. zu ihrer Umwandlung in c-Onkogene führen, sind in **Tab. 14.11** und **Abb. 14.37** aufgeführt.

Punktmutationen in einem Bereich des ras-Gens, der für die GTP/GDP-Bindungsstelle codiert, führen dazu, dass das ras-G-Protein nicht mehr vom aktiven (GTP-gebundenen) in den inaktiven (GDP-gebundenen) Zustand übergehen kann. Es kommt zu einer unkontrollierten Zellteilung.

Amplifikationen des erbB-Gens führen zu einem Überangebot des Wachstumsfaktorrezeptors, der seine Signale auch ohne Liganden weitergeben kann, und damit außer Kontrolle gerät.

Durch **Translokation** kann ein neues Gen entstehen und damit auch ein neues Transkript und Protein, ein **Fusionsprotein**. So führen bei der chronischen myeloischen Leukämie (CML) Bruchstellen auf Chromosom 9 und 22 dazu, dass das abl-Gen in die Nähe eines weiteren Gens (bcr) gelangt. Chromosom 22, welches das Fusionsgen enthält, wird auch als **Philadelphia-Chromosom** bezeichnet. Das entstehende Fusionsprotein (bcr-abl) hat eine Tyrosinkinaseaktivität, die zur autonomen Proliferation der betroffenen Zellen beiträgt.

14.6.3.3 Die Inaktivierung von Tumorsuppressorgenen

Tumorsuppressorgene kodieren für Proteine, die physiologischerweise die Gegenspieler der Protoonkogenprodukte sind. Sie wurden daher früher auch als **Anti-Onkogene** bezeichnet. Die Produkte der Tumorsuppressorgene verhindern das Wachstum somatischer Zellen, aber auch von Tumorzellen. So ist das **Trp53-Protein** (s. S. 367) dafür verantwortlich, dass sich die Zelle nur teilt, wenn die DNA unbeschädigt vorliegt. Ist die DNA beschädigt, wird das Trp53-Protein vermehrt gebildet, leitet die Apoptose der Zelle ein und verhindert so, dass sich die mutierte Zelle teilt.

Tabelle 14.10

Genprodukte von und Beispiele für c-Onkogene

Genprodukt	Proto- bzw. c-Onkogen	Beispiele für Tumortyp
Proteinkinasen (z. B. Tyrosinkinasen)	abl-Onkogen src-Onkogen	Leukämie Dickdarmkarzinom
Wachstumsfaktor-Rezeptor	erbB2-Onkogen	Brustkarzinom
G-Proteine	ras-Onkogene	Blasenkarzinom
Transkriptionsfaktoren	myc-Onkogen	Lungenkarzinom

Tabelle 14.11

Ursachen der Aktivierung von Protoonkogenen*

Mutationsart	Definition	Beispiel für betroffenes Protoonkogen
Punktmutation	Veränderung einer Base	ras
(Gen-)Amplifikation	Vervielfachung eines Gens	erbB2
Translokation	Verschiebung eines DNA-Abschnitts auf einen anderen Abschnitt	abl, myc

* Mutationsart bei src nicht bekannt

Tabelle 14.12

Ursachen der Inaktivierung von Tumorsuppressorgenen

Mutationsart	Definition	Beispiel für betroffenes Tumorsuppressorgen
Deletion	Verlust eines DNA-Abschnitts	Trp53
Punktmutation	Veränderung einer Base	Trp53

Die **Mutation eines Tumorsuppressorgens** kann zur **Inaktivierung dieses Gens** und dadurch zur **Aktivierung des zugehörigen Protoonkogens** führen. Unkontrollierte Zellproliferation ist die Folge.

Die Mutationsarten, die zur Inaktivierung von Tumorsuppressorgenen führen, zeigt **Tab. 14.12.**

Nach heutigem Kenntnisstand sind **Trp53-Mutationen bei fast 50% aller Krebserkrankungen** involviert. Durch die Deletion von Trp53 bzw. den Wirkungsverlust aufgrund einer Punktmutation unterbleibt die Hemmung des Zellzyklus bei DNA-Schädigung, so dass Mutationen an die Tochterzellen weitergegeben werden.

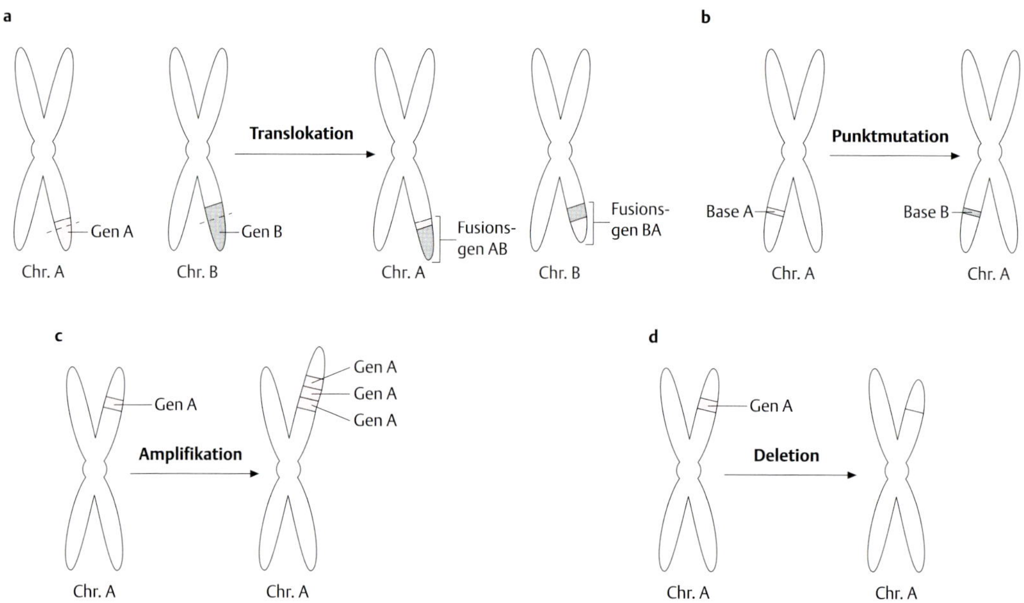

Abb. 14.37 Mutationsarten: (a) Translokation, (b) Punktmutation, (c) Amplifikation, (d) Deletion

Klinischer Bezug

Brustkrebs: Brustkrebs ist in der westlichen Welt die **häufigste bösartige Tumorerkrankung** der Frau und die häufigste Krebstodesursache. Er kommt bei beiden Geschlechtern vor, aber die Inzidenz beim Mann ist 100-fach geringer als bei der Frau.

Dieser maligne Tumor breitet sich **früh** auf dem Lymph- und venösen Blutweg aus und bildet **Metastasen**. Hämatogene Metastasen befinden sich bei 80 % der Patientinnen im Skelettsystem und bei 40–60 % in Leber oder Lunge. Die Behandlung der meisten Tumore besteht in einem Zusammenspiel von operativen Maßnahmen, Bestrahlung und Chemo- und Hormontherapie

In ca. 30 % aller Tumore findet man die **Amplifikation** des **Onkogens erbB2**. In diesen Fällen kommt es oft zu einer frühzeitigen Metastasierung des Tumors und damit zu einem prognostisch ungünstigen Krankheitsverlauf.

Basierend auf Erkenntnissen der Molekularbiologie wurde für diese Patientinnen ein neues **Medikament** (ein monoklonaler Antikörper) entwickelt, welches gezielt an den überexprimierten Wachstumsfaktorrezeptor der Tumorzellen binden kann. So wird das permanente Zellteilungssignal der Zelle gestoppt und es kommt zur Apoptose der Tumorzelle.

Check-up

- ✔ **Wiederholen Sie, wie sich Retroviren vermehren und welche Eigenschaften die reverse Transkriptase besitzt.**
- ✔ **Rekapitulieren Sie den Unterschied zwischen Onkogenen und Protoonkogenen und machen Sie sich klar, welche Funktion Tumorsuppressorgene haben.**
- ✔ **Benennen Sie die verschiedenen Arten von Mutationen, die zur Tumorentstehung führen können und geben Sie jeweils ein Beispiel.**

14.7 Gentechnik und Analyse von Nukleinsäuren

Lerncoach

Die Gentechnik spielt in der Medizin eine immer größere Rolle. Die wichtigsten Werkzeuge der Gentechnik sind Plasmide und Restriktionsendonukleasen. Prägen Sie sich deren Funktion gut ein.

14.7.1 Überblick und Funktion

Im Rahmen der **Gentechnik** werden Gene (also DNA) von einer Spezies auf eine andere übertragen. Das Ziel ist in der Regel, dass die Empfängerspezies das Genprodukt synthetisiert. Hierzu wird die Spender-DNA in ein Transportsystem – einen sog. Vektor – integriert. Dies kann ein Plasmid, d. h. ein extrachromosomales DNA-Molekül aus einem Bakterium oder ein Bakteriophage – ein Virus, das Bakterien befällt – sein. Anschließend wird der Vektor auf den Empfänger – ein Bakterium oder eine eukaryonte Zelle – übertragen. Durch die Vermehrung der Empfängerzelle kommt es zur Replikation des eingebrachten Gens und zur vermehrten **Produktion des Genprodukts**. Ein Klon ist die durch ungeschlechtliche Vermehrung hervorgegangene Nachkommenschaft eines Individuums. Dabei enthalten alle diese Individuen das **gleiche Genom**. Analog dazu kann man ein Gen klonieren, indem man es in das Genom einer Bakterienzelle integriert. Alle daraus hervorgegangenen Bakterienzellen sind Klone der ursprünglichen Zelle und exprimieren dasselbe Gen. Zum Einschleusen dieses Gens benutzt man häufig manipulierte Plasmide, in die man das entsprechende Gen eingefügt hat, und die von den Bakterien aufgenommen werden. So können Bakterien z. B. Proinsulin, das Vorläufermolekül von Insulin, in großen Mengen herstellen.

Die **Analyse bzw. der Nachweis von Nukleinsäuren** spielt in vielen Bereichen eine große Rolle: in der Medizin z. B. beim Nachweis von Virusinfektionen (z. B. der HIV-Infektion) oder der Genamplifikation von Protoonkogenen, außerhalb der Medizin z. B. in der Kriminalistik (genetischer Fingerabdruck) oder beim Vaterschaftsnachweis.

Spezifische **DNA**-Sequenzen lassen sich mittels **Polymerasekettenreaktion** (PCR) vervielfältigen und mittels **Gelelektrophorese** oder **Southern Blot** nachweisen.

Mit diesen Methoden lassen sich auch **DNA-Veränderungen** (Polymorphismen), wie Punktmutationen oder Längenunterschiede von repetitiven Sequenzen – mit Hilfe von Restriktionsendonukleasen – analysieren.

Zur Analyse der Basenabfolge dient die **DNA-Sequenzierung**.

Spezifische **RNA**-Sequenzen lassen sich mittels **reverser Transkriptions-PCR** (RT-PCR) vervielfältigen und mittels **Northern Blot** nachweisen.

14.7.2 Die Werkzeuge

14.7.2.1 Die Plasmide

Definition und Eigenschaften

Plasmide sind **ringförmige doppelsträngige DNA-Moleküle**, die in **Bakterien** zusätzlich zum normalen Chromosomensatz vorliegen. Sie können jedoch vorübergehend in diesen integriert sein. Sie werden innerhalb, aber auch außerhalb des Zellzyklus sehr häufig repliziert. Plasmide **(Abb. 14.38)** enthalten die **Gene für die Konjugation der Bakterien**. Hierbei lagern sich zwei Bakterien aneinander, bilden eine Zytoplasmabrücke, über die DNA – meist Plasmide – von einem Bakterium auf das andere übertragen wird. Plasmide können außerdem **Gene** enthalten, die dem Träger des Plasmids **Antibiotika-Resistenz** verleihen **(Abb. 14.38)**.

Exkurs: Antibiotika-Resistenz

Ein Antibiotikum, gegen das Bakterien immer häufiger aufgrund der Weitergabe von Resistenzgenen resistent sind, ist das **β-Lactam-Antibiotikum Penicillin**. Es stört die Mureinbiosynthese und damit die Synthese der Zellwand von Bakterien.

Penicillin-resistente Bakterien enthalten ein Plasmid, auf dem die Information für das Enzym **β-Lac-**

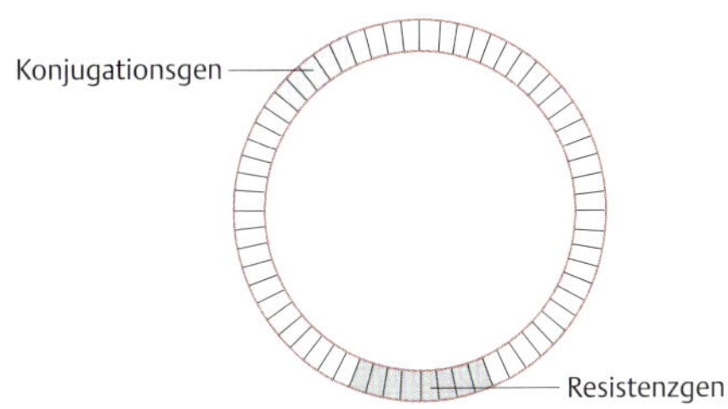

Abb. 14.38 Plasmid

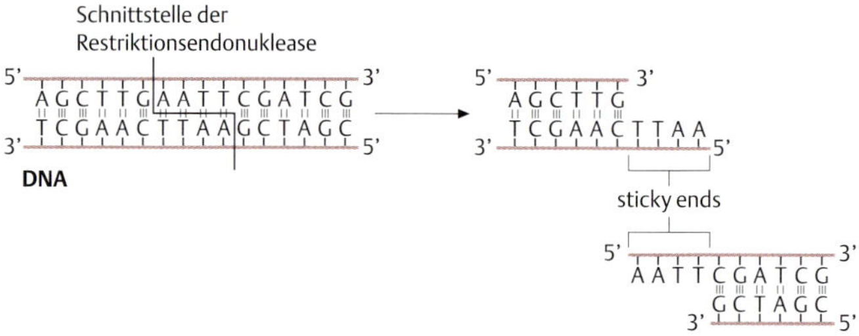

Abb. 14.39 Die Palindromsequenz der Schnittstelle von EcoRI, einer Restriktionsendonuklease von E. coli

tamase gespeichert ist. β-Lactamase spaltet, wie der Name schon sagt, den β-Lactamring des Penicillins und macht das Antibiotikum so unwirksam.

Da Bakterien ihre Plasmide mittels Konjugation weitergeben können, kann sich die Resistenzfähigkeit unter den Bakterien sehr schnell ausbreiten. Dies ist insbesondere in Krankenhäusern, wo zahlreiche Antibiotika eingesetzt werden, ein Problem, weil der Selektionsdruck auf die Bakterien dort hoch ist. So steht man in Krankenhäusern z. B. vor dem Problem des **multi-resistenten Staphylococcus aureus** (MRSA).

Das Problem der zunehmenden Antibiotika-Resistenz und damit eingeschränkter Behandlungsmöglichkeiten wird mit Sicherheit Schwerpunkt in der klinischen Forschung und Entwicklung neuer Therapieansätze in den kommenden Jahren sein.

14.7.2.2 Die Restriktionsendonukleasen

Restriktionsendonukleasen (Restriktionsenzyme) sind **sequenzspezifische Endonukleasen**, die zur Ausstattung von Bakterien zählen. Sie **spalten artfremde DNA** an bestimmten **Palindrom-Sequenzen**. Dies sind Sequenzen, die auf dem komplementären DNA-Strang spiegelbildlich vorhanden sind (GAATTC in **Abb. 14.39**).

Manche Restriktionsendonukleasen spalten einen DNA-Doppelstrang so, dass an jedem DNA-Strang kurze überhängende Enden mit ungepaarten Basen übrig bleiben (5′-AATT-3′ und 3′-TTAA-5′ in **Abb. 14.39**). Diese Enden heißen **sticky ends**, da sie die Tendenz haben, sich mit komplementären Basen zu paaren. Andere Restriktionsendonukleasen produzieren **blunt ends** (stumpfe Enden), d. h. sie schneiden den DNA-Doppelstrang glatt durch und es bleiben keine ungepaarten Basen übrig.

14.7.2.3 Die reverse Transkriptase

Die reverse Transkriptase ist ein im retroviralen Genom kodiertes Enzym (s. S. 407). Drei Eigenschaften (s. **Abb. 14.36**) machen sie zu einem wichtigen analytischen Werkzeug (s. S. 418): Sie ist gleichzeitig

- RNA-abhängige DNA-Polymerase
- RNAse
- DNA-abhängige DNA-Polymerase.

MERKE

Wichtige Werkzeuge der Gentechnik sind:
- **aus Bakterien: Plasmide und Restriktionsendonukleasen**
- **aus Viren: reverse Transkriptase.**

14.7.3 Die Übertragung von DNA

DNA lässt sich wie folgt von einem Individuum auf ein anderes übertragen:

- **Transformation:** Dieser Vorgang bezeichnet die natürliche Eigenschaft von Bakterien „nackte" DNA aufzunehmen.
- **Konjugation:** Hier wird DNA über eine Zytoplasmabrücke von einem Bakterium auf ein anderes übertragen (s. S. 411).
- **Transduktion:** Hier überträgt ein Bakteriophage, d. h. ein Virus, das Bakterien befällt, DNA von einem Bakterium auf ein anderes oder auf eine eukaryonte Zelle.
- **Transfektion:** Hier wird „nackte" DNA (oder RNA) in eine eukaryonte Zelle aufgenommen.

Heutzutage können auch Säugetiere, meist Mäuse, mit fremder DNA „versehen" werden. Die DNA wird meist in die **befruchteten Eizellen** injiziert und die so entstandenen **transgenen Tiere** exprimieren sowohl ihre eigenen Gene als auch die fremde DNA. In den achtziger Jahren wurde zum ersten Mal eine Eizelle der Maus mit einem Wachstumsfaktor der Ratte versehen, dabei entstand eine „Supermaus“. Mittlerweile gibt es ein Vielzahl von Genen, die auf Tiere übertragen werden. Ebenso kann man das Genom der Tiere so modifizieren, dass ihnen ein bestimmtes **Gen fehlt**; man spricht dann von **knock-out-Tieren**.

14.7.4 Die Klonierung

Als Klonierung bezeichnet man im Laborjargon den **Einbau (Insertion)** einer **DNA-Sequenz** in ein DNA-Transportsystem, einen **Vektor**. Als Vektor dient ein Plasmid, ein Bakteriophage oder ein Hefechromosom (je nachdem, in welches System die DNA eingeschleust werden soll). Im Anschluss an die Klonierung wird der Vektor auf den Empfänger (Bakterien oder Hefezellen) übertragen (z. B. Transformation). Wird die eingeschleuste DNA exprimiert, nennt man den Vektor Expressionsvektor.

Im folgenden **Beispiel einer Klonierung** ist ein Plasmid der Expressionsvektor:

Ein Bakterium soll ein menschliches Protein exprimieren. Hierzu benötigt man

- ein Plasmid aus einem Bakterium,
- eine Restriktionsendonuklease aus einem anderen Bakterium, die sticky ends produziert,
- eine künstlich hergestellte DNA-Sequenz, die für das Protein kodiert.

MERKE

Die DNA-Sequenz unseres Genoms ist bekannt und kann künstlich hergestellt werden.

Gibt man die Restriktionsendonuklease zu dem Plasmid, schneidet sie es an ihrer Schnittstelle auf und produziert dabei sticky ends, deren Basensequenz bekannt ist (5′-AATT in **Abb. 14.40**, Schritt 1). Um die für das Protein kodierende DNA-Sequenz in das Plasmid einbauen zu können, werden die Enden dieser Sequenz mit Basen versehen, die zu den vom Restriktionsenzym produzierten sticky ends komplementär sind (2). Meist verwendet man hier längere DNA-Stränge, die vor und hinter dem Gen Spaltstellen für dasselbe Restriktionsenzym besitzen. Bringt man die so verlängerte DNA-Sequenz mit dem aufgespaltenen Plasmid zusammen, lagern sich DNA-Sequenz und Plasmid mit Hilfe ihrer komplementären sticky ends aneinander. Die Lücken an den Restriktionsenzym-Schnittstellen werden durch eine DNA-Ligase geschlossen (Ligation, 3). Nun kann das „erweiterte“ Plasmid mittels **Transformation** auf ein Bakterium übertragen werden (4). Aufgrund der hohen Teilungsrate von Bakterien (z. B. alle 20 Minuten bei *E. coli*) enthalten in kurzer Zeit viele Bakterien die eingebaute DNA (5) und synthetisieren das zugehörige Protein.

MERKE

Bei dem Bakterium Escherischia coli (E. coli) beträgt die durchschnittliche Dauer eines Zellzyklus nur 20 min!

Klinischer Bezug

Gentherapie bei Hämophilie A: Durch die rasante Entwicklung der Analyse des menschlichen Erbguts stellt die Gentherapie eine neue Therapiemöglichkeit dar, insbesondere bei der Behandlung von Krankheiten, die durch ein **einziges defektes Gen** verursacht werden. Ein Beispiel ist die X-chromosomal-rezessiv vererbte **Hämophilie A**. Hier liegt eine Mutation im Faktor-VIII-Gen vor. Der entsprechende Gerinnungsfaktor wird entweder nicht gebildet oder ist inaktiv. Dies führt zu einer stark verminderten Blutgerinnung mit **schweren Blutungen** in Muskeln oder Gelenken. Bisher konnten die Patienten nur durch die Gabe des Gerinnungsfaktors **symptomatisch** behandelt werden. Durch die Kenntnis der fehlerhaften Sequenz im entsprechenden Gen liegt in der Gentherapie eine neue Möglichkeit, diese Patienten zu behandeln. Man versucht hierbei das fehlende Gen in das Genom der körpereigenen Zellen einzubauen.

Die praktische Umsetzung der **Gentherapie** ist jedoch eine enorme Herausforderung. Ein großes Problem ist die Einbringung der Gene in die Zellen. Hierfür bieten sich **Viren als Vektoren** an, da sie auf natürliche Weise in unsere Zellen eindringen. Bei Versuchen kam es allerdings zu tödlichen Zwischenfällen aufgrund von **Immunabwehrreaktion** auf das verwendete Virus.

Die Genterapie befindet sich noch in den Anfängen und es werden in den kommenden Jahren große Bemühungen nötig sein, um diese Therapiemöglichkeiten zu realisieren.

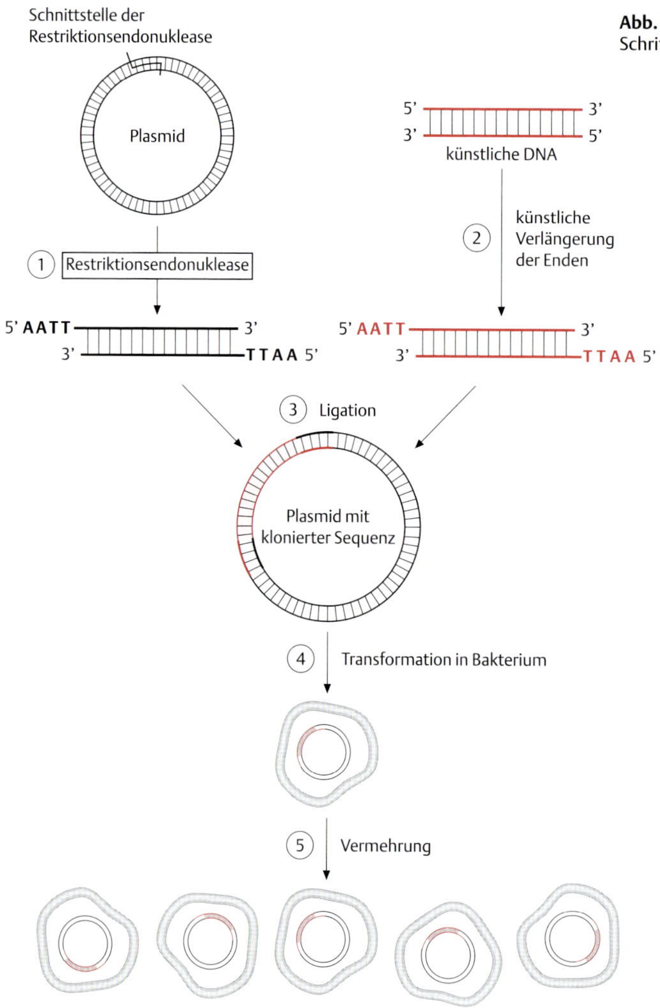

Abb. 14.40 Beispiel einer Klonierung (zu den Schritten 1–5 siehe Text)

14.7.5 Die Analyse von DNA

Die Methoden der Nukleinsäureanalyse werden Sie auch im biochemischen Praktikum kennenlernen. Dieser Abschnitt bietet sich deshalb auch zum ergänzenden Lernen an.

14.7.5.1 Die Polymerasekettenreaktion (PCR = Polymerase chain reaction)

Einführung

Die PCR ist eine der am häufigsten angewandten molekularbiologischen Methoden. Der große Vorteil der PCR besteht darin, dass mit ihrer Hilfe bereits **minimale Mengen** von **DNA** sicher nachgewiesen werden können, indem der **gesuchte Genabschnitt** gezielt **vervielfältigt** (amplifiziert) wird. So ist es heute möglich, die sprichwörtliche „Nadel im Heuhaufen" zu finden, da die PCR extrem empfindlich, höchst spezifisch und relativ einfach und schnell durchzuführen ist. Die amplifizierte DNA wird anschließend mit Hilfe der Gelelektrophorese und des Southern-Blot nachgewiesen.

Die revolutionäre Methode wurde 1983 von dem amerikanischen Biochemiker Kary Mullis entwickelt. Er hatte keine Vorstellung vom wirtschaftlichen Potenzial seiner Entwicklung: 1986 bekam er von der Firma Cetus eine Prämie von nur 10 000 Dollar. Fünf Jahre später verkaufte Cetus die Rechte an der Methode für 300 Millionen Dollar an Roche.

Die PCR spielt heutzutage in vielen Bereichen eine wichtige Rolle: Sie wird außer in den vielen Sparten der Medizin u.a. in der Archäologie, Pflanzenzucht und Kriminalistik eingesetzt.

Das Prinzip der PCR

Die PCR ermöglicht eine Vervielfältigung von beliebigen DNA-Sequenzen. **Grundprinzip** ist die **Replikation der DNA**. Die Sequenz des DNA-Abschnitts, der vervielfältigt werden soll, wird als **Vorlage oder template** bezeichnet. Die Basenabfolge am Anfang und am Ende der Sequenz muss bekannt sein. Dann kann der zu replizierende Bereich durch künstlich hergestellte **Primer** (20–30 bp lange Oligonukleotide) eingegrenzt werden. Die DNA-Synthese wird von einer **DNA-abhängigen DNA-Polymerase** durchgeführt: Sie synthetisiert aus Desoxyribonukleotiden die zu den Einzelsträngen des templates komplementären DNA-Stränge. Für die PCR benötigt man folglich

- die **DNA-Probe mit dem template**, das vervielfältigt werden soll.
- **Oligonukleotid-Primer:** Es werden zwei synthetische Oligonukleotid-Primer eingesetzt, die aufgrund ihrer Sequenz den zu replizierenden DNA-Abschnitt einrahmen. Die Sequenzen der Primer sollten daher hochspezifisch für die „Flanken" des zu vervielfältigenden DNA-Abschnitts sein. Starken Einfluss auf die Anlagerung der Primer an den DNA-Abschnitt hat ihr GC-Gehalt. Diese Basenpaarung bindet besonders stark und beeinflusst auch das Abschmelzen der Primer von der DNA.
- eine **DNA-abhängige DNA-Polymerase** (Cofaktor Mg^{2+}): Man verwendet eine **hitzestabile DNA-Polymerase** aus einem thermophilen Bakterium, z.B. die Taq-Polymerase aus *Thermus aquaticus*, denn eine solche Polymerase wird im Gegensatz zu den beim Menschen vorkommenden Polymerasen nicht zerstört, wenn die DNA-Probe erhitzt wird, um DNA-Einzelstränge zu erhalten.
- **Desoxyribonukleotide:** dATP, dGTP, dCTP und dTTP,
- Puffer, der ein optimales Arbeitsmilieu für die Polymerase gewährleistet.

Aus diesen „Zutaten" stellt man zu Beginn der PCR einen Reaktionsansatz her.

Der Ablauf der PCR

Die PCR umfasst mehrere Zyklen. Am Ende eines Zyklus sind zahlreiche Kopien des zu vervielfältigenden DNA-Abschnitts entstanden, die im folgenden Zyklus wiederum vervielfältigt werden (daher der Name „Kettenreaktion"). Ein PCR-Zyklus setzt sich aus folgenden Schritten zusammen (**Abb. 14.41**):

- **Denaturierung:** Durch Erhitzen auf 95 °C wird die DNA-Doppelhelix im Reaktionsansatz in DNA-Einzelstränge getrennt.
- **Annealing:** Die Temperatur des Reaktionsansatzes wird auf bis zu 45 °C gesenkt. Bei dieser Temperatur lagern sich die Primer spezifisch an die DNA an und flankieren den DNA-Abschnitt, der vervielfältigt werden soll.
- **Elongation:** Bei einer Temperatur von 72 °C hat die thermostabile Taq-Polymerase ihr Temperaturoptimum. Sie synthetisiert – beginnend an den freien OH-Enden der Primer – zu den vor-

14

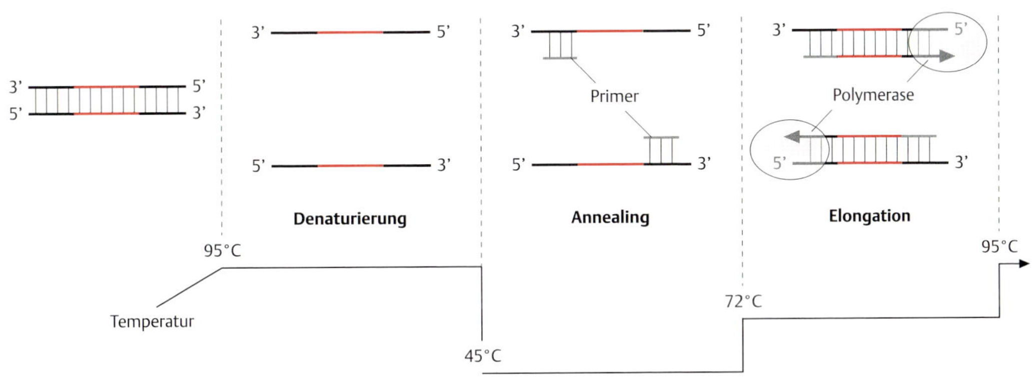

Abb. 14.41 Die einzelnen Schritte eines PCR-Zyklus (der zu vervielfältigende DNA-Abschnitt ist farbig hervorgehoben)

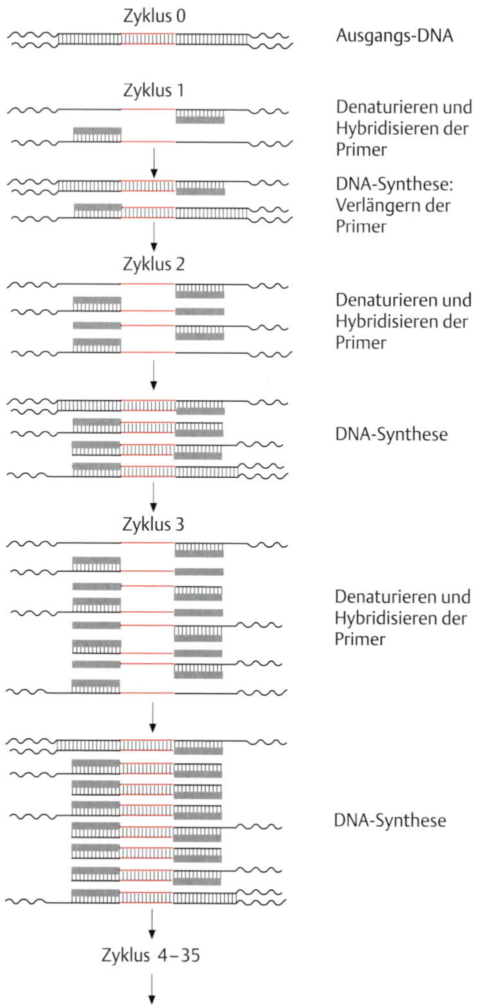

Abb. 14.42 Amplifikation eines DNA-Abschnittes mit Hilfe der PCR über mehrere Runden (zur Erklärung siehe Text)

liegenden Einzelsträngen komplementäre DNA-Stränge. Dazu benötigt sie Desoxyribonukleotide und den Cofaktor Mg^{2+}.

Auf die Elongation folgt ein neuer PCR-Zyklus: Durch Erhitzen werden die bei der Elongation entstandenen DNA-Doppelstränge getrennt (denaturiert), Primer lagern sich an den DNA-Abschnitt auf den Einzelsträngen an, ein komplementärer DNA-Strang wird synthetisiert etc. Die Zyklen führen zu einem exponentiellen Anstieg der Konzentration des DNA-Abschnitts, der von den Primern flankiert wird **(Abb. 14.42)**: DNA-Abschnitt-Kopien = 2^n, n: Anzahl der Zyklen. Die Zyklen werden in automatisierten Thermostaten durchlaufen; solche Geräte benötigen ca. 35 Zyklen, um den DNA-Abschnitt so zu amplifizieren, dass er nachweisbar ist.

Der Nachweis der mittels PCR amplifizierten DNA
Im Anschluss an die PCR muss das PCR-Produkt, die amplifizierte DNA, nachgewiesen werden. Dies ist durch Trennung der DNA-Fragmente nach ihrer Länge mittels **Agarosegelelektrophorese** (s. u.) und deren Nachweis durch **Southern-Blot** (s. S. 417) möglich.

Die Einsatzgebiete der PCR
Nachweis der Aktivierung von Protoonkogenen durch Genamplifikation: Wurde ein Protoonkogen durch Genamplifikation aktiviert (s. S. 409), finden sich im Anschluss an die PCR im Reaktionsansatz deutlich mehr Kopien dieses Gens als in einer Kontrolle; die DNA-Bande der Tumor-DNA-Probe im Agarosegel ist deutlich dicker als die der Kontrolle.
Nachweis von Retrovirusinfektionen: Da Retroviren ihre Gene in das humane Wirtsgenom integrieren, kann man mittels PCR nach diesen DNA-Abschnitten suchen. Ist das gesuchte retrovirale Gen in der DNA-Probe vorhanden, wird der ausgewählte Gen-Teilabschnitt vervielfältigt und ist auf dem Agarosegel als spezifische Bande zu erkennen.

14.7.5.2 Die Agarosegelelektrophorese

Die Agarosegelelektrophorese dient zur **Trennung unterschiedlich langer DNA-Fragmente**: In die Auftragtaschen des Agarosegels **(Abb. 14.43)** wird ein Gemisch aus DNA-Fragmenten gefüllt. Legt man an das Gel ein elektrisches Feld an, wandern die DNA-Abschnitte aufgrund ihrer negativ geladenen Phosphatreste zur Anode. Da die Gelmatrix wie ein molekulares Sieb wirkt, wandern die DNA-Abschnitte um so weiter im Gel, je kürzer sie sind. Mit Hilfe eines Standards lassen sich nach **Anfärbung der DNA-Banden mit Ethidiumbromid** die einzelnen DNA-Banden einer bestimmten Größe (Anzahl von Basenpaaren) zuordnen **(Abb. 14.44)**. Wurde eine PCR zum Nachweis eines DNA-Abschnitts auf dem Agarosegel getrennt, kann man anhand des Standards prüfen, ob der gesuchte DNA-Abschnitt (das template) in der Probe vorhanden war.
Bei DNA-Fragmenten < 100 bp empfiehlt es sich, die Fragmente auf einem Polyacryalamidgel aufzutrennen (s. S. 96).

14

14.7.5.3 Der Southern Blot

Der Southern Blot dient der **Identifizierung von DNA-Fragmenten**, z. B. nach Behandlung mit Restriktionsenzymen oder nach PCR. Hierfür wird die DNA-Probe gelelektrophoretisch aufgetrennt und denaturiert, damit Einzelstränge entstehen. Diese DNA wird dann auf eine spezielle (Nitrocellulose-)-Membran transferiert und von dieser fest gebunden. Diesen Vorgang nennt man blotting. Das Gel und die Membran werden dazu aufeinander gedrückt und die einzelsträngige DNA wandert durch gerichtete Diffusion in die Membran, wo sie gebunden wird. An die so immobilisierte DNA kann dann eine DNA- oder RNA-Sonde binden: Dies sind kurze DNA-Abschnitte **(Oligonukleotide)** oder RNA-Abschnitte, deren Sequenzen komplementär zu den gesuchten DNA-Fragmenten sind und mit diesen **hybridisieren**. Die Sonden sind entweder **radioaktiv** markiert oder mit einem **Fluorophor** versehen und können einfach nachgewiesen werden.

14.7.5.4 Die Fluoreszenz in situ Hybridisierung (FISH)

Mit der Fluoreszenz in situ Hybridisierung können DNA-Sequenzen auf kompletten **Chromosomen** untersucht werden. Dies geschieht ebenfalls mit fluorophormarkierten Sonden. Durch diese Technik lässt sich die Position bestimmter DNA-Abschnitte (Gene) auf dem Chromosom bestimmen und es können durch unterschiedliche Fluorophore mehrere Abschnitte gleichzeitig untersucht werden.

14.7.5.5 Der Nachweis von DNA-Polymorphismen

Durch das Schneiden genomischer DNA mit bestimmten **Restriktionsendonukleasen** kann man eine für ein Individuum spezifische DNA-Karte anlegen. Die entstandenen **Restriktionsfragmente** können durch Gelelektrophorese ihrer Größe nach aufgetrennt werden (s. S. 416). Die Längen dieser DNA-Fragmente können zwischen verschiedenen Individuen variieren. Diese Unterschiede werden **RFLPs** (Restriktionsfragment-Längenpolymorphismen) genannt. Sie können durch **Punktmutationen** entstanden sein, bei denen eine Erkennungsstelle für die Restriktionsendonuklease zerstört oder neu gebildet wurde. Jedes Individuum hat seine eigenen charakteristischen RFLP.

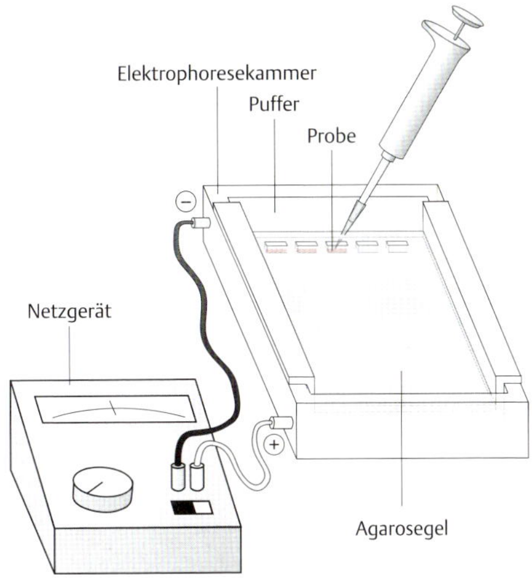

Abb. 14.43 Apparatur für die Agarosegelelektrophorese

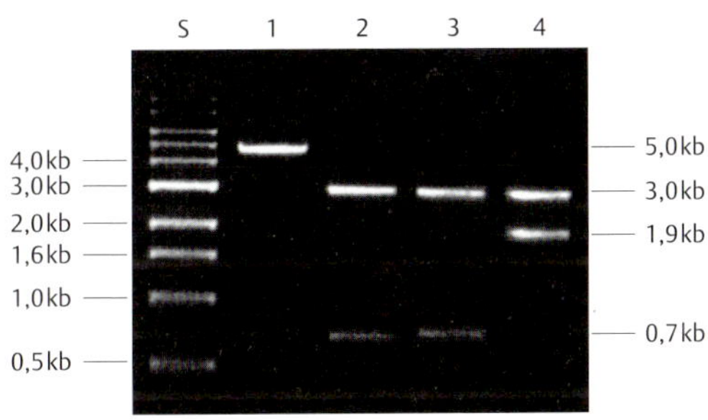

Abb. 14.44 Beispiel einer Agarosegelelektrophorese; die Längenangabe der Fragmente erfolgt in Kilobasenpaaren (kb; 1 kb = 1000 Basenpaare; S = Standard, 1–4 sind verschiedene DNA-Proben)

14

Einen weiteren DNA-Polymorphismus stellen so genannte **Mikro- oder Minisatelliten oder short tandem repeats** dar. Das sind repetitive DNA-Sequenzen, d. h. sich wiederholende Basensequenzen. Dies können Dinukleotide (ATATATATAT.), Pentanukleotide (ATGGTATGGT), Sexta- oder Septanukleotide sein. Sie haben **keine kodierende Funktion**. Mikrosatelliten kommen in der DNA sehr häufig vor (nur 5 % der gesamten DNA kodiert für Proteine!) und werden nach den Mendel-Regeln vererbt. Die Wiederholungen der repetitiven Sequenzen können unterschiedlich oft vorkommen und führen zu einer variablen Länge, auch **VNTR** (variable of tandem repeats) genannt. Sie sind über die gesamte genomische DNA verteilt. Zerschneidet man die gesamte genomische DNA einer menschlichen Zelle mit ei-

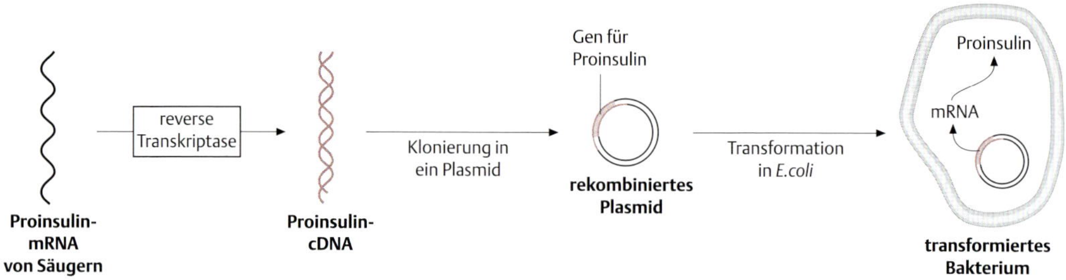

Abb. 14.45 Einsatz der RT-PCR zur Herstellung von Proinsulin in E. coli

nem geeigneten Restriktionsenzym, weisen diese Fragmente unterschiedliche Längen auf und bilden auf einem Gel ein charakteristisches Muster. Weist ein anderer Mensch ein identisches Muster auf, spricht dies mit einer Wahrscheinlichkeit von 99,99 % für eine Verwandtschaft. Dieser sog. „**genetische Fingerabdruck**" wird z. B. zum Vaterschaftsnachweis herangezogen.

Die **Größenunterschiede** der Fragmente der Mikrosatelliten sind oft **geringer** als beim RFLP und somit schwieriger zu unterscheiden. Um spezifische Mikrosatelliten zu beurteilen, kann man die **PCR** nutzen: die Mikrosatelliten-Abschnitte werden durch spezifische Primer eingerahmt und amplifiziert. Auf einem Gel kann man im Anschluss die unterschiedliche Länge der PCR-Produkte nachweisen.

14.7.6 Die Analyse von RNA

14.7.6.1 Die reverse Transkriptions-PCR (RT-PCR)

14

Mit Hilfe der reversen Transkriptase ist es möglich, RNA mittels PCR zu amplifizieren. Hierfür wird isolierte mRNA durch die reverse Transkriptase in **komplementäre DNA (complementary DNA, cDNA)** umgeschrieben **(Abb. 14.45)**. Da es sich um eine umgeschriebene mRNA handelt, enthält cDNA keine Introns.

MERKE

cDNA ist eine Kopie einer mRNA, d. h. sie enthält im Gegensatz zur „normalen" DNA keine Introns.

Diese cDNA durchläuft im Anschluss PCR-Zyklen. Die amplifizierte cDNA kann – da sie keine Introns enthält – in ein bakterielles Plasmid eingesetzt und in Bakterien eingeschleust werden, die die cDNA exprimieren. So kann man die DNA-Sequenz eines bestimmten Proteins, z. B. Proinsulin, synthetisieren, klonieren und Proinsulin von Bakterien exprimieren lassen **(Abb. 14.45)**. Das exprimierte Proinsulin ist identisch mit dem Proinsulin unseres Körpers, da das (synthetische) Gen für Proinsulingen kodiert. Durch limitierte Proteolyse entsteht aus Proinsulin Insulin. So kann ein großer Anteil des medizinischen Insulin-Bedarfs gedeckt werden.

14.7.6.2 Der Northern Blot

Der Northern Blot dient der **Identifizierung von RNA-Fragmenten**. Er läuft wie der Southern Blot ab (s. S. 417), nur wird RNA statt DNA nachgewiesen.
Beachte: Es gibt auch den Western Blot (s. S. 351) zum Nachweis von Proteinen.

MERKE

Southern Blot: Nachweis von DNA-Sequenzen mit komplementären Sonden.
Northern Blot: Nachweis von RNA-Sequenzen mit komplementären Sonden.
Western Blot: Nachweis von Proteinen mit Antikörpern.

Check-up

- ✔ **Rekapitulieren Sie, wie Bakterien Antibiotika-Resistenz erwerben.**
- ✔ **Wiederholen Sie die PCR-Methode. Konzentrieren Sie sich dabei auf die Zielsetzung der Methode, die notwendigen Substrate und die Schritte eines PCR-Zyklus.**
- ✔ **Falls im biochemischen Praktikum ein Versuch zur PCR durchgeführt wurde, lesen Sie sich das Versuchsprotokoll noch einmal durch und vollziehen Sie die einzelnen Schritte nach.**

Kapitel 15

Anhang

15 Anhang

15.1 Wichtige chemische Grundlagen

Tabelle 15.1

Wichtige funktionelle Gruppen

Name	Formel
Hydroxylgruppe (Alkohol)	$R{-}OH$
Carbonylgruppe (Aldehyd)	$R{-}C(=O){-}H$
Ketogruppe (Keton)	$R{-}C(=O){-}R$
Carboxylgruppe	$R{-}C(=O){-}OH$
Methylgruppe	$R{-}CH_3$
Ethylgruppe	$R{-}C_2H_5$
Aminogruppe	$R{-}NH_2$
Sulfhydrylgruppe	$R{-}SH$
Phosphorylgruppe	R–Ⓟ oder $R{-}O{-}P(O^{\ominus})(=O){-}O^{\ominus}$

Tabelle 15.2

Wichtige Reaktionen

Name	Reaktion	Beschreibung
Oxidation/Dehydrierung	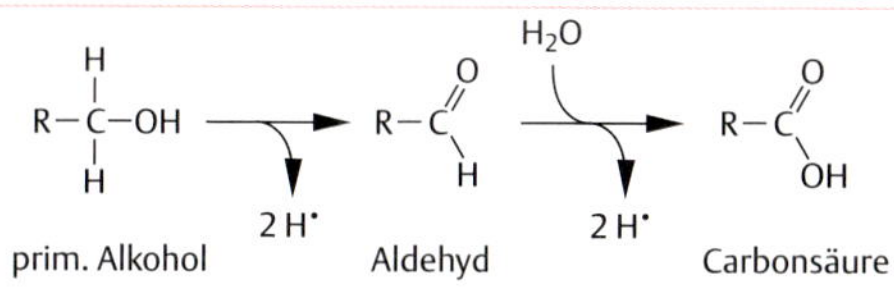	- Subtraktion von Wasserstoff - Beispiel: Oxidationsreihe eines primären Alkohols
Reduktion/Hydrierung	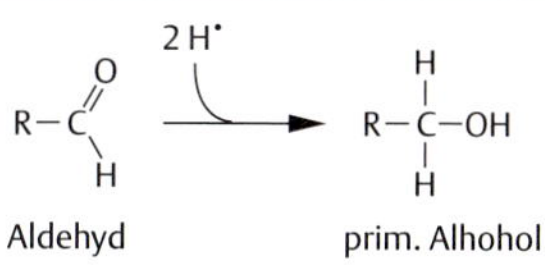	- Addition von Wasserstoff - Rückreaktion zur Oxidation (deshalb Redoxreaktion)
Hydratisierung	β-Oxidation 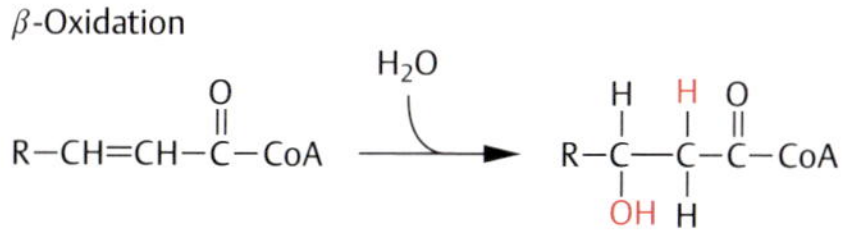	- Addition von Wasser (H_2O)
Hydrolyse	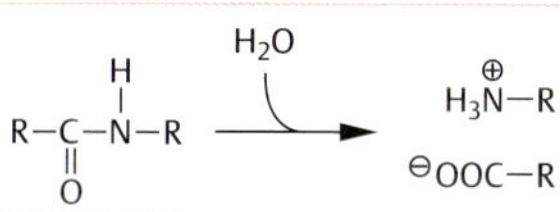	- Spaltung eines Moleküls mit Hilfe von Wasser - z.B.: Proteolyse durch Spaltung einer Peptidbindung
Transaminierung		- „Verschieben" von Aminogruppen - wichtige Reaktion im Aminosäurestoffwechsel

Tabelle 15.3

Wichtige Bindungstypen

Bindungstyp	Formel	Vorkommen
Doppelbindung (konjugiert/isoliert)	C=C Doppelbindung 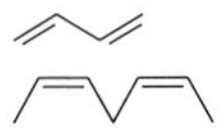 – konjugiert – isoliert	- z. B. in Fettsäuren isoliert (gesättigt/ ungesättigt)
Wasserstoffbrücke	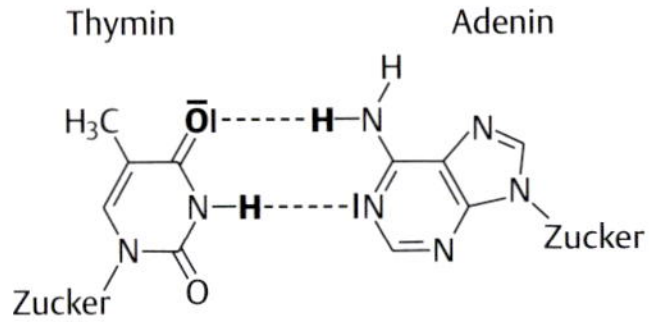	- bildet z. B. Sekundärstrukturen von Proteinen - kommt in der DNA-Doppelhelix vor (zwischen den Basen)
Ester	$R_1{-}COOH + R_2{-}OH \xrightarrow{-H_2O} R_2{-}O{-}C(=O){-}R_1$	- Carboxylgruppe + Alkoholgruppe
Thioester	$R_1{-}COOH + R_2{-}SH \xrightarrow{-H_2O} R_2{-}S{-}C(=O){-}R_1$	- Carboxylgruppe + Sulfhydrylgruppe - z. B. in Acetyl-CoA oder Acyl-CoA
Phospho**di**ester	$R{-}O{-}P(=O)(O^{\ominus}){-}O{-}R$	- Phosphorsäure + 2 Alkoholgruppen - z. B. in Phospholipiden
Ether	$R_1{-}OH + R_2{-}OH \xrightarrow{-H_2O} R_1{-}O{-}R_2$	- 2 Alkoholgruppen
Säureamid	$R{-}C(=O){-}N(H){-}R$ $\quad O{=}C(NH_2)_2$	- Carboxylgruppe +Aminogruppe - als Peptidbindung Primärstruktur der Proteine - in Harnstoff
Halbacetal	$R{-}OH + R{-}C(=O){-}H \longrightarrow R{-}C(OH)(H){-}O{-}R$	- Alkoholgruppe + Aldehydgruppe - z. B. in ringförmigen Monosacchariden
Schiff-Base	$R{-}C(=O){-}H + H_3\overset{\oplus}{N}{-}C(COO^{\ominus})(H){-}R \xrightarrow{-H_2O} R{-}C(H){=}N{-}C(COO^{\ominus})(H){-}R$	- Aldehydgruppe + Aminogruppe - z. B. bei der Synthese des Kollagens oder während der Transaminierung
Anhydrid	2 Carbonsäuren $\longrightarrow R{-}C(=O){-}O{-}C(=O){-}R$	- 2 Carbonsäuren
Phosphoanhydrid	2 Phosphorsäuren $\longrightarrow R{-}O{-}P(=O)(O^{\ominus}){-}O{-}P(=O)(O^{\ominus}){-}O{-}R$	- 2 Phosphorsäuren - z. B. in Nukleotidtriphosphaten
gemischtes Säureanhydrid	$R{-}C(=O){-}O{-}P(=O)(O^{\ominus}){-}OH$	- Carbonsäure + Phosphorsäure - z. B. in 1,3-Bisphosphoglycerat (Glykolyse)
Disulfid	$2\,R{-}SH \xrightarrow{-2\,H} R{-}S{-}S{-}R$	- 2 Sulhydrylgruppen unter Wasserstoffabspaltung - Stabilisatoren, bilden z. B. Proteinstrukturen - Glutathiondisulfid

Tabelle 15.3

Wichtige Bindungstypen(Fortsetzung)

Bindungstyp	Formel	Vorkommen
N-glykosidisch	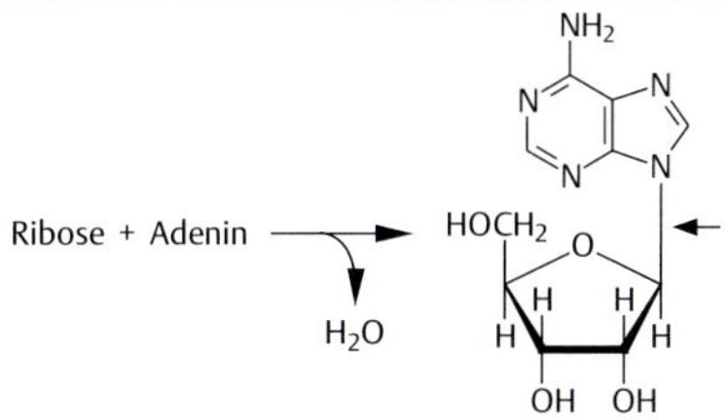	- Verbindung zwischen Base und Zucker in Nukleotiden unter Wasserabspaltung - Verbindung zwischen Asparagin und Zucker in Proteoglykanen unter Wasserabspaltung
O-glykosidisch	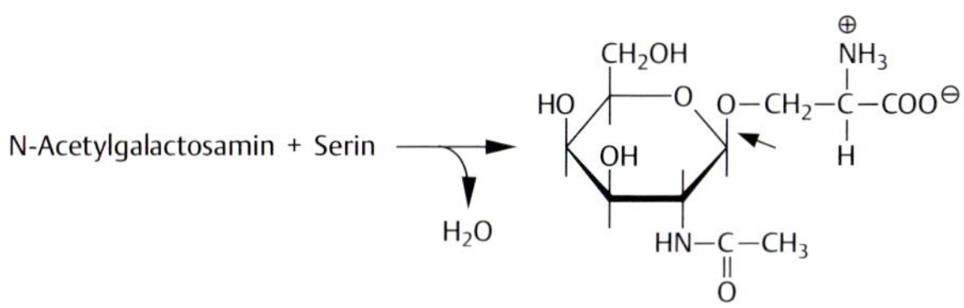	- Verbindung zwischen Serin/Threonin und Zucker in Proteoglykanen unter Wasserabspaltung - Verknüpfung von Monosacchariden unter Wasserabspaltung

Tabelle 15.4

Wichtige Mono-und Dicarbonsäuren

Name	Formel	Vorkommen
Formiat (Salz der Ameisensäure)	$COO^{\ominus}$ | H	- einfachste Fettsäure, nicht frei im menschlichen Körper vorhanden
Acetat (Salz der Essigsäure)	$COO^{\ominus}$ | CH_3	- als Acetyl-CoA wichtige Substanz im Intermediärstoffwechsel
Palmitat (Salz der Palmitinsäure) C_{16}	$COO^{\ominus}$ | $C_{15}H_{31}$	- häufige gesättigte Fettsäure
Stearinat (Salz der Stearinsäure) C_{18}	$COO^{\ominus}$ | $C_{17}H_{35}$	- häufige gesättigte Fettsäure
Oxalat (Salz der Oxalsäure)	$COO^{\ominus}$ | $COO^{\ominus}$	- Calciumoxalatsteine in der Niere
Malonat (Salz der Malonsäure)	$COO^{\ominus}$ | CH_2 | $COO^{\ominus}$	- Fettsäurebiosynthese
Succinat (Salz der Bernsteinsäure)	$COO^{\ominus}$ | CH_2 | CH_2 | $COO^{\ominus}$	- Citratzyklus
Glutarat (Salz der Glutarsäure)	$COO^{\ominus}$ | $(CH_2)_3$ | $COO^{\ominus}$	- Glutaryl-CoA entsteht beim Abbau von Lysin
Fumarat (Salz der Fumarsäure)	$COO^{\ominus}$ | CH || CH | $COO^{\ominus}$	- Citratzyklus

Tabelle 15.5

Wichtige Homo- und Heterozyklen

Name	Formel	Vorkommen
Aromat	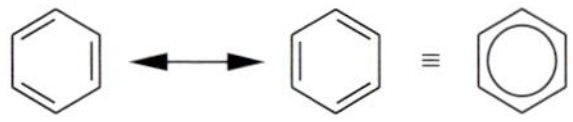	- konjugierte Doppelbindungen im Ring, z. B. im Östradiol
Cholesterol (aufgebaut aus Isopren-Einheiten)	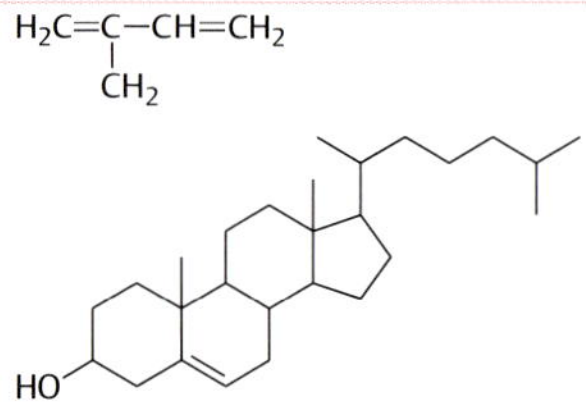	- Aufbau von Terpenen und Steroiden: Steroidhormone, lipophile Vitamine
Indol	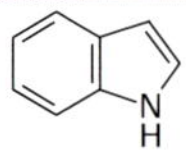	- Aufbau von Tryptophan, Serotonin
Imidazol	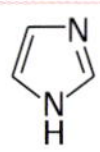	- Aufbau von Histidin, Histamin
Purin	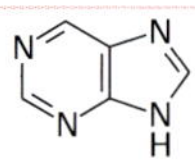	- Aufbau der Basen Guanin, Adenin und Hypoxanthin
Pyridin	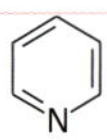	- Vorstufe für Nictotinsäureamid (NAD)
Pyrimidin	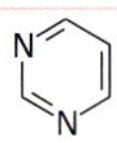	- Aufbau der Basen Uracil, Thymin und Cytosin
Pyrrol	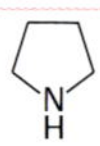	- 4 Ringe bilden über Methingruppen Phorphin (Vorstufe für Häm)

Tabelle 15.6

Wichtige chemische Grundbegriffe

Begriff	Definition	
Anion	negativ geladenes Teilchen, das Elektronen abgeben kann, z. B. Cl^-	
Kation	positiv geladenes Teilchen, das Elektronen aufnehmen kann, z. B. Na^+	
Dissoziation	Aufspaltung in Ionen Beispiel: Dissoziation von NaCl in Na^+ und Cl^-	
Salz	im Wasser dissoziiert vorliegende Verbindung aus Anionen und Kationen	
Säure	Protonendonatoren, z. B. Carboxylgruppe: $-COOH \rightarrow -COO^-$	
Base	Protonenakzeptoren, z. B. Aminogruppe: $-NH_2 \rightarrow -NH_3^+$	
pH-Wert	negativer dekadischer Logarithmus der Wasserstoffionenkonzentration (z. B. im Blut) **Merke:** pH<7 sauer pH=7 neutral pH>7 basisch physiologischer pH-Wert: pH=7,2 – 7,4	Dissoziation der Ionen: $H_2O + H_2O \rightleftarrows H_3O^+ + OH^-$ Ionenprodukt des Wassers = $1{,}0 \times 10^{-14}\ mol^2/l^2$ pH + pOH = 14

Tabelle 15.6

Wichtige chemische Grundbegriffe (Fortsetzung)

Begriff	Definition
pK-Wert	pH-Wert, bei dem die Säure dissoziiert vorliegt, z.B. Aminosäuren kleiner pK-Wert = starke Säure großer pK-Wert = schwache Säure
Chelat	Komplex von Metallen mit organischen Verbindungen, z. B. Eisen mit Protoporphyrin im Hämoglobin
α-, β-,γ-C-Atom	Nomenklatur der C-Atome beginnend *unter* dem höchst oxidierten C-Atom (s. S. 57)
Chiralität	Moleküle mit nicht deckungsgleichen Spiegelbildern, z. B. ein chirales C-Atom besitzt vier unterschiedliche Substituenten

15.2 Beispiele für wichtige Moleküle mit ihren Bindungen und Gruppen

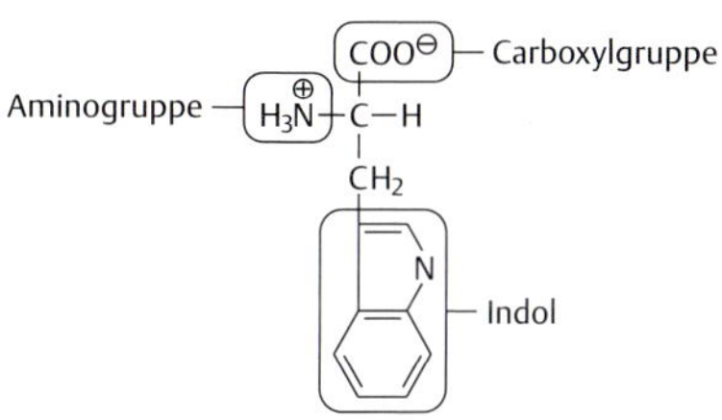

Abb. 15.1 Tryptophan

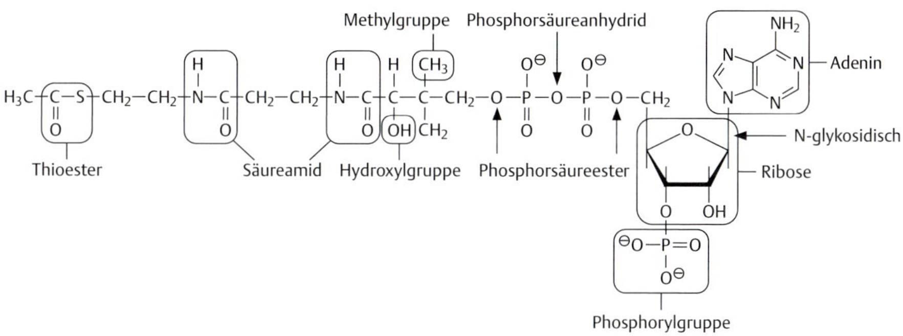

Abb. 15.2 Acetyl-CoA

15.3 Stoffwechselübersichten

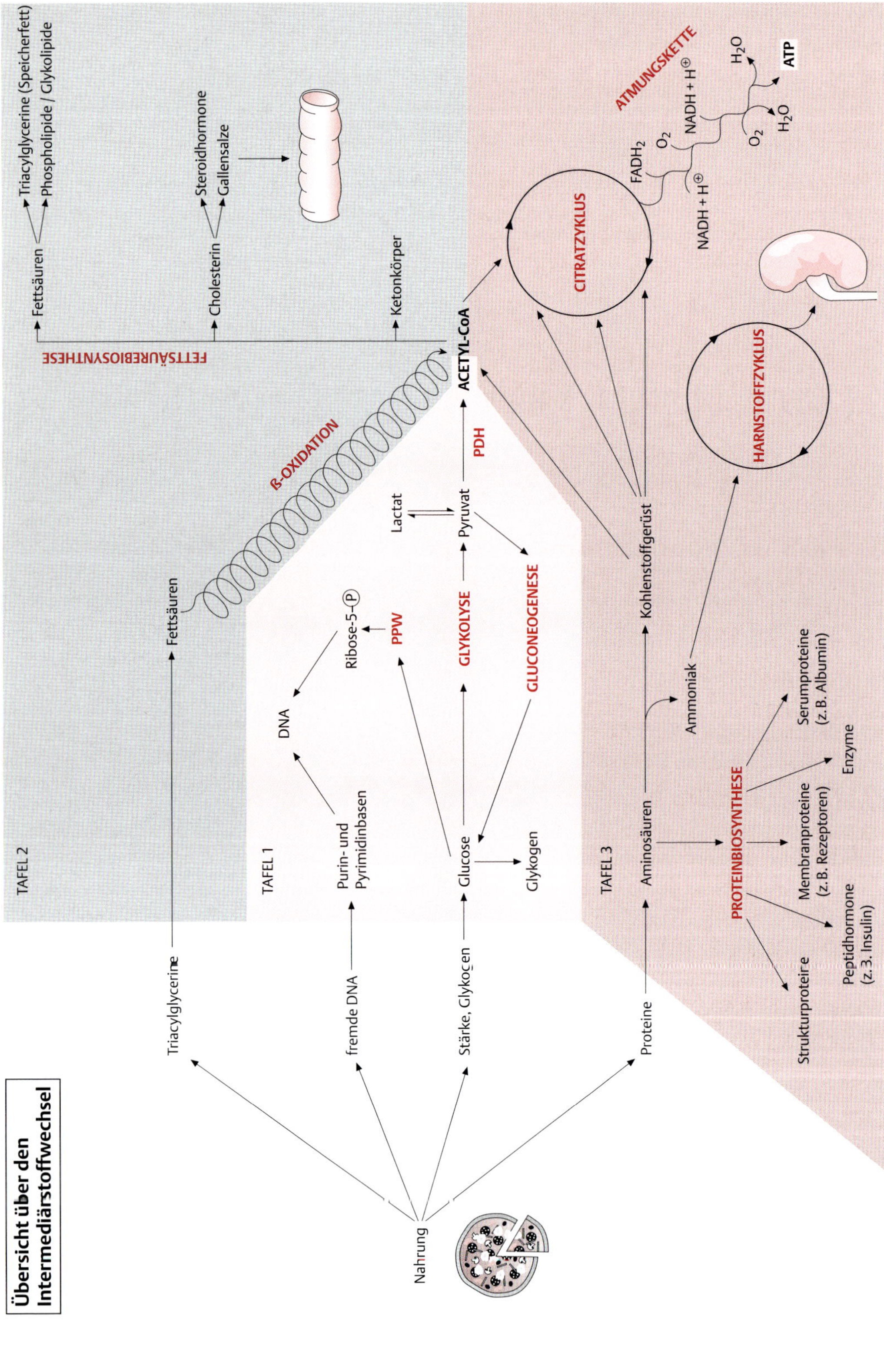

Tafel 1
Kohlenhydrate

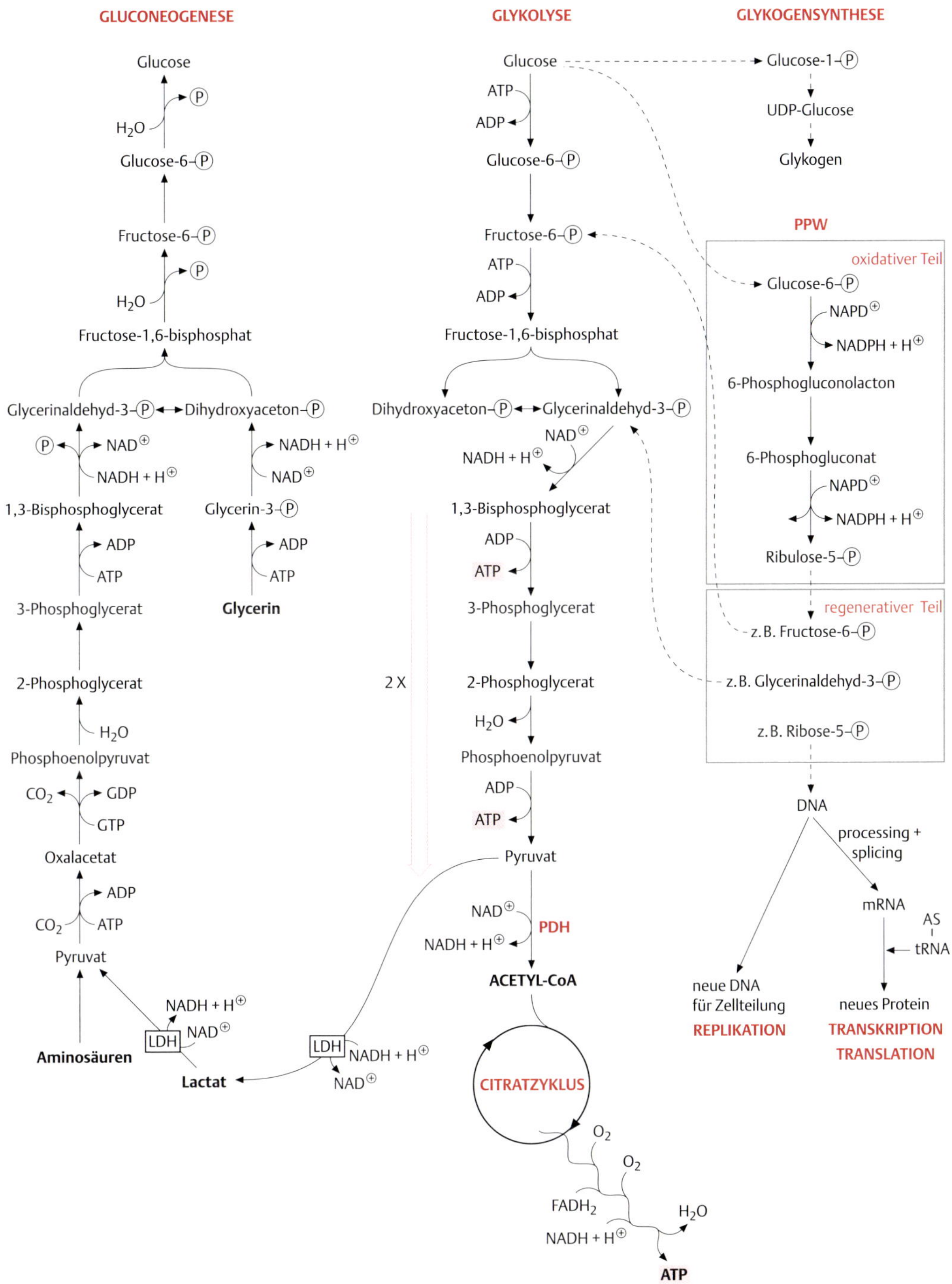

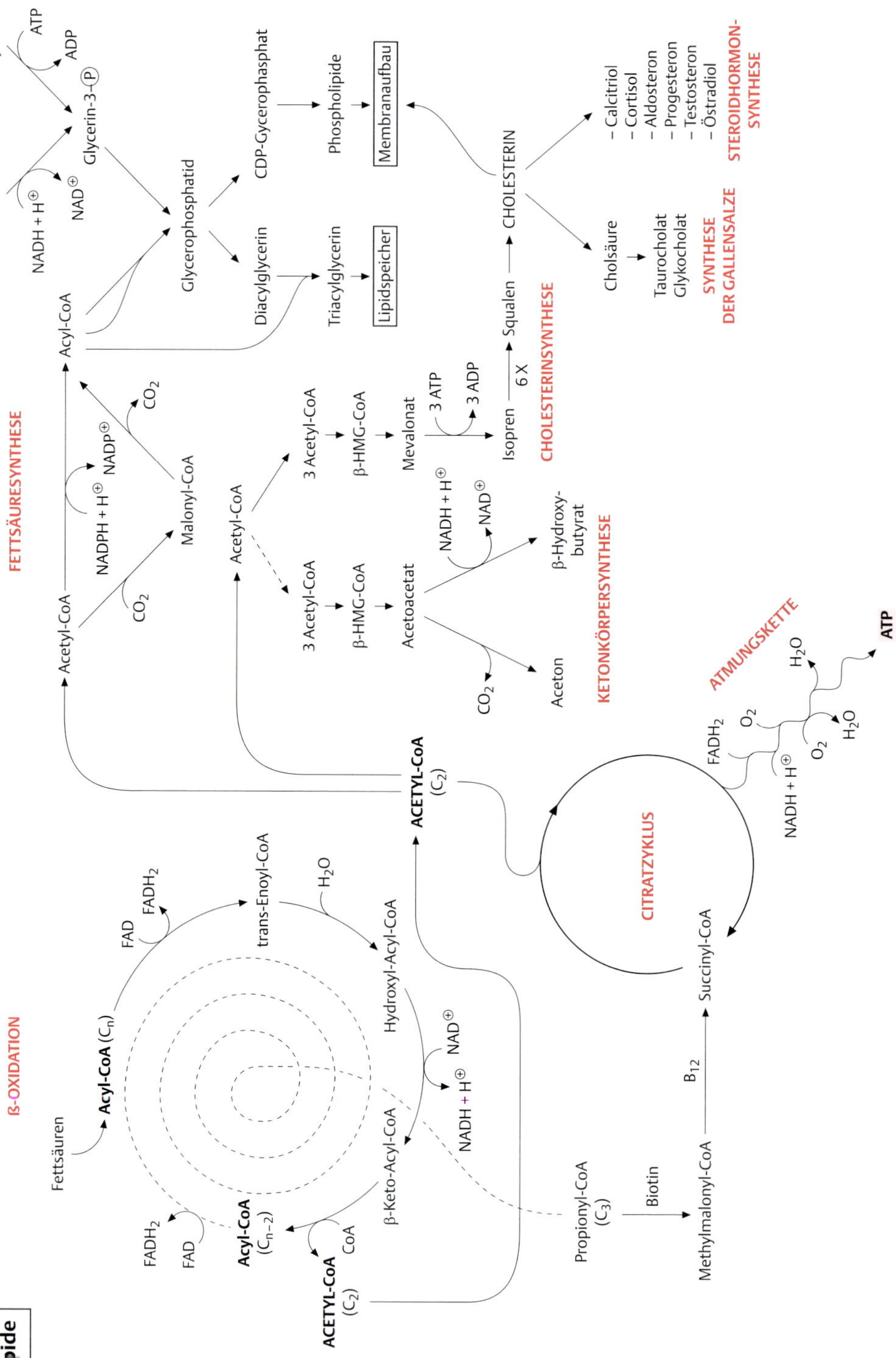

Tafel 2 Lipide

Tafel 3 Aminosäuren

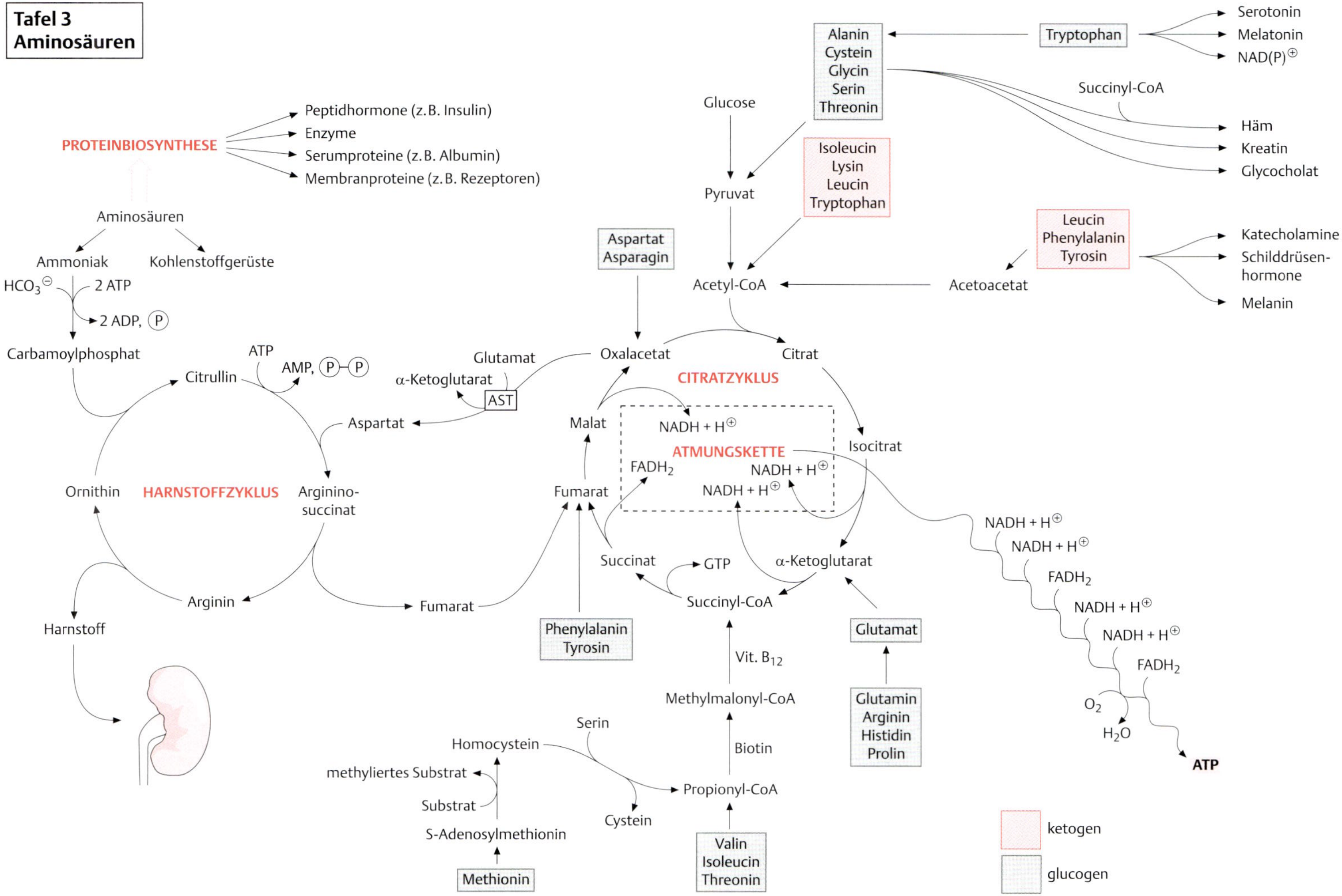

Quellenverzeichnis

Abb. 2.14 nach Boeck, G.: Kurzlehrbuch Chemie. Thieme, Stuttgart, 2003

Abb. 2.17 nach Koolman, J., Röhm, K.-H.: Taschenatlas der Biochemie. 3. Aufl., Thieme, Stuttgart, 2003

Abb. 2.21 nach Löffler, G.: Basiswissen Biochemie mit Pathobiochemie. 4. Aufl., Springer, Heidelberg, 2001

Abb. 3.7 nach Boeck, G.: Kurzlehrbuch Chemie. Thieme, Stuttgart, 2003

Abb. 3.27 nach Löffler, G., Petrides, P.E. (Hrsg.): Biochemie und Pathobiochemie. 7. Aufl., Springer, Heidelberg, 2003

Abb. 4.3 nach Boeck, G.: Kurzlehrbuch Chemie. Thieme, Stuttgart, 2003

Abb. 4.8 Mortimer, C.E., Müller, U.: Chemie. 8. Aufl., Thieme, Stuttgart, 2003

Abb. 4.9 nach Karlson, P., Doenecke, D., Koolman, J.: Kurzes Lehrbuch der Biochemie für Naturwissenschaftler und Mediziner. 14. Aufl., Thieme, Stuttgart, 1994

Abb. 4.10 Boeck, G.: Kurzlehrbuch Chemie. Thieme, Stuttgart, 2003

Abb. 4.11 nach Abdolvahab-Emminger (Hrsg.): Physikum EXAKT. 3. Aufl., Thieme, Stuttgart, 2002

Abb. 4.12 nach Koolman, J., Röhm, K.-H.: Taschenatlas der Biochemie. 3. Aufl., Thieme, Stuttgart, 2003

Abb. 4.24 nach Voet, D., Voet, J., Pratt, C.W.: Lehrbuch der Biochemie. WILEY-VCH Verlag GmbH Co. KG, Weinheim, 2002

Abb. 6.3 Karlson, P., Doenecke, D., Koolman, J.: Kurzes Lehrbuch der Biochemie für Naturwissenschaftler und Mediziner. 14. Aufl., Thieme, Stuttgart, 1994

Abb. 6.4 nach Römpp Lexikon Chemie. 10. Aufl., Thieme, Stuttgart, 1996

Abb. 6.12 Karlson, P., Doenecke, D., Koolman, J.: Kurzes Lehrbuch der Biochemie für Naturwissenschaftler und Mediziner. 14. Aufl., Thieme, Stuttgart, 1994

Abb. 6.16 nach Koolman, J., Röhm, K.-H.: Taschenatlas der Biochemie. 3. Aufl., Thieme, Stuttgart, 2003

Abb. 6.24 nach Thiemes Innere Medizin TIM. Thieme, Stuttgart, 1999

Abb. 7. 5 nach Klinke, R., Silbernagl, S.: Lehrbuch der Physiologie. 4. Aufl., Thieme, Stuttgart, 2003

Abb. 8.1 nach Koolman, J., Röhm, K.-H.: Taschenatlas der Biochemie. 2. Aufl., Thieme, Stuttgart, 1998

Abb. 8.2 nach Koolman, J., Röhm, K.-H.: Taschenatlas der Biochemie. 2. Aufl., Thieme, Stuttgart, 1998

Abb. 8.4 nach Walter, K., Huppelberg, J.: Kurzlehrbuch Physiologie. Thieme, Stuttgart, 2003

Abb. 8.20 nach Löffler, G., Petrides, P.E. (Hrsg.): Biochemie und Pathobiochemie. 7. Aufl., Springer, Heidelberg, 2003

Abb. 10.1 nach Ulfig, N.: Kurzlehrbuch Histologie. Thieme, Stuttgart, 2003

Abb. 10.15 nach Löffler, G., Petrides, P.E. (Hrsg.): Biochemie und Pathobiochemie. 7. Aufl., Springer, Heidelberg, 2003

Abb. 10.17 aus Löffler, G., Petrides, P.E. (Hrsg.): Biochemie und Pathobiochemie. 7. Aufl., Springer, Heidelberg, 2003

Abb. 10.18 nach Silbernagl, S., Despopoulos, A.: Taschenatlas der Physiologie. 6. korrigierte Aufl., Thieme, Stuttgart, 2003

Abb. 10.20 nach Koolman, J., Röhm, K.-H.: Taschenatlas der Biochemie. 3. Aufl., Thieme, Stuttgart, 2003

Abb. 10.21 nach Silbernagl, S., Despopoulos, A.: Taschenatlas der Physiologie. 6. korrigierte Aufl., Thieme, Stuttgart, 2003

Abb. 10.46 nach Löffler, G., Petrides, P.: Physiologische Chemie. 4. Aufl., Springer, Heidelberg, 1990

Abb. 10.47 nach Löffler, G., Petrides, P.: Physiologische Chemie. 4. Aufl., Springer, Heidelberg, 1990

Abb. 10.48 nach Löffler, G., Petrides, P.E. (Hrsg.): Biochemie und Pathobiochemie. 7. Aufl., Springer, Heidelberg, 2003

Abb. 10.49 nach Koolman, J., Röhm, K.-H.: Taschenatlas der Biochemie. 3. Aufl., Thieme, Stuttgart, 2003

Abb. 11.2 nach Siegenthaler, W.: Klinische Pathophysiologie, 7. Aufl., Thieme, Stuttgart, 1994

Abb. 11.4 nach Koolman, J., Röhm, K.-H.: Taschenatlas der Biochemie. 3. Aufl., Thieme, Stuttgart, 2003

Abb. 11.6 nach Siegenthaler, W.: Klinische Pathophysiologie, 7. Aufl., Thieme, Stuttgart, 1994

Abb. 11.13 nach Klinke, R., Silbernagl, S.: Lehrbuch der Physiologie. 3. Aufl., Thieme, Stuttgart, 2001

Abb. 11.23 nach Siegenthaler, W.: Klinische Pathophysiologie, 7. Aufl., Thieme, Stuttgart, 1994

Abb. 12. 4 nach Löffler, G., Petrides, P.E. (Hrsg.): Biochemie und Pathobiochemie. 7. Aufl., Springer, Heidelberg, 2003

Abb. 12. 5 nach Löffler, G., Petrides, P.E. (Hrsg.): Biochemie und Pathobiochemie. 7. Aufl., Springer, Heidelberg, 2003

Abb. 12.11 nach Koolman, J., Röhm, K.-H.: Taschenatlas der Biochemie. 3. Aufl., Thieme, Stuttgart, 2003

Abb. 12.16 nach Koolman, J., Röhm, K.-H.: Taschenatlas der Biochemie. 3. Aufl., Thieme, Stuttgart, 2003

Abb. 12.18 nach Hof, H., Müller, R.L., Dörries, R.: Duale Reihe Mikrobiologie. Thieme, Stuttgart, 2000

Abb. 12.19 nach Hof, H., Müller, R.L., Dörries, R.: Duale Reihe Mikrobiologie. Thieme, Stuttgart, 2000

Abb. 12.22 nach Hof, H., Müller, R.L., Dörries, R.: Duale Reihe Mikrobiologie. Thieme, Stuttgart, 2000

Abb. 13.3 nach Plattner, H., Hentschel, J.: Taschenlehrbuch Zellbiologie. 2. Aufl., Thieme, Stuttgart, 2002

Abb. 14.13 nach Abdolvahab-Emminger (Hrsg.): Physikum EXAKT. 3. Aufl., Thieme, Stuttgart, 2002

Abb. 14.14 nach Knippers, R.: Molekulare Genetik. 8. Aufl., Thieme, Stuttgart, 2001

Abb.14.24 nach Löffler, G., Petrides, P.E. (Hrsg.): Biochemie und Pathobiochemie. 7. Aufl., Springer, Heidelberg, 2003

Abb. 14.27 nach Abdolvahab-Emminger (Hrsg.): Physikum EXAKT. 3. Aufl., Thieme, Stuttgart, 2002

Abb. 14.34 nach Stryer, L.: Biochemie. 4. Aufl., Spektrum Akademischer Verlag, Heidelberg, 1996

Abb. 14.42 nach Knippers, R.: Molekulare Genetik. 8. Aufl., Thieme, Stuttgart, 2001

Abb. 14.43 nach Koolman, J., Röhm, K.-H.: Taschenatlas der Biochemie. 3. Aufl., Thieme, Stuttgart, 2003

Abbildungen Klinische Fälle als Kapiteleinstieg

Kap. 1: aus Greten, H. (Hersg.): Innere Medizin. 11. Aufl., Thieme, Stuttgart, 2002

Kap. 2: aus Sachsenweger, M.: Augenheilkunde. 2. Aufl., Thieme, Stuttgart, 2003

Kap. 3: aus Thiemes Innere Medizin TIM. Thieme, Stuttgart, 1999

Kap. 5: MEV-Verlag, Augsburg

Kap. 6: aus Thiemes Innere Medizin TIM. Thieme, Stuttgart, 1999

Kap. 7: aus Sitzmann, F.C.: Duale Reihe Pädiatrie. 2. Aufl., Thieme, Stuttgart, 2002

Kap. 8: aus Palitzsch, D.: Pädiatrie, Kinderheilkunde für Studenten und Ärzte. 3. Aufl., Enke, Stuttgart 1990

Kap. 9: aus Thiemes Innere Medizin TIM. Thieme, Stuttgart, 1999

Kap. 10: aus Jung, E.G., Moll, I.: Duale Reihe Dermatologie. 5. Aufl., Thieme, Stuttgart, 2002

Kap. 11: aus Niethard, F.U., Pfeil, J.: Duale Reihe Orthopädie. 4. Aufl., Thieme, Stuttgart, 2003

Kap. 12: aus Thiemes Innere Medizin TIM. Thieme, Stuttgart, 1999

Kap. 13: aus Stauber, M., Weyerstahl, T.: Duale Reihe Gynäkologie und Geburtshilfe. Thieme, Stuttgart, 2002

Kap. 14: aus Sitzmann, F.C.: Duale Reihe Pädiatrie. 2. Aufl., Thieme, Stuttgart, 2002

Abbildungen Inhaltübersichten

Kap. 1, 2, 9: MEV-Verlag, Augsburg

Kap. 3, 4, 6, 7, 8, 10, 11, 12, 14, 15: photoDisc, Inc.

Kap. 5: creativ coll., Freiburg

Kap. 13: Kühnel, W: Taschenatlas der Zytologie, Histologie und mikroskopischen Anatomie, 11. Aufl. Thieme, Stuttgart, 2003

Sachverzeichnis

Halbfette Seitenzahl = Haupttextstelle

A
α_1-Globuline 318
α_2-Globuline 318
α-Amanitin 398
α-Amylase
- Enzymklasse 163
- Mundspeichel 239
- Pankreas 241
α-/β-Anomerie 11 f
α-D-Galactose 10
α-D-Glucopyranose 10
α-D-Glucose 10
- Konformations-Isomere 14
α-D-Mannose 11
α-Helix 91
α-Ketoadipat, Lysinabbau 114
α-Ketoglutarat 100, **126**
- Aminosäurenabbau 105, **108**
α-Ketoglutaratdehydrogenase 126
- Vitamin B_1 182
- Wernicke-Enzephalopathie 123
α-Ketosäuren 182
α-Tocopherol 179
A-Konformation, Doppelhelix 382
AB0-System 309 f
abl-Onkogen 409
Abwehr siehe Immunantwort
ACAT (Acyl-CoA-Cholesterin-Acyltransferase) 72
ACE (Angiotensin-Converting-Enzyme) 212
ACE-Hemmer 157
Acetat 423
Acetoacetat 61 f
- Aminosäurenabbau 105 f, 110 f
- Ketonkörperverwertung 62
- Lysinabbau 114
Acetoacetyl-CoA 62
- Aminosäurenabbau 106
Aceton 61
- Ketogenese 62
Acetyl-CoA 56
- Abbildung 425
- Aminosäurenabbau 105
- Bedeutung 3
- β-Oxidation 57
- Cholesterinsynthese 72
- Citratzyklus 124
- Fettgewebe 262
- Fettsäuresynthese 55, **66**
- Gluconeogenese 33, **38**
- Hungerzustand 61
- Lysinabbau 114
- Pantothensäure 185
- Pyruvatdehydrogenase-Komplex 122
Acetyl-CoA-Carboxylase-Reaktion 66
Acetylcholin
- Magen 240
- Neurotransmitter 276 f
Acetylcholinesterase, Enzymklasse 163
Acetylsalicylsäure 158, **311**
Aconitase 125
Aconitathydratase 125
ACTH (Adrenocorticotropes Hormon) 209
Acyl-Carnitin 56
Acyl-Carnitin-Transferase, Mangel 69
Acyl-CoA 56
Acyl-CoA-Cholesterin-Acyltransferase 72
Acyl-CoA-Dehydrogenase 57
ADCC (antibody dependent cell-mediated cytotoxicity) 344
Adenin
- DNA-Aufbau 381
- Purinbase 373
- RNA-Aufbau 383
- Synthese 376
- Wiederverwertung 378
Adenin-Phosphoribosyl-Transferase 378
Adenosintriphosphat siehe ATP
Adenylatkinase, Muskulatur 274
Adenylatzyklase 198
ADH (antidiuretisches Hormon) **203**, 284
- RAAS 213
Adipositas 266
Adrenalin 217 f
- Fettsäurebereitstellung 55
- Glykogenstoffwechsel 40 f
- Tyrosin 115
Adrenocorticotropes Hormon 209
Adrenogenitales Syndrom 213
Affinitätschromatographie 95
Agammaglobulinämie 347
Agarosegelelektrophorese 416 f
Agglutination 310
- Agglutinationstest 349
- Rheumafaktoren 349
Agglutinationstest 349
AGS (Adrenogenitales Syndrom) 213
AIDS (acquired immuno deficiency syndrome) **322**, 347
Akromegalie 208
Aktin 268
- Zytoskelett 364
Aktivierungsenergie 150
- Absenkung 152
- Enzyme 152
- Ketonkörperverwertung 63
Aktivität
- α-Ketoglutarat-Dehydrogenase 123
- Enzym-Substrat-Komplex 157
- Enzyme 154, **161**
- Homogentisat-Dioxygenase 112
- Lactase 43
- Lactatdehydrogenase 28
- molare 156
- Pyruvatkinase 27
Akute-Phase-Proteine 320
- Interleukine 341
Alanin 84 f
- Abbau 106
- Gluconeogenese 33, **37**
- Stickstoffstoffwechsel 102
- Synthese 117
- Titrationskurve 87
- Tryptophan 112
Alaninaminotransferase
- Aminosäurenabbau 106 f
- Gluconeogenese 34
- Leberschäden 254
- Pyridoxalphosphat 184
- Reaktionen 101
- Transaminierung 100
Alaninzyklus 28, **106 f**
- Muskulatur 273
Albumine 318
Aldehyd, funktionelle Gruppe 421
Aldehyddehydrogenase 259
Aldehydgruppe, Reduktion 15
Aldolase, Enzymklasse 163
Aldolase A, Glykolyse 26
Aldolase-A-Reaktion 26
Aldolase-B-Defekt 46
Aldolase-B-Reaktion 45
Aldose
- Mannose 11
- Ribose-5-phosphat 31
Aldosteron 211 f
- Kaliumhaushalt 285
- Natriumhaushalt 285
- RAAS 213
Aldosteronismus, primärer 213
Alkaptonurie 112
Alkohol
- Abbau 259
- funktionelle Gruppe 421
Alkoholdehydrogenase
- Alkoholabbau 259
- Enzymklasse 163

Alkoholgruppe
- glykosidische 14
- Monosaccharide 14
- primäre 14
all-trans-Retinal 176
all-trans-Retinol 176
Allopurinol, Gichttherapie **146**, 380
ALT (Alaninaminotransferase)
- Aminosäurenabbau 106 f
- Gluconeogenese 34
- Leberschäden 254
- Pyridoxalphosphat 184
- Reaktionen 101
- Transaminierung 100
Ameisensäure 423
Amine, biogene 99
- Abbau 99
- Funktionen 100
Aminoacyl-tRNA 399, 402
Aminoacyl-tRNA-Synthetase 400
Aminogruppe 421
Aminopeptidasen 99
Aminosäuren 83 ff
- Abbau **99**, 106
- Abbau Kohlenstoffgerüst 105
- Basenkodierung 398
- essenzielle 84
- glucogene 105
- glucoplastische 33, **36**
- Histone 382
- ketogene 106
- nichtessenzielle 118
- nichtproteinogene 84
- Nukleinsäuren 381
- proteinogene 83
- Resorption 244 f
- Säure-Base-Eigenschaften 84
- Stoffwechsel **97**, 429
- Struktur 83
- Synthese 117 f
- Titrationskurven 87
- Translation 398
- tRNA 400
- Verbindung zum Citratzyklus 105
- Verbindung zur Gluconeogenese 105
- Verwertung in der Leber 254
Aminotransferasen 100
Ammoniak
- Aspartat 100
- Harnstoffzyklus 102 f
- Niere 281
- Pyrimidinabbau 379
- Stickstoffstoffwechsel 102
AMP (Adenosinmonophosphat)
- Abbau 379
- Synthese 376
Ampholyte, Aminosäuren 86
Amplifikation
- Mammakarzinom 410
- PCR 416
- Protoonkogen 409
Amylase
- Mundspeichel 239
- Pankreas 241
- Pankreatitis 169
Amylo-1,6-Glucosidase-Reaktion 40
Amylo-1,4→1,6-Transglucosylase-Reaktion 40
Amylopektin 17
Amylose 17
Anabolismus 3
Anämie
- hypochrome 185
- megaloblastäre **172**, 187 f
- perniziöse 187
- Tumor 294
Anämie, hämolytische
- Pyruvatkinasemangel 27
- Vitamin-E-Mangel 180
Androgene 215
Androstendion 215
Angiotensin-Converting-Enzyme 157, **212**
Anhydrid 422
Anion, Definition 424
Ankerproteine 292
Annealing, PCR 415
Anti-Akute-Phase-Proteine 320
Anti-Baby-Pille 217
Antibiotika
- DNA-Replikation 390
- Resistenz 411
- Transkription 397
- Translation 403
Anticodon 399
Antifaltencreme 19
Antigenbindung
- Antikörper 330 f
- B-Lymphozyten 329
- Fab-Fragment 331
- IgM 333
- Präzipitationstest 350
Antigene 335 f
- AB0-System 309
- Komplementaktivierung **340**, 342
- thymusunabhängige 336
Antigenerkennung
- B-Lymphozyten 329
- T-Lymphozyt 326
- zytotoxische T-Zellen 326
Antikörper 330 ff
- AB0-System 310
- Agglutinationstest 349
- antinukleäre 348
- Aufbau 330
- ELISA 350 f
- Funktion 331
- Klassen 331 f
- Klassenwechsel 334
- monoklonale 335
- Neutralisationstest 349
- Präzipitationstest 350
- Western Blot 351
- zytoplasmatische antineutrophile 348
Antikörper-Switching 335
Antikörpervielfalt 333 f
Antioxidans **179**, 189
Antiphospholipidsyndrom 71
Antithrombin III 315
- Heparin 316
APC-Resistenz 316
Apolipoproteine 75
Apoptose 365 f
APRT (Adenin-Phosphoribosyl-Transferase) 378
Äquivalent, kalorisches 236
Arachidonsäure 50
- Eicosanoide 228
Arginase **104**, 108
Arginin 84 ff
- Abbau 106, **108**
- biogenes Amin 100
- Synthese 118
- Zystinurie 88
Argininosuccinatlyase 104
Argininosuccinatsynthetase 104
Aromat 424
Ascorbinsäure 174, **189 f**
Asialoglykoproteinrezeptor 20
Asparagin 84 f
- Abbau 106 f
- hydrolytische Desaminierung 101
- posttranslationale Modifizierung 89
- Synthese 118
Asparaginase 107
Aspartat 84 f
- Abbau 106 f
- Aminosäurentransaminierung 100
- AMP-Synthese 376
- biogenes Amin 100
- Gluconeogenese 33, **37**
- Harnstoffzyklus 102 ff
- IMP-Synthese 374
- isoelektrischer Punkt 88
- posttranslationale Modifizierung 89
- Pyrimidinring 376
- Pyrimidinsynthese 376
- Synthese 118
Aspartataminotransferase
- Aspartatabbau 107
- Atmungskette 132
- Enzymklasse 163
- Gluconeogenese 34 f
- Leberschäden 254
- Pyridoxalphosphat 184
- Reaktionen 101
- Transaminierung 100
AST siehe Aspartataminotransferase

Atmungskette 129 ff
- Black Box 129
- Hemmung 139
- Komplexe 132
- Lokalisation 131
- Protonenausbeute 137
- Unterbrechung 120
ATP 141 f
- Fettsäureabbau 60
- Glykolyse 22 ff
- Ketonkörperverwertung 63
- Nukleoside 373
- Struktur 141
- Transport 139
- Triacylglycerinsynthese 70
ATP-Citratlyase 66
ATP-Synthase 136
ATP-Synthese 137
ATP/ADP-Translokator 139
Aussalzen 94
Autoimmunkrankheiten 348
Avidin 189
Avitaminose 173

B

β-Alanin 86
β-Carotin 175
β-Faltblatt 91
β-Globuline 318
β-HCG 217
β-HMG-CoA 62
- Cholesterinsynthese 72
- Leucinabbau 114
β-HMG-CoA-Reduktase
- Cholesterinsynthese 73 f
- Interkonvertierung 168
- LDL 77
β-Hydroxy-β-Methyl-Glutaryl-CoA 62
- Cholesterinsynthese 72
β-Hydroxy-β-Methylglutaryl-CoA, Leucinabbau 114
β-Hydroxy-Aycl-CoA-Dehydrogenase 58
β-Hydroxybuttersäure 61 f
- Energiebilanz 63
β-Ketoacyl-CoA 58
β-Ketothiolase 58
β-Lactamase 412
β-Oxidation **55 ff**, 363
- Mitochondrien 363
- Peroxisomen 364
β-Schleife 92
B-Konformation, Doppelhelix 382
B-Lymphozyt 324, **329 ff**
- Aktivierung 329
- Antikörper 330 f
B-Zelle siehe B-Lymphozyt
B-Zellrezeptor 329
Barbiturate, Biotransformation 259
Base
- Definition 424
- Nukleotide 373
Basenexzision, DNA-Reparatur 391
Basenpaarung, DNA 381
bcl2-Familie 366
Bence-Jones-Proteinurie 320
Benzodihydropyran 179
Beriberi 182
Bernsteinsäure 423
Bikarbonat, Kohlendioxidtransport 308
Bilirubin 74, **250**
- Ikterus 303
Biliverdin 301
Biliverdinreduktase 301
Bindegewebe **287**, 292
- Aufbau 287
- Proteine 287
Bindung
- α(1,4)-glykosidische 16
- α(1,6)-glykosidische 16
- β(1,4)-glykosidische 17
- Enzyme 164
- glykosidische **11**, 15
- kooperative 307
- N-glykosidische **12**, 21, 423
- O-glykosidische **11**, 15, 423
Bindungstypen, wichtige 422 f
Biocytin 174
Biokatalysator 147, 150
Biotin 166, 174, **188 f**
- Hypovitaminose 189
Biotransformation 258 f
- Induktion 259
- Phase I 258
- Phase II 259
Bitot-Flecken 177
Black Box
- Atmungskette 129
- Citratzyklus 125
Blausäurevergiftung 120
blunt ends 412
Blut 295 ff
- zelluläre Bestandteile 295
Blut-Hirn-Schranke 275
Blutgerinnung 310 ff
- Endstrecke 313
- extrinsische Aktivierung 313
- Hemmung 315
- intrinsische Aktivierung 313
- Schema 314
- Schritte 313
- Tests 316
Blutgruppenantigene 53
Blutgruppeneigenschaften 309 f
BMI (Body-Mass-Index) 266
Body-Mass-Index 266
Bohr-Effekt 307
Borreliose 338
Bradykinin 230
branching enzyme 40
Brennwert
- biologischer 236
- Nahrungsstoff 235 f
- physikalischer 235
Brustkrebs 410
Bruton-Syndrom 347
BSG (Blutsenkungsgeschwindigkeit) 294
Buttersäure 50

C

C-Atome, Nomenklatur 57
c-Onkogene 406, 409
C-reaktives Protein **320**, 341
CAK (cyclinaktivierte Kinasen) 365
Calciferol 178 f
Calcitonin 225
Calcitriol 174, 178, **225 f**, 286
- Mangel 227
- Synthese 226
Calcium
- Blutgerinnung 313
- Muskelkontraktion **269**, 271
- Regulation 224 ff
- second messenger 200
Calcium-Calmodulin-Komplex 269
Calciumhaushalt 285
Caldesmon 268 f
Calmodulin 200
cAMP **198**, 200
Cap-Struktur 396
Capsid 407
Captopril 157
Carbamoylphosphat 103
- Pyrimidinsynthese 376
Carboanhydrase **239**, 308
Carbonsäureamidbindung 90
Carbonylgruppe
- Fructose 11
- funktionelle Gruppen 421
Carboxyhämoglobin **304**, 309
Carboxylgruppe 421
Carboxylierung
- biotinabhängige 35, **189**
- Gerinnungsfaktoren 180, **315**
- posttranslationale Modifizierung 89
- Vitamin K 180
Carboxypeptidase **99**, 243
Cardiolipin 51 f, **71**
- Antiphospholipidsyndrom 71
- Synthese 71
Carnitin, Fettsäuretransport 56
Carnitin-Acyl-Transferase 1 56
Carnitin-Acyl-Transferase 2 56
Carnitin-Acylcarnitin-Translokase 56
Caspasen 366
CD-Moleküle 324
CD3 324
- T-Zellrezeptor 326
CD4 324
- AIDS 347
- T-Lymphozyt 326

CD8 324
– T-Lymphozyt 326
Cellobiose 16
Cellulose 17
Ceramid 53
– Sphingomyelinsynthese 71
– Sphingophospholipide 52
Cerebrosid 53
cGMP 201
Chaperone 404
Chelat, Definition 425
Chemotaxis, Komplementsystem 339
Cheno-Desoxycholsäure 74
Chinonreduktase 180
Chiralität
– Aminosäuren 83
– Definition 425
– Glucose 11
– Konfigurationsisomere 13
Chloramphenicol 403
Chloridhaushalt 285
Cholecalciferol 174, 178 f, **225 f**
Cholecystokinin 241
– Magen 240
Cholecystokinin-Pankreozymin 231
Cholesterin 54, **72 ff**
– Abbau **74**, 243
– exogenes 72
– Formen 72
– Gallensäuren 242
– Glucocorticoidsynthese 210
– Hypercholesterinämie 79
– LDL 76
– Leber 255
– Lipoproteine 75
– Mineralcorticoide 211
– Plasmamembran 358
– Sexualhormone 215
– Steroide 54
– Synthese 72
Cholesterinester 72
– Lipidverdauung 247
Cholesterinhydrolase, Interkonvertierung 168
Cholesterinsteine 74
Cholesterol 424
Cholin
– Phospholipide 52
– Sphingophospholipide 53
Cholsäure 74, **256**
Chondroitinsulfat 18
Christmas-Faktor 313
Chrom 191
Chroman-Ring 179
Chromatin 382
Chromatographie 95
Chylomikronen 72, **75**
– Fettverdauung 247
– Stoffwechsel 76
Chymotrypsin 242 f
Citratsynthase 125
Citratzyklus 124 ff
– Black-Box-Modell 125
– Diabetes mellitus 64
– Energiebilanz 127
– Gluconeogenese 38
– glucoplastische Aminosäuren 37
– Glucoseabbau 142
– Glykolyse 22, **24**
– Harnstoffzyklus 104
– Intermediärstoffwechsel 128
Citrullin 86, **103**
Clopidogrel 312
Cobalamin 174, **185 ff**
– Mangel 187
– Methionin 110
Cobalt 191
Code, genetischer 398 f
Coenzym A 166
– Fettsäurenaktivierung 56
– Panthotensäure 185
Coenzym Q **134**, 166
– Atmungskette 132
Coenzyme 166
– Atmungskette 129, 132, 139
– Fettstoffwechsel 69
– Ketonkörperverwertung 63
– Pyruvatdehydrogenasekomplex 122
Colchizin 164, **364**
Colony Forming Units 296
COMT (Katecholamin-O-Methyltransferase) 219
Conn-Syndrom 213
Corizyklus 28, **37**
– Muskulatur 272
Corticotropin 209
Corticotropin-Releasing-Hormon 209
COX-Hemmer 230
CRH (Corticotropin-Releasing-Hormon) 209
CRP (C-reaktives Protein) **320**, 341
CTP-Synthese 378
Cumarinderivate 181, **316**
Cushing-Syndrom 213
Cyanidvergiftung 120
Cycline 365
Cycloheximid 403
Cyclooxygenase, Eicosanoide 229
Cyclooxygenasehemmer **158**, 230, 311
Cystathionin 117
Cystathioninsynthase 110
Cystein 84 ff
– β-Eliminierung 102
– Abbau 108
– Ausgangssubstanz 117
– biogenes Amin 100
– Pantothensäure 185
– posttranslationale Modifizierung 89
– Synthese 117
Cystin 93
– Zystinurie 88
Cytochrom c 135
– Apoptose 366
– Atmungskette 139
Cytochrom-c-Oxidase 136
Cytochrome 135
Cytosin
– DNA-Aufbau 381
– Pyrimidinbase 373
– RNA-Aufbau 383
– Synthese 376
Cytosintriphosphat 374

D

3-Ketogluconat-6-phosphat, Pentosephosphatweg 31
3-Phosphoglycerat, Serinsynthese 117
δ-Aminolaevulinatsynthase 301
D-Antigen 310
D-Fructose 11
– Konstitutionsisomerie 12
D-Galactose, Diastereomere 14
D-Glucose 10
– Enantiomere 13
– Konformationsisomere 14
– Konstitutionsisomerie 12
D-Glycerinaldehyd 11
D-Methylmalonyl-CoA 59
D-Ribose 11
DAG siehe Diacylglycerin
Darm
– Calcitonin 225
– Calcitriol 227
– Hormone 231
– Parathormon 225
– Serotonin 228
De-novo-Synthese 65
debranching enzyme 40
Decarboxylierung
– Aminosäuren 82, **99**
– Ketonkörper 62
– Pentosephosphatweg 31
– Pyridoxalphosphat 184
– Pyruvatdehydrogenasekomplex 122
– Vitamin B_1 182
Decarboxylierung, oxidative
– Ahornsirupkrankheit 82
– Pyruvatdehydrogenase 121
Dehydrierung 421
Dehydroascorbinsäure 189
Deletion, Tumorsuppressorgen 409
Denaturierung
– Abgrenzung Hydrolyse 241
– PCR 415
– Proteinverdauung 243

Desaminierung
- Aminosäuren 101
- Aminosäurenabbau 102
- eliminierende 102
- hydrolytische 101 f
- oxidative 101
Desaturase 68
Desoxyhämoglobin 306
Desoxyribonukleinsäure 371, 380 f
- Analyse 414
- Reparatur 390
- Replikation 384 ff
Desoxyribose, Nukleinsäure 372
Diabetes mellitus 8, **223 f**
- Fettgewebe 265
- Ketonkörper 63 f
Diacylglycerin 52, **70**
- second messenger 200
- T-Zellaktivierung 328
Diaminooxidase 99
Diapedese (Granulozyten) 344
Diastereomere 13
Diathese, hämorrhagische 314
Difarnesylnaphtochinon 174
DiGeorge-Syndrom 347
Dihydrofolatreduktase-Hemmer 188
Dihydroliponamid-Acetyltransferase-Reaktion 122
Dihydroliponamid-Dehydrogenase-Reaktion 122
Dihydroxyaceton 11
Dihydroxyacetonphosphat 37
- Fettgewebe 262
Dimethylether, Konstitutionsisomerie 12
Dipeptide 89
Diphtherietoxinnachweis 350
Disaccharide 15
- Lactose 43
Dissoziation, Definition 424
Disulfid 422
Disulfidbrücke
- Cystein 86
- posttranslationale Modifizierung 89
- Proteine 93
DNA (Desoxyribonukleinsäure) 371, **380 ff**
- Analyse 414
- Reparatur 390
- Replikation 384 ff
- Ubertragung 412
DNA-Ligase 388
DNA-Polymerase 385 ff
- DNA-abhängige 407
- PCR 415
- RNA-abhängige 407
DNA-Reparatur 390
DNA-Replikation 384
- Chromosomen-Enden 388
- Hemmstoffe 390
DNA-Viren 407
Dolichol 54
Dolicholphosphat 21
Domäne 94
- Antikörper 330
Dopamin
- Katecholaminsynthese 218
- Tyrosin 115
- Vitamin C 190
Doppelbindung 422
Doppelhelix, DNA 381 f
dTMP-Synthese 376
Duchenne-Muskeldystrophie 267
Dysproteinämie 319

E

1,3-Bisphosphoglycerat 22, 26
1,25-Dihydroxycholecalciferol 174
1,4→1,4-Glucantransferase-Reaktion 40
11-cis-Retinal 176
Edman-Abbau 97
Ehlers-Danlos-Syndrom 291
Eicosanoide 228 ff
Einheit, katalytische 153
Eisen 191
Eisen-Schwefel-Cluster 134
Eiweiß 89
Eiweißelektrophorese 319
- Plasmozytom 294
Elastase, Pankreas 242
Elastin 292
ELEK-Test 350
Elektrolythaushalt 283
Elektronentransport, Atmungskette **129**, 135 f
Elektrophorese
- Chylomikronen 75
- HDL 76
- LDL 76
- Lipoproteine 75
- Proteine 95
- VLDL 76
ELISA (enzyme linked immuno sorbent assay) 350 f
Elongation
- DNA-Replikation 386
- Eukaryonten 388
- PCR 415
- Prokaryonten 386
Elongationsfaktor 402
Enalapril 157
Enantiomere 13
Endonuklease
- sequenzspezifische 412
- Xeroderma pigmentosum 391
Endopeptidase 99
- Pankreas 242
- Pepsin 241
Endorphine 279
Endosymbionten-Theorie 363
Endoxidation 121 ff
- Atmungskette 129, 132
- Citratzyklus 124 ff
- Pyruvatdehydrogenase **121 f**, 124
Energetik 147
Energie
- freie 147 ff
- innere 148
Energiebilanz
- β-Hydroxybuttersäure 63
- Atmungskette 137
- Cholesterin 73
- Citratzyklus 127
- Fettsäureabbau 60
- Glykolyse **22 f**, 28
- Harnstoffzyklus 104
- Ketonkörperverwertung 63
- Triacylglycerinsynthese 70
Energiegehalt, Nahrung 235
Energiespeicherung
- Glykolyse 26
- Phosphoglyceratkinase-Reaktion 27
Energieumsatz, Ernährung 236
enhancer (Transkription) 395
Enkephaline 279
Enolase-Reaktion 27
Enoyl-CoA-Hydratase 58
Enteropeptidase, Proteinverdauung 244
Entgiftung, Leber 258
Enthalpie 148
Entropie 148
Entzündung, Plasmaproteine 319
Enzym-Substrat-Komplex 154 f
Enzymaktivität 153
- pH-Wert 160 f
- Spektralphotometrie 161
- Temperatureinfluss 161
Enzymdefekt 166
- Glykogenose 42
- Morbus Wilson 190
Enzyme 147 ff
- aktives Zentrum 152
- Aktivitätsmessung 154
- allosterische Regulation 158 f
- Einteilung 162 ff
- Enzymaktivität 153
- gruppenübertragende 163
- induced fit Modell 153
- Insulinwirkungen 222
- irreversible Hemmung 158
- kompetitive Hemmung 156
- lebereigene 253
- Lysosomen 362
- Magensaft 241
- nichtkompetitive Hemmung 157
- Reaktionsgeschwindigkeit 152
- Regulation 156
- reversible Hemmung 156
- Spezifität 153

Enzyme
- Stoffwechselregulation 167 f
- Wechselzahl 156
Enzymkinetik 147, 154 ff
Enzymklassen 162
Enzymkomplex
- Atmungskette 132
- Pyruvatdehydrogenase 121
Epimere 13
Epitop 335
Epoxidreduktase 180 f
erbB2-Onkogen 409
- Mammakarzinom 410
Ergocalciferol 178
Ernährung 235 ff
- enterale 237
- künstliche 237
- parenterale 237
Erythroblasten 297
Erythromycin 403
Erythropoietin 286, **297**
Erythrose-4-phosphat 32
Erythrozyten 296 ff
- Stoffwechsel 297
Essigsäure 50
- Abbildung 423
- aktivierte 56
Esterbindung 50
- Abbildung 422
- Glycerophospholipide 51
- Lipide 50
- Phosphofructokinase 26
- Sphingophospholipide 52
Ethanol
- Abbau 259
- Konstitutionsisomerie 12
Ethanolamin, Phospholipide 52
Ether 422
Ethylgruppe 421
Euchromatin 383, 393
Exon 396 f
Exopeptidase 99
- Pankreas 242
Exoprotease 99
Extinktion 161
extrinsic factor 186

F
5-Desoxyadenosylcobalamin 174, **186**
5-Hydroxytryptamin 228
Fab-Fragment 331
FAD **59**, 166, 174
- Atmungskette 129
- Pyruvatdehydrogenase-Komplex 122
- Struktur 183
- Vitamin B_2 182
Faktor-V-Leiden 316
Farnesyldiphosphat 73
Fas-Protein 366
Favismus 31, 298
Fc-Fragment 331
Ferrochelatase 301
Fette 50 f
Fettgewebe 261 ff
- Aufbau 261
- braunes 140, **266**
- Diabetes mellitus 64
- Kohlenhydratstoffwechsel 262
- Lipidstoffwechsel 263
- Lipogenese 70
Fettleber 260
Fettsäuren 55 f
- Abbau 55, 59 f
- Aktivierung **56**, 70
- Bereitstellung 55
- Biosynthese 65
- gesättigte 50
- Lipide 50
- Lipogenese 69
- Oxidationsstörung 69
- Stoffwechsel **55**, 69
- Synthese **67**, 262
- Transport 56
- ungesättigte 50, 60
Fettsäuresynthase 67
Fibrillin 94
Fibrinogen 311, 313
Fibrinolyse 317
Fibronektin **292**, 311
Fingerabdruck, genetischer 418
Fischer-Projektion
- Aminosäuren 83
- D-Fructose 11
- D-Galactose 10
- D-Glucose 10
- D-Mannose 11
- D-Ribose 11
- Enantiomere 13
- Galactose 10
- Konformation 14
FISH (Fluoreszenz-in-situ-Hybridisierung) 417
Flavin-Adenin-Dinucleotid siehe FAD
Flavinmononucleotid siehe FMN
Fließgleichgewicht 151
Fluor 191
Fluoreszenz-in-situ-Hybridisierung 417
Fluorouracil 377
FMN 166, 174, **183**
- Struktur 183
- Vitamin B_2 182
Fokussierung, isoelektrische 96
follikelstimulierendes Hormon 214
Folsäure 174, 187 f
- Hypovitaminose 188
- Methionin 110
- Schwangerschaft 188
Folsäuresynthesehemmer 377
Formiat 423
Formiminoglutamat 108
Fructofuranose 12
Fructokinase-Reaktion 45
Fructose 11, **45 f**
- Abbau 45
- Aufbau 46
- Halbketalschluss 12
- Intoleranz 46
- Konstitutionsisomerie 12
- Stoffwechsel 45 f
Fructose-1,6-bisphosphat 26
- Gluconeogenese 36
- Glykolyseregulation 29
Fructose-1,6-bisphosphatase
- Enzymklassen 165
- Gluconeogenese 35 f
Fructose-1-phosphat 45
- Fructoseintoleranz 46
Fructose-2,6-bisphosphat 29
- Gluconeogenese 38
- Insulinwirkung 222
Fructose-6-phosphat 32
- Gluconeogenese 36
- Glykolyse 26
Fructosestoffwechsel, Leber 253
FSH (follikelstimulierendes Hormon) 214
Fumarase 127
Fumarat
- Abbildung 423
- Aminosäurenabbau 105
- Citratzyklus 126
- Harnstoffzyklus 104
Fumarathydratase 127
Furanose 10
- Halbketal 11

G
γ-Carboxylierung, Gerinnungsfaktoren 180
γ-Globuline 318
γ-Glutamyltransferase 254
G-Phasen (Zellzyklus) 365
GABA 86, **278**
GABA-Shunt 278
Galactokinase 43
- Mangel 44
Galactosämie 44
Galactose 10, **43 f**
- Diastereomere 14
- Stoffwechsel **43**, 253
Galactose-1-phosphat 43
- Galactosämie 44
Galactose-1-phosphat-Uridyltransferase 44
- Galactosämie 44
- Mangel 44
Gallenfarbstoffe 243
Gallenflüssigkeit 242
Gallensäuren 54, **242**
- Cholesterinabbau 74
- Fettverdauung 246
- Leber 257
- Synthese 257

Gallensteine 74
GALT (gut associated lymphatic tissue) 325
Gammopathie, monoklonale 320
Gangliosid 53 f
Gastransport (Blut) 306
Gastrin **231**, 240 f
gastroinhibitorisches Peptid 231
Gedächtniszelle 330
Gelelektrophorese 96
Gelfiltrationschromatographie 95
Gen 381
Gen-Rearrangement 333
Genom 392
- Gentechnik 411
- knock-out-Tiere 413
- Protoonkogene 408
- v-Onkogene 407
Gentechnik, Nukleinsäuren 411 f
Gentherapie, Hämophilie A 413
Gerinnungsfaktor 180, **313**
Gerinnungsfaktoren
- γ-Carboxylierung 315
- Hämophilie 314
Geschwindigkeitskonstante 150
Geschwulst 406
Gestagene 216
Gewebeplasminogenaktivator 317
Gewebshormone 195, 227 ff
Gewebsthromboplastin 313
Gibbs-Energie 147
Gibbs-Helmholtz-Gleichung 148
Gicht 146, **379**
GIP (gastroinhibitorisches Peptid) 231, **240 f**
GKRP (Glucokinase-Regulatorprotein) 167
Glasknochenkrankheit 405
Gleichgewicht
- chemische Reaktion 148
- chemisches 151
- Fließ- 151
- Reaktion erster Ordnung 150
Gleichgewichtskonstante 149
Gliazelle 275
Glossitis 183
Glucagon 222 f
- Glykogenabbau 40
- Glykogenaufbau 42
- Glykogenstoffwechsel 41
- Glykolyseregulation 29
Glucocorticoide 209 f
- Gluconeogenese 38
- Synthese 210
- Wirkungen 210
Glucokinase
- Enzymregulation 167
- Glykolyse 24
- Insulinwirkung 222
Glucokinase-Regulatorprotein 167
Gluconeogenese 33 ff
- Biotin 189
- Diabetes mellitus 65
- Insulinwirkung 222
- Leber 251
- Niere 280
Gluconolactonase-Reaktion 31
Gluconsäure-6-phosphatdehydrogenase, Pentosephosphatweg 31
Gluconsäurelacton-6-phosphat, Pentosephosphatweg 31
Glucopyranose 11 f
Glucose 10
- ATP-Ausbeute 142
- Ausscheidung 281
- Corizyklus 37
- Enantiomere 13
- Energiegewinnung 23
- freie Energie 149
- Glycerin 37
- Halbacetalschluss 11 f
- Konstitutionsisomerie 12
- Leberstoffwechsel 251 f
- Pentosephosphatweg 30
- Reduktion 15
Glucose-1-phosphat
- Galactoseaufbau 44
- Glykogenaufbau 42
- Lactoseabbau 44
Glucose-1-phosphat-UTP-Transferase-Reaktion 39, 44
Glucose-6-phosphat
- Enzymregulation 167
- Glykogenose 42
- Glykolyse 24, 26
- Muskel 39
- NADPH-Gewinnung 32
Glucose-6-phosphatase
- endoplasmatisches Retikulum 361
- Gluconeogenese 35 f
- Glykogenose 42
Glucose-6-phosphatdehydrogenase
- Mangel **31**, 298
- Pentosephosphatweg 31
Glucosetransport, Plasmamembran 358
Glucosurie 281
Glucuronidierung 259
Glucuronsäure 18
- Glucoseoxidation 15
- Glykosaminoglykane 18
GLUT-2-Transporter 221 f
GLUT-4-Transporter 221 f
Glutamat 84 f
- Abbau 106, **108**
- Aminosäurenabbau 108
- Aminosäurentransaminierung 100
- biogenes Amin 100
- Gluconeogenese 33, 37
- isoelektrischer Punkt 88
- Neurotransmitter 277
- oxidative Desaminierung 101
- posttranslationale Modifizierung 89
- Sehvorgang 176
- Stickstoffstoffwechsel 102
- Wernicke-Enzephalopathie 123
- ZNS 278
Glutamat-Familie 118
Glutamat-Oxalacetat-Transaminase siehe Aspartataminotransferase
Glutamat-Pyruvat-Transaminase siehe Alaninaminotransferase
Glutamatdehydrogenase 101
- Aminosäurenabbau 108
- Aminosäurentransaminierung 100
Glutamin 18, **84 f**
- Abbau 106, **108**
- hydrolytische Desaminierung 101 f
- IMP-Synthese 374
- Niere 280 f
- Stickstoffstoffwechsel 102
- Synthese 118
Glutaminase 101 f
Glutaminsynthetase, Enzymklasse 163
Glutarat 423
Glutaryl-CoA, Tryptophanabbau 112
Glutathion 303
- Oxidation 305
- oxidativer Stress 304
Glutathionperoxidase 303
Glutathionreduktase, Enzymklasse 163
Gluten 175, **234**
Glycerin
- Aktivierung 70
- Fettsäuren 50
- Gluconeogenese 33
- Glucoseaufbau 37
- Lipide 50
- Lipogenese 69
- Phospholipide 51 f
Glycerin-3-phosphat 37
- Fettgewebe 262
- Lipogenese 70
Glycerin-3-phosphatdehydrogenase 70
Glycerinaldehyd 11
- Fructoseabbau 46
Glycerinaldehyd-3-phosphat 32
- Gluconeogenese 35
Glycerinaldehydphosphat-Dehydrogenase-Reaktion 26
Glycerinkinase 70
Glycerophosphat-Shuttle 132
Glycerophosphatid 51, 70
Glycerophosphatzyklus 133
Glycerophospholipide 51
Glycin 84 ff
- Abbau 106
- Ausgangssubstanz 116

Glycin
– Cholesterinabbau 74
– IMP-Synthese 374
– isoelektrischer Punkt 87
– Neurotransmitter 278
– Synthese 117
Glykane 15
Glykierung, Häm 299
Glykogen 9, 16 f
– Abbau 40 f
– Aufbau 39
– Insulinwirkung 222
– Interkonvertierung 169
– Leber 39
– Leberstoffwechsel 251
– Muskel 39
– Stoffwechsel 38 ff
– Verdauung 241, **245**
Glykogenin 40
Glykogenolyse, Leber 251
Glykogenose 42
Glykogenphosphorylase
– Enzymklasse 163
– Glykogenabbau 40
– Interkonvertierung 168
Glykogenspeicher-Krankheiten 42
Glykogensynthase, Interkonvertierung 168
Glykogensynthetase-Reaktion 39
Glykokalix 20
Glykolipide 53 f
Glykolyse 21 ff
– aerobe 23
– anaerobe 23
– Energiebilanz 28
– Energielieferung 22
– Erythrozyten 297
– Fettgewebe 262
– Insulin 222
– Muskulatur 271
– Niere 280
– Reaktionen 24
– Reaktionsverlauf 25
– Regulation 28 f
Glykoproteine 19 f
– Blutgerinnung 311, 313
– Golgi-Apparat 362
Glykosaminoglykane 18 f
Glykosphingolipide 309
Glykosylierung, posttranslationale Modifikation 405
Glykosyltransferase 21
– AB0-System 309
GMP (Guanosinmonophosphat), Abbau 378
GMP-Synthese 376
Golgi-Apparat 361
Gonadotropin-Releasinghormon 214
Granulozyt 342
– basophiler 344
– eosinophiler 344
– neutrophiler 342
Gruppe, funktionelle 421
Gruppe, prosthetische 89, 166
– Biotin 189
– Eisen-Schwefel-Cluster 134
– Proteine 89
Gruppenübertragungspotenzial 141
GTP (Guanosintriphosphat) 374
Guanin
– DNA-Aufbau 381
– Purinbase 373
– RNA-Aufbau 383
– Wiederverwertung 378
Guanosintriphosphat 374
Guanylatzyklase 201
– lösliche 201
– membranständige 201
Gulonolactonoxidase 189
Guthrie-Hemmtest 112
Gyrasehemmer
– DNA-Replikation 390
– Transskription 397

H

H_1-Rezeptor 228
H_2-Rezeptor 228
Hageman-Faktor 313
Halbacetal 11
– Bindungstypen 422
– Glykolyse 26
Halbketal 11
Häm 299 ff
– Abbau 301 f
– Biosynthese 300
– Porphyrie 301
Hämatokrit 295
Hämatopoese 296
Hamburger-Shift 309
Hämoglobin 250, **299 ff**
– Eisen 191
– Gallenfarbstoffe 243
– Gastransport 306, 309
– glykiertes 299
– Puffer 305
– Quartärstruktur 94
– Sauerstoffbindungskurve 307
– Thalassämie 305
Hämoglobinopathie 305
Hämolyse
– Favismus 31
– Glucose-6-phosphatdehydrogenase 31
– Plasmamembran 359
Hämophilie A 314
– Gentherapie 413
Hämophilie B 314
Hämostase 310 ff
– Endstrecke 313
– extrinsische Aktivierung 313
– Hemmung 315
– intrinsische Aktivierung 313
– Schema 314
– Schritte 313
– Tests 316
Hämoxygenase 301
Haptene 336
Harnsäure
– GMP-Abbau 378
– Hyperurikämie 379
– Niere 282 f
Harnstoff
– Ernährung 236
– Niere 282
– Wasserbindung 19
Harnstoffzyklus 102 ff
– Citratzyklus 104
– Leber 254
Haut, Bindegewebe 288
Haworth-Formel
– D-Fructose 11
– D-Galactose 10
– D-Glucose 10
– D-Mannose 11
– D-Ribose 11
– Konformation 14
HbA_{1C} 299
HbCO (Carboxyhämoglobin) 304
HbS 305
HDL (high density lipoprotein) 76
– Cholesterin 72
– Leber 256
– Stoffwechsel 78
Helicase 393
Hemeralopie 177
Hemmstoff
– allosterischer 168
– Atmungskette 140
– Cyclooxygenase 158
– Enzyme 156 ff
– Folsäure 188
– Sulfanilamid 188
Heparansulfat 18
Heparin 18, **316**
Hepatozyt 251
Herzmuskulatur 267
Heterochromatin 383, 393
Heteroglykane 16, **18**
Hexokinase
Enzymklasse 163
– Enzymregulation 167
– Glykolyseregulation 28
– negative Rückkopplung 168
Hexokinase-Reaktion
– ATP-Kopplung 142
– energetische Kopplung 153
– Galactoseaufbau 44
– Glykogenaufbau 39
– Glykolyse 24
Hexose
– D-Glucose 10
– Galactose 10
– Mannose 11
Hexosephase, Glykolyse 24

Hexosephosphatisomerase-Reaktion 26, 36
HGPRT (Hypoxanthin-Guanin-Phosphoribosyl-Transferase) 378
Lesh-Nyhan-Syndrom 380
Histamin **228**, 241
- Abbau 100
- Magen 240
- Neurotransmitter 278
Histidin 84 ff
- Abbau 106, **108**
- biogenes Amin 100
- Histamin 228
- isoelektrischer Punkt 88
- posttranslationale Modifizierung 89
- Synthese 118
Histone 382 f
Hitzeschockproteine 404
HIV (humanes Immundefizienzvirus) 347
HLA (Human Leukocyte Antigen) 336 f
hnRNA 393
Hochdruckflüssigkeitschromatographie 95
Homocystein **86**, 110
- Cobalamin 187
- Folsäure 188
- Homocystinurie 110
Homocystinurie 110
Homogentisat-Dioxygenase 112
- Alkaptonurie 112
Homoglykane 16 f
Hormone 195 ff
- aglanduläre 195
- Calciumstoffwechsel 224 ff
- Gastrointestinaltrakt 231 f
- Gewebshormone 227
- glandotrope 195
- glanduläre 195
- Glukagon 222 f
- hydrophile 197
- hypophysäre 195
- Hypophyse 202
- hypothalamische 195
- Hypothalamus 202
- Insulin 219
- Katecholamine 217
- lipophile 196
- Nebennierenrinde 208
- Niere 286
- Schilddrüse 204
- Sexualhormone 214
- Wachstumshormon 207
Hormonrezeptor
- G-Protein-gekoppelter 198
- membranständiger 197
Human Leukocyte Antigen 336 f
Hungerphase 251
Hyaluronsäure 18
Hybridom 335
Hydratisierung 421
Hydrierung 421
Hydrochinon 174
Hydrolasen 163
- Granulozyten 343
- Lysosomen 362
Hydrolyse 97
- Abbildung 421
- ATP 141
Hydroxylapatit 292
Hydroxylasen, Biotransformation 258
Hydroxylgruppe 421
Hydroxylierung, posttranslationale Modifikation 405
Hydroxylysin 290
Hyperbilirubinämie 303
Hypercholesterinämie 48, 79
Hyperkaliämie, Insulin 224
Hyperlipidämie, Glykogenose 42
Hyperparathyreoidismus, sekundärer 287
Hyperphenylalaninämie 112
Hyperthyreose 205
Hyperurikämie 379
- primäre 380
- sekundäre 380
Hypervitaminose 173
- Vitamin A 178
- Vitamin D 179
- Vitamin K 181
Hypoalbuminurie 319
Hypoglykämie
- Fettsäureoxidationsstörung 69
- Fructoseintoleranz 46
- Glykogenose 42
Hypophyse
- Akromegalie 208
- Hormone 195, 202 ff
Hypophysenadenom 208
Hypothalamus, Hormone 202 f
Hypothese, chemiosmotische 129
Hypothyreose 206
Hypovitaminose 173
- Biotin 189
- Folsäure 188
- Niacin 184
- Pantothensäure 185
- Vitamin A 177
- Vitamin B_1 182
- Vitamin B_2 183
- Vitamin B_6 185
- Vitamin B_{12} 187
- Vitamin C 190
- Vitamin D 179
- Vitamin E 179
- Vitamin K 181
Hypoxanthin
- AMP-Abbau 379
- GMP-Synthese 376
- IMP-Synthese 374
- Wiederverwertung 378
Hypoxanthin-Guanin-Phosphoribosyl-Transferase 378
- Lesh-Nyhan-Syndrom 380

I

IEF (isoelektrische Fokussierung) 96
IgA 331 f
IgD 331 f
IgE 331 f
IgG 330, **332 f**
IgG-Nestschutz 333
IgM 332 f
Ikterus 303
Imidazol 424
Imidazolacetat 100
Iminosäure 101
Immunabwehr 323
Immunantwort
- spezifische **323 ff**, 329
- unspezifische 338 ff
- Zusammenfassung 345 f
Immundefektkrankheiten 347
- angeborene 345
- erworbene 347
Immunkomplexreaktion 347
Immunschwäche 347
Immunsuppression 211
Immunsystem 323 ff
- Cortisolwirkung 211
- spezifische Immunantwort 323 ff
- Störungen 345 ff
- unspezifische Immunantwort 338 ff
IMP-Synthese 374
Impfschutz 349
Indol 424
induced-fit-Modell 153
Induktion, Enzymsynthese 168
Infarkt, zerebraler 367
Initiation
- Transkription 393
- Translation 401
Initiationsfaktor 401
Inosit, Phospholipide 52
Inositoltriphosphat 52
- second messenger 200
Inositphosphatid 51
- Synthese 71
INR (international normalized ratio) 317
Insulin 218, **219 ff**
- Fettgewebe 264
- Fettsäuresynthese 66
- Gluconeogenese 37
- Glykogenabbau 42
- Glykogenaufbau 42
- Glykolyseregulation 29
- Ketonkörper 61, **64**
- Pyruvatdehydrogenase-Komplex 124
- Synthese 220

Insulin
- Typ-I-Diabetes 223
- Typ-II-Diabetes 223
- Wirkungen 221
insulin-like growth factor 208
Interferone 341 f
- Gewebshormone 230
Interkonvertierung 168
Interleukine 341
- Gewebshormone 230
Intermediärfilamente 364
Intermediärstoffwechsel, Definition 3
intrinsic factor 174, **186**, 239
Intron 396 f
Ionenaustauschchromatographie 95
Ionenbeziehung, Proteine 93
Ionenkanal, ligandengesteuerter 197 f
Isocitrat 126
Isocitratdehydrogenase 126
- allosterische Regulation 168
Isoenzyme 165
Isoleucin 84 ff
- Abbau 106, **109**
Isomaltose 16
Isomerasen 164
Isomerie 12
Isoprenoide 49, **54**
Ito-Zelle
- Leber 251
- Vitamin-A-Stoffwechsel 176

J

Jod 191
Jodfalle 204
Jodmangelstruma 207
joining peptide 331 ff
Joining-Segment 333

K

Kaliumhaushalt 285
Kallidin 230
Katabolismus 3
Katal 153
Katalase 364
Katalysator 147, 150
Katecholamin-O-Methyltransferase 219
Katecholamine 217 ff
- Abbau 219
- Aminosäurenvorstufe 106
- Biosynthese 218
- Fettgewebe 265
- Glykogenabbau 40
- Glykogenaufbau 42
- Phosphofructokinase-2 29
- Tyrosin 115
- Wirkungen 218
- ZNS 278
Kation, Definition 424
KBR (Komplementbindungsreaktion) 351 f
Kephalin 51 f
- Phospholipidsynthese 70
Keratansulfat 18
Kernkörperchen 359
Kernlokalisierungssequenz 360
Kernporen 360
Ketogenese 61 ff
- Reaktionen 62
Ketogruppe 421
Keton 421
Ketonkörper 55, 61 ff
- Bedeutung 63
- Diabetes mellitus **63 f**, 223
- Leber 255
- Verwertung 62
Ketose, Xylulose-5-phosphat 31
Killerzelle, natürliche 344
Kinasen 164
- cyclin-aktivierte 365
Kinetik 147 ff
- Enzyme 154 ff
Kinine 230
Kininogen 313
Kleeblattstruktur, tRNA 399
Klon 411
Klonierung 413 f
Knallgasreaktion 129
Knochen
- Calcitonin 225
- Calcitriol 227
- Parathormon 225
Knochengewebe 292
- Bindegewebe 288
knock-out-Tiere 413
Knorpel 292
- Bindegewebe 288
Kohlendioxid, Gastransport 308
Kohlenhydrate 9 ff
- Ernährung 235
- Plasmamembran 359
- Spaltprodukte 238
- Stoffwechsel 21
- Übersicht 9
- Verdauung 239, **245 f**
Kohlenhydratstoffwechsel
- Fettgewebe 262
- Insulin 221
- Leber 251
- Muskulatur 271
- Niere 280
- Übersicht 427
- ZNS 276
Kohlenmonoxid
- Hämoglobin 304
- Vergiftung 309
Kollagen 287
- Abbau 291
- Biosynthese 288
- fibrilläres 291
- nichtfibrilläres 291
- Tripelhelix 92
- Vitamin C 190
Komplementaktivierung
- alternativer Weg 340
- klassischer Weg 339
Komplementbindungsreaktion 351 f
Komplementfaktoren
- KBR 351
- Komplementsystem 339 f
Komplementkaskade 339
Komplementsystem 338 ff
- Aktivierung **333**, 339
- Antikörper 331
Konfigurationsisomere 13
Konformationsisomere 14
Konformationsschreibweise 10
Konjugation
- Antibiotikaresistenz 412
- Biotransformation 259
- DNA-Übertragung 412
Konstitutionsisomere 12
Kontraktion 267 ff
Kontrazeptiva 217
Kooperativität (allosterische Enzyme) 160
Kopplung, energetische 153
Koproporphyrinogenoxidase 301
Koprosterin, Cholesterinabbau 74
Kreatin
- Muskulatur 274
- Niere 282
Kreatinin 282
- Muskulatur 274
- Niere 282
Kreatinkinase
- Herzinfarkt 165
- Isoenzyme 165
Kreatinphosphat, Muskulatur 273
Kreatinsynthese, Leber 255
Kreislauf, enterohepatischer 257
Kretinismus 206
Kugelzellanämie 359
Kupfer 191
Kupffer-Zelle 251

L

L-Aminosäuren, Grundgerüst 83
L-Ascorbinsäure 189 f
L-β-Hydroxyacyl-CoA 58
L-Dopa 86
L-Glucose, Diastereomere 14
L-Methylmalonyl-CoA 59
Lactase 43
- Lactoseabbau 43
Lactat
- Corizyklus 37
- Gluconeogenese 33
Lactatdehydrogenase
- Corizyklus 37
- Enzymklasse 163
- Glykolyse 27
- Herzinfarkt 165

- Isoenzyme 165
- Stereospezifität 153
- Zelluntergang 28
Lactoferrin 343
Lactose 16, **43 f**
- Intoleranz 43
- Stoffwechsel 43
- Verdauung 246
Lactosesynthetase-Reaktion 45
Laktation 203
Lambert-Beer-Gesetz 161
Laminin 292
Lanosterin 73
Latexagglutinationstest 349
LCAT (Lecithin-Cholesterin-Acyltransferase) 72
- HDL 78
LDL (low density lipoprotein) 76
- Hypercholesterinämie 48, 79
- Stoffwechsel 77
Leber 251 ff
- Aufbau 251 f
- Calcitriol 226
- Glucosestoffwechsel 251 f
- Harnstoffzyklus 254
- Kohlenhydratstoffwechsel 251
- Lipidstoffwechsel 255
- Proteinstoffwechsel 253 f
Leber-Optikusneuropathie 136
Leberparenchymschaden 254
Leberzirrhose
- Alkohol 260
- Plasmaproteine 320
Lecithin 51
- Glycerophospholipide 52
- Phospholipidsynthese 70
- Plasmamembran 357
- Synthese 71
Lecithin-Cholesterin-Acyltransferase 72
- HDL 78
Leptin 265
Lesh-Nyhan-Syndrom 380
Leucin 84 ff
- Abbau 106, **114**
Leukotriene 229
LFA-1 338
LH (luteinisierendes Hormon) 214
LH-Releasinghormon 214
Ligasen 164
Lineweaver-Burk-Diagramm 156 f
Linksverschiebung, Sauerstoffbindung Hämoglobin 307
Linolensäure 50
Linolsäure 50
Lipase
- Magen 241
- Pankreas 242
- Pankreatitis 169
Lipide 49 ff
- Ausscheidung 281
- Eigenschaften 49
- einfache 50
- Ernährung 235
- komplexe 51, 53
- Plasmamembran 357
- Spaltprodukte 238
- Verdauung 246 f
Lipidspeicherkrankheit 53
Lipidstoffwechsel
- Fettgewebe 263
- Insulin 221
- Leber 255
- Niere 281
- ZNS 276
Lipogenese 69 f
Lipolyse
- Fettgewebe 263 f
- Fettsäurebereitstellung 55
Liponamid 166
- Pyruvatdehydrogenase-Komplex 122 f
Liponsäure, Pyruvatdehydrogenase-Komplex 122
Lipoproteine 75 f
- Aufbau 75
- Einteilung 75
- Stoffwechsel 76
Lipoproteinlipase 55, 75
- Fettgewebe 263 f
- Fettverdauung 248
- Insulinwirkung 222
Lipoproteinsynthese, Leber 256
Liposomen 52
Lipoxygenase 229
Liquor 275
Lupus erythematodes 348
luteinisierendes Hormon 214
Lyasen 164
Lyme-Arthritis 338
Lymphozyt 324
- CD-Moleküle 324
- Entstehung 325
- Reifung 325
Lyse
- Komplementaktivierung 340
- Komplementsystem 339
- zytotoxische Reaktion 347
Lysin 84 f
- Abbau 106, 112, **114**
- Bindegewebe 289
- biogenes Amin 100
- isoelektrischer Punkt 88
- Ladungszustand 87
- posttranslationale Modifizierung 89
- Zystinurie 88
Lysolecithin, HDL 78
Lysosomen 362
- primäre 362
- sekundäre 362
Lysozym 340
- Granulozyten 343

M

M-Phase (Zellzyklus) 365
MAC (membrane attack complex) 340
Magen, Hormone 231
Magensaft 239
Magenta-Zunge 183
Magnesiumhaushalt 285
Major Histocompatibility Complex 336 f
- B-Zellaktivierung 329
- Makrophagen 342
- T-Lymphozyten 327
- zytotoxische T-Lymphozyten 326
Makrophagen 342
- Aktivierung 342 f
- Interferone 342
- Interleukine 341
Malaria, Sichelzellanämie 305
Malat
- Citratzyklus 127
- Gluconeogenese 35
Malat-Aspartat-Shuttle 132 f
Malatdehydrogenase 127
Malonat 423
Malonyl-CoA
- Fettsäuresynthese 67
- Tryptophanabbau 114
MALT (mucosa associated lymphatic tissue) 325
Maltose
- α-glykosidische Bindung 15
- Verdauung 246
Malzzucker siehe Maltose
Mammakarzinom 410
Mangan 191
Mannose 11
Mannose-6-phosphat, Lysosomentranslation 405
MAO (Monoaminooxidase) 99
- Enzymklasse 163
Marfan-Syndrom 94
Massenwirkungsgesetz 149
Matrix-Gla-Protein 180
Megakaryozyten 298
Melanin 115
MELAS-Syndrom 364
Melatonin 115
Membranen, zelluläre 357
Menstruationszyklus 216
Merseburger Trias 206
messengerRNA 392
Methämoglobin 120, **303**
Methanephrin 219
Methionin 84 ff
- Abbau 106, **109 f**
Methotrexat 188
- Nukleotide 377
Methylcobalamin 174, 187
Methylgruppe 421

Methylmalonyl-CoA, Aminosäurenabbau 109
Mevalonsäure 73
MHC (Major Histocompatibility Complex) 336 f
– B-Zellaktivierung 329
– Makrophagen 342
– T-Lymphozyten 327
– zytotoxische T-Lymphozyten 326
MHC-Gene 337
MHC-Klasse-I-Proteine 336
MHC-Klasse-II-Proteine 336
Micelle 52, **242 f**
Michaelis-Konstante 155 f
Michaelis-Menten-Gleichung 154 f
Michaelis-Menten-Modell 154
Migration (Granulozyten) 343
Mikrotubuli 364
Milchzucker siehe Lactose
Mineralcorticoide 211
Mineralhaushalt 283
Minisatelliten 417
Mitochondrien 362
– Atmungskette 131
– β-Oxidation 56
– braunes Fettgewebe 140
– Citratzyklus 124
– Harnstoffzyklus 102
– Ketogenese 62
– Ketonkörperverwertung 62
– Pyruvatdehydrogenase-Komplex 121
Mittelmeeranämie 305
Modifizierung
– posttranskriptionale 396
– posttranslationale **88**, 405
Molybdän 191
Mondscheinkinder 391
Monoaminooxidase 99
– Enzymklasse 163
Monooxygenasen, Biotransformation 258
Monosaccharide 9 ff
– Reaktionen 14
– Resorption 246
Morbus
– Addison 213
– Basedow 205
– Cushing 213
– haemolyticus neonatorum 310
– Parkinson 279
– von Gierke 42
– Wilson 190
Motiv 93
mRNA 392
MRSA (multiresistenter Staphylococcus aureus) 412
Mukopolysaccharide, saure 18
Mundspeichel 239
Mundwinkelrhagaden 183
Muskeldystrophie Typ Duchenne 267
Muskulatur 266 ff
– Alaninzyklus 106
– Aufbau 266
– Diabetes mellitus 64
– Fettsäureoxidationsstörung 69
– glatte 267
– Kontraktion 267 ff
– Lipidverdauung 248
– Lipogenese 70
– Proteinstoffwechsel 272
– Relaxation 271
– rote 271
– weiße 271
myc-Onkogen 409
Myelomzelle 335
Myeloperoxidase 343
Myelose, funikuläre 187
Myoglobin 305
– Tertiärstruktur 93
Myosin 267
– Isoformen 268

N

N-Acetyl-Mannosamin-6-phosphat 20
N-Acetylcystein 261
N-Acetylglutamat 104
N-Acetylneuraminsäure 20
Nachtblindheit 177
NAD 26, **166**
– Atmungskette 129
– Niacin 174, **183**
– Pyruvatdehydrogenase-Komplex 122
NADH
– Atmungskette 129 ff
– Citratzyklus 124 ff
– Glykolyse 26
NADH-Ubichinon-Reduktase 132
NADP
– Glucose-6-phosphatddehydrogenase 31
– Niacin 174, **183**
– Tryptophan 112
NADPH 67
– Cholesterinsynthese 73
– Fettsäuresynthese 67
– Folsäure 187
– Glucose-6-phosphatdehydrogenase 31
– Nukleinsäuren 372
– Pentosephosphatweg 30, **32**
Natriumhaushalt 284
Nebennierenrinde
– Hormone 208
– Insuffizienz 213
– Überfunktion 213
Nekrose 367
Nephrolithiasis 88
Nephrotisches Syndrom 319
Neugeborenenikterus 303
Neurone 275
Neuropeptid Y 266
Neurotransmitter 276 f
– Acetylcholin 276
– GABA 278
– Glutamat 277
– Glycin 278
– Histamin 278
– Serotonin 278
Neutralfett 50
Neutralisationstest 349
Neutropenie, Shwachman-Diamond-Syndrom 344
Niacin 183 f
– Hypovitaminose 184
Nicotinsäureamid 183
– Tryptophanabbau 112
Niere 279 ff
– Aufbau 280
– Calcitonin 225
– Calcitriol 226 f
– Kohlenhydratstoffwechsel 280
– Lipidstoffwechsel 281
– Parathormon 225
– Proteinstoffwechsel 281
Niereninsuffizienz 287
Nierenschwelle 281
Nierensteine 88, **283**
NK-Zelle 344
NO siehe Stickstoffmonoxid
Noradrenalin 217 f
– Tyrosin 115
– Vitamin C 190
Normethanephrin 219
Northern Blot 418
– DNA-Nachweis 411
Nucleosidphosphate 166
Nukleinsäuren 380 ff
– Analyse 411
– Bausteine 371
– Gentechnik 411 f
Nukleolus 359
Nukleoside 371 ff
Nukleosomen 383
Nukleotidanaloga 390
Nukleotide 371 ff
– Aufbau 371 ff
– N-glykosidische Bindung 12
– Nukleinsäure-Aufbau 381
– Synthese 374
Nukleotidexzision 390
Nukleus 359

O

ω3-Fettsäure 50
ω6-Fettsäure 50
OH-Gruppe
– glykosidische 11
– Substitution durch Aminogruppe 15
Okazaki-Fragmente 388
Öle 50

Oligopeptide 89
- Resorption 244
Oligosaccharide 15
Ölsäure 50
- Abbau 60
Onkogene
- virale 406 ff
- zelluläre 406 ff
Onkologie, molekulare 406
Opsonisierung **331**, 333
- Komplementsystem 339
Optikusneuropathie 136
Ornithin 86
- biogenes Amin 100
- Harnstoffzyklus 103 f
- Zystinurie 88
Ornithin-Transcarbamoylase 103
Osteocalcin 180
Osteogenesis imperfecta 405
Osteomalazie 179, **227**
Osteoporose 179
- Glucocorticoide 211
Östrogene 215 f
Oxalacetat
- Aminosäurenabbau 105, **107**
- Citratzyklus 127
- Gluconeogenese 35 f
- Harnstoffzyklus 104
Oxalat 423
Oxidation
- Abbildung 421
- Ernährung 235
- Fettsäuren 55
- Glucose 142
- glykosidische Alkoholgruppe 14 f
- primäre Alkoholgruppe 14 f
- Sorbitol 15
Oxidoreduktasen 163
Oxygenierung, Hämoglobin 306
Oxyhämoglobin 307
Oxytocin 203

P

PAGE (Polyacrylamidgelektrophorese) 96
Palindrom 196
Palmitinsäure 50
- Abbildung 423
- Fettsäuresynthese 66
PALP (Pyridoxalphosphat) **99 f**, 166, 174, 184
- Hämbiosynthese 301
- Serinabbau 106
- Threoninabbau 107
Pankreas, Shwachman-Diamond-Syndrom 344
Pankreasinsuffizienz 231
Pankreassaft 241
Pankreatitis 169
Pantothensäure 174, **185**
- Hypovitaminose 185
Papierchromatographie 95
Papierelektrophorese 96
Paracetamol-Vergiftung 261
Parathormon **224**, 286
- Mangel 225
PCR (Polymerasekettenreaktion) 414 ff
- Ablauf 415
- DNA-Nachweis 411
- Prinzip 415
PDH-Kinase 124
PDH-Phosphatase 124
PDI (Protein-disulfid-Isomerase) 404
Pellagra 184
Penicillin 411
Pentapeptid 90
Pentose
- D-Ribose 11
- Nukleotide 372
Pentosephosphatweg 30 ff
- Lokalisation 30
- NADPH-Gewinnung 32
- Substratnutzung 32
Penumbra 367
Pepsin
- Magensaft 241
- Proteinverdauung 243
Pepsinogen 241
Peptidbindung 90
- Struktur 91
Peptide 89 ff
Peptidyltransferase, Translation 402 f
Peroxidase, Schilddrüsenhormone 204
Peroxisomen 364
Petechien 311
pH-Wert, Definition 424
Phäochromozytom 219
Phenprocoumon 181
Phenylalanin 84 ff
- Abbau 106, **110**
- posttranslationale Modifizierung 89
Phenylalaninhydroxylase 111
- Phenylketonurie 112
Phenylketonurie 112
Philadelphia-Chromosom 409
Phosphat, Nukleotide 373
Phosphatase, saure 343
Phosphatasen 165
Phosphatidsäure 51
Phosphatidylcholin, Phospholipidsynthese 71
Phosphatidylinositol 52
Phosphatidylserin 117
Phosphoanhydrid 422
Phosphodiester 422
Phosphoenolpyruvat 20, **22**
- Gluconeogenese 35
Phosphoenolpyruvatcarboxykinase, Gluconeogenese 35
Phosphofructokinase
- allosterische Regulation 159, **168**
- Gluconeogenese 38
Phosphofructokinase-1, Glykolyseregulation 28
Phosphofructokinase-1-Reaktion 26
Phosphofructokinase-2
- Glykolyseregulation 29
- Herzmuskel 29
Phosphoglucomutase
- Galactoseaufbau 44
- Glykogenaufbau 39
Phosphoglyceratkinase 22, **27**
Phosphoglyceratmutase-Reaktion 27
Phospholipase, Pankreas 242
Phospholipase A, Enzymklasse 163
Phospholipase C
- second messenger 200 f
- T-Zellaktivierung 328
Phospholipide 49, **51**
- Ausscheidung 243
- Plasmamembran 357
- Surfactant 52
- Synthese 69 f
Phosphopantethein 174
Phosphorsäure 51
Phosphorsäurediesterbindung, Nukleinsäuren 381
Phosphorylasekinase, Interkonvertierung 168
Phosphorylasen 165
Phosphorylgruppe 421
Phosphorylierung
- Glykolyse 22
- Interkonvertierung 168
- Kinasen 164
- posttranslationale Modifizierung 89, **405**
Phosphorylierung, oxidative 129 ff
- Entkopplung 140
Phyllochinon 174, **180 f**
Phytomenadion 181
Pigmentsteine 74
pK-Wert, Definition 425
Plasma 295
Plasma-Thromboplastin-Antecedent 313
Plasmamembran 20, **357**
Plasmaproteine 318 ff
- Analyse 318
Plasmazelle 329 f
Plasmide
- Gentechnik 411
- Klonierung 413
Plasmin 317
Plasminogenaktivator 317
Plasmozytom 294
Pneumocystis carinii 322
Poly-A-Ende 396
Polyacrylamidgelektrophorese 96
Polycythaemia vera 298

Polymerasekettenreaktion 414 ff
- Ablauf 415
- DNA-Nachweis 411
- Prinzip 415
Polymorphismus, MHC-Gene 337
Polypeptide 89
Polysaccharide 15
Polysomen, Translation 401
POMC (Proopiomelanocortin), Cortisol 209
Porphobilinogen 300
Porphyrie 301
Postresorptionsphase 251
PPI (Peptidyl-Prolyl-cis-trans-Isomerase) 404
Präkallikrein 313
Präzipitation, isoelektrische 95
Präzipitationstest 350
Pregnenolon 215
Primärstruktur, Proteine 91
Primer
- DNA-Replikation 388
- PCR 415
- reverse Transkriptase 407
Primer-Lücke 388
Primer-Synthese 386
Proaccelerin 313
Proenzyme 169
Progesteron 215 f
Prokonvertin 313
Prolactin Inhibiting Factor 203
Prolaktin 203
Prolaktinom 203
Prolin 84 ff
- Abbau 106, **108**
- Bindegewebe 287 ff
- posttranslationale Modifizierung 89
- Sekundärstruktur 92
- Synthese 118
Promoter 393
Proopiomelanocortin, Cortisol 209
Propionyl-CoA 59
- Aminosäurenabbau 109
Propionyl-CoA-Carboxylase 59
Prostacyclin 311
- Gewebshormone 229
Prostaglandine 229
Proteasen 98
Proteasomen, Proteolyse 98
Protein C 315
- APC-Resistenz 316
Protein S 315
Protein-disulfid-Isomerase 404
Proteinasen 99
Proteine 89 ff
- Ausscheidung 282
- Bindegewebe 287
- biologische Wertigkeit 236
- Ernährung 235 f
- Extrawärmebildung 236
- hämhaltige 135
- lebereigene 253
- membranassoziierte 358
- Nachweisverfahren 94
- Plasmamembran 358
- posttranslationale Modifizierung 405
- Proteolyse 98
- Raumstruktur 91
- Spaltprodukte 238
- Transport 404
- Verdauung 242 ff
Proteinfaltung 404
Proteinkinase, c-Onkogen 409
Proteinkinase A, cAMP 200
Proteinmangel-Syndrom 237
Proteinsequenzierung 97
Proteinstoffwechsel
- Leber 253 f
- Muskulatur 272
- Niere 281
Proteintransport, Golgi-Apparat 362
Proteinurie 319
- Bence-Jones-Proteinurie 320
Proteoglykane 18
- Knorpel 292
Proteolyse 98
- Enzymregulation 169
- Insulin 418
- limitierte **169**, 241
- posttranslationale Modifizierung 405
Proteom 392
Prothrombin 313
Protonenpumpenhemmer 240
Protoonkogene 406, **408**
- Aktivierung 409
- Mutation 408
Protoporphyrin IX 301
Prozessierung, RNA 396
PTT (partielle Thromboplastinzeit) 317
Ptyalin 239
Puffer, Hämoglobin 305
Punkt, isoelektrischer 87
Punktmutation
- Leber-Optikusneuropathie 136
- Protoonkogen 409
- Sichelzellanämie 2
- Tumorsuppressorgen 409
Purinbase 373
Purine
- Abbildung 424
- Überproduktion 380
- Wiederverwertung 378
Purinnukleotide 374 ff
- Abbau 378 f
Puromycin 403
Pyranose 10
- Halbacetalbildung 11
Pyridin 424
Pyridoxalphosphat **99 f**, 166, 174, 184
- Hämbiosynthese 301
- Serinabbau 106
- Threoninabbau 107
Pyridoxin 174, **184 f**
Pyrimidinbase 373
Pyrimidine
- Abbildung 424
- Wiederverwertung 378
Pyrimidinnukleotide 376 f
- Abbau 379
Pyrimidinring 376
Pyrrolring
- Abbildung 424
- Häm 299
Pyruvat
- Aminosäurenabbau 105 f
- Gluconeogenese 34
- Glykolyse **24**, 27
- Pyruvatdehydrogenase-Komplex 122
- Stickstoffstoffwechsel 102
Pyruvatcarboxylase
- Enzymklasse 163
- Gluconeogenese 35, 38
- Ligasen 164
Pyruvatdecarboxylase, Enzymklasse 163
Pyruvatdehydrogenase
- Enzymklasse 163
- Interkonvertierung 168
- Mitochondrien 363
- Pyruvatdehydrogenasekomplex 122
- Vitamin B_1 182
Pyruvatdehydrogenase-Komplex 121 ff
Pyruvatkinase
- Glykolyse 22, **27**
- Glykolyseregulation 28
- Insulinwirkung 222
- Interkonvertierung 168
- Mangel 27

Q

Quartärstruktur, Proteine 94
Quicktest 317

R

RAAS (Renin-Angiotensin-Aldosteron-System) 212
Racemat 13
Rachitis 179, 227
ras-Onkogene 409
Reaktionen
- anaphylaktische 332, **347**
- anaplerotische 128
- Citratzyklus 125
- endergone 147, 149, 153
- endotherme 148
- energieliefernde 27

- Enzymeinfluss 151
- enzymkatalysierte 151
- erster Ordnung 150
- exergone 147, 149
- exotherme 148
- Fettsäurebiosynthese 67
- freie Energie 147
- Geschwindigkeitskonstante 150
- Gluconeogenese 34
- Glykolyse 24
- Harnstoffzyklus 102
- Ketogenese 62
- nullter Ordnung 151
- Pentosephosphatweg 31
- pseudo-erster Ordnung 151
- Pyruvatdehydrogenase-Komplex 122
- wichtige 421
- zweiter Ordnung 150
- zytotoxische 347

Reaktionen vom Spättyp 347
Reaktionsenergetik 147
Reaktionsenthalpie, freie 147
Reaktionsgeschwindigkeit 150
- Enzymeinfluss 152
- Michaelis-Menten-Modell 154
- Substratkonzentration 167

Reaktionskinetik 149
Reaktionsordnung 150
Rechtsverschiebung, Sauerstoffbindung Hämoglobin 307
Redox-Coenzym NAD+ 26
Redoxpotenzial, freies 149
Reduktion 421
Regelkreis
- Calciumstoffwechsel 224
- Cortisol 209
- Hormone 202
- hypothalamisch/hypophysärer 202
- Insulin 220
- Mineralcorticoide 211
- Schilddrüsenhormone 204
- Sexualhormone 214
- Wachstumshormon 207

Regulation
- Acetyl-CoA-Carboxlase-Reaktion 66
- allosterische **158 f**, 168
- Calciumstoffwechsel 224
- Cholesterinsynthese 74
- Citratzyklus 127
- Cortisol 209
- Enzymaktivitäten 167 f
- Enzyme 156
- Gluconeogenese 37
- Glykogenabbau 40
- Glykogenaufbau 42
- Glykogenstoffwechsel **40**, 42
- Glykolyse 28
- Harnstoffzyklus 104
- hormonelle 202
- hypothalamisch/hypophysäre 202
- Insulin 220
- Mineralcorticoide 211
- Pentosephosphatweg 33
- Pyruvatdehydrogenase-Komplex 124
- Salzsäure, Magen 240
- Schilddrüsenhormone 204
- Sexualhormone 214
- Transkription 395
- Verdauung 238
- Wachstumshormon 207

Relaxin 216
Release-Inhibiting-Hormon 195
Releasing-Hormon 195
Remnants 77
Renin-Angiotensin-Aldosteron-System 212
Replikation 384 ff
Replikationshemmer 390
Repression, Enzymsynthese 168
Resorptionsphase 251
Restriktionsendonuklease 412
Retikulozyten 297
Retikulum, endoplasmatisches 356, **361**
Retinal 174 ff
Retinol 54, **174 ff**
Retinsäure 174 ff
Retinylpalmitat 176
Retroviren 407
Retrovirusinfektion 416
Rezeptoren, Katecholamine 218
Rhesus-System 310
Rheumafaktor 349
Rhodopsin 176
Riboflavin 182 f
Ribonukleinsäure siehe RNA
Ribose 11
- Nukleinsäure 372

Ribose-5-phosphat 31, **374**
Ribosomen 361
- Sedimentationskonstante 401
- Translation 400 f

Ribozyme 147
Ribulose-5-phosphat, Pentosephosphatweg 31
RNA (Ribonukleinsäure) 371, 380, **383**
- Analyse 418
- Aufbau 383
- Formen 392
- heteronukleäre 393
- ribosomale 392
- small cytoplasmic 393
- small nuclear 393
- Synthese 392, **394**

RNA-Polymerase **392 f**, 399
- Replikation 386
- RNA-abhängige 407

RNA-Synthese 392
RNA-Viren 407
- Replikationsmechanismen 408

Rohrzucker siehe Saccharose
Röntgenstrukturanalyse 97
rRNA 392
Rückkopplung, negative
- Cholesterinsynthese 74
- Citratzyklus 128
- Östrogene 214
- Stoffwechselregulation 168

Rückkopplung, positive 214
Rückkopplungsmechanismus, Hormone 202

S

7-Dehydrocholesterol 178
S-Adenosylcystein 110
S-Adenosylmethionin 110, 166
S-Phase (Zellzyklus) 365
Sacchaporindehydrogenase 114
Saccharose 16
- Fructofuranose 12
- Verdauung 246

SALT (skin associated lymphatic tissue) 325
Salvage Pathway 378
Salz, Definition 424
Salzsäure, Magen 239 ff
SAM (S-Adenosylmethionin) 110
Sauerstoff, Gastransport 306
Sauerstoffbindungskurve, Hämoglobin 307
Säure, Definition 424
Säure-Basen-Eigenschaften, Aminosäuren 84
Säure-Basen-Haushalt 286
Säureamid 422
Schiff-Base
- Abbildung 422
- Retinal 176

Schilddrüsenhormone 204 f
- Entstehung 116

Schlaganfall 367
Schwangerschaft, Folsäure 188
Schwangerschaftshormone 216
second messenger 198 ff
- Katecholamine 218

Sedimentationskonstante 401
Sedoheptulose-7-phosphat 32
Sekretin **231**, 241
- Magen 240

Sekretin-Pankreozymin-Test 231
Sekretion
- autokrine 195
- parakrine 195

Sekundärstruktur, Proteine 91
Selektion, Lymphozyten 325
Selen 191
Selenocystein 86
Serin 84 f
- Abbau 106
- Ausgangssubstanz 117

Serin
– β-Eliminierung 102
– biogenes Amin 100
– Phospholipide 52
– posttranslationale Modifizierung 89
– Synthese 117
Serindehydratase 106
Serinhydroxymethyltransferase 106
Serinproteasen 99
Serotonin 115, 228
– Phenylketonurie 112
– Transmitter 278
– Vitamin C 190
Serotoninagonisten 228
Serum 295
Serumeiweißelektrophorese **97**, 319
Sesselform
– D-Galactose 10
– D-Glucose 10, 14
– D-Mannose 11
Setrone 228
Sexualhormone 214 ff
– männliche 215
– Synthese 214
– weibliche 216
short tandem repeats 417
Shwachman-Diamond-Syndrom 344
Sichelzellanämie 2, 305
signal recognition particle 404
Signalpeptid, Proteintransport 404
Signalpeptidase 405
Signaltransduktion
– B-Lymphozyt 329
– cGMP 201
– G-Protein-gekoppelte 198 f
– T-Lymphozyt 327 f
– T-Zellaktivierung 328
Skelettmuskulatur siehe Muskulatur
Skorbut 172, **190**
SLE (systemischer Lupus erythematodes) 348
slow reacting substances of anaphylaxia 229
Solenoid 383
Somatokrinin 207
Somatomedine 208
Somatostatin **207**, 231, 241
– Magen 240
Somatotropin 194, **207 f**
Sorbitol
– Fructoseaufbau 46
– Oxidation 15
Southern Blot 417
– DNA-Nachweis 411
Spektralphotometrie, Enzymaktivität 161
Sphärozytose 359
Sphingolipidose 53
Sphingomyelin 53
– Synthese 71
Sphingophospholipide 51 f
Sphingosin
– Glykolipide 53
– Lipide 50
– Sphingomyelinsynthese 71
– Sphingophospholipide 52
Spleißen
– alternatives 397
– posttranskriptionale Modifikation 396
– RNA 396 f
Spleißosom 396
Spurenelemente 173, **190**
Squalen 73
src-Onkogen 409
SRP (signal recognition particle) 404
Stammzelle, pluripotente 296
Standardenergie, freie 148
Staphylococcus aureus, multiresistenter 412
Stärke 17
– Verdauung 241, 245
steady state 151
Stearinsäure 50
– Abbau 59
– Abbildung 423
– Energiebilanz 61
– Fettsäuresynthese 66
– Synthese 67
Sterangerüst 54
Stercobilinogen 302
Stereochemie 12
Stereoisomere 12 ff
Steroide 54
– Calciferol 178
Steroidhormon 196
STH (Somatotropin) 194, **207 f**
Stickstoffbilanz 237
Stickstoffmonoxid 201
Stickstoffstoffwechsel 102
– Leber 253
sticky ends 412
Stoffwechsel 3
– Erythrozyten 297
– Regulation 167 ff
Streptokinase 317
Streptomycin 403
Stresshormon 209
Strukturisomere 12
Struma 206
Stuart-Prower-Faktor 313
Substanz, harnpflichtige 282
Substratkette, Glykolyse 22
Substratkettenphosphorylierung 22
Substratkonzentration
– Enzymregulation 167
– Reaktionsgeschwindigkeit 154
Substratspezifität, Enzyme 153
Succinat
– Abbildung 423
– Citratzyklus 126
Succinat-Ubichinon-Reduktase 134
Succinatdehydrogenase 126
– Atmungskette 134
Succinyl-CoA 59
– Aminosäurenabbau 105, **109**
– Citratzyklus 126
– Fettsäureabbau 59
Succinyl-CoA-Syntethase 126
Suizidinhibitor 158
Sulfatid 53
Sulfhydrylgruppe 421
Sulfonamide 188, 377
Superantigene 336
Superoxiddismutase 303
Supersekundärstruktur 93
Surfactant 52
Synapse 277
Syndrom
– adrenogenitales 213
– nephrotisches 319
Synthasen 164
Synthetasen 164
Syphilis 351

T

T-Helferzelle 326
– Makrophagen 342
T-Lymphozyt 324 ff
– Aktivierung 327 f
– Differenzierung 326
– Entwicklung 327
– zytotoxischer 326
T-Suppressorzelle 326
T-Zelle siehe T-Lymphozyt
T-Zellrezeptor 325
– Makrophagen 342
T_3 204 f
T_4 204 f
Tandem-Enzym 29
TATA-Box 393
Taurin 117
– Cholesterinabbau 74
Taurocholat 117
Telomerase 389
Telomere 388
Terpene 54
Tertiärstruktur, Proteine 92
Testosteron 215
Tetracyclin 403
Tetrahydrobiopterin 111
Tetrahydrofolat 166, 174, 187
– Glycinabbau 106
– IMP-Synthese 374
– Nukleotide 377
– sTMP-Synthese 377
Tetrapyrrol, Cobalamin 186
Thalassämie 305
Thermogenin 140
Thiamin 174, **182**
– Wernicke-Enzephalopathie 123

Thiaminpyrophosphat 166, 174, 182
– Pyruvatdehydrogenase-Komplex 122
Thioesterbindung 56, **422**
Thioredoxin 372
Threonin 84 ff
– Abbau 106, **109**
– β-Eliminierung 102
– biogenes Amin 100
– posttranslationale Modifizierung 89
Threoninaldolase 106
Thrombin 315
Thrombinzeit 317
Thrombomodulin 316
Thromboplastinzeit 317
– partielle 317
Thrombose 298
– APC-Resistenz 316
Thrombosthenin 315
Thromboxan A_2 311
Thrombozyten 298
– Blutgerinnung 311 f
Thrombozytenaggregation
– Blutgerinnung 311
– Hemmung 311
Thymidintriphosphat 374
Thymidylatsynthase 377
Thymin
– DNA-Aufbau 381
– Pyrimidinbase 373
– Synthese 376
Thymusaplasie, kongenitale 347
Thyreoglobulin 204
Thyreoidea stimulierendes Hormon 204
– Struma 207
Thyreotropin-Releasing-Hormon 204
Thyroxin 204 f
Ticlopidin 312
Titrationskurve, Aminosäuren 87
Tocopherol 54, 174, **179**
Topoisomerase 393
tPA (tissue plasminogen activator) 317
Trägerelektrophorese 96
Transaldolase-Reaktion 32
Transaminasen 100
Transaminierung
– Abbildung 421
– Aminosäuren 100
– Pyridoxalphosphat 184
Transcobalamin II 186
Transducin 176
Transduktion, DNA-Übertragung 412
Transfektion, DNA-Übertragung 412
transfer-RNA 393, **399**
Transferasen 163
Transformation, DNA-Übertragung 412
Transketolase
– Pentosephosphatweg 31
– Vitamin B_1 182
Transkriptase, reverse **407 f**, 412
Transkription 392 ff
– Ablauf 393
– Hemmstoffe 397
– Initiation 393
– Regulation 395
– Termination 394
Transkriptions-PCR, reverse 411, 418
Transkriptionsblase 393 f
Transkriptionsfaktor 393
– c-Onkogen 409
– Wilms-Tumor 394
Translation 398 ff
– Ablauf 401
– Elongation 402
– Hemmstoffe 403
– Initiation 401
– Termination 403
Translokation 402
– Protoonkogen 409
Transportproteine, Plasmamembran 358
TRH (Thyreotropin-Releasing-Hormon) 204
TRH-Test 206
Triacylglycerine 49 ff
– Chylomikronen 75
– Energiespeicherung 66
– Ernährung 235
– Fettgewebe 261, 263
– Hungerzustand 61
– Lipogenese 69
– Lipoproteine 75
– Speicher 55
– Synthese 70
– Verdauung 242
Triacylglycerinlipase 55
Trijodthyronin 204 f
Trimethoprim 188
Triose, D-Glycerinaldehyd 11
Triosekinase-Reaktion 46
Triosephase, Glykolyse 24
Triosephosphatisomerase-Reaktion 26
Tripeptide 89
Triptane 228
tRNA 393, **399**
Tropomyosin 268
Trypsin 99, **242 f**
– Enzymklasse 163
– limitierte Proteolyse 169
Tryptophan 84 ff
– Abbau 106, **112**
– Abbildung 425
– Ausgangssubstanz 115
– biogenes Amin 100
– Niacin 183
– Serotonin 228
– Vitamin C 190
TSH (Thyreoidea stimulierendes Hormon) 204
– Struma 207
Tumor 406
Tumorentstehung 407
Tumornekrosefaktor-α 341
Tumorsuppressorgene 406
– Inaktivierung 409
Tumorsuppressorprotein 367
Typ-I-Diabetes 223
Typ-II-Diabetes 8, **223**
Tyrosin 84 ff
– Abbau 106, **110**
– Ausgangssubstanz 115
– biogenes Amin 100
– Katecholamine 218
– posttranslationale Modifizierung 89
– Synthese 118
Tyrosinkinase
– c-Onkogen 409
– T-Zellaktivierung 328
Tyrosinkinase-Rezeptor 197
TZ (Thrombinzeit) 317

U

Überempfindlichkeitsreaktion 345, 347
– IgE 332
Ubichinol 134 f
Ubichinol-Cytochrom-c-Reduktase 135
Ubichinon 54, **166**
– Atmungskette 132
Ubichinon/Ubichinol-System 134
Ubiquitin, Proteolyse 98
UDP-Galactose 44
UDP-Galactose-4-Epimerase-Reaktion 44-45
UDP-Glucose, Glykogenaufbau 39
UDP-Glucuronsäure, Biotransformation 259
UDP-Glucuronyltranferase 303
Ultrazentrifugation 97
UMP-Synthese 376
Uracil
– Basenexzision 391
– Pyrimidinbase 373
– RNA-Aufbau 383
– UMP-Synthese 376
Uridintriphosphat 374
Urobilinogen 302
Urokinase 317
Uroporphyrinogendecarboxylase 301

V

4-Dimethylaminophenol 120
v-Onkogene 406 ff
Valenz 336

Valin 84 ff
- Abbau 106, **109**
- Ahornsirupkrankheit 82
Van-der-Waals-Kräfte, Proteine 93
Vanillinmandelsäure 219
Varizella-Zoster-Virus 351
Varizellen 351
Vaskulitis 348
Vasopressin 203
- Pyruvatdehydrogenase-Komplex 124
- Wasserhaushalt 284
Verdauung 237 ff
Verdauungssekrete 238
Vitamin A 54, **174 ff**
- Hypervitaminose 178
- Hypovitaminose 177
Vitamin B_1 174, **182**
- Pyruvatdehydrogenase-Komplex 122
Vitamin B_2 174, **182 f**
- Hypovitaminose 183
Vitamin B_6 174, **184 f**
- Hypovitaminose 185
Vitamin B_{12} 174, **185 ff**
- Hypovitaminose 187
- Mangel 172, 174
- Methionin 110
Vitamin C 174, **189 f**
- Hypovitaminose 172, **190**
Vitamin D 54, 174, **178 f**, **225 f**
- Hypervitaminose 179
- Hypovitaminose 179
- Mangel 227
- Synthese 226
Vitamin E 54, 174, **179**
- Hypovitaminose 179
Vitamin K 174, **180 f**
- Antagonisten 181
- Hypervitaminose 181
- Hypovitaminose 181
Vitamin-A-Säure 175
Vitamin-K-Antagonisten 316
Vitamine 173 ff
- hydrophile 181 ff
- lipophile 175 ff
- Mangel 173
- Terpene 54
- wasserlösliche 181
Vitaminose 173
VLDL (very low density lipoprotein) 76
- Stoffwechsel 77
VNTR (variable of tandem repeats) 417
Vollantigene 336
Vollblut 295
von Willebrand-Faktor 311
von-Willebrand-Jürgens-Syndrom 311

W

Wachse 51
Wachstumshormon 207
Wannenform, D-Glucose 10, 14
Wasserhaushalt 284
Wasserstoffbrücke
- Abbildung 422
- DNA 381
- Proteine 93
Watson-Crick-Modell 382
Wechselwirkung, hydrophobe, Proteine 93
Wechselzahl 156
Wegener-Granulomatose 348
Wernicke-Enzephalopathie 123
Western Blot 351, 353
Wilms-Tumor 394
Windpocken 351
Wobble-Hypothese 400

X

Xanthin, GMP-Abbau 378
Xanthinoxidase
- irreversible Hemmung 158
- Purinabbau 378
Xanthinoxidasehemmer 380
Xeroderma pigmentosum 391
Xerophthalmie 177
Xylulose-5-phosphat 31

Z

2,3-Bisphosphoglycerat 297
2,3-Endiol-L-Gulonsäurelacton 189
Z-Konformation, Doppelhelix 382
Zeckenbiss 338
Zellabbau 367
Zelle, antigenpräsentierende, T-Zellaktivierung 328
Zellkern 359
Zellmembran
- Cholesterin 72
- Phospholipide 52
Zellorganellen 359 ff
Zelltod, programmierter 366
Zellzyklus 365
Zink 191
ZNS (zentrales Nervensystem) 274 ff
- Aufbau 275
- Blut-Hirn-Schranke 275
- Kohlenhydratstoffwechsel 276
- Lipidstoffwechsel 276
Zöliakie **175**, 234
Zucker, Nukleotide 372
Zuckerkrankheit siehe Diabetes mellitus
Zwitterion, Aminosäuren 86
Zymogene 99, **169**
Zystinurie 88
Zytokine 230, **340 f**
- T-Helferzellen 326
Zytoskelett 359 ff
Zytostatika
- DNA-Replikation 390
- Transkription 397
- Translation 403
- Transskription 397
Zytotoxizität
- antikörperabhängige zellvermittelte 344
- IgE 332